国家出版基金项目

“十二五”国家重点出版物出版规划项目

中国战略性新兴产业——新材料

环境工程材料

中国材料研究学会组织编写

丛 书 主 编　黄伯云

丛书副主编　韩雅芳

编　　　著　张增志

中国铁道出版社

CHINA RAILWAY PUBLISHING HOUSE

内 容 简 介

“中国战略性新兴产业——新材料”丛书是中国材料研究学会组织编写的，被新闻出版广电总局批准为“十二五”国家重点出版物出版规划项目，并获2016年度国家出版基金资助。丛书共16分册，涵盖了新型功能材料、高性能结构材料、高性能纤维复合材料等重点发展材料。本分册为《环境工程材料》。

针对人类所面临的物质型环境污染中固态环境（土壤污染退化、固体废弃物）问题、空气环境（车辆尾气、工业废气、气候变化）问题、水环境（水污染、水体退化、饮水安全）问题和能量型环境污染（光、电、热、波、辐射、噪声、振动等）问题以及人居健康舒适问题，本书全面系统地论述了人类为解决这些环境问题所采取的物理、化学和生物技术中所使用的新材料的概念、原理、制备、应用和发展趋势。

本书在编写过程中着重阐明材料的基本概念、原理和方法，并力求反映国内外在该领域中的新动向、新经验和新趋势，可供环境研究院所、高等院校、政府相关部门、厂矿企业等领域的人员参考，也可作为高校环境类专业本科高年级教材或研究生教材。

图书在版编目(CIP)数据

中国战略性新兴产业.新材料.环境工程材料/张增志等编著.—北京：中国铁道出版社，2018.11

ISBN 978-7-113-25125-3

Ⅰ.①中… Ⅱ.①张… Ⅲ.①新兴产业-产业发展-研究-中国 ②环境工程-工程材料-产业发展-研究-中国 Ⅳ.①F269.24 ②TB39

中国版本图书馆CIP数据核字(2018)第255812号

书　　名： 中国战略性新兴产业——新材料 **环境工程材料**
作　　者： 张增志　编著

策　　划： 李小军　　**读者热线：**（010）63550836
责任编辑： 李小军　曾露平　彭立辉
封面设计： MXK DESIGN STUDIO
责任校对： 张玉华
责任印制： 郭向伟

出版发行： 中国铁道出版社（100054，北京市西城区右安门西街8号）
网　　址： http://www.tdpress.com/51eds/
印　　刷： 中煤（北京）印务有限公司
版　　次： 2018年11月第1版　2018年11月第1次印刷
开　　本： 787 mm×1 092 mm　1/16　**印张：** 34.75　**字数：** 784千
书　　号： ISBN 978-7-113-25125-3
定　　价： 148.00元

“中国战略性新兴产业——新材料”丛书

编　委　会

序

新材料是高技术和现代产业的基础和先导，对培育和发展战略性新兴产业、国家重大工程项目的建设以及可持续发展都具有重要的支撑和保证作用。在我国政府大力支持下，我国新材料在产业规模、技术进步、创新能力、应用水平等方面均取得了重大进展，自主的产业体系初步形成，具备了良好的发展基础。同时，从全球高新技术和新兴产业的发展前景看，新材料的基础地位和先导作用也越来越重要。

“中国战略性新兴产业——新材料”丛书是为贯彻落实国务院2010年颁布的《关于加快培育和发展战略性新兴产业的决定》（国发〔2010〕32号）而组织编著出版的。在国发〔2010〕32号文中，新材料被列为我国七种重点发展的产业之一，其总体目标定位是：“大力发展稀土功能材料、高性能膜材料、特种玻璃、功能陶瓷、半导体照明材料等新型功能材料。积极发展高品质特殊钢、新型合金材料、工程塑料等先进结构材料。提升碳纤维、芳纶、超高分子量聚乙烯纤维等高性能纤维及其复合材料发展水平。开展纳米、超导、智能等共性基础材料研究。”本丛书由中国材料研究学会负责组织编著、中国铁道出版社出版，并成功入选“‘十二五’国家重点出版物出版规划项目”，获得2016年度国家出版基金资助。这是论述我国新材料发展战略的第一部系统性科技系列著作，代表了当代新材料发展的主流，对推动我国战略性新兴产业和可持续发展都具有重要的现实意义和深远的指导意义。

本丛书从发展国家战略性新兴产业的高度出发，重点选择了国发〔2013〕32号文件鼓励的高性能结构材料、特种功能材料和高性能纤维及其复合材料，全面系统阐述了发展这些重点新材料的产业背景及战略意义，系统地论述了这些新材料的理论基础和应用技术、我国取得的最新研究成果、应用方向及发展前景，针对性地提出了我国发展这些新材料的主要方向和任务，分析了存在的主要问题，提出了相应的对策和建议，是我国近年来在新材料领域内具有领先水平的科技著作丛书。丛书最大的特点是体现了一个“新”字：介绍和论述了我国材料领域取得的最新研究成果、开发的最先进材料品种和最新制造技术，所著内容代表当代全球新材料发展方向和主流。丛书既具有较高的学术性和技术先进性，同时对我国新材料产业发展也具有重要的参考价值。

中国材料研究学会是全国一级学术团体，具有资源、信息和人才的综合优势，多年来在促进材料科学进步、开展国内外学术交流、承接政府职能转移、提供新材料产业发展决策咨询、开展社会化服务等方面做了大量的、卓有成效的工作，为推动我国新材料发展发挥了重要作用。参加本丛书编著的作者都是我国从事相关材料研究和开发的一流的科研单位和院校、一流的专家学者，拥有数十年的科研、教学和产业开发经验，并取得了国内领先的科研成果，创作态度严谨，从而保障了本套丛书的内容质量。

本丛书的编著和出版是近年来我国材料研究领域具有足够影响的一件大事。我们希望，本丛书的出版能对我国新材料技术和产业发展产生较大的助推作用，也热切希望广大材料科技人员、产业精英、决策机构积极投身到发展我国新材料研发的行列中来，为推动我国新材料产业又好又快的发展做出更大贡献！

中国材料研究学会名誉理事长

中国工程院院士

2016 年 6 月

前　言

环境工程材料是环境科学发展到一定阶段受役于环境工程技术而发展起来的新型功能性材料。长期以来，人们投入了大量的时间和精力研究了人类的环境问题，环境科学的发展使我们更加清晰地认识和了解了环境问题的本质对象。对于短期内依靠环境自身的修复、净化等自调节功能无法解决的问题，工程技术成为必然要选择的有效手段。环境工程技术是将物质、能量和信息有效或科学地输入到环境系统之中，使其与环境中原有的物质流、能量流和信息流发生融合、作用和整合，最终使环境问题得以解决的工程手段。环境工程材料作为该物质或物质、能量、信息的载体越来越发挥着不可或缺的作用，并且已成为当今环境科学领域研究的热点。

环境工程材料在解决环境问题的过程中作为环境"施加物"也带来了一系列新的环境科学命题，环境友好性、功能特性、物质流协调性、能量流协调性、界面效率、复杂结构传质、再生循环、智能化等物理、化学或生物问题都会呈现在科技工作者面前，需要科技工作者开展由环境工程材料而引发的新一轮环境科学的研究。环境工程材料的作用方式往往体现在分子水平上，作用机制属于微观过程，且这一过程又是在复杂体系的多元因素条件下发生的，这就对环境工程材料的科学性提出了更高的要求。经过近几十年的发展，环境工程材料已逐步发展成一个相对独立的学科门类，许多领域，如多孔材料、膜材、微生物材料、催化材料、抗菌材料等，由于研究的不断深入，已逐渐成为环境工程材料中一个个较为完善的分支学科体系。尽管环境工程材料的研究仍然有大量的科学问题和工程技术问题亟待解决，但是，这似乎更加需要我们对该材料门类从基本概念、原理上进行总结、整理和归纳。

环境工程材料机制可以宏观地看作两个界面间的作用：一个是材料界面；另一个是环境界面。本书试图一方面从材料的角度出发论述环境工程材料的基本原理和发展趋势；另一方面，从环境的角度出发论述环境工程材料作用机理和发展趋势。全书从结构上可分为五部分，分别为环境工程材料的概念，物理、化学和生物作用的环境工程材料，固、液、气三相环境中物质污染治理的环境工程材料，能量型污染治理的环境工程材料和健康舒适新材料。按此结构，第 1 章阐述了环境工程材料的基本概念和发展过程；第 2～4 章系统地论述了具有物理作用、化学作用和生物作用的环境工程材料，包括这些材料的基本概念、基本原理、制备方法、功能特性和发展趋势；第 5～7 章分别涉及了应用于水、固态、大气环境中物质污染治理的环境工程材料，从材料的应用角度论述了这些材料的基本概念、基本原理、应用特点和发展趋势；第 8 章涉及能量污染治理材料，系统论述了专门用于光、电、热、波、辐射、噪声、振动等能量污染的治理材料和发展趋势；第 9 章论述了与人的生活质量和健康水准相关的健康舒适性材料及发展趋势。本书涉及的知识结构繁杂，覆盖面极广，科技成果量大，前沿研究分布广阔，因此，在著述过程中力图做到内容新、全，努力为读者提供一本基本概念和基本原理较为清楚、作用机理较为透彻、发展趋势和方向比较明确的环境工程材料类著作。

本书在编写过程中参考了本书作者作为主编的“2013—2015 年国家辞书编纂出版规划”项目《材料大辞典》(第二版 2016.7)中 245 条环境工程材料词条。

本书由张增志编著，武斌、彭艳阳、孙娜、吴广、苗棋凯、谷娜、张超杰、杜红梅、董珊珊为本书的资料检索、搜集、整理做出了突出贡献。本书在撰写过程中，国际材联主席韩雅芳教授、清华大学翁端教授、北京工业大学聂作仁院士、北京航空航天大学王天民教授、北京钢铁研究总院吴伯群教授、有色金属研究院石力开教授对本书中的概念修改和完善提出了许多宝贵意见，并对本书的撰写工作给予了大力支持，在此向以上专家学者和支持本书撰写的同志表示诚挚的感谢。

本书能够顺利出版，得益于国家出版基金资助，以及中国铁道出版社的大力支持和帮助，在此一并致谢。

由于新材料产业不断发展，书中难免存在一些不够完善或不妥之处，恳请各位同仁提出宝贵建议和意见。

编著者
2018 年 7 月

目　　录

第1章 绪　论

1.1 环　境

人与环境的关系自人类出现在地球上就基本上确立了，其本质是物质、能量、信息的占有与交换的关系。人具有“人之为人”的优势，从第一次工业革命机器代替人的部分劳动后，人类利用和改善自然的能力大幅提升，科学技术的应用更是推动着社会经济高速发展。恩格斯早在一百年前提出警告：“我们不要过分陶醉于我们人类对自然界的胜利。对于每一次这样的胜利，自然界都对我们进行报复。”在我们获得前所未有的物质财富的同时，环境恶化、能源紧张、资源枯竭、疾病蔓衍……相继而来。

人类发展史告诉我们，人类并不是也永远不可能成为地球的主宰，只不过是地球生态系统中的一个组成；人与环境共同构成一个相互关联的整体，人类的一切活动必须遵守该整体的法则。

1992 年 6 月，由 100 多个国家参加的里约热内卢联合国“环境与发展大会”，通过了地球宣言(又称“地球宪章”)，这是人类首次就“经济发展必须与环境保护相协调”达成广泛共识。

环境问题是现代工业文明不健全的产物，是科学技术达到一定水平而又不完善带来的副产品。本质上讲，科学本身就是探索人类的生存环境，通过观察、实验、假设、命题的过程推导出支配人类环境的大自然的基本规律；技术是运用这些规律实施、控制人类环境，以此来有意识地掌握自己的命运，也由此通常把技术称为应用科学。然而，许多技术常常是建立在超出已证实的科学定律的范围以外的空白领域，其唯一的准则是经验和以往的成就，这些经验和成就的事实本身说明了“可行”。技术需要解决的是社会对它提出的问题，它不同于纯科学只需从定义上解决它能够找到答案的问题。技术作为目的化的自然物质的运动规律，具有跃迁性和积累性，即技术能够针对缺陷或不足进行改善和追加。因此，环境问题的出现不是科学出了问题，是技术出现了缺陷，值得庆幸的是技术具有追加改善的属性。

人们习惯于工业技术促进经济发展，在经济发展较慢的阶段，由于经济活动的水平较低，环境污染水平也较低；在经济起飞、制造业大发展阶段，资源的消耗超过资源的再生，生态环境开始恶化；在经济发展的更高阶段，不但经济结构开始向利好环境方向调整，而且经济发展带来的积累也需要用来改善和治理环境。经济学家也认为，环境与经济不可分割，环境保护和经济发展已成为对立统一的整体而长期存在下去。一方面，经济发展要以环境保护为条件。自然环境系统的物流、能流是经济系统物流、能流的来源，环境系统的生产力(物质和能量转化的效率)是社会劳动效率和价值增值的基础，只有环境系统源源不断地为经济系统提供物质和能量，才能使经济增长成为可能。另一方面，保护生态环境要依靠经济发展。良好的环境质量只有在适宜的经济结构和经济秩序下才能达到，治理污染和保持良好的环境需要技术和资金，这必须依靠经济实力来支撑。然而，人类发展的实践告诉我们，在权衡与纠结经济发展与环境保护的矛盾过程中，我们更不愿意失去健康和环境友好的生存空间，环境保护必然随着人们认识的提高理所当然地建立在经济发展之上。也就是说，经济发展必须以环境保护为前提条件，在这一理念指导下的发展模式才是真正的可持续发展。科学技术不仅服务于经济发展，也要服务于环境保护，最终服务于可持续发展这一整体。因此，在未来，以环境保护为前提的科学与技术的协调发展将引领着经济发展的主要模式。

当前解决环境问题的科学技术已经融入全人类的生产和生活之中，并将生态文明（人类改造客观世界过程中建立人与自然的和谐关系，解决负面效应，建设有序的生态运行机制所取得的物质、精神、制度方面的成果总和）科学地"规则化"为物质文明（人类物质生产方式和经济生活进步状态）和精神文明（人类改造主、客观世界过程中智慧与道德的进步状态）的前提条件。

1.2 环境工程

科学技术必须通过工程来实现。工程是利用科学技术有效地支配物质、能量、信息，针对要解决的问题创造出结构、系统、工艺及产品。工程作为一种职业，其目的是造福人类。1986年，欧洲工程技术审定委员会将工程定义为"将通过学习、经验和实践所获得的数学和自然科学知识应用于自然界物质和自然力的经济合理的利用之方法和途径的开发和评价，并以此造福于人类的一种职业"。该定义强调了科学技术支配物质、能量和信息，也强调技术实施过程中的不断评价和改进。

环境工程的提出最早是作为土木工程的一个分支。1977年，美国土木工程师协会环境工程分会，在第二次世界大战后工业国家工农业、交通、城市建设的迅速发展，废水、废气、废固大量排放，导致环境公害病的大背景下提出了环境工程的概念，其定义为"通过健全的工程理论与实践解决环境卫生问题，主要包括提供安全可口和充足的公共给水；适当处置与循环使用废水和固体废物；建立城市和农村符合卫生要求的排水系统；控制水、土壤和空气污染，并消除这些问题对社会和环境所造成的影响。而且，它涉及的是公共卫生领域里的工程问题，例如控制通过节肢动物传染的疾病，消除工业健康危害，为城市、农村和娱乐场所提供适合的卫生设施，评价技术进步对环境的影响等"，该定义的内涵是着眼于水、空气和食物这三种影响人类生存的最基本的物质能量条件，来实施对饮水系统、排水系统、土壤、固体废物、空气等位点或系统的污染治理工程，治理的对象主要是该位点或系统中的污染物质。

人类对可持续发展达成了广泛的共识之后，环境科学的发展促使人类更加关注生存和生活中的健康和舒适的属性，当把环境看成人体之外的一个体系时，直接的环境问题包括通过水、空气、食物所发生的物质污染问题，以光、电、热、噪声、辐射等为特征的表观能量污染问题，以及与环境科学相悖的信息污染问题。治理环境污染不能只简单地治理物质污染和能量污染，还要整体系统地剔除或修正环境信息污染。因此，环境工程是指综合运用环境科学的基础理论和有关不断完善的工程技术的原理和方法，保护和合理利用自然资源，解决人类环境问题，改善环境质量，促进生态与经济社会高度协调，使人类得以健康、舒适地生存与发展的一门学科。环境工程除研究污染防治技术外，还应包括环境系统工程、环境影响评价、环境工程经济和环境监测技术等方面的研究。

1.3　环境工程材料

环境工程材料广义上是指改善人类生存与发展环境的一切工程材料；狭义上是针对环境工程所需而开发应用的材料。一般来说，环境工程材料是指用于环境工程的材料，通过物理、化学或生物的方法对人类环境中涉及的水、空气、固态环境（土壤、设施、固废、物品等）以及声、光、电、热、辐射等表观能量型相关环境中生态学上的不协调因素的特定对象专门进行局域或系统净化、修复、替代、改进，使整体环境达到与人类生存和发展相适宜的卫生、健康、舒适的环境友好型材料。环境工程材料依据环境科学的基础理论和不断完善的工程技术，既可以直接以物质的形态，也可以物质能量、信息的载体形式施加于环境，并从整体上整合物质、能量和信息资源以工程技术的方式使环境不协调因素向环境友好方向发展。环境工程材料主要包括环境净化材料、环境修复材料、环境替代材料和健康舒适材料四类。

(1)环境净化材料是指当环境污染物超出环境负荷限度，环境自身的自净能力部分或全部失效时，按照环境中需要去除的污染物的量和性质，利用物理、化学或生物的方法将该污染物通过吸附、分离或转化的方式将污染物去除或转化为无毒无害物质而在环境系统中施加的环境友好型材料。

(2)环境修复材料是指当环境结构与功能发生局部受损与衰退而导致整体环境系统功能退化，且退化的环境系统的自我恢复受挫时，为了遏制该系统进一步恶化，在环境系统本身的自组织和自我恢复能力的基础之上，利用生态学原理，人为地通过物理、化学或生物方法对环境中受损的特定对象采取修复或重建，使环境功能部分或全部恢复成原始状态而在环境体系中施加的环境友好型材料。

(3)环境替代材料指用于代替人类已习惯使用，但在生产、应用和废弃过程中对资源和能源消耗高，对环境破坏的程度不易控制或不易修复，导致严重超出环境负荷的传统淘汰型材料，而引入和使用的新型环境友好型材料。环境替代材料一般非专属环境工程材料类，单独提出的目的是从人类生产和生活中所使用材料的源头上控制环境恶化。环境替代材料不但要求满足工程需要，还要求对环境不能造成超负荷，具有环境可协调性。本书不涉及该内容。

(4)健康舒适材料是指以人的身体和对环境的感受为中心，满足人的生理和心理的健康性、自然性、舒适性、亲和性为目标，提高人类生存空间的品质，使人生存在健康、舒适、卫生、安全和文明的环境中，最大限度地满足人类对环境的多元化需求的材料。健康舒适材料是在现有人们可接受的环境基础上，赋予环境在人的身心上更加协调性和舒适性的材料，也称为健康性材料、舒适性材料等。

1.4　生态环境材料与环境工程材料

生态环境材料是指具有满意的使用性能和优良的环境协调性，或者能够改善环境的材料。

生态环境材料的概念涵盖了包括环境工程材料在内的人类使用的所有材料。生态环境材料强调所有材料具有满意的使用性能的同时，还要具有优良的环境协调性，这种环境协调性是指材料对资源和能源消耗少、对环境污染小和循环再利用率高，其主要特征包括：①无毒无害、减少污染；②全寿命过程对资源能源消耗少；③可再生循环利用、容易回收；④材料的高使用效率。生态环境材料实质上赋予传统结构材料、功能材料以特别优异的环境协调性材料，它是在环境意识的指导下，材料科技工作者在开发新型材料或者改进、改造传统材料中所获得的材料，即把材料的环境友好性能与材料的物理性能、化学性能、力学性能、功能特性等评价提到同等甚至优先重要的地位。任何一种材料只要经过开发或改造达到节约资源并与环境协调共存的要求，它就应视为生态环境材料。生态环境材料作为一门学科门类，它主要包括生态环境材料的概念、材料的"生命周期"环境协调性评价、材料与产品生态设计理论、各类材料的清洁生产技术、各类材料的生态化改造技术途径、材料的再生循环利用方法等。

一般来说，环境工程材料是专门解决环境问题而提出的工程材料。环境工程材料首先必须是生态环境材料，即除了具有解决环境问题的功能特性外，还要满足生态环境材料赋予的基本要求。

1.5 环境工程材料已发展成为一门独立的学科门类

环境工程材料虽然是伴随着工业污染而出现，但决不是随着工业污染问题的解决而逐步消失。相反，随着经济发展和社会进步，环境工程材料会愈加系统地融入现代工业和生产之中，成为现代工业设计优先考虑的材料。

人类不可能退回到原始的自然经济状态，人们在经济活动中将环境保护放在首位，从资源、能源使用，到工业生产，再到产品应用，每一个过程和环节都要受到生态环境的率先评价，环境工程材料成为现代工业工程中不可缺少的重要组成部分，比如，机器上附加了抗噪音材料，手机上附加了抗辐射材料等。在这些工业过程中，环境工程材料在与环境协调性相关的系列化位点上发挥着不可替代的作用。

科学自身的规律决定学科的规律，科学发展决定学科的建设和发展。科学研究是以问题为基础的，只要有问题的地方，就会有科学和科学研究，而学科是科学研究发展成熟的产物。环境工程材料以解决环境问题为研究目标，在材料的设计、研究、开发和应用过程中逐步形成了一套完整的环境学与材料学交叉的学科体系，具有独立的研究内容，具有逐步成熟的研究方法，能够按照科学分工和产业结构形成明确规范出自身的学科体制。作为环境科学和现代工业的组成部分，环境工程材料科研成果层出不穷，发表学术论文与能源材料一并成为当今学术界两大热点。尽管环境工程材料作为一个独立的学科门类在规范化过程中从时间上滞后于其科学发展过程，但在空间上它已形成相对完善的学科体系。环境工程材料已成为以环境科学为依据，以环境工程技术为手段，以物理、化学和生物的理论方法为基础，将材料科学与环境科学相融合的一门独立的、交叉的学科门类。

环境工程材料具有环境功能材料的特征，因此又称为环境功能材料、环境治理材料等，虽然叫法不同，但是都属于一个学术体系。

第2章 环境物理材料

2.1 环境吸附材料

环境吸附材料一般指对气体或溶质能发生吸附作用的固态材料，这种吸附作用产生于固体表面粒子因受力不均而具有的剩余力场。

理想状态下，物体内部每个粒子处于物理化学上的平衡状态，在各个方向受力均匀；而位于物体表面层的粒子，只受到物体表面层内部粒子的吸引作用，物体外部没有与之作用的粒子，因而表面层中粒子所受的合力不为零，合力方向垂直于物体表面指向物体内部。如果物体是液体，这个合力使液体有缩小表面积和降低位能的趋势，但这一趋势之所以不能一直发展下去，是因为液体表面存在一种对抗其表面积缩小的作用力，这就是“表面张力”。表面张力的存在，使表面层分子比内部分子具有更多能量，这部分多余的能量就叫作“表面自由能”。对于固体来讲，显然表面粒子的受力不均无法改变其自身的形状，固体表面存在更多的自由能，这个自由能在固体表面层以外附近表层形成一个固体表面力学势场，使固体表面具有自动降低自由能的趋势。当吸附质分子(气体分子和溶质分子)靠近固体表面时在力场作用下发生吸附作用，表面自由能减小，这就是吸附作用发生的热力学原因。

按照吸附材料表面与吸附质分子间作用力的不同，吸附可分为物理吸附和化学吸附两种。物理吸附是指吸附材料和吸附质之间通过分子间作用力(也称“范得华力”)相互作用而发生的吸附现象；化学吸附是指吸附质分子与吸附材料表面分子发生电子转移、原子重排或化学键的破坏与生成等化学作用而发生的吸附现象。纯粹的物理吸附或化学吸附都是极端的情况，固体吸附作用往往是综合性的。有时在温度低时发生物理吸附，而在温度升高后发生化学吸附。有时吸附剂对被吸附物先进行物理吸附，吸附后又进一步产生化学吸附。在吸附表面上凸出部分及边缘处、棱角处易于产生化学键力的吸附作用，而在表面平坦处或凹下处的范德华力作用更强些。固体对有机物分子的吸附可能在吸附剂和被吸附物之间发生与双方结构有关的选择性专属吸附，从类似于物理吸附的低能范围到类似于化学吸附的高能范围有各种不同的吸附结合能，这时发生的化学反应以各种络合反应较多。

发生物理吸附的作用力是范德华力，其包括色散力、取向力和诱导力。色散力主要指非极性分子之间由于组成分子的正、负微粒不断运动，产生瞬间正、负电荷重心不重合，而出现瞬时偶极之间的相互作用力；取向力主要指极性分子相互接近时，它们的固有偶极所发生的异极相吸、同极相斥、定向排列而产生的分子间作用力；诱导力主要指极性分子与非极性分子相互接近时，非极性分子在极性分子的固有偶极的作用下发生极化，产生诱导偶极，然后诱导偶极与固有偶极相互吸引而产生分子间的作用力。

一般来说，物理吸附的过程是可逆的，几乎不需要活化能，吸附和脱附的速度都很快；吸附没有选择性，只是对不同的吸附质分子吸附量不同。所有的吸附过程都是放热反应，物理吸附放出的“吸附热”比化学吸附要少得多，其热量接近吸附质液体状态下的汽化热或气体状态时的冷凝热 。被固体表面吸附的分子也参与固体的热运动（振动），那些热运动能足够大地吸附质分子，可克服吸附剂分子的吸引力而脱离固体表面。

固体表面吸附液体或气体，当达到平衡时，其平衡吸附量 q^* 与温度和液体或气体浓度 c 有关：

$$q^* = f(c, T)$$

当固定温度和压力时，平衡吸附量就是压力和温度的单值函数，从而得到等温吸附曲线和等压吸附曲线。同一温度下吸附质在吸附剂上的吸附量与吸附质的分压有关；相同吸附质分压下吸附质在吸附剂上的吸附量与吸附温度有关。一般来说，加压和降温有利于吸附，降压和升温有利于脱附。按照吸附剂的再生方法可将吸附循环分成两类：变温吸附和变压吸附，如图 2-1 所示。图中横坐标为吸附质的分压（p），纵坐标为单位吸附剂的吸附量（Q）。

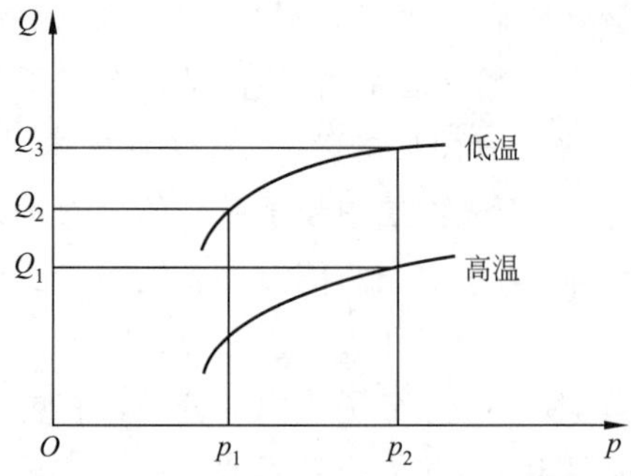

图 2-1　变压、变温吸附示意图

变温吸附就是在常温下进行吸附，在较高温度下将被吸附的气体从吸附剂中脱附出来，变温吸附在两条温度不同的等温曲线（低温线、高温线）之间上下移动进行吸附和脱附。如果吸附剂的比热容较大而热导率较小，加温和冷却所需的热量和冷量均较大，而且过程时间长 ，需配备相应的加热和冷却设施，能耗较大，温度大幅度周期性变化也会影响吸附剂寿命，实际使用已越来越少。变压吸附就是在较高的吸附质分压下进行吸附，在较低分压下（甚至真空状态）使其脱附的过程。吸附循环周期短，吸附热来不及散失可供脱附用，吸附床温度变化小，可近似看作是等温过程，虽然要消耗一部分气量，但其综合能耗要远远小于以变温吸附为基础的有热再生方法。

对于溶质吸附，由于有溶剂的存在，吸附取决于两方面的推动力：一是溶剂水对憎水溶质的排斥作用；二是固体对溶质的亲和吸引作用。

溶质的溶解程度决定着第一种作用强度，溶解程度越小，被吸附的趋势就越大。非极性的固体吸附材料容易吸收水溶液中受水排斥、溶解度较低的非极性有机质，也容易吸收具有憎水端的表面活性剂使固体表面变为亲水性的，对极性比水更强的固体表面也容易吸收表面活性剂的亲水端而使固体表面变为憎水表面。根据这一原理，水中的憎水性固体表面吸附一层表明活性物质后可以转化为亲水性表面。

第二种推动力是固体对溶质的作用，其中可能包含有三种基本作用力，即范德华力、化学键及氢键作用力、静电引力，吸附作用经常是这几种作用力的综合结果。同样，范德华力无选择性而可以发生于任意溶质之间，当然吸附对象不同起作用强度也会有很大区别。范德华力吸附具有可逆性，可以形成多分子层的吸附。由化学键力所决定的吸附为具有选择性的化学吸附,固体吸附剂优先吸附那些与其本身性质相近或者适合本身结构组成需要的物质粒子。化学键合力的强度较大,被吸附物固体结合在吸附剂表面某些活性点上,不易脱离而可逆性较差。这类吸附的作用力范围不超过分子大小,布满表面各吸附点形成单分子吸附层后即达到饱和。化学吸附常发生在较高温度下,吸附能较高,吸附热数值较大。氢键的本质是强极性键(A–H)上的氢核与负电性很大的、含孤电子对并带有负电荷的原子 B 之间的静电引力,键能较低(8～50 kJ/mol),介于化学键和范德华力之间,且变化范围也比较窄,既能有效地吸附,也能有效地脱附,具有良好的可逆性。

静电引力发生在固体在电解质溶液的吸附,固体表面上若有一定数量的带有电荷的质点,就会吸引溶液中带有异号电荷的离子。如果固体本身是离子晶体和由极性分子构成,从一开始就可以对异号电荷的离子进行吸附。如果固体最初并不带有荷电质点,在电解质溶液中可以由分子和原子作用力优先吸附某种离子,然后作为荷电质点就可吸附异号电荷的离子。各种离子被固体表面荷电质点吸附的能力是不相同的,这主要决定于离子本身的化学性质、电荷量、水合程度等因素。一般来说,高价离子被吸附的能力超过低价离子,因为离子的电荷越强,静电引力越大。不同价离子的被吸附能力由小到大可以排列成以下顺序:

$$K^{+} \quad Ca^{2+} \quad Al^{3+} \quad Th^{4+}$$

对于同价离子,离子半径越大则被吸附的能力越强。这是由于大离子的极化性较强,受静电引力的影响较大。另一方面,离子半径越大,其水合程度就越小,而水合层是会阻碍静电作用的,因此,一价阳离子被吸附能力由小到大的排列顺序:

$$Li^{+} \quad Na^{+} \quad K^{+} \quad Rb^{+} \quad Cs^{+}$$

同理,二价阳离子被吸附能力由小到大为:$Mg^{2+} \quad Ca^{2+} \quad Sr^{2+} \quad Ba^{2+}$

一价阴离子被吸附能力由小到大为:$Cl^{-} \quad Br^{-} \quad NO_3^{3} \quad I^{-} \quad CNS^{-}$

离子晶体在溶液中优先吸附与自身组成相一致的离子或性质相近的离子及原子团,这时的作用力是离子键力。如果固体表面优先吸附一种电荷的离子后,又吸附另一种异号电荷的离子,表明这时实际上吸附了整个电解质分子,在界面上仍保持电中性状态,也称这种吸附为分子吸附或者非极性吸附,而这种吸附常发生于难电离的弱电解质或者两种离子可生成难溶化合物的情况。若是固体的选择吸附特性很强,在表面上就会较多地专门吸附某种阳离子或阴离子,而再由静电引力吸附地另一种异号离子数目可能达不到等当量,此时固体表面就会带有多余的电荷,所产生地电位将由外围扩散层中的异号离子所平衡,这就是胶体溶液及其他体系中形成扩散双电层的情况。吸附剂在溶液中有选择地吸附一种离子,同时又放出另一种带有同电荷的离子时,就构成了离子交换吸附过程。如果这种过程完全是按照等当量进行的,就属于纯粹的离子交换过程,而若放出的离子量少于吸附的离子量,就同时还存在离子吸附过程。

由于固体吸附材料的吸附作用来自于材料的表面,因此相同质量的固体物质,颗粒越小,表面积越大,吸附能力也越大。因此,工程上固体吸附材料多以颗粒状、纤维状、多孔状来增加其自身的表面积,以提升吸附能力。颗粒中面积与体积之比最大的为球形颗粒,而球形颗粒直径越小,其堆积体中的比表面积越大,但球体积较小时,在吸附过程中随着吸附量的增加易产生堆积现象而影响流通量，故应依照需求选择合适的体积大小。纤维状吸附剂孔隙率高，沿纤维束方向物质流动性好，易于实现快速吸附。颗粒吸附和纤维吸附通常用于吸附分离。多孔状吸附剂主要利用内表面积进行吸附，除了通过材料多孔制备增大其比表面积来提高其吸附性能外，多孔材料的毛细作用也在宏观上促进了材料的吸附能力，但多孔状吸附剂溶质分子进入较难，填充速度慢，多用于气体吸附或静态吸附。吸附材料应当遵循“相似相溶”原理和“孔径匹配”原则进行设计。“相似相溶”原理指当吸附剂与吸附质的化学组成和结构最为相似或接近的时候，两者之间的亲和力达到最大，吸吸附分离能力最强，分离效率达到最高；而“孔径匹配”原则指只有那些内部孔道直径适当大于或最好达到 3～6 倍吸附质分子尺寸（水合直径）的吸附剂，才具有最佳的吸分离能力和最高的分离效率。

中国远古时期人们就已经知道草木灰、木炭可除去空气中的异味和湿气，18 世纪 60 年代开始出现吸附研究的学术论文，1814 年瑞士学者 T. de. Saussure 首先指出吸附气体的过程是放热过程，1881 年 Kayser 提出了吸附这一术语。18 世纪末与 19 世纪初叶吸附方法开始应用于气体分离和净化。吸附热力学、吸附动力学及多种吸附模型的理论成果在 19 世纪末至 20 世纪初相继发表。20 世纪初多相催化开始迅速发展，BET 的多分子层吸附理论和 BDDT 对气体吸附等温线的分类就是在这种历史背景下提出的。气体吸附理论的发展在 20 世纪 50 年代以后，主要表现在对气体吸附理论的修正与补充，混合气体的吸附，吸附热力学和吸附动力学研究，不均匀固体表面吸附以及化学吸附等方面。近几十年，界面吸附效率和吸附剂循环再生技术研究仍然占据主导地位，超高真空技术、电子学、计算机技术紧密联系的多种表面分析的手段对微观吸附机理的研究进一步从原子、分子水平上对吸附作用进行揭示，天然、改性、绿色、节能、高效、选择性好、易于循环再生、耐污染、强度高的吸附材料仍是未来的发展方向。

2.1.1 活性炭

2.1.1.1 活性炭

活性炭指经过炭化、活化处理得到的，以适宜性多孔结构为鲜明特色的无定形炭，一般呈粉状、颗粒状、丸状和小圆柱状，无味，密度为 1.9～2.1 kg/L，表观密度为 0.08～0.45 kg/L，孔隙容积为 0.6～0.8 mL/g，比表面积为 500～1 500 m^2/g。由煤、木料、硬果壳、果核、树脂等固态碳物质在隔绝空气条件下经 600～900 ℃高温炭化，使碳以外的绝大多数物质挥发；然后在 400～900 ℃条件下用空气、二氧化碳、水蒸气或三者的混合气体进行氧化活化后获得。氧化活化可进一步去掉残留的挥发物质，产生新的和扩大原有的孔隙，改善微孔结构，增加活性。活性炭的吸附性能与氧化活化时气体的化学性质及其浓度、活化温度、活化程度、活性炭中无机物组成及其含量等因素有关，主要取决于活化气体性质及活化温度。活性炭的含炭量、比表面积、灰分含量及其水悬浮液的 pH 值皆随活化温度的提高而增大。活化温度越高，残留的挥发物质挥发越完全，微孔结构越发达，比表面积和吸附活性越大。随炭中挥发物的去除，炭中的灰分含量增大。活性炭中的灰分主要由 K_2O、Na_2O、CaO、MgO、Fe_2O_3、Al_2O_3、P_2O_5、SO_3、Cl^- 等组成。灰分组成及其含量对炭的吸附活性也有很大影响，一般可用盐酸或氢氟酸浸泡再水洗的方法去除或降低活性炭的灰分。活性炭由于其丰富的孔隙结构和巨大的比表面积而具有吸附性，该吸附是一种选择性吸附，非极性物质较极性物质易于吸附；同类物质中，沸点高的物质易被吸附。活性炭常用于气体的吸附、分离和提纯，溶剂的回收，污水处理，糖液、油脂、甘油、药物的脱色，饮用水及冰箱的除臭，防毒面具的滤毒，还可用作催化剂或金属盐催化剂的载体等。

2.1.1.2　活性炭的吸附特性

活性炭的吸附特性取决于其多孔表面化学结构和比表面积。

活性炭的表面吸附性质由表面杂原子、化学官能团的数目和类型、化合物三方面决定。活性炭有含氧和含氮两种官能团。含氧官能团中含有羧基、内酯基、羰基、嘧啶、酚羟基等，还有酸碱性之分，酸性官能团含有酚羟基、羧基、正内酯基、环式过氧基、醌型羰基等。酸性基团的主要酸性氧化物是内酯基、酚羟基和羧基。含氮官能团的分子组成有酰亚胺、类吡咯基、酰胺、乳胺基等。它们的化学分子结构具有很强的吸附活性，对不同的吸附质可能产生物理结合或化学结合。

活性炭的吸附能力决定于孔结构和比表面积。活性炭具有大孔、中孔、微孔三种孔结构，大孔分布在活性炭颗粒的外表面，中孔是大孔的分支，微孔又是中孔的分支（见图 2-2）。微孔分为细微孔和次微孔，细微孔是活性炭中最小的孔，特征尺寸为 $r<0.6\sim0.7$ nm，次微孔的特征尺寸为 $0.6\sim0.7$ nm$<r<1.5\sim1.6$ nm，孔容积为 $0.15\sim0.90$ cm^3/g，微孔的比表面积占总面积的 95% 以上，在气相吸附中起主要吸附作用。中孔的特征尺寸为 $1.5\sim1.6$ nm$<r<100\sim200$ nm，孔容积为 $0.02\sim0.1$ cm^3/g，比表面积一般不超过总面积的 5%；中孔在气相吸附中一般起吸附质进入微孔的通道作用，而在液相吸附中对大分子的吸附起主要作用。大孔的特征尺寸是 $r>100\sim200$ nm，孔容积为 $0.2\sim0.5$ cm^3/g；大孔表面积占总孔表面积的比例很小，吸附作用可以忽略，主要为被吸附物质进入微孔提供通道。另外，活性炭作为载体使用时，催化剂主要沉淀在中孔和大孔中。除了孔隙结构影响活性炭吸附以外，活性炭对有机物的脱除也与有机物自身的极性和大小有关，分子大小相同的有机物，有机物的溶解度越大，亲水性越强，活性炭对其吸附能力就越差；有机物的溶解度越小，亲水性越差而且极性越弱，活性炭对其吸附能力就越强。

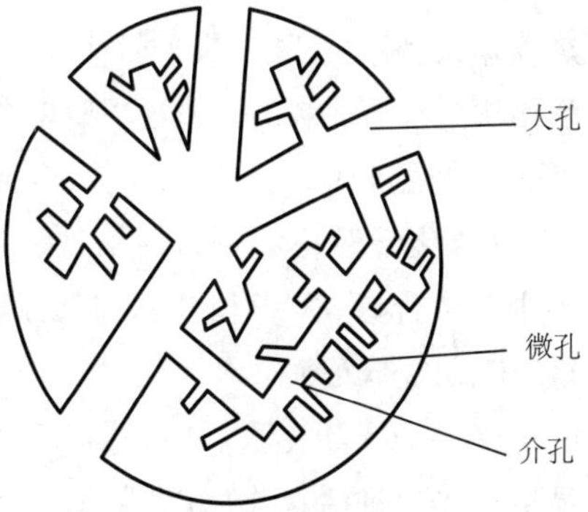

图 2-2　活性炭的表面形态结构模型示意图

2.1.1.3　活性炭的制备

制备活性炭的原料为农作物秸秆、稻壳、木材、柚子皮、坚果壳等价廉易得的农林产品和煤炭。其工艺流程分为炭化与活化两个阶段，其中炭化是活化的准备阶段，活化是活性炭制备的核心阶段。

1. 炭化过程

炭化过程是指在高温缺氧或贫氧的条件下，将含碳物质热解成多孔性的炭化料的过程。

在该过程中，含碳物质中的氢、氧等非碳元素会生成挥发性气体逸出，炭化料因其自身的不规则性会形成一定的裂隙，在后续的活化过程中形成更丰富的孔隙结构。影响炭化效果的因素有炭化温度、炭化时间和气体流量等，其中炭化温度对活性炭的孔径分布和比表面积的影响较大。炭化温度一般为 300～1 000 ℃，随着炭化温度的升高，炭化料的含碳量逐渐增加。炭化效果越好，活性炭的性能也越好，但炭化料的产率会逐渐降低，所以选择适宜的炭化温度是活性炭制备的必要条件。炭化料虽形状颜色与活性炭一样，但因其比表面积小，吸附性能差，还不能称为活性炭，需要对炭化料进一步进行活化处理。

2. 活化过程

为增强活性炭的吸附性能，利用氧化性气体或化学试剂来改变炭化料的内部结构，扩大其比表面积。主要有物理活化、化学活化和物理-化学耦合三种活化方法。

(1)物理活化法是以氧化性气体为活化剂对炭化料进行活化。该法可使炭化料原有的闭塞孔打开，已打开的孔隙扩大，同时创造出新孔，形成更发达的孔隙结构。影响物理活化效果的主要因素有原料性质、活化温度、活化时间、活化剂种类和气体流量等。最常用的活化剂是二氧化碳和水蒸气，活化温度一般为 800～1 100 ℃，活化时间为 60～120 min，气体流量为50～100 mL/min。物理活化法制备活性炭的工艺过程简单，制备的活性炭微孔较发达且免清洗，对环境污染小。但此法所需的活化温度较高、活化时间较长，且制备的活性炭的比表面积小、得率低。

(2)化学活化法是目前活性炭制备的主要方法。该法是将化学活化剂按一定比例加入原料中，混合浸渍一段时间后，同步炭化和活化。常用的化学活化剂有 KOH、$ZnCl_2$、H_3PO_4、K_2CO_3等。

① KOH 活化法。KOH 在活性炭活化过程中能够分解产生二氧化碳、一氧化碳等，这些气体进一步促进活化作用，增大比表面积，从而提高活性炭的吸附性能。在 KOH 活化过程中，消耗碳生成 K_2CO_3而扩大孔隙，当活化温度超过金属钾沸点(762 ℃)时，钾蒸气扩散进入碳原子层进行活化，从而造出新孔。活化后，洗去钾盐、碳原子和多余的 KOH，可以起到开孔的作用。KOH 活化法可以制备出具有大比表面积、高吸附性能的活性炭。影响制备过程的因素有浸渍比、活化温度、活化时间和气体流量，其中浸渍比和活化温度对活性炭吸附性能的影响最大。

② $ZnCl_2$活化法。$ZnCl_2$在活化过程中起脱水作用，使原料的纤维素发生催化脱水并进一步芳构化而形成孔，用酸和热水洗去多余的 $ZnCl_2$等杂质后，就制备了具有发达孔隙结构的活性炭。浸渍比是 $ZnCl_2$活化法制备活性炭最重要的影响因素。

③ H_3PO_4活化法。有关磷酸的活化机理，主要存在两种观点：一是磷酸进入生物质炭前驱体，活化后通过洗涤洗去磷酸盐即可得到多孔活性炭；二是磷酸具有催化降解作用，使生物质炭前驱体低分子化并以气体形式释放而创造出孔隙，但目前并未对这两种观点作最终定论。H_3PO_4活化法制备活性炭的影响因素排序依次为：活化温度＞活化时间＞磷酸浓度＞浸渍比。

④ K_2CO_3活化法。当活化温度达到 900 ℃以上时，K_2CO_3中的碳主要以一氧化碳的形式逸出形成孔隙，从而增大比表面积和孔体积。活性炭得率随活化温度的升高和保温时间的延长而逐步降低，吸附性能则呈现出先升后降的趋势。KOH 活化法的最大缺点是腐蚀设备，活化过程中会产生钾蒸气，严重污染环境，因此该法对设备的要求较高，生产成本也随之增加。

在以上方法中，$ZnCl_2$活化法在实际生产中应用较多，与 KOH 活化法相比，其活化温度和对设备的要求都较低，但 $ZnCl_2$易挥发，也会对环境造成严重污染。H_3PO_4活化法所需的活化温度较低，并且制备的活性炭的孔隙结构较发达，与 KOH 活化法和 $ZnCl_2$活化法相比，具有环境污染小和生产成本低的优点。K_2CO_3活化法的活化温度一般较高且活化时间较长，因此该法制得的活性炭得率相对较低。综上所述，化学活化法制得的活性炭孔隙结构较发达，比表面积大且得率高。但用此法制备的活性炭会残留药品，需反复洗涤，且化学活化剂对设备有腐蚀作用，也会造成一定的环境污染。

(3)物理-化学耦合活化是一种将化学活化法与物理活化法优点相结合的两步活化法。即先用化学活化剂浸渍原料，提高原料活性，在原料内部形成输送活化气体的通道，然后在高温下通入气体进行物理活化。该法制备条件较温和，制得活性炭比表面积大、孔隙结构发达、吸附性能好，且能有效减少化学活化剂的用量。

2.1.1.4　活性炭再生方法

活性炭经过一段时间的吸附后，由于杂质堵塞了活性炭的孔隙致使吸附能力逐渐下降以至完全丧失，最终成为饱和炭。采用加热、超声波、电化学、湿式氧化以及生物等方法对吸附后的饱和炭进行再生。由于活性炭的非选择性吸附使得吸附和沉积在其表面上的杂质成分多种多样，带来再生技术上的困难，需根据主要吸附质的性质、吸附剂的吸附行为及工艺上最优化来选择适当的再生方法。

1. 加热再生法

加热再生法分为干燥、高温炭化及活化三个阶段。在干燥阶段，主要去除活性炭上的可挥发成分。高温炭化阶段是使活性炭上吸附的一部分有机物沸腾、汽化脱附，一部分有机物发生分解反应，生成小分子烃脱附出来，残余成分留在活性炭孔隙内成为“固定炭”。在这一阶段，一般在抽真空或惰性气氛下温度 800～900℃进行。接下来的活化阶段中，往反应釜内通入 CO_2、CO、H_2或水蒸气等气体，以清理活性炭微孔，使其恢复吸附性能。

2. 电化学再生法

电化学再生法是指将活性炭填充在两个主电极之间，在电解液中，加以直流电场，活性炭在电场作用下极化，一端成阳极，另一端呈阴极，形成微电解槽。在活性炭的阴极部位和阳极部位可分别发生还原反应和氧化反应，吸附在活性炭上的污染物大部分因此而分解，小部分因电泳力作用发生脱附。电化学再生法的特点是能耗低，其处理对象所受局限性较小，工艺完善，可避免二次污染。

3. 超声波再生法

超声波再生法是指利用超声波在活性炭的吸附表面施加能量，使被吸附物质得到足以脱离吸附表面的能量，重新回到溶液中。超声波再生法的最大特点是只在局部施加能量，而不需要将大量的水溶液和活性炭加热，因而施加的能量很小。

4. 湿式氧化再生法

在高温高压的条件下，用氧气或空气作为氧化剂，称为湿式氧化再生法。实验获得的活性炭最佳再生条件为：再生温度 230℃，再生时间 1 h，充氧 0.6 MPa，炭水比 1/20(g/mL)，再生效率达到(45±5)%，经5次循环再生，其再生效率仅下降3%。活性炭表面微孔的部分氧化是再生效率下降的主要原因。

5. 生物再生法

利用经驯化过的细菌，解析活性炭上吸附的有机物，并进一步消化分解成 H_2O 和 CO_2 的过程。生物再生法与污水处理中的生物法相类似，也有好氧法与厌氧法之分。活性炭的孔径尺寸有限，在几纳米的微孔中微生物很难进入，通常认为在再生过程中会发生细胞自溶现象，即细胞酶流至胞外，而活性炭对酶有吸附作用，因此在炭表面形成酶促中心，从而促进污染物分解，达到再生的目的。生物法简单易行，投资和运行费用较低，但所需时间较长，受水质和温度的影响很大。

2.1.1.5 活性炭的应用

1. 气相吸附应用

(1)即效性空气净化滤器用炭。即效性空气净化器能迅速净化密闭生活空间内的有害气体。作为填充用的活性炭既要求压力损失小，又要求吸附气体速度快，且更换方便。固定型过滤薄板是一种具有通气性能的发泡材料或网之类定型支承物上黏接固定了活性炭而制成的过滤材料，活性炭含量可根据使用目的达到15%～80%，厚度可以达到2～20 mm。

(2)电厂排烟脱硫用负载型活性炭。火力发电厂采用活性炭脱硫的技术较成熟，活性炭负载Co、Ni、Mg和V的化合物脱除 SO_2，将金属离子通过离子交换或络合方式引入到木质或煤表面后，再对其进行炭活化。将普通活性炭放入以碳酸钠为主的复合溶液中制成的改性活性炭对 H_2S 具有良好吸附的选择性。

(3)油汽回收专用活性炭。油气挥发物造成的污染占汽车总污染的30%～40%，占尾气污染的60%～70%，已开发了正丁烷等高效吸附和脱附油汽的特种活性炭。正丁烷工作容量(BWC)已从0.09～0.11 g/mL提高到0.15 g/mL，正朝着高工作容量、残留量小的汽油用活性炭方向发展。

(4)活性炭吸附解吸高档溶剂回收系统，具有吸附性好、流体阻力小等特点。吸附挥发的有机溶剂气体达饱和后可以用流化床洗脱。

2. 液相吸附应用

(1)移动式水处理系统。活性炭水处理系统，内装近1 t粒状活性炭，最大可处理流量0.27 m^3/min，对使用后的活性炭仍可安全地进行再生。

(2)汽/柴油脱硫。对于含硫量超标的汽/柴油，经过活性炭处理后含硫量达到国标标准，彻底去除恶臭味。

(3)金属离子的吸附。重金属回收用活性炭对于水中无机重金属离子具有一定的选择吸附能力。例如，对于 Ag^+、Pd^{2+}、Cd^{2+}、CrO_4^- 等离子的吸附率可达85%以上。

3. 生物医用应用

(1)血液净化用活性炭。出现了各种亲水凝胶、高分子材料包膜的活性炭、含碳纤维、炭膜以及碳纤维织物等各种形式的医用活性炭吸附剂。血液灌流用球状活性炭已通过临床实验，这种球状活性炭吸附了引起肾脏障碍的物质并将他们从体内排除，从而减少了体内毒物的累积速度。

(2)癌症治疗用活性炭。活性炭具有优越的淋巴趋向性和吸附性能，能够吸附抗癌药物，具有功能缓释性。应用活性炭吸附丝裂霉素、阿柔比星、博莱霉素等抗癌药物，在相同作用条件下，其毒性远小于抗癌药物。活性炭吸附抗癌药物一方面能够定向分布于淋巴结，并长时间维持较高浓度；另一方面，活性炭在移行到淋巴结的同时能够将淋巴结黑染，从而指导淋巴结清除手术，彻底清除转移淋巴结，其临床应用前景日益广阔。

4. 催化剂或催化剂载体的应用

活性炭晶型中有无定形炭和石墨炭，具有不饱和键、巨大的内比表面积，可以作为催化剂负载中心和反应中心。活性炭作为光催化剂载体降解有机废气将是今后发展的重点方向之一。

(1)负载 TiO_2。纳米粒子光催化氧化环境污染物是目前环境污染控制研究的热点，在目前室内空气污染问题比较突出的情况下，在异相光催化领域，TiO_2半导体由于其光催化活性高、稳定性好、无毒无害等优点，得到了比其他金属氧化物和金属硫化物等半导体材料更深入的研究。

(2)负载 MnO_2。过渡金属氧化物中 MnO_2对挥发性有机物(VOCs)的去除效果最好。锰的氧化物与活性炭粉末用树脂黏合剂混合后附在薄玻璃纤维里，被制成板材去除室内甲醛。

(3)负载 ZnO。纳米 ZnO 等纳米半导体粒子在光的诱导下，可作为强氧化剂而使 VOCs 发生醇、醛、酸的变化，从而完成对有机物的降解。

2.1.1.6　发展趋势

公元前 3750 年埃及人就使用木炭，真正的活性炭专利在 20 世纪初才出现，关于活性炭制备方法的研究还有很多值得探索的领域，未来关于活性炭制备的研究可通过以下方面开展：在原料上，要积极寻找成本低廉、易得的原料，以制备出比表面积更大、吸附性能更好的活性炭；在制备方法上，单一活化方法已无法满足对活性炭性能及能源高效利用的需求，需联合使用多种活化方法以高效、可控地制备活性炭，且不断地探索和改进，开发出工艺简单、成本低廉、环境友好的活化新工艺，实现活性炭大规模工业化生产和应用；活性炭作为吸附剂应用较广，为进一步拓宽应用范围，需加大其在催化、电化学等方面作用机理的研究。研发特殊用途活性炭，是今后发展活性炭工业的先导。

2.1.2　硅胶吸附剂

硅胶吸附剂是由硅酸凝胶 $m\text{SiO}_2 \cdot n\text{H}_2\text{O}$ 适当脱水而成的颗粒大小不同的多孔物质。硅胶属于非晶态物质，是以 Si-O 四面体为基本单元堆积而形成刚性骨架，堆积质点之间的空间即为开放的多孔结构，孔道结构丰富、比表面积大，有效表面积可达 700 m^2/g。硅胶无毒无味，不溶于水及任何溶剂，化学性质稳定，除强碱、氢氟酸外不与任何物质发生反应，不溶于水和任何溶剂。硅胶中的 H_2O 为结构水，它以羟基(OH)的形式与硅原子相连形成大量的硅羟基覆盖在硅胶表面，与溶质分子之间的范德华力和硅胶表面的硅羟基与待分离物质之间的氢键作用是吸附的主要方式，可以优先吸附极性分子和不饱和碳氢化合物，吸附性能高、热稳定性好、有较高的机械强度，可以再生反复使用。在气体净化中主要用于去除气流中的水蒸气，也可用来吸附 NO_x 等极性分子污染物。广泛用于气体干燥、气体吸收、液体脱水、色层分析等，也用作催化剂载体。

2.1.2.1 硅胶分类

硅胶根据其孔径大小分为大孔硅胶、粗孔硅胶(C 型硅胶)、中孔硅胶(B 型硅胶)和细孔硅胶(A 型硅胶)。大孔硅胶的平均孔径大于 10 nm，孔容 1～3 mL/g，比表面积为 200～300 m^2/g；粗孔硅胶，是一种非晶态高活性吸附材料，平均孔径为 8～10 nm，孔容 0.75～1.0 mL/g，比表面积 300～400 m^2/g，外观呈白色，有块状、球状和微球形三类产品。粗孔球形硅胶主要用于气体净化剂、干燥剂及绝缘油的除酸剂等；粗孔块状硅胶主要用于催化剂载体、干燥剂、气体和液体净化剂等。中孔硅胶平均孔径为 4～7.0 nm，孔容为 0.60～0.75 mL/g，比表面积为 400～500 m^2/g，为乳白色透明或半透明球状或块状颗粒，主要用作空气湿度调节剂、催化剂及载体、宠物垫料，以及用作层析硅胶等精细化工产品的原料。细孔硅胶平均孔容 0.35～0.45 mL/g，孔径 2.0～3.0 nm，比表面积为 600～800 m^2/g，为无色或微黄色透明状玻璃体。因其具有堆积密度高和低湿度下吸湿效果明显的特点，可以用作空气净化剂以控制空气湿度。

由于孔隙结构的不同，其吸附性能也有所不同。粗孔硅胶在相对湿度高的情况下有较高的吸附量；中孔型硅胶由于孔结构介于粗细孔之间，其吸附量也介于粗细孔之间；细孔硅胶则在相对湿度较低的情况下吸咐量高于粗孔硅胶。

2.1.2.2 硅胶的吸附性质和应用

1. 气体和蒸汽的吸附

无机硅胶表面有硅羟基，是极性吸附剂，有丰富的孔结构。极性和芳香族气体分子可与硅胶表面羟基形成氢键而吸附，这类吸附的吸附量与表面羟基浓度大小有关。无机硅胶表面的孔可使吸附质分子在一定压力下发生毛细凝结，增大吸附量。毛细凝结与吸附剂孔大小有关，当孔很大时可视为平表面，故无毛细凝结发生；细孔吸附机理是孔的填充，最大吸附量即为孔的体积量；只有中孔类由于存在毛细凝结现象，气体在多孔固体上的吸附等温线中吸附分支与脱附分支分离形成吸附滞后环而产生吸附滞后现象。

2. 液相吸附

作为极性吸附剂，无机硅胶易从非极性溶剂中吸附极性物质，如从非极性有机溶剂中吸附水和有机小分子极性物(如乙醇)。无机硅胶从非极性溶剂中吸附某一极性有机物时，吸附量随溶剂极性增大而减小。无机硅胶从水溶液中吸附有机分子时情况较复杂，既要考虑有机分子可能与硅胶表面的作用，也要考虑水与表面强烈亲和作用和在水存在下表面可能带有电荷的作用。例如，硅胶从醇和水的混合液中吸附醇时，水在硅胶表面形成富水相，随着溶液中水含量的增加，醇的吸附量减小。与从气相中吸附类似，硅胶的自由羟基在液相吸附中也起主要作用。有机物与硅胶表面羟基形成氢键的相对效率是其吸附能力大小的相对量度，相对效率越大，越容易被吸附。实际上，化合物形成氢键的相对效率涉及多种因素，其中氢键的强度无疑是最重要的。此外，还涉及分子中极性和非极性部分的相对大小，分子中电子给予体原子数目等。

3. 用作催化剂载体

硅胶表面覆盖了大量的硅羟基，具有一定的吸附选择性。孔结构决定了内部孔壁所提供的催化活性内表面积，高孔隙率的硅胶可提供较大的内表面积。硅胶颗粒的大小、形状和堆积方式还决定催化床层中空隙大小及分布，后者将影响流体流动时的阻力。用作催化剂的硅胶，对其颗粒的大小、形状、孔结构及在反应器中的堆积方式都有一定的要求。硅胶是一种多孔结构的物质，具有较强的耐酸性、较高的耐热性和较强的耐磨性、较低的表面酸性等特点，使硅胶具有很大的吸附容量。以硅胶为载体，负载过渡金属（Fe^{3+}、CO^{2+}、Ni^{2+}、Cu^{2+}）可以吸附脱除油品中的氮化物，取得了较好的效果。

2.1.2.3　硅胶再生

1. 硅胶吸水后的再生

硅胶吸附水分后，可通过热脱附方式将水分除去，加热的方式有多种，如电热炉、烟道余热加热及热风干燥等，脱附加热的温度控制在 120～180 ℃为宜。

2. 硅胶吸附有机杂质后的再生

（1）焙烧法：对于粗孔硅胶，可放在焙烧炉内逐渐升温至 500～600 ℃，经 6～8 h 至胶粒呈白色或黄褐色即可。对细孔硅胶，焙烧温度不能超过 200 ℃。

（2）漂洗法：将硅胶在饱和水蒸气中吸附达到饱和后放热水中浸泡漂洗，并可结合使用洗涤剂以除去废油或其他有机杂质，再经净水洗涤后烘干脱水。

（3）溶剂冲洗法：根据硅胶吸附有机物种类，选用适当的溶剂将吸附在硅胶内的有机物溶出，然后将硅胶加热以脱除溶剂。

2.1.2.4　硅胶生产方法

硅胶主要生产方法有以硅烷卤化物为原料的气相法、以硅酸钠和无机酸为原料的化学沉淀法，以及以硅酸酯等为原料的溶胶-凝胶法和微乳液法，生产工艺一般都要经过凝胶、洗胶、干燥、扩孔等工序。气相法制备硅胶都是以硅烷氯化物为原料，操作复杂危险，大规模生产硅胶的成本太高；以硅酸脂为原料的溶胶-凝胶法，成本高，操作周期长；而微乳液法生产硅胶，价格昂贵，污染环境。化学沉淀法的原料是硅酸钠和无机酸，操作简单，原料廉价易得，生产成本低，适合于工业化生产。

2.1.2.5　硅胶吸附剂发展趋势

硅胶是由 1919 年美国约翰·霍普金斯大学 Walter A. Patrick 教授发明，在第一次世界大战时被用作防毒面具中的吸收剂，由于硅胶的优良特性，工业上对硅胶的需求越来越大，所以找到成本低、生产周期短的硅胶生产方法至关重要。用溶胶-凝胶法生产硅胶操作简单，成本较低，受到硅胶产业的高度青睐。硅胶改性问题一直受到人们的关注，硅胶负载金属镍，在适宜的吸附温度、吸附时间和负载量的条件下，可以有效地脱除油品中的碱性氮化物。未来硅胶的发展，在催化剂载体上，负载金属及金属化合物，用于油品脱氮或制备更多催化剂；在制备上，新型高分子聚合物活性剂、Cemini 型双子胺、聚合物乳胶微球等作模板剂已成为合成大孔径介孔材料的新趋势和新概念。在性能上，化学和物理改性方法的结合，可提高改性硅胶的耐磨、耐高温等性能。

2.1.3 大孔吸附树脂

大孔吸附树脂又称大孔树脂、全孔树脂，是由聚合单体、交联剂、甲苯、二甲苯等致孔剂、分散剂经聚合反应制成的具有多孔骨架结构的孔径在100～1 000 nm之间的不溶于水的交联聚合物。根据聚合材料不同，可分为非极性、中等极性、极性和强极性四种类型。非极性吸附树脂由偶极矩小的单体聚合制备，树脂骨架没有任何官能团，其中聚苯乙烯型吸附树脂，是目前应用最广泛的商品化大孔吸附树脂，以疏水作用力吸附极性溶剂（如水）中非极性或弱极性小分子物质。中等极性吸附树脂是丙烯酸酯（或甲基丙烯酸酯）与双甲基丙烯酸乙二醇酯的共聚物，以聚丙烯酸酯为骨架结构，在树脂骨架结构中引入弱极性酯基，通过疏水和偶极共同作用，既可以从极性溶剂中吸附非极性或弱极性组分，也可以从弱极性溶剂中吸附极性组分。极性树脂主要有亚砜类、聚丙烯酰胺类、氧化氮类、脲醛树脂类等，骨架中含有氨基、酰胺基、氰基、磺酸基、羧基、酚羟基，通过氢键作用、静电作用产生特异性作用力，适用于从非极性溶剂中选择性吸附极性物质。强极性吸附树脂是指含有吡啶基、氨基等基团的树脂和含氮、氧、硫等配体基团的离子交换树脂。大孔吸附树脂最早用于废水处理、医药工业、化学工业、分析化学、临床检定和治疗等领域。大孔吸附树脂是一种不含交换基团，具有大孔结构的高分子吸附剂，其本身由于范德华力或氢键的作用具有吸附性；又因其具有网状结构和很高的比表面积而有筛选性能。

2.1.3.1 吸附机理

大孔吸附树脂是一种有机多孔的吸附材料，比表面积为100～1 300 m^2/g，具有物理化学稳定性高、吸附容量大、选择性好、吸附速度快、解吸条件温和、再生处理方便、使用周期长、节省费用等诸多优点。表面吸附通常在水溶液中吸附，其吸附量受比表面积与被吸附分子接触的活性位点的影响，是由范德华引力或氢键作用的结果。具有多孔结构的大孔吸附树脂对不同分子量的物质具有吸附和筛选作用，不同的分子经一定的洗脱液洗脱，达到分离、除杂、纯化和浓缩的目的。

吸附条件和解吸附条件的选择直接影响着大孔吸附树脂吸附工艺的好坏，因而在整个工艺过程中应综合考虑被分离成分性质（极性和分子大小等）、上样溶剂的性质（溶剂对成分的溶解性、盐浓度和pH）、上样液浓度及吸附水流速等因素，确定最佳吸附解吸条件。

通常极性较大分子适用中极性树脂上分离，极性小的分子适用非极性树脂上分离；体积较大的化合物选择较大孔径树脂；上样液中加入适量无机盐可以增大树脂吸附量；酸性化合物在酸性液中易于吸附，碱性化合物在碱性液中易于吸附，中性化合物在中性液中易于吸附；一般上样液浓度越低越利于吸附；对于滴速的选择，保证树脂可以与上样液充分接触吸附为佳。影响解吸条件的因素有洗脱剂的种类、浓度、pH、流速等。洗脱剂可用甲醇、乙醇、丙酮、乙酸乙酯等，应根据不同物质在树脂上吸附力的强弱，选择不同的洗脱剂和不同的洗脱剂浓度进行洗脱；通过改变洗脱剂的pH可使吸附物改变分子形态，易于洗脱下来；洗脱流速一般控制在0.5～5 mL/min。

2.1.3.2　在环境中的应用

1. 在废水处理方面的应用

大孔吸附树脂因其吸附能力强，广泛应用于工业废水处理方面，如对废水中卤代烃化合物、硝基化合物、酚类化合物、有机酸类化合物等污染物，具有很高的吸附量。

（1）氯化消毒是当前水的主要消毒方式，但是在水被消毒过程中会产生大量的卤代有机污染物，其中三卤甲烷、卤乙酸等有毒物质是主要有害物质。使用大孔吸附树脂不仅对废水中的氯仿具有很好的吸附能力，而且还可以对水中少量的氯仿进行浓缩和回收。

（2）大孔吸附树脂吸附废水中的硝基物化合物。硝基化合物是废水中重要的有机污染物之一，大孔吸附树脂对苯胺的吸附率高达 99.9％以上，脱附率也高达 98％以上，对苯胺等硝基化合物具有优良的吸附效果。

（3）大孔吸附树脂吸附废水中含酚类的化合物。酚类化合物是废水中一种强毒性的有机化合物。采用功能化后大孔吸附树脂使酚类化合物的吸附量得到显著的提高，而且可以重复使用。

（4）大孔吸附树脂吸附废水中有机酸类化合物。有机酸类化合物广泛存在于工业废水中，利用交联大孔吸附树脂对水杨酸进行吸附处理之后，排放的废水各项指标均达到国家排放标准，对水杨酸的吸附具有良好的效果。

2. 在废气吸收方面的应用

大孔吸附树脂在吸附废气方面远远优异于传统的吸附剂活性炭，因为大孔吸附树脂的吸附不仅具有表面吸附，还能够进行骨架吸附和基团吸附等多种方式，因此，大孔吸附树脂在吸附废气方面具有广阔的应用前景。

3. 在重金属离子吸附方面的应用

大孔吸附树脂在去除废水中的重金属离子方面取得了良好的效果，例如在去除纺织废水中的金属离子方面有较好的应用前景。

2.1.3.3　发展趋势

大孔吸附树脂是 20 世纪 60 年代发展起来的新型有机高聚物吸附剂，在选择性好、吸附容量高、交换速度快、耐污染性强、可重复利用等独特的性能方面明显优于传统的活性炭、活性褐煤、石英砂、黏土和沸石等常规的吸附材料。随着新型大孔吸附树脂的不断涌现，大孔吸附树脂在废水处理、废气吸收、有机磷农药和重金属离子吸附等环境保护方面具有极大的推广价值。大孔吸附树脂在反复再生方面明显优于活性炭，再生技术一般采用 NaOH 和 NaCl 的混合溶液，比活性炭经济性好。应用在有机废水和重金属离子吸附去除的大孔吸附树脂，目前多采用人工合成，然而天然改性大孔吸附树脂用于环境中却鲜有报道，这正是今后的发展方向。另外，需要加强大孔吸附树脂基础理论的研究，提高吸附能力，发展安全高效的吸附树脂。应从生产原料和制造工艺技术方面优化大孔吸附树脂的生产过程来改善产品的质量，不断提高选择性和交换速度，以满足食品、医药、环保等应用行业的需求。提高树脂稳定性和抗污染性，要经久耐用，不易中毒，中毒后容易再生处理。发展对其残留物、裂解物或其他相关有害物质的快速检测技术，使大孔树脂吸附分离工艺向自动化控制方向发展，以确保质量稳定。

2.1.4 黏土类吸附剂

黏土矿物是指构成沉积岩、页岩和土壤的呈细分散状态的(颗粒粒度一般小于 2 μm)、含水的层状或层链状硅酸盐矿物及含水的非晶质硅酸盐矿物的总称。主要包括蒙脱石、高岭石、伊利石、膨润土、凹凸棒土、硅藻土、粉煤灰、沸石及海泡石等。黏土矿物具有独特的层状结构，由 Si-O 四面体晶片和 Al-O 八面体晶片彼此连接组成结构层，结构层之间一般以微弱的分子键、氢键或以离子键维系，层间结合力较弱。黏土矿物按四面体与八面体组合形式不同，将结构层分为 1∶1 层型和 2∶1 层型两个基本类型。1∶1 层型的黏土矿物是由一个硅氧四面体晶片和一个铝氧八面体晶片构成，结构中晶层的一面全部由氧组成，另一面全部由羟基组成，晶层之间通过氢键紧密联合。2∶1 层型的黏土矿物由两个硅氧四面体晶片和一个铝氧八面体晶片构成，硅氧四面体的顶均指向铝氧八面体，通过共用氧联结在一起。黏土吸附剂是具有较大比表面积和较高离子交换的吸附材料，须经适当的改性处理，使其表面去质子化，活化吸附位点，改善吸附性能。黏土矿物的改性方法主要包括无机改性、有机改性及混合改性。常用的无机改性有酸化法和无机阳离子交换法。黏土矿物吸附剂通过脱附可再生，同时脱附也是回收贵重金属的途径。作为天然廉价材料被广泛用于吸附有机物、重金属离子、垃圾渗液等领域。

2.1.4.1 黏土吸附剂的作用机理

1. 吸附作用

吸附作用包括物理吸附、化学吸附和离子交换吸附三类。产生物理吸附是由于黏土矿物具有较大的表面能和表面积。化学吸附是指由黏土矿物与吸附质之间的化学键力而产生的吸附，黏土矿物带正电荷，阴离子集团可以通过静电引力吸附在黏土矿物的边面上，当介质中存在中性电解质时无机阳离子可以在黏土矿物和阳离子型聚合物之间起“桥接”作用，使高聚物吸附在黏土矿物的表面上。离子交换吸附是类质同象替换使黏土矿物形成永久电荷，为平衡电荷黏土矿物吸附环境中的异号离子的现象，黏土矿物的表面上、孔道内和层间域均能发生离子交换吸附。

2. 配合作用

配合作用主要分为表面配合作用和晶间配合作用两种。硅酸盐中有大量 SiO_4^{4-}、AlO_4^{5-} 基团，在固-液体系中硅酸盐颗粒表面可以与水形成水合氧化物盖层，表面呈负电性，有利于配合作用产生。在黏土矿物层与层之间是分子引力相联结，重金属离子可以进入层间与 SiO^- 发生配合作用。黏土矿物羟基化表面可以通过静电作用与溶液中的离子发生表面配位反应，如 Pb^{2+} 能与高岭石表面进行配位反应。由于层状硅酸盐矿物结构单元层外存在着羟基基团，结构单元层之间的键力联结较弱，重金属离子可以进入层间与羟基发生配合作用，因此在其晶体内部的相邻两结构单元层之间，也存在显著的配合作用。例如，高岭石为 T-O 型层状硅酸盐矿物，重金属离子可以进入层间与八面体片中的羟基发生配合作用。黏土矿物与重金属离子的配合作用受矿物的层电荷分布、重金属离子的水化热、电价、离子半径和有效离子半径等因素控制。

3. 共沉淀作用

共沉淀作用指黏土矿物可以通过自身溶解作用所产生的阴离子与重金属元素产生共沉淀作用，从而降低重金属的可移动性及生物有效性。

2.1.4.2　几种常见黏土吸附剂的结构和性质

黏土矿物吸附剂对重金属离子具有一定的选择性，这与吸附剂构造、功能团、层电荷的分布及重金属离子在水溶液中的水化热、电价和离子半径等因素有关。一般情况下，蒙脱石、高岭石和伊利石对常见的重金属如 Cu^{2+}、Pb^{2+}、Zn^{2+}、Cd^{2+} 和 Cr^{3+} 等的选择性依次为：蒙脱石：$Cr^{3+}>Cu^{2+}>Zn^{2+}>Cd^{2+}>Pb^{2+}$；高岭石：$Cr^{3+}>Pb^{2+}>Zn^{2+}>Cu^{2+}>Cd^{2+}$；伊利石：$Cr^{3+}>Zn^{2+}>Cd^{2+}>Cu^{2+}>Pb^{2+}$。

同时，由于水体中重金属离子一般以水合金属离子、强碱、金属化合物、络合物及金属有机化合物等不同形态存在，这就更加促进了吸附剂的吸附选择性。

1. 蒙脱石

蒙脱石的化学式为 $Al_2O_3 \cdot 4SiO_2 \cdot H_2O$，一种层状硅铝酸盐矿物，主要结构单元为两层硅氧四面体中间夹着一层铝氧八面体，属于 2∶1 型结构的黏土矿物。蒙脱石的两个相邻晶层之间由氧原子层和氧原子层相接，没有氢键，因而单位晶层之间结合力微弱，水和其他极性分子能进入单位晶层之间引起晶格膨胀。它的结构决定了它具有较大的比表面积和吸附能力，典型的蒙脱石在 pH 为 7 时阳离子交换能力约为 0.8 mmol/g，其等电点约为 2.5。在一般情况下，其表面呈负电荷，可有效吸附去除重金属离子。

2. 高岭石

高岭石的化学式为 $2Al_2O_3 \cdot 4SiO_2 \cdot 4H_2O$，一种 1∶1 型的层状硅铝酸盐矿物，它由以一层 Si 为中心的四面体和一层以 Al 为中心的八面体构成。层与层之间由氢键联系在一起，因而其膨胀系数不如蒙脱石。当高岭石的比表面积(SSA)为 10～50 m^2/g 时，典型的高岭石的阳离子交换能力(CEC)是 3～15 mmol/100 g，高岭石的等电点通常是发生在 pH 为 3 时。当高岭石的表面性质被酸性条件所改变时，等电点值可能会变高，对重金属离子有很好的去除效果。

3. 伊利石

伊利石的化学式为 $K_{<1}Al_2[(Al,Si)Si_3O_{10}](OH)_2 \cdot nH_2O$，一种富钾的层状含水硅酸盐类黏土矿物，在组分上与白云母相似。伊利石的晶格具有与蒙脱石相一致的结晶构造和晶体化学特征，它也由三层结构构成，每个结构单元由两层硅-氧四面体夹一层铝-氧-氢氧八面体构成。伊利石与蒙脱石之间的差异，体现在结构上其单位晶层厚度不同，典型的伊利石和蒙脱石的晶层厚度分别为 1.00 nm 和 1.2～1.5 nm，物性上前者为非膨胀型，后者为膨胀型。伊利石具有良好的吸附性能，因而在废水处理中得到应用。

4. 膨润土

膨润土的化学式为 $Al_2O_3 \cdot 4SiO_2 \cdot 3H_2O$，一种以蒙脱石为主要成分的黏土矿物，微观结构的单位晶胞由两个 Si-O 四面体晶片和它们之间夹着的一个 Al-O 或 Al-OH 八面体晶片组成。两者之间靠共用氧原子连接。八面体中有部分 Al^{3+} 被 Mg^{2+} 置换，四面体中有部分 Si^{4+} 被 Al^{3+} 置换便产生了永久性负电荷，必须吸附阳离子以求得平衡，因而膨润土具有较强的吸附性和离子交换性。

5. 凹凸棒土

凹凸棒土的理想结构式为$[Mg_5][Si_8O_{20}](OH)_2(OH_2)_4 \cdot 4H_2O$，一种富镁硅酸盐黏土矿物，其晶体结构属硅酸盐的双链结构（角闪石）和层状结构（云母类）的过渡型，为 2∶1 型黏土矿物。由于晶体结构中存在晶体孔道，内表面积较大，因而具有很强的物理吸附性能。吸附有机污染物后填充于其晶体孔道和晶体层间，晶体的孔容量大，在印染废水、油脂、污染土壤等有机物的净化处理方面具有较大的应用潜力。

6. 硅藻土

硅藻土的化学式为 $SiO_2 \cdot nH_2O$，一种水合 Mg、Al 和 Si 的黏土矿物，是生物成因的硅质沉积岩，主要由古代硅藻及一部分放射虫类硅质遗骸所组成。其主要成分为非晶质的 SiO_2，还有 Al_2O_3、Fe_2O_3、MgO 及一定的有机质。硅藻土具有多孔性、低密度、大的比表面积，并且还具有相对不可压缩性和化学稳定性等特殊性质，用于处理城市污水、造纸废水、印染废水、屠宰废水、含油废水和重金属废水。

7. 粉煤灰

粉煤灰含有碳和硅氧化物，铝氧化物，铁氧化物及钙、镁、钠、钾、硫的氧化物。粉煤灰颗粒呈多孔型蜂窝状组织，比表面积较大，具有较高的吸附活性，颗粒的粒径范围为 0.5～300 μm。并且，珠壁具有多孔结构，孔隙率高达 50%～80%，有很强的吸水性。粉煤灰潜在的优势在于金属被吸附后，容易固化。利用粉煤灰这种独特的吸附性能，以废治废，在废水处理方面有着广泛的应用前景。

8. 沸石

沸石是一种含碱金属和碱土金属阳离子（通常为 Na、K、Ca 和 Mg）的硅铝酸盐矿物。沸石的三维结构具有很大的空隙，由于四面体中 Al^{3+} 取代 Si^{4+} 而局部带负电荷，Na、K、Ca 和其他带正电荷的可交换的离子占据了结构中的空隙，并可被重金属替代。

9. 海泡石

海泡石是一种纤维状的多孔镁质硅酸盐，结构为两层硅氧四面体，中间一层为镁氧八面体。四面体的顶层是连续的，每六个硅氧四面体顶角相反，形成由 2∶1 层状结构单元上下层相间排列的与键平行的孔道，水分子和可交换的阳离子位于其中。由于其独特的结构，使海泡石具有较大的比表面积和较强的离子交换能力，因而在废水和废气处理等方面应用日益广泛。

2.1.4.3 常见的黏土改性方法

由于天然黏土矿物的吸附能力具有局限性，因而对其进行改性已经成为研究的热点。对黏土矿物的改性，主要是根据黏土矿物的吸附机理，提高黏土的阳离子交换能力和改变黏土的表面特性，从而提高黏土矿物对污染物的吸附能力。

1. 黏土的无机物改性

使用无机物对天然黏土矿物进行改性，是通过无机物使其层间结构或结构参数发生变化，以增强其表面酸性、活性及表面积等性质的过程。目前，常用的改性方法有酸化法及无机阳离子交换等。

①酸化法指随着溶液酸性增强，部分八面体阳离子和少量四面体硅的溶解导致黏土矿物孔道逐渐对外开放，获得较大的比表面积，且酸的活性可提高黏土矿物的阳离子交换能力，提高黏土矿物的吸附能力。经酸化改性后的膨润土比表面积可提高到 300 m^2/g 左右(原土比表面积小于 100 m^2/g)。酸化改性黏土多用于油脂的脱色及印染废水的净化处理等。

②用无机阳离子对膨润土进行改性是利用膨润土层间具有可交换阳离子的反应活性，把无机改性剂引入层间，调控层间域，从而改变层间结构，提高表面活性，增强对有机污水的吸附能力。改性后膨润土的层间距从 1.25 nm 提高到 1.80 nm 以上，同时表面酸性也有较大程度的提高。

2. 黏土的有机物改性

制备有机黏土矿物，通常通过离子交换把黏土矿物中原有的无机阳离子置换出来，使其成为疏水性有机黏土或黏土-有机复合体。经有机改性的黏土矿，不仅层间距增大，而且其表面也由亲水性变成亲油性。蒙脱石的有机物改性，由有机阳离子(常用的是十六烷基三甲基铵)与蒙脱石矿物中的无机阳离子在水溶液中进行离子交换而得。黏土层间距可增大0.3～1.3 nm，层间的阳离子由钙离子变成十六烷基三甲基铵阳离子。膨润土的有机物改性过程中常用的有机改性剂有溴化十六烷基三甲胺、氯化十六烷基吡啶等季胺盐阳离子表面活性剂及苯酚乙胺盐等絮凝剂。有机膨润土多数用于处理含有苯、苯胺、油脂等工业废水及印染废水。

3. 混合式改性

采用无机、有机相结合的混和改性手段，可更大程度地提高黏土的吸附性。常见的方法如下：先用无机大分子撑开层间，再用有机化合物(如双十二烷基季胺盐)改性，膨润土的层间距可达 2.5～3.5 nm。这种经混合式改性的膨润土在印染废水处理中有理想的效果，在 50 r/min分散大红染料的废水中，加入该种改性土进行吸附，投加量为 5 g/L 时去除率达 90%以上，且达到饱和吸附的时间较短。而经无机盐及有机盐混合处理的膨润土，可对活性艳红 X-3B 染料进行高效脱色，脱色率可达 90%以上。

4. 其他改性方法

除了常规的有机、无机改性方法外，黏土矿物还可以通过以下方法达到改性目的：①热活化法，在一定的温度下灼烧黏土矿物(如凹凸棒石)，以激活其表面性质；②微粉化处理或造粒，微粉化是将凹凸棒石超细粉碎，以增大其比表面积，提高吸附性能；而造粒是为了减少污泥及二次污染，便于循环使用凹凸棒石。但造粒后黏土的吸附处理性能普遍下降，使得投加量增大，因此造粒应与其他改性方法结合使用。

2.1.4.4　黏土吸附剂的应用及发展趋势

(1)废水处理。膨润土等黏土矿物经过适当的有机改性，可用来处理含有机物的废水。膨润土、蛭石、凹凸棒石、海泡石等黏土矿物可直接利用或经过适当的活化改性处理，也可用来处理含重金属的离子废水，获得了较好的效果。此外，用海泡石、凹凸棒石等进行适当预处理后，以吸附与离子交换法降氟除磷，具有占地面积小、工艺简单、操作方便、高效快速、无二次污染、适用范围广等特点，倍受人们关注。同时，有利于降低废水处理成本，减少污泥产生量，重复利用资源。

(2)土壤和地下水污染的防止及修复。膨润土主要用作土地填埋防渗材料。在垃圾填埋中，利用膨润土的吸附和阻挡性能，将膨润土作为放置场所的坑壁及坑底隔水混凝土的添加剂，能有效提高混凝土的隔水效果和防渗能力，且能有效防止有害物污染地下水。因为蒙脱石在膨润土-水泥体系中改善了混凝土中的结构缺陷，并且能吸附污染物。

(3)空气净化。黏土矿物在空气净化中得到了广泛应用。采用钙盐、钠盐、氢氧化铝、氢氧化铁为活性组成物，以膨润土为载体，经混碾挤条后干燥、焙烧制成的脱氯剂，可用于石油化工气体的脱氯。用改性海泡石对 NH_3 的吸附量大于未改性的，也远大于活性炭吸附量。此外，也用膨润土、高岭石、凹凸棒石等合成的沸石分子筛对 NO_2、SO_2 等气体进行吸附。

早在 20 世纪 70 年代，黏土就被用于化工上吸附剂、催化剂、分子筛，黏土吸附剂由于价格低廉、储量丰富、吸附性能优良、离子交换能力强而广泛受到关注，在废水处理、土壤修复及空气净化等众多领域表现出广阔的应用前景。从发展的角度看，黏土类吸附剂研究的热点方向表现在以下两方面：

(1)结合微生物协同去污。微生物与矿物的相互作用是近年来矿物学、微生物学、化学以及环境学中的热门交叉研究领域，但是微生物与矿物的相互作用对环境的修复作用的研究尚处于起步阶段。微生物不仅能够降解许多环境中的有机污染物，还能够固定重金属离子或氧化还原金属。我们可以研究用黏土矿物来吸附污水中的污染物，然后用微生物方法来处理这些污染物，通过这种方法来实现黏土吸附材料的再生；也可以研究同时用微生物与黏土矿物相互作用来对环境污染加以处理。

(2)纳米及分子水平复合新型催化吸附材料的开发。黏土矿物的孔隙结构影响其对污染物的吸附能力，因此对于纳米型及分子水平复合新型催化吸附材料的研究具有广阔的前景。可以利用层状黏土矿物的吸附性、离子交换性和膨胀性的特点，将许多单体或聚合物嵌入到矿物的层间进而得到黏土矿物纳米复合材料，这样可以增加黏土矿物的层间距，从而提高其吸附能力。

2.1.4.5 几种常见的黏土类吸附剂

1. 硅藻土吸附剂

硅藻土吸附剂是海洋或湖泊中生长的硅藻及其他微生物的硅质残骸在水体中经地质演化作用形成的多孔硅质岩矿物，主要矿物成分是蛋白石，主要化学成分是无定型 $SiO_2 \cdot nH_2O$，同时还含有少量的 Al_2O_3、Fe_2O_3、CaO、MgO、K_2O、Na_2O、P_2O_3。硅藻土由含水的二氧化硅小球紧密堆积而成，小球间构成纳米级微孔，同时壳体本身具有大孔结构，从而形成丰富的孔结构，比表面积大、空隙率高、相对密度小。国产硅藻土的比表面积常为 19～65 m^2/g，孔半径为 50～800 nm，孔体积为 0.45～0.98 cm^3/g。硅藻土可通过范德华力作用、氢键作用及表面羟基中 O 原子上未成键 n 轨道与有机物分子中的 π 键产生 n-π 作用而吸附有机污染物。孔内表面具有大量的硅羟基，硅羟基在水溶液中解离出 H^+ 使硅藻土颗粒表现出负电性，通过静电作用力吸附带正电荷的物质，因此对水体中重金属离子和其他正电性污染物有明显去除效果，但对带负电荷的有机污染物的吸附受到一定限制。天然硅藻土的颗粒细小，表面能高，易团聚，阻碍有机物的扩散，并且硅羟基在水中电离后使其表面呈极性，降低了对有机物的去除效果。硅藻土经酸化、灼烧、正电荷离子表面改性或疏水改性后可以疏通其孔道，提高空隙度及比表面积，增加其吸附活性位点，从而优化其吸附性能，提高其净水效果。硅藻土主要用于处理城市污水、造纸废水、印染废水、屠宰废水、含油废水和重金属废水，以及室内装饰壁材。

在水处理过滤时，单独使用滤布往往在滤布表面形成一层浆状物而出现过滤困难，硅藻土作为滤布助滤剂发挥着三方面的作用：一是大于孔径的杂质粒子被筛分，硅藻土发挥着具有等效平均孔径筛面的滤饼作用；二是穿过滤饼表面小于硅藻土孔径的微粒撞到孔壁被机械截留；三是一些颗粒被硅藻土孔壁相反电荷所吸附而被截留，主要由于分子间力、Zata 电位和可能的离子交换过程存在。也可以直接将微量硅藻土被加入污水中，在机械搅拌下分散于水体之中，硅藻表面的不平衡电位能中和悬浮离子的带电性，电位中和沉淀作用可使其凝集成较大的絮花，借重力沉淀至底部，加上硅藻巨大的比表面积，巨大的孔体积和较强的吸附力，把细微和超细微物质吸附到硅藻表面，形成链式结构。

提纯后的硅藻精土不同于硅藻原土，它具有整体均匀一致的微粒和比较干净的表面，从而使其比表面和表面特性充分展露出来。其均匀一致性体现在具有一致均匀的大小、外形尺度、表面理化性能等，这是目前人造微粒所难以实现的。硅藻土表面带有负电性，所以对于带正电荷的胶体态污染物来说，它可通过电中和而使胶体脱稳。但对带负电的胶体颗粒只能起压缩双电层的作用，无法使其脱稳，从而无法得到理想的污水处理效果。所以，向硅藻精土中加入适量的其他阳离子混凝剂（如铝系或铁系混凝剂），制成改性硅藻土混凝剂。当带正电荷的高分子物质或高聚合离子吸附了负电荷胶体粒子以后，就产生了电中和作用，从而导致胶体 ξ 电位的降低。不仅如此，由于胶体和高分子或聚合离子之间的吸附并非仅由静电引力所引起，还来自氢键、共价键、极性基、静电引力及范德华引力等各种吸附力，故胶体粒子有可能吸附更多的聚合粒子，以至使胶体颗粒电荷改变符号，即原来负电荷胶体变成带正电荷胶体，可同时实现对正电荷和负电荷胶体颗粒的脱稳，从而大大提高污水处理的效果。利用聚苯胺改性硅藻土使其具有导电能力，增大了对污水杂质的去除率。利用聚乙烯亚胺改性硅藻土，可使硅藻土在很大的 pH 范围内带正电，并对苯酚有很好的去除能力。

由于硅藻土质轻、相对密度小，化学性能稳定、多孔且孔径分布范围大、空隙率高、具有很强的吸附能力，这一结构特点使它在废水处理方面具有广泛的应用基础。今后，可以进一步对硅藻土进行造粒研究，使其易于沉降，对于泥水分离效果更好；对于含有多种重金属的废水，研究不同的改性方法对硅藻土进行改性，对于用于吸附不同重金属离子具有重要的意义。改性硅藻土吸附重金属后通过解吸可以对重金属进行回收，这样不仅可以达到去除废水中重金属的目的，还可以对回收的重金属进行重复利用，而且脱附后的改性硅藻土也可以重复使用，可达到资源的有效利用。硅藻土在废水治理中的应用越来越引起人们的关注，它的优越性也逐步得到开发利用。

硅藻泥装饰壁材是利用硅藻土具有的细腻、松散、质轻、多孔、吸水和渗透性强等特点，与传统内墙装饰材料相结合，制成兼具装饰效果与环保健康功能的装饰材料。硅藻泥成膜后，通过多孔结构对水蒸气进行吸收、释放，有效调节室内空气相对湿度值，使之控制在适宜人体健康的范围内；制备过程中添加适当的净化功能材料，如光触媒材料，吸附捕捉游离在空气中的异味分子、甲醛、苯及多种挥发性有机物（TVOC）物质并进行快速分解，进而达到净化消除有害物质的目的；硅藻泥装饰壁材能够有效吸收表面附着的水蒸气，从源头上消除了霉菌、细菌的生长环境，有效抑制和灭除了霉菌的滋长。

硅藻土目前应用研究最广的是作为过滤介质，早在 1915 年它就开始应用于小型水处理装置，生产饮用水。目前，硅藻土作为絮凝剂、吸附剂已被广泛的研究，并取得了一定的成果。硅藻土作为装饰材料成为近年来商业方面的热点。中国是硅藻土富矿国家，今后还要加大硅藻土用于污水处理方面的工业化研究，通过对硅藻土的提纯、改性，使硅藻土具有更加优良的性能和更加广泛的应用空间，对硅藻土煅烧工艺技术的不断开发使其潜在的研究价值也会不断地被开发出来。不久的将来，硅藻土将会出现在许多环保领域。

2. 粉煤灰吸附剂

粉煤灰又称飞灰，是一种工业废渣，是煤炭燃烧排放的高度分散的黏土类火山灰性质的微细颗粒混合材料，主要由 SiO_2、AL_2O_3、Fe_2O_3 等组成，玻璃球体物质含量 50%～80%、氧化铁 6%～16%、碳离子 3%～4%、石英 3%～20%、莫来石 5%～30%，还含有微量锗、镓、硼、镍、铀、铂等元素。其颗粒粒径一般在 1～50 μm 之间，具有多孔结构，孔隙率一般为 60%～75%，比表面积为 2 500～5 000 cm^2/g，具有较强的吸附能力。粉煤灰通过物理吸附、化学吸附和吸附-絮凝沉淀协同三种作用吸附水中的污染物。

粉煤灰在酸性条件下其中的铝、铁离解成混凝剂，铝离子、铁离子将污水中悬浮物粒子絮凝、相互捕获而共同沉淀，在生活污水、造纸厂污水、制革厂污水治、印染厂污水理中取得了较好的效果，且工艺简单，成本低。

粉煤灰表面所含的 Si-O-Si 键、Al-O-Al 键与具有一定极性的分子产生偶极-偶极键吸附，或者阴离子与粉煤灰中次生的带正电荷的硅酸铝、硅酸钙、硅酸之间形成离子交换或离子对吸附。化学吸附选择性强，不可逆。例如，在酸性条件下，粉煤灰表面活性基团（$^{O}_{O}{>}M{—}O$）对阴离子 A^- 的吸附作用可描述为：

$$^{O}_{O}{>}M{—}O+H_2O \xrightarrow{H^+} {}^{O}_{O}{>}M{—}O{—}H_2+OH^-$$

$$^{O}_{O}{>}M{—}O+H_2+A^- \longrightarrow {}^{O}_{O}{>}M{—}O{—}H_2/A^-$$

粉煤灰吸附-絮凝沉淀协同作用时，吸附去除有害物质的同时，其分子中成分还与废水中有害物质作用产生絮凝沉淀。例如，CaO 溶于水后产生 Ca^{2+}，Ca^{2+} 能够与染料中的磺酸基作用生成磺酸盐沉淀，也能与 F^- 作用生成 CaF_2 沉淀。因此，当用 CaO 含量较低的粉煤灰处理含氟废水或染料废水时，常采用粉煤灰-石灰体系，其目的之一就是增加溶液中的 Ca^{2+} 浓度。另外，由于粉煤灰是多种颗粒的机械混合物，孔隙率较大，废水通过粉煤灰时，还能过滤截留部分悬浮物。

粉煤灰的吸附速率由颗粒内部扩散速率决定，吸附质粒径越小，吸附速率越快，达到吸附平衡的时间越短。用粉煤灰处理污水中磷的实验表明，吸附平衡时间与粉煤灰投加量无关，与粉煤灰的粒度有关，颗粒越细，达到吸附平衡的时间越短，吸附速率越快。粉煤灰对污水中污

染物质的吸附符合 Freundlich 吸附等温式，即

$$\lg q=\lg k+\frac{1}{n}\lg c$$

式中，k 和 n 是温度常数；q 为单位质量粉煤灰的除废量；c 为吸附处理后出水剩余污染物含量。

经处理的粉煤灰作为土壤改良剂，可降低土壤容重，增加孔隙度，提高地湿，缩小膨胀率，促进土壤微生物活性，有利于养分转化，使水、肥、气、热趋于协调。粉煤灰作为固化剂可对一些有害物质进行固化处理，形成密实的固体快，孔隙率很小，当发生二次水化时固体物小孔被封死，有害物质不易溶出。粉煤灰还可去除富营养湖泊表层水、间隙水中的磷酸酶。

早在 1914 年美国 Anon 发表了粉煤灰研究论文，近百年来，粉煤灰作为资源化再生利用产品，因具有高堆积密度、多微孔、多吸附点、比表面积大、需水比大等特点，可开发替代昂贵的活性炭吸附剂，用于处理污水、废气中的污染物质。开发廉价高效的粉煤灰活性剂，不仅可提高其使吸附效率，而且对目标污染物具有吸附选择性；探索以粉煤灰为载体的吸附处理技术与其他处理技术相结合的工艺，是未来深度综合处理废水、废气、废油的发展方向；拓宽和深化粉煤灰吸附剂的应用领域，除废水处理外，要加大在废气、废油处理和吸波材料等领域的研究力度。

3. 沸石吸附剂

沸石吸附剂指含碱土金属或碱金属的具有三维空间结构的硅铝酸盐晶体，化学通式为 $M_{x/n}[(AlO_2)_x(SiO_2)_y]\cdot mH_2O$，其中 M 通常为 Na、K、Ca 等金属离子。比表面积一般为 500～800 m^2/g，孔结构以微孔为主，主孔径最大不超过 2.5 nm。沸石吸附剂可分为天然沸石和人造沸石两类。天然沸石空隙中充满大量的水分，因加热时会沸腾而得名。人造沸石也称分子筛，是以含硅和铝的盐为原料经水热合成的；天然沸石经高温焙烧、酸处理、盐或碱处理、水骤然冷却、改变硅铝比等活化处理可以转变为人造沸石。沸石吸附剂具有分子筛、吸附、离子交换、催化四大功能。

沸石分子中的网状骨架结构以及内部孔径在 1 nm 以下的均匀微孔使其可以选择性吸附小于沸石孔径的分子或离子。沸石晶体内部特定的形状和大小的空穴和孔道使其具有选择性吸附，因而又被称作分子筛。而活性炭、硅胶等多孔材料孔径变化大，大小分子均可进入，不具有选择性吸附。

孔道的色散力和晶格空穴中带电荷离子的静电力使沸石具有强吸附能力，对极性、不饱和以及易极化的分子具有优先的选择吸附作用。沸石的孔穴直径为 $6\times10^{-10}\sim15\times10^{-10}$ m，其孔穴、通道占沸石总体积一般大于 50%，且具有大量的均匀微孔，当温度加热到200～500 ℃左右时，沸石的孔穴、通道中的沸石水即可逸出，此时沸石得到活化。活化的沸石在一定的物理化学条件下可选择性吸附 SO_2、NH_3、NO_2 等物质。

沸石晶格上有一部分 Si^{4+} 被 Al^{3+} 所代替而缺少正电核 需要 Na^+、Ca^{2+} 等离子平衡负电荷而形成可交换的离子。沸石的空间结构是硅\铝氧四面体，其结构中空穴里的 K、Na、Ca 等阳离子和水分子与格架结合得不紧，氧原子中有的价键未得到中和，使整个沸石带有负电。为

保证沸石的电中和性，其可与周围水溶液里的阳离子发生交换作用（如 K^+、Na^+、Ca^{2+}、Mg^{2+} 等碱土金属离子），且交换后的沸石结构并不被破坏。同样，沸石的离子交换性能也具有选择性。沸石的离子交性能顺序：$Cs^+ > Rb^+ > K^+ > NH_4^+ > Ba^{2+} > Sr^{2+} > Na^+ > Ca^{2+} > Fe^{3+} > Al^{3+} > Mg^{2+} > Li^+$。

人工合成沸石的空腔中具有酸碱活性中心，可通过与反应物生成配合物用于酸碱催化反应。沸石具有很大的吸附表面，当某种反应物寄附于沸石表面时，其大孔穴可容纳一定数量的物质，从而促使化学反应在其表面进行，且反应生成的新物质还可以从沸石内部释放出来，整个过程并不破坏沸石的结构。

在水处理方面，对无机盐如 NH^{4+}、Fe^{3+}、重金属化合物等及有机磷、有机胺等，采用活性炭也不易去除的化合物，沸石具有选择性去除优势。天然沸石可去除水中的氨氮和磷，有效抑制水体富营养化；天然沸石具有良好的吸附性和离子交换能力，可去除或回收废水中的重金属；活化沸石可有效去除废水中的氟；天然沸石可去除一些较小的有机分子，如 CCL_4、CH_4，用有机改性沸石，特别是表面活性剂改性沸石，可去除水中非极性如笨、甲苯、二甲苯、乙苯、全氯乙烯等有机物，以及极性酚类、苯胺类化合物。高硅憎水性沸石对有机物的吸附选择性优于活性炭，沸石比活性炭易于再生，将沸石与活性炭混合使用，并采取多段吸附，具有更宽广的应用前景。到目前为止，沸石在水处理领域已有一定程度的应用，但由于不同污水的来源各不相同，成分也相对复杂，实际操作条件的限制等不同因素的影响，使沸石应用于水处理暂时多数处于实验研发阶段，大面积地实际应用工程暂时较少。应加强沸石有效活化、再生方法；沸石与其他技术相结合的有效污水处理方法；沸石水处理方面应用深层机理分析等方面的研究。使沸石在水处理方面的应用得以产业化。我国沸石资源相对丰富，总储量居世界前列，应大面积地采用存量较丰富的沸石取代昂贵的其他水处理材料，适应现阶段中国水处理需求。

在空气净化方面，由于沸石结晶骨架上及平衡离子上的电荷局部密度较高，并在骨架上出现酸性位置，是它具有固体酸的性质，是有效的固体催化剂和载体。利用沸石作载体，载上具有催化性的金属或其他催化剂，可显示出更好的催化活性，汽车尾气、工业废气及室内异味都可以利用沸石加以去除，沸石对亚硝胺、多环芳烃选择性吸附和降低催化分解温度作用使抽吸香烟过程中去除致癌物。

沸石在缓释化肥、缓释农药以及改善土壤方面也有应用前景。沸石长效复合肥是以沸石包衣尿素为主要的氮原料，并与其他氮磷钾化肥、有机肥、微量元素等混合而成，尿素表面的沸石大大减缓尿素转化为 NH^{4+} 的速度，控制了氮流失。沸石包衣农药也有效控制了农药释放速率。用 5%的天然沸石处理土壤，能使土壤保湿性提高 7～8 倍。由于传统的化学保水剂，在资源上比天然腐殖质占有优势。

沸石可以用于放射性核废料处理和回收，其对某些放射性核素（如$_{137}Cs$、$_{90}Sr$、$_{60}Co$）有很好的吸附能力，且不受辐射的影响。

在抗菌方面，把具有抗菌性能的金属离子从溶液中交换出来进入沸石空穴和孔道储存起来，经一定处理后制成抗菌材料，具有安全性、长效抗菌性和耐热性，可用于电冰箱、空调、厨房、卫生间、医院等场所。

天然沸石还可以生产保温、隔热、隔音建筑材料，防止噪声污染。用天然沸石代替磷酸钠用于洗涤增效剂，有效防止磷污染。

天然沸石最早在 1756 年被瑞典矿物学家 A. F. Cronsted 发现，其微孔性质及其在吸附、离子交换方面的的性能在 19 世纪得到人们的认识，20 世纪 40 年代 R. M. Barrer 首次成功人工合成低硅铝的沸石分子筛。沸石作为一种环境友好型改良剂，在大量的科学研究和生产实践中显示了较好的土壤改良效果，然而关于对沸石的研究无论是基础理论方面，还是实际运用方面仍存在着许多问题，需要进一步明确和探索。首先，在吸附机制的问题上，尤其是关于重金属离子准确吸附位置的争论相当广泛，并未达成一致。沸石对土壤有机质、土壤微生物、土壤酶的影响研究颇少，并且其多年长期有效性和对生态系统的影响研究不够深入。其次，天然沸石的吸附性和离子交换性并不很突出，需要进行改性，而改性本身会对沸石及土壤性质有一定的要求，并且如果添加改性材料不当会造成环境的二次污染，这些都可能增加治理污染的成本，从而降低改性沸石的优势。因此，应更广泛地研究有关沸石的改性材料及改性条件，为沸石的应用开创更广阔的前景。最后，沸石对重金属复合污染土壤的研究比较少，加强沸石修复混合重金属污染土壤的研究，对沸石和土壤均具有较实际的生产意义。

4. 膨润土吸附剂

膨润土吸附剂又名膨土岩、斑脱岩，是一种以蒙脱石为主要矿物的晶体结构式为 $(Na,Ca)_{0.33}(Al,Mg)_2Si_4O_{10}(OH)_2 \cdot nH_2O$ 的 2∶1 型结构层状硅酸盐，主要化学成分为 SiO_2、Al_2O_3，同时含有少量的 Fe_2O_3、MgO、Na_2O 及 K_2O 等。蒙脱石是由两片顶角朝里的 Si-O 四面体中间夹一片 Al-(O,OH)八面体组成，具有大的内外表面积(600～800 m^2/g)及孔容。膨润土具有阳离子交换性和吸附性。蒙脱石晶体中的硅离子和铝离子易被镁离子置换而使其表面产生过剩负电荷，层间吸附的用来中和负电荷的钠、钙等水合阳离子容易被外来的阳离子置换，使膨润土具有阳离子交换性能。阳离子交换容量(CEC，pH 为 7 的条件下所吸附的 K^+、Na^+、Ca^{2+}、Mg^{2+} 等阳离子总量)是判断膨润土质量的主要依据，CEC 值大的膨润土带负电量越大，其膨胀和吸附能力较强。膨润土吸附作用可以分为物理吸附、化学吸附和离子交换吸附三种类型。根据层间阳离子种类不同膨润土分为金属基膨润土(钠基膨润土、钙基膨润土等)、氢基膨润土(俗称活性白土)和有机膨润土。金属基膨润土可以用来吸附去除水中的重金属阳离子；氢基膨润土具有表面活性，能吸附有色物质、有机物质；有机膨润土层间吸附的有机阳离子的非极性有机链使其对有机污染物具有较强的吸附能力。膨润土吸附剂应用于处理有机废水、去除重金属离子、处理有机污泥、脱色、除磷、地下水修复等。

膨润土吸附可以分为物理吸附、化学吸附和离子交换吸附三种类型。影响膨润土吸附作用的因素是：

(1)膨润土类型。钠质膨润土的吸附能力明显比钙质等其他类型的膨润土矿物吸附能力强。

(2)膨润土颗粒粉碎粒度大小。进行粉碎的膨润土矿物的吸附能力明显提高，粉碎矿物越细，吸附作用越强。

(3)溶液介质。根据双电层理论，膨润土矿物晶体带负电，在形成双电层时会进行离子交换。如果溶液中离子浓度过高会压缩膨润土颗粒双电层，抑制膨润土的分散和扩散，甚至使膨润土产生凝聚和聚结。

天然膨润土的处理效果不是十分理想，常常将膨润土进行改性后再使用。常见的改性方法有活化改性法、添加改性剂改性方法、钠化改性三种。

活化改性法主要包括酸化改性、高温焙烧改性和微波改性三种。

(1)酸化改性。常用的酸主要是硫酸、磷酸、盐酸或其混合酸。酸与膨润土结构中的硅酸盐发生作用，使膨润土层间的钠、钙、钾、镁等金属阳离子溶解析出，致使膨润土层间键能减小，从而增加了活化比表面积和层间间距；酸与膨润土结构中的铝氧八面体发生作用，致使结构中部分铝镁等金属阳离子溶出，使膨润土层间呈负电性，从而增强其对重金属离子的吸附作用；酸能去除分布在膨润土层间通道内的杂质，从而扩大了膨润土的孔容积率，疏通了孔道，使膨润土的吸附性能得到进一步提高。

(2)高温焙烧改性。在不同温度焙烧条件下膨润土能够表现出具有不同的比表面积。膨润土在加热过程中，表面水和结构中的结合水的逸散以及空隙间的细微杂质的清除，减小了吸附阻力，并在一定程度上增加了膨润土的表面积和孔隙数量，有利于吸附质的扩散和阳离子交换容量的增加。但焙烧温度不宜超过 500 ℃，时间不宜过长，否则导致膨润土层间结构出现烧结、坍塌。

(3)微波改性。利用 300 MHz～3000 GHz 的微波对膨润土进行加热，温度场均匀，具有高效性、选择性、即时性、整体性等优点，可以得到具有高活性、高阳离子交换容量的膨润土。

改性剂的改性方法包括：

(1)无机改性。最常用的改性剂是水合羟基-聚合金属阳离子，较为理想的还有 Al、Fe、Cr 和 Mg 等重金属聚合阳离子，其中用高电荷重金属聚合阳离子柱撑改性膨润土的方法较为常见。通过插层置换，无机盐(如 Al、Fe、Cu 和 Mg 的无机盐)中的离子能够平衡硅氧四面体上的负电荷，使膨润土单层之间变得更加疏松而容易剥离，原本分散的单晶片层结构形成柱撑结构，层间域加大，使膨润土的吸附能力和离子交换能力增强。

(2)有机改性。天然膨润土表面具有亲水基，不利于对有机污染物进行吸附，使用烷基铵盐、氨基酸、聚合物单体和偶联剂等有机改性剂通过离子交换作用进入膨润土层间，使其表面由亲水变为疏水，层间距增大，从而提高膨润土对有机污染物的吸附去除效率。

(3)无机-有机复合改性。为满足同时去除不同类型的复杂污染物的要求，将有机改性剂和无机聚合改性剂同时添加进入膨润土，经复合改性后的膨润土既具有无机改性膨润土较大的孔结构和比表面积的优点，又同时具备了有机改性膨润土疏水的层间域以吸附有机物，再加上有机螯合改性剂和阴阳离子的表面活性剂的羟基金属复合后的膨润土，阳离子交换容量大幅加强，使得通过无机-有机复合改性的膨润土对无机物和有机物都有较好的吸附性能。

钠化改性一般是用烧碱和纯碱等钠化剂，使非钠基膨润土中的非钠离子被钠离子取代，转变为钠基膨润土的过程，其方法有干混合法、陈化法和悬液法、湿挤扭法等。联合使用的 MgO、Na_2CO_3 通过提供 Mg^{2+}、Na^+，改变了膨润土层间结构中的电荷比例，使改性后的钠基膨润土稳定性和吸附性能更加优越。

膨润土吸附剂的应用主要体现在以下四个方面：

(1)有机废水处理。可追溯到 20 世纪 30 年代最早用作絮凝剂，到现在改性膨润土已能高效去除水中持久性有机污染物(如多环芳烃和多氯联苯)、苯系物、酚类化合物、胺类化合物、硝基化合物、石油类污染物等。改性黏土在赤潮治理和去除水源水中微囊藻毒素等方面也有巨大的应用潜力。有机黏土作为微生物载体用于三相生物流化床处理含油废水和对苯二甲酸废水，在连续进水间歇曝气时对苯二甲酸的最高去除率为 98%。

(2)重金属离子去除。膨润土在吸附重金属离子之后的再生过程中又能解吸附离子的特点使膨润土的改性以及在对重金属吸附性能的研究也越来越多。无机改性膨润土处理高浓度铬离子废水的处理效果比活性碳处理效果要好很多。钠化改性膨润土对高浓度铜废水有明显的去除效果，并与聚合氯化铝絮凝剂进行絮凝时，处理效果更加明显。Na_2CO_3、Al_2O_3改性膨润土对溶液中镉离子去除率大于 92%，并能达标排放。

(3)有机废气处理。有机膨润土用于吸附有机蒸气，对苯系物、烷烃、氯代烷烃、氯代烯烃、酯、醚、酮等 7 类 20 种常见挥发性有机物的吸附的研究仍在不断完善中，对低浓度单环芳烃类质、多环芳烃、醛酮类化合物等污染物开发高吸附性能-强矿化能力的吸附-催化耦合材料引起了极大关注。有机-无机复合膨润土具有原料来源广泛、绿色无毒、吸附和催化性能好等特点，在有机废气，特别是室内有机污染控制中具有广阔的市场前景。

(4)土壤污染控制与修复。利用土壤和蓄水层物质中含有的黏土，在现场注入阳离子表面活性剂，使其形成有机黏土，通过调控土壤或地下水中有机污染物的吸附行为、传质过程及其生物有效性，利用原位微生物降解技术来实现截住和固定有机污染物，永久防止地下水进一步污染。

自 20 世纪 80 年代以来，膨润土在环保方面的应用有了较大的发展，主要用于废水和污水处理，无论是单一的原土钠化改性，还是制成膨润土复合材料，其主要目的都在于进一步增强其吸附能力，其吸附能力可以超过活性炭，在污水净化中起捕收剂作用，不仅能吸附大量的有机悬浮物、重金属离子，还能去除细菌、病毒等微生物。对膨润土在废气处理、固体废物处理方面的研究也已有报道。我国膨润土矿产资源丰富，虽然开发利用的时间比先进国家晚得多，但未来开发利用的空间大，原料富足，今后将重点发展钠基膨润土。研究推广有机膨润土和催化载体膨润土，扩大其在环保工业中的应用范围。逐步实现的系列化深加工工艺的突破，将为我国膨润土环保材料发展提供一个契机。

2.1.5　天然改性材料吸附剂

2.1.5.1　改性纤维素类吸附剂

改性纤维素类吸附剂是利用物理、化学方法对富含纤维素的物质进行处理，使其成为具有良好吸附性的高分子材料。纤维素中每个葡萄糖基上有三个可供反应的羟基，通过对羟基的衍生化反应实现对纤维素的改性。在其分子中通过羟基衍生化反应引入的羧基、磺酸基、磷酸基等阴离子基团从而可制备对阳离子具有较强吸附能力的阳离子吸附剂，分为含羧基的弱酸型和含磺酸基或磷酸基的强酸型两类；羟基通过交联处理或接枝化后，经胺化后可制成分子链上带有伯胺基(RNH_2)、仲胺基(R_2NH)、叔胺基(R_3N)、季铵盐(R_4N^+)、吡啶基等阳离子基团的阴离子吸附剂，分为强碱型和弱碱型两类。在纤维素的分子链上同时引入阴离子型基团和阳离子型基团制备的吸附剂，可以同时吸附阴性和阳性两种离子的两性离子吸附剂。纤维素和螯合剂的作用是使其枝连上螯合基团，形成对贵重金属元素具有较强选择性的离子螯合吸附剂，所采用的螯合剂有含氮螯合剂（主要是偕胺肟型吸附剂）、含硫螯合剂（巯基螯合剂、黄原酸酯、聚硫醚等）和复合型螯合剂。改性纤维素的吸附作用主要包括离子交换、共价螯合、静电中和、范德华引力、偶极-偶极相互作用和氢键键合等，可用于吸附去除水体中重金属离子和染色及污水的脱色，应用于环境保护、生物医学、生物工程等领域中。

纤维素是天然高分子化合物，其化学结构是由很多D-吡喃葡萄糖酐（1-5）彼此以β（1-4）苷键连接而成的线形巨分子，分子式为$(C_6H_{10}O_5)_n$（n为聚合度），其结构如下：

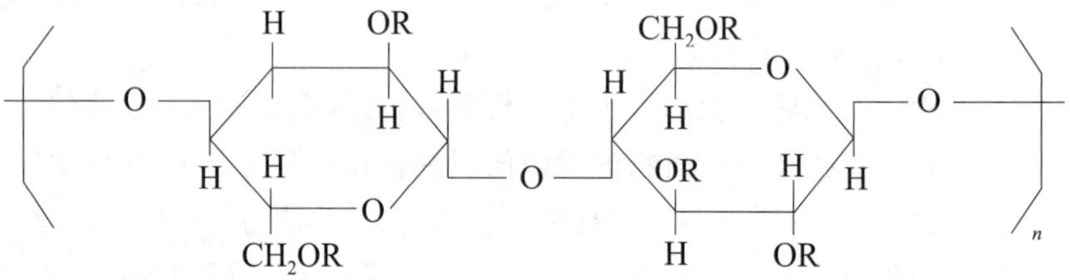

纤维素的结构特点使得纤维素可以经过酯化、醚化、接枝共聚等一系列的化学改性反应，制取不同用途的功能高分子材料。

（1）酯化。在酸催化作用下，纤维素分子链中的羟基与酸、酸酐、酰卤等发生酯化反应，根据取代基的性质，可将纤维素酯化衍生物分为纤维素无机酸酯和纤维素有机酸酯。纤维素无机酸酯是指纤维素分子链中的羟基与硝酸、硫酸、二硫化碳、磷酸等进行酯化反应的生成物，其中最重要并已形成工业化的是纤维素硝酸酯和纤维素黄原酸酯。纤维素有机酸酯是指纤维素分子链中的羟基与有机酸、酸酐或酰卤反应的生成物，主要有纤维素醋酸酯、纤维素甲酸酯、纤维素丙酸酯、纤维素丁酸酯、纤维素苯甲酸酯及纤维素有机磺酸酯，还有各种纤维素混合酯，如醋酸丙酸纤维素、醋酸丁酸纤维素、醋酸琥珀酸纤维素和醋酸邻苯二甲酸纤维素。纤维素有机酸酯由于酯化剂来源的限制，有实用价值且已形成规模性工业生产的有纤维素醋酸酯、醋酸丙酸纤维素以及醋酸丁酸纤维素。

（2）醚化。以天然纤维素为基本原料，经过碱化、醚化反应生成纤维素醚。通常根据各取代基的种类、电离性以及溶解度的差异，将纤维素醚分类如下：①按取代基种类分单一醚类和混合醚类，单一醚类有烷基醚（如甲基纤维素、乙基纤维素）、羟烷基醚（如羟乙基纤维素、羟丙基纤维素）、其他（如羧甲基纤维素、羧乙基纤维素）；混合醚类有乙基羟乙基纤维素、羟乙基甲基纤维素、羟乙基羧甲基纤维素、羟丙基羧甲基纤维素等。②按电离性分为离子型、非离子型和混合型。③按溶解度分为水溶性和非水溶性纤维素醚。

（3）接枝共聚。合成单体起聚合反应生成高分子链，经共价化学键接枝到纤维素大分子链上。通过纤维素与丙烯酸、丙烯腈、甲基丙烯酸甲酯、丙烯酰胺、苯乙烯、乙酸乙烯、异戊二烯和其他多种人工合成高分子单体之间的接枝共聚反应，已制备出性能优良的高吸水材料、离子交换纤维、永久性的染色织物以及具有力学性能的模压板材等新型化工产品。纤维素接枝共聚主要方法有自由基聚合、离子型共聚及缩聚与开环聚合。

改性纤维素用于废水中重金属离子吸附时，大量的研究表明，与一般重金属吸附法相比，可以针对不同的重金属离子进行针对性改性，具有吸附量大、吸附速度快、成本低、操作简单、不产生二次污染等特点。纤维素经过适宜的改性对印染废水、有机物废水、农业废水、造纸废水也表现出了较好的吸附效果。长期以来，空气净化装置和各种形式的防毒面具多采用活性炭颗粒或纤维作为吸附过滤材料。虽然活性炭具有适用范围广的特点，但吸附过程为物理行为，不适合高温、高湿条件下使用，同时一些极性分子 SO_2、NH_3、H_2S 的吸附是在浸渍了催化剂条件下完成的，再生性很差。与此相比，天然纤维改性离子交换剂是以可逆化学反应方式完成对各种极性分子的分离富集，可以制成织状物，在一个体积很小的单元提供相当大的过滤面积，使其具有很好的渗透稳定性。因此，可以将其用于填充交换柱或以(非)织布方式用于空气净化器或防毒面具。

改性纤维素吸附剂作为环境友好材料，价廉易得，生物相容性好，有着其他合成吸附剂不可比拟的优点，其吸附、分离和提取废水中的重金属离子具有吸附量大、吸附速度快、成本低、操作简单、不产生二次污染等优点，是去除污水中重金属离子领域的热点。

纤维素是地球上最丰富的天然有机物，从 20 世纪七八十年代人们就关注到改性纤维素用于环境吸附。为了扩大改性纤维素类吸附剂的应用范围，在未来应不断开发出新型的特效纤维素类吸附剂，使其吸附性能、再生效率以及抗氧化能力等方面优于一般的吸附树脂。通过合理优化纤维衍生物的结构、控制外界条件等方法可提高纤维素吸附剂的吸附量。通过优化接枝链长度等方法可提高纤维衍生物构象的灵活性，进而达到多次使用的目的。制备有机/无机复合多功能高分子吸附剂，除制成粉状、细微颗粒状或纤维状的吸附剂外，还应研制出织物状或球状的改性纤维素类吸附剂，有助于改进工业上原有的吸附操作设备，便于简化吸附操作步骤。

2.1.5.2　改性淀粉类吸附剂

在淀粉原有特性基础上，通过物理、化学或酶法处理，改变其某些天然性质，增加其性能或引进新特性而制备的具有吸附性能的淀粉。物理改性淀粉包括预糊化淀粉、超高频辐射处理淀粉、机械研磨处理淀粉、温热处理淀粉等；化学改性淀粉主要分为使淀粉分子量下降的酸解、氧化淀粉和使淀粉分子量增加的交联、酯化、醚化、接枝淀粉两大类；酶法改性淀粉是经各种酶处理后制得的 α、β、γ-环状糊精、麦芽糊精、直链淀粉等改性淀粉；复合改性淀粉是采用以上任意两种处理方法得到氧化交联淀粉、交联酯化淀粉等改性淀粉。改性淀粉主要以化学改性为主，酸变性淀粉是用酸处理使淀粉分子中的糖苷键部分断裂得到短链淀粉，水溶性提高，凝胶性增强；氧化淀粉是在碱性条件下淀粉分子被 H_2O_2 或 NaClO 等氧化成醛，进而转化成羧基且发生环断裂等反应制得，溶解性提高，易糊化，黏合力强；交联淀粉是用交联剂与羟基发生反应使淀粉分子内或分子间的醇羟基联合起来呈现多维空间网状结构的淀粉衍生物，凝胶性增强，黏度增大，耐酸碱稳定性好；酯化淀粉是淀粉葡萄糖单元结构上的醇羟基被有机酸或无机酸酯化剂取代而得到的改性淀粉，亲水性好，胶凝性增强；醚化淀粉是淀粉分子中的羟基与反应活性物质反应生成的淀粉取代基醚，包括羟烷基淀粉、羧甲基淀粉、阳离子淀粉等，耐酸碱性提高，凝胶性增强；接枝淀粉是淀粉经物理或化学方法引发，与烯类单体进行共聚反应形成的改性淀粉，吸水性提高，耐盐性增强，热稳定性好。改性淀粉作为吸附剂一般以化学或复合改性为主，吸附作用主要通过离子交换作用、共价螯合作用、静电键合作用或氢键键合作用而发生，用于去除水中重金属离子、CrO_4^{2-}、酚类物质、染料废液中的有机物及水中的胶体颗粒等。淀粉类吸附剂可通过接枝各种官能团到交联淀粉的网络结构或骨架以增强亲水性和表面极性。

常用改性淀粉吸附剂主要分为以下六类：

(1)多孔淀粉吸附剂：在低于淀粉糊化温度下，利用 α-淀粉酶、葡萄糖淀粉酶等酶作用于淀粉分子形成的多孔性蜂窝状吸附剂，其孔直径为 1 μm 左右，孔隙率为 50%左右，其吸附特性来自多孔表面化合价的不饱和键力，其作为一种高效、无毒、安全吸附剂，已广泛应用于食品、医药卫生、农业、化妆品、造纸、印刷等行业。

(2)环糊精吸附剂：环糊精分子中的葡萄糖单位是以椅式构象存在，各伯醇羟基都位于穴洞外面的下边缘，各仲醇羟基都位于穴洞外面上边缘，所以外边缘具有亲水性或极性；穴洞内壁为氢原子和糖苷键氧原子，具有疏水性或非极性。由于环糊精的外缘亲水而内腔疏水，因而它能够像酶一样提供一个疏水的结合部位，作为主体包络各种适当的客体，如有机分子、无机离子以及气体分子等。其内腔疏水而外部亲水的特性使其可依据范德华力、疏水相互作用力、主客体分子间的匹配作用等与许多有机和无机分子形成包合物及分子组装体系。环糊精吸附剂在食品、医药、农业、环境保护、日化用品及生化等行业应用。

(3)接枝共聚淀粉吸附剂：采用物理或化学引发法将亲水半刚性链的淀粉大分子与丙烯腈、丙烯酸、丙烯酰胺等烃类或偶氮化合物单体接枝共聚制得，接枝共聚淀粉具有离子交换功能，可吸附除去某些重金属离子。

(4)淀粉黄原酸酯吸附剂：在碱性条件下二硫化碳与淀粉的羟基起酯化反应制得的离子交换淀粉，反应方程如下：

$$StOH+CS_2+NaOH \longrightarrow St-O-\overset{\overset{\displaystyle S}{\|}}{C}-S^-Na^+ + H_2O$$ （注：St 表示淀粉黄原酸酯）

淀粉黄原酸酯与废水中金属离子的结合属于络合吸附，吸附剂中钠被重金属离子交换而形成不溶性交联淀粉黄原酸酯重金属盐沉淀，其用于清除电镀、采矿、铅电池制造及黄铜冶炼等工业废水中的重金属离子，效果良好。

(5)淀粉氨基甲酸酯吸附剂：利用淀粉与一定质量配比的尿素在高温下混合，淀粉大分子葡萄糖残基中的羟基被氨基甲酸酯原子团（H_2NCOO-）取代后的淀粉衍生物，反应方程如下：

$$H_2N-\overset{\overset{\displaystyle O}{\|}}{C}-NH_2 \rightleftharpoons \underset{\text{异氰酸}}{H-N=C=O} + NH_3$$

$$StOH+H-N=C=O \rightleftharpoons StO-\overset{\overset{\displaystyle O}{\|}}{C}-NH_2$$

尿素起交联剂和取代基的作用，形成具有良好絮凝性能的氨基甲酸酯基团，具有去除金属离子和脱色效果。

(6)羧甲基淀粉吸附剂:淀粉在碱性条件下与一氯乙酸经醚化反应使葡萄糖单位中的醇羟基被羧甲基取代制得的阴离子淀粉醚。反应式如下:

$$StOH + NaOH \longrightarrow StONa + H_2O$$

$$StONa + ClCH_2COOH \xrightarrow{NaOH} StOCH_2COONa + NaCl + H_2O$$

形成具有羧基所固有的螯合、离子交换、多聚阴离子的絮凝作用,易与重金属离子生成沉淀,可用于处理工业污水和生产不溶水的涂料。

改性淀粉类吸附剂主要用于金属离子吸附、土壤保水剂、土壤改良剂及工业脱水剂等。尽管作为絮凝剂直接投加于天然原水中效果不佳,但作为助凝剂与聚合氧化铝配合使用,在处理低温低浊水中起到了很好的助凝作用。对金属离子的吸附主要包括离子交换、螯合、络合、静电吸附、羟基结合、物理吸附等作用,其中离子交换和络合起主要作用。环装糊精多用于对水中有机杂质的去除。作为土壤保水剂,加入 1%改性淀粉吸附剂可提高土壤持水率达 40%左右,提高土壤肥力,增强植物的抗旱能力;作为土壤改良剂,它可改变土壤的团粒结构,使土壤疏松从而使土壤的湿度、透气性、昼夜温差得到改善,被用于农业、林业、园艺等方面。作为工业脱水剂,利用改性淀粉类吸附剂只吸水而对有机物吸收小的特性,除去石油、矿物、化工原料中的少量水分,装置简单,能耗小,可降低成本。在医药行业作为各种膏剂的载体和基质,具有一定的生物相容性,对肿瘤、癌症的治疗效果明显。

20 世纪 70 年代以后,人们陆续开发了一些改性淀粉水处理剂,改性淀粉类吸附剂作为来源广、成本低、毒害性小、易降解、可再生的绿色环保型吸附剂,具有良好的金属离子吸附性能,这些综合特性是其他合成吸附剂不可比拟的。但改性淀粉类吸附剂仍存在很大的改良空间,首先要合理利用微波反应器、多重复合改性等新技术提高其吸附能力,降低生产使用成本,避免制备过程中的环境污染。其次,尽管改性淀粉可生物降解,属绿色水处理技术,但用于处理废水中重金属后不可避免地会产生二次排放。目前对于这方面的研究报道很少,今后需加大对环境影响机理的研究,开发新型抗污染的改性淀粉吸附剂。最后,加强改性淀粉与其他重金属处理技术相结合,或与不同产品复配使用,优化处理效果。

2.1.5.3　改性木质素类吸附剂

利用木质素分子中的芳香基、酚羟基、羰基、甲氧基、羧基、共轭双键等活性基团发生氧化、还原、水解、醇解、光解、酰化、磺化、烷基化、卤化、缩聚或接枝共聚反应制备的木质素衍生物。其吸附作用包括离子交换、螯合、电中和、范德华引力、偶极-偶极相互作用和氢键等。改性木质素中活性吸附位点含量及空间网络结构有利于提高其吸附能力,主要应用于吸附各种重金属离子,也可用于阴离子、有机物(如酚类、醇类、烃类化合物、卤化物)和其他物质(如染料、杀虫剂、蛋白质、酶)等。

改性木质素类吸附剂主要分为木质素树脂、胺化改性木质素、接枝共聚改性木质素。

(1)木质素树脂:以带有磺酸基、羟基等含氧基团木质素磺酸盐为原料利用反相悬浮技术制备木质素树脂用于对金属离子的络合;以碱木质素为原料制备的木质素树脂依靠分子中羟基、氨基、羧基及羰基等官能团对废水中的重金属进行吸附；含有碱木质素、木质素磺酸盐及大量杂质的造纸黑液直接被浓缩可制备木质素树脂，免去了碱木质素或木质素磺酸盐的提取，成本低。

(2)胺化改性木质素：在木质素上引入氨基，利用氨基与重金属的螯合作用，提高木质素对重金属的吸附效率。

(3)接枝共聚改性木质素：多以木质素磺酸盐为原料，通过丙烯酰胺进行接枝共聚，分子量增大使吸附剂活性吸附点增多，且引入能有效吸附重金属的基团 $CONH_2$，对重金属具有很好的去除效果。

木质素类吸附剂改性方法有接枝共聚、交联、曼尼希反应。

(1)接枝共聚：利用木质素网孔结构中具有吸附作用的活性位点，采用丙烯酰胺、丙烯酸、丙烯腈、甲基丙烯酰胺和苯乙烯等单体对木质素进行接枝共聚。例如，木质素与丙烯酰胺的接枝改性产物中增加大量有较强吸附作用的—$CONH_2$，大分子量显著增大。—$CONH_2$接枝短链介入使得木质素空间结构中的网孔变得更小，比表面积变大，改性后的吸附能力明显增强。

(2)交联：环氧氯丙烷直接交联所制得的球形木质素吸附剂比表面积为 245 m^2/g，全交换容量为 1.17 mol/g，具有很好的吸附能力、抗氧化能力、抗生物降解能力、热稳定性及抗酸、碱能力；利用邻苯二酚通过交联对木质素进行改性制成改性木质素凝胶，表现出对重金属离子的吸附特性。

(3)曼尼希(Mannich)反应：指胺类化合物(伯胺、仲胺或氨、氨基酸等)与醛类(甲醛、乙醛、糠醛等)和含有活泼氢原子的化合物三种组分的不对称缩合反应，醛与胺在酸催化剂下首先缩合失水得到亚甲胺碳正离子，然后再与活泼氢组分进行亲电加成而得到曼尼希碱，反应式如下：

$$R_2NH+CH_2O \longrightarrow R_2NCH_2OH \xrightarrow[-H_2O]{H^+} [R_2N—\overset{\oplus}{C}H_2 = R_2\overset{\oplus}{N}=CH_2]$$

$$Z—\underset{|}{\overset{|}{C}}—H+R_2N—\overset{\oplus}{C}H_2 \xrightarrow{-H^+} R_2N—CH_2—\underset{|}{\overset{|}{C}}—Z \quad \text{(其中 Z 为吸电子基)}$$

木质素结构单元中苯环上酚羟基的邻位和对位以及侧链上羰基的 α-位和不饱和双键上的 α-位上均含有较活泼的氢原子，与醛和胺发生曼尼希反应，结果在木质素分子结构中引入了季铵基、N-羧甲基等含胺基团，使改性木质素具有阴离子交换能力或螯合能力。

改性木质素类吸附剂应用如下：

(1)金属离子的吸附。木质素吸附二价金属离子的同时伴随有木质素结构中已有的金属离子和质子的置换，金属-质子的置换平衡常数随 pH 的降低而降低，而金属-金属的交换平衡常数则揭示了不同金属离子与木质素的键合强度按下列顺序递减：$Pb^{2+} > Cu^{2+} > Zn^{2+} > Cd^{2+} > Ca^{2+} > Sr^{2+}$。利用接枝聚合改性后的球状碱木素去除水溶液中的 Cr^{3+}、Cr^{6+}、Pb^{2+}、Zn^{2+} 等金属离子，由于木质素结构中含有较多的含氧功能基团可作为阳离子交换位点，而 Cr^{6+} 通常以阴离子形式存在，故其对 Cr^{3+}、Pb^{2+} 和 Zn^{2+} 有较好的去除作用，但 Cr^{6+} 作用不明显。

(2)染料废水的处理。以甲醛交联反应制得的球状木质素基离子交换树脂处理染料废水，发现树脂对低浓度和高浓度的阳离子均有很好的吸附作用，前期吸附速度快，随后吸附速率趋缓，升高温度有利于前期吸附速率的增大，而且对阳离子染料的脱色作用是离子交换与化学吸附共同作用的结果。

(3)其他污染物的去除。改性木质素能够吸附高浓度废水中溴和氯等卤素；水解木质素氨基衍生物对阴离子的交换容量为 2 mg/g；木质素衍生物对于 N-亚硝基二乙胺的吸附能力随着平均相对分子质量的增大而增大；季铵化木质素对苯酚及含氮芳香族化合物的吸附能力比木质素的吸附能力增加 2～3 倍。

1838 年，法国植物化学家 Payen 最早发现木质素，20 世纪 80 年代末对木质素的研究才引起关注。造纸废液木质素开发为经济、高效的改性木质素类吸附剂，不仅解决了造纸黑液的污染排放问题，还为重金属废水的治理提供了一种新方法；木质素无毒，易被微生物降解，属环保型吸附剂，能够解决普通污水处理剂处理污水过程中所带来的二次污染问题。基于木质素以上优点，使木质素基吸附剂在重金属废水处理中有广泛的应用前景。虽然以造纸废液木质素为原料已成功制备出一系列具有吸附效率较高、吸附性能较好、可再生等优点的木质素基吸附剂，但相对于活性炭、离子交换树脂等吸附剂，改性木质素类吸附剂的吸附性能还有较大的提升空间，需要不断加强其对重金属吸附机理的研究，研发新技术路线，制备出合成工艺简单、成本低廉、性能卓越的改性木质素类吸附剂，提高其选择吸附性和重复利用率，节约成本。

2.1.5.4　改性壳聚糖类吸附剂

改性壳聚糖类吸附剂是指利用壳聚糖分子中—OH 和—NH_2等功能基团发生季铵盐化反应、烷基化反应、羧基化反应、酰基化反应、酯化反应、接枝共聚反应、交联反应或与其他吸附剂复合制得的壳聚糖衍生物。季铵盐化壳聚糖是使壳聚糖分子中的氨基、羟基进行季铵盐化反应，从而增大壳聚糖衍生物的水溶性；烷基化壳聚糖是壳聚糖分子引入可削弱壳聚糖分子的氢键作用和结晶度的烷基得到的衍生物；羧基化壳聚糖是壳聚糖分子引入了羧基或羧烷基制备的衍生物，具有一定水溶性；酰基化壳聚糖是壳聚糖分子引入不同的芳香族或脂肪族酰基，从而改善壳聚糖在有机溶剂中的溶解性；酯化壳聚糖是壳聚糖分子中的羟基与酸进行酯化反应，使其对重金属具有很强的螯合能力；接枝共聚化壳聚糖是壳聚糖分子中的氨基或羟基活性基团经物理或化学方法引发后与单体进行共聚反应，从而在壳聚糖分子中引入其他化学结构，改善其物理和化学性能；交联化壳聚糖是使壳聚糖分子中的—OH 或—NH_2与一些双官能团物质(环氧氯丙烷、戊二醛等)通过交联反应制备得到的具有三维空间网状结构的高分子物质，交联后的壳聚糖性质稳定，不易溶解，重复使用性增强；复合改性壳聚糖是壳聚糖与多孔无机物、有机聚合物、菌类、磁性物质等复合制备，其比表面积和吸附容量均较大，可以降低使用成本。改性壳聚糖类吸附剂可用于选择性吸附水中特定金属离子、酸、卤素(碘、溴)、低级醇类、醛类、氨基酸、多肽、蛋白质、核酸、饮用水中杂质、染料、酶制剂等。

壳聚糖在 pH 较低时分子中的氨基会发生质子化而溶解流失，限制了其应用范围。利用壳聚糖分子中大量的羟基和氨基的化学反应活性，通过各种化学方法进行改性，引入相应的吸附官能团，不仅拓展了其应用范围，还提高了吸附能力。

(1)季铵盐化：主要发生在壳聚糖分子中的氨基上，季铵盐基团的水合能力强，能增加其水溶性，提高其阳离子和正电性强度，增强吸附能力。合成壳聚糖季铵盐的方法有三种：一是壳聚糖直接与碘甲烷反应；二是先用壳聚糖与过量的醛类和 $NaBH_4$ 还原合成 N,N-二甲基壳聚糖，然后再与碘甲烷反应；三是先用氨基与醛反应成希夫碱后再用 $NaBH_4$ 还原成仲胺，然后与碘甲烷合成壳聚糖季铵盐。季铵盐基团的引入使壳聚糖的正电性增加，表现出对废水中 $Cr_2O_7^{2-}$ 及其他可形成带负电的胶体颗粒的有机化合物的有效去除能力。

(2)烷基化：主要包括 Schiff 碱反应和 N-烷基化反应。Schiff 碱反应是指在中性介质中壳聚糖易与酮或醛发生反应，再经过硼氢化钠还原生成壳聚糖 N-衍生物，这一反应不仅可以保护氨基，使羟基进行改性，反应结束后又可轻易地脱去保护基团，而且壳聚糖与一些特殊的醛发生 Schiff 碱反应可生成有用的 N-衍生物，从而大大改善了壳聚糖的吸附性能。N-烷基化反应是利用壳聚糖分子中具有很强亲核能力的氨基与卤代烷发生 N-烷基化反应，再与环氧衍生物反应生成 N-烷基衍生物，可引入亲水性的羟基，该烷基化衍生物能与重金属离子形成稳定的多元环螯合物，对重金属离子的吸附能力和吸附选择性都有所提高。

(3)羧基化：用乙醛酸或者氯代烷酸与壳聚糖上自由氨基和 C_6 位上的羟基发生反应，制得相应的羧基化壳聚糖衍生物。羧甲基化壳聚糖衍生物的分子内含有—OH、—NH_2 和—COOH 等活性基团，对印染废水和重金属废水的处理效果要高于壳聚糖。在羧甲基化反应过程中，壳聚糖分子中的氨基与 C_6 位上的羟基存在竞争，产物基本是 N,O-羧甲基壳聚糖衍生物。例如，先采用保护基团对氨基进行保护再进行羧甲基化反应，可制得取代位置明确的 O-羧基化壳聚糖。

(4)酰基化：通过与多种有机酸的衍生物在氨基或羟基上发生 N-酰化或 O-酰化反应，引入不同的芳香族或脂肪族酰基，从而改善产物在有机溶剂中的溶解性。由于酰化反应与酰基结构、催化剂种类、反应溶剂和反应温度等条件有关，因此得到非单一的酰化产物，即发生 N-酰化又发生 O-酰化。一般来说，氨基反应活性比羟基大，在没有保护氨基的情况下，酰化反应会先发生在氨基上。例如，要得到 O-酰化产物，需要先保护分子链上的氨基，在温和条件下进行酰化，反应结束后再脱去保护基即得到目标产物。壳聚糖经过酰化反应可引入—COOH 和—$NHSO_3$ 等官能团，增加壳聚糖分子的吸附点，从而增加对金属离子的吸附容量。

(5)酯化：壳聚糖分子链上 C_6 位的—OH 通常易与浓硫酸、SO_2、SO_3、氯磺酸等硫酸酯化试剂发生非均相反应形成酯化产物；壳聚糖加入到 CS_2 和 NaOH 的水溶液 60 ℃下反应得到黄色粉末 N-黄原酸化壳聚糖钠盐，这些酯化产物对重金属有很强的螯合能力，且螯合物不溶于水，可通过过滤去除。

(6)接枝共聚：壳聚糖的接枝共聚反应由链引发、链增长和链终止反应组成，以壳聚糖为主链，乙烯基或其他单体为侧链合成半聚合物，根据需要，将能够对金属离子产生螯合或吸附作用的官能团引入壳聚糖分子上。例如，对壳聚糖进行了胺化接枝改性对水溶液中的 Cu^{2+} 的吸附量可达到 126 mg/g，明显高于壳聚糖的吸附量。

(7)交联：壳聚糖与环氧氯丙烷、戊二醛等交联剂进行交联，反应主要是醛基与壳聚糖分子上的氨基发生 Schiff 碱反应，也与羟基发生反应，产物水溶性降低，溶胀减小，重复使用性增强。由于交联反应消耗了壳聚糖的活性基团，对重金属的吸附性能低于壳聚糖，但是提高了金属离子的吸附选择性及吸附速度。

(8)与其他吸附剂复合:通过控制碱性、温度等反应条件,壳聚糖可与活性炭、硅胶、沸石、麦饭石和粉煤灰等进行表面物理改性;通过官能团的化学反应,壳聚糖可与竹炭、纤维素和淀粉等发生化学反应引入新的吸附官能团。壳聚糖与上述吸附剂的复合,大大提高了壳聚糖的利用率。

改性壳聚糖类吸附剂的应用如下:

(1)重金属离子吸附剂。壳聚糖是天然手性高分子甲壳素脱乙酰基产物,分子链中含有大量带孤对电子的活性基团(羟基、氨基)。对金属离子吸附量与壳聚糖改性后产物的化学结构、金属离子半径和配位数有关。壳聚糖对金属离子的吸附是通过分子中的氨基和相邻的羟基与金属离子发生螯合反应形成稳定的五元环状螯合物,壳聚糖分子接枝及交联改性后活性基团(羟基、氨基)的数量减少导致了其与金属离子的吸附或络合能力减弱,吸附量下降;壳聚糖的直链状结构比交联后壳聚糖的 Schiff 碱网状结构更易形成稳定的螯合物;改性壳聚糖对具有一定半径的金属离子更容易发生吸附形成稳定的螯合物。壳聚糖具有的良好生物相容性与螯合活性使其在轻工、化工、环保及医药等领域得到越来越深入的研究,尤其在金属离子吸附方面表现突出。

(2)吸附染料。水溶性染料一般为难降解的有机化合物,其化学结构使许多氧化剂对其无效,也使常规活性污泥中的细菌无法吞噬破坏,因此水溶性染料废水的脱色成为一大难题。壳聚糖及其衍生物对直接、分散、酸性、活性、还原、硫化和纳夫妥染料分子具有很高的亲合力,对碱性染料的亲合力较低,通过离子交换、氢键作用和聚合物内部网状结构所形成的物理吸附对具有酸性的染料分子和活性染料表现出优异的去除作用,吸附量约为粒状活性炭的数倍,用于印染废水脱色明显优于传统的沉淀法、活性炭吸附法等,且原料本身无毒,不会造成二次污染。

(3)对其他污染物的吸附。壳聚糖包裹活性炭经戊二醛交联形成颗粒用作吸附处理饮用水的三氯甲烷,吸附效果好于活性炭,且不吸附水中的 K^+、Na^+、Ca^{2+}、Mg^{2+}、Cl^-、SO_4^{2-}、CO_3^{2-}、HCO_3^- 等离子而保持天然水体的本底浓度;壳聚糖能够有效吸附含卤水溶液或极性有机溶剂中的卤元素,苯乙烯接枝后的壳聚糖对碘和溴的吸附量明显提高,其中对溴的吸附量更为显著。

1859 年,法国 Rouget 制备出了壳聚糖,壳聚糖作为一种天然线形高分子碱性多糖,具有来源丰富、无毒无味、生物相容性好等特点,壳聚糖分子链的糖残基上既有羟基也有氨基,易改性,而且与其他传统吸附剂相比,壳聚糖具有吸附容量大、净化效率高、用量少、使用寿命长、可再生和不造成二次污染等优越性,因此壳聚糖被认为是水处理领域中最具潜力的环境友好型吸附材料。壳聚糖及其衍生物在处理、回收、富集废水中金属离子等方面已显示出较好的应用前景。尤其是接枝共聚壳聚糖,由于在壳聚糖高分子的侧链引入了新的、更有利于吸附金属离子的官能团,而使其在吸附金属离子方面表现出更大的优越性。目前,对壳聚糖及其衍生物对金属离子吸附的研究多以应用为主,涉及机理和配合物结构的研究较少,且有一定的局限性,要形成一套完整的理论,还需要加强吸附机理研究工作。其次,注重与其他材料相结合,制备多功能的壳聚糖复合吸附剂,获得巨大比表面积的吸附剂,使其吸附效能最大化,用于对废水中的多种污染物同时吸附，提高工业化应用的效率。再次，对于冶金、电镀、机械加工等排放的含金属离子的废水，充分利用壳聚糖衍生物吸附剂的选择性，研制出具有对特定金属离子有吸附作用的吸附剂也有一定的必要性和实用性。最后，从经济性的角度考虑，对改性壳聚糖吸附剂进行深入的再生研究，以便使其能快速投入实际应用中。

2.2 环境分离材料

环境分离材料是指通过物理、化学、生物的方法将特定目标有害物质从废弃物中分离出来进行专门处理，而避免该有害物质污染环境的材料。环境分离材料主要分为两大类：一类是用于水处理设备中进水过滤的粒状材料，通常指石英砂、砾石、无烟煤、锰砂、磁铁矿石、泡沫滤珠、陶瓷滤料、麦饭石滤料、活性氧化铝球、沸石滤料、火山岩滤料、颗粒活性炭、纤维球、纤维束滤料、彗星式纤维滤料等；另一类是物理分离介质，主要包括过滤布、过滤网、滤芯、膜材等。

2.2.1 颗粒滤料

颗粒滤料指用于分离水中悬浮物或废气中粉尘的粒状过滤介质，但主要用于水中悬浮物的过滤去除。含尘废气分离详见除尘过滤材料。当水和废水通过颗粒滤料床层时，其中的悬浮颗粒和胶体颗粒进入过滤材料的内部，或由于材料内部颗粒的截留，或由于流道孔壁的附着力的截留，或由于早已被流道所附着的颗粒的截留而被截留在滤料的表面和内部空隙中，从而达到分离不溶性污染物的目的。

较为常用的颗粒滤料是石英砂滤料、无烟煤滤料、陶粒滤料、泡沫颗粒滤料。

(1)石英砂滤料是以天然石英矿为原料，经破碎、水洗精筛等加工工艺制成的目前在水处理行业中使用最广泛、使用量最大的净水材料。无杂质，机械强度高，化学性能稳，截污能力强，适用于单层、双层过滤池和过滤器中。天然石英砂表面孔隙少，比表面积和等电点较低，因此净水机理主要靠表面筛滤作用，可去除水中悬浮物，但对重金属离子、细菌、病毒和有机物等溶解性物质去除效果不理想，且设备占地面积大，截污容量低，滤速慢，因此一般将石英砂进行表面处理制成改性的铝盐和铁盐石英砂滤料进行使用。石英砂滤料多用于废水中悬浮杂质、有机物、重金属离子、藻类、氟、磷的去除。

(2)无烟煤滤料一般碳含量在90%以上，将无烟煤滤料同石英砂滤料配合使用是我国推广的双层快速滤池和三层滤池、滤罐过滤的最佳材料。利用各层滤料的不同相对密度特点，组成了一个均匀、理想的过滤床层，水流通过由粗到细的滤料层时不混层。由于滤床的多层结构，上层颗粒大而轻，因而形成了在整个过滤深度上的体积过滤，而不是单层滤料的面积过滤，这种床层的含污能力大，过滤周期长，能提高滤水生产能力。无烟煤滤料的颗粒形状以多面体为佳。通常需要对无烟煤滤料进行改性，主要方法有碱性沉积法和浸泡改性，常用的改性剂为$NaCl$、$AlCl_3$和$FeCl_3$等。无烟煤滤料多用于水中除铁除锰、去除水中的NH_3及NH_4^+、去除水中有机物。

(3)陶粒滤料属于人工轻质无机滤料，是一种新型净水材料，是由黏土质矿物、页岩类矿物和工业废弃物等为主要原料，经加工成粒或粉磨成球，再烧胀（烧结）而成的人造轻骨料。其主要化学成分为 SiO_2、Al_2O_3 和熔剂，熔剂包括 CaO、MgO、NO、Fe_2O_3、FeO、TiO_2 和 K_2O 等。陶粒种类繁多，按形状可分为圆柱型、圆球型、碎石型；按原料不同可分为页岩陶粒、黏土陶粒、粉煤灰陶粒、垃圾陶粒、煤矸石陶粒等。陶粒滤料粒度均匀，表面粗糙，不规则，主要由一些开孔大于 5 μm 的孔构成，相互之间连通率一般。内部具有封闭式微孔结构，比表面积较大，化学和热稳定性好，具有较好的吸附性能，易于再生和重复利用；由于陶粒的比表面积和孔隙率均高于石英砂滤料，因此其不仅适用于给水处理，也可广泛用于冶金、石油、化工、纺织等行业的废水处理，对金属离子的去除方面也有明显的效果。

（4）泡沫颗粒滤料是由聚苯烯树脂颗粒经高温两次发泡制成的白色球状滤料，具有重量轻、比表面积大、吸附能力强、不破碎、孔隙率高、虑速快、脱污能力强、使用寿命长等特点。把水质中的混凝、澄清、过滤三道工序在一个容器内完成，工艺流程简单，可以直接供应水塔和用户，适合于中小型水处理设备，广泛用于各种过滤器、离子交换器、无阀滤池、反渗透、海水淡化、城镇供排水和工业废水处理。

颗粒滤料过滤机理可以粗略地分为表面筛滤、深层过滤和滤饼过滤，且常常是两种或多种机理同时发生作用，如图 2-3 所示。

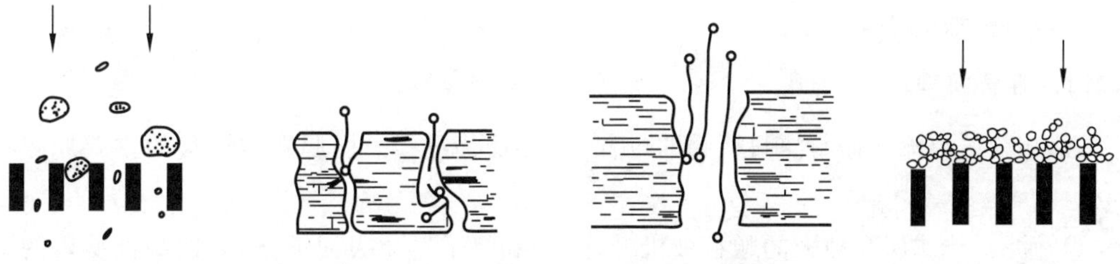

（a）表面筛滤　（b）深层过滤（一）　（c）深层过滤（二）　（d）滤饼过滤

图 2-3　不同过滤形式的示意图

（1）表面筛滤机理：指尺寸大于过滤材料孔隙的颗粒沉淀在材料的表面上从而获得液固分离的效果；深层粗滤机理，指颗粒进入介质的深部，依靠深部流道尺寸小于颗粒尺寸来截留颗粒，大多数毡子按此种机理工作。

（2）滤饼过滤机理：即颗粒沉积在过滤材料上形成饼层，对液固的分离形成新的过滤材料。在沉积过程中，有少量（或没有）颗粒贯穿过滤材料。如果颗粒的尺寸小于过滤材料的孔隙，则经过短暂的初滤期后，会很快进入滤饼。但更常见的情况是颗粒的尺寸大于介质的孔隙，经过一段初滤期，由颗粒在过滤材料孔隙上方形成架桥，成为形成较厚滤饼的过滤介质。

（3）深层过滤机理：指颗粒进入过滤材料的内部，或由于材料内部纤维的截留，或由于流道孔壁的附着力的截留，或由于早已被流道所附着的颗粒的截留，从而使液固分离的原理。深层过滤可截留远小于过滤材料流道尺寸的颗粒。

液体过滤过程的主要理论认为：液体过滤过程中存在着的三种物理迁移将悬浮颗粒从流体中迁移至过滤材料表面。第一种迁移是颗粒的布朗运动或分子扩散，这种随机运动的动力与水分子的动能 kT（k 为玻耳兹曼常数，T 为热力学温度）密切相关，因水分子的动能在连续不断的碰撞过程中转移给微小颗粒。影响悬浮颗粒向过滤材料表面迁移的第二种迁移为流体的流动。悬浮颗粒随着流体的运动与滤料颗粒相撞,发生阻截、惯性和水动力。第三种迁移是重力作用,它促使悬浮颗粒垂直运动。

而两段理论认为第二个阶段为吸附。吸附作用是一种物理化学作用,当水中悬浮颗粒迁移到滤料表面上时,则在范德华引力和静电力相互作用下,以及某些化学键和某些特殊的化学吸附力作用下,被吸附于滤料颗粒的表面上,或者吸附于已附着在滤料上面的颗粒,这其中也存在絮凝架桥作用。吸附作用主要决定于滤料和水中悬浮颗粒的表面物理化学性质。液体过滤过程中滤层不断截留悬浮颗粒和受到堵塞,滤层的过滤行为随时间发生变化,它的变化规律和影响因素都影响过滤效率。

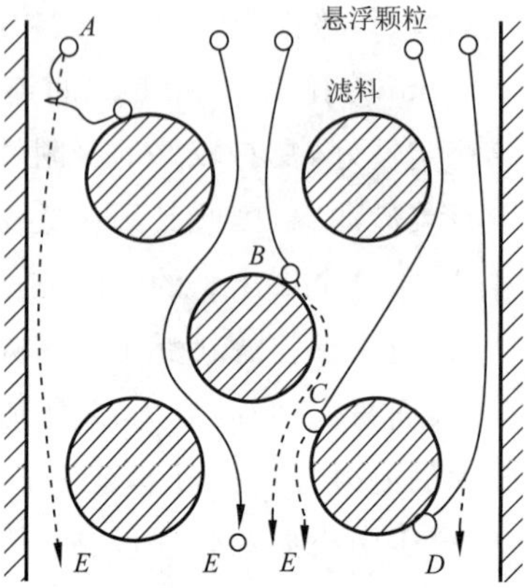

图 2-4 过滤机理示意图
A—布朗扩散;B—惯性、扩散;C—截留;D—水力撞击;E—脱附的颗粒

深层过滤能够去除尺寸远小于滤床孔隙的悬浮颗粒,滤床截留颗粒的过程可以分为三个阶段:迁移阶段、附着阶段和脱落阶段,因而过滤机理就涉及迁移机理、附着机理和脱落机理,如图 2-4 所示。

2.2.1.1 迁移机理

悬浮颗粒脱离流线而与滤料接触的过程,就是迁移过程。引起颗粒迁移的主要原因有以下 6 种:

(1)筛滤。比滤层孔隙大的颗粒被机械筛分,截留于过滤表面上,然后这些被截留的颗粒形成孔隙更小的滤饼层。在普通过滤器中,悬浮颗粒一般都比滤层孔隙小,因而筛滤对总去除率贡献不大。但是,当悬浮颗粒浓度过高时,很多颗粒有可能同时到达一个孔隙,互相拱接而被机械截留。

(2)拦截。随流线流动的小颗粒,在流线会聚处与滤料表面接触,其去除概率与颗粒直径的平方成正比,与滤料粒径成反比,也是雷诺数的函数。

(3)惯性。当流线绕过滤料表面时,具有较大动力和密度的颗粒因惯性冲击而脱离流线碰撞到滤料表面上。

(4)沉淀。如果悬浮物的粒径和密度较大,将存在一个沿重力方向的相对沉淀速度,而使颗粒偏离流线沉淀到滤料表面。沉淀效率取决于颗粒沉速和过滤水速的相对大小和方向,此时滤层中的每个小孔隙起着一个浅层沉淀池的作用。

(5)布朗运动。对于粒径小于微米级的微小悬浮颗粒,由布朗运动而扩散到滤料表面。

(6)水力作用。由于滤层中的孔隙和悬浮颗粒的形状的不规则性,在不均匀的剪切流场中,颗粒受到不平衡力的作用不断地转动而偏离流线。

上述六种机理的相对重要性取决于水流状况、滤层孔隙形状及颗粒本身的性质(粒度、形状、密度等)。

2.2.1.2　附着机理

上述迁移过程中与滤料接触的悬浮空颗粒附着在滤料表面上不足脱离，就是附着过程。引起颗粒附着的因素主要有以下四种：

(1)接触凝聚。在原水中投加凝聚剂，压缩悬浮颗粒和滤料颗粒表面的双电层后，在尚未生成微絮凝体时，立即进行过滤。此时水中脱稳的胶体很容易与滤料表面凝聚，即发生接触凝聚作用。

(2)静电引力。由于颗粒表面上的电荷和由此形成的双电层产生静电引力和斥力，当悬浮颗粒和滤料颗粒带异号电荷则相吸，反之则相斥。

(3)吸附。悬浮颗粒细小，有较强的吸附趋势，同时也可能存在絮凝架桥作用。某些聚合电解质能降低双电层的排斥力或者在两表面活性点间起键作用而改善附着性能。

(4)分子引力。原子、分子间的引力在颗粒附着时起重要作用。

2.2.1.3　脱离机理

过滤器一般采用水进行反冲洗，有时也先用或同时用压缩空气进行辅助。反冲洗使滤层膨胀而处于流化状态，截留和附着于滤料上的悬浮物受到高速反洗水的冲刷而脱落；滤料颗粒在水流中旋转、碰撞和摩擦也会使悬浮物脱落。

反冲洗是滤料使用一段时间后恢复正常过滤性能所采用的反向冲洗滤层的方法，利用清洁水或空气自下而上的反向剪切作用实现污染物与颗粒的分离，连续式砂滤器通过气提使污砂在提砂管的提升过程中互相摩擦与撞击而使污物分离，水力旋流器利用旋流场和滤料重力场的交互作用实现了污物分离效率高、结构简单、操作维护方便的优点。

一百多年来，人们青睐颗粒过滤主要由于颗粒过滤可以在过滤池或过滤器内方便地完成清洗，由此不断探索高效过滤工艺，创立了各种过滤理论模式，滤池形式和水流方向发展趋于多样化，滤料由传统的石英砂为主改进到多种介质，如无烟煤、磁铁矿、石榴石、活性炭、陶粒、塑料珠等，滤料构成也趋于多层多品种，然而，纵观过滤技术发展史，有两点值得思考，一是颗粒滤料普通快滤池为代表的基本构思还没取得质的突破，快滤池加大滤料颗粒粒径提高了滤速，但单层多层滤料均出现反冲导致的上层粒径趋小而又影响到过滤速率；二是以石英砂滤料为代表的传统颗粒滤料尽管存在着截污容量低、虑速慢的问题，但其主导地位还没完全被改变。随着研究的深入，人们不但针对不同的应用对象充分发挥各种颗粒滤料的优势，还能对颗粒滤料存在的一系列问题加以解决，并且更加关注和推广一些新型多孔过滤技术。

2.2.2　纤维过滤材料

纤维过滤材料主要分为合成纤维和无机纤维。合成纤维是以石油和天然气为原料产生的有机化合物经聚合反应获得的可纺性聚合物，经纺丝得到的纤维具有柔性和可压缩性，工作层具有上疏下密的理想滤层的孔隙分布，具有较强的耐磨性及抗化学侵蚀性，对微生物的作用也具有稳定性，接触液体时不会出现收缩现象。用于过滤材料的高性能纤维主要包括聚四氟乙烯纤维、芳纶、涤纶、聚苯硫醚纤维等。用于高温下纤维滤料主要有聚酰亚胺纤维、聚丙硫醚纤维、芳香族聚酰胺纤维、预氧化碳纤维等。无机纤维是由天然无机物经物理或化学方法生产加工制成一种高性能纤维。无机纤维具有较高的弹性模量，主要品种有玻璃纤维、金属纤维、陶瓷纤维和碳纤维等。玻璃纤维是处理含湿量高、温度高、有腐蚀性化学成分烟气的理想滤料。金属纤维耐热性能最高，由于加工工艺要求较高而多应用于某些特殊领域，如发动机排气管烟气净化等，与有机纤维织物复合而成的织物用作抗静电的过滤材料。陶瓷纤维具有热导率低、蓄热低，强度和柔韧性良好等优良性能而被用作超高温滤材，尤其捕捉极细尘埃的性能而成为过滤高温、高压气体的一种主要材料。碳纤维具有较大的比表面积和发达的微孔结构，能有效去除废水、废气中的大部分有机物和某些无机物，通过强力纺、离心纺以及原纤化技术、静电纺丝、熔喷等方法制备出的纳米碳纤维，具有使用性能和成本效率上的优势，为高端过滤拓展了开发空间。

有机合成纤维在水处理中发挥着重要作用，其过滤器主要有纤维球过滤器、刷形纤维过滤器、胶囊式纤维过滤器和无囊式纤维过滤器等，这些过滤器在设计的方式上有所区别。

(1)纤维球过滤器。过滤床层由纤维球形成，纤维球之间的纤维丝可相互穿插，在床层形成一个整体。通过纤维球的弹性变形使过滤水流流经的滤层孔隙率和过滤孔径由大到小，比表面积由小到大渐变分布，实现过滤效率由低到高递增的理想过滤方式。容易滤除的悬浮物可被孔径较大的上层滤层截留；不易滤除的悬浮物可被孔径较小的中层和下层滤层截留。纤维球过滤的不足之处是靠近球中心部位的纤维密实，反洗时无法疏松，用气、水联合清洗时纤维球又易流失，而用机械搅拌清洗时纤维球又易破碎。

(2)彗星式纤维过滤器。过滤滤层由彗星式纤维束构成，滤料上下支承挡板采用深沟窄缝栅网结构，滤层孔隙率沿层高呈梯度分布，滤料下部压实程度高，孔隙率相对较小，易于保证过滤精度；中、上部孔隙率逐渐增大，易于保证过滤效率。彗星式过滤滤料横断面孔隙均匀，过滤周期长，滤床截污容量大，容积效率高。

(3)孔隙调节型纤维过滤器。以丝径微小、材质柔软的聚丙烯、尼龙纤维丝为滤料，过滤时对该滤料滤床施以压力，使其孔隙变小；清洗时释放压力，孔隙舒张，用加压空气和水进行反冲洗。孔隙调节型纤维过滤器体积小，易于实现自动控制。缺点是纤维装填量少，运行周期短，反洗频繁。

(4)刷形纤维过滤器。将纤维长丝制成纤维束，长度一般为 15～300 mm，纤维束固定在支承板上，且纤维之间可编织在一起。过滤时纤维束被流体压缩形成滤层；反冲洗时压紧的纤维束伸展。该过滤器结构简单，操作方便。缺点是纤维床层一般较薄，过滤性能不稳定，若刷状纤维容易缠在一起会造成反冲洗较困难。

(5)纤维束过滤器。纤维束过滤有胶囊式、无囊式和自压式三种类型。胶囊式是将长纤维束悬挂在孔板上，下挂重锤，在纤维层安装若干软质胶囊，运行时胶囊充水，横向挤压纤维，使纤维层孔隙率和过滤孔径由大到小渐变分布；反洗时排净胶囊中的水，长纤维束床层得以疏松，用气水联合清洗。无囊式是将纤维束固定在两块孔板之间，其中一块孔板能够上下运动，过滤时活动板压实纤维；反冲洗时孔板反向运动，拉直纤维，在气水联合作用下进行。自压式依靠水流和纤维层相对运动产生的作用力实现对纤维层的压缩，随着纤维层所受的纵向压力沿水流方向依次递增，最下部纤维首先弯曲被压缩，滤层孔隙率和过滤孔径沿水流方向由大到小分布；反冲洗时，与弯曲、压缩的过程相反恢复。纤维束过滤截污容量大，过滤周期长，占地面积小，但水头损失大，截污容量不能充分利用。

(6)旋压式纤维过滤器。过滤介质采用直径 1～50 μm、长度 0.3～2.0 mm 的尼龙、聚酯、丙纶等，纤维两端编织起来缠在接头上。过滤时，传动机构推动活接头向下滑动，并旋转一定角度使纤维缠绕在内筒上，形成滤层；反冲洗时，活接头上升，松开纤维，活接头便在一定范围内旋转，能很快清除床层中的固体杂质。

(7)深层过滤器。过滤介质选用富有弹性的如羊毛、碳纤维等纤维材料，过滤时，根据可滤除颗粒的细度，采用活塞压缩过滤介质形成不同密度的滤层；反冲洗时，从过滤器底部通入反洗液，活塞上升并在一定高度振荡，除掉滤料间固体杂质。

20 世纪 80 年代初，日本出现人工合成短纤维堆积滤料，紧接着又用纤维丝制成绒球作为滤料用于水的净化处理。以纤维作为滤料的出发点是基于其比石英砂及其他实体颗粒材料具有更大的比表面积和孔隙率。几十年来研究表明，纤维球高效过滤系统能够代替微滤膜等精密过滤技术，在工业废水的深度处理、城市污水回用、反渗透膜系统的预处理和油田回注水处理等方面具有广阔的应用前景。目前，纤维过滤技术已经在工业给水、钢铁生产废水、含油废水处理、循环水处理、医用水处理等方面得到了广泛应用。纤维滤料比传统石英砂滤料具有质地软、强度高、对水阻力小、过滤速度快、截污容量大、易于清洗等特点，但也存在造价高、难于清洗干净等问题，需要进一步研究解决。

2.2.3　织物滤料

织物是由纺织纤维和纱线制成的柔软且具有一定力学性质和厚度的制品。用于过滤气体或液体中杂质的织物称为织物滤料或过滤织物。分离液体中的固体颗粒称为湿滤；净化空气、分离气体中的尘埃和烟雾称为干滤。织物滤料所使用的纤维材料大多采用合成纤维，主要有涤纶、维纶、锦纶、精纶、丙纶及耐高温、抗静电等各种特种功能性材料，其中涤纶、锦纶、丙纶三种居多。根据纤维集合成型方法的不同，可将织物分为机织物、针织物和非织造织物。其中，机织物和针织物的结构是以纱线为基本结构单元，而非织造织物是以纤维为基本结构单元。纱线是先将松散的纤维聚结、梳理、拉旋成捻，然后根据需要合股加捻成纱线。机织物和丝网一般用于湿滤，针刺毡型无纺布适于干滤。

织物过滤是一个相当复杂的物理过程，目前比较成熟的理论主要有直接拦截机理、惯性性沉积机理、扩散沉积机理、重力沉积机理、静电沉积机理、伦敦一范德华沉积机理。直接拦截是指颗粒尺寸大于织物孔隙时所产生的筛分效应；惯性沉淀是指流体遇织物纤维障碍绕过时颗粒在惯性作用下脱离流体而碰撞并沉积在织物纤维表面的过程；扩散沉积是指由于布朗运动微粒子的轨迹与流体流线不一致使粒子撞击到纤维上而被捕集的过程；重力沉积是指由于重力沉降颗粒偏离流体流线碰撞到纤维表面而沉积的过程；静电沉积是指颗粒与纤维之间的静电作用力使颗粒偏离流体流线沉积在纤维表面的过程；伦敦一范德华沉积是指颗粒与纤维之间非常接近时产生的伦敦一范德华力而使颗粒偏离流体流线沉积在纤维表面的过程。微粒的沉积过程，可能同时受到所有的机理或大部分机理的影响，这些机理在不同的过滤条件下起不同的作用，一般只有一个或两个沉积机理起主导作用。

2.2.3.1 机织物滤料

机织滤布系由经、纬两系统纱线互相交织而成的织物，分为复丝滤布、单复丝交织滤布和单丝滤布。颗粒随流体流过机织滤布时，被纤维或纱线直接截留，基于布朗扩散或其他的扩散力、重力和惯性碰撞而停留下来，沉积、吸附、黏附在纤维或纱线的表面。滤布的特性在于其渗透性和阻挡性，其过滤起初阶段属滤布过滤，若固体颗粒大于滤布空隙，则被截留，沉积在滤布上形成疏松的滤饼；此后，滤饼参与过滤，小于滤布空隙的微粒可能在滤饼滤孔中发生“架桥”现象，重新构成的滤孔将更细小的微粒截留，这时滤布只起支持滤饼的作用。我国机织滤布的应用最为广泛，工艺成熟，尺寸稳定，可重复使用。

常规机织物有平纹组织、斜纹组织和缎纹组织三种（见图 2-5），在这三种组织的基础上还可再变化出许多其他组织。平纹是由两根经纱和两根纬纱组成的一个组织循环，经纱和纬纱每隔一根纱交错一次，是所有织物中交织次数最多的组织。由于交织点多而空隙率低，相对位置较稳定，透气性差，在高滤速情况下很少使用。斜纹最少要有三根经纬纱才能构成一个组织循环，其特征是在织物表面呈现出由经纱或纬纱浮点邻接组成的斜纹线，在斜纹组织的织物中，经纬纱线的交织次数比平纹组织少，孔隙率较大，透气性较好，所以过滤时风速会比平纹高些。缎纹是以连续 5 根以上的经纬线织成的织物组织，缎纹组织的交织点比平纹和斜纹都少，透气性最好。但由于有较多的纱线浮于织物表面，较易破损。

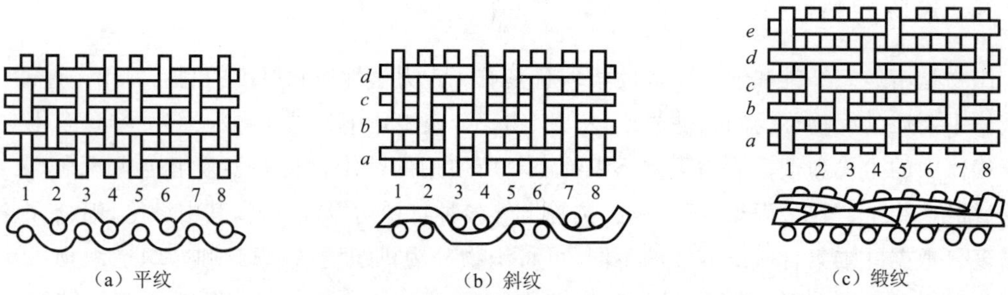

图 2-5 机织滤布组织结构示意图

用作过滤材料的机织物是以合股加捻的经、纬纱线或单丝（单孔丝）作经纬线织成的过滤布。由单丝纱制成的单丝滤布，孔隙分布均匀，孔径分布范围窄，滤布没有纤维间的细小孔隙，因此有很高的分离能力，表面光滑整齐而卸饼容易，单位面积开孔多而流通量大，不易阻塞，抗污染能力强。复丝纱织成滤布的特点是阻力大，孔隙结构复杂，抗污染能力低，使用寿命短，但抗拉强度高，再生性能较好。机织物经、纬线及其交织处密度都比较大，过滤物基本上只能从经纬线间的孔隙通过。由于织物的孔道与缝隙是贯通的，对流体阻力较小，选用无伸缩性能的纱线织成，孔眼尺寸稳定，因此适用于含相关尺寸颗粒物的液体的过滤。

2.2.3.2　针织物滤料

将纱线编织成线圈并相互串套而形成的织物称为针织物，按成型方式可将针织物分为纬编和经编两大类。纬编针织物的横向延伸性较大，有一定弹性，脱散性大；经编针织物的延伸性小，弹性较好，脱散性小。纬编针织物的基本组织有纬平针组织、罗纹组织、双反面组织和双罗纹组织；经编针织物的基本组织有编链组织、经平组织、经缎组织等。针织物中的孔洞和缝隙弯曲迂回的通道能阻挡比其孔隙小得多的颗粒，具有较好的除尘效果。纱线的线密度、织物的紧度和厚度对过滤材料的渗透性、漏透性和力学性能有很大的影响。

图 2-6 所示为纬编针织物基本组织示意图，图 2-7 所示为经编针织物基本组织示意图。

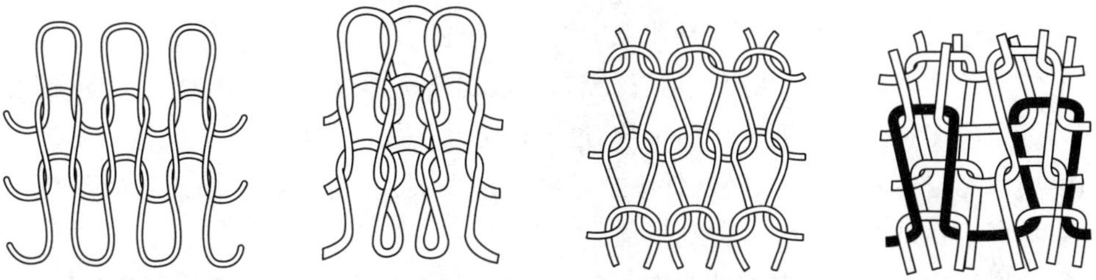

（a）纬平针组织　（b）罗纹组织　（c）双反面组织　（d）双罗纹组织

图 2-6　纬编针织物基本组织示意图

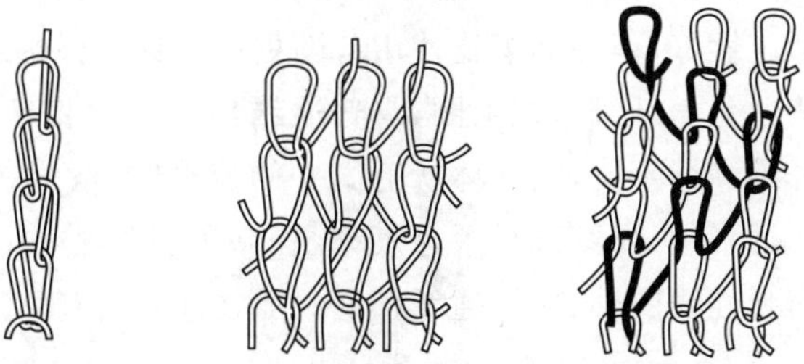

（a）编链组织　（b）经平组织　（c）经缎组织

图 2-7　经编针织物基本组织示意图

针织过滤材料常用的纤维原料主要分为棉、涤纶、聚苯硫醚纤维、聚四氟乙烯纤维等。一般来说，越细的纤维，过滤效率也越高，但是针织用纱需要具有一定强度，纤维太细不利于针织加工且易遭到损伤，且纳污容量小；纤维横截面叶片越多的纤维，过滤效率也越高；使用卷曲纤维的滤材比非卷曲纤维滤材的过滤效果好；捻度过高会使纱线的柔软性变差，会使针织物线圈歪斜，影响滤材质量；捻度过低会使纱线强度不够，增加织造难度。高捻度纱比低捻度纱具有较低的空气阻力，但是捻度增大会使织物间隙变大，过滤效果也会有所下降。

为提高过滤效率，滤材可以采用密度梯度法，或使用不同细度的纤维，将细纤维尽量分布在滤饼的形成面，来提高过滤效率和防止滤材阻塞。

网格织物是在成圈纱中织入衬经纱和衬纬纱而将机织和针织结合起来制备出复合结构滤材，该结构滤材既具有机织物尺寸稳定性的特点，也利用了经纱、纬纱不产生交织织缩，而表现出良好的颗粒分离特性，其过滤效果远远优于普通种类的针织物。这类滤材生产效率高，纬编网格织物可按照过滤材料尺寸直接进行编织，省去缝纫工序；经编网格织物生产速度快，尺寸更稳定，过滤效率更稳定。结合耐高温纤维如聚苯硫醚纤维使用，网格织物滤材能在高温下保持体积弹性、耐热冲击和机械振动，可用于高温环境过滤。

针织绒类是通过纬编或经编而形成的绒类织物。在纬编形成过程中将毛条喂入或毛纱割圈两种方法而制备的滤材，毛条喂入式织物毛高大，产品弹性较大，需经底部上浆和定型；毛纱割圈织物毛高小，但尺寸稳定性较好；在经编过程中通过起绒、剖幅和剪绒等可使起绒织物获得较长的绒毛，透气性好，结构稳定，弹性、延伸性良好。针织绒类织物表面的绒毛层使织物孔隙减小，孔隙结构复杂，可以有效拦截流体中直径小于孔隙的尘粒。流体中的尘粒在绒毛层的弯曲通道中受到扩散、惯性、拦截等作用而沉积，部分尘粒被阻挡在底部组织附近形成粉尘层，依靠粉尘层的作用，过滤效率提高，且孔隙度大，透气性能好，过滤阻力低、容尘量大，清灰性能好。绒毛平均长度越长，过滤孔隙平均直径越小，过滤效率和过滤阻力越高，容尘量越大，但也更易受到过滤风速和尘粒浓度变化的影响，过滤稳定性不好。与机织和非织造产品相比，针织绒类织物尺寸稳定性差。但是，随着针织技术的不断发展，织造和后整理技术的不断完善，针织绒类织物可望在过滤材料领域得到发展。

针织弹性织物可分为单向弹性织物和双向弹性织物，也可分为经编弹性织物和纬编弹性织物。单向弹性织物可充分发挥高弹性纤维的特点作为过滤材料使用；双向弹性织物纵横向均具有弹性，但弹性过大会使孔隙尺寸不稳定而无法作为过滤材料；经编弹性织物比纬编弹性织物延伸性小，尺寸稳定性好，但纬编织物使用范围更广。针织弹性织物一般使用氨纶等高弹性纤维编织线圈，用普通化学纤维编织毛圈，与普通结构的滤材相比孔径和透过率更小，阻拦能力更高；由于两种纤维弹性不同，当气体从毛圈一侧流过时，滤材表面的毛圈受气体压力作用而紧贴滤材表面，降低了透过性，减少了透气率，提高了阻拦能力；当气体出现回流时，滤材在纵横向受到拉伸，高弹性线圈伸长，普通纤维毛圈随之伸直，使得过滤孔隙变大，有利于滤材表面沉积的尘粒脱落。

三维间隔织物分为经编间隔织物和纬编间隔织物。经编间隔织物由经编双针床机器编织，纬编间隔织物在纬编横机和圆机上织成。与普通二维织物不同，这种织物由上下两个表面层和中间一个间隔层组成，这种三维立体结构使得间隔层中的纤维呈空间曲折分布而形成微小孔隙的纤维三维网状结构，而尘粒必须沿着间隔层的曲折网状路径进行过滤，与纤维发生碰撞的概率显著增加，通过拦截、惯性、扩散、筛滤等效应的表面和内部分离，有效拦截比滤材孔隙直径小的尘粒。间隔层的存在还可以提高流体的流动速度，加快过滤过程，具有阻力小、透气性能好等优点。但是，也同样由于上述原因使得过滤易造成滤材阻塞，清灰难以进行，压力损失加大。随着技术的进步，通过使用特种纤维或者特殊整理的方法有望改善三维间隔织物易阻塞和清灰困难的问题。

2.2.3.3 非织造织物滤料

非织造织物滤料是利用非织造加工技术制备的具有三维立体网状多孔结构的纤维材料。非织造织物滤料加工技术主要有湿法、化学黏合法、针刺法、纺黏法、热黏合及熔喷法等，加工工序短、加工方法灵活、生产成本低，可以根据材料的使用要求、过滤孔径、空隙率及过滤精度等要求来设计最佳的纤维曲径结构及加工工艺参数。直接由纤维形成网状结构的集合体称为纤维网，大多数非织造织物的基本结构都是由纤维网与加固系统组成。非织造滤料的孔隙通过纤维在三维空间交错排列的立体结构形成，孔隙分布均匀，是机织物孔隙率的一倍。

非织造滤料的结构与加工方法相关联，加工工艺不同其结构和性能各不相同。针刺加工纤维原料采用如聚酯、聚丙烯及聚酰亚胺类耐高温纤维等大多数纤维，强力大、孔隙率高、孔隙小且均匀、过滤效率高，主要用于高温含尘气体过滤、污水净化、油漆净化等。水刺加工纤维原料采用棉、黏胶、聚酯、甲壳质纤维、超细纤维、真丝等，性能柔软、蓬松度好、吸收性良好、孔隙紧密、纳污能力强，主要应用于水刺擦布、水刺合成革基布、医用水刺及婴儿尿布等。熔喷加工纤维原料主要采用聚丙烯纤维，纤维细、孔隙分布均匀、结构蓬松、比表面积大，主要应用于血液过滤、汽车用过滤介质、水处理等过滤。纺粘加工纤维原料多采用聚丙烯（PP）及聚酯（PET）纤维，高强力、孔隙率高、容污量大，主要应用于冶金、水泥、煤炭、化工等过滤行业。静电纺纤维原料采用聚乙烯醇（PVA）、聚苯乙烯（PS）、聚丙烯腈（PAN）、聚砜（PSU）等，比表面积大、孔隙率和内部孔隙具有良好的连通性，主要应用于高效空气过滤材料、吸附性过滤材料。湿法加工纤维原料品种十分广泛，如棉短绒、维纶、聚丙烯纤维、聚乙烯纤维等，蓬松度高且易调节，有利于控制过滤材料过滤效率和过滤阻力，主要应用于过滤纸及过滤袋，如热封型茶叶袋纸、干燥剂袋纸等。

非织造加工技术可以与其他过滤材料及技术进行复合加工，发挥各自的加工技术优势。针刺非织造材料与机织物复合产品的特点：机织物作为基布，其孔隙较大，并提供必要的强力及保持尺寸稳定性，而针刺过滤材料的总孔隙率高、微孔多、孔径分布均匀且纠缠紧密，能够加强对颗粒的筛分、惯性、截留、扩散等过滤作用，因此，其过滤效率高，过滤效果较好。将非织造材料与机织物、针织物等复合加工成过滤材料，使过滤材料在不同厚度具有不同的孔径大小、孔隙率等，以实现在同一过滤材料上完成初滤、中滤、精滤等多级过滤的梯度过滤，以达到超精细过滤的目的。

第一次世界大战就出现了石棉纤维织物防毒面具，1940 年出现了玻璃纤维织物空气过滤器，到 20 世纪 50 年代化纤行业的迅速发展为织物滤材提供了丰富的原材料，到 80 年代超高效空气过滤可有效拦截 0.1 μm 粒子，90 年代静电纺丝技术日益成熟极大促进了高性能滤材的发展。无纺布凭借产量高、成本低和过滤性能好在逐渐取代机织和针织滤材。纳米纤维毡以孔径小而孔隙率高获得了极大发展前景。污水在过滤机的压力作用下织物滤材表面形成滤饼，利用织物滤饼过滤可以节约大量水处理药剂、实现自动化操作，过程简便、过滤效果非常好。

2.2.4　多孔过滤材料

2.2.4.1　多孔过滤陶瓷

多孔过滤陶瓷一般由骨料、黏结剂和增孔剂等组分经过高温烧成，在成形与烧结过程中材料体内形成开孔式气孔的陶瓷材料，成分主要有氧化物、氮化物、硼化物和碳化物等。多孔过滤陶瓷按多孔结构可分为均质陶瓷和复合膜层陶瓷，复合膜层结构包括双层和多层结构。双层结构是由孔径较大的支撑层和孔径相对较小的膜过滤层组成，多孔陶瓷过滤材料气孔率大于 60%；气孔尺寸为 14 μm，不同烧成温度可以改变其气孔尺寸分布范围；气孔表面积大于 0.155 g/m^2；气孔在陶瓷体内呈立体网状结构分布；强度大于 5 MPa；适合工作温度范围：−40～1 350 ℃。多孔陶瓷过滤精度由滤除流体介质中最小固体颗粒的粒径大小表征，精度可达 0.1 μm。影响陶瓷过滤材料精度的主要因素是最大微孔直径，对于同一流体介质来讲，孔径越小，则过滤精度越高，反之越低。一般来说，对液体介质，其能过滤掉的杂质颗粒大小约为陶瓷过滤元件孔径的 1/5～1/10。对气体介质，由于布朗运动在气体中比液体中活泼，扩散捕捉作用增大，其截留杂质颗粒大小为过滤元件孔径的 1/15～1/25。由于多孔陶瓷的过滤是一种集惯性冲撞、扩散和截留相结合的过滤方式，因此流体介质的黏度、介质工作压力、材料本身的微孔性能等对其过滤速率都有较大的影响，孔径越大，孔隙率越高，工作压差越大，则流量越大；壁厚增加，黏度增大，流量迅速减小；孔径变小，压力损失加大，过滤分离效率也越低。在精滤、超滤领域中，多孔陶瓷的微孔孔径可达到 0.1 μm 甚至更小。根据目前的成形方法及强度要求，其壁厚最薄为 1～2 mm，与具有 0.1 μm 微孔且膜厚为 0.1 mm 的高分子膜相比，压力损耗较大，过滤效率较低。但多孔陶瓷气孔率大，表面积大，与高温烟尘或污水的接触面积大，使用寿命长，过滤净化效果好，可以承受较大的压力，具有优良的耐腐蚀、耐高温、耐冲蚀和可靠性。

多孔陶瓷过滤一段时间后，由于内部通道可能被流体介质中颗粒杂质堵塞，表面滤饼层增厚，导致过滤阻力增大，流速降低，这时可通过气体反吹、液体反洗或气-液混洗的方式再生，从而使其基本恢复到初始状态的水平。

多孔陶瓷基于上述特点而被应用于高温烟气过滤、汽车尾气处理、工业污水处理、催化剂载体和隔声材料上。

在高温气体净化、烟气除尘等方面使用了碳化硅、氮化硅、氧化铝多孔陶瓷，碳化硅常用于制作高密度颗粒的过滤单元，滤料孔隙率为 30%～60%；使用氧化铝或多铝硅酸盐制成的低密度纤维过滤单元的孔隙率为 80%～90%。可将催化剂沉积在多孔陶瓷表面置于汽车排气管中将排出的 CO、HC、NO 等有害气体转化成 CO_2、H_2O、N_2。目前，世界上 90%的车用催化器载体是多孔陶瓷，其中应用最广泛的是蜂窝状的堇青石陶瓷载体。室内空气中的悬浮颗粒物、灰尘等被活性炭或滤网滤除后再通过 TiO_2 光触媒担载多孔陶瓷元件，可有效地提高室内空气净化效率。

废水治理多孔陶瓷的首要特征是其多孔性。当滤液通过时，悬浮物、胶体物、微生物及附着在污染物上的病毒等被截留在多孔介质的表面或内部，该过程是吸附、表面过滤和深层过滤相结合的过程，且以深层过滤为主。表面过滤发生在过滤介质表面，经多孔筛滤作用，大于孔径的颗粒被截留形成了一层滤膜，该滤膜阻止杂质进入过滤层内部将微孔堵塞。深层过滤发生在多孔陶瓷内部，由于多孔孔道的迂回，以及流体介质在颗粒表面形成的拱桥效应、惯性冲撞的影响，其过滤精度比本身孔径小得多。多孔陶瓷用于处理锅炉湿法含尘废水、热电厂水力冲渣废水、城市污水和工业废水处理中的曝气装置、饮用水的净化、海水淡化等。

噪声治理多孔陶瓷的吸声性能是通过内部结构细密、相互连通的大量微小孔隙和孔洞来实现。当声波到达多孔陶瓷的孔隙后，引起空气与孔壁的摩擦和黏滞阻力，部分声能转化为热能被吸收，达到较好的吸声效果。

20 世纪 50 年代后，国外就开始应用多孔陶瓷做过滤元件进行上、下水净化；矿泉水除菌；含油气体净化等。到目前，多孔过滤陶瓷产品已标准化、系列化。碳化硅陶瓷是以工业碳化硅粉末为骨料，以氧化物为结合剂，加入锯末、炭粉、石油焦粉造孔而制备的具有连通气孔的材料。硅藻土基陶瓷以硅藻土为基质，加入添加剂在低温下烧结使原有气孔保留下来而形成多孔陶瓷。粉煤灰基陶瓷是以粉煤灰漂珠为骨料，以聚苯乙烯颗粒、炭粉等为造孔剂制得的高孔隙率的多孔粉煤灰基陶瓷材料。科学技术的发展对多孔陶瓷提出了新的要求——更高的孔隙率、更大的比表面积、合理的孔径分布、低成本以及各种新的功能。新型工艺制备的陶瓷材料具备传统工艺所不具备的优势，制备方法主要有冷冻干燥法、水热-热静压法、凝胶注模法、化学气相渗透法等。冷冻干燥法是将物料冻结至共晶点以下使其水分变成固态冰，然后通过真空加热使冰升华而形成开孔的多孔结构，孔隙率达 90%以上；水热-热静压法通过水作为压力传递介质制备各种孔径多孔陶瓷，抗压强度高、孔径分布范围广；凝胶注模法利用有机单体化学反应使陶瓷浆料原位凝固形成坯体，微观均匀性好，便于加工；化学气相渗透法是通过热解有机泡沫形成网眼碳骨架，再通过化学气相渗透将陶瓷涂到网眼碳骨架上，而得到强度较高的网眼陶瓷。随着制备技术的不断改进，多孔过滤陶瓷的应用领域将不断拓展。

2.2.4.2　多孔金属过滤材料

多孔金属材料是由金属基体与多孔组成的材料，具有密度低，比表面积大，吸声性能、流体透过性能、电磁屏蔽性能优良等特点，其孔径从几纳米到几百微米，孔隙率 30%～80%。多孔金属过滤材料制备方法主要有烧结法和化学法。烧结法分为粉末烧结法、金属纤维和金属丝网烧结法、烧结法制备多孔金属膜。化学法分为有机化合物分解法、去合金化法、化学法制备多孔金属膜。

(1)粉末烧结法。粉末烧结法是以金属粉末(或金属粉末和非金属粉末的混合物)为骨料，经成型和烧结制备多孔金属材料的工艺过程，通过添加造孔剂提高其孔隙率和透过性。近年来，烧结溶解法成为制备微细多孔金属材料的有效方法，以金属粉末、NaCl 以及助烧剂为原料经混料、成型、烧结和溶盐 4 个工艺过程，制备出孔结构易于控制的梯度泡沫材料。此外，在粉末烧结法的基础上采用多孔金属体表面涂覆细粉末颗粒法、合成树脂浸渍法以及添加弥散质点法等来制备多孔金属。表面涂覆细粉末颗粒法以粗球形粉末为原料，先采用腐蚀或者占位填料等方法制成大孔结构金属，再用细球形金属粉末填充制品表面的大孔，烧结后得到表面具有微孔结构的多孔体。合成树脂浸渍法采用粒度较大的金属粉末烧结出较大孔的基体材料，然后在其孔内用合成树脂浸渍，从而使基体材料变为有效孔径为 0.01 μm 数量级的微孔多孔材料。添加弥散质点法是在粒度分布较宽的粉末中加入在烧结时与基体粉末形成至少 90°浸润角的特定大小的惰性弥散性质点，使弥散质点均匀分布在基体金属粉末表面，成型时位于粉末接触点上的惰性弥散质点被挤入孔中。但由于基体金属为不浸润弥散相，从而在烧结时阻止了孔道的收缩和封闭。

(2)金属纤维和金属丝网烧结法。在粉末冶金中，用金属纤维或网代替部分或全部粉末可制得金属纤维(或金属丝网)多孔材料。将按一定长度、直径分布和长径比范围的金属纤维混合，并均匀分布成纤维毡（可通过悬浮液的方式制毡），将通过特殊的叠层设计轧制复合成型后在真空或保护气氛中烧结制得多孔金属丝网。

(3)烧结法制备多孔金属膜。早期的多孔金属膜由粉末烧结法制得，粉末在烧结前不经压制。现多以金属纤维和金属丝网代替粉末进行烧结制取多孔金属膜，烧结工艺类似金属纤维和金属丝网烧结法。制品厚度只有粉末烧结制品的1/10，渗透压力损失约为粉末烧结制品的1/30。

(4)有机化合物分解法。金属（如Fe、Ni等）草酸盐、蚁酸盐和醋酸盐等有机化合物在适当气氛下加热分解，解释放CO_2，在烧结体中形成0.01～0.1 μm的贯通孔隙。将金属有机化合物成型后再加热分解，或将预先分解的体积收缩率大的金属化合物与体积收缩率小的金属化合物按适当比例混合成型后再烧结。

(5)去合金法。即选择性腐蚀法，合金组元间的电极电位相差较大时，较活泼元素在电解质的作用下选择性溶解进入电解液而留下较稳定元素的腐蚀过程。腐蚀组元既可以是单相固溶体中的一种元素，又可以是多相合金中的某一相。该法制备的多孔金属孔径小于100 nm。

(6)化学法制备多孔金属膜。利用无机或有机物质的多孔成膜反应在基体板面上制备成多孔预制膜，然后在多孔预制膜的孔隙中镀覆金属，镀覆金属后去除预制体，即得到反转状态的多孔金属膜。

多孔金属具有优良的渗透性、过滤与分离特性而适合于制备多种过滤器的理想材料，其孔道对气体或液体介质中固体粒子的阻留和捕集作用，可使过滤精度达到0.05～100 μm，其中多孔青铜和多孔不锈钢应用最为广泛。多孔金属具有良好的力学性能、韧性和优异的抗热震性能，常温下强度是陶瓷材料的10倍，700 ℃高温下强度仍然高于陶瓷材料数倍。多孔金属具有较好的导热性、高温耐腐蚀能力，尤其在高温除尘过滤介质上的应用具有优势。多孔金属具有很好的加工性能和焊接性能，克服了多孔陶瓷材料延展性、韧性差的缺点，易于系统整体封接。基于上述特点，多孔金属材料在涉及固—液、液—液、气—液过滤与分离领域基本上都能够得以应用，应用范围涵盖了汽车、化学化工、冶金、石油化工、工业尾气、制药、水处理等方面；且随过滤分离技术的发展，应用逐渐扩大到精细化工、航空航天、生物医学、军事、海水淡化等高新技术领域。

从20世纪60年代大规模研究应用以来，以不锈钢、钛、镍、青铜以及耐高温金属合金为代表的多孔金属过滤材料已实现商业化生产。虽然多孔金属过滤材料的制备工艺有很多种，但已实现商业化生产的只有金属粉末、纤维和丝网的烧结法。随过滤分离技术的发展，对高滤精度的需求已经凸显，在研究多孔金属过滤材料的结构和性能的同时，以需求为导向开展制备技术及应用研究。在结构方面，发展低成本可控结构制备方法，提高多孔金属过滤材料的过滤精度，加强对亚微米、纳米级过滤精度的微孔金属过滤材料的制备研究；在性能方面，重点提升多孔金属过滤材料的耐温性和耐腐蚀性，在Ti合金、Fe_3Al金属间化合物等高性能金属材料的多孔化等方面仍然存在很大的发展空间。

2.2.5 分离膜

分离膜又称膜分离材料，是具有选择性分离功能的膜状材料。膜分离技术是指在分子水平上不同粒径分子的混合物在通过半透膜时，实现选择性分离的技术。根据溶质或溶剂透过膜的推动力不同分为以电动势为推动力的离子交换，以浓度差为推动力的透析膜，以压力差为推动力的微滤膜、超滤膜、纳滤膜和反渗透膜等。按材质分为无机膜和有机膜：无机膜是由无机材料（如金属、金属氧化物、陶瓷、多孔玻璃、沸石、无机高分子材料等）通过化学、浇铸和碾压技术制造制成的半透膜；有机膜是由纤维素衍生物、聚砜类、酰胺类、聚酯类、聚烯烃类、乙烯类聚合物、甲壳素类高分子材料制成的多孔膜。不带电荷的膜分离材料其选择性分离功能取决于膜的孔径和被分离物质的直径，小于膜孔径的微粒可以透过膜而将不同粒径的物质分开；带电荷的膜分离材料可以选择性透过带同种电荷的离子。分离膜可应用于海水淡化、饮用水净化、工业废水和生活污水处理与回用以及化工、医药、食品等行业的分离、纯化和浓缩等领域。

广义的分离膜是指作为分隔两相的界面，以特定的形式限制和传递各种化学物质的材料，其形式是均相的或非均相的、对称型的或非对称型的、固体的或液体的、中性的或荷电性的。膜厚度可以从几微米到几毫米。分离膜两个最重要的指标是膜的透过性和选择性，前者标志膜分离速度，后者标志膜分离质量。膜分离透过性主要依靠过筛作用和溶解扩散作用两种机制来实现。膜分离选择性是指当膜材料对混合物中的部分物质有选择性吸附时，吸附性高的分子将在表面富集使该成分通过膜的几率加大，该膜分离的吸附作用主要包括范德华力吸附和静电吸附。

在推动力的作用下，借助分离膜的选择性透过功能，可使混合物中的某一种或多种组分透过膜，从而实现对混合物的分离以及进行产物的提取、纯化、浓缩、分级或富集等目的。膜分离过程中物质在分离膜中的传递有三种基本传质形式：被动传递、促进传递和主动传递。被动传递是指膜内的传质需有化学势梯度作为推动力，膜两侧的压力差、浓度差、温度差或电化学势差等化学势梯度均可作为推动力，当推动力保持不变时，达到稳定后膜的通量为常数，通量与推动力之间呈正比关系，如反渗透、纳滤、超滤、微滤、气体分离等膜分离过程都属于被动传质。促进传递是指通过膜相的组分仍然以化学势梯度作为推动力，但各组分是由特定的载体带入膜中，这种特定的流动载体使传递过程得到强化，促进了组分传递速率和分离度。这种促进传递类似一种高选择性的被动传递，如液膜中的传质方式主要是促进传递方式。主动传递与前两种传递传质形式不同，其传递中的各组分能够逆化学势梯度而传递，主要由于其推动力来自膜内某种化学反应，该类膜最典型的是生物细胞膜，也可以模仿这类膜将其用于实际分离过程中，如逆向耦合液膜传递通过同时使两种不同的待提取溶质同向或反向传输可使交换通量倍增。

根据分离膜材料结构不同，膜分离过程原理也有所不同，主要有筛分、溶解扩散、优先吸附-毛细孔流动、孔隙开闭、荷电原理等五种。

（1）筛分原理：采用拉伸、相转化等方法制备的微滤、超滤膜属于穿透型结构性多孔膜，其组分传递与膜的孔径、孔径分布、孔隙率以及孔道形状等有重要关系，而膜的选择性主要取决于膜孔径与颗粒物大小的关系，一定孔径的孔隙可以截留住直径大于该孔径的颗粒物或溶质。分离过程中颗粒物被膜截留在膜的表面或者膜的深层，分别称为表面截留和深层截留。表面截留又分为机械截留、表面吸附和架桥作用。机械截留是指粒径大于或与膜孔径相当的颗粒物被截留在膜的外表面,膜表面层的吸附和架桥作用以及膜内部网络孔道的深层截留也可以截留颗粒物,这些作用使膜孔径变小以截留更小的颗粒物。

(2)溶解扩散原理:当膜材料对某些物质具有一定溶解能力时,在外力作用下被溶解物质能够在膜中扩散运动,从膜的一侧扩散到另一侧,再离开分离膜。在该过程中,影响溶解能力的因素主要有被分离物质的极性、结构相似性和酸碱性质等;影响扩散能力的因素有被分离物质的尺寸、形状和膜的晶态结构、化学组成等。

(3)优先吸附-毛细孔流动原理:反渗透膜材料对某一物质优先吸附,对另一物质选择性排斥,膜材料具有毛细通孔,然后在外压力作用下使被吸附物质透过膜表面的毛细孔而得以分离。脱盐得到纯水的反渗透膜就属于此类。

(4)孔隙开闭原理:认为反渗透膜中无固定的连续孔道,由于聚合物大分子链不断振动而在不同时间和空间产生渗透的平均值。聚合物大分子无压状态下作无序的布朗运动,一旦受压即产生振动。随着压力增大,聚合物大分子链吸收的能量变大,振动次数增加,大分子链之间的距离不断减小直至离子难以通过。

(5)荷电原理:荷电膜中存在着固定基团电荷,电荷的吸附、排斥作用使膜对不同的物质产生选择透过性。静电排斥作用使荷电膜能够分离比其膜孔径小的粒子,还可以分离粒径相似而荷电性能不同的组分。由于膜与溶液之间的静电作用,溶液的渗透压降低,适于低压操作。

如上所述,分离膜材料的种类和结构以及膜分离过程多种多样,涉及的膜分离机理不尽相同(见表 2-1)。

表 2-1 常见的膜过程及其特点

膜过程	推动力	传质机理	透过物	截留物	常用膜类型
微滤	压力差	筛分	水、溶液	悬浮物颗粒	多孔膜
超滤	压力差	筛分	水、小分子	胶体、较大分子	非对称多孔膜
纳滤	压力差	溶解扩散、筛分	水、一价离子	多价离子	非对称膜、复合膜
反渗透	压力差	溶解扩散、优先吸附-毛细管流动	水、溶剂	溶质、盐	非对称膜、复合膜
渗析	浓度差	溶解扩散、筛分	小分子或较小离子	胶体粒子、溶质	非对称膜、离子交换膜
电渗析	电位差	离子的选择传递	电解质离子	非电解质、大分子颗粒	离子交换膜
气体分离	压力差	溶解扩散	气体或蒸气	难渗透性气体或蒸气	均相膜、复合膜、非对称膜
渗透汽化	压力差	溶解扩散	易渗透性溶质或溶剂	难渗透性溶质或溶剂	均相膜、复合膜、非对称膜
液膜分离	浓度差	溶解扩散、促进传递	溶质或气体	溶剂或气体	乳状液膜、支撑液膜

膜分离技术是 20 世纪 60 年代发展起来的,目前已成为全世界关注的重要领域之一,仍然潜藏着有待于开发和研究的较多内容。膜分离技术的核心是膜,膜材料、膜的制备及膜过程的

强化是对其研究的三大领域，而分离膜材料起着决定性影响。有机高分子分离膜仍是以后发展的主要分离膜。开发新型有机高分子膜材料、加强“超薄”和“活化”制膜工艺、膜的复合以及新膜分离过程的研究是目前有机高分子分离膜发展的动向。因此，今后的研究方向在于以下几方面：

(1)生物膜具有惊人的分离效率，仿生是有机高分子分离膜的发展方向。但是，生物膜是建立在分子有规则排列的基础上，而目前使用的分离膜材料多是不规则链排列的功能有机高分子，仿生膜要克服这一根本差别，达到生物膜的分离水平，还有一个比较漫长的过程。

(2) 深入开发新型功能高分子膜材料。一是探索新的成膜工艺，研制具有高选择性、透过性的材料，定量地研究分子结构与分离性能之间的关系；二是根据分离对象不同，引入相应的活化基团，使其“活化”；三是通过两种高分子混合在更大范围内调节其性能，研究热力学性质不一致的高分子之间的互溶，应用计算机模拟技术，开发新的智能化分离膜系统。

(3) 开发无机膜材料。无机膜的制备始于 20 世纪 40 年代，由于存在着不可塑、受冲击易破损、成型性差以及价格较昂贵等弱点而使发展受阻。但是，随着膜分离技术及其应用的发展，对膜使用条件的要求越来越高，有些显然是高分子膜材料所无法满足的。

(4)发展有机与无机膜复合，或不同类型的有机膜的复合，如密度膜/多孔膜组合、液体膜与固体膜组合等。复合膜可以结合两种材料或者两种膜的各自优点，充分发挥其特点并克服相应不足。

2.2.5.1　微孔滤膜

微孔滤膜额定孔径为 0.1～1 μm 的筛孔分离膜材料。操作压力 69～207 kPa，能截留大于额定孔径的微粒。它用于截留水体中 0.1～1 μm 之间的悬浮物、细菌及大分子量胶体等物质，允许大分子和溶解性固体(无机盐)等通过。微孔滤膜分为有机微孔滤膜和无机微孔滤膜。有机高分子微孔滤膜的制备方法有溶出法(干-湿法)、拉伸成孔法、相转化法、热致相法、浸涂法、辐照法、表面化学改性法、核径迹法和动力形成法等，主要有硝酸纤维素(CN)、醋酸纤维素(CA)、硝酸纤维素与醋酸纤维素混合物、聚氯乙烯(PVC)、聚酰胺(Nylon)、聚丙烯(PP)、聚四氟乙烯(PTEE)和聚碳酸酯(PC)；无机微孔滤膜的制备方法主要有溶胶-凝胶法、烧结法、化学沉淀法等，主要有陶瓷、氧化铝、氧化锆、氧化硅等，应用在制药行业中的过滤除菌、电子工业用的高纯水制备、食品工业、饮用水生产和城市污水处理等领域。

微孔滤膜的分离截留机理有两种情况：一是对大于或等于膜孔径的微粒的机械筛分作用；二是对有可能小于或等于膜孔径的微粒的截留，这种截留包括膜表面的吸附作用或静电作用产生的截留、滤膜孔的入口处微粒之间产生的架桥截留、膜内部孔内所形成的网络型截留。微孔滤膜表面孔隙率高，一般可以达到 70%，由于其可以做到孔径较为均一，其最重要的特性是分离效率高，过滤精度较高，可靠性较高。高分子类微滤膜为一均匀的连续体，过滤时没有介质脱落，不会造成二次污染，从而得到高纯度的滤液。

微孔滤膜制备的铸膜液：微孔滤膜可由硝化纤维素(CN)、醋酸纤维素(CA)及 CN-CA 混合物制得。①多孔 CN 微孔滤膜的典型浇铸液配方：将 CN(5%)溶于甲基醋酸酯(54.2%)、乙醇(23.7%)、丁醇(12.3%)、H_2O(3.3%)和甘油(1.5%)(以上均为质量分数)混合制得铸膜液。②醋酸纤维素微孔滤膜(CA 膜)的典型配方:二醋酸纤维素(6%~8%)、丙酮(82%~94%)、其他添加剂(占溶剂的 3%~30%)混合制得铸膜液。例如,将硝酸纤维素与醋酸纤维素(以 8∶2 的比例混合)混合物(5%~20%)、丙酮(82%~94%)、添加剂(30%~50%)及沉淀剂(1%~5%)混合则可制得铸膜液。

微孔滤膜的制备工艺有以下五种:

(1)自然蒸发凝冻法:一种相转化法,目前使用最广的纤维素酯微孔膜主要是用此法制造。将纤维素酯溶于特定的混合溶剂中,经过滤、除气后在金属或塑料带上流延成薄层,在一定温度、湿度下让溶剂蒸发而成膜。其工艺流程为:混合纤维素铸膜液→搅拌溶解→过滤脱泡→流延液层→蒸发干燥→微孔膜→测试剪裁→成品膜。

(2)急骤凝胶法:也是一种相转化方法,将膜液在玻璃板上流延成薄层,而后放入冰水中或其他凝固浴中,使溶剂与水立即相互扩散,急骤地造成相分离,形成凝胶。待凝胶层中剩余溶剂和添加剂进一步被凝固的液体取代后而形成为多孔膜。

(3)溶出法:在制膜基材中混入某些可互溶的水溶性(或他溶性)高分子材料,或与水溶性固体细粉混炼,成膜后用水或其他溶剂将水溶物质溶出,从而形成多孔膜。

(4)热压延流法:将工程塑料与致孔聚合物或增塑剂之类物质加热熔融成液体,进行热压流延成薄膜层,继而冷却形成凝胶结构,再浸入萃取液中,除去致孔物质或增塑剂即成多孔膜。

(5)核径迹微孔滤膜:将射线以平行束射向一些高分子薄膜,使膜形成均匀和密度适当的径迹,然后用侵蚀剂将此径迹扩大,形成一定孔径的小孔,即成微孔滤膜。

由于微孔滤膜的材质不同,微孔滤膜的品种和应用范围如下:

(1)硝酸纤维滤膜(CN 膜)微孔滤膜:这种膜亲水性好,成本低,耐热温度为 75 ℃,可以热压灭菌(120 ℃,30 min),但由于易燃,使生产运输不安全。主要用于纯水制备、环境尘粒、饮料、油类的检验分析,还用于药品针剂水过滤、临床输液以及果汁、酒类饮料过滤。

(2)醋酸纤维素膜(CA 膜)微孔滤膜:这种膜强度高,亲水性好,耐低级醇类,成本较低,生产安全,热稳定性较好,使用温度为 75 ℃,耐热压灭菌(180 ℃, 30 min),主要用于微粒去除,无菌过滤及检验分析等。适用于烃类过滤、酒类和低级醇类过滤、医疗临床及无菌分析等。

(3)混合纤维膜(CN-CA 膜)微孔滤膜:成孔性能良好,亲水性强,使用温度为 75 ℃,可热压灭菌(120 ℃,30 min)。该种滤膜的系列孔径规格分级从 0.05 μm 到 8 μm 近十种,现已广泛应用于环境水样的调查和实验室分析检测、制药工业中的药液除菌过滤、食品饮料中的液体终端过滤等。

(4)聚酰胺微孔滤膜:这类膜亲水性好,可于一般室温下使用,能耐碱,在酮、酯、醚及高分子量醇类中不易被侵蚀;但不耐酸,可用于过滤弱酸、碱和一般有机溶剂;孔径型号较多,适用于电子工业中超纯水的过滤、食品饮料及制药工业中液体的终端过滤等领域。该种国产滤膜在 1995 年开始商品化,但这些年发展很快,在市场销售量方面已接近 CN-CA 膜。

(5)聚醚砜(PES)微孔滤膜:该类膜耐辐射,滤速快, 化学稳定性和热稳定性好,应用范围较广。国内研制的该种膜离达到性能稳定的工业应用水平还有一定距离,目前大量使用的都是进口 PES 膜,主要在食品饮料及医药工业中作为高档微孔滤膜产品已得到认可和应用。

(6)聚氟类微孔滤膜：该类膜都具有良好的化学稳定性，适合在高温下使用，如聚偏氟乙烯膜(PVDF)和聚四氟乙烯膜(PTFE)。其中，PTFE 膜的使用温度范围为 $-40\sim260$ ℃，并可耐强酸、强碱和各种有机溶剂。由于具有强疏水性，因此非常适合于过滤蒸气及各种腐蚀性液体。国内大部分药厂、酒厂及其他发酵行业用的空气无菌过滤系统，其终端除菌膜，相当一部分是采用聚氟类微孔滤膜。

(7)聚碳酸酯和聚酯类：主要是核孔膜，其成孔的孔径均匀，厚度一般为 $5\sim15$ μm，其孔隙率虽然只有百分之十几，但较薄，流体的过滤速度与上述的几种膜相当。目前该类膜也可制成多种孔径规格，但由于制作工艺较复杂，规模生产时重孔率高，且膜价格高，应用受到了限制。

(8)聚烯烃类微孔滤膜：该类微孔滤膜具有良好的化学稳定性，可耐酸、碱和各种有机溶剂，价格便宜，但该类膜孔径分布宽。其商品膜有平板式和中空纤维式等多种构型，并具有多种孔径规格，如聚丙烯(PP)拉伸式微孔滤膜和聚丙烯(PP)纤维式深层过滤膜。

(9)无机基材类微孔滤膜：具有化学稳定性好、机械强度高、耐高温、耐生物降解、可洗刷等优点，例如，陶瓷微孔滤膜、玻璃微孔滤膜、各类金属微孔滤膜等。该类膜在高温气体分离和膜催化反应器及食品加工等行业具有良好的应用前景。

微孔滤膜分离技术始于 19 世纪中叶，由于其流速快、过滤精度高等特点，其应用越来越广泛。目前，利用两种分离技术进行膜分离已越来越受到人们的重视。这种技术可与生物处理技术相结合，与化学絮凝、沉淀技术相结合，以及将不同级别孔径的过滤膜相结合进行分级过滤等。这种膜组件减少了多单元处理模式，具有高效、动态、抗污染特性。微孔滤膜的应用发展中进一步需要解决的问题：①廉价膜组件。现有的膜组件价格偏高，限制了膜技术的推广应用，巨大的潜在市场需要远低于目前价格的膜组件。②不污染、易清洗、寿命长。污染是超滤和微滤应用中面临的主要问题，污染的消除可提高分离效率，减少投资，从而进一步拓宽两种膜的应用领域。③适用于高温、高 pH 和抗溶剂、抗氧化的膜。目前的有机膜对温度和 pH 很敏感，抗溶剂和抗氧化能力差，所以不能处理某些重要的工业流体，而陶瓷膜和其他无机膜则在这方面有可能实现突破。

2.2.5.2　纳滤膜

纳滤膜又称疏松型反渗透膜，膜孔径范围为 $1\sim2$ nm，是允许溶剂分子或某些低分子量溶质或低价离子透过的一种功能性的半透膜。纳滤膜具有离子选择性，在膜上或者膜中带负电的基团通过静电互相作用阻碍多价离子的渗透。纳滤膜的运行压力一般为 $3.5\sim30$ bar（1 bar$=10^5$ Pa)，可以截留的分子量为 $150\sim500$ 左右的有机物和高价无机盐。纳滤膜材料主要有醋酸纤维素、磺化聚醚砜、聚酰亚胺和聚乙醇等，最早用于海水的淡化。在水处理中，多用于脱色、低分子量有机物、三致物质、消毒副产物(三卤甲烷和卤乙酸)及其前体和重金属的分离，对色度、硬度、异味有很好的去除能力；在食品和医药生产中用于有用物质的提取、浓缩。

纳滤膜对无机盐的分离行为不仅受化学势控制，同时也受到电势梯度的影响，这种荷电型的分离膜具有唐南(Donnan)膜平衡机理。能通过低分子溶质而不能通过高分子溶质或胶体粒子的半透膜，均可作为纳滤膜。作为渗析平衡体系，如果半透膜一侧不能透过膜的大分子或胶体粒子带有电荷，则体系中本来能自由透过膜的小离子在膜的两边的浓度不再相等，便产生了附加的渗透压。具体地说，若一侧为 NaCl 溶液（下称溶液 1），其离子能自由透过膜；另一侧为 NaR 溶液（下称溶液 2），其中 R^- 离子不能透过膜。两溶液均为稀溶液时，可将其离子活度视作离子浓度。当达到平衡状态时，由于两侧的化学势相等，即 $[Na^+]_1[Cl^-]_1=[Na^+]_2\cdot[Cl^-]_2$。因 $[Na^+]_1=[Cl^-]_1$，$[Na^+]_2=[R^-]_2+[Cl^-]_2$，于是，$[Na^+]_1[Cl^-]_1=[Cl^-]_1{}^2$，$[Na^+]_2[Cl^-]_2=([R^-]_2+[Cl^-]_2)[Cl^-]_2=[R^-]_2[Cl^-]_2+[Cl^-]_2{}^2$

比较以上关系后得到：在平衡时，$[Cl^-]_1>[Cl^-]_2$；$[Na^+]_1<[Na^+]_2$，即平衡时膜两侧离子浓度不相等。

纳滤膜的一个特点是具有离子选择性，一价离子可以大量地渗过膜（但并非无阻挡），而多价离子的截留率高得多。与一价离子相比，二价离子由于电荷多，电中性原理造成浓差扩散的阻力更大，也更不容易透过膜，所以纳滤膜对二价离子的脱除率要大于对一价离子的脱除率。因此，盐的渗透性主要由离子的价态决定。

对于阴离子，截留率按以下顺序上升：$NO_3^-<Cl^-<OH^-<SO_4^{2-}<CO_3^{2-}$。

对于阳离子，截留率按以下顺序上升：$H^+<Na^+<K^+<Ca^{2+}<Mg^{2+}$。

由于无机盐能透过纳滤膜，使其渗透压远比反渗透膜低，因此在通量一定时，纳滤过程所需的外加压力比反渗透低得多；而在同等压力下，纳滤膜的水通量比反渗透膜大得多。

反渗透、纳滤、超滤、微滤的比较如图 2-8 和表 2-2 所示。

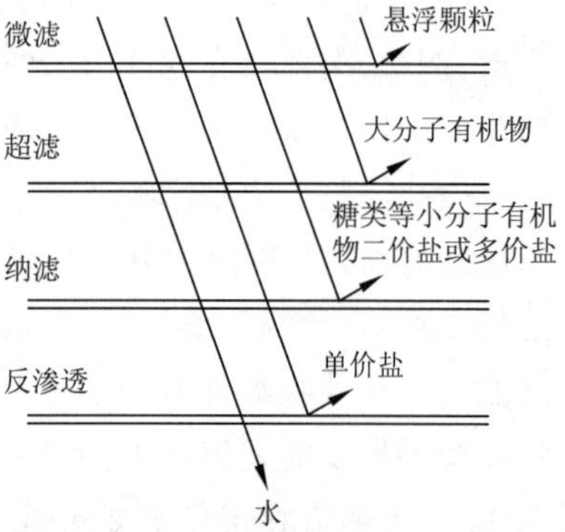

图 2-8 纳滤膜的分离特性

表 2-2 纳滤、反渗透、超滤、微滤的比较

项目	膜类型	推动力/MPa	对一价离子脱除率/%	对二价离子脱除率/%	对水中有机物、细菌、病毒脱除
纳滤	无孔膜（约 1 nm）	0.5	40～80	95	脱除全部细菌及病毒，相对分子质量小于 100～200 的非解离有机物透过
反渗透	无孔膜	1～1.5	>98	>99	脱除全部
超滤	有孔膜	0.1～0.2			脱除大分子、有机物、细菌、病毒
微滤	有孔膜	0.1			脱除大分子、有机物、细菌

纳滤膜的制备方法目前主要分为相转化法和复合法。

相转化法以制备价格低、可重复性高的不对称聚合物膜而成为目前应用较广泛的制备高分子聚合物膜的方法之一。相转化法是将液相铸膜液在特定条件引导下转变成多孔的固相膜材料，主要引导方法有：浸入析出法、热敏析出法、蒸发法和气相析出法。其中，最常用的浸入析出法是将铸膜液均匀涂覆到玻璃板上，用钢刀刮制成相应尺寸的厚度的液相膜，再将玻璃板浸入到水中制备的纳滤膜。膜材料的选用是相转化法制备纳滤膜的关键，近些年的主要工作是对传统膜材料进行改性或加入添加剂来提高纳滤膜的性能。例如，用苯甲酸交联对超滤膜的聚醚醚铜上酮基进行改性后再通过相转化法制备高性能的纳滤膜；又如，通过相转化法制备以嵌段式聚醚作为添加剂加入到反渗透膜材料聚醚砜镀膜液中制得纳滤膜。相转化法制备的膜不具有优越的渗透性能，常用来制备基膜。

复合法是目前使用最广泛、工业化程度最高、商品化纳滤膜品种最多、产量最大的方法，该法是以微孔级基膜为基础，在上面复合一层具有纳米级孔径的不同材质的超薄表层。复合法包括化学交联法、界面聚合法、层层组装法和膜表面接枝法。

(1)界面聚合法。界面聚合法是利用两种反应活性很高的单体分别在两种互不相溶的溶剂的界面处发生聚合反应。通常选择带有氨基的单体的水溶液和带有酰氯基的单体的有机相中进行界面聚合反应形成具有很高亲水性和机械强度的聚酰胺膜。其中，水相中单体通常有：聚乙烯醇(PVA)、哌嗪(PIP)、双酚 A(BPA)、间苯二胺(MPDA)、三乙醇胺(TEOA)、聚酰胺(PAMAM)、聚乙烯亚胺(PEI)等；有机相单体有：间苯二甲酰氯(IC)、对苯二甲酰氯(TC)、均苯三酰氯(TMC)等单体及其衍生物，其中 TMC 由于具有 3 个酰氯基团能形成力学性能稳定的网状聚合物，因此应用最广泛。近些年，通过在界面聚合过程中加入无机纳米材料来提高纳滤膜的热稳定性、机械强度、抗污染能力等，无机纳米材料主要有 SiO_2、TiO_2、碳纳米管等。界面聚合法的优点是反应速度快，以单体的浓度、单体比或聚合时间来产生特定功能的薄膜层，但操作复杂，仅能够在两种不同的溶液中进行，且聚酰胺复合膜对游离氯和碱十分敏感。

(2)层层组装法。层层组装法是通过将带正电和负电的聚电解质溶液的交替接触带电的基膜来实现的，有静态交替沉积自组装法和压力驱动自组装法。利用静态沉积法将聚二甲基二烯丙基氯化铵和聚丙烯酸分别沉积到水解处理过的聚丙烯腈基膜上制备的纳滤膜表现出很高的稳定性和截留性，比较静态交替沉积法、压力驱动组装法和静态-压力驱动组装相结合法制备的多层聚二甲基二烯丙基氯化铵/聚苯乙烯磺酸酯纳滤膜时发现，压力驱动组装法制备的纳滤膜通量较高。层层沉积法经过多年的发展已经成为制备纳滤膜的一种比较通用、经济的方法，但制备时间较长，且需要特定的基膜材料等，从而限制了其应用。

(3)化学交联法。使用交联剂将特定聚合物通过浸入、涂覆或喷涂到基膜上制备具有特定性能的纳滤膜。该纳滤膜的特性由特定聚合物的性能决定，其中聚电解质或带电生物大分子按照唐南效应对水中的多价态无机离子具有截留效应。例如，把用季铵盐纤维素醚和羧甲基纤维素钠合成的聚电解质复合物交联到聚砜纳滤膜上制得的纳滤膜表现出对硫酸根离子较高的截留率。化学交联剂的选用对纳滤膜的性能影响较大。常用的交联剂有马来酸、戊二醛、1,3—二溴丙烷、环氧氯丙烷、乙二醛、苯三甲酰氯和乙二胺等。分别使用均苯三甲酰氯、1,3—二溴丙烷和环氧氯丙烷作为交联剂将聚乙烯亚胺喷涂到聚偏氟乙烯膜上制得的纳滤膜，通过对比发现选用均苯三甲酰氯作为交联剂制得的纳滤膜的性能最好。化学交联法与层层聚合法都是通过粒子络合形成功能层，但是化学交联法是依靠分子间形成化学键组成的，该法具有操作简单、成本低和制备时间短等优点，更适合大规模生产。

(4)膜表面接枝法。将特定的基团接枝到经过各种能量源(紫外、等离子体、γ 射线、电子束等)处理过的具有活性基点的基膜上。γ 射线和电子束能量较高，易对基膜结构产生破坏，目前主要的接枝法有紫外辐射接枝法和等离子接枝法。紫外辐射接枝法是在紫外光照条件下促使单体在基膜表面上同时发生化学键的断裂和交联，将特定单体诱导交联到基膜上制备纳滤膜，该方法具有操作简单、成本低、反应快、对聚合物内部结构没有影响等优点。等离子接枝法主要是用具有高能量等离子体处理基膜表面使基膜表面产生活性点，使单体容易接枝到基膜上制备具有特定性能的纳滤膜。在实际应用中等离子法具有操作简单、反应快、不改变膜结构、价格低等优点。

纳滤膜材料分为有机高分子纳滤膜材料、无机纳滤膜材料、无机-有机杂化复合纳滤膜材料三类。

(1)有机高分子纳滤膜材料：主要有聚酰胺类、聚乙烯醇-聚酰胺类、磺化聚砜类、乙酸纤维类、聚酯类、聚电解质类、聚酰亚胺类等。早期乙酸纤维素原料来源广泛、价格便宜、成膜性好，但强酸强碱易溶解、压密性差、易水解而限制了其应用。芳香族聚酰胺类纳滤膜一般由苯环、酰胺基与烷基构成，苯环结构与酰胺基构成的多共轭体系使其具有耐高温、耐强碱和耐有机溶剂性等特性；酰胺基团使分子内及分子间存在较强的氢键作用，结晶度高，具有极好的机械强度，但易受强酸(HF)或氯侵蚀溶解破坏。聚砜类材料已经广泛应用于膜生产，其砜基具有良好的热稳定性、化学稳定性、耐酸碱腐蚀性能和力学性能，多用于纳滤底膜的生产与特种纳滤膜的制备研究。除了以上常用材质外，还有聚乙烯醇、聚丙烯腈、聚酯类、聚苯并咪唑以及甲基丙烯酸酯类聚合物。

新型有机高分子纳滤膜材料：

① 天然高分子材料。壳聚糖化学结构为乙酰胺基葡萄糖，如图 2-9 所示，其分子具有反应活性强的羟基、氨基，易进行酰基化、硫酸酯化、羧甲基化等化学修饰，从而制得不同用途的甲壳素衍生物膜。以磺化聚醚砜膜为基膜，环氧氯丙烷为交联剂，磺化壳聚糖为活性层材料，采用涂覆-交联反应制备出的两性复合纳滤膜，对 Na_2SO_4 和 NaCl 的截留率分别为 90.8%和 32.5%，对多价离子与有机小分子的分离具有较好的优势。单宁酸与儿茶酚类等多酚羟基官能团类天然高分子或单体具有非常强的反应活性、抗菌性、抗氧化性、亲水性和生物相容性等特点而备受关注。采用单宁酸为水相单体与均苯三酰氯油相单体界面聚合制备了一种富有还原性的多酚羟基官能团与亲水基团的纳滤膜，对有效阻止污染物吸附和抑制氧化剂对膜结构的破坏具有明显的功效。

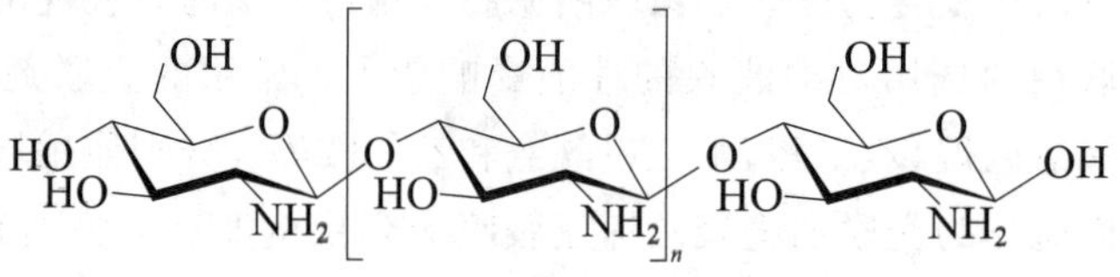

图 2-9 壳聚糖化学结构式

② 聚电解质材料。一类荷电聚合物(图 2-10),其化学稳定性、亲水性、不溶水性与荷电性使该材料具有超薄、高通量以及结构性能可控的新一代复合纳滤膜,通常基于阴阳离子聚合物之间的静电作用力进行自组装来制备具有不同特性的复合纳滤膜。

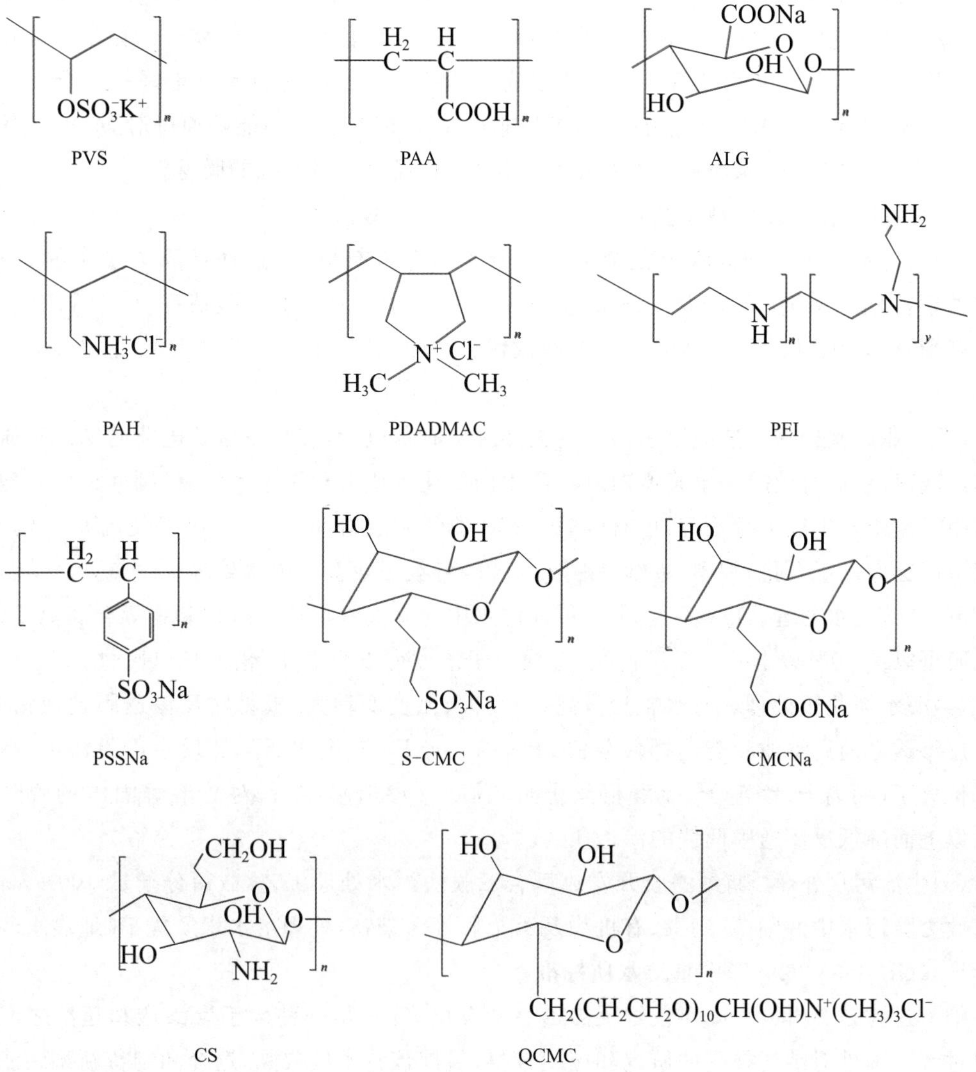

图 2-10　一类荷电聚合物

PVS—聚乙烯磺酸酯;PAA—聚丙烯酸;ALG—海藻酸钠;PAH—聚烯丙基胺盐酸盐;
PDADMAC—聚二甲基二烯丙基氯化铵;PEI—聚乙烯亚胺;PSSNa—聚苯乙烯磺酸钠;
S-CMC—纤维素硫酸钠;CMCNa—羟基纤维素钠;CS—壳聚糖;QCMC—季铵盐羟基纤维素

(2)无机纳滤膜材料:与有机纳滤膜相比,无机纳滤膜具有耐溶剂、耐热、通量大和使用周期长等优点,但制备工艺相对复杂、能耗高、膜脆易碎。无机纳滤膜包括陶瓷膜、玻璃膜、金属膜和分子筛膜,其中较常见的是由 Al_2O_3、SiO_2、ZrO_2 和 TiO_2 等制备的多孔陶瓷膜,目前无机纳滤膜的应用研究较少,大多集中在气体分离和渗透汽化领域。

(3)无机-有机杂化复合纳滤膜材料：结合传统有机膜和无机膜材料的优点，具有很好的分离性能和良好的物化稳定性，在近20年作为一种新型膜材料得到了广泛重视，突出表现在以碳纳米管(CNT)与金属有机骨架化合物(MOF)纳米材料为主组成的无机-有机杂化膜。CNT纳米孔道结构具有独特的优势，而MOFs(金属有机骨架化合物)类材料具有高比表面积、孔隙率可控、拥有官能团或反应性孔壁、对特定分子具有亲合力、可调控的化学组成和灵活的结构等特性，膜结构中有机部分与无机填充物相比对聚合物材料具有更好的亲合力和相容性，MOF-聚合物界面作用力易于控制，相间非选择性孔容易避免，能够通过对MOF选择合适的配体或官能团化改性来制备具有特定化学结构、孔径大小与形态的膜材料。

纳滤膜的主要应用领域包括：

(1)饮用水处理。纳滤膜能完全除去大分子的有害有机物；选择性除去多余的无机物，出水溶解性固体总量(TDS)最大不超过500 mg/L，对一价离子的截留率≤40%，对二价离子的截留率≥90%以上，并且可以选择性截留分子量200～1 000 Da(1 Da=1 g/mol)的中性溶质。

(2)工业废水处理。造纸废水污染物大多都带有负电荷，容易被带负电荷的纳滤膜通过静电作用截留，从而有效除去木浆漂白过程产生的氯化木质素和深色木质素；制糖废水处理中用纳滤膜对树脂再生液进行处理，可有效截留有机物质和脱盐80%以上，循环使用90%的水，纳滤膜被广泛应用于石化、啤酒、造纸、印染、农药等各类工业有机废水处理。

(3)电镀废水处理。电镀工艺中大量冲洗水中含有如六价铬、镍、铁和铜等金属离子，采用纳滤膜可以使90%以上的水循环使用，金属离子浓度得以浓缩10倍而加以回收。

(4)海水淡化预处理。海水含盐量高、硬度大、浊度变动大，极易对反渗透膜造成污染，在进行反渗透之前用纳滤膜能选择性截留200～1 000 Da有机物而降低反渗透膜污染，高效截留二价离子(钙离子、镁离子、硫酸根离子)而预防反渗透膜结垢，对总溶解固体的脱除率达50%以上而降低反渗透膜两侧的渗透压。

(5)生活污水处理。将纳滤膜开发成耦合双膜法污水处理工艺，截留分子量100～500 Da，可有效去除污水中的细菌、病毒、有机物及重金属等污染物，处理出水水质优于《地表水环境质量标准》(GB 3838—2002)中Ⅲ类水质标准。

纳米过滤是20世纪80年代继反渗透后开发出来的，是一种介于反渗透和超滤之间的膜分离过程。国外对纳滤技术的研究和应用较早，目前该技术较成熟，选择和制备新型纳滤膜材料，提高纳滤性能，降低成本，优化纳滤工艺，减轻膜污染，已经成为当今科研领域的重要任务。未来的主要工作体现在：

(1)膜分离机理研究。吸附-毛细孔流动模型、荷电模型、静电位阻模型等在指导纳滤膜技术方面发挥了作用，但对于离子透过膜过程还涉及扩散、对流和电迁移，以及膜的孔径、有效电荷密度及膜厚度等特征参数，其机理还需进一步完善。

(2)新型膜材料与膜组件开发。膜材料对物理稳定性、化学稳定性和机械稳定性的要求以及膜组件对长寿命、低成本、高通量、高脱除率、抗污染性的要求越来越高，尽管近年来在沸石分子筛、杂化材料、纳米材料、仿生材料、抑菌材料等新型膜材料和智能膜、仿生膜等新型膜组件方面已取得一定进展，但需要提高产业化稳定性以及研发大型的膜组件和装置，尤其是推动纳滤膜用于水净化及深度处理显得尤为重要。

(3)膜污染控制研究。纳滤膜污染控制一直是膜技术领域研究的焦点，需要建立纳滤膜污染定量描述方法，发展新型膜材料、制膜工艺和膜清洗方法，优化工艺流程和操作条件，探讨实用可行的维持纳滤膜长期稳定运行的污染控制措施。

2.2.5.3　超滤膜

超滤膜又称分子筛膜，是额定孔径范围为 1～20 nm 的微孔过滤膜。在适当压力作用下，允许水及体积小于膜表面微孔径的小分子物质透过膜，截留体积大于膜表面微孔径的物质。超滤膜可以截留大粒径的溶质分子(分离分子量大于 500 Da)和粒径大于 10 nm 的颗粒。超滤膜分离的过程是在一定的压力下以膜两侧的压力差为驱动力，以超滤膜为过滤介质，当原液流过膜表面时，水及小分子物质通过膜而成为透过液，原液中体积大于膜表面微孔径的物质则被截留在膜的进液侧，成为浓缩液，从而实现对原液的净化、分离和浓缩的目的。超滤膜可以截留水中的微粒、胶体、细菌、大分子有机物和部分病毒，但无法截留无机离子和小分子物质。超滤膜根据膜材料可分为有机膜材料和无机膜材料。有机膜应用较为广泛，主要有纤维素衍生物类、聚砜类、聚烯烃类、含氟聚合物、聚酰胺类、聚酰亚胺类、聚酯类；无机膜主要有无机陶瓷类、金属、金属氧化物、玻璃膜、碳纤维、硅酸盐、沸石等。超滤膜可做成平面膜、卷式膜、管式膜或中空纤维膜等形式。超滤膜主要用于从液相物质中分离大分子化合物(蛋白质，核酸聚合物、淀粉、天然胶、酶等)、胶体分散液(黏土、颜料、矿物料、乳液粒子、微生物)、乳液(润滑脂、洗涤剂以及油-水乳液)；当采用先与适合的大分子复合的办法时，也可用超滤分离低分子量溶质，从而达到某些含有各种小分子量可溶性溶质和高分子物质(如蛋白质、酶、病毒)等溶液的浓缩、分离、提纯和净化。超滤膜广泛用于医药工业、食品工业、环境工程等。

有效超滤分离的关键是超滤膜的选择性表面层要具有一定大小和形状的孔，而被分离介质的化学性质对分离效率的影响不大。超滤膜对大的溶质颗粒的截留有 3 种方式：膜表面的机械截留(筛分)、在膜孔中截留(阻塞)以及在膜表面和膜孔内吸附截留。图 2-11 所示为超滤膜分离的原理示意图。一般超滤膜分离采用的静压差为 0.1～0.8 MPa，被分离组分的直径为 0.01～0.1 μm。

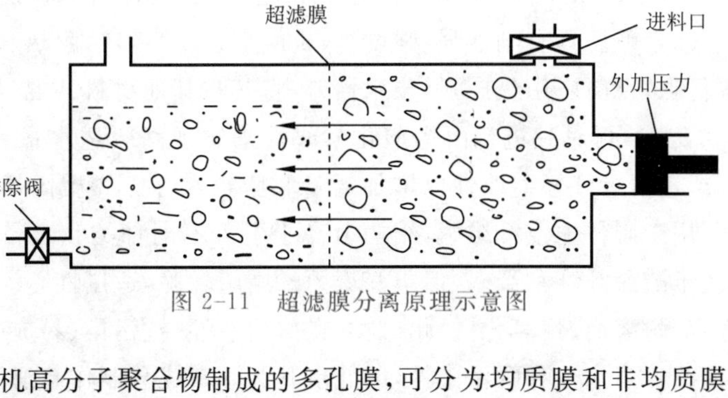

图 2-11　超滤膜分离原理示意图

超滤膜是用有机高分子聚合物制成的多孔膜，可分为均质膜和非均质膜。均质膜是早期产品，无定向结构，膜通道易堵塞，透水率低，对溶质的选择透过性差。目前的超滤分离一般采用非均质膜，非均质超滤膜由表皮层和支撑层组成，表皮层厚 0.1～1 μm，微孔排列有序，孔径小而均匀，孔隙率为 60%，孔密度为 $10^{11}/cm^2$，起分离作用；支撑层厚 100～200 μm，孔径较大，起增大膜强度的作用，本身无分离作用。

有机超滤膜传统的制备方法是相转化法，其工业化应用较多的有干法、湿法和热致相分离法三种。

(1)干法成膜。采用溶解和沸点不同的混合溶剂溶解聚合物，通过蒸发降低溶剂含量，致使溶剂溶解能力降低，此时均匀溶液将产生分相、固化，完成相转变过程，经后处理形成多孔膜。

(2)湿法成膜。将聚合物溶液涂覆成膜后浸入非溶剂(通常是水)中，产生非溶剂与溶剂交换，使均匀聚合物溶液逐步分相、凝胶、固化、成膜。为了保证双扩散进行，溶液中至少有一种溶剂和非溶剂是互溶的。

(3)热致相分离法。所采用聚合物材料在常温下不能溶解，提高温度至其熔融温度以上时可与一些小分子化合物稀释剂形成均匀溶液，降温后均相溶液发生固-液或液-液相分离而固化，脱除稀释剂后获得微孔材料。

无机超滤膜的制备方法主要有烧结法、溶胶-凝胶法、阳极氧化法。

(1)烧结法。将无机超细颗粒(粒度 0.1～10 μm)均匀混合分散于适当的溶液中形成稳定悬浮液，然后制坯成型，干燥，高温(1 000～1 600 ℃)烧结，最终形成多孔膜。

(2)溶胶-凝胶法。以醇盐 $Al(OC_3H_7)$、$Al(OC_4H_9)_3$、$Ti(i\text{-}OC_3H_7)_4$、$Zr(i\text{-}OC_3H_7)_4$、$Si(i\text{-}OC_3H_5)_4$、$Si(OCH_3)_4$或金属无机盐(如 $AlCl_3$)为原料，通过水解，形成稳定的溶胶，然后将其浸涂于多孔支撑体上，经干燥、凝胶化、热处理等步骤得到多孔无机膜。

(3)阳极氧化法。将高纯度金属箔(如铝箔)置于酸性电解质溶液(H_2SO_4，H_3PO_4)中进行电解阳极氧化处理，处理后金属箔的一侧形成多孔的氧化层，另一侧金属被酸溶解，最后经适当的热处理即可得到稳定的多孔结构金属氧化物膜。

超滤膜材料有有机膜材料、无机膜材料两类。

(1)有机膜材料主要有醋酸纤维素、聚砜、聚丙烯腈、聚偏氟乙烯、聚醚砜等，是为了弥补单一材料不足而通过共混把两种或多种材料结合混制成的膜。①醋酸纤维素。具有资源丰富、无毒、价格低、透水率高、截留率高、制膜工艺简单等优点，以其为基本制膜材料制作超滤膜仍被人们大量采用。②聚砜。具有刚性强、强度高、抗蠕变、尺寸稳定、耐热、耐酸碱稳定性好、耐氯性好、抗氧化等优点，目前应用最广，但亲水性差，将其与其他材料共混(如聚氯乙烯/聚砜共混，水通量可达 88.9%)，再对其进行丙烯酸化学改性来实现高膜透水量、高截留率和高抗污染性三方面效果，或进行紫外辐射改性以增加通量和膜亲水性。③聚丙烯腈。具有很好的耐水性、抗氧化性，可用于制备中空纤维膜，结构上易于引入不同种类和含量的第二、第三单体，因此其重要性仅次于醋酸纤维和聚砜，但单一聚丙烯腈膜较脆，适用性差。④聚偏氟乙烯。具有强度高、化学稳定、耐溶剂、耐氧化剂、耐碱类、良好耐热性、抗污染、易成膜等优点，可将其与其他制膜材料共混改善亲水性和耐污染性，因此以其为基料成分制作超滤膜也是研究的热点。⑤聚醚砜。其结构单元中没有脂肪烃基团，热稳定性比聚砜好，可在 90 ℃下长期使用，且可经受128 ℃热灭菌，以其为基本制膜材料制备超滤膜也是研究的热点。⑥壳聚糖。由甲壳素(1,4-二乙胺基-2-脱氧-β-D-葡聚糖)在3%～4% NaOH溶液中浸泡后，经加热、脱脂处理后制得，壳聚糖资源丰富，易化学修饰和成膜，抗拉强度大，韧性好，有较强的耐碱性和耐有机溶剂性，交联后壳聚糖膜还具有耐酸性，以其为基料成分制作超滤膜也是研究的热点。

(2)无机膜材料有陶瓷、金属、玻璃、硅酸盐、沸石、炭素等，其中陶瓷膜最常用，碳膜次之，金属膜多用于微滤，但成本较高，玻璃膜尚不具备工业应用。陶瓷超滤膜大多用粒子烧结法制备基膜，再用溶胶-凝胶法制备反应层，基膜材料用高岭土、蒙脱石、砖石灰、工业氧化铝等为主要成分混合材料，反应层材料分为Al_2O_3、ZrO_2和TiO_2膜，这类膜的最大特点是耐高温，可达1 300 ℃，且耐酸腐蚀及生物腐蚀方面优于一般金属膜。陶瓷膜可制备出孔径范围分布于4～5 000 nm的多种孔径膜品种，已商品化膜材料有Al_2O_3、ZrO_2及玻璃膜。

超滤膜的应用领域如下：

(1)饮用水的净化。建立在混凝沉淀基础上，将水源体中原有的病原性微生物、有机物以及有害杂质均在纳米级超滤作用下清除，最终使水源体达到饮用水的标准；对生活污水的高度净化是建立在周期循环活性污泥法基础之上，实现出水CODCr(重铬酸盐指数)稳定在30 mg/L，NH_3-N最低维持在0.2 mg/L且去除率高达90%的净化效果，使处理后的污水能够直接回收利用。

(2)海水等特殊水的净化。超滤膜比其他技术所需要的能源和成本投入均较低，净化性能相对也较好，能有效避免逐渐被水污染；与反渗透技术相结合，能够有效净化海水水质；使用中空纤维超滤膜直接处理高污浊度的海水，COD(化学需氧量)的去除率能够达到60%，胶硅的平均去除率也高达89%左右，且跨膜压差小，适合作为反渗透系统的预处理技术。

(3)工业废水的净化。食品工业废水中的淀粉、乳糖、蛋白质等有机质的净化和回收，电镀工业废水中的重金属的去除，以分散油及浮油为主的工业含油废水中的乳化油的油水分离，通过超滤膜配合反渗透技术能够有效实现过滤。

自1861年由Schmidt第一次完成超滤试验，至20世纪70年代超滤膜进入工业化，到目前已广泛应用到废水处理、中药生产、生物技术和食品领域，而膜污染一直是膜研究领域中的一个热点方向。对于有机超滤膜，进一步研发抗污染、抗氧化、高通量、机械强度高、寿命长、价格低廉的新型膜材料成为研究的重点。无机膜具有强度高、耐高温、耐腐蚀、耐溶剂、材料来源丰富、价格便宜等优点，已成为超滤膜快速发展的方向之一。但无机超滤膜一般没有弹性，较脆，不易加工成型，因此无机超滤膜材料应用还较少。未来除继续寻找性能优良、来源丰富、新型单一的无机制膜原料外，还会加强有机-无机复合制膜材料方面的研究，改善无机超滤膜的性能不足，开发具有耐氧化、耐游离氯性能的复合膜。通过化学改性、辐照等措施改善已有制膜材料性能，以获得耐热性、耐化学腐蚀性、选择分离性和透水性好的材料并加强膜污染机理及膜污染控制技术研究。

2.2.5.4 反渗透膜

反渗透膜是模拟生物半透膜制成的额度孔径范围为0.1～1.0 nm的以压力为推动力的

人工半透分离膜。当膜料液端的压力高于料液的渗透压时，料液中的溶剂在压力作用下逆着自然渗透的方向反向渗透通过膜到达低压侧，使溶剂从料液中分离。料液经反渗透膜处理后，在膜的低压侧得到透过的溶剂，即渗透液；高压侧得到浓缩的溶液，即浓缩液。反渗透材料主要有醋酸纤维素、芳香聚酰胺、聚苯醚、聚乙烯醇缩丁醛、无机质膜等。反渗透膜只允许水透过，可以截留水体中大分子、小分子有机物及无机盐。反渗透的应用领域主要用于水的淡化除盐、锅炉用水软化、电镀废水、食品工业废水及城市污水的深度处理。近几年已发展到化工、食品、制药以及造纸工业某些有机物及无机物的分离。

利用半透膜将溶剂和溶液隔开，若膜两侧的静压力相等，溶剂分子自发从溶剂侧透过膜到溶液侧，称该现象为渗透，如图 2-12(a)所示；其结果是溶液侧液柱上升，达到一定高度(h)后，溶剂分子不再渗入溶液侧，系统达到动态膜渗透平衡状态，如图 2-12(b)所示；此时，膜两侧溶液的静压差就等于两个溶液之间的渗透压。若在右方施加压力[见图 2-12(c)]，可驱使溶剂分子向左方渗透。因此，当该压力大于溶液的渗透压时，溶剂分子就能从溶质浓度高的溶液侧，透过膜流向溶质浓度低的溶剂侧，即反渗透现象。发生反渗透必须满足两个条件：一是操作压力不但高于溶液的渗透压，而且还要克服透过膜的阻力；二是渗透膜自身必须具有高选择性和高透过率。

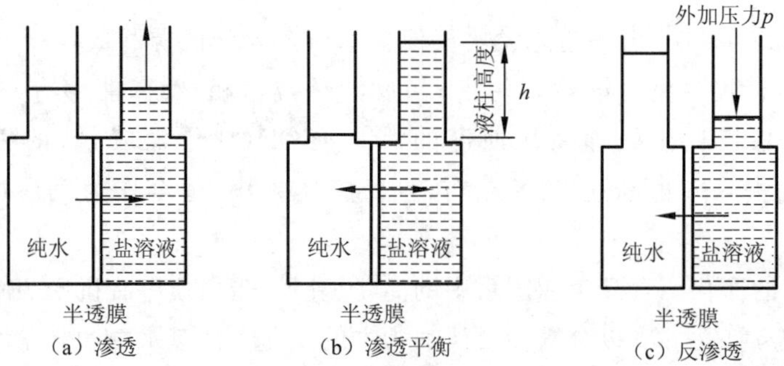

图 2-12　反渗透原理

氢键理论认为，对醋酸纤维素膜，在压力作用下，溶液中的水分子和醋酸纤维素的活化点——羰基上的氧原子形成氢键，迫使原来在该点水分子所形成的氢键断开，该解离出的水分子随之转移到下一个活化点，并形成新的氢键，依此类推。通过这一连串的氢键形成与断开，使水分子离开膜表面的致密活性层，进入含有大量的毛细管水的多孔层而流出膜外。

优先吸附-毛细孔流理论认为，在盐水溶液和聚合物多孔膜接触的情况下，膜界面上有优先吸附水而排斥盐的性质，因而形成负吸附层。它是一层已被脱盐的纯水层，纯水的输送可通过膜中的小孔来进行。纯水层厚度既与溶液的性质(如溶质的种类、溶液的浓度等)有关，也与膜的表面化学性质有关。该理论认为孔径必须等于或小于纯水层厚度的两倍，才能达到完全脱盐而连续地获得纯水，但在膜孔径等于纯水层厚度两倍时工作效率最高。

溶解扩散理论认为，将反渗透膜的活性表面皮层看成是无缺陷的致密无孔膜，溶剂与溶质都能溶解于均质的非多孔膜表面皮层内，溶解量的大小服从亨利定律；溶质和溶剂在膜中的扩散过程服从费克定律。在浓度或压力造成的化学位差推动下，通过物质溶解和分子扩散来实现渗透过程。在这一渗透过程中，物质的渗透能力不仅取决于该物质在膜中的扩散系数，而且取决于其在膜中的溶解度。而作为溶质和溶剂两者截然不同的物质在膜相中的溶解度和扩散系数具有巨大的差异，扩散系数高和溶解度大的溶剂远比扩散系数低和溶解度小的溶质更容易透过膜相。溶解扩散理论的渗透过程认为，溶质和溶剂在膜的料液侧表面先差异性吸附溶解，溶质和溶剂之间没有相互作用，然后它们在化学位差的作用下以分子扩散的形式差异性渗透过反渗透膜的活性层，最后溶质和溶剂在膜的另一侧表面差异性解吸。以上渗透过程中，一般假设溶解和解吸过程进行得较快，而渗透过程进行得相对较慢，渗透速率取决于溶质和溶剂在膜内的扩散过程。该理论最适用于均相、高选择性的膜分离过程。

反渗透膜制备方法分为非对称膜和复合膜两大类。非对称反渗透膜的制备方法一般是液液转化法，即相转化法，将聚合物溶于配制好的溶剂中制备铸膜液，再将铸膜液倒在无纺布或者涤纶布织物的增强层上，用刮刀或者缠绕一定直径铁丝的玻璃棒将铸膜液刮平，放置一段时间让溶剂蒸发，再将膜浸入到准备好的非溶剂溶液中，使铸膜液中的溶剂和溶液中的非溶剂进行物质交换，铸膜液凝胶成膜，然后进行后处理。复合反渗透膜主要采用界面聚合法制得，将支撑膜(通常是超滤膜)浸入含有活泼单体多元胺的水溶液中，干燥后，将膜浸入另一个含有活泼单体多元酰氯的有机溶剂中，多元胺和多元酰氯在支撑膜表面反应并形成致密的分离层，而后在一定温度下后处理得到成品复合反渗透膜。

反渗透膜材料主要是醋酸纤维素膜和芳香聚酰胺膜以及复合膜。

醋酸纤维素膜是将纤维素与醋酸进行酯化反应，引入乙酰基之后即成为醋酸纤维素，醋酸纤维素的化学结构如图 2-13 所示。

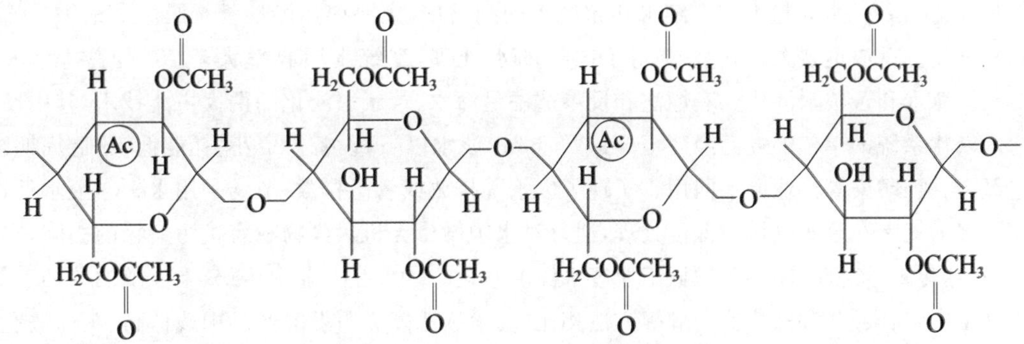

图 2-13　醋酸纤维素的化学结构

通常，醋酸纤维素膜的厚度为 100～200 μm，最佳应用 pH 为 5～6，主要用于制成平板膜、管式膜和螺旋卷式膜，也有的制成中空纤维膜，但强度较差，工业上应用较少。醋酸纤维素膜的优点是原料便宜，透水量大，脱盐率超过 95%，耐氧化性药物性能好，耐污染性较强；缺点是抗压密性能差，不耐高温和细菌的侵蚀，使用一段时间后脱盐效果会明显下降。

芳香聚酰胺膜的成膜材料为芳香聚酰胺、芳香聚酰胺-酰肼以及一些含氮芳香聚合物，其化学结构式如图 2-14 所示。

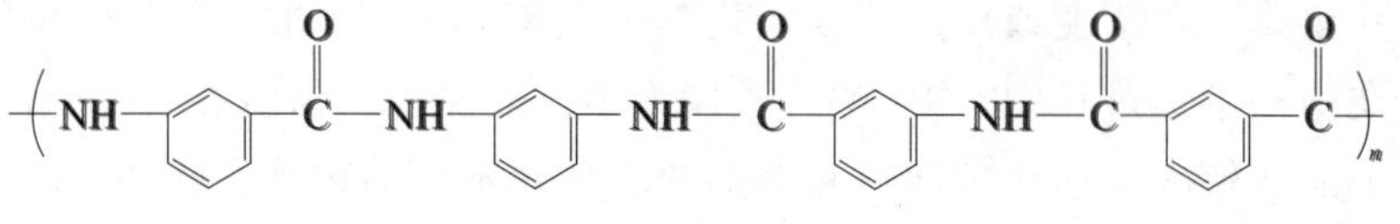

(a) 芳香聚酰胺

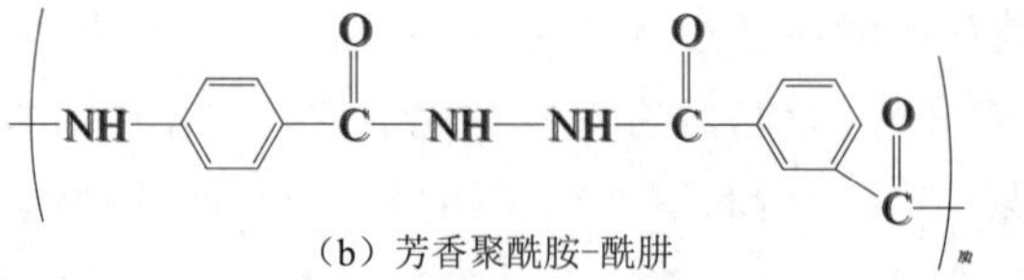

(b) 芳香聚酰胺-酰肼

图 2-14　芳香聚酰胺和芳香聚酰胺-酰肼的化学结构式

芳香聚酰胺多制成中空纤维膜，纤维外径为 30～150 μm，壁厚为 7～42 μm，使用环境为污废水酸碱度 pH 在 4～11 之间，水温在 40 ℃以内。中空纤维膜具有较高的透水量和脱盐率，机械强度高，对微生物的抗性较好，不易被水解，使用期限相对较长，设备占地面积小，但原料价格较贵，抗氯性很差，容易受到氯或其他氧化剂的侵蚀，从而降低对废水的过滤性能。

复合膜是先制造多孔支撑膜，然后再设法在其表面形成一层极薄的致密皮层，由这两层不同材料制成的新型反渗透膜。该膜具有醋酸纤维膜的耐氯性和聚酰胺膜的耐微生物性，脱盐层可选用适当的材质以有效地提高膜的分离率和抗污染性，支撑层和过渡层可以做到孔隙率高，有效地提高了膜的水通量及力学性能、稳定性等。在相同条件下，复合膜透水率一般比醋酸纤维膜高 50%～100%，可以在 1.6 MPa 左右低压和 pH 在 2～12 的宽范围内使用。

反渗透膜的应用领域有：①纯水和超纯水的制备。已被广泛应用于半导体微电子、电力、化工和医药等领域，能够有效地降低水的电导率和总溶解性固体的含量，对大部分盐类成分的截留率超过 95% ，并且水通量大。在纯水和超纯水的制备中，主要应用醋酸纤维膜。②锅炉补给水的除盐软化。反渗透装置已广泛应用于电厂的水处理，系统水回收率大于 75%，脱盐率大于 97%。③海水和苦咸水淡化。蒸馏法和反渗透法是海水、苦咸水淡化的两大主流技术，其中反渗透海水淡化系统的单位能耗已经降至 3 kW · h/m^3 淡水以下，设备投资小、耗能低、建造周期短。④造纸、电镀、印染等行业废水回用。实现了废水零排放或者微排放，节约了用水。⑤废水处理。应用最多的就是在废水领域的深度处理，通过对水中微量无机污染物和有机污染物的去除，实现制药、石油化工、炼钢和印染等领域工业废水深度净化。⑥食品工业中牛奶、果汁及酒的加工等。在酒加工中，与限制发酵、蒸馏脱醇等方法相比，反渗透法能克服发酵产品中残糖高、蒸馏法有蒸煮味等缺陷，得到高品质的无醇啤酒，且仍保持普通啤酒的色、香、味。⑦化工工艺的浓缩、分离、提纯中的应用。与传统分离操作（如蒸发、萃取、沉淀、混凝和离子交换树脂等）相比较，过程中大多无相变化，可以在常温下操作，具有能耗低、效率高、工艺简单、投资小等特点。

从 20 世纪 60 年代问世第一张非对称醋酸纤维素反渗透膜，至 20 世纪 80 年代，薄层复合芳香聚酰胺类反渗透膜出现，迄今，在海水淡化、污水处理等行业的应用也越来越广，已由原来的单纯以脱盐为目的转变为根据用途对膜材料进行设计，传统的中压膜也日趋向低压膜和超低压膜方向发展。反渗透膜发展方向主要体现在以下三方面：①反渗透膜对一些具有特殊截留机理的离子的脱除效果仍需进一步提高，通过对膜材料进行改性，使其向着高通量、低能耗、高脱盐的方向发展，借助纳米、生物、仿生等技术寻找和开发新型的膜材料，使其向着经济、环保、节能、高效的方向发展。②对于一直伴随着膜技术发展的膜污染问题的解决已成为延长膜使用寿命和降低运行成本的关键。预处理与膜清洗是目前抑制膜污染的主要方法，但是清洗剂或者杀菌剂常常又会导致复合膜性能不同程度的下降，所以更多的研究应该集中在对膜内的传递机理、界面聚合反应机理以及膜污染和氧化降解机理的深入认识等方面。③反渗透膜向更低的操作压力和更加节能的方向发展。由于反渗透分离需克服渗透压，因此，降低操作压力也必将更加节能。目前已出现了极超低压反渗透膜，其操作压力低于 0.75 MPa，电耗也比中压反渗透膜节约近 50%。

2.2.5.5　正渗透膜

正渗透是指水通过选择性渗透膜从高水化学势区域向低水化学势区域的传递过程。与反渗透不同，正渗透的驱动力是由汲取液与原料液产生的跨膜渗透压差，而不是水力压差。汲取液和正渗透膜是正渗透过程顺利进行的两个关键部分。正渗透属于一种自发进行的过程，膜材料的物理特性以及活性分离层的特性至关重要，也导致了正渗透膜结构要求与其他的压力驱动膜材料截然不同。浓差极化正是阻碍正渗透自发过程实现的主要障碍，而合适的膜材料及结构能够有效地缓解浓差极化的影响。汲取液是具有高渗透压的溶液体系，由汲取溶质和溶剂(一般是水)组成，其高渗透压由其高浓度的溶质产生。

正渗透膜材料是正渗透技术的核心部分。理想的正渗透膜应该具有以下特点：具有致密的非多孔性结构，保证污染物的高效截留；膜支撑层尽量薄且具有较高的机械强度，耐酸碱，有较宽的 pH 范围。但就目前技术来说，对于致密均质膜材料的研究在实际中有很大困难，因此大多数相关研究对象仍是多孔性结构。国内外学者对于正渗透膜材料及结构的相关研究越来越多，在实验室也已取得一定的成果。研究较多的膜材料有三乙酸纤维素(CTA)、聚苯并咪唑(PBI)、聚砜(PSF)/聚醚砜(PES)等。

汲取液与原料液之间的渗透压差是正渗透膜过程得以实现的关键，在汲取液的选择上，一般应遵循以下原则：汲取液溶质应具有较低相对分子质量、较高溶解度、不污染渗透膜、接近中性、廉价、无毒、易于分离或浓缩等特点。目前，汲取液材料主要有沉淀性铝盐、NaCl、$MgCl_2$ 等无机物，SO_2、NH_3-CO_2 等气体，天然的磁性铁蛋白、低糖类的果糖、葡萄糖、蔗糖等营养物质，EDTA 钠盐、聚苯乙烯磺酸钠-4-磺酸酯-N-异丙基丙烯酰胺等有机盐或聚合物，以及近年来研究的热点合成磁性纳米颗粒。

浓差极化是阻碍正渗透过程的重要问题。通常正渗透膜过程中，浓差极化是较为普遍的一种现象。浓差极化主要是由于膜两侧溶液的浓度差引起的，且存在于膜两侧，直接导致膜有效渗透压降低，驱动效率下降。正渗透过程中的浓差极化有两种：一是外浓差极化，二是内浓差极化。当用致密对称膜在膜过滤操作中时，原料侧溶质在驱动压力下传递到膜表面被截留，使膜表面浓度升高，远大于其在本体溶液中的浓度，形成浓缩型外浓差极化；同时，汲取液一侧，汲取液浓度被不断渗透过来的水稀释，导致膜附近汲取液浓度小于本体溶液浓度，引起稀释型外浓差极化。一般来说，提高膜表面流速和扰动以及降低水通量都能减少外浓差极化的影响。内浓差极化通常发生在复合型或非对称结构膜中。当正渗透膜的多孔支撑层面向汲取液侧时，多孔层内汲取液被渗透水稀释，导致稀释型内浓差极化；当正渗透膜多孔支撑层面向原料液侧时，原料液中溶质在驱动力作用下随水传递到多孔层内，并在多孔层内部积累，引起浓缩型内浓差极化。对正渗透过程中传质机理研究表明，降低膜厚度或改善膜结构能够有效缓解内浓差极化，膜表面结构对污染物和膜之间的相互作用影响非常大，因此通过选择适当的膜材料或者改变膜结构及表面性能能够有效降低内浓差极化。

最早的三乙酸纤维膜仅由活性层和多孔支撑层构成，膜厚度为 93 μm，通过相转化法制得。膜厚度是水通量的主导因素，膜越厚，膜孔中的阻力越大，疏水性也越大。该正渗透膜被广泛应用于各领域的研究中，包括军事、娱乐和紧急救援等领域。

聚苯并咪唑之前主要被用于反渗透和纳滤膜的制备，膜孔径分布范围较窄，杂环咪唑使得聚苯并咪唑分子间和分子内发生氢键作用，使其自身带有一定量电荷，其自身的带电特性和亲水特性使其能够应用于水分离过程且具有良好的耐污染性能。因其独特的纳滤特性、较好的机械强度和优良的化学稳定性将其用于正渗透过程。可将聚苯并咪唑中空纤维纳滤膜经过非溶剂诱导相转化法和化学交联改性形成薄壁结构，改变平均膜孔径和孔径分布范围，并将其应用于正渗透过程，显示该膜渗透通量明显提高。在膜的多孔支撑层面向汲取液测条件下，表皮选择层由聚苯并咪唑/多面体低聚倍半硅氧烷组成，内支撑层由聚丙烯氰/聚乙烯吡咯烷酮构成，少量的多面体低聚倍半硅氧烷纳米粒子混入聚苯并咪唑中。对膜表面形状和性能有很大的影响，膜通量和盐截留率都呈增加趋势，表明多面体低聚倍半硅氧烷的添加一定程度减少了膜厚度和多孔结构，有效缓解浓差极化的影响。

聚砜材料刚性和韧性好、耐温、耐热氧化、耐酸碱、无毒，聚醚砜具有在高温下连续使用以及在温度急剧变化的环境中仍能保持性能稳定的特性。通过相转化法将沸石纳米粒子嵌入聚砜基板上，形成聚砜复合纳米基板，然后在基板上用间苯二胺和均苯三甲酰氯通过界面聚合反应形成复合聚酰胺活性层，第一次选择用多孔粒子和纳米复合基板来控制浓差极化影响而制成膜。该基板改善了表面孔隙率和亲水性，在相同条件下该膜正渗透水通量是传统未加沸石纳米粒子反渗透膜的两倍。沸石纳米颗粒的嵌入有效地缓解了内浓差极化，从而增大了水通量。将不同载体二氧化钛纳米粒子嵌入聚砜基板上研究其亲水性、总孔隙度、表面粗糙度等，结果显示与原膜相比，亲水性和总孔隙度都由于二氧化钛的添加而增加了，大大增加了水通量。分别将聚酰胺-亚胺和聚砜用于中空纤维膜的外选择层和内支撑层，然后对外层通过多分子层聚电解质沉积后用聚乙烯亚胺交联，该结构类似于纳滤膜表皮层，经过聚电解质交联和沉积后得到的膜对 $MgCl_2$ 截留率达 97%。聚醚砜/多孔碳纳米管基板是羰酸多孔碳纳米管在聚醚砜中混合分散，经相转化法制得。该膜的活性聚酰胺层在已形成的基板上沉积得到最终的膜，该膜为非对称膜，多孔碳纳米管在膜表面形成孔网结构，且其本身的中空纳米孔道和中间的空隙为水分子提供了新的通道，对 NaCl 的截留率最高可达 97%。利用界面聚合法将亲水性纳米粒子和聚砜及聚醚砜添加到铸膜液中，形成聚砜/聚醚砜基板，然后在基板上发生界面聚合反应，获得成品膜截留率达 98%以上；后利用新型相转化法制备的正渗透膜在保持同样截留率条件下水通量高达 30 $L/(m^2 \cdot h)$以上。

正渗透过程不仅应用于脱盐、污水净化等水处理领域，在能源发电、食品浓缩、药物释放以及军事、远征探险等方面也颇有优势。

20 世纪 90 年代开发出第一个商业化正渗透膜以后，正渗透过程由于其本身的优势，已经广泛开始应用研究于各领域，但是目前仍存在许多问题，如浓差极化严重、渗透效率低等，大多数的正渗透研究都还停留在实验室阶段。由于各种条件限制，推广应用也面临着诸多挑战。对于膜本身来说，膜厚度与支撑材料的性质对透水通量的影响是至关重要的。因此，通过开发新材料，改善正渗透膜本身厚度及内部结构，使其更亲水，有效缓解了浓差极化的影响。相信通过未来的共同努力，正渗透膜材料的突出问题最终将得到解决，能更加广泛地应用于各个领域。

2.2.5.6　渗析膜

渗析膜以浓度差为推动力，是孔径为 5～10 nm 的亲水性分离膜。其作用原理是利用膜两侧溶液溶质浓度的不同，在浓度差的作用下，高分子溶液中的小分子溶质能够透过渗析膜，大分子溶质不能透过渗析膜，从而将溶液中的大分子溶质和小分子溶质分离。渗透过程中渗析膜内无流体流动，溶质以扩散的形式移动。常用的渗析膜材料主要有纤维素膜和合成高分子膜。纤维素膜有再生纤维素膜（又称赛璐玢），如铜仿膜、铜氨膜、皂化纤维素膜、黏胶纤维素膜；改良纤维素膜如醋酸纤维素膜、血仿膜。合成高分子聚合膜有聚丙烯腈膜、聚甲基丙烯酸甲酯膜、乙烯基乙烯醇共聚膜、聚砜膜、聚酰胺膜、聚酯聚合物合金膜。再生纤维素膜是以纤维素为原料制备的亲水性强的透析膜；改良纤维素膜是以纤维素的衍生物为原料制备的亲水性弱的透析膜，如醋酸纤维素是通过改变纤维素的酯化度，控制成膜条件制得的；合成高分子膜是通过选取相应的单体聚合，再经过物理、化学等工艺处理制得的具有不同渗透性的疏水性渗析膜。渗析膜主要应用于医药、制剂、饮料食品、冶金、电子、化工。

渗析过程原理如图 2-15 所示，中间以膜（虚线）相隔，A 侧通原液，B 侧通溶剂，溶质由 A 侧按扩散原理向 B 侧移动，低分子比高分子扩散得快，而溶剂（水）由 B 侧按渗透原理向 A 侧移动。A 侧借助扩散速度差使两组分以上的溶质得以分离，而浓度差是这种分离过程的唯一推动力，符合唐南膜平衡理论。

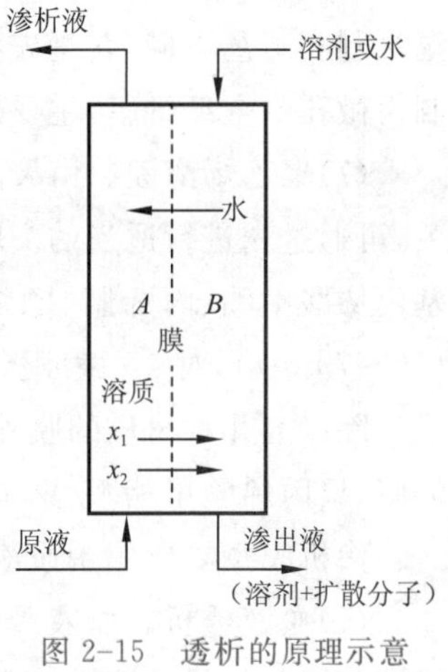

图 2-15　透析的原理示意

渗析与超滤既有共同点，也有不同点。共同点是两者都可以从高分子溶液中去除小分子溶质，不同点有三点：一是渗析的驱动力来自膜两侧溶液的浓度差，而超滤为膜两侧的压力差；二是渗析过程中小分子透过膜属溶质本身的净流，而超滤过程中小分子透过膜属溶质和溶剂结合的混合流；三是因为渗析的推动力是浓度梯度，在渗析过程中渗析速率会不断下降，因此渗析要求提高被处理原液和渗析液的循环量，并且渗析速率慢于以压力为驱动力的反渗透、超滤和微滤等过程。

渗透膜材料有纤维素类膜、聚丙烯腈、聚砜膜、聚碳酸酯膜、聚酰胺膜、聚烯烃膜、聚乙烯醇膜等。

(1)纤维素类膜。由 D-吡喃葡萄糖经 β-1,4 糖苷键的天然线性高分子化合物，具有生物相容性、生物降解性和一定的强度，作为血液透析膜能有效去除血液中如肌酐、尿素等小分子。其制备方法为将纤维素溶于氧化铜铵溶液，然后挤压成膜，制成含有铜铵基团的铜氨纤维素膜，该膜市场占有率最大。现又开发出大孔径三醋酸纤维素中空纤维透析膜，该膜具有较高的超滤速率，能有效地去除 β_2-微球蛋白及其他中低分子量的有害物质；也有的用叔氨基、羟基、磺酸基和磷酸酯基对纤维素进行取代改性，降低白细胞减少症，提高膜的血液相容性。

(2)聚丙烯腈。中空纤维膜，具有很好的耐霉性、耐气候性和耐日光性及一定的耐溶剂性和化学稳定性，与再生纤维素膜相比，对中等分子量的物质去除能力强，渗析速率快；缺点是膜脆性较大、强度差、不耐高温消毒、干态膜的透水性能明显下降等。采用重均分子量为 20 万的聚丙烯腈制备中空纤维膜，其机械强度可明显提高，也耐反冲洗。

(3)聚砜膜。不对称中空纤维膜，苯环的存在和硫原子处于最高的氧化价而使其具有良好的化学稳定性，适用范围 pH 达 1～13，可在 128 ℃下灭菌，具有一定的抗水解性、抗氧化性，较好的柔韧性、力学性能。与铜仿纤维素膜相比，长期使用不会导致有关生化参数的改变，因而是一种极有潜力的长期血液透析用膜。

(4)聚碳酸酯膜。具有优良的力学性能，遇湿不会溶胀，可热密封，耐高渗透压力，血栓形成率低，尤其是其主链结构易于调整，与不同比率聚醚缩聚形成嵌段共聚物所制成的膜具有一定的亲-疏水特性，对尿素、维生素 B_{12} 和水的透过率高于再生纤维素膜，生物相容性介于铜仿纤维素膜和聚丙烯腈膜之间。

(5)聚酰胺膜。具有强度高、优良的血液相容性，对补体激活小，蛋白吸附及凝血性小，但有些对蛋白质有吸附作用。聚酰胺膜或脂肪类聚酰胺共聚膜可制成高度非对称结构而对水的通透性良好，聚酰胺与聚乙烯吡咯烷酮共混可制成一定亲-疏水性比例的血液透析、血液过滤膜。聚酰胺系列膜内毒素透过率 90%，对 β_2-微球蛋白的透过量也比较高。

(6)聚烯烃膜。聚丙烯(PP)和聚乙烯(PE)是近年新开发的血液净化膜，其制膜过程与干湿法制膜工艺不同，它是先将 PP 或 PE 熔融纺丝，然后进行热处理，再经拉伸制孔以及热定型制得微孔中空纤维膜，主要用于血浆分离过程。

(7)聚乙烯醇膜。由聚醋酸乙烯醇解制得，产品性能与分子量和残留的乙酰基团的含量有关，可通过先进行适当的交联或交联前先共聚的方法制备，与其共聚的单体有丙烯酸甲酯、甲基丙烯酸甲酯、丙烯腈、乙烯等，开发的乙烯-乙烯醇共聚物非对称膜，外层致密，内层多孔(10～70 nm)，对 β_2-微球蛋白的去除能力很强，常被应用于血浆置换和洗滤。

除以上几种材质的膜外，开发研究的其他聚合物膜还有聚醚嵌段共聚物膜、聚乙烯吡咯烷酮膜、聚丙烯酸甲酯膜、聚苯乙烯膜、聚多肽膜、聚电解质膜等，但尚未获得较为广泛的应用。

渗析膜主要应用于血液透析和工业分离：

(1)血液透析。血液透析是借助于血液透析机与患者建立体外循环的过程，使血液中小于膜孔截留分子量的溶质扩散、渗透通过滤膜，以去除患者血液中的代谢小分子废物和毒物，通过已配制好的透析液调节水和电解质平衡以及酸碱平衡，经过透析处理解毒后的血液回到人体的静脉中。

(2)工业应用。压榨碱液的回收：聚乙烯醇中空纤维渗析膜对经预处理过的压榨碱液和软水进行处理，压榨液中的 NaOH 经回收，进行浓度调整后作为浸渍液回用，NaOH 的回收率可达 98%。钢铁酸洗废液中回收硫酸：采用扩散渗析法和离子交换膜电解组合工艺处理酸洗废液，将废水中的酸和金属离子分离，回收的酸液补加适量的酸，可再次进入酸洗工序。酒精饮料脱醇：中空纤维透析膜可使啤酒醇脱除率达 40%，该法虽优于精馏法，但在脱酒精的同时会把某些低分子组分一起脱除，需要对脱除后的啤酒进行风味调整。

自 1945 年荷兰 Kolf 制备出第一个血液透析膜之后，血液透析已成为医学领域的一个重要分支。随着人类对健康的需求不断发展，血液透析对透析膜材料的要求越来越高。临床使用透析膜多为以聚砜、聚丙烯腈等为膜材料，这些材料尽管具有高渗透性能且成膜后能去除血液中有害成分，但仍存在细胞相容性及血液相容性的系列问题。单一的膜材料不能充分满足上述要求，对现有膜材料进行共混、接枝、镶嵌以及运用等离子体等技术对材料进行改性等已成为今后一段时期内透析器膜材料的发展趋势，利用绿色、价格低廉的生物质原料制备透析膜是使这一技术普及的关键，与人类血管内皮接近的、透析性能与生物相容性能良好的、价格合适的透析膜将是未来透析膜发展的主要目标。

2.2.5.7　电渗析离子交换膜

电渗析离子交换膜是用于电渗析过程的离子交换膜。膜主体由固定部分和活动部分组成，固定部分为带有固定离子交换基团的体型或线型高分子聚合物，活动部分是与固定离子交换基团相反电荷的离子。在直流电场电位差作用下，离子交换膜使溶液中的带电离子选择性透过从而发生迁移，可以选择性地使溶液中的水和离子分离。电渗析离子交换膜分为只能透过阳离子的阳离子交换膜（简称阳膜，CM）和只能透过阴离子的阴离子交换膜（简称阴膜，AM），可用于小分子电解质的分离、水体脱盐及工业废水中酸碱和金属的回收。

图 2-16 所示为电渗析离子交换膜工作原理示意图。通入淡化室中的含盐水在电场的作用下，带正电荷的阳离子向阴极方向移动到阳膜，受到膜上带负电荷的基团异性相吸的作用而穿过膜，进入右侧的浓缩室；带负电荷的阴离子向阳极方向移动到阴膜，受到膜上带正电荷的基团异性相吸的作用而穿过膜，进入左侧的浓缩室。淡化室盐水中的氯化钠被不断除去，得到淡水，氯化钠在浓缩室中浓集。

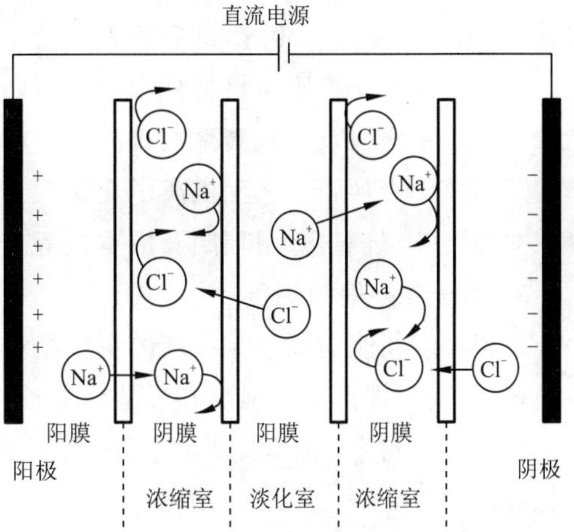

图 2-16　电渗析离子交换膜工作原理示意图

电渗析除存在以上人们希望的电场作用下的反离子迁移外，还可能存在一些其他迁移问题。根据唐南平衡理论，当膜外溶液浓度过高时，在阳膜中也会进入个别阴离子，阴膜中也会进入个别阳离子，从而发生与膜的固定活性基所带电荷相同的离子的迁移，即同名离子迁移；随着膜两侧溶液浓度差增大，离子受浓度差的推动作用可能由浓缩室向淡化室扩散，淡化室的水在渗透压的作用也向浓缩室渗透，从而发生渗析现象；反离子和同名离子均为水合离子，在反离子和同名离子迁移的同时，也携带一定数量的水分子迁移；当浓缩室与淡化室存在压差时会出现电解质从压力高的一侧向压力低的一侧渗漏；当电压达到一定值，而溶液中离子未能及时补充到膜表面时，膜表面的水分子可能被解离成 H^+ 和

OH^-,这些酸碱根离子会透过膜发生迁移,从而影响浓缩室和淡化室的中性性质。

离子交换膜作为电渗析器的主要元件,应满足以下要求:①具有高的选择透过性,阴、阳膜的选择透过率应在90%以上;②膜的面电阻要低;③膜平整、均一,且具有一定的强度和柔韧性;④膜的化学性能稳定,抗氧化和抗污染能力强;⑤膜的溶胀和收缩变化小。

1. 离子交换膜的分类

电渗析离子交换膜按结构分为以下三类:①异相膜。由离子交换剂的细粉末和黏合剂混合经加工制成的薄膜,其化学结构不连续,制备容易,价格便宜,但一般选择性较差,膜电阻也大。②均相膜。由具有离子交换基团的高分子直接制成的膜,或者在高分子基膜上接上活性基团而制的膜,化学组成均匀,具有优良的电化学性能和物理性能,是离子交换膜的主要发展方向。③半均相膜。将离子交换树脂和成膜的高分子黏合剂溶于同一溶剂,利用流延法制膜,两者之间均匀组合,但并无化学结合,其外观、结构和性能均介于异相膜和均相膜之间。

电渗析离子交换膜按活性基团分以下三类:①阳离子交换膜(简称阳膜)。含有带负电的酸性基团,能选择性透过阳离子而不让阴离子透过,主要有磺酸基($—SO_3H$)、磷酸基($—PO_3H_2$)、磷酸基($—OPO_3H$)、羧酸基(—COOH)、酚基($—C_6H_4OH$)等。②阴离子交换膜(简称阴膜)。含有带正电荷的碱性活性基团,能选择性透过阴离子而不让阳离子透过,主要有季胺基〔$—N(CH_3)_3OH$〕、伯胺基($—NH_2$)、仲胺基(—NHR)、叔胺基($—NR_2$)等。③特种膜。主要包括阳、阴离子活性基团在同一膜内均匀分布的两性离子交换膜;带正电荷的膜与带负电荷的膜贴在一起构成的复合离子交换膜;部分正电荷与部分负电荷并列存在于膜的厚度方向的镶嵌离子交换膜;在阳膜或阴膜表面涂一层阴或阳离子交换树脂的表面涂层膜,作为电解隔膜的多孔膜、螯合离子交换膜等,这类膜大都处于研究阶段。

电渗析离子交换膜按材料性质分以下两类:①有机离子交换膜。由聚乙烯、聚丙烯、聚氯乙烯、聚砜、聚醚以及含氟高聚物等高分子材料合成的膜,使用最多是磺酸型阳离子交换膜和季胺型阴离子交换膜。②无机离子交换膜。由磷酸锆和矾酸铝等无机材料制成的新型膜,主要在热稳定性、抗氧化、耐辐照及成本低等方面具有优势,适合在特殊场合使用。

2. 离子交换膜的制备

以聚合物树脂为离子交换膜的主体组分,加入黏接剂、增塑剂、着色剂、防老剂、抗氧化剂、脱膜剂等,为了保证膜的强度和尺寸稳定性,还需要加入增强材料。增强材料既可以是玻璃纤维网布等无机材料,也可以是涤纶、锦纶、丙纶、维纶等网布有机材料。可分为均相膜的制备和异相膜的制备:

(1)异相膜的制备。把粉状离子交换树脂与黏接剂以一定比例混合制成平板式膜片。黏接剂主要包括线性聚烯烃及其衍生物类热塑性聚合物,聚氯乙烯、聚过氯乙烯、聚乙烯醇等溶剂可溶类聚合物,以及天然或合成橡胶。根据黏接剂的性能,异相膜的制备有以下三种方法。①延压和模压法成膜。将聚乙烯在110～120 ℃下混炼,塑化后加入聚异丁烯进行机械接枝,混均后加入离子交换树脂粉和硬脂酸钙,反复混炼均匀,在压延机上拉成所需厚度的膜片,利用两张尼龙网布上下覆盖,送入热压机,制成异相膜。②溶剂型黏接剂法成膜。将线性高聚物黏接剂溶于溶剂,再将粉状离子树脂分散在该溶液中,然后浇铸成膜。③离子型交换树脂法成膜。将离子交换树脂粉末分散在不完全聚合的成膜聚合物中，浇铸成膜后，再完成聚合过程，树脂与黏接剂为机械结合。

(2)均相膜的制备。首先用黏接剂吸浸单体进行聚合，然后导入活性交换基团制成含黏接剂的热塑性离子交换树脂，最后采用上述异相膜工艺加工成膜。离子交换树脂在黏结剂中分散非常均匀，形成互相缠绕、不易脱落的结构，其实质是把离子交换树脂的合成与成膜工艺相结合。具体工艺包括合成反应、成膜、引入可反应基团、与反应基团反应形成荷电基团等四个过程。其制备方法有四种：①从单体聚合或缩聚反应开始制膜。可以把已有荷电基团的苯酚磺酸与苯酚、甲醛按一定的比例配制，先进行部分缩聚反应，然后将其吸浸于多孔支撑材料中或涂布于网布上，再进一步缩聚形成阳离子交换膜；还可以将含有环氧反应基团的料液刮于尼龙网上，上下衬以涤纶纸，在油压机上加热聚合形成基膜，制成的基膜浸入三甲铵溶液，得到甲基丙烯酸环氧丙酯丁膜。②制成基膜后导入离子交换基团。先将本身含有反应基团的高聚物制成基膜，再经活化反应导入离子交换基团，制成离子交换膜。纤维素、聚乙烯醇等高聚物含有类似仲醇性质的多羟基，通过酰化和酯化反应，使离子交换基团直接导入膜内。③高聚物中导入离子交换基团后再成膜。聚砜或聚醚砜经磺化后制成磺化聚砜和磺化聚醚砜，把磺化后的聚砜或聚醚砜溶于二甲基甲酰胺中，涂于网布上，待溶剂挥发后即成阳膜。④在惰性高分子衬底基膜上制成均相膜。以聚烯烃或氟碳烃类惰性高分子膜为基体，用有机溶剂溶胀后吸入带功能基团的单体，经聚合，聚合物与基膜材料的分子链间互相形成缠绕结构。高压聚乙烯薄膜溶胀后浸吸苯乙烯和二乙烯苯等单体后，用过氧化苯乙酰作引发剂聚合。聚合物与基膜形成一体，经磺化反应过程可制成阳膜，经氯甲基化和胺化可制成阴膜。

电渗析法最早用于海水淡化制取饮用水和工业用水，海水浓缩制取食盐，以及与其他技术组合制取高纯水，后来在废水处理、食品、医药工业等领域也得到了广泛应用。

(1)纯水制备：在锅炉、医药和电子等行业中，电渗析在流程中起前级脱盐作用，离子交换膜起保证水质的作用，两者组合工艺与只采用离子交换膜相比，减少了离子交换膜的频繁再生，增强了对原水浓度波动的适应性，出水水质稳定，投资少，占地面积小。

(2)海水淡化及海水浓缩制盐：电渗析离子交换膜用于海水淡化出现于20世纪60～70年代，后开展了高温电渗析海水淡化，达到生产1 m^3淡水耗电8～9 kW·h的指标。电渗析浓缩海水-蒸发结晶制取食盐是电渗析处于第二位的应用，与传统盐田法相比，纯度高，投资少，占地面积小，不受气候条件的影响，易于实现工业化生产，现卤水浓度可达200 g/L，吨盐耗电量已降至120 kW·h。

(3)苦咸水脱盐：也是电渗析最重要的应用领域，除盐率高，工艺简单成熟，制水成本低；但由于电渗析不能去除水中有机物和细菌，设备运行能耗也较大，使其在苦咸水淡化应用中受到一定的局限。

(4)废水处理：使用耐酸或耐碱的特殊离子交换膜、耐氧化的特殊离子交换膜、渗析膜和近年来新研制的双极膜，工艺流程与水脱盐或浓缩应用相同，最早用于处理电镀无机废水，后逐渐向处理城市污水、造纸废水等有机废水发展，已实现从废水中去除或回收Cr、Cd、Ni、Cu、Pb、Zn等重金属离子，并进一步对废液进行浓缩处理加以回收；从碱法造纸废液浓液中回收碱和淡液中回收木质素；在酸洗废液中制取硫酸及沉积重金属离子；在中等强度放射性废水中分离放射性元素；从合成纤维厂的废水中回收 $ZnSO_4$、Na_2SO_4；从含氰废水处理以及亚硫酸纸浆废液中回收副产品。

(5)食品、医药工业中的应用：主要用于医药工业生产中葡萄糖、甘露醇、氨基酸、维生素C等溶液的脱盐，食品工业中牛乳、乳清的脱盐，酒类产品脱除酒石酸钾、有机物中酸的脱除或中和、蛋白质水解液和发酵液中氨基酸的分离等。

自1903年德国Morse和Pierce首先开发出从凝胶中去除带电杂质的电渗析技术之后，电渗析在苦咸水及海水淡化、化工分离、食品行业、生物工程、医药等领域中取得了巨大的进展，突显了其利用价值。电渗析设备具有的抗污染性、高化学性等优点，随着其制造水平的提高、设备成本的降低，再加上双极膜电渗析技术、反渗透与电渗析相结合技术的发展，电渗析技术将会更加赋有竞争力。然而，电渗析技术在实际应用中也存在一些问题，主要表现为脱盐与水的利用率不高，电耗较大，运行不够稳定等，对这些问题的解决，仍旧是一个难题；电渗析技术虽然有一定的理论基础，但是其过程涉及电化学过程、传质过程和物理化学过程等，使得它的机理十分复杂，而且影响因素也比较多，需要对其机理和理论模型做进一步探讨。研究开发具有高化学和热稳定性、高选择渗透性、抗污染强的离子交换膜仍是电渗析技术发展的重要方向。研制大流量、脱盐率高的新型电渗析装置，开展利用太阳能、风能等新能源的电渗析技术研究，引入双极膜两隔室、三隔室等不同的电渗析组合结构，结合不同的工艺组合制取高纯水、脱硅水，进一步解决目前电渗析浓缩室结垢的问题，是电渗析技术另一极具发展前途的重要方向。

2.2.5.8 液膜过滤材料

液膜分隔两相互不相溶的液体的中介相液体，它是两相之间进行物质传递的桥梁，可以使两相溶液中的溶质进行选择性渗透，导致溶质之间的分离。根据形状可分为乳状液膜和支撑型液膜两类。乳状液膜由载体、膜溶剂、表面活性剂三种物质组成。载体是能与被分离的溶质发生化学反应，运载溶质穿过液膜的物质；膜溶剂是膜液相的基体，占膜容量的90%以上，当原料液为水溶液时，用有机溶剂作液膜，当原料液为有机溶剂时，用水作液膜；表面活性剂影响液膜的稳定性、渗透速度、分离效果及破乳等，常用的有Span-80、中胺-185、蓝-113A、蓝-113B、307-I等。支撑型膜由支撑体和膜相组成：支撑体主要是微孔的聚丙烯、聚四氟乙烯等制成平板式、管式、螺旋式和空心纤维膜组件；膜相由载体和稀释剂组成。液膜分离作用的机理有三种：利用不同溶质在液膜中具有不同的溶解度和扩散系数来实现溶质的选择性渗透分离；利用载体与外相溶质离子形成溶于膜相的配合物的萃取机理实现溶质的分离；利用膜内相中物质与待分离溶质中的一种溶质之间的不可逆的化学反应促进该溶质向膜内相的扩散。液膜技术广泛应用于石油增产、贵重金属的回收、废水处理等方面。

液膜分离包括从原料液到膜相液和从膜相液到接受液的两步萃取过程，而萃取过程分为物理萃取和化学萃取。液膜分离的传质机理有下列四种类型：

(1)选择性渗透。液膜不含载体，靠待分离的不同组分在膜相液中的溶解度和扩散系数的不同导致透过膜的速度不同来实现分离，如图2-17所示。原料液中组分A易溶于膜，组分B难溶于膜。A透过膜的速率大于B，一定时间后，接受液中A的浓度大于B，而原料液侧B的浓度大于 A，从而实现 A、B 的分离。当分离过程进行到液膜两侧被迁移的溶质浓度相等时，液膜传递随即终止。该液膜不具备浓集溶质的功能，实际用途较少，主要用于有机物的分离。

(2)内相有化学反应。液膜不含载体，内相接受液中含有试剂 R，R 能与料液中迁移的溶质 A 发生不可逆的化学反应，生成一种不能逆扩散透过膜的新产物 P，从而使渗透物 A 在内相接受液中的浓度为零，直至 R 被反应完全为止，如图 2-18 所示。保持了 A 在内、外相中的最大浓度差，促进了 A 的传递；相反，由于 B 不能与 R 反应，即使 B 也能渗透进入内相，但很快会达到渗透停止的浓度，从而达到 A 与 B 分离的目的。

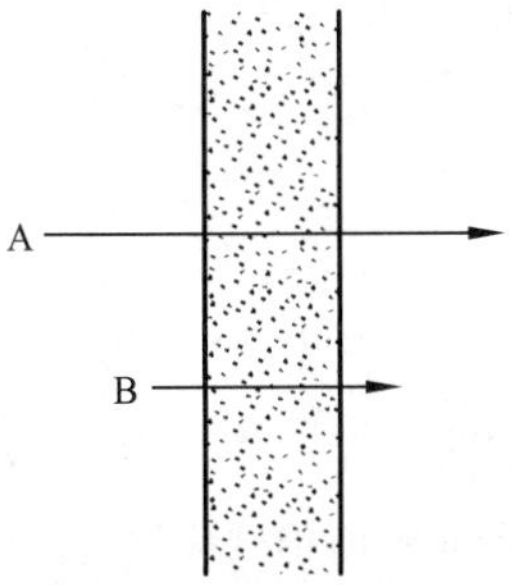

图 2-17　选择性渗透

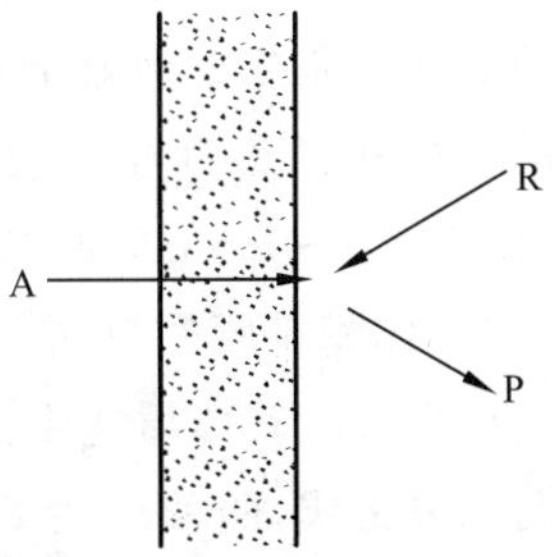

图 2-18　内相有化学反应

(3)偶合同向迁移。含有非离子型载体 S，它与料液中的阴离子选择性络合的同时，又与阳离子络合成离子对而一起迁移，称为同向迁移，如图 2-19 所示。载体 S 在外相界面上与原料中的阳离子 M^+ 和阴离子 X^- 生成中性络合物 MX · S，MX · S 不溶于外相而易溶于膜相，并以浓度差为推动力在膜内向内相界面扩散。在内相界面上，由于内相液浓度低，络合物解络，释放出溶质离子 M^+ 和 X^-。解络后的载体 S 留在膜相内，以扩散方式返回外相界面。

(4)偶合逆向迁移。含有离子型载体时溶质的迁移过程，如图 2-20 所示。用酸性萃取剂 HR 作为金属离子 M^+ 的载体，在外相界面上发生 M^+ 与 H^+ 的交换，生成的 MR 进入膜相，而 M^+ 在膜内溶解度极低故不能返回，到达内向界面进行交换，M^+ 进入内相，整个传递的结果是 M^+ 从外相经膜进入内相，H^+ 则从内相经膜进入外相，M^+ 的迁移引起了 H^+ 的逆向迁移。

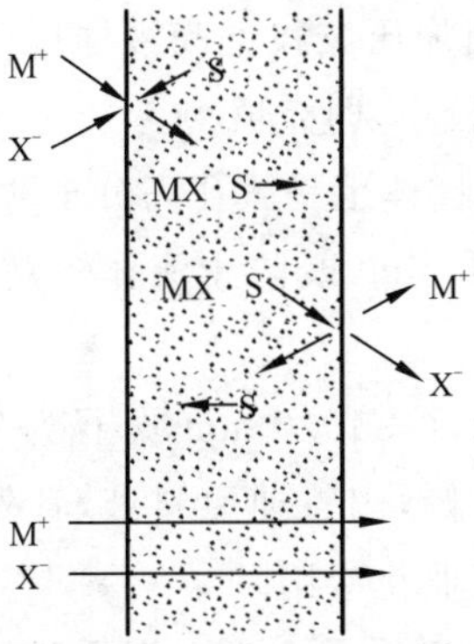

图 2-19　偶合同向迁移

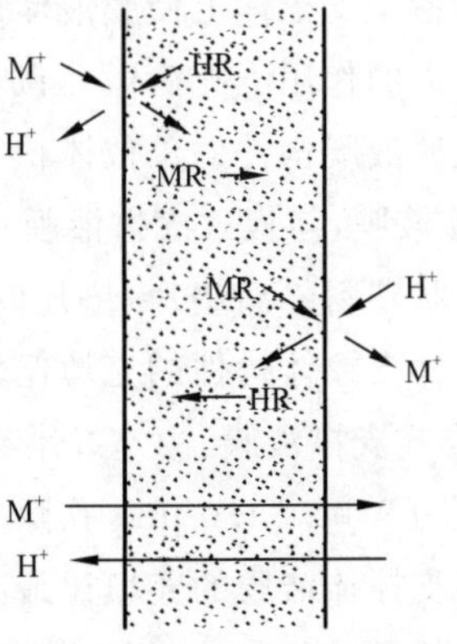

图 2-20　偶合逆向迁移

液膜制备方法主要有乳化液膜、支撑液膜两种：

(1)乳化液膜。乳化液膜制备过程包括制乳、分散—提取—澄清和乳化破乳等三个主要步骤。如图 2-21所示，首先将内相回收液与液膜溶液充分乳化制成 W/O(油包水)型乳液，然后将其分散于外相原料液中形成 W/O/W(水包/油包/水)型多相乳液，介于被包封的内相与连续的外相之间即是液膜相。依据液膜对不同物质的选择渗透能力差异，液膜可将溶液中的某种物质捕集到内相或外相中从而达到分离的目的。内相微滴直径一般为数微米，而 W/O 乳液的滴径为 0.1～1 mm，膜的有效厚度也为 1～10 μm，这样单位体积中膜的总面积非常大，溶液组分的透过速度相当快。其传质速度比一般的聚合物膜高数十倍至数百倍。表面活性剂由亲水基和疏水基两部分组成，两种活性基团构成了不同的亲油平衡值 HLB，油包水型液膜选用 HLB 值为 3～6 的表面活性剂，水包油型液膜则选用 HLB 值为 8～18 的表面活性剂。为重新使用已用过的乳液，必须将该乳液进行破乳，从中分出膜相和内相，以分别进行处理。破乳的方法有化学法、静电法、离心法和加热法，其中以静电法效果较好。

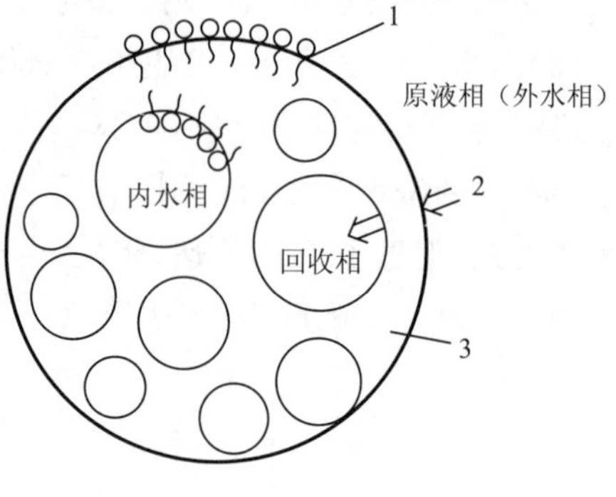

图 2-21　W/O/W 型乳化液膜
1—表面活性剂；2—溶质；3—液膜相
（载体、表面活性剂、膜强化剂、有机溶剂）

(2)支撑液膜。按结构不同分为三种类型：板式支撑液膜、卷式支撑夜膜和中空纤维式支撑液膜。支撑液膜体系的支撑体目前均来自超滤或渗析用的多孔薄膜或中空纤维管，但支撑体对化学稳定性、力学性能以及几何尺寸等方面更苛刻的要求，使上述分离薄膜或中空纤维管只有少数几种用作支撑体。

① 板式支撑液膜：支撑体是一片微孔高分子薄膜，含载体的有机溶液附着在其微孔之中，形成有机液膜，膜厚度和有效液膜面积与所用的支撑体的薄膜厚度、孔径和孔隙率有关。两个腔室内各有一片网状塑料垫片，用于支持有机液膜，并防止水相流体的短路。原料液和接收液在膜相两侧腔室中循环流动。板式支撑液膜的制备方法有涂覆、浸渍和加压填充等方法，涂覆法是将膜液体涂覆于支撑体上使膜液体进入支撑体膜孔；浸渍法是将支撑体浸在膜液体中使膜液体在表面张力的作用下充满微孔；加压填充法采用加压方式把膜液体压入多孔支撑体的微孔中。板式支撑液膜构件的单位体积的传质面积比较小，即充填小。

② 卷式支撑液膜：与板式支撑液膜一样，所用的支撑体也是微孔高分子薄膜，而且两层支撑液膜之间有网状塑料隔离垫片，垫片的厚度大约为 1 mm，既防止流体短路，又起支撑水相腔室的作用。这种支撑体构件的充填比较大。

③ 中空纤维式支撑液膜：中空纤维支撑体内径为 1.0～10.0 mm，外径为 2.0～14.0 mm，管壁的微孔孔径为 0.02～1.0 μm，孔隙率为 40%～80%，内管通原料液，管外的通道通接收液。这种类型的支撑体液膜的充填比最高，最适合于工业化应用。

支撑液膜在使用过程中，溶剂与萃取载体从多孔支撑体中流失和多孔膜材料在有机相载体中的不稳定，导致支撑液膜通量的衰减或选择性降低，支撑液膜表现为不稳定，尚未见工业化的成功案例。提高支撑液膜的分离效率或改善支撑液膜的稳定性研究主要集中在膜材料、膜结构和液膜相等方面。膜材料开发与制备的研究采用液膜凝胶化、复合涂层、界面聚合和等离子体涂层技术、亲水和疏水复合材料以及使用商业化离子交换膜等方法提高支撑液膜的稳定性;膜结构的研究在上述三类基本结构的基础上研究开发新型支撑液膜组件,主要有中空纤维夹芯型、管式-中空纤维混合型、板式夹芯型、框式隔板夹芯型等。

液膜主要应用在以下几方面:

(1)放射性含铀废水中富集回收铀。传统处理含铀废水的离子交换法、化学沉淀法、生物吸附法和蒸发浓缩法的共同缺点是产生泥浆量大,工艺流程冗长,后续处理烦琐,且在处理低含量、大水量放射性废水时操作费用和原材料成本较高,存在二次污染。液膜法回收铀与上述方法相比进料处理简单、处理温度低、有机溶剂损耗少、操作步骤少、直接操作费用低、提铀率达到 98%以上。

(2)稀土元素的分离与回收。研究始于 20 世纪 80 代初,以煤油或磺化煤油为有机溶剂,以 LA、P204、P507 等为载体,内相采用 HCl、HNO_3 等,对稀土浸出母液可根据需要分组、提纯、分离等操作,废水中稀土元素含量可降至 1 mg/L 以下。

(3)废水中有毒金属去除和贵重金属回收。液膜法特别适合于从低浓度废水中去除有毒金属或回收有用物质,用乳化液膜法从矿山废水中回收铜的回收率高于 90%;用支撑液膜从含有铜、砷、锌、铁、锑和铋的硫酸浸出液中回收铟,获得的 In^{3+}/Cu^{2+} 分离系数为 104~106,铟的浓缩倍数为 400;使用乳化液膜法从高浓锌的废水中回收镉,镉和锌的迁移率分别为 98.6%和 1.0%。

(4)处理含酚或含氨废水。除酚率高,流程简单,且同时可处理高浓度和低浓度含酚废水,废水中的酚含量可降至几毫克每升甚至 0.5 mg/L;用酸性内相处理含氨废水 NH_3 去除率可达 98%,且液膜可连续循环使用,内相生成的$(NH_4)_2SO_4$可用于肥料。

(5)气体分离。对烟道气的脱硫最佳液膜体系为 1 mol/L $NaHSO_3$ 和 $Na_2S_2O_3$ 水溶液,SO_2/CO_2 分离系数为 130~190;对 CO_2 去除使用 0.5 mol/L 亚砷酸钠的饱和碳酸氢铯溶液渗透的多孔醋酸纤维素薄膜,从 O_2/CO_2 混合气体中去除 CO_2 的分离系数高达 4 100。

1968 年,黎念之(Li N. N.)博士首次发明了乳状液膜,20 世纪 90 年代液膜分离研究达到高峰,但至今在工业上还没有大规模化推进。液膜分离作为新型的膜分离技术,无须加热和高压,耗能少,无固膜污染、老化,且渗透速度快,分离效率高,故可广泛用于废水中有机物和金属离子的分离或提取,引起了国内外广泛地研究并极力推向工业化。从技术角度来看,液膜技术的工业化还需要进一步研究性能优良的膜溶剂、载体和表面活性剂,可靠的传质设备,切实可行的破乳技术,成熟的工艺稳定性,完善的理论体系。尤其液膜分离用于有机废水处理以及废水处理中有价资源回收方面更需要优先进行深入探究,回收利用乳化液以防范二次污染等问题也有待进一步研究。此外,结合光催化等其他技术先将有机物转化为可电解或能通过反应形成离子化合物的有机基团再进行液膜分离,有望提高液膜分离技术的应用范围。可以预见,随着这些研究的不断改进,新型高效表面活性剂以及新型液膜技术的不断开发,液膜分离技术将成为废水处理和环境保护中的又一项行之有效的技术而被工业化推广。

2.2.5.9 膜蒸馏材料

膜蒸馏材料是用于膜蒸馏过程的疏水微孔膜。膜蒸馏是混合液中挥发性组分在分离膜两侧的蒸气差的推动下实现传质分离的膜过程，热料液与膜一侧接触时（热侧），料液中的易挥发组分在膜面处汽化通过膜，并在膜的另一侧被冷凝成液相（冷侧）。膜蒸馏过程中料液中易挥发组分能够通过膜，其他组分则被疏水膜阻挡在热侧，从而实现混合物分离或提纯的目的。膜蒸馏材料具有保证水不会渗入到微孔内和具有较高的通量的特性，还具有足够的机械强度、好的热稳定性、化学稳定性以及低的导热系数。膜蒸馏材料主要有聚四氟乙烯（PTFE）、聚偏氟乙烯（PVDF）和聚丙烯（PP）等膜材料。PTFE 膜多采用烧结法及拉伸法制备，PVDF 膜多采用溶剂致相转化法制备，PP 膜通常采用熔融纺丝-冷却拉伸法（MSCS）和热致相分法（TIPS）制备。在水处理领域可用于海水的蒸馏淡化、高纯水制备、废水中挥发性污染物的去除等。

膜蒸馏法的分离原理如图 2-22 所示，在疏水性多孔膜的一侧与高温原料水溶液相接（即暖侧），而在膜的另一侧则与低温冷壁相邻（即冷侧）。以暖侧与冷侧之间温度差的蒸气压差为推动力促使暖侧产生的水蒸气通过膜的微孔，再扩散到冷侧的冷壁表面被凝缩下来，这其中冷壁要与膜保持一定的距离以有利于膜扩散。

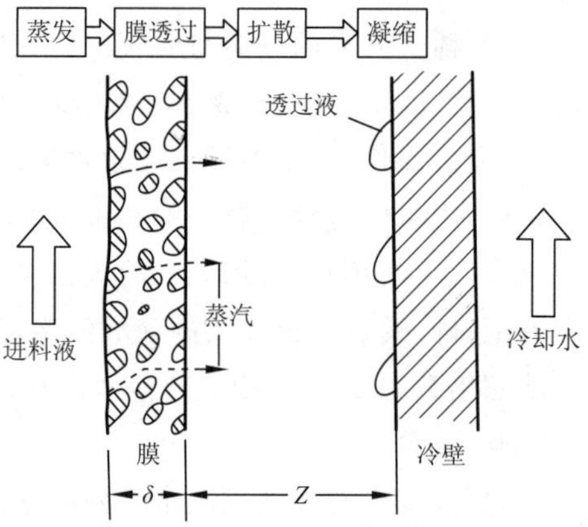

图 2-22　膜蒸馏法的分离原理

δ—膜的厚度；Z—扩散层厚度

膜蒸馏用膜的关键是膜的疏水性和多孔性，一要保证膜具有较高的蒸馏通量，二要保证混合液不会渗入到微孔中。一般认为孔隙率为 60%～80%，平均孔径为 0.1～0.51 μm 的膜最适合于膜蒸馏，孔径太小，蒸馏通量太低；孔径太大，混合液将通过膜孔进入另一侧，从而降低溶质的截留系数。此外，蒸馏用膜还应具有良好的热稳定性、化学稳定性、较低的导热系数和足够的强度。

膜蒸馏用膜一般采用微滤膜，典型的材料有聚四氟乙烯、聚偏氟乙烯和聚丙烯等，尚未开发出专门用于膜蒸馏过程的膜。聚丙烯膜采用熔融纺丝冷拉伸法或热致相分离法制备，热致相分离法比熔融纺丝冷拉伸法制备的膜孔径分布窄、孔隙率调节范围宽。聚丙烯膜的表面自由能约 30.0×10^{-3} N/m，耐溶剂性和结晶度较高，价格低廉，应用广泛。聚偏氟乙烯膜可通过非溶剂致相分离法和热致相分离法制备，其表面自由能约 30.0×10^{-3} N/m，热稳定性和化学稳定性也较好，能溶于二甲基乙酰胺（DMAC）和二甲基甲酰胺等常见的有机溶剂，应用前景较好。聚四氟乙烯采用烧结法及拉伸法制备，其表面自由能约 9.1×10^{-3} N/m，疏水性突出，且其耐氧化性、化学稳定性以及热稳定性等也优于聚偏氟乙烯和聚丙烯，是理想的膜蒸馏用膜材料。

不同膜蒸馏装置的区别主要在于蒸汽穿过疏水膜后冷凝回收方式的不同，主要有以下四种形式。

（1）直接接触式膜蒸馏（DCMD）：热侧原料液中的水分在膜表面汽化，穿过膜孔到达膜冷侧表面，被冷凝液吸收并带走。两侧液体直接与多孔膜表面接触，蒸汽扩散路径仅局限于膜厚度，装置简单，出现最早，是研究最广泛的膜蒸馏过程。

(2)气隙式膜蒸馏(AGMD)：热侧原料液中水分汽化穿膜后，经过一个空气间隙到达冷壁被冷却为冷凝液排出。与直接接触式膜蒸馏相比，减小了过程热损耗，但增加了传质阻力，适合两侧温差较大的蒸馏过程。

(3)气扫式膜蒸馏(SGMD)：热侧原料液中水分汽化穿膜后被惰性气体吹扫出膜组件，流经冷壁时蒸汽冷却为冷凝液排出。惰性气体减少了部分热量损耗，同时还可加快传质过程。

(4)真空膜蒸馏(VMD)：冷侧提供真空条件，热侧原料液中水分汽化穿膜后直接被真空装置带出膜组件并在冷壁处被冷却为冷凝液排出。真空条件为水蒸气的传输提供了驱动力，可以大大减小热损失，且透过通量较大。

针对上述四类膜蒸馏方式开发的膜组件主要有平板式、管式、中空纤维式、错流式、气隙式、浸没内交换式等。平板式易于清洗、更换；管式和中空纤维式不易更换，但不需要额外支撑部件；错流式液体进口处和相应的出口处各有一个多孔的液体分配板，确保原料液均匀垂直地流过中空纤维层而提高膜通量；气隙式实现了热量回收，具有较高的通量；浸没内交换式集成了高分子导热、优化气隙热传导等技术，膜强度高，通量大，耐腐蚀。

膜蒸馏主要应用在以下几方面：

(1)海水淡化与纯水制备。膜蒸馏早期的研究主要用于海水淡化，淡水的质量高于其他膜过程，利用工业海水余热、工业废热、太阳能加热及减压蒸馏进行海水淡化，使这一技术成本较低、设备简单、操作容易、能耗低，具有一定的应用前景。膜蒸馏用于再生饮用水，可采用直接接触膜蒸馏装置与多种热回收相结合，从含有砷、铀、氟化物等的地下盐水中制备饮用水。

(2)食品及中药工业。膜蒸馏技术相比蒸馏技术具有低温优势，能保持产品的营养成分，直接接触式膜蒸馏、真空膜蒸馏、气扫式膜蒸馏、渗透膜蒸馏用于橙汁、苹果汁、甘蔗汁、葡萄汁、蔗糖溶液、葡萄糖溶液、乳清蛋白溶液、酒精等浓缩工艺，效果明显；膜蒸馏与生物膜反应器相结合用于乳糖发酵生产乙醇工艺，可提高乙醇产量；膜蒸馏用于中药提取、浓缩使有效成分的截留率可达100%。

(3)化学及挥发性物质的分离。以压差为推动力可以有效地从体系中分离、去除挥发性物质，推动反应平衡向正方向移动，从而不断地获得同侧的其他反应产物。

(4)高难度废水处理。利用化学吸收膜蒸馏的方法处理含氰废水，废水得到达标处理的同时回收利用氰化物；采用渗透蒸馏和渗透膜蒸馏技术处理橄榄油生产废水的同时得到高附加值的酚类化合物；将膜蒸馏技术应用于石化行业反渗透浓缩产生的高含盐浓水获得了较高的脱盐率，膜蒸馏技术在废水处理方面表现出的优越性为今后高难度废水的处理拓宽了发展方向。

20世纪60年代中期M. E. Findley首先提出膜蒸馏，80年代初开始发展，尽管膜蒸馏技术还未真正实现工业化，但是其在海水淡化、化工、医药、食品、污水处理等方面的应用研究中显示出独有的优势，尤其是在膜蒸馏过程中能够结合利用太阳能、工业余热等能源，在环保、节能降耗等方面提供了发展方向。针对膜蒸馏技术的发展，未来急需开发出成本低、疏水性能好的疏水膜；同时，针对膜蒸馏过程中的膜污染，开展在线的清洗方法研究以及开发对膜污染物清洗效果好，能保证膜的疏水性能恢复且不会对膜造成润湿的清洗药剂，从而实现膜蒸馏技术在各行业中的广泛应用,以取得显著的环保和经济效益。

2.2.5.10 生物膜过滤材料

生物膜法(又称固定膜法)是使微生物附着在载体表面上,污水在流经载体表面过程中,通过有机营养物的吸附、氧向生物膜内部的扩散以及在膜中所发生的生物氧化等作用,对污染物进行分解的一类有机污水处理的方法。生物膜是由好氧菌、厌氧菌、兼性菌、真菌、原生动物、后生动物等附着在填料或有机、无机载体上生长繁育,形成的膜状生物污泥。填料是微生物生长聚集的载体,分为无机和有机两类,有机载体有聚苯乙烯发泡塑料球、高效纤维束和陶瓷滤料等,无机载体有碎石、石块、焦炭、细砂、塑料蜂窝、纸质蜂窝、玻璃蜂窝等。生物膜法是与活性污泥法并列的一类废水好氧生物处理技术,流动水层中的氧气和有机物通过附着层传给生物膜,供微生物呼吸和降解,代谢产物沿着反方向排除。随着厌氧层厚度的增加,代谢产物增多,易破坏好氧层系统的稳定状态,减弱了生物膜在滤料或载体上的固着力,在流动水的冲刷下,老化的生物膜脱落,新的生物膜开始生长。生物膜法对水质、水量变动适应性较强;污泥沉降性能良好;能处理活性污泥法不能处理的低浓度污水和微污染的原水,使 BOD_5 由 20～30 mg/L降至 5～10 mg/L;易于运行管理、节能,无污泥膨胀问题。

生物膜法和活性污泥法一样,同属好氧生物处理方法。但活性污泥法是依靠曝气池中悬浮流动着的活性污泥来净化有机物,而生物膜法是依靠附着于固体介质表面的微生物来净化有机物,因而生物膜法亦称为生物过滤法或者好氧附着生长系统处理技术。

将挂膜介质填充于生物膜净化构筑物中,当有机废水均匀地淋洒在介质表层后,便沿介质表面向下渗流。在充分供氧的条件下,接种的或原存在废水中的微生物就在介质表面增殖。这些微生物吸附废水中的有机物,并将它们迅速进行降解,逐渐在介质表面形成了黏液状微生物的膜,即生物膜。

生物膜的厚度随着微生物的不断繁殖增长,以及废水中悬浮物和微生物的不断沉积而增加,生物膜的结构也随之发生变化。与废水接触的膜表层,吸取营养和溶解氧比较容易,微生物生长繁殖迅速,形成了由好氧微生物和兼性微生物组成的好氧层;而在生物膜内部与介质接触的部分,营养料和溶解氧的供应条件较差,微生物生长繁殖受到限制,好氧微生物难以生活;兼性微生物转为厌氧代谢方式,某些厌氧微生物恢复了活性,从而形成了由厌氧微生物和兼性微生物组成的厌氧层。厌氧层在生物膜达到一定厚度时才出现,并随着生物膜的增厚厌氧层也随之变厚。在低负荷的净化构筑物中,有机物氧化分解比较完全,生物膜的增长速度较慢,好氧层和厌氧层的界限并不明显;而在高负荷的净化构筑物内,生物膜增长迅速,好氧层和厌氧层的分界比较分明。

生物膜在滤料表面存在着不断增长、更新、脱落的过程。生物膜不断脱落的原因与水力冲刷、膜增厚重量增大、原生动物的松动、厌氧层和介质的黏结力较弱等有关,其中以水力冲刷最为重要。生物膜的自我更新脱落是一个良性过程,一般认为,生物膜厚度介于 2～3 mm 时较为理想。

在生物膜形成的初期,单个细菌感应到环境信号而运动到填料表面,填料表面结构与细胞壁的作用引起个别细菌以及单层细菌的附着,附着细菌表面蛋白质引起细菌之间相互作用形成了微群落,在多聚糖的作用下形成成熟的生物膜,最终由于环境条件改变不再适合生物膜的维持时发生脱附,细菌离开填料表面再次处于浮游态,生物膜开始更新进入另一周期。

从图 2-23 可以看出,由于生物膜的吸附作用,在其表面有一层很薄的附着水层,该层内的有机物大多已被氧化,其浓度比滤池进水时的浓度低得多。随着进入池内的废水沿膜面流动,在浓度差的作用下,有机物会从废水中转移到附着水层中,进而被生物膜所吸附;同时,空气中的氧在溶入废水后,进入生物膜,好氧层微生物开始对有机物进行氧化分解和同化合成,产生二氧化碳和其他代谢产物。

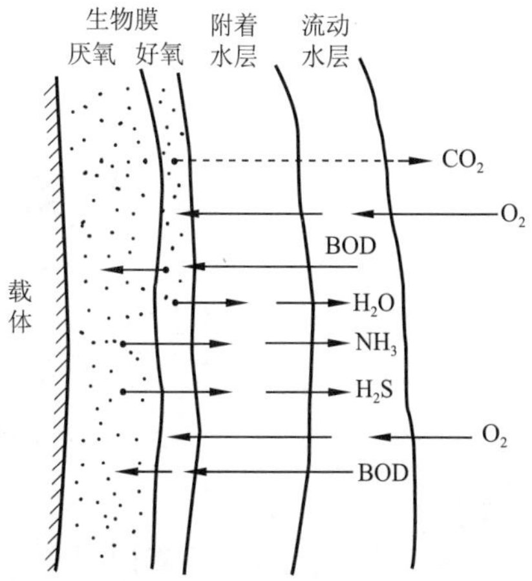

图 2-23　生物膜构造示意图

生物膜厚度增大的同时,废水中的氧也随之被耗尽,而向生物膜细菌供氧过程存在着气-液膜阻抗,导致其深层因氧不足而发生厌气分解,积蓄了 H_2S、NH_3、有机酸等代谢产物。提高氧的供给能力,厌气层的厚度发展受到限制,其产生的有机酸类能被异养菌及时地氧化成 CO_2 和 H_2O,NH_3、H_2S 被自养菌氧化成 NO_2^-、NO_3^- 和 SO_4^{2-} 等,可以维持生物膜的活性。若供氧不足,厌气菌将起主导作用,不仅丧失好氧生物分解的功能,而且将使生物膜发生非正常的脱落。

由于附着于固体表面的微生物量较难控制,因而在运转操作上存在着非人为的伸缩性;而滤料表面积有限,BOD 容积负荷较小,导致空间效果差;加之大多采用自然通风供氧,在生物膜内层往往形成厌氧层,从而缩小了具有净化功能的有效容积。随着新工艺新滤料的研制成功,生物膜法作为良好的好氧生物处理技术仍会在未来被广泛采用。目前,生物膜法在与废水的接触方法上有三种类型:一是润壁型生物膜法,废水和空气沿固定的或转动的接触介质表面的生物膜流过,如生物滤池和生物转盘等;二是浸没型生物膜法,接触滤料固定在曝气池内,依靠滤料上的生物膜净化废水,如接触氧化法;三是流动床型生物膜法,使附着有生物膜的活性炭、砂等小粒径接触介质悬浮流动于曝气池内。

1978 年,美国 Costerton J. W. 首次提出了生物膜(biofilm)这一概念,生物膜的过滤机理最早由 Rittman 和 McCarty 提出,生物膜法的优点是附着于固体表面上的微生物对废水水质、水量的变化有较强的适应性,与活性污泥法相比,管理较方便;由于微生物附着于固体表面,即使增殖速度慢的微生物也能生息,从而构成了稳定的生态系。高营养级的微生物越多,污泥量自然就越少。一般认为,生物膜法比活性污泥法的剩余污泥量要少。未来寻找经济实用的挂膜材料,加快有效挂膜启动,增强生物膜内微生物的活性,逐步完善生物膜挂膜、生长、稳定、脱落和反冲洗等一系列过程的参数方程,实现生产工艺的自动监测和控制是使生物膜技术更加实效化、市场化。

第3章 环境化学材料

3.1 环境化学转化材料

3.1.1 臭氧

臭氧化学式 O_3，是氧的同素异形体，带有干青草和腥味的天蓝色气体，在光热作用下易分解，有强氧化作用，可与很多元素和有机物反应。在清洁的干燥空气或氧气中，采用 5～25 kV 交流电压进行无声放电就可以制得臭氧。另外，在低温下电解稀硫酸，或者将液体氧气加热也可以制备出来。在雷电，高压放电，汞、氙等放电管的紫外照射，α 射线照射下，焊接、电解、氢氧火焰或过氧化物的分解时，都可产生臭氧。臭氧具有等腰三角形分子结构，顶角为 116.79°，二等边的 O—O 间隔为 0.127 nm。臭氧极易分解，因而储存极为困难。熔点为 −193 ℃，沸点为 −111.9 ℃，临界温度为 −5 ℃，临界压力为 92.3×10^5 Pa。气体难溶于水（49.4 mL/100 mL，40 ℃）。虽不溶于液态氧，但可溶于液态氮、四氯化碳等，具有很强的氧化能力。

臭氧可使许多有机色素脱色，侵蚀橡胶、软木塞等速度极快，也很易氧化有机不饱和化合物。臭氧可用于净化空气，漂白及饮用水的杀菌等。其他有机不饱和化合物在臭氧的作用下生成臭氧化物，在水等存在下臭氧化物分解，原来的不饱和键有部分断裂而生成醛、酮和羧酸等。由于能够发生所谓臭氧分解，因而可将这种分解用作合成的手段或决定产品结构的方法。最近已发展到可以合成润滑油、合成树脂和合成纤维原料的臭氧化学工业阶段。由于臭氧的氧化能力非常强，在日常生活中及工业上的应用正在日益增加。

人对臭氧的感觉浓度为 5.0×10^{-9}（0.005 ppm），1.0×10^{-7}（即 0.1 ppm）即对鼻和咽有刺激作用；大于 3.0×10^{-7}（即 0.3 ppm）时能引起哮喘、支气管炎、咳嗽、嗅觉障碍、呼吸困难和昏睡等；在 $1.5\times10^{-5}\sim2.0\times10^{-5}$（即 15～20 ppm）时可患肺气肿直至死亡；长期暴露在 1.0×10^{-6}（即 1 ppm）下能发生肺癌；植物对臭氧很敏感，容易受害。

1839 年，德国 Schonbein 在巴塞尔自然科学大会上首次发表发现臭氧，并定义为活性氧。1870 年，瑞典开始将臭氧用于肉类保鲜，19 世纪人们认识到了臭氧的强氧化作用而用于工业领域，1895 年法国 Roux、Repin 和 Marmier 首次发明臭氧发生器用于水消毒，1981 年美国开始用臭氧处理生活垃圾。臭氧在一百多年的发展历史中，用于水质处理、空气净化、固废净化领域的研究和设备开发取得了显著成效，因其广谱灭菌、长效抑菌和强氧化作用方面的独特优势，在环境治理中的应用不断延伸。

3.1.2 高铁氧化剂

高铁酸钾(K_2FeO_4)是一种集氧化、吸附、絮凝、助凝、杀菌、脱臭于一身的新型高效多功能绿色水处理剂。在水溶液中,高铁酸钾以高铁酸根 FeO_4^{2-}[Fe(Ⅵ)] 形式存在,具有极强的氧化性,在酸性和碱性条件下的氧化还原电位分别为+2.20 V 和 +0.72 V。高铁酸钾在酸性条件下的氧化能力很强,比水处理领域现有消毒剂的氧化能力都强,能快速杀灭水中的细菌和病毒,克服了氯消毒剂存在的生成三氯甲烷、氯酚等有害人体健康副产物的问题,自身的还原产物 Fe^{3+} 或 $Fe(OH)_3$ 为传统的无机絮凝剂。高铁酸钾在处理水的过程中,不会引入任何有毒有害物质,且游离出来的 Fe^{3+}、Fe^{2+} 对人体有补血之功效。因此,高铁酸钾有望成为新一代绿色的饮用水处理剂。

高铁酸钾制备方法主要有三种:高温熔融氧化法,次氯酸盐氧化法,电解法。

(1)高温熔融氧化法:在苛性碱存在条件下,以硝酸钾或过氧化物等氧化剂在高温下将铁盐或铁的氧化物氧化成高铁酸盐。$Na_2O_2/FeSO_4$ 反应体系在 600～700 ℃反应 1 h 制备高铁酸盐的方法。总反应如下:

$$2FeSO_4 + 6Na_2O_2 \longrightarrow 2Na_2FeO_4 + 2Na_2O + 2Na_2SO_4 + O_2$$

由于在高温熔融状态下高铁酸盐的自分解,且反应物中的其他物质如碱金属等在反应后仍残留在产物中,使得产物不纯。该法要求在高温、高压条件的密闭容器中进行,需要外部大型附属设备。

(2)次氯酸盐氧化法:又称为湿法,在 NaOH 溶液中通入饱和氯气,生成 NaClO,然后在强碱性条件下,NaClO 氧化 Fe^{3+}(如 $Fe(NO_3)_3$、$FeCl_3$)成 Na_2FeO_4;由于 K_2FeO_4 在 NaOH 浓溶液中的溶解度比 Na_2FeO_4 在 NaOH 浓溶液中的溶解度小,因此可使 Na_2FeO_4 与 KOH 通过复分解反应制得 K_2FeO_4。反应原理如下:

$$2FeCl_3 + 10NaOH + 3NaClO \longrightarrow 2Na_2FeO_4 + 9NaCl + 5H_2O$$

$$Na_2FeO_4 + 2KOH \longrightarrow K_2FeO_4 + 2NaOH$$

该法产品纯度高、产率高,设备投资少,工艺比较成熟;但需要进行多次的固液分离,操作复杂,工艺控制严格;原材料消耗大,且提纯时使用有机溶剂对高铁酸钾损失较大。

(3)电解法:在强碱性介质中,铁阳极被氧化生成 FeO_4^{2-},阴极发生析氢反应,同时阳极伴有析氧副反应发生。总的反应式如下:

$$Fe + 2OH^- + 2H_2O \longrightarrow FeO_4^{2-} + 3H_2$$

电解法的优点是操作简单,原材料消耗少;缺点是耗电多,能耗大,副产物较多,产品纯度不高等。

高铁酸盐用于杀菌消毒时,可破坏细菌的细胞壁、细胞膜及细胞结构中的重要酶物质,阻碍蛋白质及核酸的合成,从而抑制菌体的生长和繁殖。利用高铁酸盐对水中的藻类进行预氧化,破坏细胞的表面鞘套,使其向水中释放出胞内物质;而这些生物高聚物又可起到助凝作用,同时氢氧化铁胶体沉淀在细胞表面,降低了藻类细胞的稳定性。高铁酸盐可明显去除废水中所含硫化物、氰化物,当 pH=5.95,加入 K_2FeO_4 浓度为 45 mg/L 时,水中 S^{2-} 浓度从 25.33 mg/L 降至

0.33 mg/L；当 pH＝11.20，加入 K_2FeO_4浓度为 75 mg/L 时，水中 CN^- 浓度从 10.00 mg/L 降至 0.085 mg/L。对腐殖质及难降解的有机物，高铁酸盐具有氧化和絮凝双重功能，质量比为 12 倍的高铁酸盐能够去除 90％的富里酸；同时高铁酸盐还可去除水中一些难降解的如苯胺、苄胺、肟、脎、硫脲、酚类物质等有机物。高铁酸盐可去除重金属和放射性核素，在 10～100 mg/L 时能有效去除 Fe^{2+}、Fe^{3+}、Mn^{2+}、Cu^{2+}、Pb^{2+}、Cd^{2+}、Cr^{3+}、Hg^{2+} 等金属离子，但对 Cr^{6+}、Zn^{2+} 没有明显的效果；高铁酸盐能迅速将生物污泥中产生的恶臭物质控制到可接受的程度，有效地去除生物污泥中的 H_2S、CH_3SH 和 NH_3等，并将其氧化成 SO_4^{2-}、NO_3^-，处理后的污泥可以用作化学肥料和土壤调节剂。

早在 1702 年，德国的 Stahl 就发现了高铁酸盐，1841 年 Fremy 首先合成出了 K_2FeO_4，高铁酸盐在水处理的应用中，同时具有化学消毒和絮凝作用，因而得到了人们的重视。但合成高铁酸钾的成本还比较高，在水溶液中很不稳定。无论如何，高铁酸盐比其他常用氧化剂氧化性更强，无毒副产物生成，其还原产物 $Fe(OH)_3$还有吸附絮凝的作用，能节省部分絮凝剂添加成本。开发同时具有氧化性和稳定性复合高铁酸盐药剂，以期使之在水处理领域更好地发挥其功效并推广至在更广阔领域的应用。高铁酸盐的性质不稳定性体现在溶液中自身的浓度、溶液的碱度和 pH、温度、杂质和催化剂等和固态时温度、湿度、纯度、阳离子极化作用的强弱等苛刻条件的限制，开发原位制备工艺和提高其保存要求将会在一定程度上促进其推广应用。

3.1.3 芬顿试剂

芬顿试剂是指用可溶性亚铁盐和双氧水按一定比例混合组成的试剂，能生成强氧化性的羟基自由基，可在常温、常压下氧化难降解有机物，使之生成有机自由基并最终氧化分解。羟基自由基（·OH）具有很高的电负性或亲电性，具有很强的加成反应特性。芬顿试剂可氧化水中的大多数有机物，适合处理难进行生物降解和一般物理化学方法难以处理的废水。芬顿试剂可分为标准芬顿试剂、光-芬顿试剂、电-芬顿试剂。①由 H_2O_2和 Fe^{2+}组成的标准芬顿试剂，通过催化分解 H_2O_2产生的·OH 进攻有机物分子夺取氢，将大分子有机物降解为小分子有机物或矿化为二氧化碳和水等无机物。标准芬顿试剂反应速率慢，H_2O_2的利用率低，有机物矿化不充分，处理后的水可能带有颜色，实际应用较少。②光-芬顿试剂即紫外或可见光照射下的芬顿试剂。紫外光与芬顿试剂的催化作用存在协同效应，可以提高其处理效率和对有机物的降解程度，降低 Fe^{2+}的用量，保持 H_2O_2较高的利用率。光-芬顿试剂具有很强的氧化能力，对有机物矿化程度较好，但存在的主要缺点是太阳能利用率不高、能耗较大。③电-芬顿试剂就是在电解槽中通过电解反应生成 H_2O_2或 Fe^{2+}的芬顿试剂，使之作为芬顿试剂的持续来源。它与光芬顿法相比有以下优点：自动产生 H_2O_2的机制较完善，导致有机物降解的因素较多，除·OH 的氧化作用外，还有阳极氧化、电吸附等。

芬顿试剂分为标准芬顿试剂、光-芬顿试剂、电-芬顿试剂三类。

（1）标准芬顿试剂：在水处理中的作用主要包括对有机物氧化和絮凝两种作用。

①自由基生成及氧化原理：芬顿试剂的强氧化能力来自 H_2O_2 被 Fe^{2+} 催化分解生成·OH 并引发产生更多的其他自由基。其反应式如下：

$$Fe^{2+} + H_2O_2 \longrightarrow Fe^{3+} + OH^- + \cdot OH \quad k_1 = 76\ L/(mol \cdot s) \tag{3-1}$$

$$Fe^{3+} + H_2O_2 \longrightarrow Fe^{2+} + HO_2 \cdot + H^+ \quad k_2 = 0.002 \sim 0.01\ L/(mol \cdot s) \tag{3-2}$$

$$Fe^{2+} + \cdot OH \longrightarrow Fe^{3+} + OH^- \quad k_3 = 3 \times 10^8\ L/(mol \cdot s) \tag{3-3}$$

$$Fe^{3+} + \cdot HO_2 \cdot \longrightarrow Fe^{2+} + O_2 + H^+ \quad k_4 < 2 \times 10^3\ L/(mol \cdot s) \tag{3-4}$$

$$\cdot OH + H_2O_2 \longrightarrow H_2O + HO_2 \cdot \quad k_5 = 2.7 \times 10^7\ L/(mol \cdot s) \tag{3-5}$$

$$Fe^{2+} + HO_2 \cdot \longrightarrow Fe^{3+} + HO_2^- \quad k_6 = 1.2 \times 10^6\ L/(mol \cdot s) \tag{3-6}$$

上述反应所生成的·OH 具有较高的电负性或电子亲和能，通过夺取有机污染物分子中的 H 原子、填充未饱和的 C－C 键等反应途径使各种有机污染物结构发生碳链断裂而迅速降解，降解反应式如下：

$$RH + \cdot OH \longrightarrow R \cdot + H_2O \quad k_7 = 10^7 \sim 10^{10}\ L/(mol \cdot s) \tag{3-7}$$

$$R \cdot + O_2 \longrightarrow ROO \cdot \quad k_8 = 10^9\ L/(mol \cdot s) \tag{3-8}$$

$$R \cdot + Fe^{3+} \longrightarrow R^+ + Fe^{2+} \tag{3-9}$$

$$RO \cdot + \cdot OH + O_2 \longrightarrow \cdots\cdots \longrightarrow CO_2 + H_2O \tag{3-10}$$

上述反应体系中，Fe^{2+} 的激发和传递作用是关键，导致链反应能够持续进行直至 H_2O_2 耗尽，反应式(3-1)～式(3-8)中各式的反应速率常数可以看出，产生·OH 的反应式(3-1)是整个反应过程的起始步，反应式(3-2)是速控步，·OH 的生成量取决于 Fe^{2+} 和 H_2O_2 的浓度，适当地增大 Fe^{2+} 和 H_2O_2 的浓度有利于·OH 的生成，但从反应式(3-3)和(3-5)可以看出，过量的 Fe^{2+} 和 H_2O_2 会成为·OH 的捕获剂，因此，标准芬顿试剂处理难降解有机废水时，Fe^{2+} 和 H_2O_2 最佳比例显得非常重要。

② 絮凝作用机理：标准芬顿试剂在废水处理过程中除了羟基自由基·OH 作用外，还会发生反应产生铁水络合物，主要反应式如下：

$$[Fe(H_2O)_6]^{3+} + H_2O \longrightarrow [Fe(H_2O)_5OH]^{2+} + H_3O^+ \tag{3-11}$$

$$[Fe(H_2O)_5OH]^{2+} + H_2O \longrightarrow [Fe(H_2O)_4(OH)_2]^+ + H_3O^+ \tag{3-12}$$

当 pH 为 3～5 时，上述络合物变成：

$$2[Fe(H_2O)_5OH]^{2+} \longrightarrow [Fe(H_2O)_8(OH)_2]^{4+} + 2H_2O \tag{3-13}$$

$$[Fe(H_2O)_8(OH)_2]^{4+}\ H_2O \longrightarrow + [Fe_2(H_2O)_7(OH)_3]^{3+} + H_3O^+ \tag{3-14}$$

$$[Fe_2(H_2O)_7(OH)_3]^{3+} + [Fe(H_2O)_5OH]^{2+} \longrightarrow [Fe_3(H_2O)_7(OH)_4]^{5+} + 5H_2O \tag{3-15}$$

以上反应方程式表明，利用标准芬顿试剂处理有机废水能取得较好处理效果，不是单纯因为·OH存在，絮凝功能同样起到了重要作用。

(2)光-芬顿试剂：标准芬顿试剂将初始物质部分转化为某些中间产物，不能充分矿化有机物，这些中间产物或与 Fe^{2+} 形成络合物，或与·OH 的生成路线发生竞争，可能对环境危害更大，而且 H_2O_2 利用率不高。紫外和近紫外波长的光辐射能够使芬顿体系中有机物的降解速度加快，进一步在光-芬顿体系中加入 $C_2O_4^{2-}$、EDTA、柠檬酸盐等络合剂可增强对有机物的去除效果。

①UV-芬顿试剂法反应机理：其原理类似于标准芬顿试剂，所不同的是反应体系在紫外光照射下三价铁与水中氢氧根离子的复合离子可以直接产生·OH并产生二价铁离子，二价铁离子可与H_2O_2进一步反应生成·OH，从而加快水中有机污染物降解速度；H_2O_2在紫外光照射作用下也可直接分解生成·OH；部分有机污染物在紫外光作用下也能够被直接降解。其反应式概括如下：

$$Fe^{2+}+H_2O_2 \longrightarrow Fe^{3+}+HO\cdot \tag{3-16}$$

$$[Fe(OH)]^{2+} \longrightarrow Fe^{2+}+HO\cdot \tag{3-17}$$

$$[Fe(OOC\text{-}R)]^{2+} \longrightarrow Fe^{2+}+R\cdot+CO_2 \tag{3-18}$$

$$HO\cdot+RH \longrightarrow H_2O+R\cdot \tag{3-19}$$

$$Fe^{2+}+HO\cdot \longrightarrow Fe^{3+}+OH^- \tag{3-20}$$

UV-芬顿试剂法主要优点是有机物矿化程度好；缺点是只适合处理中低浓度有机废水，且反应装置复杂，处理费用高。

②UV-H_2O_2-草酸铁络合物法反应机理：UV-H_2O_2-草酸铁络合物法是对UV-芬顿试剂法的发展，为提高UV-芬顿试剂法的太阳能利用能力，把草酸盐和柠檬酸盐等引入UV-芬顿体系，生成了高光活性的Fe(Ⅲ)草酸盐和柠檬酸盐络合物，能够拓宽反应体系吸收的波长(200～400 nm)，从而以太阳能为光照实现处理高浓度有机废水并节约H_2O_2用量。草酸铁的生成和光解反应式如下：

$$Fe^{3+}+H_2O_2+3C_2O_4^{2-} \longrightarrow [Fe(C_2O_4)_3]^{3-}+\cdot OH+OH^- \tag{3-21}$$

$$[Fe(C_2O_4)_3]^{3-} \longrightarrow Fe^{2+}+2C_2O_4^{2-}+C_2O_4^-\cdot \tag{3-22}$$

$$C_2O_4^-\cdot+[Fe(C_2O_4)_3]^{3-} \longrightarrow Fe^{2+}+3C_2O_4^{2-}+2CO_2 \tag{3-23}$$

$$C_2O_4^-\cdot \longrightarrow CO_2^-\cdot+CO_2 \tag{3-24}$$

酸性条件下饱和空气溶液中的$C_2O_4^{2-}$·和CO_2^-·会进一步与水中溶解的O_2反应，最终形成H_2O_2。

光照下草酸铁络合物光解成Fe^{2+}和H_2O_2，为芬顿试剂提供了持续来源；同时$C_2O_4^{2-}$的加入降低了H_2O_2用量，加速了Fe^{3+}向Fe^{2+}转化，并且保证了体系对光线和H_2O_2较高的利用率，为高浓度有机物降解奠定了基础。

$$C_2O_4^-\cdot/CO_2^-\cdot+O_2 \longrightarrow O_2^-\cdot+2CO_2/CO_2 \tag{3-25}$$

$$2O_2^-\cdot+2H^+ \longrightarrow H_2O_2+O_2 \tag{3-26}$$

(3)电-芬顿试剂：该法是把用电化学法产生的Fe^{2+}与H_2O_2作为芬顿试剂持续来源。通过直流电电解方式使酸性溶液中的O_2在惰性电极阴极上通过还原反应生成H_2O_2，该H_2O_2能迅速与溶液中Fe^{2+}反应生成·OH和Fe^{3+}，由·OH无选择性的强氧化能力对难降解有机物进行去除。由于Fe^{3+}还原电位(0.77 V)较O_2初始还原电位(0.69 V)高，因此Fe^{3+}可在阴极还原O_2过程中还原再生为Fe^{2+}，从而使芬顿氧化反应循环进行。电解槽内电极反应如下：

阴极

$$O_2+2e+2H^+ \longrightarrow H_2O_2 \tag{3-27}$$

$$Fe^{3+}+e \longrightarrow Fe^{2+} \tag{3-28}$$

阳极

$$H_2O \longrightarrow (1/2)O_2+2H^++4e\text{(酸性介质)} \tag{3-29}$$

$$2OH^- \longrightarrow (1/2)O_2 + H_2O + 2e\text{(碱性介质)} \tag{3-30}$$

$$Fe \xrightarrow{\text{电解}} Fe^{2+} + 2e \tag{3-31}$$

溶液中的反应

$$H_2O_2 + Fe^{2+} \longrightarrow Fe^{3+} + OH^- + \cdot OH \tag{3-32}$$

$$\cdot OH + \text{有机物} \longrightarrow CO_2 + H_2O + \text{小分子有机物} \tag{3-33}$$

反应式(3-27)中 O_2 通过曝气的方式引入至阴极，也可利用阳极依据反应式(3-29)或式(3-30)析出 O_2；溶液中 Fe^{2+} 一般通过外部添加或反应式(3-34)中 Fe 阳极氧化产生，与 H_2O_2 反应开始后，Fe^{2+} 会被迅速氧化为 Fe^{3+}，但 Fe^{3+} 在直流电场作用下迁移至阴极表面，并被重新还原为 Fe^{2+}，而 H_2O_2 可在阴极连续产生，这样就保证了芬顿反应持续发生。电-芬顿试剂法与其他电解法水处理技术一样，电流效率较低，电能消耗较大，另外，H_2O_2 的成本远高于 Fe^{2+}。如果能够把自动产生 H_2O_2 的机制引入电化学芬顿体系，对于电-芬顿试剂法的推广更具有实际意义。

芬顿试剂主要应用在如下几方面：

(1)酚类废水处理。酚类化合物属难降解有机物，其废水处理采用最多的是生化处理法，但是许多含酚废水生物降解性差，且具有生物毒性。如果采用芬顿试剂及其联合工艺处理苯酚、甲酚、氯酚类等多种酚类废水，处理效果极好。将芬顿试剂氧化作为生物处理的预处理，使废水毒性下降，可生化性提高。芬顿试剂可将溶液中 2-氯酚、3-氯酚、4-氯酚、2,3-二氯酚、2,4-二氯酚和 2,5-二氯酚全部去除，生成的主要氧化产物是草酸盐和甲酸盐，而这两种氧化产物都易于被产甲烷菌转化为甲烷和 CO_2，不需要驯化过程。

(2)焦化废水处理。焦化废水是一种含有挥发酚、芳香族有机物和多环化合物等许多难以生物降解的杂环化合物的典型高浓度有机废水，多采用传统 A/O 或 A^2/O 等生物处理法结合混凝沉淀或者活性炭吸附等后续处理，但该法很难实现焦化废水的稳定达标排放。用芬顿氧化-混凝联用技术方法，对生化后的水进行深度处理，处理后的焦化废水 COD 去除率可达 88%，色度、浊度去除率达到 90%以上，出水达到了国家一级排放标准。

(3)印染废水处理。印染废水含有高度稳定的以苯环为核心的稠环、杂环结构的大分子有机物，由于水质变化大、色度和有机物浓度高、可生化性差而极难处理。利用芬顿试剂产生的高反应活性和氧化性的 ·OH 可使某些难进行生物降解的物质转变成容易进行生物处理的物质，破坏染料的发色或助色基团，使其失去发色能力。UV-芬顿催化氧化反应对色度和 COD(化学需氧量)都有较好的去除效果，去除率分别达到 90.4%和 86.2%。

(4)农药废水处理。农药废水是一种具有浓度高、色度深、毒性大、污染物成分复杂的难生物降解的高浓度有毒有机废水，经简单预处理后再进行生化处理的方法虽然技术比较成熟，但难以取得理想效果。采用芬顿氧化-气浮对仲丁灵农药废水进行预处理后，COD＜6 000 mg/L，色度＜1 500 倍，废水可生化性大大提高。

(5)垃圾渗滤液处理。垃圾渗滤液含有机物、氨氮及多种有毒有害的难降解有机物而难以进行生化处理，利用芬顿试剂的氧化和絮凝的双重作用，在 38.8 mmol/L H_2O_2、30 mmol/L Fe^{2+}、初始 pH 为 3、絮凝 pH 为 8、反应时间为 60 min 的条件下，CODCr 和 TOC 的去除率可分别达 63.43% 和 80.58%。

自从 20 世纪 60 年代芬顿试剂法开始应用于废水处理以来，由于其反应迅速、温度和压力等反应条件温和、易于操作，且无二次污染等优点，使其成为有机废水处理领域具有竞争力的一种技术方法。由于有机废水量的增大、有机污染物不断趋于复杂化和难降解化，使得传统芬顿试剂法存在一定局限性，这也促使人们对芬顿试剂进行不断的深入研究，目的在于强化芬顿试剂法的处理效果并降低药剂成本，主要的发展表现为光-芬顿试剂、电-芬顿试剂、超声-芬顿试剂、微波-芬顿试剂、吸附/絮凝-芬顿试剂等复合类芬顿试剂不断涌现，其反应机理、影响反应的各个参数等方面也在进行深入研究。光-芬顿试剂、电-芬顿试剂、超声-芬顿试剂和微波-芬顿试剂在设备和技术上还没有取得大的突破，因而能耗和试剂成本较高，阻碍了放大和推广，需要在未来的研究中得到解决。

3.2 环境化学分离材料

3.2.1 单质液体吸收剂

被吸收的气体组分(吸收质)与吸收剂或已溶解于吸收剂中的其他组分发生明显化学反应的吸收过程称为化学吸收。例如，烟气脱硫就是一种以碱液为吸收剂吸收烟气中 SO_2 的化学吸收过程。在化学吸收中，由于吸收质在液相中与反应组分发生化学反应，降低了液相中纯吸收质的含量，因而增大了吸收过程的推动力，从而提高了吸收速率，因此化学吸收速率比物理吸收速率大很多；同时，由于溶液表面上被吸收组分的平衡分压大为降低，增大了吸收剂的吸收能力，使气体中吸收质的含量进一步降低，达到了使气体进一步净化的目的。

气体溶于液体中，若与溶液中某些组分发生化学反应，则被吸收组分的气液平衡关系，既应服从相的平衡关系，又应服从化学平衡的平衡关系。

设溶解气体 A 与液相中 B 发生反应，生成 M 和 N，则相平衡与化学平衡可表示

$$\begin{array}{l} v_A \mathrm{A}(液) + v_B \mathrm{B}(液) \xrightleftharpoons[化学平衡]{} v_M \mathrm{M} + v_N \mathrm{N} \\ \quad \Big\Updownarrow 相平衡 \\ v_A \mathrm{A}(气) \end{array}$$

化学平衡关系可写成

$$K = \frac{c_M^{v_M} \cdot c_N^{v_N}}{c_A^{v_A} \cdot c_B^{v_B}} \cdot \frac{\gamma_M^{v_M} \cdot \gamma_N^{v_N}}{\gamma_A^{v_A} \cdot \gamma_B^{v_B}} \tag{3-34}$$

式中，c_A、c_B、c_M 和 c_N 为各组分在液相中的浓度；γ_A、γ_B、γ_M、γ_N 为各组分的活度系数；v_A、v_B、v_M、v_N 为各组分的化学计量系数。

令 $\dfrac{\gamma_M^{v_M} \cdot \gamma_N^{v_N}}{\gamma_A^{v_A} \cdot \gamma_B^{v_B}} = K_\gamma$

代入式(3-34)，可得

$$K' = \frac{K}{K_\gamma} = \frac{c_M^{v_M} \cdot c_N^{v_N}}{c_A^{v_A} \cdot c_B^{v_B}} \tag{3-35}$$

由相平衡关系$\overline{f_A^*}=c_A/H_A$可得

$$\overline{f_A^*}=\frac{1}{H_A}\left[\frac{(c_M)v_M\cdot(c_N)v_N}{K'(c_B)v_B}\right]^{1/v_A} \tag{3-36}$$

当全体是理想气体混合物时，式(3-36)为

$$p_A^*=\frac{1}{H_A}\left[\frac{(c_M)v_M\cdot(c_N)v_N}{K'(c_B)v_B}\right]^{1/v_A} \tag{3-37}$$

式(3-36)和式(3-37)右边的各浓度系平衡瞬间浓度，若想化成起始浓度和反应转化率的关系，则较为复杂。现以如下简单的反应为例：

$$\begin{array}{l}\text{A(液)}+\text{B(液)}\rightleftharpoons\text{M(液)}\\ \quad\Big\Updownarrow\\ \text{A(气)}\end{array}$$

设溶剂中活性组分 B 的起始浓度为 c_B^0，若反应为生成物 M 的平衡反应率为 R，则溶液中活性组分 B 的浓度 $c_B=c_B^0(1-R)$，而生成物 M 为平衡浓度 $c_M=c_B^0R$。

由化学平衡关系式得

$$K'=\frac{c_M}{c_Ac_B}=\frac{R}{c_A(1-R)}$$

与此相对应，液相中 A 的溶解量 c_A^* 为

$$c_A^*=H_Ap_A^*+Rc_B^0=H_Ap_A^*+c_B^0\frac{\alpha p_A^*}{1+\alpha p_A^*} \tag{3-38}$$

当气体为难溶气体时，物理溶解量可以忽略，则

$$c_A^*=c_B^0\frac{\alpha p_A^*}{1+\alpha p_A^*} \tag{3-39}$$

式中，$\alpha=K'$。

由式(3-38)和式(3-39)可知，溶液的吸收能力 c_A^* 随分压 p_A^* 增大而提高，随 α 增大而提高。除此以外，溶液的吸收能力还受到溶剂中起始活性组分浓度 c_B^0的限制。即使 p_A^* 趋近于无限大，c_A^* 亦只能趋近而不能超过 c_B^0的数值。如图 3-1 所示，溶液中 A 组分的吸收能力(即平衡溶解量)与平衡分压 p_A^* 呈曲线关系。然而，物理吸收中，被吸收组分的溶解量一般正比于气相中组分 A 的 p_A^* 分压而呈直线关系，它并不存在什么浓度界限，图 3-1 中以虚线表示这种直线关系。这就是化学吸收与物理吸收在气液平衡上的一个重要区别。

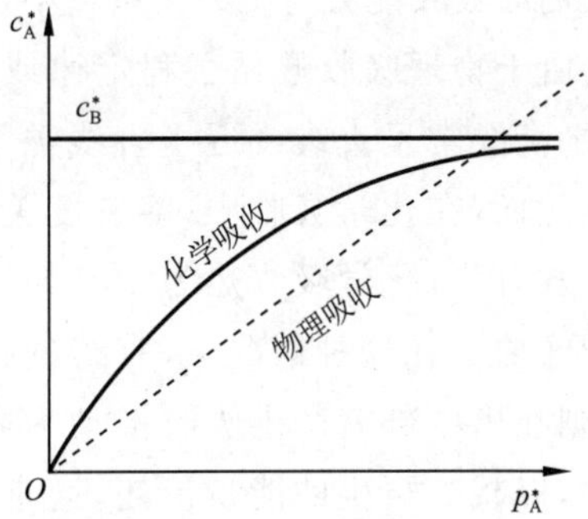

图 3-1　活性组分分压对吸收能力的影响

由于吸收剂活性组分与溶解气体反应的计量系数不一定等于 1，因此，有些反应系统的平衡关系较式(3-38)和式(3-39)要复杂些。

物理吸收和化学吸收的平衡关系是不相同的，物理吸收遵循亨利定律，其溶解度与分压呈直线或近乎直线关系；而化学吸收的溶解度遵循溶解度与分压呈曲线关系，其极限溶解度受化

学计量关系的限制。物理吸收和化学吸收平衡关系的不同造成了不同的工艺特点。

按吸收塔物料平衡可得

$$G_1y_1-G_2y_2=L(c_2-c_1) \tag{3-40}$$

式中，G_1、G_2分别为进塔和出塔摩尔流速，mol/(m² · s)；y_1、y_2分别为进塔和出塔气体中被吸收组分的分子分率；L为吸收液的空塔流速，m³/(m² · s)；c_1、c_2分别为进塔和出塔溶液中被吸收组分的浓度，mol/m³。

如果$G_2y_2 \ll G_1y_1$，$c_1 \ll c_2$，则式(3-40)可简化为

$$G_1y_1=Lc_2 \tag{3-41}$$

对于物理吸收，如果遵从亨利定律，塔底达到平衡的程度为η(即饱和度)，若总压为p，则$c_2=\eta Hp_1=\eta Hpy_1$，代入式(3-41)可得

$$L/G_1=\frac{1}{\eta Hp} \tag{3-42}$$

对化学吸收，按式(3-39)，其极限溶解度由化学反应计量系数所决定，不得超过c_B^0/γ的浓度(γ为与每摩尔A反应的B摩尔数)。若活性组分B的转化率为ψ，则$c_2=\varphi c_B^0/\gamma$，由式(3-41)得

$$L/G_1=\frac{\gamma y_1}{\varphi c_B^0} \tag{3-43}$$

由式(3-42)和式(3-40)可知，物理吸收的吸收剂比用量L/G_1与ηHp成反比，而与气体中被吸收组分的含量y_1无关。化学吸收的吸收剂比用量L/G_1却随y_1的增加成正比增大，与操作压力p关系不大。在生产实际中，为了降低成本，总是力求降低吸收剂的比用量。当气体中被吸收组分浓度高时，由于物理吸收剂比用量与被吸收组分无关，因而采用物理吸收剂将更为有利；反之，当气体中被吸收组分浓度较低时，由于化学吸收剂的比用量随浓度降低而减少，因而采用化学吸收剂较为有利。物理吸收宜在更高的压力下操作，以提高吸收剂的吸收能力，化学吸收剂的吸收能力与压力关系较小，可在较低压下操作。

由于物理吸收遵循亨利定律或拉乌尔定律，且溶解热较低，吸收过程常接近于等温操作，平衡线常呈直线或近乎直线关系。此时，合理的设计可使操作线与平衡线几乎接近平行。然而，在化学吸收中，溶解度关系为曲线关系，加之化学吸收热较大(物理吸收热约为每摩数万焦，化学吸收热为40～80 MJ/mol(1万～2万千卡/mol)，溶液的温升将使平衡线更加弯曲。在这种情况下，直线的操作线和曲线的平衡线间就产生了矛盾，若采用一段吸收，则在塔中部就产生吸收推动力骤然增大而形成月牙形区域；为了降低吸收过程的不可逆性，以减少再生的能量消耗，通常可以采用两段吸收的方案，即塔顶采用少量(低的吸收剂比用量)再生彻底的吸收剂加以洗涤，以确保气体的净化度。而塔下部则采用大量(高的吸收剂比用量)的仅经初步脱吸的溶液进行洗涤，以吸收大量的较高浓度的组分。因此，仅需将少量溶液煮沸进行彻底再生，大量溶液则经高温再生气提馏作用而脱吸，可使蒸气消耗大幅降低，这种两段吸收的操作方式只适合化学吸收的条件。图3-2所示为物理吸收和化学吸收的操作线和平衡线。

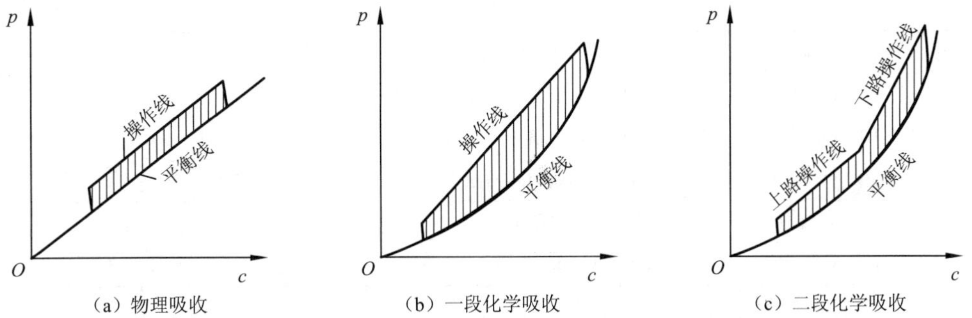

图 3-2 物理吸收和化学吸收的操作线和平衡线

在物理吸收和化学吸收中，温度对溶解度的影响在程度上是不同的。物理吸收中，溶解度取决于溶解度系数 H，在常温下，溶解过程多为放热过程，H 的数值随温度升高而降低，但因溶解热较小，仅在每摩数千千焦之内，因此溶解度随温度升高而降低并不迅速。但在化学吸收中，溶解度不仅与 H 有关，还与化学反应平衡常数 K' 有关，即与 $\alpha = HK'$ 的乘积相联系，溶解度不仅 H 随温度升高而下降，K' 更强烈地随温度上升而降低（化学反应热效应为 40～80 MJ/mol (1 万～2 万千卡/mol)），因此，化学吸收的溶解度更强烈地依赖于温度的变化。温度对溶解度的影响不同，使物理吸收和化学吸收所采用的再生方法也不同。物理吸收中，温度对溶解度的影响不太敏感，但对压力却较为敏感（成正比关系），再生方式采用降压方法为主，加温方法为辅；化学吸收中，温度对溶解度的影响很敏感，而对压力却不很敏感，再生方式以加温方法为主，降压方法为辅。

物理吸收的溶解度主要体现在 H 的数值上，化学吸收的溶解度取决于 HK' 的乘积，除了各种气体 H 值不同外，化学平衡常数 K' 具有更特殊的选择性，化学吸收剂的反应通常仅与某一种气体（或两种气体）发生，因此化学吸收剂常比物理吸收剂有更高的选择性。常见的气体及吸收剂如表 3-1 所示。

表 3-1 常见气体的吸收剂

气体名称	吸 收 剂	配制方法	吸收能力[①]	附 注
CO	酸性 Cu_2Cl_2 溶液	Cu_2Cl_2 100 g 溶于 500 mL HCl 中，用水稀释至 1 L（加 Cu 片保存）	10	O_2 也起反应
	氨性 Cu_2Cl_2 溶液	Cu_2Cl_2 23 g 加水 100 mL、浓氨水 43 mL 溶解（加 Cu 片保存）	30	O_2 也起反应
CO_2	KOH 溶液	KOH 250 g 溶于 800 mL 水中	42	HCl、SO_2、H_2S、Cl_2 等也被吸收
	$Ba(OH)_2$ 溶液	$Ba(OH)_2 \cdot 8H_2O$ 饱和溶液	少量	
Cl_2	KI 溶液	1 mol/L KI 溶液	大量	用于容量分析
	Na_2SO_2 溶液	1 mol/L Na_2SO_3 溶液	大量	
H_2	海绵钯	海绵钯 4～5 g		100 ℃反应 15 min
	胶态钯溶液	胶态钯 2 g，苦味酸 5 g，加 1 mol/L NaOH 22 mL，稀释至 100 mL	40	50 ℃反应 10～15 min

续表

气体名称	吸收剂	配制方法	吸收能力①	附注
HCN	KOH 溶液	KOH 250 g 溶于 800 mL 水中	大量	
HCl	KOH 溶液	KOH 250 g 溶于 800 mL 水中	大量	
	$AgNO_3$ 溶液	1 mol/L $AgNO_3$ 溶液	大量	
H_2S	$CuSO_4$ 溶液	1% $CuSO_4$ 溶液	大量	
	$Cd(Ac)_2$ 溶液	1% $Cd(Ac)_2$ 溶液	大量	
N_2	Ba、Ca、Ce、Mg 等金属	使用 80～100 目的细粉	大量	在 800～1 000 ℃使用
NH_3	酸性溶液	0.1 mol/L HCl	大量	
NO	$KMnO_4$ 溶液	0.1 mol/L $KMnO_4$ 溶液	大量	
	$FeSO_3$ 溶液	$FeSO_4$ 的饱和溶液加 H_2SO_4 酸化	大量	生成 $Fe(NO)^{2+}$ 反应慢
O_2	碱性焦性没食子酸溶液	20%焦性没食子酸，20% KOH，60% H_2O	大量	15 ℃以下反应慢
	黄磷	固体	大量	
	$Cr(Ac)_2$ 盐酸溶液	将 $Cr(Ac)_2$ 用盐酸溶解	大量	反应快
	$Na_2S_2O_4$ 溶液	$Na_2S_2O_4$ 50 g 溶于 6% NaOH 25 mL 中	大量	CO_2 也吸收
SO_2	KOH 溶液	KOH 250 g 溶于 800 mL 水中	大量	
	I_2-KI 溶液	0.1 mol/L I_2-KI 溶液	大量	用于容量分析
	H_2O_2 溶液	3% H_2O_2 溶液	大量	
不饱和烃	发烟硫酸	含 20%～25% SO_3 的 H_2SO_4（密度 1.94 g/mL）	8	15 ℃以上使用
	溴溶液	5%～10% KBr 溶液用 Br_2 饱和	大量	苯和乙炔吸收慢

① 吸收能力指单位体积吸收剂所吸收气体的体积数。

有害气体吸收液的研究伴随着工业发展和大量工业废气排放而诞生，起初的研究主要是防止有害气体排放到空气中，以保护环境为目的，但吸附液吸收有害气体后在二次处理上又出现了难题。近几十年的循环经济和废物循环利用的技术发展，使有害气体吸附剂的选择上更加关注吸附后的复合物的利用价值，许多化工厂均以副产品的形式将吸收复合物投放市场。

3.2.2 单质固体吸收剂

3.2.2.1 固体反应性能

固体反应性能与固体的微观结构、宏观结构和反应过程中的结构变化有关。微观结构包括晶型、晶粒大小和晶格缺陷等，宏观结构包括颗粒大小、形状、比表面、孔隙率和孔径分布等。微观结构对本征化学反应速度有影响，宏观结构则决定气体在颗粒内部的传递速度，反应过程中固体结构发生的变化包括晶格膨胀或收缩、产物层发生龟裂或破碎、烧结或团聚等。

环境气固反应的固体内部有许多纵横交错、孔径形状不一的孔隙，这些网络孔隙为气相反应物渗入固体内部和气相生成物由固体内部扩散出来。在较大的孔隙中气体分子可通过分子扩散和纽森扩散两种方式进行传递，前者由气体分子之间碰撞而传递，后者由气体分子与孔隙管壁碰撞而传递。在较小的孔隙中则以纽森扩散为主。

典型的气固反应方程式如下：

$$\mathrm{A}(气)+b\mathrm{B}(固)=c\mathrm{C}(气)+d\mathrm{D}(固) \tag{3-44}$$

总反应过程包括以下步骤：①气体反应物 A 由气流主体传递至固体颗粒的外表面；②气体反应物 A 通过固体反应物 B 和固体生成物 D 的孔隙网络进入固体颗粒内部；③气体反应物 A 吸附在固体反应物 B 的表面；④在固体反应物 B 表面的化学反应和固体生成物 D 新相晶核的形成和生长；⑤气体生成物 C 在固体表面的脱附；⑥气体生成物 C 通过固体反应物 B 和固体生成物 D 中的孔隙网络扩散至颗粒的外表面；⑦气体生成物 C 由颗粒外表面向气流主体传递。

步骤①、⑦称为外扩散过程，步骤②、⑥为内扩散过程，步骤③、④、⑤为界面反应。每一个步骤都构成气固反应总阻力的一部分，其中一个步骤的阻力在总阻力中占绝对优势时，该步骤称为控制步骤。但气固反应的速度也不能说由某种步骤控制，因为同一气固反应中固体的结构特性、反应条件和外部传质等条件的不同而使其反应机理有所不同。

一般来说，密度小、孔隙率大的固体有利于化学反应控制，反之则有利于内扩散控制，处于中间状态的可能由化学反应和内扩散混合控制；当反应气流的雷诺数大时有利于为限制性步骤，反之则有利于内部传质为限制性步骤；反应温度低时有利于可能化学反应控制，反应温度高时可能有利于内扩散控制。实际上常常是由几个步骤在不同程度上决定反应的总速度，而且各影响速度的步骤的相对重要性也随反应的进行而变化。

1. 流体和固体表面之间的传质

尽管流体流动和扩散方程联立解的方法从理论上估算流体和固体表面之间的传质已成为可能，但在工程上仍然采用无因次准数的经验关联式来计算传质系数。气体反应物 A 传递到固体表面，当符合等摩尔逆向扩散时，单位固体表面的传质速度可用下式表示：

$$N_{\mathrm{A}}=h_{\mathrm{D}}(c_{\mathrm{AO}}-c_{\mathrm{AB}}) \tag{3-45}$$

式中，N_{A} 为传质速度，mol/(m^2 · s)；h_{D} 为传质系数，m/s；c_{AO}及 c_{AB}分别为气体反应物 A 在气相主体和固体表面的浓度，mol/m^3。

当发生非等摩尔量逆向扩散时，单位固体表面的传质关系式可近似地用下式表示：

$$N_{\mathrm{A}}=h_{\mathrm{D}}(c_{\mathrm{AO}}-c_{\mathrm{AB}})+y_{\mathrm{AS}}(N_{\mathrm{A}}+N_{\mathrm{C}}) \tag{3-46}$$

式中，N_{C} 是气体生成物 C 的逆向扩散通量，mol/(m^2 · s)；y_{AS}为气体反应物 A 在固体表面的摩尔分率。式(3-46)右边第一项是组分 A 由扩散而引起的传质；第二项是主体流动对传质的贡献。当等摩尔逆向扩散时，$N_{\mathrm{A}}=-N_{\mathrm{C}}$，上式还原为式(3-45)。

单一颗粒与气流的传质无因次关联式：

$$Sh=2.0+0.6Re^{2}Sc^{3}\text{，}Re=0\sim200 \tag{3-47}$$

$$jD=0.33/Re^{0.4}\text{，}Re=1\,500\sim13\,000 \tag{3-48}$$

$$jD\equiv ShRe^{-1}Sc^{-\frac{1}{3}}\equiv\frac{h_D}{u}\left(\frac{\mu}{\rho D}\right)^{\frac{2}{3}} \tag{3-49}$$

$$Sh\equiv\frac{hDd_p}{D} \tag{3-50}$$

$$Re\equiv\frac{d_p\rho u}{\mu} \tag{3-51}$$

$$Sc\equiv\frac{\mu}{\rho D} \tag{3-52}$$

式中，Sh 为休伍德(Sherwood)数；Re 为雷诺(Reynold)数；Sc 为史密特(Schmidt)数；jD 为传质因子；d_p为颗粒的当量直径；D 为分子扩散系数；ρ 为气体密度，μ 为气体黏度，u 为气流线速度。

在固定床中颗粒与气流间的传质无因次关联式：

$$\varepsilon_b jD=0.357Re^{-0.358}\text{，}3<Re<2\,000 \tag{3-53}$$

式中，ε_b为床层空隙率。

流化床中颗粒与气流间的传质无因次关联式：

$$jD=1.77\left(\frac{d_p\rho u}{\mu(1-\varepsilon_f)}\right)^{-0.44}\text{，}30<\frac{d_p\rho u}{\mu(1-\varepsilon_f)}<5\,000 \tag{3-54}$$

式中，ε_f 为流化床层空隙率；u 指表现气速。

2. 气体在固体内部的扩散

气体与多孔固体发生反应，不仅发生于固体的外表面，还可以通过孔隙扩散渗入固体内进行反应。气体不能渗入致密固体内部进行反应，而是通过固体产物层内的孔隙扩散到反应的内核界面进行反应。

(1)在孔隙中的扩散。多孔固体的孔隙通常非常小，其微孔直径可能与气体分子的平均自由路程相比拟，甚至更小，因此气体在多孔固体孔隙内的扩散往往同时包含分子扩散和纽森扩散。

当反应体系不存在纽森扩散时，气体分子 A 在孔隙毛细管中发生的分子扩散是非等摩尔的逆向扩散，此时毛细管中物料的流动分主体流运动和扩散流流动。设主体流运动相对于静止坐标的线速度为 u_m，扩散流运动相对于静止坐标的线速度为 u_1，因此扩散流相对于主体流的运动速度为 u_1-u_m，按费克定律扩散方程可以写成

$$(u_1-u_m)c_A=-D\frac{dc_A}{dx} \tag{3-55}$$

因而单位面积、单位时间主体流流动输送的气体摩尔数为

$$u_m c_t=N_A+N_C \tag{3-56}$$

式中，c_t 为气相总的摩尔浓度；N_C 为气体分子 c 的逆向扩散通量；c_A 为气体分子 A 在气相中的浓度。式(3-55)和式(3-56)联立，可得

$$u_1 c_A=(N_A+N_C)\frac{c_A}{c_t}-D\frac{dc_A}{dx} \tag{3-57}$$

因为
$$u_1 c_A = N_A$$
且
$$c_A / c_t = y_A$$
于是式(3-57)可写成
$$N_A = (N_A + N_C) y_A - D \frac{dc_A}{dx} \tag{3-58}$$
式中，y_A 为组分 A 在气相中的摩尔分率。

令
$$\alpha = 1 + N_C / N_A$$
则(3-58)式可简化为
$$N_A = -\left(\frac{D}{1-\alpha y_A}\right)\frac{dc_A}{dx} \tag{3-59}$$
式(3-59)右边括号内的项可看作非等摩尔逆向扩散时的表观分子扩散系数。在等摩尔逆向扩散时，$N_A = -N_C$，即 $\alpha = 0$，此项就等于分子扩散系数 D。

当双组分气体在多孔毛细管中同时发生分子扩散和纽森扩散时，其扩散方程为
$$N_A = -D_C \frac{dc_A}{dx}$$
$$D_C = \frac{1}{(1-\alpha y_A)/D + 1/D_{KA}} \tag{3-60}$$
式中，D_C 为综合扩散系数；D_{KA} 为组分 A 的纽森扩散系数。当等摩尔逆向扩散时，式(3-60)简化为
$$D_C = \frac{1}{1/D + 1/D_{KA}}$$
根据气体分子动力学理论，纽森扩散系数可用下式进行计算：
$$D_{KA} = 97 r (T/M_A)^{\frac{1}{2}} \tag{3-61}$$
式中，r 为孔隙半径，m；T 为温度，K；M_A 为扩散物 A 的分子量。

由式(3-61)计算而得的 D_{KA} 的单位为 m^2/s。

固体的结构参数与孔隙半径相关联，假设孔隙为圆筒型微孔，则有
$$V_g = \frac{1}{2} r S_g$$
$$r = \frac{2V_g}{S_g} = \frac{2\varepsilon}{S_g r_p} \tag{3-62}$$
式中，V_g 为孔容积，m^3/kg；S_g 为比表面，m^2/kg；ε 为孔隙率；r_p 为颗粒密度，kg/m^3。

式(3-62)代入式(3-61)，可得
$$D_{KA} = 194 \frac{\varepsilon}{S_g r_p} \sqrt{T/M_A}$$
(2)在固体孔隙网络中的扩散。以上讨论了气相扩散物 A 在孔隙中的扩散，导出了综合扩散系数的表达式。气体在多孔固体中的扩散，实质上是在固体孔隙网络中的扩散。从宏观上讲，气体扩散物 A 通过多孔性固体扩散可以用费克定律来描述：

$$N_A=-D_e\frac{dc_A}{dx} \tag{3-63}$$

式中，D_e 为固体的有效扩散系数。孔隙的分布方向是复杂的，并不都与扩散传递的方向一致，有效扩散系数需要引入曲折因子 τ 加以修正。如果固体内孔隙所占的截面分率为 ε，则有效扩散系数 D_e 可用下式表示：

$$D_e=\frac{\varepsilon}{\tau}D_C=\frac{\varepsilon}{\tau}\left[\frac{1}{(1-\alpha y_A)/D+1/D_{KA}}\right] \tag{3-64}$$

τ 值由实验求得，其值相当分散，通常在 2～6 之间。用于估算时，τ 值取 4 左右。

(3)无规则孔隙模型和平行孔隙模型。无规则孔隙模型是威考(Wakao)和史密斯(Smith)针对具有双分散孔隙分布的固体提出的。以后，卡宁芬(Cttnningghan)将其推广至三分散体系。

双分散体系的模型图如图 3-3 所示。这种模型假定固体是一种粉体颗粒的聚集体。粉体颗粒内部孔隙属微孔，孔隙率为 ε_μ，粉体颗粒之间的孔隙属大孔，孔隙率为 ε_M。任意切割圆体时，大孔所占的截面分率也为 ε_M，粉体所占的截面分率为 $1-\varepsilon_M$。固体按垂直于纸面的方向剖开，上截面和下截面孔隙重叠形成的扩散通道共三种：大孔和微孔重叠、大孔和大孔重叠、微孔和微孔重叠。大孔和大孔重叠的概率为 ε_M^2，粉体和粉体重叠的概率为$(1-\varepsilon_M)^2$，粉体和大孔重叠的概率为 $1-\varepsilon_M^2-(1-\varepsilon_M)^2=2\varepsilon_M(1-\varepsilon_M)$。另外，在粉体已重叠的条件下，微孔与微孔发生重叠的概率为 $\varepsilon_\mu/(1-\varepsilon_M^2)$。因此，气体在固体中的扩散方程可用下式表示：

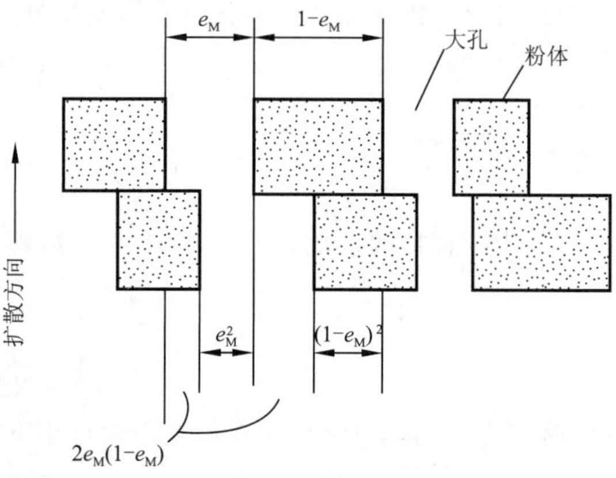

图 3-3 双分散体系无规则孔隙模型示意图

$$N_A=-\left\{\varepsilon_M^2 D_M+(1-\varepsilon_M)^2\frac{\varepsilon_\mu^2}{(1-\varepsilon_M)^2}D_\mu+\frac{2\varepsilon_M(1-\varepsilon_M)}{\frac{1}{2}\left[\frac{1}{D_M}+\frac{1}{[\varepsilon_\mu^2/(1-\varepsilon_M)^2]D_\mu}\right]}\right\}\frac{dc_A}{dx} \tag{3-65}$$

式中，D_M 和 D_μ 分别为大孔及微孔的综合扩散系数，其表示式为

$$D_M=\frac{1}{(1-\alpha y_A)/D+1/D_{KM}} \tag{3-66}$$

$$D_\mu=\frac{1}{(1-\alpha y_A)/D+1/D_{K\mu}} \tag{3-67}$$

式中，D_{KM} 和 $D_{K\mu}$ 分别为大孔及微孔的组森扩散系数。可以合理地假定：微孔扩散阻力≫大孔扩散阻力。

因此，

$$\frac{1}{[\varepsilon_\mu^2/(1-\varepsilon_M)^2]D_\mu} \gg \frac{1}{D_M}$$

所以式(3-65)可简化为

$$N_A = -\left\{\varepsilon_M^2 D_M + \varepsilon_M^2 D_M + \frac{4\varepsilon_M \varepsilon_M^2}{1-\varepsilon_M} D_\mu\right\} \frac{dc_A}{dx} \tag{3-68}$$

比较式(3-63)和式(3-68)，则有

$$D_e = \varepsilon_M^2 D_M + \varepsilon_\mu^2 D_\mu + \frac{4\varepsilon_M \varepsilon_\mu^2}{1-\varepsilon_M} D_\mu \tag{3-69}$$

现在讨论两种极端情况：

一种情况是，当 $\varepsilon_\mu \to 0$，此时相当于固体是一种由致密性粉体颗粒所组成的聚集体。式(3-69)可简化为

$$D_e = \varepsilon_M^2 D_M \tag{3-70}$$

式(3-70)与式(3-64)相比较，则有

$$\tau = 1/\varepsilon_M \tag{3-71}$$

另一种情况是，当 $\varepsilon_M \to 0$，此时相当于固体仅具有微孔结构。式(3-69)可简化为

$$D_e = \varepsilon_\mu^2 D_\mu \tag{3-72}$$

与式(3-64)比较，则有

$$\tau = 1/\varepsilon_\mu \tag{3-73}$$

以上分析表明，固体内有效扩散系数随孔隙率的增加而增加，且近似于二次方关系。孔隙率是固体反应性能的一个极为敏感的结构参数，提高内部孔隙率可大幅降低反应过程中的内扩散阻力，从而明显地加快反应速度。

卡宁芬将威考和史密斯提出的无规则孔隙模型推广至具有两种大孔和一种微孔以及一种大孔和两种微孔的三分散体系。体系中三种孔隙实际扩散途径有六种，用上述类似方法可导得两种大孔和一种微孔体系，其有效扩散系数为

$$D_e = \varepsilon_M^2 D_{M_1} + \varepsilon_{M_2}^2 D_{M_2} + \varepsilon_\mu^2 D_\mu + \frac{4\varepsilon_{M_1}(1-\varepsilon_{M_1}-\varepsilon_{M_2})}{\dfrac{1}{D_{M_1}} + \dfrac{(1-\varepsilon_{M_1}-\varepsilon_{M_2})^2}{\varepsilon_\mu^2 D_\mu}} + \frac{4\varepsilon_{M_2}(1-\varepsilon_{M_1}-\varepsilon_{M_2})}{\dfrac{1}{D_{M_2}} + \dfrac{(1-\varepsilon_{M_1}-\varepsilon_{M_2})^2}{\varepsilon_\mu^2 D_\mu}} + \frac{4\varepsilon_{M_1}\varepsilon_{M_2}}{(1/D_{M_1}+1/D_{M_2})} \tag{3-74}$$

式中，ε_{M_1} 及 ε_{M_2} 分别为大孔 1 和大孔 2 的孔隙率；D_{M_1} 和 D_{M_2} 分别为大孔 1 和大孔 2 的综合扩散系数。

同理，也可导出两种微孔和一种大孔体系的有效扩散系数

$$D_e = \varepsilon_M^2 D_M + \varepsilon_{\mu_1}^2 D_{\mu_1} + \varepsilon_{\mu_2}^2 D_{\mu_2} + \frac{4\varepsilon_M(1-\varepsilon_M)}{\dfrac{1}{D_M} + \dfrac{(1-\varepsilon_M)}{\varepsilon_{\mu_1}^2 D_{\mu_1}}} + \frac{4\varepsilon_M(1-\varepsilon_M)}{\dfrac{1}{D_M} + \dfrac{(1-\varepsilon_M)^2}{\varepsilon_{\mu_2}^2 D_{\mu_2}}} + \frac{2(1-\varepsilon_M)^2}{\dfrac{(1-\varepsilon_M)^2}{\varepsilon_{\mu_1}^2 D_{\mu_1}} + \dfrac{(1-\varepsilon_M)^2}{\varepsilon_{\mu_2}^2 D_{\mu_2}}} \tag{3-75}$$

式中，ε_{μ_1} 和 ε_{μ_2} 分别为微孔 1 和微孔 2 的孔隙率；D_{μ_1} 和 D_{μ_2} 分别为微孔 1 和微孔 2 的综合扩散

系数。

由式(3-74)及式(3-75)可以看出,孔隙率对于有效扩散系数具有敏感的影响。

无规则孔隙模型一般适用于具有窄孔径分布的体系。然而,当固体内的孔隙具有宽孔径分布时,体系的孔隙就很难划分为两种或三种,扩散方程也会变得十分复杂。因此,约翰逊(Johnson)和斯坦威特(Stewart)提出一种比较简便的“平行孔隙模型”。

平行孔隙模型认为,当气体在固体内扩散时,固体中各种孔径的孔隙都在独立地进行扩散,它们的曲折因子均相同(τ 值不随孔径而改变),因而总的扩散量是各种孔隙扩散量之和。其数学表达式为

$$N_A = -\frac{1}{\tau}\frac{dc_A}{dx}\int_0^{\infty}\frac{D}{1-\alpha y_A + D/D_{KA}(r)}f(r)dr \tag{3-76}$$

式中,$D_{KA}(r)$表示 D_{KA}随孔半径变化而改变。当边界条件为

$$x=0, \quad y_A = y_{A_0} \tag{3-77}$$

$$x=L, \quad y_A = y_{A_L} \tag{3-78}$$

时,式(3-76)可积分,得

$$N_A = \frac{PD}{\tau R_g TL\alpha}\int_0^{\infty}\ln\left[\frac{1-\alpha y_{A_L} + D/D_{KA}(r)}{1-\alpha y_{A_0} + D/D_{KA}(r)}\right]f(r)dr \tag{3-79}$$

或写成

$$N_A = \frac{PD}{\tau R_g TL\alpha}\sum_{r_{min}}^{r_{max}}\ln\left[\frac{1-\alpha y_{A_L} + D/D_{KA}(r)}{1-\alpha y_{A_0} + D/D_{KA}(r)}\right]\Delta V_g \gamma_p \tag{3-80}$$

式中,ΔV_g 为每克固体中孔半径为 $r \to r+\Delta r$ 的孔隙所占的孔容积(cm^3/g);γ_p 为颗粒密度(g/cm^3)。

实际应用时,使用式(3-80)是比较方便的。

3.2.2.2 本征反应

本征反应是指在气固界面上所进行的化学反应。赛克莱认为,气固反应可能类似于催化反应。气固界面上的化学反应过程原则上包括以下几步:气相反应物在固体反应物表面的化学吸附并形成中间络合物;中间络合物的转化和分解;气体生成物的脱附及新相的形成和生长。因此,前面一些步骤可以认为基本上与多相催化中的兰-辛机理相似,下面就一种最简单的情况,按兰-辛机理来确定本征反应的速度方程。假定气相反应为

$$\text{A(气)}+\text{B(固)}=\text{C(气)}+\text{D(固)} \tag{3-81}$$

反应过程中,气体 A 吸附于固体 B 的表面上,并形成中间络合物 X^*,而 X^* 又可转化为另一种中间络合物 Y^*,然后 Y^* 分解并脱附放出气体生成物 C 和形成固体生成物 D。此过程可写成:

$$A + s \underset{k_{-1}}{\overset{k_1}{\rightleftharpoons}} X^* \tag{3-82}$$

$$X^* \underset{k_{-2}}{\overset{k_2}{\rightleftharpoons}} Y^* \tag{3-83}$$

$$Y^* \underset{k_{-3}}{\overset{k_3}{\rightleftharpoons}} C + s \tag{3-84}$$

式中，s表示固体反应物或固体生成物空的表面位置；k_1、k_{-1}、k_2、k_{-2}、k_3、k_{-3}分别表示反应式(3-82)、(3-83)、(3-84)的正向及逆向反应速度常数。假定固体表面各位置的能量是均匀的，则吸附A的净速度和脱附C的净速度为

$$v_1=k_1p_A\theta_s-k_1\theta_{X^*} \tag{3-85}$$

$$v_3=k_{-s}\theta_{Y^*}-k_sp_C\theta_g \tag{3-86}$$

式中，v_1、v_3分别为吸附A的净速度和脱附C的净速度，θ_s表示空位分率，θ_{X^*}及θ_{Y^*}分别表示被X^*及Y^*所占据的吸附位置分率。假定反应式(3-83)所表示的正向、逆向反应对表面络合物均是一级反应，则表面络合物生成的净速度可表示为

$$\frac{d\theta_{X^*}}{dt}=k_1p_A\theta_s-k_{-1}\theta_{X^*}-k_2\theta_{X^*}-k_2\theta_{X^*}+k_{-2}\theta_{Y^*} \tag{3-87}$$

$$\frac{d\theta_{Y^*}}{dt}=k_2\theta_{X^*}-k_{-2}\theta_{Y^*}-k_{-3}\theta_{Y^*}+k_3p_C\theta_s \tag{3-88}$$

因为各位置分率之和为1，所以有

$$\theta_s+\theta_{X^*}+\theta_{Y^*}=1 \tag{3-89}$$

θ_s、θ_{X^*}、θ_{Y^*}是随时间而变化的，如果采用稳态近似假定进行处理，速度方程的解可以得到很大简化。因为与气体反应物A转化成气体生成物C的速度相比，θ_s、θ_{X^*}和θ_{Y^*}的变化速度可以忽略，而X^*和Y^*是极端活泼的表面络合物，所以θ_{X^*}和θ_{Y^*}的值很小，由此可以像均相的自由基反应那样将其随时间的变化率近似看作为零，即认为表面络合物近似处于稳态情况，于是式(3-87)及式(3-88)可简化为

$$k_1p_A\theta_s-k_{-1}\theta_{X^*}-k_1\theta_{X^*}+k_{-2}\theta_{Y^*}=0 \tag{3-90}$$

$$k_2\theta_{X^*}-k_{-2}\theta_{Y^*}-k_{-3}\theta_{Y^*}+k_3p_C\theta_s=0 \tag{3-91}$$

因反应处于稳态导致吸附A的净速度等于脱附C的脱附速度，即

$$v_1=v_3 \tag{3-92}$$

如果已知反应速度常数，上述速度方程原则上可以求解，但这些参数不能独立测定；如果用拟合方法求解，由于调节性参数太多，求解的精度不能保证。因此，以上方程的求解仍然有困难。如果各反应过程中存在一个控制步骤，可以分别讨论如下：

(1)表面反应控制反应过程。指表面络合物的转化为控制步骤，此时吸附和脱附均在接近平衡状态。因此

$$\theta_{X^*}\cong(\theta_{X^*})_{eq}=(k_1/k_{-1})p_A\theta_s=k_Ap_A\theta_s \tag{3-93}$$

$$\theta_{Y^*}\cong(\theta_{Y^*})_{eq}=(k_3/k_{-3})p_C\theta_s=k_cp_C\theta_s \tag{3-94}$$

式中，$(\theta_{X^*})_{eq}$和$(\theta_{Y^*})_{eq}$分别为吸附平衡和脱附平衡时X^*及Y^*在表面所占的位置分率，k_A及k_C分别为吸附平衡常数和脱附平衡常数。

已知表面反应的净速度为

$$v_2=k_2\theta_{X^*}-k_{-2}\theta_{Y^*} \tag{3-95}$$

将式(3-93)、式(3-94)代入式(3-95)，得

$$v_2=k_2k_Ap_A\theta_s-k_{-2}k_Cp_C\theta_s \tag{3-96}$$

θ_s 可由式(3-93)、式(3-94)和式(3-89)联立解出

$$\theta_s = 1/(1+k_A p_A + k_C p_C) \tag{3-97}$$

在稳态时，总反应的净速度等于 v_2。将式(3-97)代入式(3-96)，得

$$v_2 = k_2 k_A \frac{p_A - (k_C/k_A k_s) p_C}{1+k_A p_A + k_C p_C} = v \tag{3-98}$$

式中，k_s 为表面反应常数，等于 k_2/k_{-2}。使用总反应平衡常数 k，k_A 可以从式(3-98)中消去，即

$$k = \left(\frac{p_C}{p_A}\right)_{eq} = \left(\frac{\theta_{Y^*}/k_C\theta_s}{\theta_{X^*}/k_A\theta_s}\right)_{eq} = \frac{k_A}{k_C}\left(\frac{\theta_{Y^*}}{\theta_{X^*}}\right)_{eq} = \frac{k_A k_s}{k_C} \tag{3-99}$$

利用式(3-99)、式(3-98)可写成

$$v = k_2 k_A = \frac{p_A - p_C/k}{1+k_A p_A + k_C p_C} \tag{3-100}$$

式(3-100)即为表面反应控制反应过程时本征反应的动力学表示式。

(2)气体反应物吸附控制反应过程。此时表面反应和气体生成物 C 的脱附都在接近平衡的状态下进行。θ_{Y^*} 仍可由式(3-94)表示，θ_{X^*} 可由式(3-95)求得

$$\theta_{X^*} \cong \theta_{Y^*}/k_s = (k_C/k_s) p_C \theta_s \tag{3-101}$$

稳态时，A 的吸附净速度等于反应总速度，由式(3-85)和式(3-101)可求得

$$v = k_1 p_A \theta_s - k_{-1}(k_C/k_s) p_C \theta_s \tag{3-102}$$

式(3-89)、式(3-94)、式(3-99)联立，可解得：

$$\theta_s = \frac{1}{1+(k_A/k+k_C)p_C} \tag{3-103}$$

式(3-103)代入式(3-101)，得

$$v = k_1 \frac{p_A - p_C/k}{1+(k_A/k+k_C)p_C} \tag{3-104}$$

此式即为吸附控制时本征反应的动力学表示式。

(3)气体生成物的脱附控制反应过程。此时表面反应和气体反应物 A 的吸附都在接近平衡的状态下进行。因而 θ_{X^*} 可由式(3-93)表示，θ_{Y^*} 可由式(3-94)求得

$$\theta_{Y^*} \cong K_s \theta_{X^*} = k_s k_A p_A \theta_s \tag{3-105}$$

由式(3-89)、式(3-93)、式(3-105)和式(3-99)联立可得

$$\theta_s = \frac{1}{1+(k_A+k_C k)p_A} \tag{3-106}$$

稳态时，C 的脱附速度等于反应总速度，由式(3-86)、式(3-105)和(3-106)可求得

$$v = k_s k \frac{p_A - p_C/k}{1+(k_A+k_c k)p_A} \tag{3-107}$$

式(3-107)即为气体生成物脱附或为反应过程控制步骤时本征反应的动力学表示式。

以上三种控制机理求得的动力学表达式都属双曲线型，分子均包含推动力项 $p_A - p_C/k$，分母具有$[1+k' p_A + k'' p_C]$的形式。由于气体反应物浓度和生成物浓度与其分压呈线性关系，可将分压转换为浓度，其动力学表示式仍属双曲线型，此时分子包含推动力项$(c_A - c_C/k_E)$，分母具有$(1+k' c_A + k'' c_C)$的形式。对于特定情况，气固反应平衡常数很大或为不可逆反应以及气相浓度

较小时，气固反应属一级反应。本征反应的动力学表示式取决于吸附或脱附时是否发生解离和缔合以及活性点的数目，可以有多种形式，通常在分压或浓度项上具有指数，其通式的表示式为

$$V=\frac{k(c''_{A}-c'''_{C}/k_{E})}{1+k'c''_{A}+k''c'''_{C}} \tag{3-108}$$

3.2.2.3　气固反应引起的固体结构的变化

气固反应时引起固体结构变化的两种效应：一种是密度效应，由反应过程中固体反应物转化成固体生成物而产生密度变化所引起的；另一种是烧结效应，是固体在高温下自发填充内部孔隙而引起的。这两种效应对气固反应的动力学产生重要影响。用史密斯(Smith)等人提出的简化模型来讨论这两种效应，假定固体内部有许多大小相同、半径为 r_o 的微球，微球在反应过程中发生体积变化，并有鲜明的反应界面，且在反应过程中固体外形尺寸不变。如果气固反应按下式进行：

$$A(气)+bB(固)=cC(气)+dD(固) \tag{3-109}$$

其按物料平衡，微粒灰层中生成物重量等于提供前项生成物用去的反应物重量乘以 $\frac{dM_D}{bM_B}$，M_B 和 M_D 分别为固体反应物 B 和固体生成物 D 的分子量，b 和 d 为计量系数，则

$$\frac{4\pi}{3d}(r_g^3-r_c^3)\frac{\rho_D}{M_D}(1-\varepsilon_D)=\frac{4\pi}{3b}(r_c^3-r_o^3)\frac{\rho_B}{M_B}(1-\varepsilon_B) \tag{3-110}$$

式中，r_o 为微粒的原始半径；r_g 为反应过程中微粒的半径；r_c 为未反应核半径；ρ_B 和 ρ_D 分别为固体反应物和生成物的密度；ε_B 和 ε_D 分别为固体物和生成物的孔隙率。设

$$\beta=d\rho_D M_D(1-\varepsilon_D)/b\rho_B M_B(1-\varepsilon_B) \tag{3-111}$$

则式(3-110)可简化为

$$r_g^3-r_c^3=\beta(r_c^3-r_o^3) \tag{3-112}$$

式中，β 代表了微粒在反应过程中的膨胀与收缩，当 $\beta>1$ 时，则固体发生膨胀；当 $\beta<1$ 时，则固体发生收缩；当 $\beta=1$ 时，表示固体微粒在反应过程中体积不发生变化。因为前面假定固体外形尺寸在反应过程中不变，因此有：

$$\frac{1-\varepsilon^+}{1-\varepsilon_o}=\left(\frac{r_g}{r_o}\right)^3 \tag{3-113}$$

式中，ε_o 为固体原始孔隙率；ε^+ 为在反应过程中固体的孔隙率。固体反应转化率可用式(3-114)表示：

$$\alpha=1-\left(\frac{r_c}{r_o}\right)^3 \tag{3-114}$$

式(3-112)、式(3-113)和式(3-114)联立，可解得：

$$\varepsilon^+=1-(1-\varepsilon_o)[1+\alpha(\beta-1)] \tag{3-115}$$

利用无规则孔隙模型，单分散体系的有效扩散系数可表示为

$$D_C=D_C\{1-(1-\varepsilon_o)[1+\alpha(\beta-1)]\}^3 \tag{3-116}$$

式(3-116)表示在反应过程中固相的有效扩散系数。当 $\beta>1$ 时，固体的有效扩散系数随反应的进行而降低；当 $\beta<1$ 时，固体的有效扩散系数随反应的进行而增加；当 $\beta=1$ 时，反应过

程中固体有效扩散系数不变。由于转化率随时间而变化，因此有效扩散系数也随时间而变化；如果固体内部的转化率不是均匀分布，则式(3-116)中的 α 代表局部转化率，它随固体内部位置的改变而改变，此情况下 D_e 是时间和位置的函数。

当气固反应的温度超过固体反应物或生成物的塔曼温度时，物质自发产生填充固体内部孔隙的烧结过程。一般来说，烧结过程机理指高温下固体表面质点的热振动加大，并发生位置移动，因而接触面质点有可能发生键合、靠拢和重排而逐渐扩大接触面。由于毛细管引力作用，质点的热振动位移会形成物质的定向迁移(包括黏性流动、塑性流动和冷凝蒸发等)，造成物质不断向孔隙处迁移填充，从而不断降低固体的孔隙率。史密斯等人通过实验发现，烧结过程不仅缩小了物料的孔隙，而更重要的是降低了物料孔隙网络的互通性。他们用毛细管阵列模型来分析孔隙网络互通性下降(从而引起曲折因子的变化)的机理。最简单的一种情况是如图 3-4 所示的 2×2 平面毛细管阵列。

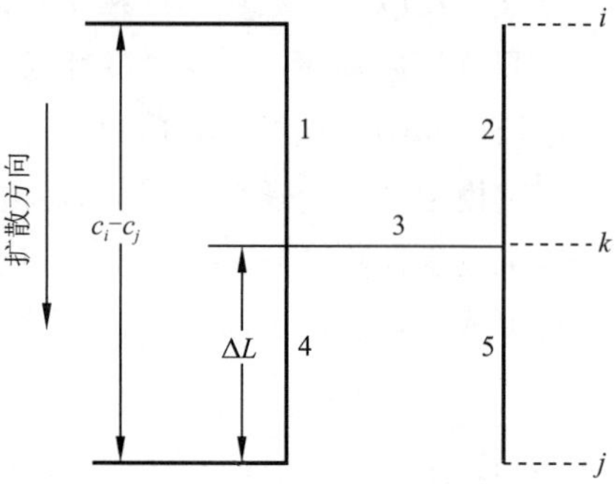

图 3-4　2×2 平面毛细管阵列

该阵列由 1、2、3、4、5 五根毛细管组成，当五根毛细符全部贯通时，气体分子 A 的扩散通量可用下式表示：

$$\begin{aligned}N_A &= \frac{1}{2}\left(D_C\ \frac{\varepsilon}{\tau}\right)\frac{c_i-c_j}{2\Delta L}+\frac{1}{2}\left(D_C\ \frac{\varepsilon}{\tau}\right)\frac{(c_i-c_j)}{2\Delta L}\\ &=\left(D_C\ \frac{\varepsilon}{\tau}\right)\frac{(c_i-c_j)}{2\Delta L}\end{aligned} \tag{3-117}$$

当 1 号毛细管烧结堵塞时，气体分子 A 的扩散通量可表示如下：

以 $i\rightarrow k$ 的路程计算

$$N_A=\frac{1}{2}\left(D_C\ \frac{\varepsilon}{\tau}\right)\frac{(c_i-c_k)}{\Delta L} \tag{3-118}$$

以 $k\rightarrow j$ 的路程计算：

$$N_A=\frac{1}{2}\left(D_C\ \frac{\varepsilon}{\tau}\right)\frac{(c_k-c_j)}{\Delta L}+\frac{1}{2}\left(D_C\ \frac{\varepsilon}{\tau}\right)\frac{(c_k-c_j)}{\Delta L}=\left(D_C\ \frac{\varepsilon}{\tau}\right)\frac{(c_k-c_j)}{\Delta L} \tag{3-119}$$

式(3-118)与式(3-119)联立，消去 c_k 可得

$$N_A=\frac{1}{1.5}\left(D_C\ \frac{\varepsilon}{\tau}\right)\frac{(c_i-c_j)}{2\Delta L} \tag{3-120}$$

式(3-117)与式(3-120)比较可知，当 1 号管烧结堵塞时，固体孔隙的曲折因子增加了 1.5 倍。如果引入一个表示孔隙网络互通性下降时引起曲折因子变化的参数 $g(\Phi)$，显然，在上述情况下

$$g(\Phi)=1.5 \tag{3-121}$$

式中，Φ 表示由烧结引起孔隙率的降低率。在上述情况下，由于五根毛细管有一根被堵塞，因而 Φ 等于 0.2。

同理,当 2 号管或 4 号管或 5 号管烧结堵塞时,$g(\Phi)$均等于 1.5,而当 3 号管烧结堵塞时,由于该毛细管并不处在扩散行程上,因而 $g(\Phi)$等于 1。取以上五种情况下的平均值:

$$g(\Phi)=\frac{4\times 1.5+1}{5}=1.4 \tag{3-122}$$

以上讨论的是平面毛细管阵列的情况,但是如图 3-5 所示的 2×3×3 空间毛细管阵列可更接近实际固体内部的孔隙网络。

用上述同样方法对图 3-5 的阵列进行分析与求解,可以求得 $\Phi=0.2$ 时的 $g(\Phi)$值。由 2×2阵列计算的结果可见,当一根毛细管烧结堵塞时,不同部位的毛细管所得的 $g(\Phi)$值是波动的,但当毛细管数增加时,如 2×3×3 阵列,任何部位一根管烧结堵塞后,计算得到的 $g(\Phi)$值的波动是很小的,不管如何,按概率取平均值是合适的。改变 Φ 值,即改变毛细管烧结堵塞的根数,可以求得不同的 $g(\Phi)$值,其结果示于图 3-6 中。图中,2×3×3 阵列的曲线可用于实际估算。

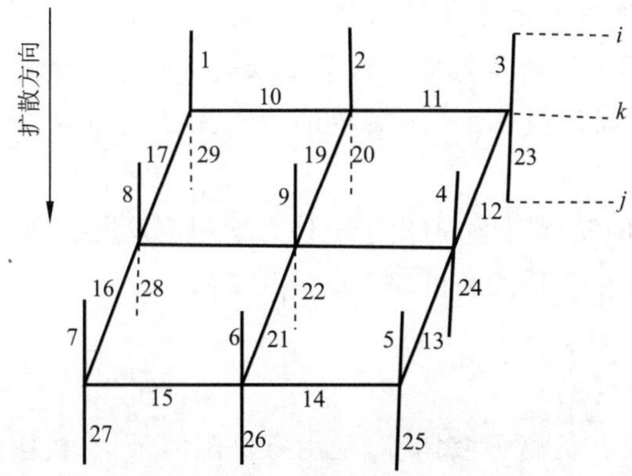

图 3-5　2×3×3 毛细管空间阵列

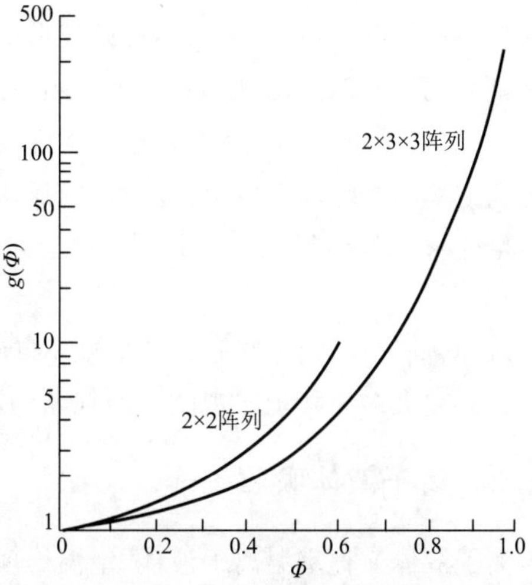

图 3-6　不同 Φ 值时的 $g(\Phi)$值

当烧结过程无密度效应而仅有烧结效应时,利用无规则孔隙模型可将因子表示为

$$\tau=\frac{g(\Phi)}{\varepsilon_0} \tag{3-123}$$

有效扩散系数为

$$D_0=D_C\varepsilon_0^2(1-\Phi)/g(\Phi) \tag{3-124}$$

当密度效应和烧结效应同时存在时,有效扩散系数可表示为

$$D_0=\frac{D_C}{g(\Phi)}\{1-(1-\varepsilon_0)[1+\alpha(\beta-1)]\}^2(1-\Phi) \tag{1-125}$$

式(3-125)给出了反应过程中固体的有效扩散系数与密度效应和烧结效应的变化关系。使用式(3-125)时,只要知道 Φ 值随时间的变化,固体的有效扩散系数即可求出。

这里假定,烧结是一级反应,并服从阿累尼乌斯方程,则有

$$\frac{d\Phi}{dt}=(1-\phi)A_{\Phi}\exp\left\{-\frac{E_g}{R_g(T-T_T)}\right\} \tag{3-126}$$

式中，E_g 为烧结活化能；A_{Φ} 为烧结反应的指前因子；T_T 为塔曼温度。E_g、A_{Φ} 及 T_T 均可由独立的实验测定出来。

实际情况常比上述模型所描述的要复杂得多。例如，三氧化铀还原成二氧化铀的反应具有明显的密度效应(三氧化铀的结晶密度约为 8.0 g/cm^3，二氧化铀的结晶密度为 10.96 g/cm^3。在研究多种三氧化铀物料的还原反应过程中发现，物料颗粒的外形体积发生明显的收缩，物料的堆密度明显升高。对于比表面小的致密三氧化铀(硝酸铀酰流化床脱硝而得的球形颗粒)，在还原反应过程中，由于体积收缩所产生的内应力会促使当颗粒达到某种转化率时突然发生爆裂，因此完全偏离了模型所采用的固体外形尺寸不变的基本假设。在上述情况下，前面所讨论的模型就不再有效。另外一种情况是，在反应过程中，晶格发生膨胀。例如，当二氧化铀物料在 643～673 K 用空气氧化成八氧化三铀时(UO_2 的结晶密度为 10.96 g/cm^3，U_3O_8 为 8.39 g/cm^3)，物料颗粒发生明显的体积膨胀：堆密度由原来的 4.19 g/cm^3 变成 2.17 g/cm^3，而物料颗粒的形状，由原来的不规则球形变成带尖角、尖刺的极不规则的海绵状。当二氧化铀颗粒氢氟化生成四氟化铀颗粒时也发生明显的晶格膨胀(UO_2 的结晶密度为 10.97 g/cm^3，UF_4 为 6.70 g/cm^3)，但在此情况下，物料颗粒的外形尺寸和形状基本不变，在结构上主要表现为孔隙率的下降。由以上情况可见，反应过程中的密度效应是极为复杂的。对于烧结过程目前也并未了解得很清楚。因此，对于某些气固反应体系，用简单的模型来描述常常是困难的。

从 20 世纪初，固体吸收的传质就不断有新的模型问世，但由于流体力学理论发展的限制，目前的研究大多局限于宏观的表面现象，其内在传质特性和机理有待进一步深入。

3.2.3 离子液体吸收剂

离子液体又称室温离子液体、室温熔融盐或有机离子液体等，是由有机阳离子、有机阴离子及无机阴离子构成的，在室温或室温附近温度范围内呈液体状态的物质。离子液体与传统溶剂相比具有许多独特的性质：①从较低温或室温到 300 ℃左右保持液态，具有良好的物理和化学稳定性；②对大量的无机和有机物质都有很好的溶解性，具有充当反应介质和催化剂的双重功能；③具有极性可调性，可以形成两相和多相体系，可以作为分离溶剂或构成反应-耦合体系；④结构具有可设计性，可以通过修饰或者调变阴阳离子的结构或种类来调控离子液体的物理化学性质；⑤电化学稳定性高，具有较高的电导率和较宽的电化学稳定电位窗口；⑥蒸汽压低，不易挥发，不支持燃烧，不易对环境造成污染和安全隐患。离子液体是一种极性强、配位能力低的化合物，对大量有机化合物、无机化合物和部分高分子材料具有选择性的溶解能力。

由于合成上的多样性，离子液体也被称为“设计者溶液”，通过对有机阳离子的改变使其与不同的无机阴离子进行组合，可合成出多种类型及功能的离子液体，目前研究的有机阳离子主要可以分为以下四类，如表 3-2 所示。

其中，N，N′－二烷基咪唑阳离子是最常见的盐离子类型，通过改变取代基烷基链的长短或者增减官能团可以从根本上改变其性质。组成离子液体的阴离子主要有两类：①多核阴离子，如 $Al_2Cl_7^-$、$Al_3Cl_{10}^-$、$Ga_2Cl_7^-$、$Fe_2Cl_7^-$、$Sb_2F_{11}^-$等。②单核阴离子，如 BF_4^-、PF_6^-、SbF_6^-、$InCl_3^-$、$CuCl_2^-$、$SnCl_3^-$、$AlCl_4^-$、$N(CF_3SO_2)_2^-$、$N(C_2F_5SO_2)^-$、$N(FSO_2)_2^-$、$C(CF_3SO_2)_3^-$、$CF_3CO_2^-$、$CF_3SO_3^-$、$CH_3SO_3^-$等。

表 3-2　组成离子液体的阳离子分类

名　称	表 达 式	结　构
烷基季胺离子	$[NH_XH_{4-X}]^+$	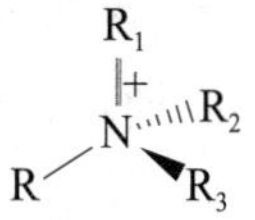
烷基季磷离子	$[PH_XH_{4-X}]^+$	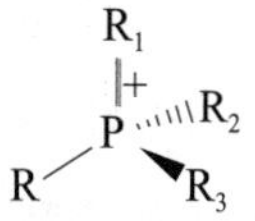
烷基取代咪唑离子	$[RR.im]^+$	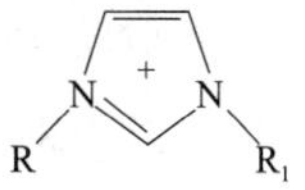
烷基取代吡啶离子	$[RPy]^+$	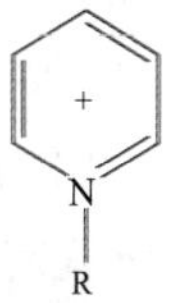

离子液体的合成：

(1)咪唑类离子液体的合成。咪唑环是一种具有芳香性的五元含氮杂环化合物，在一定条件下与卤代烷反应，使咪唑环显电正性，再与阴离子结合，形成咪唑类离子液体，其常规反应原料如下：

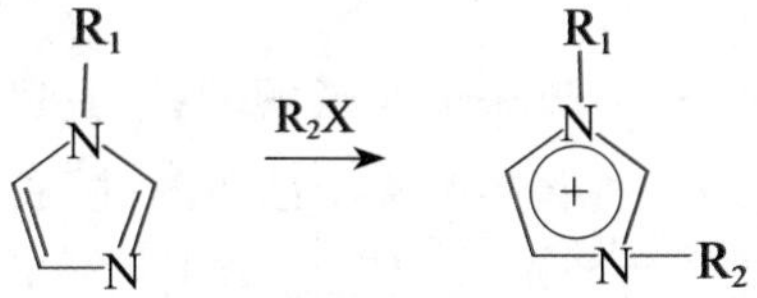

(2)季铵盐类离子液体的合成。季铵盐类离子液体是通过胺类与酸性物质酸碱中和反应得到或胺类与氯代烷季铵化反应合成得到。其中，酸碱中和反应如下：

$$乙胺水溶液 + HNO_3 \longrightarrow 硝基乙胺离子液体$$

季铵化反应如下：

$$NR_3 + R_1X \longrightarrow R_3\overset{+}{P}R_1X^-$$

(3)吡啶类离子液体的合成。吡啶类离子液体的合成原理与咪唑类离子液体相类似，在微波条件下将氯代烷中烷基链引入吡啶环中呈电正性，再与阴离子结合，得到卤代 N－烷基吡啶离子液体。其合成原理如下：

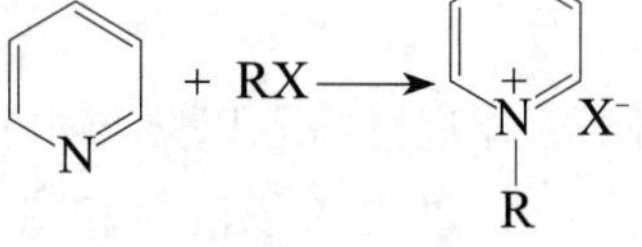

离子液体在吸收有害物质方面发挥着重要作用：

(1)高温 CO_2 吸收。一些离子液体具有较高的 CO_2 溶解选择性，为了克服离子液体黏度大和成本高的缺点，通常将其固载到有机或无机材料上制备成离子液体膜，目前的研究主要集中在离子液体支撑液膜、聚离子液体膜和离子液体-聚合物共混膜，其中离子液体支撑液膜具有较高的气体渗透和分离性能，但在较高跨膜压差下(0.25～0.3 MPa)膜液易流失，聚离子液体膜和离子液体-聚合物共混膜为离子液体固化膜，稳定性较好，但其气体渗透和分离性能与离子液体支撑液膜有一定的差距。在离子液体-聚合物共混膜中掺杂高气体渗透性能的无机纳米颗粒，制备出了 CO_2 渗透通量较高的无机颗粒-离子液体-聚合物共混膜，也进一步提高了共混膜的稳定性。

(2)烟气 SO_2 捕集。用于吸收 SO_2 的离子液体主要有咪唑类、胍类、醇胺类、季铵类、季鏻类等。胍类离子液体是最早用于吸收 SO_2 研究的离子液体，采用可再生负载型脱硫剂将四甲基胍乳酸盐离子液体负载在多孔性固态负载材料上进行 SO_2 吸收。醇胺类离子液体是由醇胺阳离子和羧酸阴离子通过胺基与羧酸的中和反应而制得的一类离子液体，如以乙醇胺、三乙醇胺、三乙醇胺和二甘醇胺等为阳离子，乙酸根或乳酸根离子为阴离子，制备的醇胺羧酸盐离子液体，室温下对 SO_2 具有较强的溶解能力，且成本低、易解析。咪唑类离子液体对 SO_2 也具有良好的吸收效果，且低温度下容易再生回收，可多次循环使用。季铵类离子液体属于非质子化的离子液体，也是具有对 SO_2 吸收效果较好的离子液体之一，如将尿素、硫脲和己内酰胺分别和四甲基氯化铵、硫氰酸铵或类似结构的季铵盐进行反应，生成一系列的季胺盐类离子液体，工艺过程简单、易操作、SO_2 吸收效率高、成本低、可以循环利用。与季铵类离子液体比较，季磷盐离子液体具有挥发性更低的特点，以阴离子为环状去质子化的季磷盐离子液体具有优良的再生性能。

(3)H_2S 脱除。调节 1-丁基-3-甲基咪唑四氟硼酸盐、1-己基-3-甲基咪唑六氟磷酸盐和 1-丁基-3-甲基咪唑双(三氟)亚胺三种咪唑类离子液体阴、阳离子能影响 H_2S 的溶解度，且随着阳离子取代基链长的增加，H_2S 的溶解度也随之增大。己内酰胺与四丁基溴化铵的比为 1∶1 时，该离子液体对 H_2S 吸收性能最佳，且循环使用 6 次，溶解性能几乎不变。

(4)燃油脱硫。吡啶类离子液体对电子云密度极性较高的有机硫分子有较强的萃取能力，对芳香性或者极性较低的硫醇、硫醚类脂肪族的含硫化合物由于不具备与离子液体形成络合物的能力，而在离子液体中加入甲基三氧化铼作为萃取催化氧化体系的催化剂，完全脱去硫醇和硫醚，噻吩及苯并噻吩类物质含量也有很大程度的减少。

(5)油品脱氮。脱氮所使用的离子液体结构相对比较单一，阳离子仍然以二烷基取代咪唑为主，主要集中在甲基乙基咪唑和甲基丁基咪唑上，少量涉及烷基吡啶和三乙胺；阴离子主要为 Cl^-、Br^-、BF_4^-、PF_6^-、$N(CN)_2^-$、$N(Tf)_2^-$、$MeSO_4^-$、$EtSO_4^-$、Ac^- 以及一些氯铝酸型阴离子。对于碱性氮组分，酸性离子液体有较高的选择性，而对非碱性氮组分，中性离子液体表现出较高的选择性。

(6)废水除汞。选用疏水性离子液体进行除汞以防与水相形成均相，利用 Hg^{2+} 在水相和离子液体相溶解性不同，水相中的 Hg^{2+} 进入离子液体相富集，通过将硫醚、硫脲、脲、腈、哌啶、荧光等官能团引入到咪唑环上，萃取效率远远高于常规离子液体，但成本较高。

1914 年，Walden 等人合成了最早的离子液体硝酸乙基铵，但未引起人们的关注。直到 1951 年 Hurley 等人开发的氯铝酸盐离子液体体系才成为第一代离子液体。离子液体作为替代溶剂和催化剂的可行性研究始于 20 世纪 80 年代。1992 年，Wilkes 等人开发出的四氟硼酸盐离子体体系比第一代氯铝酸盐离子液体体系在稳定性、不易水解等方面具有显著优势，而标志着离子液体进入了第二代离子液体阶段。从第二代离子液体开始，离子液体的研究与开发进入了相对高速阶段。离子液体的化学构成主要为有机阳离子和无机阴离子，其中有机阳离子取代基的多样性开辟了离子液体系列化的拓展空间，1996 年 Bonhote P 等人合成了一系列咪唑类离子液体，这类离子液体具有在水中稳定、低黏度、低熔点、良好的导电性等物理化学性能而成为后来被广泛应用的离子液体之一。进入 21 世纪后，合成上的多样性及应用上的开发由耐水型向功能型转变，根据需求而设计特定功能的离子液体成为第三代离子液体的主要研究特征。

聚离子液体是在离子液体基础上发展起来的一种新型吸附材料，通常定义为聚合物重复结构单元中包含离子液体功能基团的一类特殊的聚电解质，兼具离子液和聚合物的双重特征。根据聚合物主链所携带的离子基团特征，聚离子液体可以分为阳离子型、阴离子型和两性型三大类；根据聚合物的结构聚离子液体又可分为线性结构、交联结构和超支化结构三大类。聚离子液体的物理化学性质可以方便地通过不同反离子来调节，比如，通过六氟磷酸根离子、双三氟甲磺酰亚胺阴离子等憎水性的反离子交换反应，将水溶性聚离子液体转换成疏水固相材料，避免了离子液体在水中的流失，也更容易从水相中分离回收。聚离子液体具有聚合物的可设计加工性，能够得到具有高比表面积、多化学成分、适宜孔结构和表面性质的吸附材料，使聚离子液体吸附基团利用率大幅提高。聚离子液体保留了离子液体功能基团的优势，能够对有机吸附质分子提供如范德华力、疏水作用、静电作用、离子－偶极作用、氢键以及 $\pi-\pi$ 堆叠等多种相互作用，由此可以对分子结构中包含离子基团和芳香环的有机吸附质表现出良好的吸附效果，尤其是对有机染料的吸附具有很大实用价值。聚离子液体作为一类极具潜力的高分子吸附材料，未来的发展需要设计开发具有强作用基团和多功能性的离子液体功能单体，改善聚离子液体的制备工艺，对于合成路线复杂的聚离子液体，寻找高效的解吸附方法，提高其重复利用性能，使聚离子液体在吸附领域取得长足的发展。

3.2.4 环境离子交换剂

离子交换剂是能与溶液中的阳离子或阴离子进行交换的物质。离子交换剂一般由一个大分子量的带电基团和一个可置换的离子组成，溶液中的与可置换离子电荷相同的离子与可置换离子电荷发生离子交换反应，通过静电引力吸附在离子交换剂大分子带电基团上，取代离子交换剂上的可置换离子。离子交换剂按可交换离子所带电荷的不同分为阳离子交换剂和阴离子交换剂。阳离子交换剂上可交换离子为正电荷，可以交换吸附溶液中阳离子污染物；阴离子交换剂上可交换离子为负电荷，可以交换吸附溶液中阴离子污染物。按母体材质不同，离子交换剂可分为无机离子交换剂和有机离子交换剂。无机离子交换剂有天然或人造硅铝酸盐、多价金属酸式盐、杂多酸盐、金属水合氧化物等，有机离子交换剂有磺化煤及各种离子交换树脂等。借助离子交换剂上的离子进行交换反应可以去除水中的有害离子，回收贵金属离子，也可用于放射性废水和有机废水的处理。离子交换剂在长时间使用后，会失去继续交换水中离子的能力，可用一定浓度的再生剂溶液顺流或逆流通过失效的交换剂层，使交换剂经过再生还原成原型。

3.2.4.1 有机离子交换剂

有机离子交换剂又称有机离子交换树脂、离子交换树脂，是指以有机高聚物为骨架材料，分别经磺化、氯甲基化、胺化、水解等化学反应引入活性交换基团和相应的后处理而制得的各类阳离子交换树脂、阴离子交换树脂以及特性离子交换树脂的总称。在结构上通常由三部分组成：具有三维空间网状结构的碳氢链组成的不规则的大分子骨架；连接在骨架上的功能基；与功能基所带电荷相反的反离子。离子交换树脂的吸附原理来自功能基团，一是功能基团中可解离部分通过离子交换对吸附质进行吸附；二是功能基团中含有的O、N、S等原子与吸附质形成配位键，从而对吸附质进行吸附。有机高聚物包括苯乙烯-二乙烯苯共聚物、甲基丙烯酸甲酯-二乙烯苯共聚物、苯酚-甲醛缩聚物、聚砜、聚苯醚、四氟乙烯-全氟醚共聚物、含浸苯乙烯-二乙烯单体再经聚合后的聚氯乙烯等。离子交换树脂与水中同性离子发生交换反应，通常是可逆性化学吸附。

离子交换树脂的吸附选择性主要取决于被交换离子的结构。离子所带电荷数越多，则越易被吸附，这是因为离子电荷数越多，与活性基团固定离子间的静电引力越大，因而亲和力也越大；对于带有相同电荷的离子，原子序数大者较易被吸附，这是因为原子序数大者，形成的水合离子半径小，因此与活性基团固定离子间的静电引力大。此外，离子交换树脂的选择性还与可交换离子的性质、树脂的交联度、活性基团、水中离子浓度等因素有关。

在常温、稀溶液中，树脂对常见离子的选择性顺序。强酸性阳离子交换树脂：$Fe^{3+} > Al^{3+} > Ca^{2+} > Mg^{2+} > K^+ \approx NH_4^+ > Na^+ > H^+$；弱酸性阳离子交换树脂：$H^+ > Fe^{3+} > Al^{3+} > Ca^{2+} > Mg^{2+} > K^+ \approx NH_4^+ > Na^+$；强碱性阴离子交换树脂：$SO_4^{2-} > NO_3^- > Cl^- > OH^- > HCO_3^- > HSiO_3^-$；弱碱性阴离子交换树脂：$OH^- > SO_4^{2-} > NO_3^- > Cl^- > HCO_3^-$（对$HSiO_3^-$几乎不交换）。在浓溶液中，离子间的干扰较大，且水合离子半径的大小顺序与在稀溶液中有差别，其结果使得在浓溶液中各离子间的选择性差别较小，有时甚至会出现相反的顺序。

1. 按活性基团的性质分类

按活性基团的性质不同，离子交换树脂可分为阳离子交换树脂与阴离子交换树脂两类，阳离子交换树脂内活性基团呈酸性，酸性功能基团的活泼氢与溶液中的阳离子进行离子交换；阴离子交换树脂内的活性基团呈碱性，碱性功能基团与溶液中的阴离子形成盐的方式进行离子交换。根据酸性基团或碱性基团强弱的不同，离子交换树脂又分为强酸性的、弱酸性的、强碱性的、弱碱性的。

(1)强酸性阳离子交换树脂是指在交联结构的高分子基体上带有磺酸基（$—SO_3H$）的离子交换树脂，可用$R—SO_3H$表示，它在水溶液中解离如下：

$$R—SO_3H \rightleftharpoons R—SO_3^- + H^+$$

在碱性、中性甚至酸性介质中均显示出离子交换功能。以苯乙烯－二乙烯共聚球体为基础的强酸性阳离子交换树脂，是用途最广、用量最大的一种离子换树脂，这是通过浓硫酸或发烟硫酸、氯磺酸等磺化以上共聚体而得。

(2)弱酸性阳离子交换树脂是指含有羧酸基（—COOH）、磷酸基（$—PO_3H_2$）、酚基

($—C_6H_5OH$)的离子交换树脂，其中以含羧酸基的弱酸性树脂用途最广。其在水溶液中解离如下：

$$R—COOH \rightleftharpoons R—COO^- + H^+$$

它仅能在接近中性和碱性介质中才能解离而显示离子交换功能。含羧酸基的弱酸性离子树脂常用甲基丙烯酸或丙烯酸与二乙苯进行悬浮共聚合，或甲基丙烯酸甲酯或丙烯酸甲酯与二乙烯苯悬浮共聚合而后水解的方法制得。

(3)强碱性阴离子交换树脂是指以季氨基为交换基团的离子交换树脂，其在水中解离如下：

$$R—N(CH_3)_3OH \rightleftharpoons R—N(CH_3)_3^+ + OH^-$$

在酸性、中性甚至碱性介质中都可显示离子交换功能。常用的强碱性离子交换树脂是苯乙烯-二乙烯苯共聚球粒经氯甲基化和叔胺氨化而得，当用二甲胺氨化时得到Ⅰ型强碱性阴离子交换树脂；用二甲基乙醇胺氨化，得到Ⅱ型强碱性阴离子交换树脂。Ⅰ型强碱性树脂的碱性比Ⅱ型更强，用途更广泛。

(4)弱碱性阴离子交换树脂是指以伯胺基($—NH_2$)或仲胺基($—NHR$)、叔胺基($—NR_2$)为交换基团的离子交换树脂。这种树脂在水中解离程度很小而呈弱碱性：

$$R—NH_2 + H_2O \rightleftharpoons R-NH_3^+ + OH^-$$

它只在中性及酸性介质中才显示离子交换功能。这种树脂可通过聚合或缩聚的方法而得，而常用的弱碱性阴离子树脂是使苯乙烯-二乙烯共聚球粒经氯甲基化而后伯胺或仲胺化制得的。因这种树脂碱性很弱，只能交换盐酸、硫酸、硝酸这样的无机酸阴离子，而对硅酸等弱酸几乎没有交换吸附能力。

除上述常见的四种外，还有一些具有特殊活性基团的离子交换树脂，如含有氨羧基团的螯合树脂，含有氧化还原基团的氧化还原树脂，同时含有羧酸基和叔氨基的两性树脂等。

2. 按孔结构和外状分类

按树脂的孔结构和外状不同，离子交换树脂可分为凝胶型和大孔型两种。凝胶型树脂不具有物理孔隙，只有与废水充分接触时才显示其分子链间的网状孔隙，一般大孔型树脂孔径为$(200\sim10\ 000)\times10^{-10}$ m，而凝胶型树脂的孔径仅为$(20\sim40)\times10^{-10}$ m。因此，大孔型树脂具有吸附能力强、交换速率快、溶胀性小等优点而被广泛采用。

凝胶型树脂呈透明或半透明的均相凝胶结构，平均孔径为1～2 nm，且大小不一，比表面积约为1 m^2/g。孔径的大小依赖于树脂的交联度，树脂处于干态时因聚合物链的收缩作用而无孔存在，在其吸水溶胀后，由树脂内部的大分子链节间的距离增加而形成微孔。一般采用悬浮共缩聚或共聚合工艺合成球状基体，再经化学反应活化处理，导入离子交换基团而制得。凝胶型树脂适合用于无机离子的吸附，吸附质离子可通过扩散进入由树脂吸水溶胀而产生的微孔内而进行离子交换反应。凝胶型树脂可以分为强酸性、弱酸性、强碱性、弱碱性及螯合性五种。强酸性为苯乙烯系阳离子交换树脂(型号为001)；弱酸性分为丙烯酸性阳离子交换树脂(型号有弱酸111及112)和酚醛系阳离子交换树脂(型号为122)；强碱性为强碱季胺Ⅰ型阴离子交换树脂(型号为201)；弱碱性分为弱碱苯乙烯系阴离子交换树脂(型号为301及303)和弱碱性环氧系阴离子交换树脂(型号为331);螯合性为羧酸基离子交换树脂(型号为401)。凝胶型树脂孔径小,不利于离子迁移,尺寸较大的分子通过时,容易将其网孔堵塞,再生时也不易洗脱,易受到水中有机物污染,从而影响交换能力。凝胶型树脂合成时因聚合反应速度不一致,导致强度降低。若采用增大交联度的方法提高其强度,则因制成的树脂网孔更小,从而使离子交换速度减慢。

大孔型树脂是指干态或湿态、收缩或溶胀时均具有毛细孔结构的呈不透明且表面粗糙的非均相凝胶结构,孔径一般在20～100 nm以上,比表面积高达几千平方米每克。大孔型树脂的制备方法不同于凝胶型,在制备大孔结构高分子聚合物骨架时,向单体混合物中加入致孔剂,待聚合反应完成后,再将致孔剂除去,形成永久网孔,常用致孔剂为甲苯、汽油等。大孔型树脂的交联度可达16%～20%,而凝胶型树脂的交联度在7%左右,大孔型树脂抗氧化能力较强,强度较高。大孔型树脂按其极性大小和所选用的单体分子结构不同,可分为非极性、中极性和极性三类。非极性大孔型树脂,也称为芳香族吸附剂,例如苯乙烯、二乙烯苯聚合物,是由偶极矩很小的单体聚合制得的,不带任何功能基,孔表的疏水性较强,可通过与小分子内的疏水部分的作用吸附溶液中的有机物,最适于极性溶剂中吸附非极性物质。中等极性大孔型树脂,也称为脂肪族吸附剂,例如聚丙烯酸酯型聚合物,是含酯基的吸附树脂,且多功能团的甲基丙烯酸酯作为交联剂,其表面兼有疏水和亲水两部分,既可由极性溶剂吸附非极性物质,又可由非极性溶剂吸附极性物质。极性大孔型树脂,如丙烯酰胺,是指含酰胺基、氰基、酚羟基等含氮、氧、硫极性功能基的吸附树脂,它们通过静电相互作用吸附极性物质。

离子交换树脂的特点主要是处理能力大,脱色范围广,脱色容量高,能除去各种不同的离子,可以反复再生使用,工作寿命长,运行费用较低。以离子交换树脂为基础的如色谱分离法、离子排斥法、电渗析法等新技术具有独特的功能,是其他方法难以实现的,离子交换技术的开发和应用还在迅速发展之中。

在水处理中,离子交换树脂可实现水质软化和高纯水的制备,能有效去除水中Ca^{2+}、Mg^{2+};能将原水中的所有的溶解性的盐类以及游离态的酸碱离子除去。在冶金工业中,离子交换树脂能将铀、钍等超铀元素、稀土金属、重金属、轻金属、贵金属和过渡金属进行分离、提纯和回收,提高浮选剂的选择性和选矿效率。在化学工业中,离子交换树脂已经和蒸馏、结晶、萃取和过滤一样用于多种无机、有机化合物的分离、提纯、浓缩和回收等。在医药卫生领域,离子交换树脂在药剂的脱盐、吸附分离、提纯、脱色、中和及中草药有效成分的提取等方面发挥着优势。在食品工业中,离子交换树脂在制糖、酿酒、烟草、乳品、饮料、调味品等食品加工中都有广泛的应用。在环境保护中,离子交换树脂在废水、废气的浓缩、处理、分离回收及分析检测上都有重要的应用,已普遍用于电镀废水、矿冶废水、生活污水、工业废气等的治理。

1935年,英国Adams和Holmes发表了关于酚醛树脂和苯胺甲醛树脂的离子交换性能的文章,从此开创了离子交换树脂领域。离子交换树脂具有物理化学性质稳定、吸附选择性独特、抗污染性、解吸条件温和、再生简便、使用周期长、节省费用等诸多优点,在工业上获得了广泛应用。但离子交换树脂仍存在强度低、不耐高温、吸附率低等缺点,有待进一步改善,提高其离子交换能力、吸附容量、吸附选择性及交换速度等,研制和开发能在不同pH、温度等条件下分离不同离子的复合型多功能离子交换树脂；加强对离子交换树脂从生产到应用各环节的监控，从生产原料和制造工艺技术的优化来改善树脂交换性能，提高其稳定性和抗污染性，要经久耐用，不易中毒，中毒后容易再生处理，发展对其残留物、裂解物或其他相关有害物质的快速检测技术，使离子交换树脂吸附分离工艺向自动化控制方向发展，以确保质量稳定，满足环保、食品、医药等应用行业的安全需求。

3.2.4.2　无机离子交换剂

无机离子交换剂是一类能够交换阳离子或阴离子的具有连续共价键结构的无机高分子化合物。目前，无机离子交换剂有多价金属酸性盐、杂多酸盐、金属水合氧化物、天然和人工合成的硅铝酸盐等。多价金属酸性盐主要分子式为 $M(H_xO_4)_yH_2O$，金属阳离子有 Zr、Th、Ce、Ti 等；杂多酸盐有磷钼酸铵、磷钨酸铵、砷钼酸铵、砷钨酸铵等；金属水合氧化物有 Sb_2O_5、Fe_2O_3、Al_2O_3、TiO_2 等水合物；天然和人工合成硅铝酸盐有黏土、蛭石、斜发沸石、合成沸石。无机离子交换剂比有机离子交换剂制法简单，成本低廉，对被吸附物质的选择性高，耐热性和抗辐射性优良。应用于碱金属分离、放射性废水处理及铀、钍分离等。

多价金属酸性盐是无机离子交换剂中最重要的一类，其中对磷酸锆和磷酸钛的研究较多。

磷酸锆是以 ZrO_2 为骨架，以 PO_4^{3-} 或 $H_2PO_4^-$ 为交换基，磷酸锆中的锆还可以全部或部分被钛、钍、锡等所取代，磷可被钨或钼所取代。与磷酸锆相比，磷酸钛的离子交换性能更好，其功能基酸度较高，且反应动力学性能优于磷酸锆。多价金属酸性盐类无机离子交换剂对碱金属往往表现出特殊的选择性，其选择性次序为 $Cs^+ > Rb^+ > NH^{4+} > K^+ > Na^+ > Li^+$。虽然对于这类化合物近年研究较多，但在实际中的应用尚不成熟。

杂多酸盐是一类对 Cs^+ 有特殊交换性能的无机离子交换剂，焦磷杂多酸盐在中性条件下对 Cs^+ 交换容量优于一般无机离子交换剂。焦磷钼酸锆具有热稳定性和耐酸性，适宜在酸性条件下与 Cs^+ 进行离子交换。合成的焦磷钨酸锡、焦磷钒酸锡、焦磷钒酸钛等焦磷杂多酸盐对 Cs^+ 均具有较高的交换性能。以焦磷杂多酸盐为基体的离子筛是杂多酸盐研究的热点之一，提铯离子筛能从众多金属离子中有选择地提取 96.53% 左右的铯离子，具有从废液中去除铯的应用前景。以焦磷酸锡作为提锶离子筛的基体来分离高放废液中的 Sr，提锶离子筛的离子交换空穴的大小与锶离子的半径十分相近，产生化学键与筛效应，有望成为一种在高放废液中分离 Sr 的新型材料。

金属水合氧化物大多具有两性交换性质，调节水合氧化铝溶液的 pH 可分离 Fe、Mo、Tc、I 等无载体放射性核素；SnO_2、TiO_2、ThO_2、ZrO_2 等四价金属氧化物的两性交换行为的分界以中心金属原子的碱度以及金属-氢键与氢键-氢键的强度对比而定，水合氧化锆对不同二价金属离子的吸附次序分别为 $Ba^{2+} > Ca^{2+} > Mg^{2+} > Cu^{2+} > Cd^{2+} > Zn^{2+} > Co^{2+} > Ni^{2+}$；用水合氧化锰处理含 ^{89}Sr 的污染水，^{89}Sr 的去除率可达 95%；铝、铁的氧化物和氢氧化物在碱性溶液中能高效吸附 Sr，这是由于水合羰基解离出可交换的 H^+ 所致。

硅铝酸盐类型的无机离子交换剂可分为天然硅铝酸盐和人工合成硅铝酸盐。天然硅铝酸盐有蒙脱土、蛭石等黏土矿和沸石等，人工合成硅铝酸盐主要是各种合成沸石。研究较多为蛭石、斜发沸石和合成沸石离子交换容量都比较大，对 ^{137}Cs 的吸附选择性好。蛭石的交换容量在硅酸盐类矿物中相对比较高，抗辐射性和热稳定性比较好，对裂变产物^{137}Cs、^{90}Sr、^{95}Zr、^{95}Nb和稀土具有很好的离子交换选择性。沸石性价比较高，与蒸发法相比，处理相同类型的低放射性废水时，节省的费用高于80%，且兼有过滤和离子交换的作用。斜发沸石由于其独特的热稳定以及抗辐射性能，常用于去除放射性核素^{137}Cs、^{90}Sr等。斜发沸石吸附有放射性核素经高温熔化能够使放射性核素永久固定于斜发沸石的晶格内，防止放射性核素的扩散，污染环境。合成沸石是具有良好晶体结构的一类铝硅酸盐，具有一定的离子交换性质、化学性质和孔径可控制性，在高温条件下更加稳定。无论是天然硅铝酸盐还是合成硅铝酸盐的无机离子交换剂均价格低廉，在放射性废水处理方面具有很高的经济性，但溶液酸度和含盐量对其交换容量的影响显著，在高酸度和高盐分的溶液中硅铝酸盐无机离子交换剂对^{137}Cs的交换容量很小，在强酸强碱中此类材料会发生溶解，故只适合处理低酸度和低含盐量的放射性废液。

19世纪50年代人类就发现了无机离子交换反应，最早作为交换剂加以使用是几十年后德国人用于软化装置。常用的有机离子交换剂不耐高温且抗辐照性能差，经高温、辐照后易分解，会造成二次污染，使其应用领域受到了一定限制。与有机离子交换剂相比，无机离子交换剂有更高的选择性、热稳定性和抗辐照性等优点。无机离子交换剂具有诸多优点的同时仍存在一些不足：无机吸附剂容易破碎，使其机械稳定性降低；与有机树脂相比，离子在晶体无机材料内扩散速度很慢，导致离子交换速度较低。无机离子交换剂的稳定性、结构及离子交换或吸附性质与其制备条件有关，且制备方法及条件对离子交换性能影响较大，同时对于无机离子交换剂的制备缺乏理论方面的指导。因此，在研制新型无机离子交换剂时可遵循如下方向和路线：选择具有较大的离子交换容量、选择性高、易加工、耐高温、耐辐照等有效的天然离子交换剂；采用加热或化学方法对天然无机离子交换剂进行处理，改变其结构，以提高对放射性元素和碱金属的交换容量或选择性；研究影响无机离子交换剂对放射性元素和碱金属的吸附容量及选择性诸多等因素的作用机理，研制合成无机离子交换剂；将无机离子交换剂与其他材料进行复合，制备多功能新型复合材料的方法，以期获得价格低廉，应用范围广，对放射性元素处理效率高的新型复合吸附剂。

3.2.4.3 离子交换纤维

离子交换纤维是一种具有离子交换、配位螯合等功能的纤维状功能材料，由许多粗细均匀的单丝构成，其单丝直径范围在10～50 μm之间，由基体纤维和连接其上的活性基团两部分组成。根据纤维上活性基团的种类可将其分为阳离子交换纤维、阴离子交换纤维和两性离子交换纤维。离子交换纤维是以天然纤维、聚乙烯醇、聚丙烯腈、聚烯烃、聚氯乙烯、氯四氟乙烯、碳纤维、中空纤维、玻璃纤维等作为基体，经大分子化学改性或接枝反应等制得的一种新型的功能型纤维材料。离子交换纤维功能主要体现在纤维(或纤维状多聚物)表面活性基团离解出的可交换离子与某些同性离子相交换，达到吸附和分离该同性离子的目的。广泛用于海水淡化、废液和废气回收净化、重金属离子吸附、工业用软水的制备、无离子纯水的生产以及制盐工业。

1. 离子交换纤维分类

离子交换纤维由于特有的纤维形状，具备比表面积大、传质距离短、吸附和解吸速度快等特点，与传统的颗粒状离子交换树脂相比有明显的动力学优势，但其吸附机理与传统的离子交换树脂是相似的。

阳离子交换纤维根据其阳离子交换基团的种类，可分为强酸型[—SO_3H]和弱酸型[—COOH 和—$PO(OH)_2$]，其中的氢离子能与溶液中的金属离子或其他阳离子进行交换。磺酸类的纤维基体有聚乙烯醇、聚苯乙烯、聚乙烯、酚醛和四氟乙烯－全氟烷基丙烯基醚共聚物等，总离子交换容量为 0.9～4.1 mmol/g；羧酸类的纤维基体有聚丙烯腈和聚丙烯酸类接枝共聚物，总离子交换容量为 2.5～9.5 mmol/g。制备方法主要靠纤维分子的功能基团反应引入相应的阳离子基团而得。用于吸附重金属离子、碱性气体及气体中的水分，大量用于水处理等。例如，纤维基体经磺化处理得到强酸性阳离子交换纤维，其结构式可简单表示为 R-SO_3H，式中 R 代表纤维基体，其交换原理为：

$$2R\text{-}SO_3H + Hg^{2+} \rightleftharpoons (R\text{-}SO_3)_2Hg + 2H^+$$

阴离子交换纤维是具有阴离子交换功能的合成纤维。含胺基或伯胺基团为弱碱型，叔氨基团为强碱型。纤维基体有聚丙烯腈、聚乙烯醇、聚苯乙烯共聚物和聚丙烯等。纤度为 0.1～1.0 tex，强度为 7～15 cN/tex，伸长率为 15%～30%，静态离子交换容量为 1.5～5.0 mmol/g，皆通过相应主干纤维的功能基团反应制得。用于吸附空气中的有毒和腐蚀性气体和放射性尘埃、催化剂载体和重金属离子吸附剂等。它们在水中能生成 OH^- 离子，可与各种阴离子起交换作用，其交换原理为：

$$R\text{-}N(CH_3)_3OH + Cl^- \rightleftharpoons R\text{-}N(CH_3)_3Cl + OH^-$$

两性离子交换纤维是指纤维结构中同时含有阳离子和阴离子交换基团，兼有阴、阳离子交换性能的纤维。它对一般有机溶剂稳定、耐酸碱，强度良好。

由于离子交换作用是可逆的，因此用过的离子交换纤维一般用适当浓度的无机酸或碱进行洗涤，可恢复到原状态而重复使用，这一过程称为再生。阳离子交换纤维可用稀盐酸、稀硫酸等溶液淋洗；阴离子交换纤维可用氢氧化钠等溶液处理，进行再生。

2. 离子交换纤维制备材料及方法

离子交换纤维的骨架多采用聚丙烯腈、聚烯烃纤维等；基体多采用天然纤维、各种半碳化纤维、中空纤维、纳米纤维、玻璃纤维等。天然植物纤维和纤维素具有来源丰富、生物可降解、生物相容性好等优点，包括纤维素及其衍生物和含纤维素的农林副产品(如甘蔗渣、玉米芯、谷壳、果壳、木材)等，通过氧化、酯化、醚化、接枝、交联反应引入离子交换基团制备离子交换纤维；聚乙烯醇纤维的功能基为羟基，可以直接由化学改性引入活性基团，也可通过接枝进一步把功能化的烯类单体共聚到纤维上，再经过化学反应来制备各种类型的离子交换纤维，利用聚乙烯醇纤维制备的离子交换纤维亲水性好，工艺设备简单，缺点是纤维耐腐蚀性能不高，组成不均匀；聚丙烯腈纤维，简称腈纶，是一种大规模工业化生产的、价廉的和具有多种反应性能的合成纤维，纤维上的腈基很容易进行大分子反应，不仅可以引进多种碱性基团(如胺基、咪唑基、四氢吡啶和季铵盐等制得阴离子交换纤维)，而且也可以转化成羧基制得阳离子或两性离子交换纤维，同时也可通过接枝反应引入离子交换基团；聚烯烃类纤维具有强度高、耐腐蚀性能好等优点，本身并不含有可直接进行化学改性的活性功能基，只能通过辐射引发或化学引发的方法将含活性基团或能与活性基团反应的单体接枝到纤维基体上，再经过化学改性生成各种类型的离子交换纤维材料；碳纤维、半碳化纤维具有耐高温、耐酸碱等特点，经过表面处理引入一定的离子交换基团后，有望应用于易燃、易爆等化学品的提纯等特殊领域；中空纤维通过电子束辐照引发中空纤维接枝甲基丙烯酸缩水甘油酯，然后分别与氨、乙胺、二乙胺反应，得到分别含有伯、仲、叔胺的离子交换中空纤维；聚四氟乙烯纤维是惰性极强的高分子材料，具有非常优异的化学稳定性、耐腐蚀性、密封性、高润滑不黏性、电绝缘性和良好的抗老化耐力，适合制备高稳定性的离子交换纤维的基体纤维；玻璃纤维的耐热性好、抗腐蚀性好，机械强度高，可以将含活性基团的聚合物涂覆在玻璃纤维上制备离子交换纤维。

离子交换纤维的制备方法主要包括单体共聚法、聚合物混合成纤法、高聚物化学改性法、高聚物接枝法。①单体共聚法：将具有或能转变为离子交换基团的单体与能成纤的单体直接进行共聚，再纺成纤维。采用此法制备的离子交换纤维，其分子链上的功能基分布均匀，且含量较高。②聚合物混合成纤法：制备有两种途径，一种是将离子交换剂分散到纺丝液中，形成纤维后，经过处理制得离子交换纤维；另一种是将两种高聚物共混或复合纺丝后，经过处理制成离子交换纤维，目前这种方法发展较快。③高聚物化学改性法：是对纤维中具备的可能进行化学反应的基团进行化学处理，使其部分发生转化而引入离子交换基团。此法制备过程简单，应用较广泛。④高聚物接枝法：分为化学接枝法和辐射接枝法。化学接枝法是以化学物质为引发剂，使某些天然或人造纤维产生自由基，进而与含不饱和基的单体接枝共聚，从而引入可交换基团。辐射接枝法是通过辐射使纤维产生自由基，然后与含不饱和基单体接枝共聚，从而引入可交换基团。近年来应用较多的制备方法除了化学改性法，就是辐射接枝法。

3. 离子交换纤维的应用

(1)分离和净化气体的作用：离子交换纤维材料具有特殊骨架结构，使其吸附速度快，吸附的容量也相对较大。离子交换纤维的反应是可逆的反应，纤维材料可再生，该反应在材料内部进行，不用考虑空气对反应的阻力作用。离子交换纤维在通风装置、防毒面具和防护服等方面均有运用。用离子交换纤维制作的防毒面具具有质量小、防毒效果好等优点，能够很好地保护呼吸系统。离子交换纤维具有透气性好，能透湿和吸附有害物质，运用其做成的防护服来保护人体不受工作环境或者工作性质的影响而带来的伤害。

(2)对工业废水和微量元素的处理：离子交换纤维具有吸附和洗脱快的特点，可以被用在水的净化、吸附有害的物质等方面。不同类型的离子交换纤维具有不同的功能，可以处理不同性质、含有不同物质的溶液。在处理工业废水之前，要明确废水中主要的离子种类和类型，根据所带电荷、溶液 pH 的不同选择合适的纤维材料。

(3)用于生化工程及天然产物的分离萃取：用离子交换纤维进行有机酸的分离提取时，是可以简化很多步骤的，也就会使有害物质的产生减少，涉及的设备减少，进而减少有机酸生产的成本，并且这样生产的有机酸纯度高，产量也高。

(4)卫生及医用纺织品方面的应用：在 20 世纪 80 年代就已经把新型的纤维用于了杀菌除

湿等卫生保健方面，这一类的新型材料属于离子交换纤维的范围。

(5)其他领域的应用：离子交换纤维材料还被运用到花卉、蔬菜的培养方面，主要的做法是运用纤维材料制作一种新的土壤，这种土壤可以为花卉、蔬菜的生长提供所需要的环境，并且能够提供各种植物生长必需的营养。这种新型的纤维材料使用的空间小，使用的年限长，并且使用简单、干净。

与传统的颗粒状离子交换树脂相比，离子交换纤维比表面大、传质距离短，对金属离子、有机小分子、有害气体等具有较高的吸附选择性，而且具有吸附与解吸速度快、再生能力强、能耗低、流体阻力小等系列优点。同时，其应用形式多样(如纤维、布、无纺布等)，因此离子交换纤维被广泛应用于个体呼吸性防护、气体净化、环境保护、生物化工、湿法冶金等领域。

20 世纪 50 年代就出现子离子交换纤维，但近些年来得到很快的发展。目前已成熟的品种主要是以聚烯烃、聚丙烯腈为基体制备的多种离子交换纤维，随着工业制备及应用的发展，工艺流程水平和产品质量逐步提高。对于离子交换纤维的前景，主要参考现在的技术水平及以后技术水平的发展。根据现在的技术水平，聚丙烯类纤维的发展逐渐被重视，越来越多的领域使用这种新型的纤维材料，这一类纤维材料具有价格低廉，制备简单，性能优良等优点，加大对聚丙烯类纤维材料的研究。石油资源的匮乏会促进聚丙烯腈纤维的广泛运用，同时聚丙烯腈材料对环境不会产生影响，完全符合了绿色生产的要求。应利用好离子交换纤维材料带来的优势，优化制备方法，进一步提升离子交换纤维的性能，促进其大规模工业化生产及应用，并加大对新兴纤维材料的研究。

3.2.5　环境螯合剂

环境螯合剂又称螯合配体、螯合基团、多齿配体。配体中有两个或两个以上配位原子，且同时能与一个中心原子或离子形成螯合环的化学物质。工程上按酸根离子可分为磷酸盐类、氨基羧酸类、有机磷酸型类、羧基羧酸类等。①磷酸盐类有三聚磷酸钠、多聚磷酸钠、六偏磷酸钠、焦磷酸钠等，具有离子交换能力，可作为水质软化剂、用于双氧水稳定剂中。②氨基羧酸类有乙二胺四乙酸 (ED-TA，即软水剂 B)、氮川三乙酸(NTA，即软水剂 A)、二乙撑三胺五乙酸(DTPA)、N-羟乙基乙胺三乙酸(HEDTA)、乙二醇-双-(B-氨基乙醚)-N，N-四乙酸(EGTA)等。氨基羧酸型螯合剂的配位体是氮原子和带负电荷的羧酸根离子(COO-)，可用于双氧水稳定剂中。③有机膦酸型有氨基三亚甲基膦酸(ATMP)、1-羟乙叉-1，1-二膦酸(HEDP)、乙二胺四甲叉膦酸(EDTMP)、二乙烯三胺五甲叉膦酸(DTPMP)、氨基三甲叉膦酸(ATP)等，具有使污垢分散、悬浮的能力，在高温下不易水解，防止产生锅垢，亦可作锅炉清洗剂。④羟基羧酸类有葡萄糖酸、聚丙烯酸(PAA)、马来酸(MAO)等，具有软水能力，一般取决于聚合物的链段结构和羧基数目及取代基及分散能力，此类螯合剂生物降解性好。螯合剂应用于土壤污染、污水脱泥、印染、电镀、工业废水的处理等。

能够与金属离子络合的物质称为络合剂。络合剂分为一般络合剂和螯合剂两大类。一般络合剂是因为化合物中具有孤独电子对的分子、原子或离子，能够与金属离子(其电子亚层轨道中有空穴的离子)形成配位键的物质。例如，氨中的氮原子具有孤独电子对，能与铜、铁、钴、铬、镍等金属离子络合形成络合物。常用的铜氨溶液就是由不溶性氢氧化铜与氨水制成的可溶性络合物，氨称为络合剂或配位体，铜等金属离子则称为配位金属离子或中心金属原子。另一种络合剂是螯合剂，它们不但具有可供配位的孤独电子对，而且能与配位金属离子形成环状结构，金属离子取代配位原子上的氢（或钠）而进入螯合环中，使金属离子钝化，这种络合剂（或配位体）称为螯合剂，形成的络合物称为螯合物。在一般络合物中，孤独电子对仅在金属离子与配位原子之间共用，在化学上常用配位键（以→或…表示），而螯合物的金属配位离子则取代了电负性强的具有孤独电子对的原子基团上的氢而进入配位体内，形成的键常具有共价键的性质，与此同时，也可以形成配位键。例如，Cu^{2+} 与—OH 螯合，则形成：

$$—OH + Cu^{2+} \longrightarrow —O—Cu^{2+} + H^{+}$$

一个金属离子能与一个或多个电子给予体（络合剂）进行取代（或键合）。能够形成螯合物的有机基团很多，一般都是周期表中第Ⅴ、Ⅵ族的非金属原子，如 N、P、S、O 等。可以螯合的基团有—OH、—NH_2、—COOH、—P(=O)(O)—OH—SH 等。

在有机物中，一个电负性强的原子，具有孤独电子对时，基团中的氢原子，因电负性弱，原子半径小，其结合的共价键虽属两个原子共享，但事实上电子云密度偏向电负性强的原子，而使氢原子呈半裸露状态，导致容易解离。例如，羟基中氧原子电负性大于氢原子，氢与氧原子间的共价键其电子云密度偏于氧原子。因此，氢原子常称为活泼氢原子，易于电离，当其与配位金属离子相接触时，氢原子容易被金属离子取代而形成共价键性质的 O－Me 键，共价键的两个电子由 O 与 Me 共享。如果电负性强的原子与－C－原子相接，则电负性强的原子因具有孤独电子对，可以与金属离子配位，形成配位键。螯合剂中至少含有一对孤独电子对，而金属离子必须有空的价电子轨道，孤独电子对就可以填充入 Me 的空轨道，从而形成配位键，使中心金属离子空轨道杂化。形成正四面体、正六面体、正八面体等络合物，从而使金属离子钝化。

利用螯合剂捕集水溶液里的重金属离子时，重金属离子作为中心原子与各基团结合形成螯合物。如果这些基团中可被水化的基团所占的比例少，那么生成的螯合物就不溶于水，这种水化基团越少，螯合物溶解度就越小。螯合剂中所含烃基越大，则其与金属离子所形成的内络盐在水中的溶解度越低，但在极性较弱的溶剂中的溶解度却越高。当飞灰弃置到自然环境中时，接触到的将是含各种离子的极性水。如果希望飞灰中的重金属稳定在飞灰基体中而不溶出到环境，则希望螯合剂中所含烃基越高越好。

不同金属在土壤中的生物有效性存在很大差异：Cd、Ni、Zn、As、Se 和 Cu 的生物有效性相对较高，较易被植物吸收；Co、Mn 和 Fe 的生物有效性次之；Pb、Cr 和 U 的生物有效性极低，其很难被植物所吸收。同一金属的生物有效性还与其在土壤中的赋存形态有关，包括矿物质的表面吸附作用、腐殖质的络合作用和沉淀反应固定。当螯合剂投加到土壤中后，其和土壤中的重金属发生螯合作用，能够形成水溶性的金属-螯合剂络合物，改变重金属在土壤中的赋存形态，提高重金属的生物有效性，进而可以强化植物对目标重金属的吸收。螯合剂作用下重金属是通过非选择性的质外体途径进入植物根部，在蒸腾流的驱动下向植物地上部转移，其情形可能涉及重金属单一被吸收，以及金属-螯合剂络合物共同被吸收。

高分子螯合剂是水溶性高分子的一种，高分子基体具有亲水性的螯合形成基，它与水中的重金属离子反应生成不溶于水的螯合物沉淀。应用合成的高分子螯合剂处理垃圾焚烧产生的飞灰，该螯合剂与粉尘中的重金属形成稳定的不溶螯合物。

当螯合剂投加到土壤中后，其和土壤中的重金属发生螯合作用，能够形成水溶性的金属-螯合剂络合物，改变重金属在土壤中的赋存形态，提高重金属的生物有效性，进而可以强化植物对目标重金属的吸收。

单一螯合剂在使用中常存在一些局限性，通过合理复配，可发挥出螯合剂之间的协同效应。国外每年新增数百种纺织助剂中采用复配增效技术的占80%以上，目前，我国尽管有大量的复配产品出现，但产品的质量不稳定，大多为低水平的重复产品。所以，应加强螯合剂复配增效机理的基础性研究，开发研制出针对性强、高效和成本低廉的符合环保要求的高效螯合剂。

现代染整工艺的高标准对印染助剂的要求越来越高，期待性能更好，更能符合绿色环保要求的新螯合剂的开发及应用。研发无磷或低磷、可生物降解的环境友好型螯合剂将成为印染行业最主流的研究方向。目前应该加速对环境友好型绿色助剂的进一步研究，提高产品质量，降低生产成本，同时研发新的合成工艺和方法，特别是开展进一步简化合成步骤的研究。

螯合剂最早用于印染工业的水质软化剂。20世纪60年代，螯合纤维用于从海水中提取铀，随后它以优越的性能被广泛研究。随着重金属污染底泥填埋技术的发展，寻找高效而稳定的螯合剂稳定化处理底泥中的重金属，为重污染底泥的处置开辟了一个新的研究领域。用重金属螯合剂处理污染底泥，可以在实现无害化的同时，达到底泥少增容或不增容。通过改进螯合剂的结构和性能，使其与底泥中的重金属之间的化学螯合作用得到强化，进而提高稳定化产物的长期稳定性，减少最终处置过程中稳定化产物对环境二次污染的影响。此外，还要进一步开展植物吸收、运输和积累重金属的理论研究，探讨螯合剂诱导-强化植物吸收和积累重金属的操纵机理。由于高剂量螯合剂具有潜在的渗漏风险，而这种诱导作用潜在的环境风险必须予以考虑。需要集中解决诱导修复中污染物二次污染的风险。需要开展对金属有专一性，并且环境风险小的新型螯合剂种类的研究。为减少重金属渗漏，可使用易降解螯合剂，采用快速生长的、高生物量植物，优化螯合剂的使用方法，提高植物提取效率等。

螯合剂辅助植物修复治理土壤重金属污染有很好的应用前景，虽然目前此方面研究取得了一定的成果，但其离大规模应用还有相当长的距离。螯合剂强化植物修复的能力对不同的重金属污染土壤有一定的差异，研究螯合剂强化能力与重金属性质之间的对应关系对于加速该项技术的实际应用具有重要的指导意义。需利用多学科知识、多种分析测试手段研究施加螯合剂对土壤微生物、土壤条件、植物根系、植物组织、植物生理（如金属硫蛋白）、重金属从土壤向植物地上部转运过程等的影响，细致、深入地研究施加螯合剂提高植物修复效率的微观机理，为加速该项技术的实际应用提供理论依据。目前，关于螯合剂的研究仍主要集中于人工合成的螯合剂，如 EDTA 等螯合剂虽可提高重金属的有效性，但其性质稳定，形成的络合物易流失、迁移，从而给地表水、地下水带来一定的安全隐患，成为制约本项技术发展的瓶颈，所以筛选出或合成出螯合能力更强、毒性更低、更易降解、价格便宜的环境友好型螯合剂，是该技术走向大规模应用需要解决的首要问题。

3.2.6 环境絮凝剂

絮凝剂指使水中的溶质、胶体或悬浮颗粒脱稳而产生絮状物或絮状沉淀物的水处理药剂。絮凝剂可直接与溶液中的溶质生成不溶物，絮凝失稳沉降；对于胶体或悬浮颗粒的絮凝机理主要有四个：①压缩双电层，向溶液中投加絮凝剂，增加水中反离子，使胶粒扩散层压缩，电位随之降低，排斥势能下降，继续投加絮凝剂，电位降到零，胶体间斥势能消失，胶粒亦容易发生凝聚沉降。②电中和，胶粒表面吸附异号离子，异号胶粒或带异号电荷的高分子，中和胶粒本身所带的部分或全部电荷，从而降低电位，减少胶粒之间的静电斥力，使胶粒互相接近发生凝聚。③吸附-架桥，胶粒通过范德华引力、氢键、配位键、电中和等作用吸附有机或无机高分子混凝剂/助凝剂而架桥连接，使胶粒相互凝聚成大的絮凝体而脱稳。④网捕-卷扫，向水中投加金属盐混凝剂后，金属离子水解和聚合后形成较大量的具有三维立体结构的水合金属氧化物沉淀物，沉降时会网捕、卷扫胶粒。絮凝剂分为无机絮凝剂、有机絮凝剂及复合絮凝剂，应用于脱除污水中的悬浮物质、胶体物质、微生物和病菌，可降低水体中的化学需氧量(COD)，还可用于水体除磷、脱色等。

机理：胶核表面的电位离子层通过静电作用将水中电荷符号相反的离子吸引到胶核周围，该类离子称为反离子，其电荷总量与电位离子相等而符号相反。这样，在胶核与周围水溶液的相间界面区域内形成了双电层，其内层是胶核固相的电位离子层，外层是液相中的反离子层。

胶团中反离子吸附层的厚度一般很薄，只有单层或数层离子，而反离子扩散层却要厚得多，其厚度与水中的离子强度有关，离子强度越大，厚度越小。而高价离子对扩散层厚度影响更大，当扩散层厚度减小时，电动电势也随之降低。

(1)压缩双电层是指在胶体分散体系中投加能产生高价反离子的活性电解质，通过增大溶液中的反离子浓度来减小扩散层厚度的过程。胶团双电层的构造决定了胶粒表面处的反离子浓度最大，随着胶粒表面向外的距离增大，反离子浓度降低，最终使溶液中的离子浓度相同。当向溶液中投加电解质时，溶液中离子浓度增高，扩散层厚度压缩，ζ 电位降低，因此胶粒间的相互斥力减小，引力增强，排斥与吸引的合力由以斥力为主变为以引力为主，胶粒得以迅速凝聚。

(2)吸附电中和是指由于胶粒表面对异号离子、异号胶粒、链状离子或分子带异号电荷的部位有前列的吸附作用，从而中和了电位离子所带的部分电荷，减少了静电斥力，降低了 ζ 电位，悬浮胶体的排斥势能降低，胶体间的引力增加，从而聚集、脱稳并最终沉降下来。不仅如此，由于胶体和高分子或聚合离子间的吸附并非仅由静电引力所致，还来自各种吸附力，故胶体粒子有可能吸附更多的聚合离子。若混凝剂投加量较多，则可使胶体颗粒电荷变号。只有当混凝剂量在一定范围内时，胶体电动电位小于正负临界电位，交替才失去稳定性，发射管内凝聚沉淀。

电解质的种类和浓度对胶团的双电层影响很大。热力学电位是由溶液中的电位离子浓度决定的，只要其浓度不变，热力学电位就可保持常数。

当水中电解质的浓度增大，即离子强度增加时，反离子扩散层厚度随之减小，其原因是电解质对扩散层有压缩作用。首先，离子强度增加后，同号离子间相互排斥作用增强，致使扩散层空间容积缩小；其次，高价离子除了因离子剧烈增加而对扩散层有直接压缩作用外，还可能把一部分反离子进一步压缩到胶团的反离子吸附层中，使其电动电势降低，从而减小扩散层厚度。高价离子还可以进入胶团的扩散层和吸附层，按照等物质量的原则置换出低价离子，使双电层中的离子数目减少而压缩扩散层，降低电动电势。而胶粒对高价离子则有强烈的吸附作用，往往把高价离子吸到吸附层中，去置换出少量的非等物质量的低价离子，使扩散层剧烈缩小，电动电势显著降低。因此，电解质加到水溶胶中，由于直接压缩以及高价离子的离子交换和吸附作用，最终将使胶团的扩散层减小，电动电势降低，直到使全部反离子都由扩散层进入吸附层，电动电势降为零。这时，胶粒的吸附层中正负电荷相等，胶粒变为电中性，达到等电状态，消除了水溶胶体系的稳定性，如图 3-7 和图 3-8 所示。

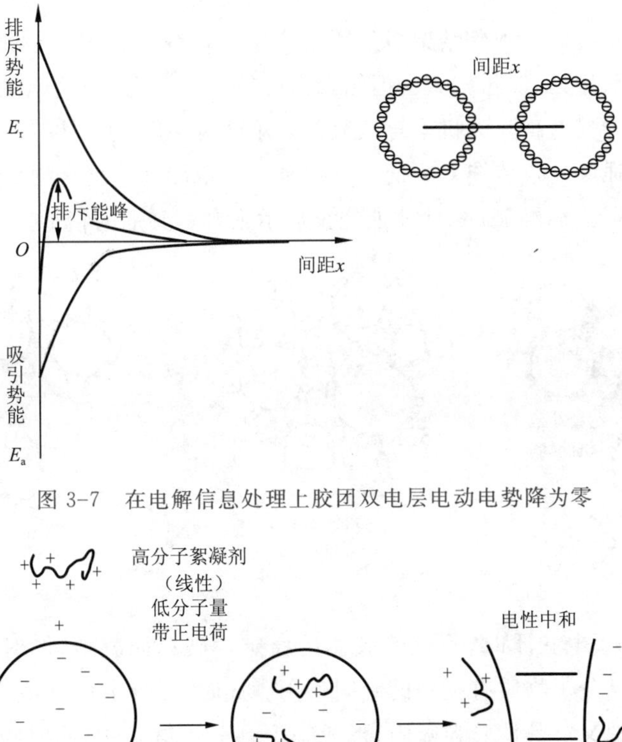

图 3-7　在电解信息处理上胶团双电层电动电势降为零

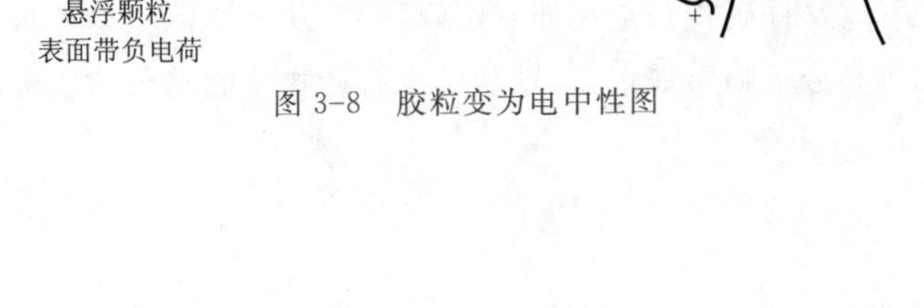

图 3-8　胶粒变为电中性图

(3)吸附架桥机理主要指投加的水溶性链状高分子聚合物在静电引力、范德华力和氢键等力作用下，通过活性部位与胶体和细微悬浮物发生吸附，将为立交桥联结为一个个絮凝体的过程。同一个高分子可以和不同的胶体连在一起产生架桥连接作用，从而使粒子变大而易于沉降。

图 3-9 是吸附-架桥机理的示意图，由图可知，絮凝剂在吸附成为絮凝体的过中，胶体粒子与悬浮在污水中的细小颗粒并没有脱稳，也没有相互接触到，电位更没有减小，也产生了絮凝体，这就说明在产生絮凝体的过程中，是多种机理协同作用产生的，而不是仅仅某一种机理发挥的作用。在吸附架桥机理中，产生絮凝体与加入絮凝剂和搅拌的时间与强度有关系，如果搅拌时间过长或者强度过大，不利于絮凝体的产生。如果加入量过大，就会形成无吸附部位的稳定颗粒。

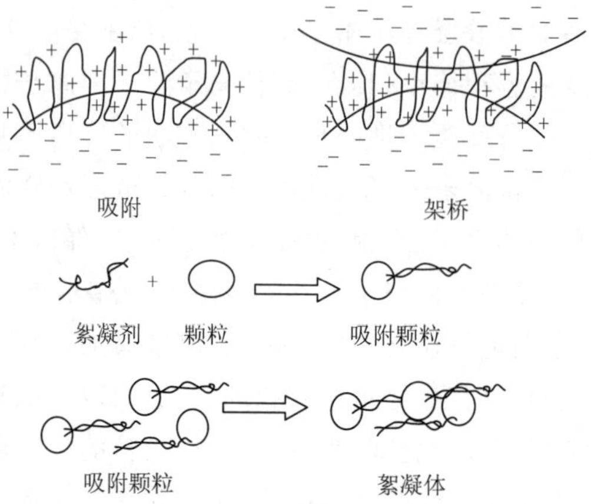

图 3-9　吸附架桥机理

图 3-10 所示为设想的三种黏结架桥絮团示意图。传统絮凝剂主要是由氢氧化铝沉淀物作黏结剂，所需混凝剂量大，絮团较紧密但结合强度较低。有机高分子絮凝剂以长链状分子架桥，絮团较疏松但结合强度高。无机聚合絮凝剂处于两者中间，主要以羟基聚合物的聚集体架桥，虽也疏松但结合强度高于传统絮凝剂。其中也有一定部分的沉淀物黏结，这决定于制品中所含 Ala、Alb、Ale 的比例，纯制的 Al 才能完全显示聚合絮凝剂的特征。

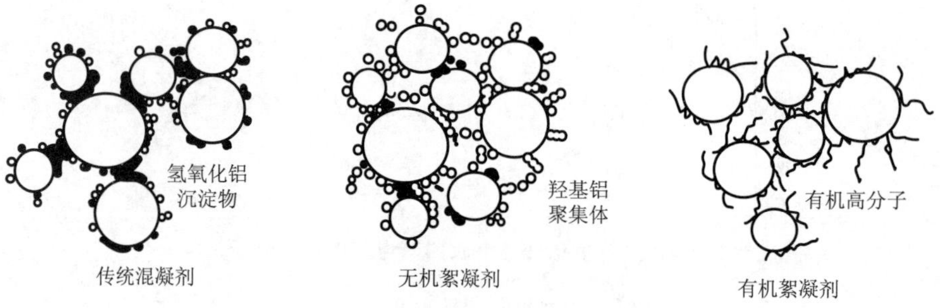

图 3-10　三种黏结架桥絮团示意图

当加入少量高分子电解质时，不仅使胶体的稳定性破坏而凝聚，同时又进一步形成絮凝体，这是因为胶粒对高分子物质有强烈的吸附作用。此时，高分子长链物一端可能吸附在一个胶体表面上，而另一端又被其他胶粒吸附，形成一个高分子链状物，同时吸附在两个以上胶粒表面。此时，高分子长链像各胶粒间的桥梁，将胶粒联结在一起，这种作用称为黏结架桥作用，它使胶粒间形成絮凝体(又称矾花)，最终使它沉降下来，从水中除去这些胶体杂质，如图 3-11 和图 3-12 所示。无机高分子物质如铝盐、铁盐的水解产物也能起黏结架桥作用。

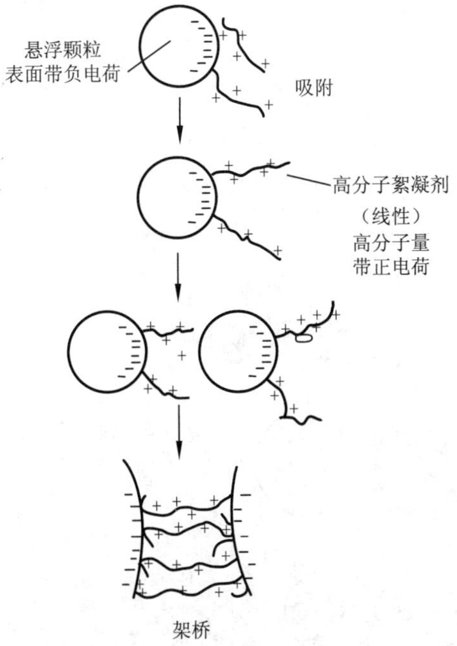

图 3-11 胶粒沉淀、架桥过程图

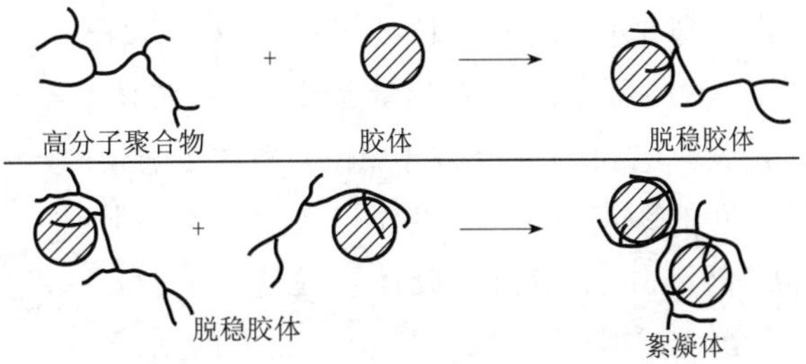

图 3-12 高分子聚合物的吸附架桥作用

(4)网捕-卷扫机理。金属盐或金属氧化物和氢氧化物做混凝剂，且投加量大得足以迅速沉淀金属氢氧化物或金属碳酸盐时，水中的胶粒可被这些沉淀物在形成时作为晶核或吸附质予以捕获而沉淀下来，此过程并不一定是脱稳，却能将胶粒卷带除去。这是一种机械作用，所需混凝剂的量与原水杂质含量成反比。由于废水中胶体多带负电荷，故沉淀物若带正电荷能加快网捕速度。

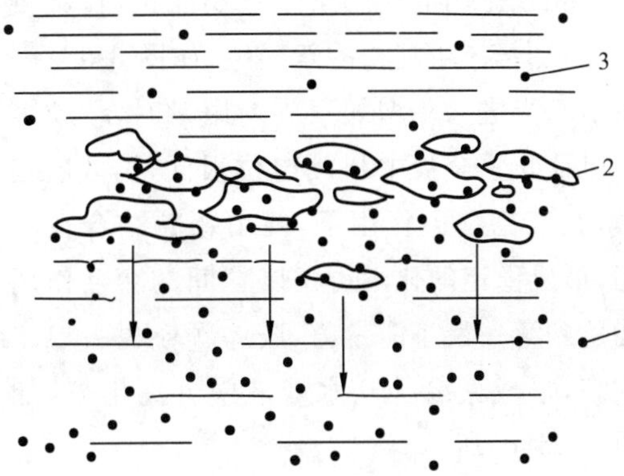

图 3-13 沉淀物卷扫作用
1—原水中悬浮微粒；2—絮状沉淀物；3—残留悬浮微粒

当在水中投加较多的铝盐或铁盐等药剂时，铝盐或铁盐在水中形成高聚合度的氢氧化物，可以吸附卷带水中的胶粒而沉淀，这种现象称为沉淀物卷扫作用，如图 3-13 所示。

胶体稳定的 DLVO 理论：用胶体颗粒间的吸引势能和排斥势能产生的相互作用来解释胶体的稳定性和产生絮凝沉淀的原因。胶体颗粒表面带相同电荷时相互排斥，排斥力和排斥能的大小与颗粒间的距离和所带的电荷数量有关。排斥势能越大，则颗粒越不容易靠近，不利于絮凝沉淀，而保持其胶体的稳定状态。加入电解质，能中和颗粒表面电荷和减小扩散层厚度，降低排斥能，从而使颗粒在布朗运动和电场作用下，形成絮凝体。两个胶体颗粒之间存在范德华引力，其大小与颗粒间的距离有关。当两个球形颗粒的体积相等，距离非常小的情况下，它们之间的吸引能与颗粒半径成正比。粒径大的颗粒吸引能也大，吸引能随着颗粒间最短距离的减小而增大。①颗粒间的距离较小和较大时，相互作用能以吸引为主，能够形成絮凝体。②

颗粒间的距离属于中等时，相互作用能以排斥能为主，颗粒处于稳定状态，不能形成絮凝体。③颗粒相距很远时，吸引能和排斥能都等于零。④加入絮凝剂的作用就是减少或消除处于中等距离时的排斥能，使得以吸引能为主，以便于颗粒聚集和絮凝。⑤只有减小排斥力，才能缩小颗粒间的距离。增加吸引力，会形成絮凝体。当搅拌水溶液时，每个颗粒的动能与粒径的5次方成正比，所以搅拌能使粒径较大的颗粒絮凝，粒径越大，搅拌对絮凝作用越有利。搅拌对粒径很小的颗粒絮凝作用影响不大，但粒径越小，颗粒的布朗运动速度越大，越有利于絮凝作用。

图3-14表明，起初胶体颗粒表面带有大量的负电荷，扩散层很厚，颗粒间的排斥力占主导地位，胶体颗粒处于稳定状态，如图3-14(a)所示。加入少量絮凝剂后，胶体颗粒表面电荷一部分被中和，扩散层变薄，颗粒间的距离变小，但表面仍有负电荷，排斥力仍然占主导地位，胶体颗粒稳定，不能絮凝沉淀，如图3-14(b)所示。加入的絮凝剂增多时，胶体颗粒的表面电荷被中和得更多，扩散层变得更薄，ζ电位进一步降低，颗粒间相互作用能达到第二最小能量值，絮凝作用较弱，产生疏松的絮凝体，如图3-14(c)所示。当进一步增加絮凝剂用量时，颗粒表面电荷几乎全被中和，ζ电位很低，扩散层很薄，在范德华力作用下，两个颗粒结合在一起，形成稳定的化学键。颗粒间的相互作用能达到第一最小能量值，胶体颗粒失去稳定状态，形成絮凝体从水溶液中分离出来，如图3-14(d)所示。

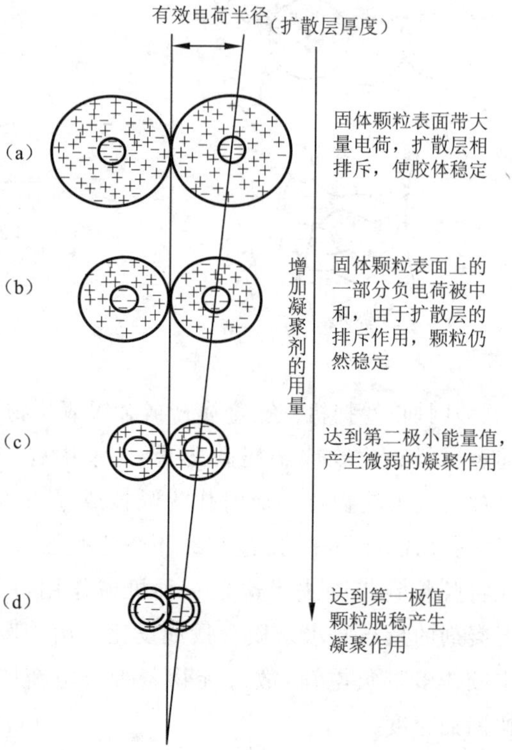

图3-14　中和电荷降低ζ电位和扩散层有效厚度达到脱稳和絮凝作用示意图

根据DLVO理论，可将胶体颗粒的絮凝作用机理总结为以下四步：①通过絮凝作用捕集和“清扫”胶体颗粒；②压缩双电层，减少表面电荷；③絮凝剂的桥连；④吸附作用而使电荷中和。

絮凝剂在废水处理中具有举足轻重的地位，它正向着高效、无毒、价廉、复合、多功能、适合工业化生产的方向发展．大力发展无机盐聚合物絮凝剂以替代无机盐絮凝剂，可以降低二次污染，同时也可以减少对设备的腐蚀程度。目前，我国有机高分子絮凝剂已商品化的仅有PAM、聚丙烯酰胺和羧甲基纤维素等几个品种，需要研究高效无毒的有机合成高分子絮凝剂(如烷基烯丙基卤化铵的均聚和共聚物类等)，优化其合成工艺，降低成本；利用天然高分子化合物无毒、无污染、价廉、选择性大等优点，解决其电荷密度小、分子量低、不稳定、溶解性不好等问题，发展性能更优的絮凝剂。对微生物絮凝剂，目前的任务是：寻找价廉的培养基和控制絮凝剂发挥作用的最佳条件，对絮凝剂合成的条件及影响起絮凝活性的因素进行深入研究，以符合工业化生产要求。复合型絮凝剂以其高效价廉的优势必将迅速发展，因此，要进一步简化有机合成制备过程，降低生产成本，尽可能减少可能存在的二次污染问题。

在絮凝技术发展史上，无机絮凝剂主要有铁盐和铝盐两大体系，有机高分子絮凝剂主要为聚丙烯酰胺及其衍生物。微生物絮凝剂主要是细菌的代谢产物（其他絮凝剂由于相对复杂，这里不作比较）。现就这几类絮凝剂进行对比。

无机高分子絮凝剂与有机高分子絮凝剂的比较如表 3-3 所示。

表 3-3　无机高分子絮凝剂与有机高分子絮凝剂的比较

项目	无机高分子絮凝剂	有机高分子絮凝剂
悬浮物	架桥吸附优	架桥吸附优
有机物	凝聚絮凝略差	凝聚絮凝优
无机物	凝聚絮凝优	凝聚絮凝略差
胶体粒子	极为有效	效果一般
粗大粒子	效果一般	极为有效
澄清度	较好	较差

关于微生物絮凝剂与化学絮凝剂的比较：就主要的无机絮凝剂而言，由于应用铝盐絮凝剂处理污水所产生的污泥常作为肥料应用于农业，导致土壤中铝含量升高，使植物出现铝害，从而影响植物正常生长，甚至死亡。游离的铝离子经过扩散、渗滤、沉积作用进入地下水，地下水通过迁移作用将铝离子带入河流、湖泊，从而毒害水生生物或者危害人类饮用水。同时，伴随这些农作物和水生生物进入食物链，最终影响到人体健康，引起铝性脑病、铝性胃病和铝性贫血。老年性痴呆症即是铝性脑病的一种。铁盐絮凝剂不仅具有很强的腐蚀性，使所用设备老化加快，而且容易残留铁离子，使被处理后的水带有颜色，影响水质，从而增加水处理费用。当处理含较多硫化物的工业废水（如纺织印染废水）时，Fe^{3+} 被还原为 Fe^{2+}，同时生成 FeS 和 Fe_2S_3 的混合物。此混合物呈胶体状态，带负电荷，很难形成絮凝沉降。有机高分子絮凝剂具有用量少、絮凝速度快，但残留物不易被生物降解等危害。合成有机高分子絮凝剂最常用的就是聚丙烯酰胺。聚丙烯酰胺虽然本身没有任何毒性，但其难降解性却易造成二次污染。而且，聚合物单体丙烯酰胺的残留也是一个令人十分担忧的问题，它不仅具有强烈的神经毒性，而且是强致癌物。研究和发展絮凝效果好、对环境无二次污染的微生物絮凝剂成为必然。尽管微生物絮凝剂独特的优越性已显示了其广阔的应用前景，但微生物絮凝剂在实际生产中尚未得到推广应用。主要原因是原材料价格过高及絮凝剂产量低，絮凝活性弱是导致其生产成本过高的根本原因。

随着工业和科学技术的发展，无机和有机合成高分子絮凝剂越来越广泛地被应用于各种水及废水的处理。然而，无机和有机合成高分子絮凝剂的生产和应用在取得长足进步的同时，其使用过程中的不安全性和给环境造成的二次污染已越来越引起人们的重视。

无机絮凝剂在实际应用中存在的问题包括以下几点：①会给被处理液带入大量无机离子，需增加脱盐、去离子工序，过量的无机离子不仅影响产品的风味、口感，也不利于人的健康，尤其是 Al^{3+} 的摄入，与老年痴呆症的引发有直接关系。②铁盐类絮凝剂不仅具有很强的腐蚀性，限制了所用设备，而且容易残留铁离子，使被处理水带有颜色，影响水质。③当处理含有较多硫化物的工业废水（如纺织印染废水、石油工业废水、酸法造纸废水等）时，Fe^{3+} 会被还原为

Fe^{2+}，同时生成 FeS 和 Fe_2S_3 的混合物，此混合物呈胶体状态，带负电荷，很难形成絮凝沉淀。

有机合成高分子絮凝剂丙烯酰胺多聚体虽然本身没有任何毒性，但其难降解性却易造成二次污染，而且聚合单体丙烯酰胺的残留也是一个令人十分担忧的问题，它不仅具有强烈的神经毒性，而且是强致癌物，现在许多国家和领域已禁止或限量使用此类絮凝剂。例如，美国批准使用的聚丙烯酰胺（PAM）最大容许浓度为 1 mg/mL；英国规定 PAM 的投加剂量平均不得超过 0.5 mg/mL，最大投加剂量不得超过 1 mg/mL。

天然高分子絮凝剂作为一类较新的水处理剂，是利用蛋白质、多聚糖、木质素、几丁质等天然有机高分子，通过化学改性制成的。由于天然有机高分子具有无毒、能安全降解的特点，所以曾一度引起各科研机构的重视，但天然有机絮凝剂较弱的絮凝活性却限制了其广泛的开发应用，致使多年来在此领域能真正用于工业生产的品牌并不多。

因此，开发一种安全无毒、絮凝活性高、无二次污染的新型絮凝剂对产品的生产工艺改进、人类健康和环境保护都有很重要的现实意义。20 世纪 80 年代后期，伴随生物技术的发展，第三类絮凝剂-微生物絮凝剂应运而生。微生物絮凝剂是一类由微生物产生的可使液体中不易沉降的固体悬浮颗粒、菌体细胞及胶体粒子等凝集、沉淀的特殊高分子代谢产物。该絮凝剂是指利用生物技术，通过微生物的发酵、分离、精制而得到的一类能自然降解的新型、高效、廉价的水处理絮凝剂。

无机絮凝剂，主要是指无机低分子絮凝剂，在应用过程中需要加入的无机低分子絮凝剂的量较大、絮体松散且含水率高、固液两相分离困难、处理效果不好且运行成本高，另外，残留在水中的金属离子，如铝离子导致二次污染，影响植物的正常生长、危害人体健康，铁离子对设备有腐蚀作用、使处理后的水带有颜色、影响水质等，无机絮凝剂的这些不足之处使得它的发展速度缓慢。

高分子絮凝剂，主要有无机高分子絮凝剂和有机高分子絮凝剂两种。其中，无机高分子絮凝剂具有投加量较少，形成的絮体大而密实且不易破碎，无腐蚀性等优点，所以在水处理行业的应用最为广泛。但是，无机高分子絮凝剂也有一些缺点，如降解困难、价格高等，因此，目前对无机高分子絮凝剂的研究开发的关键在于性能优化和降低成本。合成有机高分子絮凝剂具有相对分子质量大、官能团多以及投加量小、固液两相分离容易、适应范围广等优点，因此其应用较广泛。但制备合成高分子絮凝剂的单体以及它自身水解、降解的产物有一定的毒性（例如，聚丙烯酰胺的单体丙烯酰胺是一种致癌物质，且具有神经毒性，其应用也应有一定的节制，不适合于大量使用和饮用水的处理），且随着絮凝剂原料成本的上涨及其生物降解性能要求的提高，研制价格低廉、性能优异、易于生物降解的天然高分子絮凝剂成为目前絮凝剂研究的重点和方向。无机高分子絮凝剂和有机高分子絮凝剂的应用比较如表 3-4 所示。

表 3-4　无机高分子絮凝剂和有机高分子絮凝剂的应用比较

项目	无机高分子絮凝剂	有机高分子絮凝剂
悬浮物	架桥吸附优	架桥吸附优
无机物	凝聚絮凝优	凝聚絮凝略差
有机物	凝聚絮凝略差	凝聚絮凝优
胶体粒子	极为有效	效果一般
粗大粒子	效果一般	极为有效
上清液澄清度	较差	较好

微生物絮凝剂不但绿色环保，且具有无毒无污染、使用效果好、适用范围广、容易生物降解等优点，但是微生物絮凝剂原材料价格过高，絮凝剂产量较低，难以规模化生产，所以目前还没有达到工业生产水平，应用也很受限。

在水处理过程中无机絮凝剂和有机絮凝剂不能同时加入，否则会致使工艺操作复杂，设备多、处理成本高。而复合型絮凝剂正是克服了上述缺点，如无机-有机复合絮凝剂，同时具有无机絮凝剂和有机高分子絮凝剂的快速脱稳、强吸附架桥等特性，因此应用范围比其他类的絮凝剂要广，对各种工业废水都有较好的处理效果，特别是对含悬浮物浓度较低或较高的水质、有色废水等的处理效果好。目前，需要处理的废水一般是较复杂、稳定的分散体系，处理起来非常困难，仅用单一的絮凝剂来处理，很难满足处理的需要。所以，复合絮凝剂的应用是一种必然趋势。不同絮凝剂的总体絮凝效果对比如表 3-5 所示。

表 3-5　不同絮凝剂的总体絮凝效果对比

絮凝剂	矾花情况	矾花生成速度	沉降时间
无机小分子絮凝剂	矾花松散、体积小	慢	长
无机高分子絮凝剂	密实、体积较大	快	较短
有机高分子絮凝剂	密实、体积大	快	短
微生物絮凝剂	较密实、体积较大	快	较短
无机-有机复合絮凝剂	密实、体积大	快	短

19 世纪末，美国首先将硫酸铝用于给水系统，开创了工业化絮凝水处理领域。20 世纪 80 年代中期，我国开始对絮凝剂进行深入研究。我国在无机絮凝剂的开发应用方面研究得比较多，无机絮凝剂用于水处理的技术也已很成熟，在各种污水处理中都取得了较好的应用效果。有机高分子絮凝剂在水处理中的应用越来越广泛，尤其是对有机物的去除效果好，因此有机高分子絮凝剂越来越受到人们的重视，逐渐成为研究的热点。但是，我国对各类絮凝剂的开发应用还存在一些问题，比如，絮凝剂的种类较少，尚未达到工业生产规模。以聚丙烯酰胺类絮凝剂为例，其中阳离子型聚丙烯酰胺只占 6%，而且相对分子质量偏低，效果比进口的要差，而国外阳离子型聚丙烯酰胺类絮凝剂占 60%以上，应用较广泛。

今后，絮凝剂的研究重点是开发各种新型复合絮凝剂及绿色环保型絮凝剂，减少二次污染，在增加絮凝剂品种的同时对各种絮凝剂的作用机理进行深入研究，探讨影响絮凝剂作用效果的各种因素，拓展絮凝剂的应用范围，提高絮凝剂的絮凝沉降效果。此外，还要促进絮凝剂生产工艺的改进，降低成本，努力实现各种絮凝剂的大规模量产，降低价格，以满足各行业污水的处理要求。

助凝剂是用于调节或改进混凝条件，改善絮凝体结构，促进凝聚作用的药剂。其主要作用是增加水体中的吸附-架桥作用，促使细小而松散的絮粒变得粗大而密实，提高混凝效果。包括絮体结构改良剂、pH 调整剂和氧化剂。絮体结构改良剂主要有水玻璃、活性硅酸等黏结剂，粉煤灰、黏土等固体颗粒及聚丙烯酰胺等水溶性高分子化合物。黏结剂作为骨架物质可通过吸附架桥作用来增大絮体结构和密度，强化絮凝作用，黏土等固体颗粒可以作为絮体成核中心加大絮体密度以改善其沉降性能，水溶性高分子可以通过吸附架桥作用增加絮体密度以增强絮凝作用。多数絮凝剂在水解过程中要释放出 H^+，而起作用的为氢氧化物胶体，通过调整水体的 pH 和絮体凝结核，使水中产生大量絮凝核，吸附污染物质，并增大絮团密度改善沉降性能。pH 调整剂主要有效成分是 $Ca(OH)_2$ 还可以配入强碱来提高 pH 调整能力。为破坏对凝聚作用有干扰的有机物，将亚铁氧化成三价铁，以促进凝聚作用，当除去高色度水和破坏水中胶体或除去臭味时，可在投加凝聚剂前加氯，以减少凝聚剂的用量，氧化剂包括氯气、次氯酸、臭氧等，可通过氧化作用分解水体中的有机物，使胶体脱稳，提高混凝效果。

现行的助凝剂主要用高分子有机助凝剂聚丙烯酰胺及新兴的二甲基二烯丙基氯化铵聚合物，其投加量少，助凝效果明显，适应范围广，在市场上占绝大多数份额。但它们在使用中也存在着一些问题。聚丙烯酰胺本身无毒性，但合成它们的单体丙烯酰胺在水中不易被降解，具有神经毒性和"三致"效应（致畸、致癌、致突变），现在许多国家和领域已禁止或限量使用此类助凝剂，如美国批准使用的最大容许浓度为 1 mg/ml；英国规定的投加量平均不得超过 0.5 mg/ml，最大投加量不得超过 1 mg/ml。二甲基二烯丙基氯化铵聚合物作为人工合成有机高分子助凝剂的一种，同样存在着残余单体具有毒性、致癌等问题，根据美国环境保护局进行的毒理研究，仅能给出允许投加值 0.1 mg/ml。

生物助凝剂作为一种新型的环境友好型水处理剂，是利用蛋白质、多聚糖、木质素、几丁质等生物体分泌的天然高分子，通过化学改性制成，目前具有逐步取代传统助凝剂的趋势。同等条件下，生物助凝剂的使用效率明显高于常规助凝剂，并且沉淀比较容易用滤布过滤。目前的生物助凝物质为糖蛋白、黏多糖、蛋白质、纤维素等高分子物质，相对分子质量多在 10^5 以上，具有可生化降解性，无二次污染。生物助凝剂能够混凝处理的对象较广，包括饮用水、海水、生活污水以及各种生产废水等。

生物助凝剂的研制和应用方兴未艾。其特性和优势为水处理技术的发展展示了一个广阔的前景。生物助凝剂将可能在未来取代或部分取代传统的人工合成有机高分子助凝剂。我国的生物助凝剂研究起步较晚，层次还比较低，近年来随着强势科研团体的加入和混合菌培养技术、基因工程技术、生物投菌法、固定化生物强化技术、生物流床等新技术、新方法、新工艺的投入，生物助凝剂的发展已进入一个新的历史阶段。当前需要继续深入研究生物助凝剂的理化性质、助凝机理、影响因素，深化生物助凝理论基础；发展适合生物助凝剂研制和应用的新技术、新工艺；探讨生物助凝剂与无机类絮凝剂和有机高分子类絮凝剂结合使用，以期实现多种絮凝剂优势互补，达到增效节能的目的。

3.2.6.1 无机絮凝剂

无机低分子絮凝剂（inorganic small molecular flocculant）是一类特定的低分子无机盐，金属盐类絮凝剂的作用机理主要是双电层吸附机理，该无机盐在水中溶解后电离产生金属阳离子和阴离子。金属阳离子中和胶体颗粒表面所带的部分负电荷而使胶体颗粒的扩散层被压缩，胶体颗粒的 ζ 电位降低，在范德华力的作用下小的胶粒颗粒形成松散的大胶体颗粒，在重力作用沉降下来。无机低分子絮凝剂有硫酸铝、氯化铝、硫酸亚铁、氯化铁等，使用时取适量以干法或湿法直接投入水体中。其优点是价格低廉、货源充足、运输存储方便，但聚合速度慢，形成的絮状物小，腐蚀性强，逐渐被无机高分子絮凝剂替代。无机低分子絮凝剂应用于饮用水、工业水的净化处理、废水淤泥的脱水处理等。

无机低分子絮凝剂应用历史悠久，是最早的絮凝剂，曾广泛用于饮用水、工业水的净化以及地下水、废水淤泥的脱水中悬浮颗粒以及溶解性有机物质的处理。但 Al^{3+} 在水中的高残留量会导致二次污染，更为严重的是常饮用以铝盐为絮凝剂的水，能引起老年痴呆症、铝性骨病、铝性贫血症等，故现已很少单独使用无机低分子絮凝剂。

无机高分子絮凝剂是铝盐和铁盐在水解过程形成的以 OH－为架桥的多核络离子和不同阴离子的结合体，即羟基多核络合物或无机高分子化合物。铝盐类水解产物介于 $AlCl_3$ 和 $Al(OH)_3$ 之间，铝是中心离子，氢氧根和氯离子是配位体，通过羟基起架桥作用交联形成的聚合物，分子中所带的羟基数量不等，有较强的吸附架桥性能，易溶于水，并发生水解生成 $[Al(OH)_3(OH_2)_3]$ 沉淀。铁盐聚合物水解后可产生多种高价和多核络离子如 $[Fe_2(OH)_4]^{2+}$、$[Fe_3(OH)_6]^{3+}$、$[Fe_8(OH)_{20}]^{4+}$ 等，对水中悬浮的胶体颗粒进行电性中和，降低电位，促使离子相互凝聚，并产生吸附、架桥交联等作用，促使悬浮粒子发生凝聚并沉淀。无机高分子絮凝剂主要有阳离子型（聚合氯化铝(PAC)、聚合硫酸铝(PAS)、聚合磷酸铝(PAP)、聚合硫酸铁(PFS)、聚合氯化铁(PFC)、聚合磷酸铁(PFP)等；阴离子型的有活化硅酸(AS)、聚合硅酸(PS)；无机复合型主要有聚合氯化铝铁(PAFC)、聚硅酸硫酸铁(PFSS)、聚硅酸硫酸铝(PASS)、聚合硅酸氯化铁(PFSC)、聚合氯硫酸铁(PFCS)、聚合硅酸铝(PASI)、聚合硅酸铁(PFSI)、聚合磷酸铝铁(PSFP)、硅钙复合型聚合氯化铁(SCPAFC)等。无机高分子絮凝剂的絮凝能力是无机低分子絮凝剂的 2～3 倍，但也存在处理后残余离子浓度高、影响水质、二次污染等缺点，常用于工业水的净化处理、废水淤泥的脱水处理等。

表 3-6　无机高分子絮凝剂的种类及名称

类型	类型(元素)	名　称
阳离子型	聚铁类	聚合氯化铁(PFC)
		聚合硫酸铁(PFS)
		聚合磷酸铁(PFP)
	聚铝类	聚合氯化铝(PAC)
		聚合硫酸铝(PAS)
		聚合磷酸铝(PAP)
阴离子型	硅酸类	活化硅酸(AS)
		聚合硅酸(PS)
无机复合型	聚铝、铁类	聚合氯化铝铁(PAFC)
		聚合硫酸铝铁(PAFS)
		聚合硅酸铝(PASI)
		聚合硅酸铁(PFSI)
		聚合硅酸铝铁(PAFSI)
		聚合磷酸铝(PAFP)
无机-有机复合型	聚铁-有机复合类	聚合铁-聚丙烯酰胺
		聚合铁-甲壳素
		聚合铁-阳离子有机高分子
	聚铝-无机复合类	聚合铝-聚丙烯酰胺
		聚合铝-甲壳素
		聚合铝-阳离子有机高分子

无机高分子絮凝剂比无机低分子絮凝剂絮凝体形成速度快、颗粒密度大、沉降速度快、对于 COD、BOD 以及色度和微生物等有较好的去除效果，其根本原因在于它能提供大量的络合离子，且能够强烈吸附胶体微粒，在中和胶体微粒及悬浮物表面的电荷中降低了 ζ 电位，使胶体微粒由原来的相斥变为相吸，破坏了胶团稳定性，使胶体微粒相互碰撞，从而形成絮状混凝沉淀，沉淀的表面积可达 200～1 000 m^2/g，极具吸附能力。

无机高分子絮凝剂是 20 世纪 60 年代在传统的铝盐、铁盐的基础上发展起来的一类新型的水处理剂，无机高分子絮凝剂的品种在我国已逐步形成系列，如表 3-6 所示。

无机高分子絮凝剂的种类很多，在原料选择、合成方法和使用范围方面有较大发展，其中复合型无机高分子絮凝剂的发展尤为迅速。今后无机高分子絮凝剂绿色化的主攻方向是废弃物的回收利用、有毒催化剂的替代品开发和复合有机高分子絮凝剂的研究。

阳离子型无机高分子絮凝剂是指水解过程中分子链上带正电荷活性基团的无机高分子絮凝剂。这种絮凝剂具有很好的电中和效应，可与溶液中的不同阴离子及带负电荷溶胶粒相结合形成絮体，主要有铝盐絮凝剂和铁盐絮凝剂两大类。铝盐絮凝剂有聚合氯化铝(PAC)、聚合硫酸铝(PAS)等，如制备 PAS 传统的生产方法主要是以铝土矿或高岭土为原料，用过量硫酸分解，滤液经熟化、水解、聚合而得液体聚合 PAS；铝盐絮凝剂应用广泛，但用铝盐处理过后的饮用水中，残留铝量过高会对人体健康有影响，且絮体沉降速度慢。铁盐絮凝剂有聚合硫酸铁(PFS)、聚合氯化铁(PFC)、聚合氯化硫酸铁(PFCS)和聚磷氯化铁(PPFC)等，PFS 是以硫酸亚铁、硫酸铁及钢铁酸洗废液为原料，在一定条件下，经氧化、水解、聚合等步骤制得；PFC 在氯化铁溶液中逐滴加入 NaOH 溶液，控制碱化度，可制得较纯净的聚合氯化铁；在干法制备聚合氯化铁(PFC)的过程中，引入适量的磷酸盐，得到新型混凝剂聚磷氯化铁 (PPFC)；铁盐絮凝剂形成的絮体比重和强度较大、沉降性好、压缩脱水性能强、净水效果显著、受水温影响小、价格便宜、对某些原水(如硬水)有较好的处理效果，但其聚合时酸性强，对设备要求抗酸性，有时处理后的水带橙黄色。

聚合氯化铝是目前生产和应用技术成熟、市场销量最大的无机高分子絮凝剂。在实际应用中，聚合氯化铝具有比传统絮凝剂用量省、净化效能高、适应性宽等优点，比传统低分子絮凝剂用量少 1/3～1/2，成本低 40%以上，因此在国内外已得到迅速发展。聚合硫酸铝和聚铁也具有絮凝体形成速度快、絮团密实、沉降速度快、对低温高浊度原水处理效果好、适用水体的 pH 范围广等特性，同时还能去除水中的有机物、悬浮物、重金属、硫化物及致癌物。无铁离子的水相转移，脱色、脱油、除臭、除菌功能显著，与其他净水剂相比，有着很强的市场竞争力，其经济效益也十分明显。但其还存在着生产工艺复杂、成本高、在水中的残留色度等问题，有待于在制备方法和作用机理等方面进一步进行深入研究。

阴离子型无机高分子絮凝剂水解过程中带负电荷的无机高分子絮凝剂。主要有活性硅酸絮凝剂，包括活化硅酸(AS)和聚合硅酸(PS)两种，其机理靠分子链上的阴离子活性基团与胶体微粒表面间的范德华力、氢键作用而引起的吸附架桥作用，活性硅酸絮凝剂带负电荷，对水中带负电的胶体粒子不具有电中和作用，通过吸附架桥使胶粒发生絮凝。活性硅酸絮凝剂可采用硅酸钠(水玻璃)加酸活化制得。活性硅酸絮凝剂具有原料易得、价廉、对人体健康安全无害、产生的絮体比重大、沉降快，在低温、低浊水的处理中有良好的效果，一般与其他絮凝剂复配使用，或用作助凝剂；缺点主要是 PS 的聚合反应十分强烈，不能长期储存而必须现场制备。

阴离子型絮凝剂活化硅酸(ASI)和聚合硅酸(PSI)已有 60 多年的历史，但种类较少。由于其比重大，所产生的絮体沉降快，在低温、低浊水的处理中有良好的效果。但由于硅酸溶胶具有强烈的缩聚作用，随缩聚反应的进行，分子量不断增大，最终转化为高分子凝胶，失去其混凝活性。聚合硅酸(PSI)在通常情况下，带负电荷，它的稳定性较差，不能长期储存，从而影响了它的开发应用。活性硅酸不能长期存放，必须现场配置使用，从而降低其实用价值。另外，活性硅酸是阴离子无机高聚物，胶体的电中和作用较弱，不稳定性和阴离子性等特性在一定程度上制约了活性硅酸在废水处理中的应用。目前对它的研究已经很成熟，侧重点已经转向其盐类絮凝效果的提高（即与无机盐相复合）。

复合型无机高分子絮凝剂（composite inorganic polymer flocculant）在聚合氯化铝、聚合硫酸铝、聚合氯化铁、聚合硫酸铁、聚硅酸等非复合型无机高分子絮凝剂制作过程中引入 Fe^{3+}、Al^{3+}、Ca^{2+}、Mg^{2+} 等阳离子或 Cl^-、SO_4^{2-}、SiO_3^{2-} 等阴离子的一种或几种，制成羟基化和聚合度更高的无机高分子产品。该絮凝剂主要有阳离子复合型、阴离子复合型和多种离子复合型三种。阳离子型主要有聚合氯化铝铁（PAFC）、聚合硫酸铝铁（PAFS）、聚合硅酸铝铁（PSFA）等；阴离子型主要有聚合硫酸氯化铝（PASC）、聚硅酸硫酸铝（PASS）、聚合磷酸氯化铝（PPAC）、聚合硅酸硫酸铁（PFSS）等；多离子型主要有聚合硫酸氯化铝铁（PAFSC）、聚硅酸硫酸铝铁（PAFSS）、聚合硅酸氯化铝铁（PSAFC）、聚合磷硫酸铝铁（PPAFS）、硅钙复合型聚合氯化铝铁（SCPAFC）等。复合型无机高分子絮凝剂克服了无机高分子絮凝剂在相对分子质量、粒度以及絮凝架桥能力比有机絮凝剂差，存在不稳定、易水解等问题，在絮凝剂中引入阳离子后，其黏结架桥功能增强；引入阴离子后其聚合度和电荷中和能力大大加强，絮凝性能远优于聚硅酸或单独的聚金属离子。与无机高分子絮凝剂相比，其适应性更广泛、水处理效果更好，具有高效低耗、无毒或低毒、制备工艺简单、水处理操作简便、原料（铝盐、铁盐和硅酸盐）来源广泛等优点，可处理污泥、含油废水、染料废水等。

无机高分子絮凝剂是20世纪60年代在传统铁盐、铝盐基础上发展起来的，由于其在形态、聚合度和相应的凝聚、絮凝效果等方面介于传统的金属盐絮凝剂与有机絮凝剂之间，而相对分子质量、粒度以及絮凝架桥能力仍比有机絮凝剂差，还存在不稳定易水解等问题，而复合型无机高分子絮凝剂则可以克服这些缺点，因而成为当前研究的热点。按化学组成大致可分为三类，即阳离子型、阴离子型和多种离子复合型絮凝剂。

（1）阳离子型絮凝剂是含有多核聚铁及聚铝与 Cl^- 或 SO_4^{2-} 配位的复合型高分子化合物，兼有聚铝和聚铁的性能，不仅脱色、去浊能力强，矾花沉淀迅速，污泥容易脱水，还克服了铝盐成本高、沉淀效果差、残留铝对人体有害及铁盐溶液泛黄的问题。

（2）阴离子型絮凝剂是指在聚合铝（铁）中引入一定量的 PO_4^{3-}、SO_4^{2-}、SiO_3^{2-} 等高价酸根离子所形成的含有多种阴离子的絮凝剂。在这类絮凝剂中，由于高价酸根离子的引入，可有效地提高聚合铝（铁）的聚合度和稳定性，使多核配合物的电荷增高、相对分子质量增大，同时使其电中和能力和絮凝能力大大增强，成为无机高分子絮凝剂研究的热点。

（3）多种离子复合型絮凝剂。在复合铝铁基础上再复合另外一种或几种金属阳离子如钙、镁、锌等以及在复合铝铁盐的基础上再添加一种或几种酸根离子如磷酸根、硫酸根、氯离子、硅酸等所形成的絮凝剂，称作多种离子复合絮凝剂。由于在这类絮凝剂中，含有多种成分，聚合度高、相对分子质量大，兼具了多种成分的絮凝特性，因而具有优良的净水性能和广泛的应用范围，也是当前开发的热点。

目前，无机复合絮凝剂在废水处理中得到广泛应用，但由于它在水处理中存在的一些缺陷（如作用速度慢、腐蚀性强），在环境中会留下潜在危害，影响人类健康，使得它在饮用水处理中的应用受到限制。

近年来，对无机复合高分子絮凝剂的研究发展迅速，合成了一批新型、高效的复合絮凝剂。一方面，由单一与金属盐复合向着多方面交叉领域发展，综合利用各种絮凝剂的独特优势；另一方面，向综合利用型方向发展，由单纯的组织生产向生产与废物综合利用的有机结合方向发展。但目前在复合絮凝剂的性能优化、复合机理、絮凝机理等方面还有许多工作要做。今后主要的研究方向：

(1)通过优化无机复合絮凝剂的制备工艺，控制合成条件，降低生产成本，提高产品性能。

(2)开展对低毒性或无毒性、高生态安全性的无机复合絮凝剂的研究。例如，无机-有机复合絮凝剂，可改性有机部分，降低其对环境的二次污染；加强无机-天然有机复合絮凝剂的研究，使其可以尽早产业化生产、应用；开发出新型的无机-微生物复合絮凝剂品种。

(3)借鉴国外的复合絮凝剂经验，扩大复合絮凝剂原料范围及复合方法。变废为宝，降低对环境的二次污染。

(4)对无机复合絮凝剂复合机理及复合中化学形态的改变的研究，指导如何在加强一种效应的同时把另一种不利因素控制到最低。合成高效的、有针对性的絮凝剂将是今后研究的一个重点。

3.2.6.2 有机高分子絮凝剂

有机高分子絮凝剂是能产生絮凝作用的天然或人工合成的水溶性有机高分子物质。大多属于线性高分子聚合物，分子量大、官能团多，具有很强的吸附能力。絮凝机理主要有吸附架桥和电中和作用。吸附架桥的作用：高聚物线型长度较大，可以在相距较远的两胶粒之间进行吸附、架桥；当它的一端吸附某一胶粒后，另一端伸入水中又吸附另一胶粒，形成微粒-高分子-微粒的结构；各个高分子再互相搭接，形成大的絮凝体在重力作用下沉降。电中和作用：分子链上的带电官能团可以中和异性电荷物质，使可溶物生成不溶物，还可以中和胶体颗粒表面的负电荷，压缩双电层，降低 ζ 电位，使胶体颗粒相互吸引絮凝，在重力作用下失稳沉降。根据官能团带电性可分为阴离子型、阳离子型、两性型及非离子型的天然或人工合成高分子絮凝剂，如表 3-7 所示。与无机絮凝剂相比，有机高分子絮凝剂具有用量小、沉降速度快、絮凝效果明显、受共存盐类、介质及环境温度影响小、产生的絮体粗大、处理过程时间短、产生的污泥容易处理等特点，但成本高，广泛应用于高浓度、高浊度、高色度及特殊臭味废水的处理。

常见不同类型的有机高分子絮凝剂如表 3-8 所示。

表 3-7 有机高分子絮凝剂的类型

离子类型	官能团	名称	适用范围	应用范围
阳离子型	$—NH_2$ 伯胺 —NH—R 肿胺 $—NR_2$ 叔胺 $—NR_3$ 季胺	聚乙烯亚胺、乙烯吡啶共聚物、阳离子纤维素类、胺与环氧氯丙烷缩聚物	有机物(阴离子型或带负荷电胶体颗粒)；pH 为中性或强酸性	城市生活污水、含油废水、食品工业废水等
阴离子型	—COOH 羧酸 $—SO_3H$ 磺酸 $—OSO_3H$ 硫酸酯	聚丙烯酸、海藻酸、羧酸乙烯共聚物、聚乙烯苯磺酸、羧甲基纤维素钠盐、水解聚丙烯酰胺、磺化聚丙稀酰胺	重金属盐类及其水合氧化物(胶体一般带正电)；pH 为中性至强碱性(较高温度下仍有效果)	选矿、电镀、机械洗煤、纸浆废水等

续表

离子类型	官能团	名称	适用范围	应用范围
非离子型	—OH 羟基 —CN 腈 —$CONH_2$ 酰胺	聚丙烯酰胺、水溶性淀粉、尿素甲醛聚合物、聚氧乙烯	无机质颗粒或无机有机质混合体系；pH 范围较宽（不易受 pH 和金属离子影响，多用于酸性介质）	选矿废水等
两性型	同是有阴、阳两种离子官能团	两性聚丙烯酰胺、明胶、蛋白素、干乳酪蛋白质	无机质颗粒或有机物；pH 范围宽，应用范围广	选矿颗粒絮凝、污泥浓缩等

表 3-8　有机高分子絮凝剂

类别	名称	适用范围	应用范围
阳离子型	聚乙烯亚胺、乙烯吡啶共聚物、阳离子纤维素类	有机物（阴离子型或带负电荷胶体颗粒）；pH 为中性或强酸性	城市生活污水、含油废水、食品工业废水
阴离子型	水解聚丙烯酰胺、磺化聚丙烯酰胺、羧甲基纤维素钠盐	重金属盐类及其水合氧化物（胶体一般带正电）；pH 为中性至强碱性（较高温度下仍有效果）	选矿、电镀、机械洗煤、纸浆废水等
非离子型	聚丙烯酰胺、氯化聚乙烯、淀粉	无机质颗粒或无机有机质混合体系；pH 范围较宽（不易受 pH 和金属离子影响，多用于酸性介质）	选矿废水等
两性型	两性聚丙烯酰胺	无机质颗粒或有机物；pH 范围宽，应用范围广	选矿颗粒絮凝、污泥浓缩等

有机高分子絮凝剂以其独特优势在给水、废水处理及污泥脱水方面得到了广泛的研究及应用，但仍有大量的研究工作需要进行。在作用机理方面，需要对絮凝形态学、高分子界面吸附机理及其定量模式以及絮凝过程控制条件及水力条件进行深入研究。在进一步提高离子度和分子量的基础上，加强絮凝剂的合成、性能及应用关系的研究，降低絮凝剂的成本，促进产品的工业化。其中，阳离子高分子絮凝剂又是未来絮凝剂研究的主要方向，对于阳离子絮凝剂的研发，研究重点应放在乳液型高分子絮凝剂和微乳液型高分子絮凝剂上，开发出易操作、稳定性高、溶解性好、絮凝性能优良的新型产品。充分利用天然高分子化合物无毒、无污染、价廉、选择性大、易降解、活性基团多等优点，解决其电荷密度小、分子量低、不稳定、溶解性不好等问题，开发出高效、无毒、成本低的产品。阳离子天然絮凝剂仍旧是研究的重点，应尝试研制以阳离子基团为主的多功能天然高分子有机絮凝剂；在具体的应用过程中，可与有机高分子或无机高分子絮凝剂进行复配，或者开发研究含天然高分子的有机-无机相复合的新型絮凝剂，进一步提高絮凝性能和降低成本。

合成有机高分子絮凝剂由有机单体或高分子共聚制备所得的分子中具有带电官能团或中性官能团的水溶性高分子聚电解质。分子链上的带电官能团可以中和异性电荷物质，使可溶物生成不溶物，还可以中和胶体颗粒表面的负电荷，压缩双电层，降低 ζ 电位，使胶体颗粒相互吸引絮凝，在重力作用下失稳沉降；高分子长链可同时吸附两个或几个胶粒，产生“架桥”作用，或者一个胶粒可同时吸附两个高分子链，从而把胶粒裹集起来，由于重力作用失稳沉降。按带电性可分为阴离子型、阳离子型、非离子型、两性型。分子量在 $10^5 \sim 10^7$ 之间的有机高分子絮凝剂絮凝效果好，主要有聚丙烯酰胺、聚丙烯酸钠、聚乙烯醇、聚磺基苯乙烯、聚乙烯吡啶盐、聚乙烯亚胺等。其应用范围广泛，可处理城市污水、化工、印染、选矿、冶金等工业废水。

阳离子高分子絮凝剂的絮凝性能不仅表现在可通过电荷中和使悬浮胶体粒子絮凝，而且还可与带负电荷的溶解物进行反应，生成不溶性的盐。它可与水中微粒起电荷中和及吸附架桥作用，从而使体系中的微粒脱稳、絮凝而有助于沉降和过滤脱水。此类絮凝剂的研究主要集中在聚丙烯酰胺接枝共聚物、烷基烯丙基卤化铵类和环氧氯丙烷与胺反应物三大类上。

阴离子高分子絮凝剂由于分子结构中存在带负电的强亲水基团，因此它对表面带负电荷的胶体微粒具有选择絮凝作用，即悬浮物表面负电荷增加，其絮凝效果变差，甚至不产生絮凝；同样，对于同一悬浮物，絮凝剂中阴离子含量增加，其絮凝效果存在最佳值；因为絮凝剂分子中存在适量的阴离子基团，有利于絮凝剂分子链的伸展，提高其网捕絮体的能力，增强其絮凝效果；但该作用与絮凝剂对混凝絮体的吸附作用及方式相互制约，阴离子有机高分子絮凝剂中阴离子基团含量存在最佳值。研究表明，当水解聚丙烯酰胺的水解度达 33%，相对分子质量达 10^7时，其絮凝效果最佳；但阴离子有机高分子絮凝剂相对分子质量增加，往往使其最佳用量增加。由于阴离子有机高分子絮凝剂本身带负电，所以仍主要用作无机混凝剂的絮凝助剂，且受介质的 pH、矿化度、高价金属离子含量影响较大；介质 pH 下降、矿化度和高价金属盐含量增加，则其絮凝效果明显变差，甚至失效。

非离子有机高分子絮凝剂包括常用的聚丙烯酰胺和聚氧化乙烯。但以聚丙烯酰胺为主，其相对分子质量为 $5\times10^6\sim15\times10^6$。聚丙烯酰胺分子中含 $10^5\sim2\times10^5$ 个—$CONH_2$官能团，它既是亲水基团，又是吸附基团，在水处理中主要用作辅助絮凝剂。其机理是通过分子链中特有的—$CONH_2$官能团与悬浮物发生吸附架桥作用，增大絮体矾花的尺寸，利于其快速沉降而除去；其絮凝效果与聚合物的相对分子质量密切相关。提高聚合物相对分子质量，有利于增大絮凝剂在水相的流体力学尺寸或体积，从而提高其絮凝网捕能力，有效降低絮凝剂的使用浓度，提高絮凝效率。因此，近年来，非离子有机高分子絮凝剂的主要发展方向是合成、研制高或超高相对分子质量、低游离单体含量的絮凝剂品种，在提高其絮凝效果的同时，扩展其在饮用水处理中的应用。

阳离子、阴离子和非离子型高分子絮凝剂由于受使用范围的限制，有逐渐被两性高分子絮凝剂所取代的趋势。两性高分子絮凝剂一般由含有阴、阳离子基团的乙烯类单体通过自由基共聚反应以及高分子改性得到，其中阴离子基团为羧基、磺酸基、硫酸基，阳离子基团为季铵盐基、嘧啶嗡离子基和喹啉嗡离子基。两性高分子絮凝剂由于兼有阴、阳离子基团的特点，在不同介质条件下荷电状况可能不同，适于处理带不同电荷的污染物，其 pH 适用范围宽，抗盐性好，特别是在针对阴、阳离子共存的污染体系时，两性高分子絮凝剂不仅有电性中和、吸附架桥，而且有分子间的“缠绕”包裹作用。此外，两性有机高分子絮凝剂还具有良好的污泥脱水功能。

当今我国合成有机高分子絮凝剂存在的主要问题是：

(1)品种相对较少，仍以聚丙烯酰胺及其衍生物为主，约占合成有机高分子絮凝剂的 86%。

(2)絮凝剂相对分子质量相对较低。非离子聚丙烯酰胺及阴离子聚丙烯酰胺相对分子质

量仅为 10^7 左右，与国外的 15×10^6 存在一定的差距。尤其是阳离子合成絮凝剂不仅成型产品少，阳离子取代度低；而且相对分子质量低，最高仅数百万，与国外的 10^7 相比，相差甚远。

(3)尚无成型的合成两性离子絮凝剂品种及应用实例。

(4)具有去除污水中溶解性有机污染物、降低污水中有机碳或 COD 功能的合成有机高分子絮凝剂品种稀少，且对不同水体通用性差。至今仅在印染废水脱色方面研制、开发了相应的合成有机高分子絮凝剂品种，但其效果与德国进口产品尚存在较大的差别，还远达不到污水外排处理的要求。

作为理想的废(污)水处理絮凝剂，应具有较好的破乳除油和絮除悬浮物、溶解性胶质及有机污染物的能力。由于污水中 O/W 油滴、悬浮物、溶解性胶质和水溶性有机物等表面一般都显负电性，因此，具有阳离子基团的合成有机高分子絮凝剂在各种污水处理中具有独特的地位和效果。例如，对于含油污水，一方面具有电性中和作用，有利于破乳和桥连；另一方面，其分子的碳氢链具有亲油性，使之比无机絮凝剂分子更易吸附于油滴上，增强了桥连作用，使絮体更牢固、紧凑；用它处理污水时分离出来的原油品质高，回收价值高，优于现有的无机絮凝剂、非离子聚丙烯酰胺。显然，如若在阳离子有机高分子絮凝剂的基础上，再向其分子结构中引入特种功能作用的疏水基团，则在提高其絮凝除浊能力的同时，可进一步提高其破乳除油和缔合烃类物质的能力，有利于絮凝效果的发挥和污水 COD 的降低。而在此基础上进一步引入少量的阴离子基团，则可提高合成有机高分子絮凝剂对不同 pH 水体的适应性及对带不同电性物质的絮除能力和污泥脱水效果，扩大合成有机高分子絮凝剂的应用范围和使用效果。

因此，新一代高效、多功能合成有机高分子絮凝剂应具有如下分子结构特征：

(1)具有较高的相对分子质量和较好的刚性分子链，即絮凝剂在所处理的水体中具有较大的流体力学尺寸或特性黏数。

(2)具有较高的阳离子化度，保证其对荷负电的悬浮物、溶解性胶质、有机污染物和 O/W 油滴良好的电性中和、静电吸附能力。

(3)含有适量的疏水大单体，增强其絮凝除浊、除油和除有机污染物的效果。

(4)具有较高的阳离子化度和相对较低的阴离子化度，阴离子基团具有较好的抗盐性或较大的位阻效应，增强絮凝剂对不同水体的适应性和污泥脱水效果，即理想废(污)水处理絮凝剂是含有少量疏水亲油基团的两性离子絮凝剂。

有机高分子絮凝剂的机理及发展趋势如下：

(1)非离子型合成有机高分子絮凝剂。在合成制备中不引入带电基团的水溶性高分子聚电解质絮凝剂，其絮凝原理主要为吸附架桥作用，在溶液中高分子链的活性官能团借质子化作用产生暂时电荷，由弱氢键吸附两个或几个胶体颗粒，使分子链呈现“架桥”状态。这种絮体较小，易被破坏，相对分子质量越大，絮凝效果越好。根据制备工艺可分为聚合型和缩合型，聚合型有聚丙烯酰胺(PAM)、聚氧化乙烯(PEO)、聚乙烯醇(PVA)以及其接枝共聚物等；缩合型有脲醛缩合物、酚醛缩合物以及苯胺-甲醛缩合物等。非离子型合成有机高分子絮凝剂适用的 pH 范围较宽，可用于处理制革、制药、化工、印染、选矿、冶金等工业废水。

① 机理：聚合物的分子像丝线那样弯曲地分布在水中，因其有高密度的离子基，又不带电

荷(不与颗粒相斥),所以在搅拌时易接近颗粒表面。线状分子上高密度存在的酰胺基与颗粒表面进行氢结合,呈环状吸附在颗粒上。与此同时,线状分子的另外部分又吸附在其他颗粒上,从而完成架桥,如图 3-15 所示。

由于非离子聚合物的黏度比阴离子型的低,在水中扩散较快,因此形成的絮团既均匀又整齐。又因为不是尾辫状吸附架桥,所以线状分子吸附到的颗粒彼此靠得较近,絮团既致密,强度也好。

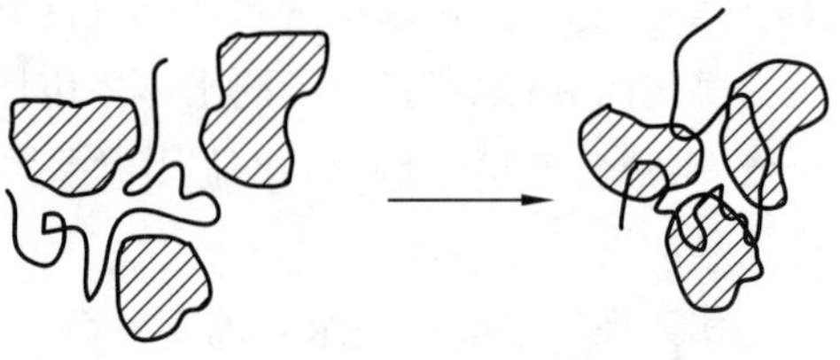
图 3-15　非离子型聚合物的随机吸附架桥

虽然聚合物不受 pH 和盐类的影响,但 pH 对颗粒却有影响,即当 pH 增高时,颗粒上的电荷将增多,斥力增大,故难以吸附架桥。这就是非离子聚合物应在中性条件下使用的理由。

非离子有机高分子絮凝剂包括常用的聚丙烯酰胺和聚氧化乙烯,但以聚丙烯酰胺为主,其相对分子质量为 $5\times10^6\sim15\times10^6$。聚丙烯酰胺分子中含 $1\times10^5\sim2\times10^5$ 个—$CONH_2$ 官能团,它既是亲水基团,又是吸附基团,在水处理中主要用作辅助絮凝剂。其机理是通过分子链中特有的—$CONH_2$ 官能团与悬浮物发生吸附架桥作用,增大絮体(矾花)的尺寸,利于其快速沉降而除去;其絮凝效果与聚合物的相对分子质量密切相关。提高聚合物相对分子质量,有利于增大絮凝剂在水相的流体力学尺寸或体积,从而提高其絮凝网捕能力,有效降低絮凝剂的使用浓度,提高絮凝效率。

② 发展趋势:非离子有机高分子絮凝剂的主要发展方向是合成、研制高或超高相对分子质量、低游离单体含量的絮凝剂品种,在提高其絮凝效果的同时,扩展其在饮用水处理中的应用。

(2)阳离子型合成有机高分子絮凝剂,又称阳离子高分子絮凝剂。其分子链上带有可离解带正电荷活性基团如[氨基($-NH^{3+}$)、亚氨基($-NH^{2+}$)或季铵基($-NR^{4+}$)]等水溶性高分子聚电解质絮凝剂,絮凝机理主要有吸附架桥和电荷中和作用。分子中非极性基团具有疏水作用,通过氢键和范德华力吸附两个或多个胶体颗粒,形成架桥,在重力作用下脱稳沉降;絮凝剂电离得到的正电荷基团可以中和胶体颗粒表面的负电荷,使 ζ 电位降低,胶体颗粒相互吸引絮凝;还可以与带负电荷的溶解物进行反应,生成不溶性的盐,对有机物和无机物都有很好的净化作用。根据制备方法分为聚合型、高分子反应型、缩合型。聚合型制备主要是由含烯基的阳离子单体通过自由基聚合制成,有聚二甲基二稀丙基氯化铵、丙烯酰胺－甲基丙烯酸二甲基氨基乙酯共聚物、丙烯酰胺－丙烯酸乙酯基三甲基氯化铵共聚物等;高分子反应型利用聚合物自身的活性基团改性制得,有聚乙烯基咪唑啉、聚苯乙烯基四甲基氯化铵、聚乙烯醇季铵化产物等;缩合型主要利用缩合反应制得,有氨-环氧氯丙烷缩聚物、氨-二甲胺-环氧氯丙烷聚合物、氯化聚缩水甘油三甲基胺等。该絮凝剂适用的 pH 为中性至强酸性,应用于城市生活污水、油田污水、海洋赤潮治理等。

① 机理:阳离子型聚合物也是通过吸附架桥实现絮凝的,如图 3-16 所示。吸附的主要原因在于聚合物的阳离子与颗粒上负电荷的静电中和降低了 ζ 电位。次要原因是聚合物的酰胺基与颗粒表面的氢结合,以及与颗粒官能团(如有机污泥的—COOH)的化学结合。在如此强的相互作用下,吸附形态迅速从尾辫状,经环状,向长列状转变,而且阳离子的密度越高,这种

转变的倾向就越强。

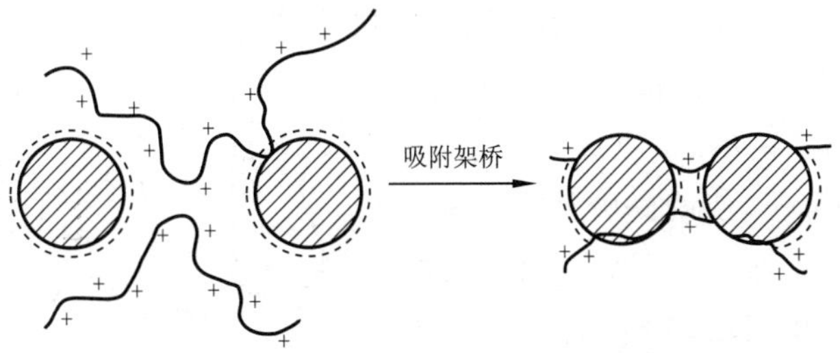

图 3-16　阳离子型聚合物的吸附架桥

大分子量阳离子型聚合物是适用于污泥处理的唯一絮凝剂。活性污泥基质的成分为有机和无机固体物以及纤维。其颗粒上有许多胶质状微生物，微生物的表面有自己分泌的黏稠高分子物质称为生物聚合物，如图 3-17 所示。

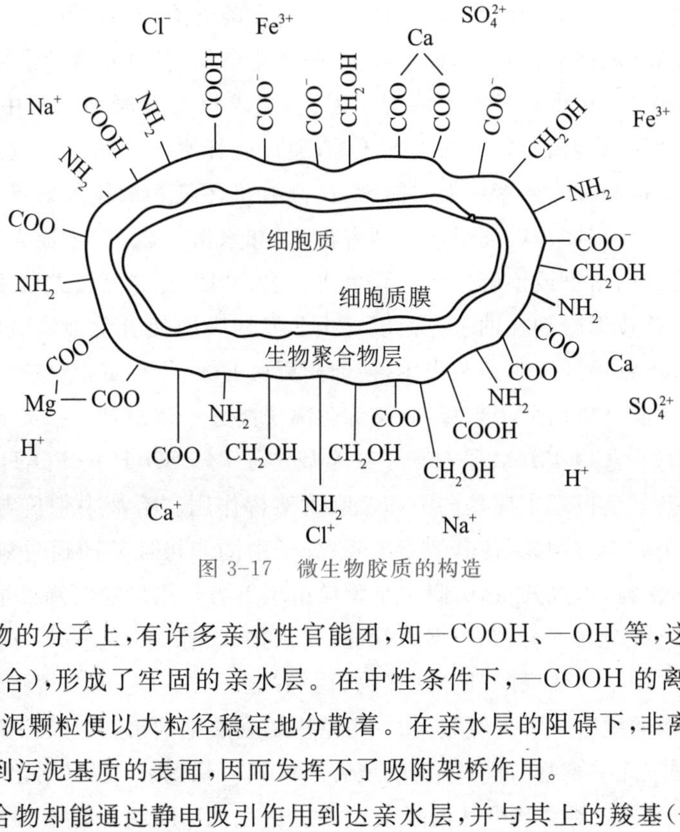

图 3-17　微生物胶质的构造

在生物聚合物的分子上，有许多亲水性官能团，如—COOH、—OH 等，这些官能团与水进行化学结合(氢结合)，形成了牢固的亲水层。在中性条件下，—COOH 的离解使亲水层带上了负电荷，因此污泥颗粒便以大粒径稳定地分散着。在亲水层的阻碍下，非离子型和阴离子型聚合物不能接触到污泥基质的表面，因而发挥不了吸附架桥作用。

阳离子型聚合物却能通过静电吸引作用到达亲水层，并与其上的羧基(—COOH)进行化学结合(不溶化)。在亲水层因此而凝胶化之际，亲水层变薄、破裂，这样阳离子分子就容易侵入亲水层内部，并到达基质的表面实现吸附架桥絮凝。

小分子量阳离子型聚合物，聚乙烯亚胺和络合系聚合物的分子量虽然只有数千至数万，但其阳离子的密度和强度却比丙烯酸酯系聚合物的高。这些低分子量阳离子型聚合物分子中的一部分吸附在颗粒上，而另一部分则以极短的自由链向外伸展，并在相邻颗粒间吸附架桥。由于此种架桥的概率很低，因此聚合物分子与颗粒间的静电吸引作用是主要的。聚合物分子从最初的吸附点经大颗粒（称镶嵌块）的表面向中心吸附，其吸附形态迅速转变成长列状。阳离子聚合物吸附后，即便镶嵌块呈现为带净负电荷，也仍然能絮凝，如图 3-18 所示。其原因在于，吸附上去的阳离子聚合物分子，使镶嵌块上的电荷分布不均匀。结果，镶嵌块上吸附有阳离子聚合物的一侧，与另外镶嵌块上负电荷较多的一侧因静电吸引而实现絮凝。两镶嵌块之间的结合力称为镶嵌力。

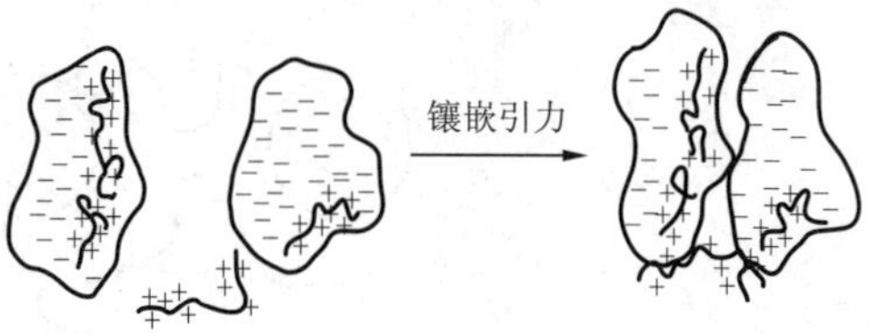

图 3-18　低分子量阳离子型聚合物的絮凝模型

图 3-18 所示的絮凝模型又称静电斑块模型，这一点与压缩双电层引起的凝结相似。

② 发展趋势：阳离子合成有机高分子絮凝剂的发展方向：a. 利用具有较高反应活性的单体或改性剂，采用适当的聚合或改性方法提高阳离子有机高分子絮凝剂的相对分子质量、阳离子化度，提高产品质量，改善其使用效果，降低产品的生产与使用成本。b. 通过分子结构中引入特定的作用宫能团，使之向脱除水溶性有机污染物和破乳除油方向发展。例如，脱除污水中的溶解性有机污染物（表面活性剂、增稠聚合物、酚类化合物、各种水溶性染料），使含油污水中的 O/W 乳化油滴破乳、上浮或吸附絮除等。因此，要求该类絮凝剂分子中含有特定吸附基团、电性中和基团、络合或螯合基团、缔合基团等；通过破坏水溶性污染物的亲水性、静电排斥稳定性，增强其疏水性和吸附于絮体上的能力，提高有机污染物的脱除效果。例如，通过阳离子絮凝剂中的特殊活性基团与阴离子水溶性有机物（如水溶性染料）生成大环配体络合物，使染料分子生成不溶性内络物或不溶性盐而脱色或除去；又如，通过絮凝剂的阳离子基团中和乳化油滴表面的负电荷或絮凝剂在油水界面层发生非专性吸附使乳化油滴破乳，或者通过絮凝剂中疏水基团对烃类物质的疏水亲和作用，使油滴凝聚变大、上浮或沉降除去。

(3)阴离子型合成有机高分子絮凝剂，又称阴离子高分子絮凝剂。一类分子链上带有可离解负电荷活性基团如—COOM（M 是氢离子或金属离子）、—SO_3H、—PO_3H 的水溶性高分子聚电解质絮凝剂，其絮凝机理主要是电中和及吸附架桥作用。溶液中带负电荷的基团中和溶液中带正电溶质，生成不溶物盐，使其絮凝沉降；分子中的非极性基团通过氢键和范德华力吸附两个或多个胶体颗粒，形成架桥，吸附多个颗粒由于重力作用失稳沉降。根据制备工艺可分为聚合型和高分子反应型，聚合型有：聚丙烯酸、聚丙烯酸钠、丙烯酸—马来酸酐共聚物、丙烯酸—丙烯酰胺—2—甲基丙烯磺酸（钠）共聚物、丙烯酰胺—丙烯酸钠共聚物、丙烯酰胺—乙烯基磺酸钠共聚物、丙烯酰胺—丙烯酰胺—2—甲基丙烯磺酸钠共聚物以及丙烯酰胺—甲基丙烯酸甲酯—丙烯酸钠三元共聚物；高分子反应型有水解聚丙烯酰胺、磺甲基化聚丙稀酰胺、聚丙乙烯磺酸钠和聚—N—二膦酰基甲基丙烯酰胺等。适用的 pH 为中性至强酸性（较高温度条件下仍有效），可应用于选矿、电镀、机械洗煤、纸浆废水等的处理。

① 机理：尽管阴离子型聚合物与带负电的颗粒间有静电排斥作用，但其线状分子在水中的伸展性好于非离子型的，故易呈尾辫状吸附。在三种吸附形态中，尾辫状的吸附概率最高。但其缺点是，线状分子上吸附的颗粒之间距离较大，絮团体积大，不致密，强度差。

阴离子型聚合物的吸附形态将因 pH 的不同而发生变化，如图 3-19 所示。在 pH 为 4.35

(酸性)条件下,黏土颗粒的表面电荷少,聚合物的离解也受到了抑制,故易呈吸附点多的长列状吸附。在 pH 为 7 的条件下,黏土颗粒的表面负电荷增多,聚合物的离解也增强,二者间的静电斥力也随之增强,故易呈尾辫状吸附。在 pH 为 9(碱性)的条件下,聚合物与黏土颗粒之间的静电斥力更为增强,聚合物的线状分子更易伸展,以尾辫状吸附相距较远的颗粒,形成的絮团体积大、不致密、含水多、强度差。

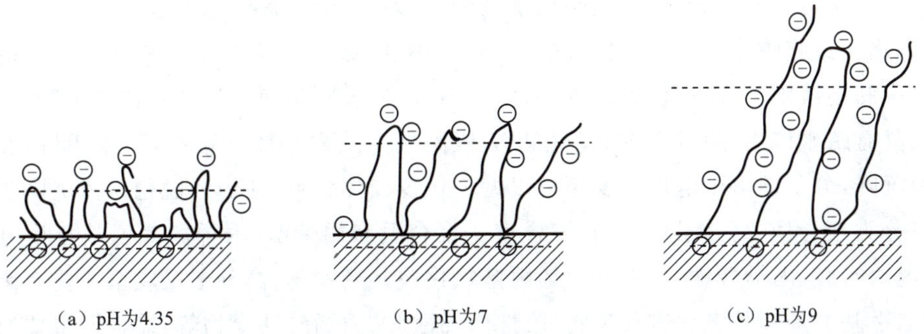

图 3-19　黏土表面上阴离子聚合物的吸附形态

随着相对分子量的增加,絮凝剂的最佳剂量和絮团的沉降速度都将增大。在洗煤废水处理中,趋向用很大分子量的阴离子型絮凝剂,因为在这种过程中形成大絮团以获得较快沉降速度更重要,但其絮团含水多。另外,小分子量聚合物的每一个分子都有吸附到单个颗粒上的倾向,因而过多加入的聚合物会降低絮凝程度。但是,可由此得到小而致密且剪切抗力大的絮团,最终的滤饼呈均匀的多孔结构,易于快速脱水。

当阴离子絮凝剂与无机凝结剂一起使用时,由于颗粒上的负电荷被凝结剂中和,因此易于架桥。另外,吸附在颗粒上的凝结剂的金属离子又同聚合物进行化学结合,这样就更强化了架桥作用。

阴离子絮凝剂既可以是非离子絮凝剂聚丙烯酰胺的水解产物,也可以是丙烯酰胺与乙烯类磺酸盐或丙烯酸盐、马来酸盐等的共聚产物。其中,使用最多的是丙烯酸阴离子型聚丙烯酰胺,相对分子质量为 7×10^6 左右,极性基羧基含量低于 10%(摩尔百分数,下同)时,称为弱阴离子型产品;羧基含量高于 25%时,称为强阴离子型产品。由于分子结构中存在带负电的强亲水基团,因此它对表面带负电荷的胶体微粒具有选择絮凝作用;即悬浮物表面负电荷增加,其絮凝效果变差,甚至不产生絮凝;同样对于同一悬浮物,絮凝剂中阴离子含量增加,其絮凝效果存在最佳值;因为絮凝剂分子中存在适量的阴离子基团,有利于絮凝剂分子链的伸展,提高其网捕絮体的能力,增强其絮凝效果;但该作用与絮凝剂对混凝絮体的吸附作用及方式相互制约,阴离子有机高分子絮凝剂中阴离子基团含量存在最佳值。研究表明,当水解聚丙烯酰胺的水解度达 33%,相对分子质量达 10^7 时,其絮凝效果最佳;但阴离子有机高分子絮凝剂相对分子质量增加,往往使其最佳用量增加。由于阴离子有机高分子絮凝剂本身带负电,所以仍主要用作无机混凝剂的絮凝助剂,且受介质的 pH、矿化度、高价金属离子含量影响较大;介质 pH 下降、矿化度和高价金属盐含量增加,则其絮凝效果明显变差,甚至失效。

② 发展趋势:所以阴离子型聚丙烯酰胺主要用于选矿、冶金、洗煤、食品行业和石油钻井

过程中的固液分离或其他中性、碱性条件下高浊度水的处理。近年来，现场实际使用的相对于非离子有机高分子絮凝剂已明显减少。目前，主要用作油田开采过程中的三次采油驱油剂。其发展方向是采用强亲水性、抗盐能力强、具有较大空间位阻的阴离子可聚合单体与丙烯酰胺共聚或进行大分子反应，以提高阴离子有机高分子絮凝剂对处理水体的适应性。

(4)两性离子型合成有机高分子絮凝剂。它是高分子链上同时含有正、负两种电荷基团的水溶性高分子聚电解质絮凝剂，一般阴离子基团有羧基、磺酸基或硫酸基，阳离子基团有季铵盐、吡啶嗡离子或喹啉嗡离子，絮凝机理主要有电中和、吸附架桥作用。高分子链上的带电基团可以电中和溶液中带有正电荷或负电荷的物质，能使胶粒迅速脱稳达到快速沉降；分子中非极性基团具有疏水作用，通过氢键和范德华力吸附两个或多个胶体颗粒，形成架桥，在重力作用下脱稳沉降，分子链由于电性相反还可以缠绕包裹胶体颗粒，使体系脱稳絮体沉降。根据制备方法可分为聚合型、高分子反应型、缩合型。聚合型有丙烯酸-丙烯酰氧乙基三甲基氯化铵共聚物、丙烯酰胺-丙烯酸钠-二甲基二烯丙基氯化铵共聚物等；高分子反应型主要有膦酰基丙烯酰胺-二甲基二烯炳基氯化铵共聚物、改性丙烯酰胺-丙烯酸共聚物等；缩合型主要有膦酸基团的双氰胺-甲醛聚合物、含磺酸基 团的双氰胺-甲醛聚合物等。可作为絮凝剂、污水脱水混凝剂、吸附剂及金属离子螯合剂使用，应用于污泥脱水、印染废水、制浆造纸废水处理等。

① 机理：两性离子型合成有机高分子絮凝剂一般由含有阴、阳离子基团的乙烯类单体通过自由基共聚反应以及高分子改性得到，其中阴离子基团为羧基、磺酸基、硫酸基，阳离子基团为季铵盐基、嘧啶嗡离子基和喹啉嗡离子基。两性离子型合成有机高分子絮凝剂由于兼有阴、阳离子基团的特点，在不同介质条件下荷电状态可能不同，适于处理带不同电荷的污染物，其pH 适用范围宽，抗盐性好，特别是在针对阴、阳离子共存的污染体系时，两性高分子絮凝剂不仅有电性中和、吸附架桥，而且有分子间的“缠绕”包裹作用。此外，两性有机高分子絮凝剂还具有良好的污泥脱水功能。

② 发展趋势：两性离子有机高分子絮凝剂由于兼有阴、阳离子基团的特点，在不同介质条件下，其所带离子类型可能不同，适于处理带不同电荷的污染物。特别对污泥脱水，不仅具有电性中和、吸附架桥，而且具有分子间“缠绕”包裹作用，使处理的污泥颗粒变粗大、脱水性好。其另一优点是适用范围广，酸性、碱性介质中均可使用。对废水中阴离子表面活性剂所稳定的分散液、乳浊液及各类污泥或有阴离子所稳定的各种胶态分散液，均具有较好的絮凝及污泥脱水功效，已引起广大学者的兴趣和重视。近几年，日、美、德等国对两性离子水处理剂重新开始了实用性研究，相继发表了一些专利。我国对这类处理剂的研究开发起步较晚，目前尚无相应的成型产品。从国外文献报道看，认为两性离子絮凝剂的絮凝性能不仅受离子种类影响，而且与阴离子、阳离子基团相对含量有关。

有机高分子絮凝剂用于污水处理始于 20 世纪 50 年代末，有机高分子絮凝剂比无机絮凝剂有用量小、絮凝能力强、反应速度快、受外界环境影响小、产生废渣少而易处理等优点，在发达国家已得到迅速发展。近年来，有机高分子絮凝剂新产品不断出现，产品类型、规格更加齐全，功能逐步多样化。有机高分子絮凝剂分子量高、阴阳离子便于控制、脱水效率高决定了它在污泥脱水中具有十分重要的地位。有机高分子絮凝剂的生产和应用虽然已取得较大的进步，但其生产和使用过程中的不安全性二次环境污染的风险仍应引起人们的重视，尤其是聚合物单体的残留仍然是一个令人担忧的问题。天然有机高分子絮凝剂以其优良的絮凝性、不致病性、安全性、可生物降解性正引起世人的高度重视，但其电荷密度小、分子量较低，且易发生生物反应而失去絮凝活性。如果将天然高分子絮凝剂进行改性，则其产品与合成高分子絮凝剂相比较，具有选择性大、无毒、廉价等显著优点，在水处理应用中必将拥有广阔的应用前景。

3.2.6.3 天然高分子絮凝剂

天然高分子絮凝剂也称天然绿色高分子絮凝剂，是指从天然物质中提取的可作为絮凝剂的物质，可完全自然降解，无二次污染。天然高分子絮凝剂在水中分子链上的微电荷或氢键可吸附两个或多个颗粒，形成架桥而产生絮凝，但电荷密度较小，分子量较低，且易发生生物降解而失去絮凝活性。在实际应用中，一般对天然高分子絮凝剂进行改性，通过酯化、交联、接枝共聚、醚化、氧化等化学改性后制得改性天然高分子絮凝剂。改性后的絮凝剂活性基团大大增加，聚合物呈枝化结构，具有更强的捕捉促沉作用。改性后按带电性可分为阳离子型、阴离子型、非离子型、两性型。根据原料来源可分为淀粉类、半乳甘露聚糖类、纤维素衍生物类、微生物多糖类及动物骨胶类等五类。淀粉来源于土豆、玉米、木薯、小麦等；半乳甘露聚糖是带支链的多糖，来自于豆类作物的胚乳中；纤维素来自于树木等植物细胞壁中，纤维素衍生物包括硝酸纤维素、醋酸纤维素、甲基纤维素、羧甲基纤维素等，以羧甲基纤维素用途最广；微生物多糖是在含有非病原细菌、酶、营养物、氧和微量金属催化剂的水溶液里将葡萄糖发酵后制得的；动物胶和明胶由存在于动物的皮、腱和骨中的骨胶原制备，属蛋白质类物质；骨胶原是多肽结构，多股分子束成卷曲螺旋状。改性高分子絮凝剂可应用于油田污水、造纸废水、食品废水、污泥脱水、回收重金属离子等。

天然有机高分子絮凝剂具有无毒、易生化降解、原料来源丰富、制备成本低、可选择性大等优点，适合于饮用水处理。与无机有机高分子絮凝剂相比，天然高分子絮凝剂絮凝速度快，不受共存盐类和 pH 以及温度变化的影响，属于可再生资源，投药量小，可以完全生物降解。近年来，天然高分子絮凝剂发展迅速，产量已占高分子絮凝剂总量的 20%。由于天然淀粉、壳聚糖资源十分丰富，淀粉改性絮凝剂和壳聚糖改性絮凝剂的研究尤其引人注目，它们可以通过羟基的酯化、醚化、氧化、交联等衍生化处理来改变其性质。从国外天然高分子改性絮凝剂的发展来看，目前主要拓展其在水处理领域的应用范围。近年来，我国在这方面的研究取得了一定的进展，但远远不能满足实际需要。针对我国的基本国情，天然高分子改性絮凝剂的研究与开发方向如下：

(1)阳离子型/两性型天然高分子改性絮凝剂在城市污水和工业废水的处理以及污泥脱水方面有待从絮凝剂的质量、品种和性能三方面大幅度提升，以满足复杂水质情况下多种水质要求的需要。

(2)针对具有疏水基的水溶性污染物，开发两亲型天然高分子改性絮凝剂通过螯合作用、静电吸引作用、疏水缔合作用，破坏污染物分子的亲水基，增强疏水性质，改变污染物的水溶性环境，不仅达到脱除目的，还可以加快絮体的沉降速度。

(3)新型高效多功能天然高分子改性絮凝剂在解决絮凝、净化、缓蚀、阻垢、杀菌等综合性水处理问题上具有独特的优势，不仅避免了多种药剂同时使用，还简化了流程工艺。

(4)针对复杂性水质，可采用新型复合型天然高分子改性絮凝剂，利用物理混合或化学反应的制备，通过复合协同效应解决了单一絮凝剂难以满足水处理的要求。

(5)选择性天然高分子絮凝剂对一些复杂胶体系统中有害物质的分离是新近的研究方向。

阳离子型天然有机高分子改性絮凝剂通过对天然高分子进行接枝共聚或官能团衍生等改性处理，使得分子链上带正电官能团的天然高分子絮凝剂，絮凝机理主要有电中和和吸附架桥作用。在溶液中，絮凝剂可以中和带负电的胶体颗粒，压缩其双电层，降低 ζ 电位，使颗粒相互吸引变为大的絮状颗粒；由于重力作用脱稳沉降，也可与带负电荷的溶解物进行反应，生成不溶性的盐；分子中非极性基团具有疏水作用，通过氢键和范德华力吸附两个或多个胶体颗粒，形成架桥，在重力作用下脱稳沉降。对天然高分子阳离子改性方面的研究近几年已成为国内外的热点，根据原料来源分为改性淀粉类、木质素类、纤维素类、壳聚糖产品等，应用于油田污水、造纸废水、食品废水、污泥脱水、回收重金属离子等。

改性纤维素类可通过纤维素阳离子单体聚合制得，也可用阳离子化试剂与纤维素高分子链上的基团进行化学反应制得。

天然高分子淀粉可通过醚化、酯化、接枝共聚等化学改性开发出多种高效、无毒、价廉的改性淀粉絮凝剂，以满足处理各种不同废水的需要。天然高分子淀粉可与不同的醚化剂反应，生成不同的醚化物。通过不同的合成方法，可以制备各种天然阳离子高分子絮凝剂。淀粉通过与不同阳离子单体接枝共聚，从而可以获得不同种类的阳离子天然高分子絮凝剂。壳聚糖的 C_6 伯羟基、C_3 仲羟基及 C_2 氨基都可以成为接枝点，通过接枝反应，可将某些特定基团引入到壳聚糖分子链上，从而赋予壳聚糖新的性能。用两种单体同时与壳聚糖进行接枝共聚能够更好地改善共聚物的性能，但到目前为止同时用两种单体改性壳聚糖的研究较少。

木质素是存在于植物纤维中的一种芳香族高分子，以木质素为基础原料制备天然高分子絮凝剂的研究也日益引起人们的重视，Rachor 和 Dilling 分别于 20 世纪 70 年代中后期以木质素为原料，用碱处理以增加其酚基，然后胺烷化增加链长，再用双酯剂进行交联反应，最终制得季铵型阳离子絮凝剂，用于处理染料废水取得良好的效果。

国外对天然高分子改性阳离子型絮凝剂研究得较多，主要拓展它在水处理领域的应用范围及发展方向。我国在淀粉、木质素及虾、蟹壳等天然高分子方面具有独特的资源优势，今后，不仅要开发出更多高效、无毒、价廉的天然高分子改性阳离子型絮凝剂，而且还要进一步通过化学改性，使其满足复杂水质情况下多种水质要求的需要。

两性型天然有机高分子改性絮凝剂通过接枝共聚或官能团衍生等改性处理使同一分子链上含正负两种电荷基团的天然高分子物质，阳离子捕捉水中的有机悬浮杂质，阴离子促进无机悬浮物的沉降。两种电荷可以中和相应的异性电荷物质，使可溶物生成不溶性物质，还可以压缩胶体颗粒的双电层，降低 ζ 电位，使胶粒吸引絮凝；分子中非极性基团具有疏水作用，通过氢键和范德华力吸附两个或多个胶体颗粒，形成架桥，在重力作用下脱稳沉降，分子链由于两端电性相反还可以缠绕包裹胶体颗粒，使体系脱稳絮体沉降。根据原料来源分为两性淀粉类、木质素类、壳聚糖类、纤维素类等。两性淀粉类主要有三种制备方法：通过活性羟基醚化或酯化反应赋予淀粉阴阳离子基团、与乙烯基单体发生共聚、利用接枝共聚物上的活性基团进一步化学改性制得两性产品；木质素的改性方法有木质素磺酸盐的接枝共聚及接枝共聚物的进一步化学改性；壳聚糖类制备方法有醚化、黄原酸化、磷酸化，产品有羧甲基壳聚糖、黄原酸化可聚糖钠盐、壳聚糖磷酸酯等；纤维素类可通过醚化法、接枝共聚及对接枝共聚物进一步改性。这种絮凝剂常应用于天然原水、印染废水、油田废水、制药废水处理等。

20 世纪 70 年代以来，许多国家开始重视天然改性两性高分子絮凝剂的研制，这类天然高分子化合物含有多种活性基团，如羟基、酚羟基等，表现出了较活泼的化学性质。目前，我国对两性絮凝剂的研究尚处于起步阶段。

(1)两性淀粉改性絮凝剂。淀粉含有羟基，通过羟基的酯化、醚化、氧化、交联、接枝共聚等化学改性，其活性基团数目大大增加，聚合物呈枝化结构，分散的絮凝基团对悬浮体系中颗粒物不仅有较强的捕捉与促沉作用，其半刚性链和柔性支链对污水中的颗粒起架桥沉降作用，沉降速度较快，絮体大而密实。对于难以絮凝的水质，尤其是在污泥脱水、消化污泥处理上有很好的应用效果和发展前景。

(2)两性木质素改性絮凝剂。木质素作为天然芳香族高分子化合物，具有甲氧基、酚羟基、羰基和羧甲基等多种官能团和多种化学键，反应活性较强，改性空间较大。染料废水中，木质素的阴离子基团磺酸基可与染料所含氨基结合；其阳离子基团季铵离子可与染料中的磺酸基团结合，从而降低染料中亲水性基团的数目进而提高其疏水性。木质素经甲醛羟甲基化改性后，苯环上的活性基团进一步增多，可产生一定程度的聚合反应，增大木质素的分子质量，形成了网状结构，加强了其在絮凝过程中的架桥连接作用和网捕能力。

(3)两性壳聚糖改性絮凝剂。甲壳素是自然界含量仅次于纤维素的第二大天然高聚物，壳聚糖则是甲壳素脱除碳钙并经部分脱乙酰化后的产物。甲壳素一般由虾、蟹的外壳等经酸浸、碱煮，分别脱除碳钙并与蛋白质分离后得到最稳定的 α-甲壳素(α-甲壳素通常与矿物质沉积在一起，形成坚硬的外壳，节肢动物如虾、蟹的外壳中含有很多的碳酸钙，所以这些壳中主要是 α-甲壳素；β-甲壳素和 γ-甲壳素与胶原蛋白相结合，表现出一定的硬度、柔韧性和流动性，还具有与支承体不同的许多生理功能，如电解质的控制和聚阴离子物质的运送等。β-甲壳素在 6 mol/L 的盐酸中回转变成 α-甲壳素，这说明 α-甲壳素对酸是稳定的)，从而获得具有絮凝吸附的酰胺基及氨基与羟基。随着它在酸性介质中溶解、氨基的质子化，呈现出阳离子聚电解质特性，不仅对重金属有螯合吸附作用，还可有效地吸附带负电荷的颗粒。壳聚糖的优势是对食品加工废水的处理，能够将废水中的固体微粒减少 70%～90%。但是，壳聚糖中的游离氨基接受质子生成盐，导致其在酸性水溶液中易溶解，造成壳聚糖流失，针对这一问题，通过改性选择分子结构中含有羧基的醛对壳聚糖中的氨基进行反应生成 Schiff 碱，制成的两性壳聚糖可显著提高脱色及去除 COD 的效果，使甲壳素及壳聚糖作为絮凝剂有了较好的应用前景。

阴离子型天然有机高分子改性絮凝剂对天然高分子进行接枝共聚或官能团衍生等改性处理，使其带有负电官能团的天然高分子絮凝剂，絮凝机理主要有电中和及吸附架桥作用。在水溶液中，该絮凝剂可以中和带正电荷的溶质，生成不溶性物质；分子中非极性基团具有疏水作用，通过氢键和范德华力吸附两个或多个胶体颗粒，形成架桥，在重力作用下脱稳沉降。根据原料来源可分为改性淀粉类、黄原胶及改性产品、改性纤维素、海藻酸钠、改性木质素类、改性植物单宁和 F691 粉改性产品等。改性淀粉类的制备方法有磷酸酯化、黄原酸酯化、羧甲基化、接枝共聚；黄原胶改性产品是与丙烯酰胺在氮气环境下通过水溶解聚合法接枝共聚可制得黄原胶及改性产品；改性纤维素由羧甲基纤维素通过引发剂引发，再与乙烯基类单体接枝共聚制备；海藻酸钠主要是通过对海带加碱提取；改性木质素类主要由木质素磺酸盐和丙烯酰胺或丙烯酸接枝共聚；植物单宁与丙烯酸钠接枝共聚可制得植物单宁改性产品；F691 改性产品主要是将纤维素通过反应接上活化基团，增加水溶性及分子链上的活性基团。该絮凝剂常应用于处理鱼类加工厂、屠宰场、发酵工厂染料的废水等，也可作浮游选矿的沉降剂。

非离子型天然有机高分子改性絮凝剂指利用天然高分子自身的活性羟基接枝共聚或官能团衍生等改性处理制得的水溶性絮凝剂，絮凝机理主要是吸附架桥作用，分子中非极性基团具有疏水作用，通过氢键和范德华力吸附两个或多个胶体颗粒，形成架桥，在重力作用下脱稳沉降。根据原料来源主要分为四类：淀粉类、β-环糊精产品、瓜尔胶类、F691 粉。淀粉类通过溶液聚合或乳液聚合两种方式制得改性产物，利用淀粉大分子上活化的自由基与丙烯酰胺单体接枝共聚制得分子链更长，具有酰胺基活性基团的产物；β-环糊精可通过微波法和化学法制得与丙烯酰胺的接枝共聚物，如 β-环糊精-聚丙烯酰胺接枝化合物、水溶性 β-环糊精交联聚合物，改性可提高其水溶性和絮凝能力；瓜尔胶类改性产品的方法有利用官能团衍生（发生醚化、酯化或氧化反应）、接枝聚合、酶降解、金属交联法，改性后可使瓜尔胶类产品溶解速度快、能长期保存；F691 粉通过加入丙烯酰胺，加热接枝改性制得 F691-丙烯酰胺接枝共聚产品，使得溶解性增大。非离子型天然有机高分子改性絮凝剂主要用作助凝剂，也可用作污泥脱水剂，用于造纸、石油、采矿、冶金工业等。

3.2.6.4 复合絮凝剂

复合絮凝剂将两种或多种单组分絮凝剂通过化学接枝共聚或其他反应，形成大分子量共聚复合物絮凝剂，克服了单一絮凝剂絮凝能力的不足，可产生协同增效作用。复合絮凝剂按化学组成可分为无机-无机复合絮凝剂、无机-有机复合絮凝剂、有机-有机复合絮凝剂。无机-无机复合絮凝剂主要有聚合氯化铝铁、聚合硅酸铁、聚合硫酸铝铁、聚合硫酸氯化铝铁、聚磷硫酸铁等；无机-有机复合絮凝剂主要有聚合铝-聚丙烯酰胺、聚合铁-聚丙烯酰胺、聚合铝-甲壳素、聚合铁-淀粉、聚合铝-阳离子有机高分子、聚合铁-阳离子有机高分子等；有机-有机复合絮凝剂主要有淀粉-聚丙烯酰胺接枝共聚物。复合絮凝剂利用了组分中不同絮凝单体各自的特点，使絮凝性能大大优于单一絮凝剂，如高分子絮凝剂具有长分子链的吸附架桥作用与无机絮凝剂网捕性能好相互协同作用。复合絮凝剂主要应用于工业用水、生活污水、废水脱泥等。

复合絮凝剂的开发和应用已成为当前废水处理领域的热点之一。按照化学组成的不同来分类，复合絮凝剂可分为以下四种：

1. 无机-无机复合絮凝剂

应用量最大的传统铝盐和铁盐无机高分子絮凝剂存在着吸附架桥较弱的弊端，导致较高的投加量，我国从 20 世纪 60 年代起就开始研究无机高分子复合絮凝剂，将两种或两种以上的无机絮凝剂在一定的条件下通过共聚反应，形成具有更高相对分子质量的产物，以制备出具有更好絮凝效果、投加量低的无机-无机复合絮凝剂。目前的主要产品有聚合硫酸氯化铝（PACS）、聚合氯化铝铁（PAFC）、聚合硅酸氯化铝（PASiC）、聚合硅酸硫酸铁（PFSiS）、聚合硅酸氯化铝铁（PAFSiC）等。

2. 无机-有机复合絮凝剂

无机高分子复合絮凝剂价格便宜，电中和能力强，但絮体体积较小，最终处理效果差。利用有机高分子絮凝剂较强的吸附架桥能力，通过复合或改性制得无机-有机复合絮凝剂，综合了两者的优势，从而使絮凝效果大幅提升，同时也扩大了其使用范围。目前，主要的产品由聚丙烯酰胺及其衍生物、二甲基二烯丙基氯化铵（DMDAAC）及其共聚物和天然高分子有机物与铝系、铁系和铝铁系复合絮凝剂进行复合而成。

3. 有机-有机复合絮凝剂

人工合成高分子絮凝剂尽管对污水的处理效果好，但其降解产物有毒；而天然高分子絮凝剂无毒、易降解，但相对分子质量不够大，导致了其絮凝效果不理想。将人工合成有机高分子与天然有机高分子化合物进行复合，兼具两者的优势，产生絮凝协同效果。目前，主要产品由淀粉、壳聚糖、木质素、纤维素、植物胶等天然高分子化合物与丙烯酰胺的共聚物以及它们的非离子、阳离子、阴离子、两性改性衍生物等复合而成。

4. 微生物复合絮凝剂

微生物絮凝剂因成本高、用量大等问题制约了它的大规模生产和应用，将微生物絮凝剂与其他絮凝剂进行复合或复配，是微生物絮凝剂发展的一个重要方向。目前，复合絮凝剂的主要种类有微生物-无机复合絮凝剂、微生物-微生物复合絮凝剂、微生物-有机复合絮凝剂。

复合絮凝剂絮凝机理的研究主要集中在复合絮凝剂的形态分布与转化规律、复合絮凝剂的吸附特性、复合絮凝剂的电荷特性等，这一研究的突破对今后探索新型的水处理剂具有重大的指导意义。对影响絮凝效果因素的研究主要集中在絮凝剂用法和用量、pH、温度、水力条件、投加顺序以及水中杂质的成分、性质和浓度的影响，通过优化处理工艺，提高处理效果。高效、环保、无毒的天然高分子絮凝剂是今后的主导方向，开发更多品种的天然高分子絮凝剂并将其与无机絮凝剂复合，使它们更适合于水处理，将成为今后研究复合絮凝剂时的重要课题。

从宏观上看，目前我国无机絮凝剂的品种比较齐全，而人工合成有机高分子絮凝剂相对国外品种较少。尽管无机-有机高分子复合絮凝剂目前发展较快，但其最大的问题是难降解，污染环境。高生态安全、低健康风险的无机—天然高分子复合絮凝剂是当前的重大需求。因此，近年来絮凝剂的研制开发有两个特征：一是开发方向为复合型及其无毒害生物型；二是高效低毒絮凝剂的基础理论及共絮凝作用机理。从国内外情况看，部分复合高分子絮凝剂已商品化，复合用的天然有机絮凝剂呈现出资源开发、有机高分子物质提取和利用生物技术提取、培养、驯化成特定废水处理的生物絮凝剂。

3.2.6.5 微生物絮凝剂

微生物絮凝剂是利用凝胶电泳、溶液提取、碱提取等方法从微生物或其分泌物中提取、纯化获得的无毒、具有絮凝作用的生物高分子化合物。生物絮凝机制主要有桥联作用、卷扫作用、电性中和、化学反应。其分子中一般含有羧基、羟基和氨基等活性基团，借助离子键、氢键和范德华力吸附胶体颗粒，絮凝剂分子的长度足够大，超过了溶液中胶体颗粒间产生排斥力的有效作用范围，可产生架桥，形成一种三维网状结构的絮凝体；网状的絮凝体在重力作用下沉降，迅速卷扫水中的胶体颗粒，产生沉淀分离；生物絮凝剂是带有电荷的生物大分子链，借助离子键和氢键与水中带负电荷的胶粒发生作用，中和其胶粒表面的部分电荷，使其脱稳沉降；生物大分子中活性基团与被絮凝物质发生化学反应，生成絮状物而沉降。生物絮凝剂包括三类：①微生物细胞：直接利用某些细菌、霉菌、放线菌和酵母的细胞作为絮凝剂；②细胞壁提取物：葡聚糖、甘露聚糖、蛋白质、N—乙酰葡萄糖胺等成分；③代谢物中的多糖、少量多肽、蛋白质、脂类及其复合物。微生物絮凝剂具有比表面积大、高效、无毒、无二次污染、脱色效果独特、价格低等特点，广泛应用于畜产废水、粪尿废水、膨胀污泥处理、砖厂生产废水、纸浆废水等处理。

微生物絮凝剂是生物大分子，其絮凝作用的本质是有机高分子（如多聚糖、纤维素、蛋白质等）与目标物之间发生的相互作用。主要机理如下：

(1)"桥联作用"机理。絮凝剂借助离子键、氢键同时结合多个颗粒分子，在颗粒间起"中间桥梁"的作用，把这些颗粒联结在一起形成网状结构沉淀下来。

(2)"电性中和"机理。水中胶粒一般带负电荷，当带有正电荷的生物大分子絮凝剂或其水解产物靠近这种胶粒时，将中和其表面上的部分电荷，使胶粒脱稳，从而胶粒之间、胶粒与絮凝剂分子间易发生相互碰撞，通过分子间作用力凝聚而沉淀。

(3)"化学反应"机理。生物大分子中一些活性基团与被絮凝物质相应的基团发生了化学作用，聚集成较大分子而沉淀下来。通过对生物大分子改性、处理，使其获得一些活性基团，这些活性基团对絮凝效果有极大的促进作用。

(4)"卷扫作用"机理。当微生物絮凝剂投量一定且形成小粒絮体时，可以在重力作用下迅速网捕，卷扫水中胶粒，从而产生沉淀分离。对这一机械作用来讲，所需絮凝剂量与原水杂质含量成反比。

微生物絮凝过程是一个复杂的过程，其机械、物理、化学作用同时存在，需要针对胶体颗粒的组成、结构、电荷、构象及各种反应条件对它的影响采取特定的絮凝剂。

微生物絮凝剂才发展几十年，20 世纪 90 年代开始出现商业化生产。微生物絮凝剂实际在工程中尽管尚未得到广泛应用，但其无可比拟的优越性已显示出广阔的发展前景。国内外对微生物絮凝剂的研究还存在很多问题要解决：①微生物絮凝剂虽然种类繁多，但每种絮凝剂的应用范围较窄，无法实现处理对象的广泛性沉淀和降解；②微生物絮凝剂产品使用量巨大，但产量低、稳定性差、不易储存，增加了工业化生产的难度；③生产成本高，微生物絮凝剂的高制备成本限制了其大规模生产，成为制约微生物絮凝剂发展的关键因素；④针对微生物絮凝剂的复配研究仍处于初级阶段，复配手段不成熟，产品运行不稳定。针对以上问题，已经取得一些显著成果。例如，利用微生物工程、代谢工程和遗传工程，大幅提高微生物絮凝剂产生菌的产絮能力；寻找廉价的原材料，以大幅降低生产成本等。复合型微生物絮凝剂经过多年的研究，已在很多方面取得突破性进展。例如，已经成功筛选出多株纤维素降解菌，实现了秸秆类纤维素的高效糖化，使产酶和酶水解能够在同一体系中进行，省去了酶提取这一步骤，打破廉价物料的地域性资源局限。

随着混合菌培养技术、基因工程技术、生物投菌法、生物流化床等新技术、新工艺的投入，微生物絮凝剂的发展已进入一个新的历史阶段。我国的微生物絮凝剂要实现大规模产业化，还需要做如下工作：

(1)建立微生物絮凝剂产品标准及评价体系。目前国内外尚未开展微生物絮凝剂毒理学评价研究，对微生物絮凝剂进行遗传毒性、生殖毒性和一般毒性的安全性评价，可以为微生物絮凝剂的工业化及其在水处理中的应用提供卫生学依据。

(2)构建产絮菌菌种资源库，实现微生物絮凝剂产品的系列化，提高产品的稳定性和多样性。选育方法和诱变方法要在传统选育方法的基础上，进一步完善和改进，并利用复杂基质产絮菌的选育、培养及保藏，开发多元化与和谐化的混合产絮菌群，提高水处理系统中生物处理环节的稳定性及多样性，构建智能化菌种资源库，从而可以针对不同的处理对象选取不同的菌种资源。

(3)优化微生物絮凝剂产品的提取方法及储存条件。微生物絮凝剂主要由多糖和蛋白质组成，其提取方法流程复杂，操作烦琐，耗药量大；作为一种液态发酵产物，其储存稳定性较差。若冻干制粉，室温下可保持50 d活性，但成本较高，不易实现大规模生产和推广。因此，有待开发出新的，经济、简便、高效的，适用于大规模生产的絮凝剂提纯方法。

(4)梯级利用，提高底物的转化效率。昂贵的原材料和培养成本的解决可从两方面着手：一是改进生产方式，例如采用两段式连续发酵生产方式，缩短生产周期，优化发酵过程中的各种影响因素，调控提高微生物絮凝剂的产率；二是开发以多元化废弃物(如以有机废料、发酵残液、剩余污泥等)为廉价原料的微生物絮凝剂制备技术，在探明多元化混合原料对微生物发酵产絮影响规律的基础上，着重研发多元化混合原料的预处理工艺技术，以及产品后处理工艺技术，从而实现混合底物的定向转化，早日推进微生物絮凝剂产品的工业化。

(5)开发微生物复合型絮凝剂。根据处理对象的不同，将化学絮凝剂与微生物絮凝剂复配，开发系列产品，以此扩大微生物絮凝剂的应用。复配后的微生物絮凝剂，其絮凝特性得到提高，既降低了化学絮凝剂用量，又克服了微生物絮凝剂作用的单一性。

(6)开展规模化的生产性试验。目前，微生物絮凝剂的研究大多处于实验室研发阶段，与其实际应用还有较大差距。因此，今后应着重将微生物絮凝剂从实验室阶段转化到大规模工业化生产，在实际工程中对微生物絮凝剂进行深入研究。

(7)探讨絮凝机理与解析絮凝形态结构。从絮凝机理和絮凝形态结构上，要通过物理、化学和生物学等不同角度深入研究，探讨不同的微生物絮凝剂对不同类型的污(废)水的作用原理，分析不同环境因素对絮凝形态结构形成的影响，以及对絮凝效果的影响，找出其中的规律，以指导开发出更具有针对性的新型、高效微生物絮凝剂。

(8)开发高效微生物絮凝剂工程菌。实践证明，从自然界分离筛选到的产絮微生物，不但生产成本高，而且絮凝效果也不稳定，难以适应实际的应用需求。而利用现代分子生物学技术和转基因技术构建的基因工程菌，具有较强的目的性和针对性，使其具有双亲的优良性状，不但可以大幅提高絮凝剂产量，而且更具有稳定的絮凝能力。

微生物絮凝剂的主要成分有糖蛋白、蛋白质、纤维素、多糖以及DNA等。其主要微生物絮凝剂组成如表 3-9 所示。

表 3-9 主要微生物絮凝剂的组成

絮凝剂产生菌	絮凝剂名称	结构与组成
AHU7165 寄生曲霉		相对分子质量在 30 万～100 万之间，由半乳糖胺残基以 α-1，4 糖苷键相连的直连大分子，含量为 55%～65%，氮未取代的半乳糖胺残基随机分布在多糖链上
拟青霉素菌	PF-101	相对分子质量为 30 万，由半乳糖胺形成的多糖，含 85% 半乳糖胺，2.3%乙酰基和 5.7%甲酰基，还含有氮未取代的半乳糖胺，大部分以 α-1，4 糖苷键相连
AJ7002 酱油曲霉		相对分子质量大于 29 万，含 20.9%的半乳糖胺，0.3%葡萄糖胺和 35.3%的 2-酮葡萄糖酸，27.5%的蛋白质。其中，半乳糖胺和葡萄糖胺均非乙酰化
KJ201 协复产碱杆菌	AI-201	相对分子质量超过 200 万，是一种多糖絮凝剂，含 42.5% 的葡萄糖，36.38% 的半乳糖，8.52% 的葡萄糖醛酸和 10.3%的乙酸
R-3 mined microbe	APR-3	相对分子质量超过 200 万，由葡萄糖、半乳糖、琥珀酸、丙酮(摩尔比为 5.6：1：0.6：2.5)组成的酸性多糖
S-J 红平红球菌		由多糖和脂质组成

3.2.6.6 纳米材料强化絮凝剂

纳米材料强化絮凝剂是将纳米材料与传统的净水絮凝剂复合制得的絮凝剂，或将纳米微粒与絮凝剂按一定的配合比混合后直接投加使用。其将絮凝剂的絮凝作用和纳米粒子的吸附作用相结合，以絮凝剂的物理化学的表面效应为主，纳米材料起诱导、催化作用，呈现强化絮凝功能。纳米材料高的表面能、巨大的表面积、极高的表面活性和特有的三维硅石结构，使无机絮凝剂分子的理化性能改型，促使絮凝剂很快搭桥成密实的矾花，并在其表面吸除污染物后快速沉淀分离，从而提高絮凝沉降效果。而目前使用较多的是纳米有机天然高分子复合絮凝剂(NFSH)，它是一种液态螯合树脂，带有—CSSNa、—OH、—COOH、—NH_2 等多种基团，能在常温下与废水中的 Hg^{2+}、Cd^{2+}、As^{3+}、Pb^{2+}、Cu^{2+}、Zn^{2+}、Ni^{2+}、Cr^{3+}、Cr^{6+} 等金属离子迅速反应生成水不溶性的螯合盐并形成絮状沉淀，达到网捕去除金属离子的目的。

纳米强化絮凝的研究是新近出现的。絮凝剂通过纳米材料搭桥形成的矾花密实，共沉淀效果好，污染物去除率高，易脱水，沉降速度可提高一倍以上，吸附能力是普通净水剂的 10～20 倍。利用纳米超高效絮凝技术可以将污水中的贵金属如金、钌、钯、铂等沉淀并提炼出来，变害为宝。但是，纳米强化絮凝技术对水中有机物的处理以及强化絮凝机理在国内外均少见报道。

3.3 环境催化材料

3.3.1 环境催化剂

环境催化剂又称环保催化剂，是指用催化转化的方法将空气、水和固态环境(固体废弃物、土壤等)中的有毒、有害污染物质通过化学反应转化为无毒、无害物质的催化活性物质。环境催化剂与具有单一性和确定性的工业催化剂有本质的区别:一是有毒、有害物质在环境中分布空间大,污染具有连续性,要求环境催化剂尽可能借助自然界中的物质或能量(太阳光、氧等)来提高其在时空上的催化活性、催化连续性和催化反应的广度;二是有毒、有害物质在环境中浓度往往很低,而处理要求却很高,要求环境催化剂比一般催化剂具有更高的催化活性;三是环境中各种杂质的存在要求环境催化剂具有更高的抗毒性、选择性和稳定性;四是环境中要处理的有毒、有害物质往往不止一种,要求环境催化剂具有多效协同催化活性;五是环境条件的不可控性,要求环境催化剂具有更高的热稳定性、机械强度、抗冲蚀性以及抗变压和波动性。

环境催化剂一般由活性组分、载体、助催化剂组成:

(1)活性组分利用其活性中心通过吸附-活化反应物参与催化反应,反应结束后活性中心数目和结构不变,活性中心是该组分中的原子、原子团、离子、离子缺陷位等局部位置。活性组分可以是单一物质,也可以由多种物质构成。由多种物质构成时有几种情况:①固体催化剂,由主催化剂、共催化剂、助催化剂、载体组成,其中的主催化剂是活性组分;②配合物催化剂,助催化剂是配合物,或主催化剂和助催化剂均是配合物,其中主催化剂(中心原子)是活性组分;③酶催化剂,酶=酶蛋白+辅基(辅酶),大体相当于主催化剂和助催化剂,但是两者分别存在时,均无活性。

(2)载体是负载活性组分的骨架,起分散、黏合、支撑作用,为催化反应提供有效表面和适合的孔结构,使催化剂获得足够的机械强度、热稳定性、抗毒性,节约活性组分的用量。载体的组成、比表面积、孔径分布、表面酸碱性等性质直接影响到催化剂的活性、选择性及催化反应过程的传递特性。

(3)助催化剂是加入到催化剂中的少量辅助物质,主要用于改善催化剂对反应的催化效果,其本身没有活性或者活性很低。助催化剂通过改变催化剂的化学组成、化学结构、离子价态、酸碱性、晶格结构、表面构造、表面孔结构、分散状态、连续强度等来提高催化剂的活性、选择性、稳定性和寿命。助催化剂按作用机理的不同一般分为结构型和电子型,结构型主要用来提高活性组分的分散性和稳定性;电子型主要用来改变主催化剂的电子结构,促进催化活性和选择性。

环境催化剂的选择性是指倾向于反应产物,且对环境不造成新的污染,其意义比活性更为重要,催化反应的选择性可以定义为

$$S=\frac{\text{所得目标产物的物质的量}}{\text{已转化的某一反应物的物质的量}}\times 100\%$$

环境催化剂在制备完成后需要对其表面进行活化,形成催化反应所需要的活性结构,活化方法视需要而定,常常要在高温下用氧化性或还原性气体处理催化剂。从开始使用到催化剂活性、选择性明显下降这段时间,称为环境催化剂的寿命,当活性和选择性下降到低于某一特定值后催化剂就失活了,环境催化剂寿命也常用来衡量其稳定性。环境催化剂的稳定性包括对高温热效应的耐热稳定性,对摩擦、冲击、重力作用的机械稳定性和对毒化作用的抗毒稳定性,也可以用单位活性位上所能实现的反应转换总数来表示。耐热稳定性要求环境催化剂能

在高温的反应条件下(如机动车尾气净化)长期具有一定的活性,避免活性组分的微晶烧结长大、晶格破坏或者晶格缺陷减少。对低熔点金属催化剂需要加入适量高熔点难还原氧化物起保护隔离作用,以防止微晶聚集而烧结。机械稳定性是指催化剂能够经受颗粒与颗粒之间、颗粒与流体之间、颗粒与器壁之间的摩擦与碰击,且在运输、装填及自重负荷、反应条件改变等过程中能不破碎或没有明显的粉化,一般以抗压强度和粉化度来表征。环境催化反应体系中往往含有大量对催化剂有毒化作用的物质(如 SO_2、O_2、CO_2、H_2O、重金属等),该物质使催化剂的活性、选择性或寿命降低的现象称为催化剂中毒,中毒的本质是催化剂表面活性中心吸附了毒物或进一步转化为较稳定的没有催化活性的表面化合物,使活性位被钝化或被永久占据,抗毒稳定性是环境催化剂最重要的性能要求之一。

环境催化剂的研究是一项富有挑战性的工作。反应物经常是在 ppm 级甚至 ppb 级;对环境催化有害的物质却经常是反应物的数百倍甚至数万倍,并且无法去除和避免;反应体系是一个多组分、多介质的复杂过程体系,且反应条件非人为所能控制。工业催化长期积累的许多成功经验基本上无法满足环境催化过程中对催化剂更高活性、更高选择性和更高稳定性的苛刻要求。环境催化的研究基本上仍处于探索、研究和初步应用阶段,未来发展的侧重点是对环境多相催化这一微观过程(如反应机理和催化活性中心结构在分子和原子水平上)进行深入探索,尽管长期积累的研究固体表面的结构和组成以及表面上物质的吸附、扩散、反应和脱附已经发展成为自成体系的表面科学,但要实现用表面科学的研究成果指导催化剂的设计这一终极目标仍必须首先跨越理论研究与应用研究存在的巨大反差,该反差主要表现在表面科学研究的实验条件及研究的侧重点和实际的多相催化反应体系相去甚远,以至于很多情况下双方的研究结论之间失去了相关性。环境催化剂是快速治理环境污染最有效的环境工程材料之一,许多难题在未来的研究中会逐步得到解决。

3.3.2 常见的环境催化剂

3.3.2.1 贵金属催化剂

贵金属催化剂未填满的 d 电子轨道使贵金属表面易将吸附反应物转化为活性中间物质,几乎导致所有的贵金属都可用作催化剂,常用的有银、金、铂、钯、铑等。贵金属催化剂要求负载在比表面积大的载体上,银较多负载在氧化铝上;金较多负载在活性炭、沸石上;铂、钯、铑负载范围广泛。按催化反应类别,贵金属催化剂可分为均相催化剂和多相催化剂两大类。均相贵金属催化剂中贵金属以高分散的纳米颗粒状态或金属簇形式存在,通常为可溶性化合物(盐或络合物),如氯化钯、氯化铑、醋酸钯、羰基铑、三苯膦羰基铑等。多相贵金属催化剂中贵金属以颗粒状高分散于载体上,可负载于金属氧化物或分子筛等之上,其主要形态为金属丝网态和多孔无机载体负载金属态。金属丝网催化剂(如铂网、银网)的应用范围及用量有限,绝大多数多相催化剂为载体负载贵金属型,如 Pt/Al_2O_3、Pd/C、Ag/Al_2O_3、Rh/SiO_2、$Pt\text{-}Pd/Al_2O_3$、$Pt\text{-}Rh/Al_2O_3$ 等。贵金属在载体上的分散度是催化剂重要的表面性质之一,分散度越大,贵金属表面积越大,能发生化学吸附的活性中心越多。

贵金属均相催化剂的组成较单纯,通常为某种化合物;多相催化用负载型催化剂的组成较复杂，通常由活性金属组分、助催化剂及载体组成。均相催化用催化剂的制备主要是用化学法获得所需化合物及有机络合物；多相催化用无载体催化剂（如 Pt－Rh 网）的制备是先用火法熔炼制成合金，然后经拉丝、织网而成；载体催化剂的制备较为复杂，一般是将载体原料经配料、成形、烧成等工艺过程加工成一定形状（如球状、柱状、蜂窝状），然后用浸渍法加载贵金属活性组分及助催化剂，最后经还原焙烧而成。

1831 年，英国菲利普斯（Philips）最早提出以铂为催化剂的接触法制造硫酸，此后，贵金属催化剂的工业化应用层出不穷。从 1974 年起，汽车排气净化用贵金属催化剂（以铂为主，辅以钯、铑）大量推广应用，并很快发展为用量最大的贵金属催化剂。贵金属催化剂开发应用百余年来，其发展势头长盛不衰，新的品种、新的制备方法、新的应用领域不断出现，有关基础理论也在不断完善。当然，由于贵金属资源稀少、价格昂贵，人们也在不断研究开发非贵金属或低含量贵金属催化剂。贵金属催化剂以其优良的活性、选择性及稳定性而广泛用于加氢、脱氢、氧化、还原、异构化、芳构化、裂化、合成等反应，在化工、石油精制、石油化学、医药、环保及新能源等领域都起着非常重要的作用。在环境领域应用在氮氧化物直接分解、烃类的催化还原、挥发性有机物的催化降解。

3.3.2.2 金属氧化物催化材料

金属氧化物催化材料包括过渡金属氧化物催化剂（简称“氧化物催化剂”）和非过渡金属氧化物催化剂（简称“固体酸碱催化剂”）。过渡金属氧化物催化剂常为复合氧化物，即多组分的氧化物，其中至少有一种为过渡金属氧化物，且组分间常存在相互作用。例如，Bi_2O_3-MoO_3、V_2O_5-MoO_3、TiO_2-V_2O_5-P_2O_5、V_2O_5-MoO_3-Al_2O_3 及丙烯腈合成用七组分催化剂等。应用最多的是以 V_2O_5 为活性组分，将其负载于 Al_2O_3、SiO_2、Al_2O_3-SiO_2、ZrO_2、TiO_2、TiO_2-SiO_2 等氧化物上。除了 V_2O_5 外，Fe_2O_3、CuO、Cr_2O 等过渡金属氧化物也表现出一定的催化还原活性。由于过渡氧化物中金属离子有易变价的特性，广泛用于氧化、脱氢、加氢、聚合、加和等催化反应，主要的催化反应是烃类选择氧化型。非过渡金属氧化物如ⅠA 和ⅡA 族的碱金属和碱土金属氧化物以及 Al_2O_3、SiO_2 等的氧化物，具有不变价的倾向，大多数具有很高的熔点，抗烧结，且具有不同程度的酸碱性，对离子型（或正碳离子型）反应具有酸碱催化活性，可制成酸碱多功能催化剂，还可用作载体或结构助催剂。金属氧化物催化剂是工业催化剂中应用最广泛的一种，多是一些复合金属氧化物。在催化反应过程中，催化剂从反应分子得到电子，或将电子给予反应分子，是烃类选择性氧化的重要催化剂。在环境治理中，金属氧化物催化剂应用广泛，如汽车尾气处理、大气污染物治理等都要用到金属氧化物催化剂。具体应用在氮氧化物催化分解、烟气的催化还原、挥发性有机物的催化。

V_2O_5 作为选择性催化（SCR）剂的活性成分具有以下优点：①催化剂的表面呈酸性，容易将碱性的 NH_3 捕捉到催化剂表面进行反应；②其特定的氧化势有利于将 NH_3 和 NO_x 转化为 N_2 和 H_2O；③工作温度较低，为 350～450 ℃。但是 V_2O_5 同时具有催化氧化 SO_2 的能力，能使烟气中 SO_2 转化成 SO_3，进而与 NH_3 反应生成 NH_4HSO_4 等固体颗粒而引起 SCR 反应器及下游设备的磨损和堵塞，需在 SCR 系统运行过程中加以优化。锐钛矿结构的 TiO_2 具有合适的比表面积、表面酸性和孔结构，同时由于 $Ti(SO_4)_2$ 具有较低的分解温度而使其具有良好

的抗 SO_2 性能，是最合适的脱硝催化剂载体。发电厂装配的 SCR 系统一般是 V_2O_5 催化剂负载于 TiO_2 上，并掺杂 WO_3 或 MoO_3 对 V_2O_5/TiO_2 进行改性，通常有几种不同类型，分别是 $V_2O_5-WO_3/TiO_2$，$V_2O_5-MoO_3/TiO_2$ 和 $V_2O_5-WO_3-MoO_3/TiO_2$ 等，其中尤以 $V_2O_5-WO_3/TiO_2$ 研究和应用较多，而单一活性成分的 V_2O_5/TiO_2 则较少应用。

钒基催化剂的有效活性温度区间较宽，对于商用的 $V_2O_5-WO_3/TiO_2$ 来说，在 150 ℃就已经具备了明显的活性，在 NH_3/NO 为 1∶1 的化学当量比的情况下，最佳反应温度区间的下限大概在 280 ℃，而上限在 380～420 ℃。当温度超过这一区间的上限时，NH_3 氧化的副反应发生，生成 N_2O 和 NO，从而降低了 NO 的转化率。W 和 Mo 在 SCR 反应中同样具有一定的活性和选择性，$V_2O_5-WO_3/TiO_2$ 和 $V_2O_5-MoO_3/TiO_2$ 的活性要好于 WO_3/TiO_2 和 MoO_3/TiO_2，在一定的含量范围内（V_2O_5 约为 1%，WO_3 约为 10%），随着 V_2O_5 和 WO_3 含量的增加，其活性也相应增加。

钒是 V_2O_5 中最主要的活性组分，其担载量可能不尽相同，通常不超过 1%（质量分数），因为较高负载量的 V_2O_5 能将 SO_2 氧化成 SO_3，造成催化剂上硫酸盐沉积，这对 SCR 反应是不利的，因此，钒的担载量不能过大。钒的氧化物在 TiO_2 的表面有很好的分散度，以锐钛型 TiO_2 为载体担载钒类催化剂所获得的活性是最高的；而且在 TiO_2 作为载体的条件下，硫酸盐很弱且是可逆的；另外，在工业应用过程中硫酸盐不会遮蔽表面活性位，相反这部分少量的硫酸盐还会增强反应的活性。WO_3 含量一般较高，大约能够占到 10%（质量分数），主要作用是增加催化剂的活性和热稳定性，其机理还不是很清楚，一些学者认为其增加了 Bronsted 酸性，从而增强了反应的活性；也有学者认为 SCR 反应需要两个活性位，WO_3 提供了另外一个活性位。因为锐钛矿型 TiO_2 是一种亚稳定的 TiO_2 的同素异形体，其在任何温度和压力条件下都有形成热稳定性较高的金红石的趋势，从而造成锐钛矿的烧结和比表面积的丧失，WO_3 和 MoO_3 的加入不仅能够阻碍这种变化的发生，而且还能和 SO_3 竞争 TiO_2 表面的碱性位并代替它，从而抑制其硫酸盐化。在 SCR 反应中，加入 MoO_3 能提高催化剂的活性，且防止烟气中的 As 导致催化剂中毒，但后者的机理现在还不是很清楚。在工程实际应用的蜂窝状催化剂中，加入了一些硅基的颗粒，以提高催化剂的机械强度。但由于这些硅基颗粒中通常含有一些碱性的阳离子，对催化剂来说是一种毒性物质，因此会造成工程实际应用中催化剂活性有所下降。

除了 V_2O_5 外，Fe_2O_3、CuO、Cr_2O 等过渡金属氧化物也表现出一定的催化还原活性，引起了国内外的广泛关注，其中 Fe_2O_3、CuO 研究得较多。

过渡金属原子具有未填满的轨道，原子轨道最外层仅有 1 个或 2 个电子。过渡金属氧化物未充满 3d 层可以与氧化剂配位形成多种活化的过渡态氧，表现出不同的反应活性，可分为两种作用机理，即吸附氧作用机理和晶格氧作用机理。前者是借助因吸附而活化的过渡态氧与被氧化物的作用；后者以氧化物催化剂中的晶格氧与被氧化物发生作用而自身被还原，还原状态的氧化物催化剂再从催化剂表面气相中夺取氧而再被氧化，形成催化循环。过渡金属氧化物催化氧化有机物可看作是一个吸附-氧化还原过程，包括两个步骤：目标物吸附在氧化物催化剂上，并与催化剂上的氧物种进行反应，氧化物催化剂被还原；还原态的氧化物催化剂迅速与氧反应而被氧化恢复至初始态。常用的催化剂的制备方法有浸渍法、水热法、共沉淀法、溶胶凝胶法。从组成上可分为单一氧化物催化剂或混合氧化物催化剂，后者存在几种形式：①生成复合氧化物，如尖晶石、重晶石、含氧酸盐-杂多酸等；②形成固溶体，如氧化铁-氧化铬、氧化钒-氧化磷等；③相互分开的混合物，通过协同效应产生催化作用。

过渡金属氧化物催化剂发展较迟，1913 年五氧化二钒用于硫酸工业，最早作为二氧化硫氧化成三氧化硫的催化剂；20 世纪 60 年代，随着石油化学工业的发展，特别是 1960 年用钼-铋氧化物为催化剂，将丙烯氨化氧化为丙烯腈成功以后，无论在催化剂品种方面和基础理论研究方面，都促使氧化物催化剂得到了很快的发展。过渡金属氧化物催化剂广泛用于氧化还原型机理的催化反应，一般为非化学计量化合物，常用于汽车尾气净化、天然气催化燃烧等。

3.3.2.3　分子筛催化剂

分子筛催化剂是指以分子筛为活性组分或主要活性组分之一的催化剂。分子筛是具有均匀微孔，其孔径与一般分子大小相当的薄膜类物质，是由 SiO_2、Al_2O_3 和碱金属或碱土金属组成的无机微孔材料，其化学组成式通常表示为：

$$M_xO \cdot AlO_3 \cdot ySiO_2 \cdot zH_2O \qquad (M 为 K、Na、Ca、Mg)$$

分子筛按骨架元素组成可分为硅铝类分子筛、磷铝类分子筛和骨架杂原子分子筛。分子筛催化剂中通常只含有 5%～15%的分子筛，其余部分为基质，基质由难熔性无机氧化物或其混合物和黏土组成，基质的作用是使分子筛良好分散，使分子筛易于黏结成形，甚至可使分子筛的热稳定性得到提高，在催化过程中基质还起到热载体的作用。分子筛具有规整的晶体结构、尺寸均匀的微孔结构、巨大的比表面积、平衡骨架负电荷的阳离子可被一些具催化特性的金属离子所交换，以及非骨架组分等特殊的结构性质。在有机合成反应中多以负载型分子筛为催化剂，它以分子筛为载体，将杂多酸、胺类、金属氧化物和过渡金属络合物等催化剂负载到孔道中。分子筛的活性中心主要分布在晶体内部，且催化性能随反应物分子、产物分子或反应中间物的几何尺寸的变化而显著变化。催化剂反应的选择性常取决于分子与孔径的大小，共有四种不同的形式，包括反应物的择形催化、产物的择形催化、过度状态限制的择形催化、分子交通控制的择形催化。

按分子筛的催化性质，分子筛催化剂可分为分子筛固体酸催化剂、金属分子筛双功能催化剂和分子筛择形催化剂三大类。

分子筛催化剂具有优异的酸催化活性，它的酸性来源于交换态铵离子的分解、氢离子交换，或者是所包含的多价阳离子在脱水时的水解。例如：

$$NH_4M \longrightarrow NH_3 + HM$$

$$H^+ + NaM \longrightarrow HM + Na^+$$

$$Ce_3 + M + H_2OM \longrightarrow CeOH_2 + M + HM$$

式中，M 表示分子筛。所产生的质子酸中心的数量和酸强度对分子筛的酸催化活性具有重要意义。分子筛的两个羟基脱水将形成路易斯酸（L 酸）中心，其结构是一个三配位铝原子和同时生成的一个带正电荷的硅原子。

分子筛上可载以铂、钯之类的金属，得到兼有金属催化功能和酸催化功能的双功能分子筛催化剂。一般用金属的氨基络合物与分子筛进行阳离子交换，继而进行还原性分解。

金属可以为原子态分散，同时也存在着二聚态甚至多聚态。晶内空间的金属还可以向外表面迁移。除贵金属外，许多过渡金属离子也可以被引入分子筛而构成双功能催化剂。

由于分子筛的催化作用一般发生于晶内空间，分子筛的孔径大小和孔道结构对催化活性和选择性有很大的影响。分子筛具有规整而均匀的晶内孔道，且孔径大小近于分子尺寸，使得分子筛的催化性能随反应物分子、产物分子或反应中间物的几何尺寸的变化而显著变化。

合成分子筛的基本型是钠分子筛。为产生固体酸性，必须将多价阳离子或氢质子引入晶格中，一般采用离子交换法制备分子筛固体酸催化剂。这要求待交换的金属在溶液中必须以阳离子形式存在，而有些金属的水溶性化合物不易形成阳离子时，可用络离子代替，例如，铂金属可应用 $Pt(NH_4)$络离子。在制备分子筛双功能催化剂时，除用离子交换法外，也可用浸渍法，尤其是工业用分子筛催化剂，多采用浸渍法来承载贵金属。制造催化剂时，分子筛原粉通常经胶体研磨后混入基质的胶体中，用喷雾、挤条或其他方法成形，再经干燥、焙烧等步骤最后制成催化剂。

1954 年，第一次人工合成沸石分子筛并作为吸附剂而商品化。20 世纪 50 年代先后合成了 A 型和 X 型分子筛以及与天然八面沸石结构相似的 Y 型分子筛；60 年代后期至 70 年代初期，开发出硅铝比达到 20～100 的高硅分子筛。近些年来，分子筛已逐渐形成一门独立的学科，随应用领域的不断扩大，迫切要求用简单的工艺、较低的成本配合先进的手段研制出高性能、多功能的新型分子筛。分子筛催化剂结构稳定，机械强度高，热稳定性好，活化再生后可重复使用，对设备无腐蚀，且容易与反应产物分离，生产过程中基本不产生“三废”，废催化剂处理简单，不污染环境。主要领域包括催化缩合、氧化、还原、聚合、烷基化、异构化、裂化及光催化等方面。在环境领域，具体应用在氮氧化物的直接催化分解、烟气中催化还原。

3.3.2.4 络合物催化剂

络合物催化剂是指在反应过程中对反应物起络合作用并使之在配位空间进行催化过程的一种催化材料。一般是过渡金属络合物、过渡金属有机化合物及其盐类。起络合催化作用的主要是由过渡金属元素构成的中心离子（或原子），该中心离子与其周围的具有孤对电子的配位体组成络合物，在反应过程中催化剂活性中心与反应体系始终保持着化学结合。络合催化包括均相络合催化和非均相络合催化。均相催化剂具有高活性、高选择性、催化剂结构明确、反应条件温和等优点；缺点是对设备有腐蚀，不稳定，与产物难分离，不能重复使用。非均相催化剂易与产物分离，力学性能好，热稳定性高；缺点是催化活性低，反应需高温、高压，选择性低。络合催化的一般机理可用如下通式表示：

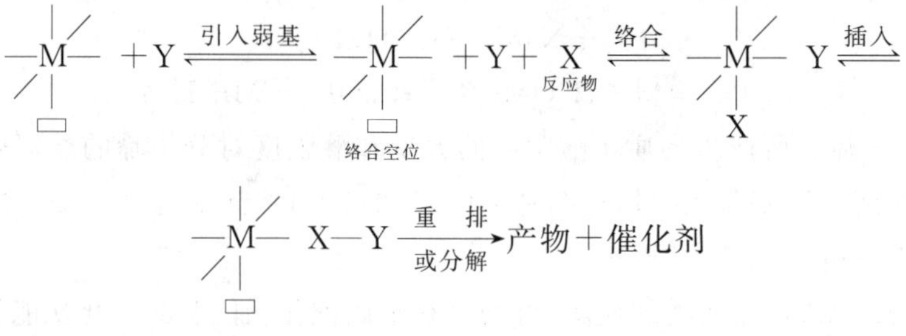

式中，M 为络合中心金属原子或离子；Y 为弱基；Y—M 形成不稳定的配位键；X 为反应物分

子；▭为络合空位。

络合催化机理的主要步骤可归纳为络合、插入及空位的恢复。向络合催化剂中引入烷基(—R)、氢基(—H)和羟基(—OH)等配位体，形成的 M—Y 键属于不稳定的配位键，这些键容易进行插入反应，引入的基团 Y 称为弱基。引入弱基可在络合反应之前进行，也可在络合反应之后进行，要根据具体催化过程而定。络合催化剂为使反应物与之络合，必须提供络合空位。反应物分子在络合空位处与络合催化剂配位，通过络合配位使反应物活化。不同反应物活化方式也不同，但它们的共同特点是削弱了反应物的双键或多键，使之容易断裂。络合活化的反应物插入相邻的弱配位键之间，生成一个新的配位体，同时留下络合空位。正如通式所示，X 插入相邻的顺位 M—Y 键，与 Y 结合成单一配位体—XY，并留下络合空位▭。新的络合物 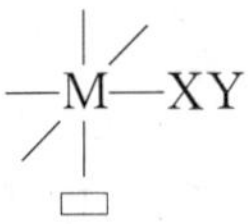 通过裂解或重排，得到产物，同时使络合催化剂再生复原 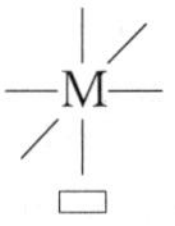 ，继续进行新一轮的催化过程，构成络合催化循环。

1. 络合物催化剂化学成键作用

(1)络合物成键的价键理论。价键理论认为，络合物的中心离子(或原子)应具有空的价电子轨道，而配位体应具有孤对电子，后者将孤对电子配位到中心离子(或原子)的空轨道中，形成化学键，这就是配价键。过渡金属离子(或原子)作为络合物中心是有利的，因为过渡金属的 d^0(Sc^{3+} 和 Ti^{4+} 可视为扩组态)到 d^{10}(Cu^+、Ag^+、Zn^{2+} 等可视为 d^{10} 组态)的 nd、(n+1)s 和(n+1)p 九个轨道能量差不多，其中有的轨道本来是空的，有的可以腾空出来，这样就可提供较多轨道形成配价键。例如，$[PdCl]^{2-}$ 络离子，具有正方形构型，中心离子 Pd^{2+} 在正方形中心，四个配位体位于正方形顶点。Pd^{2+} 离子的外层电子排布如下：

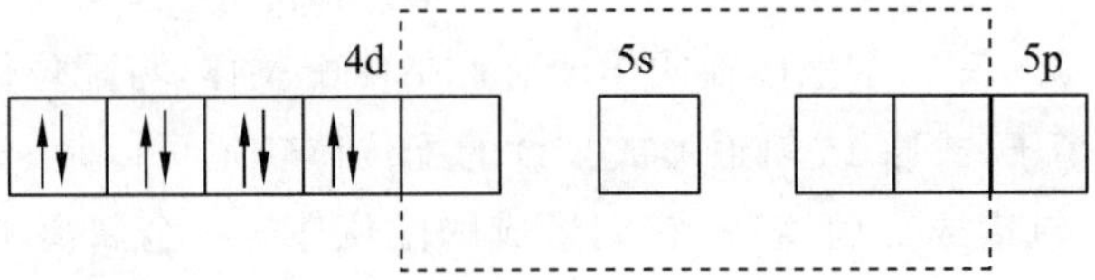

价电子层中的 1 个 4d 轨道和 5s、5p 轨道都空着，可组成 dsp^2 杂化轨道，与四个配位体形成配价键，生成正方形结构的络合物。根据分子轨道理论，中心离子(或原子)采用杂化轨道与配位体相互作用，杂化轨道不同，形成的络合物的几何构型也不同，杂化轨道与络合物的几何构型如表 3-10 所示。

表 3-10　杂化轨道与络合物的几何构型

配位体数	杂化轨道	杂化轨道夹角	几何构型	举　例
2	sp	180°	直线	$(AgCl_2)^{1-}$
4	sp^2	109°28′	正四面体	$[Zn(NH_3)_4]^{2+}$
4	dsp^2	90°	正方形	$(PdCl_4)^{2-}$
6	d^2sp^2	90°	正八面体	$(PtCl_5)^{2-}$

(2)络合物成键的晶体场理论。尽管价键理论从轨道杂化概念出发解释络合物的结构和性能之间的关系取得了一些成功,但仍有些现象难以说明。于是人们又利用晶体场理论来研究络合物。

络合物的形成是依据过渡金属中心离子(或原子)来五重简并的 d 轨道在配位体的作用下可发生能级分裂,产生晶体场稳定化能(CFSE),这给络合物带来的额外稳定化能量,增加了络合物的成键效果。若把中心离子与配位体之间的作用看作纯粹的静电作用,则可计算出轨道能级分裂能(Δ)的大小。由于能级分裂使轨道能级有了高低之分,d 电子的排布也将发生变化。在不违背保利原理,并考虑到静电排斥作用的前提下,电子应优先占据能量最低的轨道。对八面体络合物 d^1、d^2 和 d^3,只有一种电子构型,而 d^4、d^5、d^6 和 d^7 则有两种构型,究竟是哪一种构型,则与电子成对能(P)和分裂能的相对大小有关。若使电子成对所付出的能量(P)大于使电子分占能级轨道所需要的能量(Δ),即 $P>\Delta$,则体系采取电子不成对分占各轨道的排布,即为弱场高自旋电子构型;反之,当 $P<\Delta$ 时,则电子成对优先占有低能轨道的排布,即为强场低自旋的电子构型。通常各种金属离子的 P 值变化不大,所以主要取决于分裂能 Δ 的大小。

(3)络合物成键的分子轨道理论。尽管晶体场理论解释了络合物中的一些实验事实,但由于它只强调中心离子(或原子)与配位体之间的静电结合,而忽略了二者之间的共价结合,有些实验结果无法说明。特别是对于金属有机化合物和羰基络合物,难以用晶体场理论解释。于是人们提出用分子轨道理论来讨论络合物的形成。

分子轨道理论认为,中心离子(或原子)和配位体之间可形成某种程度的共价键,用分子轨道理论来讨论络合物中的共价键,称为络合物的分子轨道理论。这种用分子轨道理论修改的晶体场理论,统称为配位场理论。

① 络合物中 σ 键的形成。络合物的中心离子(或原子)为过渡金属,例如第四周期元素外层电子轨道包括 $3d_{xy}$、$3d_{yz}$、$3d_{xz}$,$3d_{x^2y^2}$,$3d_{z^2}$,4s,$4p_x$,$4p_y$,$4p_z$ 等九种轨道,后六种轨道的电子云极大值方向是沿着 x、y、z 三个坐标轴或作球对称指向配位体,与配位体的 σ 轨道组成 σ 共价键。能与中心金属离子(或原子)轨道形成 σ 键的配位体轨道可以是 s、p 轨道,或其杂化轨道,也可以是成键的 σ 轨道或 π 轨道等,它们形成的配位体——金属离子键轴是圆柱形对称的,即具有 σ 对称性。按照分子轨道理论,六个配位体的 σ 轨道可自身先组成六组与中心离子(或原子)轨道对称性一致的配位体群轨道,当它们与中心离子(或原子)的六个原子轨道重叠时,就生成六个成键的 σ 轨道和六个反键的 σ^* 轨道,而中心离子(或原子)原来的 $3d_{xy}$、$3d_{yz}$ 和 $3d_{xz}$ 轨道称为非键轨道,因为它们既不是成键轨道,也不是反键轨道。

② 络合物中 π 键的形成。金属的 p_x、p_y、p_z 轨道还可和对称性合适的配位体轨道形成 π 键。此外,中心离子(或原子)的 d_{xy}、d_{yz} 和 d_{xz} 三种轨道是夹在坐标轴之间,只能与对称性相匹配且能量相近的配位体轨道形成 π 键。这种共价键往往是由一方提供一对电子而形成 π 键,故又称 π 配键。配位体中的 π 轨道可以是 p 轨道、d 轨道或者二者组合,也可以是反键 σ^* 轨道、反键 π^* 轨道。当配位体的 π 轨道的能量比中心离子(或原子)低能量的 d_{xy}、d_{yz} 和 d_{xz} 轨道的能量低,并充满电子时,则络合成键时,配位体是电子给予者;相反,若配位体的 π 轨道的能量比中心离子(或原子)低能量的 d_{xy}、d_{yz} 和 d_{xz} 轨道的能量高,且 π 轨道是空的,如含双键配位

体的 π^* 反键轨道，则络合成键时，中心离子(或原子)是电子给予者，而配位体是电子接受者，这就是反馈 π 键。

2. 均相络合催化剂

在均相络合催化剂中，过渡金属原子能以不同的价态出现，并能与多种不同的配位体以共价键或配位键的键型相结合，而给出多种多样功能不同的催化剂。这类催化剂是分子态的，能与各种反应物发生特定的一系列反应，并通过催化剂循环而得到目的产物，重新再生成催化剂。对于不同的反应，其催化剂分子不仅需要特定的过渡金属原子，而且还需要结合特定的配位体，才能使催化剂具有高效率和高选择性。

对于烯烃的加氢、加成、齐聚以及一氧化碳的羰基合成等反应，所用的催化剂分子中一般要用软的或可极化的配位体来稳定过渡金属原子的低价配合物。这类配位体主要有：一氧化碳、胺类、膦类，较大的卤素阴离子和 CN^- 阴离子等。软的配位体常常是通过 σ—给予键和 π—受体键的相互作用与金属原子结合的。

对于氧化反应的催化剂，通常用“硬的”或不可极化的配位体来稳定高价的金属阳离子。这类配位体主要有水、醇、胺、氢氧化物和羧酸根阴离子等。它们是通过简单的 σ—给予键(通常是完全的离子键)连接到金属阳离子上的。

生产中，有时在反应液中加入不具有催化活性但价廉易得的过渡金属盐，让它在反应过程中转变成具有活性的催化物种。

在均相络合催化剂分子中，参加化学反应的主要是过渡金属原子，而许多配位体只是起着调整催化剂活性、选择性和稳定性的作用，并不参加化学反应。因此，在书写反应式时，为了简便，常常将过渡金属原子用 M 表示，将不参加反应而结构复杂的配位体用 L 表示。并且用 ML 或 M 表示均相络合催化剂。

在均相络合催化的反应历程中所发生的单元反应，得到目的产物，并重新生成催化剂。主要的基本反应有以下几种：

(1)配合与解离。配合是指的是一个配位体以简单的共价键与过渡金属原子结合而生成配合物的反应。它是均相络合催化中不可缺少的反应。解离是配合的逆反应，即金属—配位体之间的共价键或配位体发生断裂使该配位体从配合物中解离下来的反应。它是均相络合催化剂中经常遇到的反应。

(2)插入和消除。插入指的是与过渡金属原子配合的双键(例如烯烃、二烯烃、炔烃、芳烃和一氧化碳等配体中的双键)中的 π—键打开，并插入到另一个金属—配体键之间。插入反应也可以看作是一个配体从过渡金属原子上转移到一个具有双键的配体的 β—位上。因此，插入反应也叫作配体转移反应或重排反应。

消除指的是一个配体上的 β—氢(或其他基团)转移到过渡金属原子的空配位上，同时该配体—金属之间的键断裂，使该配体成为具有双键的化合物，从金属上消除下来。

(3)氧化和还原。在氧化/还原反应中，络合催化剂中的过渡金属原子通常是在两个比较稳定的氧化态之间循环，它们都是单原子循环。另外，金属原子也可以在零价态和氧化态之间循环，它们是双电子循环。氧化/还原反应可分为简单的电子转移和配体转移两类。

(4)氧化加成和还原消除。氧化加成指的是一个分子断裂为两个配体,并同时配合到一个过渡金属原子上。还原消除是氧化加成的逆反应,即两个配体同时从过渡金属原子上解离下来,并相互结合成一个分子。在均相络合催化剂的存在下,将几种不同类型的基本反应以适当的方式结合起来,就可以从起始反应物得到所需要的目的产物。因为在整个过程中,催化剂又可以重新生成,所以又叫作"催化循环"。

3. 均相络合催化的固相化

均相络合催化剂的固相化:将均相催化剂与多相催化剂的优点结合在一起,具有活性中心分布均匀、易于化学改性、选择性高、能像非均相催化剂那样易于与反应介质分离而回收再生催化剂、热稳定性较高、寿命较长的特点,因而备受关注。关于络合催化剂的固相化方法有多种,下面简单介绍几种较成熟的方法。

(1)浸渍法:将原来液相络合催化剂负载在多孔载体上。通常是把含活性组分的溶剂作为浸渍液,选择适宜的多孔物质,如 Al_2O_3、SiO_2 等作为载体,进行浸渍,使络合物均匀分散在载体上,然后经过干燥、活化即得固体催化剂。此法简单易行,但因结合不牢容易流失或分解。

(2)化学键合法:可溶性络合催化剂化学键合在高分子固体表面上,制成不溶于反应介质的固体催化剂。高分子载体包括有机载体和无机载体,如聚乙烯、聚苯乙烯、硅胶、离子交换树脂等。化学键合法分为配位络合法、离子交换法等。配位络合法是将载体经化学处理,使其表面具有能提供孤对电子的功能团,例如,将其胂化、膦化或胺化,利用 P、As、N 的孤对电子与过渡金属络合物中心金属离子(或原子)进行配位络合,即可制得化学键合的固相化催化剂。离子交换法是将活性组分通过离子交换固载在交换树脂上。化学键合的固体催化剂,活性组分与载体键合较牢,不易流失和分解。活性组分以单独的离子或络离子状态分布在载体表面上,每个活性基团都有机会与反应物分子接触。由于具有均相催化的功能团,仍然具有较高的选择性,同时解决了催化剂分离困难的问题。

络合催化由 Natta 于 1957 年提出,络合物催化剂在溶液中的许多重要性已经从分子水平上理解。在了解不同金属络合物的基元反应并对这些反应的热力学、动力学特征进行综合考虑后,研究者可以设计催化体系来将不同的原料选择性地制备为预想的产物。例如,利用钯络合物可将有害物 CO 与 H_2O 一起氧化制备 H_2O_2:

$$H_2O + O_2 + CO \xrightarrow[70\ ^\circ C,8.1\ MPa]{H_2O/C_6H_5CH_3} H_2O_2 + CO_2$$

利用钴络合物将 CO 与甲醇氧化羰化合成了环境友善的化合物碳酸二甲酯:

$$CH_3OH + CO + 1/2O_2 \xrightarrow[100\ ^\circ C,2.0\ MPa]{CO-络合物} CH_3OC(O)OCH_3 + H_2O$$

钴络合物在这一体系中具有良好的溶解性,催化活性高,对设备无腐蚀,使用寿命长,选择性达 99%甚至更高。

3.3.2.5 活性氧化铝催化剂

活性氧化铝是氧化铝水合物变体的热解产物——过渡型 Al_2O_3 的总称。氧化铝水合物在不同温度下脱水可分别得到 χ、ρ、η、γ、κ、δ、θ、α 等至少八种晶相的氧化铝。除 α—氧化铝为稳定态氧化铝外，其余均称为过渡态氧化铝，也是广义上的活性氧化铝。其中，χ、ρ、η 和 γ 晶相是在不超过 600 ℃低焙烧温度下形成的 γ 系列低温氧化铝，其分子式可由通式 $Al_2O_3 \cdot nH_2O$ 表示，其中 $0<n<0.6$，结晶较差。κ、δ、θ 晶相是在在 800～1 000 ℃高焙烧温度下形成的 δ 系列高温氧化铝，结晶较好。活性氧化铝主要用于吸附与催化两个领域，其活性与吸附性取决于晶体结构、表面酸碱性及比表面积、孔容与孔结构等。活性氧化铝较大的比表面、丰富的孔隙结构、表面的两性性质、表面带电性质均使其对极性吸附质气体具有优良的吸附能力。氧化铝表面羟基浓度是常见金属和非金属氧化物中最高的，极性气体在其毛细孔中发生毛细凝结，可大大提高吸附量。活性氧化铝表面的氧离子和铝离子都可能发生某些物质的化学吸附，如化学吸附的水可使表面氧离子形成羟基、可净化水中的氟和捕集工业生产中产生的 HF 蒸汽。用作催化剂载体的氧化铝不仅自身具有催化活性，还可在高温条件下提高催化剂的热稳定性及抗毒性能。氧化铝可以和金属活性组分一起形成双功能催化剂，在性质上属于酸性的氧化铝促进异构化反应。活性氧化铝作为催化剂主要应用于克劳斯硫黄回收中将 H_2S 反应生成元素硫、乙醇脱水制乙烯、乙醇胺化及酯化、脱卤或脱氨生成烯烃等。

合理控制氧化铝的焙烧温度，可获得高达 360 m^2/g 的比表面积，利用 $NaAlO_2$ 分解所得胶状氢氧化铝制备活性氧化铝，其比表面积可高达 600 m^2/g。Al—O 成键能力较高使 $Al(OH)_3$ 在加热时脱水，在晶体内而形成很高的气压，由此产生分布很广的微孔。用纯氢氧化铝焙烧可以制得中等孔径的活性氧化铝；以铝胶等可制得较小孔径的活性氧化铝；加入乙二醇、纤维等有机物燃烧后可制得较大孔径的活性氧化铝；用升华的方法可获得更大的孔径的氧化铝。

活性氧化铝一般通过氢氧化铝加热脱水制得：

(1)酸沉淀法。先用酸从碱性铝酸盐溶液沉淀出一水合氧化铝，再通过老化、洗涤、干燥等过程得到氢氧化铝。硝酸法是常用的一种方法，可制备出孔径分布窄、成型性能好的拟薄水铝石；采用偏铝酸钠溶液以硝酸滴速控制 pH，可制备出大孔径的拟薄水铝石。该法工艺简单，重复性好，拟薄水铝石的比表面积大，生产效率高，缺点是产品中阴离子难以完全除去，使用强酸和强碱致使反应体系稳定性差，容易造成产品质量波动。

(2)碱沉淀法。用碱从铝盐溶液沉淀出一水合氧化铝，再通过老化、洗涤、干燥等过程得到拟薄水铝石。以氨水为碱沉淀剂采用氯化铝作为铝盐合理选择中和条件可制备出大孔和大比表面积的氧化铝载体，产品质量稳定，晶粒完整，杂质脱除容易，不易生成三水氧化铝；以 Na_2CO_3 为沉淀剂采用工业硫酸铝为铝盐经中和或部分中和、老化、过滤、烘干、活化，合成 γ—Al_2O_3，通过等 pH 加料，使沉淀容易洗涤，生产周期缩短。

(3)醇铝水解法。醇铝水解生成一水合氧化铝，再经老化、过滤、干燥得到拟薄水铝石，经脱水制得的 γ—Al_2O_3，产品纯度非常高，晶型好，孔结构容易控制，但成本较高。

(4)碳化法。在偏铝酸钠($NaAlO_2$)溶液中通入 CO_2，通过变化偏铝酸钠溶液的浓度、温度、碳酸化速度以及控制不同的终点 pH 可制取不同性质的拟薄水铝石，从而得到不同的载体产品。该法利用了工业上由铝矾土生产氢氧化铝的中间体偏铝酸钠溶液，工艺路线及设备简化，减少了环境污染。

采用溶胶凝胶法多以无机盐为原料制备氧化铝载体。此法是将金属铝煮解在盐酸或氯化铝溶液中，得到透明无色的铝溶胶，再将铝溶胶与环六亚甲基四胺溶液混合，滴入热油柱中胶凝成球，再经老化、洗涤、干燥、煅烧制得氧化铝。该法原料廉价、过程简单易控，制得的 γ—Al_2O_3小球密度低、孔容大、强度好、洗涤方便，易实现连续化生产。

自组装法是指利用模板技术在氧化铝制备过程中引入具有特定空间结构和基团的模板剂而后将其去除，从而制备出孔道有序、孔径分布窄、可调的多孔结构的氧化铝载体，其中模板剂多用有机表面活性剂。自组装实现制备纳米活性氧化铝，将孔容和比表面积推向了一个新高度。

活性氧化铝载体具有许多优点，但对于汽车尾气净化、催化燃烧等高温反应体系中催化剂床层的温度常常超过 1 000 ℃，活性氧化铝的表面烧结和 α 相变会引起表面积剧减并导致催化剂失活。通过添加无机物改性可以改善氧化铝载体的热稳定性、抗破碎强度、孔结构、表面性质和催化性能。

(1)二氧化硅是最常用的氧化铝表面改性剂。如果在铝凝胶中加入硅铝凝胶，则可以改善氧化铝载体的破碎强度，同时可以增加载体的可塑性，提高载体的热稳定性。

(2)往催化剂载体氧化铝中加入稀土元素，可改进氧化铝的热稳定性，调节载体的表面酸度。用这种改性载体制成的 Pb—Al_2O_3催化剂的活性及选择性高。将改性的氧化铝载体用于工业化选择加氢催化剂，性能卓越，副产物绿油的生成量降低。改性的 Al_2O_3 作为催化剂载体，适用于所有石油化工加氢催化剂及环保催化剂的制备。

(3)氧化钛对硫具有较强的吸附能力，可以使加氢脱硫或耐硫宽温变化催化剂无须预硫化。同时，采用氧化钛改性氧化铝载体可以克服直接使用氧化钛时，具有的抗破碎强度差和耐热性差的缺点。

(4)氧化钡可提高氧化铝载体的热稳定性，无论在空气或含氢气流中均能减缓氧化铝载体的孔隙烧结速度。氧化钡改性的废气燃烧催化剂在 1 000～1 600 ℃高温下仍然能够保持较大的比表面积。

影响活性氧化铝孔结构的因素主要有如下三方面：

(1)氢氧化铝晶粒的影响。氢氧化铝是制备活性氧化铝的前体，其晶粒的大小会影响转化形成的活性氧化铝的堆积密度、孔径大小等。

(2)氢氧化铝洗涤液的影响。氢氧化铝在热处理前通常用低表面张力的低沸点短碳链极性有机物洗涤，置换所含的部分水，这样能提高活性氧化铝的比孔容和平均孔径。

(3)造孔剂的影响。在形成氢氧化铝沉淀时通常加入一些可溶性的有机聚合物，使氢氧化铝晶粒增大，煅烧脱水时能使空隙度增大。

活性氧化铝是极性吸附剂，对水有很强的吸附能力，可用于气体和液体的干燥，如在鲁姆氏法的乙烯装置中，原料气采用大型活性氧化铝吸附塔来干燥。活性氧化铝中的 γ—Al_2O_3能够吸附气体，并活化许多化学键，如 H—H、C—H 键等，吸水、脱水后能产生酸、碱中心，可作为酸碱催化剂或催化剂中的活性组分。活性氧化铝具有多孔结构，物理化学性质较稳定，能够作为催化剂的载体，把贵金属等负载到活性氧化铝中，用于石油裂解反应或汽车尾气的净化，并能提高催化剂的热稳定性和机械稳定性。

活性氧化铝的使用性能要求其活性高、选择性好、寿命长、物理性能好。因此，活性氧化铝的开发生产必须与应用技术紧密结合。从宏观物理结构上，针对反应特性需求开发有适宜孔容、孔径和比表面积的产品。大孔容、高比表面积是活性氧化铝的主要发展方向，重点研究孔径为 2～50 nm 介孔的分布与 50 nm 以上宏孔的扩孔技术，开发孔容不小于 0.5 mL/g、比表面积不小于 200 m^2/g 的活性氧化铝。从微观物理结构上开发适应反应要求的晶型与晶体结构、微粒子形状和粒径等控制技术，提供适宜的表面性质。例如，缺陷尖晶石结构，其具有优良的表面性质；又如，表面积较大、表面吸附性能强、表面为酸性中心以及多孔结构的催化剂载体。开发具有助催化作用的多组元和多功能复合载体。开发热稳定性、颗粒形状、粒度及分布、密度、热容、导热性能、耐磨性能、烧结性、吸湿性和流动性等技术指标可控的载体。例如，汽车尾气净化和催化燃烧等高温催化剂所用活性氧化铝就要求比表面积大、热稳定性高、线膨胀系数小、具有高的耐磨和耐冲刷等机械强度、热容量低、耐腐蚀性能好等。开发制备方法简单、使用性能好(包括活化、再生容易、便于回收、无毒等)、价格便宜的载体生产技术。开发活性氧化铝性能表征测试技术，包括化学组成、电子状态、结晶状态、表面状态、孔结构、吸附特性、密度、比热容、光学和磁学性质等，建立快速应用评价实验平台。

3.3.3 环境能量辅助催化剂

3.3.3.1 光催化剂

光催化剂是指在光照条件下可以诱发光氧化-还原反应的 N 型半导体催化材料。光催化氧化材料利用易于吸收光子能量的催化剂先形成激发态后再诱导引发反应物分子的氧化，使有机污染物最终转化为二氧化碳和水等无机物的过程。能够起光催化作用的 N 型半导体种类有 TiO_2、WO_3、Fe_2O_3、CdS、Sr、TiO_3 等，目前用途最广的 TiO_2 具有化学稳定性好、无毒、价廉易得、较正的价带电位和较负的导带电位等优点，是一种非常有效的催化剂。光催化剂应用于水、废气处理及杀菌消毒等领域。

1. 光催化氧化反应的原理及特点

光催化氧化材料大多是金属氧化物或硫化物等半导体材料，它们的光催化活性与其能带的不连续性有关。半导体的低能价带(VB)和高能导带(CB)之间存在一个禁带，当受到等于或大于带隙能量的光照射时，价带电子被激发到导带上，在导带上产生高活性电子，在价带上产生带正电荷的空穴，从而形成电子-空穴对。电子-空穴对会在半导体体内或表面重新复合，使光能以热能的形式散发掉。如果体系中存在合适的捕获剂，或光催化材料表面存在缺陷态，复合就会受到抑制，而发生氧化还原反应。其中，光生空穴(h^+)是氧化剂，可将溶液中吸附于半导体颗粒表面的 OH^- 和 H_2O 分子氧化生成羟基自由基(·OH)，并夺取半导体颗粒表面的有机物或溶剂中的电子，使原本不吸收入射光的物质被活化氧化降解；而导带上的电子具有还原性，可以使吸附在半导体颗粒表面的溶解 O_2 捕获电子产生超氧离子(O_2^-)，O_2^- 进一步与 H^+ 等发生一系列反应生成 HO_2、H_2O_2、·OH 等。缔结在颗粒表面的 OH(氧化电位为 2.80 eV)具有强氧化性能，对作用物几乎无选择性，可以氧化相邻的有机物，同时光生 h^+ 和

e^- 也会直接与有机污染物反应，并使之扩散到液相中。有机物通过一系列的氧化反应，最终被氧化降解为 CO_2、H_2O 及其他无机离子，如 NO_3^-、PO_4^{3-} 等无害物质。半导体的光催化氧化降解有机物反应实质上是一种自由基反应，具有降解速度快、无选择性、反应条件温和、投资少、能耗低、无二次污染等特点。

2. 光催化氧化反应的主要影响因素

(1)催化剂性质及用量。可用于光催化氧化的催化剂大多是金属氧化物或硫化物等半导体材料，如 TiO_2、ZnO、CeO_2、CdS、ZnS 等。其中，研究和应用较多的是 TiO_2，它具有较高且相对稳定的光催化活性，适用 pH 范围广、无毒、价廉、可回收并适合工厂规模的应用，甚至在太阳光照射下即可发生光催化反应，因此具有较好的应用前景。不同的光催化材料具有不同的光催化性能，而同一种光催化材料，由于晶型结构不同也会具有不同的光催化活性。以 TiO_2 为例，TiO_2 有三种晶型：锐钛矿型、金红石型和板钛矿型，仅锐钛矿型和金红石型具有光催化活性，其中锐钛矿型 TiO_2 催化活性比金红石型 TiO_2 好，但是两种晶型混合后的光催化材料活性会更好，原因是锐钛矿型 TiO_2 导带上的光生电子会跃迁到较不活跃的金红石型 TiO_2 上，抑制锐钛矿型 TiO_2 的光生 e^-/h^+ 的复合。光催化材料的粒径对催化活性影响也比较大，一般半导体的粒径越小，比表面积越大，越会产生量子尺寸效应和小尺寸效应使阈能提高，导致带隙变宽，提高 e^-/h^+ 的氧化-还原能力，但复合机会也随之增多，出现光催化活性随量子化增加而下降的现象。因此，可能存在最佳的光催化活性粒径范围。在光催化反应中，催化剂的投加量较少时，紫外光吸收率低，有效光子不能完全转化为化学能，产生的 ·OH 也较少。适当增加催化剂的用量会产生更多的 e^-/h^+，增强光催化降解作用。但是，催化剂用量过多时，由于 ·OH 产生的速度过快，e^-/h^+ 发生自身复合反应，氧化能力反而会降低。同时，催化剂过量会造成光的散射，影响透光率，进而影响催化效果。对于一定的光催化降解体系，催化剂的用量存在一个最佳值。

(2)pH。pH 影响半导体的能级结构、表面特性和吸附平衡，对光催化降解反应有很大的影响。高 pH 有利于 OH^- 生成 ·OH，低 pH 有利于 H_2O 分子生成 ·OH，所以在整个 pH 范围内都有生成 ·OH 的反应，光催化氧化反应都是热力学可行的。溶液的 pH 对光催化氧化反应的影响还与有机污染物的种类有关，多数有机物在高酸度或者高碱度时会有较大的降解率，而接近中性时降解率较小，这与有机物的光催化反应机理及废水成分的具体特性有关。以 TiO_2 降解苯酚为例，TiO_2 颗粒表面电荷随介质 pH 不同而改变。溶液 pH 较低时，TiO_2 表面带正电荷，有利于阴离子物质的吸附，苯酚在 TiO_2 表面的吸附增加；溶液 pH 较高时，TiO_2 颗粒表面呈负电性，虽然苯酚不易在 TiO_2 表面吸附，但吸附在 TiO_2 表面的 OH^- 增多，相应地由 h^+ 氧化 OH^- 生成的 ·OH 增多，氧化速率增大。由于 pH 太大或太小都不利于 ·OH 的稳定存在，所以不同光催化氧化反应都会有一个最佳的 pH 范围。

(3)光源强度及光照时间。汞灯、紫外光、黑光灯、模拟太阳光、日光和自然光等都可作为光催化氧化反应的光源。光源的波长、光照强度和光照时间对半导体的光催化活性均有影响。常用的光催化剂的光响应范围大多在紫外或近紫外波段。随着光强增加，产生的光子数目增多，光催化剂受光激发产生的高能 e^-/h^+ 增多，溶液中强氧化性的 ·OH 也随之增多，所以适当增加光照强度能促进废水中有机物降解，但光强太大时，由于存在中间氧化物在催化剂表面的竞争性复合，有机物降解效果改善并不明显。

(4)外加氧化剂及用量。使用外加氧化剂的目的主要是捕获光生电子，减少电子-空穴的复合以提高光催化效率。常用的外加氧化剂有 H_2O_2 和 O_2，但相对于分子氧来说，H_2O_2 是一种更加优良的电子受体，是 ·OH 的主要来源。通常外加氧化剂的用量有一最适量范围，过大或过小都不能取得最好的效果。随着 H_2O_2 量的增加产生 ·OH 的数量也随之增加，但当产生的 ·OH 达到一定数量之后，过多的 ·OH OH 又会发生复合，使 ·OH 数量减少，氧化能力变差，而且大量的 H_2O_2 分子吸附在光催化剂的表面，也会阻碍待降解有机物的吸附。另外，过量的 H_2O_2 也可能成为 ·OH 消除剂，虽然此时也会有过氧化羟基自由基(HO_2)产生，但相对 ·OH 而言其氧化性较弱，不足以氧化难降解的有机物。对 TiO_2 粉体处理纸厂废水的研究很好地证实了这点，光催化反应体系加入 H_2O_2 后能增强造纸废水的处理效果，但 COD 去除率在达到高峰以后，随着 H_2O_2 用量的增加，COD 去除率反而逐渐下降。反应体系中通 O_2 时，O_2 在体系中可被导带电子还原而形成 O^{2-}、HO_2、H_2O_2 及 ·OH，它们都是相当活跃的氧化剂，因此提高体系中的氧含量将有利于反应过程向氧化方向进行。强氧化剂如 O_3、$K_2S_2O_8$、H_2O_2、$NaIO_4$、$KBrO_4$ 等加入光催化体系中均可大幅提高催化氧化速率，原因是氧化剂作为良好的电子受体能俘获 TiO_2 表面的光生电子 e^-，抑制了电子与空穴的复合，而且强氧化剂本身也可以直接氧化有机物。

(5)掺杂及其用量。掺杂是将掺杂剂通过反应转入光催化半导体材料的晶格结构之中。常用的掺杂剂有稀土元素、过渡金属元素、半导体化合物等。有报道指出，Pt、Pd、Au 等重金属可以促进光催化降解作用，Fe^{3+}、Mo^{5+}、Ru^{3+}、Os^{3+}、Re^{5+} 和 Rh^{3+} 等的掺杂量在 0.1%～0.5%时也可以显著提高光催化反应活性，但用 Co^{3+}、Al^{3+} 掺杂时反而会抑制光催化反应活性。掺杂离子可以提高半导体光催化活性的可能原因如下：①适量离子的掺杂(共掺杂)抑制了半导体晶粒的成长，使半导体的粒径减小，比表面积增大，光生电子和空穴从颗粒体内扩散到表面的时间减短、复合几率减小、到达表面的电子和空穴数量多，因此光催化活性高；②掺杂离子后，晶格内部形成缺陷位，成为电子(e^-)或空穴(h^+)的陷阱，抑制了 e^-/h^+ 的复合，并使半导体的光谱响应范围向可见光区红移，增强了对可见光的吸收，提高了光催化活性；③Ni^{2+}、Co^{2+} 共掺杂时，会在半导体表面产生协同效应，提高光生电子(e^-)和空穴(h^+)的捕获能力，有效抑制 e^-/h^+ 的复合。半导体晶格中的离子掺杂改性时，掺杂量要适当，过大或过小都不能使光催化活性得到最好的发挥。

(6)污水流速及有机污染物含量。在光催化氧化反应器中污水的流速会影响有机物的降解速率，流速越大，光催化氧化反应速率越大。一般光催化氧化反应遵循 Langmuir-Hinshelwood 模型，反应速率与催化剂表面积和污水中有机物含量呈线性关系，污水中有机物质初始浓度越高，反应速率越大，但最终有机物的降解率反而越小。

(7)温度、盐类等因素。光催化对温度的变化并不敏感，光催化降解酚、六氯苯、草酸时均发现反应速率常数和温度之间的关系符合阿累尼乌斯方程，光催化反应的表观活化能很低。反应液中各种溶解性盐类对光催化降解反应的影响比较复杂，它不仅与盐的种类有关，还与反应的具体条件有关，可能既存在竞争性吸附，又存在竞争性反应。有研究报道，高氯酸、硝酸盐对光催化氧化的速率几乎无影响，而硫酸盐、氯化物、磷酸盐则因它们很快被催化剂吸附而使得氧化速率下降20%～70%。

3. 光催化氧化技术的应用

（1）水处理。目前的转化处理方法大多是针对排放量大、浓度较高的污染物，对于水体中浓度较低、难以转化的污染物的净化还无能为力。而近年来逐渐发展起来的光催化降解技术为解决这一问题提供了良好的途径。光催化反应能将含有染料、农药、卤代有机化合物、表面活性剂、油污、无机污染物的废水处理为无害水而排放，而且成本不高，无二次污染。

（2）废气处理。汽车、摩托车尾气以及工业废气等会向空气中排放 NO_x、SO_x、卤素、烃类和醇、酸等气体，这些气体在空气中密集或者具有很明显的臭味，或者严重影响人体健康。以前普遍采用活性炭去除这些气体，随着气体在活性炭表面的富集，其吸附能力明显下降，使其应用受到限制。而利用与半导体光催化技术联合使用处理这些气体，经紫外线光照射这些活性炭后，又可以恢复新鲜的表面，消除了吸附的限制。

（3）杀菌。细菌等微生物由复合的有机物构成，可以应用光催化技术加以杀除。与银、铜等杀菌剂相比，光催化剂在杀菌时不会放出内毒素。光催化剂不仅能杀死细菌，而且能同时降解由细菌释放出的有毒复合物。光催化杀菌技术在农业、卫生陶瓷、水处理、涂料等行业的应用非常广泛。

（4）表面自洁。在 TiO_2 表面，钛原子之间通过氧桥连接，这种结构是疏水性的。在紫外光的照射下 TiO_2 表面的氧和羟基间发生置换，在其表面形成了均匀分布的纳米尺度分离的亲水微区和亲油微区，因而使表面具有了油水双重亲和性。光照条件下，一部分桥氧脱离形成氧空位，此时空气中的水解离并吸附在氧空位中，成为化学吸附水，即在氧空位缺陷周围形成亲水微区，而表面剩余区域仍保持亲油性，这样一来就在表面形成亲水性和疏水性相间的微区，类似于二维的毛细管现象。由于水或油性液滴尺寸远远大于亲水或亲油区的面积，宏观上表面表现出亲水性和亲油性。停止光照后，化学吸附的羟基被空气中的氧所取代，重新回到疏水状态。这种超亲水作用在材料表面产生水膜，使得油污不能与材料的表面牢固结合，因而易于清洗。利用其超亲水性能的防污、防雾、易洗等特点，人们在汽车的风窗玻璃、后视镜等部位进行了试验和应用。

（5）光解水制氢。氢能具有清洁、高效、安全、可储存等优点，在无须外加能量的条件下，可以利用紫外线或太阳能光解水制氢。

4. 光催化氧化技术的发展方向

20世纪30年代，人们发现钛白粉可以用于印染废水褪色；1972年，日本学者发现金红石在常温常压和紫外线照射下可使水分解，这一重大发现开创了光催化研究领域。光催化氧化技术具有高效、节能、清洁无毒等突出优点，是一项具有广泛应用前景的新型水污染处理技术。光催化降解现在还基本上停留在实验室水平，实际应用较少。对光催化机理和工业实际应用方面都需要进一步深入研究。进一步完善催化剂的改性技术，将贵金属、金属离子、光活性物质加入催化剂中，或者将多种光催化剂复合，以提高光催化剂活性，制备高效率的催化剂，提高催化剂的催化活性。选择合适的载体，研究催化剂固定技术，制备负载型催化剂，使其既能保护甚至提高光催化剂的光催化活性，又能提供较强的结合度，以便回收重复使用；研究载体与光催化剂之间的相互作用，探讨固载过程中各个影响因素对光催化过程的影响；解决负载化所带来的传质受限的问题等。进一步研究光催化降解有机物的机理和降解动力学，从而确定相应高效的反应器模型，在此基础上设计出高效实用的反应器。自然光中可被光催化反应所利用的辐射光范围有限，通过对催化剂表面改性，利用敏化材料将光催化剂敏化，从而加大激发光源的可利用波长范围，提高太阳光的利用率。以太阳光代替紫外光，可降低处理成本，有着重要的工程意义。光催化氧化技术被认为是在环境保护领域内一种有前途的新型高级氧化技术，与其他处理技术组合成为处理水中污染物的一个热点。例如，氧化剂、电化学、超声、微波、磁化、生物处理等环境治理技术与光催化氧化的工艺组合更能促进它在水处理中的应用，特别是对于那些有毒、生物难以降解的污染物、污水的后续深度处理等。在基础研究方面，光催化技术和其他方法的联合还需要更多的理论支持，需要更深入地研究其各自作用机理和相互协同机理。在应用研究上，对于各参数的影响情况还需要作进一步的研究，以优化反应体系。

3.3.3.2 二氧化钛光催化剂

二氧化钛光催化剂是两性氧化物，分为锐钛矿(anatase)和金红石(rutile)两种晶体结构，是一种N型半导体，禁带宽度为3.0 eV(金红石相)和3.2 eV(锐铁矿相)，在385 nm的紫外光激发下形成价带空穴和导带电子，即生成空穴(h^+)、电子(e^-)对。通常情况下，激活态的价带空穴和导带电子会重新复合为中性体，产生能量，以光能($h\nu$)或热能的形式散失掉。当存在合适的捕获剂或表面缺陷态时，电子和空穴的复合受到抑制，就会在表面发生氧化还原反应。价带空穴是良好的氧化剂，而导带电子是良好的还原剂。空穴具有更大的反应活性，是携带光量子能的主要部分，一般会与表面吸附的H_2O或OH反应形成具有强氧化性的羟基自由基。而吸附在颗粒表面的溶解氧捕获电子形成超氧自由基。羟基自由基和超氧负离子具有很强的氧化性，能将绝大多数的有机物氧化至最终产物CO_2和H_2O，甚至对一些无机物也能彻底分解。将光催化的粒子纳米化，从理论上将产生如下的三个效应，有效提高量子产率，利于光催化反应。

(1)能级移动：由量子效应引起的导带电子和价带空穴的能级移动，使光催化剂的还原性和氧化性增大，使得不能被普通的微米级粒子还原的分子可以被超微粒子还原。

(2)光激发位置趋近表面：半导体的粒径变小，光激发产生的电子-空穴对能很快到达催化剂表面，有效减少电子和空穴的复合，因此增加了氧化或还原反应的速率。

(3)电荷分离的空间变小：半导体催化剂内部产生空间电荷层，这种电势梯度避免了光激发的电子-空穴对的复合。纳米TiO_2通常有两种存在形式：一种是纳米TiO_2粉体；另一种是纳米TiO_2薄膜。由于纳米TiO_2粉体非常容易团聚，为了实现长久保存，通常需要将纳米TiO_2粉体分散在溶剂中，从而使纳米TiO_2粉体的应用受到一定程度的限制；纳米TiO_2薄膜是利用一定的涂膜方法在衬底上制备一层纳米薄膜，它一般不需要特殊的储存方法，能够很方便地应用。纳米光催化剂可应用于污水处理方面，将在这类材料做成空心小球，浮在含有有机物的废水表面上，利用太阳光可分解水中的烃类、卤代烃、酸、表面活性剂、染料、含氮有机物、有机磷杀虫剂，还可杀灭细菌；还可应用于空气净化，利用其强氧化还原能力将空气中甲醛、苯等污染物直接分解成无害无味的物质，以及破坏细菌的细胞壁，杀灭细菌并分解其丝网菌体，从而达到消除空气污染的目的；在杀菌、贵金属回收和防雾、自洁表面方面也应用甚广。

1. 光催化氧化还原机理

半导体的能带结构通常由一个充满电子的低能价带(VB)和一个空的高能导带(CB)构成(见图 3-20)，价带和导带之间存在一个区域称为禁带，而区域的大小通常称为禁带宽度(E_g)。一般半导体的 E_g 小于 3 eV，当能量等于或大于半导体的禁带宽度(E_g)的光照射时，半导体发生对光的能量吸收，此时价带的电子跃迁到导带，发生带间跃迁(图 3-20 放大的右上部分)。此时，在导带上产生带负电的高活性电子(e^-)，在价带上留下带正电荷的空穴(h^+)，这样就形成电子-空穴对(见图 3-20 放大的右上部分)。在电子-空穴对的移动过程中，主要发生两个过程：一部分电子和空穴在体相内或表面相遇而复合(图 3-20 中的过程 A 和过程 B)；另一部分电子迁移到半导体表面，具有很强的还原能力。一方面，它可以直接还原有害的金属离子；另一方面，与吸附的氧结合氧化已经羟基化的产物，生成具有强氧化性的氢氧自由基(·OH)(图 3-20 中的过程 C)。而迁移到半导体表面的空穴具有很强的氧化能力，可以将吸附在半导体表面的 OH^- 和 H_2O 进行氧化，产生氢氧自由基(·OH)(图 3-20 中的过程 D)。生成的·OH自由基能氧化大多数的有机污染物及部分无机污染物，能将其最终降解为 CO_2、H_2O 和还原产物等无害物质。

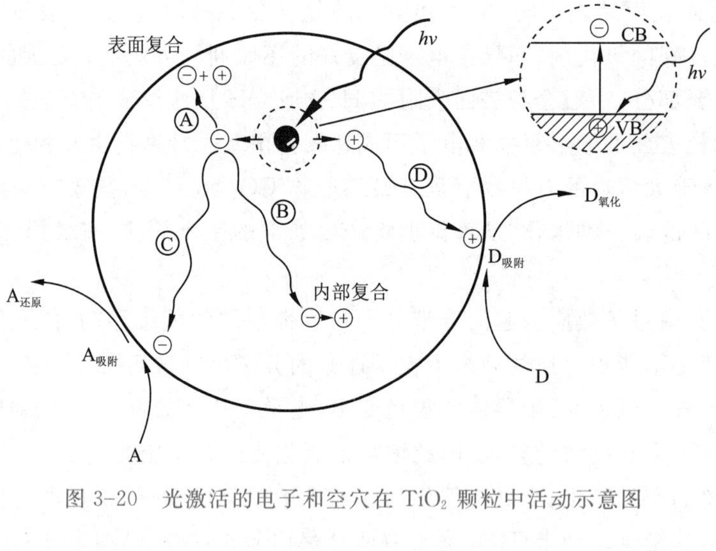

图 3-20 光激活的电子和空穴在 TiO_2 颗粒中活动示意图

催化过程：

(1)产生载流子和部分载流子在颗粒内复合，并释放化学能：

$$TiO_2 + hv \longrightarrow h_{vb}^+ + e_{cb}^-$$

$$h_{vb}^+ + e_{cb}^- \longrightarrow TiO_2 + Q$$

(2)载流子迁移到颗粒表面并被捕获：

$$h_{vb}^{+}+>Ti^{IV}OH \longrightarrow \{>Ti^{IV}OH\cdot\}^{+} \quad 快$$

$$e_{cb}^{-}+>Ti^{IV}OH \longrightarrow \{>Ti^{III}OH\} \quad 浅层捕获$$

$$e_{cb}^{-}+>Ti^{IV} \longrightarrow >Ti^{III} \quad 深层捕获$$

(3)载流子在颗粒表面复合：

$$e_{cb}^{-}+\{>Ti^{IV}OH\cdot\}^{+} \longrightarrow >Ti^{IV}OH \quad 慢$$

$$h_{vb}^{+}+\{>Ti^{III}OH\} \longrightarrow >Ti^{IV}OH \quad 快$$

(4)表面载流子迁移，形成氧化还原物种：

$$\{>Ti^{IV}OH\cdot\}^{+}+Red \longrightarrow >Ti^{IV}OH+Red\cdot^{+} \quad 慢$$

$$e_{tr}^{-}+O_x \longrightarrow >Ti^{IV}OH+O_x\cdot^{-} \quad 很慢$$

式中，e_{cb}^{-}表示导带电子；e_{tr}^{-}表示被捕获的导带电子；h_{vb}^{+}表示价带空穴；Red表示电子供体，即还原剂；O_x表示电子受体，即氧化剂；$\{>Ti^{IV}OH\cdot\}$表示被表面捕获的价带空穴，即表面键合的氢氧自由基；$\{>Ti^{III}OH\}$表示被表面捕获的导带电子。

2. TiO_2催化活性的改性

为了提高TiO_2在可见光区域下的光催化活性，通过掺杂改性来克服两个问题：第一，如何产生更多的光生电子和空穴；第二，如何有效地减少电子和空穴的重结合。

对锐钛矿TiO_2，杂质能级的存在对TiO_2的光催化效应主要有两方面的影响：一是杂质能级的存在能够对TiO_2受激发产生的电子和空穴起到捕获阱的作用，捕获阱又可以按着其在TiO_2能带结构中位置的不同分为深势阱和浅势阱，深势阱常常会成为TiO_2受光激发产生的光生电子和空穴的复合中心，电子和空穴在其内发生复合，从而减少了TiO_2中光生载流子的数目，不利于TiO_2的光催化作用的实现；二是在杂质能级存在时，杂质能级上的电子受光照作用后会产生从杂质能级向导带的跃迁，由于杂质能级存在于TiO_2的禁带以内，这种跃迁相对于本征跃迁比较容易，从而扩展了TiO_2吸收光谱，提高了TiO_2对可见光的吸收效率。适量的浅势阱的存在还可以分别捕获电子或者空穴而使电子和空穴充分分离，避免了载流子的复合，还可以通过提高光生载流子的运动活性，即促进电子和空穴在TiO_2内部的扩散，增加单位时间内单位体积的TiO_2内光生载流子的数量，这样载流子迁移到TiO_2表面发生氧化还原反应的概率也随之增大，TiO_2的光催化效率就会相应提高。但是，如果存在过多的浅势阱，也可会导致载流子在迁移过程中不断发生从一个杂质能级向另一杂质能级的迁移，使得载流子还未迁移至表面时活性已经逐渐减小直至消失。因此，杂质离子往往都会存在有一个最佳的掺杂浓度。

掺入TiO_2的金属离子主要可以分成三类：第一类掺杂过渡金属离子，如Cu-TiO_2体系，在紫外光照射下，Cu-TiO_2体系中产生可捕获光生电子的陷阱，减少了电子-空穴重结合，从而提高了降解能力；第二类掺杂稀土金属如Eu、Yb、Sm等，这些稀土金属会导致TiO_2产生介孔结构，并促进电子和空穴的分离，提高可见光区域的光催化活性；第三类其他金属离子掺杂，例如Ti^{3+}自掺杂其在可见光区域的吸收效果非常好，然而在其表面的Ti^{3+}中心和氧缺陷通常在空气下是不稳定的，Ti^{3+}很容易被氧化成Ti^{4+}。

虽然金属离子掺杂会使光谱吸收向可见光区域移动，但金属离子在一定程度上会降低TiO_2的热稳定性并会产生额外的电子-空穴结合中心。非金属离子掺杂可以克服这一缺点。非金属离子掺杂主要包括 N、C、F、B 离子和一些与 O 原子半径相近的非金属离子，其中 N 掺杂是研究最为广泛的。研究表明，N 掺杂 TiO_2易于在可见光下光催化降解亚甲基蓝。通过溶胶-凝胶法合成 N-TiO_2体系，负载型 N-TiO_2在紫外灯和可见光照射下对污染物均有很好的脱色和矿化效果。通过燃烧法合成的具有很高比表面积的 C-TiO_2纳米材料对于 Cr(Ⅵ)和苯酚同时去除的效果要明显好于对单一污染物去除的效果。

多组分协同掺杂的可见光利用率要明显高于任意单一组分掺杂的光催化效果。根据半导体能带理论 TiO_2半导体的导带主要取决于 Ti 的 3d 轨道能级，价带主要取决于 O 的 2p 轨道能级。相对于 O 的 2p 能级，其他一些非金属，如 N、C、S、P 的 2p 轨道能级要高于 O 的 2p 轨道，这使得在 TiO_2价带能级之上会产生一个新的能级，从而促进了 TiO_2在可见光下的光催化性能。例如，合成的 C/N-TiO_2光催化剂，N 和 C 的存在减少了 TiO_2的禁带宽度，使光催化活性明显移向可见光区域。

TiO_2属于宽度为 3. 2 eV 宽禁带半导体，其禁带宽度只能被紫外光激发，如果掺入窄禁带半导体之后，可以使光吸收区域拓展至可见光区，则对太阳光的利用率会得到较大幅度提高。采用静电纺丝合成的固定在碳纳米纤维上的 CdS-TiO_2纳米颗粒，光生电子从 CdS 迁移到 TiO_2，而空穴还留在 CdS，这使得电子和空穴有效地分离，减少了电子-空穴复合概率，提高了 TiO_2的光催化活性。

为解决纳米 TiO_2 的团聚性导致光催化效果不理想的问题，将沸石、氧化硅、碳基材料、石墨烯等具有吸附能力或者特殊大孔结构的材料与纳米 TiO_2相结合得到具有高表面吸附能力的复合型光催化剂，不仅提高了纳米粒子的分散性，增大与目标污染物的接触面积，同时也实现了纳米粒子的固定化，提高了光催化效率。

光催化技术在能源和环境领域有重要的应用前景，TiO_2 作为较有前途的光催化剂，在污水处理、空气净化和抗菌等领域有着广阔的应用前景。特别是离子共掺杂可以进一步提高 TiO_2 的光催化活性，促使其可见光响应，提高太阳光的利用率。但是，对 TiO_2 共掺杂还存在很多问题需要深入研究：①共掺杂的机理还不完全明确，掺杂同样的元素，在不同文献里往往得到的结论不一样，只有清楚地认识 TiO_2 共掺杂改性的作用机理，才能通过两种元素的协同作用提高在可见光下的催化能力。②如何选择合适的元素进行共掺杂，减少实验的盲目性和重复性，也是今后需要解决的问题之一。③催化降解过程中存在一些中间产物，对这些中间产物的认识和分析还比较少，需要进一步研究。④如何提高 TiO_2 催化剂的回收利用率，并把光催化技术推向半工业化或工业化也是今后需要解决的问题。

TiO_2 光催化剂的活性与其制备方法有很大关系。制备方法不同，催化剂的形状与尺寸、表面与结构性质各不相同。制备掺杂样品的方法主要有以下几种：

(1)溶胶-凝胶法：在用溶胶-凝胶法制备 TiO_2 纳米粒子的过程中，加入金属离子的盐溶液，之后将形成的凝胶进行干燥烧结。此方法避免了以无机盐为原料的阴离子污染问题，不需要洗涤过滤，不产生大量废液，并且制出的粒子尺寸小，金属粒子在 TiO_2 中的分布均匀，能在实验室阶段大量生产。缺点是制备过程中一般需要以有机钛为原料，成本较高，使其在工业生产上的应用受到限制。近几年来，冷冻干燥法和超临界流体干燥法为溶胶-凝胶法注入了新的活力。以溶胶-凝胶法制备掺铁 TiO_2 纳米粒子时，采用在 −50 ℃的低温干燥方法，不仅能够保持溶胶粒子的性能尤其是尺寸的恒定，而且与常规的恒温真空干燥相比，解决了由于加热使溶胶粒子尺寸增大的难题，且干燥时间由以往的 5～48 h 缩短到 2 h，大大提高了单位时间内的产率。超临界流体干燥法是一种制备纳米材料的新方法，制得的样品具有热稳定性好、比表面积大、平均粒径小且分布均匀等优点。此外，该方法还可方便地通过调节超临界流体的压力和温度来调节其密度进而调节其溶解度，最终可以控制纳米材料的粒度及形态，而且超临界流体干燥法还能实现干燥与晶化一步完成。溶胶-凝胶法结合超临界流体干燥法将是制备纳米 TiO_2 最有前途的方法之一。

（2）沉淀法：沉淀法可分为直接沉淀法、共沉淀法和均匀沉淀法，其中共沉淀法最为便利。这种方法是将含有 Ti^{4+} 和掺杂离子的溶液慢慢加到含有过量沉淀剂的溶液中，并进行搅拌。由于沉淀离子的浓度大大超过沉淀平衡浓度，从而使两种离子能够同时按比例沉淀下来，得到较均匀的沉淀物。沉淀可以是氢氧化物或水合氧化物，也可以是其他难溶盐。以 $TiCl_4$ 和 $FeCl_3$、$ZrOCl_2$、$SnCl_4$ 为前驱体用共沉淀法制备了掺杂 Fe_2O_3、ZrO_2 和 SnO_2 的 TiO_2 纳米粉。这种方法的优点是制备条件简单、成本低，是目前工业化看好的一种方法。缺点是钛元素和掺杂元素在沉淀时可能存在着速率不匹配、掺杂不均匀的问题，不利于 TiO_2 光催化活性的提高。

（3）浸渍法：这种方法是将 TiO_2 浸渍在金属离子的盐溶液中，通过加入碱液使掺杂金属离子转化为金属氢氧化物，经过烧结转变为金属氧化物。金属离子可以附着在 TiO_2 表面或进入晶格。这种方法工艺简单、成本低廉，但粒子尺寸较大，且金属离子不易在粒子中分布均匀。

3.3.3.3　纳米光催化剂

纳米光催化剂（nanoparticle photocatalyst）又称纳米颗粒光催化材料。指尺寸介于 1～100 nm 的超细微粒构成的具有表面效应、小尺寸效应、量子效应、宏观量子隧道效应等纳米材料特性的光催化剂。纳米颗粒光催化剂在特定波长的光的照射下受激发，其价带上的电子（e^-）会被激发到导带上，同时在价带上产生空穴（h^+），形成电子-空穴对。空穴有很强的氧化能力，光生电子具有很强的还原能力，它们可以迁移到半导体表面的不同位置，与表面吸附的污染物发生氧化还原反应，降解污染物。将光催化的粒子纳米化，从理论上将产生如下的三个效应，有效提高量子产率，利于光催化反应。能级移动：由量子效应引起的导带电子和价带空穴的能级移动，变成分立能级，能隙变宽，导带电位变得更负，而价带电位变得更正，使光催化剂的还原性和氧化性增大，使得不能被普通的微米级粒子还原的分子可以被超微粒子还原；光激发位置趋近表面：半导体的粒径变小，光激发产生的电子-空穴对能很快到达催化剂表面，有效减少电子和空穴的复合，因此增加氧化或还原反应的速率；电荷分离的空间变小：半导体催化剂内部产生空间电荷层，这种电势梯度避免了光激发的电子-空穴对的复合。常用的光催化半导体纳米粒子有 TiO_2（锐铁矿相）、CuZO、$FeZO_3$、CdS、ZnS、PbS、PbSe、$ZnFeZO_4$ 等。纳米

TiO_2 通常有两种存在形式，一种是纳米 TiO_2 粉体，另一种是纳米 TiO_2 薄膜。由于纳米 TiO_2 粉体非常容易团聚，为了实现长久的保存，通常需要将纳米 TiO_2 粉体分散在溶剂中，从而使纳米 TiO_2 粉体的应用受到一定程度的限制；纳米 TiO_2 薄膜是利用一定的涂膜方法在衬底上制备一层纳米薄膜，它一般不需要特殊的储存方法，能够很方便地应用。纳米光催化剂可应用于污水处理方面，将在这类材料做成空心小球，浮在含有有机物的废水表面，利用太阳光可分解水中的烃类、卤代烃、酸、表面活性剂、染料、含氮有机物、有机磷杀虫剂，还可杀灭细菌；还可应用于空气净化，利用其强氧化还原能力将空气中甲醛、苯等污染物直接分解成无害无味的物质，以及破坏细菌的细胞壁，杀灭细菌并分解其丝网菌体，从而达到消除空气污染的目的；在杀菌、贵金属回收和防雾、自洁表面方面也应用甚广。

典型的 TiO_2 纳米光催化剂降解机理如下：

$$TiO_2 \xrightarrow{UV,h\nu} e^- + h^- \quad \text{（注：UV 表示紫外光）}$$

$$e^- + O_2 \longrightarrow O_2 \cdot \xrightarrow{H_2O} \cdot HO_2 + OH^-$$

$$h^+ + H_2O \longrightarrow \cdot OH + H^+$$

$$e^- + h^+ \longrightarrow \text{热量}$$

$$2 \cdot HO_2 \longrightarrow H_2O_2 + O_2$$

$$H_2O_2 + O_2^- \longrightarrow \cdot OH + OH^- + O_2$$

$$\text{有机物} + O_2 + \cdot OH \longrightarrow CO_2 + H_2O + \text{其他物质}$$

3.3.3.4 金属掺杂型光催化材料

金属离子掺杂型光催化材料(metal ions doped photocatalytic materials)半导体光催化材料在受到适当的光源照射后，激发产生的电子-空穴对具有很强的氧化还原能力，能够使大部分有机污染物氧化或分解。但其带隙比较宽，只能吸收紫外光，不能充分有效地利用太阳光，且光生的电子和空穴寿命很短，极易重新复合(高达 90%以上)，致使催化剂的光子效率非常低。金属离子掺杂是杂质金属离子掺入 TiO_2 晶格中，从而引入缺陷位置或改变结晶度，改变 TiO_2 相应的能级结构，使金属离子不仅可以接受 TiO_2 价带上的激发电子，也可以吸收光子使电子跃迁到 TiO_2 的导带上。由于掺杂能级处于禁带之中，使长波长光子也能被吸收，从而扩展了 TiO_2 吸收光谱的范围。同时，TiO_2 导带上的光生电子和价带上的光生空穴，也能被杂质能级俘获，使电子和空穴分离，从而降低了电子-空穴的复合概率，延长了载流子的寿命，使单位时间、单位体积的光生电子和空穴的数量增多，载流子传递到界面发生氧化还原的机会也随之增多，光催化剂的光催化剂效率得到提高。

金属离子掺杂通过捕获电子或空穴以及抑制电子-空穴对的复合速率影响 TiO_2 的光催化活性。掺杂离子与 TiO_2 中光生电子和空穴的反应方程为

$$M^{n+} + e_{cb}^- \longrightarrow M^{(n-1)+} \quad \text{电子捕获}$$

$$M^{n+} + h_{vb}^+ \longrightarrow M^{(n+1)+} \quad \text{空穴捕获}$$

当 $M^{n+} / M^{(n-1)+}$ 的能级低于 TiO_2 的导带能级，$M^{n+} / M^{(n+1)+}$ 的能级高于 TiO_2 的价带能级时，反应才能发生。

金属掺杂：在对锐钛矿 TiO_2 的研究中，杂质能级的存在对 TiO_2 的光催化效应主要有两方面的影响：一方面，杂质能级的存在能够对 TiO_2 受激发产生的电子和空穴起到捕获阱的作用，捕获阱又可以按照其在 TiO_2 能带结构中位置的不同分为深势阱和浅势阱，深势阱常常会成为 TiO_2 受光激发产生的光生电子和空穴的复合中心，电子和空穴在其内发生复合，从而减少了 TiO_2 中光生载流子的数目，不利于 TiO_2 的光催化作用的实现；另一方面，在杂质能级存在时，杂质能级上的电子受光照作用后会产生从杂质能级向导带的跃迁，由于杂质能级存在于 TiO_2 的禁带以内，这种跃迁相对于本征跃迁比较容易，从而扩展了 TiO_2 吸收光谱，提高了 TiO_2 对可见光的吸收效率。适量的浅势阱的存在还可以分别捕获电子或者空穴而使电子和空穴充分分离，避免了载流子的复合，还可以通过提高光生载流子的运动活性，即促进电子和空穴在 TiO_2 内部的扩散，增加单位时间内单位体积的 TiO_2 内光生载流子的数量，这样载流子迁移到 TiO_2 表面发生氧化还原反应的概率也随之增大，TiO_2 的光催化效率就会相应提高。但是，如果存在过多的浅势阱，也可会导致载流子在迁移过程中不断发生从一个杂质能级向另一杂质能级的迁移，使得载流子还未迁移至表面时活性已经逐渐减小直至消失。因此，杂质离子往往都会存在有一个最佳的掺杂浓度。制备金属离子掺杂型光催化剂的方法主要有共沉淀法、溶胶-凝胶法、浸渍法、W/O 型微乳化法、固相反应法以及水热法。金属离子掺杂型光催化材料不仅具有高效的抗菌、杀菌和抗藻功能，还具备降解有机污染物、除臭和自净化等特性，是一类具有广阔应用前景的环保型抗菌材料。

3.3.3.5　电催化电极材料

电催化电极材料是既能导电又能对反应物进行活化，提高电化学反应电子的转移速率或使反应选择性发生变化的电极材料。它由表面材料、基础电极和载体组成。表面材料主要有过渡金属及一些半导体化合物，过渡金属原子结构中含有空余的 d 轨道和未成对的 d 电子，空余 d 轨道与反应物分子的电子接触时，在电催化剂上形成各种特征的吸附键，使分子活化，从而降低反应活化能，达到电催化目的。这类电催化电极材料主要含有 Ti、Ir、Pt、Ni、Ru、Rn 等金属或合金及其氧化物，如 RuO_2/Ti 电极、Ru-Rn/Ti 电极、RuO_2-TiO_2/Ti 电极；基础电极又称电极基质，是具有一定强度、能够承载催化层的材料，一般为贵金属电极（如钛）和炭电极（如石墨），基础电极无电催化活性，只作为电子载体，具有高的机械强度和良好的导电性；载体是将催化物质固定在电极表面并维持一定强度的物质，常为聚合物膜和无机膜，主要制备方法有热解喷涂法、浸渍法（或涂刷法）、物理气相沉积法（PVD）、化学气相沉积法（CVD）、电沉积法、电化学阳极氧化法等。电催化电极材料具有良好的导电性、高催化活性、良好的稳定性和机械物理性质（表面层不脱落、不溶解等）。

1. 电催化氧化法原理

（1）阳极直接氧化：污染物在阳极表面直接被氧化还原的过程，根据污染物被氧化的程度分为电化学转化和电化学燃烧。电化学转化指被氧化的物质未发生完全氧化而转化为其他的物质，在废水处理中用于将难以生物降解的物质氧化为可生物降解的小分子物质，再进行后续的生物处理；电化学燃烧则是在电的辅助作用下将有机物质直接彻底氧化为 CO_2 和水等无机物，能耗低，不会对环境产生二次污染。

电化学转化：$R+MO_x(\cdot OH) \longrightarrow MO_x+R+H^{+}+e^{-}$

电化学燃烧：$R+MO_x(\cdot OH) \longrightarrow MO_x+xCO_2+yH^{+}+ze^{-}$

(2)阳极间接氧化：当直接氧化过程较慢时，先利用电催化氧化产生中间产物氧化剂，再由氧化剂将污染物氧化成毒性较小的物质，主要分为可逆过程和不可逆过程两种。可逆过程中，中间产物氧化剂在电解的过程中可以电化学再生或循环使用；不可逆过程中，利用电解中产生O_3、H_2O_2等不可重复利用的氧化剂或O_2^{-}、$\cdot OH$、[$\cdot HO_2$]等强氧化性的中间体来降解污染物。

(3)阴极还原：在电催化氧化反应中，在一定的阴极材料(石墨、网状多孔碳、碳一聚四氟乙烯充氧阴极等)和电极电位下，通过电解产生的O_2或者外界提供的O_2可在阴极上还原产生H_2O_2。其反应过程为

酸性环境：$O_2+2H^{+}+2e^{-} \longrightarrow H_2O_2$

碱性环境：$O_2+H_2O+2e^{-} \longrightarrow HO_2^{-}+OH^{-}$

$HO_2^{-}+H_2O+2e^{-} \longrightarrow H_2O_2+OH^{-}$

在反应中若投加亚铁离子进行催化作用，将会与产生的H_2O_2发生电 Fenton 反应产生羟基自由基，羟基自由基将对有机物污染物进行氧化降解。相比传统的 Fenton 法，电 Fenton 优点是无须额外投加H_2O_2，阴极还原持续产生H_2O_2，可以通过改变电压和电流来控制反应速率，易于实现自动化；缺点是H_2O_2产生反应速率较慢，不适合高浓度有机废水的降解处理。

(4)成对电氧化：同时利用在阳极氧化产生$\cdot OH$、O_3、OCl^{-}和阴极还原产生H_2O_2来处理有机污染物的技术称为成对电氧化。成对电氧化技术是建立在阳极氧化和阴极还原两个反应协同作用基础上的，可以同时发挥阴阳两极的电催化作用，增强处理效果。

2. 催化电极的分类

从结构上，电催化电极可分为两种电极形式：分别为二维电极和三维电极两大类。二维电极应用最广泛的是形稳性阳极(DSA)类电极，DSA 类电极是以特殊工艺在金属基体(如 Ti、Zr、Ta、Nb 等)上沉积一层微米或亚微米级的金属氧化物薄膜(如SnO_2、IrO_2、RuO_2、PbO_2等)而制备的稳定电极。DSA 类电极通过改进材料及涂层结构提供了较高的析氧过电位从而防止阳极氧气的析出，从而提高其电流效率。此外，由于 DSA 类电极的化学和电化学性质能够随着氧化物膜的材料组成和制备方法而改变，因而能够获得良好的稳定性和催化活性，这也是它获得青睐的一个重要原因。但由于二维反应器的有效电极面积很小，传质差，导致单位时空处理效率较低。三位电催化电极可分为单极性电极、复极性电极、多孔电极三类。三位电催化电极是在原有的二维电极之间装填粒状或其他屑状工作电极材料，致使装填电极表面带电，在工作电极材料表面发生电化学反应。其电极面积比较大且能以较低的电流密度提供较大的电流强度，粒子之间间距小，物质传质极大改善，单位时空产率和电流效率均极大提高，尤其对低电导率废水，其优势更加明显。

3. 电极材料的种类

废水的处理效率主要取决于电极选择的合理程度，用于电化学处理废水的电极材料主要有金属电极、活性炭纤维电极、金属氧化物电极。

(1)金属电极。金属电极是以金属作为电极反应界面的裸露电极,除碱金属和碱土金属外,已经有很多关于金属作为电化学电极处理废水的研究报道。但金属电极在废水处理中存在的容易被腐蚀或钝化的现象,限制了其在废水处理中的广泛应用。

(2)活性炭纤维电极。活性炭纤维是由有机高聚物聚丙烯腈、酚醛树脂、聚乙烯醇基、纤维素基以及沥青基等有机纤维原料经碳化和进一步活化制得的。活性炭纤维电极具有较高的比表面积、较好的吸附性能、较好的导电性能和较高的反应活性,因而在废水处理中具有广泛应用。活性炭纤维电极因物理、化学结构的特殊性而具有优异的吸附性能,但是该类电极微孔孔径较小,仅对小分子物质具有较好的吸附性能,对大分子物质的吸附性较差,这决定了该电极比较适合处理微污染原水和较低浓度废水。

(3)金属氧化物电极。该类电极由金属基体和氧化物薄膜构成,是通过溅射法、喷雾热解法、涂层热解法、溶胶-凝胶法、电沉积法等方法将金属氧化物涂层覆盖在基体表面而构成的复合电极。常用的金属基体为钛、金、铂、不锈钢等金属,常用的氧化物薄膜以过渡金属的氧化物为主。当前此类电极研究较多的为 PbO_2、SnO_2、RuO_2 和 IrO_2 等。该种电极可以通过改进材料及表面涂层结构使其具有比较高的析氧过电位,通过改变氧化物膜的组成和制备工艺条件而获得优异的稳定性和催化活性。①PbO_2 电极。PbO_2 具有良好的导电性、高析氧过电位、酸性条件下的高稳定性以及成本低廉等优点,是一种很好的电极材料。钛基 PbO_2 电极对苯、酚等芳香族化合物、脂肪酸等酸类和一些杂环化合物等高分子物质均有较高的降解能力,能把其最终降解为 CO_2 和 H_2O。单组分的 PbO_2 电极会由于有机物在电极表面结垢而使催化活性降低,通过对 PbO_2 进行改性可以提高电极活性,常用的方法是掺入 Bi、Co、La、Fe、Ce、F 等金属或非金属物质。改性后的 PbO_2 电极表面部位会有更多的缺陷产生,可加快·OH 的生成速率,从而提高电极的电催化活性。②SnO_2 电极。SnO_2 是一种 N 型半导体材料,其禁带宽度为 3.5 eV。在常温下,该氧化物电阻很高,因而不能直接用作电极材料。通过掺入一定量的 Sb、Ru、Ir、稀土等元素可以显著地提高 SnO_2 的导电性。目前,已经有很多掺杂的 SnO_2 电极用于降解有机废水的研究。③RuO_2 电极。RuO_2 是具有金属导电性的半导体型氧化物,它具有优异的析氯活性和耐蚀性,是很有潜力的电催化电极材料,在氯碱工业中应用广泛。近年来,开发 RuO_2 电极在有机废水降解领域的应用也受到重视。④IrO_2 电极。IrO_2 电极具有良好的导电性、稳定性和耐腐蚀性,并且具有低的析氧过电位,对于析氧反应具有良好的电催化活性,被作为阳极广泛应用于氧发生反应的电化学工业生产中。目前,开发 IrO_2 电极在有机废水降解领域的应用也受到重视。

采用电解法处理废水最早出现于 1889 年英国人用铁电极处理城市污水,20 世纪 60 年代电化学处理废水得到迅速发展。电催化氧化法有很大的潜力,由于电化学法在各领域有了很多研究成果,引起广泛关注。但在工业拓展方面电催化氧化法仍处于初始阶段,在工业试验中电流效率较低、操作成本较高等也是急需解决的问题。例如,对电极表面电子转移、氧化物电极起到催化氧化作用的机理、在电催化氧化降解过程中中间产物生成的确定及其变化过程及阻碍产物进一步氧化的原因等电极工作及有机污染物被电催化氧化降解的机理研究;在制备生产高催化性能电极,解决电极成本高、寿命短、活化性能不够等缺点;针对不同的废水特点以及所确定的工艺进而生产出能有效降解的反应器，通过研究实际的废水生产过程，确定明确的温度、电解质种类及浓度、废水溶液的初始浓度、传质方式和速度、温度、pH、电流密度、电催化氧化时间等对降解的影响，从而选择出最优的处理工艺；再结合该工艺及已知的电极工作机理与电催化氧化机理设计合理的电解槽，不仅要结构合理，也要便于操作，处理效果好；由于大部分废水污染物都为有机物，并且成分复杂，使用单一处理方法是不能处理完全的，需要与其他处理方法联合处理。现在电催化氧化的主要处理对象为单一的模拟废水、污染物废水及印染污水，而对于那些成分复杂的废水还没有很多处理结果。但是，随着各种关键问题的解决，电催化氧化法将会发挥更大的作用，具有很好的应用前景和很重要的科学意义。

3.3.3.6 光电催化材料

光电催化材料是指能够将光催化和电催化过程相结合的一类半导体材料。按使用方式分为电助光催化和光助电催化。电助光催化指在光催化体系中外加电流，使光生电子迅速流动，产生电子流，避免半导体材料中"电子-空穴"的重新结合，维持半导体材料中较高的空穴浓度，增加由空穴形成的强氧化性的·OH的浓度，提高氧化有机物的效率。光助电催化指外加光辐射来提高电催化氧化的效率，光催化过程协助电极产生了更多的活性位，在活性位上产生了更多的物理吸附的·OH，能氧化有机物至最终产物 CO_2 和 H_2O。按组成分为有机光电材料、无机光电材料及有机-无机光电配合物三大类。有机光电材料是由有机化合物构成的半导体光电材料，主要包括酞青及其衍生物、卟啉及其衍生物、聚苯胺、噬菌调理素等；无机光电材料是由无机化合物构成的半导体光电材料，主要有 Si、TiO_2、ZnS、$LaFeO_3$、$KCuPO_4$、$CuInSe_2$ 等。有机-无机光电配合物是由中心金属离子和有机配体形成的光电功能配合物，主要有2,2-联吡啶合钌类配合物等。目前，用于光电催化降解过程的电极多为以 TiO_2 为主导的氧化物固定膜光电极。光电催化材料可使一些在通常情况下难以实现或不可能实现的反应如水解反应等在比较温和的条件下进行。

1. 光助电催化机理

根据半导体能带理论可知，半导体的能带由价带(VB)、导带(CB)和禁带(Eg)三部分组成。价带是半导体中一个充满电子的最高占有能带，而导带是一个最低的未占有能带，两者之间的区域是禁带。当能量大于或等于半导体禁带宽度的光($h\upsilon \geqslant E_g$)照射半导体时，价带中电子(e^-)吸收光子能量激发，跃过禁带进入导带中，同时在价带中形成了相应的空穴(h^+)，产生电子-空穴对。电子-空穴对产生后可以经历三种不同的运动路径：①光生电子和空穴在半导体内发生体相复合；②光生电子和空穴迁移到半导体表面后发生表面复合；③光生电子迁移到半导体表面与吸附在半导体表面的电子受体发生还原反应，空穴迁移到半导体表面与吸附在其表面的电子给体发生氧化反应。

半导体材料的光电催化反应是通过吸收利用太阳能激发半导体产生光生电子-空穴对，以实现反应目标的复杂物理化学过程。根据反应的动力学的不同，材料的催化反应可以分为上坡反应和下坡反应。其中，光催化降解污染物反应的吉布斯自由能为负，是下坡反应；光解水制氢反应的吉布斯自由能为正，是上坡反应。

(1)催化降解污染物反应。光催化降解反应是指通过半导体光催化剂吸收利用太阳能，经过一系列自发的光诱导反应，实现污染物降解的过程。半导体光催化降解有机污染物通常是发生在溶液或空气中的多相反应过程。TiO_2光催化降解水中有机污染物反应是太阳光激发TiO_2产生光生电子和空穴，部分光生电子和空穴迁移到TiO_2表面，其中光生空穴具有很强的氧化能力，可以将吸附在TiO_2催化剂表面的氢氧根离子和水氧化成羟基自由基(·OH)，而光生电子与溶解氧结合形成超氧负离子(·O^{2-})，羟基自由基键能约为 500 J/mol，比构成一般有机物分子化学键的键能高，所以具有很强的反应活性，容易破坏有机物的化学键，将其氧化甚至矿化成无害的产物CO_2和H_2O。Ni/TiO_2NTs 在光照条件下对甲醇催化氧化过程的作用机理为 Ni/TiO_2NTs 中的 Ni 在一定的电势转变为$Ni(OH)_2$后，$Ni(OH)_2$-TiO_2之间形成 P–N 异质结，光照条件下TiO_2NTs 中的光生电子和空穴可以分别转移到TiO_2NTs 和$Ni(OH)_2$上。一方面，光生空穴可以加速$Ni(OH)_2$转变为 NiOOH，生成更多对甲醇氧化有催化作用的 NiOOH 活性物质；另一方面，光生空穴也可以直接氧化甲醇及其中间产物 CO，减轻催化剂中毒。综合以上因素，Ni/TiO_2NTs 在光照条件下对甲醇氧化显示出更高的催化性能。从宏观能量转化角度来说，Ni/TiO_2NTs 可以吸收利用部分太阳能来增强材料的甲醇氧化催化性能，一定程度上可以把太阳能和甲醇内储化学能一并转化为电能。相关反应式如下：

$$TiO_2NTs + h\nu(UV) \longrightarrow TiO_2NTs + h^+ + e^- \quad \text{(注:UV 代表紫外光)}$$

$$Ni(OH)_2 + OH^- + h^+ \longrightarrow NiOOH + H_2O$$

$$NiOOH + CH_3OH + 5OH^- \longrightarrow Ni(OH)_2 + CO_2 + 4H_2O + 5e^+$$

$$h^+ + H_2O \longrightarrow H^+ + OH\cdot$$

$$CH_3OH + OH\cdot + 5OH^- \longrightarrow CO_2 + 5H_2O + 5e^-$$

$$\text{中间体} + OH\cdot \longrightarrow CO_2 + H_2O$$

(2)光解水制氢反应

水是一种热力学稳定的物质，要使水分解为氢气和氧气，需要消耗较大的能量。但是，水作为一种弱电解质，可以部分电离成H^+和OH^-，如果利用半导体中光生电子的还原特性在一定电势下可以把H^+还原成H_2，而利用光生空穴的氧化能力则可以把OH^-氧化成O_2，从而实现水的分解。其中，H^+的还原电极电势(H^+/H_2)为 0 V (vs. NHE(相对标准氢电极))；水的氧化电极电势(O_2/H_2O)为 1.23 V(vs. NHE)。也就是说，理论上将一个H_2O分子分解为H_2和O_2需要 1.23 eV 的能量。光解水制氢的原理就是通过合适的半导体光催化剂吸收太阳光，产生光生电子和空穴把水分解为H_2和O_2，实现太阳能到化学能的转化。相关反应式如下：

$$2H_2O(l) \longrightarrow 2H_2(g) + O_2(g) \quad (\Delta G^0 = 237.2\ kJ/mol)$$

$$H_2O(I) \longrightarrow 1/2\ O_2(g) + 2H+(aq) + 2e^- \ (E_o = 1.23\ V\ vs.\ NHE)$$

$$2H_2O(1) \longrightarrow 2H_2(g) + O_2(g) \quad (\Delta G^0 = 237.2\ kJ/mol)$$

$$2H^+(aq) + 2e^- \longrightarrow H_2(g) \quad (E_o = 0\ V\ vs.\ NHE)$$

$$H_2O(l) \longrightarrow 1/2O_2(g) + 2H^+(aq) + 2e^- \ (E_o = 1.23\ V\ vs.\ NHE)$$

水的分解反应可以拆分为两个半反应，一个是水的还原反应，一个是水的氧化反应。通过组装成不同类型的光电化学池可以实现光解水制氢，常见的三类光电化学池示意图如图 3-21

所示。图 3-21(a)所示的光电解池中，N 型半导体材料作为光阳极电极，当能量大于或等于半导体禁带宽度的光照射光阳极时，半导体产生的部分光生电子通过外电路转移到阴电极上(例如 Pt 电极)把水还原成 H_2。而部分光生空穴则转移到光阳极表面把水氧化成 O_2。为了使光生电子-空穴对有效分离，通常在两个电极间加上一定的偏压。在图 3-21(b)中，P 型半导体材料构成电解池的光阴极电极，当能量大于或等于半导体禁带宽度的光照射光阴极时，半导体产生的部分光生空穴通过外电路转移到阳极(例如 Pt 电极)把水氧化成 O_2。而部分光生电子转移到光阳极表面把水还原成 H_2。图 3-21(a)和图 3-21(b)所示的电解池，都需要施加一定的外部电压来分离电子-空穴对，因此消耗了一定的额外能量。从能量效率角度来考虑最理想的设计是图 3-21(c)，N 型半导体材料和 p 型半导体材料串联成一个电解池，当能量大于或等于半导体禁带宽度的光照射电极时，光生空穴转移到光阳极表面把水氧化成 O_2，光生电子转移到光阴极表面把水还原成 H_2。在这类电解池中，阳极和阴极间没有偏压，需要两电极自身形成较大的电势差来分离电子-空穴对，对材料要求较高。上述三种电解池中，半导体作为电极材料时都需要满足其导带位置比 H^+ 的还原电势更负或价带位置比水的氧化电势更正的前提条件。

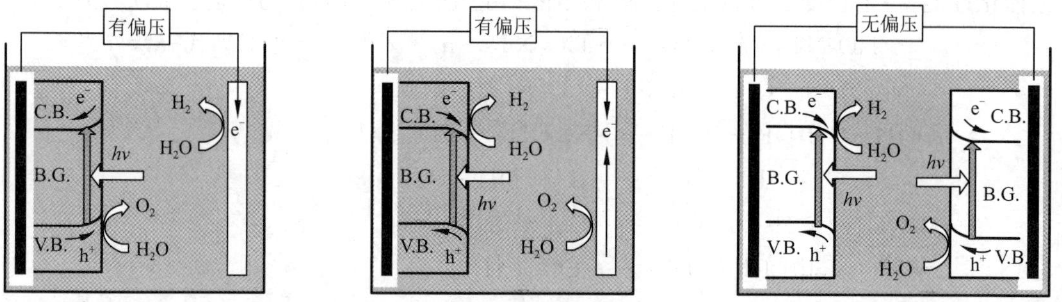

(a) N型半导体材料作为光阳极电极　(b) P型半导体材料作为光阴极电极　(c) N型半导体和P型半导体串联

图 3-21　三种常见的光电分解水化学池示意图

从半导体材料催化原理可知，其光电催化反应过程大致可分为光催化剂光吸收、光生电子-空穴对产生和分离以及光生载流子参与氧化还原反应等三个主要步骤。因此，提高材料的催化效率策略主要是通过改进提升上述三个过程单个或者多个过程的效率来实现。目前，主要通过对光催化剂组分和结构进行改性优化来提高催化效率。

2. 电助光催化技术的基本原理

电助光催化技术是利用外加电场促进光生电子与空穴的分离从而达到提高光催化技术处理效率的一种增强型光催化技术，是一种将半导体光催化与电化学相结合的联合技术。半导体电极 P 电解液界面上可形成三种双电层：

(1)半导体空间电荷层，根据能带边缘的弯曲方向，可分为耗尽层、富集层、反型层及深度耗尽层如图 3-22 所示。当能带不发生弯曲时半导体的费米能级所对应的电位为平带电位 E_{fb}。

(2)介于固体与外亥姆霍兹(Helmholtz)面(ohp)间的亥姆霍兹双层，ohp 即离表面最近的非吸附离子所在的位置，外亥姆霍兹双层厚度只有 10^{-10} m 的数量级。图 3-23 所示为 N 型半导体/溶液界面能级示意图。

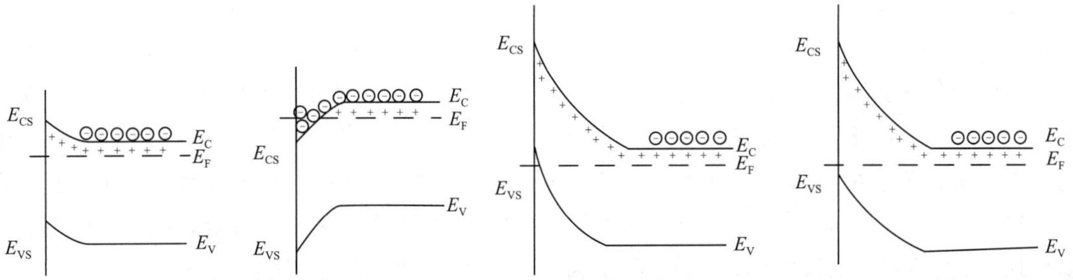

图 3-22　n 型半导体空间电荷示意图

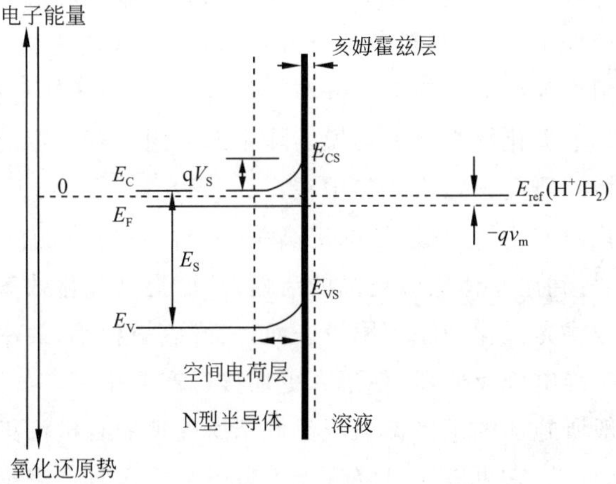

图 3-23　N 型半导体/溶液界面能级示意图

(3)固体附近溶液中的古依-查普曼(Gouy-Chapman)双层(图 3-23 中未表示出来),其厚度极小,可认为它同 ohp 合并在一起。当半导体受到光照而电子和空穴转移到表面时,电子会使表面上的物质还原,同时空穴会使表面上的物质氧化,这种由光引发的化学变化称为光催化。通常半导体表面上的 OH^- 离子和 H_2O 分子被光生空穴氧化为羟基自由基(HO·),该自由基和空穴可共同氧化溶液中的物质及其中间产物(一般以 HO·氧化为主)。但是,由于光生电子和空穴在体内以及表面的复合率很高,使得它们同溶液中物质反应的数量很少,这大幅抑制了光催化效率。

对半导体施加一个外加电场可以使光生电子和空穴分别向半导体内部和表面移动,从而抑制光生电子和空穴的复合。因此,外加电场的方向应使半导体的表面电位低于内部电位,即半导体的空间电荷层呈现为耗尽层的形式。当半导体的电极电位正于半导体的平带电位时,能带边缘向上弯曲,即形成耗尽层。半导体电极电位与溶液电位的差值等于耗尽层两侧与外亥姆霍兹层两侧的电压之和。耗尽层中的空间电荷主要是陷阱中的不可动电荷或离子化施主的不可动电荷,与外亥姆霍兹层相比,阻抗很大,电压大部分分摊在耗尽层的两侧。而外亥姆霍兹层两侧的电压变化可以忽略,半导体表面电位不变,因此半导体电极电位的变化表现为耗尽层两侧电压的变化。光生电子和空穴在空间电荷层内电场的作用下，分别向半导体内部（经由外电路到达对电极）和半导体表面迁移，两者复合的概率减少，寿命增加，光生电子和空穴的利用率增加，光催化效率及能量效率（光能转化为电能和化学能）大大提高。光电催化可利用输入的电压使多数载流子离开表面以避免表面复合，从而比光催化更高效，更实用。从物理上来说，半导体电极/溶液界面与金属 P 型半导体形成的肖特基结构十分相似，不同之处在于用电解质溶液代替了金属。对半导体催化剂施加阳极偏电压而进行的电助光催化，对比于光催化，光生电子和空穴的分离促进，半导体的光电流响应和量子效率得以提高，光催化的效率得以增加，而且具有光电协同作用，更有利于利用太阳能进行光催化方面的研究。

自从 Fujishirma 和 honda 在 1972 年用光电催化分解水制氢后，光电催化用于污染物分解收到了人们的关注。凡是能够利用光催化降解的有机物，采用光电催化后其反应效率均有较大的提高，它能有效地将有机物完全矿化为二氧化碳和无机盐，也可以控制条件使有机物降解到无毒状态，该技术既处理了废水，又具节约资源优势，有可能成为将来处理有机污染物的主要技术。然而，由于太阳光独特的光波能量分布，到目前为止半导体材料吸收利用太阳能的效率还很低，因此当前的光电催化材料离大规模实际生产应用还有一定的距离，仍需进行深入的研究探索。目前，该领域的研究重点主要集中在：

（1）在现行光电催化研究中，催化活性的提高是一个尚待解决的问题，通过对电极表面修饰，控制适当条件，能够得到比基体电极更高的活性，从而提高催化效率。

（2）目前的研究多数将光催化剂涂到阳极表面，二维表面积小，效率低，应与实际水处理工况相结合，设计高效的三维电极反应器，使研究更加接近产业化。

（3）现有的研究一般所施加的阳极偏电压都低于所处理的有机污染物的氧化电势，值得关注高电压下电助光催化技术，它可以通过降低光生电子与空穴复合来增强污染物降解，甚至还可以施加比污染物氧化电位更高的偏电压来对有机污染物进行电化学氧化。

（4）光电催化反应动力学模型还比较少，对有机污染物降解动力学研究尚缺乏可靠的活性物质的鉴定，反应途径还停留在设想推测阶段。尽管大量的研究还停留在实验室阶段，但光电催化已显示出较好的应用前景，未来将以其独特的优势成为污水处理的主要方法。

3.3.3.7 微波催化氧化剂

微波催化氧是指微波催化氧化技术中使用的强氧化剂，如芬顿试剂、O_3、NaClO 等。废水微波催化氧化技术是将废水和氧化剂混合后在微波场中进行废水处理的技术。微波频率与分子转动频率相近，微波电磁作用会影响分子中未成对电子的旋转方式和氢键缔合度，并通过在分子中储存微波能量以改变分子间微观排列及相互作用等方式来影响化学反应的宏观焓或熵效应，从而降低活化反应能，改变反应动力学。废水微波催化氧化过程中水中的极性分子和水分子吸收微波后运动速度加剧，碰撞接触概率增加，从而使氧化过程迅速完成；微波对水中的物质进行选择性分子加热，对吸波污染物质的氧化反应具有强烈的催化作用，对有些不能直接吸收微波的污染物，可通过催化介质如镍、钴、铁等把微波能传给这些物质，使污染物分子结构产生变形和振动，改变污染物的焓或熵，降低化学反应的活化自由能，使氧化反应更加彻底。微波催化氧化对污染物的降解去除率明显提高。

微波是指频率在0.3～3000 GHz，波长在100 cm～1 mm的电磁波，具有穿透性、反射性、直线性和吸收性等特征。现在，国家应用最多的微波加热频率是915 MHz和2 450 MHz。工业化大生产大多用915 MHz，民用一般用2 450 MHz，所以该技术选择的微波频率是915 MHz。

微波的主要加热作用是偶极转向极化。极性电介质的分子在无外电场作用时，偶极矩在各个方向的概率相等，宏观偶极矩为零。在微波场中，物质的偶极子与电场作用产生转矩，宏观偶极矩不再为零，这就产生了偶极转向极化。由于微波产生的交变电场以每秒高达数亿次的高速变向，偶极转向极化不具备迅速跟上交变电场的能力而滞后于电场，从而导致材料内部功率耗散，一部分微波能转化为热能，由此使得物质本身加热升温。

微波除了有加热作用外，还对废水有催化作用，即改变反应历程，降低反应活化能，加快合成速度提高平衡转化率，减少副产物，改变立体选择性等效应。据分析，微波频率与分子转动频率相近，微波电磁作用会影响分子中未成对电子的旋转方式和氢键缔合度，并通过在分子中储存微波能量以改变分子间微观排列及相互作用等方式来影响化学反应的宏观焓或熵效应，从而降低活化反应能，改变反应动力学。

废水微波催化氧化技术是将废水和氧化剂混合后送入微波场中，微波的作用机理如下：

(1)水中的极性分子吸收微波，吸波后运动速度加剧，特别是水分子，吸收微波后水分子运动速度迅速加快，使得水中的污染物质分子运动速度随之加快，碰撞接触概率增加，从而使氧化过程迅速完成。

(2)微波对废水中的物质进行选择性分子加热，对吸波污染物质的氧化反应具有强烈的催化作用，对有些不能直接吸收微波的污染物，可通过催化介质把微波能传给这些物质，是污染物分子结构产生变形和振动，改变污染物的焓或熵，降低化学反应的活化自由能，使氧化反应更加彻底，对污染物的降解去除率得到明显提高。

(3)氧化矿物中的金属离子被氧化后生成聚合类絮凝剂，与部分未氧化降解的有机物结合产生絮凝沉淀去除，从而进一步去除有机物。

通过一系列的物理化学作用将废水中难处理的有机物降解、转化、沉淀，从而达到净化废水的目的。

根据污染物和水质的不同选择合适的氧化剂。现在最常用的是芬顿试剂、臭氧、次氯酸钠。芬顿试剂是由Fe^{2+}与H_2O_2混合所得到的强氧化剂，过氧化氢在氢氧化剂的作用下，可以生成羟基自由基(·OH)。羟基自由基具有很强的氧化性，具有很高的氧化还原电位。利用高压放电所得到的高浓度的臭氧，具有脱色、除臭的优点，具有较强的氧化性。次氯酸钠的氧化原理是水解生成次氯酸，再经过进一步的分解得到新生态氧，新生态氧有较强的氧化性。

微波催化氧化技术处理工业废水，实现废水快速、动态、连续的处理，每台设备的处理能力是5 000～50 000 m^3/d。运行需要在常温常压的条件下进行，不需要增温。微波是一种催化的手段，可以加速反应的过程，减少反应的时间，使运行的费用降低，处理每吨废水的费用在0.5～2.0元之间，进而实现氧化物的工业化应用。原来的工业废水处理要在处理过程中加入絮凝剂，使废水中絮凝剂、悬浮物和大分子物质相结合，进而去除沉淀。但是，高浓度有机废水微波催化氧化处理技术不需要再加絮凝剂，而是氧化过程中就会生成絮凝剂，与传统的处理技术比较，节省了运行的费用，简化了工艺，减少了投资。通常可以在 10 min 完成 80％的沉淀，1 h 完成 95％的沉淀，6 h 就可以完成 99.9％沉淀。同时，强氧化剂在微波催化作用下分解废水中影响色度的物质，主要是应用在较难生化降解的染料类物质的发色基团，进而失去发色的能力，从而起到脱色的作用。

微波催化氧化技术在处理高浓度有机废水方面反应速度快、降解有机物彻底、无公害、水质适用范围广，可以大大提高渗滤液出水水质，降低渗滤液毒性及色度等独特优势。虽然微波催化氧化法有诸多优点，但目前多采用贵金属或活性炭作催化剂。贵金属处理成本较高，活性炭在微波辐照下虽然能快速处理水中难降解有机污染物，但在微波作用下易于烧结、抗磨损能力较差，且不利于回收利用，因此开发低损耗、寿命长、经济、高效和稳定催化剂是该技术的关键。微波应用在废水处理中的机理有待进一步研究，尤其是对于复杂体系的降解机理。

1967 年 N. H. Williams 报道了用微波加快化学反应速度的实验结果，此后用微波加快和控制化学反应受到人们的高度关注。微波技术在污水处理领域的应用主要依赖于它的热效应，因此准确测定或计算微波场中的温度就显得特别重要。温度场测量的准确性对提高处理效率、控制微波泄漏和降低能耗有重大意义。大部分研究至今还在实验室，可通过静态分析到动态模拟，逐步走向工业化。随着微波应用于水处理的技术理论不断完善以及其中一些材料、设备的不断改进，微波诱导催化氧化技术必将成为一种高效、廉价、具有广阔应用前景的废水处理的新技术。

第4章 环境生物材料

4.1 环境修复微生物

4.1.1 环境修复微生物类型

受污染的环境中有机物除少部分是通过物理、化学作用被稀释、扩散、挥发及氧化、还原、中和而迁移转化外，主要是通过微生物的代谢活动将其降解转化。微生物是自然界生态系统中的分解者，它可使进入环境的污染物不断地降解，最终转化为 CO_2、H_2O 等无机物，使污染的环境得以净化。在生物修复中首先考虑适宜微生物的来源及其应用技术，其次是微生物的代谢活动需要在适宜的环境条件。然而，天然污染环境往往因缺乏合适的降解微生物或因微生物数量(浓度)过低、缺乏使微生物生长所必需的营养(如氮、磷等)、缺乏足够的溶解氧等条件，使污染环境的自净过程极其缓慢；甚至还会因污染速度大于净化速度，使污染物不断蓄积，结果环境污染程度更趋严重。因此，必须人为提供适于微生物作用的条件，以强化微生物对污染环境的修复作用。

微生物的生长需要维持一定量的碳、氮、磷营养物质及某些微量营养元素(如微量元素和维生素等)，实际操作中已研究出各种多功能型复合营养物。例如，用石蜡处理尿素和辛基磷酸盐制成“亲油”肥料既保证了微生物对石油烃类的分解，又防止了水体富营养化。又如，用微量元素、维生素、有机酸等成分制成的土壤修复促生液既保证了土著微生物的快速生长，同时还具有缓冲 pH 的作用，可使污染环境快速得到恢复。

环境中的有机污染物在微生物的作用下被氧化分解时需耗氧，因此在受到严重污染时，水体或土壤中的溶氧往往消耗殆尽，这时生态系统会遭到破坏，造成食物链中断，物质的转化和循环也随之中止，因此溶氧水平也是生物修复中的重大影响因素之一。为了增加土壤和水体中的溶解氧，可以采用人工曝气的方式，在土壤或河道中布设通气管道，将压缩空气送入现场，可促使有机物降解的好氧土著微生物生长繁殖，进而使污染水体得以净化。另外，在紧迫情况下也可向污染环境中投加双氧水、过氧化钙等类产氧剂，或添加硝酸盐、硫酸盐类电子受体。它们都能暂时改变环境的厌氧生境，以发挥好氧微生物对污染物的氧化分解作用。但在使用时须注意产氧剂的浓度，以避免对微生物的毒性效应；同时需要考虑到随之而来的氮、硫元素对环境的影响。

4.1.1.1 土著微生物

由于微生物的种类多、代谢类型多样，“食谱”广，凡自然界存在的有机物都能被微生物利用、分解。而对目前大量出现，且数量日益上升的人工合成有机物，虽然它们对微生物是“陌生”的，但由于微生物有巨大的变异能力，对这些难降解甚至是有毒的有机化合物都已陆续地找到能分解它们的微生物种类。比如，仅能够降解烃类的微生物有70多个属、200余种，其中细菌约有40个属。天然的水体和土壤是微生物的大本营，存在着数量巨大的各种各样的微生物，在遭受有毒有害的有机物污染后，就会出现一个天然的驯化选择过程，使适合的微生物不断增长繁殖，数量不断增多。有机物的生物降解通常是分步进行的，整个过程包括多种微生物和多种酶的作用。一种微生物的分解产物可成为另一种微生物的底物。在有机污染物的净化过程中可以看到生物种群的这一生态演替，可据此来判断净化的阶段和进程。由于土著微生物降解污染物的巨大潜力，因此在生物修复工程中充分发挥土著微生物的作用，不仅必要而且有实际的可能。

4.1.1.2 外来微生物

在废水生物处理和有机垃圾堆肥中已成功地用投菌法来提高有机物降解转化的速度和处理效果。在天然受污染的环境中当土著微生物生长过慢，代谢活性不高，或者由于污染物毒性过高造成微生物数量下降时，人为投加一些适宜该污染物降解的与土著微生物有很好相容性的高效菌是十分必要的。目前，用于生物修复的高效降解菌大多系多种微生物混合而成的复合菌群，其不少已被制成商业化产品。例如，目前广泛应用并市售的光合细菌菌剂红螺菌科复合菌群在厌氧光照及好氧黑暗条件下都能以小分子有机物为基质进行代谢和生长，对有机物产生了很强的降解转化能力，应用于水产养殖水体及天然有机物污染的河道。许多复合菌剂产品不断上市，如内含光合细菌、酵母菌、乳酸菌、放线菌、硝化菌等复合菌制剂对水体的COD、BOD、NH_3-N、TP及底泥的有机质产生明显的降解转化作用，由光合细菌、乳酸菌、酵母菌、放线菌等共约10个属80多种微生物组成复合菌剂已被用于污染河道的生物修复。

4.1.1.3 基因工程菌

自然界中的土著菌，通过以污染物作为其唯一碳源和能源或以共代谢等方式，对污染物具有一定的净化功能，有的甚至达到效率极高的水平。但是，对于日益增多的大量人工合成化合物，就显得有些不足。采用基因工程技术，将降解性质粒转移到一些能在污水和受污染土壤中生存的菌体内，定向地构建高效降解污染物的工程菌的研究具有重要的实际意义。20世纪70年代以来，发现了许多具有特殊降解能力的细菌，这些细菌的降解能力由质粒控制。到目前为止，已发现自然界所含的降解性质粒多达30余种，主要有四种类型：假单胞菌属中的石油降解质粒，能编码降解石油组分及其衍生物；农药降解质粒，如对2，4-D、六六六等；工业污染物降解质粒，如对氯联苯、尼龙寡聚物降解质粒等；抗重金属离子的降解质粒。利用这些降解质粒已研究出多种降解难降解化合物的工程菌，比如，为了消除海上溢油污染，将假单胞菌中不同菌株的CAM、OCT、SAL、NAH四种降解性质粒接合转移至一个菌株中，构建成一株能同时降解芳香烃、多环芳烃、萜烃和脂肪烃的“超级细菌”，该菌能将天然菌要花一年以上才能消除的浮油在几个小时内消除。又如，生存于污染环境中的某些细菌细胞内存在着抗汞、抗镉、抗铅等重金属的基因，但是这类菌株生长繁殖并不迅速，把这种抗金属基因转移到生长繁殖迅速的受体菌中，组成繁殖率高、富积金属速度快的新菌株，可用于净化重金属的废水。此外，尼龙寡聚物在化工厂污水中难以被一般微生物分解，已发现黄杆菌属、棒状杆菌属和产碱杆菌属具有分解尼龙寡聚物的质粒，但上述三个属的细菌不易在污水中繁殖，而污水中普遍存在的大肠杆菌又无分解尼龙寡聚物的质粒，把分解尼龙寡聚物的质粒 POAD 基因移植到大肠杆菌内，使后者获得了该遗传性状。值得注意的是工程菌的安全性问题，让基因工程菌进入到自然环境，有可能对环境造成可怕的影响。目前在研制工程菌时，都采用给细胞增加某些遗传缺陷的方法或是使其携带一段“自杀基因”，使该工程菌在非指定底物或非指定环境中不易生存或易发生降解作用。科学家们对某些基因工程菌的考察初步总结出以下几个观点：基因工程菌对自然界的微生物和高等生物不构成有害的威胁，基因工程菌有一定的寿命；基因工程菌降解污染物功能下降时，可以重新接种；基因工程菌进入净化系统之后，需要一段适应期，但比土著种的驯化期要短得多；目标污染物可能大量杀死土著菌，而基因工程菌却容易适应生存，发挥功能。当然，基因工程菌的安全有效性的研究还有待深入，但是不会影响应用基因工程菌治理环境污染目标的实现，相反会促使该项技术的发展。

20 世纪 70 年代以后是环境技术和环境微生物学的大发展时期，这种势头一直延续到今天。1989 年的埃克逊油轮在阿拉斯加的漏油事故为生物修复技术在治理海洋石油污染中的应用提供了一次良机，生物学家提出了切实可行的实地示范和治理方案，证实了环境中的土著微生物能够分解石油成分，这一工程得到了社会的认同。1991 年 3 月，在美国的圣地亚哥举行了第一届原位生物修复国际研讨会，交流和总结了生物修复工作中的实践和经验，使生物修复技术的推广和应用走上了更加快速发展的道路。

4.1.2　微生物催化酶

4.1.2.1　酶的概念和催化特点

酶是在活细胞内合成的具有高度专一性和催化效率的蛋白质，具有催化生物化学反应的功能，并传递电子、原子和化学基团，因此又称为生物催化剂。酶催化进行的反应称为酶促反应，发生化学反应的物质称为底物。同一般催化剂一样，酶只能催化热力学允许的化学反应，反应前后酶本身不发生质和量的变化。在细胞中尽管酶的相对含量很低，但能降低反应的活化能而加速化学反应的速度，在较短时间内催化大量的底物发生反应，缩短达到化学平衡的时间，反应过程中不改变自由能的变化(ΔG)，也不改变平衡常数。

与一般催化剂不同，酶具有显著的独特性：

(1)酶的催化效率比简单的无机催化剂高 $10^7\sim10^{13}$ 倍。

(2)酶具有专一性，一种酶只能作用于一类化合物或一定的化学键，促进一定的化学变化，生成一定的产物，专一性包括绝对专一性、相对专一性和立体异构专一性，绝对专一性指一种酶只能作用于一种底物产生一定的反应；相对专一性指酶可作用于一类具有相同化学键或基团的物质；立体异构专一性指酶对底物的立体型的特异要求，例如 L-乳酸脱氢酶只能作用于 L-乳酸，而不能作用于 D-乳酸。

(3)酶促反应条件一般要求在常温、常压、中性酸碱度等温和环境下进行，对高温、强酸、强碱、有机溶剂、重金属盐、紫外线、剧烈振荡等外界环境的变化比较敏感，任何容易使蛋白质变性的理化因素都可能使酶失去催化活性。

(4)生物体在漫长的进化过程中形成了自动调控酶活性的系统，调控方式包括抑制剂调节、反馈调节、共价修饰调节、酶原激活及激素控制等，这些调控保证酶在体内新陈代谢中发挥恰如其分的催化作用，从而控制生化反应协调有序的进行。

4.1.2.2 酶的组成

根据组成成分，酶可分为单纯酶和结合酶两类：

(1)单纯酶又称单成分酶或简单蛋白酶，仅由具有催化活性的蛋白质构成，其基本组成单位仅为氨基酸，其活性仅取决于它的蛋白质结构，例如脲酶、蛋白酶、淀粉酶、脂肪酶、酯酶、核糖核酸酶等一般水解酶。

(2)结合酶除了含有蛋白质主体外，还含有对热稳定的非蛋白质小分子物质，其中的蛋白质主体称为酶蛋白，非蛋白质小分子物质称为辅因子。转氨酶、乳酸脱氢酶、碳酸酐酶以及氧化还原酶类等均属于结合酶。酶蛋白和辅因子单独存在时，均无催化活力，只有两者结合才能显示催化活性。两者结合成的复合物称为全酶。

全酶的辅因子有的是小分子有机化合物，有的是 K^+、Na^+、Mg^{2+}、Cu^{2+}（或 Cu^+）、Zn^{2+}、Fe^{2+}（或 Fe^{3+}）等金属离子。全酶的催化反应中，酶蛋白主要起识别底物的作用，酶促反应的特异性、高效性及酶对一些理化因素的不稳定性均决定于酶蛋白部分。小分子有机化合物决定底物的反应类型，并起传递电子、原子或化学基团的作用。金属离子主要传递电子和起激活剂的作用。辅因子或者是酶活性中心部位的组成部分，或者是连接底物和酶分子的桥梁，或者在稳定酶蛋白分子构象方面起到重要作用。

根据小分子有机化合物和酶蛋白结合的紧密程度不同分成辅酶和辅基两大类。通常与酶蛋白结合比较松、容易脱离酶蛋白，可用透析或超滤方法从酶蛋白上除去的小分子有机物称为辅酶；而与酶蛋白结合比较紧、可用透析或超滤方法不易除去的小分子有机物称为辅基。辅酶和辅基的差别仅在于它们与酶蛋白结合的牢固程度不同，两者之间只存在相对界限。

酶的种类很多，但辅酶的种类却较少，通常一种酶蛋白只能与一种辅酶结合，组成一个酶，但一种辅酶往往能与若干种酶蛋白结合构成若干种酶。例如，乳酸脱氢酶的酶蛋白，只能与烟酰胺腺嘌呤二核苷酸(NAD+)结合，组成乳酸脱氢酶，可使底物乳酸发生脱氢反应；但可以与 NAD^+ 结合的酶蛋白却有很多，例如乳酸脱氢酶、苹果酸脱氢酶和磷酸甘油脱氢酶，可分别催化乳酸、苹果酸和磷酸甘油发生脱氢反应。

4.1.2.3 酶的结构

1. 酶蛋白的结构

生物体中的酶蛋白由丙氨酸、精氨酸液、天门冬酰胺、天门冬氨酸、半胱氨酸、谷氨酰胺、谷氨酸、甘氨酸、组氨酸、异亮氨酸、亮氨酸、赖氨酸、蛋氨酸、苯丙氨酸、脯氨酸、丝氨酸、苏氨酸、色氨酸、酪氨酸、缬氨酸 20 种氨基酸组成，氨基酸按一定的排列顺序，通过肽键(—NH—CO—)连接成多肽链，多肽链之间或一条多肽链卷曲后，相邻的基团之间通过氢键、盐键、酯键、疏水键、范德华引力及金属键等相连接，形成酶蛋白的空间结构。这一空间结构分为一级、二级、三级和四级结构。一级结构指多肽链中氨基、酸的排列次序；二级结构指由多肽链形成的、重复出现的、稳定的空间结构，例如双螺旋结构、β-折叠、β-转角，由氢键维持；三级结构是在二级结构的基础上，多肽链进一步弯曲盘绕形成更为复杂的构型。四级结构由几个或几十个亚基组成，亚基是由一条或几条多肽链在三级结构基础上形成的小单位。只有少数酶具有四级结构。

2. 酶的活性中心

酶作为生物大分子，与底物比起来，其体积要大得多。反应过程中酶与底物结合仅限于酶分子的少数基团或特定的部位。把酶蛋白分子中直接与底物结合并催化底物发生化学反应的小部分氨基酸微区称作酶的活性中心或活性部位。酶的活性中心由酶蛋白上少数几个氨基酸侧链的化学基团组成，其部位因酶而异大约有 1～4 个，这些微区可能处于同一条肽链的不同部位，也可能处于不同肽链上，经肽链盘绕折叠使其在空间结构上彼此靠近，形成具有一定空间结构的位于酶分子表面的、呈裂缝状的小区域。构成酶活性中心的必需基团分为两种：一种是酶与底物结合的基团，称为结合基团，决定酶的专一性；另一种是促进底物敏感键发生化学变化的基团，称为催化基团，决定酶的催化能力，活性中心中有的必需基团可能同时具有这两方面的功能。单纯蛋白酶的活性中心通常由酶分子中几个氨基酸残基侧链上的极性基团组成，构成酶的活性中心的氨基酸有天冬氨酸、谷氨酸、丝氨酸、组氨酸、半胱氨酸、赖氨酸等，它们的侧链上分别含有羟基、羧基、咪唑基、巯基、氨基等极性基团，这些基团是必需基团。对于需要辅因子的结合蛋白酶而言，辅酶（或辅基）分子或其分子某一部分结构往往也是活性中心的组成部分。还有些必需基团虽然不参加酶的活性中心的组成，但却是维持酶活性中心应有的空间构象，保持酶的活性中心所必需的，这些基团是酶的活性中心以外的必需基团，例如丝氨酸的羟基、半胱氨酸的巯基、组氨酸的咪唑基等。

尽管酶的活性中心往往位于酶分子表面或凹陷处，但由于不同的酶有不同的活性中心，故对底物有高度的特异性，例如乳酸脱氢酶具有立体异构特异性，能催化乳酸脱氢生成丙酮酸。L(＋)乳酸通过其不对称碳原子上的—CH_3、—COOH 和—CH 基分别与乳酸脱氢酶活性中心的 A、B 和 C 三个功能基团结合，故可受酶催化而转变为丙酮酸；而 D(－)乳酸由于—COOH 和—CH 基的空间位置与 L(＋)乳酸恰好相反，与酶的三个结合基团不能完全配合，故不能与酶结合而被催化。由此可见，酶的特异性不但决定于酶活性中心的功能基团的性质，而且还决定于底物和活性中心的空间构象。只有那些具有一定的化学结构，能与酶的活性基团结合，且空间构型又完全适应的化合物，才能作为酶的底物。

4.1.2.4　酶的固定化

随着生物化学的发展，酶制剂工业兴起，出现了将酶与生物体分离的工艺，使得酶的应用和操作更明确与方便。然而，酶制剂均在水溶液状态下应用消耗量极大，且由于外部条件的变化导致稳定性一般较差。固相酶是将水溶性的酶利用物理或化学方法处理，使之变成不溶于水但仍具有酶活性的物质。将酶从液相变成固相的过程，称为酶的固定化。在催化反应中，酶以固相状态作用于底物。在固定化过程中，载体的选择、酶与载体结合的方法是保证酶的高度专一性及温和条件下高效催化特点的关键。酶经固定化后，载体能有效保护酶的空间构象，使之对热、pH、蛋白质变性剂、抑制剂等的抗性大幅提高，保证酶的稳定性。酶处于非水溶状态，很容易与产物分离，使酶本身可反复使用。但固相酶也存在一些缺点，首先是成本高，其次是酶经固定化后，活力都有不同程度的降低，造成表观米氏系数值发生改变，最适 pH 偏移，专一性也会发生改变。

4.1.3 微生物载体材料

能促进微生物的固化、生长繁殖并保持较多的生物量，加强氧气、营养物质以及代谢废物的传质过程的载体物质称为微生物载体材料，包括无机载体、有机高分子载体和复合载体三类。

4.1.3.1 无机载体

无机载体中多孔结构的吸附作用和电荷效应能固定微生物细胞，内部的空隙可为微生物生长繁殖提供空间，增加细胞的密度。该载体强度大、传质性好、无毒害、成本低、易制备，应用价值较大，但密度大、吸附量有限且易脱落。常用的无机载体有硅胶、分子筛、硅藻土、陶瓷等。

(1)硅胶的化学组成为 SiO_2、xH_2O，属无定形结构，由水玻璃和硫酸(或盐酸)作用生成的白色胶状硅酸沉淀经分子间脱水而形成，其基本结构质点为 Si-O 四面体相互堆积形成的骨架，堆积时质点间的空间即为硅胶的孔隙。硅胶中的水以羟基的形式和硅原子相连而覆盖于硅胶表面，可优先吸附极性分子和不饱和碳氢化合物。

(2)分子筛由 SiO_2、Al_2O_3 和碱金属(或碱土金属)组成，孔径分布均匀、比表面积大、气孔率高，可根据分子大小和形状进行选择性吸收。分子筛的吸附因物理吸附和化学吸附叠加而加强，具有色散力和静电力，可优先吸附极性强、挥发性小和饱和度不高的分子。

(3) 硅藻土的巨大比表面积、强大吸附性和表面电性，能去除污水中颗粒态、胶体态物质及游离态磷和金属离子等。

(4)用于固定化的多孔陶瓷、陶瓷微通道、陶瓷膜等化学稳定性好，机械强度高，进行表面化学修饰后能克服结合酶能力差的缺点。

根据微生物的结构和组成特点，制备合适的载体是固定化培养获得成功的关键，对载体材料的表面进行化学或物理处理，对孔道结构进行调节或控制，都是固定化无机载体材料研究的重要方向。在新型固定床生物反应器和膜生物反应器的设计及后续的产品分离方面，块状大孔陶瓷、无机膜、磁性微球等新型固定化载体正得到广泛的关注和研究。

4.1.3.2 有机高分子载体

有机高分子载体包括高分子凝胶载体(琼脂、角叉菜胶和海藻酸钙等)和有机合成高分子凝胶载体(聚丙烯酰胺凝胶、聚乙烯醇凝胶、光硬化树脂、聚丙烯酸凝胶等)，其中多糖类载体和蛋白质类载体最常用。天然多糖价廉易得，无毒且传质性好，是研究最热门的方向之一，天然高分子多糖类载体主要有壳聚糖、纤维素和海藻酸盐类。

(1)壳聚糖，又名 β—(1→4)—2—氨基—2—脱氧—D—葡萄糖，由甲壳质经浓碱脱去乙酰基而得，其化学稳定性、耐热性、亲水性、生物相容性、机械刚性和再生性良好，能吸附蛋白质，有能与细胞表面基团相作用的功能团，无毒廉价，易于加工成粉、膜、多孔微球、凝胶纳米粒子等形态，易于发生酰基化、羧基化、氧化、卤化、醚化、酯化、N-烷基化、接枝共聚等反应，可得到各种系列衍生物。

(2)纤维素是地球上最丰富的有机质，具有良好的亲水性、生物相容性和机械强度，完全满足生物法废水处理用载体的需要，其结构中存在的大量羟基经过氧化、醚化、酯化、亲核取代、交联和接枝共聚等制成多种带有各种活泼基团的纤维素衍生物，存在粉状、片膜状、纤维和溶液等不同形式。

(3)海藻酸盐类($C_8H_8O_8$)属天然线性高聚物，无毒，可形成耐热的凝胶或薄膜，易与细胞混合形成均匀的悬浮液，力学性能、化学性质稳定，耐热性好，但强度低，厌氧条件下易被生物分解以及细胞或酶易流失。未来应多开发淀粉及其衍生物等天然多糖细胞固定化载体材料；采用新的天然多糖改性方法，可采用引入含有非离子、两性离子的基团的单体或含氨基官能团和磺酸基等；使用磁性聚合物微球、纳米技术、微胶囊技术、超临界技术、膜技术等新型固定化技术。

4.1.3.3　复合载体

复合载体由无机载体和有机载体结合而成，两类材料性能互补，其机械强度较好，但传质性能较差，包埋后对细胞活性有影响，主要有聚乙烯醇和聚丙烯酰胺。

(1)聚乙烯醇(PVA)具有优异的亲水性以及良好的反应性，经过化学交联或硬化，可显著提高其机械强度、抗生物降解性能和化学稳定性，是无毒、价廉、易得、应用广泛的生物载体材料。PVA载体线型结构的规整，用于生物活性物质的固化时，单体分子链上的侧羟基相互作用形成氢键，可显著提高其力学性能和热稳定性。PVA成膜性、耐磨性、亲水性、耐污染性、耐有机溶剂性良好，可作为薄层复合膜、致密层膜材料，经过共混、交联、热处理等改性可增强其耐水性，从而制备性能较为稳定的改性PVA膜。

(2)聚丙烯酰胺是由单体丙烯酰胺经自由基加聚反应而得的水溶性聚合物，其主链上的酰氨基能进行多种化学转化反应且可与许多能形成氢键的物质有很好的亲和性，廉价易得，无毒无味，耐酸碱，强度好，具有增稠剂、黏合剂、絮凝剂、防静电剂、表面活性剂和凝胶化等作用。在聚合物反应中加入惰性致孔剂可获得多孔聚合物粒子，通过控制聚合工艺能改善聚合物的孔结构，提高亲水性。

4.1.4　微生物对污染物的降解与转化

环境工程微生物学的一个重要任务就是研究微生物对污染物的降解与转化机理，从而利用微生物消除污染，从而改善生态环境。

4.1.4.1　微生物对污染物的降解潜力

微生物降解潜力巨大，主要表现在以下三方面：

(1)诱导酶的产生。微生物可能具有降解某种污染物的基因，该污染物不存在时基因处于不表达状态；污染物作为诱导物一旦出现，基因便会表达并合成相应的酶，降解该污染物。

(2)具有降解质粒。微生物分解某些难降解污染物的能力受到细胞内质粒的控制，质粒上有编码分解某污染物的酶的基因。微生物对质粒并非必需，但当微生物处于有毒环境时，质粒对微生物非常重要，尤其是利用遗传工程的方法组建超级菌，可显著提高处理效率。

(3)突变体的形成。某些污染物的出现会使微生物诱发形成突变体，微生物分泌相应的酶可降解这些污染物。为提高突变频率，采用人工诱变或分子遗传的方法来构建降解特殊污染物的工程菌，会更好地治理污染。

4.1.4.2 微生物降解污染物的影响因素

1. 污染物的化学结构

大分子物质需在胞外酶的作用下降解成小分子物质后才能进入细胞，而结构复杂的化合物难以与酶的活性中心接近。结构基团的性质、数目及位置直接干扰微生物的降解性，进而降解能力也不同。

2. 共代谢

共代谢指微生物依赖可利用碳源和能源在正常生长过程中氧化目标污染物的过程。共代谢既指生长基质存在时繁殖细胞对非生长基质的作用，又指生长基质耗尽时内源呼吸状态的微生物对非生长基质的转化。在微生物共代谢反应中产生的非专一性的酶(关键酶)是共代谢反应发生的关键，该酶的产生和作用机理就是共代谢的作用机理。共代谢对难降解化合物的分解有很重要的作用，可以提高微生物降解难降解物质的效率，选择合适的菌种可彻底降解多种有机污染物。

3. 环境条件

污染物只有在适宜的条件下才能得到微生物降解。影响污染物降解的因素有溶解氧、pH、温度、光照、毒物浓度、营养元素及污染物的溶解度等。例如，滴滴涕和六六六等有机氯农药在渍水条件下比非渍水条件下降解迅速；加入硝酸盐和磷酸盐石油烃的降解速率明显加快；液态生物处理油类及难溶于水的化合物降解速率极为有限。

4.2 环境修复植物

环境修复植物是指以太阳能为驱动能源通过自身及其根际微生物的共存体系来吸收、容纳、转化或转移污染物的特性，专门在污染土地种植，实现部分或完全修复土壤、水体和大气污染的环境污染原位治理生物材料。环境修复植物针对的目标是重金属、氮磷、有机物或放射性元素污染的土壤及水体，主要利用自身的富集特性，通过吸收、挥发、根际过滤、降解、稳定等作用，将土壤、水体或大气中的污染物萃取出来，并输送到可收割的根部部分或地上部分，采取收获或移去已富集污染物植物器官的方法，达到净化环境的目的。

环境修复植物这一思想很早就存在，早期植物学家就发现一些水生植物(如水葫芦、浮萍等)能够吸收污水中的Pb、Cu、Cd、Fe、Hg等污染物，1885年Baumann报道了遏蓝菜属(Thlaspi calaminare)植物茎叶灰分中的ZnO含量达17%，1948年Minguzzi和Vergnano报道了一种布氏香芥(Alyssum berbolonii)植物干物质中Ni的含量高达1%,灰分中达10%。

1977年,Brooks正式提出了超积累植物的概念;1983年,Chaney提出了利用超积累植物消除土壤重金属污染的思想。随后,有关耐重金属植物与超积累植物的研究逐渐展开,植物修复作为一种安全、廉价的污染土壤的治理技术受到重视,并发展成为研究和开发的热点。尤其从20世纪90年代后半期开始,相关学术论文数量显著增加,植物修复领域的研究得到迅速开展,并受到全世界各国的高度重视和普遍关注。

环境修复植物与物理、化学和微生物处理技术相比,属原位修复技术,其特点十分鲜明。一是在污染区域修复环境的同时也美化了环境;二是可长期稳定地控制污染物转移的同时也改善了生态环境;三是成本低廉、操作简练、应用广泛(土壤污染、净化空气和水体)。该技术是一项极具发展前景的生态修复技术,备受世界各国研究者的重视,但修复周期较长,吸收效率相对较低。目前改进的主要方向:一是对植物种及其变种进行筛选,得到对某一具体重金属污染物具有超级修复潜力的植物;二是采用基因工程技术改造植物以获得理想的超积累植物;三是通过农业生态方法优化修复过程,如调节pH、施用肥料及螯合剂。

在超累积植物筛选上,超累积植物是在重金属胁迫条件下的一种适应性突变体,其生长缓慢,生物量低,气候环境适应性差,具有很强的富集专一性。因此,筛选、培育吸收能力强,生物量大,同时能吸收多种重金属元素的植物是植物修复的关键。超累积植物也是提供有修复价值基因的一个重要来源,需要深入研究这些植物的超累积机理和基因控制机制。

在分子生物学和基因工程技术的应用方面,已实现将筛选、培育出的超累积植物和微生物基因导入生物量大、生长速度快、适应性强的植物中。首先寻找到对重金属耐性强或累积性高的生物,通过生物化学、分子生物学等方法鉴别出控制这些特性的基因,然后将这些基因按特定方案定向连接起来,并在特定的受体细胞中与载体一起得到复制与表达,使受体细胞获得新的遗传特性,最后将转基因植物进行田间实验,确定是否达到目的。自然界中,某些生物尤其是细菌在进化过程中,形成了对金属的耐性和累积性。这些特性很可能受某种基因控制,将这些基因引入受体植物中,就有可能得到适合于植物修复的品种。

在复合植物修复技术方面,由于单一的植物修复很难达到预期效果,如果与传统的化学、物理方法相结合可达到更好的效果。以植物修复为主,辅以化学、微生物及农业生态措施,增加重金属的生物有效性,促进植物的生长和吸收,从而提高植物修复的综合效率。另外,与植物共生的微生物尤其是真菌类紧靠着植物根系,它们的菌丝提高了植物根系吸收营养的范围,能促进植物对营养物质和重金属的吸收;同时,许多真菌对重金属有很高的耐性和积累性,真菌的活动降低重金属对植物的毒性,提供了对植物根系的保护,有利于修复植物的生长。将适合某种污染的真菌接种在超累积植物的根部,可促进植物修复。

在农业生态修复方面,针对轻度污染的土壤,一是农艺修复措施,包括改变耕作制度,调整作物品种,种植不进入食物链的植物,选择能降低土壤重金属污染的化肥,或增施能够固定重金属的有机肥等措施,来降低土壤重金属污染;二是生态修复,通过调节诸如土壤水分、土壤养分、土壤pH和土壤氧化还原状况及气温、湿度等生态因子,实现对污染物所处环境介质的调控。

在水生植物修复方面，全球湿地高等植物多达 6 700 余种，迄今被利用且产生一定效果的仅几十种，还有很多植物有待研究。尽管这几十种植物对水体生态修复起着重要作用，但有关水生植物对水体生态修复作用的机制及应用技术研究还存在不少分歧。水生植物对矿质元素的富集机理相当复杂，特别是生物化学过程至今研究尚未完全。通过在植物生理学、土壤学、生态学、化学、遗传学、环境保护学和生物工程等多学科进行系统的研究，将逐步揭开水生植物对水体修复的原理和机制。

重金属超积累植物目前主要有十字花科，而研究最多的是芸苔属、庭芥属及遏蓝蓝菜属。这些植物通常比一般的植物体内重金属含量可高出成百上千倍，重金属超积累植物是能超量吸收重金属并将其运移到地上部的植物，通常对超累积的界定是植物地上部分富集的重金属应达到一定的量，并且地上部分的重金属含量应高于根部。超积累通常要求金属离子在植物中的含量为 0.1%～1%（干重），只有当含量达到这种标准时，植物组织中金属的回收才具有经济性。关于修复植物的筛选美国能源部规定了六条：①能在体内积累高浓度的污染物；②即使在污染物浓度很低时也有较高的积累速率；③能同时积累几种金属；④具有一定的生物量和较快的生长速率；⑤具有抗病虫害能力；⑥植物易于种植，便于人工或机械操作。

修复有机物污染的植物是针对有机物污染而采用的环境修复植物，这种植物一是可以通过鉴定植物根系分泌物中与相关有机污染物降解酶的种类与含量来定向筛选对某类化合物有特定清除能力的植物；二是以植物体内特定性天然化合物含量来测试其对类似结构污染物的清除能力；三是在分析了植物与微生物之间的生物化学和生态学关系后，认为那些能忍耐或产生化感物质（allelopathic）的植物-微生物体系可能是降解有机污染物的理想体系，用分子生物学手段对现有植物资源进行改造，有可能培育出清除有机污染物的超级植物；四是通过将表达有机汞裂解酶的基因 MerB 转入拟南芥后，该转基因植物在高浓度污染的甲基氯化汞环境中生长良好，而常规植株则不能在此环境下生存；五是导入细胞色素 P450 E1 基因的植物对 TCE 的代谢能力提高了 640 倍。

水体净化的水生植物目前国内外已筛选出了一系列特定水生植物能够高效地去除水中各种污染物（见表 4-1）。这些植物除了能富集水体中的污染物外，还能通过遮光、对营养物的竞争和根系分泌的克藻物质达到抑制藻类生长、防止水华的作用。

表 4-1　大型水生植物的生长特点及其对污染物的去除能力

植物种类	生长特点	污染物去除能力
凤眼莲	根系发达，生长速度快，分泌克藻物质	富集镉、铬、铅、汞、砷、硒、铜、镍等；吸收降解酚、氯；抑制藻类生长
大漂	根系发达	富集泵、铜
浮萍	生长速度快，分泌克藻物质	富集镉、铬、铜、硒；抑制藻类生长
紫萍、槐叶萍	生长速度快，分泌克藻物质	富集铬、镍、硒；抑制藻类生长
满江红	生长速度快，分泌克藻物质	富集铅、汞、铜
芦苇、香蒲	根系非常发达，生长速度快	去除 BOD、氮
石菖蒲	根系发达，分泌克藻物质	抑制藻类生长
狐尾藻	生长速度快	吸收 TNT、DNT 等结构相近的化合物

4.2.1　萃取型植物

4.2.1.1　萃取型植物的概念

萃取型植物是指利用自身对金属积累或超积累特性将土壤中的金属提取出来，能够富集并搬运到自身根部可收割部位或地上茎叶部位的植物。

适用植物萃取的污染物包括：

①金属类——银、镉、钴、铬、铜、汞、锰、钼、镍、铅和锌。植物对金属的吸收程度差异较大，可用植物萃取系数表示：

植物萃取系数＝每克茎叶部每克茎叶部(烘干重)器官中金属含量(g)÷每克土壤(烘干重)中金属含量(g)

植物萃取系数越大，金属越易被植物吸收并进入植物茎部。

②类金属——砷和硒。

③放射性核素——90Sr、137CS、239Pu、238U 和 234U 等。

④非金属——硼等。

⑤各种有机物质。

植物萃取要求土壤有利于污染物向植物转移，种植时土壤 pH 应适合植物的生长，必要时还要加入螯合剂以增加金属的生物可获得性。

4.2.1.2　植物萃取过程

通过植物根系对重金属元素的吸收，经过植物体内一系列复杂的生理生化过程，将重金属元素从根部转运至地上部分，再进行收割处理。植物提取可分为连续植物提取和诱导植物提取。连续植物提取依赖于植物的一些特殊的生理生化过程，使重金属超累积植物在整个生命周期中都能吸收、转运、积累和忍耐高含量的重金属。当有些植物只能在生命期中的一段时间内才吸收重金属元素或整个生命期中吸收量微弱时，人们辅以络合剂等理化措施诱导植物积累更多重金属元素，这就是诱导植物提取。

利用超积累植物从污染土壤或水体中超量吸收、积累一种或几种重金属元素，之后将植物整体(包括部分根)收获并移走，然后再重复上述步骤直到污染环境中重金属含量降低到可接受的水平。植物提取是目前研究最多也是最有发展前景的植物修复技术。

4.2.2　根际过滤型植物

4.2.2.1　根际过滤型植物的概念

根际过滤型植物是能够吸收、沉淀和富集污水中有金属及其他污染物的植物。陆生植物根际过滤技术可分成两大类：根际过滤和植物幼苗过滤。

(1)根际过滤：用来处理低浓度、较大水量的污染地表水、废水和抽出的污染地下水，不适用于对土壤、沉积物或污泥的处理。根际过滤可选用的植物包括陆生植物和水生植物，其对污染物的蓄积能力因植物种类不同而差异很大(见表 4-2)。一般来说，陆生植物对污染物的剔除效果普遍比水生植物好得多。根际过滤的过程:先在温室中或苗床中培育,移入根际过滤系统中,对植物进行定期收割和处理。根际过滤可原位进行,如池塘上面的悬浮筏;也可异位进行,如工程设计的水箱系统。无论对原位处理还是对异位处理系统,都要通过调节流入溶液的pH来优化植物对金属吸收。

(2)植物幼苗过滤:利用植物幼苗剔除水体中污染物的一种净化方法。1997年,Raskin等研究表明,当幼苗被种植在通气的污染水体中时,幼苗的根系对重金属的剔除效率与成熟植物效果相同,这就为利用幼苗进行专业化污水净化处理提供了方便。许多植物包括印度芥菜、芜菁、油菜、紫花苜蓿、水稻在缺乏光和养分的通气水体中都能发芽和生长10天时间。1997年,Salt等研究表明,5天的印度芥菜幼苗能有效地从模拟废水中积累各种重金属,它们还能蓄积二价阳离子Pb^{2+}、Sr^{2+}、Cd^{2+}和Ni^{2+},其含量是水体中相应离子含量的500～2 000倍。

表4-2　根际过滤选用的植物及生物浓集系数

植物名称	$_{137}Cs$		$_{90}Sr$	
	茎叶	根	茎叶	根
猫尾草(梯牧草)	576	987		
草原看麦娘	2 713	2 796	920	
印度芥菜	1 973			
豌豆	382	863		
向日葵	452	4 933	2 016	799
水体中的比活度/Bq·L^{-1}	82		1 250	

4.2.2.2　陆生植物根际过滤的优点

陆生植物根际过滤比水生植物具有更长、更发达的须根系统,这些密集的须根具有极高的表面积,为植物萃取污染水体中的污染物提供更加有效的接触空间。陆生植物通常比水生植物具有更高的生物量和更快的生长速率,比水生植物去污能力更强。陆生植物器官水分含量少、易干燥,后续处理更加方便。陆生植物根际过滤与传统的废水处理技术(如离子交换、化学和微生物方法)相比,在处理大体积、低浓度、高排放标准的废水方面表现出独特的优势。

4.2.3　固化型植物

采矿和冶炼过程中产生的含重金属(如铜、铅、锌等)废弃物的修复是一项难题,这些废弃物有毒物质含量高、养分低,不易形成植被盖层,易遭受风、水等外动力地质作用而污染附近的耕地和水体。利用物理和化学方法处理这些废弃物成本很高,而且易造成二次污染。植物固化的方法成本低,操作简便。

固化型植物也称原地惰性化植物,它是一种实地固化植物材料,首先用土壤添加剂诱导土壤介质中的污染物形成难溶化合物,使其迁移活化性能降低,然后在其污染土壤表层种植耐重金属的植物。该覆盖植物的主要目的不是将土壤中的污染物剔除出去,而是在土壤污染物形成难溶化合物基础上通过植被的根系固定作用,降低污染物的迁移活性,阻止其向深层土壤、地下水、地表迁移和扩散,进而防止污染物对环境和人类自身的健康产生不良影响。该技术实用性很强,特别适合大面积污染场地的治理。

植物的固定作用的方式包括:其密集的根系可将污染土壤固定,为重金属污染物的吸附或沉淀提供表面支撑平台，使之免受地表地质作用的侵蚀；其密厚的叶冠层对表层土壤起着保护作用，使之免受人为破坏和降雨影响；其根际的新陈代谢作用改变污染物的化学形态，在植物器官内或根表面诱发形成难溶金属化合物，从而使污染物惰性化。

植物固化过程：首先对拟治理的土壤进行翻耕，再在翻耕过的土壤中加入石灰、适量的化肥和土壤添加剂以使金属污染物惰性化，然后种植植物。

理想的土壤添加剂与选用的植物相容性好，施用后能使金属等污染物快速惰性化，所引起的污染物化学形态变化应该是长期的，并且廉价、使用方便、容易处理、操作起来无安全隐患。常用土壤添加剂包括：磷酸盐肥料、有机物或生物干物质、铁锰氢氧化物、各种天然或人工合成的黏土矿物以及上述物质的混合物（见表 4-3）。其作用机制包括：沉淀作用、腐殖化作用、吸附作用、氧化还原转化等。磷酸盐添加剂包括磷酸、磷酸盐肥料及各种富含磷酸盐的工业副产品。磷酸盐可促使金属污染物形成极难溶的化合物，磷酸盐的加入诱导某些重金属离子发生化学性质的变化是长期和稳定的，但磷酸盐的加入在含砷的污染土壤中增加 As 的活动性，使 As 流失进入水体而引起水体富营养化。水合铁氧化物对金属离子如砷、镉、铅、镍和锌等的吸附能力强，它们能降低土壤中砷、镉、铅、镍和锌等金属离子的生物可获得性或迁移能力。加入的堆肥、粪便、污泥等有机物质可通过交换位点或络合作用降低砷、镉、铜、铅和锌等金属离子的溶解性。

表 4-3　植物固化技术中使用的土壤添加剂

添加剂＼项目	添加剂类型	适合处理的目标污染物	可能存在的作用机制
磷酸盐材料	H_3PO_4、磷灰石、钙正磷酸盐、Na_2HPO_4、KH_2PO_4、其他磷酸肥料、磷酸盐含量很高的副产品	铅	形成难溶的金属磷酸盐矿物如磷氯铅矿
水合铁氧化物	富铁物质（Iron Rich）或其他含水合铁氧化物的副产品、各种分离出来的水合铁氧化物	砷、镉、铜、镍、铅和锌	将污染物吸附在氧化物表面交换位点，使其共沉淀或形成铁的化合物
有机物质	粪肥、堆肥、淤泥和其他的生物干物质	砷、镉、铜和铅	将污染物吸附在交换位点表面或掺合到有机物中
无机黏土矿物	人工合成的沸石、天然的铝硅酸盐或煤废物燃烧的铝硅酸盐副产物	砷、镉、锰、铜、镍、铅和锌	将污染物吸附在矿物表面交换位点或结合到矿物结构中

对固化型植物的基本要求：①选用金属耐性植物，其地上器官一般不会积累重金属污染物。②选用能忍耐较高浓度重金属离子的毒害的植物。③选用生长速度快，能迅速在污染土壤表层建立起绿色盖层的植物。④具有密集的根系和厚厚的叶冠层。⑤具有较高的蒸腾速率，以便能将土壤中的水分及时蒸发掉。⑥容易种植和护理，具有长寿命或自我繁殖的植物。在重金属污染土壤上寻找表现出对金属离子特有的专属性的天然植物进行培育。它们一般比较便宜，且可选择的种类较多。另外，许多兼性金属植物都能成功地在金属废弃物上定居，这种能力与植物的重金属耐性演化有关。

土壤中养分供给状况对植物固化技术影响明显。裸露污染区和植物覆盖区在 K、Cu、Pb

或 Zn 的含量方面差异不太明显，前者的磷含量远远高于后者，这可能与磷具有缓解重金属毒性的作用有关。研究表明，土壤中金属含量多少不是兼性金属植物生长的直接限制因子，而是影响非重金属耐性植物定居、生长非常重要的限制因子，缺磷或缺氮才是限制耐性植物生长的主要因子。植物能否成功地固定废弃物与化肥施用量关系密切，施肥有助于植物克服限制其生长的两大因子，即毒性和营养缺乏。当然，金属耐性植物群落本身对低营养条件也具有一定的耐性。因此，通过使用耐性植物群落，加上适量施肥，就比较容易在重金属严重污染的废弃地上建植绿色覆盖层，其生长持久性长，能在污染场地定居后持续生长长达 9 年的时间。酸性土壤和钙质土壤的植物固化，一定要分别使用钙生植物和嫌钙性植物。为促进植物在废弃物上定居，化肥的施用量一般要高于农业用肥标准。

4.2.4 根际圈生物

依赖植物根际分泌物和根际脱落物作用刺激生长，并使污染物矿化的细菌和真菌称为根际圈生物。

与植物根共生的菌根真菌能直接新陈代谢掉有机污染物，根际分泌物可刺激细菌的转化，其有机碳的积累可增加微生物矿化率，根际圈可使细菌群落量大幅度增加，并为该群落活动提供栖息地。植物根圈内微生物组合相当丰富，每克风干土壤中微生物群落数为细菌 5×10^6、放射菌 9×10^5、真菌 2×10^3，细菌群落可覆盖 4%～10%的根表面，对植物与土壤之间的物质交换起着不可忽视的作用。植物可将氧吸到根部，以确保有氧转化。植物根部附近(1 mm)的根圈土壤中酶活性很高，有利于有机污染物的转化。植物根系的存在为土壤创造了一种适合于植物修复的生态环境。当植物种植在污染土壤或沉积的淤泥中时，pH 得到缓冲；金属离子被植物吸收或螯合。一般来说，植物及其根系可适应多种复合污染物(有机和金属污染物)的存在和其他较恶劣的条件。

根际圈生物的实施可增加土壤有机碳含量及细菌和菌根真菌的数量，进而有利于土壤中有机化合物的降解。植物还能向土壤环境释放大量能降解有机化合物的分泌物，诱导新物种形成，增加有利于微生物生长的可溶介质浓度。植物及根际周转过程中每年排放出的糖、乙醇和酸类物质占植物光合作用的 10%～20%。杂交白杨木根系有机分泌物的相对分子质量分布有一定的特征，包括短链有机酸、酚类物质和少量的高相对分子质量化合物(酶和蛋白)。桑树、桑橙树和苹果树一类的树木的根部可释放出黄酮类化合物和香豆素物质，它们可诱导降解多氯联苯、多环芳烃的微生物形成。除分泌物外，细根的快速分解也是土壤中有机碳增加的重要来源。

4.2.5 转化型植物

转化型植物是指自身从土壤和水体中吸收有机污染物和无机营养物，通过新陈代谢作用将这些污染物降解的植物。植物转化技术取决于植物能否直接从土壤溶液中吸取污染物以及植物器官中新陈代谢产物的积累情况。从环境角度讲，植物中积累的新陈代谢产物必须无毒或者其毒性明显低于母体化合物，某些植物积累的新陈代谢产物的毒性可能更强一些。因此，在实施植物转化技术时应关注污染物转化产物的毒性对生态环境或人类健康的影响。植物转化技术可用于处理石化产品生产和储藏地、军用炸药废弃地、燃料溢出地、氯化剂（TCE、PCE）、营养物（硝酸盐、氨、磷酸盐）、填埋场淋滤物和农业化学品（杀虫剂和化肥）等。

植物能直接从土壤溶液或根际分泌物中吸收污染物，通过根圈内的共新陈代谢作用降解有机污染物。厌水化合物与根表面土壤结合非常紧密，不易在植物体内迁移；水溶性较好的化合物被根表面吸收性差，也不易搬运通过植物膜。因此，用植物转化技术不宜处理这两类有机化合物。化合物通过植物根系直接吸收到植物体内的过程与植物的吸收效率、蒸发速率和土壤溶液中化合物的浓度有关，而植物吸收效率又取决于污染物的物理化学性质、化学形态以及植物本身的特点。蒸发速率是决定化合物吸收速率的关键因素，它与植物类型、叶面积、养分供给状况、土壤水分、温度、风力条件和相对湿度等因素密切相关。一旦有机物被吸收到植物体内，植物便通过木质化作用将这些化合物及其碎片储藏在新的植物组织中，即化合物及其碎片被共价键合到植物木质素内。

植物转化技术的另一种形式是植物挥发，通过植物挥发作用将挥发性化合物或其新陈代谢产物释放到大气中。羟基是光化学循环中形成的一种氧化剂，地下环境中许多难处理的有机化合物进入大气后可很快与羟基（又称氢氧基）产生化学反应。然而，将污染物从土壤或地下水转移到大气中并不容易。目前发现，能用于植物挥发技术的植物包括：白杨木、紫花苜蓿、刺槐、印度芥菜、油菜、洋麻、苇状羊茅、某些通过拟南芥属植物进行过基因重组的杂草等。适合于植物挥发技术处理的污染有两大类：一类是有机污染物，包括TCE、TCA、四氯化碳等氯化溶剂；另一类是无机污染物，如硒、汞、砷。由于植物挥发技术涉及污染物释放到大气的过程，因此，污染物的归趋及其对生态系统和人类健康的影响是一个值得注意的问题。

4.2.6　重金属修复植物

重金属超积累植物是指能够超量吸收和积累重金属的植物，通常要求其重金属含量要达到一般植物的100倍以上，不同元素有不同的临界值。该植物茎或叶中重金属富集的临界含量标准：Zn、Mn 10 000 mg/kg，Pb、Cu、Ni、Co、As 1 000 mg/kg，Cd 100 mg/kg，Au 1mg/kg。在重金属转移特征上要表现出其地上部（主要是指茎或叶）重金属含量大于其根部重金属含量。在富集系数特征上要求地上部富集系数大于1，至少当土壤中重金属浓度与超积累植物应达到的临界含量标准相当时植物地上部富集系数大于1。超积累植物的生长要求植物对重金属有较强的耐性特征，指在相同试验条件下，超积累植物比相同的非金属积累植物地上部生物量（茎、叶、籽实部分的干重之和）没有下降，至少当土壤中重金属浓度高到足以使植物地上部重金属含量达到超积累植物应达到的临界含量标准时地上部生物量没有下降。

早在1848年，Minguzzi和Vergnano就发现了植物的超积累现象，他们对意大利一种庭茅属植物Alyssumbertolonni研究发现，其叶片中（干重）镍含量高达7 900 mg/kg，这一发现为矿藏勘探发挥了一定的作用。自发现超积累植物以来，世界各国不同程度地开展了这方面的研究。目前被确认的超积累植物有约400种，但有300种是镍超积累植物，其他的仅有几种或几十种超积累Co、Cu、Se、Zn、Mn、Cd、As、Pb等。再有，这些超积累植物中很少具有同时超积累峡谷种或两种以上重金属的能力。

超积累植物的筛选是植物修复技术的基础和关键所在。目前超积累植物的筛选方法有:微量分析法、野外试纸初步诊断法、采样分析法和盆栽模拟法。现已报道的超积累植物多数是通过采样分析法找到的,该法是在重金属污染区采集植物及其根区土壤样品,通过测定对比样品中重金属总量来确定是否是超积累植物。盆栽模拟法是通过向盆栽土壤中投加化学试剂来模拟重金属污染土壤,或将污染场地的污染土壤作为植物盆栽土壤,通过测定对比植物对重金属的富集特点来筛选超积累植物。微量分析法是对植物标本取微量样品通过检测植物体内重金属含量来筛选超积累植物。野外试纸初步诊断法是用化学药剂将试纸浸渍制成特制测试纸,在野外将新鲜树叶紧按在潮湿的测试纸上,根据试纸颜色变化判断叶片中重金属含量的高低。

4.2.6.1 植物对重金属超常吸收的机制

1. 植物根际环境的相互作用与超积累植物的根部吸收

超积累植物大量吸收重金属的能力取决于根际吸收系统,该系统不仅可从金属浓度很高的介质中吸收和蓄积重金属,也可从金属浓度较低的介质中积累金属。超积累植物具有活化根际土壤中重金属的特殊机制,这种机制包括:一是超积累植物的根系能向根圈释放出金属螯合分子(如植物高铁载体、植物螯合素等),这些螯合分子能螯合和溶解土壤中各种结合态重金属,从而促进金属的溶解;二是超积累植物根系分泌质子使根际环境酸化,促进重金属溶解;三是植物根系分泌出促进土壤重金属溶解的特殊有机化合物;四是根细胞质膜上存在的专一性金属还原酶作用使土壤中高价金属离子还原,从而增加金属的溶解性。

2. 金属向植物地上部器官的转移

超积累植物根部向茎叶部搬运重金属的速率并不一定比非超积累植物高,但其搬运能力比非超积累植物高得多。超积累植物缺少限制金属运移到茎部的能力,而生长在金属污染土壤上的其他多数非超积累植物显示出这样的能力。金属离子从根部向茎叶部搬运主要受到进入木质部和从木质部流出的容积流量的影响,后者与根压和蒸腾作用有关。当然,茎叶部的金属离子通过韧皮部回流到根部的循环现象也是有可能存在的,只有金属离子进入根细胞内并通过根内皮才能进入木质部。也有证据表明,水及金属离子沿着较为次要的非原质体通道进入根的木质部。植物很可能通过木质部软组织细胞溶解物的释放、吸收与调控作用使溶解物沿木质部进入茎叶部。

3. 金属的螯合与区室化作用

超积累植物的表皮和下表皮的组织器官(包括叶毛状体)蓄积的金属量最高,金属的储存部位可能为质外体和液泡。金属的高亲和性螯合作用对超积累植物耐性起关键作用,其叶部的细胞和器官都有储存金属离子的可能性,超积累植物茎叶部中的金属分配给液泡的高效性与其根部金属的液泡分配低效性形成鲜明的对比。

金属离子与特定的高亲和性配位体螯合或以难溶化合物形式沉淀都可使自由金属离子的活度降低,从而在细胞和亚细胞水平上防止金属对植物产生毒害。另一种可能的解毒机制是金属离子被化学还原或掺合到有机化合物中。将硒输入到非蛋白氨基酸甲基硒代半胱氨酸和硒代半胱氨酸中,Astragalus 属硒超积累植物能够降低进入蛋白质中的硒含量,因而能忍耐茎叶部高硒含量。

4.2.6.2　重金属污染修复植物

重金属污染修复植物包括重金属提取型植物、重金属固定型植物、自身过滤或根际过滤型植物、重金属挥发型植物四类。

1. 重金属提取型植物

重金属提取型植物是利用自身富集污染物能力通过根系吸收和转运过程，将土壤、水体中的重金属等转移到地上部，通过收获地上部分把污染物移除，并集中处理达到消除环境污染目的的植物。目前，该植物在重金属污染土壤治理的应用比较广泛。重金属提取型植物分超积累植物和诱导的超积累植物。前者是指一些具有很强的吸收重金属并运输到地上部积累能力的植物，人们把利用超积累植物在其整个生命周期能够来吸收土壤重金属并降低其含量的方法称为持续植物提取；后者则是指一些本不具有超积累特性但通过一些过程可以诱导出超积累能力的植物。通过向土壤中添加螯合剂，可以增加土壤溶液中金属含量，也可以促进金属向植物体内运输的方法。

超积累植物根系可能通过根系分泌 H^+ 离子等质子，降低根际圈 pH，提高难溶重金属化合物在土壤溶液中的溶解度，从而促进植物吸收；或因 H^+ 离子的增加而促进植物对土壤颗粒表面交换吸附性重金属的吸收。同时，根系分泌的有机酸也可以酸化根际圈环境，促进重金属的溶解，或与重金属形成螯合物，增强重金属的溶解度。

超积累植物对重金属选择性吸收的可能性在于其根表细胞膜或根木质部细胞的质膜上，存在重金属诱导产生的专一性运输蛋白或通道调控蛋白，促进重金属从土壤进入到根部。

重金属离子从根表进入根系后，由于其液泡膜上可能存在一些特殊运输体，可以把液泡中重金属装载到木质部导管以利于向地上部运输，从而使根部富集的重金属被转移到地上部，使得地上部重金属含量大于其根部重金属含量。

超积累植物体内重金属的分布从细胞水平上主要分布在液泡及质外体等非生理活性区，在组织水平上，主要分布在表皮细胞、亚表皮细胞中，而与有机化合物如 PCs、组氨酸、柠檬酸等螯合后，失去或减轻毒害作用可能是主要的解毒机制。

由于吸附及有机物质的络合或螯合作用，污染土壤中的重金属进入土壤后很容易形成不溶性沉淀而难以被植物吸收，此时需要通过一些活化措施进行处理。活化重金属的措施常用的是酸化土壤以降低根际圈 pH，提高其可溶性，但 pH 降低并不是利于所有重金属的活化(例如砷)。施加螯合剂也可以促进土壤固相中重金属的释放，常见的螯合剂有乙二胺四乙酸(EDTA)、二次乙基三胺五乙酸(DTPA)、柠檬酸、苹果酸、乙酸等。然而，使用螯合剂也存在着一定的潜在风险，主要表现在土壤溶液中重金属浓度提高后，在未被植物充分吸收条件下，容易产生淋失和引起地下水的二次污染。

植物修复生物量处理问题是世界性的难题，通常采用的办法是将植物生物量焚烧，然后再将植物灰烬填埋。目前提倡的方法是将超积累植物生物量燃烧，其放出的热量用于发电，灰中的重金属提取出来创造经济效益。

2. 重金属固定型植物

重金属固定型植物是利用本身特性及一些添加物质使环境中的重金属流动性降低，生物可利用性下降，金属对生物毒性降低，植物对重金属的吸收降低，减少重金属向食物链的迁移，污染风险降低。通过植物枝叶分解物、根系分泌物对重金属的固定作用、腐殖质对金属离子的螯合作用，可减少金属被淋滤到地下水或通过空气扩散进一步污染环境的可能性。利用植物根系分泌物，将毒性较大的 Cr^{6+} 转化为毒性较小的 Cr^{3+}，将生物活性很高的铅通过螯合和沉淀作用形成铅盐，成为难溶性化合物。植物稳定修复只是暂时将重金属固定，并没有从土壤中去除，如果环境条件发生变化，重金属生物的有效性可能又会发生变化。因而，没有彻底解决重金属污染问题。当前，植物稳定修复主要侧重于矿山复垦方面。排异植物是指其根系具有某种排斥机制，限制了重金属由根部向地上部运输。排异植物是重金属污染土壤稳定修复中较理想的修复植物。排异植物对重金属污染土壤的修复虽然也没有超积累植物对污染土壤修复的彻底，但如果能够将重金属排异基因转移到作物体内，则排异作物便可以在重金属污染土壤中正常生长，安全生产农产品，对难以根治的重金属污染土壤既起到保护环境的作用，又对污染土壤加以开发利用，可谓一举两得。

3. 自身过滤或根际过滤型

自身过滤或根际过滤型植物是指利用自身超累积富集特性，在根系或体内浓缩（富集）污染水体（如池塘、河流）中的金属或有机污染物，达到污水处理效果的植物。根际过滤主要针对水体，根际过滤的植物累积不一定要集中在茎叶，也可在根系，而且不一定是吸收，也可在根系沉积。根际过滤就是利用植物根系特性改变根际环境，使重金属的形态发生化学改变，再通过植物根部积累和沉淀以减少重金属在土壤中的移动性。对不同的金属，植物根系或幼苗清除有毒金属的机理不尽相同。例如，印度芥菜清除铅的机理是沉淀和离子交换，铅的碳酸盐类在根系细胞壁上形成沉淀，同时铅也可交换性地吸附在细胞壁的羧基上。水生植物、半水生植物和陆生植物均可作为根系过滤的材料。理想的根系过滤型植物要求根系生长迅速，在相对长的时间内有较高清除重金属的能力，例如已筛选出的向日葵和印度芥菜等。另外，植物幼苗由于吸收、吸附有毒金属离子的能力强，生长迅速、根系表面积与体积的比值大而在废水处理方面受到特别关注，其培养过程仅需要种子、水和通气三个条件，在光下和黑暗下均可进行。

4. 重金属挥发型植物

重金属挥发型植物是指利用本身来促进重金属转变为可挥发的形态，挥发出土壤和自身表面的植物，一些金属如硒、砷和汞等可以被生物甲基化而形成可挥发性的分子。对 Hg^{2+} 污染，在发现一些细菌通过酶的作用将甲基汞和离子态汞转化为毒性小得多的单质汞并挥发到大气中，把细菌的 Hg^{2+} 还原酶基因导入植物中，由此提高植物对汞的挥发修复能力。将去甲基汞毒性的两种基因转导到植物拟南芥（Arabidopsis thaliana）和烟草（ Nicotiana tobacum）中，这两种基因分别是汞离子还原基因（merA）和有机汞催化破坏基因（merB），其中 merB 能催化有机汞释放出汞，然后由 merA 催化植物所吸收的汞发生还原反应变为单质汞，再由植物把单质汞挥发到大气中。Hg^{2+} 被转基因植物的还原可以促进汞从土壤中的挥发，再进一步控制汞的无毒转化或环境许可范围。许多植物也可以从污染土壤中吸收硒，之后将其在体内转化，并以二甲基硒和二甲基二硒等形态挥发掉。例如，紫云英、窄叶野豌豆、双槽毒野豌豆、帝王羽状花及印度芥菜，以及一些农作物如水稻、花椰菜、卷心菜、胡萝卜、大麦和苜蓿等对硒都有较强的吸收和挥发能力。植物挥发技术将重金属转移至大气应从区域整体环境质量进行评估，其应用范围受到严格限制。

4.2.7　有机物污染修复植物

持久性有机污染物（POPs）是指持久存在于环境中，降解缓慢、滞留时间长，可在水体土壤和底泥等环境中存留数年时间的亲脂憎水性污染物。该污染物可以沿食物链逐级放大，因此即使大气、水、土壤中低浓度的 POPs 物质通过食物链，也可对人类健康造成严重损害。处理有机污染物最常用的方法是将污染土壤从现场挖走，然后焚烧或进行微生物降解，但该方法费用昂贵，且可能破坏当地的生态资源。利用植物降解和根际圈生物降解的作用可以原位修复有机污染土壤，其目标污染物包括石油、TNT、农药、多环芳烃和垃圾填埋场地的渗出物等。

有机污染物污染植物修复的方式有两种：一是将有机物吸收到体内将其降解；二是通过根分泌物中的一些物质直接或间接地在根部将其降解，后者包括根系酶作用型和根际生物降解型。

4.2.7.1　植物直接吸收、代谢

植物可直接从土壤中吸收有机污染物，有机污染物进入植物体后会在根部富集或迁移到植物其他部位。大多数有机污染物在植物的新陈代谢活动中发生不同程度的转化或降解，植物木质化作用可将它们及其残片储藏在新的组织结构中，也可以代谢或矿化为 CO_2 和 H_2O，还可以将其挥发掉。早在 20 世纪 70 年代初，人们就发现植物具有新陈代谢多氯联苯的功能，并鉴定出其新陈代谢产物为羟基氯联苯及两种单羟基氯联苯化合物和一种双氢氧氯衍生物及一些去氯产物。之后几十年，人们对除草剂和杀虫剂的植物代谢活动做了大量的研究工作。近些年，人们对非农业异型生物质药物如三氯乙烯、三硝基甲苯（TNT）、丙三醇三硝基盐、多环香烃、多氯联苯以及其他氯化合物的植物代谢活动进行了研究，发现多数有机化合物能被植物新陈代谢降解，其中只有几种化合物可被植物完全矿化，也发现某些植物新陈代谢产物的毒性较母体化合物的毒性更强。不同有机污染物在植物根部和其他部位的分布和迁移情况差异很大，如 TNT 容易在根部富集；六氯苯可被根和叶吸收，监测不到在植物体内的运移；三氯乙酸也可被根和叶吸收，能在根和叶之间发生双向迁移。总的来说，人们目前对有机污染物质在植物体内的转化和转移机制还处于研究中。

根系对有机污染物的吸收程度取决于有机污染物在土壤水溶液中的浓度和植物的吸收率、蒸腾速度。植物的吸收率取决于污染物的种类、理化性质及植物本身特性，如亲水性、可溶性、极性和分子量大小。一般情况下，对易溶于水的有机物、植物有较好的吸收能力，但对憎水性很强的有机物、植物吸收的程度较差。蒸腾作用可能是决定根系吸收污染物速率的关键变量，这涉及土壤的物理化学性质、有机质含量及植物的生理功能，如叶面积、蒸腾系数、根、茎和叶等器官的生物量等因素。同时，植物降解的成功与否取决于有机污染物的生物有效性，即植物-微生物系统的吸收和代谢能力。

植物根对根际圈有机物的吸收能力用辛醇-水分配系数（K_{OW}）来表示，具有中等 $\lg K_{OW}$ 值（$0.5 \leqslant \lg K_{OW} \leqslant 3.0$）的污染物，易被植物根系吸收；憎水性很强的有机物（$\lg K_{OW} > 3.0$），由于

和植物根表面结合得十分紧密，就很难从根部转移到植物体内。

4.2.7.2 根系酶的作用

根系酶作用型植物是指自身根系能够分泌或死亡根释放的某些特有酶来降解根际圈有机污染物的植物。根系分泌的硝酸还原酶和漆酶能够分解 TNT，脱卤酶能将有机溶剂三氯乙烯还原为氯离子、二氧化碳和水。细胞色素 P450、过加氧酶和过氧化物酶等也能降解异型生物质。参与异型生物质在植物细胞中新陈代谢作用、中间产物的搬运及分配的酶还有谷胱甘肽 S—转移酶、羧酸酯酶、O—葡萄糖基转移酶、O—丙二酰转移酶、N—葡萄糖基转移酶、N—丙二酰转移酶。氧合作用是杀虫剂和除草剂新陈代谢降解污染物的常见过程，也是有机污染物降解的初始环节，它可增溶有机污染物，并通过糖苷键的形成提供更多的与植物作用的机会。分泌的酶对有机污染物降解作用依赖于整个植物体的作用来实现，因为游离的酶系会在低 PH、高金属含量和细菌毒性下被破坏或钝化，而植物生长在污染土壤上，利用根分泌物调节 pH 的大小，吸附或螯合金属，且酶被保护在植物体内或吸附在根表面，不会受到损伤。

4.2.7.3 根际圈生物作用

根际生物降解型植物根系和土壤微生物之间通过相互作用能够形成其独特的根际圈。根际圈既包括与根系发生相互作用的生物及生物活动影响的土壤，其范围一般指离根表面几毫米到几厘米的圈带。植物根系在从土壤中吸收水分、矿质营养的同时，也向根系周围土壤环境释放大量单糖、氨基酸、酶、脂肪族物质和芳香族物质，这些物质刺激着某些土壤微生物和土壤动物在根系周围大量地繁殖和生长，这使得根际圈内微生物和土壤动物数量远远大于根际圈外的数量，它们之间形成了互生、共生、协同和寄生的关系。这种互惠互利的关系促使根际圈通过植物根系及其分泌物质和微生物、土壤动物的新陈代谢活动对污染物产生吸收、吸附和降解等一系列活动，提高了微生物矿化有机污染物的速率，在土壤污染的植物修复中起着重要作用。

微生物利用有机污染物作为营养源以维持生长与繁殖。有机污染物不仅给微生物提供碳源，还为微生物获得能量提供电子。有机污染物最基本的微生物新陈代谢作用涉及需氧呼吸作用，还涉及厌氧呼吸、新陈代谢、发酵、还原脱卤以及将无机化合物用作电子提供者等过程。与植物新陈代谢过程相比，微生物新陈代谢过程涉及的化合物更广，原核微生物耗氧降解多环香烃（PAHs）的途径包括产生二加氧酶（将两个氧原子加入到污染物中）和毒性更小的化合物（如酸、酒精、二氧化碳和水）；相反，真核真菌对有机污染物的降解最初只涉及一个氧掺合到多环香烃中，这一降解机制类似于哺乳动物的降解机制。虽然大多数的真菌转化产生的化合物毒性较母体多环香烃小，但也有另外的情况，如真菌降解多环香烃产生的某些少量的新陈代谢产物的毒性比母体的毒性更大。

有机污染物植物修复的微生物群落的组成和规模取决于植物的种类、植物的年龄及土壤类型。微生物群落常因暴露历史不同而差异悬殊，当土壤微生物群落长时间暴露于某种污染物时，耐污染物也会选择性地聚集在一起。微生物对有机污染物的降解存在群体效应，只有当微生物在污染场地组成一个特殊的群体时才能更好地发挥降解污染物的功效，如小麦的根圈中分离出五种细菌能生长和降解除草剂甲氯酸，但降解作用只出现在两种或以上细菌组成的一个特殊的群体中，单独一种细菌无法完成降解甲氯丙酸的任务。

微生物可直接降解吸收土壤表面的有机污染物，而不必经历先稀释后降解的过程，这意味着某些细菌在降解作用发生前不必要求某些污染物先进入水相中。微生物能将污染物的植物毒害降低到某个临界点以下，从而使植物能生存于胁迫的土壤环境，并刺激其他非植物毒害污染物的降解。植物与微生物之间共同演化出一种互惠互利的关系以共同对付植物的毒害，植物根际分泌物使微生物受益，而微生物降解有毒化合物的过程又使植物受益。在植物根土界面有时发育着一些菌根真菌和其他共生微生物，它们可以对根附近的有质污染物产生直接的生物矿化作用。

不同植物其根圈附近的微生物群落可能不一样，这与植物根系释放出的脱落物组成和数量有关。人们目前对植物系及其微生物群落的相互作用、根际微区对植物修复的促进作用的认识还不够清楚。

植物修复不是万能的。通常情况下，植物只能修复一些结构较简单的、水溶性较强或易于被微生物降解或代谢的有机污染物。对于脂溶性和憎水性较强的有机污染物，如大多数POPs来说，利用植物进行修复则比较困难。有机污染植物修复强化措施如下：

(1)表面活性剂增溶。植物对有机污染物的修复要远比对重金属的修复困难得多，许多有机污染物可溶性差而很难降解；即使溶解性较好的有机物，植物吸收和酶对其降解速率也会受到污染物在土壤中的迁移速率的限制。选用表面活性剂对有机污染物进行增溶后，迁移性增大，有利于污染物降解，但也存在污染物扩散的危险和表面活性剂对土壤的污染风险，这项技术还有待进一步研究。

(2)特异分泌植物的筛选。微生物对植物根系分泌物具有较强的选择性，且多种微生物联合的群落比单一的群落有更为丰富的对有机污染物降解的种类。筛选对水溶性有机污染物高吸收、富集，根系具有特异分泌能力的植物，同时接种利于有机污染物降解的专性或非专性真菌和细菌，可能成为植物修复有机污染土壤的研究方向之一。

(3)利用修复植物的种子包衣构建根际圈。植物与细菌、真菌等微生物联合修复作用目前已成为植物修复领域的重要研究方向，将特效降解微生物接种到植物根际圈的主要方式是将特效微生物做成某种剂型，以根部追施的方式施入，这样可以促进根瘤细菌、菌根真菌与植物根系的共生，同时也可将不能形成共生关系的微生物接种到根际圈内，从而增强修复植物的修复能力。对于共生微生物区系的建立，目前已发展成为复合剂型，集保健、营养、保护于一身的接种包衣技术，这一微生物种子包衣剂的研究还有待于进一步深化。

(4)化学强化修复。向有机物污染土壤中添加一些有机肥，不仅补充植物营养，还可直接促进土壤中微生物的生长，促进植物根系的分泌活动。向叶面喷施一些提高植物叶片乃至整个植物体的生理功能的物质，如叶面肥磷酸二氢钾，提高其光合作用强度和光合时间，改善其生理机能，以解决植物对有机污染物的较强耐性。

(5)物理强化。翻耕、整平等机械操作可增加有机污染物暴露在空气中的表面积，促进有机污染物的光分解、热分解等物理、化学分解过程；促进土壤团粒结构的形成，起到保墒的作用，为植物和土壤中微生物的生长营造了良好环境。

4.3 环境修复动物

有关动物修复的研究报道较少，主要集中在有机物和农药污染土壤的修复（如利用蚯蚓等修复）、垃圾处理（如蚯蚓取食作用）和富营养化水体的修复（如利用鱼类、滤食性贝类、河蟹、棘皮动物等修复）。

4.3.1 原生动物

原生动物是身体结构最简单的真核生物，一个原生动物就是一个真核细胞，原生动物的基本组成结构与多细胞生物相似，细胞膜、细胞核、线粒体、内质网和高尔基体等样样俱全。原生动物个体大小从几微米到 10^3 μm 不等，大都在 10～100 μm 之间，一般只有在显微镜的帮助下才可以看到，是真核生物中最小的一类。原生动物在世界范围内分布，从江、河、湖、海到池塘、溪流、水沟和临时性积水坑中都可以找得到。甚至在土壤、空气中也有存在。在环境中，但凡有人类、动物和植物等生物生活的区域，都可以找到大量的原生动物。

原生动物由鞭毛虫、肉足虫、孢子虫和纤毛虫四大类组成，孢子虫全部营寄生生活。另三类中也有一些寄生的种类，但绝大多数自由生活。变形虫、草履虫等原生动物属于动物性营养方式（又叫吞噬营养），即通过胞口、胞咽、食物泡等摄食胞器吞噬死亡的有机体或各种分解中的有机物碎屑。食物泡根据摄食情况分为含大颗粒事物的吞噬泡和含溶解性营养物质的吞饮泡两种，食物颗粒或营养物质进入食物泡后与细胞内的溶酶体合并，食物被溶酶体释放的酶消化，未经消化的废物通过胞肛、肛门等被排出体外。原生动物吞噬有机污染物的方式如图 4-1 所示。

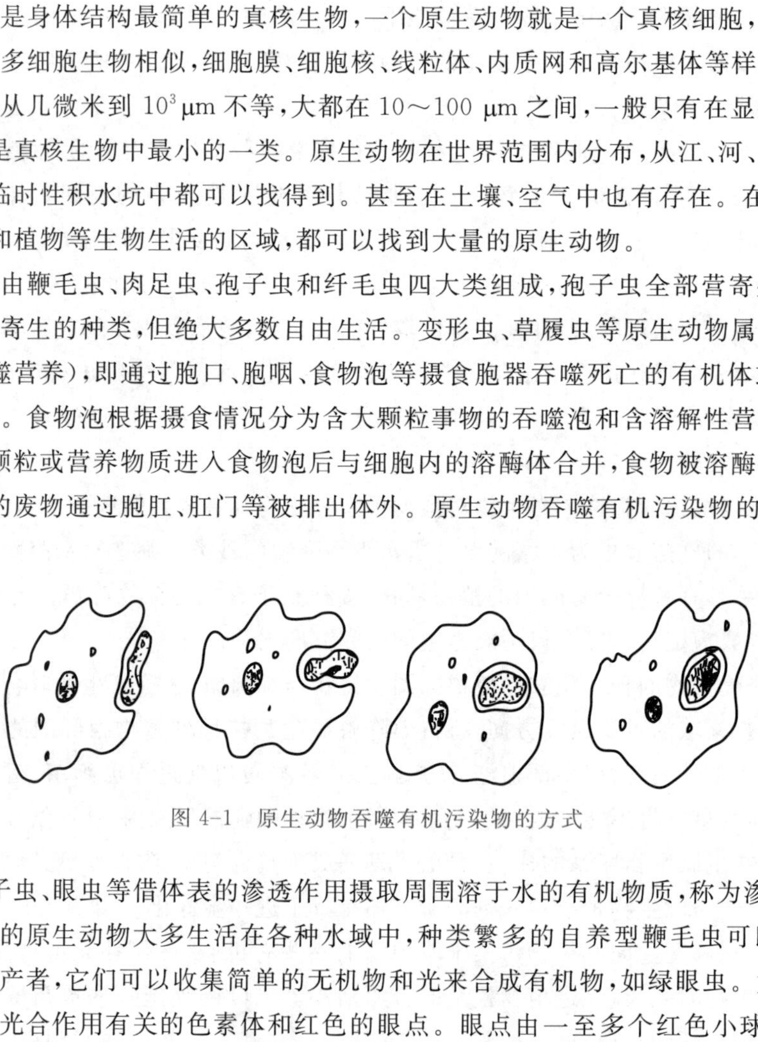

图 4-1 原生动物吞噬有机污染物的方式

另外，孢子虫、眼虫等借体表的渗透作用摄取周围溶于水的有机物质，称为渗透营养。

自由生活的原生动物大多生活在各种水域中，种类繁多的自养型鞭毛虫可以作为水生生态系统中的生产者，它们可以收集简单的无机物和光来合成有机物，如绿眼虫。大部分植物性鞭毛虫具有与光合作用有关的色素体和红色的眼点。眼点由一至多个红色小球构成，对光十分敏感，能引导鞭毛虫游向阳光处。色素体有四类：叶绿素、胡萝卜素、叶黄素和藻胆素。由于所含色素体的组成和分量不同，植物性鞭毛虫在颜色上有很大的差异，有绿、黄、蓝等。有色鞭毛虫如长期处在黑暗而有机质丰富的环境中，色素体和眼点都褪色，不再进行光合作用，它们用身体表面的渗透功能吸收营养或直接通过胞口吞入食物。

应用腰鞭毛虫测试水体、沉积物和垃圾渗出液的生物毒性，取得了较好的研究成果。腰鞭毛虫是海洋表面最普遍的生物发光源，是海洋生态系统的初级生产者和能量供应者，也是海洋食物链中的基础环节。金属共同存在时，细胞膜的通透性增加，因而毒性增强产生协同作用，也有学者认为，协同作用可能是由于一种化合物促进了另一种化合物的吸收，阻止了另一化合物的代谢解毒或排泄或者使代谢转化趋向于形成毒性更高的物质。拮抗作用可能是功能拮抗、化学拮抗、受体拮抗、干扰拮抗或由于存在位点竞争所引起的。研究结果表明，四种金属 Cu^{2+}、Hg^{2+}、Cd^{2+} 和 Cr^{6+} 对腰鞭毛虫的联合毒性以协同作用为主，个别有拮抗现象，但不是特别明显。

另外，原生动物还可以通过食物链摄食藻类，可以抑制藻类生长和繁殖，从而协助鱼类和大型浮游动物等生物治理富营养化的江河湖海。食藻原生动物主要分为鞭毛虫、变形虫和纤毛虫三个大类。

(1)鞭毛虫。食藻鞭毛虫主要属金滴虫目，特别是其中的棕鞭毛虫。将少量的污染物接种到纯培养的组囊藻藻液中，棕鞭毛虫大量繁殖，通过吞食作用杀死藻细胞生物。通过透射电镜，还在棕鞭毛虫的食物泡中发现了处于不同消化时期的组囊藻细胞，当棕鞭毛虫吃进足够多的微囊藻细胞之后，身体由叶片状变成圆球状。

(2)变形虫。Amoeba radiosa 和 Amoeba discoides 两种变形虫体内有类似于溶菌酶的物质可以降解吞入体内的藻细胞，对组囊藻和鱼腥藻生长和繁殖有抑制作用。滇池水样中分离出的纳氏虫(Naegleria)可取食鱼腥藻、席藻、柱孢藻和隐球藻等多种藻类，控藻效果显著。丝足类变形虫身体呈圆球状，放射性地发出丝状伪足，并以此移动和取食。原生动物在藻苔上形成溶藻斑的频率远远大于细菌和真菌，能推断出原生动物可能是湖泊水华的主要控制因素。利用藻苔食斑形成法从稻田里分离出的肉足类变形虫和核虫，可以取食鱼腥藻、念珠藻，颤藻和单歧藻等藻类，当食物耗尽时，它们会形成包囊。

(3)纤毛虫。纤毛门包括三个纲：动基片纲、寡膜纲和多膜纲。现已发现每个纲都有多种食藻纤毛虫，尤其动基片纲的食藻纤毛虫种类很多。

原生动物控制蓝藻水华是一种全新的思路，但目前有以下实际应用问题亟待解决：原生动物如何在天然水体中大量繁殖，以获得显著的控藻效果；食藻原生动物的大量繁殖会不会危害其他物种，破坏生态平衡；监测水华过程中的主要藻类，选择针对性的原生动物控藻，将水华控制在形成阶段；水华是氮、磷富营养化的体现，原生动物大规模食藻后，水体中的大量氮磷如何除去。因此，只有结合环境工程、生态工程等技术在生态良性循环的基础上原生动物控藻才是防治蓝藻水华的最佳选择。

4.3.2　蚯蚓

蚯蚓分解有机污染物需要与微生物的协同作用，有机物质通过蚯蚓的砂囊和消化道得到研磨、破碎和微生物降解转化；以颗粒状结构排出体外，并通过微生物的硝化-脱氮过程进一步促进有机物的降解转化。蚯蚓对有机污染物降解转化的影响除与化合物的物理化学性质及存在形式密切相关外，还受蚯蚓种类(不同生态类型)、环境类型(有机废弃物、污染土壤)等因素的影响。有机污染物通过蚯蚓体内砂囊磨碎后，其表面面积大幅增加，便于微生物对其快速转化。在整个消化过程中，微生物与蚯蚓相互依存，互相促进，既利于蚯蚓吸收营养，又利于有益微生物迅速增加。有研究表明，蚯蚓粪中的微生物总量甚至会超过进入蚯蚓体时的数量。蚯蚓活动改善了土壤-植物系统的理化性质、生态功能，尤其是土壤通气状态的改善对促进土壤-植物系统中有机污染物的生物降解至关重要。

有机固体废弃物的蚯蚓处理是一项主要针对城市生活垃圾、城市污泥以及农业有机垃圾的生物处理技术，它涉及重建一个物质的再循环过程。在这一过程中蚯蚓与环境中微生物协同作用从而加速了有机物质的分解转化，并最终形成一种性能稳定、可以利用的产品。

利用蚯蚓处理垃圾是世界公认的最好方法。垃圾用蚯蚓粪覆盖后直接投入蚯蚓进行处理其效果优于腐熟后处理的方法，并可避免分拣过程中有害气体对环境的污染和对分拣工身体的毒害，此方法投资少，简便易行，处理彻底，不形成二次污染。自然界的各种有机废弃物经发酵后，在蚯蚓消化系统蛋白酶、脂肪酶、纤维酶和淀粉酶的作用下，迅速分解，转化成为自身或易于其他生物利用的营养物质，经排泄后成为蚯蚓粪。因此，蚯蚓粪从本质上讲是大自然的产物，真正能全面地满足植物生长的各种需求和营养成分，对植物有难以置信的神奇肥效。许多有机废弃物，尤其是畜禽粪便，一般呈碱性，而大多数植物喜好的生长介质偏酸性(pH 6～6.5)，在蚯蚓消化过程中，使废弃物的 pH 降低，趋于中性。

蚯蚓治理重金属的生理基础包括：生物体内存在多种编码金属转运蛋白的基因(如最早克隆的 Zn 转运蛋白基因和 Fe 转运蛋白基因)，这些基因编码的转运蛋白能提高生物对金属的抗性；生物体代谢产生一些富含—SH 的多肽(如 PC)，能与重金属螯合，从而改变其存在状态；生物体内普遍存在一种金属硫蛋白，能与重金属结合形成低毒或无毒的络合物。

蚯蚓体对重金属的吸收顺序为 Cd>Hg>As>Zn>Cu>Pb，其中 Cd 的富集系数大于 1，表现为强烈富集作用。蚯蚓对硒和铜有很强的富集作用，其最高富硒和富铜质量可达体重的 0.03%和 0.12%。蚯蚓可选择吸收并富集垃圾及纳污河流底泥中的 Cd，但对 Pb、Cu、Zn 等无富集吸收现象。根据蚯蚓的繁殖、生长时间，定时引出成蚓换料连续饲养，并改变留在原泥中蚓卵的生存环境来控制卵的发育，对城市剩余污泥直接饲养蚯蚓的可行性及其重金属转移规律进行研究。结果表明，城市剩余污泥直接饲养蚯蚓是可行的，且饲养过程中蚯蚓体内的重金属含量随着饲养时间而上升至 4 个月左右，蚯蚓体内重金属含量达到极限，且对不同的重金属元素有不同的积累度。

4.3.3 其他动物

耐污的大型底栖动物，通过摄食及生物扰动作用，改善底质环境，提高有机污染物的去除率。大型底栖动物在自然界物质循环和生态平衡中起着巨大作用，在改善环境方面具有一定潜力，但目前国内外在该领域的研究相对较少。在受损严重的潮间带、潮下带移殖滩涂贝类、多毛类经济品种，改变底质生物化学特性，起到修复示范区受损生态系统的作用。以沙蚕为例，定期跟踪检测结果表明，沙蚕投放后对改善底质结构、增加底质透气性、调节氧化还原电位、促进底质微食物环的形成等均起到良好作用。沙蚕修复区沉积物中石油烃、总氮、砷、总汞和有机质的含量呈明显下降趋势。

大型土壤动物在土壤动物类群中占绝对优势，除了蚯蚓之外，蜘蛛、蜈蚣等也可以对重金属进行富集，但是重金属含量过高时，会发生重金属中毒，严重的会导致动物死亡。动物具有通过摄食作用从周围环境中浓缩化学物质的能力，而且这种能力贯穿于整个生活周期，以致生物浓缩系数不断增大，又称为生物学富集。牡蛎能够不断地从海水中蓄积铜元素，以致使这些牡蛎的肉呈现绿色，称为“牡蛎绿色病”。

在治理富营养化水体时，鱼类和大型浮游动物利用经典生物操纵和非经典生物操纵，可以抑制蓝藻水华现象发生。滤食性鱼类具有滤食器官，可以把不能过滤的体积大的藻类送入消化道；大型浮游动物除了滤食藻类的作用外，还可以作鱼类食物，以确保生物操纵的正常进行。

第5章 水处理材料

5.1 废水处理剂

5.1.1 化学处理剂

5.1.1.1 湿式氧化用催化剂

湿式氧化用催化剂是指在催化湿式氧化技术中使用的催化剂。在一定的温度(125～320 ℃)、压力(0.5～20 MPa)和催化剂的作用下,以空气中的氧气(其他氧化剂,如臭氧、过氧化氢等)为氧化剂,在液相(污水)中将有机污染物氧化为 CO_2 和 H_2O 等无机物或小分子有机物的化学过程,称为催化湿式氧化法。根据催化剂在反应中存在的状态不同,可分为均相催化剂和非均相催化剂。均相催化剂主要有过渡金属,如 Cu、Ni、Fe、Mn 等以及 Fenton 试剂,通过向反应溶液中加入可溶性的催化剂,以分子或离子水平对反应过程起催化作用,均相催化反应温和、性能更专一、有特定的选择性,均相催化的活性和选择性,可以通过配体的选择、溶剂的变换和促进剂的增添等因素调配和设计;非均相催化剂主要有贵金属系列、铜系列和稀土系列催化剂,制备工艺主要有浸渍法和共沉淀法,具有活性高、易分离、稳定性好等优点。湿式氧化用催化剂广泛适用于治理焦化、染料、农药、印染、石化、皮革等工业中含高化学需氧量(COD)或含生化法不能降解化合物(如氨氮、多环芳烃、致癌物质 BAP 等)的各种工业有机废水。

由于传统的湿式氧化技术需要较高的温度和压力、相对较长的停留时间,尤其是对于某些难氧化的有机化合物反应要求更为苛刻,致使设备投资和运行费用都较高。催化湿式氧化法(CWAO)是在传统的湿式空气氧化技术处理工艺中,加入适当的催化剂来降低反应的温度和压力,提高氧化分解的能力,缩短反应的时间,并减小了设备的腐蚀,降低了成本。

催化湿式氧化法是依据废水中的有机物在高温高压下进行催化燃烧的原理来净化处理高浓度有机废水的,其最显著的特点是以羟基自由基为主要氧化剂与有机物发生反应,反应中生成的有机自由基可以继续参加 ·OH 的链式反应,或者生成有机过氧化物自由基后进一步发生氧化分解反应直至降解为最终产物 CO_2 和 H_2O,从而达到氧化分解有机物的目的。

高活性催化剂的应用是催化湿式氧化反应的重要因素。催化剂的运用大大提高了湿式氧化的速度和程度,这是因为加入的催化剂能降低反应的活化能,并改变反应的历程。由于催化剂具有选择性,有机化合物的种类和结构不同,适应的催化剂也不同,因此需要对催化剂进行筛选。对有机物湿式氧化,多种金属具有催化活性,目前应用于湿式氧化法的催化剂主要包括过渡金属及其氧化物、复合氧化物和盐类。已有多种过渡金属氧化物被认为具有湿式氧化催化活性，其中贵金属系（如以 Pt、Pd 为活性成分）催化剂的活性高，寿命长，适应性强，但价格昂贵，应用受到限制，所以在应用研究中一般比较重视非贵金属催化剂。其中，过渡金属如 Cu、Fe、Ni、Co、Mn 等在不同的反应中都具有较好的催化性能。表 5-1 列出了一些催化湿式氧化法中常用的催化剂。

表 5-1　催化湿式氧化法中常用的催化剂

类　别	催　化　剂
均相催化剂	$PdCl_2$、$RuCl_2$、$RhCl_3$、$IrCl_2$、K_2PtO_4、$NaAuCl_4$、NH_4 ReO_4、$AgNO_2$、$Na_2Cr_2O_7$、$Cu(NO_3)_2$、$CuSO_4$、$CoCl_2$、$NiSO_4$、$FeSO_4$、$MnSO_4$、$ZnSO_4$、$SnCl_2$、Na_2CO_2、$Cu(OH)_2$、CuCl、$FeCl_2$、$CuSO_4-(NH_4)_2SO_4$、$MnCl_2$、$Cu(BF_4)_2$、$Mn(AC)_2$
非均相催化剂	WO_3、V_2O_5、MnO_2、ZrO_4、TaO_2、Nb_2O_5、HfO_2、OsO_4、CuO、Cu_2O_4、NiO、Mn_2O_2、CeO_2、Co_2O_4、SnO_2、Fe_2O_3
非均相催化剂 复合氧化物	$CuO-Al_2O_3$、$MnO_2-Al_2O_3$、$CuO-SiO_2$、$CuO-ZrO-Al_2O_3$、RuO_2-CeO_3、$RuO_3-Al_2O_3$、RuO_2-ZrO_2、RuO_2-TiO_3、$Mn_2O_3-CeO_2$、$Rh_2O_3-CeO_2$、IrO_2-CeO_2、$PdO-TiO_2$、$Co_2O_4-BiO(OH)$、Co_3O_4 Ce_2O_4、$BiO(OH)-CeO_2$、$Co_2O_4-BiO(OH)-Lu_2O_3$、CuO-ZnO、$SnO_4-Sb_2O_4$、SnO_2-MoO_2、$Fe_2O_3-Sb_2O_4$、$SnO_2-Fe_2O_4$、$Fe_2O_2-Cr_2O_3$、$Fe_2O_3-P_2O_3$、Cu-Mn-Fe 氧化物、Cu-Mn-Zn 氧化物、Co-Mn 氧化物、Co-Cu 氧化物、Cu-Mn-Co 氧化物

根据所用催化剂的状态，可将催化剂分为均相催化剂和非均相催化剂两类。均相催化剂与反应物处于同一物相之中，而非均相催化剂多为固体，与反应物处于不同的物相之中，因此，催化湿式氧化也相应地分为均相催化湿式氧化和非均相催化湿式氧化。均相催化剂一般比非均相催化剂活性高，反应速率快，但流失的金属离子会造成二次污染。

1. 均相催化湿式氧化

均相催化湿式氧化是通过向反应溶液中加入可溶性的催化剂，在分子或离子水平上对反应过程进行催化。均相催化的特点是反应温度更为温和，反应性能更专一，有特定的选择性。催化湿式氧化的最初研究集中在均相催化剂上，当前最受重视的均相催化剂都是可溶性过渡金属的盐类，其中铜盐效果较为理想。这是由于在结构上，Cu^{2+} 外层具有 d^9 电子结构，轨道的能级和形状都使其具有显著的形成络合物的倾向，容易与有机物和分子氧的电子结合形成络合物，并通过电子转移使有机物和分子氧的反应活性提高。对于铜的催化湿式氧化机理，Sandana 等通过催化氧化苯酚，提出了如下自由基反应机理：

(1)链的引发：HO—R—H＋Cu-catO ═ R·—H＋·H—Cu—cat　（注：cat 是催化剂的简写）

(2)链的传递：O ═R·—H＋O_2O ═RH—OO·

O ═RH-OO·＋HO—R—HHO—R—OOH＋O ═R·—H

(3)过氧化氢物分解：HO—R—OOH＋2Cu—catCu—cat…R(OH)—O·＋·OH…Cu—cat

(4)链的终止：Cu—cat…R(OH)O·＋R(OH)—HR(OH)—OH＋O ═R·—H＋Cu—cat

·OH…Cu—cat＋R(OH)—HO ═R·—H＋HOH＋Cu—cat

式中，HO—R—H、O ═R·—H、O ═RH—OO·分别代表酚、酚氧基、过氧基；—OO·处于邻位和对位；酚氧基可通过脱去一个电子或氢形成。试验中发现酚盐离子不起作用，自由基主要通过脱氢形成。因此，铜离子的加入主要是通过形成中间络合产物，脱氢以引发氧化反应自由基链。

在均相湿式氧化系统中，催化剂与废水是混溶的。为了避免催化剂流失所造成的经济损失和对环境的二次污染，需进行后续处理以便从水中回收催化剂。因此，流程会比较复杂，提高了废水的处理成本。因此，人们开始研究催化剂的固定问题，即非均相催化湿式氧化技术。

2. 非均相催化湿式氧化

对非均相催化湿式氧化机理的研究也大多将湿式氧化归结在自由基氧化这一范畴。自由基氧化反应包括引发期、传递期和终止期三个阶段。在引发期氧攻击有机物 RH 形成 R·，再传递期 R·与氧结合形成过氧化物自由基 ROO·，它使原始有机物 RH 脱氧形成新的自由基 R·和过氧化氢物，这是限速步骤。过氧化氢物分解生成低分子醇、酮、酸和 CO_2 等，大多数情况下，两个过氧化物自由基相遇产生链中止。非均相催化剂 $Me^{(n-1)+}$ 和 Me^{n+} 通过下式的氧化-还原催化循环引起过氧化氢物分解：

还原：$ROOH + Me^{(n-1)+} \longrightarrow RO\cdot + Me^{n+} + OH^-$

氧化：$ROOH + Me^{n+} \longrightarrow ROO\cdot + Me^{(n-1)+} + H^+$

在非均相催化湿式氧化中，催化剂以固态存在，与废水分离方便，而且催化剂具有活性高、易分离、稳定性好等优点。非均相催化剂主要有贵金属系列、铜系列和稀土系列三大类：

(1)贵金属系列催化剂：在多相催化氧化中，贵金属对氧化反应具有高活性和稳定性，已经被大量应用于石油化工和汽车尾气治理行业。用 Pt、Pd 等贵金属为活性组分制成的催化剂不仅有合适的烃类吸附位，而且还有大量的氧吸附位，随表面反应的进行，能快速发生氧活化和烃吸附。而由过渡元素等非贵金属组成的催化剂则通过晶格氧传递达到氧化有机物的目的，液相中的氧不能及时得到补充，需较高的温度条件下才能加速氧的循环，因此，一般非贵金属催化剂的起燃温度要比贵金属的起燃温度高得多。

(2)铜系列催化剂：为降低价格，目前研究的重点为非贵金属催化剂。由于 Cu 系催化剂在均相催化氧化过程中表现出了高活性，因此人们对非均相 Cu 系催化剂也进行了大量的研究。用 Ag/沸石、Co/沸石、Bi/Fe、Bi/Sn、Mn/Al_2O_3、Cu/Al_2O_3 等各种工业催化剂来氧化含酚废水，发现 Cu/Al_2O_3 的催化活性最高。非均相 Cu 系催化剂在处理多种工业废水的催化湿式氧化中已经显示出较好的催化性能，但是催化剂在使用过程中存在着严重的催化剂活性组分溶出现象。这种溶出将造成催化剂流失、活性下降，不能重复使用，同时流失会造成二次污染。

(3)稀土系列催化剂：稀土元素在化学性质上呈现强碱性，表现出特殊的氧化还原性，而且稀土元素离子半径大，可以形成特殊复合氧化物，在催化湿式氧化过程中可以减少溶出量，稳定性好。CeO_2 是催化湿式氧化过程中应用最广泛的稀土氧化物，其作用表现在可提高贵金属表面分散，其出色的“储氧”能力可起到稳定晶型结构和阻止体积收缩的作用；也能改变催化剂的电子结构和表面性质，从而提高催化剂的活性和稳定性。

催化剂活性组分要负载在高比表面积的载体上才能很好地发挥作用，载体的选择对催化剂活性有很大影响。普遍采用的载体形式是 γ-Al_2O_3 晶体，γ-Al_2O_3 作为载体不仅能提供大的表面积，而且还可以增强活性成分的催化能力。另一种载体是将不锈钢箔压成波状而制成的整体型合金载体，比 γ-Al_2O_3 载体有更高的热稳定性。另外，人们还对其他高比表面积的载体材料进行了广泛的研究，如 TiO_2 和 CeO_2 为载体的贵金属催化剂都有很高的比表面积，表现出良好的催化性能。

催化剂的制备与预处理过程对于催化剂的性质起着非常关键的作用，制备过程应选择适宜的条件并协调各参数。常用的催化剂制备方法有沉淀法、浸渍法、离子交换法基、机械混合法、熔融法、金属有机络合物法和冷冻干燥法等。另外，材料科学的许多制备方法，如溶胶凝胶法、共沉淀法、高温溶胶分解等，经一定的改进均可成为制备催化湿式氧化用催化剂的方法。沉淀法和浸渍法是最常用的两种制备湿式氧化催化剂的方法：

(1)沉淀法：借助于沉淀反应，用沉淀剂将可溶的催化剂组分转化为难溶的化合物，经过滤、洗涤、干燥、焙烧成型等工艺，制备成品催化剂。沉淀法可使催化剂各组分均匀混合，易于控制孔径大小和分布而不受载体形态的限制。沉淀法中最常用的沉淀剂是氨水和 $(NH_4)_2CO_3$，这是由于铵盐在洗涤和热处理时易于去除。

(2)浸渍法：将固体载体浸泡到含有活性成分的溶液中，当多孔载体与溶液接触时，由于表面张力的作用而产生的毛细管压力，使溶液进入毛细管内部，然后溶液中的活性组分再在毛细管内表面上吸附。达到平衡后将剩余液体除去(或将溶液全部浸入固体)，再经干燥、焙烧、活化等步骤即可得到成品催化剂。浸渍法广泛用于负载型催化剂的制备，尤其是低含量的贵金属负载型催化剂。该法省去了过滤、成型等工序，还可选择适宜的催化剂载体为催化剂提供所要求的物理结构(如比表面积、孔径分布、机械强度等)。此外，采用该法制备催化剂可以使金属活性组分以尽可能细的形式铺展在载体表面，从而提高金属活性组分的利用率，降低金属量，减少制备成本。

3. 催化湿式氧化在有机废水处理中的应用

(1)处理石化废水。石化废水中含有乙酸、甲基丙烯酸、丙烯酸、甲醛、乙醛等有机物，其 COD(化学需氧量)高达 $(3\sim3.5)\times10^4$ mg/L，呈强酸性，处理较为困难。废水的热值为 1 380 J/g，最适合于湿式氧化法处理，其运行费用相对较低，采用 Pt 的质量分数为 0.5%的催化剂，在反应温度 270 ℃，反应压力 7.0 MPa，气液体积比为 150 的条件下，对 COD 高达 32 g/L的丙烯酸废水进行湿式氧化处理，处理后排水的 COD 浓度接近 100 mg/L 以下，有机物的去除率达 99%以上。

(2)处理农药废水。农药废水的 COD 浓度为 20.40 g/L，呈强酸性(pH 为 1)，有恶臭气味，所含有机物毒性大，并含有较高浓度的无机盐，常规的生化法无法治理。采用催化湿式氧化技术，开展了处理该种废水的研究，在反应压力为 4.2 MPa，反应温度为 245 ℃，$V_{空气}:V_{H_2O}=300$ 时，使用稀土双活性组分的 WT 型催化剂，其 COD 去除率可达 91.3%。经催化湿式氧化反应处理后，废水的 $BOD_5/COD>0.5$(BOD_5：5 日生化需氧量)，废水中的有毒物质已被分解掉或转化为无机物质，大分子有机物大部分已被降解为可生物降解的小分子有机物，这些均有助于后续的生化处理过程。

(3)处理化工废水。采用非均相催化湿式氧化技术处理化工废水，其催化剂的制备方法为：首先用共沉淀、焙烧等步骤制得 Ti－Zr、Ti－Si、Ti－Zn 等复合氧化物的粉末，掺加淀粉等黏合剂捏成蜂窝状载体，孔径为 2～20 mm，壁厚为 0.5～3 mm，孔隙率为 50%～80%；然后，用浸渍法在其上负载百分之几的 Mn、Fe、Co、Ni、Ce、W、Cu、Ag、Au、Pt、Pd、Rh、Ru、Ir 或其水不溶性化合物制成催化剂，对 COD 为 40 g/L、总氮为 2.5 g/L、SS 为 10 g/L 的废水，在温度 240 ℃、压力 4.9 MPa、水空间流速 1 L/h 的条件下，COD、总氮、氨氮的去除率分别为 99.9%、99.2%、99.9%。

催化湿式氧化技术发展于 20 世纪 50 年代，是一种高效的处理高浓度、有毒、有害的有机废水的氧化技术。目前开发高效催化剂仍是催化氧化的关键。均相催化剂具有较高的催化效率和选择性，但是由于分离回收困难，易造成二次污染而未得到广泛应用。相比之下，多相催化剂有一定的优势，近年来得到了越来越多的关注。负载型贵金属催化剂有较高的催化活性，由于成本较高而限制了其在工业中的应用；非贵金属催化剂成本低廉，但是其活性又不能满足工业要求。因此，研发廉价、高效、稳定的多相催化剂，简化工艺流程，优化工艺条件，研制更高效的催化反应器，进一步降低有机废水处理过程的能耗和成本是推广该技术大规模实际应用的关键。同时，改进反应器结构和操作方式，确定腐蚀性小又能较好去除污染物的操作条件是催化氧化处理技术的重要课题。反应机理的深入研究有助于选择催化剂和控制最佳反应条件。一般认为催化湿式氧化反应为自由基机理，目前机理和动力学方面的研究还不够深入，仍需进一步努力。开发催化湿式氧化技术与其他处理方法相结合的有机废水处理工艺，取长补短，以提高处理效率，回收废水中的有用成分。此外，还可进一步衔接后续处理处置工序，形成系统的整套新型高效的催化湿式氧化处理工艺方案，彻底使污染物的处理达到减量化、无害化和资源化的要求。

5.1.1.2 混凝剂/助凝剂

混凝剂、助凝剂主要用于污泥脱水，同时也可作为一种强化的固液分离手段，用于污水的初级沉淀及活性污泥法之后的二次沉淀。

1. 混凝剂的种类

混凝剂是能够降低或消除水中分散微粒的沉淀稳定性和聚合稳定性，使分散微粒凝聚、混凝成聚集体而除去的一类物质。按照化学成分，混凝剂可分为无机混凝剂、有机混凝剂以及微生物混凝剂三大类。无机混凝剂包括铝盐、铁盐及其聚合物。有机混凝剂按照聚合单体带电集团的电荷性质，可分为阴离子型、阳离子型、非离子型、两性型等几种，按其来源又可分为人工合成和天然高分子混凝剂两大类。在实际应用中，往往根据无机混凝剂和有机混凝剂性质的不同，把它们加以复合，制成无机有机复合型混凝剂。微生物混凝剂则是现代生物学与水处理技术相结合的产物，是当前混凝剂研究发展的一个重要方向。

(1)无机混凝剂。传统应用的无机混凝剂为低分子的铝盐和铁盐。铝盐主要有硫酸铝、明矾、铝酸钠；铁盐主要有三氯化铁、硫酸亚铁和硫酸铁。

硫酸铝具有优异的凝聚沉降性能，是世界上使用最多的混凝剂。19 世纪末，美国最先将硫酸铝用于给水处理，现在全世界年产约 500 万 t 硫酸铝将近一半用于给水和废水处理中。

硫酸铝在20～40 ℃水温条件下使用效果最佳。明矾是硫酸铝与硫酸钾的复盐，在我国民间常用于饮用水净化，但在工业水及废水处理中应用不多。

三氯化铁是另一种常用的凝聚剂，易溶于水，矾花大而重，沉淀性能好，对温度、水质及pH的适应范围宽，但腐蚀性较强，有刺激性气味，操作条件较差。硫酸亚铁形成絮凝体快而稳定，沉淀时间短，适用于碱度高、浊度大的情况，但色度不易除净，腐蚀性也较强。

从20世纪60年代起，无机混凝剂研究的重点倾向于新型的无机高分子混凝剂，经过近40年的发展，无机高分子混凝剂的种类已有几十种，产量已达到混凝剂总产量的30%～60%，其中广泛使用的为聚合氯化铝。

聚合氯化铝又称碱式氯化铝，是一种多价电解质，能显著降低水中黏土类杂质的胶体电荷。由于相对分子质量大，吸附能力强，PAC的投加量少，形成的混凝体较大，絮凝沉淀性能优于其他混凝剂。聚合氯化铝受水温影响较小，对水的pH降低较少，可不投加碱剂，对设备、管道等腐蚀性也小。聚合氯化铝在水处理中有逐步替代硫酸铝的趋势，但其价格较高，成为推广应用的一个障碍。

一般来讲，无机絮凝剂具有原料易得、制备简便、价格便宜、处理效果好等特点；因此在水处理中应用较多。

(2)有机絮凝剂：

① 人工合成有机高分子絮凝剂：多为聚丙烯、聚乙烯物质，如聚丙烯酰胺、聚乙烯亚胺等。

这些絮凝剂都是水溶性的线型高分子物质，每个大分子由许多包含带电基团的重复单元组成，因而也称为聚电解质。包含带正电基团的为阳离子型聚电解质，包含带负电基团的为阴离子型聚电解质，既包含带正电基团又包含带负电基团的为两性型聚电解质。有的人工合成有机高分子絮凝剂在制备中并没有人为地引进带电基团，称之为非离子型聚电解质。

现有的高分子絮凝剂较多的是阴离子型，它们对水中负电胶体杂质只能发挥助凝作用，往往不能单独使用，而是配合铝盐、铁盐使用。阳离子型絮凝剂同时能发挥凝聚和絮凝作用而单独使用，故得到较快发展。

我国当前使用较多的是聚丙烯酰胺，为非离子型高聚物，占人工合成有机高分子絮凝剂的80%，常与铁、铝盐合用。利用铁、铝盐对胶体微粒的电性中和作用和高分子絮凝剂优异的絮凝功能，从而得到满意的处理效果。聚丙烯酰胺在使用中具有投量少、凝聚速度快、絮凝体粒大强韧等特点。

② 天然有机高分子絮凝剂：在水处理中的历史悠久，只是使用量远低于人工合成高分子絮凝剂，原因是天然高分子絮凝剂电荷密度较小，分子量较低，且易发生生物降解而失去絮凝活性。与人工合成的絮凝剂相比，这些天然高分子的毒性小，提取工艺简单，与自然和谐一致，由于是天然资源的合理利用而成为水处理药剂研究的热点。天然高分子絮凝剂主要为天然成分，也包括改性所用的基质成分，已应用的有壳聚糖类絮凝剂、改性淀粉絮凝剂、改性纤维素絮凝剂、木质素类絮凝剂、树胶类絮凝剂、褐藻胶絮凝剂、动物胶和明胶絮凝剂等。

天然高分子多数具有多糖结构，淀粉主链中仅含有一种单糖结构，属于同多糖；壳聚糖、树胶、褐藻胶等含有多种单糖结构，属于杂多糖；木质素属特殊的芳香型天然高聚物；动物胶和明胶属于蛋白质类物质。

(3)微生物絮凝剂：与传统无机或有机絮凝剂不同，是指直接利用微生物细胞或微生物细胞壁的提取物、代谢产物等。已发现具有絮凝性能的微生物有17种以上，包括霉菌、细菌、放线菌和酵母。微生物絮凝剂产生的絮凝性能来自内在因素絮凝基因的遗传和表达，及外在因素培养基的组成、细胞表面疏水性的变化、环境中二价金属离子的存在等。微生物絮凝剂从研究到生产的关键问题是发展成熟的微生物育种技术，同时努力降低生产成本。

2. 助凝剂

在污水的絮凝处理中，有时使用单一的混凝剂不能取得良好的絮凝效果，往往需要投加某些辅助药剂以提高絮凝效果，这种辅助药剂称为助凝剂。助凝剂按在混凝过程中所起作用分为两类：

(1)调节或改善絮凝条件的药剂。絮凝过程一般在一定的pH范围内进行，如果原水pH不能满足此要求，则应调整原水的pH，这类助凝剂包括酸和碱。原水pH较低时，助剂为CaO、$Ca(OH)_2$、Na_2CO_3、$NaHCO_3$等碱性物质；原水pH较高时，助剂为硫酸和CO_2来降低原水的pH。当原水受污染严重，有机物过多时，助剂为氧化剂Cl_2，以破坏有机物，排除其对混凝过程的干扰。

(2)加大矾花粒度、比重和结实性的助凝剂。混凝结果希望得到粒度大、比重大和结实的矾花，既有利于沉淀，又不易破碎。为获得这一结果，有时须根据水质的特点加入助凝剂。例如，水中加入黏土一类较粗颗粒可起到加重、加大矾花的作用；铝盐、铁盐混凝剂产生的絮凝体细小而松散时，可加入聚丙烯酰胺、活化硅酸及骨胶等高分子助凝剂，利用其吸附架桥作用，使絮凝体变得粗大而密实。

今后混凝剂总体发展方向是“高分子化、复合化、多功能化”，一方面完善无机高分子混凝剂实用化研究，同时加强无机混凝剂与有机高分子混凝剂复合机型的制造和应用。

5.1.1.3 消毒剂

消毒剂指用于杀灭传播媒介上病原微生物，将病原微生物消灭于人体之外，切断传染病的传播途径，达到控制传染病的目的药剂。消毒机理主要是消毒剂通过与微生物的蛋白质发生氧化或其他化学反应，破坏微生物细胞壁，改变细胞膜的渗透性和原生质的胶体性质，改变有机体的DNA或RNA、抑制酶、蛋白质的生理活性，从而破坏病原体的生理功能，使其死亡。消毒剂按照其作用的水平可分为灭菌剂、高效消毒剂、中效消毒剂和低效消毒剂。灭菌剂可杀灭一切微生物使其达到灭菌要求，包括甲醛、戊二醛、环氧乙烷、过氧乙酸、过氧化氢、二氧化氯、氯气、硫酸铜、生石灰、乙醇等。高效消毒剂可杀灭一切细菌繁殖体(包括分枝杆菌)、病毒、真菌及其孢子等，对细菌芽胞也有一定杀灭作用，可达到高水平消毒要求，包括含氯消毒剂、臭氧、甲基乙内酰脲类化合物、双链季铵盐等。中效消毒剂仅可杀灭分枝杆菌、真菌、病毒及细菌繁殖体等微生物，达到消毒要求，包括含碘消毒剂、醇类消毒剂、酚类消毒剂等。低效消毒剂仅可杀灭细菌繁殖体和亲酯病毒，达到消毒剂要求，包括苯扎溴铵等季铵盐类消毒剂、氯己定(洗必泰)等双胍类消毒剂，汞、银、铜等金属离子类消毒剂及中草药消毒剂。

化学消毒剂大约有4 000多种，主要包括醛类、烷基化气体类、过氧化物类、卤素类、醇类、酚类、胍类、季铵盐类等以及复方化学消毒剂。

戊二醛消毒剂被誉为第三代化学灭菌剂，具有广谱、高效和速效的消毒灭菌作用，对芽孢、一般细菌繁殖体、分枝杆菌、病毒、真菌等均具有很好的杀灭作用。戊二醛是一种饱和五碳双醛，杀菌作用主要来自其两个醛基部分。戊二醛的两个活泼醛基可与蛋白质发生交联反应，固定细菌蛋白质，使其不能新陈代谢而死亡，从而达到消毒灭菌的目的。戊二醛的合成可以采用环戊烯和双氧水为原料，在催化剂存在下二者发生下列反应制得：

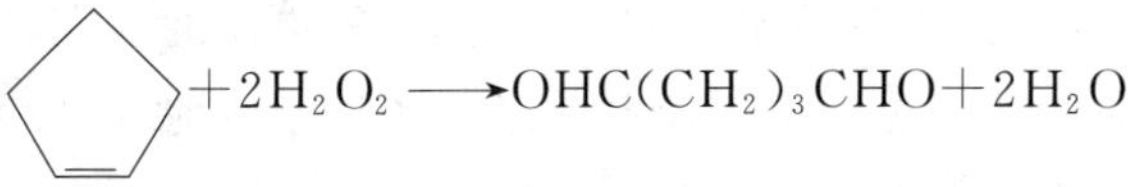

环氧乙烷消毒剂属于烷基化气体消毒剂，烷基化气体消毒剂包括环氧乙烷、环氧丙烷、乙型丙内酯等，杀菌谱广、杀菌力强，对各种微生物都有较好的杀灭力。环氧乙烷能抑制一些微生物酶的活性，包括磷酸致活酶、肽酶、胆碱氧化酶，环氧乙烷也可以和 DNA、RNA 发生烷基化作用，导致微生物灭活。工业上采用乙烯在一定温度、压力和催化剂条件下与氧气发生环氧化反应，生成的环氧乙烷经吸收、分离和精制即可制得产品。反应式如下：

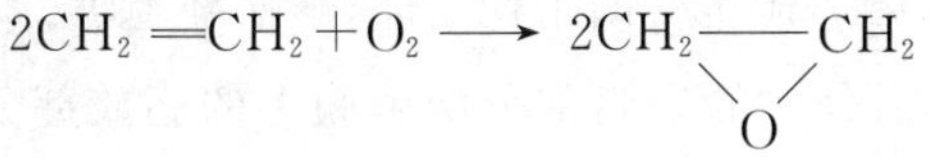

过氧化物消毒剂具有强氧化能力，各种微生物都对其十分敏感，可杀灭所有微生物。这类消毒剂包括过氧化氢（30%～90%）、过氧乙酸（18%～20%）和臭氧等。过氧乙酸虽然具有酸的特性，但其杀菌作用主要是依靠其较强的氧化能力，作用机制可能与其产生的活性氧有关。可以冰醋酸为原料，与过氧化氢按一定比例混合，一般是冰醋酸：过氧化氢（体积比）＝12：10 或 10：8，通过如下反应合成得到：

$$CH_3COOH + H_2O_2 \xrightarrow{H^+} CH_3COOOH + H_2O$$

含氯消毒剂一般指遇水产生氯的消毒剂，分两大类：一类是无机氯消毒剂，如漂白粉、二氧化氯；另一类是有机氯消毒剂，如二氯异氰尿酸钠，可作用于各种类型的微生物，还可调节水质，减少水体中的氨氮等。添加碳酸钠、过碳酸钠、硼酸钠、过硼酸盐的稳定性二氧化氯能快速且广谱地杀灭微生物，无毒无害，无残留，不污染环境。二氧化氯和含氯化合物的氯化作用破坏菌体或改变细胞膜的通透性，或者氧化作用抑制各种巯基酶或其他对氧化作用敏感的酶类，从而引起细菌死亡。含氯消毒剂是以次氯酸形式发挥作用的，消毒作用的强弱与次氯酸浓度有关，浓度越高，消毒作用越强。用氯酸钠、硫酸和甲醇进行化学反应后，经过分离、精制，再加入碳酸钠、过硼酸钠等稳定剂，即可制得稳定性二氧化氯水溶液。反应式如下：

$$2NaClO_3 + 2H_2SO_4 + CH_3OH \longrightarrow 2ClO_2 + 2NaHSO_4 + HCHO + 2H_2O$$

季铵盐类消毒剂具有除臭、清洁和表面消毒的作用，在低浓度下有抑菌作用，较高浓度下可杀灭大多数种类的细菌繁殖体与部分病毒。国内外普遍使用的有十二烷基二甲基苄基溴化铵、十二烷基二甲基苄基氯化铵、十二烷基二甲基乙苯乙基溴化铵。季铵盐类消毒剂可改变细胞的渗透性，使菌体破裂；使蛋白质变性；抑制细菌体内的脱氢酶、氧化酶以及分解葡萄糖、琥珀酸盐、丙酮酸盐等的酶；有良好的表面活性作用，可高浓度聚集于菌体表面，影响细菌的代谢。季铵盐类消毒剂的合成:由 N,N 一二甲基十二胺与溴化苄反应制得。

20 世纪 50 年代,消毒学作为一门独立学科产生并开始发展起来。近年来,虽然化学剂的研制有较大进展,但距实际需要还有相当大的距离,有突破性的消毒药尚未出现,协同研究也还局限在化学消毒药与增效剂、缓释剂、助溶剂、填充剂及物理因子的范围内。对人畜的毒性、物品的损坏及环境污染等诸多因素,也使消毒剂研究开发使用受到一定限制。研制杀菌力强、抗菌谱广、用途广泛、使用简便、对人畜毒副作用小、稳定性好、价格低廉的新型消毒药仍然是今后的主攻方向。广泛利用先进的技术和方法进行更深、更广的研究,形成多学科互相渗透协作的药物研究新格局,是加速新型消毒剂研制的必要条件。目前,国际间尚无统一的消毒剂试验方法,这对准确评价消毒剂极为不利。

5.1.1.4 杀菌灭藻剂

杀菌灭藻剂又称杀菌剂、杀生剂,是用来杀灭或抑制水体中细菌、真菌、藻类等微生物的化学药剂。杀菌灭藻剂可以破坏微生物细胞壁、细胞膜及胞内物质,从而抑制微生物呼吸和代谢活性,阻碍蛋白质和核酸的合成,最终导致微生物失活。杀菌灭藻剂,使细胞壁纤维及结构变形,或使细胞壁形成受阻,不能完成正常的生理功能;破坏细胞膜,使膜的“镶嵌”处及疏水链中裂缝增加或变大,或者杀菌剂分子的亲脂部分溶解膜上的脂质部分形成微孔;破坏线粒体机能,从而破坏细胞呼吸的储能场所;使核酸代谢受阻,通过“掺假”到核酸中去,可能抑制蛋白质合成;使酶的含量减少,活性降低,致使物质代谢失去平衡;对细胞内组分发生作用,通过代谢分子中的功能团与杀生剂作用,干扰其代谢过程。

杀菌灭藻剂分为氧化型、非氧化型及重金属盐类。氧化型杀菌灭藻剂通过氧化机理杀菌灭藻,一般是较强的氧化剂,氧化剂产生的次氯酸、原子态氧等可以使微生物体内一些与代谢有密切关系的酶发生氧化作用,快速控制微生物蛋白质的合成,杀灭微生物,如氯、次氯酸盐、二氧化氯、臭氧、过氧化氢等,用得较广泛的是氯气、漂粉精和二氧化氯。非氧化型杀菌灭藻剂通过化学键作用与微生物的特殊部位相结合,使细菌蛋白质变性、破坏细菌细胞内 DNA 的结构导致 DNA 失去繁殖能力或抑制细菌的呼吸和糖酵解作用而起到杀菌灭藻作用,如氯酚类化合物、含氰化合物(二氧氰基甲烷)、杂环类化合物(异噻唑啉酮)、季铵盐类化合物、季磷盐类化合物、有机锡化合物、有机醛类化合物等。重金属盐类杀菌灭藻剂的重金属离子可以置换吸附在菌体表面的无毒离子,改变细胞膜的性质,部分重金属离子还可进入细胞内与蛋白质或酶结合,导致微生物死亡,常用的有 Ag^{+}、Cu^{2+}、Zn^{2+}。

氧化性杀菌剂包括氯化合物和溴化合物。含氯化合物杀菌剂的主要作用包括:①氯在水中生成分子状态的次氯酸,次氯酸为很小的中性分子,它能通过扩散到带负电荷的菌体表面,通过细胞壁穿透到菌体内部起氧化作用,破坏细菌的磷酸脱氢酶,使糖代谢失衡而致细菌死亡;②新生态氧的作用,由次氯酸分解形成新生态氧,将菌体蛋白质氧化;③氯化作用,氯通过与细胞膜蛋白质结合,形成氮氯化合物,从而干扰细胞的代谢,最后引起细菌的死亡。溴及溴的化合物的杀菌作用类似液氯:$Br_2 + H_2O \longrightarrow HBr + HBrO$,次溴酸 HBrO 与细胞内蛋白质作用,从而破坏蛋白质结构,达到杀菌目的。

非氧化性杀菌剂包括氯酚及其衍生物、季铵盐类化合物、季磷盐类化合物、异噻唑啉酮、戊二醛及重金属离子。氯酚类化合物能吸附在微生物细胞壁上，然后扩散到细胞结构中，在细胞内生成胶态溶液，使蛋白质沉淀，从而破坏蛋白质杀死细菌。季铵盐类化合物改变细胞的渗透性，水分进入使菌体肿胀破裂；其表面的活性作用，可高度聚集于菌体表面，影响细菌的新陈代谢；其进入细胞内部，使细胞酶钝化，蛋白质酶不能产生，使蛋白质变性；其灭活菌细胞内的脱氢酶、氧化酶，以及能分解葡萄糖、琥珀酸盐、丙酮酸盐等的酶系统阻止了细菌的呼吸和糖酵解作用。季磷盐类化合物主要通过破坏细菌的呼吸和糖酵解作用或使蛋白质变性、破坏细胞膜、细胞壁的结构达到杀菌剂的作用。异噻唑啉酮阻碍菌体的呼吸作用，抑制细胞新陈代谢，使细胞的生长马上停止；其破坏融化细胞壁，进而破坏细胞内外环境的平衡，导致细菌死亡；其活性基团可以与核酸上的碱基反应，阻碍核酸的形成，破坏菌体的生长和繁殖。戊二醛的醛基与蛋白质上的氨基、亚氨基和巯基等活性基团发生加成反应，使蛋白质受到破坏而杀死微生物；其能与微生物细胞壁中的肽聚糖发生作用，肽聚糖含量越高，戊二醛杀生作用越容易进行；其还能与细胞质组分及细胞膜相互作用，作用于外层胞膜；其改变细胞的渗透性，破坏酶系统，抑制DNA、RNA 和蛋白质的合成。重金属离子易被真菌细胞富集，吸附后的金属离子破坏了细胞膜的功能而进入细胞内部，使某些细胞成分逸出，干扰细胞代谢过程或干扰各种酶的作用，使其失去应有的生物功能，最后导致细胞的死亡。

随着水处理工业的发展，微生物的抗药性增强，杀生剂也要求不断改进和提高。开发新型杀生剂不仅从使用的安全性、稳定性、毒性考虑，更重要的是需要杀生剂原料低廉、多种杀生剂高效复配以及满足液、气、固不同状态的需求。随着工业循环水处理技术的发展，低毒、高效、环保的杀生剂越来越被市场所接受，在杀菌的同时必须确保生态环境的承受能力。同时，开发复合配方的杀生剂是近几年的研究趋势，以克服单一杀生剂所具有的投量大、杀生效果单一等缺点。

绿色杀菌灭藻剂主要指对环境无毒、少毒、无害的杀菌灭藻剂，包括过氧乙酸和 2,2-二溴-3-氮川丙烯胺。过氧乙酸的杀生作用是通过氧化微生物细胞中的蛋白质、类脂质等细胞组成中巯基(—SH)、二硫键(—S—S)和双键结构而破坏了细胞膜的化学渗透与运输机能而进行的，而且杀生过程中不会产生有毒的副产物，其分解产物乙酸、水和氧气是无害和环境可接受的，是一类具有发展前景的绿色水处理杀生剂。DBNPA 能迅速穿透微生物的细胞膜，并与部分蛋白质基团发生化学作用，使细胞的正常氧化还原中止而死亡，它的分支还可以选择性地溴化或氧化微生物的特殊酶代谢物，最终导致微生物死亡。二溴次氮基丙酰胺是一种新型高效的杀菌灭藻剂和水处理剂。该物质具有高效广谱、容易降解、无残留残毒、对环境无污染等优点，同时，兼有杀菌灭藻、杀粘除垢和缓蚀等一剂多效的功能。该产品杀菌性能良好，不污染环境，在发达国家已得到广泛应用。

杀菌灭藻剂自人类进行水的供应与使用开始就受到了关注，近年来，国外溴类药剂出现了较快的发展，以溴代氯，氯溴协同成为一个发展方向；提高杀菌剂分子量，引入新基团，逐渐向聚阳离子方向发展；一剂多效的多功能杀菌灭藻剂将成为今后研究的一个非常重要的方向；将杀生功效官能团固载在高分子载体上，支撑杀菌性能好、使用周期长、再生简单的不溶性杀菌剂，能有效解决药剂二次污染和费用高的问题；重视从天然物质中提取有效成分降低残余毒性；努力开发具有自主知识产权的杀菌灭藻剂。

5.1.1.5 除磷剂

除磷剂主要用于去除水中磷的微生物、化学物质及一些吸附材料等。去磷微生物有聚磷菌，它可以从外部环境过量摄取超过其生理所需要的磷，并以聚合磷酸盐的形式储藏于体内，最终以富磷剩余污泥的形式排出。去磷化学物质指能与污水或废水中的溶解性磷酸盐生成难溶性磷酸盐的含有钙、镁、铝、铁、氨等离子的物质，当 pH 低于 8 且金属盐投加量较少时，形成 $MePO_4$ 沉淀，沉淀对溶解性磷有一定的吸附作用；随着金属盐投加量的增加，残留溶解磷浓度达到临界点，出现 $Me(OH)_3$ 或 MeOOH(s) 沉淀，如化学除磷通常用 $Ca(OH)_2$ 作为沉淀剂，随着废水中 pH 升高超过 10 时，多余的 Ca^{2+} 会与磷酸根发生反应生成羟磷灰石 $Ca_{10}(PO_4)_6(OH)_2$ 沉淀。吸附材料有改性膨润土、沸石分子筛、高吸附树脂等。

1. 生物法

20 世纪 80 年代生物除磷技术在欧洲得到了广泛的应用，它是利用微生物的新陈代谢活动，将磷从污水中转移到污泥微生物细胞中，从而排出处理系统的除磷技术。其机理是基于聚磷菌在厌氧条件下释放磷及在好氧条件下过剩摄取磷的原理，通过好氧—厌氧的交替运行来实现除磷的方法。具体的生物除磷过程为：在厌氧条件下，兼性细菌聚磷菌受到抑制，它必须吸收污水中的有机碳源来维持生存，并在细胞内将有机物转化为胞内碳能源储存物聚-β-羟基丁酸酯(PHB)/聚羟基戊酸(PHV)储存起来，该过程所需的能量正是来自于聚磷的水解以及细胞内糖的酵解，从而完成磷的厌氧释放。而在好氧条件下，聚磷菌的活力得到恢复，它利用 PHB/PHV 的氧化代谢产生的能量吸收超出自身生长所需的几倍的磷，并以聚磷酸盐的形式储存。研究表明，在好氧条件下吸收的磷是厌氧条件下放出磷的 11 倍之多，因此水体中的磷得以大量吸收到细菌细胞中，再随剩余污泥排出系统，从而实现磷的去除。

2. 化学法

化学沉淀除磷是应用最早、使用最广泛的一种除磷方法。化学除磷是通过投加化学药剂，使污水中的磷转化为不溶性的磷酸盐沉淀，然后通过固液分离转移到污泥中，以此来达到除磷目的。该方法主要是通过调整 pH，控制金属离子与磷的浓度比来达到形成最稳定的难溶性金属磷酸盐的目的。磷的化学沉淀分为 4 个步骤：沉淀反应、凝聚作用、絮凝作用、固液分离。按工艺流程中药剂投加点的不同，磷酸盐沉淀工艺有前置沉淀、协同沉淀和后置沉淀三种类型。在化学沉淀中，一般认为磷酸盐沉淀是配位基参与竞争的电性中和沉淀，即通过 PO_4^{3-} 与金属盐离子的化学沉淀作用加以去除。可以有效除磷的金属离子有钙、铁、铝、镁等，通常使用的三种类型金属沉淀剂为铁盐、铝盐、石灰，其反应方程式概括如下：

$$M^{3+}+PO_4^{3-}\longrightarrow MPO_4\downarrow \quad (M=Fe,Al)$$

$$M^{3+}+3HCO_3^-\longrightarrow M(OH)_3\downarrow +3CO_2$$

铝盐除磷的原理是当铝盐分散于水体时，一方面，Al^{3+} 与 PO_4^{3-} 反应生成磷酸铝沉淀；另一方面，Al^{3+} 水解生成单核络合物 $Al(OH)^{2+}$、$Al(OH)_2^+$ 及 AlO_2^- 等，单核络合物通过碰撞进一步缩合，进而形成一系列多核络合物 $Al_n(OH)_m^{(3n-m)+}$ $(n>1, m\leqslant 3n)$。这些铝的多核络合物往往具有较高的正电荷和比表面积，能迅速吸附水体中带负电荷的杂质，中和胶体电荷、压缩双电层及降低胶体电位，促进了胶体和悬浮物等快速脱稳、凝聚和沉淀，表现出良好的除磷效果。其中，pH 是影响铝盐除磷效果的主要因素，从沉淀物的溶解度看，最适宜的 pH 为 6。而对于铁盐，当加入 Fe^{2+} 去除水中的磷生成磷酸盐沉淀时，会有以下伴生反应，反应产物具有絮凝作用：生成铁的磷酸盐[$Fe(PO_4)_x(OH)_{3-x}$]沉淀；部分胶体状的氧化物或氢氧化物表面上吸附磷酸盐；多核氢氧化铁(Ⅲ)悬浮体的作用，生成不溶于水的金属聚合物。上述过程的聚合作用，能促使水中磷酸盐浓度降低。磷酸盐沉淀中化学剂的水解产物可与磷酸盐发生化学吸附并进行络合反应，形成络合物共同沉淀。

3. 吸附法

吸附法是利用多孔或大比表面积的固体物质对水中磷酸根离子的亲和力来实现废水除磷的一种方法。吸附除磷过程包括固体表面的物理吸附、离子交换形式的化学吸附以及固体表面的沉积过程，并进一步通过解吸处理可以回收磷资源。吸附剂与吸附质之间的作用力除了分子之间的引力以外，还有化学键力和静电引力。除磷吸附剂的选择要求满足以下条件：①高吸附容量；②吸附速度快；③无有害物溶出；④吸附剂再生容易、性能稳定；⑤原料易得且造价低。

4. 结晶法

许多废水都因含有磷酸钙等化合物而过度饱和，但沉降过程很少发生。通过加入晶核建立 Ca 和 P 之间的平衡，利用晶核结晶可以降低界面能并能引发沉降过程。结晶法就是向已含钙盐的含磷废水中添加一种结构和表面性质与难溶磷酸盐相似的固体颗粒，破坏溶液的亚稳态，在作为晶核的除磷剂上析出羟基钙磷灰石，从而达到除磷目的。作为晶核的除磷剂绝大多数都是含钙的矿物质材料，如磷矿石、骨炭、高炉渣等，其中以磷矿石和骨炭的效果最好。该方法的实质是利用污水中的磷酸根离子与钙离子以及氢氧根离子反应生成碱式磷酸钙(羟基钙磷灰石[$Ca_5(OH)(PO_4)_3$])的晶吸现象。其反应式如下：

$$3HPO_4^{2-}+5Ca^{2+}+4OH \longrightarrow Ca_5(OH)(PO_4)_3\downarrow +3H_2O$$

各种除磷方法相比而言，生物法适于处理较低磷浓度的有机废水，并且往往需要进行二次除磷处理；化学法对高浓度含磷废水比较有效，但是需要密切注意废水的酸碱度，以达到最佳处理效果；结晶和吸附法对高浓度、小批量的工业废水有较好的处理效果。在选择除磷方法时，要根据当地的具体水质特性和环境条件合理地选择除磷工艺流程，即要从废水含磷量、其他离子的种类和含量、处理规模、出水要求等因素来综合考虑，以达到最佳的除磷效果。

1762 年发现化学沉淀，1870 年英国用于污水处理方法，随后发达国家都广泛采用，但不久被生物处理所取代，其原因是化学沉淀法药剂消耗量大，运行费用高，有大量淤泥产生，这些问题在当时不能得到有效解决。20 世纪 80 年代，为了进一步提高污水中磷的去除程度，又开始重新重视化学沉淀法，所以除磷剂在 20 世纪 80 年代出现了较大发展。今后，如果能充分利用丰富的自然资源或工厂的副产品和废物来进行除磷，就会在很大程度上降低成本。由于磷自然资源有限，未来研究所关注的不仅仅是从废水中去除磷，更重要的是回收磷资源。因此，研究价格低廉、选择性好、易再生并且可回收利用磷资源的系列水处理方法已成为废水处理研究领域的发展趋势。

5.1.1.6 脱氮剂

水处理脱氮剂主要用于去除水中氮的化学物质、微生物及一些吸附材料。化学物质主要有氯气、镁盐，通过使水中的含氮离子生成氮气或含氮不溶物达到除氮的目的。微生物主要有氨化微生物、硝化菌和反硝化菌，氨化微生物通过生物化学反应将水体中有机氮转化为氨；硝化菌通过生物化学反应将水体中氨氮转化为亚硝酸盐氮和硝酸盐氮；反硝化菌通过生物化学反应将水体中亚硝酸盐氮和硝酸盐氮还原成氮气。反硝化包括异化反硝化和同化反硝化，以异化反硝化为主，反硝化菌在溶解氧浓度很低的环境中，利用硝酸盐中的氧作为电子受体，有机物作为碳源及电子供体而得到降解。吸附材料有改性膨润土、沸石分子筛、高吸附树脂等。

生物脱氮过程包括氨化-亚硝化-硝化-反硝化等阶段。在好氧条件下硝化细菌将废水中的有机氮转化为氨氮（NH_4^+-N），再将 NH_4^+-N 进一步氧化成亚硝态氮（NO_2-N）和硝态氮（NO_3-N），式(5-1)和式(5-2)是这一阶段的反应关系式；反硝化菌在缺氧条件下利用各种碳源将 NO_3-N 还原为氮气（N_2），从而将氮从废水中去除，这一阶段的反应以甲醇为例可用式(5-3)和式(5-4)表示。

$$NH_4^+ \longrightarrow NO_2^- \longrightarrow NO_3^- \longrightarrow NO_2^- \longrightarrow N_2$$

硝化阶段　　反硝化阶段

$$2NH_4^+ + 3O_2 \longrightarrow 2NO_2^- + 2H_2O + 4H^+$$

$$2NO_2^- + O_2 \longrightarrow 2NO_3^-$$

$$6NO_3^- + 2CH_3OH \longrightarrow 6NO_2^- + 2CO_2 + 4H_2O$$

$$6NO_2^- + 3CH_3OH \rightarrow 3N_2 + 3CO_2 + 3H_2O + 6OH^-$$

由于硝化菌生长速度缓慢，而氨化、亚硝化和反硝化的反应速率比硝化快得多，硝化反应成为整个生物脱氮反应过程的限制因素，生物脱氮法速度缓慢。

沸石作为一种架状结构硅铝酸盐材料，除了内部含有具有巨大比表面积的孔穴和通道外，构架上的平衡阳离子极易与水溶液中的阳离子发生交换作用。利用沸石这种阳离子交换特性将其阳离子与水中的 NH_4^+ 和 NO_2^- 发生交换达到吸附去除的目的。

化学沉淀法的主要原理是通过向废水中投加某种化学药剂，使之与废水中的某些溶解性污染物质发生反应，形成难溶盐沉淀下来，从而降低水中溶解性污染物浓度的方法。目前，氨氮废水研究最多的是添加含有 Mg^{2+} 和 PO_4^{3-} 的药剂，使之与废水中的 NH_4^+ 发生反应，生成 $MgNH_4PO_4 \cdot 6H_2O$ 沉淀。

废水富营养化表现在覆盖水而根源来自底泥，底泥中的有机物在微生物的作用下会分解出大量的小分子物质以及氮、磷、钾等，是覆盖水的重要污染源之一。物理脱氮法主要包括增多曝气量、使用沸石等方法，化学脱氮法主要包括湿式氧化法、电化学法、离子交换法、吸附法等。物理化学脱氮法对设备要求较高，且容易造成环境重复污染，因此目前使用已相对较少。而利用脱氮微生物的生物法，由于脱氮微生物无毒，不会造成二次污染，对环境友好，生产成本低廉，操作简单，可以有效克服物理化学脱氮法的缺点。因此，生物脱氮技术已有一定的应用基础，该工艺处理高浓度氨氮废水效率比较高，但在提高脱氮反应速率上一直是研究的重点。

目前实际投入运行的有短程硝化-反硝化工艺和厌氧氨氧化工艺，但它们的工艺条件要求严格，特别是对溶解氧的要求更为严格，在实际应用中较难控制。这是由于微生物工艺的复杂性，一些反应机理还不太明确，需进一步研究。另外，许多处理工艺在实际运行中的可靠性、稳定性和处理效率等方面还有待提高。因此，新的脱氮处理工艺和新的硝化细菌的探索和研究是将来生物脱氮技术的发展方向，相信废水生物脱氮处理工艺会日趋完善。

近几十年来，人们对脱氮不仅有了很多新发现，还对脱氮技术的应用有了更加全面的认识。对于高浓度氨氮废水，主要采用吹脱法和湿式氧化法，而离子交换法、反渗透法、折点氯化法、生物硝化反硝化脱氮多用于处理低浓度氨氮废水。生物法脱氮是目前国内外采用最多的含氮废水的处理方法，生物短程脱氮的研究有很广阔的研究前景。按照生物短程脱氮的原理，找到合适的工艺条件会大大降低传统生物处理过程中的运行成本。结合当前的基因工程寻找合适的对含氮废水处理的专一的工程菌成为缩短菌种筛选的时间、缩短水力停留时间、减少运行费用的重要手段。开发新型高效填料用于脱氮系统也是近些年来很有前途的一项研究成果。

5.1.2　生物处理剂

5.1.2.1　生物填料

生物填料又称生物载体，在微生物处理污水的系统中，用来提供微生物附着场所的材料，该材料保证为生物反应器提供较大的生物量的同时，还能依靠本身的空间结构形式，为生物反应创造良好的传质扩散条件。生物填料可分为固定式、悬挂式、分散型和新型生物填料四种类型。

(1)固定式填料指蜂窝状和波纹板状等硬性填料。蜂窝状填料空隙率大，填充材料质轻，韧性强，长期使用不会变质，具有长久的稳定性，缺点是易堵塞。波纹板状填料具有孔径大、不易堵塞、流程长、处理效率较高、安装运输方便等特点，但也存在水在波纹通道内流动不均，不利于生物膜更新等缺陷。

(2)悬挂式填料包括软性填料、半软性填料、组合填料和弹性填料四类。软性填料应用广泛，挂膜容易，不堵塞，但易缠结、结块、断丝，中心绳易断，影响使用寿命；半软性填料弥补了硬性填料的易堵和软性填料的缠结和断丝两方面不足，但其比表面积相对较小，微生物附着性能相对较差；组合填料兼具软性纤维填料和半软性填料的优点。

(3)分散型填料指堆积式和悬浮式填料，如拉西环、鲍尔环、空心球和悬浮粒子等。该填料不需要固定，不用安装，具有大的比表面积，容易脱膜，不断运动中能够得到连续不断的冲洗，不易堵塞，水中的溶氧值提高快，氧转移效率高，微生物代谢旺盛。

(4)新型生物填料有固定化微生物填料、酶促填料，具有生物量高、优势菌种明显、处理效率高、装置占地少及产泥量低等优点。

生物填料作为微生物的载体，是生物膜法废水处理工艺的核心，它影响着生物膜的生长、繁殖、脱落，对水处理构筑物的运行效果及能耗都有十分重要的影响。填料为微生物提供栖息和繁殖的稳定的环境表面和内部空间，保持反应器内足够的生物量，其比表面积越大，附着的微生物量越多，可承受的有机负荷也相对较高。填料对水流有强制性的紊动作用，可使水流在反应器横截面上分布趋于更加均匀，同时形成交叉流动混合，这为废水和生物体的有效接触创造了良好的水力条件。在需氧反应器中，填料对气泡有重复切割作用，使废水中的溶解氧浓度提高，从而强化了微生物、有机体和溶解氧三者之间的接触。填料通过对污水中悬浮物的拦截、沉淀、惯性、扩散、水动力等作用使出水中悬浮物的浓度大幅降低，保证脱落的生物膜不会随水漂出。填料能提高反应器内活性污泥的浓度，投加了填料的反应器微生物总量比没有投加的反应器要多，而且生物膜不断更新，微生物保持较高的活性，对污染物的去除效果更好。

生物填料有软性、半软性和硬性填料之分。软性填料是由涤纶、维纶等制成的纤维束组成的纤维填料，其比表面积大，强度高，无堵塞现象，但长期使用后会产生结块和纤维绳段落。为防止生物膜生长于纤维后结成球状而减小填料的比表面积，以硬性塑料为支架，再将软性纤维覆其上而制成的填料为半软性填料或复合纤维填料。硬性填料由波纹板、蜂窝等塑料或玻璃钢组成，比表面积大，质轻高强，但易堵塞。选择填料时应考虑废水水质、填料的特性、有机负荷，尽量避免产生堵塞。

不同填料在不同废水中能发挥各自不同的优点，可通过进行组合制备出的具有更高废水处理性能的新型复合填料。将沸石与悬浮填料有机组合可制备出复合球型填料，该填料表面粗糙，具有稳定的化学性能；将悬浮填料与硅藻土结合应用在硅藻土复合生物反应器中处理生活污水，得到较好的处理效果；在悬挂式和悬浮式填料的基础上开发出一种针刺聚氨酯纤维条状填料的新型悬浮填料，该填料无毒性、化学性质稳定、比表面积大、生物附着量多；一种用于城市污水处理的酶促生物复合填料常温下与陶粒、高炉渣和酶促填料的缺氧挂膜进行对比，挂膜成功时间比陶粒和高炉渣填料均快得多；将沸石与聚乙烯醇制备的复合填料在好氧曝气实验中在2～3周内成功挂膜，沸石中的Na^+对NH_4^+具有较强的交换作用。天然高分子填料生物亲和性强，无毒害，可避免二次污染，提高挂膜速度和处理效率。工业固废如污泥、矿渣、赤泥、粉煤灰等按一定比例烧制陶粒填料是一种消耗难于处置的活性污泥和粉煤灰的可持续方法。

填料的亲水性对填料附着微生物具有重要意义，但塑料的表面亲水性不好，挂膜速度慢，通过化学氧化－铁离子覆盖、化学氧化－表面接枝、掺杂等改性方法使填料能承受更高的气液比、污染物负荷及气流水流的冲击，并提高废水生物接触氧化效率。在塑料中混入聚乙烯醇和聚丙烯酰胺水溶性高分子材料等，并加入无机粉末石粉、二氧化钛粉以及二氧化硅等改变填料的密度，使之按照不同的处理要求上浮、悬浮或下沉，可制备出具有亲水性表面的水处理弹性填料。将该亲水性弹性填料用于厌氧挂膜时其COD去除率比普通塑料填料去除率高，填料表面附着的生物量大；用于好氧挂膜时亲水性填料在曝气2天后已经附着一些污泥，COD去除效果比普通塑料填料要好。将该亲水填料在高曝气量的冲击下，生物膜附着牢固，不易脱落。

19世纪末20世纪初，英国人最早采用碎石、炉渣为填料进行生物接触氧化法试验开启了生物填料在污水处理中的研究。100多年来，生物填料已被广泛应用在城市生活污水、石油化工废水、啤酒废水、印染废水及乳品加工废水等污水处理中。在给水处理中应用针对处理对象的不同以及水质要求的不同，对水处理对填料的挂膜性能、安全性能要求更高。利用填料辅助去除悬浮物达到泥水分离的作用而可以运用在沉淀池和澄清池等。在气浮净水技术的溶气罐中加置填料，可使液滴分散、液膜减薄，从而加大气、液接触面积，增强液膜的湍流速度和填料表面的更新。在冷却塔中，配水系统经过填料后，增大了水和空气的接触面积，从而保证了空气和水的良好热交换作用。在保证生物量和传质效果的情况下，大幅度提高有机底物的利用率和生物反应器的处理效果，缩短反应时间，进而减少生物反应装置的体积、节省基建投资和运行费用，并使生物反应技术在环境保护领域的应用范围得到进一步拓宽，使生物反应技术在环境保护应用方面达到更新、更高的水平。

5.1.2.2　活性污泥

活性污泥是指由细菌、真菌、菌胶团、原生动物、后生动物等微生物群体及其代谢和吸附在污水中有机和无机悬浮物、胶体物组成的具有良好的净化污水功能的呈褐色的絮绒状污泥。活性污泥直径为0.02～2 mm，含水率为99.2%～99.8%，密度为1.002～1.006 g/m^3，比表面积大，一般为20～100 cm^2/mL，细菌含量一般在10^7～10^8个/mL。活性污泥法是由曝气池、沉淀池、污泥回流和剩余污泥排除系统所组成。有机污染物在曝气池中被活性污泥(微生物)所吸附，进而在微生物作用下产生代谢反应，一部分污染物被微生物利用合成新的生物细胞，进行自身增殖；另一部分通过微生物的氧化分解为稳定的无机物。混合液中的悬浮固体在沉淀池中，经凝聚沉淀后与水分离，得到净化水。沉淀池中的污泥大部分回流(回流污泥)，使曝气池内保持一定的微生物浓度。曝气池中的生化反应引起的增殖的微生物(剩余污泥)通常从沉淀池中排除，以维持活性污泥系统的稳定运行。活性污泥适用于处理含悬浮固体小于1%的有机废水、城市污水处理，不适用处理浆液、焦油或黏滞性废液。

活性污泥中的微生物可分为腐生生物、捕食者及有害生物三类。

(1)腐生生物是由形成活性污泥絮体的细菌和被包裹在絮体中不絮凝的细菌两部分组成的用来降解有机物的生物，可分为降解原始基质的初级腐生生物和以前者代谢产物为食的二级腐生生物，两者在群落中具有高度的偏利共生性。

(2)捕食者主要是以细菌为食的原生动物及后生动物，约为10^3个/mL。活性污泥中约有230种原生动物，占生物固体量的5%，以纤毛虫居多。固着型纤毛虫可作为污泥活性的指示生物，出现且数量较多时，污泥成熟且活性良好。

(3)有害生物指丝状菌、真菌等达到一定数目后干扰污泥处理系统正常工作的生物，致使污泥难用重力沉淀法有效分离，引发污泥膨胀，影响出水水质。

活性污泥中的细菌、真菌、原生动物、微型后生动物等多种微生物群体相结合组成一个小生态体系，只要满足微生物的营养要求和环境条件，活性污泥微生物就可得到生长繁殖。在活性污泥处理污水过程中，起净化作用的主要是菌胶团细菌，它是微生物的絮凝物，直径为0.005～0.5 mm，其主要菌种有动胶菌、假单胞菌、产碱杆菌、无色杆菌、黄杆菌、芽胞杆菌、杆菌、微球菌等。上述细菌一般均易形成絮状，其中动胶菌能分泌黏着性的胶状物质，被认为在絮状污泥形成中起重要作用。真菌具有单细胞和多细胞两种形态，常见的单细胞有酵母菌，多细胞则是丝状霉菌。活性污泥中的细菌和真菌都是有机物的分解者，但真菌的重要性不如细菌。原生动物水处理中最常见的微生物有三类：

(1)肉足类:其细胞质可伸缩变动而形成伪足,作为运动和摄食的胞器,典型的肉足类为变形虫、简便虫、表壳虫和鳞壳虫等;

(2)鞭毛类:具有一根或一根以上的鞭毛作为运动器官,分为植物性鞭毛虫和动物性鞭毛虫,常见的植物性鞭毛虫有滴虫、屋滴虫和眼虫等;常见的动物性鞭毛虫有波豆虫、尾波虫等。

(3)纤毛类:原生动物周身表面或部分表面具有纤毛,作为行动或摄食的工具,具有胞口、口围、口前庭和胞咽等吞食和消化的细胞器官,分为游泳型和固着型两种。游泳型包括漫游虫、草履虫、肾形虫、斜管虫等;固着型常见的有钟虫、累枝虫、盖虫、聚缩虫、盾纤虫和壳吸管虫等。

后生动物在活性污泥系统中是不经常出现的,在出水水质较好或较稳定时出现,常见的有轮虫、红斑票贝体虫等。

在活性污泥处理系统中,有机污染物的去除过程实质就是有机污染物作为营养物质被活性污泥微生物摄取、代谢与利用的过程。活性污泥去除污水中有机物主要经历三个阶段:

(1)吸附阶段:在污废水与活性污泥接触后的几分钟内,就有很大一部分有机物被去除,这是由吸附作用引起的。由于污泥表面积很大,且表面具有多糖类黏质层,使污水中悬浮的物质能被絮凝和吸附从而迅速去除。活性污泥的初期吸附性能取决于污泥的活性。

(2)氧化阶段:在充氧的条件下,活性污泥中微生物将一部分吸附阶段吸附的有机物氧化分解获取能量,另一部分则合成新的细胞,有机物在微生物氧化、合成中被去除。

(3)絮凝体形成与絮凝沉降阶段:污水中有机物通过生物氧化降解,一部分氧化分解成 CO_2 和 H_2O,一部分合成新细胞物质形成絮凝体,然后把絮凝体从混合液中分离出去,才能使污水彻底净化,所以凝絮体是否易于沉降很重要,多采用重力沉淀法进行固液分离。活性污泥对污水中有机物的去除效率与其内微生物菌群的种类和特性是密不可分的。

活性污泥对重金属离子的吸附方式主要有表面有机络合、离子交换、微生物代谢主动吸收以及氧化还原和无机微沉淀等。

(1)表面有机络合:微生物细胞和胞外多聚物(EPS)对重金属离子的有机络合是活性污泥吸附重金属离子的主要方式,该络合是液相中的重金属离子与固相活性污泥表面活性位点相结合的过程。活性污泥表面积聚着大量的胞外多聚物和微生物细胞,胞外多聚物和细胞壁主要是由蛋白质、腐殖酸、糖醛酸、多糖及少量的脂类和核酸组成的,这些组成中含有大量的羧基、羟基、磷酰基、硫酸酯、氨基和酰氨基等基团,基团内所含有的 N、P、O、S 等电负性较大的原子均可以提供孤对电子与重金属离子在活性污泥表面形成络合物或螯合物,从而使溶液中重金属离子被吸附去除。

(2)离子交换:指活性污泥所结合的金属离子被结合能力更强的重金属离子替代的过程,H^+、K^+ 和 Ca^{2+} 等其他离子则被释放到溶液中,重金属离子被活性污泥吸附。

(3)其他机理。微生物通过新陈代谢提供能量将重金属离子从细胞外运输至细胞内部;重金属离子也可在微生物细胞表面形成无机沉淀物,甚至某些重金属离子在吸附过程中由于氧化还原改变价态而得到去除。这些方式去除的重金属离子量较少,而且不易检测,是否存在于活性污泥吸附重金属离子的过程中以及所处的地位还有待进一步研究明确。

活性污泥法从 20 世纪初英国开创以来在污水处理方面已经越来越受到人们的重视。活性污泥中的微生物菌群随着现代研究方法的发展也逐渐被发现和认识，但是还没有被认识完全，有些重要的菌群还没有被发现。新的研究方法（如免疫培养技术）随着科技进步将不断应用于污泥微生物菌群分析，随着新方法的建立，活性污泥的菌群结构会更好地为人们所认识，对于将来更好地利用活性污泥，揭示废水处理系统中生物与环境之间的生态学关系以及为实现废水处理系统的优化运行具有深刻的理论研究意义与实际应用价值。应加强对活性污泥吸附重金属离子机理的研究，深入研究活性污泥种类及成分与吸附性能之间的关系，尤其是针对好氧颗粒污泥，其吸附性能好，易于从水相中分离，具有良好的应用前景。分析研究金属离子在活性污泥内沉积的部位和状态、金属与活性污泥中特定官能团结合的能量变化以及官能团的结构和特性、各种吸附方式之间的关系，并针对活性污泥吸附剂吸附重金属反应的动力学特征做进一步讨论，积极探寻新的活性污泥固定化技术应是活性污泥吸附剂预处理方面研究的重点。在改善活性污泥吸附剂的粒子强度、化学稳定性、亲水性的同时，要保证其吸附量不下降，同时，应加强活性污泥吸附重金属离子后的解吸研究，为大规模应用奠定基础。活性污泥法的运行管理比较复杂，影响系统工作效率的因素很多，如果设计和运行中的一些关键问题处理不好，将产生污泥上浮、二沉池透明度降低、产生大量泡沫、污泥膨胀等异常现象。上述问题均是活性污泥法进一步研究的方向，通过增加污泥比重或杀死过量的丝状菌，改变曝气池结构，控制曝气池的溶解率，控制有机负荷，避免污泥的早期消化，调整废水的营养配比等，控制引起丝状微生物过度生长的环境因子，从根本上解决活性污泥丝状膨胀的问题。

5.1.2.3　厌氧消化微生物

厌氧消化微生物又称厌氧处理微生物。参与厌氧消化的微生物类群总体上可以分为两大类，即包括发酵细菌、产氢产乙酸菌、同型产乙酸菌在内的非产甲烷菌和产甲烷菌。在厌氧消化的三阶段中，第一阶段为水解发酵。废水中的有机物在厌氧菌胞外酶的作用下，首先分解成简单的有机物，这些简单的有机物继而在产酸菌的作用下经过厌氧发酵和氧化转化成乙酸、丙酸、丁酸等脂肪酸和醇类等，参与这个阶段的水解发酵菌主要是厌氧菌和兼性厌氧菌。第二个阶段为产氢产乙酸阶段。产氢产乙酸菌把除乙酸、甲酸、甲醇以外的第一阶段产生的中间产物，如丙酸、丁酸等脂肪酸和醇类等转化成乙酸和氢，并有 CO_2 产生。第三阶段为产甲烷阶段。产甲烷菌把第一阶段和第二阶段产生的乙酸、H_2 和 CO_2 等转化为甲烷。引入菌种后进行污水处理的厌氧消化装置主要有四种类型：①常规消化池或普通消化池。②厌氧接触消化池。③厌氧滤池。④升流式厌氧污泥床。

1. 厌氧消化微生物分类

与好氧反应相比，厌氧反应微生物数量较少，但种类却比较丰富。在一个厌氧反应器内可以同时存在各类厌氧微生物，有细菌、真菌和微型动物。厌氧生物处理的细菌有产酸菌与产甲烷菌两大类，共同完成一个复杂的降解反应过程。在消化池中，一般认为除细菌外的其他微生物的作用很微小。

(1)产酸菌(非产甲烷菌)。在厌氧消化过程中参与有机物降解而产生脂肪酸的一类微生物为厌氧产酸菌，主要由专性厌氧菌和兼性厌氧菌组成，大约有 18 个属，50 多种。其中，专性厌氧菌主要有梭状芽孢杆菌、拟杆菌属、双歧杆菌属、丁酸弧菌属等;兼性厌氧菌主要有变形菌属、假单胞菌属、芽孢杆菌属、链球菌属和真细菌属以及黄色杆菌属、埃希氏菌属等。与产甲烷菌相比,产酸菌数十分钟到数小时就能繁殖一代。与好氧菌相比,大多数产酸菌缺乏细胞色素或细胞色素不完全。产酸菌由于大多数属于兼性厌氧细菌,对 pH、有机酸、温度、氧气等环境条件的适应性较强,与产酸菌同时存在于消化池内的产甲烷菌对上述环境条件的要求则很苛刻。一般情况下,只要满足了产甲烷菌的生长要求,产酸菌就能正常生长。

(2)产甲烷菌。根据形态和生理特征将产甲烷菌分为:3 目、7 科、19 属、65 种。常见的产甲烷菌有索氏甲烷杆菌、反刍甲烷杆菌、甲酸甲烷杆菌、热自养甲烷杆菌、巴氏甲烷八叠球菌、甲烷八叠球菌和亨氏甲烷螺菌等,其中大多数都可以在厌氧消化池中分离得到。产甲烷菌在生理上具有高度的专化性,其生长都需要严格的厌氧条件,获得能量的方式彼此极为相似,即均通过 CO_2 还原而形成甲烷的途径,还原过程中所用的电子是由氢和甲酸盐的氧化作用产生,或通过乙酸盐和醇等化合物发酵产生 CH_4 和 CO_2 的途径产生。产甲烷菌不能分解除了乙酸和甲酸之外的脂肪酸。对产酸菌降解大分子有机物生成 C_3 以上的脂肪酸,要在产酸菌作用下生成 H_2 和 CO_2 之后才能被产甲烷菌所利用。

2. 原理

污水厌氧处理被概括为三个阶段,第一阶段是废水中的溶性大分子有机物和不溶性有机物水解成为溶性小分子有机物。这一阶段主要是促使有机物增溶和缩小体积的反应,不溶性有机物的主要成分是脂肪、蛋白质和多糖类,在细菌胞外酶作用下分别水解成长链脂肪酸、氨基酸和可溶性糖类。蛋白质和多糖类的水解速率比较快,脂肪的水解速率要慢得多,因而脂肪的水解对不溶性有机物在厌氧处理时的稳态程度起控制作用,使水解反应成为整个厌氧反应过程的速率限制性阶段。反应的第二阶段为产酸和脱氢阶段,水解形成的溶性小分子有机物被产酸细菌作为碳源和能源,最终产生短链的挥发酸,如乙酸等。有些产酸细菌能利用挥发酸生成乙酸、氢和二氧化碳,能生成氢的产酸菌称为产氢细菌,该细菌的存在使氢能部分逸出,导致有机物内能下降,所以在产酸阶段废水的 COD 值有所降低。这一阶段的反应速率很快,当进水中溶解性的含碳物质在厌氧反应器污泥中的平均停留时间小于产甲烷细菌生长的时间时,已经大部分转化成为挥发酸。在污水的厌氧处理过程中,有机物的真正稳定发生在反应的第三阶段,即产甲烷阶段。产甲烷的反应由严格的专一性厌氧细菌来完成,这类细菌将产酸阶段产生的短链挥发酸(主要是乙酸)氧化成甲烷和二氧化碳。有一类产甲烷的细菌可以利用氢产生甲烷,受氢体可能是二氧化碳或乙酸。对醇类和其他挥发性酸类转化成乙酸的热动力学表明,这些反应对废水中的氢的分压十分敏感,只有当废水中氢的分压保持在足够低的水平,这些反应才能进行。因此,利用氢和二氧化碳生产甲烷的预分解乙酸的细菌之间,在反应器中存在着共生关系。产甲烷的反应速率一般较慢,因而在溶性有机物进行厌氧处理时,产甲烷的反应是整个厌氧反应过程的速率限制性阶段。

就甲烷的形成和产生的途径而言,至少有两类不同特性的细菌参与了产甲烷的反应:一类通过氧化分子氢获得能源,从二氧化碳或乙酸获得碳源;另一类则分解乙酸,其可能的反应分别为

$$4H_2 + CO_2 \longrightarrow CH_4 + 2H_2O$$

$$4H_2 + CH_2COOH \longrightarrow 2CH_4 + 2H_2O$$

$$CH_2COOH \longrightarrow CH_4 + CO_2$$

上述三个阶段的反应速度因污水性质而异，在含纤维素、半纤维素、果胶和酯类等污染物为主的污水中，水解易成为限制步骤；简单的糖类、淀粉、氨基酸和一般的蛋白质均能被微生物迅速分解，对以这类有机物为主的废水，产甲烷易成为限速阶段。

尽管厌氧消化过程可分为以上三个阶段，但在厌氧反应器中三个阶段是同时进行的，并保持某种程度的动态平衡，这种动态平衡一旦被 pH、温度、有机负荷等外加因素所破坏，则首先将使产甲烷阶段受到抑制。其结果会导致低级脂肪酸的积存和厌氧进程的异常变化，甚至会导致整个厌氧消化过程停滞。上述四种细菌带有自养性，其生长速率很慢，虽然它们与分解乙酸的细菌在厌氧反应器中有共生的关系，但其数量较少，在厌氧反应过程中，生成的甲烷大部分来自乙酸的分解。图 5-1 所示为厌氧反应过程中甲烷的主要生成途径。

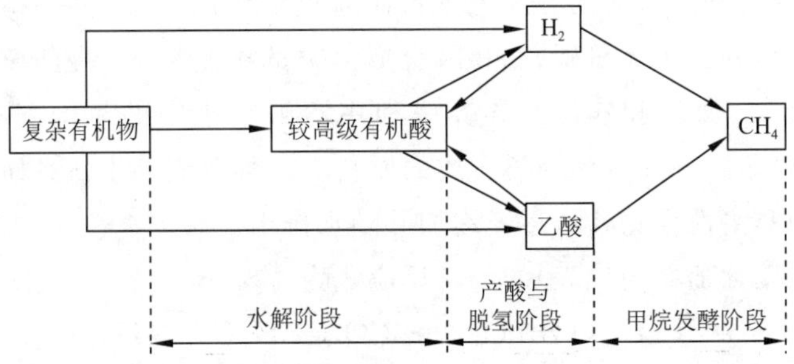

图 5-1　厌氧反应过程中甲烷的生成途径

厌氧生物处理技术从简单沉淀与厌氧发酵池已由 150 年的历史。厌氧生物处理技术具有能将有机污染物转变成沼气并可加以利用、运行能耗低、有机负荷小、占地面积少、污泥产量少、剩余污泥处理费用低等突出优点，成为中高浓度有机废水不可或缺的技术，在污水处理中具有举足轻重的作用。虽然厌氧生物技术必须和好氧技术相结合才能到达较好的处理效果，但是随着厌氧氨氧化技术的发展，可以同时在厌氧过程中完成降解有机物、脱氮，甚至除磷的过程，可以大幅降低运行成本，这是以后厌氧生物技术研究的方向和热点。厌氧生物技术的研究重点大多集中在如何利用优化的技术降解水中的污染物，但是随着对废水处理要求逐步提高，如何回用水达到污水的零排放以及充分利用厌氧生化过程产生的生物质能源，成为厌氧生物技术绿色化发展的趋势。

5.1.2.4　生物塘

生物塘又称氧化塘、稳定塘。利用水塘中的假单胞菌属、艾希氏菌属、黄杆菌、芽孢杆菌等细菌和绿藻、蓝藻、硅藻、裸藻、隐藻等藻类对有机废水进行生物处理。菌类培养一般是在自然界中采取相应的厌氧菌置于培养基中，并将培养基放入无氧密封环境中培养，培养结束后与基体分离，通过一定的载体(如滤料、污泥)置于水中。可利用天然河道、池塘、洼地等简易浅水池构建生物塘，构造简单、易于维护，废水在塘内长时间被处理，与自净化类似。生物处理过程主要是水塘中细菌分解废水的有机物产生二氧化碳、磷酸盐、铵盐等营养物供藻类生长，藻类光合作用产生的氧气又供细菌生长，从而构成共生系统。根据氧化塘内溶解氧的来源和有机污染物降解形式、净化方式分为好氧塘、厌氧塘、兼性塘、曝气氧化塘、塘田和鱼塘。采用生物塘处理废水，费用一般较低，管理方便，但必须掌握负荷并防止蚊类和水草危害。

1. 生物塘的原理

生物塘的净化与自然水体的自净相似，污水进入生物塘后在风力和水流的作用下被稀释。在塘内，悬浮物沉淀，有机物通过好氧、兼性和厌氧的异养细菌的代谢活动被氧化，氧化过程以有机化合物为碳源，以这些物质分解过程产生的能量为能源。厌氧菌在厌氧塘和兼性塘的污泥区活动；好氧菌在好氧塘和兼性塘中的好氧区活动，好氧微生物代谢所需溶解氧由塘表面的大气复氧、藻类的光合作用和人工曝气提供。当生物塘内生态系统处于良好的平衡状态时，细菌的数目能够得到自然的平衡和控制；当采用多级生物塘系统时，细菌数目将随着级数的增加而逐渐减少。

藻类在生物塘内与细菌形成菌藻互生体系而起重要作用。藻类是一种自养型微生物，通过光合作用释放氧气，并利用无机碳、氮和磷合成藻类的细胞物质，使自身繁殖。生物塘的藻类主要是绿藻、蓝绿藻、裸藻和衣藻。异养菌利用溶解在水中的氧降解有机物，生成 CO_2、NH_4^+、$N0_3$ 和水等，这些产物又成为藻类合成的原料。这种菌藻互生体系使污水溶解性有机物逐渐减少，藻类细胞和惰性生物残渣逐渐增加并随水排出。

细菌对有机物(以葡萄糖为代表)的降解反应式为：

$$C_6H_{12}O_6+6O_2 \longrightarrow 6CO_2+6H_2O+\text{能量}$$

藻类光合作用可表示为：

$$NH_4^+ +5CO_2+2.5H_2O \longrightarrow C_5H_9O_{2.5}N+5O_2$$

生物塘中还存在以细菌和藻类为食的浮游生物，如枝角类的水蚤、甲壳类后生动物。浮游生物吞食游离细菌、藻类、胶体有机污染物和细小的污泥颗粒，分泌能够产生絮凝作用的黏液，可使塘水进一步澄清。浮游生物在生物塘生态系统中是藻类和细菌的最终消费者。水生动物生态塘中浮游生物又是鱼类的饵料，放养的鱼类捕食微型水生动物或残留于水中的有机大颗粒。各种生物处于同一生物链中，互相制约，它们的动态平衡有利于水质净化。水生植物生态塘内种植水生维管束植物，该植物吸收氮、磷等营养，提高稳定塘去除氮、磷的功能；而根部具有富集重金属的功能。水生植物的根和茎又为细菌和微生物提供了生长介质并可向塘水供氧，为细菌去除 BOD 和 COD 提供溶解氧。常见的水生维管束植物有三类：沉水植物，如马来眼子菜、叶状眼子菜；浮水植物，如浮萍等；挺水植物，如水葱、芦苇等。生物塘内还可以放养杂食性鸭、鹅等水禽，这些动物捕食水中的食物残屑和浮游生物，控制藻类繁殖，建立生物塘良好的生态系统。

生物塘的菌藻共生是最基本的生态净化功能体系，引入的水生植物和水生动物则起辅助性作用，它们的活动从不同途径强化了污水的净化过程。

2. 生物塘的分类及其各自的特点

(1)好氧塘：塘深较浅，一般在 0.3～0.5 m，要求阳光透射到池底，主要由藻类供氧，全部塘水呈好氧状态，主要由好氧微生物起有机污染物的降解作用。

藻、菌及原生动物在好氧塘内共生。在阳光照射时，藻类光合作用释放的氧和塘表面自然复氧使塘水保持良好的好氧状态，水中生存的好氧异养型微生物通过其代谢活动对有机物进行氧化分解，其代谢产物二氧化碳又作为藻类光合作用的碳源，藻类摄取二氧化碳及氮、磷等无机盐类，利用太阳光能合成细胞物质，又释放出氧。当好氧塘内藻类过多时，导致夜晚塘水中溶解氧浓度过低，可能引起塘水中水生生物（如鱼类）因缺氧而窒息死亡，或 pH 变化过大而抑制生命活动。污水处理的好氧塘应控制一定的有机负荷，使藻类的生长繁殖和提供的氧量，与有机物降解提供给藻类所需的营养物质和需要消耗的氧量之间达到相互平衡。好氧塘根据有机物负荷率的高低，分为高负荷好氧塘、普通好氧塘和深度处理好氧塘（熟化塘）三种。高负荷好氧塘的有机物负荷率较高，污水停留时间短，塘水中藻类浓度很高，这种塘仅适于气候温暖、阳光充足的地区，常用于可生化性好的工业废水处理；普通好氧塘有机负荷较前者低，常用于城市污水的处理；深度处理好氧塘是以处理二级处理出水为对象的好氧塘，有机负荷很低，水力停留时间较长，处理水质良好。

好氧塘的优点是处理效率高，污水在塘内停留时间短，但进水应进行比较彻底的预处理，以去除可沉悬浮物，防止形成污泥沉积层；其缺点是占地面积大，出水中含有大量的藻类，需要进行除藻处理。

（2）兼氧塘：它是应用最为广泛的一种氧化塘，水深一般 1.2～2.5 m。从塘面到一定深度（0.5 m 左右）阳光能够透入，藻类光合作用旺盛，溶解氧比较充足，呈好氧状态。塘底存在沉淀污泥层而处于厌氧状态，进行厌氧发酵。在好氧区与厌氧区之间是兼氧区，兼氧塘的污水净化由好氧和厌氧微生物协同完成。

兼氧塘的生物相对比较丰富，好氧层进行的生物代谢及生物种群与好氧塘基本相同；兼氧层白昼进行的反应与好氧层相似，夜间则与厌氧层相似；约有 20% 的 BOD 在厌氧层去除，沉泥得到一定程度的降解，与一般的厌氧反应相同。

由于污水的停留时间长，兼氧塘对水量、水质的冲击负荷有一定的适应能力。在相同处理效果条件下，其建设与维护管理费用低于其他生物处理工艺，因此，兼氧塘常被用于处理小城镇污水或污水处理厂的一级沉淀出水，但出水质量有一定限度，通常出水 BOD 为 20～60 mg/L，SS（水传中的悬浮物）为 30～150 mg/L。兼氧塘还能够有效去除某些较难降解的有机化物，如木质素、合成洗涤剂等，因此，兼氧塘也适用于处理食品工业、木材加工、制浆造纸、石油化工等工业废水。对于高浓度有机工业废水，常设在厌氧塘后，做二级处理塘使用。

（3）厌氧塘：塘水深，一般在 2.5 m 以上，最深可达 4～5 m，有机物负荷率高，整个塘水呈厌氧状态，在其中进行水解、产酸和产甲烷等厌氧反应全过程。

厌氧塘依靠厌氧菌的代谢功能，使有机污染物得到降解，厌氧塘在功能上受厌氧发酵的特征所控制，在构造上也服从厌氧反应的要求。在厌氧塘中共存有产酸发酵细菌、产氢产乙酸菌和产甲烷细菌等。根据三种微生物在生理和功能上的特征，必须使三个阶段之间保持平衡。有机酸在系统中的浓度应控制在 3 000 mg/L 以下；pH 要在 6.5～7.5 之间；C∶N 一般应在 20∶1 的范围内；产甲烷细菌对温度有比较严格的要求，厌氧塘水温接近于 30 ℃，BOD_5 去除率为 60%～70%;但水温一旦低于 15 ℃,BOD_5的去除率就急剧下降。污水中不得含有能抑制细菌活性的物质,如重金属和有毒物质等。

厌氧塘多用于处理高浓度有机废水,一般在污水 $BOD_5>300$ mg/L 时设置,如肉类加工、食品工业、畜禽饲养场等废水。厌氧塘的出水有机物含量仍很高,通常置于塘系统首端,需要进一步通过兼氧塘和好氧塘处理,将其作为预处理与兼氧塘和好氧塘组合运行,其功能是利用厌氧反应高效、低耗的特点去除有机物,污染物可降解 20%～30%,保障后续塘的有效运行,减小后续兼氧塘和好氧塘的容积;可使部分难降解有机物转化为易降解有机物,有利于后续塘处理;废水通过厌氧塘后,可消除后续塘的漂浮物和减小底泥淤积层厚度。

厌氧塘一般多散发臭气,应远离住宅区;厌氧塘水面上可能形成浮渣层,在浮渣上孳生小虫,环境卫生条件差;厌氧塘内污水的污染物浓度高、深度大,容易污染地下水,应采取适当措施加以控制。

当土质和地下水条件许可时,可采用深度较深的超深厌氧塘。面积小而深度大的厌氧塘,保温效果较好,可减少冬季塘表面的热量散失和季节变化对处理效率的影响,减少表面复氧进入塘内的氧量,改善塘内厌氧微生物的生存条件,有利于底泥增稠。

(4)曝气塘:由表面曝气器供氧,塘水呈好氧状态,污水停留时间短。由曝气增加的水体紊动使藻类停止生长而大幅减少。

曝气多采用表面机械曝气器,也可以采用鼓风曝气系统。曝气塘可分为好氧曝气塘和兼氧曝气塘两类。如果曝气装置的功率较大,足以使塘水中全部污泥都处于悬浮状态,并提供足够的溶解氧时,则为好氧曝气塘;如果曝气装置的功率仅能使部分固体物质处于悬浮状态,而有一部分固体物质沉积于塘底进行厌氧分解,曝气装置提供的溶解氧也不能满足全部需要,则为兼氧曝气塘。

由于经过人工曝气,曝气塘的净化功能、净化效果以及处理效率都明显地高于一般类型的稳定塘。污水在塘内的停留时间短,所需容积及占地面积均较小。但由于采用人工曝气措施,运行费用有所提高,但仍大大低于活性污泥法。同时,由于出水悬浮物浓度较高,使用时可在其后设置兼氧塘,来改善最终出水水质。曝气塘适用于土地面积有限,不足以建成完全以自然净化为特征的塘系统的场合或由超负荷兼氧塘改建而成,目的在于使出水达到常规二级处理水平。

(5)深度处理塘:一般是低负荷(一般 BOD 不大于 30 mg/L,COD 不大于 120 mg/L,而悬浮物则在 30～60 mg/L 之间)的好氧塘或曝气塘,可在塘中养殖水生动物、植物,强化处理效果,提高经济效益。因此,处理对象是常规二级处理工艺(如活性污泥法、生物膜法)的出水,或处理效果与二级处理技术相当的稳定塘系统出水,它使处理水达到更高的水质标准,适应受纳水体或回用水的水质要求。

通过深度处理塘的处理,可使 BOD、COD 等指标进一步降低,并进一步去除水中的细菌、藻类以及氮、磷等植物性营养物质。污水经二级处理工艺处理后,残余的 BOD、COD 都较难降解,因此,深度处理塘对这些污染物的去除效率不可能太高。一般 BOD 的去除率在 30%～60%之间,残留的 BOD 值,可能还在 5～20 mg/L 之间;COD 的去除率一般仅为 10%～25%,

出水中残留的 COD 值可能在 50 mg/L 以上。

深度处理塘内氮、磷的去除主要依靠塘中藻类以及水生植物的吸收，有明显的季节变化。在夏季塘水中藻类含量高，氮、磷的去除率亦高，氮的去除率达 30%左右，磷的去除率可高达 70%以上。在冬季，氮的去除率仅为 0%～10%，磷的去除率也降至 2%～27%。除藻类的吸收外，氮还能够通过反硝化反应去除，例如，在底部有污泥层的浅塘，在泥水交界面上，硝酸盐氮就有可能通过反硝化过程而去除。由于光合作用形成高 pH 的环境，磷酸盐可以通过沉淀而从水中去除。在冬季和夜间，pH 下降，底泥中的磷可能重新溶入水中。

未经除藻处理的深度处理塘的出水，仍含有大量藻类。有些塘的出水中，叶绿素 a 达 17～310 μg/L。这种处理水的 BOD/COD 值仍很高，不符合排放或回用的要求，而且在氯化后生成三氯甲烷等"三致"物质。在稳定塘内养鱼，使塘中形成"藻类-动物性浮游生物-鱼类"这一生态系统，既可降低塘水中藻类含量，又可从养鱼中取得效益。利用水蚤等甲壳类后生动物或种植水生植物等，也可有效地去除藻类。

深度处理塘对细菌的去除，受水力停留时间、水温、光照强度和时间等的影响，但都有较好的去除效果。

生物塘法最早于 1920 年出现在德国，我国 20 世纪 50 年代开始用生物塘处理城市污水。作为污水生物处理技术，生物塘建设投资小，能够充分利用废河道、沼泽地、山谷、河漫滩等，基建投资约为常规污水处理厂的 1/3～1/2；生物塘处理后的污水能达到农业灌溉水质标准，充分利用污水的水肥资源；塘中的污泥与水生植物等混合堆肥可生产土壤改良剂；种植水生植物、养鸭等的生态塘，其经济收入可抵偿运行费用；如果处理适当，可形成生态景观。但是，生物塘占地面积大，容易散发臭气和孳生蚊蝇，污水处理效果受季节、气温和光照等影响，全年内不够稳定，在北方有过冬问题和春秋季翻塘问题；防渗处理不当时，可能污染地下水。

未来生物塘技术应该从以下四方面着手：①在生物塘系统的研究中，以菌、藻的活动为主体，以主要营养元素 C、N、P 的迁移为线索，建立系统内各种生物、化学反应之间的联系，全面认识生物塘的机理，提高生物塘设计的合理性，使生物塘技术有更大的发展。②通过减小塘深、机械搅拌、跌水坡等方法改善供氧条件；对天然塘型进行精确修整、分隔组合，使之更加符合高效反应器的合理构造，加入人造载体提高塘内微生物浓度，从而大大提高有机负荷，有效地减少了占地面积。③通过回流、分步进水、缺氧塘、鱼塘等方法来改善环境条件；配备包括预处理、附属设备等其他常规设施，来克服塘中的污泥淤积问题，改善处理效果和环境卫生条件；还可以通过前置沉淀池、内置消化坑来保证生物塘长期有效地运行。④组合沉淀池、间歇砂滤、砾石滤墙、微滤、气浮、土地处理、人工湿地系统、加入化学药剂等其他处理工艺或方法，以去除出水中的藻类，满足不同出水水质的要求。

5.1.2.5　废水除磷微生物

废水除磷微生物是指用于去除废水中含磷物质的微生物。生物除磷包括厌氧释磷和好氧摄磷两个过程。在厌氧条件下，兼性细菌将溶解性 BOD_5 转化为低分子挥发性有机酸（VFA）。聚磷菌吸收这些 VFA 或来自原污水的 VFA，并将其运送到细胞内，同化成胞内碳源存储物[PHB(聚 β-羟基丁酸)/PHV(聚 β-羟基戊酸)]，所需能源来自聚磷水解以及糖的醇解，维持其在厌氧环境生存，并导致磷酸盐的释放；在好氧条件下，聚磷菌进行有氧呼吸，从污水中大量吸收磷，超出其生理需求后，通过 PHB 的氧化代谢产生能量，用于磷的吸收和聚磷的合成，能量以聚合磷酸盐的形式存储在细胞内；同时合成新的聚磷菌细胞，产生富磷污泥，将产生的富磷污泥通过剩余污泥的形式排放，从而将磷从污水中除去。引入菌种后除磷工艺流程可分为主流除磷工艺和测流除磷工艺两类。生物除磷几乎全为活性污泥法，生物膜法很少。

1. 生物除磷原理

磷常以磷酸盐（$H_2PO_4^-$，HPO_4^{2-} 和 PO_4^{3-}）、聚磷酸盐和有机磷的形式存在于废水中。废水生物除磷的本质是通过聚磷菌过量地、超出其生理需要地摄取废水中的磷，以聚磷酸盐的形式积累于胞内，形成高磷污泥，作为剩余污泥排出，从而达到从废水中除磷的效果。

（1）聚磷菌的磷过量摄取。在好氧条件下聚磷菌为有氧呼吸，它能不断地从外部摄取有机物，加以氧化分解，并产生能量，能量为 ADP（二磷酸腺苷）所获得，并结合 H_3PO_4 合成 ATP（三磷酸腺苷），即

$$ADP + H_3PO_4 + 能量 \longrightarrow ATP + H_2O$$

H_3PO_4 的大部分是通过主动输送的方式从外部环境摄入的，一部分用于合成 ATP，另一部分用于合成磷酸盐。这一现象就是“磷的过量摄取”。

（2）聚磷菌的放磷。在厌氧条件下，聚磷菌体内的 ATP 进行水解，放出 H_3PO_4 和能量，形成 ADP，即

$$ATP + H_2O \longrightarrow ADP + H_3PO_4 + 能量$$

这样，在好氧条件下，聚磷菌过量地摄取磷，在厌氧条件下，又释放磷。

2. 除磷菌

将所有既能积累聚磷酸盐，又能积累聚 β-羟基丁酸（PHB）的细菌统称为除磷菌（也称聚磷菌）。除磷菌是生长较为缓慢的细菌，它之所以能在厌氧的好氧系统中占优势，与其能够进行聚磷和储存分解 PHB 有关。

（1）不动杆菌：作为一类除磷菌，在生长早期阶段，能过量摄取水体的磷酸于细胞内形成聚磷酸盐，其含量可达细菌干重的 10%～20%；在代谢旺盛期，该菌在厌氧条件能降解细胞内的聚磷酸盐释放出磷酸；到稳定生长期的“老龄”菌无此特性，但具有积累脂肪酸和聚 β-羟基丁酸盐的能力。不动杆菌-莫拉氏菌群被证明具有吸收磷和过量积累聚磷的能力，莫拉氏菌属是一类与不动杆菌非常相似的细菌，仅有的差别是氧化酶反应结果不同。莫拉氏菌氧化酶反应为阳性，不动杆菌是阴性，通过对这两种菌体内聚磷积累部位的研究发现，不动杆菌在细胞内作为原生质内含物形式储存聚磷，莫拉氏菌在细胞原生质内部积累磷的同时，还在原生质周围积磷。

（2）假单胞菌：如泡囊假单胞菌、微丝菌和诺卡氏菌，也具有吸收磷和过量积累聚磷的能力。在除磷生物膜整个细胞组成中，假单胞菌属占 50%、气单胞菌属占 28%，假单胞菌属为优势菌属。

（3）气单胞菌属：在活性污泥混合液的整个细菌组成中，气单胞菌占 12%～36%，且在厌氧区内所占的比例有时比好氧区的高。气单胞菌属也能过量摄取废水中的磷形成聚磷酸盐内

含物，其主要作用是降解有机物。

(4)其他菌属：除了以上几种主要的除磷菌外，肠杆菌属、放射土壤杆菌、枯草芽孢杆菌、节杆菌属、着色菌属、棒杆菌属、脱氮微球菌、黏球菌属、链球菌属、迂回螺菌和氧化硫硫杆菌等菌属也具有一定的积累磷酸盐的能力。

3. 废水生物除磷工艺

(1)A/O 工艺：即厌氧/好氧工艺，如图 5-2 所示。废水脱磷的 A/O 系统由活性污泥反应池和二沉池构成，污水和污泥顺次经厌氧段和好氧段交替循环流动。反应池分为厌氧区和好氧区，厌氧区分格有利于改善污泥的沉淀性能，而好氧区分格所形成的推流有利于介质均化和磷的吸收。回流污泥进入厌氧池可吸收去除一部分有机物，并释放出大量磷，接着进入好氧池并对废水中有机物进行好氧降解，同时污泥将大量摄取废水中的磷，部分富磷污泥以剩余污泥的形式排出，实现磷的去除。其工艺流程简单，无须另加化学药剂，费用低。将厌氧池布置在好氧池之前，不仅有利于抑制丝状菌的生长，防止污泥膨胀，而且厌氧状态有利于聚磷菌的选择性增殖，污泥中磷的质量分数含量可达到干重的 6%。A/O 废水除磷工艺主要依靠剩余污泥的排除来实现，除磷效率低，且在二沉池中还难免有磷的释放。如果进水中易降解的有机物质量浓度较低，聚磷菌较难以直接利用这类基质，也会导致聚磷菌在好氧段对磷的摄取能力下降。

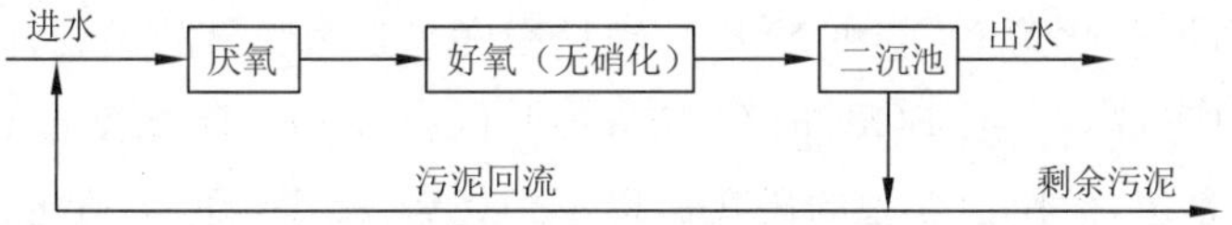

图 5-2　A/O 工艺流程

(2)Phostrip 工艺：是在常规活性污泥法的回流污泥分流管线上增设一个脱磷池和化学沉淀池，其工艺流程如图 5-3 所示。废水经曝气池去除绝大部分的 BOD_5 和 COD，同时由聚磷菌在好氧状态下过量地摄取磷。在二沉池中，含磷污泥与水分离，上清液从系统中排出，污泥一部分回流至曝气池，另一部分分流至厌氧除磷池。在厌氧除磷池中，回流污泥在好氧状态时过量摄取的磷得到充分释放，之后，释磷后的污泥重新回流到曝气池与原生污水相混合，开始新循环。由除磷池流出的富磷上清液进入化学沉淀池，投加石灰形成不溶沉淀，通过排放含磷污泥去除磷。

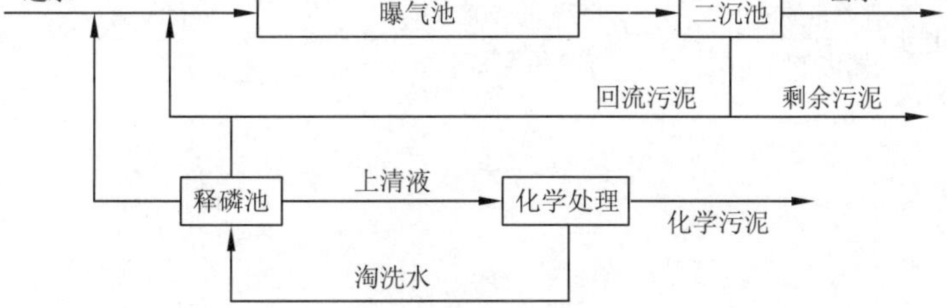

图 5-3　Phostrip 除磷工艺流程

Phostrip 工艺把生物除磷和化学除磷结合在一起，具有以下优点：出水总磷质量浓度低；回流污泥中磷质量分数较低；大部分磷以石灰污泥的形式沉淀去除，对污泥的处置较为简单；其工艺只需在污泥回避管线上增设小规模的处理单元即可，适合对现有工艺进行改造，且在改造过程中不必中断处理系统的正常运行。

废水生物除磷最早是由 Greengirg 于 1955 年提出的，20 世纪 60 年代美国的一些废水处理厂发现由于曝气不足使厌氧状态的磷酸根离子浓度增加之后生物除磷法得到广泛关注。生物除磷是一种较为经济的除磷技术，具有处理效果较好、处理成本低、操作管理方便等优点，在合适条件下可去除污水中 90%的磷，多用于城市污水处理厂磷含量低的情况。需要进一步开展的工作包括：①生物除磷的机理的深入研究，如单级好氧或缺氧条件下生物聚磷现象的机理和反硝化聚磷的机理及影响因素的研究。②分子生物学技术在聚磷菌检测上的进一步开发和完善。③生物除磷新工艺的开发和应用，随着节能减排和污水资源化工作的深入开展，开发高效、低能耗和可资源化回收的新型生物除磷工艺并将之应用到实际工程中是未来的研究重点。

5.1.2.6 脱氮微生物

脱氮微生物包括氨化细菌、亚硝细菌、硝化菌和反硝化菌等微生物。废水中的含氮化合物在微生物的作用下，相继通过下列三种反应达到脱氮的目的。①脱氨基作用：废水中有机氮化合物经氨化细菌分解产生氨。②硝化反应：在好氧条件下，由亚硝酸菌和硝酸菌两种化能自养型好养微生物将 NH_4^+ 转化为 NO_2^- 和 NO_3^-。硝化程度是生物脱氮的关键，硝化处理过程中含碳有机底物浓度不应过高，一般 BOD_5 应在 20 mg/L 以内，若 BOD_5 浓度过高会使生长速率较高的异养型菌迅速繁殖，而使自养型的硝化菌得不到优势，结果降低了消化速率。③反硝化反应：在无氧或缺氧条件下，反硝化菌等异养型微生物将 NO_2^- 和 NO_3^- 还原成 N_2 的过程。反硝化反应中，最大的问题是污水中可用于反硝化的有机碳的多少及其可生化程度。当 BOD_5/TKN(即碳氢比)＞3～5 时，可以认为碳源充足。引入菌种后生物脱氮的工艺流程根据细菌在系统中存在的状态可分为：悬浮状态的活性污泥处理系统和固着状态的生物膜处理系统两大类。

1. 生物脱氮原理

生物脱氮是将污水中的蛋白质、氨基酸、尿素、脂类等含氮有机物利用异养型微生物氧化分解，转化为氨氮，然后由自养型硝化细菌将其转化为 NO_3^-，最后再由反硝化细菌将其还原转化为 N_2，从而达到脱氮的目的。在废水生物处理系统中，可以利用自然界存在氮循环的自然现象，采用适当的运行方式，达到废水脱氮的效果。生物脱氮过程如图 5-4 所示。

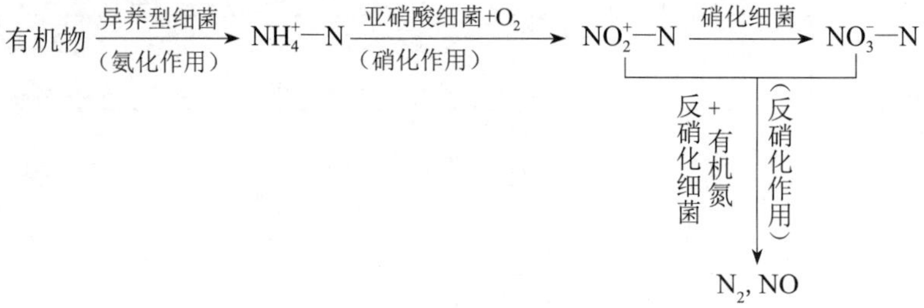

图 5-4　生物脱氮过程

(1)氨化作用:指含氮有机物经微生物降解释放的过程。这里的含氮有机物一般指动植物和微生物残体以及它们的排泄物、代谢物中所含的有机氮化合物。

① 蛋白质的分解:蛋白质的氨化过程是指在微生物产生的蛋白酶作用下进行水解,生成多肽与二肽,然后由肽酶进一步水解生成氨基酸:

$$\text{蛋白质}\xrightarrow{\text{蛋白酶}}\text{多肽(无肽)}\xrightarrow{\text{肽酶}}\text{氨基酸}$$

氨基酸在氨化菌的作用下,使有机氮化合物分解,转化为氨态氮,其反应式为:

$$RCHNH_2COOH+O_2\longrightarrow RCOOH+CO_2+NH_3$$

② 核酸的分解:各种生物残体细胞中均含有大量核酸,从土壤中分离的微生物中,约76%的菌株能产生核糖核酸酶,约86%能产生脱氧核糖核酸酶。微生物降解核酸的步骤如图5-5所示。

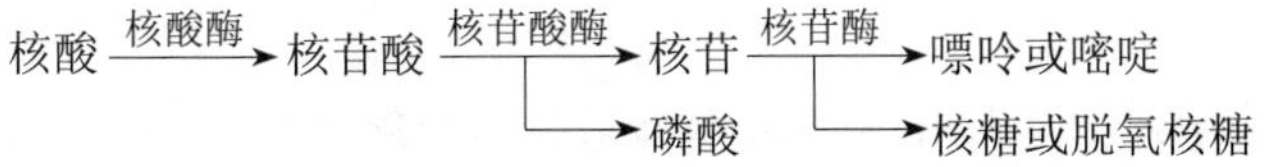

图5-5　微生物去底步骤

③ 其他含氮有机物的分解:主要包括尿素、尿酸、几丁质、卵磷脂等含氮有机物,它们都能被相应的微生物分解释放出氨。氨化反应速度很快,在一般的生物处理设备中均能完成。

总之,氨化作用无论在好氧还是厌氧,中性、碱性还是酸性环境中都能进行,只是作用的微生物种类和作用的强弱不同。但当环境中存在一定浓度的酚或木质素一蛋白质复合物时会阻滞氨化作用的进行。

(2)硝化作用:生物硝化应用于污水生物处理中只需要脱氨,而不需要去除全部的氮,即允许氮以硝态氮、亚硝态氮形式存在,可作为生物硝化-反硝化脱氮系统的第一步,也可作为生物反硝化-硝化脱氮系统的第二步,直接影响脱氮效率。

① 在亚硝酸细菌的作用下,将氨氮转化为亚硝酸氮,反应式如下:

$$55NH_4^+ + 76O_2+109HCO_3\xrightarrow{\text{亚硝化细菌}}C_5H_7O_2N+54NO_2^- +57H_2O+104H_2CO_3$$

② 亚硝酸氮(NO_2-N)在硝酸细菌的作用下,进一步转化为硝酸氮,其反应式如下:

$$400NO_2^- + NH_4^+ +4H_2CO_3+ HCO_3^- +195O_2\xrightarrow{\text{硝化细菌}}C_5H_7O_2N + 400NO_3 - +3H_2O$$

将以上两式合并,得到硝化的总反应式如下:

$$NH_4^+ +2O_2\xrightarrow{\text{硝化细菌}}NO_3^- +2H^+ +H_2O$$

(3)反硝化作用:生物反硝化是指在厌氧条件下,污水中的硝态氮 NO_3^--N 和亚硝态氮 NO_2^--N,被微生物还原为 N_2 的过程,应用于从污水中去除硝态氮和亚硝态氮的场合。对于污水中有机氮和氨氮需要用生物硝化-反硝化脱氮工艺的第二步,或用于生物反硝化-硝化脱氮工艺的第一步。

在有氧条件下,反硝化细菌利用氧进行呼吸,氧化分解有机物;在无氧条件下,同时存在硝酸和亚硝酸离子时，反硝化细菌能利用这些离子中的氧进行呼吸。反硝化反应又称脱氮反应或硝酸呼吸，反应式如下：

$$NO_2^- + 3H(\text{电子供给体-有机物}) \longrightarrow \frac{1}{2}N_2 + H_2O + OH^-$$

$$NO_3^- + 5H(\text{电子供给体-有机物}) \longrightarrow \frac{1}{2}N_2 + 2H_2O + OH^-$$

反硝化过程中 NO_2^- 和 NO_3^- 的转化，是通过反硝化细菌的同化作用（合成代谢）和异化作用（分解代谢）来完成。同化作用是 NO_2^-—N 被还原转化为 NO_3^-—N，用于微生物细胞合成，氮成为细菌细胞的组成部分；异化作用是以 NO_3^- 在能量代谢中提供氮，作为电子接受体，以有机物作为电子供给体，使 NO_2^-—N 和 NO_3^-—N 转化为 N_2，是反硝化反应的主要过程，占氮总去除量的 70%～75%。

2. 除氮菌

（1）氨化菌：环境中绝大多数异养型微生物都具有分解蛋白质，释放出氨的能力。其中，细菌中的芽孢杆菌、假单胞菌、梭状芽孢杆菌、分枝杆菌，真菌中的曲霉、木霉、毛霉、青霉以及镰刀霉的一部分具有较强的氧化能力。碱性土壤中的节细菌是氨化作用的主要菌群；酸性条件下的真菌中的一部分具有很强的氨化能力。

（2）硝化细菌：生物硝化是由两组化能自养菌——亚硝酸盐细菌和硝酸盐细菌将氨氮转化为硝态氮的生化反应过程。硝化细菌几乎存在于所有污水处理的过程，是革兰氏阴性菌，专性好氧、不生芽孢的短杆菌和球菌。硝化菌有强烈的好氧性，不能在酸性条件下生长，其生理活动不需要有机性营养物，以二氧化碳为唯一碳源，而且是通过氧化无机氮化物得到生长所需的能量。

（3）反硝化细菌：包括大量存在于污水处理系统的兼性异养菌，如变形补菌、假单胞菌、小球菌、芽孢杆菌、无色杆菌、嗜气杆菌和产碱杆菌等，土壤微生物中约有 50%是这一类具有还原硝酸能力的细菌。

3. 废水生物脱氮工艺

生物脱氮工艺根据细菌在处理装置中存在的状态分为悬浮状态的活性污泥处理系统和固着状态的生物膜处理系统两大类。

（1）活性污泥脱氮系统：活性污泥能够降解废水中的有机碳和转化氨态氮为（亚）硝酸盐氮，再将硝酸盐氮还原为分子态氮。活性污泥法按照去碳、硝化和脱氮的不同组合分为单级活性污泥系统和多级活性污泥系统；按照反硝化过程中利用的有机碳源来源不同分为内碳源（污水或活性污泥自溶提供的碳源）系统和外加碳源系统。

① 单级活性污泥内碳源系统。如图 5-6 所示，在单级系统中给予细菌交替的好氧和厌氧条件，以进行硝化和反硝化作用。BOD_5 氧化（去碳）和硝化在一个曝气池中进行，先去碳（包括脱氨基）后硝化，要求曝气时间长；再将含有硝酸盐的处理水引入缺氮的反硝化池中，在缺氧条件下，硝酸盐还原细菌利用硝酸盐为电子受体，利用原水中或活性污泥内源呼吸释放的有机碳化合物作为电子供体，进行无氧呼吸。

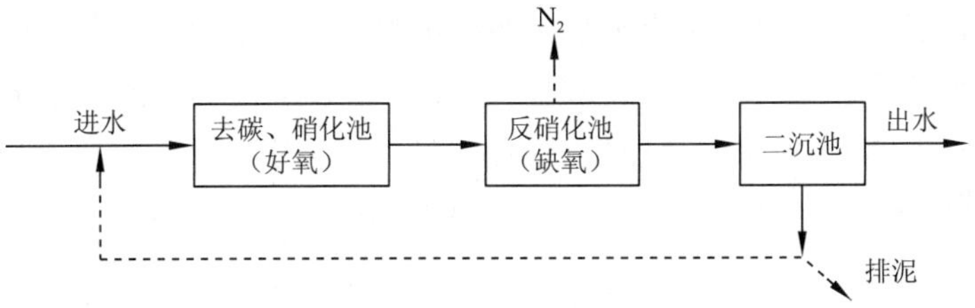

图 5-6　利用内源碳的工艺流程

好氧池中达到硝化阶段时，水中有机碳化合物含量很低，难以作为内碳源；活性污泥中的微生物达到内源呼吸，其自溶后释放出有机碳所需时间较长，且碳源不足，致使反硝化速率低，所以利用内碳源提供有机碳化合物的方法不宜采用。

② 单级活性污泥外加碳源系统。与单级活性污泥内碳源系统不同之处是在反硝化池内通入外加碳源，外加碳源一般为甲醇。该系统是最典型的生物脱氮工艺，其流程如图 5-7 所示。由于反硝化池外加碳源后出水的有机物浓度较高，所以常需设后曝气池。

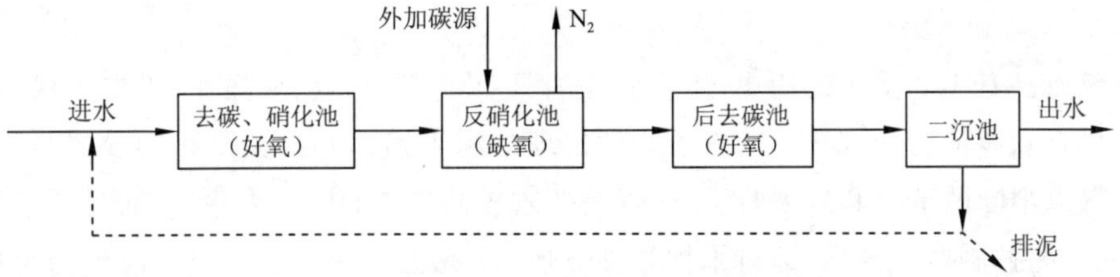

图 5-7　利用外加源碳的工艺流程

③ 多级活性污泥内碳源系统。主要分成两大部分：第一部分是活性污泥在好氧条件下去除有机物质，污泥经沉淀池分离后，又回流到曝气池，与后半部分并不混合；第二部分是通过硝化和反硝化达到脱氮的目的，其工艺流程如图 5-8 所示。该系统由于将污泥分成数级分隔开，各级构筑物中生物比较单一，去碳、硝化和反硝化作用都比较稳定，处理效果较好，但是构筑物较多，基建费用高。

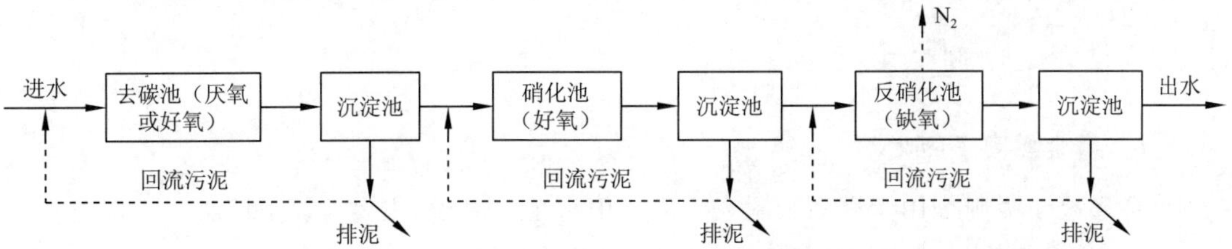

图 5-8　利用内碳源工艺流程

④ 多级活性污泥外加碳源系统。在多级活性污泥内碳源系统的基础上，在反硝化池加入外来碳源，并设后曝气池去除剩余的有机物，其工艺流程如图 5-9 所示。

(2)生物膜脱氮系统：生物膜法脱氮工艺是利用介质上生长的生物膜来完成对污水去碳、硝化和反硝化作用，通常使反硝化过程和硝化过程分别在两个处理构筑物内进行，并使反硝化设备内的微生物处于厌氧状态。生物膜法主要有生物滤池、生物转盘和生物流化床等工艺，也分为内碳源系统和外碳源系统，还可以根据淹没式生物滤池废水的流向分为升向流和降向流两类。在生物转盘中，氧气很难渗透到生物膜最深处，使生物膜的深层厌氧层部分常存在反硝化细菌。因此，即使单级的生物转盘，亦可完成 BOD 氧化、硝化和反硝化过程。

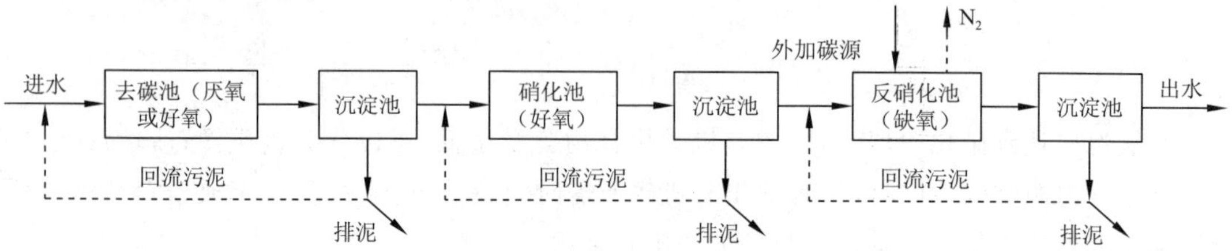

图 5-9　利用外加碳源工艺流程

与活性污泥脱氮系统相比，生物膜系统的主要优点是无须污泥回流，且构筑物内可维持较高的生物量。因此，水力停留时间也较短，有机负荷率高，脱氮效率高，是较为经济适用的脱氮工艺。

生物脱氮已有 100 多年的历史，生物脱氮法具有经济、有效、易操作、无二次污染等特点，被公认为具有发展前途的方法。随着生物学机理的深入揭示和相关学科的发展与渗透，生物脱氮技术得以不断的革新和发展，已不仅仅是要求较高的 NH_3-N 去除率，而且要求处理效果稳定可靠、工艺控制调节灵活、运行维护管理方便、投资运行费用节省。目前生物脱氮工艺正是向着简洁、高效、经济的方向发展，其具体表现为：由于各种工艺脱氮的能力均有一定的限度，则提高废水预处理的水平会使整个脱氮工艺取得更好的效果；由于脱氮理论研究的深入，新工艺层出不穷，各种工艺有机组合使用以达到更好的处理效果，是现在脱氮工艺发展的趋势；探索研究新的填料，筛选培育新的硝化细菌，新工艺的出现为解决传统生物脱氮工艺存在的问题提供了新的研究思路和发展方向，将会使生物脱氮工艺得到长足的发展；如何利用新的理论提出新的工艺，并将其应用于氨氮废水和如何借鉴其他行业的废水处理工艺，并根据氨氮废水的特点加以应用仍需进一步研究。

5.1.3　物理处理剂

5.1.3.1　重金属离子吸附剂

重金属离子吸附剂用于有效吸附去除废水中重金属离子，主要有以下四类：

（1）矿物类吸附剂：主要有蒙脱石、海泡石、坡缕石、沸石、绿泥石、高岭石、凹凸棒石、硫铁矿、天然磁黄铁矿等，通过矿物中的金属离子或其他带正电离子（如 H^+）与废水中的重金属离子交换吸附去除重金属离子，硫铁矿、天然磁黄铁矿等利用铁氧化物的磁性吸附去除重金属离子。

（2）天然高分子类吸附剂主要有单宁类吸附剂、木素类吸附剂、壳聚糖类吸附剂等，主要通过其分子链上的活性基团如羟基、氨基等活性基团上的氢原子或其他原子与金属离子发生交换吸附去除重金属离子。人工合成类吸附剂:在合成过程中加入适当能够络合重金属离子官能团，如—COOH、—SH、—CN、—NH_2等，使材料表面有活性吸附点。微生物吸附剂主要有藻类、真菌和细菌，藻类的细胞壁多数由纤维素的微纤丝形成的网状结构构成，含有丰富的多糖，如果胶、木糖、甘露糖、藻酸、或地衣酸等，多糖带负电，使细胞壁通过静电引力与金属离子相结合；真菌细胞壁中几丁质和葡聚糖，直接吸附废水中的金属离子；细菌细胞壁中的肽聚糖和磷壁酸使整个细胞表面带负电，可吸附金属离子。重金属离子吸附剂广泛应用于含重金属Hg^{2+}、Cd^{2+}、As^{3+}、Pb^{2+}、Cu^{2+}、Zn^{2+}、Ni^{2+}、Cr^{3+}、Cr^{6+}等的废水处理。

5.1.3.2　生物吸附剂

利用生物吸附法进行废水中有毒重金属的去除及稀有贵金属的回收，具有高效、经济、简便、选择性好的优点，特别是传统处理方法不能处理的低浓度重金属废水具有独特的应用价值。生物吸附剂指能够吸附重金属和特定污染物的生物及其衍生物及某些动植物碎片及其腐殖质。按来源分为藻类、真菌、细菌、天然有机高分子、动植物碎片及其腐殖质、植物系统六类。

(1)藻类吸附剂:藻类细胞壁含多糖，多糖带负电，细胞壁通过静电引力与金属离子相结合。

(2)真菌吸附剂:真菌细胞壁中的几丁质和葡聚糖，直接吸附废水中的金属离子。

(3)细菌吸附剂:细菌细胞壁由肽聚糖和磷壁酸组成，磷壁酸使细胞表面带负电，吸附金属离子。

(4)天然有机高分子吸附剂有淀粉、纤维素、壳聚糖及其衍生物等，其分子中带有特殊官能团可用于吸附去除水体中重金属离子、染色和污水的脱色、有毒害的物质等。

(5)动植物碎片及其腐殖质主要有螃蟹壳、金钟柏、红树叶碎屑、稻壳、花生壳粉、番木瓜树屑等及其腐殖质，其结构上含有活性物质，如—COOH、—OH、—NH_2等，且孔隙度高，比表面积大，可与金属离子发生物理吸附，可与金属离子发生离子交换、螯合等去除金属离子。

(6)植物系统包括苎麻、红树、加拿大杨、大麦、香蒲等，重金属离子由植物的根部进入植物体并富集来降低重金属离子的含量。生物吸附剂主要用于吸附废水中的重金属离子，富集回收贵重金属及脱除染料、难降解和有毒害的物质等。

生物吸附剂的吸附机理因其种类、特性以及被吸附物质的不同而不同，目前尚未完全了解这些机制。一般认为，其吸附机理包括化学(如离子键、共价键等)吸附和物理(如静电引力和范德华力等)吸附两方面。

生物吸附剂的化学吸附机制主要包括表面络合作用和离子交换作用，这两种作用是生物吸附剂与金属离子之间结合的重要方式。当生物吸附剂暴露在金属溶液中时，其表面的主要成分如多糖、蛋白质和脂类的若干功能团可与金属离子相结合，如羧基、磷酰基、羟基、硫酸酯基、氨基和酰胺基等，其中O、N和S作为配位原子与金属离子配位络合，如表5-2及图5-10(b)所示。

表 5-2　生物分子中参与生物吸附作用的主要吸附基团

结合基团	结构式	pK_a	软硬酸碱分类	配位原子	生物分子
羟基	—OH	9.5～13	硬	O	多糖、糖醛酸、硫酸化多糖、氨基酸
羰基(酮)	>C=O	—	硬	O	多肽
羟基	—C(=O)—OH	1.7～4.7	硬	O	糖醛酸、氨基酸
硫基(硫醇)	—SH	8.3～10.8	软	S	氨基酸
磺酸盐	—S(=O)(=O)=O	1.3	硬	O	硫酸化多糖
硫醚	>S	—	软	S	氨基酸
氨基	$-NH_2$	8～11	Int.	N	壳聚糖、氨基酸
仲胺	>NH	13	Int	N	壳聚糖、肽聚糖、多肽
酰胺基	$-C(=O)-NH_2$	—	InL	N	氨基酸
亚胺	—NH	11.6～12.6	InL	N	氨基酸
咪唑	—C—N—H H—C—N=CH	6.0	软	N	氨基酸
膦酸酯	—P(=O)(OH)—OH	0.9～2.1 6.1～6.8	硬	O	磷脂
磷酸二酯	>P(=O)—OH	1.5	硬	O	磷壁质、脂多糖

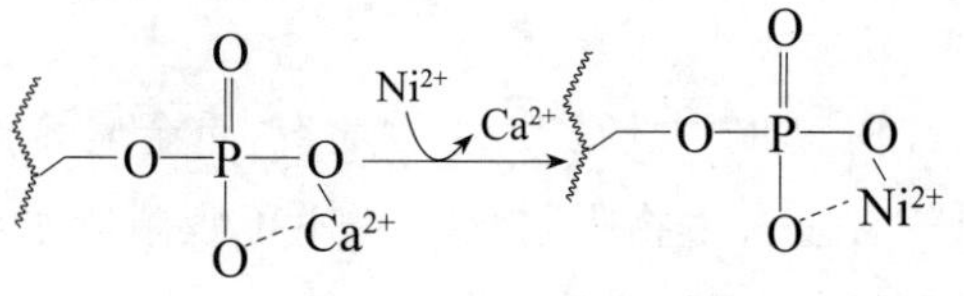

(a) Ca^{2+}与Ni^{2+}之间的离子交换

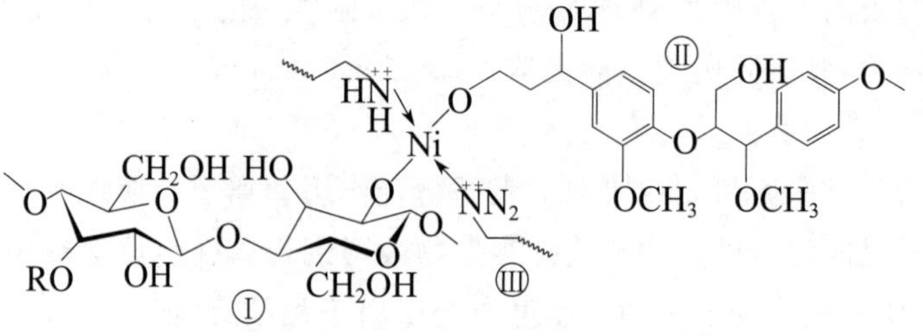

(b) Ni^{2+}的整合作用

图 5-10　草香豌豆(Lathyrus sativus)外壳生物质吸附 Ni^{2+} 的机制

Ⅰ—生物质的纤维素部分；Ⅱ—木质素部分；Ⅲ—蛋白质部分

细胞壁是生物体吸附重金属离子的重要细胞微区。高等植物细胞壁中的纤维素、半纤维素、果胶质和木质素中的羟基及其他基团，以及由化学改性引入的羧基、磷酸基等基团中的氧、氮和硫作为配位原子可与金属离子配位络合。真细菌的细胞壁约占细菌细胞干重的 10%～20%。革兰阳性细菌的细胞壁由黏质复合物构成。后者由 N-乙酰氨基葡萄糖、N-乙酰胞壁酸、丙氨酸、谷氨酸、二氨基庚二酸（或赖氨酸）等相互连接成多层网状结构，期间填充以多糖。革兰阴性细菌的细胞壁有 50%以上是由 34～40 个分子的磷酸甘油或磷酸核糖残基构成的磷壁质。这些生物分子中多种功能团所含的氧、氮、硫和磷原子均可以提供孤对电子与金属离子配位，从而与金属离子形成络合物。

细胞吸附重金属离子的同时，通常伴随有其他阳离子的释放，如 K^+、Na^+、Ca^{2+} 和 Mg^{2+} 等[见图 5-9(a)]，这些元素是生物质细胞壁的基本组成元素。在生物吸附剂吸附重金属离子的过程中，这些元素被逐渐取代而释放到溶液中。X 射线能量散射光谱分析表明，吸附重金属离子（如 Pb^{2+}、Cu^{2+} 和 Cd^{2+}）后生物吸附剂的能量散射光谱中出现这些重金属离子的谱峰，而生物吸附剂原有的金属离子（如钙和钾）的谱峰消失；而且，从生物吸附剂释放出的钙、镁和氢等离子的总量与被吸附的金属离子之间存在等当量关系。但是，也有多项实验发现，交换与被交换的离子之间并不存在等当量关系。例如，以非活体根霉吸附 Sr、Mn、Zn、Cd、Cu 和 Pb，有 Ca^{2+}、Mg^{2+} 和 H^+ 从生物质被置换进入溶液；而且重金属的吸附量越大，释放的 Ca^{2+}、Mg^{2+} 和 H^+ 总量也越大。但被置换的离子总量只占被吸附的重金属离子总量的很小部分，这说明在此类情形中离子交换并非主要吸附机制。

在物理吸附作用中，在表面与被吸附物之间存在微弱的范德华力。在生物吸附作用中，物理吸附通常并不起主要作用。但是，在若干不常见的生物吸附情形中，物理吸附却可能占优势，如橄榄滤渣对 Cd^{2+} 的吸附以及橡胶树叶粉末对 Cu^{2+} 的吸附。

生物吸附的概念最早是由 Ruchhoft 于 1949 年提出的。虽然生物吸附法是从废水中脱除重金属的有效方法，但其工业化的步伐却一直很缓慢，其中吸附机理的研究还不透彻。因此，需要在探究吸附机理、建立更好的吸附过程进行模型模拟、生物吸附剂的再生和用真正的工业废水试验及固定的生物量方面进行进一步研究。工业化的重金属吸附剂需满足三方面要求：①能够快速有效进行吸附解吸操作，具有较好的重金属选择吸附特性。②成本低廉，再生性能良好。③具有较理想的物理、化学和力学性能（包括粒径、空隙度、耐冲击性等），适于填充各种类型的反应器。目前，人们筛选出的对重金属具有吸附潜力的生物体基本上能够满足前两个要求，而要满足第三个要求，则还要开展更多的关于生物吸附剂固定化技术的研究，使其能够像离子交换树脂和活性炭那样方便地应用于实际的处理过程中。

5.2　水体原位修复材料

5.2.1　水体吸油材料

通过物理或化学吸附去除含油废水中的溶解油、乳化油和其他污染物的物质。按原料分为无机吸油材料、有机吸油材料和合成复合型吸油材料。按吸油机理可分为吸藏型、凝胶型和吸藏凝胶复合型。吸藏型吸附材料，指具有疏松多孔结构的物质(黏土、棉、PP 织物等)，利用毛细管现象吸附。吸藏型的吸附材料吸油速度快，饱和较快，但吸油同时也吸水、保油性差；凝胶型吸附材料，大多是低交联的亲油高聚物，利用高聚物中的亲油基与油分子相互亲和作用力作为吸油推动力，将油吸入后储藏在树脂内部的网络空间。高聚物交联度越低，则它的网络空间越大，吸油储油能力也越大，但交联度降低将会导致高聚物在油中的溶解度增大，因此，需要合理地把握两者的平衡，采用合适的交联度的高聚物。凝胶型的吸附材料吸附倍率大，保持性好；吸藏凝胶复合型即以上两种机理的结合。目前吸油材料主要为人工合成的吸油树脂、黏土类吸油材料及天然有机类吸油材料。

吸油材料的吸油方式分为包藏型、凝胶型和复合型：

(1)包藏型吸油方式通过材料的疏松多孔结构将油品保存在空隙间。天然无机吸油材料多数属于包藏型，如沸石、活性炭、膨润土、粉煤灰等；天然有机吸油材料包括 PP 织物、聚氨酯泡沫等。

(2)凝胶型吸油方式是利用材料的分子间或物质间的物理凝聚力，在网络构造形成过程中产生的间隙空间而包裹吸收油，一般是亲油性单体作为基本单体的低交联亲油高聚物，呈三维网状结构，其只溶胀不溶解，油分子包裹在大分子网络结构中，从而达到吸油和保油的目的。通常使用的凝胶型吸油材料有金属皂类、氨基酸衍生物等。

(3)包藏凝胶复合型方式是将包藏型和凝胶型组合，材料内部利用毛细管作用吸油而且自身发生溶胀，内部的空隙使其可以吸附更多的油品。这类材料往往吸油倍率较高，且由于油品与分子内部为范德华力结合，保油性较好，是目前研究较多的吸油材料。

传统的包藏型吸油率低，保油性较差，油水选择性不高。而新型的高吸油树脂虽然具有较高的吸油率，保油性能好且不易漏油等特点，但是高吸油树脂吸油后几乎不能进行循环使用，无法再生利用，而且吸油后的树脂的处理也是一个难题。

近几十年，各国对吸油树脂开展了大量研究，最早由美国采用苯乙烯与二乙烯苯交联聚合制备吸油树脂。1973 年，日本采用辐射甲基丙烯酸烷基脂或烷基苯乙烯为单体交联聚合制备吸油树脂，随后美国、日本、中国等国家相继出现聚丙烯酸脂类、聚苯乙烯类、聚氨酯泡沫类、其他烯类、复合材料类等吸油树脂。吸油树脂伴随着石油工业发展而出现的油品污染而提出，今后含油废水的新型吸附剂的研究与发展方向应集中在以下几方面：①开发天然产物吸油材料，用比较简单的工艺制造价格低廉的吸附剂，降低生产成本，同时达到以废治废的目的。②继续研制吸油性能好、保油性能高、吸油速率快、油水选择性好、化学性质稳定、性能优异、机械强度好的吸油材料。③研制可生物降解或可重复使用的吸油材料，避免吸油材料造成二次污染。因此，廉价、高效、环保的复合型含油污水吸油材料将成为未来研究的热点。

5.2.2 水体富营养化修复材料

水体富营养化是指在人类活动的影响下，生物所需的氮、磷物质大量进入湖泊、河口、海湾等流动缓慢的水体，引起藻类及其他浮游生物大量繁殖，水体溶解氧量下降，水质恶化，导致鱼类及其他生物大量死亡的现象。也有学者定义为，生活污水和某些工业废水中含有一定数量的氮、磷等营养物质，农田径流中也常携带大量残留的氮肥和磷肥，这类营养物质排入湖泊、水库、港湾、内海等水流缓慢的水体会造成藻类大量繁殖，这种现象被称为“富营养化”。控制水体富营养化最根本的措施是加强对环境生态的管理，制定法规，对污水排放一定要严格控制，一般应达到二级处理排放标准，并逐渐达到深度处理标准，以去除 N 和 P。如果水体一旦发生了富营养化，应采取以下方法加以治理：

1. 化学药剂控制

采用化学药剂来控制藻类的生长，对于水体面积小的水域、蓄水池、池塘等是很适用的。在化学除藻方面，应用较广泛的是用硫酸铜来防止藻类的过度生长。硫酸铜对蓝藻尤其有效。使用硫酸铜须在春天藻类生长繁殖之前及早加入，抑制藻类的生长，否则水体中的鱼类会大量死亡。这是因为，大量的藻类死亡细胞悬浮在水体中，被异养性微生物分解而造成水体缺氧，同时藻类释放毒素也会毒死鱼类。杀死藻类所需要的硫酸铜浓度应对人体和鱼类都是无毒的。

2. 生态防治法

生态防治法是指运用生态学原理，利用水生生物吸收利用氮、磷元素进行代谢活动的过程，以达到去除营养元素的目的。其优点是投资少，有利于建立合理的水生生态循环。例如，在浅水型富营养湖泊，种植水生植物，包括沉水植物、浮叶植物、漂浮植物、挺水植物等；根据鱼类不同的食性，放养以浮游藻类为食的鱼种，有效地去除氮和磷。

3. 矿物改性材料

具有多孔结构的矿物作为一类特殊的工业原材料，在生态修复领域的应用逐渐成为研究的热点。作为黏土类矿物的膨润土其主要成分是蒙脱石，膨润土经有机改性后蒙脱石层间距变大，同时片层表面被有机离子的烷基长链覆盖，层间域成为疏水环境，能够有效吸附有机污染物。目前，改性膨润土在水体富营养化治理中得到了研究人员的重视，对黏土进行改性以提高其处理效果是发展方向之一。

4. 微生物修复材料

微生物作为淡水湖泊生态系统的分解者和微食物链的重要组成部分，是有机质分解矿化，C、N、P、S 等生源要素生物地球化学转化，生源温室气体排放以及污染物降解等的主要参与者，其在物质循环和能量流动中起着必不可少的作用，是降解废物、废水的主力军。微生物修复的基本原理是利用自然界中微生物对污染物的生物代谢作用，应用原位技术以及向水体投加有效微生物群从而改善污染水体的透明度、高锰酸钾指数、溶解氧、总氮、总磷、叶绿素 a 等以达到减轻水体富营养化程度的效果。与传统的物理、化学方法相比，微生物修复具有以下优点：成本低，为传统环境技术的 1/3～1/2；环境影响小，无二次污染和污染物转移；修复时间短；控制操作简单，对周围环境干扰少。利用经过遗传工程改造的微生物将成为治理环境污染、保持生态平衡的最有效方法。目前，我国采用微生物修复富营养化水体的研究并不多，很多技术上的问题尚待解决，还没有大规模付诸实施，但其应用前景很好，有可能成为富营养化治理的首选方法。

20世纪80年代以来，污染水体吸附技术不断得到新的进展，尤其生物措施越来越受到人们关注。物理化学法利用湖底深层曝气、絮凝沉淀、化学药剂等能达到减氮除磷杀藻目的，主要问题是短期内使用造成二次污染。生物措施成本低、综合效益高、不易造成污染，在消除富营养化及生态修复方面优势明显，越来越受到人们的重视。利用水生生物通过代谢活动去除水体营养物质、抑制藻类生长，研究集中在水生植物修复和微生物强化技术两方面。水生植物修复技术机理是植物和根区微生物共存，产生协同效应，经过植物吸收、微生物转化、物理吸附和沉降作用，一方面对营养元素的吸收净化可有效消减营养物质负荷，另一方面对浮游植物产生竞争抑制，同时沉水植物能够促使悬浮或溶解在湖水中的污染物向底泥转移，澄清和净化水质。微生物强化技术主要利用微生物作为生态系统的分解者，通过氨化、硝化、反硝化作用将氮转为成气体，加快水体中氮的循环；微生物参与有机磷的分解作用，促进水生植物的吸收利用，使磷元素从水体中去除。国内学者在脱氮菌、去磷菌、复合光合细菌、有效微生物群、溶藻菌以及固定化微生物技术等方面的研究做了许多的工作。总之，以植物一微生物为基础的原位生物修复体系不但可以降低水体中营养盐的水平，还可同步实现生态系统结构的改善与经济效益的获得，被越来越多地应用于实践中。

第6章 固态环境污染物治理材料

以土壤与废弃物的物质性污染和以土地生产力衰退与城市非生态化的物质和能量综合性污染为典型的固态环境所产生的环境危害成为人类急需要面对和解决的问题。

人类作为生物链最高层物种，一方面决定人类生存与发展的营养物归根结底来自于土壤，而土壤污染物最终会经过物质循环进入并富集于人体，对人类健康产生极大的危害；另一方面，也正是人类的生存与发展导致不可避免地产生大量的固体废弃物，这些固体废弃物远远超出环境的自净能力，进一步污染了人类赖以生存的土壤、空气和水体。与此同时，人类的生存与发展一方面向土地进行无限制索取，另一方面城市化进程加快无限催生了人工材料建筑的高度集中，这些导致了土壤退化、土地荒漠化、人口拥挤和城市热岛效应，进一步引发全方位的严重环境恶化。人类所面临的这些固态环境问题的解决，必然在物质和能量上提供材料与工程的支持。

6.1 土壤污染治理材料

6.1.1 土壤生物降解催化材料

土壤生物降解催化材料是指土壤酶。土壤酶是土壤中产生专一生物化学反应的生物催化剂，属蛋白质性质的高分子活性物质，来源于土壤微生物活动分泌、植物根系分泌和植物残体以及土壤动物躯体分解。土壤酶主要吸附在土壤有机质和矿质胶体上，并且以复合物状态存在。土壤有机质吸附酶的能力大于矿质。酶与土壤有机质或者黏粒结合，增强自身的稳定性，防止被蛋白酶或钝化剂降解。

土壤酶可分为氧化还原类、水解酶类、转移酶类和裂合酶类四种基本类型。

氧化还原酶类主要包括漆酶、葡糖氧化酶、酚氧化酶、过氧化氢酶、脱氢酶、硝酸还原酶、固氨酶、尿酸氧化酶等，该类酶所催化的反应大多与获得或释放能量有关，通过纤维素和木质素的降解促进土壤有机污染物的矿化；参与土壤腐殖质组分的合成，也参与土壤形成过程，添加该类酶可增强土壤肥力。以下是具体的几类氧化还原酶的作用原理：

(1)漆酶：苯酚＋O_2 $\longrightarrow$苯醌＋水(铜离子的协同作用)。

(2)葡糖氧化酶：葡萄糖＋ O_2 $\longrightarrow$葡萄糖酸＋水。

(3)酚氧化酶：还原态氧化物＋水$\longrightarrow$氧化钛有机物＋水。

(4)过氧化氢酶：$2H_2O_2 \longrightarrow 2H_2O+O_2$。

(5)脱氢酶：$XH_2 + A \longrightarrow AH_2 + X$。

(6)硝酸还原酶：$NO_3^- \longrightarrow NO_2^-$。

(7)固氮酶：$N_2 \longrightarrow 2NH_3$。

(8)尿酸氧化酶：尿素＋ O_2 ⟶尿囊素＋CO_2＋其他产物。

水解酶类主要包括蛋白酶、脲酶、淀粉酶、酰胺酶、半乳糖苷酶、葡聚糖酶、葡萄糖苷酶蔗糖酶、脂肪酶、纤维素酶等。水解酶能水解多糖、蛋白质等大分子物质，从而形成简单的、易被植物吸收的小分子物质，对于土壤生态系统中的C、N循环具有重要作用。以下是具体几类水解酶的作用原理：

(1)蛋白酶：蛋白质水解。

(2)脲酶：尿素⇌$2NH_3 + CO_2$。

(3)淀粉酶：α-1，4-葡聚糖键的水解。

(4)纤维素酶：β-1，4-葡聚糖键的水解。

(5)半乳糖苷酶：α-或β-半乳糖苷⇌ROH＋半乳糖。

(6)葡聚糖酶：β-1，3-葡聚糖键的水解。

(7)葡萄糖苷酶：α-或β-葡萄糖苷⇌ROH＋葡萄糖。

(8)蔗糖酶：蔗糖⇌果糖＋葡萄糖。

(9)脂肪酶：甘油三酸酯⇌甘油＋脂肪酸。

(10)酰胺酶：单羧酸酰胺⇌单羧酸＋NH_4^+。

转移酶类主要包括氨基转换酶、糖基转移酶、硫氰酸酶等，不仅参与蛋白质、核酸和脂肪的代谢，还参与激素和抗菌素的合成与转化。裂合酶类研究得较少，在土壤中也具有某些活性，常见的是氨基酸脱羧酶。以下是具体两类酶的作用原理：

(1)氨基转换酶：$R_1R_2\text{-CH-NH}_2 + R_3R_4CO \longrightarrow R_1R_2\text{-CO} + R_3R_4\text{CH-NH}_2$。

(2)糖基转移酶：$n(C_{12}H_{22}O_{11}) + HOR \longrightarrow H(C_6H_{10}O_5)_nOR + n(C_6H_{12}O_6)$。

(3)硫氰酸酶：$S_2O_3^{2-} + CN \longrightarrow SCN + SO_3^{2-}$。

(4)氨基酸脱羧酶：天冬氨酸⟶丙胺酸

谷氨酸⟶γ-氨基丁酸

自Woods(1898)首次从土壤中检测出过氧化氢酶活性以后，至20世纪50年代以前，土壤酶学逐渐发展成一门介于土壤生物学和生物化学之间的新兴边缘交叉学科。20世纪50～80年代中期为土壤酶学迅速发展的时期。20世纪80年代中期以后至今，土壤酶与土壤学、生态学、林学、农学、环境科学、生物化学和分子生物学等学科的交叉和整合，是土壤酶学发展的最大特点。由于土壤酶在降解有机污染物方面的特殊功能及土壤酶对重金属污染方面的特殊作用，也使这一研究领域受到了特别的重视。土壤酶是土壤中一切生物化学反应的参与者，是物质循环和能量流动过程中最为活跃的生物活性物质。土壤酶系统与土壤营养元素、土壤微生物和土壤肥力、林分类型等密切相关，是土壤质量的生物活性指标。对于土壤酶的固定方法和载体材料还需要不断创新。

6.1.2　土壤化学淋洗剂

土壤化学淋洗剂是能够促使土壤污染物溶解或迁移的生物化学溶剂，在水力压头或重力作用下推动淋洗液注入到遭受污染的土层中，通过解吸附、反络合及溶解作用，使重金属从固相的土壤转移到液相淋洗液中，然后再把包含有污染物的液体从土层中抽提出来，进行分离和污水处理，重金属回收或处置。它主要用于处理地下水位线以上及饱和区的吸附态污染物。淋洗剂可以是水、化学溶剂或其他能把污染物从土壤中淋洗出来的液体，甚至是气体。淋洗剂种类较多，如无机淋洗剂、螯合剂、表面活性剂、氧化剂等。

无机淋洗剂是早期常用的淋洗剂，主要有酸、碱、盐等无机化合物，常见的有 HCl、HNO_3、H_2SO_4、H_3PO_4、$NaOH$、$CaCl_2$、$NaNO_3$、NH_4NO_3、$FeCl_3$ 等，其中无机酸主要通过 H^+ 形成多级质子或酸解；无机盐或碱大多通过离子交换、络合等作用来破坏土壤表面官能团与重金属或放射性核素形成的络合物，从而将重金属或放射性核素交换解吸下来。无机淋洗剂具有效果好、速度快、成本低等优点，但用酸淋洗污染土壤时，酸度过高会严重地破坏土壤微团聚体结构和理化性质，导致大量土壤养分淋失，甚至难再生，而且产生的废液也增加后处理成本。

螯合剂弥补了无机淋洗剂在污染土壤修复当中的缺陷，在土壤重金属污染修复中的主要功能是增加土壤溶液中金属含量并促进金属在植物体内运输，其作用表现为活化土壤中的重金属离子，提高生物有效性；与土壤中的重金属离子结合形成稳定的水溶性络合物，改变重金属在土壤中的存在形态，降低重金属对植物的毒性；可使重金属从土壤颗粒表面解吸，由不溶态转化为可溶态，促进植物对重金属的吸收和由根部向地上的转运能力，为淋洗或植物的吸收创造有利条件。螯合剂可分为人工螯合剂和天然螯合剂两类。人工螯合剂可在很宽的 pH 范围内与重金属形成稳定的复合物，不仅可溶解不溶性的重金属化合物，而且也可解吸被土壤吸附的重金属，包括乙二胺四乙酸、羟乙基乙二胺三乙酸、二乙基三乙酸、乙二醇双(2-氨基乙基醚)四乙酸、乙二胺二乙酸、环己二胺四乙酸、二乙三胺五乙酸、乙二胺二琥珀酸等。人工螯合剂是一类非常有效的土壤淋洗剂，但价格昂贵，生物降解性差，容易造成二次污染，回收困难，限制了其实际应用。天然螯合剂是指柠檬酸、草酸、苹果酸、酒石酸、乙酸、胡敏酸、富里酸、丙二酸、乙酸组氨酸等天然有机酸，有机酸与重金属络合形成带正电荷的金属配合物而与土壤发生离子交换；有机酸在土壤表面吸附以后，其功能性官能团与重金属发生络合形成三元配合物；有机酸与重金属之间发生配位作用，其产生的配合物不在土壤中发生吸附，从而降低土壤颗粒对重金属的吸附。有机酸对土壤中的重金属有一定清除能力，生物降解性较好，而且对土壤的理化性质不会造成大的破坏，无二次污染，有望成为淋洗法修复重金属污染土壤的重要材料。

阳离子表面活性剂可以改变土壤表面性质，通过离子交换作用促进金属阳离子从固相转移到液相中；阴离子表面活性剂能够吸附到土壤颗粒表面，然后再与金属发生配合或者络合作用，使金属溶于土壤溶液中。土壤淋洗表面活性剂可分为化学表面活性剂和生物表面活性剂两类。化学表面活性剂能活化土壤中的重金属，提高重金属在土壤中的迁移性和生物可利用性，但大多都有毒，且对于重金属污染土壤的淋洗修复效果不佳。生物表面活性剂是由细菌、酵母菌、真菌等微生物在一定培养条件下在细胞膜上或细胞体外产生的具有一定活性的代谢产物，其分子结构复杂庞大，临界胶束浓度较低，对土壤中重金属去除效果好；具有低的表面张力和界面张力、耐盐、易降解、无二次污染、生产工艺简单和低成本等优点。生物表面活性剂通过络合作用，其单分子层在土壤的液相和固相分界面上进行重排，使得亲水基向外，从而夺取土壤颗粒上的重金属；超过临界胶束浓度时，部分生物表面活性剂分子从胶束中分离并吸附在土壤颗粒表面，且胶束中与土壤颗粒表面上的生物表面活性剂保持吸附-解吸动态平衡。

氧化剂经常加入到难降解有机物（如多环芳烃、多氯联苯等）或某些难降解无机物污染的土壤淋洗中，将液态或气态的污染物转化成微毒或无毒的物质，或将其转化为易于分离的形态，从而达到去除污染物的目的。氧化剂主要有臭氧、二氧化氯、过氧化氢、Fenton 试剂及高锰酸钾（钠）等，尤其适用于地下水也同时受到污染的土壤。

土壤淋洗剂修复技术在欧洲、美国、日本起步较早，于 20 世纪 90 年代进入工程应用阶段，是污染土壤治理的一种快速、高效的方法，尤其对重金属、半挥发性有机物、石油烃及卤代芳烃等严重污染土壤治理具有明显的优势。在应用上，异位淋洗虽然较原位淋洗需要一定的土壤采掘、运输费用，但处理过程便于系统控制、修复效果稳定、易于实现废弃物减量化、能限制有害废弃物的扩散范围，因此有着更为广阔的应用前景。将复合淋洗剂或分步淋洗的方法与新型的超分子受体化合物（如磺化硫杂杯芳烃）结合可同时高效淋洗去除重金属和有机物复合土壤污染物。

6.1.3 土壤重金属污染治理材料

土壤的形成和更新的速度非常缓慢，属于一种不可再生资源。重金属的理化性质相对稳定，很难在土壤中降解、迁移，所以会对土壤的理化性质、土壤生物特性和微生物群落结构产生明显不良影响，进而影响土壤生态结构和功能的稳定。植物的根系、叶片等吸收重金属，诱导植物体内产生某些对酶和代谢具有毒害作用和不利影响的物质，间接引起植物伤害，从而使得粮食的产量、品质下降。重金属不能为土壤微生物所分解，而易于积累，转化为毒性更大的烃基化合物等，然后通过各种食物链逐级生物富集对人体健康产生危害。它还可以通过影响水体和大气环境质量间接对人类健康造成威胁。土壤中重金属的治理主要基于两种方式：一是将重金属从土壤中去除；二是改变重金属在土壤中的存在形态，使其固定从而降低其活性和在环境中的迁移性。

6.1.3.1 土壤重金属玻璃化处理

土壤与重金属污染物在 1 600～2 000 ℃的高温下发生玻璃化熔融，冷却后形成化学惰性、耐久性好、抗渗出、强度高、非扩散的玻璃状或玻璃-陶瓷状的物质，使重金属牢固地束缚其中，很难被浸提出来。玻璃化技术成本很高，一般适用于处理成分复杂、污染严重且含有放射性等难以处理的固体废弃物土壤。

玻璃化处理技术可分为原位玻璃化和异地玻璃化技术：

（1）原位玻璃化技术是通过向污染土壤插入电极（金属或石墨导电材料），对污染土壤固体组分给予 1 600～2 000 ℃的高温熔融，重金属离子被结合于玻璃体中，有机污染物和一部分无机化合物如硝酸盐、硫酸盐和碳酸盐等高温下得以挥发或热解从而从土壤中去除。有机污染物热解产生的水分和挥发性有机物和挥发性金属由气体收集系统收集进行进一步处理。原位玻璃化系统一般包括石墨电极、电力系统、气相封闭系统、逸出气体冷却系统、逸出气体处理系统和控制站，该技术可以破坏、去除污染土壤、污泥等泥土类物质中的有机污染物和固定化大部分无机污染物，这些污染物主要是金属污染物、放射性污染物、挥发性有机物、半挥发性有机物、其他有机物。

(2)异地玻璃化技术将污染土壤挖出，加热 1 600～2 000 ℃高温以热解和氧化或融化污染物以形成不能淋溶的熔融态物质，重金属离子得以固定，有机污染物在高温下被热解或者蒸发去除，玻璃化物质的防泄漏能力加强。该技术工程量大，技术成本很高，且需要处理玻璃化后的残渣，限制了它的应用。但能从根本上消除重金属污染，且见效快，非常适用于放射性废物等特殊废物的处理。

玻璃化技术源于 20 世纪五六十年代核废料的玻璃化处理，90 年代初开始用于重金属废物及挥发性有机组分的玻璃化处理，并证明了该技术的可行性。玻璃化技术是较先进的重金属废弃物无害化和资源化处理技术，但玻璃化过程要求温度较高，采用微波加热，具有升温迅速，节省能耗等优点，在环境领域中的应用越来越受到重视。

6.1.3.2　土壤重金属固定剂

土壤重金属固定剂指通过吸附、络合、沉淀等作用改变土壤中水溶态和离子态重金属的存在形态，使其固定，降低其在环境中的迁移性和生物可利用性的材料，主要有无机类和有机类。

1. 无机类

无机类包括黏土矿物类、碱性无机物类、磷酸盐类和金属氧化物类。

(1)黏土矿物类是由硅氧四面体和铝(镁、铁)氧八面体按照不同规律彼此连结组成层状结构，层间包含可交换的无机阳离子，晶体表面部分暴露氧原子电子，通过离子交换、专性吸附及共沉淀等作用将土壤中具有活性的重金属元素固定下来，阻碍其向植物转移。

碱性无机物类包括石灰、红泥、炉渣、粉煤灰等无机物，一方面通过对重金属吸附、氧化还原、沉淀，降低土壤中重金属的生物有效性；另一方面消耗土壤溶液中的质子，使土壤 pH 提高，促进土壤胶体和黏粒对重金属离子的吸附，有利于生成重金属的氢氧化物或者碳酸盐沉淀，降低其可迁移性。

(2)磷酸盐类包括易溶的磷酸盐类，如磷酸、磷酸二氢铵、磷酸氢二铵等；中度可溶的单钙磷酸盐和二钙磷酸盐；不溶性磷酸三钙和磷灰石(即岩磷酸盐和骨粉)等。磷酸盐类对重金属，特别是 Pb 的固定效果明显，形成磷酸盐沉淀；当土壤中存有 Cl^-、F^- 等卤素离子时，可以形成非常稳定的磷铅矿类物质[$Pb_{10}(PO_4)6X_2$](此处 X＝F、Cl、Br、OH)，反应式如下：

$$Ca_{10}(PO_4)_6X_2(s)+12H^+ \rightleftharpoons 10Ca^{2+}+6H_2PO_4^-+2X^-$$

$$10Pb^{2+}+6H_2PO_4^-+2X^- \rightleftharpoons Pb_{10}(PO_4)_6X_2(s)+12H^+$$

水溶性或酸性磷源是有效固定的必要条件，对于不溶性磷源，其固定化作用则受控于其溶解速度，解磷菌(PSB)的存在有利于促进这一溶解过程。

(3)金属氧化物类易对重金属产生化学专性吸附，将重金属固定在氧化物的晶格层间。红泥(赤泥)含有丰富的铁、铝氧化物,使 As、Cr、Zn 等重金属离子被羟基替代而吸附在表面,形成共沉淀最终被固定下来;氧化钢渣对 Cd、Ni、Zn 离子有很高的吸附量;铁铝氧化物以及含锰氧化物也可以吸附 As 形成稳定的具有双齿双核结构特征的复合物,但铁锰氧化物固定剂存在成本较高和二次污染的风险。

2. 有机类

有机类包括腐殖质类和生物炭,可以提供大量的特异性和非特异性的吸附位点,含有的 COO—、—NH_2、═NH、═PO_4、—S—、—O—等活性基团,可作为配位体与重金属发生络合(螯合)作用,将土壤中的重金属固定在络合物和有机配位体中。

(1)腐殖质属大离子真溶液或带负电荷的亲水胶体,既能被电解质所凝结,也能对聚合电解质产生胶溶解作用,从而影响重金属生物有效性。腐殖质类易得,来源于农作物废弃物、农副业有机废料、城乡生活垃圾、专门腐殖化物质等,具有如羧基、酚基、羟基、烯醇和羰基等含氧功能团,可作为螯合剂,与土壤中重金属离子稳定结合。相同有机质含量下,腐殖化程度越高,吸附络合重金属的能力越强。

(2)生物炭又称生物质炭,是指生物质在缺氧或无氧条件下由木材、秸秆、果壳、生活垃圾、污泥等生物残留物经热裂解、炭化得到的一类含炭的、稳定的、高度芳香化的固态物质,具有较大的孔隙度和比表面积的物质,表面含有丰富的—COOH、—COH 和—OH 等含氧官能团,有较强的配位能力,易与重金属发生络合作用。另一方面,生物炭大都呈碱性,有助于提高土壤 pH,降低土壤中重金属的移动性。热解温度相对较高的生物炭,比表面积、微孔量及疏水性较高,适合去除有机污染物;热解温度相对较低的生物炭,表面含氧官能团较多,适合去除重金属等无机污染物。

土壤重金属固定剂研究始于 20 世纪 50 年代,最早用于固定水体中的重金属,20 世纪 80 后开始出现许多以固定剂的方式对土壤重金属污染进行治理。土壤重金属固定剂操作简便,特别适合中、轻度重金属污染土壤,环境风险较低,有着广阔的应用前景,但在绿色化、高效化、长期稳定化及低成本化等方面还有许多工作要做。从材料的构效关系和修复机制出发研究逐步推出新型的高效固定剂,尤其是提高生物炭吸附、络合作用以及土壤 pH 调节性能,充分发挥其大比表面积和丰富的含氧官能团的作用成为研究的热点方向之一。在单一固定剂治理单一重金属污染研究的基础上,重点开发复合型固定剂及其对单一与复合重金属污染治理的系统研究,使其固定化效果长期稳定化研究也引起了人们的关注。

6.1.3.3 土壤重金属污染修复植物

在重金属污染的土壤上,人工种植对重金属具有特殊的吸收富集能力,将重金属吸收到植物的土壤地上部分,然后将该植物收获并妥善处理,将重金属移出土体,达到重金属污染治理目的的特种植物。土壤重金属污染修复植物要求吸收的重金属的量要大,大部分分布在植物的上部,在污染土壤上能正常生长。对重金属的吸收量超过一般植物 100 倍以上的植物称为超富集植物。重金属污染土壤的植物修复可分为植物提取、植物挥发、植物稳定和植物降解四种类型。

植物提取指利用植物根系对重金属元素进行吸收,经过植物体内一系列生理化过程,将重金属元素从根部转运、储存至地上部分,再进行收割处理。植物提取是目前研究最多、最有发展前景的方法，要求所用植物具有生物量大、生长快和抗病虫害能力强的特点。植物提取可分为连续植物提取和诱导植物提取。连续植物提取是指植物在整个生命周期中都能吸收、转运、积累和忍耐高含量的重金属。当有些植物只能在生命期中的一段时间内才吸收重金属或整个生命期中吸收量微弱时，在土壤根部辅以络合剂等理化措施诱导植物积累更多重金属元素，这就是诱导植物提取。

植物挥发指是利用植物根系分泌的一些特殊物质，或者通过植物的吸收，使土壤中的重金属转化为可挥发态，挥发出土壤和植物表面。植物挥发只限于具有挥发性重金属的修复，通过改变重金属的化学态，使被转化后的物质毒性要小于转化前的污染物质，目前这方面研究最多的是类金属汞和非金属元素硒、砷。该方法环境风险有待于进一步研究。

植物稳定指利用耐重金属植物或超累积植物将金属在根部积累、沉淀或根表吸收，强化土壤中重金属的固化，降低重金属的活性，从而减少重金属被淋洗到地下水或通过空气扩散进一步污染环境的可能性。根系通过分泌有机酸、释放的氧扩散到根际、根表非专一性电子传递酶对物质的氧化来固定重金属。植物稳定技术已在矿区得到实际应用，但值得注意的是植物稳定也并没有将重金属从土壤中彻底清除，当土壤环境发生变化时仍可能重新活化并恢复毒性。

植物降解是指重金属元素被植物根系吸收后通过体内代谢活动来过滤、降解重金属的毒性。例如，通过植物根系将强致癌物质 Cr^{6+} 降解为低价态的 Cr^{3+}，其毒性大大减弱。

自 1983 年 Chaney 最早提出利用植物提取土壤重金属污染以后，土壤重金属污染修复植物成为土壤污染修复研究的热点，植物显示出在重金属类污染治理中不可替代的优势，其治理效果永久，对土壤环境扰动小，治理成本低，兼有环境美学功能等，已越来越引起人们的关注。

6.1.3.4　土壤重金属污染修复微生物

微生物修复是利用天然存在的或所培养的功能微生物群，在适宜环境条件下，促进或强化微生物代谢功能，以达到降低有毒污染物活性或降解成无毒物质的生物修复技术。土壤重金属污染的微生物修复是利用微生物的生物活性对重金属的亲和吸附或转化为低毒产物，从而降低重金属的污染程度。受重金属污染的土壤生存着数量众多、能适应重金属污染环境的、能氧化或还原重金属的耐重金属真菌和细菌等微生物，这些微生物的特点是比表面大、带电荷和代谢活动旺盛，可以促进有毒重金属在土壤中解毒或降低毒性。将重金属的一种形态转化为另一种形态，从高浓度变为低浓度，能在生物体内积累富集。

土壤重金属微生物修复的机理主要是生物吸附和生物转化。

1. 生物吸附

生物吸附主要表现在胞外络合、胞外沉淀、胞内积累三种作用方式。

(1)胞外络合作用：即一些微生物，如动胶菌、蓝细菌、硫酸还原菌以及某些藻类，能够产生胞外聚合物，如多糖、糖蛋白、脂多糖等，这些胞外聚合物上大量的—COOH、—NH_2、—SH、—OH等阴离子基团与金属离子结合；某些微生物则产生如柠檬酸、草酸等有机酸代谢产物，这些产物络合、螯合重金属离子；细胞壁中的分子结构也具有活性，可以将金属螯合在细胞表面。通过微生物细胞表面的络合作用而阻止某些重金属进入细胞内部敏感区域，而对于那些细胞化学反应需要的金属则可以通过细胞壁运输到原生质中特定位点。

(2)胞外沉淀作用:某些细菌可向胞外分泌磷酸根、腐殖酸、富里酸等,产硫细菌(如脱硫弧菌)产生 H_2S,这些分泌物与重金属能够在土壤中产生不溶性的化合物,或在细菌的成矿过程中伴随有重金属的共沉淀。

(3)胞内积累作用:有些微生物能够在细胞内累积高浓度重金属,重金属一旦进入细胞,便在细胞内被隔离分开或被转化成毒性较小的化合物。在许多真核微生物中,如藻类、酵母和真菌,能够把重金属离子累积于细胞内的某些特殊细胞器中,如存在于小气泡中,它们以离子形态存在或结合在低分子量的聚磷酸上。许多微生物可以合成具有结合重金属能力的胞内蛋白质,这些蛋白质可以催化胞内的金属离子解毒作用,并可以起储存和调节胞内重金属离子浓度的作用。有些专性微生物还能促进重金属参与微生物体组成,从而促进重金属的微生物吸收,减少植物摄取,由此向污染土壤中接种专性微生物可降低重金属毒性;真菌细胞壁分泌的黏液和真菌组织中的聚磷酸和有机酸等均能够络合重金属,从而减少重金属向植株地上部的运输量。

2. 生物转化

生物转化主要作用机理包括微生物对土壤重金属的生物氧化还原、对重金属的溶解、甲基化和去甲基化作用、有机络合的生物降解,使得其毒性降低或者失去,从而形成某些微生物对重金属的解毒机制。

(1)微生物对土壤重金属离子的氧化还原。对于一些多种价态重金属元素,微生物利用自身的氧化或还原作用,通过改变重金属的价态,控制金属的溶解性、移动性以及生态毒性。假单孢杆菌类和硫铁杆菌类能氧化 As^{3+}、Mn^{4+} 和 Fe^{2+} 而降低其活性;硫还原细菌在呼吸过程中硫酸盐作为电子受体被还原,在同化过程中利用硫酸盐合成氨基酸,再通过脱硫使 S^{2-} 分泌于体外,S^{2-} 可以和重金属形成沉淀;某些铬耐性细菌将毒性高、水溶性强的 Cr^{6+} 转化为毒性低、在土壤中移动性差的 Cr^{3+},达到污染治理的目的。

(2)微生物对土壤重金属离子的溶解。土壤微生物的代谢作用能产生如甲酸、乙酸和丁酸等多种低分子量的有机酸,真菌可以通过这些有机酸以及其他代谢产物溶解或络合重金属及含重金属的矿物。土壤微生物能够利用有效的营养和能源,在土壤滤沥过程中通过分泌有机酸络合并溶解土壤中的重金属。

(3)微生物甲基化和脱甲基化作用。甲基化是指在厌氧条件下微生物作用使 Hg、Cr、Pb 等重金属离子与 CH_3—发生反应生成甲基化金属有机化合物。甲基化对一些元素起到降低其毒性的作用,对另一些元素则可以加强其毒性。例如,As(V)甲基化产物的毒性要小于砷酸盐;而对甲基汞的毒性比相应的无机态大得多。去甲基化作用是指甲基化重金属在微生物的作用下分解的过程。因为大多数甲基化的重金属都具有很强的毒性,所以甲基化重金属的微生物去甲基化很重要。

(4)微生物对土壤重金属有机络合物的生物降解。重金属可与土壤有机质能形成稳定的络合物,该络合物被微生物降解后,重金属则以氢氧化物或生物吸附的形式沉淀。重金属离子与低分子量有机物形成复合物的生物稳定性主要取决于有机配体、微生物的种类以及重金属对微生物的毒性，而与重金属-有机复合体的化学稳定性关系不大。

采用物理化学方法修复重金属污染土壤，难以大规模实施，且导致土壤结构破坏、生物活性下降和土壤肥力退化。20 世纪 80 年代，人们逐渐将低含量重金属污染治理的研究重点转向了费用低、对环境影响小、效率高的微生物修复技术，由于其具有良好的社会、生态综合效益，且易被大众接受，越来越受到人们重视，具有广阔的应用前景。进一步加强微生物对重金属吸附、沉淀作用机理的研究，以期在基础领域取得突破；加强对基因重组技术、原生质体融合技术构建“超级工程菌”的新型菌种的重视和研究，选择对重金属离子去除量大、平衡时间短的菌种应用于工业化；将微生物修复方法与其他方法相结合，获得更好的土壤重金属修复效果。

6.1.3.5　土壤重金属污染修复动物

土壤动物指凡是生活史中的一个时期(或季节中某一时期)接触土壤表面或者在土壤中生活的动物总称。它以同化各种有用物质，将其排泄产物用于环境改造为基本特征，主要有蚯蚓、线虫、昆虫、蚂蚁、蜗牛等。

蚯蚓对重金属具有强烈的富集和迁移转化作用，降低了重金属对植物的毒性。蚯蚓体内黄色组织中的黄色细胞具有蓄积某些重金属的作用，其体内 Cd、Pd、As、Zn 与土壤中相应元素含量呈明显的正相关；蚯蚓对某些重金属如 As 会产生抗性，有利于改善受这些重金属污染土壤的养分供给。对蜘蛛体内重金属含量的分析结果也表现出相似的趋势。土壤动物不仅直接富集重金属，还和微生物、植物协同富集重金属，改变重金属的形态，使重金属钝化而失去毒性。

重金属污染土壤的植物修复已被当今世界普遍接受，然而植物修复成功与否受制于两个因素，即超积累植物的生物量大小和土壤中重金属的生物有效性的高低。蚯蚓通过取食、消化和排泄等生命活动以及与微生物的相互作用可以明显提高土壤中重金属的生物有效性。蚯蚓能够分泌出含有—COOH、$—NH_2$、—C ═O 等活性基团的胶黏物质，一方面络合/螯合重金属，另一方面不仅刺激微生物的活性，还成为微生物生活的基质，不断遭到微生物的分解，这种胶黏物质不断分泌—不断络合/螯合重金属—不断遭到分解的动态过程，有力地推动了土壤重金属的活化。将蚯蚓对土壤中重金属生物有效性作用应用于植物修复技术，极大地增加了植物对重金属的修复效率。

蚯蚓粪具有很大的表面积，吸附能力较强，可以较大程度地吸附重金属，同时也给许多有益微生物创造良好的环境。蚯蚓能把有机质分解转化为氨基酸、聚酚等简单化合物，进而在肠细胞分泌的酚氧化酶及微生物分泌酶的作用下，缩合形成腐殖质，络合重金属，提高重金属的生物有效性。蚯蚓粪中还含有大量的细菌、放线菌和真菌，这些微生物不仅使复杂物质矿化为植物易于吸收的有效物质，而且还合成一系列有生物活性的物质。

从 20 世纪 70 年代我国开始养殖蚯蚓，近些年来进入养殖高潮，蜘蛛、地鳖、蛴螬等的养殖技术也趋于成熟。引入蚯蚓的植物修复技术已成为作为一种绿色可行的重金属污染土壤的修复技术，因其安全、低成本、应用的广泛性成为研究的热点；从实验室模拟研究阶段转移到现场研究阶段再到应用，仍会有很多问题要解决，尤其注意的是从实验室获得的蚯蚓富集量和蚯蚓活化重金属有效性效率等还不能简单地把它们换算成实际工程中；植物超积累吸收的机理及转基因技术的引入需要进一步研究；蚯蚓生理和生态功能的基础研究、活化重金属和耐重金属的新品种及养殖技术的研究需要进一步系统化；建立植物根际“蚯蚓-微生物-植物”间的复合体系的理论模型，加速土壤动物修复重金属的研究步伐。

6.1.4 吸氟植物

吸氟植物指对氟有良好吸收作用的耐氟植物，主要有茶树、泡桐、梧桐、大叶黄杨、女贞、刺槐、国槐、臭椿、合欢、桑树、牧草、棉花等。吸氟植物通过地上部分吸收空气中的氟和通过根系吸收土壤中的含氟离子。

在大气-植物系统中，氟化物通过植物叶片张开着的气孔进入细胞内，溶解在叶组织内部的水溶液中，被叶肉吸收，并通过扩散方式或由维管束把氟化物从叶肉转移到其他细胞中。一些树木的树皮、枝条和木质部也能吸收氟。当植物从大气中吸收氟化物并积累在植物体内时，叶片的单位面积的吸收表面积小，所以吸收的氟化物最多，其次是树皮、枝条和木质部，根系吸收最少。

在土壤-植物系统中，植物能够从土壤水溶液中吸收氟离子，根系所吸收的氟含量与土壤中总氟的含量无关，而取决于土壤类型、pH、有机质、钙和铝的含量。在 pH 低的环境下，含铝土壤易形成 Al-F、HF 络合物，这些络合物比游离态的氟易被植物根系吸收。含钙土壤中的钙与氟反应生成 CaF_2 在一定程度上限制了植物对氟的吸收，植物中的氟含量会随之减少。不同植物对土壤氟的吸收、富集能力差异较大，山茶(老叶 1 600 mg/kg)＞茶树(老叶 800 mg/kg)＞茶树(新芽 60 mg/kg)＞桑树(24 mg/kg)＞杉(14 mg/kg)＞红松(12 mg/kg)＞大叶黄杨(8.0 mg/kg)＞柏(6.0 mg/kg)。植物体不同部位富集氟的能力也差异较大，茶树不同部位氟含量表现为成叶＞落叶＞嫩叶＞根、茎，氟主要在茶树叶片积累，尤以成熟叶片和落叶最高。

我国自 1973 年开展抗 HF 污染的植物筛选工作，筛选出的山楂、桑树、油茶等既可以观赏，又可以作为经济作物。在氟污染地区选择合适的抗氟树种时，植物种类的选择和配置也十分重要。由于阔叶树吸毒能力大，常绿树吸毒能力虽稍小，但可长年不断地吸毒，所以选择以阔叶树与常绿树相混合的城市林带和绿地效果更好。用植物组成群体抗氟污染，既要考虑不同树种的吸毒和抗性能力，又要根据污染源排放量和排放高度，合理配置不同宽度、高度和密度结构的林带。

6.1.5 土壤有机污染治理材料

6.1.5.1 土壤有机污染生物降解材料

土壤有机污染的生物降解材料利用生物技术将残存于土壤中的有毒有害有机污染物“就地”降解或去除，使其转化为无害物质的生物材料。土壤污染生物降解材料包括植物修复材料、动物修材料和微生物修复材料。①植物修复分植物降解修复、根际圈微生物降解修复、植物提取修复、植物挥发修复和植物稳定修复五种。特定植物通过木质化、矿质化、使化合物完全挥发、根分泌物直接降解作用转化污染物；特定植物根际圈菌根真菌、专性或非专性细菌等微生物的降解作用转化有机污染物；特定超积累植物从污染土壤中超量吸附、吸收一种或几种重金属元素，之后将植物整体(包括部分根)收获并集中处理；特定植物将土壤中的一些挥发性污染物吸收到植物体内，将其转化为气态物质释放到大气中；特定植根系分泌物质能积累和沉淀根际圈污染物质，使其失去生物有效性。②动物修复材料是指能吸收或富集土壤中的残留农药，并通过其代谢作用把部分农药分解为低毒或无毒产物的蚯蚓、线虫、跳虫、蜈蚣、蜘蛛、土蜂等低等动物。③微生物修复材料分为土著微生物、外来微生物和基因工程菌。土著微生物在有机污染物污染诱导下经自然驯化和选择，产生分解污染物的酶体系而将污染物降解转化；外来微生物指可接种一些降解污染物且具有生态适应性的高效微生物菌种；基因工程菌是采用细胞融合技术遗传工程手段将多种降解基因转入同一种微生物中，使之获得广谱的降解能力。

1. 土壤有机污染修复植物

植物对于土壤环境中的有机污染物(农药、多环芳烃、多氯联苯、石油烃类等)进行修复的原理主要有三种方式：一是将土壤中的有机污染物直接吸收降解，并利用植物自身的新陈代谢活动或被转化为无毒性的物质积累在其组织器官中，或通过木质化作用而转化为植物自身部分，或被矿化分解成为水和二氧化碳排出体外；二是通过植物体分泌的酶的作用直接降解有机污染物，如酶氧化降解过程，将复杂的有机化合物分解为简单的小分子化合物或水；三是通过植物根系和微生物的联合矿化作用来降解土壤中的污染物，如植物根系的一些分泌物及根系的泌氧作用为微生物生存提供了养料和氧，提高微生物降解有机污染物的性能。

植物修复具有成本低、修复效率高、适用大面积污染土壤、不破坏土壤基本理化性质等优点。然而，在实际应用中它还是具有一定的局限性：植物修复通常种植的是单一修复型植物，使修复效果受到限制；大多数富集或超富集植物对污染物的吸收和积累过程极为缓慢，往往需要好几个生长季节，在气温较低的地区更会受到时间的制约；当有机污染土壤的土层超过 2 m 时，处理效果将难以保证；某些植物对土壤、气候等条件有一定的要求，植物受病虫害袭击时也会影响到修复效果；高浓度的有机污染物以及由于拮抗或化感作用常引起修复型植物生长不良，生物量下降，只有在植物承受的浓度范围之内，植物修复才能进行。

20 世纪初，人们开始有意识地利用植物生态系统来处理废弃物和污水无害化，20 世纪 70 年代研究了植物耐性机理，80 年代形成植物修复的概念。未来主要在以下几个研究领域对植物修复进行研究：①加强植物修复和其他修复技术的复合来提高修复效率；②深化植物修复机理的研究，运用新技术促进和改善植物吸收性能，进一步提高持久性有机污染土壤修复的效率；③加强复合污染植物修复研究，由吸收单种污染物植物跨入到吸收多种污染物植物的研究，实现同时对多种持久性有机污染物的降解；④培育高效修复型植物，筛选出对持久性有机污染物耐受性强、生物量大的植物，扩大土壤持久性有机物污染的植物修复应用范围；⑤应用计算机模拟技术建立起有效的植物修复模型，准确认识植物修复过程的各种因素间的相互作用；⑥通过环境生物技术，提高控制植物吸收、转化的有机物限速酶的表达水平，或者引入新的基因，培育出应用于持久性有机污染物植物修复的全新品种。

2. 土壤有机污染修复微生物

有机污染物的微生物修复原理主要是通过微生物分泌的胞外酶和胞内酶的作用，对胞外有机污染物和以主动运输、被动扩散、基团转位、胞饮作用等方式吸收到胞内的有机污染物质，经过氧化、水解、酯、氨化、还原、基团转移、缩合等作用来分解或降解有机污染物，使其降解或转化为无毒、低毒的物质，减少对土壤环境的危害。但这一过程必须满足两个条件：一是在污染土壤中存在能够降解或转化污染物的专性微生物；二是大部分有机污染物具有生物降解性。

(1)土壤有机污染原位微生物修复技术：在不移动土壤的情况下，对污染土壤现场通过接种微生物、补充氧气或添加氮、磷等营养物质等方式进行修复，其工艺和处理过程简单，投资少，对环境的影响小。该技术常采用土壤土著微生物或施加一些经过驯化或者培养的外源性微生物进行降解，主要包括泵处理法、生物通气法等。泵处理法就是在污染土壤上设置注入井和抽水井，前者为了向土壤中注入外援接种菌、营养物质等，后者是为了促使土壤中养分的运输及氧气供应及微生物扩散分布而将地下水抽到地面；生物通气法是在污染土壤上打井，利用鼓风设备和真空泵，对土壤强行注入和抽出空气，使土壤气体发生扩散移动，把挥发性的污染物排出土壤，同时在注入的空气中加入一定量的氨气可保证土壤中微生物正常的养分供应。

(2)土壤有机污染异位微生物修复技术：将污染土壤移出后利用生物工程进行集中处理，来降解污染土壤中的污染物，并恢复土壤原有功能的一种生物技术，主要包括堆肥法、生物反应器法和预制反应床法等。堆肥法是按照传统的堆肥方式将一些农业生产废弃物及植物残体以及动物粪便等与污染土壤混合，通过加入碱性物质调节土壤 pH 和补充氧，在堆肥过程中利用微生物的作用来降解污染物，此法多用于有机污染物的降解；生物反应器法是将污染土壤放入生物反应器后，通过向反应器内添加营养物质及氧气等满足微生物正常生长的条件，使微生物与污染土壤充分接触而降解污染物；预制反应床法就是将污染土壤平铺于非通透性的沙石上，接种微生物，淋洒水、营养液，定期翻动土层保证供氧，以满足微生物的正常生长需要，将处理过程中渗滤液及时回收，重新淋撒在土层表面，达到彻底降解污染物的目的。

1972 年，美国首次利用生物修复管线泄漏汽油的土壤，1989 年美国利用生物技术大面积修复石油污染土壤，近几十年生物修复土壤污染已经成为土壤修复的有效手段，其将有机污染物降解转化为简单的物质，而且相对彻底，修复过程中二次污染和生态风险较小，比光解等速率较快，可以原位修复也可以异位修复，成本相对较低，操作工艺相对简单，应用范围较广，能够处理多种不同种类有机污染物。但微生物修复技术在具体实施过程中也存在局限性：微生物在土壤中发挥其作用受到土壤结构、土壤养分、pH、温度、湿度等土壤自然环境条件以及污染物的种类和浓度等因素的影响，大多数微生物对污染物的降解具有专一性，只能降解某种特定的物质，而且还要求营养物质的适时添加。因此，未来应在以下五方面加强研究：一是研究典型污染物降解的分子生物学机理，培养筛选专一或广谱性的微生物种群，并利用基因手段改良现有菌株，建立高效降解菌的种子库；二是研究微生物修复过程中的次生污染问题，构建对于微生物修复技术统一评价标准，评估微生物修复技术修复污染土壤风险；三是将微生物修复技术与植物修复、生态修复、物理化学修复相结合，提高修复效果和增加修复的经济效益；四是加强微生物制剂的产业化及田间应用条件的研究，构建土壤污染的田间修复工程技术；五是多学科、多技术、多角度研究微生物修复技术的机理、工艺流程。土壤的重金属污染修复是一项系统、复杂的工程，需要物理、化学、生物学、生态学、地质学等不同学科的交叉应用，运用基因工程、细胞工程、酶工程等新的生物技术解决修复过程中可能出现的各种问题，从而提高生物修复的效率、降低处理成本。

3. 土壤有机污染修复动物

(1)原生动物：①土壤原生动物对植物生长的促进作用。土壤提供给植物生长的营养与植物根系、土壤微生物及动物之间的相互作用是密切相关的，植物根际是土壤微生物最重要的栖息地，原生动物通过对微生物的捕食提高营养物质的矿化。当植物根尖生长时，分泌有机炭到周围环境中，有利于细菌的生长，大量的细菌生长使有机氮转化为细菌体的氮；随后细菌被原生动物捕食，原生动物将摄食的细菌生物量中的氮约 1/3 以 NH_4 的形式释放并被植物根系吸收，能够促进复杂根系的生长，使根系更细，且具有更多的分支，从而间接地促进植物的生长。有研究者通过丛枝菌根真菌(AMF)和原生动物对花生进行双接种，结果表明：双接种比 AMF 单接种降低了 AMF 侵染率，增加了植株干物重，提高了氮、磷吸收量，最高可分别提高 12.0% 和 87.7%，原生动物的主要作用在于改善作物氮素营养，而 AMF 的主要作用在于改善作物磷素营养，其协同作用促进了植株的生长及营养状况。

由于原生动物可以选择性地取食某些细菌和真菌，并分泌抑制细菌与真菌生长的次生产物，可见土壤原生动物能够防治土生细菌与真菌引起的植物疾病。实验表明，当土壤原生动物存在时，马铃薯的生长保持正常，没有原生动物存在时马铃薯在几天内枯萎；巨型肉足虫能够消灭多种病原真菌以及非病原真菌的菌丝、孢子等；肾形虫代谢产物可抑制大丽花轮枝孢病原菌，减少侵染率 7%～11%，增加棉花产量 30%，齿脊肾形虫、僧帽肾形虫或白色变形虫可裂解其菌丝或使它的孢子、菌核不发芽；纤毛虫可减少棉籽受立枯丝核菌的侵染，应用快速生长的纤毛虫可使 12 种病原真菌很快地死亡。

② 土壤原生动物在碎屑食物链中的链接作用。土壤原生动物与土壤的形成与演化、腐殖质的形成与类型、腐殖质的含水量与腐殖质的数量以及土壤中有机物的存在至少有一定的关系。土壤生态系统很大程度上是建立在死亡有机物所储存的能量及营养基础上。细菌及真菌等分解者可以利用这些能量与营养转化为自身生物量，而这些分解者又被小型动物、土壤原生动物及线虫等摄食。目前，已有多个土壤食物链结构的模型提出，土壤原生动物可被更高营养级，例如捕食性的线虫及小的节肢动物等捕食。土壤原生动物在这些食物链中起着关键的作用：它们是细菌的重要捕食者，并且被杂食性的及肉食性的线虫所捕食；一些小型鞭毛虫及肉足虫也可被一些大型肉足虫及纤毛虫捕食。土壤原生动物可以捕食一些多细胞动物无法摄取的细菌。因此，土壤原生动物在细菌与更高营养级之间起着重要的链接作用。

③ 土壤原生动物对细菌和真菌的摄食作用。土壤原生动物对土壤细菌数量的影响：自然土壤环境中细菌的数量受到多种因素的影响，原生动物对细菌捕食也是因素之一。在从现场进行的细菌与土壤原生动物关系的研究中发现：在没有灭菌的对照土壤中的细菌数量明显减少，同时土壤中原生动物数量增加。土壤原生动物的活动被放线菌酮抑制时，细菌的数量保持高密度。原生动物对细菌活动的刺激作用：原生动物的存在可以促进大量的细菌活动，例如固 N、CO_2 释放、硝化作用以及铁载体的分泌等。土壤原生动物的捕食对细菌生长与代谢活动的促进可从三方面加以考虑：土壤原生动物选择性捕食有利于那些快速生长的细菌种类；土壤原

生动物分泌的有机物质促进了细菌的活动；细菌被捕食时，数量保持在对数增长期。

嗜真菌的肉足虫可能会影响植物病原性真菌群落。在遭受小麦全蚀病的土壤中发现嗜真菌的肉足虫的数量比正常土壤中高。在土壤中加入真菌后常可以观察到嗜真菌的原生动物数量显著增高，这些也许会有不良的作用，例如，为了加强植物根部的定居作用将菌根真菌加到土壤中，或者为了控制一种植物病害而将一种真菌引入到土壤中，土壤原生动物有可能减少这些引入到土壤中的有益真菌的数量。

④ 土壤原生动物的摄食对分解及矿化作用的影响。对C矿化作用的影响：研究发现在土壤微环境中，土壤原生动物是土壤有机整体的一个重要部分，它直接参与或通过食物链网的关系间接参与土壤中有机物的分解与转化，土壤异养呼吸有9%来自于土壤动物，其中69%来自于原生动物。因此，一般认为原生动物本身所产生的CO_2占整个土壤生态系统产生的CO_2比例是非常小的。有原生动物存在的微环境中累积的CO_2浓度比没有原生动物时高，一般认为是原生动物对细菌活动的促进作用导致环境中CO_2浓度上升。因此，它在陆地生态系统的物质循环与能量转化中起着重要作用。

在BTEX(苯、甲苯、乙苯、二甲苯统称)烃类饱和的池水底泥中，原生动物不仅可以大量存在，而且与细菌数量存在固定的比例关系，表明细菌和原生动物的交互作用与烃类的生物降解有关，原生动物鞭毛虫取食细菌对苯和甲苯生物降解产生影响，发现在鞭毛虫种群对数生长期时，细菌对苯和甲苯的降解速率分别提高到原来的7.5倍。

(2)蚯蚓：有机污染物随土壤进入蚯蚓的肠道和消化系统后，在肠道传输的过程中经历降解和代谢，直接可能被蚯蚓吸收和蓄积。首先，蚯蚓的肠道中适宜的水分，中性pH以及富含氨基酸、小分子糖和脂肪酸类物质不仅能“唤醒”土壤中的处于休眠或惰性状态的细菌，还促进了微生物的生长，进而加快了有机污染物在肠道内的降解和转化；其次，蚯蚓肠道内富含如酚氧化物酶等各种高活性的酶，而酚氧化物酶可以转化包括氯代苯酚和苯酚类内分泌干扰物在内的多种有机物质，并可使这些污染物与土壤有机质聚合，以降低它们在土壤中的毒性和活性。

蚯蚓间接作用源与植物的协同作用和与微生物的协同作用。

① 蚯蚓与植物的协同作用：尽管被蚯蚓组织所积累的多环芳烃(PAHs)相当有限，但至关重要的是蚯蚓通过改善土壤的理化性质、生态功能，尤其是土壤通气状况极大地促进土壤-植物系统中PAHs的生物降解。对于稳定的π键结构的PAHs分子，充足的氧气供给不仅能促进PAHs的起始氧化，还间接地促进土壤中好氧微生物的生长，从而强化植物降解活性。此外，蚯蚓活动对植物根系生长的促进作用，扩大了根际效应，强化了植物—微生物交互作用。

② 蚯蚓与微生物的协同作用：蚯蚓与微生物的联合作用对有机质的分解以及矿物营养的释放起着非常重要的作用，蚯蚓活动不仅对微生物种群结构和数量产生影响，而且还对微生物的活性产生影响。蚯蚓促进了土壤中被微生物固持养分的释放和增强士壤微生物种群活性，增强了微生物的代谢熵和纤维素分解活性。蚯蚓能传播微生物并影响微生物的活性和数量，存在着促进菌根侵染植物根系的潜力。此外，蚯蚓体内存在着各种各样的酶，已发现的有纤维素酶、几丁质酶、蛋白酶、脂肪酶、淀粉酶，过氧化物酶以及糖酶等，这些天然酶活性极高，能够

与微生物协同分解腐烂有机物。

(3)土壤线虫:土壤线虫是数量和功能最丰富的土壤多细胞动物,主要以食微线虫为主(包括食细菌线虫和食真菌线虫)。接种耐性线虫后,微生物数量、土壤呼吸及土壤酶活性均明显提高,说明耐性线虫的取食活动在促进降解菌数量增殖的同时,也提高了降解菌的活性,从而间接促进了土壤污染物的降解。与微生物的数量相比,线虫取食对微生物活性的影响更明显。

食细菌线虫通过取食行为可以刺激细菌的生长繁殖,这种刺激作用主要体现在细菌数量、活性及群落的改变。同时促进土壤微生物及一些土壤酶活性,并且通过自身代谢周转释放出活性物质和养分,从而对土壤生态系统的养分转化和有机物分解功能起到一定的调节作用。食细菌线虫虽个体小,世代短,但代谢活性高,在降解有机污染物过程中,其取食活动不但没有减少细菌数量,反而刺激了细菌的增殖,促进了降解菌的活性。线虫作为土壤中最丰富的无脊椎动物,它们参与有机质分解、养分矿化和循环等生态过程,通过促进养分循环来刺激微生物活性的增强。食细菌线虫和细菌之间存在三种相互作用机制:首先,食细菌线虫能够通过直接取食细菌加速微生物周转,促进养分循环,去除衰老的细胞,降低细菌对生存空间和食物以及能量来源的竞争;其次,线虫自身的分泌物质以及线虫死亡后尸体分解释放出的活性物质能够刺激细菌的生长繁殖;再次,线虫能够通过迁移等活动促进细菌的传播。

食微线虫对微生物的捕食也有可能对微生物没有明显影响或者抑制微生物的生长,一般认为有三方面的原因:①基质土壤孔隙度、土壤湿度、温度等培养条件,尤其是基质营养条件的差异可能影响细菌的种群增殖,进而影响食细菌线虫的捕食作用;②虽然任何食细菌线虫都能够刺激细菌的生长,但不同种类线虫对细菌的捕食强度不同,由此产生的作用也不同;③线虫对细菌的选择性捕食会造成细菌群落或多样性的改变。

6.1.5.2 土壤石油污染降解微生物

能降解石油中环烷烃的细菌有假单胞菌属、弧菌属、不动杆菌属、黄杆菌属、气单胞菌属、无色杆菌属、产碱杆菌属、肠杆菌属、棒杆菌属、节杆菌属、葡萄球菌属、乳杆菌属;酵母菌有假丝酵母属、红酵母菌属、毕赤氏酵母菌属等;霉菌有青霉菌、曲霉菌、镰孢菌属等。石油烃在水中的溶解度很小,部分微生物可通过特异性附着机制利用菌毛或细胞膜的脂类和蛋白质使细胞形成疏水表面而附着于水中油滴表面,或者部分微生物通过释放出乳化剂将油滴乳化成小颗粒,增大油滴表面积,有利于微生物的直接接触和利用。一般烷烃在微生物作用下首先被氧化成醇,醇在脱氢酶的作用下被氧化为相应的醛,然后通过醛脱氢酶的作用氧化成脂肪酸。芳烃被细菌和真菌的氧化机理并不相同,细菌是通过过氧化物酶将氧分子的两个氧原子结合进芳香烃中,形成顺式构型的二氢二醇,在另一种过氧化物酶的催化作用下,二氢二醇的芳香环破裂成邻苯二酚;而真菌则是通过催化单氧化酶和环氧化物水解酶使芳烃转化为反式构型的二氢二醇。

当微生物对石油烃类的降解作用是由细胞内酶引起时,微生物降解的整个过程和机理可以分为三步:一是石油烃类化合物被微生物细胞膜表面吸附,这是一个动态平衡的过程;二是吸附在细胞膜表面的化合物进入细胞膜内;三是进入微生物细胞膜内的化合物与降解酶结合发生酶促反应,这是一个快速的过程。

(1)石油烃在微生物表面的吸附。由于石油烃在水中的溶解度非常小,且部分石油烃强烈地吸附在土壤沉积物颗粒表面,很难直接被微生物降解。鉴于表面活性剂对石油烃的增溶和分散作用,利用表面活性剂来增加石油烃的溶解度。表面活性剂对微生物存在毒害作用,其浓度过高时对菌株的生长和除油率均存在明显的抑制作用,可能的原因是:①表面活性剂作为碳源可能被微生物优先利用,从而降低微生物降解效率;②表面活性剂与细胞膜的脂质物质相互作用而破坏了细胞膜;③表面活性剂会与酶或其他生物大分子发生反应。微生物还可通过两种自身的适应性机制来提高对石油烃的利用率:一种是特异性附着机制,微生物通过菌毛或细胞膜的脂类和蛋白质使细胞形成疏水表面而附着于水中的油滴上;另外一种是烃类乳化机制,微生物通过释放出乳化剂将油滴乳化成小颗粒,增大油滴的表面积,有利于微生物的直接接触和利用。

(2)微生物对石油烃的跨膜运输。石油烃的跨膜运输是微生物吸收石油烃的重要途径,但目前关于石油烃通过细胞膜的机制研究还不是很充分,石油烃等有机污染物可以通过主动吸收和被动吸收两个途径进入微生物的细胞内。微生物自身产生的生物表面活性剂能改变细胞膜结构,增加污染物通过细胞膜的几率。有的表面活性剂能聚集排列在微生物细胞膜表面,有的甚至可以镶嵌在细胞膜中,在细胞膜表面形成类似通道的孔状结构,使石油烃更容易通过细胞膜进入细胞内。

(3)石油烃在微生物细胞内的降解。首先微生物将直链烷烃氧化成醇,被醇脱氢酶氧化为相应的醛,再通过醛脱氢酶的作用氧化成脂肪酸。氧化途径有单末端氧化、双末端氧化和次末端氧化。支链烷烃的氧化受到正烷烃氧化作用的抑制,增强了烷烃的降解难度,且支链越大越多降解难度越大。环烷烃被氧化为一元醇,在细菌中环烷醇和环烷酮通过内脂中间体的断裂而代谢。大多数利用环己醇的微生物菌株,能在环己酮、顺(反)—环己烷—1,2—二醇和2—羟基环己酮等脂环化合物中生长。微生物对芳烃的降解,细菌借助双加氧酶的催化作用把分子氧的两个氧原子结合到底物中,使芳烃氧化成顺式—二氢二酚类。与细菌相反,真菌则借助于单加氧酶和环水解酶的催化作用,把芳烃氧化成反式—二氢二酚类化合物。

首先从被石油烃污染的土壤中取样,通过培养、分离、鉴定、性能测定,选育出高效降解石油优势菌种,重复富集培养直到得到单一菌种,再通过测定降解石油烃污染物的速率,就可以确定该菌种为降解石油烃类污染的有效菌,然后经过有效菌的优化组合,再配合从污染土壤分离,最终制备成由多种菌(细菌、放线菌、真菌)组成的复合菌剂,进入土壤生态系统后能占据一定生态位,快速降解石油污染物。

单一的细菌或真菌因产生酶的种类和浓度都比较少,通常只能降解少数特定烃类或只降解到某一程度,复杂烃类的彻底降解往往需要多种微生物协同、联合作用。一般将三株能产生表面活性剂、胞外酶的石油烃降解细菌(枯草芽孢杆菌、粪链球菌、荧光假单胞菌)与一株热带假丝酵母菌的混合菌吸附于有机载体上,并与腐殖酸、生物有机钙和诺沃肥等有机肥联合修复石油污染的土壤。枯草芽胞杆菌属运动的、产芽孢的革兰氏阳性杆状细菌,可生成肽脂类表面活性剂,并转化和降解石油的烷烃、芳烃和沥青质组分以及极性有机硫化合物和有机氯化合物,同时也可降低原油的重质馏分含量,改善原油的物理化学性质;粪链球菌属兼性厌氧革兰氏阳性球菌，能产生胞外蛋白质，可在体外分解多环芳烃，当其与好氧细菌混合使用时，能达到更好的修复效果；荧光假单胞菌属好氧革兰氏阴性菌，对原油有乳化和降解作用，在生长过程中分解少量原油，产生的鼠李糖脂表面活性剂、有机酸和气体等代谢产物均可影响原油的理化性质；热带假丝酵母能够利用正烷烃作为单一碳源快速生长，而且可以使土壤中其他菌种更自由地移动，使得它们与土壤接触更充分，从而提高对石油烃类物质的降解能力。

微生物降解过程取决于微生物的生长和代谢，受到环境条件、营养元素、表面活性剂、生物可降解性、石油烃类物质的复杂性和异质性、底物之间的相互作用等因素的影响。

(1)环境条件：大多数微生物在常温下较易降解石油烃类。温度较低，石油烃的黏度增加，导致降解时间延长，降解率降低。一些有毒性的正烷烃及芳香烃在低温时很难挥发，且酶活性也会降低；温度较高(37～40 ℃以上)，石油烃对细胞膜的毒性会增加，对生物降解速率有影响，但嗜温微生物能在高温下降解石油烃。不同微生物对湿度条件有不同的适应性，真菌适于在干燥的条件下生长，而细菌在较高的湿度条件下也可以较好的生长。一般土壤的孔隙率为50%、干物质含量为50%的条件下，可以满足大部分微生物的生长。

(2)营养元素：氮源和磷源是微生物降解烃类物质的影响因子，而微生物对溶解态的物质容易吸收，石油污染物水溶性却很小，故应开发亲油性的新型氮源和磷源，并使其在水体中附着于石油烃类物质而维持菌体的持续生长。只有调整好 N、P、K、Na、S、Ca、Mg、Fe、Mn、Zn、Cu 等微生物必需的营养元素的数量、形式和比例，才能使降解过程得以顺利进行。

(3)表面活性剂：石油烃在水中的溶解度非常小，难以提供足够的碳源和能量来维持微生物的生长繁殖，因此微生物会进化出特异性的附着机制和烃类的乳化机制来强化与烃类的接触。前者微生物通过菌毛或细胞膜表面的脂类或蛋白质使细胞形成疏水表面而附着于水中的油滴上；后者微生物可释放出乳化剂使油滴乳化，以利于微生物的直接接触和利用。然而，多种石油烃类污染物可强烈地吸附于土壤上，不易降解，通过表面活性剂促进解吸和溶解，提高生物的可利用性。表面活性物质能使液相中烃乳化分散，增大水相和油相界面的面积，从而使微生物细胞更容易摄取烃。共溶剂或表面活性剂促使油乳化的同时会产生新的污染，而生物表面活性剂因其独特的两亲分子结构及对微生物无毒、无害的特点，比化学表面活性剂更有优势。

(4)生物可降解性：石油中各种烃类的结构和所占比例相差很大，一般分为烷烃(包括直链烷烃和支链烷烃)、环烷烃(多数是烷基环戊烷、烷基环己烷)和芳香烃(多数是烷基苯)，微生物对不同类型石油烃的降解能力也不同，饱和烃的降解率最高，其次是低相对分子质量的芳香族烃类化合物，高相对分子质量的芳香族烃类化合物、胶质和沥青质则极难降解。不同烃类化合物的降解率由高到低分别为直链烷烃＞支链烷烃＞低相对分子质量芳香烃＞多环烷烃。不同烃类的微生物可降解性次序：小于 C_{10} 的直链烷烃＞C_{10}～C_{24} 或更长的直链烷烃＞小于 C_{10} 的支链烷烃＞C_{10}～C_{24} 或更长的支链烷烃＞单环芳烃＞多环芳烃＞杂环芳烃。芳烃类的水难溶性和多环芳烃的毒性使更难被微生物降解，脂肪酸、苯胺、氨基甲酸酯等较易降解，初始降解步骤为酯水解反应时较易降解，污染物的初始降解步骤为脱烷基化反应时较难降解。

(5)底物之间的相互作用：共代谢是微生物长期进化形成的一种特性，即利用一种易降解的物质作为支持微生物生长繁殖的营养物质，同时微生物降解另一种难降解物质（称为共代谢），后者并不能使共代谢的微生物获得能量、碳源或其他任何营养，如当土壤中加入菲时可以显著促进苯并(a)芘的降解。微生物不能在某种基质上生长的原因并不是由于微生物无法分解、代谢这种物质，而是由于微生物本身缺乏吸收、同化其氧化产物的能力。

微生物修复石油污染土壤，从理论研究到实用技术都取得了进展。但该方法修复周期长，不适于处理土壤石油含量过高或太低的情况，受环境因素的影响较大，且特定的微生物只能够降解特定的化合物类型，某种特定的石油污染土壤生物修复的成功经验不一定在另外的场地中适用。因此，石油污染土壤微生物修复技术可从以下领域开展研究：①研究污染土壤中土壤微生物降解性及作用机理，通过对影响其活性的环境因子进行选择与调控以获得最高处理效果；②加强原油降解的微生物种群遴选、驯化及生长条件研究，特别是多环芳烃和杂环芳烃的复合降解菌剂的开发；③通过基因工程等手段研究和开发出新的高效基因工程菌，向石油污染土壤中投加环境适应强、降解效能高的菌种或菌群以提高处理效果；④加强石油烃降解的动力学及生物修复过程和终结状态的检测研究，揭示降解反应机理和反应动力学，必须对石油烃初始浓度、终结浓度、降解产物种类及含量进行检测，可采用组分沸点分析、场吸收质谱分析、裂解气相色谱-质谱联用等成套组分分离分析技术；⑤考虑多种方法的集成技术，研究石油污染土壤的植物与微生物联合修复，深入探讨土壤-植物-微生物循环体对石油污染土壤的作用机理，特别是植物根际对石油污染土壤微生物及其修复作用的影响，以及物化处理与生物修复相结合促进石油污染土壤修复的应用。

1980 年前后，就有人筛选出了多种细菌及真菌，经实验证实它们能将烃类物质降解。据统计，目前用于修复石油污染土壤最多的是细菌，因为相比之下细菌更易培养、改造，同时较易对石油烃类物质进行矿化等。

6.1.6 土壤农药残留治理材料

6.1.6.1 土壤农药残留吸附剂

土壤农药残留吸附剂是用于减少土壤中未能被降解的残留农药的吸附性材料。不同农药在土壤中的残留期长短的大致次序是：含重金属农药＞有机氯农药＞取代脲类、均三氯苯类和大部分磺酰脲类除草剂＞拟除虫菊酯类农药＞氨基甲酸酯农药、有机磷农药。农药残留吸附剂主要有：①活性炭类，巨大的比表面积和发达的孔隙结构决定了其有效的吸附性能，尤其在吸附中性分子时，效果最突出。活性炭类吸附剂常用于处理含有除草剂的土壤；②有机质类（土壤腐殖质、厩肥和植物残渣），当农药的分子质子化以后，以阳离子形式存在于土壤中，可与有机质发生阳离子交换吸附。常用于吸附大片地区土壤的残留农药；③黏土矿物类，黏土矿物是由金属氧化物和羟基氧化物组成，其比表面积大，表面有大量的正负电荷位点，对农药等污染物有一定的吸附能力。黏土矿物主要吸附脂溶性农药，使其主要固定在土壤表面或施药层内。

1. 活性炭类

活性炭的吸附过程分为三个阶段：首先是被吸附物质在活性炭外表面形成水膜扩散，称为膜扩散，也称外扩散，然后扩散到炭的内部空隙，称为孔内扩散，最后在炭的空隙内表面上发生吸附。吸附速率主要取决于被吸附物质向活性炭内表面的扩散过程。粉末活性炭可有效吸附敌敌畏、百草清、林丹、毒死蜱等，去除率能达到 85%，在农业生产中有着广阔的应用前景。

2. 有机质类

土壤有机质是植物营养的源泉，又是形成土壤结构的有机胶结剂，其中，腐殖质就占 80%以上，是一种黑色或棕色胶体，由植物和动物组织"部分分解"而来的混合物。腐殖质在土壤中可以游离腐殖酸或腐殖酸盐类状态存在，也可呈凝胶状与矿质黏粒紧密结合，成为重要的胶体物质，腐殖质分子包括芳香族化合物的核、含氮有机化合物和碳水化合物三部分，在其分子上含有若干个羧基(—COOH)、酚羟基(—OH)、醇羟基(—OH)、甲氧基(—OCH_3)等能与外界进行反应的官能团，使腐殖质具有多种活性。腐殖质能通过螯合、离子交换和吸附作用结合生态环境中重要的金属离子(Hg、Cu、Cd、Fe、Ni、Mn)生成各种形式的配合物，并通过疏水作用、配位交换和氢键作用吸附有机污染物，如多环芳烃、多氯联苯、农药、除草剂等，由此改变了它们的迁移、毒性和生物可利用率。它与金属和有机污染物结合的官能团主要有羧基、胺基、氮环、酯和酮等。

3. 黏土矿物类

有机质含量较低的土壤中，黏土矿物对农药的吸附起主要作用。蒙脱土在土壤中含量较高，且具有双层晶体结构、阳离子交换量大等特点，通常对农药分子有较大的吸附能力。实践证明黏土矿物的吸附能力与可交换阳离子的极化力有关，其对异丙甲草胺的吸附比腐植质强。黏土矿物及氧化物对的苄嘧磺隆吸附均符合 Langmuir 方程，固体表面原子或分子存在向外的剩余价力作用范围与分子直径相当，因此吸附剂表面只能发生单分子层吸附。

在 20 世纪 70 年代，人们才开始对黏土矿物与农药的相互作用进行了研究，由于农药结构和性质的多样性，以及矿物胶体表面的复杂性，这种相互作用十分复杂：①阳离子结合。阳离子农药是强极性的，完全离子化，可迅速被吸附在黏土上。由于各种黏土所携带的电荷不同，阳离子农药在黏土表面的吸附量有很大的差异，如百草枯在高 pH 下，在蒙脱石上的高吸附。百草枯被吸附到了蒙脱石层间表面，很容易置换蒙脱土上的无机阳离子，之后很难被其他无机阳离子交换而移去。②氢键。氢结合是偶极子-偶极子相互作用的一种特殊类型，氢原子在两个电负性原子间类似于"桥"：一方面共价结合；另一方面被静电力吸引。在 Na^+、Ca^{2+}、Cu^{2+}和 Fe^{2+} 饱和的水合蒙脱土中，马拉硫磷在碳基氧原子和阳离子的结合水之间以氢键结合。③范德华力。范德华力存在于所有吸附剂和吸附质之间的相互作用中，它包括弱的短距离的偶极和诱导偶极相互作用，且离子与吸附表面近距离接触时范德华力作用最大。研究发现，除草剂异草定在蒙脱石和高岭石上的吸附仅仅是范德华力相互作用的结果。④阳离子偶合和配体交换。脱水的黏土吸附系统中交换性阳离子能直接吸引极性农药分子，并形成阳离子-偶极结合。有机农药分子与交换性金属阳离子配位，能形成配位共价键，例如杀草强与蒙脱石上的 Ni^{2+}、Cu^{2+} 可发生阳离子配位，且当农药分子进入蒙脱石交换位置最多的间层区时，与交换性阳离子之间的相互作用最强。

当前，国际上对农药污染土壤的修复进行了大量研究，特别在利用表面活性剂改性生成有机黏土矿物用于土壤污染的修复方面获得较大进展，其中有机改性膨润土应用尤为重要。常用于修复污染土壤的表面活性物质有：阳离子表面活性剂（如溴化十六烷基三甲胺）、阴离子表面活性剂（如十二烷基苯磺酸钠）、非离子表面活性剂（如乳化剂 OPTritoX-100、AEO-9 等）、生物表面活性剂以及阴-阳离子混合表面活性剂。在国外，膨润土及其改性产物用于环境污染治理受到越来越广泛的重视。我国在这方面的研究开展较晚，农药残留吸附剂的吸附和迁移理论研究日趋活跃，应用方面需要加大研究力度。

6.1.6.2 土壤农药残留降解微生物

土壤农药残留降解微生物指能够将土壤中残留农药分解为无毒或低毒小分子化合物，并最终降解为水、CO_2 和矿物质的细菌、真菌、放线菌等微生物。微生物降解农药机理分为两类：一类是矿化作用，微生物直接以农药作为生长基质，将其完全分解成如 CO_2 和 H_2O 等无机物；另一类是共代谢作用，有些合成的化合物不能被微生物降解时，若存在另一种可供给的碳源和能源的辅助基质，则这些化合物可被部分降解。微生物降解农药途径分为两种：酶促反应和非酶促反应。酶促反应指微生物本身含有可降解该农药的酶系基因，通过氧化、脱氢、还原、水解、合成等作用直接作用于农药；或者，虽然不含降解该农药的酶系，但在农药胁迫下，微生物的基因发生重组或改变，产生了新的降解酶系。非酶促反应指微生物的活动使环境 pH 发生变化而引起农药降解，或产生某些辅助因子或化学物质参与农药的转化。微生物降解农药时的生化反应主要有四类：①还原反应，包括了硝基还原、还原性脱卤、醌类还原等。②氧化反应，包括了如芳香族羟化、脂肪族羟化、N-羟化等羟化反应，环氧化，N-氧化，P-氧化，S-氧化，氧化性脱烷基、脱卤、脱胺。③缩合和共轭形成，将有毒分子或一部分与另一有机化合物相结合，从而使农药或其衍生物失去活性。④水解反应，酯、酰胺和硫酸酯类农药中酯键和肽键被微生物水解。在微生物降解农药时，其体内并不是只进行单一的反应，多数情况下由多个反应协同作用来完成对农药的降解。

已发现各种有机农药的降解微生物至少有假单孢菌、芽胞杆菌、产碱杆菌、无色杆菌、黄杆菌等 25 个细菌属和白腐真菌、根霉、青霉、曲霉、焦曲霉等 20 多个真菌属及少量放线菌属，具有广谱的降解能力、广泛的适应性及较快的进化速度，其中细菌由于其生化上的多种适应能力以及容易诱发突变菌株而占主要地位。农药降解菌株的获得方法主要有：①从长期被某种药剂污染的土壤中采样、富集培养、再分离纯化得到所需菌株；②基于统计技术的定向培育优化法；③化学诱导法。另外，农药降解的每个过程都是由微生物产生的酶来实施催化，这些降解酶有的是微生物固有的，有的是变异产生的，通过分离、纯化、固定农药降解酶的研究使降解菌酶制剂的降解效果远胜于菌株本身。农药降解菌的降解效率及速度取决于四个变量：农药及其代谢物的生物利用率、微生物的生理状态、农药降解菌在污染环境的生长和增殖及微生物的种群上限。这四个变量的调整不仅受到了微生物种类及酶的作用的影响，还受到如 pH、温度、湿度等环境条件的影响。

生物降解的研究始于 20 世纪 40 年代，我国从 80 年代初也开始了相关研究。利用微生物降解农药残留基于在自然界中筛选的多功能微生物资源，被公认为是一种低成本的环境友好型去除污染物的有效方法。运用分子生物学、遗传学和基因工程等新技术，从自然环境中分离或选育出高效降解菌种及酶系，已成为土壤农药残留降解微生物研究的基本特征。开发建立高效农药降解菌种子库，培养接近自然生态的多种混合微生物优势菌群，制备并产业化生产降解酶，充分利用原位土著微生物，建立固定化的农药生物降解模型，已发展成为热点方向。

6.1.6.3　土壤农药残留光降解催化剂

土壤农药残留光降解催化剂是指在光的照射下，作为激发供体自身可被激发产生单线态氧、羟基自由基、超氧阴离子等活性氧和自由基，这些自由基能使农药发生脱氢或亲电加成反应，逐步被氧化成低分子中间产物，最终生成 CO_2、H_2O 及其他的离子如 NO_3^-、PO_4^{3-}、卤素等的催化剂。

常用的催化剂有 TiO_2、ZnO、CdS、WO_3 和 Fe_2O_3 等，降解的主要机理是半导体粒子的能带结构一般由填满电子的低能价带和空的高能导带构成，它们之间由禁带分开。当能量等于或大于半导体的禁带宽度(带隙能) 的光照射半导体时，价带电子被激发，越过禁带进入导带，在导带上产生带负电的高活性电子(e^-)，并在价带上留下带正电荷的空穴(h^+)，形成电子-空穴对，并在电场作用下分离并迁移到粒子表面。空穴有极强的能力夺取半导体颗粒表面有机物或溶剂的电子，使原本不吸收紫外光的物质被活化，同时电子转移到催化剂表面，再进入水溶液，诱发链反应产生氧化能力极强的 $\cdot OH$ ，从而可降解有机物。半导体光敏剂光催化氧化降解可有效处理卤代烃类、氯代酚类和氰化物等。其中，TiO_2 是使用最广的光催化剂，该催化剂具有在常温常压下可进行、能耗低、对污染物降解效率高的优点，但也有低的量子产率、对可见光利用率很低等不足。

农药的光降解研究开始于 20 世纪 60 年代，现已应用于生产实践。在农药土壤及污水处理中，复合氧化技术用得越来越广泛，出现了各种技术联合使用，如 O_3/UV、H_2O_2/UV、O_3/H_2O_2、$O_3/H_2O_2/UV$、TiO_2/UV 等；经常加入 Ag、Au、Pb、Pt 等金属、金属氧化物或其他半导体掺杂来降低电子-空穴的复合，提高光催化效率；特别是采用 TiO_2-Fenton 试剂复合体系光催化氧化处理水中有毒的有机污染物的研究成为热点，该法除具有 Photo-Fenton 法氧化降解的特点外，TiO_2 与试剂之间还存在着一定的协同效应，从而增强整个系统光催化降解的效应。

6.2　土地退化修复材料

6.2.1　土壤改良剂

凡主要用于改良土壤的物理、化学和生物性质，使其更适宜于植物生长，而不是主要提供植物养分的物料，都称为土壤改良剂。根据原料来源可将土壤改良剂分为天然改良剂、人工合成改良剂、天然-合成共聚物改良剂和生物改良剂四类。

天然改良剂按原料性质分成无机物料和有机物料。其中，无机物料主要包括石灰石、膨润石、石膏、蛭石、珍珠岩等天然矿物和粉煤灰等无机固体废弃物；而有机物料主要包括造纸污泥、城市污水污泥、城市生活垃圾、作物秸秆、豆科绿肥和畜禽粪便等有机固体废弃物和多糖、纤维素、树脂胶、单宁酸、腐殖酸、木质素等天然提取高分子化合物以及泥炭、炭等有机质物料。人工合成改良剂是模拟天然改良剂人工合成的高分子有机聚合物，主要有聚丙烯酰胺(PAM)、聚乙烯醇树脂、聚乙烯醇、聚乙二醇、脲醛树脂等，其中 PAM 是研究最热门的人工合成土壤改良剂。天然-合成共聚物改良剂主要包括腐殖酸-聚丙烯酸、纤维素-丙烯酰胺、淀粉-丙烯酰胺/丙烯丙烯腈、沸石/凹凸棒石-丙烯酰胺、磺化木质素-醋酸乙烯等。生物改良剂包括一些生物控制剂、微生物接种菌、菌根、好氧堆制茶、蚯蚓等。

6.2.1.1 改善土壤物理化学特性

施用土壤改良剂可以促使分散的土壤颗粒团聚，形成团粒，增加土壤中水稳性团粒的含量和稳定性，显著提高团聚体的质量，降低土壤容重，增大土壤总孔隙度，改善通气透水性，提高土壤利用价值。①改善土壤结构。土壤结构与决定土壤肥力的黏粒矿物质、有机无机复合体、酸碱度、氧化还原电位等化学因子，土壤生物、活性酶等生物学因子，机械强度、通气性、温度、水分等物理学因子都密切相关，土壤改良剂使土壤变得疏松，土壤的孔隙增多，容重下降，有利于土壤中的水、气、热等的交换及微生物的活动，促进土壤中养分对植物的供应，从而提高了土壤肥力。土壤改良剂还可以提高土壤中离子交换率，改良盐碱地，缓冲 pH，吸附重金属。②改善土壤蓄水能力。沥青乳剂和 PAM 能提高土壤入渗率，减少土壤水分蒸发，保蓄水分，提高水分利用效率。③改善土壤保肥能力。土壤改良剂通过创建水稳性团粒和对肥料元素的吸附、活化作用，减少了肥料进入土壤液相，抑制肥料元素的流失，使土壤肥力得以保持，有利于提高肥料的利用率。④调节土壤温度。PAM 和沥青乳剂可明显地提高地表温度，尤其是对越冬植物有良好的生长调节作用。⑤降低土壤侵蚀。在风蚀地区，土表喷施土壤改良剂后，使土表结构不易被破坏，能有效地控制风蚀；高分子聚合物使土壤水稳性团粒含量明显增加，土壤抗水蚀能力增加，水土流失相应减少。⑥调节土壤盐分。土壤经改良剂使地表形成一层薄膜或碎块隔离层，使土壤水分蒸发强度减弱，使盐分上升的趋势减弱而向下淋洗的效果增强，如沸石类改良剂明显提高了土壤的盐基交换能力，使土壤中可溶性盐分减少，土壤的阳离子交换量增大。

6.2.1.2 改善土壤生物化学特性

土壤微生物数量直接影响土壤的生物化学活性及土壤养分的组成与转化，而土壤酶是土壤中的生物催化剂，土壤中的生化过程都是在土壤酶的催化下进行和完成的，土壤酶活性已作为土壤质量的生物活性指标。土壤中微生物对植物起着非常关键的作用，而微生物靠有机碳才能生长，所以施加有机碳土壤改良剂可以增加土壤微生物数量和活性，提高酶活性；同时，抑制真菌类、细菌、放线菌活动，使土壤疾病传播大大减少。用土壤改良剂处理过的土壤，土壤微生物(细菌、真菌、放线菌、磷细菌、钾细菌、纤维素分解菌)数量、土壤酶(过氧化氢酶、脲酶、磷酸酶和纤维素酶)的活性及作物产量均有不同程度的提高。

6.2.1.3 促进植株生长，增加作物产量

土壤改良剂通过改良土壤结构，增加孔隙度，为作物生长创造一个良好的水气条件，从而

可提高作物出苗率、改善作物的生长状况、增加作物产量。

尽管土壤改良剂改土效果明显，作用广泛，但是还存在以下问题：①成本高，使得其推广应用一直受到限制；②土壤改良剂持续作用时间过短，有待提高；③缺乏广适性和专一性，而且土壤改良剂产品种类很多，在持效性能、有机质含量、保水性能和改土效果等方面缺乏科学统一的衡量标准和测试手段；④缺乏不同土壤改良剂增产、增效、改土机制的研究；⑤对生活垃圾、生物质废弃物的开发利用少；⑥没有长期对土壤环境和农产品质与量变化进行研究，不能确定土壤改良剂安全无污染。

土壤是人类赖以生存的物质基础，是不可缺少、不可再生的自然资源，一旦破坏将直接危及到人类健康和生存。因此，土壤的修复、维护、改良关系到可持续发展。土壤改良除传统的增肥改土、耕作改土、水利改土措施外，生化改土成为未来的新趋势。土壤改良剂的研究与应用使人们找到了有别于传统改良土壤的新方法。土壤改良剂的生产技术及应用研究不断发展，使土壤改良剂在遏制土壤退化、改良中低产田、增容扩蓄等方面的应用越来越广泛。同时，土壤改良剂已经在农作物生产、保护林种植、草场生产、城市绿化、高速公路绿化、花卉生产等方面得到广泛应用。若能在土壤改良剂产品成本、性能和持效性等方面加以改进和提升，土壤改良剂将具有更加广阔的应用前景。

6.2.2　荒漠化治理材料

6.2.2.1　固沙材料

固沙材料指用来抑制沙漠边缘土地的进一步沙漠化，并实施有效生态恢复的材料，主要包括天然固沙材料、化学固沙材料和生物固沙材料。

1. 天然固沙材料

天然固沙材料是在沙漠现场就地取材，在流沙表面撒盖的黏土和铺设的草方格。在沙丘迎风坡横对主风方向，黏土与沙粒形成物理结合面，呈块状或饼状固结在沙层表面，增大了流沙表面的粗糙度。以方格的形式铺埋干草，气流或风沙流经时形成旋涡，在草方格内形成蚀积凹曲面结构，该结构可增加地面粗糙度，阻滞近地面层的风速；草的抖动“击碎”顶部流场，使风加速区的能量无法聚集；凹槽内的回流对其顶部气流具有一种“升力效应”，抑制流沙堆积。草方格在我国沙漠地区已获得广泛应用。

2. 化学固沙材料

化学固沙材料主要有水泥浆类、水玻璃类、石油产品类、高分子聚合物类、高吸水树脂类等。化学固沙材料通过化学黏结作用使流动沙表面形成覆盖层，隔绝气流对松散沙面的直接作用；或渗入表层沙中黏结松散的沙粒形成固结层，通过黏结、表层覆盖、水化、聚合和胶凝五种作用使表层流沙固定。固沙剂颗粒存在电荷作用可影响相邻表面颗粒间的“吸引-排斥”力，产生分子间内力作用，形成连续或非连续网状结构，将沙粒牢固黏结在一起。国外化学固沙的研究始于 20 世纪 30 年代，到 50 年代有了较大发展，尽管固沙效果良好，但属引入外来人工材料，成本高，需要长途运输，也不能实现根本性生态恢复，规模化推广难度较大。

3. 生物固沙材料

生物固沙材料包括固沙植物和生物结皮。

固沙植物作为沙漠治理中最普遍的、最重要、最有价值、最根本的材料，是根据植物对流沙的不同适应能力，采取植树、播灌、种草等以林业为主的手段在流沙上恢复、建立“乔、灌、草”结合的防风固沙生态体系，增加地表粗糙度，以取得最佳固沙效果。植物可以更为经济、持久、稳定地改良流沙的理化性质，促使土壤形成，改善局域生态环境。植物治沙的重点在于选择合适的沙生植物以及设计有效的防风林结构。固沙植物主要指梭梭、沙棘、白刺、柽柳、花棒、沙拐枣、胡杨、沙枣、黑沙蒿、白榆、沙柳、黄柳、沙蒿、踏郎、紫穗槐等耐旱、适合在沙漠中生长的植物。尽管这些植物适宜本土生长，但植被恢复是一个难题，年蒸发量是降水量的几十到几百倍，沙化土壤高温干旱缺水，使得苗木的成活率极低。采用浇水灌溉法水分要么高蒸发、高渗失，要么根部水大缺氧，而不能保证苗木成活率，导致严重缺水的沙漠地区水资源浪费，规模化种植还导致地下水位下降而阻碍生态恢复的可持续发展。自 1965 年以色列第一家滴灌装置工厂诞生，滴、渗、微灌技术成为沙漠节水灌溉的主流方向，这种微水流灌溉能保证苗木的成活率，但设备维护繁琐，成本高，植物对水分的利用率仍有待提高。分子渗灌材料是由无机导水颗粒与高吸水性树脂杂化复合而成的智能软物质材料，通过调整无机导水材料与高吸水性树脂的比例来保证土壤的合理湿度，当土壤湿度低于该设定湿度值时，高吸水性树脂脱水，无机导水颗粒趋于“桥接”，分子渗水速率加快；当土壤湿度高于设置的湿度值时，高吸水性树脂溶胀，无机导水颗粒趋于“断桥”，分子渗水速率减慢。分子渗灌材料有两个鲜明的特色，一是自调节土壤湿度，属依靠材料与土壤的水势差实施的无压渗灌；二是属水分子灌溉，用水量仅仅是滴、渗、微灌技术的几十分之一，实现最有效节水灌溉。该材料已在沙漠地区取得了显著成效。

生物结皮又称生物土壤结皮、土壤微生物结皮，是指由不同种类的苔藓、地衣、藻类、真菌、蓝藻以及细菌等生物组成与其下层很薄的土壤共同形成的一个复合的生物土壤层。生物结皮分为三种形式：地上微生物结皮、地面生物结皮和隐态结皮。①地上微生物结皮包括苔藓和叶苔，通常与藻类相关联，多发生在半干旱地区的微环境，其作用是增强了土壤的抵抗风蚀和水蚀的能力；②地面生物结皮由紧贴地面的多叶地衣组成，由真菌和藻类或者蓝绿藻联结共生，其作用是保护土表，减轻其被侵蚀程度；③隐态结皮由微小的蓝绿菌、微藻和丝状真菌组成，常出现在受过干扰的样地，主要集中在地下，具有增强土壤团聚结构和改善养分状况的功能。生物结皮物理特性表现在具有较高的持水能力，这种能力来自生物成分、分泌的胶体物质及土壤质地和土壤剖面分化，且随着藻结皮、地衣结皮和苔藓结皮逐步发育，其持水能力也相应增加。生物结皮的化学特性表现在固定碳、氮等营养物质，地衣结皮具备叶绿素并且可以进行光合作用而固碳；固氮蓝绿藻的存在可以增加表层土壤的氮输入，特别是结皮演替早期的藻结皮；苔藓植物生物量与土壤磷、土壤有机质呈明显正相关，尤其是有机质表现更为突出；生物结皮的发育可提高土壤有机质、全氮含量及速效养分含量，从而改善土壤养分状况。人工培育生物结皮主要以植物体碎片进行繁殖。早在 20 世纪初期，有关干旱、半干旱荒漠化地区的生物结皮就引起了人们的关注，目前仍处于摸索研究阶段。

6.2.2.2　土壤保水材料

土壤保水剂又称保湿剂，指吸收外来水源、增加土壤持水能力、涵养土壤水分的具有三维网状结构的高吸水性树脂。保水剂施用于土壤可以改善土壤团粒结构，改进土壤的保水、保肥、保湿功能，增强土壤的透气性和透水性，防止土壤结块，同时还可改善根系周围的水、肥、热、气等生理环境，缩小土壤温差，扩大吸收面积。高吸水性树脂属高分子电解质，在网状结构上有许多亲水基团，保水剂接触水时，首先离子型亲水基解离成离子，高分子网束伸展，网络结构空间越大吸水率越大。网络结构内外存在离子浓度差而产生渗透压，使大量的水分子扩散到网络内部，同时大量羧基、羟基等亲水基团的网络结构将水分子包围，通过电离并与水分子结合成氢键，以这种方式吸持大量的水分直到浓度差为零。并且，随网络扩张其弹性收缩力也在增大，逐渐抵消阴离子的静电斥力，最终达到吸水平衡。其中，一部分吸收的水分子与网络结构内的亲水基团缔合成束缚水，另一部分则以“自由水”的形式存在。网络结构的疏水性基团因疏水作用而倾向于折向内侧，形成局部不溶性的微粒结构，使进入网络的水分子由于极性作用而局部冻结，失去活动性。含有强极性亲水性基团且交联度适中的树脂吸水率高，保水性也好。保水剂根据研制原料可分为淀粉系（淀粉接枝、羧甲基化等）、纤维素系（纤维素接枝、羧甲基化）及合成聚合系（聚丙烯酸系、聚乙烯醇系等）三种。保水剂特有的吸水、储水、保水性能，在改进土壤持水能力，改善生态环境中起到重要作用，广泛用于土地改良、荒漠化治理、农林作物种植、园林绿化等领域。

根据 Flory-Huggins 热力学理论，标准化学位之差 $\Delta U_0<0$ 时，水在高分子吸水剂相中稳定，水渗入树脂达到平衡。树脂吸水主要是由于分子中存在易于生成氢键的基团，若存在离子性基团，水渗入的倾向则更大：

$$Q^{5/3}=\frac{(i/2V_uS^{1/2})^2+(1/2-X_1)/V_1}{V_c/V_0}$$

式中，Q、V_e/V_0、V_u、i/V_u、S 和 $(1/2-X_1)/V_1$ 分别为树脂的吸水率、交联密度、结构单元体积、树脂中固定电荷的密度、外部溶液电解质的离子强度以及树脂对水的亲和力。式中分子的第一项表示渗透压，第二项表示与水的亲和力 ，分母代表交联密度。

保水剂吸水后变为水凝胶，可有效抑制水分蒸发或渗失，提高了土壤饱和含水量，还可降低土壤饱和导水率，减缓土壤释放水的速度，减少土壤水分渗透和流失，刺激作物根系生长发育，防止水土流失。保水剂具有良好的保温性能，能够利用吸收的水分保持部分白天光照产生的热能，来调节夜间温度，使得土壤的昼夜温差减小。保水剂为高分子电解质，表面分子有吸附、交换离子的功能，对 K^+、NH_4^+ 和 NO_3^- 等营养物质具有较强的吸附作用，并且在一定的范围内随保水剂用量的增加而增强。保水剂的吸收和保蓄水分的作用将溶于水中的化肥、农药等农作物生长所需要的营养物质固定其中，减少了可溶性养分的淋溶损失，提高了水肥利用率。保水剂在土壤黏粒间产生吸附作用，抑制黏粒的水化、膨胀、分散和转移，并且还能在土壤中吸水膨胀，把分散的土壤颗粒黏结成块状，降低土壤密度，增加总孔隙度，改善土壤的通透状况，增强土壤抗侵蚀能力，起到保土作用。

20 世纪 60 年代初，美国首先研制出保水剂，我国保水剂的研制和应用始于 20 世纪 70 年代后期。保水剂成本较高，反复使用性较差，不易降解。随着新原料的选用，复合类型有高吸水树脂与无机物的复合、与有机物的复合、与高吸水树脂的共混型复合；以天然资源如纤维素多糖类、淀粉多糖类、野生植物和海生植物类等为原料开发的保水剂成为低成本绿色环保的新方向；对保水剂的吸肥保肥机理、保水性能与保肥功效的合理优化、保水剂与不同肥料的混合施用比例、施用方法等课题也在研究之中；一些吸水倍率适中、水分有效性较高、抗离子拮抗、有效期长的新型保水剂有望取代成本较高，对钙、镁等金属离子敏感的丙烯酸盐类保水剂。

6.2.2.3 盐碱地治理材料

盐碱化土质一方面破坏土壤的团粒结构，使土壤湿时泥泞，干时板结；另一方面对植物构成水分胁迫和离子胁迫，造成生理干旱，影响植物的正常生长发育，甚至导致植物的死亡。

盐碱地治理材料又称盐碱地改良剂，治理材料包括：水、生物材料和化学改良剂。治理方法分为水溶法、生物法和化学改良法。

1. 水溶法

水溶法，又称水洗法，利用江、河、湖或地下水对盐碱地进行浸泡，溶解盐碱成分，然后将溶液排放，从而降低盐碱土中的盐碱分含量。水溶法投资高，在洗去 Na^+、Cl^- 等盐离子的同时，土壤中植物必需的 N、P、K、Fe、Mg、Zn 等矿物质元素也同时被洗去，下层盐分不容易洗掉，盐碱容易反弹。

2. 生物法

生物法包括植物法和微生物法。

(1)植物法中，耐盐植物能够在盐分含量较高的土壤上正常生长和发育，不需要人为附加条件和设施，在生长过程中通过对盐分的吸收和对土壤性状的影响，使土壤盐分迁移、脱离植物根系土层的措施。耐盐植物对盐碱土的改良功能主要表现在：改善地表微观气候，降低地表温度和风速，减少土壤水分蒸发，削弱返盐动力；通过根系在土壤中穿插生长，提高土壤的通透性，改善土壤物理性状；作为生物水泵从根系吸水至叶片进行蒸腾，可降低地下水位，抑制盐分向土壤表层聚积；植物根、茎叶、残体可增加土壤的有机质含量，提高土壤肥力；高渗透压条件下生长时植物根系分泌的有机酸可以改善土壤的酸碱性、降低土壤 pH、改善土壤结构；吸收土壤中的盐分，将盐分存储于液泡中，既避免自身受到毒害，又降低土壤的含盐量；盐害条件下本身抵抗盐胁迫的能力使细胞产生甜菜碱及过氧化物酶、过氧化氢酶、超氧化物歧化酶等各种抗氧化的酶类。用于改良盐碱土的耐盐植物有千金子、鼠尾栗、狗牙根、三叶草、波斯车轴草、羊草、紫花苜蓿、大黍、猪毛菜、草木樨、艾蒿、补血草、芒稷、木麻黄、肉桂、金环相思树、银合欢、无脉相思树等。根据盐碱地的地理位置、气候条件等特征，选择种植不同类型的耐盐观赏植物，可组成稳定的植物群落，形成耐盐植物景观。

(2)在微生物法中，对盐碱土改良的重要功能微生物有硫氧化细菌、放线菌、丛枝菌根真菌和光合细菌等。微生物代谢产物为植物提供营养，促进植物的生命活动；植物的分泌物为微生物提供碳源，促进其新陈代谢，将微生物接种到植物上，通过微生物与植物的相互作用，提高植物的耐盐性，进而对土壤起改良作用。接种丛枝菌根真菌可以有效地提高宿主植物的耐盐性，提高宿主在逆境下的存活率，同时，根外菌丝能产生一种胞外糖蛋白，与菌丝网络一起有利于土壤团粒结构的形成，提高土壤稳定性、通透性。施用微生物菌剂、菌肥能有效降低土壤的 pH 和盐度，增加土壤的速效磷、速效钾、全氮以及有机质等含量，改善了盐碱土壤的理化性质，土壤肥力和细菌数量成正相关。因此，开展耐盐碱菌种的分离筛选，丰富菌种资源，有利于复合菌剂的开发，从而提高盐碱地修复效果。

3. 化学改良法

化学方法改良盐碱化土壤的途径有两个：一是通过改变土壤胶体吸附性阳离子的组成，改善土壤的结构，防止返碱；二是调节土壤 pH，改善土壤营养状况。化学材料主要有石膏、硫酸铝、腐植酸类、草炭、褐煤和风化煤。

石膏主要应用在苏打碱化土壤改良：

$$Na_2CO_3 + CaSO_4 \longrightarrow CaCO_3 + Na_2SO_4$$

$$2NaHCO_3 + CaSO_4 \longrightarrow Ca(HCO_3)_2 + Na_2SO_4$$

$$2Na^+ + CaSO_4 \longrightarrow Ca^{2+} + Na_2SO_4$$

脱硫石膏通过其主要成分硫酸钙中 Ca^{2+} 和土壤中游离的碳酸氢钠及碳酸钠作用，生成碳酸钙、碳酸氢钙和硫酸钠，硫酸钠可以通过灌水洗盐减少土壤中的钠离子，消除碳酸钠和重碳酸钠对作物的毒害。同时，掺入脱硫石膏后，原土壤吸附的 Na^+ 会和溶液中的 Ca^{2+} 发生离子交换，从而取代土壤胶体上的取代性钠离子，将钠质土变成钙质土。

硫酸铝改良剂对苏打盐渍土的改良作用机制表现为两方面：①Al^{3+} 添加到苏打盐碱土发生水解产生的大量 H^+，一方面可中和土壤溶液中 OH^-，降低土壤溶液的 pH；另一方面也可促进碳酸盐溶解，增加溶液中的 Ca^{2+}、Mg^{2+} 的数量，并促进 Ca^{2+}、Mg^{2+} 交换土壤胶体上吸附的 Na^+，使 Na^+ 进入土壤溶液，从而降低土壤的碱化度。②Al^{3+} 聚合水解反应产物可提高土壤胶体的凝聚作用，改善土壤微团聚体和胶散复合体的组成，使土壤容重下降，孔隙度增加，通透性增强，从而使土壤的物理性质得到改善。

腐植酸改良剂具有有机弱酸和弱酸盐，属有机大分子的两性物质，弱酸性能对 H^+ 浓度有较大的缓冲范围；当土壤过碱时，腐植酸的酸性功能团释放出的 H^+ 与金属离子进行交换，并与 OH^- 生成 H_2O，使碱性降低。腐植酸还具有对盐碱离子的螯合、吸附和离子交换作用，腐植酸分子中含有各种含氧的酸性官能团，包括芳香族和脂肪族结构上的羧基和酚羟基等，能以离子键和共价键的形式与金属离子形成络合物或螯合物；这些官能团同时具有化学活性和生物活性，使腐植酸具有很强的离子交换能力，在改良盐碱化土壤的过程中，腐植酸能够吸附 20% 的游离 Na^+。

草炭、褐煤和风化煤改良剂中含有大量的腐植酸，除具有腐殖酸特征外，其作用还表现在：一是增强肥力，其本身就含有的大量丰富有机质可增加土壤有机质的含量，减少土壤对可溶性磷的固定从而提高磷肥的利用率，还可与一些以难溶性盐类存在的微量元素形成络合物，从而溶于水易被作物吸收，促进植物生长发育；二是改良土壤的结构，包括促进团粒结构的形成，有利于土体中水、肥、气、热等状况的调节；三是能够促进微生物的活性；四是对植物而言，腐植酸可促进种子的萌发及根系和营养体的生长，调节植物体的新陈代谢，刺激作物生长，改善农产品品质。

盐碱地的研究始于20世纪初，30年代形成了以水利措施为中心的灌排、防渗基本理论，50年代提出了盐碱地的化学改良和植物改良措施。长期经验表明在较小的区域内，针对某些特定的盐碱成分，盐碱地治理材料效果较为显著。与灌溉排碱、化学改良相比，盐碱地改良的生物措施被公认为是改良、开发、利用盐碱地的最有效途径之一。随着研究的不断深入，对耐盐植物品种通过盐碱地植被构建技术进行有效筛选，将转基因技术和分子技术相结合实施耐盐基因选育并培育出耐盐、耐沙、耐瘠、耐旱新品种，将丛枝菌根真菌为代表的“微生物-植物”盐碱地治理体系的研究日益走向成熟，研究操作简便、改良成本低、治理快速且生态、经济和社会效益兼优的盐碱地生物改良技术已成为盐碱地改造的发展方向。

6.2.3 缓控释材料

6.2.3.1 肥料缓控释材料

肥料缓释是指肥料养分的释放速率远小于速溶性肥料施入土壤后转变为有效态养分的释放速率；肥料控释是指肥料的养分按照设定模式进行释放，且与作物养分吸收规律相一致，这种肥料缓释和肥料控释均基于材料对肥料释放的接触式控制机制，将实现这种机制的材料统称为肥料缓控释材料。

肥料缓控释材料按照原理分为物理阻碍型、化学合成型和生化抑制型。

1. 物理阻碍型

物理阻碍型是通过喷涂、干燥等手段在肥料颗粒表面涂覆一层或多层低水溶性材料，形成致密的低渗透性包衣来阻碍水分进入肥料内核的速度，进而达到限制养分释放和控制养分释放速率的目的。常用的包膜材料可分为无机(矿)物材料和有机物材料两大类。无机材料有硫磺、沸石、石膏、磷酸盐、硅藻土、膨润土等，以硫包尿素为代表，其包膜由包硫层、密封层和扑粉层组成，制备工艺简单，但长期使用会改变土壤的微生物环境，使土壤酸化。有机物用于包膜材料的研究是包膜肥料研究的主要方向，有机物包括天然高分子、合成高分子和半合成高分子三大类，以淀粉、纤维素、木质素、海藻酸钠、明胶等天然高分子作为包膜材料，原料来源广，易降解，不会对环境造成污染，但由于受溶解性、加工性等材料本身特性的限制，这一类物质单独作为肥料包膜材料的缓释性较差；合成类高分子有聚乙烯、聚醋酸乙烯、聚酰胺、聚酯等热塑性树脂，熔点较低，易于熔化，阻水性强，不受土壤条件影响，肥料养分的释放速率可以通过聚合物的性质和膜的厚度来控制，缓控释效果较好，但树脂价格较高，在土壤中难降解；半合成高分子包膜主要是经化学改性的天然高分子，包括羧甲基纤维素、乙基纤维素、交联淀粉、淀粉醋酸酯等包膜材料，黏度大，成膜性好，而且可以通过改变取代基的种类和数量来调控膜的性能，进而实现养分释放的可控性。

对包膜肥料单颗粒来讲，释放机制分为一步性释放的破裂机制和保持较长时间养分供应的S形曲线扩散机制。无机物包膜材料释放机制根据工艺条件的差异分为三类：一是包层有微小孔隙，水分子通过该空隙进入肥料内部，肥料一经溶解开始释放；二是包层有较大孔隙，但有密封剂封闭修复，当密封剂遭破坏后，肥料分子就可以通过包层原本存在的孔道进行释放；三是包层足够致密且无孔隙，在土壤条件下逐渐被破坏而形成孔洞，导致肥料开始释放。对于有机高分子包膜材料，其养分的释放过程首先是水分子以水蒸气的形式渗透包膜层，然后水蒸气在肥料内核表面凝结且部分肥料开始溶解，从而使得包膜层内部的压力增大。如果压力超过了包膜的承受力，膜层就会破裂，养分在短时间就会全部释放，这一过程也被称为破裂机制。如果包膜材料可以承受内部的压力，肥料养分在膜层内外渗透压差的推动下，通过扩散作用释放到外界，随着养分的不断释放，膜内部的渗透压逐渐降低，养分的释放速率也随之减慢，直至达到平衡，这一过程称为扩散机制。

2. 化学合成型

化学合成型是通过化学合成的方法制备微溶性或难溶性肥料，在化学或微生物作用下将营养物质缓慢释放。一类是低水溶性脲醛类化合物，它是尿素与醛类化合物的缩合物，该类化合物在水中的溶解度取决于分子链的长短，缩合度越大，缓释期越长，是缓控释肥料发展的最初形式，但溶解性较小，在农作物生长的初期会出现养分供应不足的现象。该脲酸类化合物的养分释放受制约条件较多，可控性较差。另一类是低水溶性的无机肥料，有部分酸化的磷矿、磷酸镁铵、聚磷酸铵、偏磷酸铵等。

3. 生化抑制型

生化抑制型是通过在传统肥料中添加脲酶活性抑制剂和硝化抑制剂来减缓一些营养元素的转化和吸收，减少氮肥的挥发和流失，从而达到延长肥效的目的。生化抑制剂有脲酶抑制剂和硝化抑制剂两种。脲酶抑制剂在一定时期内阻止或抑制尿素中酰胺态氮转化为氢氧化铵和氨，通过减缓土壤中尿素的水解速度，进而避免或减少了氨向大气中挥发损失和 NO_3^- 的淋溶，主要的脲酶抑制剂有氢醌、硫代磷酰三胺、邻苯基磷酰二胺等。硝化抑制剂又称氮肥增效剂，是在一定时期内通过抑制土壤中硝化细菌的活性来推迟铵态氮转变为硝态氮的一种化合物，通过更长时间保持氮元素以铵的形式存在，来控制 NO_3^- 的淋失并阻止硝态氮的反硝化作用，从而增加所施氮肥的有效利用率，主要的硝化抑制剂有氯代苯酚、双氰胺、吡啶、嘧啶等。但由于许多种类的生化抑制剂存在价格昂贵、有一定毒性等缺点，限制了它们的广泛应用。

1964 年，美国出现以二聚环戊二烯和丙三醇共聚的热固性树脂为包膜材料。我国缓控释肥料的发展始于 20 世纪 70 年代初，最初的研究集中在改善碳铵的挥发性上。随着肥料利用率低且带来环境问题的加剧，缓控释肥料研究的步伐随之加快。利用工业废弃物和无机黏土开发的缓控释肥料，拓展了缓控释肥料的种类，主要是利用食品加工废弃物制造有机-无机复合肥；通过对造纸废液木质素进行化学改性，将微量元素 Zn、Mg 等接到大分子骨架上可制成有机微肥和木质素氮肥；还可将高岭土、蒙脱土等无机黏土作为新型缓控释材料生产包膜肥料；有机高分子可作为包膜材料和吸附性缓控释肥料。缓控释肥料的研究主要集中在包膜新材料和新型化学合成肥料的开发，以及基础理论研究和实际应用推广方面。

6.2.3.2　农药控释材料

农药控释材料指能够使农药在特定的时间内按必要剂量持续稳定地到达需要场所，以保证农药足够持效期的控释材料。一般分为物理型和化学型两类，物理型控释材料主要包括四种：一是微胶囊剂，指将原药微粒包裹和固定起来且具有一定包覆强度，能控制释放原药的高分子化合物半透膜胶；二是包结化合物，与原药分子通过氢键、范德华力、偶极矩感应、极化等作用形成不同空间结构的新分子化合物的包结材料；三是吸附性制品，指无机、有机或天然吸附性载体作为储存体，然后涂以控制性外膜，常用的吸附性载体有氧化铝、膨润土、沸石、硅藻土、锯末、离子交换树脂或合成的粒状载体，而外膜或阻滞性物质有聚烯烃类、蜡类或蜡质乳剂等；四是均一体，将原药均匀地分散或溶解于高分子聚合物中，形成固溶体、凝胶体或分散体。化学型控释材料主要是利用原药本身的活性基团，在不破坏原化学结构的条件下，自身聚合或缩聚，与天然或合成高分子化合物直接结合或通过桥联（交联）结合生成络合物或分子化合物。

1. 物理型控释材料

对于物理型控释材料，微胶囊剂的囊心可以通过溶解、渗透、扩散作用，透过膜壁而释放出来，而释放速度又可通过改变囊皮的化学组成、硬度、孔径和厚度等加以控制。包结化合物改变了被包物的挥发性、稳定性、溶解性、气味和颜色等理化性质，起到了保护和控制释放作用，从而提高了被包物的稳定性，降低了毒性，延长了持效期等。吸附性制品是通过吸附、解析、扩散来释放农药，加工工艺简单、成本较低，但载药量有限，且易受环境因素的影响而改变吸附平衡，使之难以控制释放达到稳定重复一致的程度。均一体使用方便，残效持久，大多数原料易得，制法简单，用途广泛，是很有发展前途的一类缓释剂，但也存在着活性成分含量不高、体积大、初始释放速度较快、后期速度低等缺点。

2. 化学型控释材料

对化学型控释材料，在不破坏原药化学结构的条件下，将农药与含有—SH、—OH、—COOH、—NH_2 等活性基团的聚合物之间以醚键、酯键、酰胺键及胺盐等共价键和离子键相结合，通过自身的缓慢降解或药物与聚合物之间的断键而释放。该材料改善了农药本身的毒性、水溶性、抗药性和稳定性等方面的不足，活性组分释放机理实现了分子级的控释，较物理型控释剂活性组分用量较少。化学型控释材料与农药的结合可分为自聚合体、直接结合体和架桥结合体。自聚合体是指农药自身聚合成控释剂，一般通过嵌段共聚物体系进行自组装；直接结合体是利用农药分子与载体分子含有的—SH、—OH、—COOH、—NH_2 等活性基团，在一定条件下直接进行化学反应而键合形成的控释剂型；架桥结合体是由于载体材料表面没有可以与农药分子直接键合的基团，需要其他桥联剂的参与，两者分别与桥联剂上不同基团反应从而间接键合形成的控释剂型。

农药缓控释剂的研究始于 20 世纪 80 年代，随着一系列加工技术难度的突破和成本的不断降低，其缓释逐步走向控释，对活性成分的释放调节从简单、定性的缓慢释放，向着未来精确的、定量的、按照农药需求规律释放方向发展；研究开发既能够被生物降解又具有生物适应性的天然高分子材料和高分子合成材料的控释剂；复合型材料和多种控制释放技术混合使用，使得控制释放体系实现多功能化；控制释放制剂朝着智能控制释放方向发展，实现高效、智能化、释放靶向性的要求。

6.3 固体废物处理材料

固体废物是指在人类生产、生活和其他活动中产生的丧失原有利用价值或者虽未丧失利用价值但被抛弃或放弃的固态、半固态和置于容器中的气态物品以及法律和行政法规纳入管理的物品。固体废物经过风化、雨淋、地表径流很容易侵蚀污染土壤，导致土壤中真菌、细菌等微生物退化而丧失腐解能力，破坏土壤生态：固体废物本身的蒸发、升华及发生生化反应而释放出有害的气体污染大气；废物中的细粒、粉末随风扬散，加重了大气的粉尘污染；在废物运输、处理、利用和处置过程中产生有害的气体粉尘污染大气；固体废物中的有害成分随渗滤水浸出渗入土壤，迁移至地下水使其受污染；固体废物随天然降水流入江、河、湖、海，污染地表水。

6.3.1　有机固体废物修复生物

固体废物循环回收利用进行物质转换是实现固体废物综合利用的重要手段之一。利用微生物的氧化、分解、转化降解有机物固体废物为稳定的腐殖质的生化堆肥，是非常有前景的有机固体废物处理方式。堆肥按堆制方式可分为间歇堆积法和连续堆积法；按原料发酵所处状态可分为静态发酵法和动态发酵法；按堆制过程的需氧程度可分为好氧法和厌氧法。固体废物处理微生物包括固体废物好氧消化微生物和固体废物厌氧消化微生物。通常习惯把好氧消化称好氧堆肥，而厌氧消化常称为厌氧发酵。好氧堆肥处理有机固废是在有氧的条件下，利用自然界微生物或接种微生物将有机物转化为二氧化碳与水；厌氧发酵法是利用自然微生物或接种微生物在缺氧条件下，将有机物转化为二氧化碳和甲烷气。

6.3.1.1　有机固体废物好氧堆肥微生物

堆肥的本质是在微生物的作用下，将废弃物中的有机物质分解并转化、合成腐殖质的过程。好氧堆肥的基本反应过程可以表示为：

$$\text{有机物} + O_2 \longrightarrow \text{稳定的有机残余物} + CO_2 + H_2O + \text{热}$$

好氧堆肥是在通风、55～80 ℃条件下，固体垃圾进行的分解发酵过程，又称为高温堆肥。固体废物含有堆肥微生物所需要的糖类、脂质、半纤维素、果胶、木质素、蛋白质、碳素、纤维素、植物蜡等各种基质而作为堆肥原料，再辅以干燥、疏松的有机物填充料以增加堆肥的碳源和氧含量。好氧堆肥微生物可以直接吸收和利用垃圾中一些可溶性的小分子物质，这些物质可以透过微生物的细胞壁和细胞膜进入细胞内；而难溶性的大分子物质不能被微生物直接吸收利用，而是先由胞外酶将其逐步分解为可溶性的小分子物质，再被吸收利用。有机物通过好氧堆肥微生物的代谢活动，一部分转化成简单的无机物，并释放能量；另一部分用于合成细胞物质，保障机体进行正常的生长与繁殖。垃圾好氧堆肥微生物不断繁殖，不断进行更多的生物反应，最终使垃圾转变为植物所需要的腐植肥料。其中有机物的氧化反应式如下：

(1)不含氮有机物($C_xH_yO_z$)的氧化：

$$C_xH_yO_z + (x + 1/4\ y - 1/2z)O_2 \longrightarrow xCO_2 + 1/2yH_2O$$

(2)含氮有机物($C_sH_tN_uO_v.aH_2O$)的氧化：

$$C_sH_tN_uO_v \cdot aH_2O + bO_2 \longrightarrow C_wH_xN_yO_z \cdot cH_2O(\text{堆肥}) + dH_2O(g) + eH_2O(l) + fCO_2 + NH_3 + \text{能量}$$

(3)细胞质的合成(包括有机物的氧化，并以 NH_3 为氮源)反应如下：

$$n(C_xH_yO_z) + NH_3 + (nx + 1/4ny - 1/2nz - 5x)O_2 \longrightarrow C_5H_7NO_2(\text{细胞质}) +$$

$$(nx-5)CO_2+1/2(ny-4)H_2O+能量$$

(4)细胞质的氧化反应如下：

$$C_5H_7NO_2(细胞质)+5O_2 \longrightarrow 5CO_2+2H_2O(l)+NH_3+能量$$

以纤维素为例，好氧堆肥中纤维素的分解反应如下：

$$(C_6H_{12}O_6)_n(纤维素) \longrightarrow nC_6H_{12}O_6(葡萄糖)$$

$$nC_6H_{12}O_6 \longrightarrow 6nCO_2+6nH_2O+能量$$

或

$$(C_6H_{12}O_6)n+6nO_2 \longrightarrow 6nCO_2+6nH_2O+能量$$

固体废物在好氧堆肥中腐熟的生物化学过程分为中温阶段、高温阶段、降温阶段三个阶段。①中温阶段(15～25 ℃)属堆肥初期，嗜温菌利用堆肥中可溶性有机物繁殖。嗜温菌主要是细菌、真菌和放线菌，细菌适合分解水溶性单糖类，放线菌和真菌适合分解纤维素和半纤维素。②高温阶段(45 ℃以上)嗜温菌受到抑制甚至死亡，并逐渐被嗜热菌所取替，堆肥中残留的和新形成的可溶性有机物质继续分解转化，半纤维素、纤维素和蛋白质等复杂的有机化合物开始被分解。嗜热菌的群体生长过程经历对数增长期、减速增长期和内源呼吸期三个时期后形成腐殖质，堆肥物质逐步进入稳定化状态。③降温阶段(腐熟阶段)始于内源呼吸后期，微生物活性降低，发热量减少，温度下降，只剩下部分难于降解的有机物和新形成的腐殖质，嗜温菌又占优势，对残余较难降解的有机物做进一步分解，腐殖质不断增多且稳定化。

不同堆肥原料堆肥过程中优势菌群存在差异。以污泥为原料进行堆肥，营养物质丰富，易降解，堆肥中、高温期微生物以细菌、霉菌为主；以牛粪为主要原料进行堆肥，而牛粪中纤维素含量高，不易降解，堆肥微生物以细菌、放线菌为主，其中氨化细菌变化显著；以餐厨垃圾为原料进行堆肥，蛋白质等复杂物质丰富，堆肥高温期微生物以真菌、放线菌为主。

好氧堆肥技术始于20世纪30年代，是实现有机废物减量化、无害化，最终资源化的有效途径，国内外均在大力开展这方面的研究和应用。现代分子生物方法，尤其是能够全面地、高分辨地研究微生物生态学的分子技术已应用到堆肥中的微生物研究；微生物生长形态、数量、活性以及微生物增长的机理等需深入研究，并建立起相关理论体系；寻找新的、高效的木质素和纤维素降解菌，挑选出纤维素酶活性强的菌种，设计合理的培育条件，以期从原菌种得到优质的变异菌株，应用于实际生产；在堆肥过程中通过接种微生物菌剂加速堆肥进程、缩短堆肥时间、提高堆肥效率和产品质量；现有菌种的酶活力不足以达到纤维素酶应用技术优化或产业化的要求，研究堆肥中降解有机质酶的种类和在有机质降解过程中的活性十分重要。

6.3.1.2 有机固体废物厌氧发酵微生物

固体废物在厌氧条件下通过厌氧微生物(主要是厌氧菌)的代谢活动而被分解转化，同时伴有 CH_4 和 CO_2 的产生过程。厌氧发酵过程要经历四个阶段：

第一阶段是水解和发酵性细菌群将纤维素、淀粉等复杂的有机物水解为单糖后，再发酵为丙酮酸；将蛋白质水解为氨基酸，进一步脱氨基后形成有机酸和氨；脂质水解为乙酸、丙酸、长链脂肪酸、乙醇、丁酸等低级脂肪酸和醇。此阶段的微生物群落是水解、发酵性细菌群，有专性厌氧的梭菌属、拟杆菌属、丁酸弧菌属、真菌、细菌、双歧杆菌属等以及兼性厌氧的链球菌和肠道菌。

第二阶段的产物主要是乙酸和氢，微生物群落主要产乙酸和氢细菌，此群细菌只有少数被分离出来，如布式甲烷杆菌、奥式甲烷杆菌；此外，细菌和硫酸盐还原菌可将三碳以上的有机酸、长链脂肪酸、芳香族酸及醇等分解为乙酸和氢气。

第三阶段主要产生甲烷，微生物群落是两组生理功能不同的专性厌氧的产甲烷菌群。产甲烷菌可分为 3 目、4 科、7 属、13 种，主要有布氏甲烷杆菌、嗜树木甲烷短杆菌、沃氏甲烷球菌、运动甲烷微菌、亨氏甲烷螺菌、卡列阿科产甲烷菌、巴氏甲烷八叠球菌、索氏甲烷杆菌及嗜热自养甲烷杆菌。反应式如下：

$$CH_3COOH \longrightarrow CH_4 + CO_2$$

$$4H_2 + CO_2 \longrightarrow CH_4 + 2H_2O$$

$$4HCOOH \longrightarrow CH_4 + 3CO_2 + 2H_2O$$

$$4CH_3OH \longrightarrow 3CH_4 + CO_2 + 2H_2O$$

$$4(CH_3)_2N + 6H_2O \longrightarrow 9CH_4 + 3CO_2 + 4NH_3$$

$$4CO + 2H_2O \longrightarrow CH_4 + 3CO_2$$

第四阶段是同型产乙酸阶段，在此阶段同型产乙酸细菌将 H_2 和 CO_2 转化为乙酸的过程。此阶段在厌氧消化中的作用仍在研究中。

固体废弃物厌氧发酵总反应过程如图 6-1 所示。

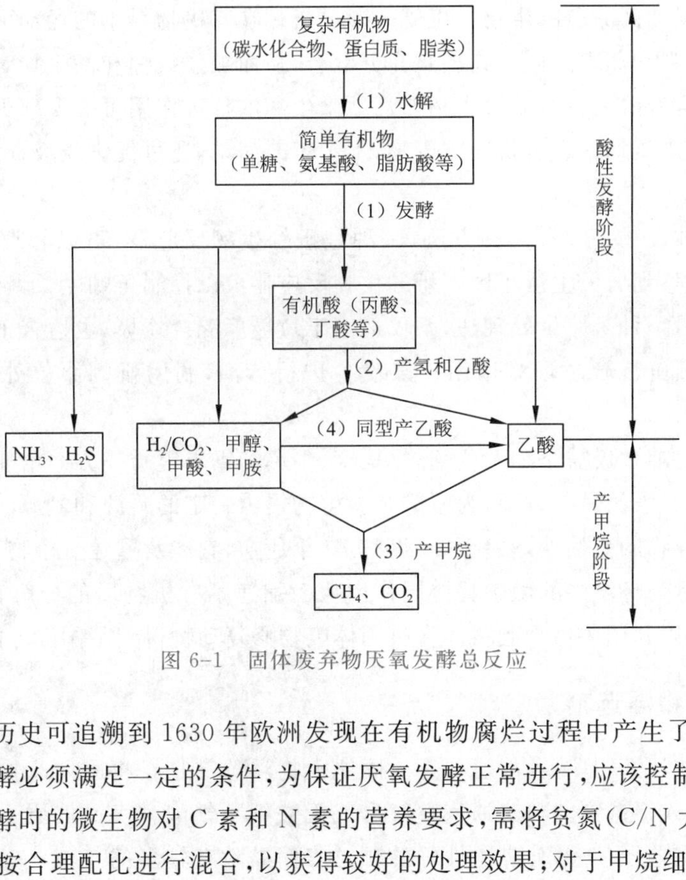

图 6-1　固体废弃物厌氧发酵总反应

厌氧发酵的历史可追溯到 1630 年欧洲发现在有机物腐烂过程中产生了可燃沼气。有机固体废物厌氧发酵必须满足一定的条件，为保证厌氧发酵正常进行，应该控制适宜的 C/N 比。为了满足厌氧发酵时的微生物对 C 素和 N 素的营养要求，需将贫氮（C/N 大）有机物和富氮（C/N 小）有机物按合理配比进行混合，以获得较好的处理效果；对于甲烷细菌而言，最佳 pH

范围是6.8～7.5。可以通过石灰调节发酵池的pH，调整pH的最好方法是调整原料的C/N值；温度是影响处理效果的关键因素，在一定温度范围内，温度越高，发酵效果越好。

6.3.1.3 有机固体废物修复动物

有机固体废物修复动物是指通过对垃圾及含有有害微生物的粪便污染物进行破碎、消化和吸收转化，把污染物转化为含有大量有益微生物和其他活性物质粪肥的土壤动物。人工养殖利用土壤中的蚯蚓、蝇蛆、蛴螬等腐生动物处理有机固体废物，使原垃圾及粪便中的有害微生物大部分被吞噬或杀灭，其粪肥填补了土著微生物的不足，加速了微生物处理剩余有机污染物的处理能力。这些腐生动物专门以有机物为食，在人工促进的条件下，处理有机固体废物的能力非常高，以大型蚯蚓生物反应器降解有机废弃物成为人工控制动物进行垃圾处理的一个标志。

有机废弃物的蚯蚓堆制处理技术克服了传统的焚烧、填埋、自然堆制和快速高温堆肥等手段不能从根本上实现垃圾资源化，甚至还会造成二次污染的问题。蚯蚓具有很高的吞噬能力，日吞食量可达其体重的数倍，有机物质被蚯蚓摄食后，蚯蚓体内砂囊结构对有机物进行磨碎、挤压作用，蚯蚓消化道分泌的蛋白酶、纤维素酶、脂肪酶、甲壳素酶和淀粉酶等多种酶类在微生物的作用下将有机物分解为简单的碳水化合物、脂肪、醇等低分子化合物。这些物质再与土壤中的矿物质结合成高度融合的有机-无机复合体，以颗粒状蚯蚓粪的形式排出，该蚯蚓粪是富含氮、磷、钾等元素的高品质的生物有机肥。通过蚯蚓在有机物料中的运动可以改进物料中的水气循环，使得物料和其中的微生物相互充分混合，从而加强蚯蚓和微生物对物料处理的协同作用。蚯蚓体内含有的大量有益微生物与病原微生物的拮抗作用可大大减少病原微生物的种群数量。因此，利用蚯蚓处理有机固体废物，不仅工艺简单，还可促进垃圾资源化的良性循环，实现可持续发展。

蚯蚓处理固体废物一般有两种方法：一种是蚯蚓生物反应器，可以和垃圾源头分类相配套，将垃圾处理前移到居民生活小区。蚯蚓生物反应器可以控制蚯蚓生长繁殖的最适宜条件，自动连续运转。另一种是原位处理法，不仅适用于垃圾厂混合垃圾，也适合于分类后的有机垃圾。垃圾厂里的新鲜混合垃圾难以用一般设备进行分离，利用蚯蚓原位处理非常容易实现分离。

用蚯蚓处理之前垃圾需添加一些辅料（稻草、牛粪和锯末等），一方面增加孔隙度为蚯蚓和微生物提供充足的氧气；另一方面，为蚯蚓和微生物提供一定的碳源和氮源。

有机固体废弃物的蚯蚓处理始于20世纪70年代初，它涉及重建一个物质的再循环过程。在这一过程中蚯蚓与环境中的微生物协同作用从而加速了有机物质的分解转化，并最终形成一种性能稳定、可以利用的生物肥料。有机固体废物修复动物得到了国际上的普遍认可。

6.3.2 固体废物浮选剂

浮选也称泡沫浮选，是一种湿法分选。固体废物浮选剂是在将固体废物用水调节成悬浮液之后加入，将加入浮选剂的料浆通入空气形成无数细小气泡。表面性质不同的各种物料对气泡的黏附性存在差异，一部分黏附性好的颗粒表面黏附有较多的气泡，借助于气泡的浮力，上浮至液面成为泡沫层，将该泡沫层取出，形成泡沫产物；另一部分黏附性不好的颗粒仍留在料浆内，从而达到物料分离的目的。

浮选法对物质的分离，与待分离物质的密度无关，主要取决于物质表面的润湿性。疏水性较强的物质，容易黏附气泡；而亲水性强的物质，不易黏附气泡。物质表面的亲水、疏水性能，可以通过浮选药剂的作用而加强，从而提高分离效果。

浮选药剂的种类很多，根据其在浮选过程中作用的不同，可分为捕收剂、起泡剂、调整剂等三大类。

(1)捕收剂。捕收剂能选择性地吸附在目标物质的颗粒表面，使其疏水性增强，提高可浮性，使目标物质随气泡上浮。常用的捕收剂有烃基黄原酸盐、二烃基二硫代磷酸盐、油酸等异极性捕收剂和最常用的煤油等非极性油类捕收剂两类。

(2)起泡剂。起泡剂是一种表面活性剂，主要作用是在水-气界面上降低界面张力，促使空气在料浆中弥散，形成大量稳定的小气泡，防止气泡兼并，提高气泡与颗粒黏附和上浮过程中的稳定性，以保证气泡上浮形成泡沫层。常用的起泡剂有松油、松醇油、脂肪醇等。

(3)调整剂。调整剂的作用主要是调整其他药剂(主要是捕收剂)与物质颗粒表面之间的作用，还可调整料浆的性质，提高浮选过程的选择性。

调整剂的种类比较多，包括活化剂、抑制剂、介质调整剂和分散与混凝剂等。

(1)活化剂的作用是促进捕收剂与目标物质颗粒的作用，从而提高目标物质颗粒的可浮性。常用的活化剂有无机盐、酸类、硫化钠等。

(2)抑制剂的作用是削弱捕收剂与某些颗粒的表面作用，抑制这些颗粒的可浮性，促进目标物质从固体废物中的分离，常用的抑制剂有石灰、氯化钾、硫酸锌、硫化钠等。

(3)介质调整剂作用是调整料浆的 pH、料浆的离子组成、可溶性盐的浓度，以加强捕收剂的选择吸附，提高浮选效率。常用的介质调整剂有石灰、苛性钠、硫化钠、硫酸等。

在浮选工艺过程中，加入浮选剂之前需对废物进行破碎、磨碎，获得粒度适宜、基本上解离成单体的颗粒，再配制浓度适宜的、能满足浮选工艺要求的料浆。需加入浮选药剂的种类与数量与目标物质颗粒的性质(实验确定)有关，一般在浮选前添加药剂总量的 60%～70%，剩余部分则分几批在适当的地点添加。将调制好的料浆引入浮选机内通过充气搅拌，可浮性好的颗粒黏附于气泡上而上浮形成泡沫层，再将该泡沫收集、过滤、脱水即获浮选产品。浮选法大多是将有用物质浮入泡沫产物中，而无用或回收经济价值不高的物质仍留在料浆内。例如，用浮选剂从粉煤灰中分选精炭时，依据炭粒的疏水性和灰粒的亲水性，选用煤油或柴油作捕收剂进行浮选而获得精炭，炭的回收率可达到 90%以上。

浮选法的主要缺点是有些工业固体废物浮选前需要破碎和磨碎到一定的细度，并需要一些如浓缩、过滤、脱水、干燥等的辅助工序。

大规模工业化浮选早在 19 世纪末就发展起来，现在为了经济有效地回收城市生活垃圾和工业固体废物中有用物质，可以将浮选法和人工分选、筛分、风力分选、重力分选、磁力分选、电力分选、光电分选、摩擦及弹性分选、涡电流分选等分选技术中的一种及多种的分选操作单元组合成一个有机的分选回收工艺系统。总之，随着固体废物资源化、减量化和无害化越来越受到人们的重视,固体废物的浮选剂和相应设备的研究也会越来越深入。合理地选择固体废物浮选剂对于有效地回收利用固体废物,提高分选、回收利用效率将发挥越来越大的作用。

6.3.3 垃圾处理材料

6.3.3.1 垃圾固结剂

垃圾固结剂又称垃圾胶结固化材料。垃圾在放置、运输和处置过程中自身发生的物理、化学和生物变化会产生有毒有害气体、飞灰、渗滤液,并滋生有害病菌、虫、蚊蝇等生物。将焚烧后的飞灰和填埋场内三年以上的陈腐垃圾取出,加入固结剂,使有毒有害物质,特别是含有的重金属离子固结并达到稳定化。垃圾固结剂是指使垃圾惰性化,拟制其对环境造成二次污染的固结材料,一般采用物理固封和化学键结合的方式,隔离周围空气和水,阻止挥发和渗滤,将有毒有害物质转化为无毒无害物质,拟制垃圾内部陈腐和化学反应。常用的固结剂有水泥、硅酸盐、石灰、玻璃、钢渣、矿渣等组成的无机固化剂和塑料、沥青等有机聚合物固化剂。有的固结后的固结体具有一定的强度,可以用于路基建设。

固结剂包括以下三种:

1. 包胶固化剂

包胶固化剂是指能形成惰性保护层的材料,用该材料将未经处理的或经过处理的废物包封起来,形成稳定性较好的混合物,已用于处理电镀污泥、烟道气洗涤污泥、焚烧炉灰和多氯联苯等危险废物。包胶固化剂主要包括水泥类、石灰类、塑性类等。

(1)水泥固化:将固体废物和水泥混合,通过水泥中的硅酸钙水化胶体对有毒有害物质的吸附或形成固溶体,将固体废物束缚在水泥硬化组织内,主要有普通硅酸盐水泥、矾土水泥、矿渣硅酸盐水泥、火山灰质硅酸盐水泥和沸石水泥。具体可根据固化处理废物的种类、性质、对固化剂的性能要求选择水泥的品种。硅酸三钙、硅酸二钙、铝酸三钙、铁铝酸四钙的水合反应式如下:

$$2(3CaO\cdot SiO_2)+6H_2O \longrightarrow 3CaO\cdot 2SiO_2\cdot 3H_2O+3Ca(OH)_2+\text{热量}$$

$$2(2CaO\cdot SiO_2)+4H_2O \longrightarrow 3CaO\cdot 2SiO_2\ 3H_2O+Ca(OH)_2+\text{热量}$$

$$3CaO\cdot Al_2O_3+6H_2O \longrightarrow 3CaO\cdot Al_2O_3\cdot 6H_2O+\text{热量}$$

$$4CaO\cdot Al_2O_3\cdot Fe_2O_3+7H_2O \longrightarrow 3CaO\cdot Al_2O_3\cdot 6H_2O+CaO\cdot Fe_2O_3\cdot H_2O+\text{热量}$$

在上述反应中,由于水泥所具有的高 pH,几乎使得所有的重金属形成不溶性的氢氧化物或碳酸盐形式而被固定在固化体中,一些重金属离子也可以固定在水泥基体的晶格中。铅、铜、锌、锡、镉均可得到很好的固定,锌会取代 C-S-H 中的 Ca 形成含 Ca 和 Zn 的氧化物或氢氧化物;铅主要沉积于水泥水化物颗粒的外表面形成不溶性化合物;Cu 在水泥表面形成 CuO,在 C_2S 水化体系中部分 CuO 被 C_2S 物理结合而形成含 Cu-Ca-Si 的化合物;铬则较为均匀地分布于整个水化物的颗粒之中,被吸收进了水化产物,特别是 C-S-H 凝胶中;Cd 粒子沉淀并被结合进了 $Ca(OH)_2$ 中。

水泥固化材料最适用于无机类型的废物,尤其是含有重金属污染物的废物,如电镀污泥、砷渣、汞渣、氰渣、铬渣和镉渣等。水泥固化工艺方法简单,常温下对含水量较高的废物可以直接固化，但是固结体孔隙率较高，仍会有较高的浸出率，通常为 10^{-4}～10^{-6} g/(cm^2·d)，尽管如此，水泥固化在工程中仍被广泛应用。

（2）石灰固化：以石灰为固化剂，以粉煤灰、水泥窑灰和熔炉炉渣等具有波索来（Pozzolanic）反应的物质作添加剂，在适当的催化环境下将含有硫酸盐或亚硫酸盐类泥渣的重金属成分吸附于所产生的胶体结晶中。在有水的情况下，细 SiO_2、Al_2O_3 粉末能在常温下与碱金属和碱土金属的氢氧化物发生凝硬反应。主要的凝硬反应有：

$$Ca(OH)_2 + SiO_2 + H_2O \longrightarrow (CaO)_x(SiO_2)_y(H_2O)_z \quad \text{水合硅酸钙}$$

$$Ca(OH)_2 + Al_2O_3 + H_2O \longrightarrow (CaO)_x(Al_2O_3)_y(H_2O)_z \quad \text{水合铝酸钙}$$

$$Ca(OH)_2 + Al_2O_3 + SiO_2 + H_2O \longrightarrow (CaO)_x(Al_2O_3)_y(SiO_2)_z(H_2O)_w \quad \text{水合硅铝酸钙}$$

$$Ca(OH)_2 + Al_2O_3 + SO_3 + H_2O \longrightarrow (CaO)_x(Al_2O_3)_y(CaSO_3)_z(H_2O)_w \quad \text{水合亚硫酸钙铝酸钙}$$

石灰固化可用于处理钢铁、机械工业的酸洗工序所排出的废水和废渣、电镀工艺产生的含重金属污泥、烟道脱硫废渣和炼油污泥等，固化产品可以运送到处置场养护后填埋，也可以先养护，然后再利用如作为路基材料和沙坑填充物等。被处理的废物不要求完全脱水，在常温下操作，浸出率高，易被酸性介质侵蚀，需在表面进行涂覆。

（3）塑性材料固化：分为热固性塑料包容和热塑性包容两种方法。

① 热固性塑料包容：利用热固性塑料在受热时从液态变成固态并硬化的过程来固化废物，使用较多的有脲醛树脂、不饱和聚酯、苯乙烯、二乙烯基苯、酚醛树脂和环氧树脂等。其过程是将一种有机聚合物的单体与废物在混合器里完全混合，然后加入一种催化剂搅拌均匀，使其聚合、固化，废物被聚合物包胶。该法主要用来处理放射性废物，也可以处理含有机氯、有机酸、油漆、氰化物和砷的废物。

热固性材料固化法的优点是固化剂的密度小，废物处理量大，既能处理干渣，也能处理湿泥浆。其缺点是操作中有机物易挥发，有时包胶剂要求用强酸性催化剂，因而在聚合过程中会使重金属溶出，某些有机聚合物能被生物降解，易老化。

② 热塑性材料包容：利用热塑性材料在加热和冷却时反复软化和硬化的特点，对经干燥或脱水等预处理后的垃圾进行固结，常用的有沥青、石蜡、聚乙烯、聚氯乙烯等，可以用来处理电镀污泥及其他重金属废物、油漆、炼油厂污泥、焚烧飞灰、纤维滤渣和放射性废物等。常用的沥青固化剂与有害废物在一定温度下均匀混合，并产生皂化反应，使有害废物包容在沥青中形成固化体，该固化产物空隙小，化学惰性强，致密度高，难于被水渗透，有害物质的浸出率为 10^{-4}～10^{-6} g/cm^{2}d，对各种性质的废物均可得到性能稳定的固化体。主要缺点是若废物中含水率较高会出现起泡和雾沫夹带现象，容易排出废气。

2. 自胶结及化学固化

自胶结固化是利用废物自身的胶结特性来达到固化目的的方法，主要用来处理磷石膏、烟道气脱硫污泥和烟道气洗涤污泥等含有大量硫酸钙和亚硫酸钙的废物。先将废物直接进行锻烧，一部分废物脱水转变成具有胶结作用的亚硫酸钙或半水硫酸钙（$CaSO_4 \cdot 0.5H_2O$），然后与添加剂和飞灰填料混合成稀浆，经凝结硬化后形成自胶结固化体。该固化体具有抗透水性高、抗微生物降解和污染物浸出率低等特点，固化剂与填料飞灰都是工业废料，对固化的泥渣不需要完全脱水，凝结硬化时间短。主要缺点是适用的废物的范围窄，煅烧泥渣需要消耗一定的能量。

化学固化是利用化学药剂通过化学反应使有毒有害物质转变为低溶解性、低溶出性及低毒性物质的过程，主要用于焚烧垃圾的飞灰，使用的药剂可分为有机药剂和无机药剂两种。有机药类是以螯合型药剂为主，用水溶性螯合高分子与重金属离子反应形成不溶于水的高分子络合物，通过改进螯合剂的结构和性能使其与废物中危险成分之间的化学螯和作用得到强化，进而提高固化产物的长期稳定性。无机类包括磷酸盐、漂白粉、硫化物（硫代硫酸钠、硫化钠）、铁酸盐等。采用硫化钠、硫代硫酸钠和硫脲等与重金属生成硫化物沉淀从而稳定重金属。磷酸盐处理方法基于生成不溶性金属磷酸盐，如 $Pb_5(PO_4)_3Cl$、$Cd_3(PO_4)_2$ 等。亚铁盐处理方法是利用 Fe_2O_3 晶体的生成，将重金属稳定在晶格之内，处理过程是将 $FeSO_4$、水和飞灰混合后，用 NaOH 将混合物的 pH 调整为 9.5～10.5，加热到 70 ℃左右后，就会生成 Fe_2O_3 晶体。

3. 熔融固化

熔融固化又称玻璃固化，以玻璃原料为固化基质，将带固化的废物首先在高温下煅烧，使之形成氧化物，然后再与玻璃料混合，在 900～1 200 ℃下烧结，冷却后形成稳定的玻璃体。比较普遍采用的是硼硅酸盐玻璃固化和磷酸盐玻璃固化。

(1)硼酸盐玻璃固化：高放射性废液与硼硅玻璃原料固化剂按一定的投配比混合后，加入装有感应加热装置的金属固化罐中加热煅烧至干，而后将温度升到 1 125 ℃左右，保温数小时，以便充分熔融。熔融的玻璃液从玻璃固化罐排入接收容器，经退火处理后即得含有高放射性废物的玻璃固化体。硼硅酸盐玻璃对设备材质要求较低，固化体浸出率低，晶析倾向较小，是比较受欢迎的熔融固化基质材料。

(2)磷酸盐玻璃固化：含硫酸盐的高放射性物一般采用铝、钠和钙的磷酸盐，有时还需要加入亚磷酸盐和酸式亚磷酸盐代替磷酸盐以抑制钌、铯的挥发；不含硫酸盐的废液，可用磷酸盐和铅为添加剂；对于组分复杂的废液，加入适量的磷酸盐即可。固化剂、添加剂和废液按一定配比混合后经蒸发器浓缩获得泥浆状的料液，再用气体将该料液输送到玻璃熔融器继续蒸干，并在 900～1 200 ℃条件下熔制成玻璃，退火冷却后便可进行利用或运出填埋。该法所得固化体增容比小、浸出率低。

玻璃固化的特点是固化体中有害元素的浸出率最低，固化体致密，处理效率最好，热稳定性好。缺点是工作温度高，设备腐蚀严重，装置复杂，处理费用昂贵。

早在 20 世纪 50 年代，欧洲就开始用水泥固结放射性废物；到了 70 年代后期，垃圾固结剂成为废物填埋处置之前和焚烧飞灰普遍的处理手段；到了 80 年代以后，垃圾固结剂得到突飞猛进的发展。随着对固化体提高稳定性和降低浸出率要求的不断提高，采用高效的化学稳定化药剂进行重金属废物的无害化处理成为研究热点；大规模处理有毒垃圾及焚烧飞灰的水泥固化和玻璃固化的防渗出进一步研究和垃圾固化体的二次利用开发也成为发展方向。

6.3.3.2 填埋场防渗材料

填埋场防渗材料是指将填埋场内外隔绝，防止渗滤液进入地下水，阻止场外地表水、地下水进入垃圾填埋体，以减少渗滤液产生量，同时也有利于填埋气体的收集和利用的材料。主要有三类：无机天然防渗材料、天然与有机复合防渗材料和人工合成有机材料。

1. 无机天然防渗材料

无机天然防渗材料包括天然黏土和人工改性天然防渗材料两类。天然黏土作为防渗材料必须具有良好的空隙结构，能吸附垃圾渗滤液中的污染物质；同时能和垃圾渗滤液中的物质发生反应，从而把这些污染物质固定而不会造成污染。天然黏土使用较多的是碳酸钙、沸石、坡缕石、硅藻土等。人工改性防渗材料是通过添加有机或无机添加剂对黏土或亚砂石进行人工改性，以达到防渗性能要求而制成的材料。主要有改性膨润土、改性粉煤灰、活化海泡石、有机黏土矿物等。改性膨润土是通过削弱天然膨润土的层间力、使得天然膨润土的层状晶格裂开、层间距加大、孔道疏松，内表面积加大，以提高膨润土吸附能力及离子交换容量，对垃圾渗滤液中的重金属离子、酚、氯离子、磷酸盐等具有很强的吸附作用，同时还有吸臭、吸湿功能，可显著改善填埋场的卫生状况。改性粉煤灰对垃圾渗滤液中的有害重金属离子具有极强的吸附效果，对渗滤液中 90％以上的油污、磷酸盐等无机离子也具有良好的吸附性能。

2. 天然与有机复合防渗材料

天然与有机复合防渗材料主要指聚合物水泥混凝土，其次是沥青水泥混凝土，在垃圾填埋场中大多采用前者。聚合物水泥混凝土由水泥、聚合物胶结料与骨料组成，在水泥混凝土搅拌阶段掺入聚合物分散体或聚合物单体，然后经过浇筑和养护而成。由于聚合物的网络和成模作用及水泥混凝土具有的致密微孔隙结构，使聚合物水泥混凝土抗渗性比普通砂浆高 2～3 个数量级，抗碳化性提高 3～6 倍，同时具有良好的耐磨性、耐久性、抗压强度、抗折强度、伸缩性。

3. 人工合成有机材料

人工合成有机材料主要指高密度聚乙烯膜，该膜具有优良的机械强度、耐热性、耐化学腐蚀性、抗环境应力开裂和良好的弹性。随着其厚度增加，其承载能力、抗撕裂能力和抗穿刺能力随之增加，现场易于焊接，已经形成了较成熟的工程实施经验，从 20 世纪 90 年代末已经成为垃圾填埋场基底防渗层的主要材料。除此之外，垃圾填埋场也开始采用其他人工合成聚合物防渗膜，包括低密度聚乙烯膜、聚氯乙稀膜、氯化聚乙烯、氯磺聚乙烯、塑化聚烯烃、乙烯-丙烯橡胶、氯丁橡胶、丁烯橡胶、热塑性合成橡胶、氯醇橡胶等。

垃圾填埋法简单易行，投资少，一度成为我国最常用的生活垃圾处理方法。由于自然衰减性填埋场难以满足垃圾填埋的环境要求，因此封闭型垃圾填埋场是垃圾填埋方法的唯一选择。1982 年，美国环保署规定人工合成的衬垫成为必选材料，形成了双层复合衬垫垃圾场防渗材料结构，即在人工合成衬垫的下部设不小于 90 cm 的压实黏土或其他压实矿物材料；在人工合成衬垫的上面、垃圾的下面设渗滤液收集系统。我国在 20 世纪 80 年代中期以后参照国外的经验，采用人工合成材料辅以使用天然材料的方式取得了理想的经济环境效果，正在逐步形成成熟的垃圾填埋场防渗漏的理论与技术方法。

6.3.3.3　垃圾渗滤液处理材料

卫生填埋是世界上最常用的、处理垃圾量最大的方法，也是相对最经济、最安全的一种方法。目前的垃圾填埋，往往把大量剧毒、有毒物质与生活垃圾一起混合填埋，集中了多种有害成份。垃圾被填埋处理后，由于发酵、雨淋和冲刷等作用必然产生含有有害成分的沥出液。所以，垃圾卫生填埋场的重要标志之一是防渗系统安全化，以防止地下水、地表水和土壤受到污染，并防止地下水进入填埋场。由于垃圾渗滤液污染严重，自然衰减性填埋场难以满足垃圾填埋的环境要求，因此封闭型垃圾填埋场是垃圾填埋方法的唯一选择，做好垃圾渗滤液的防渗工作是保证垃圾填埋场良好环境状况的关键，正确选择合适的填埋防渗方式和恰当选取填埋防渗材料对做好垃圾渗滤液的防渗工作至关重要。

防渗材料是垃圾填埋场最重要的组成部分，根据场底的工程地质和水文地质等条件选择合适的低渗透性材料，铺设在填埋场底部并在周边建立衬层系统，一方面阻隔填埋气体和渗滤液进入土壤和水体，另一方面防止地下水和地表水进入填埋场形成渗滤液。防渗材料多种多样，常用的主要有三类：无机天然防渗材料、天然与有机复合防渗材料和人工合成有机材料。

1. 无机天然防渗材料

无机天然防渗材料包括黏土、膨润土等，主要有人工改性防渗材料、天然黏土两类。

天然黏土材料单独作为防渗材料必须符合一定的标准，黏土的选择主要根据现场条件下能达到的压实渗透系数来确定。可用作垃圾填埋场防渗的天然黏土有很多种，但必须存在以下两种特性中的一种，或二者兼而有之：a. 具有良好的空隙结构，能吸附垃圾渗滤液中的污染物质；b. 能和垃圾渗滤液中的物质发生反应，从而把这些污染物质固定而不会造成污染。天然黏土主要包括以下几种：碳酸钙、沸石、坡缕石、硅藻土等。

碳酸钙：方解石和文石均是 $CaCO_3$ 的天然变体，其表面的钙离子可以与水溶液中的Pb^{2+}、Mn^{2+}、Cd^{2+}等阳离子发生交换反应，分别以碳酸铅、碳酸锰和碳酸镉等形式被固定，而不至于对地下水造成污染。

沸石：天然沸石由于晶格内部有很多大小均一的空穴和隧道，加以出水后形成内表面积很大的孔穴，可吸附大量的氨气和硫化氢等渗滤液中的有害气体。同时在适当的 pH 条件下，沸石可利用其表面较强的静电场和良好的阳离子交换性能，吸附渗滤液中氟、铬和铅等有害离子。

坡缕石：由于坡缕石具有特殊的层链状晶体结构和十分细小的棒状、纤维状品行，因此具有优异的吸附性能。可用于吸附垃圾渗滤液中的苯、酚及垃圾填埋场中放射性废渣。

硅藻土：具有质量轻、空隙密度大、比表面积大等特点，具有良好的吸附性能。此外硅藻土中含有铝、铁等金属氧化物，这些氧化物遇酸后可转化为可溶性盐类，在水中水解并形成氧化性强的聚合物。

人工改性防渗材料是通过添加有机或无机添加剂对黏土或亚砂石进行人工改性，以达到防渗性能要求而制成的。因此人工改性防渗材料实质就是人工强化处理后的黏土或亚砂石，包括改性膨润土、改性粉煤灰、活化海泡石、有机黏土矿物等。改性膨润土是通过削弱天然膨润土的层间力、使得天然膨润土的层状晶格裂开、层间距加大、孔道疏松，内表面积加大，加强天然膨润土原有的吸附能力及离子交换容量的材料。它对垃圾渗滤液中的重金属离子、酚、氯离子、磷酸盐等具有很强的吸附作用，同时它还有吸臭、吸湿功能，可显著改善填埋场的卫生状况。改性后的粉煤灰具有更强的吸附性能，对垃圾渗滤液中的有害重金属离子具有极强的吸附效果，可处理渗滤液中 90%以上的油污、乳化油等物质，同时对垃圾渗滤液中的无机离子，如磷酸盐等具有良好的吸附性能。采用粉煤灰作防渗材料还可以达到以废治废、变废为宝的效果,从而减少工业固体废弃物的排放量。

2. 天然与有机复合防渗材料

天然与有机复合防渗材料包括沥青水泥混凝土和聚合物水泥混凝土,但在垃圾填埋场中大多采用后者,聚合物水泥混凝土由水泥、聚合物胶结料与骨料合成,是在水泥混凝土搅拌阶段掺入聚合物分散体或者聚合物单体,然后经过浇注和养护而成,具有良好的抗渗和抗碳化性能,分抗渗性比普通砂浆高 2～3 个数量级,抗碳化性提高 3～6 倍,由于聚合物水泥混凝土具有致密的微孔隙结构,使得聚合物水泥混凝土具有良好的耐磨性和耐久性,抗压强度、抗折强度、伸缩性、耐磨性均较好。

3. 人工合成有机材料

单采用黏土并不能阻止渗滤液渗漏,而只能延缓渗滤液的渗漏,因此,填埋场需要有一层防渗衬垫,再填埋场封场后,也要采用防渗层进行封场以减少渗滤液的产生量。柔性膜防渗材料通常有极低的渗透性,其渗透系数均可达 10^{-11} cm/s。其中高密度聚乙烯的渗透系数达到 10^{-12} cm/s,甚至更低,是应用最为广泛的填埋场防渗柔性膜材料。用柔性膜有机材料可以做成各种形状的垂直隔离墙。高密度聚乙烯(HDPE)膜具有优良的机械强度、耐热性耐化学腐蚀性、抗环境应力开裂和良好的弹性,随厚度增加,其断裂点强度、屈服点强度、抗撕裂强度和抗穿刺强度逐渐增加,而且 HDPE 制造工艺成熟、易于现场焊接,且人们已经积累了较成熟的工程实施经验,因此,HDPE 膜从上世纪 90 年代末已经成为垃圾填埋场基底防渗层的主要材料。此外,也有国内垃圾填埋场采用其他人工合成聚合物防渗膜,包括低密度聚乙烯(LDPE)膜、聚氯乙稀(PVC)膜、氯化聚乙烯(CPE)、氯磺聚乙烯(CSPE)、塑化聚烯烃(ELPO)、乙烯-丙烯橡胶(EPDM)、氯丁橡胶(CBR)、丁烯橡胶(PBR)、热塑性合成橡胶、氯醇橡胶等。这些人工合成的膜防渗材料渗透系数可达 10^{-12} cm/s,甚至更低,但高密度聚乙烯(HDPE)膜是垃圾填埋场应用最广泛的防渗膜材料。

国外在垃圾填埋场建造衬垫层中已采用了新材料渗透灌浆技术。早期采用硅酸钠和丙烯酰胺凝胶,后来使用了比硅酸纳和丙烯酰胺凝胶性能更好的胶态硅、氢氧化铁、褐煤蜡等材料。此外,聚硅氧烷和胶态硅等特制新材料具有比水小的黏滞性,在大范围的化学环境内能长期保持稳定,室内测试表明渗透系数可达 10^{-8} cm/s,比以前的渗透灌浆技术(10^{-5} cm/s)降低了三个数量级,防渗效果的提高非常明显,大大提高了筑造防渗衬垫的技术水平。

我国早期建设的填埋场大部分没有严格的防渗措施,而垃圾沥出液的渗漏是引起地下水和下游地表水被污染的主要原因。因此,对于早期建设的填埋场,尤其是没有防渗措施或防渗措施不完善的老填埋场就需要进行防渗补救。对于平原型填埋场,需要采取四周垂直防渗与水平防渗相结合的综合防渗措施,主要采取挖坑填埋与平地填埋相结合的工艺,一期工程防渗采用黏土天然防渗与局部膨润土板人工防渗相结合的办法,并采用射水造墙技术对一期工程的防渗进行补救。

由于单使用黏土只能延缓渗滤液的渗漏并不能阻止渗滤液渗漏,在美国已经被禁止在垃圾场防渗滤用,所以常用人工合成的衬垫来替代黏土。美国城市固体废弃物填埋场中广泛使用了带有主、次两层渗滤液收集系统的双层复合衬垫：双层复合衬垫从底到顶由下列部分组成：至少厚的天然黏土基底 90 cm 厚，次层（第二层）压实黏土衬垫，第二层为柔性薄膜衬垫次层渗滤液收集系统 90 cm 厚主层（第一层）压实黏土衬垫第一层柔性薄膜衬垫——主层渗池液收集系统；顶部是 60cm 厚的砂质保护层。随着社会的发展和生产技术的进步，人们对环境的要求越来越高，除了 HDPE（高密度聚乙烯）外，其他人工合成材料的研发和性能改进越来越受到重视，而且这类产品的价格也会相应降低，实际应用中垃圾填埋场防渗将会更多地采用人工合成材料。

6.3.3.4 垃圾除臭剂

恶臭污染物指刺激唤觉器官引起人们不愉快及损害生活环境的一切气体物质。垃圾的臭味因垃圾中的有机成分由细菌分解而产生，生活垃圾中有 75%～80%是有机物，主要有果皮、菜叶菜梗、剩饭/菜、家禽、动物及鱼类的皮、毛、内脏、脂肪、粪便、下脚料/血水、树叶、废纸、花草和动物的机体等和一定的水分。在自然消化的过程中，经有氧/厌氧发酵等作用下，产生恶臭。不同的季节和天气、不同地区的垃圾中转站所产生的恶臭气体的成分之间有着一定的差别，尤其是在天气炎热时，由于发酵作用加快，臭气变得更加严重。生活垃圾的恶臭气体可以分为以下五类：①H_2S、SO_2、硫醇类、硫醚类等含硫化合物；②Cl_2、卤代烃等卤素及其衍生物；③NH_3、胺类、酰胺、吲哚类等含氮化合物；④烷烃、烯烃、炔烃等烃类及芳香烃；⑤醇、酚、酸、酮、有机酸等含氧有机化合物。

物理除臭剂通过三相相态转化降低人们的嗅觉对气味的感知度，并没有改变其化学性质从而未能从根本上消除恶臭物质。垃圾中转站常见的物理除臭剂有水、空气、活性炭等，具有操作简单、快捷的优点，但易产生二次污染、费用和维护成本高。掩蔽中和法将两种有气味的气体按比例混合可减轻恶臭，但是直接获得脱臭效果难且成本高；稀释扩散法用烟囱扩散恶臭气体或以无臭的空气将其稀释至可排放的浓度，但需要建大烟囱且耗能高；冷凝法将恶臭物质冷凝为液体除去，适合经过预处理、浓度高、流量大的臭气，但成本高；吸收法将恶臭物质转化为液态除去臭味，对不溶于水的恶臭物质净化效果不好，会产生废液等二次污染；吸附法利用活性炭、无机硅胶、活性白土等吸附恶臭物质，脱臭效率高，但吸附容量小，会产生二次污染。

化学除臭剂可与恶臭气体发生化学反应，使之转化为无臭味或者臭味较低的物质，主要有 NaClO、Cl_2 等化学洗涤剂，O_3 氧化剂，TiO_2 等光催化氧化剂等。化学除臭剂具有技术成熟、高效率和可靠的安全保证等优点，但是由于其价格昂贵、有效时间短等缺点而在应用上受到限制。NaClO、Cl_2 等化学洗涤剂将恶臭物质氧化成臭味较轻或溶解度较高的化合物，再用酸或碱吸收净化；O_3 氧化剂可将恶臭物质氧化成无臭物质，但对氨没有效果且运行成本高；TiO_2 等光催化氧化剂在光照下产生具有高化学活性的 O 和 ·OH 可杀菌除臭。

生物除臭剂于 20 世纪 50 年代后期开始发展，并于 80 年代初得到广泛研究，具有处理效率高、安全性好、无二次污染、便于操作、所需要的设备简单、管理维护方便和费用低廉等优点。微生物除臭主要由以下三个阶段：构成恶臭气体与水接触并溶于水中，即由气相转移到液相，此过程遵循亨利法则，可吸收水溶液中的恶臭物质；将其从水中转移至微生物细胞内；进入微生物细胞的恶臭成分被作为营养物质通过新陈代谢作用分解、利用，从而使恶臭物质得以彻底去除。恶臭气体成分不同与最终分解产物，含氮的恶臭成分如胺类被氧化分解成 NH_4^+、SO_4^{2-}、NO_3^-；含硫的恶臭成分被氧化分解为 S、SO_3^{2-}、SO_4^{2-}；不含氮、硫的物质被分解成 CO_2 和 H_2O 等。不同恶臭物质的氧化需要不同微生物的参与，同一恶臭物质不同的氧化阶段也需要不同微生物参与。当主要致臭物质为 NH_3 时，NH_3 先溶于水，在有氧条件下经亚硝酸细菌和硝酸细菌的硝化作用转化为硝酸在兼性厌氧条件下，硝酸盐还原菌将硝酸盐还原为氮气。

硝化　$NH_3 + O_2 \longrightarrow HNO_2 + H_2O$

$HNO_2 + O_2 \longrightarrow HNO_3 + H_2O$

反硝化　$HNO_3 \longrightarrow HNO_2 \longrightarrow HNO \longrightarrow N_2O \longrightarrow N_2$

当恶臭气体为 H_2S 时，一定条件下专性自养微生物硫化菌将 H_2S 转化为 SO_4^{2-}。当恶臭气体为有机硫如甲硫醇时，异养型微生物现将有机硫转化为 H_2S，H_2S 再由自养型微生物氧化成 SO_4^{2-}。

$H_2S + O_2 + CO_2 +$ 自养硫化菌 $\longrightarrow$ 合成细胞物质 $+ SO_4^{2-} + H_2O$

$CH_3SH \longrightarrow CH_4 + H_2S \longrightarrow CO_2 + H_2O + SO_4^{2-}$

常见的生物除臭剂主要有微生物除臭剂、植物除臭剂和酶制品除臭剂三种。由于其高效率、无毒性、易操作和无二次污染，得到广泛应用。微生物除臭菌剂是由多种有益微生物经过特殊发酵制成，利用腐败微生物代谢作用降解恶臭污染物或者抑制臭气的产生。由于菌群组成、代谢类型、呼吸类型和作用类型多样，所以微生物除臭剂具有对环境适应能力强，应用范围广，除臭效果比较持久等优点，是新的研究方向。天然植物除臭剂是从植物的根、茎、叶或花中提取的油、汁或浸膏的萃取液按一定的配方复配而成溶液中的有效分子，具有化学活性、生物活性及共轭双键等活性基团，可以与不同异味物质发生如酸碱反应、路易斯酸碱反应、催化氧化反应和氧化还原反应等，促使恶臭物质改变原有的分子结构，分解成无毒、无味的小分子，最终达到除臭目的。酶制品除臭剂是利用氧化还原酶氧化恶臭物质，以消除恶臭，如酪氨酸酶和过氧化物酶可以将芳香胺类和苯酚等氧化为酮类或自由基。研究者将绞碎的山葵根和氧化钙或过氧化氢按一定比例混合后作为除臭剂，其中所含辣根过氧化氢酶能够完全去除酚类恶臭物质，除臭效果可维持 72 h 以上，且辣根过氧化氢酶对挥发性脂肪酸也具有较好的去除效果。国内微生物除臭剂应用在垃圾除臭方面的研究较少，且主要集中在高效除臭优势菌株的选育，推广应用的研究多采用以日本 EM 菌剂为主的进口微生物制剂，而国内自我选育和复配的微生物除臭剂研究情况还不多见。

早在 20 世纪初，德国、美国、荷兰及日本就相继开始对恶臭污染和治理进行研究并逐渐积累了一些防治经验，而我国到 20 世纪 80 年代末 90 年代初才开始对其进行研究，且我国对恶臭气体的研究主要集中在恶臭污染的调查、有关测试和标准方面。目前，垃圾填埋场多采用生物除臭剂和水混合，喷淋雾化形成颗粒很小的雾状颗粒，再将其喷撒到垃圾恶臭源的表面，形成网状生物膜。由于雾滴的比表面积很大，可以高效地吸收空气中的恶臭分子，被吸附的恶臭分子，能与除臭剂的缓冲液发生反应生成无味、无毒的有机盐。例如，硫化氢在植物液的作用下反应生成硫酸根离子和水；氨在植物液的作用下，生成氮气和水。市场上销售的植物型液体垃圾除臭剂较多，可以迅速与各种有害、异味分子发生聚合、取代、置换、吸附等化学反应，除臭效果好，简单易行，运行成本低，无二次污染。另外，国内外比较有前景的垃圾除臭剂是物理、化学、生物除臭剂两种或多种的组合，在实际的除臭过程中，应根据恶臭污染物种类、性质、浓度、处理量和气体排放方式等来选择合适的除臭剂。

6.3.4 污泥调理剂

污泥调理指通过物理、化学和生物等方法，对污泥进行预处理，改变污泥的性质，提高污泥的浓缩脱水效率，为有利于后续处理而采取的措施。在调理污泥过程中加入的能够破坏污泥胶体结构，使污泥中的固态成分呈絮状与水分离，促进污泥有效脱水的物质称为污泥调理剂。污泥调理剂分为化学调理剂和微生物调理剂两类。

6.3.4.1 化学调理剂

化学调理剂包括添加的絮凝剂、助凝剂等化学药剂，可改变悬浮溶液中胶体表面电荷或立体结构，克服粒子间的斥力。污泥颗粒在搅拌等外力条件下相互碰撞、絮凝成团而发生沉淀，达到去稳定化的效果；同时絮体体积的增加使胶体表面积大幅降低，表面水分分布发生改变，减少水分吸附，从而改善污泥脱水性能。化学调理剂常用的絮凝剂种类有无机絮凝剂、有机合成高分子絮凝剂、天然改性高分子絮凝剂、复合型絮凝剂。化学调理剂操作简单、投资成本较低、调理效果较稳定，因此实际中以化学调理为主。

无机絮凝剂对水中具有相反电荷的胶体起中和、压缩双电层作用。无机絮凝剂按金属盐可分为铝盐系和铁盐系两类；按相对分子量的高低可分为普通无机絮凝剂和无机高分子絮凝剂。普通无机凝剂是应用最早的污泥脱水剂，从 20 世纪 60 年代以后，无机高分子絮凝剂因沉降速度快、用量少、适用范围广等优点而迅速发展，特别是聚合氯化铝逐步被广泛使用。根据所带电荷的性质，无机高分子絮凝剂可以分为阳离子型和阴离子型两大类。由于污泥絮体往往带负电，应用比较广泛的是阳离子型，主要包括聚合氯化铝、聚合硫酸铁、聚合氯化铝铁、聚合硅酸铝、聚合硅酸铁、聚磷氯化铝以及聚磷硫酸铁等。

有机合成高分子絮凝剂根据分子链上所带电荷的性质分为非离子型、阴离子型、阳离子型和两性型。非离子型有机高分子絮凝剂絮凝作用主要体现在吸附架桥和絮体的网捕能力，没有电中和能力，目前常用的是 20 世纪 50 年代发展起来的聚丙烯酰胺类，在脱水中的应用远不及阳离子型和两性型。阴离子型在水中因分子内离子型基团的相互排斥作用而使其分子伸展度比较大而表现出良好的絮凝性能，但在污泥脱水中阴离子型的调理效果仍不如阳离子型，其成本也远低于阳离子型；由于分子量较阳离子型大，因此阴离子型在污泥脱水中仍有研究。阳离子型是一类分子链上带有正电荷活性基团的水溶性高聚物，由于污泥絮体是由大量的分散微生物细菌通过污泥胞外聚合物等和其他细颗粒通过架桥作用连接在一起而表面往往带负电荷；阳离子型的加入能中和污泥颗粒表面的负电荷，具有压缩双电层的功效，较长的分子链又能在污泥颗粒间产生吸附架桥作用，因此阳离子型非常适合进行污泥调理。两性型是指分子上既有正电荷基团又有负电荷基团的高分子化合物，具有水溶性好、分子量大、黏度高等特点；不仅有电性中和、吸附架桥作用，同时分子间还有特殊的“缠绕”包裹作用，增大了污泥絮体的体积；脱水性能很好，尤其是在污泥性质不同或有一定程度的败腐时，两性型也能发挥较好的脱水效果。

天然类高分子絮凝剂克服了无机高分子絮凝剂滤液和污泥中 Al、Fe 离子的问题和有机合成高分子絮凝剂降解性能差及成本高的缺点，但自身存在分子量小、不显电性或离子化程度低等缺陷。天然改性高分子絮凝剂主要分碳水化合物类和壳聚糖类两类。通过羟基的酯化、醚化、氧化、交联、接枝共聚等化学改性，碳水化合物类(多聚糖类)活性基团大大增加，聚合物呈枝化结构，分散了絮凝基团，对悬浮体系中微粒物有更强的捕捉与促沉作用。壳聚糖是甲壳素脱乙酰化的产物，分子中的酰胺基及氨基、羟基具有絮凝、吸附等功能，作为一个线性聚胺，溶解于酸性介质后。随着氨基的质子化，表现出阳离子聚电解质的性质，不仅对重金属具有螯合吸附作用，还可有效地吸附水中带负电荷的微粒。通过不同的方式对天然高分子改性，使得改性后天然高分子絮凝剂的性能趋向或接近人工合成高分子絮凝剂的性能。

助凝剂主要有石灰、水泥窑灰、硅藻土、酸性白土、珠光体、污泥焚烧灰和电厂粉尘等惰性物质，其自身通常不起絮凝作用，而是通过调节污泥的 pH，改变污泥的颗粒结构，破坏胶体的稳定性，提高絮凝剂的絮凝效果，增强絮体强度。

6.3.4.2　微生物调理剂

微生物调理剂是由某些微生物在适宜的生理条件下产生的具有絮凝活性的次生代谢产物，主要是各种多聚糖类、蛋白质或二者参与形成的高分子化合物，如糖蛋白、粘多糖、蛋白质、纤维素、DNA 等，相对分子质量大多在 105 以上。其研制始于 20 世纪 70 年代，具有絮凝范围广泛、絮凝沉淀性能良好、安全、无毒、可生物降解、无二次污染、来源广等优点，但制备成本较高，絮凝机理尚无明确解释，且针对性不强。目前，微生物絮凝剂主要还是和传统絮凝剂联用调理污泥，未来的目标是使其能够单独使用于污泥调理，真正做到无二次污染。

复合调理剂指将不同的污泥脱水调理剂复配使用，可选择不同特性的调理剂复配对污泥进行物化改性以适应不同的污泥后续处置方式，污泥脱水调理剂的复配使用为进一步提高污泥脱水性能、降低调理成本提供了途径。

20 世纪 30～60 年代是污泥脱水基本理论的创立时期，20 世纪 70～90 年代污泥调理改性技术开始发展，到现在污泥调理技术已有长足的发展，呈现出多样性的发展趋势：开发无污染的污泥调理剂，进一步提高微生物絮凝剂的絮凝性能，降低成本，并对其种类、成分与污泥类型之间的关系做进一步研究；加快物理和化学联用调理的步伐，提高污泥的调理效果，降低成本，减少其对环境的危害；未来联合调理技术正向无害化、绿色化方向发展。

第7章 大气环境治理材料

7.1 除尘过滤材料

除尘过滤材料是一种利用过滤及附着的作用将流体中的颗粒截留下来达到气固分离目的的材料。主要过滤机制有:直接捕集,较大颗粒相互碰撞并黏附在过滤材料表面,形成具有过滤作用的灰尘层;惯性沉降,含尘气流在运动过程中遇到障碍物不能保持原来的流线轨迹时,就会发生惯性碰撞;扩散,风速很低时,0.1 μm 的颗粒受周围气体分子热运动的影响产生扩散;静电沉积,过滤材料和尘粒由于电性不同相互吸引而沉积;范德华力,使尘粒黏在织物上。过滤材料主要有纤维过滤材料、多孔陶瓷过滤材料、金属材料等。①纤维过滤材料:包括有机织物、针织物和非织造布,其中非织造布占所有过滤材料的 70%左右。常见的纤维过滤材料有美塔斯过滤材料、P84(聚酰亚胺)过滤针刺毡、聚四氟乙烯(PTFE)、玻璃纤维机织布、复合针刺毡等。②多孔陶瓷过滤材料:主要有莫来石、氧化铝、尖晶石、碳化硅等,多孔陶瓷材料的工作温度可高达 1 000 ℃,在氧化、还原等高温环境下具有很好的抗腐蚀性。③金属材料:粉状金属颗粒经烧结可制成烧结金属粉末和金属膜,加工性和焊接性优异,可制成烧结金属丝网、金属纤维毡、烧结金属粉末和金属膜等,具有耐温性、导热性、韧性、再生性好、使用寿命长等特点。由于过滤除尘的除尘比物理除尘效率高而被广泛应用。

除尘过滤纤维的主要作用机理包括筛滤、惯性碰撞、拦截、扩散、静电、重力沉降作用。①筛滤作用。滤料网眼一般为 5~50 μm,大于该直径或沉积在滤料间的尘粒空隙的粉尘被阻留。②惯性碰撞作用。含尘气流到达滤料纤维时,气流将绕过纤维,而气流中的较大粒子($>$1 μm)由于惯性作用,沿原运动方向撞向纤维而被捕集,这种惯性作用随着粉尘粒径及气流流速的增大而增强,因此提高气流流速有利于颗粒捕集。③拦截作用。含尘气流接近滤料纤维时,较小尘粒随气流一起绕流,若尘粒半径大于尘粒中心到纤维边缘的距离,该尘粒因与纤维接触而被拦截。④扩散作用。小于 1 μm 的粒子,尤其小于 0.2 μm 的亚微米粒子,在气体分子的撞击下脱离流线作布朗运动,若运动中和纤维接触,即可从气流中分离出来,这种扩散作用随流速的降低、纤维和粉尘直径的减小而增强。⑤静电作用。纤维编织滤料在气流流过时因摩擦产生静电,同时粉尘在输送过程中也会由于摩擦或其他原因而带电,这样在滤料和尘粒之间形成一个电位差。当粉尘随着气流趋向滤料时,由于库仑力作用使粉尘与滤料纤维碰撞并增强滤料对粉尘的吸附力而被捕集。⑥重力沉降作用。流速较慢的气流中粒径和密度大的尘粒因重力作用而自然沉降。

颗粒床除尘的基本原理是含尘气体流经颗粒层时,粉尘在惯性碰撞、扩散、直接拦截、重力、静电力等作用下偏离流线，与滤料颗粒发生碰撞而被捕集。根据颗粒层流态，颗粒床主要分为固定床和移动床两种。固定床一般采用水平床层，即滤料平铺在支撑板上，并保持一定的厚度，含尘气体垂直通过颗粒层。因颗粒层容尘量有限，所以固定床需要定期停风反洗。移动床过滤时，颗粒层在重力作用下间歇或持续向下移动并与含尘气体接触，夹带粉尘的滤料从移动床底部排出，洁净滤料则不断从移动床顶部加入，从而保证移动床过滤能力。深层过滤和滤饼过滤是颗粒床过滤的两种主要形式。深层过滤时，粉尘进入滤料颗粒间长而曲折的通道，逐渐沉积于颗粒层内部，与滤料颗粒共同作为过滤介质。若选用小粒径颗粒（小于 1 mm）作为滤料，过滤过程中过滤气速、操作温度、粉尘特性满足一定条件时，深层过滤逐渐向滤饼过滤转变。此时，粉尘在滤料通道中形成“架桥”，滤料表面因粉尘堆积而形成滤饼，滤饼空隙远小于颗粒层空隙，滤饼成为有效的过滤介质。滤饼过滤一般出现在固定床中，对于移动床难以形成稳定的滤饼。

7.1.1　除尘过滤有机纤维材料

芳香族聚酰胺类具有良好的耐温性能和化学稳定性，在 200 ℃干燥条件下连续运行，耐磨、耐酸性能强于尼龙，但由于属水解性纤维，当烟气中水分含量大于 20%、遇高温或化学成分（尤其是 SO_x）时会发生水解。聚亚酰胺纤维属耐高温合成纤维，能连续暴露在 240 ℃环境中，不耐水解，属非热塑性纤维，耐受脉冲清灰的磨损能力比玻璃纤维强。聚四氟乙烯纤维具有良好的耐摩擦性、难燃性、绝缘性和隔热性，不发生水解，应用于燃烧除尘，在同等工况下使用寿命比其他材质高 1～3 倍以上。

7.1.2　除尘过滤玻璃纤维

无机纤维中应用较广的一种，高温性能突出且价格低廉。玻璃纤维除氟氢酸外能抵抗大部酸的腐蚀，但不耐强碱及高温下的中碱腐蚀；抗拉强度很高，但不耐磨、性脆，耐曲挠性能差。工业上使用的玻璃纤维滤料一般都经过改性处理，它的表面光滑，其流体阻力小，容易清灰，因此得到广泛地应用。

7.1.3　除尘多孔陶瓷材料

从材质上可分为氧化物、非氧化物和复合物类。其中，属非氧化物陶瓷材料的碳化硅具有强度高、导热性好、热膨胀系数小、抗热冲击性强、透气性好、低压降等优良性能，是首选的高温陶瓷过滤材料。应用于高温除尘的多孔陶瓷制备技术主要有造孔剂法、发泡法等。多孔陶瓷材料在高温除尘应用方面有其独特的优点：孔隙率可达到 60%以上，孔径均匀且易于控制；过滤精度高，可达 0.1 μm，适用于各种介质精密过滤；耐酸碱性好，适用于强酸或强碱以及各种有机气氛中工作；机械强度高，可耐受较高的工作压力及压力降；耐高温，工作温度可达 800 ℃，适用于各种高温气体过滤；过滤元件使用寿命长，经济性好，长期使用时微孔形貌不发生变化，且再生性好。因此，多孔陶瓷材料是一种优良的过滤材料，在高温干式除尘方面有着较好的应用。

7.1.4 除尘过滤金属材料

金属易拉拔成细丝或纤维，进而编织成网或铺制成毡；粉状颗粒材料经烧结可以制成烧结金属粉末和金属膜，因而过滤金属材料的结构形式主要有烧结金属丝网、金属纤维毡、烧结金属粉末和金属膜等。烧结金属丝网采用多层金属编织丝网为原料，通过特殊的叠层设计、复合压制和真空（或保护气氛）烧结等工艺制备而成。金属纤维毡是一种将金属熔化后，通过真空喷丝制成的金属织物，它兼具金属耐高温和织物高精度的特性，经过结构优化后，能够有效滤除细微颗粒。烧结金属粉末是依靠熔融金属雾化制粉后压制成形和烧结而得，可制成各种复杂形状，并且有较高的过滤精度。金属烧结丝网、金属纤维毡和烧结金属粉末作为金属多孔材料的不同结构形式，各自有着不同的优点。金属丝网具有很高的整体强度和刚性，空隙分布均匀，再生性好，过滤元件寿命长。烧结纤维毡有很高的空隙率，因此透气性好，并具有很高的过滤精度。烧结金属粉末可制成各种复杂形状，并且有较高的过滤精度。多孔金属膜机械强度大、耐高压性能大幅提高，因其过滤面积大、过滤效率高、压力损失低、密封性能好等优点逐渐受到青睐。因其可以达到很高的过滤精度，耗材少而倍受关注，成为取代金属丝网、毡、烧结粉末等材料的新的多孔金属过滤材料。用于高温除尘的多孔金属膜的制备方法主要有悬浮粒子烧结法，相分离沥滤法等。

20 世纪 50 年代，颗粒床过滤器开始应用，70 年代出现高温气体除尘技术，90 年代除尘过滤材料取得了很大的进展。为了在高温除尘技术开发研究方面立足于高起点，使得工业发展高效益、低能耗和减少排放，达到节能、环保的目的，高温过滤材料成为研究的热点。多孔陶瓷材料具有低密度、导热性好、高渗透率、耐腐蚀、耐高温、抗热冲击性好、机械强度高、压降低以及使用寿命长等优点，在高温烟气（或煤气）干式除尘方面有着广阔的应用前景。反吹性能优越、高温耐蚀性能好的烧结金属高效除尘滤材的研制和高温过滤技术的研究，包括金属滤料高温条件下过滤行为、脉冲反吹再生机理等方面的研究，是实现高温气体除尘技术工业化的重要措施。由于能源短缺，在炼焦及煤力发电行业中煤的利用效率不高，而给环境带来的污染却日益严重，因此推广高温除尘技术势在必行。随着材料及相关学科的发展，高温除尘技术会逐步成熟完善，会有更广阔的工业应用前景。

7.2 汽车尾气净化材料

7.2.1 三效催化剂

三效催化剂是汽车尾气三元催化转化器里使用的，可以同时将汽车尾气中 CO、HC 和 NO_x 三种有害物质转化为无害的 CO_2、H_2O 和 N_2 的催化剂。三效催化剂主要由活性组分、载体、涂层和助剂四部分构成。活性组分有贵金属 Pt、Rh 和 Pd 等，Pt 和 Pd 主要催化 CO 和 HC 氧化反应，使转化为二氧化碳和水，Rh 主要催化 NO_x 的还原反应使其在较低的温度下可以选择性地为氮气，同时产生少量的氨，同时对 CO 和 HC 的氧化反应也有催化活性，Pt、Rh

和 Pd 三种组分的复配能显示出协同效应；载体主要是用来承载催化活性组分的具有有效表面和合适孔结构的材料，使催化剂获得一定机械强度，提高催化剂热稳定性，减少活性组分用量，早期的催化剂载体多采用 Al_2O_3 颗粒，目前广泛采用的是堇青石蜂窝陶瓷载体；涂层材料有氧化硅、沸石、氧化铝等，通常选用 γ-Al_2O_3，涂层附着于载体表面，具有很强的吸附能力，提供大比表面来附着催化活性组分和助剂；助催化剂，本身无活性或活性很低，但能有效地提高催化剂活性、热稳定性和抗中毒能力，包括稀土元素如 Ce、Zr、Y、La、Pr，碱土元素如 Mg、Ga、Ba、Sr，碱金属元素如 K、Na、Li 等。三元催化反应器安装在汽油机的排气管上，其结构组成一般包括三部分：不锈钢壳体、减振密封垫、陶瓷载体以及催化剂。

7.2.1.1　活性组分

汽车尾气中的 CO 是燃油中氧气不充足导致氧化不完全的中间产物，混合气浓度大及混合气不均匀都会使排气中的 CO 增加；碳氢化合物主要是烃类不完全燃烧时大分子降解的产物；氮氧化合物是在高温条件下燃料燃烧时 N_2 与氧反应的结果，氮氧化合物的种类较多，包括 NO、NO_2、N_2O 等，通常以 NO_x 表示。对 CO 和 HC 通常采用气相氧化法或催化氧化法加以消除，而对 NO_x 一般通过催化还原、催化裂解、催化选择性还原等方法除去。其主要反应式如下：

氧化反应：$CO+O_2 \longrightarrow CO_2$

$HC+O_2 \longrightarrow CO_2+H_2O$

还原反应：$NO_x+H_2 \longrightarrow N_2+H_2O$

$NO_x+HC \longrightarrow N_2+CO_2+H_2O$

$NO_x+CO \longrightarrow N_2+CO_2$

水气变换：$CO+H_2O \longrightarrow CO_2+H_2$

蒸汽重整：$HC+H_2O \longrightarrow CO_2+H_2$

以上 CO、HC、NO_x 三种污染物被三效催化剂同时除去的必要条件是其与氧的含量处于等当点，即 NO_x 还原成 N_2 时提供的氧与尾气中的氧之和恰好与 CO、HC 氧化时所需的氧相等。但发动机处于工作状态时，空燃比不是恒定不变的，贫燃条件下 CO、HC 可以完全氧化，而 NO_x 不能被完全还原；富燃条件下 NO_x 可以被完全还原为 N_2，而 CO、HC 不能被完全氧化成 CO_2 和 H_2O。

Rh 是促进 NO_x 选择性还原生成 N_2 的催化活性组分，同时也促进 NO_x 与 CO、H_2 低温反应活性，单转化器用量仅 0.18～0.30 g，抗硫中毒；Pt 的主要贡献是催化 CO 和 HC 的完全氧化反应，在冷启动到转化器变热这一期间均对 CO、HC 有良好的转化性。当 Rh 的负载量减少，甚至 Rh 受到热损害时，Pt 在加热过程中对 CO 和 HC 进行氧化作用就变得尤为重要。单床层转化器用量 0.5～1.2 g。Pt 对 CO 有一定的还原能力，但是当尾气中的 CO 浓度较高或者二氧化硫存在时，Pt 对 NO_x 还原转化不及 Rh。虽然 Pd 与 Pt 一样可作为 CO 和 CH 氧化反应的催化活性组分，且在富氧和高温条件下，Pd 活性优于 Pt，但 Pd 对铅、硫等毒物更敏感，在还原气氛下更易烧结，且与铅易形成合金，抑制了 Pd 的活性。Pd 多用于双催化剂系统的第二种氧化型催化剂。以上三效催化剂中贵金属活性组分的配比作用不是简单的加和或互补，而是组分间能显示出协同效应，多组分催化剂优于任一种单组分催化剂。在大排量的汽车中，发动机工作时温度较高，需使用高温性能好的催化剂才能达到尾气的排放标准，这需要催化剂的贵金属含量高一些；而在低排量的汽车中，发动机工作时温度较低，则要求催化剂具有低温活性，才能使尾气达到排放标准。由于 Pt 在低温时活性优于 Pd，并且 Rh 是三效催化剂中用以促进 NO_x 还原成 N_2 的最有效成分，因此研究高性能低贵金属 Pt-Rh 三效催化剂具有重要的意义。

7.2.1.2 载体

载体是承载催化剂的材料，分为球状、片状、柱状和整体式，主要作用是为催化剂提供一个有效的表面和合适的孔结构，活性组分分散于载体表面，获得较高的比表面积，以提高其催化效率，同时使其获得一定的力学强度和热稳定性能。球状、片状、柱状载体易碎且耐热性差，整体式蜂窝载体被广泛采纳，其结构由薄壁平行多孔的小圆柱体构成，主要有陶瓷和金属材料两种，使用最多的是蜂窝状堇青石（$2MgO \cdot 2Al_2O_3 \cdot 5SiO_2$）陶瓷载体。

堇青石蜂窝陶瓷作为尾气净化理想载体其主要特征：①单蜂窝截面形状主要有三角形、四方形和六角形，整体载体断面一般为圆形和椭圆形；②密集分布纵向不受阻挡的流动通道，每一通道都贯通整个支持体，孔壁可薄到只需满足催化剂强度要求的程度；③孔隙率高，排气阻力小，对发动机性能影响小；④机械强度、抗冲击和热稳定性较好，热膨胀系数小。缺点是蜂窝载体比表面积较小影响催化效率，孔道表面平滑导致催化剂活性组分难以负载，为此，一般在其表面涂上一层高比表面积的活性氧化铝涂层，又称扩表涂层，然后再在扩表涂层表面负载催化剂活性组分，这一改进使蜂窝状堇青石获得广泛应用。使用中存在的缺陷主要表现为温度过高时涂层与堇青石基体的热膨胀系数差异较大导致涂层易剥落，以及起燃时堇青石导热性差导致污染物的排放问题。

活性氧化铝载体对水分和某些气体具有选择性吸附，吸附饱和后可在 175～315 ℃下失水复活。因其具有独特的骨架结构，所以与活性组分亲和力极强，活性 Al_2O_3 比表面积大、微孔分布均匀，孔径大小适宜，孔容大吸水率高，堆积密度小，力学性能好，具有良好的稳定性等一系列优点。该类催化剂的主要作用是促进氮氧化物、烃类物质和一氧化碳转化成 N_2、H_2O 和 CO_2。以活性 Al_2O_3 为载体负载 Ag 催化剂与通过普通浸渍法制备的 Ag/Al_2O_3 相比，该催化剂在启动温度至 150 ℃范围内，展现出较好的催化活性。在 240 ℃和 320 ℃时，NO_x 的消除率分别为 50％和 99％。

合金载体用于尾气净化主要有 Fe-Cr-Al、Ni-Cr 等。与陶瓷载体相比，合金载体在性能上的特点：①具有更高的几何表面积（单位为 m^2/m^3），净化器体积减小，获得同等净化性能条件下能节约活性贵金属组分；②热容小，导热系数高，能够在较短的时间达到催化剂的工作温度，启动性能好；③背压更小，机械强度更高，孔壁可以更薄，孔道结构更加发达，有利于气体的流通。在抗氧化性方面，在 Fe-Cr-Al 合金箔的两侧覆盖上一层含有稀土 La 和 Ce 的金属 Al 薄层，经过扩散处理，可获得较高抗氧化性能和加工性能的复合材料；在冷启动方面，合金载体可辅以电加热实现催化剂的预热，缩短达到起燃温度的时间，减少冷启动产生的污染。

沸石分子筛载体具有较大的内空间和比表面积，活性组分可以通过离子交换或浸渍吸附引入分子筛内部，大的比表面使活性组分在分子筛中有较高的分散度，从而提高催化剂的反应性能。分子筛是常用的 NO 选择性还原催化剂的载体，具有较高的稳定性。

7.2.1.3　三效催化剂中助剂及其作用

助剂 Ce 具有三个功能，一是 CeO_2 因能快速进行 $2CeO_2 \longrightarrow Ce_2O_3 + \frac{1}{2}O_2$ 氧化还原循环而具有独特的储氧/释氧功能，起到“氧缓冲器”的作用，“富氧”下储存氧，“贫氧”下释放氧，其较高的储氧性能扩大了空燃比的可操作范围，提高了催化剂的总催化利用率；二是有助于贵金属在表面的分散，阻止贵金属与氧化铝高温下发生作用，阻止氧化铝载体烧结聚集或相转变（γ 型向 α 型转化）；三是促进水气变换和蒸汽重整。Pr 同样具有 Pr^{3+}/Pr^{4+} 价态的转变，但不适合直接替代 Ce 作为储氧物质，其优点是能在低温下释放出大量的氧。

助剂 Zr 是 Rh 稳定剂，ZrO_2 是不与贵金属特别是 Rh 发生相互作用的氧化物，有些三效催化剂以 ZrO_2 作为 Rh 的载体材料，以 γ-Al_2O_3 作为 Pt、Pd 的载体材料复合而成，这种催化剂有相当好的热稳定性。纯 ZrO_2 没有直接用作催化剂载体是因为比表面积 $<100\ m^2/g$。另外，将 Zr^{4+} 引入到氧化饰的立方晶格中或将 Ce^{4+} 引入到氧化锆晶格中，可降低晶胞参数，达到稳定 CeO_2 目的，有效地避免了 CeO_2 因高温烧结而晶粒长大。

助剂 La 和 Ba 可以提高 γ-Al_2O_3 相变温度而改善 γ-Al_2O_3 的热稳定性，La 使活性组分的分散度增加，活性中心数增大，还可以降低催化剂的起燃温度和提高对 NO_x 的转化率。另外，La 和 Y 能阻止贵金属活性组分与氧化铝载体在高温状态下发生作用而形成尖晶石结构。

7.2.1.4　三效催化剂中扩表涂层

扩表涂层也称活性层，涂覆于蜂窝载体表面，为催化剂提供合适的表面积和孔结构，以改善其活性和选择性，保证助剂和活性组分的分散度和均匀性，提高催化剂的热稳定性，同时节省贵金属活性组分的用量，降低催化剂生产成本。通常采用 γ-Al_2O_3 的薄涂层，其比表面积大，吸附能力强，纳米级贵金属超微粒能充分分散。但 γ-Al_2O_3 属低温稳定态，在高温下其晶粒会烧结增大，1 000 ℃以上会发生由 γ→α 的相变，比表面积减小，导致位于其上的贵金属微粒移动，并聚集长大。加稀土元素（La\Ba\Ce\Zr\Sr）及其他稳定剂可有效抑制扩表层烧结和相变的发生。

7.2.1.5　汽车尾气净化催化剂发展趋势

随着全球对生态环境的热切关注，汽车尾气排放对生态环境的严重污染问题已被高度重视。目前汽车业面临的紧迫任务即有效治理城市汽车尾气对环境的污染。作为有效解决汽车尾气污染的净化催化技术，开发新型的高效催化剂其必然的发展趋势。

1. 贫燃条件下 NO_x 的处理催化剂

空燃比很大程度上制约着贵金属三效催化剂的效率。贫燃条件下时贵金属催化剂具有高氧化性和低还原性，富燃条件下时则具有高还原性和低氧化性。研究发现，把催化剂的空燃比由 14.63 增加到 22 时，汽车燃料燃烧更充分，可节约 15% 的燃料，由此便能高效减少汽车尾气中 HC、CO 的排放。在国家对污染物排放标准和节能严格要求下，贫燃型发动机将会越来越具有市场竞争力，但不得不重视贫燃条件下过氧会造成高浓度的 NO_x 排放，研发贫氧条件下的 NO_x 汽车尾气净化催化剂势在必行。

2. 冷启动排放控制用催化剂

由于汽车冷启动时，三效催化剂需要在 90～120 s 才能达到起燃温度，因而冷启动的前 200 s 汽车尾气排放的 HC、CO 量大，甚至达到总排放量的 60%～80%。冷启动排放控制的催化技术要求，将紧密耦合催化剂安装在靠近引擎排气口处，进而使催化剂快速达到起燃温度，减少汽车 HC、CO 的排放。但值得注意的是，当紧密耦合催化剂快速达到起燃温度时，催化剂的工作温度也会大大提高，这样极容易引起催化剂的烧结，降低其活性。因此，在冷启动排放控制催化剂的研究上，要重点加强对催化剂高温抗烧结能力的研究。

3. 高性能低成本催化剂

由于贵金属型三效催化剂的活性最强，目前汽车尾气净化催化治理的方案中仍有 90%Rh 和 40%的 Pt 催化剂被使用。然而，类似这样的贵金属三效催化剂，其生产成本高昂，资源损耗大。在环境问题日益引起重视的今天，减少对贵金属的使用，研制高性能、低成本的催化剂是汽车尾气排放处理技术的发展趋势。在 Pt、Rh、Pd 中，Pd 要廉价很多，且具有较好的低温活性和高温稳定性，将 Pd 作为基本活性成分加以三效催化剂的研制，是高性能低成本催化剂的最佳选择。

此外，科研人员还应努力加强对非贵金属的研究，将多种金属综合组成应用，提高非贵金属催化剂的活性，并大力推广应用。这既是降低成本的捷径也是环境保护的科学做法。

随着国民经济的迅猛发展，随着汽车工业的大力发展，汽车尾气污染已经成为全球空气污染的主要原因。为此，全球各国都应该加强对汽车尾气排放的控制技术研究，尤其加强对汽车尾气净化催化剂的研制，努力研发高性能、低成本的汽车尾气三效催化剂，为生态环境保护做应用的贡献。

4. 三效催化剂的储氧材料

三效催化剂只有在接近理论空燃比（$A/F=14.6\pm0.3$）的非常狭窄的工作“窗口”内，才能很好地发挥其三效催化作用，有效地去除废气中的主要污染物 CO、碳氢氢化合物和 NO_x。由于大多数情况下发动机都是在偏离理论空燃比的工况下工作的，因此就要求催化剂中必须有一种材料能够对波动的尾气成分提供缓冲作用，这种材料就是三效催化剂储氧材料（OSC）。主要是指以氧化铈为基础的，具有储存和释放氧功能的铈锆复合氧化物材料，如 CeO_2-ZrO_2 固溶体。CeO_2 材料通过氧化还原反应 $Ce^{4+} \rightleftharpoons Ce^{3+}$ 实现储放氧的功能，即在富燃工况下，CeO_2 释放出氧气，贫燃工况下，它又吸收和储存 O_2，从而达到了调节汽车尾气中氧含量的目的。铈锆固溶体的储氧性能（OSC）与其晶相结构、热稳定性、孔度和比表面积紧密相联，将铈锆固溶体制成纳米多孔材料，有利于改善其 OSC 性能。不同的制备方法制得的材料在性能上存在较大差异，经典的 CeO_2-ZrO_2 固溶体制备方法有固相反应法、沉淀法、溶胶-凝胶法等。

氧化铈的储氧放氧能力化学反应式如下：

氧化铈储存氧：

$$Ce_2O_3 + 0.5O_2 \longrightarrow CeO_2$$

$$Ce_2O_3 + NO \longrightarrow 2CeO_2 + 0.5N_2$$

$$Ce_2O_3 + H_2O \longrightarrow 2CeO_2 + H_2$$

氧化铈放氧：

$$2CeO_2 + H_2 \longrightarrow Ce_2O_3 + H_2O$$

$$2CeO_2 + CO \longrightarrow Ce_2O_3 + CO_2$$

最先的储氧材料以单纯的氧化铈为主，氧化铈具有面心立方的萤石结构，如图7-1所示，具有八配位的铈离子(Ce^{4+})占据了面心立方格子的各个格点，氧离子(O^{2-})处于铈离子周围的四面体间隙中，能快速地进行氧化还原循环($Ce^{4+} \leftrightarrow Ce^{3+}$)，即使被还原成$CeO_{2-x}$($0<x<0.5$)后，其萤石结构仍不改变。

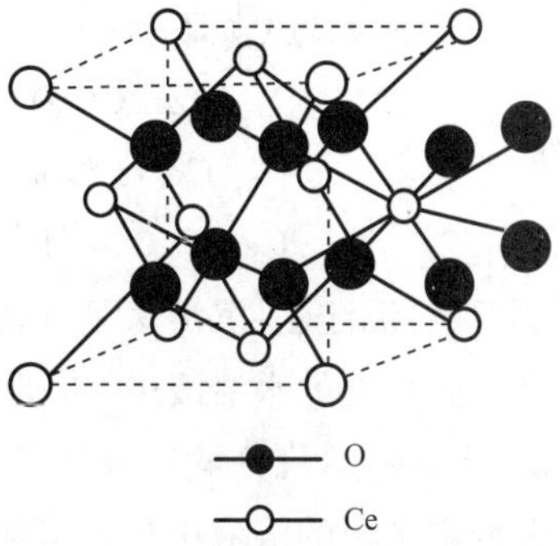

图7-1　萤石结构的CeO_2面心晶胞

氧化铈因其三价态铈和四价态铈的氧化还原转换能力而在催化反应中有着广泛的应用，在汽车尾气净化的三效催化中更是起着不可或缺的作用。

纯氧化铈储氧体系的最大缺点是热稳定性差和低温储放氧性能差，在CeO_2中掺杂诸如Zr^{4+}、La^{3+}、Ga^{3+}等可提高CeO_2的抗高温烧结性和降低被还原温度，特别是Zr^{4+}的加入，易形成铈锆固溶体，改善了CeO_2的体相特性。$Ce_xZr_{1-x}O_2$固溶体与CeO_2相比，具有以下优点：①降低了表面和体相还原温度，明显改善了氧化还原的动力学行为，极大地提高了催化剂的储氧能力，使CO、HC在还原条件下和NO在氧化条件下的转化率大大提高；②无论是在氧化或还原条件下，$Ce_xZr_{1-x}O_2$固溶体的抗高温烧结性明显比CeO_2好得多，与CeO_2相比，$Ce_xZr_{1-x}O_2$固溶体因体相氧参与反应，即使在表面积较低的情况下，也易于被还原；③改变了氧化物的体相构成，利于体相氧的迁移和扩散，使反应过程变得活泼。

但是，未掺杂和修饰的CeO_2-ZrO_2仍不能满足当前三效催化转化器对三效催化剂高温热稳定性的需求。三效催化剂的工作温度有时会超过1 000 ℃，高温条件下会产生相分离，生成CeO_2-ZrO_2的富Ce相(立方-$Ce_{1-x}Zr_xO_2$)和富Zr相(六方-$Ce_{1-x}Zr_xO_2$)。在CeO_2-ZrO_2体系中引入第3组分，如Y和La等，可以抑制CeO_2-ZrO_2固溶体的相分离，但是我们尚看不到系统的研究，而比较和分析文献中的数据是非常困难的事情。总体来讲：①中间组成的CeO_2-ZrO_2体系容易产生相分离，但是，掺杂低价态的元素可以抑制或阻止相分离现象发生；②CeO_2-ZrO_2固溶体的相分离过程容易在氧化气氛中发生；③和氧化气氛条件相比，CeO_2-ZrO_2固溶体在还原条件下的烧结更容易造成比表面积的降低。

(1) 固相反应法：一般认为，固相化学反应过程经历四个阶段：扩散—反应—成核—生长，当产物成核速度大于生长速度时，有利于生成纳米微粒；如果生长速度大于成核速度，则形成块状晶体。因此，若有少量水存在，形成湿固相反应，则更有利于扩散和反应，从而更易于生成纳米微粒。反应过程可描述为：

$$A + B \rightarrow A\text{-}B \rightarrow Ps \rightarrow Pn \rightarrow Pf$$

式中，A和B表示固体反应物；A-B为扩散形成的分子对；Ps是A-B反应形成的单个分子产物；Pn 是多个 Ps 形成的晶核；Pf 为结晶产物。

在固-固相反应中，上述过程中每个阶段都有可能成为整个固-固反应中的快速步骤。通常采用固-固法制备 $Ce_xZr_{1-x}O_2$ 固溶体是在高温下进行，因而研究中低温固-固法制备 $Ce_xZr_{1-x}O_2$ 固溶体是很有意义的，通常选用草酸盐制备较为理想。固-固法制备 $Ce_xZr_{1-x}O_2$ 固溶体工艺流程图如下：

化学反应式如下：

$$Zr(CO_3)_2 + 2H_2C_2O_4 \longrightarrow Zr(C_2O_4)_2 + 2H_2O + 4CO_2 \uparrow$$

$$Ce_2(CO_3)_3 + 3H_2C_2O_4 \longrightarrow Ce_2(C_2O_4)_3 + 3H_2O + 3CO_2 \uparrow$$

$$xCe_2(C_2O_4)_3 + 2(1-x)Zr(C_2O_4)_2 + 2O_2 \longrightarrow 2Ce_xZr_{1-x}O_2 + 8CO_2 \uparrow$$

(2)沉淀法：沉淀法是最为常用的一种制备方法，通常是在搅拌下将碱性沉淀剂加入到含有金属盐类的水溶液中，将所生成的氢氧化物或碳酸盐沉淀洗涤去除所吸附的杂质离子，并过滤、干燥和焙烧分解后得到产品。常用的沉淀法有：共沉淀法和均相沉淀法。共沉淀法是在含多种阳离子的溶液中加入沉淀剂后，所有离子完全沉淀；一般的沉淀过程是不平衡的，但如果控制溶液中的沉淀剂浓度，使之缓慢增加，则使溶液中的沉淀过程处于平衡状态，且沉淀能在整个溶液中均匀地出现，这种方法就是均相沉淀。通过溶液中的化学反应使沉淀剂慢慢地生成，从而克服了由外部向溶液中加沉淀剂而造成沉淀剂的局部不均匀性，所导致的沉淀不能在整个溶液中均匀出现的缺点。共沉淀法制备 $Ce_xZr_{1-x}O_2$ 的化学反应式如下：

$$Zr^{4+} + Ce^{4+} + NH_3 \cdot H_2O \longrightarrow Zr(OH)_4 \downarrow + Ce(OH)_4 \downarrow + NH_3 \uparrow$$

$$Zr(OH)_4 + Ce(OH)_4 \longrightarrow Ce_xZr_{1-x}O_2 + H_2O \uparrow$$

(3)溶胶-凝胶法：作为低温或温和条件下合成无机材料的重要方法，广泛地用于制备纳米粒子，在软化学合成中也有一定的地位。

7.2.2 柴油车尾气净化四效催化剂

柴油车尾气净化四效催化剂能同时消除柴油车四种主要污染物-碳烟颗粒、NO_x、CO 和 HC 的催化技术，包括四效组合催化，催化碳烟 NO_x 氧化还原和同时消除碳烟和 NO_x 的 DPNR 技术。四效组合催化就是优化组合柴油机氧化催化剂 DOC，柴油机排气过滤器 DPF，选择催化还原 SCR 和氮氧化物储存还原 NSR 等现有成功的单项技术发展成为具有四效催化性能的单一技术装置。对催化碳烟-NO_x 氧化还原而言，柴油车尾气中 NO_x 属于氧化物质，碳烟颗粒、CO 和 HC 属于还原物质，利用碳烟燃烧催化剂在同一催化床层除去四种污染物。碳烟燃烧催化剂包括贵金属、过渡金属、碱金属和碱土金属以及各种金属复合氧化物。①Pt、Pd、Rh、Au、Ir 等贵金属通过间接催化方式促进碳烟燃烧，即将 NO 催化氧化为 NO_2，利用 NO_2 的高活性将碳烟燃烧。②Fe、Cu、Mo、V、Co、Cr、Mn 以及稀土元素 Ce 和 La 等过渡金属。其催化机理有两种观点：一种是电子转移机理，即催化剂改变了碳烟石墨结构的 p 电子分布，使得碳烟更易于被氧化；另一种是氧转移机理，即通过催化剂的氧化还原循环将表面活性氧转移到碳烟表面。③在催化剂中添加少量碱金属或碱土金属就可以促进与碳烟的接触，并显著降低碳烟的起燃温度。④钙钛矿类或类钙钛矿，尖晶石和水滑石复合氧化物等金属复合氧化物，不同金属之间往往具有协同效应，因而具有较高的催化活性。对同时消除碳烟和 NO_x 的 DPNR 技术而言，主要采用在壁流式陶瓷蜂窝上涂覆 NSR 催化剂，同时消除碳烟和 NO_x 的效率达 80%以上。

柴油车尾气的主要组分一般为水蒸气 2.6%（体积分数，下同）、O_2 15%、CO_2 7.1%、N_2 75.21%，以及微量颗粒物(PM)、一氧化碳 CO、碳氢化合物(HC)、氮氧化物 NO_x、SO_2、硫酸盐、醛等，其中危害最大、最难消除的污染物是 PM 和 NO_x。PM 和 NO_x 二者的形成与含量存在相互制约关系，PM 是在高温缺氧区产生的，NO_x 却是在高温富氧区生成的，努力减少其一，必然导致另一污染物增加，所以仅通过单一的机内改良措施把 NO_x 和 PM 排放同时降低是极其困难的，只有将燃油改进、机内净化和后处理技术有机整合，才能使柴油车满足未来的排放标准。近年来，开发能同时消除柴油车四种主要污染物—碳烟颗粒，NO_x、CO 和 HC 的多功能后处理技术，即四效催化(four-way catalysis，FWC)技术得到了广泛研究。四效催化技术的关键是针对这两种污染物的去除，采用的方案有：四效组合催化、催化碳烟-NO_x 氧化还原和同时消除碳烟和 NO_x 的 DPNR 技术。

7.2.2.1　四效组合催化

四效组合催化技术就是优化组合现有成功的单项技术，包括 DOC、DPF、SCR 和 NSR 等，发展成为具有四效催化性能的单一技术装置。由 DPF 和 NSR 相结合的 DPF-NSR 技术，尾气通过 DPF 时，碳烟颗粒截留后被氧化，然后经过下游的 NSR 转化器，NO_x 被去除。将 SCR 催化剂置于 DPF 系统的外围，即 DPF-SCR 技术，该技术结构紧凑，能够满足欧 V 的排放标准。DOC-DPF-NSR 技术可以满足未来轻型柴油车的欧洲排放法规。尽管如此，四效组合催化系统目前存在成本高、结构复杂和占用空间大等缺陷。

1. 柴油车氧化催化剂

通过去除碳烟颗粒中的可溶性有机成分 SOF，达到降低碳烟颗粒排放的目的，同时也进一步降低 CO 和 HC 的排放。DOC 不需要再生，维护简单，在柴油车后处理中应用最为广泛。其使用的载体一般为流通式蜂窝整体，材质为堇青石陶瓷或金属合金，通过金属氧化物涂层将催化剂附着在载体上。常用的涂层材料为 γ-Al_2O_3 或沸石分子筛，这些材料具有较大的比表面积，一方可以吸附尾气中的 HC，另一方面可以起到分散催化剂的作用。常用的催化剂为贵金属 Pt 和 Pd。由于 DOC 具有较强的氧化性能，易将尾气中的 SO_2 氧化成 SO_3 进而生成硫酸盐，不仅增加了颗粒物的排放而且造成催化剂的硫中毒。所以，DOC 催化剂应当具有较高的选择性氧化能力，即在氧化 SOF、CO 和 HC 的同时尽量抑制 SO_2 的氧化。通过添加过渡金属钒或用稀土氧化物 CeO_2 作为替代活性组分可以减少硫中毒的出现。其中，在 CeO_2 中掺杂 Zr 形成的 CeZr 固溶体具有较好的催化氧化 SOF 的活性。

单独使用 DOC 去除碳烟颗粒的能力有限，而且对 NO_x 排放控制更是无能为力。必须将 DOC 与其他排放后处理技术相结合，才能满足当前严格的柴油机尾气排放法规。

颗粒过滤器(diesel particulate filters，DPF)是安装在柴油车的排气管上的一个过滤装置，可将尾气中的碳烟颗粒收集起来，使之不能排放，从而达到净化的目的。颗粒过滤器的核心包括过滤材料和过滤体再生技术。

(1)DPF 过滤体:DPF 的过滤体由耐高温且大比表面的材料组成,要求有较高的过滤效率,机械强度和耐腐蚀性以及较低的排气被压。常见的过滤体的结构包括壁流式、泡沫式和纤维毡式等,材料为陶瓷基、金属基和复合基等成分。目前公认最成功 DPF 过滤器为壁流式蜂窝陶瓷,材质为堇青石($2MgO-2Al_2O_3-5SiO_2$)。在该过滤器中,孔道进口和入口交叉封堵。这样,尾气从一个孔道流入后,必须穿过陶瓷壁面从相邻的孔道流出,结果尾气中的碳烟颗粒就被沉积在孔道的壁面上。壁流式蜂窝陶瓷平均过滤效率达到 90%左右。

(2)DPF 再生:随着碳烟颗粒在 DPF 中不断沉积,DPF 孔道逐渐被堵塞,引起排气阻力增加和背压升高,进而导致柴油机性能恶化。因而,必须适时地通过燃烧方法清除 DPF 中积存的碳烟颗粒,减少排气阻力和降低背压,即 DPF 的再生。DPF 的再生方式分两类:主动再生和被动再生。

主动再生是通过外加能力提高气流温度到碳烟颗粒的起燃温度使之燃烧,包括喷油助燃再生、电加热再生,逆向喷气再生和微波加热再生等方法。主动再生方式利用外部热源再生,再生可靠,但消耗额外能源,经济性差。被动再生是利用化学方法降低碳烟颗粒反应的活化能,使之在柴油机正常运行条件下燃烧达到再生的目的,包括添加剂再生、连续再生和催化再生等方法。

① 添加剂再生是直接在燃油中周期性地喷加可溶性金属或金属盐,燃烧生成的金属氧化物可以催化碳烟颗粒的燃烧,但是部分添加剂会在 DPF 中沉积影响 DPF 的使用寿命。

② 连续再生是在 DPF 的上游安装一个 DOC 将 NO 氧化成较强氧化性的 NO_2,NO_2 可以在较低温度(250 ℃左右)将碳烟氧化。然而,当排气温度高于 400 ℃,受限于热力学平衡难以产生 NO_2,再生效率下降。此外,由于 DOC 易发生硫中毒,CRT 对燃油中硫含量要求比较高($<50\times10^{-6}$)。

③ 催化再生是将催化剂涂覆到 DPF 上得到催化颗粒过滤器,在催化剂的作用下,碳烟可以在较低的温度发生燃烧。该方法除了不需消耗外加能源外,在单一的 CDPF 设备上即可实现碳烟的消除。目前,发展 CDPF 的关键在于寻找一种高活性的碳烟燃烧催化剂。此外,碳烟与催化剂的接触问题也是发展 CDPF 所面临的一个瓶颈。

2. 碳烟燃烧催化剂

目前研究比较多的碳烟燃烧催化剂包括贵金属、过渡金属、碱金属和碱土金属以及各种金属复合氧化物。

(1)贵金属:包括 Pt、Pd、Rh、Au 和 Ir 等。在仅含氧气气氛中,贵金属几乎没有催化作用,尾气中存在 NO_x 时才表现出很高的活性。一般认为贵金属是通过间接催化方式促进碳烟燃烧,即将 NO 催化氧化为 NO_2,利用 NO_2 的高活性将碳烟燃烧。但是,昂贵的价格且易发生硫中毒等缺陷限制了贵金属的应用。

(2)过渡金属:常见的有 Fe、Cu、Mo、V、Co、Cr、Mn 以及稀土元素 Ce 和 La 等。由于具备多种价态,这些过渡金属有较强的氧化还原特性。其催化机理有两种观点:一种是电子转移机理,即催化剂改变了碳烟石墨结构的 p 电子分布,使得碳烟更易于被氧化;另一种是氧转移机理,即通过催化剂的氧化还原循环将表面活性氧转移到碳烟表面。受限于与碳烟接触的方式,过渡金属不能有效发挥其催化活性。

(3)碱金属和碱土金属：碱金属(Na、K 和 Cs 等)在催化碳烟燃烧反应中表现出优异的活性，只要在催化剂中添加少量碱金属就可以促进与碳烟的接触，并显著降低碳烟的起燃温度。碱土金属(Ca、Ba 和 Mg 等)也有一定的催化活性。碱金属和碱土金属的活性与其电负性有关，即取决于其供电子能力，活性次序为 Cs＞K＞Ba＞Na＞Ca＞Mg。然而，在反应中易流失的缺陷影响了碱金属的催化寿命。

(4)金属复合氧化物：不同金属直接往往具有协同效应，因而具有较高的催化活性。常用金属复合氧化物包括钙钛矿或类钛矿、尖晶石和水滑石复合氧化物等。钙钛矿(ABO_3)或类钙钛矿(A_2BO_4)型复合氧化物对碳烟燃烧有很强的催化作用，钙钛矿表面的弱吸附的氧有利于碳烟的燃烧。碱金属离子部分取代 A 位离子可提高钙钛矿的活性，例如 K 部分取代 $LaMnO_3$ 和 $LaCoO_3$ 的 La，Cs 部分取代 $LaCoO_3$ 的 La 等。负载贵金属也可该改善催化剂的活性，如将 Au 负载 $LaNiO_3$ 上。尖晶石型复合氧化物(AB_2O_4)同钙钛矿一样，也存在有利于碳烟燃烧的表面弱吸附氧。用于碳烟燃烧的尖晶石催化剂有 $CuFe_2O_4$、$CoCr_2O_4$ 和含 Cu 的 $ZnAl_2O_4$ 等。掺杂碱金属同样能够提高尖晶石的活性，如将 K 惨入 $CuFe_2O_4$ 尖晶石。水滑石类材料，是一种具有层状结构的阴离子黏土，由带正电荷的金属氢氧化物层和层间填充带负电荷的阴离子构成，通式为$[M^{2+}_{1-x}M^{3+}_x(OH)_2]^{x+}A^{n-}_{x/n}\cdot mH_2O$，$M^{2+}$、$M^{3+}$ 代表金属离子，A^{n-} 代表阴离子。高温焙烧后的水滑石为金属复合氧化物，具有高的比表面积和强碱性。含过渡金属的水滑石复合氧化物可用于催化碳烟燃烧反应，包括含 Co、Mn 或 Cu 的 Mg-Al 水滑石以及 Co-Al 水滑石等，继续负载碱金属 K 可进一步降低碳烟的起燃温度。将 K 负载到活性较差的 Mg-Al 水滑石复合氧化物上作为碳烟燃烧催化剂，表现出较高的催化活性。

7.2.2.2　催化碳烟-NO_x 氧化还原

柴油车尾气中 NO_x 属于氧化物质，而碳烟颗粒 CO 和 HC 属于还原物质，利用它们之间的氧化还原反应，可以在同一催化床层实现去除四种污染物的目的，实现这一目标的关键在于促进碳烟与 NO_x 之间的反应。DPF 收集到的碳烟颗粒可以在富氧环境下还原 NO_x。研究证实，在催化剂的作用下，碳烟的氧化反应和 NO_x 的还原反应可在相同的温度范围内进行，而且 NO_x 的存在可以降低碳烟燃烧的活化能。

催化碳烟-NO_x 氧化还原所用催化剂一般为碳烟燃烧催化剂。将钙钛矿类催化剂与沸石分子筛混合可作为四效催化剂，能够提高 NO_x 的去除效率。将尖晶石类催化剂($CuCr_2O_4$ 和 $CoCr_2O_4$)负载到以金属为载体的玻璃陶瓷涂层上，可组合成柴油车四效催化转化器，但是，用于碳烟-NO_x 氧化还原的催化剂普遍存在 NO_x 转化率低和选择性差等缺点，其催化活性有待进一步提高。

7.2.2.3　同时消除碳烟和 NO_x 的 DPNR 技术

同时消除碳烟和 NO_x 的 DPNR 技术即 DPF 和 NSR 两种技术的相结合，其同时消除碳烟和 NO_x 的效率达 80%以上。在壁流式陶瓷蜂窝上涂覆 NSR 催化剂，该催化剂同时具有催化碳烟燃烧的活性。在稀燃状态下实现 NO_x 存储和碳烟燃烧，切换到浓燃状态后，存储的 NO_x

被还原，同时催化剂仍具有一定的碳烟燃烧活性。

对 DPNR 催化剂的研究多基于比较成熟的 NSR 催化剂。传统的 NSR 催化剂 Pt-Ba/Al_2O_3 同时具有 NSR 和催化碳烟燃烧的功能。由于碱金属同时具有较高的催化碳烟燃烧和 NO_x 存储能力，所以含碱金属的 DPNR 催化剂成为研究热点。Pt-K/AbOs 催化碳烟燃烧的活性高于 Pt-Ba/Al_2O_3；Ba-K/CeO_2 催化剂中，Ba-K 之间的相互作用可以抑制 K 的硫中毒。碱金属负载的水滑石类催化剂也被用于 DPNR 的研究。例如，K 负载的 CoMgAl 水滑石复合氧化物具有同时催化碳烟燃烧和 NO_x 存储的功能。负载贵金属 Pt(Pd)、过渡金属(Cu 等)和 K 负载的 Mg-Al 水滑石复合氧化物具有良好 DPNR 应用潜力。DPNR 催化剂上 NSR 反应与碳烟燃烧之间的相互作用，碳烟燃烧产生的 CO_2 与 NO_x 之间存在竞争吸附，对 NO_x 的存储有所抑制，但不影响 NO_x 的还原。而存储的 NO_x 则有利于碳烟燃烧，原因为：①存储的 NO_x 脱附产生的 NO_2 参与了碳烟反应；②NO_x 存储形成的硝酸盐可以直接与碳烟反应。

下面介绍一下四效催化剂的内容：

利用 HC、CO 和 PM 在富氧条件下还原 NO_x，以达到同时除去污染物的目的，在理论上是可行的。有关四效催化剂的报道较少，目前研制开发的四效催化剂主要有两类：贵金属四效催化剂和非贵金属四效催化剂。

(1)贵金属四效催化剂：新鲜的铂催化剂在 180～210 ℃具有最高的还原 NO 的效率，经过老化实验后活性一般降低，且在 260～280 ℃的高温区显示出高活性。但是排放 NO_x 最多时的尾气进入催化转化器的入口温度并不在这个温度范围内，这就为四效催化剂的设计带来了很大困难。

如今开发的贵金属四效催化剂确实能够同时去除 PM、HC、CO 和 NO_x，但是效果并不十分理想，各自都存在不同的问题，还不能满足长期排放法规的要求。同时，贵金属四效催化剂的应用还受贵金属资源匮乏及其价格昂贵的限制。

(2)非贵金属四效催化剂：稀土钙钛矿型复合氧化物催化剂对于 PM 和 NO_x 的同时消除有很好的活性，于是研究者把研究重点放到稀土钙钛矿氧化物催化剂上。通过研究发现，Mn 基、Co 基、Fe 基和 Cu 基钙钛矿型复合氧化物对于柴油机尾气催化处理的活性最高，并且以碳颗粒的起燃温度进行活性评价，发现活性顺序为 Co＞Mn＞Fe。利用钙钛矿型复合氧化物结构可“化学剪裁”的特点，将钙钛矿结构的 A 位或 B 位用不同量、不同种类的碱金属或碱土金属活性组分进行修饰，可以提高催化活性。钙钛矿型四效催化剂可用的载体有：分子筛 HZSM-5、堇青石蜂窝陶瓷、氧化铝(Al_2O_3)、氧化钛(TiO_2)、金属等。

采用一定的方法将钙钛矿型复合氧化物制备成纳米级颗粒，增大了催化剂的比表面积以及表面粒子的活动性，使其对柴油机尾气处理的效果大大提高。在松散接触条件下，碳黑颗粒燃烧的催化活性与目前世界上所报道的活性最高的贵金属催化剂的活性相当；同时有 30%～40%的 NO_x 可以被还原为 N_2。为达到实际应用，在不同比表面的 Al_2O_3 上负载钙钛矿复合氧化物 $LaO_{18}KO_{12}MnO_3$，并进行柴油车尾气四效催化活性的考察。结果表明，这些担载的 Mn 基钙钛矿复合氧化物催化剂表现出较好的催化性能，对于 CO 和碳颗粒的燃烧活性较好，起燃温度明显降低，并且对于生成 CO_2 的选择性高于 99%，烃类在较低温度下就有 90%被转化，但是对于 NO 选择还原为 N_2 的催化性能还有待提高。

四效催化剂的开发是一项系统工程，影响催化剂性能的因素很多，主要有发动机尾气的排放状况，催化剂载体、涂层材料、活性组分的选择等因素。这就要求综合考虑各因素，根据柴油车尾气排放特点和对催化性能的要求去设计催化剂。

展望：随着环保法规的日益严格，国内近年来开展了很多柴油车尾气净化的研究工作，主要集中在 NO_x 和 PM 的单独净化，或者 PM、NO_x 同时净化方面。经过多年的努力，在 NO_x 还原和 PM 燃烧催化剂、碳颗粒新型过滤材料、高性能稀土储氧材料、耐高温比表材料、贵金属负载技术和耐久性涂层技术等，满足欧Ⅱ排放标准的三效催化剂和满足欧Ⅲ排放标准的密偶催化剂和三效催化剂等方面都取得了很大的成绩。通过大量的研究已经证明，柴油车四效催化技术能够有效降低尾气中的 HC、CO、PM 和 NO_x，但是要想达到商业化的要求，还有大量工作要做：

(1)柴油较汽油的含硫量高，硫的存在容易使催化剂中毒，因此开发柴油车四效催化剂在追求高活性、高选择性的同时还要注重催化剂抗硫性能的提高，以延长催化剂的使用寿命。

(2)低温冷启动时催化剂的活性低，污染物的排放较高，因此对冷启动时，排放污染物的有效转化或吸附也是必须解决的关键问题之一。

(3)目前所研发的四效催化剂效果不很理想，因此如何科学利用各种材料的特性来合理地设计制备出高活性的多组分四效催化剂是亟待解决的核心问题之一。

(4)柴油车四效催化净化体系是远非一种催化剂所能实现的，其中包括各种催化剂的制备科学规律及技术、催化剂性能及表征、整个催化剂体系的构建以及各催化剂反应的耦合等。这些都是成功开发四效催化剂的关键问题，有待于进一步研究和发展。

柴油车四效催化技术被认为是一种最理想的柴油车尾气排放控制技术，具有诱人的应用前景。目前，柴油车尾气四效催化净化技术已经取得了较大进展，尽管净化效果还不够理想，但是经过不懈的技术开发和组合创新，柴油车尾气四效催化净化技术将会逐渐成熟，并被普及，最终成为解决柴油车尾气排放控制问题的最主要方法。

7.2.3　尾气颗粒物过滤材料

尾气颗粒物过滤材料是指安装在汽车排气管内的微粒捕集器中采用的过滤体材料。尾气过滤材料主要分为三大类：陶瓷基、金属基和新型过滤体材料。常用的陶瓷基过滤材料有堇青石蜂窝陶瓷、泡沫陶瓷、编制陶瓷纤维等；金属基过滤材料如金属丝网、金属纤维毡、泡沫合金等。金属基材料强度高，能耐高温，抗腐蚀性好，但其过滤效率较低；新型过滤材料常见的有新型碳化硅、紊流金属载体、钛酸铝、炭化微米木纤维。新型碳化硅材料及紊流金属载体等相对于传统材料表现出更加优异的性能。炭化微米纤维绿色环保、成本低廉、过滤效率高，是一种比较有前途的过滤体材料。其中，应用最为广泛的过滤材料有堇青石蜂窝陶瓷和碳化硅。在上述过滤体材料表面喷涂上金属铂、铑、钯等催化剂，发动机排出的含有炭粒的黑烟，通过专门的管道进入发动机尾气微粒捕集器，经过其内部密集设置的袋式过滤器结构，将炭烟微粒吸附在金属纤维毡等制成的过滤器过滤体上；当微粒的吸附量达到一定程度后，尾端的燃烧器自动点火燃烧，将吸附在上面的炭烟微粒烧掉，变成对人体无害的二氧化碳排出。

7.2.3.1 陶瓷基过滤体材料

陶瓷基过滤材料主要有蜂窝陶瓷、泡沫陶瓷以及编织陶瓷纤维，通常由氧化物和氮化物组成，能够在700 ℃的高温下保持热稳定，通常为多孔结构，比表面积大于1 m^2/g。堇青石蜂窝陶瓷是一种壁流式蜂窝陶瓷，主要成分为 $2MgO \cdot 2Al_2O_3 \cdot 5SiO_2$，其热膨胀系数低，造价低廉，开发最早，使用也最广泛。由于其导热系数小，DPF再生时热量不易传出而易导致过滤器烧熔或烧裂。它是由一个个相邻的边长为2 mm的小正方形通道组成的圆柱体，壁厚为0.4 mm，壁面上的小孔为10～13 μm，每相邻的两个通道，一边被封死，另一边则为开口，这种结构迫使尾气由入口敞开的通道进入，穿过多孔的陶瓷壁面进入相邻的出口敞开通道。排出的气体经过DPF的滤芯时，从一个通道进来，必须穿过透气陶瓷壁面从相邻的另一个通道才能出去。这样一来，排气中的碳烟就被沉积在进口通道壁面上，达到过滤碳烟颗粒的目的。堇青石蜂窝陶瓷蜂窝状的壁流式陶瓷滤芯是目前综合性能较好，使用较为广泛的过滤体，过滤效率可达90%以上，且耐高温，机械强度高。但是，由于堇青石蜂窝陶瓷材料的径向膨胀系数是纵向膨胀系数的2倍，在捕集颗粒后加热再生的时候，容易受热不均匀而发生热应力损伤，造成局部烧融或破裂。

蜂窝陶瓷微粒捕集器滤芯的排气流动阻力直接受到滤芯表面上沉积的微粒层厚度的影响，沉积的微粒越厚，排气阻力就越大。微粒层厚度的增长速度跟过滤体单位体积的过滤面积成反比，单位体积的过滤面积越大，微粒层厚度的增长速度就越慢。但蜂窝密度太大将导致通道过小，积聚下来的微粒会增加排气流动阻力，甚至堵塞通道。因此，滤芯的通道既不能太大也不能太小。

泡沫陶瓷是将浸渍堇青石陶瓷浆体的聚氨酯泡沫塑料半成品经过高温煅烧及塑料气化逸出而得的陶瓷骨架。它们具有大致圆形的孔道，直径大多在0.25～0.50 mm之间，沿着深度弯曲，少量孔道是不贯通的。泡沫陶瓷滤芯一开始效率较低，随着微粒的沉积过滤效率逐渐提高。当积聚微粒过多时可能引起已吸附的微粒意外剥离，使微粒排放突然增加。这是泡沫陶瓷滤芯的一大缺点。泡沫陶瓷DPF的滤芯一般呈圆柱形，其截面面积或直径取决于柴油机的排气流量，而其长度根据材料孔隙度、要求的过滤效率及允许的排气阻力选择。为了进一步降低DPF的流动阻力和改善被捕集微粒的分布，可在泡沫陶瓷的圆柱体中布置相间通向不同端面的不贯通的孔道。

泡沫陶瓷的微粒捕集效率较堇青石蜂窝陶瓷要差一些，在40%～70%之间，与挤压法制备的蜂窝陶瓷相比，熔模铸造法制备的泡沫陶瓷具有更好的可塑性，孔隙率增大到80%～90%且孔洞曲折。其优点是多孔结构、各向同性，有利于再生，且再生时产生的热应力较小，不易造成过滤体热应力损坏；其主要缺点是结构疏松、强度较低，在排气冲击和机械振动条件下易损坏。

编制陶瓷纤维具有较高的比表面积，过滤体内纤维表面全是有效的过滤面积，过滤效率可达95%。陶瓷纤维材料不受固定尺寸限制，为过滤腔内孔的形状和分布提供了广泛的选择余地，也允许改变各种设计参数以使应用达到优化。相比堇青石陶瓷，编制陶瓷纤维有更好的化学稳定性,但作为一种耐高温的脆性材料,它的加工工艺复杂且易于损坏。

这些陶瓷基过滤材料都有一个致命弱点,就是容易受到碳烟颗粒表面吸附的氧化物的化学侵蚀。例如,ZnO、CaO、V_2O_5、PbO 和 Na_2O 等氧化物在高温下能与堇青石发生固体扩散反应,使其在再生过程中产生裂纹。尤其是 N_2O 在 900 ℃以上的温度下会造成堇青石材料的彻底破坏。

7.2.3.2　金属基过滤体

金属材料具有更好的强度、韧性和导热性。由 Fe-Cr-Al 合金制造的壁流式蜂窝体,比同尺寸的堇青石蜂窝过滤体壁厚减小了 1/3,大大降低了背压损失。

金属丝网成本相对较低,且空隙大小沿着气流方向可以任意组合,使捕获的微粒在过滤体中沿过滤厚度方向分布均匀,增强了过滤效率并缩短了过滤时间。但是,单纯金属丝网过滤体的捕集效率较低,为 20%～50%。

金属纤维毡比编织陶瓷的强度更高,使用寿命长;与丝网材料相比,透气性好、比表面积大,具有毛细管等功能,尤其适于高温、有腐蚀介质等恶劣条件。金属纤维毡还具有容尘量高的特点。同样金属纤维毡也存在过滤效率低的问题。

泡沫合金主要是指镍铬铝和铁铬铝高温合金,合金表面是 α-Al_2O_3。泡沫合金具有大孔径和薄骨架结构,导热率高,热度分布均匀,耐高温,机械强度高,耐振性能好,但其表面容易被熔融铝液浸透并覆盖,应用粉末冶金技术制造泡沫合金,可以降低生产成本。

7.2.3.3　新型过滤体材料

SiC 因其高的导热系数(是堇青石的 25 倍)和机械强度,成为 DPF 的新一代载体材料。当前,国外对纤维氧化硅(T3MK-25)的研究是一大热点,用 T3MK-25 可以将滤芯做成片状,不仅大大简化了大尺寸过滤器的制作工艺,而且提高了其再生时的抗热冲击性。当今对 SiC 载体材料的研究主要集中在材料晶体的大小、形状和微孔大小分布等对 DPF 背压的影响上。并且在通过改变 SiC 载体晶体结晶方式,从而减小晶体颗粒间的间隙来提高载体热强度方面已经取得了很大进展。

多孔碳化硅 DPF 因具有耐腐蚀和高机械性能、较好的热容和热导而被广泛地使用。多孔碳化硅 DPF 的碳烟负载率为 10～15 g/L,铝钛酸盐 DPF 为 8 g/L,堇青石型 DPF 为 4 g/L。采用碳化硅膜 DPF 能使碳烟颗粒燃烧的活化能降低 80～130 kJ/mol,起燃温度降低 100 ℃。新型 XP-SiC 材料在较小的背压下具有较高的过滤效率、较大载荷(初始载荷为 0.4 g/L,最大载荷可达 8 g/L),而且其成本较低。采用入口隔膜式 DPF 时背压较小,碳烟负载率(SML)较高,因此表现出较高的再生速率和较好的燃料经济性,采用高孔隙率载体的 DPF 表现出较好的力学性能,当涂覆特殊织构 SiC 后具有较低背压、较高催化活性和较好的抗热老化性。

紊流金属载体目前已有三种结构,第一代金属载体是平直流道结构(即层流结构)。第二代金属催化转化器采用了能够产生气体分布的横脊结构(TS)金属载体,这种结构已批量应用于汽车领域。该结构波纹型的金属薄片带有次级横向微型波纹,这些次级微型波纹有助于加强通道中心未被净化的废气与通道壁旁边已被净化的气体间的交换,促进未净化的气体流向催化剂涂层，进而使废气得到有效净化，提高转化效率。第三代金属载体结构是LS型结构，其结构特点是加入了纵向次级流道，即在原有载体上增加了孔数目，从而提高了流道内的物质传递系数以及催化器转化效率，在整个载体体积不变的情况下增加了实际过滤面积，降低生产成本。

紊流型转化器发展前景广阔，可被广泛应用于各种机动车辆上。LS结构可以降低载体体积达25%，从而减少了载体对贵金属总量的需求，降低生产成本。TS结构金属载体的生产技术已经成熟并已被应用于摩托车市场。采用了能够产生紊流气体分布的LS结构载体的催化转化器，比TS结构载体更具有发展潜力，现在已经批量投入应用。

钛酸铝（$Al_2O_3 \cdot TiO_2$）能耐1 500 ℃的高温，与SiC基本相同，但由于其热膨胀系数只有SiC的1/5，因此可以一次成型并加工成整体滤芯。钛酸铝有较高的承受应力的能力，这意味着钛酸铝在产生裂纹前比SiC有更强的变形能力。虽然钛酸铝的机械强度不如SiC材料高，但其耐热震的能力却比SiC高1个数量级。由于钛酸铝具有以上的明显优点，因此是当前最能和SiC形成竞争的过滤材料，具有很好的推广应用前景。

炭化微米木纤维是一种新型复合基过滤材料，它是将顺纹刨切木材制成的几微米厚，几百微米宽，几厘米长的高强度微米木纤维，再将这样的微米木纤维材料经胶合和热压重组成型，最后经过一定的炭化工艺制成过滤体。木纤维的单丝强度可与普通钢材媲美，而木材的天然六棱形孔穴，使其具有良好地PM吸附性及气体通透性，它在活性炭化后，表面具有活性官能团，可在非催化条件下同时去除NO_x和PM，有效地延长过滤体的使用寿命。纳米材料的应用研究已逐渐渗透到传统工业和高科技企业，影响到许多领域。在木材的纳微米加工技术的研究中发现，当木纤维加工到微米厚度时，纤维结构将产生重组，木材结构排列的形状就会发生改变，因此可以通过超薄加工的方法使木纤维结构向有利于增加强度和韧性的方向调整。利用这种工艺加工出来的过滤体具有较高的过滤效率、较好的整体工艺性及较低的成本。

7.3 工业废气治理材料

大气污染物主要有二氧化硫、氮氧化物、一氧化碳、碳氢化物、光化学烟雾和卤族元素等有害气体以及粉尘、酸雾和气溶胶等颗粒物。大气污染治理材料主要包括各类吸附剂、吸收剂和催化剂。常用的吸附剂有活性炭、分子筛、硅胶、硅藻土、活性氧化铝以及合成沸石、天然沸石等。吸收剂常用的是石灰石、氨水溶液、钠碱化合物，还有一些如Mg、Zn、Fe、Cu等的金属氧化物。在工业废气处理中常用石灰石、氨水溶液、钠碱化合物来进行脱硫脱硝。催化燃烧可将有机类有害气体和有毒的CO在转变为二氧化碳等无害物质和水，其反应温度较低，一般比热焚烧要低300～500 ℃。由于燃烧完全，不会产生CO和剩余可燃气体，不易生成高温下的二次污染物。传统的燃烧催化剂活性组分大都是贵金属Pt、Pd、Rh、Au等，把它们负载在金属氧化物（如C-Al_2O_3）或陶瓷等载体上，具有较高的催化活性，使用寿命长，耐高温，能催化燃烧多种气体而且力学性能好，还具有良好的抗毒性，但是价格昂贵。新型催化燃烧催化剂主要有钙钛矿型复合氧化物催化剂和稀土负载型催化剂。稀土金属具有较强的储氧功能、热稳定性和助催化作用，在过渡金属中添加稀土元素可大幅提高催化剂的活性和耐久性。

7.3.1　二氧化碳吸收材料

CO_2吸收材料是用于吸收或吸附CO_2的材料。根据吸收或吸附方式的不同将CO_2吸收材料分为CO_2物理吸收剂、CO_2化学吸收剂、CO_2吸附材料、CO_2膜吸收材料。主要用于燃料燃烧烟气排放的CO_2气体的脱除，减缓温室效应。

7.3.1.1　CO_2物理吸收溶剂

CO_2物理吸收溶剂是一些对CO_2溶解度较大的溶剂，典型的有甲醇、碳酸丙烯酯、聚乙二醇二甲醚、N-甲基吡咯烷酮等。通过溶剂分子官能团对CO_2分子的亲和力而在混合气体中对其进行选择性的吸收，从而达到分离CO_2的目的。CO_2物理吸收在低温高压下进行，吸收能力大，吸收剂用量少，通过交替改变CO_2和溶剂之间的压力和温度来实现CO_2的吸收和解吸。吸收剂再生不需要加热，但只适合用于CO_2分压较大的条件下CO_2的去除，去除效率较低。低温甲醇法是以甲醇为吸收剂，在 1～2 MPa，温度－75～0 ℃范围内可脱除CO_2，应用广泛；Selexol 法是以聚乙二醇二甲醚为吸附剂的脱碳过程，聚乙二醇二甲醚是一种淡黄色透明的有机液体，无毒、无特殊气味、冰点低、沸点高、化学性质稳定、腐蚀性低，但投资及操作费用较高；吡咯烷酮(Purisol)法，吡咯烷酮对CO_2溶解度高、具有黏度较小、沸点较高、蒸气压低等优点。但 N-2-甲基吡咯烷酮较贵，限制了应用；碳酸丙烯酯法，碳酸丙烯酯对CO_2溶解度大，具有溶解热低、黏度小、蒸气压低、无毒、化学性质稳定、无腐蚀、回收率高、能耗低等优点，但费用高，在国内有一定的应用。

(1)甲醇溶剂：室温下甲醇对CO_2的溶解度是水的 5 倍，低于 0 ℃时为 5～15 倍。甲醇是选择性吸收CO_2、H_2S、COS、硫的有机化合物、氰化物以及一些轻烃物质等极性气体的有效溶剂。工业上已用于合成氨、甲醇合成气、城市煤气的脱碳脱硫。其工艺流程为将预冷到－20 ℃的原料气输入吸收塔的底部，与自上而下的－75 ℃甲醇溶液逆流接触，CO_2在此被吸收。由于CO_2溶解时放热，塔底排出的甲醇溶液(富液)温度升高到－20 ℃，送入再生塔，CO_2在此解吸，解吸时CO_2吸热使甲醇溶液(贫液)温度降低到－75 ℃，用泵重新送到吸收塔中部循环使用。该法具有吸收能力强、净化度高、溶剂循环量小、再生能耗低、吸收剂价廉和流程简单等优点；缺点是毒性强、保冷材质要求高。

(2)碳酸丙烯酯：其溶解性与甲醇类似，对二氧化碳、H_2S、有机硫有较大的溶解能力，净化后二氧化碳含量小于1%，最低可达 0.2%，已用于上百个合成氨厂和天然气净化，是我国应用最多的脱二氧化碳方法之一，该溶剂无毒、价格便宜，但具有腐蚀性，能耗较高，回收率与纯度均有欠缺。

(3)聚乙二醇二甲醚：和水洗法一样，属物理吸收，由于CO_2在这种溶剂中的溶解度是CH_4的 16 倍，可有效地将生物燃气中的CO_2和CH_4混合物中将CO_2分离出来。该溶剂可以通过降压闪蒸或空气鼓泡方式进行再生，循环重复使用，系统运行时能耗较低。工艺流程与高压水洗法工艺类似：生物燃气在吸收塔内被低温吸收剂吸收CO_2组分后，从吸收塔底部排出，依次进入高、低压闪蒸器闪蒸，从闪蒸器出来含 CO_2 的溶液，再经泵加压后进入气提塔自上而下与高温空气逆向接触，CO_2 组分被解吸。

(4)N-甲基吡咯烷酮：该溶剂用于物理吸收 H_2S、CO_2 和其他酸性气体，吸收过程中溶解度随吸收压力和酸气浓度的增加而增加，通过减压解吸再分离出 H_2S 和 CO_2。吸收过程溶剂温度升高，而在酸气闪蒸出来后，溶剂温度降低，工艺上需施加冷却水。

7.3.1.2 CO_2化学吸附剂

CO_2化学吸附剂是利用化学反应选择性地从气相中脱除 CO_2的溶液。吸收液与 CO_2接触形成不稳定的盐类，在一定条件下逆向分解释放出 CO_2而再生，从而达到将 CO_2从烟气中分离脱除的目的。常用的吸收剂有醇胺溶液、强碱溶液、热苛性钾溶液和氨水。在工业上广泛应用的是有机胺溶液吸收 CO_2。有机胺吸附剂主要分为两类：醇胺和多氮有机胺。醇胺吸收剂按照结构可分为常规醇胺和空间位阻胺，常规醇胺有伯胺：一乙醇胺、二甘醇胺；仲胺：二乙醇胺、二异丙醇胺；叔胺：三乙醇胺、N-甲基-二乙醇胺；伯胺和仲胺吸收 CO_2会生成更稳定的氨甲基酸盐，受热会释放 CO_2；叔胺反应机理尚不明确。空间位阻胺如 2-氨基-2-甲基-1-丙醇，至少有一个仲氨基与一个仲碳原子或叔碳原子连接，位阻胺使有效氮从不同位置与 CO_2反应，大大加快反应速率，其生成物极不稳定，易解吸。多氮有机胺分子结构中含有多个在水溶液中显碱性的氨基，可吸收更多的 CO_2酸性的气体。化学吸收法对 CO_2的分离效果较好，能够得到纯度很高的 CO_2，能够处理分压很低的 CO_2混合气体，但对设备的腐蚀性强，易发泡，溶剂再生耗能大，易与其他酸性气体如 SO_2、NO_2等发生不可逆反应而生成稳定的盐，导致溶剂再生困难，造成溶剂损失。

1. 热钾碱溶液法

热钾碱溶液法是利用热(90～110 ℃)的高浓度碳酸钾(K_2CO_3)水溶液在加压下吸收二氧化碳，生成碳酸氢钾，然后在减压下解吸二氧化碳，重新生成碳酸钾，因而可以循环使用。采用钾盐是因为钾盐比钠盐有大得多的溶解度。热钾碱法是目前工业上用得最多的脱碳方法。

为了加快二氧化碳的吸收和解吸速率，可在溶液中加入活化剂，如三氧化二砷、硼酸或磷酸、哌嗪、有机胺类等物质。同时加入缓蚀剂，降低溶液对设备的腐蚀。最早在热钾碱溶液中添加的活化剂是三氧化二砷(称 G-V 法)，其活化效果很好，但有剧毒，排污处理与劳动保护困难，后来逐渐被有机胺类所替代，如氨基乙酸(无毒 G-V 法)、乙二醇胺(苯菲尔法)、二乙醇三胺、空间位阻胺等，这些物质的氨基基团参与吸收反应，改变了反应历程，大幅提高了反应速率。

(1)无毒 G-V 法。活化剂为氨乙酸(甘氨酸，NH_2CH_2COOH)。氨基乙酸法的反应可概括为：

$$R_2NH + CO_2 \longrightarrow R_2NCOOH$$

$$R_2NCOOH + K_2CO_3 + H_2O \longrightarrow R_2NH + 2KHCO_3$$

(2)催化热钾碱法(Cata Carb 法)。此法采用一定比例的双活化剂：二乙醇三胺(DETA)、烷基醇胺(如 DEA)。DETA 是一种非积累的有毒物，它在溶液中含量少、分压低、不易挥发。

净化气中二氧化碳的含量为 50 μL/L 左右，能耗与操作费用都不高。

2. 氨水法

氨水吸收二氧化碳是一个古老的方法，国内广泛采用的是碳酸氢铵新工艺。化肥生产中常用氨水吸收二氧化碳生产碳铵。用氨水溶液在常温下吸收二氧化碳，可使二氧化碳的含量到 0.2%以下，既脱除了二氧化碳，同时又生成了碳酸氢铵。其主要反应为

$$2NH_3+H_2O+CO_2 \longrightarrow (NH_4)_2CO_3$$

$$(NH_4)_2CO_3+CO_2+H_2O \longrightarrow 2NH_4HCO_3$$

用氨水也可吸收烟道气中的二氧化碳。脱除效率和吸收容量均优于 MEA 法，脱除率达 99.9%。此法生成的各种盐可作为混肥，不仅脱除了二氧化碳，所得的混肥还可将二氧化碳固定到土地和植物有机体内。

膜吸收技术体现在气液相分别位于膜孔两侧，两相界面固定；气液相不会相互分散到另一相；气液相流动互不干扰；使用中空纤维膜有相当大的装填面积，能够获得较大的单位体积传质面积。

膜分离技术可应用于两种过程中：一种是反应后用选择性的膜分离 CO_2 和 H_2；另一种是采用整体化的方案使反应直接在膜装置中发生，即水气转换膜反应装置——同一个反应装置中进行 CO 和 CO_2 的转换及 CO_2 和 H_2 的分离。与其他系统相比，膜技术展现出巨大的优势，能够克服燃烧前和燃烧后捕集上的难点，并满足过程强化理论的需求。

膜吸收技术气液接触装置有三种膜质量传递方式，如图 7-2 所示，其中非分散接触吸收较传统的塔吸收显现出较大的优势，微孔膜非分散接触，主要应用于燃烧后捕获。对于传统的吸收塔而言，膜吸收技术可单独控制气液流速，操作上拥有更多灵活性，接触面积可控。膜接触装置具有模块化的特点，可线性放大。气液相在膜两侧流动，通过膜孔发生质量传递，不需要考虑吸收液的阻力。气相中 CO_2 分压低，CO_2 从气相到液相的质量传递不会对气体流动产生很大的扰动。与致密膜和支撑液膜比较，微孔膜膜孔内充满气体更有助于通过膜的质量传递。吸收液提供选择性，微孔膜本身并不提供选择性，其作用仅是将气液相隔开，增大气液相质量传递面积。膜的形态对传质过程有不可忽略的影响，膜孔的大小和孔隙率是关键因素。气液相在膜孔内发生接触，大孔隙率的膜性能更好。吸收液和膜接触器之间是否有较好的相容性也至关重要。当然，膜不易润湿是膜接触器能够长期稳定运行的基本要求。

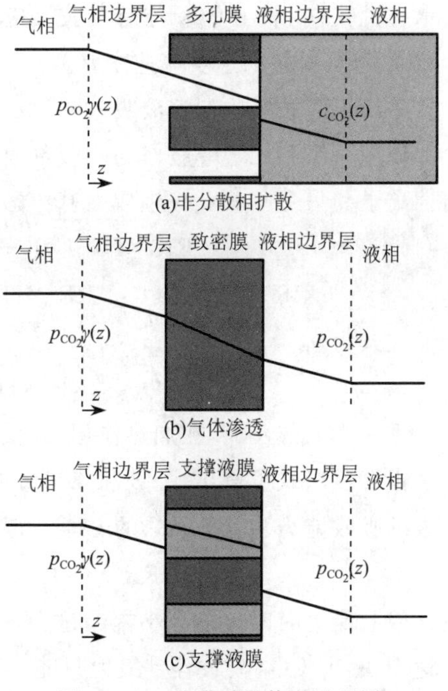

图 7-2　三种膜质量传递过程图

$p_{CO_2}\gamma(z)$—气相中 CO_2 分压；

$p_{CO_2}(z)$—液相中 CO_2 分压；

$c_{CO_2}(z)$—液相中 CO_2 浓度

ckwerts 吸收工艺：吸收液通过泵，经过流量计

进入膜接触器；在膜接触器中与混合气体逆向接触，吸收混合气体中的 CO_2。膜接触器中气液相在膜两侧流动一般有两种方式：一种是吸收液在膜内流动，烟气在膜外流过，即吸收液走管程，烟气走壳程；另一种是吸收液在膜外流动，烟气在膜内流过，即吸收液走壳程，烟气走管程。两种方式各有利弊，在目前的研究中均有采用，综合来看采用第二种方式的居多。研究发现，采用第二种方式比第一种方式 CO_2 脱除效率要高 30%以上。Rajabzadeh 等发现，吸收液走管程比吸收液走壳程吸收容量要高。采用第二种方式，烟气中的粉尘有可能堵塞膜孔、降低膜接触器的利用率。

膜材料选择：最常用的材料是 PP（聚丙烯）、PVDF（聚偏氟乙烯）和 PTFE（聚四氟乙烯）。PP 成本低廉，应用广泛，但当采用有机溶剂时容易发生化学反应，产生溶胀现象，机械稳定性低。PVDF、PT-FE 抗化学腐蚀能力强，性能稳定，但成本高昂，广泛应用于工程实践，短期内不能实现。

在溶液中，胺与 CO_2 的反应过程，目前公认的反应机理是由 Caplow 提出补充完整的“两性离子”机理，即

$$CO_2 + R_1R_2NH \underset{k_{-1}}{\overset{k_2}{\rightleftharpoons}} R_1R_2NH^+COO^-$$

$$R_1R_2NH^+COO^- + B \underset{k_{-b}}{\overset{k_b}{\rightleftharpoons}} R_1R_2NCOO^- + BH^+$$

式中，B 表示溶液中存在的碱性物质；k_b 表示碱性物质与两性离子反应的速率常数；R_1R_2NH 表示有机胺；k_2 表示 CO_2 与有机胺反应生成两性离子的反应速率常数；k_{-1}表示两性离子分解为 CO_2 与有机胺的逆反应速率常数。

一二级醇胺吸收剂溶液吸收机理：

使用一级和二级醇胺作为吸收剂时，醇胺与 CO_2 反应形成两性离子(zwitterion)，然后此两性离子和另一醇胺反应生成氨基甲酸根(carbamate)，反应式如下（R、R′为氢或链烷醇基）

$$RR'NH + CO_2 \longrightarrow RR'NH^+COO^- \text{（两性离子）}$$

$$RR'NH^+COO^- + RR'NH \longrightarrow RR'NCOO^- \text{氨基甲酸根} + RR'NH_2^+$$

总反应式为

$$CO_2 + 2RR'NH \longrightarrow RR'NCOO^- + RR'NH_2^+$$

反应为放热反应，在加热作用下，反应将会逆向进行，可对醇胺溶液进行再生。

由总反应式可看出，一级和二级醇胺吸收 CO_2 时将会受到热力学的限制，即 1 mol 醇胺最大的吸收能力为 0.5 mol 的 CO_2。但由于有些氨基甲酸根可能会水解生成自由醇胺

$$RR'NCOO^- + H_2O \longrightarrow RR'NH + HCO_3^-$$

故其吸收能力有时可能会小幅超过上述限制。因此，一级和二级醇胺吸收剂溶液的特点是吸收速率快，但 CO_2 吸收容量最大只能达到 0.5 mol/mol。

三级醇胺吸收剂溶液吸收机理：

三级胺因没有多余的 H 原子，因此不会形成氨基甲酸根，其在吸收过程中扮演 CO_2 水解时的催化剂，而使被吸收的 CO_2 形成碳酸氢根离子，总反应式如下（R、R′、R″为链烷醇基）

$$RR'R''N + H_2O + CO_2 \longrightarrow RR'R''NH^+ + HCO_3^-$$

反应为放热反应，在热作用下，将会发生逆向分解。

从总反应式可看出，三级醇胺吸收剂的特点是其不受热力学的限制，对CO_2的最大吸收能力为1 mol/mol，但其吸收速率较低。

空间位阻胺吸收剂吸收机理：

对于空间位阻胺而言，由于其N原子上接有一个巨大的官能基，会阻碍醇胺与CO_2的键结，因而降低氨基甲酸根的稳定性，而使得氨基甲酸根极易水解还原成醇胺及碳酸氢根离子，因此其最大CO_2吸收能力与三级醇胺相同，且某些空间位阻胺的吸收速率可与一、二级醇胺相当。

发展趋势：

气体膜分离是一项高效、节能、环保的新兴技术，能有效脱除工业气体中的酸性组分。此外，膜分离系统的适变能力强，可通过调节膜面积和工艺参数来适应处理量变化的要求。按我国目前膜法技术的水平，已有可能研制大型的二氧化碳膜分离装置。其发展前景主要有以下几方面：

(1)制备高渗透性、高选择性的酸性气体分离膜材料、膜及其组件是今后研究的重点。探索能和二氧化碳发生可逆反应而与其他气体不反应，并且对其他气体的渗透性很低的膜材；在膜材料中添加有机或无机化合物制备共混杂化材料；膜材料的选择和制备从扩散选择性向溶解选择性方向发展。

(2)寻求新的成膜技术，制备具有理想形态结构的膜材料。由于气体的渗透量与膜的厚度成反比，故超薄无缺陷膜的制备工艺成为研究的重点；超细中空纤维膜的研究与生产也是重点之一；要求膜具有更好的耐溶胀、耐酸蚀、耐塑化性能。

(3)开发新的膜分离过程，以求能耗更低、效率更高。发展促进运输膜在酸性气体富集、回收分离工艺中的应用。

(4)将气体膜分离技术与其他分离过程相结合，发展新一代集成分离技术，代表着未来气体膜分离技术的发展方向。例如，天然气净化需脱除其中的二氧化碳、硫化氢和水蒸气等酸组分，采用固体脱硫、膜法脱水、脱二氧化碳集成工艺，可充分发挥各自的技术优势，互促进，达到分离净化的目的。其优点是处理后的天然气压降损失小，无环境污染和防火问题，可降低投资费用。再如，采用膜法-分子筛吸附法集成脱水工艺，可有效延长分子筛的使用寿命，提高气体回收率，缩小装置规模。各种集成技术的研究和开发，将为膜分离技术在分离酸性气体的工业应用中开拓更加广阔的天地。

7.3.1.3　CO_2固体吸附剂

CO_2固体吸附剂是通过物理、化学作用有选择性地吸附CO_2的固体材料，主要有金属氧化物类、纤维类、多孔类三大类。①金属氧化物类：主要有Na_2O、K_2O、Al_2O_3、MgO、CaO、ZrO_2、Li_2O等及其复合物(如Li_2ZrO_3)，高温下吸附CO_2直接生成碳酸盐再经煅烧又可分解成金属氧化物和CO_2，以实现金属氧化物的循环使用和CO_2的回收；②纤维类：以吡啶基、伯胺基、仲胺基、叔胺基、季胺基等胺基为碱性功能基团，通过涂覆或辐射等方法结合在聚丙烯腈、聚乙撑亚胺等纤维基体上，实现与CO_2的循环吸附和脱附；③多孔类材料：介孔材料负载有机胺等改性剂后可高效吸附CO_2，分子筛类利用阳离子和带负电荷的硅铝氧骨架结构和其多孔表面上丰富的吸附活性中心来吸附CO_2，炭质类主要是利用活性炭、活性炭纤维、多孔碳材料、碳分子筛及碳纳米管等来捕获CO_2，多孔聚合物类是指苯并咪唑单元连接的有机多孔聚合物、基于咔唑氧化聚合制备的有机多孔聚合物、基于卟啉的有机多孔聚合物和环硼氮烷连接的有机多孔聚合物，利用咪唑、咔唑、金属卟啉等功能基团来吸附CO_2。固体吸附剂便于储存、运输和使用，使用设备工艺流程简单、自动化程度高、对设备腐蚀性弱、产品纯度高、能耗低、易再生，但吸附量低于化学吸收剂（一般低于 88.0 mg CO_2/g 吸附剂），且吸附选择性差。

这类吸附剂一般是比表面积大、孔隙结构发达、物理化学性质稳定、具有良好的吸附和脱附性能的材料，但也存在吸附量低于化学吸收剂（其吸附量一般低于 88.0 mg CO_2/g 吸附剂）且吸附选择性差等缺点。为了解决这一问题，目前人们主要是通过将有机胺负载/接枝到固体吸附剂表面的方法，通过两者之间的相互作用，从而得到吸附性能更好的固体胺吸附材料。

1. 金属氧化物类

CO_2作为酸性气体，极易吸附在碱性的金属氧化物的表面。以 γ-Al_2O_3为基质，采用等体积浸渍的方法将 MgO 负载到其上，得到 MgO/Al_2O_3吸附剂。当 MgO 的负载量为 10%、吸附温度为 50 ℃时，其动态吸附量达 29.5 mg/g，且有良好的循环使用性能。LiOH 胶体颗粒的吸附方程式如下：

$$2LiOH + H_2O + CO_2 \rightleftharpoons Li_2CO_3 + 2H_2O$$

$$2OH^- + CO_2 \rightleftharpoons CO_3^{2-} + H_2O$$

其吸附性能良好，最大吸附量可达 170 mg/g。

利用高温固相的合成方法在 900 ℃条件下可合成吸附性能更好的Li_4SiO_4吸附剂，其最高吸附量可达 291.6 mg/g。在高温条件下 $CaCO_3$ 受热分解成高比表面积的多孔 CaO，CaO 与 CO_2 反应生成 $CaCO_3$，从而降低了烟道气中 CO_2 的含量，其吸附量可达到 786 mg/g，得到的 CO_2 纯度较高，可以直接存储，但生成的 $CaCO_3$ 需煅烧到 900 ℃才能再生 CaO，而且高容积的 $CaCO_3$ 会不断地填充 CaO 的孔隙，特别是在小孔和孔口处极易造成堵塞。

2. 纤维类

纤维具有弹性模量大、塑性形变小、比表面积大、纵向流动性好等特点。将聚乙撑亚胺（PEI）与交联剂混合涂布在玻璃纤维上，在 80 ℃条件下固化制得氨基吸附纤维。该纤维交换容量可达到 132 mg/g 以上，在饱和水蒸气中对 CO_2 的吸附量可达 200 mg/g 以上。在聚丙烯腈（PAN）纤维上通过辐射将之与烯丙胺进行单体反应制得氨基纤维，该纤维可以完全去除混合气体中的 CO_2，100 ℃中加热 30 min 即可完全再生，且再生后吸附能力变化较小。强碱性阴离子交换纤维含水量大、气体流速慢，有利于 CO_2 的吸附，再生性能良好。总之，纤维类吸附剂具有良好的重复使用及再生性能，但由于纤维上涂覆的大多是高聚物，因而可能会产生二次污染问题。

3. 多孔材

利用介孔分子筛具有高度有序和均匀分布的孔道结构，比表面积高、孔容大的特性，将有机胺通过接枝法或浸渍法改性介孔分子筛制备吸附剂，接枝法将有机胺修饰到介孔分子筛的孔道，可以使有机胺得到较高的分散度，并且热稳定性好，但接入的胺基有限，吸附剂的吸附容量不高，同时制备过程复杂，不易工业化生产；与接枝法相比，浸渍法制备的有机胺吸附剂吸附容量大，但由于载体和有机胺之间作用力较弱，吸附剂的热稳定性较差，热再生性能受到了一定的影响。MCM-41、MCM-48、SBA-15、KIT-6 等多种介孔分子筛均被用作固体胺吸附剂的载体材料，用于燃煤烟气二氧化碳的捕集与分离。

近年来的大量研究表明，采用多胺基的胺化试剂以及增大载体比表面积等方法可以适当地提高吸附剂的 CO_2 吸附能力，但提高的效果还有待进一步改善；在固体吸附剂吸附 CO_2 的过程中普遍存在 CO_2 在载体孔道内扩散受阻的现象，降低了吸附剂对 CO_2 的吸附能力；现有的固体吸附剂普遍耐热性较差，不足以达到特定条件（如高温烟道气）下的使用要求，限制了其应用空间。因此，开发具有高耐热性、强 CO_2 吸附能力的固体吸附剂是该领域今后研究的重点，将为 CO_2 的转化利用奠定基础，具有深远的意义。

7.3.2　氮氧化物净化材料

7.3.2.1　氮氧化物吸收溶剂

氮氧化物吸收溶剂简称氮氧化物溶剂，是利用物理化学方法将工业废气中的 NO_x 吸收转化成 NO^{3-}、NO^{2-}、N_2 的溶剂。常用的溶剂有水、碱液、酸液、还原剂、络合剂、氧化剂等。①水吸收 NO_x 生成硝酸或亚硝酸，由于亚硝酸易分解，水法多用于硝酸生产的多级废气脱硝的最后一道工序。②碱液吸收 NO_x 生成硝酸盐和亚硝酸盐，碱液吸收法应用广泛，多采用 NaOH 和 $NaCO_3$，但吸收效率不高。③酸吸收剂主要有浓硫酸和稀硝酸，浓硫酸吸收 NO_x 生成亚硝基硫酸；稀硝酸的吸收为物理吸收，吸收率随稀硝酸的浓度升高先增大后降低。普遍采用的是稀硝酸吸收法，温度为 20～24 ℃，硝酸浓度为 15%～30%时吸收效率较高。④氧化剂吸收预先将燃烧烟气中的 NO 氧化生成 NO_2，然后用碱液吸收，或者在碱液中添加氧化剂，边氧化边吸收。常用的氧化剂有酸性或碱性高锰酸钾、次氯酸钠、臭氧和 44%～47%的稀硝酸，其中硝酸氧化因成本较低，广泛应用于实际生产中。⑤还原剂吸收是利用吸收液（如碱液）将 NO_2 吸收后再通过液相还原反应转化成 N_2。还原剂主要有尿素和亚硫酸铵，控制溶液的氧化度大于 50%时，可获得 90%以上的脱硝效率。⑥络合剂吸收是利用液相络合剂直接同 NO 反应生成络合物，生成的络合物在加热时也可重新放出 NO，络合剂可循环使用，常用的络合剂有 $FeSO_4$、Fe(Ⅱ)(EDTA)、钴络合剂等。

1. 水吸收法

当 NO_x 主要以 NO_2 形式存在时，可以用水作吸收剂，水和 NO_2 反应生成硝酸和亚硝酸

$$H_2O + 2NO_2 \longrightarrow HNO_3 + HNO_2$$

亚硝酸在通常情况下很不稳定，很快发生分解

$$3HNO_2 \longrightarrow HNO_3 + 2NO + H_2O$$

NO 不与水发生化学反应，为了高效脱除 NO_2，需要较长的停留时间使 NO 氧化成 NO_2。

2. 碱液吸收法

常用的碱性溶液吸收剂有 NaOH、KOH、Na_2CO_3、$NH_3 \cdot H_2O$(氨水)等,其反应式如下:

$$2NaOH+2NO_2 \longrightarrow NaNO_2+NaNO_3+H_2O$$

$$2NaOH+NO+NO_2 \longrightarrow 2NaNO_2+H_2O$$

$$2NH_3+2NO_2 \longrightarrow NH_4NO_3+N_2\uparrow+H_2O$$

$$2NO+O_2+2NH_3 \longrightarrow NH_4NO_3+N_2\uparrow+H_2O$$

上述各吸收反应中,氨的吸收效率最高。为进一步提高对 NO_x 的吸收效率,可采用氨-碱溶液两级吸收。首先氨与 NO_x 和水蒸气进行完全气相反应,生成硝酸铵和亚硝酸胺白雾,其反应式如下:

$$2NH_3+2NO_2+H_2O \longrightarrow NH_4NO_3+NH_4NO_2$$

然后用碱性溶液进一步吸收未反应的 NO_x,生成硝酸盐和亚硝酸盐,NH_4NO_3、NH_4NO_2 也将溶解于碱性溶液中。吸收液经多次循环,碱液耗尽之后,将含有硝酸盐和亚硝酸盐的溶液浓缩结晶作肥料使用。氨-碱中的碱采用碳酸钠或 NaOH 溶液吸收 NO_x 获得 $NaNO_2$。使用氨-碱溶液吸收 NO_x 的效率可达 80%左右。

3. 酸液吸收法

利用 30%左右的稀硝酸,先在 20 ℃和 1.5×10^5 Pa 下,物理吸收 NO_x,生成硝酸很少,然后在 30 ℃下用空气进行吹脱,吹出 NO_x 后,硝酸被漂白,漂白酸经冷却后再用于吸收 NO_x,被漂白稀硝酸对 NO_x 的溶解度比在水中溶解度高。采用此法 NO_x 的去除率可达 80%~90%。

4. 还原剂吸收

该法有两种:一种是氯-氨法;另一种是亚硫酸盐法。

(1)氯-氨法是利用氯的氧化能力与氨的中和还原能力,进行治理 NO_x 的方法,其反应如下:

$$2NO+Cl_2 \longrightarrow 2NOCl$$

$$NOCl+2NH_3 \longrightarrow NH_4Cl_3+N_2+H_2O$$

$$2NO_2+2NH_3 \longrightarrow NH_4NO_3+N_2+H_2O$$

此种方法 NO_x 的去除率比较高,可达 80%~90%,产生的 N_2 对环境也不存在污染的问题,但是,由于同时还有氯化铵及硝酸铵白色烟雾产生,需要进行电除尘处理二次污染,使用受到一定限制。此外,利用氨作为还原剂时需注意氨有可能与气体中的氧发生反应生成 NO_x。因而还原过程的反应温度宜保持在 210~270 ℃之间,同时采用铂金(Pt)作为催化剂使氨的还原性具有选择性。氨与氮氧化物的反应如下:

$$8NH_3+6NO_2 \longrightarrow 7N_2+12H_2O$$

$$4NH_3+6NO \longrightarrow 5N_2+6H_2O$$

实验结果表明,对含 3 000 cm^3/m^3 的 NO_x 气体,经氨还原,NO_x 含量可降 10 cm^3/m^3。

(2)亚硫酸盐水溶液吸收是将 NO_x 吸收并还原为氮气。其反应式为

$$2NO+2SO_3^{2-} \longrightarrow N_2+2SO_4^{2-}$$

$$2NO_2+4SO_3^{2-} \longrightarrow N_2+4SO_4^{2-}$$

此外，采用酸性尿素水溶液处理 NO_x 的方法也逐渐引起人们的重视。

5. 络合剂法

利用硫酸亚铁与 NO 反应生成配合物而加以去除。其反应为

$$FeSO_4 + NO \longrightarrow Fe(NO)SO_4$$

$$xFeSO_4 + yNO \longrightarrow (FeSO_4)_x(NO)_y$$

所生成的配合物不稳定，将其加热至 60 ℃时进行分解，重新放出 NO，其反应为

$$Fe(SO_4)_x(NO)_y \longrightarrow xFeSO_4 + yNO\uparrow$$

此法适宜对 NO 需求的场合，硫酸亚铁溶液经冷却到 30 ℃以下可以循环使用。但该法吸收容量较小，目前工业上应用少见。

6. 氧化剂吸收

由于 NO 很难被吸收，因而提出用氧化剂将 NO 先氧化成 NO_2，然后再用吸收液加以吸收。常采用的氧化剂有 O_2、O_3、Cl_2、ClO_2 等气相氧化剂，和 HNO_3、$KMnO_4$、$NaClO_2$、H_2O_2、$KBrO_3$、$K_2Br_2O_7$、Na_3CrO_4、$(NH_4)_2CrO_7$ 等液相氧化剂。

(1)硝酸氧化-碱液吸收法是将 NO 氧化为 NO_2，然后再利用 Na_2CO_3 吸收，主要化学反应如下：

氧化反应：

$$NO + 2HNO_3 \longrightarrow 3NO_2 + H_2O$$

吸收反应：

$$2NO_2 + Na_2CO_3 \longrightarrow NaNO_3 + NaNO_2 + CO_2$$

$$NO_2 + NO + Na_2CO_3 \longrightarrow 2NaNO_2 + CO_2$$

该反应中碱液也可以采用 NaOH，则吸收反应为

$$2NO_2 + 2NaOH \longrightarrow NaNO_3 + NaNO_2 + H_2O$$

$$NO_2 + NO + 2NaOH \longrightarrow 2NaNO_2 + H_2O$$

其工艺流程为含氮氧化物的废气进入氧化塔，用浓硝酸氧化后进入硝酸分离器，分离硝酸后进入第一吸收塔和第二吸收塔，经串联吸收后排空。

(2)臭氧氧化是用 O_3 把 NO 氧化为 NO_2 后，用水溶液吸收，反应式如下：

$$NO + O_3 \longrightarrow NO_2 + O_2$$

$$2NO + O_3 \longrightarrow N_2O_5$$

$$N_2O_5 + H_2O \longrightarrow 2HNO_3$$

生成物 HNO_3 液体需浓缩处理，臭氧氧化吸收法中 O_3 的制取需要耗费大量电能。

(3)高锰酸钾氧化是以高锰酸钾作为氧化剂，把 NO_x 氧化固定为 KNO_3，反应式如下：

$$KMnO_4 + NO \longrightarrow KNO_3 + MnO_2$$

$$KMnO_4 + 2KOH + 3NO_2 \longrightarrow 3KNO_3 + H_2O + MnO_2$$

$$2KMnO_4 + 4KOH + 3SO_2 \longrightarrow 3K_2SO_4 + 2H_2O + 2MnO_2$$

上述反应中，MnO_2 可以分离再生，副产品 KNO_3 可作化肥使用，脱硝率可达 90%～95%，同时还可以脱硫。但高锰酸钾价格较高，运行成本过高，而且存在水污染问题，需要增加

废水处理系统。

(4)ClO_2 氧化是用 ClO_2 氧化 NO，然后用 Na_2SO_3 溶液吸收，反应如下：

$$2NO + ClO_2 + H_2O \longrightarrow NO_2 + HNO_3 + HCl$$

$$2NO_2 + 4Na_2SO_3 \longrightarrow N_2 + 4Na_2SO_4$$

该法可以和采用 NaOH 作为脱硫剂的湿法脱硫相结合，脱硫的反应产物 Na_2SO_3 可作为还原 NO_2 的吸收剂，反应如下：

$$2NaOH + SO_2 \longrightarrow Na_2SO_3 + H_2O$$

$$4Na_2SO_3 + 2NO_2 \longrightarrow 4Na_2SO_4 + N_2$$

此法脱硝率可达 95%，ClO_2 可以再生，但同样有 ClO_2 价格过高问题，导致运行成本居高不下。

总之，尽管有许多物质可以吸收 NO_x，但是从工艺、投资及操作费用等方面综合考虑，目前采用比较多的还是碱性溶液吸收法及氧化吸收法。

发展趋势：液体吸收法中以碱液吸收应用最广。钠、钾、镁、铵等离子的氢氧化物或弱酸盐溶液制成的碱液和 NO_x 反应生成硝酸盐或亚硝酸盐，优点是能将 NO_x 回收为亚硝酸盐或硝酸盐产品，有一定经济效益，工艺流程和设备简单。缺点是吸收效率不高，对 NO_2/NO 的比例也有一定限制，但由于应用技术水平不高，吸收后尾气浓度仍很高，无法达到排放要求。因此，碱液吸收法有待进一步技术改造，以发挥它的经济效益。

7.3.2.2 氮氧化物固体吸附剂

常用的吸附剂有多孔类分子筛、活性炭、颗粒类硅胶和含氨洗煤等，其中分子筛、活性炭、硅胶等兼有催化氧化的性能。用于吸附氮氧化物多孔类分子筛主要为丝光沸石 $Na_2Al_2Si_{10}O_2 \cdot 7H_2O$，该物质对 N 有较高的吸附能力，在有氧条件下，能够将 NO 氧化为 NO_2 加以吸附，吸附容量大、吸附速度快、改变温度或压力，可控制 NO_x 的吸收和解吸，使 NO_x 从气源中分离出来；活性炭对 NO_x 具有吸附和还原作用，使吸附到其表面的 NO_x 转化成氮气，但对 NO_x 的吸附容量小且解吸再生麻烦，处理不当会造成二次污染；硅胶作为可将 NO 氧化为 NO_2，再加以吸附，经过加热便可解吸，当 NO_2 的浓度高于 0.1%，NO 的浓度高于 1%～1.5%时，效果良好，但气体含固体杂质时会堵塞吸附剂空隙而使吸附剂失去作用；含氨洗煤作为吸附剂来处理 NO_x 废气，生成硝酸铵或亚硝酸胺，吸附 NO_x 后的泥煤，可直接用作为肥料不必再生。吸附法净化 NO_x 的优点是净化效率高、无须消耗化学物质，设备简单，操作方便，缺点是因吸附容量小，需要的吸附剂量大，设备庞大，吸附剂需要进行再生处理，且净化过程为间歇操作，因此该法仅适用于 NO_x 浓度低、气量小的废气处理。

固体吸附法主要包括分子筛法、泥煤法、硅胶法和活性炭法。

1. 分子筛法

丝光沸石 $Na_2Al_2Si_{10}O_{24} \cdot 7H_2O$ 分子筛对 NO_x 有较高的吸附能力，在有氧条件下，能够将 NO 氧化为 NO_2 加以吸附，国外已在治理硝酸尾气中实现工业化，它可将 NO_x 浓度由 1 800～3 600 mg/m^3 降至 60 mg/m^3。常用的是氢型丝光沸石，比表面积 500～1 000 m^2/g，极性很强。当含氮氧化物的废气通过丝光沸石时，废气中的 NO_2 和 H_2O 分子被选择性地吸附（上角加 * 表示）在表面上，并发生反应：

$$NO_2 \longrightarrow NO_2^*$$

$$H_2O \longrightarrow H_2O^*$$

$$3NO_2^* + H_2O^* \longrightarrow 2HNO_3^* + NO$$

放出的 NO 连同废气中的 NO，与氧在沸石表面被催化氧化成 NO_2，与水反应生成 HNO_3：

$$NO \longrightarrow NO^*$$

$$O_2 \longrightarrow O_2^*$$

$$2NO^* + O_2^* \longrightarrow 2NO_2^*$$

吸附饱和后，用升温的方法（如水蒸气）将生成的 HNO_3 脱附出来。脱附后的丝光沸石经干燥再生。用于干燥再生的时间需 4 h，工艺流程中一般设置三个吸附塔并联，以完成吸附—解吸—干燥过程。分子筛吸附水蒸气会放出大量的热，而吸附操作温度要求低（常温），因此，进入吸附器前，混合气体的温度最好冷至接近 0 ℃，以抵消过程的升温。但脱附时要先升温到 120 ℃，再升温到 150～190 ℃进行解吸，最后干燥温度要到 175～250 ℃，然后再使床层冷至 <30 ℃才能转入吸附。采用此工艺的 NO_x 脱除率可达 98%。

2. 泥煤法

泥煤、褐煤、风化煤中含有大量原生腐植酸，腐植酸是一种无定形高分子化合物，有很大的内表面，吸附能力强。煤中的腐植酸通常与钙镁离子相结合，经氨化处理后用作氮氧化物尾气处理可得到硝基腐植酸铵，这是一种优质的有机肥料。此外，还生成硝酸钙、硝酸镁、硝酸铵和亚硝酸铵。

3. 硅胶法

利用硅胶先将 NO 氧化为 NO_2 再加以吸附，经加热解吸。当 NO_2 的浓度高于 0.1%，NO 的浓度高于 1%～1.5%时，效果良好。但是如果气体含固体杂质时，就不宜用此方法，因为固体杂质会堵塞吸附剂空隙而使吸附剂失去作用。

4. 活性炭法

利用活性炭对 NO_x 的吸附伴有化学反应发生，活性炭对 NO_x 有还原作用，反应式如下：

$$C + 2NO \longrightarrow N_2 + CO_2$$

$$2C + 2NO_2 \longrightarrow 2CO_2 + N_2$$

该法缺点在于对 NO_x 的吸附容量小，且解吸再生麻烦，处理不当又会造成二次污染，但也有报道，采用“炭热还原”法处理 NO_x 废气，取得了突破性进展。“炭热还原”是用炭材料还原 NO_x，其反应式如下：

$$C + 2NO \longrightarrow CO_2 + N_2$$

$$C + NO \longrightarrow CO + 1/2N_2$$

$$C + NO_2 \longrightarrow CO_2 + 1/2N_2$$

$$C + 1/2NO_2 \longrightarrow CO + 1/4N_2$$

当尾气中存在氧时，氧与碳反应生成 CO，CO 也能还原 NO_x：

$$C+1/2O_2 \longrightarrow CO$$

$$CO+NO \longrightarrow 1/2N_2+CO_2$$

$$CO+NO_2 \longrightarrow 1/2N_2+CO_2+1/2O_2$$

动力学表明，氧与碳的反应先于 NO 与碳的反应，故烟气中氧的存在使碳耗量增大。试验表明，在温度为 650～850 ℃时，NO_x 能够被核碳、无烟煤、焦炭等碳质物还原，在 NO_x 浓度为 5 100～37 500 mg/m^3(以 NO_2 计)条件下，还原率在 99%左右。

7.3.2.3 氮氧化物选择性催化剂

氮氧化物选择性催化剂(nitrogen oxides selective catalytic materials)是指在含氧气氛中，使还原剂或氧化剂优先与废气中 NO_x 发生反应的催化剂。氮氧化物的选择性催化方法有选择性催化还原(SCR)法和选择性催化氧化(SCO)法两种。在 SCR 技术中，以 NH_3 为还原剂时锰基催化剂具有较好的低温催化活性；以炭为还原剂时常采用在活性炭上负载 Pt、Pd、Ni、Co、碱金属或稀土元素化合物等活性组分；以低碳烃(CH_4)为还原剂时采用金属氧化物作为催化剂，如 Al_2O_3 负载 Ag、Co 和 Cu 的复合型催化剂；以 CO 为还原剂时硫化态固溶体催化剂显示出极高的活性，如 Co-TiO_2 和 SnO_2-TiO_2；以 H_2 为还原剂时 Pt 基催化剂在低温下具有较好的加氢活性。在 SCO 技术中使用的催化剂主要有三类：①分子筛及其负载催化剂，其高温活性较好；②活性炭催化剂，由于烟气中水蒸气的存在，使活性炭催化剂催化氧化 NO 的转化率难以提高；③金属氧化物催化剂，这类催化剂多是将活性组分负载于不同的载体上，Al_2O_3 由于具有较高的热稳定性，且其比表面积较大，有利于含氮物种的吸附，是催化氧化催化剂采用较多的载体。对于硝酸厂尾气、发电厂烟道气、重油锅炉废气等固定源污染治理，主要采用以 NH_3 作还原剂，TiO_2-V_2O_5-WO_3 催化剂选择性还原废气中 NO_x 使之生成 N_2。对于流动污染源如汽车等的尾气治理主要采用以堇青石蜂窝陶瓷为载体，Al_2O_3 和 CeO_2 为涂层，贵金属做为活性成分，可同时脱除 CO、HC 及 NO_x 的三效催化剂。

1. 选择性催化还原(SCR)

(1)以 HC 为还原剂的选择性催化还原(HC-SCR)技术。人们在直接分解 NO_x 研究的基础上，发现了 HC 选择性还原 NO_x 的反应。在富氧条件下，HC 选择性催化还原 NO_x 的反应可以简化表示为

$$NO_x+O_2+HC \longrightarrow N_2+CO_2+H_2O$$

催化剂分为四类：氧化物、分子筛(沸石)、负载在沸石上的过渡金属和负载贵金属。

(2)以氨类化合物为还原剂的选择性催化还原(NH_3-SCR)技术。这种技术是将 NH_3 及水解或热解产生的 NH_3 化合物喷入废气流或直接喷入燃烧室。在发达国家已经作为一种稳定的 NO_x 净化技术在柴油车上使用。NH_3 在汽车尾气中主要选择 NO_x 反应而不是 O_2，在含 O_2 废气中主要进行如下反应：

$$NO+NH_3+O_2 \longrightarrow N_2+H_2O$$

$$NO_2+NH_3 \longrightarrow N_2+H_2O$$

下列氧化反应则会使部分氨损失：

$$NH_3 + O_2 \longrightarrow N_2 + H_2O$$

在 NH_3-SCR 催化器中，所用的催化剂主要有 Fe/ZSM-5、V_2O_5、WO_3、V_2O_5/MoO_3、Fe_2O_3 或 $V_2O_5/TiO_2/SiO_2$。其中，$V_2O_5/TiO_2/SiO_2$ 的还原活性最强，其抗硫中毒能力和催化 SO_2 氧化的能力也比其他催化剂强，除 WO_3 对 NO_x 还原的催化活性中等外，其他催化剂对还原反应的催化活性都较高，但催化 SO_2 氧化的活性都较低。该技术的优点是 NO_x 的转化效率特别高，在一定温度范围内可获得大于 95% 的转化效率。但由于 NH_3 本身有毒且操作成本高，多余的 NH_3 在排放后也需要进行处理。

烟气中氮氧化物的脱除方法是常采用选择性催化还原(SCR)技术。氮氧化物在催化剂作用下和还原剂氨反应分解为氮和水蒸气，催化剂的活性组分为 V_2O_5、WO_3 和 MoO_3 等，载体是 TiO_2。大型电厂总装机容量的 95% 以上采用的是 SCR 脱硝技术。但是，SCR 技术存在着催化剂最佳反应温度过高(在 400 ℃左右)、NH_3 储存和泄漏问题等。氮氧化物的选择性氧化技术(SCO)应运而生，燃煤烟气中的 NO_x 90% 以上是 NO，其难溶于水，SO_2 和 NO 同时吸收的立足点是强化 NO 的吸收，气相选择性催化氧化即先将 NO 氧化成 NO_2，再用氨水吸收。即可以在现有除尘脱硫设施后面单独脱除氮氧化物，同时脱硫脱硝。NO 即使无催化剂也能被空气中的氧氧化为 NO_2，但燃煤烟气中的 NO 浓度低，需借助催化剂作用进行氧化，能耗低。氨水可同时吸收 NO 和 SO_2，属于化学吸收，比较容易进入溶液，且水溶液中氧含量很低，NO_x 和 SO_2 能够形成氧化还原反应生成羟胺和硫酸铵等化工产品。因此，该技术是未来极具竞争力的烟气同时脱硫脱氮技术。

2. 选择性催化氧化(SCO)

选择性催化氧化指在催化剂的作用下，先利用烟气中的氧气将 NO 部分地氧化成 NO_2，再用湿法脱硫的吸收剂(如石灰、烧碱、碳酸钠和氨水等)吸收，实现湿法同时脱硫脱氮，目的是利用氮氧化物和硫氧化物的自氧化还原作用生成硫酸铵等有价值的副产品。燃烧烟气中的氮氧化物大多数以 NO 形态存在，而 NO 在水中和碱液中都不易溶解，只有首先对 NO 进行催化氧化，使其部分转化为 NO_2，而碱液吸收 NO 和 NO_2 同时存在的氮氧化物时，NO 才会和 NO_2 生 N_2O_3。而 N_2O_3 在吸收液中的吸收速度很快，当催化氧化度为 50% 的时候，NO_x 将主要以 N_2O_3 的形态进行吸收，从而达到最好的吸收效率。NO 被 O_2 转化为 NO_2 的气相反应有如下两种机理：

第一种机理：

$$2NO \longrightarrow (NO)_2$$

$$(NO)_2 + O_2 \longrightarrow 2NO_2$$

第二种机理：

$$NO + O_2 \longrightarrow NO_3$$

$$NO_3 + NO \longrightarrow 2NO_2$$

这两种机理存在相互竞争的关系，第一种机理 NO 的聚合反应是一个放热反应，低温条件下占有优势；但当温度超过了 600 K 时，第二种机理占据优势。

SCO 的关键在第一步的催化氧化，该过程的关键又在于催化剂的选择，对催化剂的要求是抗中毒性好，特别是硫水耐受性好，不产生二次污染，价格便宜。

(1)分子筛及其负载型催化剂：主要为过渡金属离子交换分子筛和特定类型的沸石分子

筛，分子筛对 NO_x 有着良好的吸附性、耐硫性和较大的吸附容量等优点，但这类分子筛催化剂在 NO 催化氧化中只在高温下才能显示出活性。用过渡金属离子交换的 Y 型分子筛催化剂和 X 型分子筛催化剂对 NO 催化氧化发现，当温度低于 200 ℃时，催化剂几乎没有活性；在 325 ℃左右，催化剂的活性顺序如下：Cu＞Cr＞Co＞Fe＞Ni，其中 Cu 催化剂在此温度下活性最高，NO 转化率达 60％以上。H-丝光沸石催化剂也仅表现出高温活性，但经过离子交换后，催化剂的活性反而有所下降，在 350 ℃的高温下，最大可以实现 50％的 NO 转化率，但该催化剂制备工艺复杂，而且易堵塞其二元孔道，降低催化活性。Y 型分子筛无论在低温和高温条件下，都没 NO 催化氧化活性，但经过过渡金属离子交换后的 Y 型分子筛具有抗水性，但受 SO_2 的影响显著。

(2)活性炭催化剂：在 NO_x 的治理中，不仅作为吸附剂，还作为催化剂，其在低温下活性很高，即使是室温，NO 转化率也很高，但随着温度升高活性下降，特别是有水蒸气存在时，活性炭对极性水分子的强吸附大幅降低了 NO 的转化率。

(3)金属氧化物催化剂：将过渡金属氧化物负载在具有较高热稳定性、比表面积大且对 NO_x 有吸附作用的载体之上，利用过渡金属氧化物的氧化活性，将 NO 催化氧化成为 NO_2。虽然过渡金属氧化物的催化活性不如贵金属催化剂高，但成本低，还可通过两种或多种过渡金属氧化物的复合改善其性质，使其更具有稳定性、耐腐烛、耐高温、高硬度的等特点。γ-Al_2O_3 负载过渡金属氧化物催化剂在 300 ℃下的活性顺序为 Mn＞Cr＞Co＞Cu＞Fe＞Ni＞Zn，用 Mn、Co 等的氧化物作活性组分的催化剂活性较好，但载体 γ-Al_2O_3 与 SO_2 会发生相互作用，SO_2 在 γ-Al_2O_3 表面与 NO 等吸附物结合形成活性吸附物，从而在一段时间内促进了 γ-Al_2O_3负载型催化剂对 NO 的催化氧化，但当其表面被强吸附的 SO_2 逐步覆盖后，活性衰退，水蒸气对 γ-Al_2O_3 负载型催化剂引起的失活为可逆失活。硅胶负载金属氧化物催化剂更适用于酸性反应环境，硅氧化物对催化剂活性有促进作用，负载 Co、Mn、Cr 金属氧化物的催化剂活性顺序为：Co＞Mn＞Cr，当反应气体中存在 SO_2 时，NO 的转化率迅速下降，且催化剂活性不可恢复。

针对 SCO 法的特点，负载型过渡金属氧化物催化剂具有巨大的研究开发前景。过渡金属氧化物较多，复合制备而得催化剂更是种类繁多，但过渡金属氧化物催化剂易受 SO_2 的影响生成硫酸铵盐黏附在催化剂表面而使催化剂失活，部分过渡金属例如锰、铈等金属氧化物会由于 SO_2 的影响而硫化，形成金属硫酸盐，所以要使催化剂同时兼具较高活性、较好的硫水耐受性以及耐磨耐腐烛性，并且能够在工业上被实际推广使用，还需进一步进行研究。

SCR 技术所采用的钒基催化剂（如 $V_2O_5/WO_3/Al_2O_5/TiO_2/SiO_2$）的活性反应温度为 300～400 ℃，但该类催化在低温下（＜250 ℃）的活性较低，使其对 NO_x 的还原效率大幅度降低。例如，在 150 ℃时，SCR 对 NO_x 的转化效率将降低至 15％左右。研究发现，当提高柴油机尾气 NO_x 中 NO_2 的比例时，可以在低温条件下（＜250 ℃）大幅提高 SCR 系统对 NO_x 的转化效率。由于柴油机排气 NO_x 中 NO_2 的比例一般只有 5％～15％，因此，可采用前述 DOC 将部分 NO 氧化为 NO_2，以促进 SCR 对 NO_x 的转化。但是，DOC 的贵金属 Pt 或 Pd 活性成分存在着高温老化和催化剂中毒的问题；而且我国油品中 S 的含量普遍较高，使得 DOC 的应用受到了严重的限制。研究表明，低温等离子体（nonthermal plasma，NTP）技术是一项非常有效的 NO 氧化技术。因此，在柴油机排气低温工况下，联合采用低温等离子体和 SCR 技术，可以大幅提高 NH_3-SCR 技术在柴油机低温冷起动或怠速时对 NO_x 的转化效率。同时，低温等离子体技术取代了贵金属对 NO 进行预氧化，可减少贵金属的使用，也可以解决催化剂硫中毒的问题，该系统可以在高硫分柴油条件下长期高效地工作。

等离子体是不同于固态、液态和气态的第四种物质存在形态，是由大量的电子、离子、自由基和中性粒子组成的集合体，具有宏观尺度的电中性和高导电性。等离子体中的离子、电子和激发态原子都是极为活泼的反应物质，可以加快通常条件下难以进行或速度很慢的反应过程。

低温等离子体的产生主要有以下几种方式：辉光放电、电晕放电、介质阻挡放电等。辉光放电需要在低气压条件下进行，难以在汽车上使用且应用成本高，所以应用于柴油机尾气净化的主要是电晕放电和介质阻挡放电。电晕放电的范围较小、能量较低且放电的能量不均匀，主要以颗粒物静电捕集的方式在柴油机尾气净化中得以应用。该方式通过电极的放电作用加强碳烟颗粒物的荷电，再由静电捕捉的方式捕集脱除柴油机的碳烟颗粒物。介质阻挡放电的放电过程中会产生大量的自由基和准分子，它们的化学性质非常活跃，很容易与其他原子、分子或自由基发生反应而形成稳定的原子和分子，目前受到了广泛关注。

低温等离子体状态下尾气的净化机理：利用介质阻挡放电可在发动机尾气中产生大量低温等离子体，空气经过低温等离子体的作用后，会生成一系列氧化性极强的自由基（OH^*、$HO_2{}^*$）、原子氧（O）、臭氧（O_3）等强氧化物质，这些物质将发动机尾气中的 NO 氧化，并转化为 NO_2。其主要反应如下：

$$O_2 \longrightarrow 2O$$

$$O+N_2 \longrightarrow NO+N$$

$$N+O_2 \longrightarrow NO+O$$

$$N+OH^* \longrightarrow NO+H$$

$$NO+O \longrightarrow NO_2$$

$$NO+2OH^* \longrightarrow NO_2+H_2O$$

$$NO+HO_2{}^* \longrightarrow NO_2+OH^*$$

$$NO+O_3 \longrightarrow 3NO_2$$

可见，NO 在多种活性粒子（O_3、O、OH^*、$HO_2{}^*$ 等）的作用下，将发生氧化反应生成 NO_2。NO 转化为 NO_2 的转化效率随氧含量的增加而迅速上升。此外，部分 NO 和 NO_2 也可与 N_2 电离产生的 N 离子反应，生成副产物 N_2O。反应式如下：

$$NO+N \longrightarrow N_2O$$

$$NO_2+N \longrightarrow N_2O+O$$

此外，部分 NO 也可与 N 离子发生反应，生成 N_2 而实现 NO_x 的脱除。

$$NO+N \longrightarrow N_2+O$$

但该反应对 NO_x 的脱除效率低，最大可以达到 10%～20%。

低温等离子体辅助催化技术是目前较为热门和较有前景的后处理技术，但实现 NTP（低

温等离子体)技术在汽车上的使用还有很多工作要做,目前尚存在以下问题:

(1)等离子体对 NO_x 的反应机理尚不清楚,而且柴油机复杂的排气气氛对 NTP 转化 NO_x 的影响机理也有待进一步的研究。

(2)NTP 技术与 NH_3-SCR 技术的协同作用,以及如何高效可靠地实现低温排气工况时 NO_x 的脱除也是急需解决的关键问题。

(3)NTP 技术的能耗。NTP 技术的引入增加了汽车的燃油消耗,若要实现 NTP 协同 NH_3-SCR 技术对 NO_x 进行转化,NTP 技术将增加约 4%～6%的燃油消耗,如何降 NTP 的能耗也是当前迫切需要解决的关键问题。

随着人们环保意识的提高,减少温室气体的排放已成为全球关注的问题。因此,发动机的稀薄燃烧及使用稀薄燃烧车用催化剂处理尾气将成为必然。

3. 选择性非氧化还原

选择性非催化还原法(selective non-catalytic reduction,SNCR)是一种不用催化剂,在 850～1 100 ℃下喷入还原剂氨(NH_3)或者尿素[$(NH_2)_2CO$],可以有选择性地与烟气中 NO_x 反应并生成无毒的 N_2 和 H_2O。NH_3 或尿素还原 NO_x 的主要反应如下:

(1)NH_3 为还原剂:

$$4NH_3+4NO+O_2 \longrightarrow 4N_2+6H_2O$$

(2)尿素为还原剂:

$$(NH_2)_2CO \longrightarrow 2NH_2+CO$$

$$NH_2+NO \longrightarrow N_2+H_2O$$

$$2NO+2CO \longrightarrow N_2+2CO_2$$

SNCR 烟气脱硝技术以炉膛为反应器,由还原剂氨的储存系统、氨的蒸发系统或尿素的制备氨气系统、多层还原剂喷入装置、控制仪表等组成。SNCR 烟气脱硝技术的 NO_x 脱除效率主要取决于反应温度、NH_3 与 NQ 的化学计量比、混合程度、反应时间等。同样,SNCR 工艺温度条件非常重要,若温度过低,则 NH_3 的反应不完全,容易造成 NH_3 的泄漏;温度过高,NH_3 容易被氧化成 NO,抵消 NO_x 脱除效率。温度过高或过低都会造成还原剂的损失和 NO_x 脱除效率下降,其反应式如下:

$$4NH_3+5O_2 \longrightarrow 4NO+6H_2O$$

SNCR 烟气脱硝技术的脱除效率一般达到 25%～50%,在应用规模上仅次于 SCR 烟气脱硝技术,但其脱硝效率低和氨的逃逸会对锅炉尾部设备有影响。

发展趋势:对选择性催化 NO_x 的研究是广泛而且深入的。在今后的工作中,一方面要进一步深入研究各种催化剂催化还原氮氧化物的反应机理,为提高和改善催化活性提供理论依据;另一方面,也需要从各个方面,包括催化剂活性物质、载体以及二者如何负载等进行研究。为了降低生产成本,除了要对贵金属进行进一步研究以减少负载量之外,对过渡金属和碱土金属的研究具有更深远的意义。另外,纳米技术作为当今许多领域的研究热点,也可以用于指导人们制备更小粒径的催化剂以提高其活性。总的来说,我国在氮氧化物的治理上起步相对是比较晚的,虽然近些年取得了一些成果,但是离实际的广泛应用还有一定差距,尚需不断努力。

7.3.2.4 氮氧化物储存还原催化剂

机动车在贫燃条件下（空燃比大于理论空燃比：14.6～14.7）下运行可有效降低 CO_2 和 CH 的排放和提高燃料燃烧效率，但氧浓度升高条件下 NO_x 还原效果差。氮氧化物储存还原催化剂就是用来解决稀燃条件下 NO_x 引发的污染问题。将贵金属（尤其是 Pt）、碱和/或碱土金属（Na^+、K^+、Ba^{2+}）以及稀土氧化物（主要是 La_2O_3）浸渍负载在氧化铝上，经过高温焙烧制成。大部分 NSR 催化剂是以贵金属作为催化活性成分，以碱和/或碱土金属作为 NO_x 储存材料。在富氧条件下 NO 首先在贵金属上被氧化成 NO_2，然后与氮氧化物储存反应形成硝酸盐，以硝酸离子的状态暂时被吸收在 Ba 等吸收储存材料中。当吸收到一定程度时，使发动机在浓于理论空燃比的混合油气下燃烧，这时会产生多余的 CO、HC 和 H_2，再利用它们将氮氧化物还原成无害的 N_2 和 H_2O，CO、HC 同时也被催化消除。NSR 催化剂在很宽的温度范围都有相当高的 NO_x 转化率，最大转化率可达 90%以上。

NO 氧化反应：尾气中 NO_x 主要以 NO 的形式存在，但 NO_2 比 NO 更易于有效吸附，或者说在 NO_x 吸附过程中，NO_2 是必需的中间体。因此，NO_2 的形成有利于随后的吸附存储过程，并且这一 NO 氧化为 NO_2 的反应主要发生在贵金属位上。在低温下，动力学限制抑制了 NO 氧化反应的达到平衡，而当温度升高到 350 ℃以上时，该反应的热力学平衡通常都可以达到。在 Pt-BaO/Al_2O_3 催化剂上发生的 NO 氧化反应遵循 Langmuir-Hinshelwood 机理，NO 以气相分子形式在 Pt 活性位上参与反应，反应过程中包括了 O_2 的吸附、脱附，NO 的吸附、脱附及氧化和 NO_2 的吸附、脱附，并且与无 BaO 的催化剂相比，含有 BaO 的催化剂抑制了 NO 氧化的反应速率。其他的研究者发现在 Pt 基催化剂上发生的 NO 氧化反应遵循 Eley-Rideal 机理，该机理认为 O_2 在 Pt 活性位吸附、分解，然后再与气相中的 NO 发生反应生成 NO_2。贵金属的性质对 NO 的氧化活性起着决定作用。

NO_x 吸附存储：一个典型的 NSR 催化剂可以在一个宽泛的温度窗口范围内有效地移除 NO_x。NO_x 的吸附过程通常认为由多个步骤组成；在初期，亚硝酸盐会首先生成，进而再生成硝酸盐。NO_x 的存储过程是由三步组成的，NO_2 首先吸附在 BaO 上，生成 BaO-NO_2 组分；这些组分随后分解为 BaO_2 和 NO(NO 释放到气相中)，最后 BaO_2 与气相中的 NO_2 反应生成硝酸钡。

$$BaO + NO_2 \longrightarrow BaO - NO_2$$

$$BaO - NO_2 \longrightarrow BaO_2 + NO$$

$$BaO_2 + 2NO_2 \longrightarrow Ba(NO_3)_2$$

在 Pt-Ba/Al_2O_3 催化剂上，NO 在过量氧存在的情况下会经历两个平行的过程：①“硝酸盐路径”，NO 在 Pt 活性位上氧化为 NO_2，而后 NO_2 溢流到钡组分处生成硝酸钡并释放气相 NO；②“亚硝酸盐路径”，NO 在 Pt 活性位上发生氧化反应，然后以亚硝酸盐的形式直接存储在临近的钡组分上，随后再进一步被氧化为硝酸盐。这两种路径随着不同钡组分的负载量而发生变化；在高的钡组分负载量下，“亚硝酸盐路径”占据了主导优势。这可能是由于 Pt 活性位和钡组分紧密接触所导致的。NSR 催化剂催化活性与温度之间呈火山型曲线关系，在 350～380 ℃温度区间具有较高的活性；归因于 NO_x 存储过程两个竞争性趋势，即随着硝酸盐或亚硝酸盐稳定性的减弱，NO_x 吸附速率增加，同时整个存储性能会降低。

NO_x 还原脱除：在发动机富燃条件下，存储的 NO_x 组分被还原剂还原的过程实际上只有数秒钟的时间。还原剂通常为 H_2、CO 或长短碳链的 HC。不同的还原剂种类导致了产物选择性的不同。CO/HC 或者能够直接还原存储的 NO_x 组分为 N_2

$$Ba(NO_3)_2+5CO \longrightarrow N_2+BaO+5CO_2$$

或者间接地通过水煤气变换反应（WGS）生成的 H_2 来还原存储的 NO_x 组分。相似的，HC 组分通过水蒸气重整反应也可以反应生成 H_2。在发动机富燃条件下，H_2 也可以存在尾气中。稀燃阶段生成的 $Ba(NO_3)_2$ 在适宜的反应化学计量比下可以与 H_2 反应生成 N_2：

$$Ba(NO_3)_2+5H_2 \longrightarrow N_2+BaO+5H_2O$$

在 NO 还原阶段中，产物的选择性是一个非常重要的问题。通常认为 N_2 是理想的还原产物，但是有时候不同的催化剂上也会生成 N_2O 和 NH_3 这些非理想还原产物。

$$Ba(NO_3)_2+3H_2 \longrightarrow BaO+2NO+3H_2O$$

$$Ba(NO_3)_2+4H_2 \longrightarrow BaO+N_2O+4H_2O$$

$$Ba(NO_3)_2+8H_2 \longrightarrow BaO+2NH_3+5H_2O$$

NSR 催化剂通常包括贵金属、存储组分和载体三部分。

1. 贵金属

贵金属作为活性组分，其作用是在稀燃阶段将尾气中 NO 氧化为 NO_2，提高 NO_x 的存储能力，富燃阶段时与还原剂一起将释放出的 NO_x 还原为 N_2 等气体，常用的贵金属是 Pt，通常加入 Rh 来促进 NO_x 的还原。

贵金属 Pt、Pd、Rh 在贫燃气氛下对 NO_x 的氧化和还原具有独特活性，而且能同时氧化脱除 HC 和 CO 等污染物。因此，广泛应用于 NSR 催化剂中。贵金属 CaO/Al_2O_3 作为 NO_x 储存-还原催化剂时，NO_x 储存-还原催化活性顺序为：Pd＜Pt＜Rh。Pt 在贫燃条件下对 NO_x 的氧化活性最好；Rh 在富燃条件下则表现出更高的 NO_x 还原活性。Pt-Rh 双贵金属催化剂的 NO_x 储存量比 Pt 催化剂少，但整体催化性能更优且更容易脱硫再生。使用 Rh 作为活性组分对 NO_x 的氧化和还原活性都较高。由于 Rh 以伴生矿形式存在，含量极其稀少，价格远高于 Pt，因而其应用受到限制；Pd 的价格相对低廉，NO_x 的氧化活性稍低；更多的研究用 Pt 或 Pt-Rh 作为活性组分。

2. 存储组分

存储组分主要包括碱金属和碱土金属，虽然碱金属的存储能力和耐硫性比碱土金属好，但是碱金属的碱性较强，不利于富燃阶段 NO_x 的释放。另外，碱金属具有较低的热稳定性，在 750 ℃以上，稳定性明显下降，会从催化剂上脱离；其次，碱金属易溶于尾气中凝聚的水，当汽车由冷态热启动时会导致催化剂结构坍塌。用得最多的存储成分是 Ba，而且不同 Ba 负载量的样品，存储还原性能会有很大的差别。

在含 Ba 的 NSR 催化剂中，添加一定量的 Li、Na、K 或 Cs，350 ℃以上 NO_x 的转化率明显提高；但催化剂低温活性降低。因此，碱金属可作为高温下的 NO_x 吸附组分。丰田汽车公司的NSR催化剂中，NO_x吸附储存组分为分散在Al_2O_3上的BaO相，NO，储存于BaO上，再利用贵金属Pt或Rh还原；而德国Daimler-Chrysler公司开发的NO_x选择性循环技术中，如果Ba以纳米晶相的钡铝酸盐或者ABO_3钙钛矿结构的$BaSnO_3$形式存在，就会满足作为吸附剂的几个必要条件。

3. 载体

载体作为整个催化剂的骨架，应该具有较高的比表面积和稳定性，稳定性不仅包括热稳定性，还包括化学稳定性和耐硫中毒能力。目前研究较多的载体是Al_2O_3，由于γ-Al_2O_3在高温下容易发生相变，或与NO_x吸附组分Ba反应，生成尖晶石结构的$BaAl_2O_4$，导致NO_x的储存活性位损失，且其抗硫性有待提高。因此，需添加一些助剂以提高催化剂的热稳定性和抗硫性。故研究者将目光转向CeO_2、ZrO_2、TiO_2、$Ce_xZr1-xO_2$、SiO_2-Al_2O_3、ZrO_2-TiO_2等新型NSR催化剂载体。

萤石结构的MNO_x-CeO_2既可以作为NO_x吸附材料，又可以负载Pd催化净化过量氧中的NO_x。SiO_2、TiO_2和$H_3PW_{12}O_{40}\cdot 6H_2O$(HPW)作为载体的NSR催化剂也有研究。Mg-Al-O类水滑石作为载体是近年NSR催化剂研究的热点，较BaO/Al_2O_3具有低温转化性能好、抗硫中毒能力强等优点。

发展趋势：NSR技术虽然有广泛的应用前景，但目前仍存在一些问题。

(1)实验室只能使用简单组分的混合气模拟汽车尾气，大多数结果都是在稳态条件下或简单的富氧-贫氧循环下评测的，与实际运行工况有很大差别。

(2)对NO_x的储存-还原机理尤其是还原反应路径中各组分间的相互作用的研究还不够深入，尚不能为催化剂组分设计提供足够的理论基础。

(3)抗硫问题是NSR催化剂失活的主要问题，也是最亟待解决的问题，目前虽有改进，但尚未从根本上找到解决方法。

针对现有NSR催化剂存在的问题，未来的研究将集中在以下几方面：

(1)拓宽NSR催化剂的操作窗口，即使在冷启动条件下也要达到低排放要求。

(2)加强储存-还原过程的动力学研究，提高NO_x储存和释放的速率，建立有效的动力学模型。

(3)采用一些原位技术，对储存还原机理作更深入研究，尤其是还原反应机理。

(4)提高NSR催化剂的水热稳定性和抗硫性能也是未来研究的重要方面。

综合考虑比表面积与储存吸附量，NO_x储存与释放的动力学，以及抗硫与再生性能，最有前景的NSR催化剂应是具有一定酸性的、比表面积较大且热稳定性较高的负载型NSR催化剂。非负载型的复合氧化物NSR催化剂(如钙钛矿等)，因其比表面积太小，以及储存物种从表面到体相迁移速率相对较慢等动力学因素，使其实际应用受到明显的限制。

7.3.2.5　氮氧化物分解催化剂

氮氧化物分解催化剂能提高氮氧化物的分解速度，降低反应活化能，促使NO_x分解生成无毒无害的N_2和O_2的催化材料。主要有贵金属、金属氧化物、金属离子交换分子筛催化剂、三效催化剂、NO的选择催化还原剂等五类。

(1)贵金属催化剂常用的有 Pt、Pt-Rh(铂-铑合金)、Pt/Al_2O_3、Pd-Au(钯-金)等单金属及其合金,载体常用 Al_2O_3、SiO_2、ZnO 等,一般用浸渍法负载贵金属。通过 NO 分子吸附在活性中心原位离解为氧和氮原子,再以分子氧和分子氮脱附,释放活性中心来达到催化作用。其催化活性高,抗硫中毒能力和抗水蒸气失活能力强,但操作温度范围窄,有氧阻抑现象。

(2)金属氧化物催化剂有 Co、Ni、Cu、Fe、Zr、Ti 等氧化物,可直接分解 NO,分解 NO 的活性与氧化物中晶格氧的 M-O 键强有关,键强度越低,金属氧化物活性越高。

(3)金属离子交换分子筛催化剂,是将 Cu、CO、Fe、Ni 等过渡元素通过离子交换法负载于 ZSM 或 Y 型沸石上,将 NO_x 直接分解成 N_2 和 O_2,反应温度较高。

(4)三效催化剂。

(5)NO 的选择催化还原剂,氨选择还原(NH_3-SCR),NH_3-SCR 可将 NO_x 还原为氮气,在潮湿、富氧和含硫条件下具有较长的使用寿命,应用广泛,但易造成氨污染。烃类选择还原(HC-SCR)可与 NO 反生催化反应生成 N_2、CO_2 和 H_2O,此法较 NH_3-SCR 更加环保。

干法中的催化转化法一直受到人们的重视,催化转化法主要包括催化还原法和催化分解法,其中氨选择性催化还原法已在固定污染源 NO_x 污染治理中得到了成功应用,这一方法可在含氧较高的气氛中工作,将 NO_x 转化为 N_2,但是该法投资和运行费用较高、耗氨量大、存在氨泄漏造成二次污染的隐患,此外,该法工艺过程中把有用的 NH_3 变成无用的 N_2,本身也是不经济的。催化转化法中的催化分解法则是利用催化剂把 NO_x 直接分解为 N_2 和 O_2,该法具有不产生二次污染、不消耗还原剂、经济性好、工艺简单等优点。

最早用于对 NO_x 进行催化分解的是贵金属催化剂。该类催化剂主要包括负载型的 Pt、Pd、Rh、Au、Ir、Pt-Rh 和 Pt-Pd 等单金或合金,载体包括 Al_2O_3、SiO_2、TiO_2、ZrO_2 和 ZnO 等。一般来说,贵金属以 Pt 和 Pd 为佳,载体以 γ-Al_2O_3 性能最好。

1. 贵金属催化分解 NO

反应机理是 NO 分子首先吸附在贵金属表面的活性位上并分解为氮原子和氧原子,然后分别形成 N_2 分子和 O_2 分子并脱附从而释放出活性位。催化剂活性的高低取决于氧分子脱附提供活性位的难易程度,而分子氧脱附的难易程度完全取决于温度的高低,低于 773 K 脱附就难以进行,未能脱附的氧原子会逐渐覆盖贵金属表面活性位,造成失活现象。贵金属催化剂用于 NO 催化分解的研究已比较广泛和深入,在一定条件下表现出较高的催化性能,但是由于 NO_x 分解产生的氧原子以及气相中存在的氧气能抢先吸附在催化剂表面的活性位上,从而阻碍 NO_x 的进一步吸附和分解而造成催化剂中毒。因此,近年来以及今后这方面工作的重点将是在贵金属催化剂中添加各种助剂进行改性,以提高催化剂的活性及稳定性,减少贵金属用量,抵抗氧阻抑现象的发生。

2. 金属氧化物催化剂

很多金属氧化物特别是过渡金属氧化物都对 NO 具有一定的催化分解活性,其反应机理和反应动力学方程与贵金属一致,因此,金属氧化物催化活性的高低也取决于 O_2 的解吸步骤。金属氧化物上 NO 分解的活性中心为其表面的氧缺陷,其催化能力与晶格中金属原子与氧原子之间化学键的强度有很大关系。N_2O 与 NO 的分解过程基本相似。催化剂的活性顺

序为 Co_3O_4 > CuO > ZrO_2 > NiO > Fe_2O_3 > Al_2O_3，同时测定的活化能顺序为 CuO > Rh_2O_3 > Sm_2O_3 > SrO。该类催化剂具有明显的氧抑制现象，只在反应初期具有活性，随着反应时间继续，催化剂活性急剧下降。对于氧抑制现象产生的原因，大量研究都表明是由于 NO_x 分解脱附的氧占据了 NO_x 吸附活性位造成的，然而也有一些金属氧化物的氧阻抑现象却不那么明显，比如 Co_3O_4 和 Ni_2O_3，而且一些助剂的添加能够扮演抗氧阻抑剂的角色。Ag 就能利用其自身与氧的亲和性把氧拉出催化剂的吸附活性位来降低氧阻抑的强度。

发展趋势：寻找更多的性能优异、本身对氧不敏感的金属氧化物催化剂，或寻找高效廉价的抗氧阻抑添加助剂和催化剂改性方法，以提高该种催化剂的催化性能和使用寿命，满足工业化应用的要求，这些将是该领域今后科研的发展方向。

3. 金属离子交换分子筛催化剂

(1)钙钛矿型复合氧化物：它是结构与钙钛矿 $CaTiO_3$ 相同的一大类化合物，常以通式 ABO_3 表示；类钙钛矿型复合氧化物以 A_2BO_4 通式表示。钙钛矿及类钙钛矿型复合氧化物具有独特的物理化学性质：一方面，该类催化剂对 NO_x 处理反应的活性较高，最有希望取代贵金属；另一方面，它们具有确定的结构，不仅其组成、元素、原子价等可以在很宽的范围内改变，而且还能在很大程度上通过调变 A、B 离子的价态来控制阳离子的氧化还原性能及缺陷的种类和浓度，有利于认识催化作用的本质。近年来，在钙钛矿及类钙钛矿型复合氧化物催化剂上的 NO_x 消除反应是催化法处理 NO_x 的研究热点之一。

一般认为，钙钛矿及类钙钛矿型复合氧化物具有与贵金属相似的催化分解 NO_x 的机理，但是它比较容易脱附氧，在高温下稳定性好。NO 在贵金属上的分解速率方程也同样适用于钙钛矿及类钙钛矿型复合氧化物，反应速率也是正比于 NO 的吸附浓度，而且在氧气存在下反应受到抑制。早期研究认为 NO 在钙钛矿型复合氧化物上的分解反应是"活化催化过程"，遵循包含晶格氧的顺序机理。朱君江等提出 NO 在(类)钙钛矿型催化剂上的分解是以 NO_2 为中间产物进行的，NO_2 主要是通过催化剂表面上吸附态(用 a 表示)的 NO 和 O 原子反应形成的($NO(a)+O(a)=NO_2(a)$)，而 O_2 的形成则是经 NO_2 的循环解离得到($2NO_2(g)=2NO(g)+O_2(g)$)，可认为 NO 的分解是以一个循环的方式进行。其机理如图 7-3 所示。

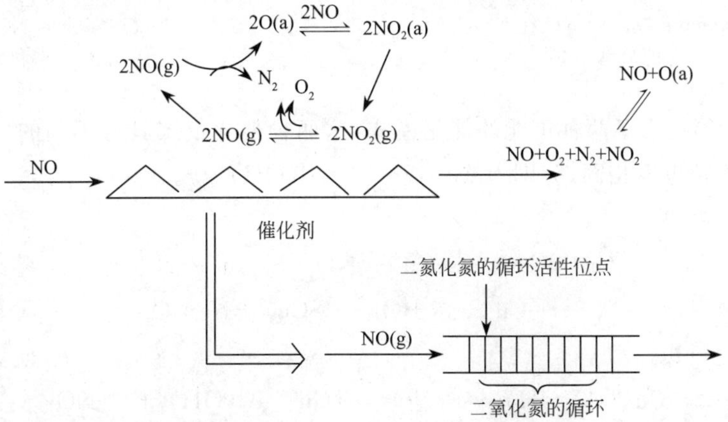

图 7-3　钙钛石上 NO 分解的循环机理图

钙钛矿及类钙钛矿型复合氧化物具有易于脱附氧、热稳定性及高温活性均较高等优点，是一种十分有潜力替代贵金属的 NO_x 分解催化剂，而且该种催化剂其粒径大小还适合捕捉柴油机燃烧生成的碳黑颗粒，能开发成一种多用途催化剂来同时去除柴油机排气中的碳颗粒物和氮氧化物。但是，采用高温烧结制备的该类催化剂一般比表面积较低，催化活性的稳定性差，低温及高空速时的催化活性均低且对 SO_2 敏感（硫中毒）。目前，该领域的研究焦点集中于采用各种方法和各种材料来调变和取代 A、B 离子以得到更优异的催化性能。采用其他类型的催化剂与之进行混合掺杂也是一种改性的思路，可能会起到意想不到的作用，例如，将贵金属和钙钛矿型化合物结合起来就可以起到互补互利的增效作用。钙钛矿型化合物对贵金属能起到很好的稳定作用，防止贵金属被高温烧结、蒸发或与载体反应，而贵金属可以提高钙钛矿型催化剂的活性。

发展趋势：寻找更有利于 NO 催化分解的新颖的催化剂制备方法、提高其比表面积、采用新型的材料取代 A、B 离子或添加助剂改性以提高催化性能以及寻找合适的催化剂载体，仍是今后该领域的研究热点。

（2）Cu-ZSM-5 分子筛：NO 在 Cu-ZSM-5 分子筛上催化分解的机理目前尚无定论，存在许多观点。但是，比较一致的观点是认为反应过程中 Cu-ZSM-5 表面存在两种价态的离子 Cu^{2+} 和 Cu^{+}，它们之间在反应过程中通过氧化还原作用相互转化，如 Iwamoto 提出的机理认为 Cu^{+} 为活性中心，以 NO 为中间产物，通过 Cu^{2+} 和 Cu^{+} 的可逆氧化还原过程促进 NO 的分解反应，如图 7-4 所示；Spoto 等认为 Cu^{+} 吸附两个 NO 形成的 $Cu^{+}—(NO)_2$ 是最初的活性位，然后 $Cu^{+}—(NO)_2$ 分解出 N_2O 后形成 $Cu^{2+}—O^{-}$ 是真正的活性位，N_2O 再经过分解转化成 N_2 和 O_2，如图 7-5 所示。

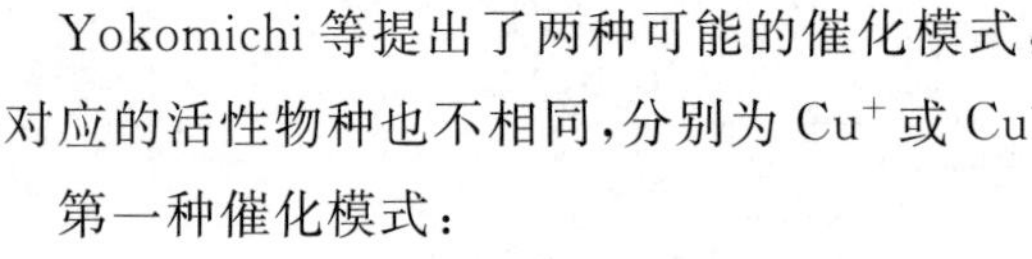

图 7-4　Iwamoto 提出的 NO 在 Cu-ZSM-5 上的分解机理

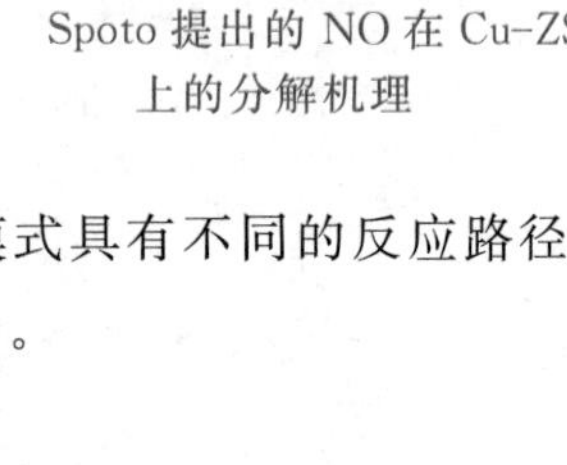

图 7-5　Spoto 提出的 NO 在 Cu-ZSM-5 上的分解机理

Yokomichi 等提出了两种可能的催化模式，这两种催化模式具有不同的反应路径，因此，其对应的活性物种也不相同，分别为 Cu^{+} 或 $Cu^{+}[Al(OH)_4]^{-}$。

第一种催化模式：

$$Cu^{+} + NO \longrightarrow Cu^{+}—NO \longrightarrow Cu^{+}—N + O$$
$$\longrightarrow Cu^{+} + N + O_2 \longrightarrow Cu^{+} + N_2 + O_2$$

第二种催化模式：

$$Cu^{+}[Al(OH)_4]^{-} + NO \longrightarrow Cu^{+}[Al(OH)_4]^{-}—NO$$
$$\longrightarrow Cu^{+}[Al(OH)_4]^{-}—O + N$$

$$\longrightarrow Cu^+[Al(OH)_4]^- + N_2 + O$$

$$\longrightarrow Cu^+[Al(OH)_4]^- + N_2 + O_2$$

ZSM-5 型分子筛中的 Si-O 和 Al-O 四面体结构使其内表面具有很大的空隙，形成孔径均匀的直形孔道和正玄型孔道，这些孔道特定的孔径与 NO_x 分子的动力学直径相近，所以易于吸附-脱附 NO_x 分子。因此，离子交换的 ZSM-5 型分子筛，特别是 Cu-ZSM-5 型分子筛作为 NO_x 低温分解催化剂具有很高的研究价值。它对 NO_x 的吸附性能很强，其沸石的结构决定了它在反应温度下对氧的吸附能力较弱，因而其氧阻抑现象不是很明显，比金属氧化物等其他催化剂有较大提高。但是，Cu-ZSM-5 也有其自身的局限性，如使用温度区间较窄，高空速下活性较低，高浓度 O_2 仍会严重阻抑反应的进行，对水蒸气和 SO_2 敏感等缺点使其离实际应用还有较大的差距。

发展趋势：通过改变合成条件与合成方法等途径，开发新型高效的离子交换技术、表面修饰技术和扩孔技术；采用更多种的金属离子或进行复合离子交换以筛选出性能优异的离子交换型 ZSM-5 分子筛；添加高效改性剂以提高性能、弱化缺点等研究思路是目前该领域内科研工作的主流。今后该领域内的工作还将侧重于进一步提高其抗氧能力，降低对硫、烃、水的敏感性，并继续探讨其催化剂活性中心的起源及反应机理。

(3)水滑石类材料：包括水滑石和类水滑石。水滑石又称阴离子黏土，它是一类具有层状结构的复合金属氢氧化物，由带正电荷的金属氢氧化物层和层间平衡阴离子构成。自然界中存在的水滑石是镁、铝的羟基碳酸化物，其理想的化学组成为 $Mg_6Al_2(OH)_{16}CO_3 \cdot 4H_2O$。后来人们把水滑石中的 Mg^{2+}、Al^{3+} 用其他同价离子同晶取代，合成了各种类型的类水滑石化合物，它们在结构上与天然水滑石相同。类水滑石化合物具有独特的双层结构，即 Brucite 层和中间层，通过对 Brucite 层中阳离子的同晶置换和对中间层采用不同的填隙阴离子可形成种类非常多的水滑石类催化剂。因此，类水滑石化合物在化学和结构上表现出来的既具有离子交换性能，也具有孔径可调变的择形吸附催化性能的特殊性质，使其成为催化领域具有巨大应用潜力的新材料。N_2O 在水滑石类催化剂上分解分三步进行(Z 代表活性位)。

① N_2O 与催化活性位的反应和氧的吸附：

$$N_2O + Z \longrightarrow N_2 + OZ$$

② 分子氧的自发解吸：

$$2OZ \rightleftharpoons O_2 + 2Z$$

③ 吸附氧与 N_2O 的反应：

$$OZ + N_2O \longrightarrow N_2 + O_2 + Z$$

反应①和③是不可逆的，其原因是生成的氮分子的高稳定性；反应②氧气的脱附则是可逆反应。水滑石类化合物作为 NO_x 分解催化剂具有一定的优势，其热分解所形成的氧化物晶粒分散度好；高温不易烧结且具有高比表面积；它不但具有离子交换性，还具有孔径可调变的择形吸附性能，作为催化剂或载体都有良好的性能；它在催化消除 NO_x 方面既有很好的低温活性，又不易受 O_2、H_2O、SO_2 的干扰。

发展趋势：目前，有关水滑石类化合物作为 NO_x 直接分解催化剂的研究还不够系统、深入，国内很多这方面的研究工作主要是考察其对 NO_x 的吸附性能，但这项工作已引起了人们的充分重视。有的学者还提出该种催化剂可以替代贵金属成为新一代 NO_x 存储材料的概念和研究思路，因此，相关的研究与开发工作是很有前景的。

4. 新型绿色催化材料

杂多酸及其相关的化合物(HPC)是 NO_x 的催化分解领域中一种比较新颖的催化剂。HPC 是由杂原子(P、Si、Fe、Co 等)和多原子(Mo、W、V、Nb、Ta 等)按一定结构通过氧原子配位桥联的含氧多酸，具有大的分子体积、对电子和质子优良的传输和储备能力、高的热稳定性、“晶格氧”的活泼性、高的质子酸性以及无毒、无味、无挥发性、便于分离和独特的“假液相行为”等特点，是一种酸碱性和氧化还原性兼具的双功能绿色催化剂。它作为一种环境友好的催化新材料已在有机合成工业催化领域得到成功应用，然而迄今尚无 HPC 在 NO_x 催化转化方面的工业应用先例。

反应机理：关于 HPC 吸附分解 NO_x 的机理，目前认识上还没有统一，有几种不同的推断。HPW(磷钨酸：$H_3PW_{12}O_{40}\cdot 6H_2O$)分子中 Keggin 结构的阴离子$(PW_{12}O_{40})^{3-}$ 由 $H_5O_2^+$ 连接形成了一个体心立方结构。在 50～230 ℃，低 NO 浓度条件下(例如燃烧尾气)，水分子连接能够很容易地被 NO 连接取代，形成 $H_{13}PW_{12}O_{40}\cdot 3NO$，从而吸附 NO，NO 饱和的 HPW 中 NO 连接是一种离子形式的质子化的 NO，即$(NOH)^+$。HPW 吸附分解 NO 的作用机理如下：

(1)吸附：

$$H_3PW_{12}O_{40}\cdot 6H_2O \xrightarrow{NO/O_2\ 150\ ℃} H_3PW_{12}O_{40}\cdot 3NO$$

(2)分解：

$$H_3PW_{12}O_{40}\cdot 3NO \xrightarrow{rapid\Delta H_2O} H_3PW_{12}O_{40}\cdot 6H_2O + N_2$$

发展趋势：HPC 作为催化剂除了前述的普遍优点外，用作催化分解 NO_x 时不受气流中 SO_2 和 O_2 的负面影响，所需反应温度也不高于前述的 Cu-ZSM-5。今后的研究工作应更多地考虑筛选性能优异的 HPCP 载体复合催化剂，依靠 HPC 与载体之间的相互协同，构建有应用前景的 NO_x 分解催化体系，同时开展相关的反应机理和动力学性能研究。

7.3.2.6 氮氧化物微生物脱除

利用微生物脱除氮氧化物有两种方法：生物硝化法和生物反硝化法。生物硝化法是利用硝化细菌，包括自养硝化菌和异养硝化菌，在无机碳源或有机碳源下，发生硝化作用，将氮氧化物氧化为 NO_2^- 和 NO_3^- 排出体外。生物反硝化法是反硝化细菌以 NO_2^-、NO_3^- 和 NO 为电子受体，进行缺氧或好氧呼吸，从而将氮氧化物还原为 N_2。生物反硝化法脱除 NO_x 彻底，耗能低，更具经济性，日益受到关注。

1. 硝化法

自养硝化细菌以无机碳化合物如 HCO_3^- 和 CO_2 为碳源，从对 NH_4^+ 和 NO^{2-} 的氧化中获取能量，分两步进行硝化：第一步是由亚硝化菌(亚硝酸盐单细胞菌属和亚硝酸盐球菌属)和硝化细菌完成，亚硝化菌将氨氮转化为亚硝酸盐；第二步由硝化菌(硝酸盐杆菌属、螺旋菌属和球菌属)将亚硝酸盐转化为硝酸盐。

细菌、真菌、藻类以及一些复杂的生物组织能进行异养硝化反应。异养硝化反应至少有两个硝化路径：

(1)无机：$NH_4^+ \longrightarrow NH_2OH \longrightarrow NO_2^- \longrightarrow NO_3^-$

(2)有机：$RNH_2 \longrightarrow RNHOH \longrightarrow RNO \longrightarrow RNO_2 \longrightarrow NO_3^-$

异养硝化细菌代谢 NO 不为生物的生长提供能量，最终产物通常是 NO_2^-。因此，异养硝化反应有可能为自养硝酸盐细菌提供反应物，自养和异养硝化细菌共同代谢 NO 是有可能的。

2. 反硝化法

适宜的脱氮菌在外加碳源的情况下，利用氮氧化物作氮源，将氮氧化物还原为最基本的无害的氮气，而脱氮菌本身获得生长繁殖，其中反硝化是将硝酸盐还原为氮气的过程。NO_2先溶于水形成 NO_3^- 和 NO_2^-，再被生物还原为氮气，而 NO 则是被吸附在微生物表面，经生物化学反应最终被还原为 N_2。反硝化是将硝酸盐还原为氮气的过程。这个转化过程有许多中间产物，如 HNO_2、NO 和 N_2O。反硝化菌能够以 NO 作电子受体，氧化不同类型的有机物质和无机物质：

$$2(CH_2O)_n + 2NO \longrightarrow N_2 + 2CO_2 + 2H^+$$

$$2H_2 + 2NO_2 \longrightarrow N_2 + 2H_2O$$

$$S_2O_3^{2-} + 4NO + H_2O \longrightarrow 2N_2 + 2SO_4^{2-} + 2H^+$$

其中，反硝化需要电子供体(COD)，可以是有机物质或还原化合物，如 S^{2-} 和 H_2。在电子供体不足或受限制的条件下，易形成中间产物，如 HNO_2、NO 和 N_2O 等，并释放到环境中而产生污染。

异养反硝化细菌在硝酸盐转换过程中十分有效，但是它需要有机碳作为碳源。当污水中的有机碳不足时，要完成反硝化作用就必须向污水中投放有机化合物——甲醇或者简单的有机物。自养反硝化细菌所需要的能量是从无机物作为电子供体的氧化-还原反应中释放出来的，利用无机碳化合物(如 CO_2，HCO_3^-)作为它们的碳源，因此，不需要异养反硝化过程中所必需的有机碳。自养反硝化细菌有两个优势：

(1)不需要投放有机物作为碳源，节省开支。

(2)产生极少量的污泥，因此将污泥的处理量降低到最小。

生物法处理 NO_x 的发展方向：生物法处理 NO_x 在于如何有效地捕集 NO_x。此外，还有以下几方面需要研究：

(1)微生物菌种的改造：对菌种结构进行改造，提高其降解效率，扩大降解废气范围。

(2)生物滴滤法的普及使用：生物滴滤法在反应器及其应用具有多方面的优势，随着生物滴滤法的不断成熟，该法将得到更为广泛的应用。

(3)膜生物反应器：利用憎水性多孔中空纤维膜将气体中污染物溶解在水中，在液相中添加营养物、pH 缓冲盐等控制生物过程有利于水溶性气态污染物的扩散，有更好的应用前景。

(4)控制和操作过程的自动化：该过程是废气生物处理技术中的薄弱环节，也是今后该类技术的重要发展方向。

(5)填料特性研究:填料的特性(如孔隙率、比表面积)与填充层生物量有关,且影响整个填充床的压降,更重要的是,填料能影响气态污染物的气—液—固三相传质过程及其分配系数。因此,填料是生物滤池和生物滴滤池性能的一个重要决定性因素之一,需要进行深入的研究开发。

7.3.2.7 脱硫脱硝吸附材料

脱硫脱硝吸附材料主要分为干法吸附材料和湿法吸收材料两类。干法吸附材料以 CuO、活性炭和活性焦为主。CuO 与烟气中的 SO_2 和 O_2 反应生成硫酸盐实现脱硫,且 CuO 及脱硫反应的生成物还可作为还原 NO_x 的催化剂,实现同时脱硫脱硝;活性炭对 SO_2 的吸附包括物理吸附和化学吸附。当无水蒸气和 O_2 存在时,主要发生物理吸附,吸附量较小。当有足量水蒸气和 O_2 存在时首先发生物理吸附,然后再将吸附到活性炭表面的 SO_2 催化氧化为 H_2SO_4。活性炭脱硝是利用活性炭的微孔结构和官能团吸附 NO_x,将反应活性较低的 NO 氧化为反应活性较高的 NO_2;活性焦,在新的活性炭纤维脱硫脱硝技术中将活性炭制成直径 20 μm 左右的纤维状,极大地增大了吸附面积提高了吸附和催化能力,该技术脱硫脱硝率可达 90%。湿法吸收常用的有石灰吸收液、碱吸收液、氨吸收液等。石灰吸收剂是在 $Ca(OH)_2$ 中加入飞灰(粉煤灰)、氧化剂、盐类($CaSO_3$、NaOH)等添加剂,经水合干燥后制备而成,反应温度为 60~125 ℃时可对 SO_2 与 NO_x 进行同时脱除,在实验室条件下该法的脱硫率可达 80%。碱吸收液以 $NaOH/Al_2O_3$ 吸附剂为主。氨吸收液,以负载在 TiO_2 等氧化物上的 V_2O_x($x=4\sim5$)为催化剂,在固定床中以 NH_3 为吸附剂,反应温度为 130 ℃,所得的脱硫脱硝率达到 90%以上。此外,还有 $KMnO_4/NaOH$、$NaClO_2/NaOH$、钼硅酸盐溶液等可作为联合脱硫脱硝吸附材料。

1. 干法吸附

(1)CuO 吸收法:用负载型的 CuO 作吸收剂,以 CuO/Al_2O_3 和 CuO/SiO_2 为主。CuO 含量通常占 4%~6%,在 300~450 ℃与烟气中 SO_2 发生反应。吸收饱和的 $CuSO_4$ 被送去再生,再生过程一般用 H_2 或 CH_4 气体对 $CuSO_4$ 进行还原,释放的 SO_2 可制酸,还原得到的金属铜或 CuS 再用烟气或空气氧化,生成的 CuO 又重新用于吸收还原过程。CuO 和其生成的 $CuSO_4$ 均对选择性催化还原 NO_X 有较高的催化活性,使该工艺的 SO_2 和 NO_x 的脱除效率分别高于 95%和 90%。$CuO/\gamma\text{-}Al_2O_3$ 吸附-催化脱除 SO_2、NO_x 过程的机理如下:

$$SO_2+1/2O_2 \longrightarrow SO_3$$

$$CuO+SO_3 \longrightarrow CuSO_4$$

$$2NO_2+4NH_3+O_2 \longrightarrow 3N_2+6H_2O$$

$$4NO+4NH_3+O_2 \longrightarrow 4N_2+6H_2O$$

$$CuSO_4+1/2CH_4 \longrightarrow Cu+SO_2+1/2CO_2+H_2O$$

$$Cu+1/2O_2 \longrightarrow CuO$$

$CuO/\gamma\text{-}Al_2O_3$ 法的优点是可同时脱硫脱硝,不产生固态或液态二次污染物,可产出硫或硫酸副产品,脱硫剂可再生循环利用,脱硫后烟气无须再加热,可降低排烟温度等。但同时 CuO 在不断地吸收、还原和氧化过程中,物化性能逐步下降,经过多次循环之后就会失去作用;长期处在含 SO_2 的气氛中载体 Al_2O_3 也会逐渐失活;虽然脱硫脱氮是在一个反应器中完成,但后处理过程仍比较复杂。

(2)活性炭吸收/再生工艺:活性炭具有大的比表面积、丰富的表面基团、高效的原位脱氧能力和良好的负载性能及还原性能,既可作载体制得高分散的催化体系,又可作还原剂参与反应。在活性炭脱硫中加入氨,即可同时脱除 NO_x。该工艺主要由吸附、解吸和硫回收三部分组成。烟气首先进入含有活性炭的移动床吸收塔,该烟气温度在 120～160 ℃时具有最高的脱除效率。吸收塔由两段组成,活性炭通过重力在垂直吸收塔内从第二段的顶部下落至第一段的底部,烟气水平通过吸收塔的第一段时 SO_2 被除去,烟气进入第二段时,喷入氨除去 NO_x。该工艺能达到 90%以上的 SO_2 脱除率和 80%以上的 NO_x 脱除率。在有氧和水蒸气的吸收塔的第一段,在 100～200 ℃温度下活性炭的表面 SO_2 被氧化吸收形成硫酸:

$$2SO_2+O_2+2H_2O \longrightarrow 2H_2SO_4$$

与此同时还存在以下副反应:

$$NH_3+H_2SO_4 \longrightarrow NH_4HSO_4$$

$$NH_3+H_2SO_4 \longrightarrow (NH_3)_2SO_4$$

进入吸收塔的第二阶段,活性炭又充当了 SCR 工艺中的催化剂,在 100～200 ℃温度下向烟气中加入氨就可脱除 NO_x,其反应式如下:

$$4NO+4NH_3+O_2 \longrightarrow 4N_2+6H_2O$$

$$2NO_2+4NH_3+O_2 \longrightarrow 3N_2+6H_2O$$

活性炭吸收 SO_2 和 NO_x 后,生成的 H_2SO_4、NH_4HSO_4 和$(NH_3)_2SO_4$ 存在于活性炭表面的微孔中,降低了活性炭的吸附和催化能力。利用加热法可使活性炭再生。加热法是将反应后的活性炭送至再生器,加热至 400 ℃时微孔中的硫酸与炭反应,解吸出 SO_2,可用来生产硫酸或还原生产单质硫。再生后的活性炭通过空冷直接循环送至反应器。其反应如下:

$$H_2SO_4 \longrightarrow SO_3+H_2O$$

$$SO_3+1/2C \longrightarrow SO_2+1/2CO_2$$

如果生成硫酸铵,活性炭的损耗将会降低,反应式如下:

$$(NH_4)_2SO_4 \longrightarrow 2NH_3+SO_3+H_2O$$

$$SO_3+2/3NH_3 \longrightarrow SO_2+1/3N_2+H_2O$$

浓缩后的 SO_2 气体被送往 Claus 反应器转化为单质硫:

$$2H_2S+SO_2 \longrightarrow 3S+2H_2O$$

在该工艺过程中,SO_2 的脱除反应优先于 NO_x 的脱除。在高浓度 SO_2 烟气中,活性炭进行的是 SO_2 的脱除反应;在较低浓度 SO_2 烟气中,NO_x 脱除反应占主导地位。

(3)活性焦吸附:对污染物进行脱除时,活性焦的饱和吸附量相当于活性焦的微孔容积,由于活性焦的微孔、中孔孔容均较小,导致物理吸附态的 SO_2 和 NO 很快达到饱和;由于活性焦表面的官能团较少,化学吸附的 SO_2 极其有限。对 O_2、H_2O 存在时的脱除,首先发生 SO_2 物理吸附后,焦表面的某些含氧络合物基团作为 SO_2 吸附及催化氧化的活性中心,在有水和氧气存在的条件下将 SO_2 最终催化氧化为 H_2SO_4,反应式如下:

$$SO_2 + H_2O \longrightarrow H_2SO_3$$

$$O_2 + H_2SO_3 \longrightarrow H_2SO_4$$

活性焦烟气脱硝反应式：

$$4NH_3 + 6NO \longrightarrow 5N_2 + 6H_2O$$

$$4NH_3 + 4NO + O_2 \longrightarrow 4N_2 + 3H_2O$$

在活性焦表面官能团的作用下将反应活性较低的 NO 氧化为反应活性较高的 NO_2，其反应式如下：

$$NO + O_2 \longrightarrow NO_2$$

$$3NO_2 + H_2O \longrightarrow 2HNO_3 + NO$$

对 NH_3 存在时的脱除过程，SO_2 和 NH_3 及 H_2O 反应生成亚硫酸铵和亚硫酸氢铵。对于脱硝过程，在活性焦表面含氧官能团作用下，NH_3 与炭表面的 C—OH 结构发生反应，形成了 C═O—NH_4 中间产物。NO 则与炭表面的 C═O 结构发生反应，形成了 C—O—N—O 中间产物。两种物质吸附后形成的中间产物相互反应生成了 N_2 和 H_2O。对 SO_2 与 NO 的选择性吸附，当气流中同时存在 SO_2 和 NO 时，活性焦吸附具有极性的 SO_2 的能力要强于几乎无极性的 NO。对活性焦作为催化剂时，其脱硫原理是基于 SO_2 在焦表面的吸附和催化氧化，在氧气和水蒸气存在的前提下，活性焦表面的某些含氧络合物基团成为 SO_2 吸附及催化氧化的活性中心，总反应式为

$$SO_2 + 1/2O_2 + H_2O \longrightarrow H_2SO_4^*$$

式中，* 表示吸附态。

烟气中的氨气也有助于提高活性焦的脱硫活性，同时还可降低活性焦的化学消耗。反应式如下：

$$H_2SO_4^* + NH_3 \longrightarrow NH_4HSO_4^*$$

$$H_2SO_4 + 2NH_3 \longrightarrow (NH_4)_2SO_4^*$$

其脱硝原理是烟气中的 NO_x 一部分与注入的 NH_3 发生反应，还有一部分与活性焦表面的碱性化合物反应而被分解。SO_2 浓度低时，脱硝率可达 80% 以上，与高浓度 SO_2 共存时，脱硝率被抑制在 25% 左右。反应式如下：

$$NO + NH_3 + 1/4O_2 \longrightarrow N_2 + 3/2H_2O$$

$$NO + C\cdots R \longrightarrow N_2$$

式中，C…R 表示活性焦表面的碱性化合物。

2. 湿法吸收

(1)NH_3 法：以 TiO_2 等为载体的 V_2O_x($x=4\sim5$)为催化剂，在固定床中反应温度为 130 ℃ 时的反应式如下：

$$SO_2 + 1/2O_2 \longrightarrow SO_3$$

$$SO_3 + H_2O + NH_3 \longrightarrow (NH_4)HSO_4$$

$$(NH_4)HSO_4 + NH_3 \longrightarrow (NH_4)_2SO_4$$

$$4NO+4NH_3+O_2 \longrightarrow 4N_2+6H_2O$$

$$2NO_2+4NH_3+O_2 \longrightarrow 3N_2+6H_2O$$

该法的特点是脱硫脱硝反应物均为 NH_3，为同时脱硫脱硝提供了新的途径。

(2)碱吸收液法：该方法的脱硫脱硝吸附剂为以 γ-Al_2O_3 为载体的钠盐。反应式如下：

$$Na_2CO_3+Al_2O_3 \longrightarrow 2NaAlO_2+CO_2$$

$$2NaAlO_2+H_2 \longrightarrow 2NaOH+Al_2O_3$$

$$2NaOH+SO_2+1/2O_2 \longrightarrow Na_2SO_4+H_2O$$

$$2NaOH+2NO+3/2O_2 \longrightarrow 2NaNO_3+H_2O$$

$$2NaOH+2NO_2+12O_2 \longrightarrow 2NaNO_3+H_2O$$

可用 CO、H_2 等气体对吸附剂进行再生。

(3)氯酸氧化法：氯酸是一种强酸，又是一种强氧化剂，氧化电位受液相 pH 控制。在酸介质条件下，氯酸的氧化性比高氯酸还要强。氯酸对 NO_X 的氧化反应式如下：

$$NO+2HClO_3 \longrightarrow NO_2+2ClO_2+H_2O$$

ClO_2 与气液两相中的 NO 和 NO_2 反应：

$$5NO+2ClO_2+H_2O \longrightarrow 2HCl+5NO_2$$

$$5NO_2+ClO_2+3H_2O \longrightarrow HCl+5HNO_3$$

总反应为

$$13NO+6HClO_3+5H_2O \longrightarrow 6HCl+10HNO_3+3NO_2$$

氯酸对 SO_2 的氧化反应式

$$SO_2+2HClO_3 \longrightarrow H_2SO_4+2ClO_2$$

产物的副产品 ClO_2 与多余的 SO_2 在气相中反应：

$$4SO_2+2ClO_2 \longrightarrow 4SO_3+Cl_2$$

生成的 Cl_2 进一步与水和 SO_2 反应：

$$Cl_2+H_2O \longrightarrow HCl+HOCl$$

$$SO_2+HOCl \longrightarrow SO_3+HCl$$

总反应为：

$$6SO_2+2HClO_3+6H_2O \longrightarrow 6H_2SO_4+2HCl$$

该工艺脱除率较高，对入口烟气负荷的适应性强，可以在更大的 NO_x 进口浓度范围内得到较高的脱除率，且操作温度低，可在常温下进行，对 NO_x、SO_2 及有毒金属(As、Cd、Pb 和 Hg 等)有较高的脱除率；但氯酸对设备的腐蚀性较强，需加防腐，且产生酸性废液，该副产品需要循环利用。

(4)湿式络合吸收法：尽管传统湿法脱硫脱除率达 90%以上，但存在 NO 在水中的溶解度很低的问题，通过在湿式洗涤工艺中加入一些金属螯合物，即可与 NO 迅速发生反应，从而加快了 NO 的吸收速率，已实现 SO_2 和 NO_x 同时脱除。加入的金属螯合剂是亚铁离子形成氨基羟酸亚铁螯合物，如 Fe(EDTA)和 Fe(NTA)，这类螯合物吸收 NO 形成亚硝酰亚铁螯合物，配位的 NO 能够和溶解的 SO_2 和 O_2 反应生成 N_2、N_2O、连二硫酸盐、硫酸盐、各种 N-S 化合物和三价铁螯合物，并使亚铁螯合剂再生。但在该过程中烟气中的氧气会将亚铁螯合剂氧化成三价铁螯合物，而三价铁的螯合物与 NO 不反应，尽管三价铁能被 SO_3^{2-}/HSO_3^- 还原成二价铁离子，但还原速度较慢。因此，溶液中的二价铁会逐渐氧化成三价铁而使吸收液失去活性。为了经济有效地去除烟气中的 NO，必须对洗涤液进行再生和循环使用。湿式络合吸收法工艺同时脱除 NO 和 SO_2 在目前仍处于试验阶段，影响其工业应用的主要问题是反应过程中螯合物的损失和金属螯合物再生困难，利用率低，造成运行费用高等。

(5)循环流化床同时脱硫脱硝：加入以飞灰、工业用石灰、少量锰盐等为原料的具有同时脱硫脱氮性能的高活性吸收剂，与 SO_2 和 NO 的化学吸收反应如下：

$$SO_2 + H_2O \longrightarrow H_2SO_3$$

$$Ca(OH)_2 + H_2SO_3 \longrightarrow CaSO_3 + 2H_2O$$

$$CaSO_3 + O_2 + NO \longrightarrow \text{活性络合物} \longrightarrow CaSO_4 + NO_2$$

$$NO + M(\text{氧化剂}) \longrightarrow NO_2 + M\text{的还原产物}$$

$$3NO_2 + H_2O \longrightarrow 2HNO_3 + NO$$

$$NO_2 + NO + H_2O \longrightarrow 2HNO_2$$

$$Ca(OH)_2 + 2HNO_3 \longrightarrow Ca(NO_3)_2 + 2H_2O$$

$$Ca(OH)_2 + 2HNO_2 \longrightarrow Ca(NO_2)_2 + 2H_2O$$

其中，第二、第三个方程式是脱硫反应步骤，第四、第六、第八个方程式则是脱硝的主要过程。

综上所述，与传统的脱硫、脱硝独立处理工艺相比，同时脱硫脱硝在设备投资、运行成本、技术选择性上都具有较大优势，适合我国国情，成为今后燃煤烟气污染物控制技术的发展方向。今后可围绕以下几方面开展工作：一是加强同时脱硫、脱硝过程机理的研究，通过烟气中 SO_2 和 NO_x 与吸收剂之间的质量传递过程和气液反应过程的研究，为同时脱硫、脱硝技术的工业化应用提供理论依据；二是加强与现有脱硫装置匹配研究，在现有的设备基础上注重装置集成，以实现节能减排和降低投资运行成本的双重目的；三是加强副产物的综合利用研究，首先考虑避免副产物的二次污染，其次考虑副产物的综合利用，确保开发脱硫脱硝技术的同时实现资源的循环利用，从而提高经济效益和社会效益。

7.3.3 二氧化硫净化材料

7.3.3.1 SO_2 化学吸收剂

SO_2化学吸收剂常用的吸收材料有石灰石、氨水、钠碱、金属氧化物、微生物烟气脱硫剂、还原性溶液等。石灰石吸收 SO_2时，烟气中的 SO_2即与 CaO 发生反应被吸收。该法在各种脱硫方法中运行费用最低，在国内外应用广泛，特别是用于电厂锅炉的脱硫装置。氨水洗涤含 SO_2废气时，形成$(NH_4)_2SO_3$-NH_4HSO_3-H_2O 的吸收液体系，该溶液中的$(NH_4)_2SO_3$具有很好的吸收能力，可发生$(NH_4)_2SO_3 + SO_2 + H_2O \longrightarrow 2NH_4HSO_3$ 的脱硫反应，是烟气脱硫各种方法中较为成熟的方法，脱硫费用低，氨可以保留在产品内，以氮肥的形式提供使用，因而产品实用价值较高。钠碱吸收 SO_2主要采用 Na_2CO_3或 NaOH 与 SO_2气体的接触中发生反应生

成 Na_2SO_3，Na_2SO_3能继续吸收气体中的 SO_2生成 Na_2SO_3。金属氧化物如 MgO、ZnO、MnO_2等对 SO_2具有较好的吸收能力，但因脱硫效率低，应用较少；氧化物制成浆体洗涤气体吸收效率较高，吸收液也较容易再生，应用较多。微生物烟气脱硫通常和湿法脱硫相结合，使烟气中的 SO_2通过水膜除尘器或吸收塔溶解于水并转化为亚硫酸盐、硫酸盐，在厌氧环境及有外加碳源的条件下，利用硫酸盐还原菌（SRB）将亚硫酸盐、硫酸盐还原成硫化物，然后再利用光合细菌或无色硫细菌氧化硫化物为单质硫，从而将硫从系统中去除。

1. 石灰石脱硫

（1）石灰石/石灰直接喷射法：在高温下将石灰石粉直接喷入锅炉内，被煅烧成的 CaO 吸收 SO_2，同时还发生氧化反应。该法工艺简单、脱硫费用低，适用于老锅炉改造，但脱硫率较低，当 Ca/S 比在 2 以上时，脱硫只有 30%～40%。基本化学反应式如下：

$$CaCO_3 \rightleftharpoons CaO + CO_2 \uparrow$$

$$CaO + SO_2 \rightleftharpoons CaSO_3$$

$$2CaSO_3 + O_2 \rightleftharpoons 2CaSO_4$$

$$2CaO + 2SO_2 + O_2 \rightleftharpoons CaSO_4$$

由于第二个反应式反应温度应低于 650 ℃，才能使气相中 SO_2 的平衡浓度满足烟气脱硫的要求，因此在锅炉炉膛的燃烧温度下，烟气脱硫主要按第四个反应式进行。

（2）烟道内喷射脱硫：在温度较低的出口烟道内喷射石灰粉进行脱硫是一种传统方法，由于 CaO 颗粒与 SO_2 反应速度较慢，且易团聚，脱硫率只有 20%左右。将石灰干粉高速通过高压静电电晕区，使其带上相同的负电荷后再被喷射到烟道气流中，石灰粒子之间的相互排斥使其均匀悬浮，且活性增加，降低了同 SO_2 反应所需的时间，从而有效提高了脱硫效率。

（3）炉内喷钙-炉后增湿活化法（LIFAC）：首先将石灰石粉喷入炉膛上部，$CaCO_3$ 受热分解生成的 CaO，再与烟气中部分 SO_2 反应，脱除一部分 SO_2；然后，未反应的 CaO、SO_2 与飞灰进入锅炉后部设置的活化反应器，通过喷水增湿，使未反应的 CaO 和与水生成的 $Ca(OH)_2$ 继续与 SO_2 反应，以进一步脱除 SO_2。第一步脱硫率为 25%～35%，第二步活化器内的脱硫率能达到 60%，系统的总脱硫率可达 80%。其反应式如下：

$$CaCO_3 \longrightarrow CaO + CO_2 \uparrow$$

$$CaO + SO_2 + 0.5O_2 \longrightarrow CaSO_4$$

$$CaO + SO_3 \longrightarrow CaSO_4$$

$$CaO + H_2O \longrightarrow Ca(OH)_2$$

$$Ca(OH)_2 + SO_2 \longrightarrow CaSO_3 + H_2O$$

$$CaSO_3 + 0.5O_2 + 2H_2O \longrightarrow CaSO_4 \cdot 2H_2O$$

（4）喷雾干燥法（SDA）：在喷雾干燥吸收器中，喷入雾化石灰浆液与高温烟气接触，浆液中的水开始蒸发，烟气降温并增湿，石灰浆液中的 $Ca(OH)_2$ 与 SO_2 反应生产物呈干粉状。化学反应式如下：

$$SO_2 + H_2O \longrightarrow H_2SO_3$$

$$H_2SO_3 + Ca(OH)_2 \longrightarrow CaSO_3 + 2H_2O$$

$$CaSO_3 \longrightarrow CaSO_3 \downarrow$$

$$CaSO_3 + 1/2O_2 \longrightarrow CaSO_4$$

$$CaSO_3 \longrightarrow CaSO_4 \downarrow$$

(5)循环流化床烟气脱硫:循环流化床中控制通入烟气的速度,使喷入的石灰颗粒流化,形成颗粒悬浮区,然后再喷入适量的雾化水,使 CaO、SO_2、H_2O 充分进行反应,再利用高温烟气的热量使多余的水分蒸发,以形成干脱硫产物。反应式如下:

$$CaO + H_2O \longrightarrow Ca(OH)_2$$

$$SO_2 + H_2O \longrightarrow H_2SO_3$$

$Ca(OH)_2$ 与 H_2SO_3 反应:

$$Ca(OH)_2 + H_2SO_3 \longrightarrow CaSO_3 \cdot 0.5H_2O + 1.5H_2O$$

$$CaSO_3 \cdot 0.5H_2O + 0.5O_2 + 1.5H_2O \longrightarrow CaSO_4 \cdot 2H_2O \downarrow$$

颗粒物在流化过程中不断磨损,使颗粒表面形成的产物不断被剥落,露出新的 CaO 表面不断进行脱硫反应,因而反应速度基本上不受生成产物的影响。

(6)湿式石灰石/石灰-石膏法:分为吸收和氧化两个工序,首先用石灰石或石灰浆液吸收烟气中 SO_2,生成亚硫酸钙,然后亚硫酸钙再被氧化为硫酸钙。反应式如下:

$$CaO + H_2O \longrightarrow Ca(OH)_2$$

$$Ca(OH)_2 + SO_2 \longrightarrow CaSO_3 \cdot 0.5H_2O + 0.5H_2O$$

$$CaCO_3 + SO_2 + 0.5H_2O \longrightarrow CaSO_3 \cdot 0.5H_2O + CO_2 \uparrow$$

$$CaSO_3 \cdot 0.5H_2O + SO_2 + 0.5H_2O \longrightarrow Ca(HSO_3)_2$$

$$2CaSO_3 \cdot 0.5H_2O + O_2 + 3H_2O \longrightarrow 2CaSO_4 \cdot 2H_2O \downarrow$$

$$Ca(HSO_3)_2 + 0.5O_2 + H_2O \longrightarrow CaSO_4 \cdot 2H_2O + SO_2 \uparrow$$

为保证液相有足够的钙离子浓度,应控制石灰石系统的 pH 低于石灰系统,前者一般 pH=5.8~6.2,后者一般 pH=7~8。但吸收过程的氧化副反应生成难溶解的石膏,极易在吸收塔内沉积结垢或堵塞。

(7)石灰-亚硫酸钙法:用石灰乳吸收烟气中 SO_2,副产半水亚硫酸钙,半水亚硫酸钙是适宜用作装饰的极佳的钙塑材料。反应式如下:

$$2Ca(OH)_2 + 2SO_2 \longrightarrow 2CaSO_3 \cdot 0.5H_2O + H_2O$$

吸收 SO_2 后的吸收液的 pH 值应控制为 6.5~7。若 pH>7,说明 $Ca(OH)_2$ 反应不完全,导致半水亚硫酸钙的品位较低;若吸收液的 pH<6.5,生成的半水亚硫酸钙会继续吸收 SO_2,生成 $Ca(HSO_3)_2$,同时一部分半水亚硫酸钙还会化为二水硫酸钙,就不能得到半水亚硫酸钙。

$$2CaSO_3 \cdot 0.5H_2O + 2SO_2 + H_2O \longrightarrow 2Ca(HSO_3)_2$$

$$2CaSO_3 \cdot 0.5H_2O + O_2 + 3H_2O \longrightarrow 2CaSO_4 \cdot 2H_2O$$

从生成塔出来的烟气还含有一定量的 SO_2,送入回收塔,用石灰乳继续循环吸收。

2. 氨水脱硫

(1)氨法:脱硫过程分为 SO_2 的吸收和吸收液处理两部分。首先将氨水通入吸收塔中,使

其与含 SO_2 的废气接触，发生吸收反应，其主要反应式如下：

$$NH_3+H_2O+SO_2 \longrightarrow NH_4HSO_3$$

$$2NH_3+H_2O+SO_2 \longrightarrow (NH_4)_2SO_3$$

$$(NH_4)_2SO_3+H_2O+SO_2 \longrightarrow 2NH_4HSO_3$$

随着吸收过程的进行，循环液中 NH_4HSO_3 增多，吸收能力下降，需补充氨使部分 NH_4HSO_3 转变为 $(NH_4)_2SO_3$：

$$NH_4HSO_3+NH_3 \longrightarrow (NH_4)_2SO_3$$

$$(NH_4)_2SO_3+H_2O \longrightarrow (NH_4)_2SO_3 \cdot H_2O\text{(结晶)}$$

若烟气中有 O_2 和 SO_3 存在，可能发生如下副反应：

$$(NH_4)_2SO_3+1/2O_2 \longrightarrow (NH_4)_2SO_4$$

$$2(NH_4)_2SO_3+SO_3+H_2O \longrightarrow (NH_4)_2SO_4+2NH_4HSO_3$$

(2)氨-亚硫酸铵法：吸收富液不用酸分解，直接将其加工成亚硫酸铵产品。主要化学反应：

$$2NH_4HCO_3+SO_2 \longrightarrow (NH_4)_2SO_3+H_2O+2CO_2\uparrow$$

$$(NH_4)_2SO_3+H_2O+SO_2 \longrightarrow 2NH_4HCO_3$$

NH_4HCO_3 的作用只是补入吸收系统使部分 NH_4HCO_3 再生为 $(NH_4)_2SO_3$，以保持循环吸收液碱度基本稳定(即 c_{so_2}/c_{NH_3} 不变)。

若烟气中含有氧，还会发生如下副反应，生成硫酸铵：

$$(NH_4)_2SO_3+1/2O_2 \longrightarrow (NH_4)_2SO_4$$

一般的硫酸尾气中含有少量的 SO_3，也会发生副反应生成硫酸铵：

$$2(NH_4)_2SO_3+H_2O+SO_3 \longrightarrow (NH_4)_2SO_4+2NH_4HSO_3$$

吸收 SO_2 后的吸收液主要含有 NH_4HSO_3，溶液呈酸性，加固体碳酸氢铵中和后，NH_4HSO_3 转变为 $(NH_4)_2SO_3$：

$$NH_4HSO_3+NH_4HCO_3 \longrightarrow (NH_4)_2SO_3 \cdot H_2O+CO_2\uparrow$$

由于 $(NH_4)_2SO_3$ 比 NH_4HCO_3 在水溶液中的溶解度小，则溶液中有 $(NH_4)_2SO_3 \cdot H_2O$ 过饱和结晶析出，将此悬浮液离心分离可制得固体亚铵。

(3)氨-硫铵法：将氨吸收 SO_2 后的母液直接用空气氧化，制得副产品 $(NH_4)_2SO_4$，与氨-酸法和氨-亚硫酸铵法相比，尽管都是 NH_3 循环洗涤吸收，但后者抑制氧化反应，避免生成 $(NH_4)_2SO_4$，保证吸收塔的脱硫效率；而氨-硫铵法专门设置氧化塔对吸收液进行氧化，促进循环吸收液的氧化，以氧化产物为产品。吸收液送入氧化塔之前，先将吸收液用 NH_3 进行中和，使吸收液中 H_4HSO_3 全部转变为 $(NH_4)_2SO_3$，以防止 SO_2 从溶液内逸出。反应式为：

$$NH_4HSO_3+NH_3 \longrightarrow (NH_4)_2SO_3$$

氧化塔内，用压缩空气将溶液氧化生成 $(NH_4)_2SO_4$ 溶液：

$$(NH_4)_2SO_3+1/2O_2 \longrightarrow (NH_4)_2SO_4$$

(4)新氨法脱硫工艺：传统氨法是将 NH_3 和 H_2O 加入到吸收塔的循环槽中，而新氨法则是将 NH_3 和 H_2O 分别直接加入吸收塔中吸收净化烟气中 SO_2，工艺上更灵活，多用于电厂锅炉烟气脱硫。吸收塔内用 NH_3 和 H_2O 脱硫反应为：

$$SO_2 + xNH_3 + H_2O \longrightarrow (NH_4)_x H_{2-x} SO_3$$

脱硫液使用 H_2SO_4、H_3PO_4 或 HNO_3 中和，化学反应式为：

$$(NH_4)_x H_{2-x} SO_3 + x/2 H_2SO_4 \longrightarrow x(NH_4)_2SO_4 + SO_2 \uparrow + H_2O$$

或

$$(NH_4)_x H_{2-x} SO_3 + xH_3PO_4 \longrightarrow x(NH_4)_2H_2PO_4 + SO_2 \uparrow + H_2O$$

$$(NH_4)_x H_{2-x} SO_3 + xHNO_3 \longrightarrow xNH_4NO_3 + SO_2 \uparrow + H_2O$$

在用酸中和时，一方面可副产相应酸的铵盐，作为化肥使用；另一方面可联产高浓度 SO_2 气体，送入制酸装置生产 98% 的浓硫酸。化学反应式为：

$$SO_2 + 0.5O_2 + H_2O \longrightarrow H_2SO_4$$

3. 钠碱脱硫

(1)循环钠碱法：该法使用 NaOH 或 Na_2CO_3 吸收 SO_2 以制备吸收剂 Na_2SO_3。Na_2SO_3 循环吸收 SO_2 后主要生成 $NaHSO_3$，其次为 $Na_2S_2O_5$，反应式如下：

$$Na_2SO_3 + SO_2 + H_2O \longrightarrow 2NaHSO_3$$

$$NaSO_3 + SO_2 \longrightarrow Na_2S_2O_5$$

副反应如下：

$$Na_2SO_3 + 1/2O_2 \longrightarrow Na_2SO_4$$

当吸收液中 Na_2CO_3(pH)下降到一定程度时，将吸收液送去加热再生，解吸出 SO_2，反应式如下：

$$2NaHSO_3 \longrightarrow Na_2SO_3 + SO_2 \uparrow + H_2O$$

$$Na_2S_2O_5 \longrightarrow NaSO_3 + SO_2 \uparrow$$

解吸出来的 SO_2 可加工成液体 SO_2、硫磺或硫酸。由于 Na_2CO_3 的溶解度较小，可在再生器中结晶出来，然后用冷凝水溶解后送回吸收系统循环用于吸收 SO_2。当吸收液中 Na_2SO_4 质量分数达到 5% 时，须排出部分母液，避免吸收率降低，同时补充部分新鲜碱液。可用石灰法或冷冻法等除去排出母液中的 Na_2SO_4。该法脱硫率达 90% 以上，在日本、美国应用较多。

(2)亚硫酸钠法：用 Na_2CO_3 溶液经二级逆流吸收烟气中 SO_2 后得到含 Na_2SO_3 和 $NaHSO_3$ 的混合液，再用 Na_2CO_3 中和掉吸收液中的 $NaHSO_3$，反应式为

$$2NaHSO_3 + Na_2CO_3 \longrightarrow 2Na_2SO_3 + H_2O + CO_2 \uparrow$$

最后经净化、浓缩结晶、过滤、干燥等工序制成无水亚硫酸钠产品。该法流程简单，脱硫率高，吸收剂不循环使用，在我国一些中小型化工厂应用较多。其缺点是部分 Na_2CO_3 的氧化将影响无水硫酸钠的质量，在吸收液中加入对苯二胺或对苯二酚阻氧剂，可减少 Na_2CO_3 的氧化。

4. 金属氧化物脱硫

(1)氧化镁法：用氧化镁浆液洗涤 SO_2 烟气，生成含结晶水的亚硫酸镁和硫酸镁，再将生成物从吸收液中分离出来，进行干燥，进行煅烧分解。为了还原硫酸镁，需向煅烧炉内添加少量焦炭，使亚硫酸镁和硫酸镁再生为氧化镁，并放出 SO_2，再生的氧化镁制成浆液循环使用。

整个过程可分为吸收、干燥和分解三个工序。

① 吸收工序反应式如下：

$$MgO + H_2O \longrightarrow Mg(OH)_2$$

$$Mg(OH)_2 + SO_2 + 5H_2O \longrightarrow MgSO_3 \cdot 6H_2O \downarrow$$

$$MgSO_3 + SO_2 + H_2O \longrightarrow Mg(HSO_3)_2 \downarrow$$

$$Mg(HSO_3)_2 + Mg(OH)_2 + 10H_2O \longrightarrow 2MgSO_3 \cdot 6H_2O \downarrow$$

副反应如下：

$$Mg(HSO_3)_2 + 0.5O_2 + 6H_2O \longrightarrow MgSO_4 \cdot 7H_2O \downarrow + SO_2 \uparrow$$

$$MgSO_3 + 0.5O_2 + 7H_2O \longrightarrow MgSO_4 \cdot 7H_2O \downarrow$$

实际上，氧化镁法的循环洗涤液是由 $MgSO_3$-$Mg(HSO_3)_2$-$MgSO_4$ 所组成的浆液，液面上 SO_2 平衡分压随浆液 pH 的降低和 $MgSO_4$ 含量的增加而升高，导致 SO_2 吸收效率下降。通过控制 $MgSO_3$ 的氧化，即控制浆液的 pH>7，并加入对苯二胺等阻氧剂，以降低氧化率，保证浆液对 SO_2 有较高的吸收效率。尽管 $MgSO_4$ 的存在对吸收和分解再生不利，但仍可通过煅烧分解避免了氧化产物在吸收液中积累，这一点较钠碱法优越。

② 干燥时，通过加热，去除 $MgSO_3$ 和 $MgSO_4$ 结晶中所含的结晶水：

$$MgSO_3 \cdot 6H_2O MgSO_3 + 6H_2O \uparrow$$

$$MgSO_4 \cdot 7H_2O MgSO_4 + 7H_2O \uparrow$$

③ 分解时，将干燥后的 $MgSO_3$ 和 $MgSO_4$ 煅烧，则 $MgSO_3$ 和 $MgSO_4$ 发生分解：

$$MgSO_3 MgO + SO_2 \uparrow$$

$$MgSO_4 + 1/2CMgO + SO_2 \uparrow + 1/2CO_2 \uparrow$$

煅烧温度一般控制在 800～1 100 ℃，$MgSO_4$ 煅烧分解需要在碳存在下进行。

(2)氧化锌法：以锌精矿沸腾焙烧炉排出的并通过旋风除尘器收下的氧化锌烟尘作为吸收剂，制成浆液，反过来吸收锌冶炼烟气中 SO_2，会发生如下化学反应：

$$ZnO + SO_2 + 2.5H_2O \longrightarrow ZnSO_3 \cdot 2.5H_2O$$

$$ZnO + 2SO_2 + H_2O \longrightarrow Zn(HSO_3)_2$$

$$ZnSO_3 + SO_2 + H_2O \longrightarrow Zn(HSO_3)_2$$

$$Zn(HSO_3)_2 + ZnO + 4H_2O \longrightarrow 2ZnSO_3 \cdot 2.5H_2O$$

吸收液经过滤后得到亚硫酸锌渣，然后在锌精矿沸腾炉进行加热再生：

$$ZnSO_3 \cdot 2.5H_2O \longrightarrow ZnO + SO_2 \uparrow + 2.5H_2O$$

分解产生的高浓度 SO_2 气体与锌精矿焙烧烟气混合，可提高焙烧烟气 SO_2 浓度，并送往制酸系统制取硫酸；过滤后的亚硫酸锌渣也可用硫酸分解，副产高浓度 SO_2 气和硫酸锌。

(3)氧化锰法：以软锰矿制备 MnO_2 浆液吸收 SO_2，反应的结果生成硫酸锰和连二硫酸锰(MnS_2O_6)，总反应式为：

$$2MnO_2 + 3SO_2 \longrightarrow MnSO_4 + MnS_2O_6$$

连二硫酸锰不稳定，长期放置或加热，易分解成 $MnSO_4$，并放出 SO_2：

$$MnS_2O_6 \longrightarrow MnSO_4 + SO_2 \uparrow$$

连二硫酸锰在 SO_2(诱导作用)存在下,能直接与 MnO_2 反应生成 $MnSO_4$:

$$MnSO_2O_6+MnO_2 \longrightarrow 2MnSO_4$$

将生成的 $MnSO_4$ 溶液进行电解,便可获得电解锰,阳极产生的稀硫酸加氨水后,变成含锰的硫酸铵,可作为肥料出售。

5. 微生物烟气脱硫

将气相中的硫化物转移到液相,在液相中通过脱硫微生物自身氧化还原的代谢过程,实现含硫化合物价态的转化,以单质硫或硫酸盐的形式将硫进行回收再利用。微生物脱硫主要包括两类:一是利用微生物的氧化作用和过渡金属离子催化氧化,将烟气中的 H_2S 转化为单质 S;二是利用硫酸盐还原菌和硫氧化菌之间的协同作用,将烟气 SO_2 转化为单质硫。

(1)微生物氧化作用和过渡金属离子催化氧化原理:

利用化能自养型的氧化亚铁硫杆菌在酸性条件下(pH 2.0~2.2)将溶液中的亚铁离子氧化为高价铁离子,高价铁离子再氧化酸性废气,本身被还原为亚铁离子。现在,该法已经成为研究含 H_2S 或 SO_2 工业烟气微生物脱硫的首选。

工业废气 H_2S 脱除的反应式如下:

$$2FeSO_4+1/2O_2+H_2SO_4 \longrightarrow Fe_2(SO_4)_3+H_2O$$

$$H_2S+Fe_2(SO_4)_3 2 \longrightarrow FeSO_4+H_2SO_4+S\downarrow$$

工业废气 SO_2 脱除的反应式如下:

$$2SO_2+2H_2O+O_2 \longrightarrow 2SO_4^{2-}+4H^+$$

$$SO_2+2Fe^{3+}+2H_2O \longrightarrow SO_4^{2-}+4H^++2Fe^{2+}$$

$$4Fe^{2+}+O_2+4H^+ 4Fe^{3+}+2H_2O$$

脱硫过程中微生物将 Fe^{2+} 氧化为 Fe^{3+};而 Fe^{3+} 不仅对吸收 SO_2 有催化作用,还有氧化 SO_2 的能力,以维持吸收液的循环利用。

(2)硫酸盐还原菌和硫氧化菌协同作用原理:

氧化态污染物 SO_2、亚硫酸盐、硫酸盐以及硫代硫酸盐经硫酸盐还原菌的异化还原作用生成 H_2S 或硫化物,然后被硫氧化菌氧化生成单质硫以回收利用。该机理较早应用于微生物脱除工业烟气中的 SO_2,在国外达到了实用化水平。烟气生物脱硫包括 SO_2 的转移到液相的过程和含硫吸收液的生物脱硫过程。

SO_2的吸收过程反应式如下:

$$SO_2(g) \longleftrightarrow SO_3(l)$$

$$SO_2(l)+H_2O \longleftrightarrow HSO_3^-+H^+$$

$$HSO_3^- \longleftrightarrow SO_3^{2-}+H^+$$

$$2SO_3^{2-}+O_2 \longrightarrow 2SO_4^{2-}$$

该过程产生 H^+,必须用碱来中和,以保障吸收反应的持续进行。

含硫吸收液的生物脱硫过程特征环境如下:

$$SO_4^{2-}+\text{有机碳源}\ SO_3^{2-}(\text{厌氧环境})$$

$$SO_3^{2-}/HSO_3^-+\text{有机碳源}\ H_2S/HS^-/S^{2-}(\text{厌氧环境})$$

$$H_2S/HS^-/S^{2-}+O_2 S\downarrow+OH^-\text{（好氧环境）}$$

在这个反应中增加了系统循环液的碱性，使得整个系统保持了 pH 的稳定，减少了系统运行中药剂的投加量。微生物脱硫技术仍处于研究阶段，今后的主要工作一是加强基础研究，突破功能菌在工业上的放大应用；二是在微生物脱硫工艺及装备上实现突破。

7.3.3.2 SO_2 固体吸附剂

SO_2固体吸附剂又称 SO_2吸附材料。它是通过物理或化学作用吸附 SO_2的固体物质，主要有多孔类和反应性粉类。多孔类包括活性炭、活性炭纤维（ACF）、分子筛等。活性炭表面的一些含氧络合物基团是 SO_2及氧化的活性中心，其表面积和孔结构可吸附一定量的 SO_2，在水蒸气和 O_2的作用下生成 H_2SO_4，活性炭表面脱附 H_2SO_4后可重复利用；活性炭纤维具有比表面积大、动态吸附能力强、吸附脱附速度快、选择性强、吸附容量大等特点，室温下可将烟气中 SO_2连续不断地脱除，应用广泛；分子筛吸附剂有氢型丝光沸石、氢型皂沸石、脱铝丝光沸石，其吸附过程类似活性炭吸附。反应性粉剂是指在球形 Al_2O_3 表面负载 Cu、Fe 等金属以及 CuO、$CuSO_4$、Na_2CO_3等化合物构成的粉剂，在 Al_2O_3表面负载 Cu、Fe 等在氧气作用下可与 SO_2生成相应的硫酸盐，如 Cu 遇到 SO_2在氧气的作用下生成 $CuSO_4$，$CuSO_4$在一定温度下遇到 SO_2后又还原为 Cu，Cu 与烟气中 O_2反应生成 CuO，CuO 吸附 SO_2反应又生成 $CuSO_4$；在粒状 Al_2O_3表面负载 CuO 能脱除烟气中 95%～98%的 SO_2；在球形 Al_2O_3载体上浸渍 Na_2CO_3，Na_2CO_3遇到 SO_2生成 Na_2SO_4和 CO_2，此方法可有效吸附静电除尘后含有 SO_2气体的 95%。固相吸附剂主要优点为过程耗水量少，一般不会造成二次污染，可自行排放，硫便于回收等，但反应速率较低，设备庞大，脱硫率较低。

1. 活性炭

活性炭经 KI 或铜、铁、镍、钴、锰、铬和铈等金属的盐溶液浸渍处理后，其吸附能力可大幅提高，并催化 SO_2的氧化反应。活性炭吸附 SO_2的物理吸附：

$$SO_2 \longrightarrow SO_2^*$$

$$O_2 \longrightarrow O_2^*$$

$$H_2O \longrightarrow H_2O^*$$

化学吸附：

$$2SO_2^*+O_2^* \longrightarrow 2SO_3^*$$

$$SO_3^*+H_2O^* \longrightarrow H_2SO_4^*$$

$$H_2SO_4^*+nH_2O^* \longrightarrow H_2SO_4\cdot nH_2O^*$$

总反应式为：

$$SO_2+H_2O+1/2O_2 \longrightarrow H_2SO_4$$

反应生成物 H_2SO_4存在于活性炭的微孔中，离子态稀硫酸与活性炭的吸引力比较弱，对活性炭再生方法只需用水以浓度差为动力洗涤吸附饱和的活性炭床层，从而恢复活性炭的吸附催化活性。所得稀 H_2SO_4可采用浸没燃烧器提浓或高温烟气浓缩以回收硫酸。

2. 活性炭纤维

活性炭纤维（ACF）：与常规活性炭相比，外表面积大，孔口多，SO_2 分子到达微孔吸附部位的路径变短，吸附和脱附速度较快。SO_2在ACF上吸附后在O_2存在下被催化氧化为SO_3，SO_3再与烟气中的水蒸气作用形成H_2SO_4：

$$SO_2 + 1/2O_2 \longrightarrow SO_3$$

$$SO_3 + H_2O \longrightarrow H_2SO_4$$

后者被ACF上冷凝的过量水洗脱，从而空出SO_2吸附部位，使SO_2的吸附、氧化、水合及H_2SO_4的解吸等循环连续不断地进行。

3. 分子筛

沸石分子筛是一个重要的微孔固体材料，它被广泛应用于气体的吸附和分离。由于其具有良好的多孔性和渗透性，较大的比表面积和孔容，常被用作SO_2的脱除剂，而且分子筛脱硫大大减少了水的浪费和能源的消耗，成为了控制SO_2的一种新选择。

7.3.3.3 SO_2脱除催化剂

SO_2的催化净化分为两种：催化氧化和催化还原。①催化氧化还可分为气相催化和液相催化。气相催化通常分为钒系催化剂、铜系催化剂、Mg/Al/Fe复合氧化物催化剂和活性炭催化剂等。钒系催化剂以V_2O_5为催化剂的活性组分，以碱金属硫酸盐如K_2SO_4、Na_2SO_4或焦硫酸盐为助催化剂，以硅藻土（或加少量的铝、钙、镁等）为载体，在工业使用温度下易发生阻塞和结垢现象，并且会因为砷和氟的存在而永久中毒；铜系催化剂主要有炭载CuO干法脱硫剂CuO/AC和CuO/γ-Al_2O_3两种，γ-Al_2O_3为载体，铜负载量以质量分数8%～10%为最佳，适用于较高温度下的脱硫处理；Mg/Al/Fe复合氧化物催化剂，将化学氧化和吸附耦合处理SO_2。此外，还可将活性炭作为催化剂。液相催化法，利用溶液中的Fe^{3+}或Mn^{2+}作为催化剂，将SO_2吸收后直接氧化为硫酸。②催化还原催化剂可分为负载型金属氧化物催化剂、钙钛矿型复合氧化物催化剂、萤石型复合氧化物催化剂等。负载型金属催化剂一般采用Cu、Fe、Co、Mo、Ni和Cr等过渡金属负载在Al_2O_3上制得，此类催化剂对SO_2催化还原反应具有较高的活性和选择性；钙钛矿型复合氧化物催化剂可用于CO还原SO_2并且转变为复杂的金属硫化物；萤石型复合氧化物催化剂催化活性与其表面存在着大量氧缺位和氧的流动性有关。

1. 催化氧化法

(1)气相催化氧化法：

① 钒系催化剂：以V_2O_5作为催化剂，将SO_2氧化成SO_3而制成硫酸，已成熟用于处理硫酸尾气，成功用于有色冶炼烟气制酸。气相催化氧化反应方程式如下：

$$V_2O_5 + SO_2 \longrightarrow V_2O_4 + SO_3$$

$$2SO_2 + O_2 + V_2O_4 \longrightarrow 2VOSO_4$$

$$2VOSO_4 \longrightarrow V_2O_5 + SO_2 + SO_3$$

$$2SO_2 + 2H_2O + O_2 \longrightarrow 2H_2SO_4$$

钒系催化剂易发生阻塞和结垢，且因砷和氟的存在而永久中毒。砷中毒源于550 ℃以上As_2O_3和V_2O_5生成$V_2O_5 \cdot As_2O_3$的挥发物的挥发损耗；氟中毒源于其与催化剂载体中的二氧化硅生成SiF_4使催化剂粉化，湿性高温SiF_4分解出水合二氧化硅使催化剂表面结壳，SiF_4与水汽分解出的 HF 与 V_2O_5 作用生成可挥发性的钒酰氟而引起钒损失。

② 铜系催化剂：是由氧化铜负载在载体上构成的，主要有 CuO/AC 和 CuO/γ-Al_2O_3 两种。可再生铝基氧化铜干法烟气脱硫的原理为：烟气流过反应器内的氧化铝载体颗粒，烟气中的 SO_2 与负载在氧化铝上的氧化铜发生反应生成 $CuSO_4$(300～500 ℃)，从而达到脱除烟气中 SO_2 的目的，其主要反应应为：

$$CuO+SO_2+1/2O_2 \longrightarrow CuSO_4$$

$$CuO+SO_3 \longrightarrow CuSO_4$$

脱硫剂吸硫饱和后，通入还原性气体(如氢气、甲烷等)进行再生，将 $CuSO_4$ 初步还原成单质铜。初步再生后的单质铜能够迅速被空气中的 O_2 氧化为 CuO，从而使脱硫剂完全再生，循环使用。脱硫剂再生时释放的 SO_2 经浓缩后可制成硫酸或单质硫。整个再生过程在硫化反应相同的温度范围内进行，系统无须再加热。其主要反应为：

$$CuSO_4+2H_2 \longrightarrow CuO+SO_2+2H_2O$$

$$CuSO_4+1/2CH_4 \longrightarrow Cu+SO_2+1/2CO_2+H_2O$$

$$Cu+1/2O_2 \longrightarrow CuO$$

γ-Al_2O_3 为载体的 CuO/γ-Al_2O_3 催化剂，铜负载量以质量分数 8%～10% 为最佳。CuO/γ-Al_2O_3 脱硫剂在 200 ℃脱硫活性较低，温度升至 300 ℃时活性明显提高，400 ℃时活性继续出现大幅度提高，此时，不仅活性组分 CuO 转化为 $CuSO_4$，部分载体亦转化为 $Al_2(SO_4)_3$，因此 CuO/γ-Al_2O_3 适用于较高温度下的脱硫处理。

对 CuO/AC 脱硫催化剂在惰性气体中的再生过程实际是活性炭为还原剂对 $CuSO_4$ 的还原，发生如下反应：

$$2CuSO_4+3C \longrightarrow Cu_2O+2SO_2+3CO$$

$$CuSO_4+2C \longrightarrow Cu+SO_2+2CO$$

$$CuSO_4+2CO \longrightarrow Cu+SO_2+2CO_2$$

催化剂的再生温度一般需要 400 ℃，同时由于再生过程中的一些副反应，催化剂被不同程度地还原为金属并发生活性组分的聚集。

③ Mg/Al/Fe 复合氧化物催化剂：先把二氧化硫氧化成三氧化硫再吸附生成硫酸盐，Mg/Al/Fe 复合氧化物在 Mg/(Al+Fe)摩尔比为 3、Fe/(Mg+Al)摩尔比为 0.25 时表现最好的吸附性能，其中 Fe 主要起催化作用，Mg 和 Fe 的协同作用使 Mg/Al/Fe 复合氧化物在吸收脱除 SO_2 方面具有优势，铝提高了本材料的耐热性能，延长了催化吸附剂的寿命。催化途径：

$$SO+2O_2 \longrightarrow SO_3$$

$$MeO+SO_3* \longrightarrow MeO-SO_3* \longrightarrow MeSO_4$$

吸附饱和后的 Mg/Al/Fe 复合氧化物可以用氢气、甲烷或一氧化碳还原硫酸盐再生，高浓度的再生产物二氧化硫和硫化氢可回收利用，H_2S 可以与 SO_2 发生 Claus 反应得到单质 S。再生后复合氧化物的比表面和吸附性能变化不大，基本稳定。其还原反应为：

$$MeSO_4+4H_2 \longrightarrow MeS+4H_2O \longrightarrow MeO+H_2S+3H_2O$$

复合氧化物用于催化氧化吸附脱硫，虽然较单一氧化物在脱硫过程和再生过程中的催化性能和再生性能有所改善，但仍存在频繁再生后催化性能下降的问题。

(2)液相催化法：用水或稀硫酸溶液吸收 SO_2 时，SO_2 首先溶解于稀硫酸中形成 H_2SO_3，生成的 H_2SO_3 被溶解在吸收液中的 O_2 在 Fe^{3+} 催化作用下氧化为硫酸。

吸收氧化的总反应式为：

$$2SO_2+O_2+2H_2O_2 \longrightarrow 2H_2SO_4$$

用含 Fe^{3+} 催化剂的 2%～3% H_2SO_4 溶液吸收 SO_2 并催化氧化为 H_2SO_4 的过程分两步，首先是溶解于稀硫酸中的 SO_2 与 Fe^{3+} 催化剂发生反应，而使烟气中的 SO_2 被吸收氧化：

$$Fe_2(SO_4)_3+SO_2+2H_2O \longrightarrow 2FeSO_4+2H_2SO_4$$

吸收氧化的温度以 50～70 ℃为宜，反应的结果生成 H_2SO_4，并使 Fe^{3+} 还原为 Fe^{2+}。其次，将吸收液氧化，使溶液中的 Fe^{2+} 氧化为 Fe^{3+}，同时溶解于溶液中的 SO_2 也氧化：

$$2FeSO_4+SO_2+O_2 \longrightarrow Fe_2(SO_4)_3$$

尽管一般烟气中的含氧量足以满足氧化反应所需的氧量，但由于吸收液中 O_2 的溶解度远低于 SO_2 的溶解度，所以必须设置鼓入过量压缩空气的氧化塔，使吸收液充分氧化，生成的稀硫酸可与石灰石反应生成石膏：

$$H_2SO_4+CaCO_3+H_2O \longrightarrow CaSO_4 \cdot 2H_2O\downarrow+CO_2\uparrow$$

2. 催化还原法

二氧化硫在还原剂的作用下直接还原成固态硫，比将二氧化硫催化氧化成三氧化硫再吸收制取稀硫酸的工艺要简单得多，但尚未工业化，主要是未克服烟气中过量氧对还原过程的干扰问题和催化剂中毒问题。根据所用还原剂不同，催化还原脱硫可分为 H_2、CO、CH_4、C、合气等还原法。

(1)氢气还原法：H_2 作为还原剂，在无催化条件下，还原二氧化硫需要在 500 ℃以上；在有催化条件下，反应温度大幅降低，该反应式如下：

$$SO_2+2H_2 \longrightarrow S+2H_2O$$

$$SO_2+3H_2 \longrightarrow H_2S+2H_2O$$

$$H_2+S \longrightarrow H_2S$$

$$2H_2+SO_2 \longrightarrow S+2H_2O$$

目前，多以铝矾土、Ru/Al_2O_3、Co-Mo/Al_2O_3 及 Fe 族金属负载到 Al_2O_3 上为催化剂。以 Co-Mo/Al_2O_3 作为催化剂时，在 300 ℃时单质硫的收率为 80%。采用 Ru/Al_2O_3 作催化剂时，在 156 ℃时二氧化硫的转化率在 90%以上。热力学证明要减少 H_2S 的生成，温度应远远低于 400 ℃。当 H_2 与 SO_2 比值为 3.0 时，S 产率最大，300 ℃时 S 产率可达 80%，反应经历三个过程：

$$SO_2+2H_2 \longrightarrow S+2H_2O$$

$$S+H_2 \longrightarrow H_2S$$

$$2H_2S+SO_2 \longrightarrow 3S+2H_2O$$

SO_2 首先在金属硫化物上加 H_2 生成 H_2S，H_2S 再和 SO_2 在 Al_2O_3 上催化生成 S。其他过渡金属氧化物负载在 Al_2O_3 上还原脱硫都有较高的活性和选择性，并且证实催化剂的活性相是金属硫化物。Fe系金属(Fe、Co、Ni)表现出最高的活性，其次是Mo、W，所有的催化剂都表现出很高的选择性。氢还原法的优点是操作温度较低(<300 ℃)，其副产物只有 H_2S，如果通过循环操作，则可使硫的回收率进一步提高。缺点是脱硫成本较高，H_2 的来源、运输和储存不方便，且烟道气中过量的 O_2 对反应有较大的抑制作用。

(2)一氧化碳还原法：CO还原 SO_2 的研究比较深入，已开发出几十种催化剂，分为负载型金属氧化物催化剂、钙钛矿型复合氧化物催化剂、萤石型复合氧化物催化剂和其他复合氧化物催化剂，并针对不同类型的催化剂提出各种类型的还原脱硫反应机理。用CO还原 SO_2 到单质S所涉及的反应如下：

$$SO_2 + 2CO \longrightarrow 2CO_2 + 1/xS_x$$

$$CO + 1/xS_x \longrightarrow COS$$

$$2COS + SO_2 \longrightarrow 2CO_2 + 3/xS_x$$

式中，$x=2\sim8$ 或更高。高温下容易生成比 SO_2 毒性更大的COS，因此在反应过程中要尽量减少COS的生成。此外，烟道气中不可避免地存在一定量的 O_2 和 H_2O，发生以下副反应：

$$2CO + O_2 \longrightarrow 2CO_2$$

$$CO + H_2O \longrightarrow H_2 + CO_2$$

$$H_2 + [S](\text{吸附态 S}) \longrightarrow H_2S$$

$$2/xS_x + 2H_2O \longrightarrow 2H_2S + SO_2$$

① 过渡金属催化剂：一般采用Cu、Fe、Co、Mo、Ni和Cr等过渡金属负载在氧化铝上的催化剂。为了减少COS的量，用 Fe/Al_2O_3 作第一床层，Al_2O_3 作第二床层，在410 ℃得到90%以上的 SO_2 转化率，COS浓度可降低到0.05%。催化还原 SO_2 通过如下过程实现：

$$4CO + 2SO_2 \longrightarrow S_2 + 4CO_2$$

$$S_2 + Fe \longrightarrow FeS_2$$

$$FeS_2 + CO \longrightarrow COS + FeS$$

$$COS + 1/2SO_2 \longrightarrow 3/4S_2 + CO_2$$

$$FeS + 1/2S_2 \longrightarrow FeS_2$$

$$CO + 1/2SO_2 \longrightarrow 1/4S_2 + CO_2$$

对于不同含量的过渡金属(Co、Mo、Fe、CoMo、FeMo)负载在 Al_2O_3 上制得的催化剂活性顺序为：4% Co、16% Mo > 4% Fe、15% Mo > 16% Mo≥25% Mo > 14% Co≥4%Co > 4% Fe。

② CoS_2-TiO_2 催化剂：TiO_2 中添加一定量的 CoS_2 后，在350 ℃时复合氧化物的活性是单一 TiO_2 作为催化剂时的10倍以上，其机理如下：

$$CoS_2 + CO \longrightarrow CoS + COS$$

$$TiO_2 + COS \longrightarrow TiO[\,] + CO_2 + S$$

$$2TiO[\,] + SO_2 \longrightarrow 2TiO[O] + S$$

$$TiO[O] + CO \longrightarrow TiO[\,] + CO_2$$

式中，[ ]表示氧缺位；[O]表示吸附氧。

负载型过渡金属催化剂制备简单、价廉，为了减少 COS，必须采用两段床，这大幅增加了设备费用，这一问题用钛矿型复合氧化物作为还原 SO_2 的催化剂得到了解决。

③ 钙钛矿型催化剂：该法一直受到关注，由于最早利用 $LaTiO_3$ 作催化剂时 COS 的生成与 SO_2 转化率无关，而与 CO 分压有关，只要控制 CO 与 SO_2 摩尔比为 1.9，就可使 COS 减小到最少。原因是 TiO_2 加入 La_2O_3 可形成有顺序缺位的荧石型结构，这种阴离子缺位是化学吸附氧化 CO 必需的，催化反应后金属变成硫化物、硫酸盐及硫氧化物，这些硫化物为反应提供了活性表面。由于钙钛矿结构在高温催化还原反应条件下不稳定，$LaCoO_3$ 在一定条件下会分解为 La_2O_2S 和 CoS_2，CoS 是涉及 CoS_2 和 CoS 循环过程的还原剂，La_2O_2S 是催化剂，二者单独使用都没有活性，La_2O_2S 和 CoS_2 的相互作用不仅提高了催化活性，而且抑制了 COS 的生成。其过程如下：

$$2La(OH)_3 \longrightarrow 2LaOOH + 2H_2O$$

$$CO + SO_2 \longrightarrow CO_2 + SO$$

$$CO + SO \longrightarrow CO_2 + S$$

$$2LaOOH + C \longrightarrow La_2O_2[\ ] + CO_2 + H_2O$$

$$La_2O_2[\ ] + S \longrightarrow La_2O_2S$$

式中，[ ]表示氧缺位。钙钛矿结构作为 CO 还原 SO_2 的催化剂有效抑制 COS 的生成。但反应后钙钛矿结构消失，实际起作用的是金属硫化物和硫氧化物。钙钛矿结构促进了活性相 La_2O_2S 和 CoS_2 的生成。

④ 萤石型复合氧化物催化剂：许多研究进展表明 Cu/CeO_2 催化剂和复合氧化物 Cu-Ce-O 都对催化脱硫反应有很高的活性和选择性。在反应温度大于 450 ℃时，CO/SO_2 摩尔比为 2 时，S 产率大于 95%，其催化活性与萤石型复合氧化物表面存在着大量氧缺位和氧的流动性有关，萤石型复合氧物脱硫机理为氧缺位形式的氧化还原机理：

$$cat[\ ] + SO_2 \longrightarrow cat-O + SO$$

$$cat-M + CO \longrightarrow cat-M-CO$$

$$cat-O + cat-M-CO \longrightarrow cat[\ ] + CO_2 + cat-M$$

$$cat[\ ] + SO \longrightarrow cat-[O] + S$$

式中，[ ]代表氧缺位；[O]代表吸附氧。添加过渡金属 Cu 可与 CeO_2 产生协同作用，使催化剂的活性和稳定性都明显提高；Co_3O_4-TiO_2 质量比为 1∶1，在 400 ℃和 CO/SO_2 摩尔比为 2 时，可使 SO_2 转化率达到 99%。

(3)甲烷还原法：甲烷价廉易得而受到关注，缺点是难以活化，反应温度高达 600～800 ℃。SO_2 和 CH_4 之间的基本反应为

$$2SO_2 + CH_4 \longrightarrow 2H_2O + 2[S] + CO_2$$

式中，[S]代表气相中不同的硫物种，可以是 S_2、S_6 或 S_8，纯度不高，有积碳现象，且有毒副产物。烟道气中的 O_2 很容易在高温下把 CH_4 完全氧化，如果能找到中低温下高活性的催化剂，工业化应用还是很有前景的。

(4)碳还原法：焦炭原料易得，也引起人们极大的兴趣，但过程相对复杂，除发生还原脱硫

反应：$C+SO_2 \longrightarrow S+CO_2$ 外，还会伴随发生一系列副反应：

$$C+CO_2 \longrightarrow 2CO$$

$$CO+S \longrightarrow COS$$

$$SO_2+H_2O+C \longrightarrow CO_2+S+H_2S+COS+CS_2$$

$$C+S \longrightarrow CS_2$$

$$CO+SO_2 \longrightarrow CO_2+S$$

$$H_2S+SO_2 \longrightarrow S+H_2O$$

$$COS+SO_2 \longrightarrow S+CO_2$$

$$CS_2+SO_2 \longrightarrow S+CO_2$$

由于碳在反应过程中既是还原剂又是催化剂，因碳的形态不同，反应的结果相差很大。该还原法单质硫产率最高，而用活性炭的活性最好，但由于主副反应的相互竞争，对产品分布带来很大影响。碳还原法虽然可以直接利用煤来还原 SO_2，但反应速率慢，反应很难达到平衡，产品纯度不高，特别是存在副反应多，使其不利于实现工业化。

研究进展：投资和运行费用少、脱硫效率高、脱硫剂利用率高、污染少、无二次污染的脱硫技术必将成为今后烟气脱硫技术发展的主要趋势。人们在治理烟气二氧化硫污染的同时，注意到大量的工业烟气中所含的硫资源非常丰富，更加关注二次资源的回收与利用。从治理废气的角度看，传统的石灰/石灰石法或者用碱液吸收很容易达到环保要求，但硫资源不可以回收利用，给吸收后的废弃物的处理带来新的困难。所以找一种吸收容量大、吸收率高并且易于脱出二氧化硫的吸收剂具有重大的意义。在各种吸收液的研究中，各种醇胺的水溶液是研究的重点，而氨基酸盐的水溶液是一种新的研究方向。

7.3.4　硫化氢吸收材料

7.3.4.1　H_2S 物理吸收溶剂

H_2S 物理吸收溶剂是将废气中 H_2S 进行选择性地溶解的溶剂，常用的吸收剂有甲醇、碳酸丙烯酯、N-甲基-2-吡咯烷酮、磷酸三丁酯等。通过改变 H_2S 在吸收溶剂中的分压可对其进行选择性的吸收和解吸，解吸后的物理吸收液可循环使用，H_2S 得以回收。物理吸收溶剂吸收容量高，对不需除去气体的溶解度小，操作温度下溶剂的蒸气压低、黏度小、热稳性好、不与气体成分反应，对设备的污染及腐蚀较轻，费用合理。物理吸收法吸收 H_2S 流程简单，只需吸收塔、常压闪蒸罐和循环泵，不需要蒸汽和其他热源。常用 15%～20%二乙醇胺水溶液吸收硫化氢，形成“复合物”，把富液加热到 100～130 ℃，硫化氢被解析出来，经冷凝可得到高浓度硫化氢，再制成硫磺。溶液再生后经换热器冷却继续使用，这种工艺称为胺洗，广泛应用于石油炼制的脱硫。此法还可采用环丁砜、氨基异丙醇、聚乙醇醚、磷酸酯、碳酸丙烯酯、冷甲醇等作为溶剂。但某些溶剂不适于重烃、芳烃含量高的气体脱硫。

7.3.4.2　H_2S 化学吸收溶剂

H_2S 化学吸收溶剂通过与 H_2S 之间发生化学反应来脱除 H_2S 的溶剂。适用于较低的操作压力或原料气中烃含量较高的场合，主要的吸收剂有碱液、有机醇胺类、碳酸盐类三大类。碱液主要有 NaOH、氨水，吸收 H_2S 气体生成相应的盐类，其设备简单，碱液价廉，但对设备腐蚀较重，且污染环境，在合成氨厂及焦化厂可就地取才而被广泛采用；有机醇胺如单乙醇胺、乙二醇胺、二异丙醇胺、甲基二乙醇胺和三乙醇胺等可作弱碱性溶剂，吸收 H_2S 反应能力强，稳定性好，低温时酸性气体被吸收，高温时被解吸，且易回收，但蒸气压高，溶液损失大，可采用简单的水洗法从气流中吸收蒸发的胺来加以回收；碳酸盐类吸收法是加活化剂的碳酸盐水溶液，碳酸盐多用碳酸钾、碳酸钠，活化剂主要有 $Fe(OH)_3$、As_2O_3、蒽醌-2，7-二酸钠（ADA）等，主要有菲罗克斯法（以碳酸钠为吸收液、以 $Fe(OH)_3$ 为硫的氧化剂）、砷碱法（以碳酸钾或碳酸钠和 As_2O_3 组成、砷酸盐或硫代砷酸盐为硫的氧化剂）、改良砷碱法（洗液由钾或钠的砷酸盐组成）和改良 ADA 法（洗液用碳酸钠做载体，以 ADA 为活化剂）。

1. 氨水液相催化法

在氨水溶液中加入催化剂对苯二酚，反应方程式为：

$$NH_3+H_2S \longrightarrow NH_4HS+H_2O$$

氨水对二苯酚催化法由于同时吸收焦炉煤气中 CO_2 而使吸收液的 pH 减小，同时，对二苯酚在酸性溶液中不易氧化成对二苯醌，因此，脱硫效率不够高，净化程度不完全。

2. 醇胺法

一种化学吸收过程，以乙醇胺（MEA）吸收煤气中的 H_2S 为例，反应方程式如下：

$$2(HOC_2H_4NH_2)+H_2S \longrightarrow (HOC_2H_4 \cdot NH_3)_2 \cdot S$$

$$(HOC_2H_4NH_4)_4 \cdot S+H_2S \longrightarrow 2HOC_2H_4NH_3 \cdot S$$

解析过程与吸收过程相反，可将吸收的 H_2S 解析出来，MEA 循环利用：

$$(HOC_2H_4NH_3)_2 \cdot S \longrightarrow 2(HOC_2H_4NH_2)+H_2S$$

$$(HOC_2H_4NH_3 \cdot HS) \longrightarrow (HOC_2H_4NH_3)_2 \cdot S+H_2S$$

因为吸收液有较弱的碱性，当吸收了酸性气体后，溶液的 pH 急剧下降，以致溶液显酸性，对设备的腐蚀性比较大。

3. 碳酸盐法

碳酸盐法是最早用于脱除气体中 CO_2 和 H_2S 等酸性气体的方法，可以完全脱除 COS，但不适用于含 CO_2 或 CO_2 含量很少的场合。该法脱除 H_2S 的机理属于湿式中和过程，吸收部分发生的是化学酸碱中和反应，反应方程式如下：

$$Na_2CO_3+H_2S \longrightarrow NaHS+NaHCO_3$$

脱硫富液进入再生塔再生，化学反应式为：

$$NaHS+NaHCO_3 \longrightarrow Na_2CO_3+H_2S$$

碳酸盐溶液化学性质稳定，不会与 COS、O_2 等发生降解反应。该技术在处理含氧气体等特定的工况条件下，具有一定的优势。

4. 菲罗克斯法

其净化对象为焦炉煤气和其他含硫化氢的气体。吸收液 Na_2CO_3 溶液，以 $Fe(OH)_3$ 作催化剂，反应式为：

吸收：$2Fe(OH)_3 + 3H_2S \longrightarrow Fe_2S_3 + 6H_2O$

再生：$2Fe_2S_3 + 6H_2O + 3O_2 \longrightarrow 4Fe(OH)_3 + 6S$

其工艺条件为：Na_2CO_3 浓度为 3%～5%，$Fe(OH)_3$ 浓度为 0.5%，净化效率可达 98%。

该法的缺点是再生反应速度比脱硫速度慢，因此，再生速度是整个过程的主要控制步骤。

5. 砷碱法

洗液由 K_2CO_3 或 Na_2CO_3 和 As_2O_3 组成，以砷酸盐或硫代砷酸盐为硫氧化剂，主要成分是 $Na_4As_2S_5O_2$，脱硫及再生过程的反应原理为：

$$Na_4As_2S_5O_2 + H_2S \longrightarrow Na_4As_2S_6O + H_2O$$

$$Na_4As_2S_6O + H_2S \longrightarrow Na_4As_2S_7 + H_2O$$

$$Na_4As_2S_7 + 1/2O_2 \longrightarrow Na_4As_2S_6O + S$$

$$Na_4As_2S_6O + 1/2O_2 \longrightarrow Na_4As_2S_5O_2 + S$$

由于所用吸收剂剧毒，脱硫效率低，操作复杂，目前该法基本不用。

6. 改良砷碱法

该法是对砷基工艺的改进，洗液由钾或钠的砷酸盐组成，其反应式为：

吸收：　$Na_3AsS_3O + H_2S \longrightarrow Na_3AsS_4 + H_2O$

再生：　$2Na_3AsS_4 + O_2 \longrightarrow 2Na_3AsS_3O + 2S$

根据气体中 H_2S 和 CO_2 浓度及 CO_2 的用途，可分为低 pH(pH=7.5)和高 pH(pH=9.0)两种流程。硫化氢与亚砷酸盐反应生成硫代砷酸盐，再被砷酸盐氧化，同时得到硫代砷酸盐和亚砷酸盐，氧化反应催化剂是氢醌。该方法必须进行后处理以除去亚砷酸盐，改良砷碱法应用范围较广，吸收温度从常温到 150 ℃，压力从常压到 7.4 MPa，可以处理 CO_2 浓度很高的气体。净化后气体中的硫化氢含量<1 mg/m^3(标)，溶液的硫容量高 8 kg/m^3。

7. 改良 ADA 法

ADA 脱硫剂的主体是：蒽醌二磺酸钠，而改良 ADA 法是在不改动设备和工艺的前提下，兼具脱除有机硫的方法。下面是以 Na_2CO_3 为吸收剂，ADA 溶液为载体，V_2O_5 为催化剂，脱除硫化氢的反应机理如下：

$$Na_2CO_3 + H_2S \longrightarrow NaHCO_3 + NaHS$$

$$2NaHS + 4NaVO_3 + H_2O \longrightarrow Na_2V_4O_9 + 4NaOH + 4S\downarrow$$

$$Na_2V_4O_9 + 2ADA(\text{氧化态}) + 2NaOH + H_2O \longrightarrow 4NaVO_3 + 2ADA(\text{还原态})$$

$$2ADA(\text{还原态}) + O_2 \longrightarrow 2ADA(\text{氧化态}) + 2H_2O$$

改良 ADA 法的溶液性能稳定，对温度、压力及处理气体中 H_2S 的含量等操作条件适应范围广；在 H_2S 与 CO_2 共存时，能选择性脱除 H_2S，且能达到很高的净化度；该法单质硫收率高，回收的单质硫产品纯净。但是，此方法悬浮的硫颗粒回收困难，易造成过滤器堵塞；副产物使化学药品耗量增大；脱有机硫和 HCN 的效率较低；有害废液处理困难，可能造成二次污染，细菌易积累。

8. 栲胶法

栲胶法是我国自行开发研究的一种湿式脱硫法。栲胶是从含丹宁丰富的植物皮、果、叶及干中提取出来的一种浆状或粉状物，其结构复杂，含有大量的羟基（氧化剂）和羧基（络合剂），而且资源丰富，价格便宜，很容易取得。用于脱硫的栲胶属于水解类热熔橡碗栲胶，这种栲胶在碱性溶液中有很强的吸氧能力，很容易被氧化成醌类，已被氧化的栲胶在还原过程中，氧取代基（醌式取代基）还原为羟基，少量钒盐的存在能起催化作用。其主反应有：

$$2NaHS + HO_2^+ + OH^- \longrightarrow 2S + 2NaOH + H_2O$$

$$2NaHS + 4NaVO_3 + H_2O \longrightarrow Na_2V_4O_9 + 4NaOH + 2S\downarrow$$

$$Na_2V_4O_9 + 2T(OH)O_2 + 2NaOH + H_2O \longrightarrow 4NaVO_3 + 2T(OH)_3$$

$$2T(OH)_3 + 2O_2 \longrightarrow 2T(OH)O_2 + 2H_2O$$

栲胶法由于脱硫效率高，与 ADA 法相比其费用低，不堵塔，且腐蚀性小而得到了广泛应用，但是在实际生产中由于种种原因时常会发生堵塔现象，严重威胁到生产的安全稳定运行。

9. PDS 法

PDS 是一种聚合物，其脱硫有效成分是聚酞菁钴磺酸铵络合铁。PDS 在微碱性溶液中吸附氧，与 H^+ 作用生成 O_2H^+。生成的 O_2H^+ 迅速解吸溶于脱硫液中，与 S^{2+} 发生氧化还原反应。反应方程式如下：

$$[RO_2] + H^+ \longrightarrow HO_2 + [R]$$

$$H_2S + Na_2CO_3 \longrightarrow NaHS + NaHCO_3$$

$$2NaHS + HO_2^+ + OH^+ \longrightarrow 2S\downarrow + 2NaOH + H_2O$$

$$NaHCO_3 + NaOH \longrightarrow Na_2CO_3 + H_2O$$

$$[R] + O_2 \longrightarrow [RO_2]$$

PDS 脱硫催化剂具有较高的硫容，适用于高硫焦炉煤气的初脱硫，但不适用于精脱硫；其脱硫效率稳定，不易堵塔，硫泡沫易分离和回收。

10. 络合铁法

络合铁法的原理是 H_2S 在碱性溶液中被络合铁盐催化氧化成元素硫，被还原的催化剂用空气再生，将 Fe^{2+} 氧化成 Fe^{3+}。由于铁离子在碱性溶液中不稳定，极易沉淀而从溶液中析出，因此必须选择合适的络合剂，让 Fe^{3+} 和 Fe^{2+} 与其产生络合作用。使它稳定存在于溶液中：

$$H_2S + 2Fe^{3+} \longrightarrow 2Fe^{2+} + 1/8S_8 + 2H^+$$

$$2Fe^{2+} + 1/2O_2 + H_2O \longrightarrow 2Fe^{3+} + 2HO^-$$

络合铁法溶液的活性和稳定性好，正常情况下无 $Fe(OH)_3$ 沉淀，没有堵塔的危险。该脱硫溶液极易再生，且生成单质硫的颗粒大，便于分离；脱硫溶液配制简单，原料价廉易得，且不含钒化物，没有毒性，对环境污染少。该法适应性强，脱硫过程中副反应少，其副反应产物的增长速度比较慢。

发展趋势：干法脱硫主要适用精细脱硫，硫容相对较低，脱硫剂大多不能再生；工业湿式氧化法所用脱硫溶液都具有一定毒性，而一些溶液毒性较大的脱硫方法如栲胶法等含有毒性较大的金属钒，此类方法脱硫成本相对较高，且受到环保法规限制；湿法脱硫有较高的脱硫效率，且大多数可回收硫磺，将是未来的主导方向。

(1)对于处理量大且含 H_2S 浓度较高的气体，一般通过吸收和氧化的方法脱除并回收硫磺。

(2)对于中等浓度的 H_2S,可采用吸收法净化。但吸收法须改进操作条件并且改良吸收溶剂,从而进一步提高吸收效率,降低处理成本。

(3)对于处理量小且含 H_2S 浓度较低的气体,一般用吸附法处理。吸附法的技术成熟,设备简单但体积庞大,投资费用高且进入吸附装置的废气要预先脱湿。

(4)生物处理法用于处理排放前的尾气。对 H_2S 废气处理技术的研究已趋于成熟。生物法具有运行成本低、去除效率高且无二次污染等特点,很有发展潜力。

在脱硫工艺技术上,我国和国外的差距仍然很大。尤其是在制造成套的脱硫设备和设备的长期稳定运转方面,目前还存在很多问题。因此,这两方面是我们今后要努力的方向之一。

7.3.4.3　H_2S 固体吸附剂

H_2S 固体吸附通过物理或化学吸附作用脱除工业废气中 H_2S 的固体材料,包括反应性粉剂和多孔吸附剂两类。反应性粉剂主要有铁系脱硫剂、锌系脱硫剂、铜锰系脱硫剂等。铁系脱硫剂:氧化铁在氧气或空气作用下可把 H_2S 氧化为硫单质,是经典而有效的干法脱硫方法,其工艺简单、操作容易、能耗低,被广泛应用于城市燃气、天然气的脱硫工艺。锌系脱硫剂:氧化锌硫化动力学慢、再生能力不足,在硫化过程中氧化锌易被还原成在高温下易气化的锌,故逐渐被铁酸锌替代,铁酸锌主要成分是 $ZnFe_2O_4$,与 H_2S 反应产物生成亚硫化铁物和硫化锌。铜锰脱硫剂的耐压及耐磨强度大,具有高温热稳定性,在低于 600 ℃时脱硫剂的活性基本上随温度升高而增加,在 600 ℃以上时活性不定。多孔吸附剂主要有活性炭、分子筛、层柱黏土等。在氧的存在下,活性炭表面的醌酚基将 H_2S 催化氧化为单质硫,在活性炭表面浸渍一定量的过渡金属 FeO、CuO 等可增加对 H_2S 的吸附性;分子筛具大的表面积和有高度局部集中的电荷使其能强烈吸附有极性或可极化的化合物如 H_2S 等。

1. 铁系脱硫剂

以活性氧化铁(Fe_2O_3)的水合物为主要脱硫成分的脱硫剂。常温下,氧化铁(Fe_2O_3)分为 α-水合物和 γ-水合物,两种水合物都具有脱硫作用。因操作温度的不同,脱硫剂的热力学状态、脱硫反应的机理、脱硫性能均不同,将氧化铁脱硫过程按温度不同划分为三种温区。各种氧化铁脱硫法的特点见表 7-1。

表 7-1　各种氧化铁脱硫法的特点

方法	脱硫组分	使用温度/℃	脱除对象	生成物
常温脱硫	$FeOOH \cdot H_2O$	25～35	H_2S、RSH	$Fe_2S_3 \cdot H_2O$
中温脱硫	Fe_2O_3	350～400	H_2S、RSH、COS、CS_2	FeS、FeS_2
高温脱硫	$ZnFe_2O_3$ 等	>500	H_2S	FeS、ZnS

(1)在常温条件下脱硫反应如下:

① 碱性脱硫剂:

$$2FeOOH \cdot H_2O + 3H_2S \longrightarrow Fe_2S_3 \cdot H_2O + 5H_2O$$

② 呈酸性或中性脱硫剂:

$$Fe_2O_3 \cdot H_2O + 3H_2S \longrightarrow 2FeS + 4H_2O + S$$

再生过程脱硫后生成的硫化铁，在氧气存在下氧化析出硫黄，脱硫剂再生。

$$Fe_2S_3 \cdot H_2O + 2H_2O + 1.5O_2 \longrightarrow 2FeOOH \cdot H_2O + 3S \tag{7-1}$$

$$2FeS + H_2O + 1.5O_2 \longrightarrow Fe_2O_3 \cdot H_2O + 2S \tag{7-2}$$

式(7-1)进行的再生反应速率很快，再生也较彻底；而式(7-2)进行的再生反应在常温下很难进行，因而在实际生产中尽量采用 FeOOH 碱性脱硫，以避免式(7-2)反应的发生。

(2)在中温条件下脱硫反应如下：

① 脱硫过程：

$$3Fe_2O_3 + H_2 \longrightarrow 2Fe_3O_4 + H_2O$$

② 吸收：

$$Fe_3O_4 + H_2 + 3H_2S \longrightarrow 3FeS + 4H_2O$$

$$FeS + H_2S \longrightarrow FeS_2 + H_2$$

③ 再生过程：

$$3FeS + 4H_2O \longrightarrow Fe_3O_4 + 3H_2S + H_2$$

$$2Fe_3O_4 + 0.5O_2 \longrightarrow 3Fe_2O_3$$

$$2FeS + 3.5O_2 \longrightarrow Fe_2O_3 + 2SO_2$$

用于 150～180 ℃下的 $Fe_2O_3 \cdot Na_2CO_3$ 在原料气中含有 COS、CS_2 时，被水解为 H_2S，再被氧化为 SO_2、SO_3，最终被 Na_2CO_3 吸收成不可再生的 Na_2SO_4。

(3)在高温条件下脱硫反应如下：

用铁酸锌脱硫时，发生以下反应：

$$ZnFe_2O_3 + 3H_2S \longrightarrow ZnS + 2FeS + 3H_2O$$

以上氧化铁脱硫的再生是一个放热过程，如果再生过快，放热剧烈，脱硫剂容易起火燃烧。为解决这一问题，干法脱硫是在圆柱状脱硫塔内装填一定高度的脱硫剂，煤气自下而上通过脱硫剂，H_2S 被去除。氧化铁脱硫的反应如下：

$$Fe_2O_3 \cdot H_2O + 3H_2S = Fe_2S_3 \cdot H_2O + 3H_2O$$

由上面的反应方程式可以看出，Fe_2O_3 吸收 H_2S 变成 Fe_2S_3，Fe_2S_3 可以通过与 O_2 和 H_2O 发生化学反应再生还原回 Fe_2O_3，其反应如下：

$$2Fe_2S_3 \cdot H_2O + 3O_2 = 2Fe_2O_3 \cdot H_2O + 6S$$

综合以上两反应式，煤气脱硫反应式如下：

$$H_2S + 1/2O_2 \longrightarrow H_2O + S\downarrow \text{(反应条件是 } Fe_2O_3 \cdot H_2O\text{)}$$

由以上化学反应方程式可以看出，脱硫过程需要 O_2 和 H_2O，通过空压机在脱硫塔之前向煤气中投加空气即可满足脱硫剂还原对 O_2 的要求。

2. 锌系脱硫剂

氧化锌是一种传统的脱硫剂，它能与 H_2S 反应生成十分稳定的 ZnS。氧化锌法脱硫技术主要应用于气体的精脱硫过程。脱硫过程中发生的主要反应如下：

$$ZnO+H_2S \longrightarrow ZnS+H_2O$$

$$ZnO+C_2H_5SH \longrightarrow ZnS+C_2H_5OH$$

$$ZnO+C_2H_5SH \longrightarrow ZnS+C_2H_4+H_2O$$

当气体中有氢存在时，羰基硫化物、二硫化碳、硫醇、硫醚等才会在反应温度下发生转化反应，反应生成的硫化氢被氧化锌吸收。噻吩类硫化物及其衍生物在氧化锌上与氢发生转化反应的能力很低，需借助于钴钼催化剂加氢转化成硫化氢后，才能被氧化锌脱硫剂脱除。

3. 铜锰脱硫剂

与铁系和锌系脱硫剂一样，该脱硫剂具有脱硫精度高、硫容大等特点，而其耐压耐磨强度得以提高，且可在较高温度下进行脱硫。其脱硫反应式如下：

$$CuO+H_2S \longrightarrow CuS+H_2O$$

$$Cu_2O+H_2S \longrightarrow Cu_2S+H_2O$$

$$Cu+H_2S \longrightarrow CuS+H_2$$

$$2Cu+H_2S \longrightarrow Cu_2S+H_2$$

$$MnO+H_2S \longrightarrow MnS+H_2O$$

$$Mn_3O_4+3H_2S+H_2 \longrightarrow 3MnS+4H_2O$$

4. 活性炭吸附

脱除工业气体中硫化氢及有机硫化物，广泛应用的是活性炭脱硫过热蒸汽再生工艺。在室温下气态的硫化氢与空气中的氧发生下列反应：

$$2H_2S+O_2 \longrightarrow 2H_2O+2S\downarrow +434.0\ \text{kJ/mol}$$

活性炭对这一反应具有良好的吸附和催化作用，反应属多相反应。硫化氢及氧在活性炭表面的反应分两步进行：第一步是活性炭表面化学吸附氧，形成作为催化中心的表面氧化物；第二步是气体中的硫化氢分子碰撞活性炭表面，与化学吸附的氧发生反应，生成的硫磺分子沉积在活性炭的孔隙中，该沉积硫对脱硫反应也有催化作用，且呈多分子层吸附。在微孔中，硫层的厚度一般为4个硫原子，孔隙塞满硫活性炭即失效。但活性炭具有很大的空隙性，硫容量比其他固体脱硫剂要大，其硫容量可超过100%。常温下活性炭孔隙的表面上凝结着一薄层的水膜，硫化氢在水中的溶解性使活性炭极易吸附硫化氢，这时硫化氢的氧化作用将在液相水膜中进行。当气体中存在足够的水蒸气时，才能使硫化氢更快地被吸附与氧化。若在气体中存在少量氨，会使活性炭空隙表面的水膜呈碱性，更有利于吸附呈酸性的硫化氢分子，能显著地提高活性炭吸附与氧化硫化氢的速度，但发生下列副反应：

$$2NH_3+2H_2S+2O_2 \longrightarrow (NH_4)_2S_2O_3+H_2O$$

$$2NH_3+H_2S+2O_2 \longrightarrow (NH_4)_2SO_4$$

气体中氨的含量越大，在活性炭脱硫过程中越易生成硫的含氧酸盐。

5. 分子筛

分子筛的特点是具有较大的表面积以及高度集中的极电荷，可对极性很强的 H_2S 气体进行脱除。分子筛具有一定的吸附选择性，脱硫容量高。由于它对脱除有机硫化物，同对 H_2S 一样具有很大的化学亲合力。因此，分子筛不仅可以除去气体中的 H_2S，而且对 CS_2、硫醇等其他含硫化合物也有较好的去除效率，处理后的气体含硫量可小于 0.61 mg/m^3。分子筛再生时用 200～300 ℃的蒸气，由于分子筛在 550 ℃或更高的温度下性质也是稳定的，而且再生完全，因此寿命很长，不足之处是脱硫尾气处理费用较高，故导致装置投资比较大。

高温脱硫：较有代表性的有氧化锡法和氧化铈法。

氧化锡脱硫：先用 SO_2脱硫剂脱除一部分 H_2S，然后用铁酸锌脱除剩余的 H_2S，使出口气中 H_2S 含量降低到 20×10^{-6}。主要的化学反应如下：

吸收：
$$SnO_2 + H_2 + H_2S \longrightarrow SnS + 2H_2O$$
$$ZnO + H_2S \longrightarrow ZnS + H_2O$$

再生：
$$ZnS + 1.5O_2 \longrightarrow ZnO + SO_2$$
$$SnS + SO_2 \longrightarrow SnO_2 + S_2$$

采用固定床反应装置，反应器温度为 570 ℃，再生温度为 700 ℃，再生后可得副产物硫黄。

氧化铈脱硫：脱硫效果虽然不如氧化锌脱硫剂，但硫化后的产物 Ce_2O_2S 将与 SO_2 反应直接生成单质硫，在 500～700 ℃的温度范围内能迅速有效地完成再生过程，且只有单质硫产生。

硫化：
$$2CeO_2(s) + H_2(g) + H_2S(g) \longrightarrow Ce_2O_2S(s) + 2H_2O(g)$$

再生：
$$Ce_2O_2S(s) + SO_2 \longrightarrow 2CeO_2(s) + S_2(g)$$

高温脱硫仍处于起步阶段，以氧化锌及氧化锌-氧化锰为主要成分的两种脱硫剂，可以在 200～450 ℃下进行工作，以钢厂赤泥为原料的高温煤气脱硫剂研制及脱硫与再生研究也取得了相应的进展，但高温脱硫至今未能实现工业化，目前大型以煤为原料的电厂均采用常温湿法脱硫工艺，主要原因是脱硫剂的粉化和高温煤气脱硫过程中的副反应等，高温脱硫工艺中的设备材质也是一大难题。

发展趋势：干法脱硫剂具有比较好的脱硫精度，往往起到最后脱硫的把关作用，但是硫容量却不高，而且干法脱硫剂的再生性能也很差。因此，怎样提高金属氧化物的硫容量及再生性能将是以后研究的重点。

7.3.4.4 H_2S 生物吸收剂

将 H_2S 溶解于液相中，解离的 HS^- 和 S^{2-} 被微生物吸附，在氧的作用下被氧化分解，从而达到除去 H_2S 的目的，产物可以是硫酸盐、单质硫、硫代硫酸盐、连多硫酸盐、亚硫酸盐等。脱硫过程分为三个阶段：①利用气液相之间存在的浓度梯度，废气中的 H_2S 从气相转移到液相或固相表面液膜；②液相或固相表面液膜中的 H_2S 被微生物吸附、吸收；③进入微生物细胞的 H_2S 作为营养物质被微生物分解、利用。

光合细菌是自然界单质硫的主要作用者。光合细菌种类繁多，其中紫色硫细菌和绿色硫细菌能代谢硫化物，紫色无硫细菌只有极少数能利用较高浓度的硫化物。在厌氧光照条件下，光合细菌以 H_2S 为供氢体，CO_2 为碳源合成菌体细胞成分，而 H_2S 被氧化成 SO 或进一步氧化成硫酸，单质硫沉积在细胞外。光合细菌的脱硫反应可表示如下：

$$2H_2S + CO_2 \xrightarrow{hv} (CH_2O) + 2S^0 + H_2O$$
$$H_2S + 2CO_2 + 2H_2O \xrightarrow{hv} 2(CH_2O) + H_2SO_4$$

式中,hv表示"光照条件";(CH_2O)表示糖类等有机物质。光强和加硫速率控制在一定范围内,S^{2-}可以完全转化为单质硫。

化能无机营养硫氧化菌称为硫化细菌,包括硫杆菌属、硫化叶菌属、小杆菌属、大单孢菌属、卵硫菌属和硫螺菌属6个属。现广泛应用硫杆菌属,它能使硫或硫酐的不完全氧化物转化为硫酸等,在氧化无机硫化物的过程中获得能量,并以CO_2为主要碳源合成细胞成分。

$$2H_2S+O_2 \longrightarrow 2H_2O+2S+E \quad (供能)$$

$$2S+3O_2+2H_2O \longrightarrow 2H_2SO_4+E \quad (供能)$$

$$CO_2+H_2O+E \longrightarrow (CH_2O)+O_2 \quad (供能)$$

式中,E代表能量,(CH_2O)表示糖类等有机物质。常见的硫杆菌属菌种有排硫杆菌、化硫硫杆菌、氧化亚铁硫杆菌和脱氮硫杆菌等。这些细菌可以在缺氧、强酸性等环境下生长,但大部分以氧气为电子受体,氧化硫化氢将其转变为硫酸盐或元素硫。

生物脱硫技术在处理H_2S方面已经取得了较大的发展,具有投资少、运行费用低、不产生二次污染等优点,但脱硫速率较慢,对低浓度H_2S气体的脱除效率高,而对高浓度H_2S气体的脱除效率不够稳定,对有机硫化物脱除效果较差。今后的工作主要体现在以下几方面:

(1)扩展处理应用范围。混合气体对微生物的生长繁殖影响较大,应培养和筛选脱硫效率高、适应性强、遗传稳定性高的新菌株。

(2)新工艺开发、高效反应器设计和研发新型填料。对气体中生化性较差的成分,需开发新工艺;为实现工业放大及自动化,需开发高效、连续流及流动效果稳定和封闭式、一体化、占地面积小的生物反应器;为提高脱除效率,应重点研究适宜微生物大量生长繁殖、比表面积大、亲水性强、孔隙率大、强度高的新型填料和组合填料。

(3)加强降解动力学及其作用机理的研究。研究生物降解动力学,确定优化参数,有利于改进和发展动力学模型,改善生物脱除性能;加强对微生物生理特性及其与混合气体相互作用机理规律的研究,有利于控制适宜的条件,实现最大比例的脱除及回收。

7.3.4.5 H_2S选择性催化氧化材料

H_2S选择性催化氧化材料是一种可将H_2S用氧气(或空气)直接氧化成元素硫的催化剂。H_2S选择性催化氧化剂可分为非负载型金属氧化物催化剂、金属氧化物为载体的负载型催化剂和其他多孔材料载体催化剂三大类。

(1)非负载型金属氧化物催化剂:许多金属氧化物及其混合物也可直接作为催化剂被用于H_2S的脱除,其中V、Mo、Fe的氧化物已具有高选择性和高活性。

(2)金属氧化物为载体的负载型催化剂:载体为V/Bi、TiO_2等金属氧化物,活性金属氧化物Fe_2O_3或$Fe_2O_3+Cr_2O_3$、Mg-Cr/Al_2O_3。

(3)其他多孔材料载体催化剂:沸石类、活性炭、层柱黏土可以作为载体,H_2S中的硫与沸石分子筛中的桥羟基和硅羟基发生了氢键作用,在温度低于300 ℃时活性较高,但其金属氧化物选择性不太好。活性炭具有巨大的比表面积、发达的孔隙结构和多种表面活性基团,其表面吸附水后形成的水膜和进入活性炭孔内的氧气都可以分解H_2S生成S;层柱黏土主要是Fe改性、Fe 氧阳离子改性、Al 改性制得 Fe-M、FeO_x-M 及 Al-M 催化剂，通过化学反应(形成金属S化物)和氧化过程(形成S或硫氧化物)来去除 H_2S。

选择性催化剂吸收 H_2S 的工艺过程简单、生产连续、能耗低、投资少、可直接回收硫磺，催化剂的选择性好，不氧化 H_2、CO 和烃类物质，且 H_2S 脱除率较高，可达 90%～98%。

7.3.5 羰基硫水解催化剂

羰基硫水解催化剂是指能使羰基硫(COS)发生水解生成 H_2S 和 CO_2 的催化剂。COS 是呈中性偏微酸性的气体，故催化剂上只有碱性中心起催化作用。COS 水解催化剂上各种气体在碱性中心的吸附顺序为 $H_2O \geqslant H_2S > COS > CO_2$。水首先吸附在催化剂的碱性中心并形成碱性活化体，碱性活化体与吸附在催化剂表面的 COS 发生催化反应生成 H_2S 和 CO_2。COS 水解催化剂主要由活性组分和载体(金属氧化物、活性炭等)组成。活性分有碱、碱土金属氧化物、过渡金属氧化物和稀土氧化物等，在制作时常用浸渍法使载体浸渍上活性组分如 K_2O、Na_2O 等。金属氧化物载体主要有 Al_2O_3 基、TiO_2 基、ZrO_2 基及其混合物，TiO_2、ZrO_2 和 γ-Al_2O_3 本身对 COS 水解有催化作用。活性炭具有丰富的微孔结构和大量活性的含氧官能团，对 COS 的脱除属于吸附型，通过浸渍活性组分，COS 的水解催化效率提高，也能有效脱除 H_2S。随着净化气体、反应温度的不同，在催化剂表面可能沉积硫和硫酸盐，使催化剂失效。水解后的废气可用 H_2S 吸收材料(见 H_2S 吸收材料)、CO_2 吸收材料(见 CO_2 吸收材料)进一步处理。羰基硫水解催化剂应用于煤制气、水煤气、天然气、液化石油气和硫磺回收尾气等与煤化工、石油化工相关的重要工业气体 COS 的脱除。

7.3.6 氯(气)吸附材料

7.3.6.1 氯(气)固体吸附剂

氯(气)固体吸附剂是指具有大的比表面积、吸附性强或可与废气中氯气发生反应的物质，常用的吸附剂有活性炭、硅胶和硫酸渣。

(1)活性炭具有独特的孔隙结构和表面活性官能团以及足够的化学稳定性、机械强度、耐酸度、耐碱性、耐热性，可用于变温吸附处理含氯废气，吸附含氯废气中的光气(碳酰氯)和氧气，并在 100 ℃左右就可解吸。此法氯气回收率可达 95%，适用于氯含量不太高的场合。

(2)硅胶吸附氯气与活性炭具有类似的流程，吸附性能高、热稳定性好、化学性质稳定、有较高的机械强度，也可吸附氯废气中的光气(碳酰氯)和氯气。硅胶吸附法具有无须加压，无二次污染的特点，严格控制解吸温度，解吸气经进一步处理可得液氯产品，回收率高达 95%，由于硅胶吸附容量有限，仅适用于含氯废气量不大或浓度不高的场合。

(3)硫酸渣是用黄铁矿制造硫酸或亚硫酸过程中排出的固体废渣，此法不会产生二次污染，还可以变废为宝。硫酸渣吸收含氯废气的过程主要是含氯废气中的 Cl_2、HCl 与硫酸渣中的 Fe_2O_3、FeO、MgO、CaO 反应生成 $FeCl_3$、$FeCl_2$、$MgCl_2$、$CaCl_2$，利用 Cl_2 的氧化性，将 Fe^{2+} 氧化成 Fe^{3+}，其发生的主要反应有：

$$Fe_2O_3(s)+6HCl(l)\longrightarrow 2FeCl_3(s)+3H_2O(l)$$

$$\Delta G^0_{(1)}=-64.71\ kJ/mol$$

$$FeO(s)+2HCl(l)\longrightarrow FeCl_2(s)+H_2O(l)$$

$$\Delta G^0_{(2)}=-98.78\ kJ/mol$$

$$MgO(s)+2HCl(l)\longrightarrow MgCl_2(s)+H_2O(l)$$

$$\Delta G^0_{(3)}=-69.71\ kJ/mol$$

$$CaO(s)+2HCl(l)\longrightarrow CaCl_2(s)+H_2O(l)$$

$$\Delta G^0_{(4)}=-199.63\ kJ/mol$$

$$2FeCl_2(s)+Cl_2(g)\longrightarrow 2FeCl_3(s)$$

$$\Delta G^0_{(5)}=-272.32\ kJ/mol$$

7.3.6.2　氯(气)吸收溶剂

氯(气)吸收溶剂通过溶解、化学中和以及氧化还原吸收废气中氯(气)的溶剂。主要有水、碱液、氯化亚铁溶液或铁屑、有机溶剂或无机溶剂。①水可吸收含氯浓度小于1%的废气,用水蒸气加热可解析回收氯气,但吸收率低,易腐蚀管道。②NaOH、$Ca(OH)_2$、Na_2CO_3 等碱液可通过填料塔或喷淋塔等吸收塔的方法吸收氯气,排出副产品为次氯酸盐产品。该法工艺简单,操作方便,除氯废气效率高,可达 99.9%,成本低廉,生成的副产品次氯酸钠、次氯酸钙可用来漂白纸浆、织物或用作氧化剂和水的净化剂,但副产品分解易造成二次污染。③氯化亚铁溶液或铁屑,铁屑与氯气、水经一步氯化法反应可制得 $FeCl_3$;也可先用铁屑与浓盐酸或者 $FeCl_3$ 液反应生成氯化亚铁,再用 $FeCl_2$ 吸收 Cl_2;最后液体基本氧化成 $FeCl_3$ 溶液,$FeCl_2$ 易结晶析出,可进一步回收吸收氯气。该法脱氯效率可达到90%,原料廉价,工艺简单,并产生可销售的 $FeCl_3$。④苯(C_6H_6)、氯化硫(S_2Cl_2)、四氯化碳(CCl_4)及二氯化碘水溶液等有机溶剂或无机溶剂,洗涤含氯废气,回收率可达100%;回收设备较简单,经水蒸气蒸馏解吸回收氯气后,可循环使用,或者可将含氯溶剂作为生产原料用于生产过程;无二次污染,但溶剂有刺激性气味,设备及管道接头要求严格密封。

1. 水吸收法

氯化氢在水中的溶解度表现为:1 体积的水能溶解 450 体积的氯化氢,采用水直接吸收氯化氢气体:

$$HCl(g)+H_2O(aq)\longrightarrow HCl(aq)+75.6\ kJ$$

水吸收含氯化氢废气有制取盐酸和作废水排放两类,前者适用于氯化氢浓度较高的情况,后者适用于氯化氢浓度较低的情况。

2. 碱吸收法

采用的碱性物质有 NaOH、$Ca(OH)_2$ 和纯碱等,主要反应过程如下:

$$Cl_2+2NaOH\longrightarrow NaOCl+NaCl+H_2O$$

$$Cl_2+Na_2CO_3\longrightarrow NaOCl+NaCl+CO_2$$

或者:

$$2Cl_2+2Ca(OH)_2\longrightarrow Ca(ClO)_2+2H_2O+Q$$

$$Ca(OCl)_2 \rightleftharpoons Ca(ClO_3)_2 + 2CaCl_2 - Q$$

温度大于 75 ℃时，反应向 $Ca(ClO_3)_2$ 方向进行，温度低于 50 ℃时，向 $Ca(ClO)_2$ 方向进行，在这两个温度之间，则为 $Ca(ClO_3)_2$ 与 $Ca(ClO)_2$ 的混合物。以上反应可看出，只要 OH^- 浓度足够，就能一直吸收和溶解氯，该法的吸收率可达 99.9%。吸收后的物质一般通过转化为副产品的方法来回收利用。

(1)制氯酸钾、高氯酸钾和二水氯化钡：氯与碱的“热”溶液反应生成氯化物和氯酸盐。可选用吸收速度较快的石灰乳作为吸收剂：

$$6Cl_2 + 6Ca(OH)_2 \longrightarrow Ca(ClO)_2 + 5CaCl_2 + 6H_2O$$

吸收液浓缩后加入 KCl，发生复分解反应：

$$Ca(ClO_3)_2 + 2KCl \longrightarrow 2KClO_3 + CaCl_2$$

在不同的温度下 $KClO_3$ 将发生不同的歧化反应，当反应温度接近 400 ℃时，发生如下反应：

$$KClO_3 \longrightarrow 4KClO_4 + KCl$$

当反应温度高于 400 ℃时，按以下反应式反应：

$$2KClO_3 \longrightarrow 2KCl + 3O_2 \quad 和 \quad 2KClO_4 \longrightarrow 2KCl + 4O_2$$

温度过低时，歧化反应进行不完全。所以，在制高氯酸时，将 $KClO_3$ 粗品去杂纯化后，于歧化反应锅中用熔点为 140 ℃、沸点为 680 ℃的 KNO_3-$NaNO_3$ 熔盐进行加热，控制一定的反应温度和时间，使其发生 $KClO_3$ 转化为 $KClO_4$ 和 KCl 的歧化反应，从而可以制得 $KClO_4$ 精品。而生成的 $CaCl_2$ 则可通过与 BaS 反应生成二水氯化钡：

$$CaCl_2 + BaS \longrightarrow BaCl_2 + CaS$$

(2)制漂白剂：工业上利用 $Ca(OH)_2$ 吸收含氯废气制取三种不同氯含量的漂白剂——漂白液、漂白粉和漂白精。反应式如下：

$$2Ca(OH)_2 + 2Cl_2 \longrightarrow Ca(ClO)_2 + CaCl_2 + 2H_2O$$

在漂白塔内石灰乳从塔顶向下喷射，与逆流而上的含氯废气接触，经多次循环吸收，直至 CaO 含量仅为 2～4 g/L 为止，澄清后的上清液即为漂白液产品。漂白粉是用含水 4%左右的消石灰[$Ca(OH)_2$]在漂白粉机或漂白粉塔中吸收含氯废气中的氯而得。漂白精则用每 100 份水中含有 40 份 NaOH 和 18.5 份 $Ca(OH)_2$ 的混合悬浮液在 10～16 ℃下吸收含氯废气而成：

$$4NaOH + Ca(OH)_2 + 3Cl_2 + 9H_2O \longrightarrow Ca(ClO)_2 \cdot NaClO \cdot 12H_2O + 2NaCl$$

3. 氯化亚铁法

以氯化亚铁和硫酸亚铁作为吸收剂，化学反应式如下：

$$Fe + 2HCl \longrightarrow FeCl_2 + H_2 \uparrow$$

$$2FeCl_2 + Cl_2 \longrightarrow 2FeCl_3$$

$$2FeCl_3 + Fe \longrightarrow 3FeCl_2$$

采用以废铁屑为填料的填料塔，三价铁可被铁屑还原，再次参与吸收反应。该方法简单，操作容易，废铁屑来源丰富，但反应速度比中和法要慢，效率较低。

4. 有机溶剂或无机溶剂吸收法

用除水以外的无机或者有机溶剂洗涤含氯废气，然后加热或减压解析出纯的氯气，解析后的溶剂循环使用，或者将含氯溶剂作为生产原料直接使用。目前已使用的溶剂有苯、氯化硫、四氯化碳、氯磺酸及二氯化碘水溶液。

(1)氯化硫：先物理溶解，后发生化学反应，生成二氯化硫：

$$S_2Cl_2+Cl_2 \longrightarrow 2SCl_2$$

在低温下，又形成四氯化硫，高温下二氯化硫和四氯化硫又立即分解成氯气和一氯化硫，所以非常适合作为溶剂的条件。该法优点是 S_2Cl_2 和 Cl_2 结合好，吸收剂用量少，通过解吸塔的加压，可直接得到液氯；耗动力少，缺点是 S_2Cl_2 和 SCl_2 有刺激性，不能完全防止泄漏，操作难度大。

(2)四氯化碳：四氯化碳对氯有极大的物理溶解能力，溶解机理如下：

$$CCl_4+Cl_2 \longrightarrow Cl_2CCl_4$$

解析时的反应为：$Cl_2Cl_4 \longrightarrow CCl_4+Cl_2$

该法对氯的吸收率达到 95%～98%，最高能达到 99%。

(3)氯磺酸：对氯气的溶解能力强，吸收率可达到 100%，加热可放出纯氯气，工业上利用其回收纯氯或较高浓度废气中的氯气。其优点是挥发性小，价格便宜，使用方便；缺点是吸收时需要一定的压力，其次是有刺激性气味。

(4)二氯化碘：适用于低浓度的含氯废气或者与氯化氢的混合气体。反应机理如下：

$$ICl_2+Cl_2 \longrightarrow ICl_4+Q$$

氢氧化钙-硫酸法：先用石灰乳吸收含氯的废气得到次氯酸钙和氯化钙，然后用硫酸分解得到的次氯酸钙和氯化钙，制取纯氯气：

$$Ca(ClO)_2+CaCl_2+2H_2SO_4+2H_2O \longrightarrow 2Cl_2+2CaSO_4 \cdot 2H_2O$$

二氧化硫或盐酸法：反应机理如下：

$$2SO_2+O_2 \longrightarrow SO_3$$

$$Ca(ClO)_2+2SO_3+CaCl_2 \longrightarrow 2CaSO_4+2Cl_2$$

此方法能从氯含量极少的废气中回收而得到有用的纯氯气，能用工厂中的废盐酸、废硫酸、或用水处理含氯化氢废气而得到 18%～20%的稀盐酸做分解剂，而且不会造成二次污染。

7.3.6.3　HCl 固体吸收剂

目前常用的脱氯技术分为烟气脱氯和燃烧中脱氯：烟气脱氯是指在除尘器前的烟道中利用碱液淋洗或喷射吸收剂等脱除 HCl；燃烧脱氯则是指预先在燃料或床料中掺入吸收剂或者向燃烧室中加入吸收剂从而实现在燃烧过程中脱除 HCl。在钙基吸收剂脱除 HCl 过程中主要发生的反应如下：

$$CaCO_3+2HCl \longrightarrow CaCl_2+H_2O+CO_2$$

$$Ca(OH)_2+2HCl \longrightarrow CaCl_2+2H_2O$$

$$CaO+2HCl \longrightarrow CaCl_2+H_2O$$

$$CaCO_3 \longrightarrow CaO+CO_2$$

$$Ca(OH)_2 \longrightarrow CaO + H_2O$$

常用的钙基吸收剂为 $Ca(OH)_2$、CaO、$CaCO_3$，有机钙吸收剂热解产生的多孔 CaO 更有利于 HCl 的脱除，$NaHCO_3$、$CaCO_3$、$Ca(OH)_2$、$Mg(OH)_2$ 复合钙基吸收剂应用效果良好。采用钙基吸收剂脱除 HCl 具有更好的应用可行性，但是常规钙基吸收剂脱除 HCl 性能有待进一步提高。采用钙基工业废弃物进行脱氯，不仅可以降低吸收剂成本提高经济性，还可以解决工业废弃物的资源化问题。

7.3.7 含氟废气吸收剂

含氟废气吸收剂通过物理、化学作用吸收含有气态氟化氢、四氟化硅的工业废气，将其转变成氢氟酸或相应含氟盐类化合物的材料。常用的净化含氟废气的方法有湿法和干法两种。湿法吸收剂主要有水、碱性溶液等。水吸收含氟废气时可生成氢氟酸、氟硅酸及硅胶，可作为原料制取冰晶石、氟硅脲、氟硅酸钠等产品。该法吸收剂易得，成本低，但对设备有腐蚀作用，目前主要应用于磷肥生产中含氟废气的净化；碱性溶液主要有氨水、石灰乳、纯碱、烧碱溶液，脱氟效率较高，可生成氟硅酸盐或氟的其他盐类化合物，生成的氟化物溶解于洗液中或沉淀出来，吸收液可再生循环使用。湿法适用于排气量较小、废气中含氟量低的废气，优点是可减少氟对吸收设备的腐蚀，原料价廉易得。干法吸收剂主要有氧化铝、氧化钙、氢氧化钠等。利用细粒状的氧化铝的两性化合物的特性吸收酸性 HF，生成 AlF_3；氧化钙、氢氧化钙可与含氟废气生成氟化钙或其他盐类物质。干法没有湿法的严重腐蚀设备和废水处理问题，脱氟效率高、工艺流程简单。含氟废气吸附剂主要应用于电解铝厂、水泥厂、火电厂、磷酸及磷肥厂等含氟废气的处理。

7.3.7.1 湿法吸附

1. 水吸收法

水吸收含氟废气 HF 溶于水生成氟氢酸；SiF_4 溶于水则生成氟硅酸，此反应可认为分两步进行，首先 SiF_4 和水反应生成氟化氢：

$$SiF_4 + 2H_2O \longleftrightarrow 4HF + SiO_2$$

生成的 HF 继续和 SiF_4 反应生成氟硅酸：

$$2HF + SiF_4 \longleftrightarrow H_2SiF_6$$

总的反应式为：

$$3SiF_4 + 2H_2O \longleftrightarrow 2H_2SiF_6 + SiO_2$$

由于 HF 与 SiF_4 均极易溶于水，因此在吸收过程中，气膜阻力是控制因素。水吸收含氟废气运行费用较低，是目前治理磷肥厂含 SiF_4 废气的常用方法。

2. 碱液吸收法

碱液吸收法是用碱性物质 NaOH、Na_2CO_3、氨水等作为吸收剂来脱除含氟尾气中的氟等有害物质，并得到副产物冰晶石。最常用的碱性物质是石灰乳和 Na_2CO_3，二者的使用有所区别。石灰乳净化含氟废气生成 CaF_2 等废渣，可以经过滤、干燥后送去作橡胶或塑料的填料，反应式为：

$$3SiF_4 + 2H_2O \longrightarrow H_2SiF_6 + SiO_2 \downarrow$$

$$H_2SiF_6 + 3Ca(OH)_2 \longrightarrow CaF_2 \downarrow + SiO_2 \downarrow + 4H_2O$$

$$2HF + Ca(OH)_2 \longrightarrow CaF_2 \downarrow + 4H_2O$$

该方法适用于排气量较小、废气中含氟量低，回收氟有困难的工业尾气，如搪瓷厂、玻璃马赛克厂、水泥厂等。

电解铝厂废气经除尘后，送入吸收塔底部，与浓度为 20～30 g/L 的 Na_2CO_3 溶液在塔内逆流接触，洗涤废气时，烟气中的 HF 与碱反应生成 NaF，吸收脱氟后的气体经除雾后排入空气。

$$HF + Na_2CO_3 \longrightarrow NaF + NaHCO_3 \downarrow$$

$$2HF + Na_2CO_3 \longrightarrow NaF + CO_2 \uparrow + H_2O$$

在循环吸收过程中，当溶液中的 NaF 浓度达 25 g/L 后，再加入定量的偏铝酸钠溶液即生成 Na_3AlF_6，反应式如下：

$$6NaF + 4NaHCO_3 + NaAlO_2 \longrightarrow Na_3AlF_6 + 4Na_2CO_3 + 2H_2O$$

或

$$6NaF + 2CO_2 + NaAlO_2 \longrightarrow Na_3AlF_6 + 2Na_2CO_3$$

偏铝酸钠溶液可由 NaOH 与 $Al(OH)_3$ 反应制得。合成后的冰晶石母液经沉降后，上层次晶石沉降物经过滤后送往回转窑干燥、脱水即得成品。

7.3.7.2　干法吸附

干法吸附将含氟废气通过装填有固体吸附剂的吸附装置，达到除氟的目的。可采用工业氧化铝、氧化钙、氢氧化钙等作吸附剂。净化铝电解厂烟气常采用工业氧化铝，吸附氟化氢的氧化铝可直接进入电解铝生产中，不存在吸附剂再生问题；净化效率高，一般在 98%以上；干法净化不存在含氟废水，避免了二次污染；氧化铝对 HF 的吸附主要是化学吸附，同时伴有物理吸附，在氧化铝表面上生成氟化铝，反应式如下：

$$6HF + Al_2O_3 \longrightarrow 2AlF_3 + 3H_2O$$

低温有利于反应向右进行，该反应速率快，反应几乎在 0.1 s 内即可完成。HF 浓度越高越有利于吸附过程的进行。

发展趋势：将氟废气治理与氟作为重要工业原料相结合，从源头上实现控制氟污染和利用氟资源双赢已成为重要的发展趋势。

7.3.8　汞吸收材料

7.3.8.1　汞吸收溶剂

汞吸收溶剂是通过与废气中的汞发生化学反应而生成无毒无害的化学物质的溶剂。主要有 $KMnO_4$、NaClO、热浓 H_2SO_4、硫酸-软锰矿、I_2-KI、过硫酸铵、氯化法除汞(沉淀法)等。①$KMnO_4$ 溶液具有很高的氧化还原电位，能将汞氧化成氧化汞，自身被还原为 MnO_2，MnO_2

可与汞蒸气接触产生络合物 Hg_2MnO_2 沉淀。$KMnO_4$ 的净化效率高(>99.9%),工艺流程短、设备简单易于控制,不存在废液处理问题,但 $KMnO_4$ 利用率低,该法适用于仪表、电器等工业的含汞废气处理。②NaClO 和 NaCl 的混合水溶液作为吸收剂时,NaClO 是强氧化剂,可对废气中的汞进行氧化吸收。NaCl 是络合剂,可与汞反应生成氯汞络离子$[HgCl_4]^{2-}$。该法净化效率高、吸收液来源广、无二次污染,操作条件不易控制,不能循环利用。③热浓 H_2SO_4 可将汞氧化成硫酸汞沉淀,净化效率高,吸收液来源广,无二次污染,但流程复杂,操作条件不易控制,适用于含汞焙烧烟气。④硫酸-软锰矿吸收液为粒度 110 目的软锰矿、硫酸悬浮液,可与汞生成锰化汞和硫酸汞,吸收液来源广,投资费用低,效率只能达到 96%,适用于练汞尾气。⑤I_2-KI 吸收液与含汞废气接触可生成碘汞化钾,净化效率高,运行费用低,一次性投资大,适用于含汞焙烧烟气。⑥过硫酸铵溶液可与汞生成硫酸汞和硫酸铵,净化效率高,但设备要求高,适用于含汞蒸气。⑦氯化法除汞(沉淀法),烟气在脱汞塔内与喷淋的 $HgCl_2$ 溶液逆流洗涤,汞蒸气被 $HgCl_2$ 溶液氧化(30~40 ℃条件下)生成 Hg_2Cl_2 沉淀,从而去除。

1. $KMnO_4$ 溶液

$KMnO_4$ 溶液具有强氧化性,可将汞迅速氧化成氧化汞,同时产生的二氧化锰又可以和汞生成络合物。其反应式为:

$$2KMnO_4 + 3Hg + H_2O \longrightarrow 2KOH + 2MnO_2 + 3HgO\downarrow$$

$$MnO_2 + 2Hg \longrightarrow Hg_2MnO_2\downarrow$$

吸收设备采用斜孔板塔较多,吸收液中 $KMnO_4$ 浓度为 0.3%~0.6%,空塔气速 2 m/s 左右,液气比 2.6~5.0 L/m³,净化效率达 96%~98%。反应的生成物可用低温电解法或氯化锡处理回收汞。该法工艺流程简单,设备易操作。

2. NaClO 溶液

NaClO 吸收液为次氯酸钠和氯化钠的混合水溶液。次氯酸钠是氧化剂,可对废气中的汞进行氧化吸收:

$$Hg + ClO^- + H_2O \longrightarrow Hg^{2+} + Cl^- + 2OH^-$$

吸收液中的氯化钠是一种络合剂,它为溶液提供了大量 Cl^-。Hg^{2+} 在有大量 Cl^- 存在时,生成氯汞络离子$[HgCl_4]^{2-}$

$$Hg^{2+} + 4Cl^- \longrightarrow [HgCl_4]^{2-}$$

$[HgCl_4]^{2-}$ 的生成,避免了汞以其他形式沉淀下来。吸收液有效氯含量一般为 20~25 g/L,氯化钠含量为 120~220 g/L。

3. 热浓 H_2SO_4

热浓 H_2SO_4 用热浓硫酸处理炼锌排出的含汞废气,在瓷环填料塔或水浴冲击塔中充分接触,使汞硫酸化,净化效率可达 99%,从而捕集汞。化学反应式如下:

$$Hg + 2H_2SO_4 \longrightarrow HgSO_4 + SO_2 + 2H_2O$$

$$3HgSO_4 + 2H_2O \longrightarrow 2H_2SO_4 + HgSO_4 \cdot 2HgO$$

由塔底排出的含汞酸先流到中间储槽,再通过一个热交换器加热后流回塔中,根据循环液中硫酸汞积累的速度,从中间槽引出一部分含汞酸到浓密槽,下部溶液送到脱汞系统,上清液返回中间槽。此法应用时必须控制硫酸的温度和浓度。

4. 硫酸-软锰矿吸收液

硫酸-软锰矿吸收液为含软锰矿(粒度为 110 目,约 130 μm,含 MnO_2 68%左右)100 g/L、硫酸 3 g/L 左右的悬浮液。化学反应式如下:

$$2Hg+MnO_2 \longrightarrow Hg_2MnO_2$$

$$Hg_2MnO_2+4H_2SO_4+MnO_2 \longrightarrow 2HgSO_4+2MnSO_4+4H_2O$$

$$HgSO_4+Hg \longrightarrow Hg_2SO_4$$

实际应用中多采用二级吸收,有时后面还串联经过充氯活性炭吸附器,使总净化效率达 99%以上。吸收塔下来的含汞废液可回收 $HgSO_4$,进而回收汞。该法可净化高浓度含汞废气,净化效率高,运行费用低,可以回收汞资源,经济效益好,但是装置较为复杂。

5. I_2-KI 溶液

I_2-KI 溶液为含 I_2 的 KI 溶液,反应式如下:

$$Hg+I_2+2KI \longrightarrow K_2HgI_4$$

该法可以处理高浓度的含汞废气,吸收产物可回收汞,但投资和运行费用均较高。

6. 过硫酸铵溶液

汞与过硫酸铵的反应式如下:

$$Hg+4(NH_4)_2S_2O_6 \longrightarrow HgSO_4+(NH_4)_2SO_4$$

反应后的溶液含汞浓度达到一定值时,可以采用电解法回收汞。

7. 氯化法除汞(沉淀法)

烟气进入脱汞塔,在塔内与喷淋的 $HgCl_2$ 溶液逆流洗涤,烟气中的汞蒸气被 $HgCl_2$ 溶液氧化(30～40 ℃条件下)生成 Hg_2Cl_2 沉淀,从而将汞去除。反应式如下:

$$HgCl_2+Hg \longrightarrow Hg_2Cl_2\downarrow$$

通常,将生成的一部分 Hg_2Cl_2 沉淀用 Cl_2 氧化,使 Hg_2Cl_2 再生为 $HgCl_2$ 溶液以便循环使用。Hg_2Cl_2 沉淀剧毒,生产过程中需加强管理和操作。

7.3.8.2　汞固体吸附剂

汞固体吸附剂通过物理吸附或化学吸附来净化废气中汞的固体材料,主要有以下五种。①充氯活性炭:吸附在活性炭表面的 Cl_2 与汞反应生成 $HgCl_2$,并停留在活性炭表面,净化效率可达 99.99%以上,运行管理简单,且活性炭可再生使用,但再生的过程中易产生二次污染;②喷多硫化钠焦炭:焦炭上喷洒多硫化钠溶液,焦炭能对废气中的汞进行吸附,废气中的二氧化硫与凝结水生成亚硫酸,然后与硫化钠发生反应生成硫单质,硫单质可与焦炭上吸附的汞生成硫化汞,除汞效率为 70%～92%;③载银吸附剂:所用的载体有活性炭、熔融氧化铝、玻璃纤维等,采用的还原剂气体(如氢气),将吸附于吸附剂上的银离子还原成很微小的银粒(＜25 nm),由于银粒的巨大表面积及与汞极强的亲和力,与汞接触时,迅速而定量地形成汞合金使废气中的汞得以脱除,该法工艺流程简单,运行稳定,费用低,没有二次污染,吸附剂可以再生,脱汞效率可达 93%～99.9%;④二氧化锰吸收法:天然软锰矿能强烈地吸收汞蒸气或液态细小汞珠，生成 Hg_2MnO_2，吸收效率可达 95%～99%；⑤硫化汞催化吸附法：以 S、HgS 为催化剂，$S+Hg \longrightarrow HgS$。

1. 充氯活性炭

当含汞废气通过预先用氯气处理过的活性炭表面时，汞与吸附在活性炭表面上的氯气反应，反应方程式为：

$$2Hg+Cl_2 \longrightarrow 2HgCl_2$$

生成的氯化汞被吸附在活性炭的表面，使含汞废气得到净化。该法吸附效率高，成本低，适用于处理低浓度含汞废气。

2. 喷多硫化钠焦炭

多硫化钠溶液喷洒于焦炭填料层后，由于焦炭的多孔性及吸附作用，增大了气液的接触，产生了下列化学反应：

$$SO_2+H_2O \longrightarrow H_2SO_3$$

$$H_2SO_3+Na_2S_x \longrightarrow Na_2SO_3+H_2S+(x-1)S$$

$$2H_2S+SO_2 \longrightarrow 2H_2O+3S$$

$$2Hg+2H_2S+O_2 \longrightarrow 2HgS+2H_2O$$

在焦炭表面生成的新生硫，活性很强，与汞蒸气反应生成 HgS(l)，它又进一步起催化作用，使反应加快：

$$Hg+S \longrightarrow HgS(l)$$

$$HgS(l)+S \longrightarrow SHgS$$

$$Hg+SHgS \longrightarrow 2HgS$$

此法方法简单，用过的焦炭填料可送回汞冶炼炉做燃料，同时回收了汞；药液为碱性，对设备腐蚀性小；所产生的废水量少，可与其他含汞废水一起用硫化钠沉淀法处理，毒害小；费用少。

3. 载银活性炭

用硝酸银溶液和氯化钠溶液反应，白色氯化银从溶液沉淀出来，在氯化银的沉淀中加入硫代硫酸钠溶液，生成难离解$[Ag(S_2O_3)]^{3-}$络离子，溶液中的 Ag^+ 不断减少，最后可使氯化银沉淀完全溶解；再于高温下通氢气使络合物中络合离子中的银还原为单质银，实现银在活性炭的内孔和外孔表面均匀浸涂。银的载入，可以促进活性炭的活性，增强活性炭对汞蒸气的吸附能力；同时由于吸附于活性炭表面的银也处于未平衡的力场中，它能捕获流经该表面的汞蒸气分子，形成多分子吸附层；此外，银与汞有很强的亲和力，易和汞形成银汞齐，从而使废气中的汞得以净化治理。

$$Hg+Ag \rightleftharpoons Hg \cdot Ag$$

银汞齐是一种物理结合，当提供其能量时容易发生解吸，这时汞以汞蒸气形式从载银活性炭表面分离出来，这不仅能使载银活性炭得到再生，恢复其原吸附性能，而且还可以直接回收金属汞，消除了二次污染，使含汞废气得到彻底治理。

4. 二氧化锰吸收法

同 7.3.8.1 节硫酸-软锰矿吸收法。

5. HgS 催化吸附法

在每克载体上装入 10 mg S 和 100 mg HgS 作为催化剂，利用以下反应：

$$S + Hg \longrightarrow HgS$$

$$HgS + S \longrightarrow HgS_2$$

$$HgS_2 + Hg \longrightarrow 2HgS$$

该法除汞效率高。

发展趋势：烟气脱汞还没有一项成熟的工业化应用技术，最接近应用的是在烟气中喷入活性炭颗粒脱汞，但该技术费用过高。烟气脱汞技术的应用还存在很多问题需要解决。实验室技术实现工业化的主要发展方向有两点：①结合现有污染物控制设备，提高除尘、脱硫和脱硝装置对总汞的脱除效率，包括开发利用廉价高效脱汞添加剂，抑制体系中 Hg^{2+} 的还原；②结合地矿资源开发新型高效廉价的吸附剂和新工艺，通过催化、光触媒催化以及改良吸附剂特性等新技术来提高常见吸附剂对汞的脱除效率。

7.3.9　恶臭气体吸附剂

恶臭气体吸附剂能够有效吸附、分解、转化恶臭气体，使环境低臭化或无味化。恶臭气体的成分主要分五大类：①含硫化合物，如硫化氢、硫醇类、硫醚类等；②含氮的化合物，如氨、胺类、酰胺、吲哚类等；③卤素及其衍生物，如氯气、卤代烃等；④烃类，如烷烃、烯烃、炔烃、芳香烃等；⑤含氧的有机物，如酚、醇、醛、酮、有机酸等。这些恶臭物质除硫化氢和氨外大都为有机物，这些有机物沸点低、挥发性强，能散发到大气中，因此又称其为挥发性有机化合物，简称 VOC。常用的恶臭气体吸附剂有三种：恶臭气体物理吸附剂、恶臭气体化学吸附剂、恶臭气体生物吸附剂。恶臭气体吸附剂可应用于工业上恶臭气体源头废气、废水的处理，也可用于生活中恶臭气体的处理。

7.3.9.1　恶臭气体物理吸附剂

恶臭气体物理吸附剂是通过物理吸附作用对空气中的恶臭气体进行净化的固体多孔材料，常用的主要有多孔类和纤维类。常用的脱臭吸附剂有活性炭、两性离子交换树脂、活性氧化铝、硅胶、沸石、活性白土等。活性炭吸附净化废气时，是在废气过滤除去灰尘和液滴之后，采用 2～3 个固定床吸附器并联或串联操作吸附恶臭气体，在吸附塔内同时设置三种活性炭：吸附酸性物质、吸附碱性物质和中性物质的活性炭，可以针对不同的臭气进行吸附，用水蒸气脱附法可使活性炭再生，除臭效率可达 85%，适用于醇类、脂肪类等大风量臭气。纤维类主要有活性碳纤维(ACF)，活性炭纤维细、气体流通阻力小、流程长，恶臭气体分子大部分被活性炭微孔所吸附，其吸附能力比粒状活性炭高 2～3 个数量级。ACF 吸附容量大、吸附速度快、脱附速度快、对低浓度吸附质的吸附能力优良，一般工业上用 120 ℃生物锅炉蒸汽或热空气进行脱附，温度越高，脱附的时间越短。

吸附法主要用来处理低浓度的恶臭气体。各种吸附剂中，活性炭内部空隙率和比表面积大，堆积密度小，故最常用。活性炭吸附剂对于去除沸点高于 40 ℃的恶臭组分很有效，但对沸点很低的有些恶臭物质，如 H_2S(沸点是－41 ℃)、甲硫醇(6 ℃)、氨(－33.5 ℃)、三甲胺(3 ℃)，必须通过浸渍活性炭或注加微量其他气体才能达到高效去除的目的。通过浸渍碱(NaOH、氨气)可提高对 H_2S 和甲硫醇的吸附能力；通过浸渍磷酸、CO_2 则可提高对氨和三甲胺的吸附效果；通过浸渍 K_2CO_3 的活性炭去除 H_2S 效果明显提高。因臭气既含有酸性气体如 H_2S，又含有碱性气体如 NH_3，故处理这种多成分的恶臭气体可采用碱性浸渍活性炭、酸性浸渍活性炭和普通活性炭串联组合的吸附装置，经吸附器净化后，得到深度净化。吸附剂吸附饱和后进行再生解吸，解吸后反复利用，直到失去活性再进行填埋。再生解吸的主要方法有加热法、减压法、置换法等。

活性碳纤维的微孔占总孔体积的 90%以上，没有过渡孔和大孔，孔径小而且是单分散，不仅吸附量大，而且吸附力强。活性碳纤维的吸附效率相对地与污染物的浓度无关，能有效地从空气中分离微量污染物。活性碳纤维的另一个孔结构特点是微孔直接分布于纤维的表面，使它吸附时可以直接和吸附质接触，吸附和解析路径很短，因而赋予它较高的吸附和解析速率。活性碳纤维对无机气体如 NO、NO_2、SO_2、H_2S、NH_3、CO、CO_2、HF、SiF_4、HCl、Cl_2 等有很好的吸附能力。含 N 的活性碳纤维 NACF 对 SO_2 和 NO_2 的吸附量比活性炭大 5～20 倍。活性碳纤维对有机气体也有很好的吸附能力，黏胶基活性碳纤维对苯吸附量为 378.4 mg/g，环己烷为 140 mg/g。活性碳纤维对一些恶臭物质(如正丁基硫醇等)吸附量更为突出，吸附量达到 43 000 mg/g。

光催化净化机理步骤如下：

$$TiO_2 + h\nu \longrightarrow h^+ + e$$

$$h^+ + OH^- \longrightarrow OH\cdot$$

$$e + O_{2ab} \longrightarrow O_{2ab}^-$$

$$OH\cdot + VOC + O_2 \longrightarrow nCO_2 + mH_2O$$

采用活性碳纤维作为载体负载二氧化钛催化剂，利用活性碳纤维的吸附性对室内空气中的低浓度有机污染物进行快速吸附，达到污染物在活性碳纤维载体上的富集，而加速光催化反应速度，同时光催化生成的微量中间副产物可以被活性炭纤维吸附而难以扩散到内部空气中，使之继续在催化剂表面进行反应，直至完全转化为无害的二氧化碳、水和简单的无机物，使活性炭纤维不断再生。当 ACF 与 TiO_2 的质量比为 1∶0.5 时，混合材料对甲醛的去除效果最好。TiO_2/ACF 材料具有一定的再生性能，能在较长时间内保持良好的净化效果。

7.3.9.2 恶臭气体化学吸附剂

恶臭气体化学吸附剂通过将吸附剂与恶臭气体分子发生不可逆的化学反应生成新的无臭或微臭物质以达到脱臭目的的吸附剂。常用的化学吸附剂有水、中和剂、氧化剂、催化剂等。①利用水洗塔通过水喷雾方式的来溶解吸收恶臭气体中的有机硫、有机胺和烯烃类等物质，经济性好，但净化效果差。②中和剂：在洗涤塔中用盐酸、硫酸等酸液去除 NH_3 和胺类，用 NaOH 等碱液吸收 H_2S 和低级脂肪酸类。③氧化剂：可以用氧化剂 NaClO、H_2O_2、O_3、K_2MnO_4、K_2CrO_4、Cl_2 等将低分子脂肪酸、胺类、醛类、酮类、醚、类、卤代烃以及脂肪族、芳香族等氧化分解成无机小分子，转化成味小、无味的物质，可处理污泥稳定、干化处理和焚烧过程所产生的恶臭等，常用的设备有填料塔、喷雾塔、洗涤塔等。

1. 水吸收法

恶臭气体多数是有机硫、有机胺、烯烃类物质，在水中有一定的溶解度，可以采用清水吸收的方法来处理。但由于这些物质在水中的溶解度有限，需频繁更换新鲜水，导致废水量太大，且废水处理负担过重。此外，此法对一些高分子恶臭物质去除效果不好，平均净化率一般不会超过 85%。

2. 中和法

在酸洗塔中，用低浓度的硫酸溶液吸收 NH_3 等。

$$2NH_3+H_2SO_4 \longrightarrow (NH_4)_2SO_4$$

在碱洗塔中，用碱性氧化剂次氯酸钠和活性炭悬浮液有效除去恶臭的主要成分硫化氢和甲硫醇。

$$H_2S+2NaOH \longrightarrow Na_2S+2H_2O$$

$$H_2S+NaOH \longrightarrow NaHS+H_2O$$

$$CH_3SH+6NaClO \longrightarrow SO_2+CO_2+2H_2O+6NaCl$$

上式中的 CO_2 和 H_2O 是无臭物质，SO_2 有臭味，但它的臭阈值浓度为 2.6 mg/m^3，甲硫醇的阈值浓度为 0.001 96 mg/m^3，SO_2 的阈值浓度要高得多，因此经次氯酸钠氧化后，臭味可大幅降低。

3. 氧化法

NaClO 能够非常有效地氧化 CH_3SH，但是单独利用低浓度的 NaClO 氧化 CH_3SH 时，会出现氧化不彻底、氧化效率低等现象，在氧化 CH_3SH 的化学吸收体系中加入催化剂，可以提高 CH_3SH 的氧化速率和氧化程度，在 pH＝9.5～10.5 的 NaOH 和 NaClO(500～750 ppm，1 ppm＝1.0×10^{-6})的反应体系中添加催化剂时，CH_3SH 可以完全氧化为 CH_3SO_3H，在没有添加催化剂时，大约仅有 20%的 CH_3SH 转化为 CH_3SSCH_3，方程如下：

$$2CH_3SH_{(aq)}+NaClO \longrightarrow CH_3SSCH_3+NaCl+H_2O$$

$$CH_2SH_{(aq)}+3NaClOCH_3SO_3H+3NaCl$$

但是，NaClO 本身具有危害、腐蚀性，并且产物具有气味，容易产生含氯污染，因此随着人们对生活要求的提高，利用 NaClO 处理的污水达不到人们对水质的要求。

用 H_2O_2 代替 NaClO 氧化 CH_3SH(G)，可以有效地氧化 CH_3SH，反应方程如下：

$$CH_3S^-+3H_2O_2 \longrightarrow CH_3SO_3H+OH^-+2H_2O$$

$$CH_3SH+HO_2^- \longrightarrow CH_3S^-+H_2O_2$$

H_2O_2 氧化碱液吸收的 CH_3SH 的主要缺点是在碱性条件下稳定性较差，H_2O_2 在碱性条件下的分解反应如下：

$$H_2O_2+OH^- \longleftrightarrow HO_2^-+H_2O$$

$$H_2O_2+HO_2^- \longrightarrow O_2+OH^-+H_2O$$

由于排放的恶臭成分比较复杂，通常含有灰尘及一些金属离子，例如铁、锰等，会活化 H_2O_2 产生羟基自由基增加 H_2O_2 的分解；而在 CH_3SH 的吸收过程中会有大量的 CO_2 进入碱液形成碳酸盐，与羟基自由基发生反应，进一步增加 H_2O_2 的分解。相比而言，在 H_2O_2 的分解过程中，H_2O_2被活化占有主要的部分，如果要减小 H_2O_2的分解必须抑制 H_2O_2的活化过程，加入 Na_2SiO_3等稳定剂可以有效地抑制金属对 H_2O_2的活化。

臭氧处理法在污水处理厂恶臭去除方面应用得比较成功。一般而言，臭氧剂量在 $1\times10^{-6}\sim25\times10^{-6}$之间。但当污水处理厂产生的废气中染物浓度很高时，臭氧不能完全氧化这些污染物。另外，未使用的残余臭氧本身又是一种空气污染物。臭氧对甲硫醇的氧化分解反应方程式如下

$$CH_3SH+2O_3 \longrightarrow SO_2+CO_2+2H_2O$$

上式中 CO_2和 H_2O 是无臭物质，SO_2虽然有臭味，但它的阈值浓度为 10^{-6}。甲硫醇的阈值浓度为 10^{-9}，SO_2的阈值浓度要高得多，因而经臭氧分解后，臭味可大大降低。若再采用碱吸收，则臭味可基本消除。

7.3.9.3 恶臭气体生物吸附剂

恶臭气体生物吸附剂是利用代谢活动将恶臭气体转化为无臭无害产物的专属微生物。微生物的作用方式有直接对恶臭气体的转化和从源头上转化两类。直接转化方式有：①硫化氢转化，专性的自养型硫氧化菌可将硫化氢氧化成无味的 SO_4^{2-}。②硫醇类转化，在腐生性细菌、放线菌等作用下硫醇等含硫有机化合物分解产生 H_2S，H_2S 被硫氧化菌进一步转化成 SO_4^{2-}。③氨气转化，在有氧条件下亚硝酸菌和硝酸细菌的硝化作用将氨气转化为硝酸，在兼性厌氧条件下硝酸盐还原细菌将硝酸盐还原为氮气。④胺类转化，胺类物质在有氧条件下可以被氧化成有机酸，有机酸可在异氧细菌作用下氧化分解成 CO_2 和 H_2O。从源头上杜绝恶臭气体的产生主要有活性污泥、固定化微生物技术和酶处理三种方式。①微生物的活性污泥类。②固定化微生物技术是将特选的微生物通过吸附法、交联法等方法固定在有机或无机固体载体上，使微生物高度密集并能大量增殖的生物技术，将其置于曝气生物滤池中或其他生物反应器中使用，有利于提高生物反应器内微生物的浓度和反应后的固液分离。③酶处理，金属酞菁及其衍生物具有催化、分离、光电、能量转换等特异功能，能在室温下除去硫化氢、甲硫醇、三甲胺、氨气等臭气。

1. H_2S 转化

脱硫细菌大致可分为两类：有色硫细菌和无色硫细菌。有色硫细菌体内有光合色素，可进行光合作用，主要为光能自养型脱硫菌；无色硫细菌体内没有光合色素，不进行光合作用，主要为化能自养型脱硫菌。

(1)光能自养型：在有光照、CO_2 和无机营养物质的条件下，光能自养型脱硫菌可以利用 CO_2 合成新的细胞物质，同时将 H_2S 氧化为单质硫或硫酸盐。

为了将 H_2S 氧化为单质硫而非硫酸盐以实现彻底消除硫污染并回收硫资源，除了控制 H_2S 浓度以外，光照强度也十分重要。光照不足，只有部分 H_2S 被氧化，达不到脱硫的效果，光照过强则会导致单质硫继续被氧化为硫酸盐，故光照条件和 H_2S 浓度均需控制在适宜范围内。另一方面，即使上述条件都控制得当，得到了大量的单质硫，但单质硫的存在却使废水变浑浊，降低了光在废水中的透射率，从而影响到脱硫效果。此外，光能自养型脱硫菌处理负荷

偏低，反应时间较长，故其实际应用受到很大限制。

(2)化能自养型：化能自养型脱硫菌不受光源限制，以 CO_2 为碳源，在氧化 H_2S 过程中释放的能量可被细胞用来固定 CO_2 进行生长。在有机碳源存在的情况下，部分种类的化能自养型脱硫菌可以利用有机碳源进行异养代谢，成为化能异养型细菌(碳源和能源皆来自有机物)。代表性的化能自养型脱硫菌主要为硫杆菌(Thiobacillus)，包括以下几种细菌：氧化亚铁硫杆菌(T. ferrooxidans)、氧化硫硫杆菌(T. thiooxidans)、排硫硫杆菌(T. thioparus)和脱氮硫杆菌(T. denitrificans)等。

氧化亚铁硫杆菌和氧化硫硫杆菌耐酸性较强，甚至能在 pH 为 2 时生长良好，而排硫硫杆菌和脱氮硫杆菌适宜在中性条件下生长。此外，硫杆菌既可以在有氧的条件下生长，也可以在无氧的条件下生长，将 H_2S 转化为单质硫或硫酸盐。在有氧的情况下，硫氧化过程如下式所示：

$$H_2S+CO_2+O_2+\text{营养物质细胞}+S\text{和/或}SO_4^{2-}+H_2O$$

在无氧的情况下，NO_3^- 等可作为电子受体，硫氧化过程如下式所示：

$$H_2S+CO_2+NO_3^-+\text{营养物质细胞}+S\text{和/或}SO_4^{2-}+H_2O+NO_2^-\text{和/或}N_2$$

2. 硫醇类转化

硫醇等一般是含硫有机化合物(例如蛋白质)、含硫氨基酸等在无机化过程中分解不彻底时的产物。在进一步氧化过程中以硫化氢为最后的产物。分解有机硫化物的微生物种类很多，一般的氨化微生物，包括许多腐生性细菌、放线菌、真菌等。有机硫化物分解产生的硫化氢则被硫化细菌进一步分解转化成 SO_4^{2-}。以甲硫醇为例，其分解产生硫化氢的反应式如下：

$$2CH_3SH+3O_2 \longrightarrow 2CO_2+2H_2O+2H_2S$$

3. 氨气转化

由于氨气在水中的溶解度很大，因此当恶臭物质为氨气时，会很快地溶入水中。氨气溶于水后，在有氧条件下，经亚硝酸细菌和硝酸细菌的硝化作用转化为硝酸，在兼性厌氧条件下，硝酸盐还原细菌将硝酸盐还原为氮气。氨氮用于合成微生物细胞的反应如下：

$$C_xH_yO_z+NH_3+O_2 \longrightarrow \text{细胞物质}+CO_2+H_2O+\text{能量}$$

硝化：

$$NH_3+O_2 \longrightarrow HNO_2+H_2O$$

$$HNO_2+O_2 \longrightarrow HNO_3+H_2O$$

反硝化：

$$HNO_3 \longrightarrow HNO_2 \longrightarrow HNO \longrightarrow N_2$$

亚硝酸菌和硝酸菌都是自养性细菌，从反应中获得所需要的能量进行细胞合成，细胞合成的反应式为：

$$22NH_4^++37O_2+4CO_2+HCO_3 \longrightarrow C_5H_7NO_2+21NO_3+20H_2O+42H^+$$

4. 胺类转化

胺类物质在有氧条件下可以被氧化成有机酸，而有机酸的臭味比胺类轻很多。而且只要提供一定的环境条件，有机酸还可被进一步氧化分解成二氧化碳和水。在所发生的生物化学反应过程中由于氧化分解的发生，微生物细胞一方面获得了生长所需的能量，另一方面获得了细胞增殖所必需的细胞物质，从而维持了细胞的正常生命活动。在生物脱臭法中保持微生物正常的生长环境极为重要。要维持微生物生长的适宜环境,就意味着环境中要有充足的营养物质和溶解氧含量、适当的温度、pH 和含水率等。同时,待降解的恶臭物质必须有一定的水溶性和可生物降解性,恶臭气体的温度不能大于 50 ℃,并且不含有抑制微生物生长的有害物质。

5. 固定化微生物

使用海藻酸钙包埋固定化经驯化具有降解甲硫醇的微生物,采用生物填充床能有效处理含甲硫醇的恶臭气体且缓冲能力强。用海藻酸钠固定经驯化含降解 S^{2-} 的微生物,采用颗粒填充床能有效处理 H_2S 气体。

6. 酶催化

在碱性介质中,以酞菁钴类化合物为催化剂,空气为氧化剂,可以将硫醇氧化成二硫化物溶解在油品中。

四羧基金属酞菁配合物催化空气氧化硫化物的反应为:

$$2S_2^- + O_2 + 2H_2O \longrightarrow 2S + 4OH^-$$

$$2SO_3^{2-} + O_2 \longrightarrow 2SO_4^{2-}$$

$$CS_2 + O_2 + 2OH^- \longrightarrow CO_3^{2-} + 2S + H_2O$$

对于恶臭气体的传统治理方法,如物理法、化学法等,应加快其工艺改进,开发廉价且高吸附量的吸附剂以提高处理效率。生物除臭技术是目前比较先进的脱臭方法,受到国内外广泛关注,采用该法时应该考虑臭源物质去除的可能性和去除效率,还要加强微生物的驯化研究。由于恶臭物质的多样性和复杂性,使用单一的恶臭污染控制技术往往不能达到要求的效果。因此,今后需加强对联合工艺的开发与应用研究,将吸附技术与催化氧化技术结合起来,以提高吸附剂的吸附和催化性能,充分利用恶臭物的热值,降低能耗,辅以电晕法、光催化法也成为恶臭治理开发的重要方向。

7.3.10 铅烟吸收剂

铅烟吸收剂是通过物理或化学作用对铅烟中含有微细颗粒的铅蒸气进行净化的吸收剂。含铅烟气净化方法分为干法和湿法。干法包括布袋除尘、电除尘等,可有效去除含尘浓度为 0.1 μg/m³ 以下的气溶胶状铅烟,但对于粒径在 0.1 μm 以下的气溶胶状铅烟,脱除率不高。湿法有水洗法、酸性溶液吸收法、碱性溶液吸收法等。①水洗净化是利用铅烟比重大、不溶于水的特性,以惯性碰撞、拦截作用、重力沉降和扩散作用对铅烟进行净化。该法应用广泛,设备结构简单,成本低廉,但易导致二次污染,易腐蚀设备和管道。②碱液主要为 NaOH 溶液,铅烟的温度在 330～500 ℃时,易生成不稳定的 Pb_2O_3 和 Pb_3O_4,分解成的 PbO_2 可与碱液和水生成 $Na_2[Pb(OH)_6]$沉淀,铅烟尘较大颗粒和 PbO 在吸收液包裹下增重沉降。该法流程简单,净化效率高,碱液浓度为 1%时净化效果最好,但在进口铅烟浓度较低时,净化效率较低,易造成二次污染。③酸液主要采用醋酸、硝酸或草酸,吸收铅烟生成相应的铅盐,常用 0.1%～0.3%的稀硝酸或 3%的草酸溶液作为吸收液。酸液吸收法具有设备简单、操作方便、除铅效率高、不堵塞等特点，但仍存在污水污泥处理和腐蚀问题。铅烟吸收剂应用于蓄电池厂、粉末冶金厂、黄丹厂等铅气的处理。

1. 干法

(1)布袋除尘：采用纺织的滤布或非纺织的毡的过滤作用对含尘气体进行净化。布袋除尘器是一种干式除尘装置，它适用于捕集细小、干燥非纤维性粉尘。滤袋采用纺织的滤布或非纺织的毡制成，利用纤维织物的过滤作用对含尘气体进行过滤，当含尘气体进入布袋除尘器时，颗粒大、比重大的粉尘，由于重力的作用沉降下来，落入灰斗，含有较细小粉尘的气体在通过滤料时，粉尘被阻留，使气体得到净化。用于高炉煤气除尘的滤布材质主要有玻璃纤维针刺毡、氟美斯针刺毡、尼龙布袋等。

① 玻璃纤维针刺毡：这种材质是目前在高炉煤气布袋除尘系统中使用最广泛的一种，尤其是在中小高炉上应用。其特点是耐温性相对较强，可长期在 280 ℃温度下工作，短期可达 350 ℃(30 min)，最高过滤风速可达 0.6 m/s，价格低，寿命约 1 年。

② 氟美斯针刺毡：在高炉煤气除尘系统使用的氟美斯针刺毡，其特点是有一定的耐温性，可长期在 220～250 ℃下工作，短期可达 280 ℃(30 min)，过滤风速可达 0.8 m/s，价格比玻璃纤维针刺毡高，寿命为 1～1.5 年。

③ 尼龙布袋：主要用于大高炉布袋除尘系统，其特点是耐温性较差，一般在约 180 ℃温度下工作，短期可达 220 ℃(30 min)，过滤风速 1.0～1.2 m/s，价格较高，为玻璃纤维针刺毡的 6 倍，寿命 1.5～2 年。

④ 薄膜复合 NOMEX 机织布滤袋：采用进口原材料，主要用于大高炉布袋除尘系统。其特点是耐温性较差，一般在约 200 ℃温度下工作，短期可达 250 ℃，过滤风速 1.0～1.2 m/s，价格昂贵，寿命大约 2 年。

⑤ 金属纤维滤料：金属纤维主要是不锈钢纤维，耐温性可达 500～600 ℃以上，同时有良好的抗化学侵蚀性。该纤维织成的滤布的柔软性能与尼龙相仿，耐高温达 500 ℃，过滤风速为 1.0 m/min，除尘效率达 99.99%，也可以用金属纤维与其他纤维混合做成耐温滤料。采用金属纤维可达到与通常织物滤料相同的过滤性能，阻力小，清灰较容易。此外，金属纤维滤料还具有防静电、抗放射辐射性能、寿命较一般纤维布袋长等特点。但金属纤维滤布的造价非常高，只能用于特殊场所。由于价格的原因，目前尚没有在高炉煤气除尘系统运用的实例。

⑥ 玻璃纤维与 P84 纤维复合针刺毡：这是一种性能优良的新型高温过滤材料。它以 5.5 μm 的玻璃纤维为主体，配以一定比例的 P84 纤维组成。

玻璃纤维针刺毡以 100% 的玻璃纤维为原料。梳理针刺成毡，具有三维孔结构，空隙率低，空隙直径小，分布均匀，有着较好的透气性和较高的过滤效率，特别对细微粉尘有较高的除尘效率，可达 99.9%以上。它耐酸碱，耐腐蚀，化学稳定性好；安装方便，除尘设备简单，投资少，操作方便，维修工序少，便于管理。

P84 纤维有较高的使用温度，达 260 ℃，与玻璃纤维使用温度相匹配，不会影响玻璃纤维耐高温的优点；P84 纤维横截面呈不规则的叶片状，它比一般的圆形截面纤维增加了 80% 的表面积，因而具有较强的阻尘与捕尘能力，大幅度提高了过滤效率；P84 纤维因其不规则纤维导致内应力大小不同,分布不均匀,而使纤维自然卷曲,因而具有较强的抱合缠结力,而圆形截面的纤维(如玻璃纤维)不能自然弯曲,呈棒状,纤维间的抱合力与缠结力极小(几乎为零)。纯P84纤维具有耐高温、过滤风速大、使用寿命长、除尘效率高、耐酸碱、耐腐蚀、化学稳定性好等优点,但价格极高,国内目前尚无企业生产。

玻璃纤维与P84纤维复合针刺毡是在玻璃纤维针刺毡中加入了部分P84纤维,而大幅度提高了毡层及基布间的结合强度,它综合了上述两种纤维的优点,是目前市场上耐温最高、使用性能最好而价格较便宜的高温过滤材料。

(2)电除尘

静电除尘器是利用含尘气体通过非均匀高压电场,使尘粒荷电,在电场中定向运动沉积于集尘板,而实现尘粒分离的一种高效除尘装置。静电除尘器在工业上应用广泛,处理烟气量大(可达 $1\times10^5\sim1\times10^6$ m^3/h),除尘效率高(粒径为 1~2 μm 细微粉尘的捕集效率高达 99%以上),压力损失小(一般为 200~500 Pa),能耗低(大约 0.2~0.4 $kW\cdot h/10^3m^3$),可处理 500 ℃以下的高温、高湿气体,能连续操作,自动化程度高。但设备体积庞大、耗钢多、一次性投资高,对粉尘具有一定的选择性。制造、安装、运行及维护的技术水平要求高,不易适应操作条件的变化。

静电除尘器主要由放电极和集尘极组成。当在曲率半径很小的放电极(电晕极)与具有一定面积、呈板状或管状的集尘极之间加上高压直流电源时,两极之间会形成不均匀电场。含尘气流通过时,经过电晕放电、粒子荷电、粒子迁移与沉积、清恢四个环节完成除尘过程。

① 电晕放电。放电极尖端的曲率半径小,电荷面密度大,电场强度强,其周围气体中的自由电子和离子获得电场能量而加速运行。当尖端处的电场强度足够大时,气体中的自由电子会获得足够的能量致使与之碰撞的气体分子发生电离,产生新的电子和离子,失去能量的电子与其他中性气体分子结合成负离子。这样的连锁反应在极短的时间内重复无数次即可产生大量的自由电子和正负离子(在 1 cm^3 的空间内数量达一亿个以上),这就是气体电离。

发生气体电离时,可以看到淡监色的光点或光晕,并能听到咝咝声,这种现象称为电晕放电。如果电压继续升高,电晕区继续扩大,可能导致两极间空气被击穿,发生火花放电,此时两极间会出现电弧,设备损毁。因此,应装设电压调节和保护装置,以保持设备处于电晕放电状态。

在放电极上加负电压,产生负电晕;反之,则产生正电晕。因负电晕的起晕电压低,电晕电流大,工业用的静电除尘器均采用负电晕。正电晕虽功率损耗大,但臭氧产生量只约为负电晕的 1/10,从维护人体健康的角度考虑,用于空气调节的小型静电除尘器多采用正电晕。

② 粒子荷电。粒子有两种荷电过程:一种是离子在电场力的作用下做定向运行,与粒子碰撞而使粒子荷电,称为电场荷电;另一种是由离子的扩散而使粒子荷电,称为扩散荷电。

对于粒径>1 μm 的粒子,电场荷电占优势;粒径<0.2 μm 的粒子,扩散荷电占优势;粒径为 0.2~1.0 μm 的粒子,两种荷电必须都考虑。一般来说。直径为 1 μm 的粒子大约获得 30 000 个电子的电量。

在静电除尘器中,电子运动速度快,主要是由 O_2、Cl_2、CCl_2、HF、SO_2 等电负性气体分子吸附电子后形成气体负离子,此离子再撞击粒子而完成粒子的荷电过程。对于负电晕而言,电负性气体吸附电子形成稳定的空间电荷，是维持电晕放电的重要条件。如果电负性气体不存在，就只能采用正电晕放电。

③ 粒子迁移与沉积。荷电粒子在电场力的作用下，将朝着与其电性相反的集尘板移动，此为粒子的迁移。粒子荷电量越高，所处电场强度越大，迁移的速度越快。当荷电粒子到达集尘极时，完成电荷中和并吸附其上，此为粒子的沉积。

④ 清灰。气流中的粒子在集尘极上连续沉积，集尘层厚度不断增大。如果积尘过多，会影响荷电粒子的驱动速度，对于高比电阻粉尘还会引起反电晕。因此，需要及时清灰，以维持静电除尘器的高效运行。通常采用重锤冲击振打或电磁装置抖动的方式振落或抖落极板上的灰尘，使其汇集于灰斗中。

2. 湿法

主要采用酸性溶液吸收法和碱性溶液吸收法。

(1)酸性溶液吸收法：吸收剂可以采用醋酸、硝酸和草酸等，常用的是 0.1%～0.3%稀醋酸或 3%的草酸溶液。

稀醋酸吸收过程的主要反应为：

$$2Pb + O_2 \longrightarrow 2PbO$$

$$Pb + 2CH_3COOH \longrightarrow Pb(CH_3COO)_2 + H_2$$

$$PbO + 2CH_3COOH \longrightarrow Pb(CH_3COO)_2 + H_2O$$

吸收过程可以在斜孔板塔、旋流板塔等吸收塔中进行，对于铅电池等行业的含铅废气的净化率可达 90%以上，使废气中的含铅浓度下降到 0.02～0.05 mg/m^3。

化学反应生成的醋酸铅的毒性比铅更大，因此必须对醋酸铅进行化学沉淀处理。

用醋酸吸收时，有设备简单、操作方便、除铅效率高、不堵塞等特点。醋酸铅可用于生产颜料、催化剂和药剂等；缺点是仍存在污水处理和腐蚀问题。

使用草酸作吸收液时，由于生成的草酸铅溶解度小，一般无须处理，只需过滤出草酸铅沉淀即可。其缺点是吸收液的浓度要求高，药品费用大。

(2)碱性溶液的吸收法：采用 1%的 NaOH 液作吸收剂，铅烟进入冲击式净化器进行除尘及吸收，吸收产物为亚铅酸钠。其反应方程式为：

$$2Pb + O_2 \longrightarrow 2PbO$$

$$PbO + 2NaOH \longrightarrow Na_2PbO_2 + H_2O$$

该工艺的优点是在同一设备内完成除尘和吸收，同时由于使用了碱液，还可兼顾除油，特别适用于铅烟中含油的行业。此工艺设备简单，操作方便，净化效率较高，可达 85%～99%。其缺点是气液接触时间短，当烟气中铅的含量小于 0.5 mg/m^3时，净化效率低于 80%。同时，由于吸收后的亚铅酸钠没有回收价值，仍会污染环境。

水吸收法是目前最简单、普遍的方法。以水为吸收液是根据铅烟比重大、不溶于水的特点，利用物理吸收的原理净化。水吸收法的净化率与净化设备的类型及操作有关，可采用填料塔、喷雾洗涤法、泡沫塔和旋流板塔等。相同设备情况下，用水作吸收液其净化效率略低于用醋酸和碱吸收液。

7.3.11 有机蒸气净化材料

7.3.11.1 有机蒸气吸收剂

有机蒸气吸收剂是通过吸附作用使废气中的有机蒸气分离净化的材料，主要有活性炭、疏水硅胶、沸石分子筛、混合吸附剂、污泥含炭吸附剂等。①活性炭孔结构发达、内表面积大、吸附性好，可吸附氯氟烃、丙酮、苯、乙醇等，应用广泛。活性炭纤维(ACF)吸附和解吸速率比较快，适用于有机废气浓度为0～0.6 mg/m^3，风量为0～600 000 m^3/h的有机废气处理工程；而颗粒状活性炭吸附解吸速率较慢，适用于有机废气浓度为0～0.1 mg/m^3，风量为0～48 000 m^3/h的有机废气处理工程。②疏水硅胶通过嫁接有机基团以提高其表面疏水性能和对有机气体的选择吸附性，对甲苯具有较好的选择性。③沸石分子筛的比表面积为750 m^2/g，常用于石油馏分分离，可分离出对二甲苯。④混合吸附剂是将不同种类、不同结构的吸附剂复合或混合使用，如上层为活性炭、底层为疏水硅胶的复合吸附剂，该法综合利用硅胶的不燃性及活性炭吸附质量比高的特点。⑤污泥含炭吸附剂采用$ZnCl_2$化学活化法制备污泥含炭吸附剂，其比表面积为394.12 m^2/g，内部含有丰富的Al、Fe等金属元素和Cl元素，对甲苯吸附能力强。吸附法的净化效率高，但吸附容量低，一般只有40%左右，必须频繁地进行吸附、解吸和再生操作。

活性炭具有极大的比表面积和发达的孔隙结构，孔容积可达0.2～0.5 mL/g，比表面积最高可达3 000 m^2/g以上，由于廉价易得等优点，活性炭是当今吸附法处理VOCs中最常用的吸附剂。活性炭表面和孔道内具有一定的表面氧化物，会对活性炭与物质的结合能力产生影响，从而改变活性炭的活性和选择性。同样，在吸附过程中含酮、醛、酯等活性官能团的吸附质也会破坏活性炭的有效表面结构，致使活性炭内部孔道结构堵塞从而降低吸附能力，再生难彻底，影响使用寿命。比表面积、孔容和表面官能团是决定活性炭吸附性能的关键。因此，对活性炭进行改性，通过对其表面化学性质的改变及孔结构的调整，提高其对特定VOCs分子的吸附/脱附性能成为研究的热点。常用的活性炭表面化学改性方法有氧化、还原、负载杂原子或化合物等。采用碱金属浸渍改性活性炭，其吸附甲醇能力大大提升，且硝酸和硫酸改性的活性炭对甲苯的吸附量也有所增加。采用酸、碱浸渍改性活性炭，可最大限度地增大活性炭对苯废气的吸附量。采用浸渍焙烧法对活性炭进行锰负载改性和铜负载改性，改性后的活性炭的比表面积增加，总孔容明显增大，对甲苯、乙酸乙酯以及二者混合物的吸附量较未改性前均有很大提高。

对活性炭进行微观改性的同时，通过宏观结构改性制备的新型活性炭纤维吸附材料也成为研究的热点。活性炭纤维主要以纤维为原料经高温活化而制成，表面布满丰富的微孔，孔径分布均匀，且分子吸附途径短，比粒状活性炭有更丰富的表面化学结构。活性炭纤维比粒状活性炭有更大的吸附容量和更快的吸附速率，其吸附能力比一般活性炭高1～10倍，特别是对一些恶臭物质的吸附量比颗粒活性炭要高出40倍。以黏胶基ACF对苯、甲苯的吸附发现，填充密度增大有利于吸附，且有较好的吸附-再生性能。微波辐射、硝酸回流、微波-硝酸处理三种方法均可使改性活性炭纤维的表面积增加、微孔容量增大、对氮气的亲和力增强。活性炭纤维吸附处理装置已被用于处理含二氯甲烷的废气，吸附苯、异丙醇、甲苯和 VOCs 等气体。

疏水硅胶实际上就是对硅胶进行疏水化处理，使得硅胶表面的硅羟基被疏水基团所取代，从固有的亲水性转变为亲油性。在日本，疏水硅胶被广泛应用于油气回收领域，作为一种新型吸附剂材料，其导热系数比活性炭大，具有不可燃性、遇水不易破裂等优点。

沸石分子筛是优良的吸附剂之一，有较大比表面积和微孔体积，对水等极性小分子有强烈的吸附能力。分子筛吸附剂包括 NaY、Hβ、ZSM-5、SBA-15、MCM-41 等。由于 VOCs 大多属于非极性或弱极性物质，空气中水蒸气与 VOCs 间存在竞争吸附作用，因此沸石的推广受到抑制。研究发现，水蒸气共存时，沸石对正丁醇、对二甲苯的气体吸附量减小，但正丁醇、对二甲苯在沸石上的吸附动力学不受影响。乙醛的最大吸附量只与沸石薄片中所含沸石量的多少有关，均匀性是制约其吸附性能的重要因素，吸附性能与其均匀性呈正相关。有效扩散率与 VOCs 极性及气体吸附量无关。总的来说，分子筛材料已被广泛用于对 VOCs 的吸附。不同类型的分子筛对 VOCs 的吸附效果不同，这就要求对分子筛进行化学修饰和改性，提高对 VOCs 的去除效果。但选择性不高仍是其主要缺陷，今后开展提高分子筛的吸附选择性研究是非常必要的。

采用 ZnCl 化学活化法制备污泥含炭吸附剂，制得的吸附剂孔结构以微孔和中孔为主，比表面积为 394.1 m^2/g 的吸附剂中含有丰富的 Al、Fe 等金属元素和 Cl 元素。有实验进行了污泥含炭吸附剂对苯系有机物和含汞废气的吸附性能分析，发现污泥含炭吸附剂对苯系物的吸附为典型的物理吸附，其对甲苯的吸附容量随着甲苯进口浓度的增加而增加，其吸附等温线为优化的平衡曲线。在吸附反应温度为 20 ℃，气体流量为 500 mL/min(停留时间为 0.424 s)，甲苯浓度为 2 700 mg/m 时，甲苯的饱和吸附容量为 150 mg/g。还有试验结果表明，由于污泥含炭吸附剂存在有较强烈的化学吸附作用，使得其对 Hg 的吸附效果要好于选定的活性炭，125 ℃时其吸附容量为活性炭的 1.51 倍。

吸附技术作为一种传统的有机废气处理技术在技术和工艺上已经发展得比较成熟。目前主要把研究方向放在寻找吸附性能好且价格低廉的吸附剂上，在工艺上主要是将吸附用于处理工艺的末端进行低浓度有机废气的治理。对于不同质量浓度、不同组分的 VOCs，通过吸附技术与其他处理技术集成工艺的耦合，可以达到较高的回收效果。目前，针对不同的 VOCs，专用吸附剂的筛选和开发、集成工艺及结构的优化成为今后研究的重点。其次，节能减排、节能环保的要求促进了面向低能耗的 VOCs 治理技术的研究。可再生能源的利用，将进一步促进投资相对较高的太阳能光伏电池发电节能技术的广泛研究和应用，最终达到回收率、设备投资、运行能耗等技术指标的最优化。

7.3.11.2　有机废气燃烧催化剂

有机废气燃烧催化剂可使工业有机废气碳氢化合物在温度较低的条件下，迅速氧化成 CO_2 和 H_2O 的一类材料。在催化燃烧装置中有机废气通过热交换器预热到 200～400 ℃，进入燃烧室，在催化剂表面被活化氧化。该催化剂的特点是低温活性好、燃烧反应是放热反应、耐高温。铂、钯、钌等贵金属类催化剂氧化活性高、易回收、应用广泛，但资源稀少、价格昂贵、耐中毒性差；过渡族元素的氧化物以及稀土元素氧化物等非贵金属类，两种或两种以上的金属氧化物的混合物催化性能好，如二氧化锰—氧化铜(3∶2)的复合物，三氧化二铁—三氧化二铬复合物，氧化铜—三氧化二铬复合物，钴、锰的尖晶石型复合物，铜、锰、镍、锌的铬酸盐等，但氧化活性不及贵金属；钍、镍、钼、钴的硫化物，只适用于含硫的碳氢化合物的催化燃烧，温度限于300～400 ℃，高温时易分解。催化剂活性组分沉积在载体上的方式有：电沉积在缠绕的或压制的金属载体上；沉积在片、粒、柱状陶瓷材料上；沉积在蜂窝结构的陶瓷材料上。有机废气燃烧催化剂应用于油漆、橡胶加工、塑料加工、树脂加工、皮革加工、食品业、铸造业、汽车废气净化等方面。

催化燃烧是借助催化剂在低起燃温度下(200～300 ℃)进行无火焰燃烧，将有机废气氧化分解为二氧化碳和水的技术，其反应过程为：

$$C_nH_m^{+(n+)}+O_2 \longrightarrow nCO_2\uparrow + H_2O + 热量$$

与一般的火焰燃烧相比，催化燃烧在有机废气治理、能量的回收利用和发电方面受到人们的普遍关注。一是起燃温度低，能量消耗少，甚至达到起燃温度后无须外界传热就能完成氧化反应。二是几乎可以处理所有的烃类有机废气及恶臭气体，适用浓度范围广、成分复杂的各种有机废气处理，对于有机化工、涂料、绝缘材料等行业排放的低浓度、多成分，又没有回收价值的废气，采用吸附-催化燃烧法的处理效果更好，一般有机废气的转化率都在95%以上。三是适应氧浓度范围大，净化效率高，无二次污染，运转费用少，可长周期运行，并可回收废热，降低处理成本。

催化燃烧反应的关键是选择合适的催化剂。对催化剂的要求：一是低温活性高，以便在尽可能低的温度下开始反应；二是耐高温，以便适应放热反应导致催化剂表面达到500～1 000 ℃的高温。

1. 贵金属催化剂

贵金属催化剂对催化燃烧具有高活性，常用的是Pt、Pd和Rh，呈高分散状态负载于氧化物载体上。对不同的反应物表现出不同的活性，对一氧化碳、烯烃和甲烷的氧化，Pd比Pt活性高；对芳烃的氧化，两者相仿；对C_3以上直链烷烃的氧化，Pt比Pd活性好。催化活性还受载体种类、颗粒粒径、催化剂的预处理、活性组分的负载量等多种因素的影响，Pt负载在酸性较强的载体上时显示出较高的活性；双贵金属催化剂Pt-Pd/Al_2O_3被认为是完全氧化CO和碳氢化合物Pt催化剂的最佳替代催化剂；恰当的Pt/Pd原子比例下，Pt-Pd间存在协同效应，通过活性组分高度分散，小颗粒的形成以及颗粒尺寸的均匀分布使得双金属催化剂的活性和稳定性较单组分Pt或Pd高。贵金属催化剂的优点是具有较高的比活性、低温活性；缺点是价格昂贵和资源短缺。

2. 单一金属氧化物催化剂

单一金属氧化物催化剂起燃温度高，催化活性不如复合金属氧化物。对甲苯燃烧的催化活性顺序大致为：$Co_3O_4 > Cr_2O_3 > Mn_2O_3 > CuO > NiO > MoO_3 > ViO_2$。以阳极氧化的氧化铝为载体，催化甲苯的燃烧试验中$MnO_x/Al_2O_3$的性能最佳。乙醇在氧化物载体上氧化的活性顺序为$Fe_2O_3 > Fe_3O_4 > CaO > TiO_2 > SiO_2$，在$TiO_2$上产物以丙酮为主，在$Fe_2O_3$上以乙酸乙酯为主。对乙烯的完全氧化的活性顺序如下：CuO-Cr_2O_3/Al_2O_3(145 ℃)$>Fe_2O_3$；Co_3O_4

(470 ℃)>Cr_2O_3(560 ℃)；对乙烯中混有 CO 的活性顺序为 Co_3O_4(<25 ℃)>$CuO—Cr_2O_3/Al_2O_3$(65 ℃)>Fe_2O_3(155 ℃)>CuO(205 ℃)>Cr_2O_3(335 ℃)。

3. 复合金属氧化物催化剂

复合金属氧化物之间存在结构或电子调变等相互作用，活性比相应的单一氧化物要高。主要有以下两大类：

(1)钙钛矿型复合氧化物。稀土与过渡金属氧化物在一定条件下可以形成具有天然钙钛矿型的复合氧化物，通式为 ABO_3，其耐热性好，活性高，结晶构造中的 A 为 La、Sr、Ce 等稀土元素，B 为 Co、Mn 等过渡金属。一般 A 为四面体型结构，B 为八面体型结构，这样 A 和 B 形成交替立体结构，易于取代而产生晶格缺陷，即催化活性中心位，表面晶格氧提供高活性的氧化中心，从而实现深度氧化反应。研究表明，$La_{0.8}Sr_{0.2}MnO_3$ 和 $La_{0.8}Sr_{0.2}CoO_3$ 在同类氧化物中具有最优良的性能，与贵金属催化活性相当，单一的这类氧化物比表面积小，机械强度也不高，实际应用中常负载在合适的载体上，由浸渍法制备的 $La_{0.8}Sr_{0.2}MnO_3/\gamma\text{-}Al_2O_3$ 催化剂对二甲苯具有良好的活性。钙钛矿型复氧化物还有 $LaCoO_3$、$LaMnO_3$、$LaFeO_3$、$LaFe_{1-x}Cu_xO_3$、$La_{0.7}Sr_{0.3}MnO_3$、$La_{0.5}Sr_{0.4}Ni_{1-x}Cu_xO_3$ 等。

(2)尖晶石型复合氧化物。尖晶石具有优良的深度氧化催化活性，通式为 AB_2O_4。以具有尖晶石结构的 $CuFe_2O_4$ 复合氧化物对乙醇燃烧具有较高活性和选择性，少量 Co 的引入，使得 $CuFe_2O_4$ 活性和选择性都有所提高，乙醇可在约 229 ℃达到完全转化，燃烧产物中没有发现乙醛副产物生成。采用共沉淀法制备的 Cu-Mn-Ce-Zr 复合氧化物催化剂对苯燃烧具有优良催化活性，完全转化温度只有 182 ℃，铜和锰复合氧化物本身就具有较好的催化活性，但自燃时间较短，添加具有储氧功能的氧化铈后，增加了催化剂的吸附氧量，使 CuO、MnO 容易生成 $CuMn_2O_4$ 尖晶石结构，降低了起燃温度和自燃温度，催化活性均比单纯的过渡氧化物催化剂活性高。

催化燃烧技术不仅可以处理低、高浓度的有机废气，而且设备简单，投资少，操作方便，净化彻底，因此是目前应用最广泛、经济有效的处理技术。但整体仍处于发展阶段，今后的发展方向有两个：①提高催化剂性能，研制具有抗毒能力、大空速、大比表面积及低起燃点的非贵金属催化剂，以降低造价和使用费；②催化燃烧装置应向大型化、整体型和节能型方向发展。

7.3.12　卤素化合物分解催化剂

7.3.12.1　二噁英光降解材料

二噁英是多氯二苯并对二噁英(PCDDs)和多氯二苯并呋喃(PCDFs)的总称，根据氯原子在苯环上取代位置和数量的不同，包含有 75 种 PCDDs 和 135 种 PCDFs，共计 210 种化合物。二噁英中只有 17 种 2378-位氯取代的 PCDDs/Fs 才具有生物毒性，是对人体毒害性最大的含氯有机化合物之一。二噁英主要来源于空气、废物焚烧、有机氯农药以及其他有机化学品的制造和纸浆漂白等。二噁英能够长期稳定存在，有较强的亲脂性和耐酸碱性，挥发性较低，在环境中半衰期较长，其广泛分布于大气、水体、土壤等环境介质中。分解二噁英的途径主要采用光敏剂和光催化剂，二噁英具有平面环状的分子结构，能够吸收紫外光或从激发态分子接受能量而使分子处于激发态，其中主要是化合物的异构化、键的断裂、重排或进行分子间化学反应而产生新化合物的过程。光催化降解二噁英是用紫外光照射光催化剂使之产生光激发而具有氧化能力，将二噁英直接分解或者该光催化剂被照射后生成自由基，由这种自由基将二噁英分解的反应。半导体光催化降解主要依赖于高度活性的光生空穴，可以将吸附在半导体表面的 OH^- 和 H_2O 进行氧化，生成具有强氧化性的 OH・自由基，用来降解有机污染物。N 型半导体二氧化钛（TiO_2）的化学稳定性高，并且空穴具有较强的氧化能力，可使一些吸热的化学反应在被光辐射的 TiO_2 表面得到实现和加速，加之 TiO_2 无毒，成本低，所以广泛用作光催化氧化反应的催化剂。除光催化降解二噁英外，还存在二噁英在土壤、液体（有机溶剂、水）中的降解。用中压汞灯，以 TiO_2 为催化剂对水中 CDD、DCDD、PeCDD 以及 OCDD 的光催化降解反应发现，随着氯原子数目的增加，（多氯二苯并-对-二噁英）PCDDs 类的光催化降解速率有所下降，其中 CDD 降解最快，增加 TiO_2 浓度可加快 2-CDD 的光降解速率，在 TiO_2 悬浊液中添加 Ag^+ 也可加快降解速率。另外，在溶液中四～八氯代的 PCDD/Fs 在含氢溶剂中的光降解途径主要是还原脱氯反应，而在不含有氢的有机溶剂（如四氯化碳）中的光降解产物主要是由于 C—O 键的断裂而生成。PCDD/Fs 在水体中进行的光降解反应主要是光间接或光敏化反应。对于 PCDDs 而言，在有机溶剂中的光降解速率要高于在水中的速率，而（多氯二苯并呋喃）PCDFs 则相反；相对于太阳光，汞灯是较为有效的降解二噁英的光源。在固体表面，二噁英标准物在土壤中的降解与其在溶液中的降解相比降解速率要小得多，且光解仅在土壤表面很小的深度范围内降解；土壤中添加有机溶剂可加快二噁英的光解；光解过程是自然界中植被等植物表面的二噁英环境归宿的一条重要途径。

7.3.12.2 氯氟烃分解催化剂

氯氟烃分解催化剂是一种使氯氟烃与 H_2O/O_2 反应，生成 CO_2、CO、HCl、HF 等过程中所使用的催化剂，被广泛用作致冷剂、发泡剂、电子工业清洗剂。常用的有金属氧化物、沸石分子筛和磷酸盐。①金属氧化物有一般金属氧化物和 SO_4^{2-} 促进型金属氧化物。一般金属氧化物主要有 Al_2O_3、TiO_2、SiO_2，其中 γ-Al_2O_3 是常用的催化剂或载体，具有较高的比表面积和表面酸性，400 ℃下 CCl_4 的分解转化率高于 99%，主要产物为 CO_2；TiO_2 表面-OH 吸附 CCl_2F_2，生成 COFCl 和 $COCl_2$，再深度氧化为 CO_2，300 ℃时 CCl_2F_2 分解转化率高于 90%；$CuCl_2/SiO_2$ 催化剂在 400 ℃下使 CH_2Cl_2、CH_2ClCH_2Cl、CCl_4 发生氧化反应 72 h，催化剂不失活，无 Cu 和 Cl 流失。SO_4^{2-} 促进型金属氧化物催化剂是用 SO_4^{2-} 浸渍无定形金属氧化物制备，其表面酸性很高，催化活性高。②沸石分子筛催化剂，如丝光沸石、HY 和 H-ZSM-5 分子筛，CH_2Cl_2 和 CCl_4 在分子筛表面 Bronsted 酸位上吸附活化，生成 COHCl 和 COCl 等中间产物，再深度氧化为 CO_2，CCl_4、CCl_3F、CCl_2F_2、$CClF_3$ 的分解转化率均高于 40%，但水热稳定性不佳。③磷酸盐催化剂，如磷酸铝（$AlPO_4$），CCl_2F_2 在 $AlPO_4$ 催化剂作用下可与水反应生成 CO_2、HF、HCl，在过量水的存在下，400 ℃时连续反应 1 000 h，$AlPO_4$ 不失活，$AlPO_4$ 等磷酸盐催化剂有很高的水热稳定性，能抑制 HCl、HF 的侵蚀。

1. 金属氧化物和 SO_4^{2-} 促进型金属氧化物催化剂

γ-Al_2O_3 具有较高的比表面积和表面 Lewis 酸性，是常用的催化剂或载体。研究结果表明，它的表面酸位是 CFCs 分解反应的活性位。400 ℃下 CCl_4 在大比表面积 Al_2O_3 催化剂上的分解转化率高于 99%，主要产物为 CO_2，但反应过程中 HCl 与 Al_2O_3 之间生成了易挥发、低活性的 $AlCl_3$，导致催化剂失活。与之相同的失活现象也发生在 γ-Al_2O_3 催化剂催化分解 CCl_2F_2 为 CO_2、HF、HCl 的反应中，HF 与 γ-Al_2O_3 反应生成了低比表面积、无活性的 α-AlF_3，致使催化剂活性迅速降低。用 γ-Al_2O_3 负载的金属氯化物（MCl_x/γ-Al_2O_3）催化剂催化分解 CCl_2F_2 时，反应过程中 MCl_x 与 HF 反应生成了 MF_x，在一定程度上抑制了 Al_2O_3 与 HF 反应，降低了催化剂的失活速率。

TiO_2 和 SiO_2 及其负载型金属氧化物也是研究较多的催化剂。反应温度为 300 ℃时，CCl_2F_2 在 TiO_2 催化剂上的分解转化率高于 90%，产物为 CO_2、HCl、HF。连续反应 4 天，CCl_2F_2 转化率不低于 85%，分解机理为：TiO_2 表面-OH 吸附 CCl_2F_2，生成 COFCl 和 $COCl_2$ 等中间化合物，再深度氧化为 CO_2。在 400 ℃下，CH_2Cl_2、CH_2ClCH_2C、CCl_4 在 $CuCl_2/SiO_2$ 催化剂上氧化反应 72 h，催化剂不失活，也无 Cu 和 Cl 流失。

与金属氧化物 Cr_2O_3 和 ZrO_2 催化剂相比，二元金属氧化物 Cr_2O_3-ZrO_2 催化剂对于 $CHClF_2$ 分解具有更高的催化活性。而 W/TiO_2-ZrO_2 催化剂分解 CCl_3CF_3 的活性与 W 的负载量有关，其中含 W 质量分数 1.5%的 W/TiO_2-ZrO_2 催化剂的催化活性最高，分解产物中有与 CO_2 等量的 CO，但在 Pd/TiO_2-ZrO_2 和 W/TiO_2-ZrO_2 的混合物制备的复合催化剂上，可把 CCl_3CF_3 选择性地分解为 CO_2，反应 150 h 催化剂不失活。

除 Al_2O_3、TiO_2、SiO_2 之外，氧缺位化合物因具有较多的表面缺陷（反应活性位）被用作含氯烃分解的催化剂。CH_2Cl_2、$CHCl_3$、CCl_4 在 $LaMnO_{3+\delta}$ 催化剂上的完全转化温度均低于 550 ℃，主产物为 CO_2 和 HCl。以 CCl_4 的氧化为例，反应的首要步骤是 CCl_4 吸附解离为 CCl_3^+ 和 Cl^-，当反应气中掺入少量水时，促进了催化剂表面 Cl^- 的流动，可提高 CCl_4 的转化率。

一般认为，氯氟烃分解催化剂的表面酸位是必需的。用 SO_4^{2-} 浸渍无定形金属氧化物制备的 SO_4^{2-} 促进型金属氧化物（超强酸）催化剂，其表面酸性很高。例如，SO_4^{2-}/TiO_2、SO_4^{2-}/ZrO_2、SO_4^{2-}/CeO_2 催化剂对 CH_2Cl_2 分解具有较高的催化活性，这种催化活性与表面酸量之间有很好的关联。用质量分数为 96%的 H_2SO_4 和具有锐钛矿晶型的 TiO_2 作原料，制备的 SO_4^{2-}/TiO_2-ZrO_2 催化剂在 280 ℃下可将 CCl_2F_2 完全分解，CO_2 选择性达 100%，连续反应 211 h，催化剂不失活。

金属氧化物和 SO_4^{2-} 促进型金属氧化物催化剂，经长时间使用后，其中的过渡金属、贵金属都可与 CFCs 的分解产物 HF 反应，生成易挥发、低活性的金属氟化物，使催化剂失活。

2. 沸石分子筛催化剂

沸石分子筛催化剂是一类常用的固体酸催化剂。CH_2Cl_2 和 CCl_4 在 HY、CoY、NaY 分子筛表面上的全分解温度低于 200 ℃，反应机理是：CH_2Cl_2 和 CCl_4 在分子筛表面 Bronsted 酸位上吸附活化，生成 CoHCl 和 $CoCl_2$ 等中间产物，再深度氧化为 CO_2。在丝光沸石、HY 和 HZSM-5 分子筛催化剂上，CCl_4、CCl_3F、CCl_2F_2、$CClF_3$ 分解转化率均高于 40%，产物 CO 或 CO_2 的选择性近 100%，而且 CCl_4、CCl_3F、CCl_2F_2、$CClF_3$ 的转化率与分子中 C—Cl 键能之间有较好的关联，表明 C—Cl 键的离解是反应速率控制步骤。高温反应时，沸石分子筛催化剂的水热稳定性不佳，特别是在 HCl 和 HF 存在时，易发生骨架脱 Al 而破坏沸石分子筛的结构，导致这类催化剂逐渐丧失活性。

3. 磷酸盐催化剂

HF 作为氯氟烃的分解产物之一，有极强的腐蚀性和化学反应性，热力学计算结果表明，所有金属氧化物都能与 HF 进行化学反应，生成低比表面积的金属氟化物。磷酸铝($AlPO_4$)与 HF 之间反应的自由能变(ΔG)也是负值，但绝对值很小，说明它们之间的反应性很低。研究结果表明，CCl_2F_2在 $AlPO_4$催化剂上与水反应的主产物为 CO_2、HF、HCl，在过量水存在时，400 ℃下连续反应 1 000 h，$AlPO_4$催化剂不失活。此外，$AlPO_4$催化剂对于 CCl_4、CCl_2F_2、$CClF_3$分解的催化活性与含氯烃分子中 C—Cl 键能有很好的关联。在过量水蒸气气氛中，$AlPO_4$催化剂抑制 HF 侵蚀的原因是：$AlPO_4$催化剂表面的亲水基团在反应过程中有利于水的表面吸附，而吸附态的水可抑制金属氟化物的生成。

4. 氯氟烃光分解催化剂

通过光催化反应将氟氯烃不可逆地转化为 H_2O、CO_2、Cl^- 等无毒无害的小分子催化剂。常用的光催化剂为二氧化钛(TiO_2)，其具有锐钛矿或者金红石结构，在有一定能量的光子激发下能使分子轨道中的电子离开价带跃迁至导带，在材料价带形成光生空穴[$Hole^+$]，在导带形成光生电子[e^-]，“电子-空穴”对迁移到晶体表面，导致原本不带电的晶体表面的两个不同部分出现了极性相反的两个微区——光生电子和光生空穴。由于光生电子和光生空穴都有很强的能量，远远高出一般有机污染物的分子链的强度，可以轻易将有机污染物分解成低分子状态。其催化活性高，氧化能力强，化学性质稳定无毒，使用广泛。例如，含有 TiO_2粒子和甲酸盐离子体系中的 1,1,2-三氯三氟乙烷的光化学还原脱氯反应，反应的主要产物是 1,2-二氯三氟乙烷。氯氟烃光分解催化剂用于致冷剂、泡沫塑料发泡剂、电子元件清洗剂、气溶胶喷射剂及灭火剂生产过程中排放的氯氟烃废弃物的处理。

目前，TiO_2 光催化理论和应用研究得到广泛的重视，研究表明，利用纳米 TiO_2 上的光催化反应可以有效地分解和去除水与空气中的有机污染物。CFCs 在大气同温层能够被紫外光分解，因此，可以利用光催化剂在地面上让 CFCs 加速分解。含有 TiO_2粒子和甲酸盐离子体系中的 1,1,2-三氯三氟乙烷的光化学还原脱氯反应，反应的主要产物是 1,2-二氯三氟乙烷。其反应遵循自由基链反应，机理如下：

$$TiO_2 + h\upsilon \longrightarrow h_{vb}^+ + e_{cb}^-$$

$$h_{vb}^+ + e_{cb}^- \longrightarrow \text{热量}$$

$$H_2O + h_{vb}^+ \longrightarrow \cdot OH + H^+$$

$$h_{vb}^+ / \cdot OH + HCO_2^- \longrightarrow \cdot CO_2^- + H^+ / H_2O$$

$$TiO_2 + \cdot CO_2^- \longrightarrow e_{cb}^- + CO_2$$

$$CCl_2F{-}CF_2Cl + e_{cb}^- \longrightarrow \cdot CClF{-}CF_2Cl + Cl^-$$

$$CCl_2F{-}CF_2Cl + \cdot CO_2^- \longrightarrow \cdot CClF{-}CF_2Cl + Cl^- + CO_2$$

$$\cdot CClF{-}CF_2Cl + HCO_2^- \longrightarrow \cdot CO_2^- + HCClF{-}CF_2Cl$$

$$\cdot CClF{-}CF_2Cl + e_{cb}^- \longrightarrow CClF{=}F/CF_2 + Cl^-$$

通过对含有 HCO_2^- 离子和空气的 TiO_2 悬浮溶液体系对三氯一氟甲烷的光降解反应，在光反应引发阶段溶解氧抑制反应的进行，在溶液体系中形成大量的氯离子，当反应稳定后，溶解氧促进光催化反应的进行，这是因为氧化物表面附着的电子 e^- 和 O_2 物种按下式进行反应生成 H_2O_2 和 CO_2。

$$e^- + \cdot CO_2^- + O_2 + 2H^+ + H_2^+ + CO_2 \longrightarrow H_2O_2 + CO_2$$

生成的 H_2O_2 又有如下两个反应：

$$H_2O_2 + \cdot CO_2^- \longrightarrow OH^- + \cdot OH + CO_2$$

$$e^- + H_2O_2 \longrightarrow OH^- + \cdot OH$$

OH^- 和 $\cdot OH$ 均具有很强的氧化能力，可以氧化分解 CFCs，因此，TiO_2 光催化对于CFCs的氧化降解具有很高的活性，也具有乐观的应用前景。

第8章 能量污染治理材料

8.1 光辐射治理材料

8.1.1 紫外线反射剂

紫外线反射剂又称无机紫外线屏蔽剂。作为紫外线反射剂的无机物一方面对入射紫外线具有较大的折射率，且折射率越大，反射率也越大，对紫外线的反射能力就越强；另一方面，物质的反射率和光波的波长有关系，入射光的波长若是在所选物质的吸收线或吸收带附近，物质的折射率就变得很大，相应地，这个波长的光波在物质表面也就强烈地被反射。此外，折射率越高，紫外线散射效果就越强。这些反射、散射作用可使紫外线反射剂达到遮蔽紫外线的目的。目前，紫外线反射剂多采用纳米粉体，当其颗粒粒径尺寸与光波波长相当或更小时，凭借量子尺寸效应，其对某种波长的光吸收带有“蓝移现象”，对各种波长的吸收节有“宽化现象”，因而光吸收或反射能力显著增强。常用的紫外线反射剂是二氧化钛、氧化锌、碳化钙、瓷土、滑石粉等。紫外线反射剂在纺织品上的应用方式主要分为两大类：一类是将紫外线反射剂混入到纺丝液中纺丝或者将反射剂与纺丝液共同纺出皮芯结构的丝（如皮层为聚酯、芯层含反射剂），得到具有防紫外线辐射功能的纤维；另一类是后整理法，用紫外线反射剂通过浸渍或涂层的方法将防紫外线的功能附加到纺织品上。

许多无机微粒因其半导体特性而对紫外线有强吸收作用，半导体能带理论认为，当能量等于或高于半导体禁带宽度的光（$h\upsilon \geqslant E_g$）全照射半导体时，半导体就能吸收该光子的能量，产生电子一空穴对，可能与其他空穴和电子复合或被表面吸附物俘获而发生氧化-还原反应。复合是紫外线屏蔽剂所期望的，俘获则是光催化机理，两者互为矛盾，不可兼得。带隙能正好处于紫外光能量范围（约 3.2 eV）的半导体材料按晶相不同主要分为金红石和锐钛矿两大系列，金红石密度（4.25 g/cm^3）大于锐钛矿（3.89 g/cm^3），禁带宽度（3.0 eV）略小于锐钛矿（3.2 eV），故而光生电子空穴的复合速率高，光催化活性低，适合作紫外线屏蔽剂。

半导体的光吸收阈值 λ_g 与其带隙能量 E_g 有关，其关系式为：

$$\lambda_g = 1\,240/E_g$$

据此计算出 TiO_2 和 ZnO 所需的激发光最大波长分别为 413.3 nm 和 387.5 nm，因此，波长小于 413.3 nm 和 387.5 nm 的光可以分别被 TiO_2 和 ZnO 吸收。

当颗粒尺寸达到纳米级以后，由于纳米材料的量子尺寸效应、小尺寸效应和介电限域效应，纳米 TiO_2 和 ZnO 对紫外线的吸收强度增强，同时纳米 TiO_2 吸收谱带蓝移，即吸收带移向短波长方向。而纳米 ZnO 则呈现“红移”现象，即吸收带移向长波长。已被电子占据分子轨道能级与未被占据分子轨道能级之间的宽度（能隙）随颗粒直径减小而增大，导致光吸收带移向短波方向，这是产生蓝移的根本原因。对“红移”的解释则是表面效应，由于纳米微粒比表面积大，界面中存在大量的缺陷，例如空位、空位团和夹杂等，而表面原子的畸变又引起表面电子自旋构象和电子能谱的变化，从而使纳米材料产生一些强的或新的光吸收带。对纳米氧化物和氮化物小粒子的研究表明，第一近邻和第二近邻的距离变短，键长的缩短导致纳米微粒的键本征振动频率增大，结果使红外光吸收带宽化。总之，光吸收带的位置是由影响峰位的蓝移因素和红移因素共同作用的结果，如果前者的影响大于后者，吸收带蓝移，反之，吸收带红移。

TiO_2 和 ZnO 作为紫外线屏蔽剂的功能机理主要是吸收作用，在近可见区域的弱紫外吸收和无紫外吸收区有少量散射（表观为反射）作用，其中金红石 TiO_2 的相对折射率（2.71）大于锐钛矿（2.52），更大于 ZnO（1.9），因此 TiO_2 散射作用强于 ZnO。

分散到介质中的纳米粉体对紫外线散射能力取决于散射系数，而粒径与入射光波长与散射系数之间的关系，由下式定量计算：

$$S=[\alpha M^3(\lambda)^{\frac{1}{2}}]\times\left(\frac{\lambda^2}{2d}+n_b^2\pi^2 Md\right)$$

$$M=0.4(n_p-n_b)$$

式中：S——散射系数；

α——待定系数，随物质不同而异；

λ——入射光波长，nm；

n_b——分散介质折射率；

n_p——分散质折射率。

当粉体粒径 $d<0.1\lambda$（λ 为光波波长）时，对紫外线的散射符合 Rayleigh 光散射定律，散射光强度与粒径的 6 次方成正比，与光波长的 4 次方成反比。后向散射强度趋向等于前向散射强度。随着粒径增大，散射遵循米氏定律，前向散射增强，后向散射减弱，散射强度增加，直至 $d\approx\lambda/2$ 时散射光最强，然后随粒径 d 的增大，散射强度又降低。由此可见，纳米粉体对可见光的散射性远远小于亚微米粉体，并且粉体粒径越小，光散射强度越小，对基体颜色的影响就越小，而起屏蔽作用的后向散射的比例增加，但粒度过小则会增加光催化活性，而粒度小到一定程度，后向散射所占比例增加不明显。所以，用作紫外屏蔽剂的 TiO_2 和 ZnO，并不是粒径越小越好。

常用的无机紫外线屏蔽剂有金属氧化物（二氧化钛（TiO_2）、氧化锌（ZnO）、二氧化铈（CeO_2）、氧化铁（Fe_2O_3）等）、碳黑、云母和滑石等。

物质折光指数越高对紫外线的散射作用越强，TiO_2、ZnO、CeO_2 和 Fe_2O_3 具有相对较高折光指数而成为最常用的无机紫外线屏蔽剂；粉体的粒径对其紫外线屏蔽能力也有很大的影响，二者的关系常用 Weber 公式表示：

$$d=\lambda/2.1(n_1-n_2)$$

其中，λ 为入射光波长，nm；n_1、n_2 分别为分散相和分散介质的折光指数；d 为最佳散射率时对应的粒子大小，nm。因此，可以根据公式计算出各种无机氧化物紫外屏蔽效率最高时的粒径大小，从而使它们发挥最大的功效。

与亚微米级的 TiCh、ZnO、CeO_2 和 Fe_2O_3 不同，云母、滑石是通过对紫外线的反射和折射作用屏蔽紫外线。它们属层状硅酸盐材料，由多层同质薄层组成，层间距非常小且充满结晶水。薄层和层间结晶水的折光指数相差较大，当光线经过时，在层间和层面上发生多次反射和折射，从而起到屏蔽紫外线的作用。碳黑是介于石墨晶体与无定形体之间，由许多叠层结构的微晶构成。碳黑主要通过对紫外线的反射和吸收作用屏蔽紫外线，也是一种非常有效的紫外线屏蔽剂。

常用的防紫外线的方法如下：

(1)防紫外线纤维法：选用适当的无机屏蔽剂与纤维共混纺丝制成紫外线屏蔽纤维，该纤维织成的织物在耐洗方面比后整理法好，目前已商品化，但在技术上仍有不少问题需要解决，如降低粒子的表面活性，提高其在纤维中的分散性以及纺丝设备及工艺的改进等。

(2)后整理法：通过浸轧、涂层、吸进法等方法将屏蔽剂对织物进行后整理制成防紫外织物。①涂层法：利用配制的含屏蔽剂的涂层剂在涂布设备上对织物表面进行精密涂布，经烘干、热处理，在织物表面形成一层薄膜。这类方法适用一些高折射的无机化合物，对纤维种类的适用性广，处理成本低，但受到耐洗牢度及手感的影响。如果采用泡沫涂层工艺，产品手感更为柔软。②浸轧法：利用含有屏蔽剂的浸轧液对织物进行浸轧处理，经热处理，使之与黏合剂同浴，将紫外线吸收剂固着在织物表面。但是，织物上的孔易被黏合剂覆盖，影响透气性，但可用于遮阳伞等。吸进法：对涤纶、氨纶等合成纤维织物可与高温高压染色工序同时进行，将紫外线吸收剂分子融入纤维内部。用水溶性整理剂处理羊毛、蚕丝、棉等时，只需在常压下用其水溶液处理即可。

无机纳米紫外线屏蔽剂在具有一系列优点的同时，存在分散性差、与有机物亲和力差、成本高、可设计性差等问题，这些问题已经严重制约了该类产品的大规模生产和应用。目前，防紫外线织物的发展趋势主要有三方面：一是产品向纳米技术方向发展，开发具有紫外反射功能的无机纳米粒子与具有紫外线吸收功能的有机纳米粒子经过纳米复合，得到高效紫外线屏蔽剂的方法将是抗紫外线织物的一个发展方向；二是产品向功能持久、高效化方面发展，利用微胶囊缓释的特性，将紫外线屏蔽剂制成微胶囊再施于织物上，使产品的抗紫外线性能更持久、高效，达到长效防紫外线的目的；第三是产品向功能复合化方向发展，可尝试将抗紫外线屏蔽剂和各种功能剂复合于织物上，使产品简便、实用，提高产品的附加值及适应性。

8.1.2 防晒剂

防晒剂分物理防晒剂、化学防晒剂和植物防晒剂三类。

8.1.2.1 物理防晒剂

物理防晒剂主要是通过二氧化钛、氧化锌等无机粒子，通过其对紫外线的反射、折射和散射作用，降低紫外线对皮肤的伤害。物理性防晒剂具有安全性高、稳定性强等优点，不易发生光毒反应或光变态反应；但其光催化活性可能引起刺激皮肤，为了解决这一问题，采用如聚硅氧烷、氧化铝、硬脂酸及表面活性剂等材料对超细无机粉体进行表面包裹处理，这种处理不仅可以降低无机粉体的光催化活性，同时也防止了无机粉体在防晒产品中的析出或积聚。

二氧化钛最佳衰减紫外线辐射的颗粒大小范围是 20～100 nm。晶体颗粒越小，衰减短波紫外线越有效，对可见光透射越好；晶体颗粒越大，有效衰减波长向可见光波段转移。二氧化钛在日光照射下在皮肤表面可能发生光化学反应，如脂质氧化、复配的有机防晒剂氧化、分解和异构化等，都可能会导致皮肤损伤。通过使用氧化铝、脂肪酸、二甲基聚硅氧烷等包覆二氧化钛颗粒，使表面惰性化，提高其光化学稳定性，同时提高其在产品中的分散性能。

氧化锌可阻挡长波紫外线和中波紫外线的辐射，安全无刺激作用。用不同材料对其进行表面处理后，可以很好地溶于不同的产品基质中。氧化锌也是一种金属酶，是 DNA 和 RNA 合成所需要的，属皮肤保护剂。氧化锌还有抗霉菌的作用。

8.1.2.2　化学防晒剂

化学防晒剂是通过选择性吸收紫外线而起到对皮肤的保护作用。当紫外线光子的能量与化学防晒剂分子中较高能级与较低能级之差恰好相等时，化学防晒剂分子就能吸收这种紫外线，使其转化成化学防晒剂分子的振动能或热能，是一种光物理现象。吸收紫外线后，吸收剂的分子由基态被激发至高能态，当被激发的分子回到基态时，会发射较长波的辐射能，该能量比开始时产生激发态所吸收的能量低。如果能量损失很大，发射辐射的波长足够长，在红外线波段，皮肤上可能会感到有温和的热辐射，但这种感觉可能在太阳光下不易被觉察。当发射的能量处于可见光范围内时，便可产生荧光或磷光作用，这种现象在咪唑啉型紫外线吸收剂中是很常见的，在产品或涂抹产品的皮肤表面上可以看到深蓝色的荧光。化学防晒剂主要有对氨基苯甲酸衍生物、水杨酸酯类、肉桂酸酯类、二苯(甲)酮类、樟脑类衍生物、二苯甲酰甲烷类等。

对氨基苯甲酸衍生物主要是中波紫外线吸收剂，能有效地吸收波长为 280～300 nm 的紫外线，是最早使用的一类紫外线吸收剂。其分子内含有两个极性较高的官能团，能形成分子间的氢键，而这种氢键能增加分子间的缔合作用，形成晶状化合物而影响产品的使用和防晒效果。同时，氢键也能增强溶剂对吸收波长的影响，使吸收波长向短波方向移动，影响产品的防晒性能。对这一早期紫外线吸收剂，为了降低其对皮肤的刺激性，开发形成了一系列产品：对氨基苯甲酸、PABA 乙基己酯、对氨基苯甲酸乙氧基乙酯、对氨基苯甲酸甘油酯、对二甲氨基苯甲酸戊酯等。因分子内的羟基和胺基对产品 pH 的变化敏感，增加了产品的刺激性，同时有报道这类紫外线吸收剂的分解产物有可能会引发皮肤癌，因此这类紫外线吸收剂现已较少使用。

对氨基苯甲酸类防晒剂结构通式如图 8-1 所示。

水杨酸酯类是一组光吸收波长在 300 nm 的邻位取代芳香族化合物，其空间构型使其分子内可形成氢键。由于分子内氢键的作用，酚基与羧酸酯两个基团会稍稍偏离，引起消光系数下降。因此，水杨酸酯类的紫外线吸收较弱，防晒性能较弱，优点是易于分散，无致敏性，润滑，效果持久。水杨酸酯及衍生物防晒剂主要有：水杨酸乙基己酯、水杨酸三甲环己酯、水杨酸辛酯、水杨酸苯酯、水杨酸异十六酯、水杨酸己基十二酯、水杨酸二丙二醇酯、水杨酸苄酯等。水杨酸酯类防晒剂结构通式如图 8-2 所示。

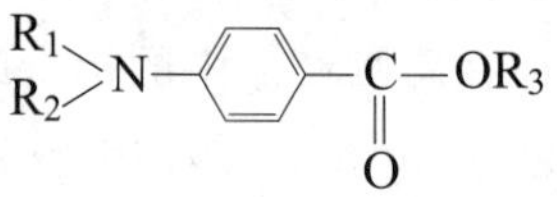

图 8-1　对氨基苯甲酸类防晒剂结构通式

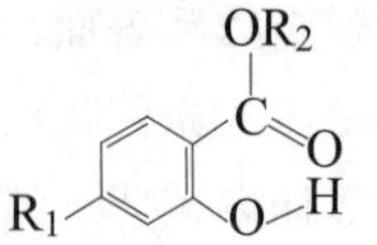

图 8-2　水杨酸酯类防晒剂结构通式

肉桂酸酯类防晒剂大部分属于中波紫外线吸收剂，吸收波长在 290～320 nm 之间，且吸收率高，只有极少数的吸收波长大于 320 nm，因此应用相对比较广泛。此类防晒剂具有极好的紫外线吸收曲线，是比较常用的防晒剂。对甲氧基肉桂酸乙基己酯是目前化妆品中使用比较广泛的紫外线吸收剂，其耐晒性能或光稳定性不太高，主要表现为持久性差，需要在配方中加入较高剂量才能有效发挥作用。随着使用量的加大，增加了对敏感性皮肤消费者使用的风险。肉桂酸酯类防晒剂主要有：甲氧基肉桂酸乙基己酯、对甲氧基肉桂酸异辛酯、对甲氧基肉桂酸异戊酯、对甲氧基肉桂酸乙醇胺盐等。

对甲氧基肉桂酸酯类防晒剂结构通式如图 8-3 所示。

二苯(甲)酮类防晒剂在分子结构上都含有邻位和对位的取代基，有些还含有双邻位取代基，容易生成分子内氢键。分子内氢键的强度与其光稳定效果有关，氢键越强，破坏它所需要的能量就越大，吸收耗去的紫外线能量就越多，效果则越好。因其结构中生成分子内氢键，苯环上的羟基氢和相邻的羰基氧之间形成了分子内氢键，构成了整合环。当其被紫外线照射吸收紫外光能量后，分子产生热振动，分子内氢键被破坏，整合环被打开，这样就能把紫外线变成热能释放出来，从而起到防晒效果。此外，二苯甲酮类吸收紫外光后，羰基会被激发，发生互变异构现象，生成烯醇式结构，也消耗部分能量。这类防晒剂主要吸收长波紫外线，吸收范围比其他防晒剂要广，刺激性低，对皮肤和黏膜的亲和力好，是一类应用广泛的紫外线吸收剂，但易氧化，需加入抗氧剂来提高其稳定性。二苯(甲)酮类防晒剂主要有：2-羟基-4-甲氧基二苯甲酮，2-羟基-4-甲氧基苯二酮-5-磺酸、2-羟基-4-辛氧基二苯甲酮、2,4-二羟基二苯甲酮、2,2′,4,4′四羟基二苯甲酮、2,2′-二羟基-4,4′-二甲氧基苯二酮、2,2′-二羟基-4-甲氧基苯二酮等。

二苯(甲)酮类防晒剂结构通式如图 8-4 所示。

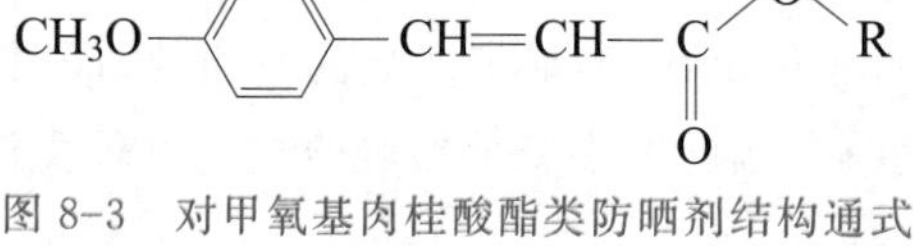

图 8-3　对甲氧基肉桂酸酯类防晒剂结构通式

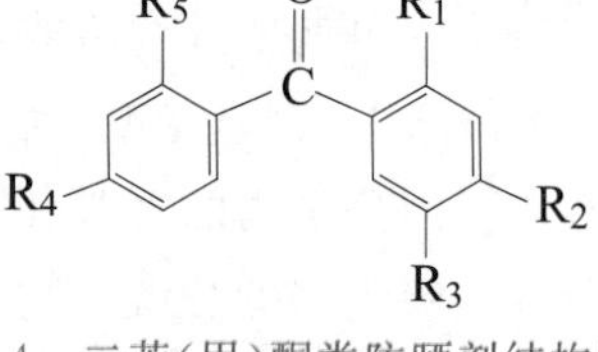

图 8-4　二苯(甲)酮类防晒剂结构通式

樟脑类衍生物主要是 UVB 紫外线吸收剂，通常含有两个六元环结构，吸收峰波长在 290～390 nm 之间，其稳定性和化学惰性比较好。其中，亚苄基樟脑被确定为光稳定紫外线吸收剂的一个较好的框架结构，这一结构的优点是在紫外线照射下会经历一个感光异构化过程，这种感光异构化摆动可以逆转，既能保证光稳定性，又能保证使用的安全。樟脑类衍生物防晒剂主要有：4-甲基亚苄基樟脑、3-亚苄基樟脑、亚苄基樟脑磺酸、樟脑苯扎铵甲基硫酸盐、聚丙烯酰胺甲基亚苄基樟脑、对苯二亚甲基二樟脑磺酸等。

樟脑类衍生物防晒剂结构通式如图 8-5 所示。

二苯甲酰甲烷类是一类高效长波紫外线吸收剂，吸收峰波长在 260～400 nm 之间，结构上存在酮/烯醇感光异构现象，酮式结构的紫外线最大吸收波长为 260 nm，烯醇式结构的最大吸收波长为 345 nm 。这一类紫外线吸收剂光稳定性比较弱，对皮肤的刺激性也较大，使用受到一定程度的影响。二苯甲酰甲烷类防晒剂主要有：4-叔丁基-4′-甲氧基二苯甲酰甲烷、4-异丙基二苯甲酰甲烷、4,4′-甲氧基二苯甲酰甲烷、4-叔丁基-2′-羟基二苯甲酰甲烷、4-叔丁基-2′-羟基-4′-甲氧基二苯甲酰甲烷等。二苯甲酰甲烷类防晒剂结构通式如图 8-6 所示。

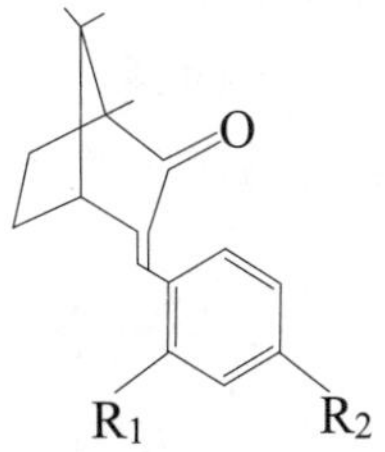

图 8-5　樟脑类衍生物防晒剂结构通式

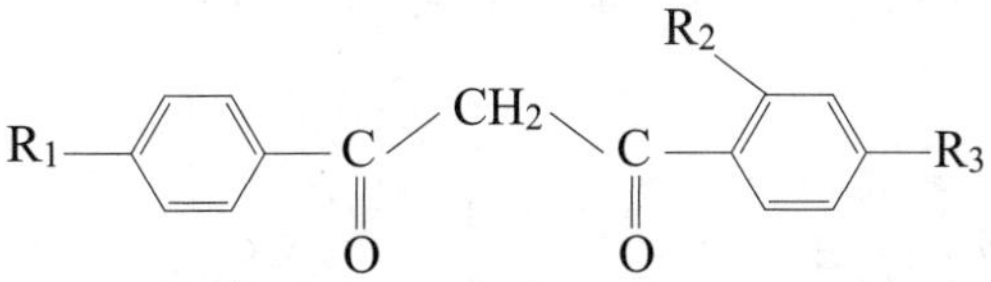

图 8-6　二苯甲酰甲烷类防晒剂结构通式

8.1.2.3　植物防晒剂

植物防晒剂是利用天然植物防晒剂抗氧化或抗自由基作用，减轻紫外线对皮肤或头发的辐射损伤，尽管其紫外线吸收效果不及化学防晒剂，但其安全性好，与皮肤具有较好的相容性。单独将天然植物防晒剂复配到化妆品中难以制得高效的防晒产品，但将其与化学防晒剂复合使用，则可以制得全波段防晒剂，这样可以减少化学防晒剂的用量，也可以提高产品对皮肤的安全性，防止化学防晒剂对皮肤的刺激。这类复合防晒剂主要有山奈、姜黄等中药提取物，也是防晒剂的一个发展方向。

山奈为多年生宿根草本植物，山奈中含有山奈素，山奈挥发油含有肉桂酸乙酯、对甲氧基肉桂酸、对甲氧基肉桂酸乙酯、肉桂酸异丙酯、环已基乙酸乙酯、莰烯、龙脑等成分。山奈根提取物中的对甲氧基肉桂酸乙酯等成分在 280～320 nm 区域有宽而强的吸收峰，且对皮肤无刺激，安全性好，是一种较为理想的防晒剂。

姜黄为姜科姜黄属植物的干燥根茎，含姜黄素类、双苯庚烷类、黄酮类、挥发油类化合物等。姜黄素类化合物是姜黄的主要活性成分，有姜黄素、去甲氧基姜黄素、去二甲氧基姜黄素、二氢姜黄素等，其中姜黄素含量最高。姜黄素为高度共轭的 1,3-二酮结构，该结构的化合物有抑制酪氨酸酶活性的作用，能显著吸收紫外线，姜黄根提取液在 320～400 nm 的区域有宽而强的吸收峰，能增加对长波紫外线的吸收效果。双苯庚烷类化合物基本骨架为一个七碳链，两端各接一苯环，在一些特定的位置上常接有不同的取代基等；挥发油主要成分是肉桂酸酯类、单萜烯、倍半萜烯及其含氧衍生物，其中以肉桂酸甲酯（β-苯基丙烯酸甲酯）为主。

1938 年，奥地利人 Franz Greiter 研制出了人类第一款防晒霜。防晒剂已有 80 年的历史，未来防晒剂的发展趋势：安全、稳定、高效、低刺激和低过敏的防晒剂原料一直是研发的重点。随着人们对暴露于太阳光下危险性意识的提高，防晒剂的特性应用及安全性越来越受到人们的广泛重视。中国《化妆品卫生规范》规定允许使用的防晒剂只有28种，并且对每种防晒剂在化妆品中的最大使用浓度进行了明确的限定。从防晒新技术、新材料的发展来看，多项极具前瞻的研究正在世界范围内展开，如无机防晒剂向超细化及纳米化方向发展，增加防晒剂的铺展面积，降低防晒剂的使用密度，使用较低量的防晒剂就能达到较好防晒效果，用新型载体的包裹技术也得到广泛的应用。同时，能与防晒剂起协同作用的添加剂也得到了深入研究。例如，抗氧剂能限制紫外线光子引起的损伤，有助修复涌入皮肤的紫外线光子导致的基因损害；维生素C已被证实能适当预防中波紫外线诱导的光损伤和长波紫外线诱导的光毒性反应，与维生素E结合能发挥更大的预防细胞损伤作用。随着人们对产品安全意识的增强，天然植物防晒剂正逐渐受到科研工作者和消费者的青睐。

8.2 抗静电材料

静电是经过四个过程产生的，即表面接触、电荷迁移、双电荷层和电荷分离。两个不同的物体经摩擦、接触等机械作用，电荷就会通过接触界面移动，在一个物体上造成正电荷过剩，在另一个物体上则负电荷过剩，并在界面上形成双电荷层，如图8-7所示。

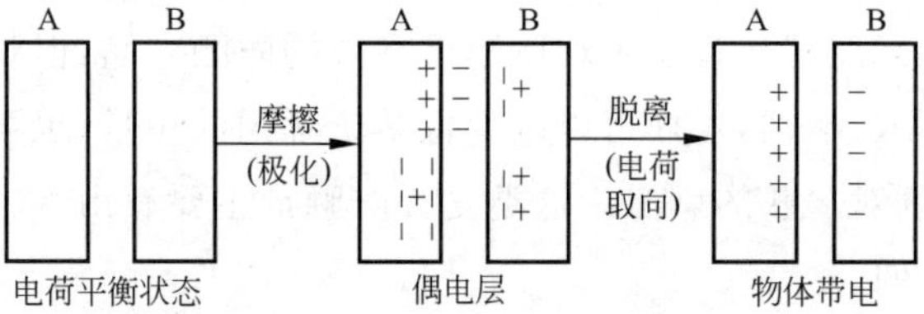

图8-7 物体带电过程

抗静电材料是在不影响材料原有力学性能和加工工艺的前提下，通过某种物理化学方法对材料进行改性处理使之具有抗静电功能的材料。根据抗静电材料的制备方法可分为抗静电剂添加型抗静电材料和导电物质复合型抗静电材料：①抗静电剂是涂覆于材料表面或掺和在材料内部，以防止或减轻静电积聚的一类化学助剂，按其分子结构可以分为表面活性剂类和高分子永久型抗静电剂两种。②导电物质复合型抗静电材料的制备方法通常包括如下两种：一种是将各种无机导电填料填充到基体中，经过分散复合或层积复合等成型加工技术而制得；另一种则采用结构型导电高分子与基体进行共混，从而得到既有一定的抗静电性能，又有良好力学性能的抗静电复合材料。抗静电材料种类繁多，目前应用较多的主要是抗静电纤维、抗静电塑料和抗静电涂料等。抗静电材料的分类如图8-8所示。抗静电复合材料具有密度小、易成型、电阻率可调节等特点，并可以通过分子设计或复合制备多种多样的材料，其应用领域已远超出电子工业。

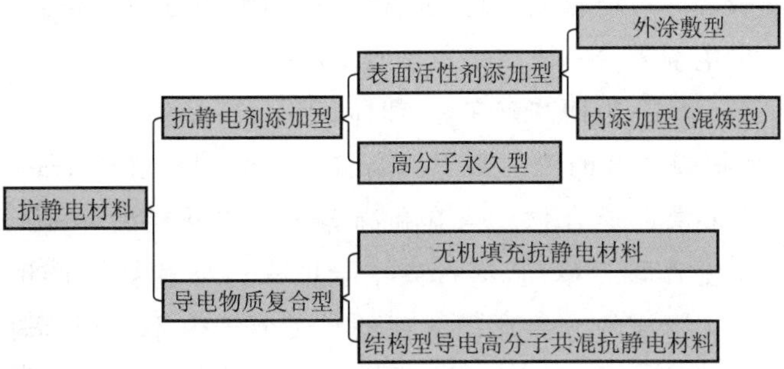

图 8-8　抗静电材料的分类

1. 抗静电剂添加型抗静电材料的作用机理

(1)外涂覆型抗静电剂的作用机理。采用抗静电剂溶液浸渍高分子材料时,其分子的亲油性基团植于树脂内部,使抗静电剂和塑料保持一定的相容性,而亲水性基团则在空气一侧取向排列,通过吸附空气中的水分子在材料表面形成一层均匀分布的导电溶液,或自身离子化传导表面电荷达到抗静电效果,如图 8-9 所示。外加型抗静电剂的作用效果取决于制品表面电阻率的大小和抗静电剂的吸湿性,作用效果与抗静电剂溶液的浓度有很大关系,溶液较稀时,增加浓度可以提高吸附量,使抗静电性能提高,但当接近饱和吸附时,浓度的进一步增加对抗静电性能影响较小。其作用机理主要为:①抗静电剂的亲水基吸附空气中的水分子,形成一个单分子导电膜。②离子型抗静电剂增加制品表面的离子浓度,增加制品的表面电导。③增加摩擦体间隙之间的介电性能。④抗静电剂的电荷中和制品表面电性相反的电荷。⑤增加制品表面的平滑性,降低摩擦因数,减少电荷的产生。

(2)内添加型抗静电剂的作用机理。如图 8-10 所示,内用抗静电剂作用机理主要是抗静电剂的亲水性基团迁移到制品表面并形成水吸附层,通过吸附层起到提高电导率的作用。这点与某些外用型抗静电剂的作用机理相似,不同的是制品内部的抗静电剂会不断向表面迁移,并补充制品表面因经洗涤或摩擦而脱落的抗静电层,这样就会提高抗静电剂的耐持久性。抗静电剂是表面活性剂,结构通式为 R－Y－X,其中 R 为疏水基,Y 为亲水基,X 为连接基。在它们的分子中,以疏水的碳氢链通过范德华力吸附于塑料表面,以亲水的极性基伸向外,在塑料表面形成表面活性剂的定向吸附膜起到导电作用,使静电荷能很好地逸散。

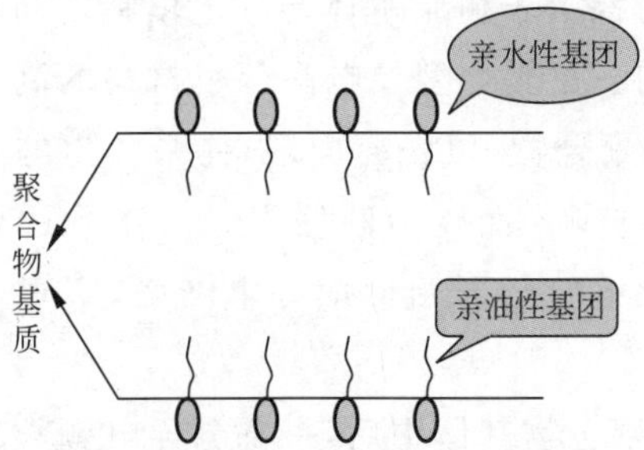

图 8-9　外涂覆型抗静电剂的作用机理

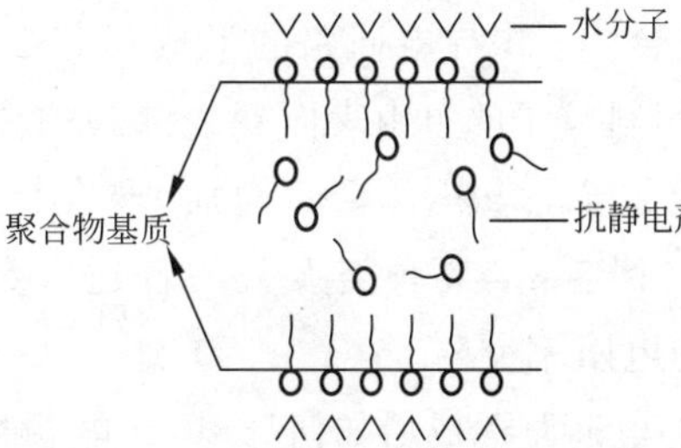

图 8-10　内添加型抗静电剂的作用机理

两种类型的抗静电剂都是通过吸收环境水分降低材料表面电阻率达到抗静电目的,所以对环境湿度的依赖性较大。环境湿度越高，抗静电剂分子的吸水性就越强，抗静电性能就越显著。表面活性剂型抗静电剂需要一段诱导期才能发挥作用，随着时间的推移，抗静电剂不断迁移到树脂表面，直到完全消失，因而其仅在一定时间范围内有效。

(3)高分子永久型抗静电剂的作用机理。高分子永久型抗静电剂是近年来研究开发的一类新型抗静电剂，属亲水性聚合物。当其和高分子基体共混后，一方面由于其分子链的运动能力较强，分子间便于质子移动，通过离子导电来传导和释放产生的静电荷；另一方面，抗静电能力是通过其特殊的分散形态体现的。类似于内添加型抗静电剂，高分子永久型抗静电剂采用与高分子基体共混方式来改善高分子材料的表面抗静电性能。但不同的是，高分子永久型抗静电剂与高分子基体具有更好的相容性，在制品表面形成了层状或筋状的导电性表层，而在中心部分较少且主要以颗粒状存在并形成了球状结构，即所谓的芯壳结构，并以此为通路释放静电荷，提高表面抗静电性能。亲水性聚合物一般具有较低的体积电阻和表面电阻，在高剪切配合速度下，其流动性较基础树脂好，浓缩在聚合物制品的表面，并沿剪切方向取向，增大接触面积，因而使制品的表面电阻变小。高分子永久型抗静电剂是以降低材料体积电阻率来达到抗静电效果的，其抗静电作用不完全依赖表面吸水，因而受环境的湿度影响比较小。

2. 导电物质复合型抗静电材料作用机理

(1)无机填充抗静电材料的抗静电机理。导电填料的抗静电机理主要从两方面进行分析：一是导电通路的形成；二是导电通路形成以后如何导电。

① 导电通路的形成：当复合体系中导电填料的含量增加到某一临界含量时，体系的电阻率急剧下降，体系的电阻率-导电填料含量曲线出现一个狭窄的突变区域，在此区域内，导电填料含量的任何细微变化均会导致电阻率的显著改变，这种现象通常称为渗滤现象，电阻率发生突变的导电填料浓度称为“渗流阈值”。当填料体积分数(φ)超过渗流阈值(φ_c)后，材料的体积电导率(σ)随 φ 的变化规律服从标度关系：

$$\sigma=\sigma_0(\varphi-\varphi_c)^t$$

式中，t 为临界指数(又称普适常数)；σ_0 是与电子运输过程有关的常数，随着填料含量的增加，临近填料颗粒间距缩短，填料相互接触。在渗流区内，不断增大的团聚体相互之间的接触成为可能，一个完善的导电网络在绝缘基体中逐渐形成。高分子树脂基体与导电填料之间的界面效应对复合体系中导电回路的形成具有很大的影响。在复合型导电高分子材料的制备过程中，导电填料粒子的自由表面变成湿润的界面，形成聚合物-填料界面层，体系产生的界面能过剩。随着导电填料含量的增加，聚合物-填料的过剩界面能不断增大。当体系过剩界面能达到一个与聚合物种类无关的普适常数之后，导电粒子开始形成导电网络，宏观上表现为体系的电阻率突降。

② 导电通路形成后如何导电：导电颗粒加入到聚合物基体中后，一部分导电颗粒相互接触而形成导电网络；另一部分则以孤立粒子存在。当施加了外部电场后，导电填料间存在内部电场，当孤立粒子间距很小时，中间只被很薄的高分子层隔开时，由热振动而被激活的电子就

能越过高分子界面所形成的势垒而跃迁到相邻的导电填料上，形成较大的隧道电流，这种现象称为隧道效应；或者是导电颗粒间的内部电场很强时，电子将有很大的概率飞跃高分子界面层势垒而跃迁到相邻的导电颗粒上产生场致发射电流，此时树脂界面层起着相当于内部分布电容的作用。

复合材料的导电机理与其导电填料的形状关系很大。对于纤维状导电填料（包括金属纤维、碳纤维、镀金属碳纤维、镀金属玻璃纤维等）以及片状导电填料（金属片）填充的复合材料来说，其导电性能主要靠纤维状或片状导电填料之间的相互接触，电子靠导电通道从复合材料的一端到达另一端。对于粉末状导电填料（包括金属粉末、碳黑、石墨粉等）填充的复合材料，其导电机理较为复杂，一般存在着导电通路、隧道效应和电场发射这三种导电机理，且往往是这三种导电机理综合作用的结果。在填料用量少、外加电压较低时，由于填料粒子间距较大，形成导电通道的概率较小，这时隧道效应起主要作用；在填料用量少、但外加电压较高时，场致发射机理变得显著；而随着填料填充量的增加，粒子间距相应缩小，则形成链状导电通道的概率增大，这时导电通道机理的作用更为明显。

(2)结构型导电高分子材料抗静电机理。根据导电载流子的不同，结构型导电高分子有三种导电形式：电子传导、离子传导和氧化还原导电机制。

① 分子间距足够小而产生轨道重叠。如共轭链的高分子体系，长链中的 π 键电子活性较大，尤其是与掺杂剂形成电荷转移络合物之后，很容易就会从轨道上逃逸出来而形成自由电子。同时其分子中的双键与单键交替产生长的共轭结构，形成了由 π 轨道重叠而成的导带，可以为载流子的转移和跃迁提供电子通道，在外加能量以及大分子链振动的推动下就可以传导电流。在电子导电复合材料的导电过程中，载流子是聚合物中的自由电子或空穴，导电过程中载流子在电场的作用下能够在聚合物内定向移动形成电流。

② 电子导电聚合物的共同结构特征是分子内有大的线性共轭 π 电子体系，给自由电子提供了离域迁移条件。作为有机材料，聚合物是以分子形态存在的，其电子多为定域电子或具有有限离域能力的电子。π 电子虽然具有离域能力，但它并不是自由电子。当有机化合物具有共轭结构时，π 电子体系增大，电子的离域性增强，可移动范围增大。当共轭结构达到足够大时，化合物即可提供自由电子，具有了导电功能。纯净或未"掺杂"的聚合物分子中各 π 键分子轨道之间还存在着一定的能级差。而在电场作用下，电子在聚合物内部迁移必须跨越这一能级，这一能级差的存在造成 π 电子不能在共轭聚合中完全自由跨越移动。掺杂的目的是在聚合物的空轨道中加入电子，或从占有的轨道中拉出电子，进而改变现有 π 电子能带的能级，出现能量居中的半充满能带，减小能带间的能量差，使得自由电子或空穴迁移时的阻碍力减小，从而大大提高导电能力。掺杂的方法目前有化学掺杂和物理掺杂，电子导电聚合物的导电性能受掺杂剂、掺杂量、温度、聚合物分子中共轭链长度等条件的影响。

③ 在某些高分子中加入某些离子（如金属离子）作为桥基，把有机分子连接成为桥连分子，在桥连分子中载流子沿桥链迁移。例如，以轴向配位体（L）为桥基共价连接的大环分子（M）面对面串型高分子。L 与 M 的配位方式有三种，如图 8-11 所示。

④ 离子导电结构型导电高分子材料载流子主要为正负离子。一种是聚合物本身不具有离子，通过溶解离子型化合物，允许解离的离子在电场作用下在其中定向移动而导电。主要有含醚基的聚环氧乙烷和环氧丙烷、含酯基的聚丁二酸乙二醇酯和癸二酸乙二醇酯、含有胺基的聚乙二醇亚胺等。其特征是聚合物骨架主要由线性饱和分子链构成，聚合物链中含有能络合金属离子的配位基团，因而可以溶解离子型化合物。另一种离子型导电聚合物是其本身带有离子基团，与其相对应的反离子作为可迁移离子，在大分子链的空隙间进行跃迁扩散，这种离子导电聚合物多需要在溶胀条件下使用。

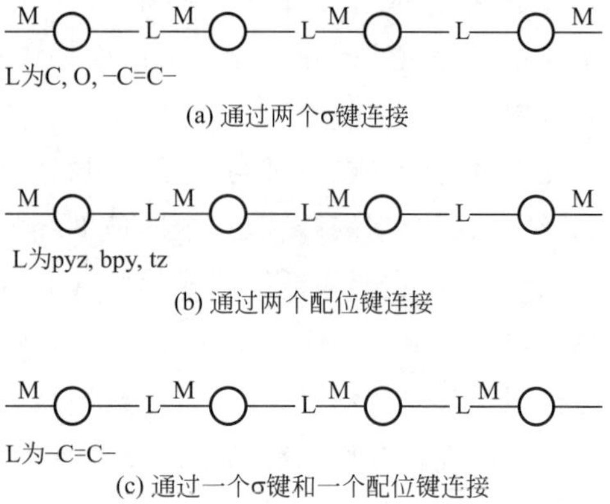

图 8-11 结构型导电高分子电子导电模型

L—配位体；M—中心分子；pyz—吡嗪；bpy—联吡啶

⑤ 以正负离子为载流子的导电复合材料称为离子型导电复合材料。普遍认同的导电机理是非晶区扩散传导离子导电理论、离子导电聚合物自由体积理论和无须亚晶格离子的传输机理等理论。

固体离子导电的两个前提条件是具有能定向移动的离子和对离子具有溶和能力，即含有并允许体积相对较大的离子在其中“扩散运动”，聚合物对离子具有一定的“溶解作用”。

非晶区扩散传导离子导电理论认为，如同无机非晶态物质一样，在玻璃化温度以上，聚合物的物理性质发生了显著变化。当聚合物中有小分子离子时，在电场的作用下，该离子受到一个定向力，可以在聚合物内发生一定程度的定向扩散运动，因此具有导电性，呈现出电解质的性质。随着温度的提高，聚合物的流动性愈显突出，导电能力也得到提高。

离子导电聚合物自由体积理论认为，虽然在玻璃化转变温度以上时聚合物呈现某种程度的“液体”性质，但是聚合物分子的巨大体积和分子间作用力使聚合物中的离子仍不能像在液体中那样自由扩散运动，聚合物本身呈现的仅仅是某种黏弹性，而不是液体的流动性。在一定温度下聚合物分子要发生一定振幅的振动，而振动的能量足以抗衡来自周围的静压力，分子周围建立起一个小的空间来满足分子振动的需要。当振动能量足够大时，自由体积可能会超过离子本身体积。在此情况下，聚合物中的离子可能发生位置互换而发生移动。如果施加电场力，离子的运动将是定向的。离子导电聚合物的导电能力与玻璃化转变温度及溶解能力等有着一定的关系。

氧化还原型导电聚合物的侧链上常带有可以进行可逆氧化还原反应的活性基团，有时聚合物骨架本身也具有可逆氧化还原反应能力。当电极电位达到聚合物中活性基团的还原电位或氧化电位时，靠近电极的活性基团首先被还原或氧化，从电极得到或失去一个电子，生成的还原态或氧化态基团可以通过同样的还原氧化反应将得到的电子再传给相邻的基团，自身则等待下一次反应。如此重复，直到将电子传送到另一侧电极，完成电子的定向移动。

抗静电剂型抗静电材料主要存在以下不足：一是抗静电的效果差，在添加抗静电剂后复合材料的表面电阻高于 $3.0\times10^8\ \Omega$，难以达到煤炭、化工、电子等行业的要求；二是抗静电剂对环境湿度有很大的依赖性，在空气湿度发生变化的情况下，材料的表面电阻能发生高达几个数量级的变化，电阻的变化严重影响了这些特殊行业的作业安全；三是耐久性能不佳，复合材料在变动水和摩擦的环境中时，表面的抗静电剂分子容易脱落，其内部的抗静电剂又不能及时迁移到表面，使得材料的抗静电性能难以持续；四是抗静电剂的耐高温性差，在温度较高（接近聚合物玻璃化转变温度）时抗静电剂分子向外迁移的速度加快，且材料出现软化，材料表面就会有大量的抗静电剂被析出。抗静电剂的这些缺点阻碍了它在某些特殊行业的使用。为了开发出适合这些特殊行业的抗静电材料，人们把注意力转移到了利用导电填料填充改性聚合物的方法上。

开发高效、耐高温、无毒或低毒、加工性能好的多功能抗静电剂有以下三个重点：①高分子型抗静电剂。高分子型抗静电剂的发现是 20 世纪 80 年代后期抗静电剂领域的重大进展。虽然高分子型抗静电剂能使制品达到永久抗静电，但其价格昂贵，添加量大，一般都在 10%以上，阻碍了它的推广。②复合型抗静电剂。复合型抗静电剂是指利用抗静电剂之间或抗静电剂与导电填料组分间的协同效应，抗静电效果远优于单一组分。③抗静电母料。抗静电母料是指使用一定的分散剂，将抗静电剂按较大的配比添加到树脂基体中，通过一定工艺制备成浓缩母料。

导电高分子的研究方向将集中在以下几方面：解决导电高聚物的加工性和稳定性。现有的导电高分子聚合物多数不能同时满足高导电性、稳定性和易加工性。合成可溶性导电高聚物是实现可加工性和研究结构与性能的有效途径；自掺杂或不掺杂导电高分子。掺杂剂不稳定或聚合物脱杂往往影响聚合物的导电性，因此合成自掺杂或不掺杂导电高分子可以解决聚合物稳定性问题，提高导电率。提高导电高分子的电导率一直是该领域最有吸引力的基础研究课题之一；在分子水平研究和应用导电高聚物，开发新的电子材料和相应的元件已引起各国科技工作者的重视。如果技术上能很好地解决导电高分子的加工性并满足绿色化学的要求，使其实现导电高分子实用化，必将为传统电子材料带来一场新的技术革命。

8.2.1　表面活性剂类抗静电剂

表面活性剂是应用最广泛的一类传统型抗静电剂，可分为外部涂敷和内部混炼两种类型。外部涂敷型是将离子型（尤其是阳离子型）表面活性剂的水、醇或酯等溶液浸渍、喷涂或涂刷于材料表面，经干燥处理而得到的表面具有抗静电包覆层的抗静电材料，属于暂时性抗静电剂。内部混炼类型是将以非离子型表面活性剂为主的抗静电剂与基体经机械混合后再加工成型。抗静电剂分子由基体内部向表面迁移形成抗静电层，即使在加工或使用过程中表面磨损或被洗涤时其内部抗静电分子也可不断补充到表面，属半永久性的抗静电材料。表面活性剂类抗静电剂按极性基团又可分为阴离子型、阳离子型、两性离子和非离子型四大类：①阴离子型抗静电剂主要包括烷基磺酸盐、硫酸盐、磷酸衍生物、高级脂肪酸盐、羧酸盐及聚合型阴离子抗静电剂等，广泛用于化纤油剂、油品和塑料工业。②阳离子型抗静电剂主要包括胺盐、季铵盐、烷基氨基酸盐等，其中季铵盐对高分子材料有较强的附着力而广泛用作纤维和塑料的抗静电剂。

③两性离子型抗静电剂与高分子材料有良好的相容性、配伍性，以及较好的耐热性，是一类性能优良的内部混炼法抗静电剂，主要有季铵羧酸内盐、咪唑啉金属盐等。④非离子型抗静电剂具有一个较长的亲油基，与树脂有良好的相容性，且毒性低、加工性和热稳定性好，是合成材料理想的内部混炼法抗静电剂，主要有聚乙二醇酯或醚类、多元醇脂肪酸酯、脂肪酸烷醇酰胺、脂肪胺乙氧基醚等化合物。

表面活性剂的分子结构由两部分组成：一部分为亲油基团；另一部分为亲水基团。其结构如下：

$$O—R—W$$

式中，O为亲油基团；W为亲水基团；R为亲油基团与亲水基团之间的连接部分。

表面活性剂是一种传统型抗静电剂，也是应用最广泛的一类抗静电剂，具有添加量少（≤1%）、综合成本低、对材料的性能影响小等优点。表面活性剂类抗静电剂能够让材料内部分子的活跃能力得到改变，从而实现抗静电能力的提升。借助于抗静电剂，可以使得分子重排以及基团作用得到实现，从而令高分子材料其电学性质得到改变，使得不同高分子材料之间结合得更好，提升对外的抵抗能力，提升电荷控制的能力。

1. 阴离子型抗静电剂

阴离子型抗静电剂亲水基为阴离子基团，亲油基为长碳链。主要有硫酸酯盐、烷基磺酸盐、有机羧酸盐和磷酸酯盐等。这类抗静电剂抗静电效果好，耐热，可与热稳定体系产生协同效果，并兼有润滑和柔软的性能。但其水溶性较好，使用过程中易被清洗掉，而且有些阴离子型抗静电剂与高分子材料的相容性较差，影响材料的表观性能。该类产品主要用于化纤油剂和油品的抗静电剂，在塑料工业中除某些烷基磷酸酯和烷基硫酸酯用于PVC和聚烯烃作为内部抗静电剂使用，大部分用作外部抗静电剂使用。

2. 阳离子型抗静电剂

阳离子型抗静电剂亲水基多为体积较大的阳离子基团，并伴有一个长碳链的亲油基。主要有季铵盐、季磷盐、烷基氨基酸盐和烷基胺盐等，尤以季铵盐应用最为广泛。阳离子型抗静电剂抗静电效果良好，并兼有杀菌、柔软、平滑、附着高分子能力强等特性，多数情况下用作外处理抗静电剂，有时也可作为内添加型抗静电剂使用。它主要用于PVC、苯乙烯类聚合物等极性树脂，且非常适用于硬质透明制品；但耐热性较差，加工温度过高易引起高分子材料变色，对皮肤有害。其在食品行业中极少通过相关卫生法规的认可，因此限制了其在食品包装方面的应用。

3. 两性离子型抗静电剂

两性离子型抗静电剂在水溶液中易于解离。亲水基既含阳离子基团又含阴离子基团，因此既具有阳离子抗静电剂的特性，又具有阴离子抗静电剂的特性。按亲水基结构的不同可分为咪唑啉型、甜菜碱型、氨基酸型和卵磷脂型等。这类抗静电剂具有耐热性好、与高分子材料相容性适中和配伍性优良等优点，同时兼有柔软和助染的作用，但价格较高。

4. 非离子型抗静电剂

非离子型抗静电剂有别于离子型抗静电剂，其在水溶液中不解离。其分子本身不带电荷，而且极性小，通常具有一个较长的亲油基，抗静电作用的发挥主要靠吸收空气中水分子来泄漏材料表面静电荷，主要有多元醇酯、羟乙基烷基胺、脂肪酰胺和聚氧乙烯类等。这类抗静电剂广泛用于 PE、PP、丙烯腈-苯乙烯-丁二烯共聚物（ABS）和其他苯乙烯系聚合物中。非离子型抗静电剂一般耐酸碱腐蚀，可与离子型抗静电剂复配使用。其与树脂的相容性适中，对塑料腐蚀性小，不易引起塑料老化，耐热性好，毒性低，具有良好的加工性，是合成材料理想的内添加型抗静电剂。但其自身并不带电荷，因此使用时添加量较离子型抗静电剂大，且抗静电效果不及离子型抗静电剂，与纤维的吸附性能差。

当今，我国国内生产厂家生产的抗静电剂主要以低相对分子质量的表面活性剂为主。阳离子型抗静电剂主要发展方向为改善其热稳定性以提高抗静电塑料的可加工性，降低其对高分子材料的腐蚀性；阴离子型抗静电剂的热稳定性良好，但与高分子材料的相容性较差，如何提高阴离子型抗静电剂与材料的相容性为目前主要的研究方向；非离子型抗静电剂具有与高分子材料相容性适中，热稳定性好等优点，既可作为单一材料使用，也可以浓缩物或母料的形式使用。但添加量较大，易影响高分子材料的物理性能，添加量不足够大时不能获得充分低的电阻值。这类抗静电剂与高分子材料之间的相容性一般不好，添加这类抗静电剂会产生降低物性的问题。所以，因添加而产生的物性下降、成本增加成为亟需解决的问题。此外，根据表面活性剂类抗静电剂的种类，还会有在低温低湿的条件下电阻值上升、不能发挥出充分的抗静电性能的情况。另外，直接掺入表面活性剂类抗静电剂的方法，还会产生由抗静电剂转移而引起的污染问题，以及树脂成型后到产生抗静电效果最低需要 1～3 天的迟效性问题。

8.2.2　高分子永久型抗静电剂

高分子永久型抗静电剂是指含—COONa、—SO_3Na、—OCH_2CH_3、—PO[$N(OH_3)_2$]$_2$、—$CONH_2$、—SO_3H、—COOH、—$N(OH_3)_2$ 等官能团的乙烯基亲水性聚合物。常用的以聚氧化乙烯(PEO)的共聚物为主，此外还有聚乙二醇体系、聚酰胺或聚酯酸铵、环氧乙烷/环氧丙烷共聚物以及含有季铵盐基团的甲基丙烯酸酯类共聚物等。高分子抗静电剂采用与高分子基体共混来改善其表面抗静电性能：一方面，共混后聚合物分子间便于质子移动，亲水性基团离子在聚合物内自由迁移，通过离子导电来传导和释放产生的静电荷，而且它们具有较大的摩尔质量，不能轻易迁移到基体树脂的表面；另一方面，抗静电能力是通过其特殊的分散形态体现的，高分子永久型抗静电剂在制品表层呈微细的层状或筋状分布，构成导电性表层，而在中心部分几乎呈球状分布，形成所谓的“芯壳结构”，并以此为通路泄漏静电荷。决定其在聚合物中形态结构的主要因素是成形加工条件和与母体树脂的相容性，最直接的影响因素是母体与抗静电剂的熔融黏度差或黏度比，它常以剪切速率和加工温度控制。高分子永久型抗静电剂是以降低材料体积电阻率来达到抗静电效果，不完全依赖表面吸水，受环境的湿度影响比较小，但添加量较大（一般为 5%～20%），价格偏高，可作为塑料、合成纤维外部用永久性抗静电剂，是一种具有很大开发潜能的抗静电剂。

高分子永久型抗静电剂在设计合成时，应避免与基体树脂基团发生化学反应。在共混过程中抗静电剂的浓度应该低于塑料基体的浓度；在使用熔融、挤出等方法加工成型时，应考虑其加工时的剪切力和成型温度下的黏度两个因素。在熔融加工成型时,抗静电剂的黏度应该大于材料的黏度,这有助于其更好地分散于基体中。两种黏度不同的熔体体系在剪切过程中,黏度低的流体容易形成连续相,且易于包覆于黏度高的物系表面,因此可以调节两者的熔体黏度,使少量的永久抗静电剂作为连续的分散相存在于大量的基体树脂中;其次,调节混炼及成型的剪切作用,使分散相呈网状分布并固定下来,有利于抗静电效果的提高。由于高分子型抗静电剂极性较高,一般选取极性较低的树脂与其相容。抗静电剂的抗静电效果与其与高分子材料的相容性有很大关系,影响主要源于抗静电剂的迁移作用。高分子型抗静电剂作为一种添加型抗静电剂,与材料应有适宜的相容性:若两者相容性过好,基体树脂对抗静电剂的吸引作用增强,抗静电剂在树脂内部向表面的能力降低,最终影响抗静电效果;而与材料的相容性太差,抗静电剂会在表面析出,不仅制品外观受影响,而且难以达到长久抗静电效果,甚至造成加工性能下降,成型困难。必要时可采用相容剂,如马来酸接枝等方法提高其与树脂的相容性。高分子永久型抗静电剂的核心在于其能在高分子基体中形成“芯壳结构”,在聚合物表面形成网络状或层状分布从而形成导电网络,这就要求高分子抗静电剂分散相不倾向于形成传统的液滴状而形成纤维状、层状或者网络状。

由于具有不挥发、不污染、清洗后抗静电效果不会降低、永久保持抗静电效果,且在低湿度下也具有较好的抗静电效果等诸多优点,未来应该加快高分子永久型抗静电剂的研究。在国外,已经商品化的高分子型抗静电剂并不少见。国内能够商品化的抗静电剂比较少,高分子型抗静电剂则更少。近年来,我国在抗静电剂的研究和开发方面也取得了一些可喜的成绩。季铵盐类抗静电剂目前在国内应用较好,具有热稳定性好,不含低沸点溶剂等优点,被厂家广泛应用在 PVC、聚氨酯、橡胶和矿用塑料中。国内有研究单位将封端型水系聚氨酯抗静电剂与相关助剂复配成了耐久型抗静电整理液,抗静电效果显著且具有很好的持久稳定性。离子聚合物是一种很有发展前途的高分子永久抗静电剂,具有无色、透明,不产生电火花,不迁移,无须接地,无粉尘及微粒污染,易形成导电网络,效果迅速,不影响材料性能等优点,而且由于离子容易在体系中聚集而形成化学交联点,能极大地改善抗静电剂和基体材料的相容性,所以其应用范围十分广泛。应在现有抗静电剂研究基础上加快新品种、新技术的研究进程,开发抗静电性能优异、高效稳定、用途广泛的抗静电剂,降低成本、降低环境(如温度、湿度等)对抗静电性能的影响将是今后抗静电剂发展所面临的主要挑战和发展方向。

8.2.3 无机填充抗静电材料

无机填充抗静电材料是指以碳系、金属系、金属氧化物系等为填充物的抗静电高分子材料,无机填料在聚合物中的导电机理分两方面:导电粒子相互连接成链的“导电通道说”;电子在导电粒子间隙迁移的“隧道效应说”(场致发射是其特殊情况)。不同的导电填料和高分子材料基体混合后获得不同的导电性能。①碳系填料,常用的有碳黑、石墨和碳纤维三种,碳纳米管和石墨烯是目前研究的热点。碳黑是天然的半导体材料,导电性能持久稳定,可大幅度调整高分子材料的电阻率。碳黑是以粒子形式分散于树脂中,随碳黑添加量的增加,粒子间距缩小,当粒子接近或接触时,便形成大量导电网络通道,导电性能大幅提高。石墨晶体为六方晶系，经常为鳞状或粉状，导电性好且耐腐蚀，但 DBP（炭粒子聚集程度）值较小，因此在实际应用中多采用优化石墨粉末。碳纤维是一种高强度、耐高温的导电性纤维，通常应用的纤维直径为 7～12 μm，其导电性能优于石墨，比碳黑差很多。②金属型填料分为粉末状、鳞片状和纤维状三大类，当填充量相同时，后两者形状的电性能要好些。填充料主要有有金粉、银粉、电解铜粉、胶态金属、片状镍以及铝、铁等金属粉末。③金属氧化物填充型防静电材料，其性能比金属填充型材料略差一些，但性价比高，目前成功应用的有氧化钛、氧化锡、氧化锌等。

1. 碳系填料填充

碳系填料填充型导电高分子材料是目前填充型导电高分子材料中应用最广泛的一种。究其原因：一是碳系填料价格低廉实用性强；二是碳系填料能根据不同的导电要求有较大的选择余地；三是导电性持久稳定。

碳黑是天然的半导体材料，具有原料易得、加工容易、导电性能持久稳定、对塑料有补强作用、可大幅度调整复合材料的电阻率等特点。因此，碳黑填充复合型导电高分子是目前用途最广、用量最大的抗静电材料。碳黑填充高分子导电复合材料的最大优点是在室温下导电性能不会随时间和环境条件的改变而发生变化。碳黑比表面积越大，碳黑粒子尺寸越小，单位体积内的颗粒数越多，越容易彼此形成网状导电通路，导电性能越好；碳黑结构度越高，越有利于在聚合物中形成链式导电网络，导电性能越好，但高结构度碳黑往往使混炼胶的黏度增加，导致碳黑在基体中呈集团状分布，不易在基体中均匀分散，导电性能下降。因此，应选择结构度适当的碳黑。目前，对提高碳黑填充型高分子的导电性能进行了大量的研究：填充前对碳黑进行高温热处理可以增加碳黑的比表面积和改善其表面化学性能；填充复合过程中，添加适量的分散剂或表面活性剂，可以使碳黑粒子在基体高分子中均匀分散；将碳黑与高分子的化学接枝物作为母粒，再与其他的基体高分子进行复合，可显著提高材料的导电性能，改善材料的导电稳定性。

石墨的片层结构与聚合物可实现片层复合，能降低导电渗滤阈值，可提高材料的耐腐蚀能力。石墨主要有石墨粉和片状石墨两种：石墨粉的分散性较好，易形成导电通道；片状石墨虽会对树脂起增强作用，但体积较大，不易形成均匀体系，材料的稳定性不易控制，而且加入量过大时，片状石墨与树脂形成的界面处容易产生应力集中而使材料强度下降。石墨导电性比碳黑高，且具有熔点高、热膨胀系数小、密度小等优点，但是石墨导电性不稳定。石墨导电复合材料的电导率与单一组分相比有大幅度提高，具有很高的导电性能。纳米技术的发展使石墨纳米材料制备的高性能导电高分子材料的应用越来越多，石墨纳米材料的应用也越来越广泛。

碳纤维是一种耐高温、耐腐蚀、高比模量、具有良好导电性能的纤维状碳材料。导电能力介于碳黑和石墨之间；碳纤维的比重小（1.5～2.0 $g \cdot cm^{-3}$）；直径较细（100 μm 数量级），单位质量中碳纤维含量高，更易彼此搭接形成导电通路；耐氧化与腐蚀，化学稳定性好；材料导电性能持久，碳剥落少。碳纤维增强聚合物构成的导电塑料具有导电性好、力学增强效果显著、环境适应性强等突出优点。但直接填充碳纤维时，并不能使复合材料达到理想的导电效果。而使用化学镀镍等方法对碳纤维进行表面改性，能大幅降低碳纤维复合材料的渗滤阈值，明显提高了复合材料的导电性能。

碳纳米管(CNTs)具有质量小、环境适应能力强、优异的力学、光学和电学性能等优点，碳纳米管的径向尺寸为纳米级，轴向尺寸则为微米级，是一种长径比较大的导电材料，可视为纳米级的导电纤维。碳纳米管的外表面具有高度离域化的大 π 键，电荷很容易在其表面移动，并且碳纳米管的纳米尺寸效应使得基体与导电填料之间的隧道效应更加显著，有利于快速释放静电荷。因此，成为目前导电高分子材料领域的研究热点。但由于其价格昂贵，也限制了它的使用范围。

石墨烯因其优异的电导和热导性，机械强度大，比表面积大，且制造成本低，吸引了越来越多的研究者的关注。例如，以新型碳材料石墨烯为导电填料，水性苯丙乳液为基体，通过简单共混的方式制备出一种全新复合型导电膜，当石墨烯质量分数为 5%时，复合导电膜的表面电阻率可达到 0.291 Ω·cm；复合导电膜中添加少量纳米银颗粒，导电性可提高两个数量级。

2. 金属型填料填充

金属材料通常都是良导体，是制备导电高分子材料的一种重要填料。金属系填料与其他种类的填料相比，具有导电性能好、成本低、对高分子材料的物理力学性能影响小、产品外观好、色泽可调、克服了碳黑等填料只宜做黑灰色制品的缺点等优点。金属粉末粒径的密度、大小以及形状对导电复合材料的电阻率影响较大。在相同条件下，金属粉末粒径越小，越易形成导电通道，达到相同电阻率所需金属粉的体积分数越小。但为了得到优良的导电性能，金属粉末的添加量都很大，通常金属含量都要达到 40%～50%，这必然会对复合材料的力学强度产生影响。另外，由于金属的密度远大于非金属的密度，因此在复合材料的成型过程中容易出现分层或不均匀现象，影响材料质量的稳定性。

金粉、银粉是具有高导电性和较好耐久性的填料，在可靠性要求较高的电气装置和电子元件中应用较多，但昂贵的价格限制了它们的使用范围。铜不仅价格适中，而且导电性能良好，适合作为广泛使用的金属填料。但铜易氧化，而且密度大，在填充过程中容易发生氧化和沉降现象，同样限制了它的使用。镍粉由于不易氧化而发生变质，被广泛使用，但其导电能力较差，所以主要被用于制作导电涂料，屏蔽电磁干涉及射频干涉。铝粉价格低，但铝的活性太强，其粉末在空气中极易被氧化，形成导电性极差的 Al_2O_3 氧化膜。

与金属粉相比，金属纤维的应用更加广泛。与传统的金属材料相比，该材料具有质量小、易加工等特点。将金属纤维填充到基体高分子中，经适当工艺成型后，可以制成导电性能优异的复合材料，其体积电阻率为 10^{-3}～10^{0} Ω·cm。金属纤维具有较大的长径比，在填充时更容易形成导电网络，不仅可以在加入量较少的条件下达到理想的导电效果，还能较大幅度地提高复合材料的强度，因此被认为是最有发展前途的新型导电材料和电磁屏蔽材料。金属纤维填充高分子导电复合材料也将是以后研究的重点之一，但是金属纤维在成型过程中受到剪切作用易折断并且不易分散，而且与基体的界面能差异较大，也成为金属纤维填充高分子材料研究和应用的难题。常见的金属纤维包括黄铜纤维、铁纤维和不锈钢纤维等。黄铜纤维的导电性能优良，仅需 10%的体积分数就能使体积电阻率小于 10^{-2} Ω·cm。不锈钢纤维耐磨、耐腐蚀和抗氧化而且导电性好，并且具有良好的延展性和韧性，成为金属填充复合材料的主要研究对象。复合纤维填充高分子复合材料也在不断研究和应用之中，如钢-铝复合纤维，挤压成型过程中将钢丝周围包覆不同厚度的铝，既保持了铝的导电性，又提高了复合材料的强度。还有镀镍石墨纤维，不仅使制备的复合材料有 $10^{-1} \sim 10^{1}\ \Omega \cdot cm$ 的电阻率，而且也具有较好的增强效果及电磁屏蔽效果，在航空领域已被广泛应用。

金属作为导电复合材料的导电体也存在一些问题，金属填料的密度较高，按球形离子考虑，理论上的渗滤阈值为 $\varphi_c = 0.38\%$，加入如此多的量，复合材料的密度将显著提高。高分子及填充剂本身也存在问题，如铜会催化一些高分子降解，铁、铜、铝的颗粒表面容易迅速氧化，非导电体的氧化层会破坏复合材料的导电性能。铝颗粒表面的氧化层会使金属颗粒的芯部绝缘，一旦颗粒表面被氧化，即使加入大量的金属填料，复合材料仍不导电。使用金属纤维、镀金属纤维、薄片状金属和带状金属做填料可减少填充金属的量并增加导电复合体系的强度；将纤维状金属与粉末状金属并用可增强填料与基体的相容性；在金属表面形成金属卤化物可防止金属氧化而使导电性增加；在填充 Cu 粉的导电胶中加入 PVA 也能提高填料 Cu 的抗氧化能力；用钛酸酯或硅烷偶联剂处理铝片、铝粉以及纤维，既提高了树脂与金属的相容性，也提高了填料的抗氧化能力；将 $SbCl_3$、$SbCl_4$、SbO–Sb 微粉与丙烯酸树脂配制成的导电涂覆剂涂到金属表面，可显著降低金属离子的表面氧化能力，也能降低材料的表面电阻率。

3. 金属氧化物填料填充

金属氧化物导电填料主要有氧化锡、氧化锌、氧化钛等，目前研究和使用最广泛的是氧化锌晶须（简写为 ZnO_w）。纯的氧化物是绝缘体，只有当它们的组成偏离了化学比以及产生晶格缺陷和进行掺杂时才能成为半导体。金属氧化物导电填料的密度较小，在空气中稳定性好并可制备透明塑料，具有较好的耐腐蚀性、多样性等优点，能够解决由于金属填料易氧化导致其应用范围受限的问题，已被广泛应用于防静电领域。例如，镀锑的氧化锡与聚酯复合制得透明导电膜，TiO_2 表面沉积 Sb/Sn 后的电学性能得以显著提高，可与大多聚合物复合制备导电材料。ZnO 由于具有特殊的四针状结构，在与聚合物复合时能够形成较好的三维导电网络，且易于在聚合物中形成各向同性。同样，一些具有优异性能的层状金属氧化物如 V_2O_5、$VOPO_4$、$ZrHPO_4$、FOCl、MoS_2 等，能够通过插层复合与高分子形成导电材料，并具有较好的稳定性和导电性能。电阻率相对较高是金属氧化物添加材料的主要缺点。

用导电填料来实现高分子材料的抗静电性比用抗静电剂有明显的优势：一是抗静电效果显著，只要导电填料填加量达到阈值后，复合材料的电阻率几乎就定在了一个数量级；二是几乎不受外界环境因素的影响，因为复合材料的导电是依靠导电粒子之间形成的导电通路来进行的；三是耐久性和耐高温性能好，导电粒子在水洗、摩擦等因素下不易发生脱落，在高温下也不会出现渗出分解等现象；四是操作简单易于实现规模化生产。添加型抗静电材料具有抗静电效果好，耐高温和耐久性好，对环境湿度依赖性低等优点，近几年成为研究的热点。

在导电聚合物复合材料中，普遍存在"逾渗"现象。当导电填料含量增加到"逾渗"值时，复合材料的体积电阻率出现断崖式下降，随后随着填料含量的继续增加，复合材料的电阻率下降趋于平缓。因此，许多科学工作者将关注点集中在如何降低复合材料的导电"逾渗"值。在现有技术中，降低聚合物导电复合材料的"逾渗值"主要有以下三种方法：一是使用物理或化学的方法改善纳米颗粒在单组分聚合物复合材料中的分散性；二是采用两种或以上不同形状的导电填料,提高导电填料组网效率;三是加入另外一种聚合物或无机物质,起到体积排除或实现双逾渗结构。

8.2.4 结构型导电高分子材料

结构型导电高分子材料又称本征型导电高分子,指高分子结构本身或经过掺杂之后具有导电功能的高分子材料。根据电导率的大小又可分为高分子半导体、高分子金属和高分子超导体。

按照导电机理可分为电子导电高分子材料和离子导电高分子材料。电子导电高分子材料的结构特点是具有线型或面型大共轭体系,在热或光的作用下通过共轭 π 电子的活化而进行导电,电导率一般在半导体的范围。采用掺杂技术可使这类材料的导电性能大幅提高。例如,在聚乙炔中掺杂少量碘,电导率可提高 12 个数量级,成为“高分子金属”。纯粹的结构型导电高分子材料至今只有聚氮化硫 $(SN)_x$ 一类,经掺杂后的聚氮化硫,在超低温下可转变成高分子超导体。结构型导电聚合物的合成方法主要有化学合成法,包括溶液聚合、界面聚合、液晶结合的方法及中间转化法等;电化学合成法,包括电解结晶和电解复合等。导电高聚物的制备方法有多种,最常用的是聚合和掺杂一次完成的制备方法。结构型高分子导电材料用于试制轻质塑料蓄电池、太阳能电池、传感器件、微波吸收材料、试制半导体元器件以及抗静电材料等。原理上,结构型导电高分子材料本身就可以作为抗静电材料,但由于这类高分子一般分子刚性大、不溶不熔、成型困难、易氧化和稳定性差,无法直接单独应用,一般作导电填料与其他高分子基体进行共混,制成抗静电复合型材料。这类抗静电高分子复合材料具有较好的相容性,效果更好更持久。某些结构型导电高分子单体可在氧化剂作用下进行氧化聚合,因此可将导电高分子单体与本体树脂进行混合之后再聚合,使材料具备抗静电性能。

常见的导电聚合物的合成方法如下:

(1)化学聚合法:在反应体系中加入单体,在氧化剂的作用下氧化导电聚合物单体聚合。化学聚合法是制备导电聚合物最常用的方法。在氧化剂的作用下,单体发生氧化偶联反应先生成二聚体,二聚体再生成三聚体,最终生成导电聚合物。经常使用的氧化剂有 $(NH_4)_2S_2O_8$、KIO_3、$K_2Cr_2O_7$ 等,它们往往同时也是催化剂。反应单体浓度、氧化剂种类与用量、掺杂剂的种类与用量、反应温度、反应时间等条件最终影响导电聚合物的性质。研究较多的主要是溶液聚合、乳液聚合、微乳液聚合、界面聚合、定向聚合、液晶聚合及中间转化法等。化学聚合法具有制备工艺简单、成本低、可批量生产等优点。

(2)电化学聚合法:在适当的溶剂中加入导电聚合物单体和电解质,在电场的作用下,在电解槽内发生电解反应在电极上沉积生成导电聚合物薄膜。电化学聚合法采用外加电场作为单体聚合的引发驱动力,在电极表面通过电解反应沉积导电聚合物薄膜材料。电极体系、聚合反应的电流电压是影响单体聚合的主要因素。电化学聚合的反应设备通用、产品纯度高、聚合和掺杂可一步完成。其缺点为设备复杂、成本较高并且难以规模化生产。

一般而言,共混工艺除了一些特殊的处理手段和改性方法,如利用聚合物乳液改性、电化学成膜、吸附聚合、接入磺酸基等基团改性等方法,最常用的可分为以下三类手段。

(1)机械共混法:将导电聚合物与基体聚合物同时放入共混装置，然后在一定条件下进行适当混合制备共混复合型导电高分子，利用这种方法可以制成具有多相结构特征的复合型导电高分子。要实现规模化的工业生产，使之与具有良好力学性能和加工性的通用树脂共混，熔融共混是最有可行性的加工手段。熔融共混不仅具有较好的永久性抗静电能力，稳定性大幅度提高，而且保持了母体聚合物的力学性能，但本征型导电高分子本身易于分解，不能熔融，所以首先要提高其稳定性，提高其加工温度。目前，所报道的本征型导电高分子复合材料加工温度一般不能超过 240 ℃，所选择的基体树脂必须在此温度以下能够加工。将本征导电高分子和通用树脂共混，关键是形成导电高分子本身的导电通道。根据 Wessling 提出的逾渗理论，导电率的突变现象，即导电逾渗网络的形成可以被看作一种相转变，即导电粒子由完全分散状态突然联结成絮凝态。事实上，影响逾渗浓度的因素还有本征型导电高分子粒子和基体树脂间的界面状态，而不是简单地追求导电高分子与母体高分子的完全兼容。正是利用导电高分子与母体高分子的适当兼容性，形成导电高分子所在相的连续分布，生成所谓的二次逾渗网络结构，才有可能使“逾渗值”保持在 1%～2%的范围，大幅降低了添加量，减少了成本，有益力学性能的提高，可以获得具有多相结构特征的复合型高分子材料。

(2)溶液共混法:是用导电聚合物与基体聚合物溶液或者浓溶液混合，冷却除去溶剂成型制备共混导电高分子。溶液共混法首先要求基体和导电聚合物共同溶解，所以此法适合实验室研究，应用范围受到一定限制。经有机功能质子酸掺杂后的 ICP，可溶于四氢呋喃(THF)、N-甲基吡咯烷酮(NMP)、二甲基亚砜(DMSO)等有机溶剂，许多聚合物，例如聚乙烯醇(PVA)、乙烯-醋酸乙烯共聚物(EVA)、尼龙 6(PA6)等，能和其共同溶解于溶剂中。浇铸成膜后，挥发溶剂形成复合薄膜。一般具有一定的透明性和良好的电导率。如果用超声波对溶液进行处理，可得到极低逾渗值(10^{-4})的材料。

(3)原位复合法:适用于导电涂料，基于本征型导电高分子单体可在氧化剂(如 $FeCl_3$)作用下氧化缩聚的原理，将单体预先浸渍到基体聚合物上，然后在气相或液相下进行氧化聚合，或者将氧化剂浸渍到基体聚合物上，然后在单体气氛下聚合。这样得到的复合材料可确保表面具有较好的电导率，而且适用的基体材料广泛。若控制适当工艺条件，本征型导电高分子和基体树脂可达到微观尺度内的共混，可以获得具有互穿或部分互穿网络结构的复合型导电高分子，利用这一方法已经得到了 PAni/POM、PPY/PI、聚噻吩/PS、PAni/丁氰胶、PPY/PS 等复合材料。

虽然掺杂可以增强聚合物的电导率，但是同时又因为聚合物本身的主链是刚性的，且链间 π 电子体系相互作用较大，使得聚合物通常在有机物中很难溶解，而且熔点也很高。这在很大程度上限制了导电聚合物的进一步应用。为解决这一问题，人们设计多种方法，主要有:通过单体聚合的方式直接获得成形材料，如薄膜、纤维、表面涂层等;通过可溶性的预聚合先加工成新型材料，再转化为共轭聚合物;通过接枝或共聚等化学修饰法，在聚合物链上引入可溶解性基团制备可溶性共轭聚合物。

高分子材料替代金属材料是今后材料学科领域的发展趋势，由此带来导电性高分子的市场需求也将日益增长，其应用领域也会逐步扩大，这就必然对导电性高分子提出更高的要求，其发展趋势主要集中在以下几方面：①具有与金属相同的电导率，如掺杂聚乙炔的电导率现与铜的电导率在一个水平上；②在空气中的稳定性更高，着力解决导电性高分子中氧原子对水是极不稳定的；③良好的加工成型性，解决导电高分子主链中的共轭结构分子链僵硬问题；④掺杂剂无毒化；⑤性价比最好。

8.2.5 抗静电塑料

抗静电塑料是指能减弱甚至消除静电的塑料，当塑料的表面电阻率小于 10^9 Ω 时就不产生静电。抗静电塑料依据制造技术分为结构型、表面处理型、镀金属复合薄膜型、混合型、内添加型五类。

(1)结构型：指塑料本身能让其聚合物导电，或经化学方法改性后具有导电性。例如，聚乙炔、聚对苯撑、聚硫腈、聚苯胺等带有共轭双键结构的结晶形高聚物。

(2)表面处理型：对普通塑料薄膜进行表面电晕放电处理、薄膜表面氧化处理或表面涂布外用抗静电剂，使积蓄的静电荷通过表面传导进行有效泄漏而抗静电。

(3)镀金属复合薄膜型：在塑料薄膜表面镀一层金属膜，或在塑料薄膜表面采用干式复合法黏合一层镀金属薄膜或金属箔，使薄膜导电。镀膜以聚酯薄膜(BOPET)、聚丙烯薄膜(BOPP、CPP)、聚碳酸酯和聚酰亚胺等薄膜为基材，金属薄膜包括纯金属膜、镀合金膜、镀金属氧化物膜等。

(4)混合型：经共混改性，通常是在聚乙烯、聚氯乙烯等塑料中填充导电物质，如碳黑、铝粉、不锈钢纤维、石墨、碳纤维等，制成导电薄膜等制品。该类型电导性稳定、持久，适于对抗静电要求较高的场合，可回收利用。

(5)内添加型：在聚乙烯等塑料中，添加一种或多种表面活性剂制成抗静电薄膜，添加剂主要是非离子型表面活性剂，如烷基酚的聚氧乙烯醚。

结构型导电塑料具有奇特的导电特性，但受制造方法、产品价格等因素限制，尚未得到广泛的商业化应用。结构型导电聚合物的成型加工性较差，在高温和潮湿环境下，不能长期使用。因此，在实际应用研究中，结构型导电聚合物常作为通用塑料(聚氯乙烯、聚丙烯、尼龙等)的共混物，经混合均匀后制成导电薄膜。其成型加工性、热稳定性，也可因此改善，例如，聚氯乙烯/聚苯胺薄膜。结构型导电聚合物还可作为多层导电复合膜的导电层。结构型导电薄膜，可用于静电敏感产品防止带电、清除静电包装等。

在表面处理方法中，在薄膜表面涂布外用抗静电剂是比较实用有效的方法。外用抗静电剂主要是一些离子型(更多的是阳离子型)表面活性剂，外部抗静电剂一般以水、醇或其他有机溶剂作为溶剂或分散剂使用(通常是配成浓度为 0.5%～2.0%的溶液)。操作时，可采用喷涂、涂刷等方法，在薄膜表面涂布一层液态外用抗静电剂，然后再将薄膜进行热风干燥，除去溶剂。外用型抗静电溶液，也可采用喷盘式均匀给湿机进行表面喷涂。抗静电剂分子的亲油基吸附在塑料的表面上，在塑料表面由于有亲水基的存在就很容易吸附环境中的微量水分，而形成一个单分子的导电层，如果抗静电剂为离子型化合物，还能起到离子导电的作用，从而降低表面电阻，加速了电荷的泄漏；另一方面，由于在塑料的表面有了抗静电剂的分子层和吸附的水分，因此在摩擦时，其摩擦间隙中的介电常数同空气的介电常数相比明显提高，从而削弱了间隙中的电场强度，减少了电荷的产生。用外用型抗静电溶液表面涂布方法制得的抗静电薄膜，属即效型或短暂型抗静电膜，其表面电阻率可达到 $10^8 \sim 10^9\ \Omega$，但其抗静电性能会在使用过程中，因表面摩擦或水冲洗等原因，使抗静电性很快消失。因此，其时效性（耐久性）差，使用成本高。它仅在塑料薄膜需要暂时静电保护时，才会显示出满意的效果。

利用物理气相沉积（PVD）、化学气相沉积（CVD）等工艺方法，在塑料薄膜表面形成一层导电的金属膜。从而使塑料薄膜积累的静电荷泄漏。可以用此法进行抗静电薄膜的生产，或者在塑料薄膜表面采用干式复合方法，黏合一层镀金属的薄膜或者金属箔。在实际工业生产中，主要有真空蒸镀、离子电镀和离子溅镀三种技术来对薄膜材料进行表面镀膜，其中真空物理气相沉积是最常用的方法。目前生产技术已经比较成熟的、包装行业已广泛使用的镀铝纸、真空镀铝膜等，就是镀金属复合这一技术的产物。这类方法获得的薄膜有良好的抗静电性能，而且对薄膜阻隔性的提高有改善，但是镀上膜后不透明成了其必然不能兼顾的一个方面。

采用导电型填料不仅可以生产防静电塑料薄膜，由于其抗静电性基于填料的导电性，持久性较表面活性剂型抗静电薄膜好，而且抗静电性受环境湿度的影响小。对填充型防静电包装塑料多采用碳黑体系填充防静电材料，碳黑体系导电填料的种类、骨架结构、分散性能、表面状态、添加浓度等以及塑料种类、结构、填料加入方式等决定了填充后的性能。乙炔黑和高温石墨化碳黑结构稳定、不易氧化、易在高分子中形成伸展的链式或网状组织，而得到优良的防静电性能。为了提高碳黑体系的防静电性能，也常常将其与金属氧化物、弹性体等物质混合，使其与碳黑、陶土、滑石粉等惰性填料组成二元填料，能够将电阻率降低一个数量级。金属氧化物系填充型防静电材料是研制的新产品，其性能比金属填充型材料略差，但性价比好，主要有氧化钛型、氧化锌型、氧化锡型等。

内添加型抗静电剂与塑料共混后制成的抗静电膜呈两相结构。抗静电剂的亲油基团与塑料保持一定相容性，根植于薄膜内部。抗静电剂的亲水基团与塑料相容性差，会逐渐迁移至薄膜的外表面。它吸收空气中的水分，在薄膜表面形成一层极薄的水膜。水是导电物质，能迅速地将积聚在薄膜表面的静电分散。用内添加型抗静电制造抗静电膜，具有成型加工方便，性能价格比高，体积电阻率可在一定范围内调节，能制作彩色透明薄膜等优点。其主要缺点是由于抗静电膜的添加剂具有可迁移性，因此，会随时间推移，呈现体积电阻率下降，甚至抗静电性能消失的现象，而且，这类抗静电膜的抗静电性能易受环境（温度和湿度）影响而变化。尽管如此，它仍是目前抗静电塑料薄膜市场中份额最大的一类抗静电薄膜。

设计合成对环境湿度依赖性小、多功能、耐高温、无毒环保、永久性、适用性广的新型抗静电剂是目前主要的发展趋势。季铵盐型抗静电剂的开发方向主要是提高其耐高温性，减少对塑料制品的腐蚀性，通常适当调节碳链长度拓宽其应用范围。阴离子抗静电剂产品的开发还远远不够，其开发方向为提高其与树脂的相容性。非离子型抗静电剂具有耐热性好的优点，可广泛应用于塑料制品中。但其添加量大，影响塑料制品的物理性能。目前需要解决的问题是在保证其抗静电的前提之下减少其添加量。

由于对塑料制品的性能要求在不断提高，单一使用某种抗静电剂往往会出现很多弊端。

如单一某种抗静电剂对树脂的相容性差、影响产品的透明性及力学性能，添加量大时加工困难等，难以达到综合的抗静电效果。利用现有的抗静电剂，针对不同的塑料制品采用不同的复配研究，以期望开发出专用性强、抗静电性高、综合性能优良的复合抗静电剂。目前，正在积极开发新的表面处理技术，研制更耐久的抗静电涂层。此外，国内逐渐重视对无机抗静电剂的研究，开发出了多种导电填料新品种，用于填充塑料制品，在降低成本的同时，达到抗静电的效果。

8.2.6 抗静电织物

抗静电织物是指在标准状态下体积电阻率小于 10^{10} Ω·cm 的纤维或静电荷逸散半衰期小于 60 s 的纤维。纺织材料为减少静电，一方面降低摩擦程度，控制电荷的产生；另一方面提高纤维的导电性能，以加快电荷的泄漏。常用的织物抗静电制备方法有：①织物表面整理。对合成纤维织物表面进行抗静电树脂整理，将结构与被整理的纤维相似的高分子物抗静电剂（如聚乙炔、聚对苯撑、聚吡咯、聚噻吩、聚吡啶等）轧、焙、烘而黏附在合成纤维或其织物上。通过高分子物的亲水性涂覆在表面上吸湿而增加纤维的导电性。②制造抗静电纤维。在合成纤维聚合物内部添加抗静电剂，如磷酸醋、磺酸盐等表面活性剂，利用表面活性剂由内而外迁移扩散，使纤维表面长期含有表面活性剂。或者引入第三单体，如聚氧乙烯及其衍生物，使纤维本身抗静电。添加在聚合物内部的抗静电剂大多有极性基团，可在聚合体外层形成导电层或通过氢键与空气中水分结合，使聚合体电阻减少，加速静电荷散逸。③引入导电纤维。在合成纤维织物中嵌织导电纤维，如金属导电纤维与普通纤维混纺；碳素导电纤维进行掺杂、涂层、碳化；导电聚合物制成的有机导电纤维（聚乙炔、聚苯胺）；普通合成纤维涂敷导电物质制成的有机导电纤维（表面整理，碳黑、金属）。抗静电织物用于加工服装、地毯、矿山输送带、汽车内装饰用品和特殊无尘、无菌、无静电工作服，可应用于航天航空、国防、石油、采矿、化工、电子、医疗卫生等方面。

8.2.6.1 织物表面整理

用表面活性剂直接对合成纤维及制品表面进行抗静电处理的方法适合于各种纤维材料。作用机理为表面活性剂分子疏水端吸附于纤维表面，亲水性极性基团指向空间，形成极性表面，吸附空气中的水分子，降低纤维的表面电阻率，加速电荷逸散，从而起到抗静电作用。这种方法除使织物具有抗静电效果外，处理后的织物还具有吸湿、防污、不吸尘等功能。抗静电方法较为简单，成品价格也较为便宜。

抗静电整理的方法较多，目前主要有助剂吸附固着法、表面接枝聚合法和低温等离子体表面处理法等三种。由于后两种方法需要较多的特种引发剂或高能射线或用等离子体处理等，工艺繁复，操作复杂，因此一般采用第一种方法。

抗静电整理所用的抗静电整理剂一般属于表面活性剂，包括阳离子型、阴离子型和非离子型，其中阳离子表面活性剂的抗静电效果最好，高分子量非离子型表面活性剂的抗静电耐久性最好。

抗静电整理的机理是在纤维表面形成高度导电层，导电层的作用主要表现在三方面：平滑、电中和及导电性。①平滑作用：抗静电剂在对织物进行抗静电处理后会以渗透方式透出材料表面，抗静电分子按多个分子层排列，分子层层数越多，总分子的取向度越低，分子层与分子层之间会表现出较大的平滑现象，由此减少织物间的摩擦，降低摩擦因数，从而减少静电。随着表面活性剂表层的分子排列层的消失，下面的分子层迁移到表面，继续起到平滑作用。②电中和作用：亲水基显极性，一方面吸附周围的水分，另一方面中和材料表面产生的异号电荷；亲油基显中性，起到与高聚物结合牢固的作用。③导电作用：被抗静电剂的亲水基吸附的水层成为导电薄膜。

8.2.6.2　制备抗静电纤维

制备抗静电纤维的方法有：①用亲水性聚合物对纤维的表面进行亲水性处理，使纤维成为良导体，方法简单，但抗静电持久性差，耐洗性差；②与亲水性聚合物进行共聚或接枝聚合，对聚合物进行亲水性处理，持久，耐洗涤好；③加入亲水性物质或混入亲水性聚合物，耐久性好。

8.2.6.3　引入导电纤维

当导电纤维混用率在0.1%～0.5%时，就有明显的抗静电效果。导电纤维之间静电压达到一定的数值后产生无火花的电晕放电，通过电晕放电消除静电。这种现象通常认为是导电纤维在静电场的作用下使周围的空气产生电离作用而形成正负离子，正负离子中的一种与织物所带静电荷相反而中和，另一种则与环境或大地中和。

最初的导电纤维是不锈钢纤维，目前主要有金属纤维、碳素复合纤维和腈纶铜络合纤维等，国内使用的抗静电织物大多是用金属纤维或腈纶铜络合纤维和其他纤维混纺、交织而制成的。①金属纤维，主要有不锈钢、铜、铝、镍等，先制成短纤维，再与普通纺织纤维混纺制造，用于防静电地毯和工作服面料；②碳素复合纤维，将导电碳黑混入高聚物中，用复合纺丝方法制成，碳短纤维用于地毯胶乳；③腈纶铜络合纤维，将腈纶浸于铜盐溶液中，使其吸附二价铜离子，再用还原剂使二价铜离子还原为一价铜离子，一价铜离子与腈纶纤维上的氰基络合并生成铜的硫化物，在纤维表面形成导电层。

导电纤维与普通合成纤维的混用方法大体上可分为混纺和混织两类。混纺是用导电纤维与一般纤维混纺成纱线织成织物，而混织是将导电丝或其短纤纯纺纱以各种间隔的形式嵌入普通丝或短纤纱织物中。由于混织法通常通过色织配色获得满意的外观而被较多采用。

由于在加工和使用中摩擦现象不可避免，因此制造性能更好的导电纤维是纺织材料抗静电技术发展的基本方向。

永久性抗静电纤维是发展的方向，但目前开发的永久性抗静电织物还无法同时满足持续、稳定且具有良好服用性能的要求。未来开发永久性抗静电织物需要更加关注具有稳定、持久、高效特性的"绿色"抗静电整理剂；开发既具有良好服用性能又具有优越抗静电效果的纤维；解决复合高分子导电纤维开发成本高、流程复杂等问题，以获得物美价廉的永久性抗静电织物。具有抗静电性、阻燃性、抗菌、防尘功能、强吸湿排汗性能、抗油拒水、耐脏防污等多功能融合性抗静电织物开发也成为现代织物开发的重要方向之一。总之，对于开发抗静电织物，在赋予织物抗静电性能的前提下，还应进一步优化工艺，兼顾织物的服用性能，降低生产成本，使抗静电织物在生产、使用和废弃物处理方面都符合生态环保要求。

8.2.7 防静电涂料

防静电涂料又称导静电涂料，其表面电阻率通常为 $10^5 \sim 10^9\ \Omega/m$，是可消除积累在膜表面静电荷的功能性涂层材料。根据成膜物质是否导电，分为添加型防静电涂料和非添加型防静电涂料。大多数防静电涂料为添加型，是导电填料、绝缘性聚合物、助剂、溶剂的混合物，其本身不可导电，将其涂覆于高分子材料表面形成一层固化膜，利用导电填料中导电微粒提供的自由电子载流子实现防静电；导电填料主要有金属系填料（镍、银、铜、铝等）、碳系填料（碳黑、石墨）、金属氧化物系填料（氧化锡、氧化锌等）以及复合填料（玻璃珠、铜粉、云母粉外包覆银粉、碳黑外包覆镍粉）等。非添加型导电涂料，又称本征导电涂料，研究较多的有聚乙炔、聚吡咯、聚噻吩、聚苯胺等。共轭链聚合物本身能产生载流子，具有导电性，如聚乙炔；对于非共轭链的高聚物，通过掺杂 Fe^{3+} 或其他离子使分子间的 π 电子轨道互相重叠，亦可产生并输送载流子，如聚吡咯、聚苯胺等。防静电涂料主要应用于易产生静电积聚的物体表面，如玻璃运输管道内表面，石油储罐内表面、物料传送带、飞机机壳外表面、录像磁带表面、印刷机导辊表面等，广泛应用于半导体工业、LCD 工业、电子装备工业、电子电气、通信制造、精密仪器、光学制造、医药工业及生物工程等行业。

8.2.7.1 添加型防静电涂料

碳系导电填料目前的研究主要集中在提高碳系导电填料的分散性上，通过加入碳化硅等分散助剂提高碳系导电填料在涂层中的分散性；用硅烷偶联剂处理石墨，也可提高其分散性；石墨中掺入碘可以形成石墨-碘导电络合物，也提高了石墨涂料的抗静电性能；另外，石墨烯、碳纳米管近几年也成为制备抗静电涂料的研究热点。

金属导电填料主要包括银粉、铜粉和镍粉等。金属填料的导电性能更好，可以用于制备低电阻率涂料，一般用于军工等要求比较高的领域。但也存密度大、易沉降、防腐性能差、易被氧化成不导电的氧化物、成本高等缺点。通过锌粉、铜粉配合使用，降低了铜粉被氧化的可能性；制备核壳型铜一银双金属粉末一方面能有效防止铜粉被氧化，另一方面也大幅降低了成本，提高了导电填料在聚合物基体中的分散性；碳酸钙/镍复合导电材料，提高了抗静电稳定性，同时解决了金属材料使用量过大的问题。

金属氧化物导电填料主要有纳米锑掺杂二氧化锡、氧化铟锡和掺铝氧化锌等。粉体尺寸控制和表面改性仍是研究的重点。掺铝氧化锌因密度小，在空气中稳定，近年来得到越来越多的关注。

采用复合导电填料可降低导电填料成本，提高导电性能。复合导电填料分为复合粉和复合纤维。金属包覆型复合粉是金属镀（涂）覆在每个芯核颗粒上形成的复合粉末，它兼有镀层金属和芯核的优良性能。根据芯核物质的不同，金属包覆型复合粉大体上分为三种类型：金属-金属、金属-非金属、金属-陶瓷，如玻璃珠、铜粉和云母粉外包覆银粉以及碳黑外包覆镍粉等，也有金属氧化物为外壳，硅或硅化合物、TiO_2 等为内壳的复合导电粉。复合纤维主要有尼龙、玻璃丝、碳纤维镀覆金属或金属氧化物等，如将聚丙烯腈纤维镀覆 Cu、Ni，将 Cu 镀于 Ni 的外部，可以保持内部铜层不被氧化，保护稳定的导电性；采用化学镀方法在玻璃纤维上沉积金属镀层、制得镀金属的导电玻璃纤维，用作防静电涂料的复合填料。

添加型防静电涂料的导电机理研究仍处于定性研究阶段，对导电微观机理的研究有待深入；金属类导电填料的研究朝着纳米化方向发展，要求涂料工艺必须采取合适的措施，保证纳米颗粒分散、混合且防氧化；碳类导电填料主要往高导电性低成本复合导电填料方向发展；导电高分子材料的研究重点是产业化；金属氧化物和无机盐类导电填料主要往纳米晶须结构、掺杂包覆导电填料方向发展，提高和稳定导电填料的导电性能。

8.2.7.2　非添加型防静电涂料

本征型聚苯胺抗静电涂料的研究主要偏重于解决制备方法单一等问题。通过原位化学聚合制备聚苯胺/有机树脂抗静电涂料，可以解决聚苯胺粒子易团聚、分散性欠佳的问题，避免机械共混时对聚苯胺形状和结构的破坏；制备的含有纳米聚（甲基丙烯酸甲酯—丙烯酸丁酯—丙烯酸）/聚苯胺核壳结构复合粒子的水性环氧抗静电涂料，进一步提高了聚苯胺的分散性和化学相容性；在十二烷基苯磺酸改性的二氧化硅表面包覆聚苯胺，并将该核壳结构导电组分加入聚苯乙烯涂层中，使核壳结构聚苯胺的比表面积更大，导电效率更高；将聚苯胺原位聚合到纳米纤维素表面，抗静电效果优异，在抗静电涂层、电极材料制备方面有较大应用前景。

8.3　抗热辐射材料

8.3.1　隔热材料

隔热材料又称热绝缘材料、绝热材料。能阻滞热流传递，减少结构物与环境热交换的一类功能材料。以减少热量损失为目的，平均温度不大于 350 ℃，导热系数不大于 0.12 W/(m·K)的为保温材料；平均温度低于 27 ℃，导热系数不大于 0.064 W/(m·K)的用于保冷层的隔热材料为保冷材料。隔热材料是保温和保冷材料的统称，主要有多孔型隔热材料和涂层隔热材料。①多孔型隔垫材料利用空隙内的空气或惰性气体以致导热系数低而隔热，常用的有泡沫材料、纤维板、软木板等有机物制成的材料和泡沫混凝土、矿物棉、石棉制品等无机物制成的材料。例如，飞机座舱和驾驶舱内用泡沫塑料、超细玻璃棉、高硅氧棉；导弹头部用酚醛泡沫、耐温聚氨酯泡沫塑料，仪器舱外蒙皮用发泡涂料等。②隔热涂料通过物理、化学方法使被涂物温度明显低于外界温度的涂料称为隔热涂料。按照隔热机理和方式不同可以分为四类：阻隔型隔热涂料、反射型隔热涂料、辐射型隔热涂料和多功能薄型隔热涂料。最佳隔热涂料的基本功能是在阳光照射下具有全面协同的光谱特征和组织热传递功能。最有效的方式是做一个多涂层的复合体系，表面涂层的功能要求符合光、热的反射、吸收和发射机理；中间涂层的功能是通过热传递的阻抗作用实现隔热，一般采用低导热率的组合物或在涂膜中引入导热率极低的空气，以获得良好的隔热效果；配合具有防腐防水功能的底漆，使之成为一个完整的隔热体系。将阻隔型、反射型和辐射型构成的复合型隔热涂料在体现隔热涂料原理、高效隔热、涂膜机械及化学性能上代表了未来建筑隔热涂料的发展趋势。

隔热材料的发展方向主要体现在纳米化、复合化、环境友好型。纳米化的隔热涂料体现在普通填料和隔热功能填料上，纳米隔热功能填料的纳米粒子具有很高的光谱选择性，一般通过强反射吸收方式将太阳光致热降到最低，使用最多的是纳米掺锑二氧化锡、掺锡氧化铟，近几年在有机树脂中添加可制成允许可见光通过的隔热涂膜，可实现在汽车和建筑玻璃上的应用。复合型隔热功能填料指兼顾两种隔热方式的填料，空心玻璃微珠通过外包覆了一层 TiO_2 对可见光和近红外光的反射率分别为 86%和 81%，复合型多功能隔热涂料代表了未来建筑隔热涂料的发展趋势。建筑能耗大约占全国能源消耗的 1/4，低辐射传热、高效薄层、颜料的水性、环保反射型等综合功能的隔热涂料将在建筑行业中得到广泛应用。

8.3.1.1 多孔型隔热材料

多孔由固相和气相两相构成，当热量从多孔材料高温部分传向低温部分时，热量的传递路线分为两条：一条路线通过固体部分传递，该多孔固体部分传递路线变长，热量传递的速率减缓；另一条路线通过气孔内气体传递，气体的导热率远小于固体的导热系数，热量通过气孔的阻力较大，减缓了热量的传递速率。研究表明，材料的气孔直径小于 4 mm 时，气孔内的气体不会发生自然对流；当气孔直径小于 50 nm 时，气孔内的气体分子会失去自由流动的能力，也就是失去了热对流传热能力。因此，对多孔隔热材料的基本要求为：一是体积密度尽可能小；二是气孔孔径要求小到失去气体对流传热的尺寸；三是多孔界面尽可能地多到使热辐射降到最低，总体上从传导、对流、辐射三种热传导途径取得最佳的隔热效果。

近年来，纳米孔气凝胶超级绝热材料的研究也不断走向实用化和工业化，气凝胶的孔隙率高达 80%～99.8%，密度可低至 0.003 g/cm^3，其纳米级孔径可显著降低气体分子热传导和热对流，纤细的纳米级骨架颗粒能显著降低固态热传导。其常温导热率比空气还低，是一种理想的轻质、高效隔热材料。目前，气凝胶隔热材料主要包括 SiO_2 气凝胶、ZrO_2 气凝胶、Al_2O_3 气凝胶、Si-C-O 气凝胶，其中 SiO_2 气凝胶材料的研究最为广泛。SiO_2 气凝胶是由纳米级 SiO_2 微粒相互连接而成的具有三维网络结构的纳米孔固体材料，通过溶胶-凝胶形成连续的纳米量级的凝胶网络结构经超临界干燥除去凝胶孔洞内溶剂而得到。气凝胶隔热材料在建筑、石化、航空航天等重要领域都有广泛的使用前景。

8.3.1.2 阻隔型隔热涂料

通过热传递的阻抗作用实现隔热的被动式降温涂料。一般采用低导热率的组合物或在涂膜中引入热导率极低的空气隔热，通常具有堆积密度比较小，导热性能低、介电常数小、耐化学腐蚀性强等特点。在阻隔型隔热材料中根据其成分不同，分为有机隔热材料和无机隔热材料。有机隔热材料吸湿性大，受潮时容易腐烂且易燃烧，故在实际应用时主要考虑无机材料。无机隔热材料种类较多，如蛭石、海泡石、膨胀珍珠岩、空心玻璃微珠等。膨胀珍珠岩是一种白色轻质具有封闭多孔结构的发泡颗粒，主要由 SiO_2、Al_2O_3、Na_2O 及 K_2O 组成，在 200 目以下粗颗粒的珍珠岩导热系数比细颗粒珍珠岩小，但颗粒粗糙形成涂层不光滑，同时给施工带来困难和不便；海泡石的化学成分简单，主要为 SiO_2 和 MgO，海泡石的天然形态呈致密块状或纤维状，属斜方晶或单斜晶系，体质甚轻，收缩率低，可塑性好；空心玻璃微球是由含硅、铝等元素的氧化物材料经过特殊工艺制成的薄壁、封闭的微小球体，球体内部包裹适量气体，具有低密度、低导热、热稳定性好、耐冲击等优点。干燥成膜后玻璃微珠会紧密排列形成一层对热具有阻隔效果的封闭型中空气体层，阻断“热桥”，从而使涂层具有良好的隔热效果。

阻隔型隔热涂料通常以表观密度小、内部结构疏松、气孔率高、含水率小的材料作为轻骨料，依靠黏结剂作用使其结合在一起，直接涂抹于设备或墙体表面。复合硅酸盐隔热涂料已经在建筑内保温方面得以应用，但在干燥周期长、施工受季节及气候影响大、抗冲击能力弱、干燥收缩大、热导率值波动大等方面还需要进一步研究改进。空心玻璃微珠由于其质轻、隔热性能优良的特点近年来越来越多地被应用到隔热涂料的研制开发中。

8.3.1.3　反射型隔热涂料

通过反射可见光及红外光的形式把太阳光能量隔绝的涂料。由太阳光谱能量分布曲线可知，太阳能绝大部分处于可见光和近红外区。在该波长范围内，反射率越高，涂层的隔热效果就越好。因此，通过选择合适的树脂、颜填料及生产工艺，可制得高反射率的涂层，反射可见光及红外光，以达到隔热的目的。常用的反射型材料有陶瓷微粉、铝粉、二氧化钛、ATO 粉体。铝粉利用金属的特性，对太阳光有一定的反射率，但在热波长区域内反射效率低，且铝粉本身可传热，故不是一种很理想的反射材料；ATO($SnO_2 \cdot Sb_2O_2$)是过渡金属氧化物的混合体，是一种新型的隔热材料，具有较高的可见光透过率和红外光反射率，满足了采光和隔热的需要，但成本较高，且 ATO 浆为蓝色，影响了隔热涂料的反射率。二氧化钛是遮盖力最好的颜填料，对白光的散射能力值达到 1.9，折光率高，是一种理想的反射材料。陶瓷微粉粒径在 1 μm 以下，由二氧化钛、氧化锌、氧化镁、二氧化硅、氧化铝组成，这种填料具有导热系数以及比热小的特点，将它使用于具有散热性、平滑性优良的面漆树脂中，制成保持涂膜光滑的反射涂料。反射型隔热涂料可应用于原油、成品油储罐、冷藏设备及管线、建筑墙体及屋面，具有较高的节能经济效益。

太阳辐射能量按照波长变化分为三个光谱区：近红外区范围在 0.72～2.5 μm，占太阳总能量的 50%；可见光区范围 0.4～0.721 μm，占太阳总能量的 45%；紫外区 0.2～0.4 μm，占太阳总能量的 5%。太阳辐射的大部分能量(约 95%)都集中在近红外光和可见光范围，反射型隔热涂料通过选择反射波长为 0.4～1.8 μm 的可见光和近红外区的树脂、金属或金属氧化物颜料、填料来反射太阳热。热反射隔热涂层结构包括热反射涂层和隔热层两部分。热反射涂层在可见光及近红外波长范围反射率很高，厚度一般为 40～60 μm，且要求表面光滑平整，以提高光线的反射率，同时，在两个大气窗口处($\lambda=3\sim5$ μm，$\lambda=8\sim13.5$ μm)，尤其在后者范围内，发射率很高，可直接将物体所接收的太阳光热量径直通过此窗口发射到大气层的外部空间，使得温度明显下降。隔热层厚度为 120～140 μm，其中巨量空心微球紧密排列，形成多层空心夹层，可有效阻隔热量传递。

太阳热反射隔热涂层在国内仍处于研究试应用阶段，主要工作集中在成膜物质选择及改性、功能填料及其粒径的选择、涂料配方的调整等方面。改性丙烯酸树脂、聚硅氧烷树脂、含氟树脂等耐紫外线性能优异的树脂的不断开发，配以高光学性能的颜填料，以研制出高耐候、长效性的太阳热反射涂料。新型颜填料作为太阳热反射涂料中的光学活性物质正要求研究不同元素的各种化合物光学性能、微观结构(晶体结构、聚集状态)对光学性能的影响以及通过特殊工艺(沉积、包覆等)制备复合颜填料。反射性涂料经颜色调配后其反射性能如何,是决定未来墙体彩色涂料彩色化的关键。制定出一个比较规范、相对严格的表征太阳热反射隔热涂层隔热性能的标准及测试方法还需要进一步加强对光热反射、吸收及辐射等基础理论的研究。水性、高固体分、无溶剂型环境友好性反射隔热涂料成为发展趋势。以原材料为相变材料的智能化热反射隔热涂料通过能量的吸收或释放来维持相变材料和周围环境或物质的温度恒定。该涂料具有降低能耗的良好效果,发展前景广阔。

8.3.1.4 辐射型隔热涂料

辐射型隔热涂料是指通过辐射把吸收的热量以一定的波长发射到空气中而隔热的涂料。物质的分子吸收光子,使光子的能量完全变为分子振动、转动的能量,促使分子的振动、转动能量发生改变,不断使晶格、键团的振动在其相间产生碰撞,使吸收的部分能量以红外辐射的方式返回外部空间。这样就尽可能多地把涂层中吸收到的太阳能中的紫外光能和可见光及近红外光能转为热能,以红外辐射的方式在此波段内穿过大气,从而达到降低温度的目的。在波长 8～13.5 μm 的区域内,地面上的红外辐射可以直接辐射到外层空间。在此波段内,太阳辐射和大气辐射能远低于地面向外层空间的辐射能,因此如果在此波段内使涂料的发射率尽可能高,那么在辐射体表面,热量就能以红外辐射的方式高效地发射到大气外层。辐射型隔热涂料中采用的红外辐射粉体主要是金属氧化物的复合物和碳化物,主要辐射波段在 2.5～12 μm 的范围内,用得较多的是过渡金属氧化物,如 Fe_2O_3、MnO_2、CuO、CoO 等。英国 CRC 公司的 ET-4 型红外辐射涂料,其主要组成是 ZrO_2、SiO_2、Al_2O_3。日本的 HRC 红外辐射涂料的粉体组成是 CoO、Cr_2O_3、Fe_2O_3、MnO_2、SiO_2、Al_2O_3 等。采用陶瓷制备技术是获得高辐射率红外辐射材料的最常用方法。加入以稀土元素为主的活化剂,可提高常温下涂层的发射率。

辐射物波长受到辐射物体的材质、分子结构和温度等条件的影响,在红外辐射的波段里,从辐射的本质来讲,当分子中的原子或原子团从高能量的振动状态转变到低能量的振动状态时,会产生 2.5～25 μm 的红外辐射,分子的转动能态的改变所引起的辐射为大于 25 μm 的红外辐射,而原子核外导带电子能态的改变所引起的辐射为小于 1 nm 的可见光或紫外辐射。辐射率(发射率)取决于涂层的成分组成、性质和添加量,涂膜的表面温度和表面状况,尤其是填料的固有性质,如它的晶粒形状、大小、晶相结构、晶界特性、晶相内自由载流子数目、类型等,但与外界条件无关。

辐射型隔热涂料主要针对远红外热辐射而设计,其原理是将吸收到的太阳光能转化成热能,再将热能以远红外辐射的方式向外空间散热。大气层的红外辐射主要源于大气中的水蒸气、二氧化碳和臭氧及悬浮微粒,其中起主要作用的是水蒸气和二氧化碳。在远红外 8～13 μm 的区域内,水蒸气和二氧化碳的吸收能力较弱,这使大气层对远红外辐射有很高的透过能力。在红外气象学中,称这个透过率很高的波段为热波段“红外窗口”。通过这个“窗口”,地面上的辐射体可以直接辐射到外层空间。因此,在涂料内加入在 8～13.5 μm 波段内具有高吸收值的物质,以增强辐射涂层在此波段范围的辐射能力。红外辐射物吸收了辐射热能而改变和加剧了分子内部的运动,使粒子能态级产生从高到低的热发射,从而降低被辐射物的温度。从光谱学的角度,物质的分子吸收光子,可使光子的能量完全变为分子振动、转动的能量,促使分子的振动、转动能量发生改变，不断使晶格、键团的振动在其相间产生碰撞，使吸收的部分能量以红外辐射的方式返回外部空间。这样，就尽可能多地把涂层和下层水泥层中吸收到的太阳能中的紫外光能和可见光及近红外光能转为热能，以红外辐射的方式在此波段内穿过大气红外窗口，高效地发射到大气外层的绝对零度区，从而达到降低温度的目的。

当今，用于热辐射源的高辐射系数的远红外辐射材料有金属氧化物、碳化物、氮化物和硼化物，将它们作为填料加入到硅酸盐结晶相中制得红外辐射涂料，辐射 5～15 μm 波段内的红外线的能力在 85％以上，加入以稀土元素为主的活化剂，可提高常温下涂层的发射率。

辐射型隔热涂料不同于用玻璃棉、泡沫塑料等多孔性低阻隔性隔热涂料或反射隔热涂料，后者只能减慢但不能阻挡热能的传递，白天太阳能经过屋顶和墙壁不断传入室内空间及结构，一旦热能传入，即使室外温度减退，热能还是不易向外传递。而辐射型隔热涂料却能够以热发射的形式将吸收的热量辐射掉，从而促使室内以室外同样的速率降温。我国目前这类涂料在建筑保温隔热领域中的应用仍处于研究阶段。

随着辐射型节能涂料研究工作的深入开展，产品质量和使用性能在不断改进。较成熟的红外涂料大多都应用于中低温度，在 1 000 ℃以上的中高温方面还由于抗热震性未得到有效解决，导致在工业窑炉等设备上的红外辐射涂料使用寿命要远远低于国外产品。改善红外涂料无机黏结剂、拓展其在高温领域的应用是今后的发展方向。通过超细化、纳米化后提高热辐射的透射深度来降低吸收指数和折射系数以提高物体发射率与吸收率的效果已成为未来的趋势。物体单色吸收指数随辐射波波长的变化以及对发射和吸收的选择性，要求未来基料、黏结剂采用多种材料成分复合化。

8.3.2　低辐射玻璃镀膜

在普通玻璃表面镀多层由银、铜、锡等金属或其化合物组成的薄膜系，该薄膜系具有较低的表面辐射率，对波长范围 4.5～25 μm 的远红外线有较高反射比。普通玻璃的表面辐射率在 0.84 左右，低辐射玻璃的表面辐射率在 0.15 以下，可以将大约 80％ 以上的远红外线热辐射反射回去，具有良好的阻隔热辐射透过的作用。在夏季可以阻隔物体受太阳照射后发出的二次辐射热，而在冬季可以减少室内的热量向外流失，从而达到隔热保温、节能降耗的目的。低辐射玻璃一般都制成中空玻璃，因为在冷天单层玻璃窗的内侧往往会结露，这层薄薄的水膜会使低辐射膜对远红外的反射率降低。

低辐射镀膜玻璃的制作工艺分为在线和离线两种镀膜工艺，在线低辐射镀膜玻璃是在专门的浮法玻璃生产线上，采用化学气相沉积镀膜工艺完成。在线低辐射玻璃膜层是由三层氧化物组成：第一层为二氧化锡，其主体成分与玻璃成分同样能有效阻止玻璃体内碱金属离子的析出；第二层为氧化物过渡层，其主要功能是调节膜层的颜色与太阳光的透过率；第三层为二氧化硅半导体功能膜，该层是低辐射玻璃膜层的主要结构，能够极大地降低玻璃表面的辐射率，一般可使玻璃表面的辐射率控制在 0.1 以下。

离线低辐射镀膜玻璃是将浮法玻璃产品进行切裁、水洗、烘干后喂入磁控溅射镀膜机，使浮法玻璃表面被金属氧化物溅射，形成多种膜层组成的复合膜层，其基本结构包括第一层介质膜、功能膜和外层介质膜三部分。第一层介质膜是绝缘层，一般采用锡、钛或锌的氧化物（SnO_2、TiO_2、ZnO_x）或氮化硅（SiN_x）等，这层膜主要防止日光中可见光和部分红外线的发射，调节膜系光学性能和颜色，提高功能膜与玻璃表面的附着力。功能膜一般采用正电性金属元素金、银、铜等作为膜材料，银膜的性价比较高，但质软不耐磨，两侧需加保护膜，该层功能膜是长波热能最好的发射体，也是决定低辐射玻璃的透过率和发射率的重要膜层之一，它可以把室内的热量发射回去，还可以减少阳光中有破坏性作用的紫外线进入室内。

外层介质膜也是金属氧化物膜或类似绝缘膜，它既是减反射膜，也是一层保护膜，在可见光和近红外太阳能光谱中起减反射作用，同时保护银膜，提高膜系的物理化学、力学性能。另外，在银膜与外层介质膜之间通常加入很薄的一层金属或合金膜（如 Ti 或 NiCr 等）作为遮蔽层，防止银膜氧化而失去低辐射功能。

根据低辐射镀膜玻璃（Low-E）的性能特点可划分为高透型 Low-E 玻璃、遮阳型 Low-E 玻璃。根据功能层层数，即金属银的层数，可划分为单银 Low-E 玻璃、双银 Low-E 玻璃、三银 Low-E 玻璃等。

（1）高透型 Low-E 玻璃：具有较高的可见光透射率，采光自然、效果通透，有效避免“光污染”危害；具有较高的太阳能透过率，冬季太阳热辐射透过玻璃进入室内提高室内的热能；具有极高的中远红外线反射率、优良的隔热性能、较低的传热系数。适用范围：寒冷的北方地区。制作成中空玻璃（膜面在第三面）使节能效果更加优越。

（2）遮阳型 Low-E 玻璃：具有适宜的可见光透过率和较低的遮阳系数，对室外的强光具有一定的遮蔽性；具有较低的太阳能透过率，有效阻止太阳热辐射进入室内；具有极高的中远红外线反射率，限制室外的二次热辐射进入室内。适用范围：南方地区。从节能效果看，遮阳型不低于高透型，制作成中空玻璃节能效果更加明显。

（3）双银 Low-E 玻璃：双银 Low-E 玻璃，膜层中有双层银层面，膜系结构比较复杂。它突出了玻璃对太阳热辐射的遮蔽效果，将玻璃的高透光性与太阳热辐射的低透过性巧妙地结合在一起。与普通 Low-E 玻璃相比，在可见光透射率相同的情况下，具有更低太阳能透过率。适用范围不受地区限制，适合于不同气候特点的广大地区。

（4）三银 Low-E 玻璃：三银低辐射镀膜玻璃具有三层功能银膜，相比于双银 Low-E 玻璃、单银 Low-E 玻璃，其对于太阳光中红外线的阻隔更为彻底，在 700 nm 左右透过率实现了快速的下降，因此保证采光的前提下，隔热性能更佳，目前在欧美发达国家使用较多，国内应用极少。

由于在线镀膜技术工艺控制难度较大，目前国内能够稳定量产的生产线及技术主要是从国外大公司引进，国内虽然在自主研发方面已经取得了一定的成果，但从市场反应看，生产的稳定性及产品的一致性仍和国际先进水平存在较大差距。

在离线 Low-E 镀膜发展过程中，一方面从 20 世纪 90 年代至目前具有经济实力的大公司均从国外引进生产线和相应的生产技术，另一方面由于进口设备投资成本高，为降低成本，国内通过多年探索形成了国产设备替代进口设备的趋势和能力，国产设备保有量已经超过进口设备。

Low-E 玻璃以其优异的节能环保特性，被誉为 21 世纪最理想的幕墙玻璃材料，已经获得了越来越广泛的应用。在中国，膜层的光学性能、生产工艺、膜层稳定性、耐磨性及牢固度有待进一步提高。Low-E 镀膜玻璃将成为市场的主流和发展趋势，将为实现节能、环保和绿色能源的建筑起到决定性作用，目前已成为市场上发展最快、应用最广、市场前景最好的镀膜产品。

8.3.3　隔热玻璃涂料

太阳辐射的能量主要集中在波长为 0.2～2.5 μm 的范围内，其中紫外区(波长 0.2～0.4 μm)占总能量的 5%，可见光区(波长 0.34～0.72 μm)占总能量的 45%，近红外(波长 0.72～2.5 μm)占总能量的 50%。可见，太阳光谱中的能量绝大部分分布在可见光和近红外区，若能选择性有效阻隔近红外能量而维持一定的可见光透过率，即可实现透光隔热。纳米 ITO、ATO、SnO_2 等纳米微粒在可见光区透过率高，而对红外光却具有很好的屏蔽性，而 TiO_2、Fe_2O_3、Al_2O_3 等纳米颗粒具有很强的紫外波段吸收能力，若将这些具有特殊功能的纳米微粒分散后加入树脂溶液中，可获得纳米透明隔热涂料，可用于玻璃或树脂等表面形成透明隔热膜。透明氧化物半导体隔热材料对太阳光谱具有理想的选择性，在可见光区透过率高，而对红外光却具有很好的屏蔽作用。

透明氧化物半导体隔热材料的开发和隔热机理是当前研究的热点，一般认为，其对热辐射的阻隔作用是吸收和发射共同作用的结果。将该材料用于建筑玻璃等的透明隔热成为节能降耗的有效途径，但目前在分散、抗老化、施工等方面需要做进一步改进才能使其得以有效应用。一是纳米粉体分散及稳定性有待改善。纳米 ATO、ITO 等颗粒间极易发生团聚而导致涂料透明隔热性能减弱，其解决的途径有两个：要么对纳米颗粒进行表面改性，降低其表面自由能并减小颗粒间范德华引力；要么使用各种机械分散方法，制得分散性稳定的纳米复合材料。二是透明隔热涂层的耐老化、耐水等耐候性有待改善。涂料中的树脂需要承受太阳辐射抗老化，涂料本身需要抗雨水引起的雾化甚至起泡脱层等现象，延长其使用寿命是目前研究的关键点。三是透明视觉要求隔热涂覆平整完备。采用刷涂、喷涂或者滚涂等工艺涂覆施工工艺需要做深入研发以保证涂层良好、厚度均匀。

与金属镀膜隔热玻璃等相比，透明隔热涂料对可见光和红外波段等太阳辐射具有较好的选择透过性，即对可见光具有较好的透过率，而对红外波段具有良好的光屏蔽性，不会产生光污染，可用于建筑玻璃及汽车玻璃等的透明隔热涂层，也可涂覆于透明树脂制成透明隔热板材，具有非常广泛的隔热和节能应用前景。而 VO_2 等具有温致相变功能材料的出现，使透明隔热涂料具有智能化、可控化等新型功能，可根据气候区域和建筑要求选择合适的相变温度，提高建筑节能效率。智能化透明隔热涂料将作为极具发展前景的节能材料和技术，在建筑节能等领域获得广泛应用。

8.3.4　热岛效应缓解材料

城市热岛效应是指城市中的气温明显高于外围郊区的现象。其特征是城市热岛强度夜间大于白天，日落以后城郊温差迅速增大，日出以后又明显减小。

图 8-12 所示为城市热岛效应形成模式。

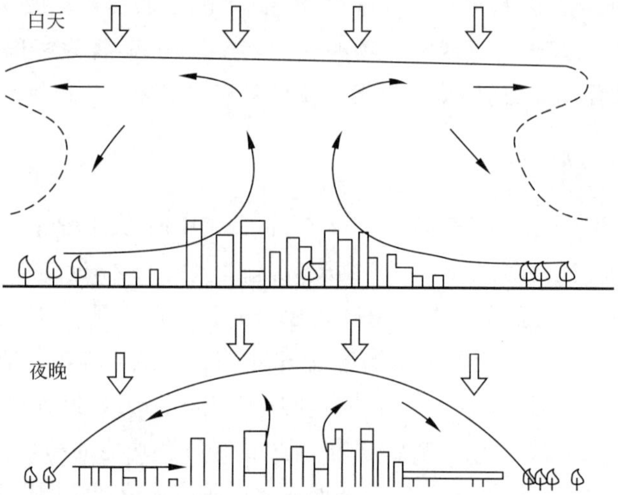

图 8-12　城市热岛效应形成模式

随着城市化进程加快,城市热岛效应也愈加明显。城市下垫面(大气底部与地表的接触面)如混凝土、柏油地面、各种建筑墙面等,在相同的太阳辐射条件下,比自然下垫面(绿地、水面等)升温快、热容小、温度高。白天受热构筑物面把高温迅速传给大气;日落后,受热的构筑物向市区空气辐射热量,使得近地气温升高。工业生产、生活制冷、交通运输等热源不断向外释放人工废热,城市能耗越大,热岛效应越强。城市中的机动车辆、工业生产和城市生活产生的氮氧化物、二氧化碳、粉尘等物质,使大气层吸收太阳辐射和地球长波辐射的能力得到增强,加剧了大气的温室效应。高层建筑使近地表风速变小,城郊之间热量交换变弱。城市的建筑、广场、道路等构筑物的增加,导致不透水面积增大,可供蒸发的水分减少,消耗于蒸发的潜热也少。

环境温度与人体的生理活动密切相关,气温高于 28 ℃,人就有不舒适感;温度再高就易使人烦躁、中暑、精神紊乱;气温高于 34 ℃及频繁热浪可引发心脏、脑血管和呼吸系统疾病的发病率上升,死亡率明显增加。此外,高气温加快光化学反应速率,使大气中 O_3 浓度上升,加剧大气污染而伤害人体健康。

城市热岛效应会引发城市暴雨、飓风、云雾等异常的天气现象,即“雨岛效应”“雾岛效应”,夏季经常发生市郊降雨而市区内干热的现象。城市顺风地带的最高降雨强度比顶风区域高得多,气象学上称为“拉波特效应”。

市区中心空气受热温度不断上升,周围郊区的冷空气向市区汇流补充,形成“城市风”,在夜间尤为明显。这样使扩散到郊区的废气、烟尘等污染物质重新聚集到市区的上空,难于向下风向扩散稀释,加剧城市大气污染。

热岛效应加剧城市能耗,造成更多的废热排放到空气中,进一步加剧城市热岛效应,导致恶性循环。

缓解热岛效应,具体可从以下几方面着手:①采用生态透水路基材料,将雨水和空气污染物通过其孔隙渗入到地表，既防止雾霾的产生，又将一部分雨水储存起来以调节城市地表的温度和湿度。以透水沥青和透水砖体材料成为海绵城市建设的主导方向。②采用绿植材料使城市绿化覆盖率达到 30% 以上时，热岛效应强度明显下降；当覆盖率达到 50% 以上时，热岛效应强度极其明显地削弱。③城市建筑采用顶层绿植材料和墙体反射涂料，不仅增加城市绿地面积，还能反射波长为 400～2 500 nm 的可见光和红外能量，不让太阳的热量在物体表面进行累积升温。

8.3.4.1　透水混凝土

透水混凝土是采用单粒极粗骨料作为骨架，水泥净浆或加入少量细骨料的砂浆薄层包裹在粗骨料颗粒的表面，作为骨料颗粒之间的胶结层，形成骨架孔隙结构的多孔混凝土材料。由于集料级配特殊，形成了蜂窝状（见图 8-13）透水混凝土的结构模型结构，其粗骨料颗粒间通过硬化的水泥浆薄层胶结而成的多孔堆聚结构，内部含有较多的孔隙，且多为直径超过 1 mm 的大孔，因此具有良好的透水性，但其强度比普通混凝土低，表面比较粗糙。其强度来源以包裹在骨料表面的硬化的水泥浆体黏结强度为主，以骨料之间的嵌挤、机械咬合为辅。

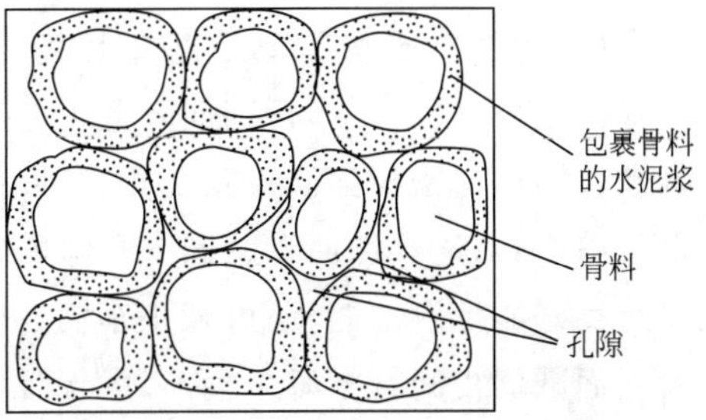

图 8-13　透水混凝土的结构模型

透水混凝土按照目前所运用实际情况大致可分为整体浇筑型和预制拼接型两种。整体浇筑型在现场浇制，经过碾压、养护等程序直接成型。预制拼接型是将透水性混凝土块拼装在预先处理完成的路基上，又称透水性铺装，其优点是可以定期取下来进行清洗然后再铺装上去。

目前，透水混凝土产品较单一，应用范围仍然较窄，主要应用在强度要求不太高，而具有较高的透水效果要求的场合。为拓展其应用，正着力解决其渗透性和抗压强度的矛盾，在配合比中掺入一定量的细骨料和外加剂，使透水混凝土在保证渗透性能的同时取得较高的强度等级还在研究之中。目前国内外已有文献研究骨料粒径和级配对透水混凝土性能的影响，但仍不够系统，找出骨料颗粒级配和压碎指标等对透水混凝土性能的影响，提高强度，扩大应用范围有待于进一步研究。

透水混凝土作为一种生态环保材料，已日益受到人们的关注。20 世纪 90 年代以来，国内对透水混凝土路面材料开始进行了研究，但目前为止还没有大面积应用。如果能够采用优化骨料、调整配合比、掺入矿物细掺料、增强剂等方法提高透水混凝土的强度及耐久性，并形成设计、施工及验收标准，那么这种环保型地面材料必将得到进一步推广应用。

8.3.4.2　透水沥青

透水性沥青路面即排水沥青路面，又称开级配沥青磨耗层，由单一粒径的粗集料构成，不掺或很少掺细集料，骨料颗粒表面要求裹一层沥青胶浆，按照嵌挤机理形成骨架-空隙结构，压实后空隙率在 20%左右。孔隙有闭孔隙、半连续孔隙、连续孔隙，水流透过连续孔隙在透水性沥青混合材料中流动。

透水性沥青路面适用于新建、扩建、改建的公路工程（道路工程）、室外工程、市政工程、广场、园林工程、停车场以及人行道等路面。在施工中，透水性沥青路面下依次设有基层、垫层和土基，对于重载抗压路面要求基层和垫层不透水以保证土基的结构强度；对于休闲路面希望基层和垫层透水，将雨水回灌到土基中；对于土基渗透水性能特别差的地段，在垫层和土基之间设隔水层。在以上结构中，透水沥青路面、基层、垫层以及土基均能储存水和排水，70%～80%的降雨可以通过透水性沥青路面透入到土基，补充回填城市地下水；透水性沥青混凝土面层的导热率为普通沥青路面的 40%～70%，起到明显的绝热层的作用；透水路面的多孔构造使雨过天晴后储存在土基以及垫层中的毛细水通过自然蒸发，降低道路表面的温度；路面结构层具有过滤、吸附和生物降解作用，可转移消除 80%的悬浮沉积物、60%的含磷化合物、80%的含氮化合物以及油脂等有机物质。整体上看，透水路面增加城市透水面积，调节城市气候，保持土壤湿度，降低热岛效应，改善城市环境。

除此之外，透水性沥青路面降低了车轮与路面之间由于空气泵吸作用而产生泵吸噪声，透水性沥青路面与密级配沥青路面相比，路面噪声可降低 3 dB(A)；与水泥混凝土相比，噪声可降低 7 dB(A)；透水性沥青路面大孔隙的及时排水而不易形成路面水膜，不但比普通沥青路面更具有良好的抗滑性能，还可减小车辆行驶中产生的溅水、喷雾等现象，提高了车行安全；透水沥青路面减弱夜间行车时车辆前灯引起的路面反射现象，提高路面标线在降雨时的可视性。

透水性沥青路面的空隙率容易导致灰尘堵塞，需要专门的机械设备进行清理。我国目前透水路面结构组合的设计主要依靠工程经验，一直以材料组成设计作为重点，而结构组合设计还没得到应有的重视，导致路面结构方案的合理性和可靠性缺乏科学的理论依据。目前，我国在透水路面研究方面已经做了大量研究工作，但是，我国地域辽阔，各地区气候气象条件差异性十分显著，且原材料技术性能具有多样性，因此，不同地区对透水性沥青路面使用侧重点不同，降雨量、气温、车辆荷载特征等因素存在较大差异，导致国外比较成熟的透水路面技术标准在我国不能直接使用，因此对透水性沥青路面仍需要进一步深入研究。

8.3.4.3 透水砖

透水砖是用水泥和特殊级配集料制成，使得它保留了普通砖体固化后的强度，而另外添加的化学外加剂及特殊成型制造工艺，让透水砖内部形成一连串相通的空隙结构，这使得透水砖不但能够经受得住一定的负荷，还可以使水通过砖体内部孔隙渗透到下垫层中。

透水砖分碎石-混凝土压制型、聚合物纤维-天然石-混凝土挤压型、天然石-环氧树脂挤压型。

透水砖的铺设工艺分两种：一是无组织排水结构，从上到下依次是路基、垫层、基层、找平层、面层的铺设，适用于中小型汽车道和停车场。二是有组织的排水结构，增添了土工膜防水层，适用于人行道和广场的铺设。

透水砖与垫层因内部含有大量的连通空隙，在下雨或有积水时，水顺着连通空隙逐层下渗至土壤，在干燥和高气温时，再逆向透过渗透层补偿空气湿度；透水砖内及下部土壤中丰富的微生物可对雨水中的有机杂质进行生物净化；透水砖的多孔性保证大地与大气之间的热能交换；近年来透水砖的使用也为工业废料的资源化利用提供了一条有效的途径。透水砖的速渗蓄雨、涵养甘霖、透水透气、降尘减噪、热能交换、污染净化对平衡城市生态系统、保护自然环境起着举足轻重的作用。

当前，透水砖在实际应用中主要存在透水率的衰减和耐久性低的问题。对于透水系数与强度关系，特别是材料孔隙结构的研究需要深入开展。以固体工业废料、生活垃圾和建筑垃圾等为主要原料制备透水砖应成为透水材料研究领域的热点。

8.3.4.4　新材料透水路面

近年出现了由单一粒径的特色碎石与聚氨酯黏结剂拌和制成的用于停车场、体育场、人行道、公园及小区景观道路等轻交通路段透水路面，铺筑厚度一般为 2～4 cm。其强度主要依靠碎石之间的点点相挤和聚氨酯黏结剂的黏结强度提供，聚氨酯黏结剂暴露在空气中易发生氧化固结，硬化后将集料胶结成整体，强度随之形成，抗压强度可达 8～10 MPa，抗折强度可达 4～6 MPa。

聚氨酯碎石透水路面由透水聚氨酯面层、动态层、承重层和增强层组成。透水聚氨酯面层实质是聚氨酯碎石结构体，它由多元醇组合料与异氰酸酯组合料混合均匀后，再倒入质量为其 10～50 倍，粒径小于 10 mm 的级配碎石中搅匀，然后按设计层厚(最小厚度 5 cm)铺设聚氨酯碎石结构体，最后用平整压实机将表面整平压实。聚氨酯树脂具有优良的韧性，配合表面的开放式孔隙结构，使透水聚氨酯面层具有良好的吸震性能、步行舒适感和吸音减噪的效果。透水面层内部高比例的开放式孔隙结构能实现水分迅速下渗的高透水效果，减缓路面径流的出现。

透水聚氨酯面层以下铺设的依次是动态层、承重层和增强层。每层使用辊轴压路机等辅助设备铺压级配碎石而成。这 3 层的最大碎石粒径依次是 15 mm、30 mm 和 60 mm，由上而下逐层增大。这 3 层的最小设计厚度由上而下依次为 5 cm、15 cm 和 10 cm，均不小于透水聚氨酯面层。不断增大的碎石直径和孔隙结构，既可以将上层的荷载逐级传导入地下，也能对透过的水分进行过滤、储存和传递。

8.3.4.5　绿植材料

城市植被的减少是形成城市热岛效性的一个重要因素。绿色植物对城市热岛效应具有较明显的削弱作用。绿色植物吸收隔离太阳辐射：绿色植物吸收太阳能进行光合作用而生长，同时叶片能够反射并遮挡太阳辐射，使得到达地面及树冠下面的太阳辐射显著减少，从而在一定程度上减轻沥青、水泥等建筑材料铺设地面的辐射热。绿色植物降温增湿：植物叶面蒸腾将水分以气态形式发散到大气中，带走热量的同时也增加了空气湿度。白天处在日照下的绿地表面的蒸发热约为 40.66 kJ/mol(540 cal/g)，即每蒸发 1 g 水就会从该位置带走 40.66 kJ (540 cal)的热量。研究发现，大型绿地绿化能使局部地区气温降低 3～5 ℃，最大可降低 12 ℃，相对湿度增加 3%～12%，最大可增加 33%。绿植碳汇作用：绿色植物可以吸收并固定 CO_2 减少温室气体，间接降低空气温度。绿色植物滞留大气颗粒物：空气中的颗粒物能大量吸收太阳辐射热，使空气增温，绿植能够有效滞留大气中粉尘，进一步发挥消减热岛效应的作用。

植物覆盖主要通过地表的植物覆盖和建筑物的植物覆盖进行：

(1)地表的植物覆盖：在城市环境下，建筑物密集，导致内部温度增加，气压相对增大。通过大面积地表植物的增湿降温作用，使得城市内部不同气压层之间出现高压流向低压的变化，形成风，而缩小城市热岛效应带来的负面影响。研究表明，城市中地表温度与植被覆盖度具有明显的负相关性，即植被覆盖度高的地区，地表温度明显低于植被覆盖度低的区域。

(2)建筑物的植物覆盖：屋顶绿植可形成城市巨大生态网络，能够反射热量，增加水分蒸发，降低城市热岛效应。屋顶植物能够吸附、固定大气中的CO_2、有害气体、细菌、烟粉尘、重金属元素，吸收、分解空气中的氮氧化物、氨气、氯气等有害物质，净化人居环境。屋顶植被覆盖的百分比和噪声压的下降率呈现出线性关系，有绿化的屋顶对频率在500～1 000 Hz范围内的噪声降低效果最显著，最大可降低10 dB的噪声。屋顶绿化主要通过植物层的蒸发、隔绝热传导以及辐射吸收等机制实现良好的隔热效应，在夏季屋顶外表面的平均辐射温度降低10～20 ℃。

目前，对于园林绿化和屋顶绿化缓解城市热岛效应的作用国内外已经开展了许多具有重要意义的探索与研究，研究成果充分证明了绿植材料在消减城市热岛效应方面是一项切实可行、富有成效的方法。随着经济的飞速发展，城市生态环境的要求越来越高，在目前的情况下，尤其是许多大中城市热岛效应较为普遍，因此为了更好地缓解城市热岛效应，需要有效地利用植物生态绿化来改善城市生态环境。也就是说，需要在城市用地紧张的局面下因地制宜地进行绿植材料的铺设，让城市能够健康可持续地长期发展下去。

8.4 噪声治理材料

8.4.1 吸声材料

吸声材料指具有较强的吸收声能、减低噪声性能的材料。材料的吸声频率特性多以125 Hz、250 Hz、500 Hz、1 000 Hz、2 000 Hz和4 000 Hz六个频率下混响试验室测定的吸声系数表示，也有规定减噪系数(250～2 000 Hz四个倍频程下混响试验室测定的吸声系数的算术平均值，以NRC表示)大于0.35，或者低频(125～500 Hz)吸声系数不低于0.2；中频(500～2 000 Hz)不低于0.4，即为吸声材料。吸声材料因吸声机理的不同可分为两类：一类是多孔材料，依靠表面至内部许多细小的敞开孔道使声波衰减(吸声机理见多孔吸声材料)，以吸收中高频声波为主，主要是纤维质和开孔结构的材料；另一类是靠共振作用吸声的柔性材料(吸收中频)、膜状材料(低中频)、板状材料(低频)和穿孔板(中频)。上述材料复合使用，可以扩大吸声范围，提高吸声系数。与隔声材料作用不同，吸声材料常用于减少声波在室内的反射，吸收部分混响声(声波在室内壁多次反射形成)的声能，降低室内声级，改善混响声对人的影响；用于降低喧闹场所的噪声，以改善生活环境和劳动条件；广泛用于降低通风空调管道的噪声。

吸声效果的表达通常以吸声系数α来表示，为声波能量被吸收的百分率，α值越大，表示吸声性能越好。

$$\alpha=\frac{E_\alpha}{E_i}=\frac{E_i-E_r-E_t}{E_i}$$

式中，E_α为被吸收的声能；E_i为入射总声能；E_r为反射声能；E_t为透射声能。

当声波入射到材料表面时，一部分在材料表面反射掉，另一部分则透入到材料内部向前传播，当声波由微孔进入材料内部后，激发孔中的空气振动，振动的空气与多孔材料的固体筋络之间产生相对运动，由于空气的黏滞性，在微孔内产生相应的黏滞阻力，迫使这种相对运动产生摩擦损耗，空气的动能转化为热能，从而声能被衰减，同时，空气绝热压缩时，压缩空气与固体筋络之间不断发生热交换，也使声能转化为热能，从而使声能衰减。因此，多孔吸声材料具有 3 个基本的结构特征：一是材料内部具有分布均匀的孔隙或间隙；二是这些孔隙或间隙具有完全贯通；三是这些孔隙或间隙向材料外部完全敞开。

共振吸声材料相当于多个亥姆霍兹吸声共振器并联而成的共振吸声结构。当声波传递给材料后，材料孔隙内及周围的空气随声波一起来回振动，相当于一个活塞。其反抗体积速度的变化是个惯性量，材料与壁面间的空气层相当于一个弹簧，可以起到阻止声压变化的作用。不同频率的声波入射时，这种共振系统会产生不同的响应。当入射声波的频率接近系统的固有频率时，系统内空气产生强烈的振动，声能大量损耗，即达到声吸收最大。共振吸声材料主要有薄板共振吸声材料、穿孔板共振吸声材料和微穿孔板共振材料。

吸声降噪新材料的结构、声学特性及其应用是一个涉及多学科交叉的重要课题。纵观声学材料的发展现状，可以发现声学材料具有下列四方面趋势：

(1)在研究新材料、新工艺、新结构等方面，特别是在利用新型构造形式最大限度地发挥吸声材料的吸声性能，设计出适合各种场合需求的新结构，将是未来吸声材料发展的一大趋势。

(2)传统的纤维吸声材料，特别是矿物纤维吸声材料有害健康。由于其成本低廉，生产简单，始终没有退出声学材料领域，因此“环保”型和“安全”型、对人体无害、可二次使用、绿色、高效的吸声材料是未来发展的方向。

(3)随着社会的进步，对声环境质量的要求越来越高。单一的吸声材料或吸声结构往往无法满足高吸声要求；复合型吸声材料(如阻尼-吸声复合材料和阻尼-吸声-隔声复合材料等)可实现宽频段噪声的高效吸收；无机材料与有机材料复合，多孔吸声与共振吸声相结合，可不断提高吸声材料的吸声性能，创造一个安静的生活空间。

(4)将声学材料集多种功能于一体，除了具有吸声、隔声、阻尼等声学性能外，还要具备防火、隔热、阻燃、防虫、防腐等防护功能以及美观的要求，才能得到广泛应用。

8.4.1.1　多孔吸声材料

多孔吸声材料内部有发达的与大气相通的多孔通道，且对声波有阻尼作用的吸声材料。首先由于多孔材料内部具有大量细微孔隙，且孔隙间彼此贯通，通过表面与外界相通，当声波入射到材料表面时，一部分在材料表面被反射掉；另一部分则透入到材料内部向前传播。当声波由多微孔孔道进入材料内部后，激发孔中的空气振动，振动的空气与多孔内壁固体筋络之间产生摩擦，形成的黏滞阻力使空气的动能转化为热能，从而声能被衰减；同时，空气在声波作用下膨胀和压缩，产生动态体积效应，导致热扩散；而多孔材料内壁表面积大，与空气不断发生热交换，使声能进一步转化为热能，从而使声能衰减。多孔吸声材料可分为纤维状吸声材料、泡沫状吸声材料和颗粒状多孔吸声材料等，纤维吸声材料又可分为有机纤维、无机纤维和金属纤维；泡沫吸声材料可分为泡沫陶瓷、泡沫金属、泡沫塑料、泡沫玻璃、聚合物基复合泡沫吸声材料和泡沫水泥吸声材料等；颗粒状多孔吸声材料有膨胀珍珠岩、膨胀蛭石、陶粒和无机发泡颗粒吸声材料等。

典型的多孔吸声材料声频谱特性曲线是一条多峰曲线，如图 8-14 所示。在低频波段吸声系数 α 一般较低，当声波频率提高时，吸声系数相应增大，并有不同程度的起伏变化。第一个吸声峰值频率 f_r 叫作吸声材料的第一共振频率，相应的吸声系数为 α_r，其他吸声峰值对应于材料的谐频共振。类似地，第一个吸声谷值频率 f_a 叫作第一反共振频率，相应的吸声系数为 α_a。当频率低于第一共振频率 f_r 时，可以取吸声系数降低至 $\alpha_r/2$ 时的频率 f_2 作为吸声材料的下限频率，f_2 与 f_r 之间的倍频程数为下半频带宽度。当频率高于 f_r 时，吸声系数在吸声峰值与吸声谷值之间变化，即 $\alpha_a \ll \alpha \ll \alpha_r$，随着频率的增高，起伏变化的幅度相应减少，逐步趋向于一个稳定的数值 α_m。

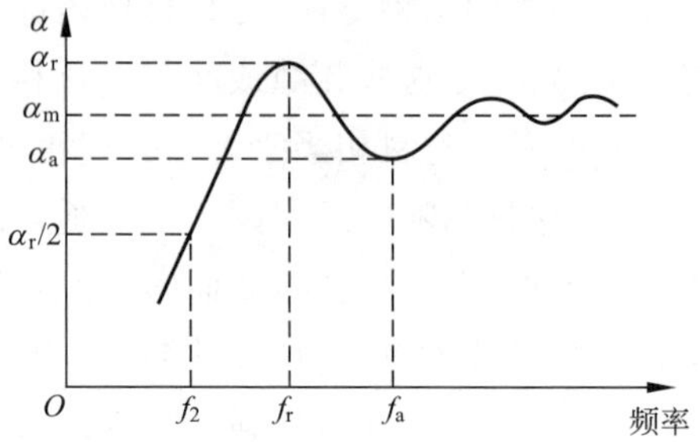

图 8-14　吸声材料的频谱特性曲线

多孔吸声材料对中、高频声波吸声效果较好，对低频声波吸收系数较低。声波进入多孔体后，当 $ka<0.01$（k 为声波波数，a 为多孔体中孔和棱的尺度）时，声波波长较长，声波散射处于准均匀状态，在孔内声波发生散射概率低，多孔体对声波阻碍较小，穿透性较好，激发孔内空气与筋络的相对运动少，摩擦损失少，吸收率低。随着声波频率的逐渐升高，多孔体内发生不规则散射概率增加，各散射声波相互干涉，容易使空气快速振动，消耗更多的能量，从而使声吸收率升高。

多孔材料吸声特性除与材料本身、入射声波的频率等因素有关外，主要取决于材料的空气流阻、孔隙率、结构因子、孔径、材料密度及厚度、背后空腔、饰面材料以及温度与湿度，其中以空气流阻最为重要。

1. 空气流阻

空气流阻是指在稳定气流状态下吸声材料两边的静压差与流速之比，反映了空气通过多孔材料时阻力的大小。单位厚度材料的流阻称为比流阻，比流阻越大，介质空气穿透量越小，声吸收性能会下降；比流阻越小，空气穿透量越大，但声能因摩擦力、黏滞力转化为热能而损耗的效率也就越低，吸声性能也会下降，所以多孔材料存在一个适合的比流阻范围。当流阻接近于空气的特性阻抗时，可得到较高的吸声系数。

2. 孔隙率

孔隙率是多孔材料中连通的空气体积与材料的总体积之比，用下式来表示：

$$q=\frac{V_0}{V}=1-\frac{\rho_1}{\rho_2}$$

式中，ρ_1 为吸声材料的密度，kg/m^3；ρ_2 为制造吸声材料物质的密度，kg/m^3。一般多孔材料的孔隙度在 70%以上。孔隙率越高，材料的吸声性能越好。孔隙率越大，孔隙的曲折度就越大，内部通道越复杂，声波进入材料后产生漫反射或折射增多，引起薄孔壁振动增强，干涉消声加大；同时，由裂缝及微孔引起的摩擦和空气黏滞消耗也会加剧，声波在其中消耗越大，吸声性能相应得到提高。当孔隙率过大时，材料过于稀疏，声波进入后不容易发生二次或多次反射而发生透射，此时孔隙间空气没有充分的摩擦，不会大量损耗声能，这导致吸声性能变差；反之，当孔隙率过小时，材料过于密实，声波不易进入材料内部，也会导致吸声性能下降。因此，孔隙率存在一个最优值。

3. 结构因子

结构因子是表征孔隙排列状况对多孔吸声材料吸声性能影响的量。对于孔隙无规则排列的吸声材料，一般的结构因子 S 为 2～10。结构因子对低频的吸收性能基本上没有影响；当材料的流阻不大时，增大结构因子，在中高频范围内，吸声系数将发生周期性变化。

4. 孔径的影响

多孔吸声材料在厚度和孔隙率一定的情况下，由于孔径细小时，孔隙通道变多且更加复杂，当声波进入孔隙后，声波发生多次碰撞的可能性大幅增加，孔隙壁的摩擦及空气黏滞阻力等而使相当一部分声能转化为热能而被耗散。

5. 材料密度及厚度的影响

工程实践中，通常较难测定材料的流阻及孔隙率，可以通过材料的密度粗略估算其比流阻。一般多孔材料的密度增加时，内部的孔隙率就相对降低，引起流阻增大，因而增加了低频吸声效果，造成高频吸声效果下降。在一定频率下，增加吸声材料的厚度，可显著增加中、低频的吸声系数，但对高频声的吸声性能几乎没有影响。随着厚度的增大，进入孔隙的声波经过孔隙通道也就越长，受到曲折通道的阻挡次数增多，声波在孔隙发生的能量损失也越多。对于同一种多孔材料，材料的厚度 D 近似与第一共振频率成反比，即 $f_r \cdot D=$ 常数。厚度增加，材料吸声系数曲线将向低频方向平移。大致上材料厚度每增加 1 倍，吸声系数曲线峰值将向低频方向移动 1 个倍频程。在实际应用中，考虑经济成本及安装方便，对于中、高频噪声，一般可采用 2～5 cm 厚的成型吸声板；对低频吸声要求较高时，则采用 5～10 cm 厚的吸声板。

6. 背后空腔的影响

随着空气层厚度的增加，其吸声系数增大，但增加到一定厚度后，效果不再继续增加。多孔材料背后空气层作用相当于加大材料的有效厚度，所以它的吸声性能一般随空气层厚度增加而提高，尤其是改善对低频的吸收，它比增加吸声材料的厚度来提高吸收更加节省材料。一般当材料背后的空气层厚度为入射声波 1/4 波长的奇数倍时，吸声系数最大；当材料背后的空气层厚度为入射声波 1/2 波长的整数倍时，吸声系数最小。因为离刚性壁面 1/4 波长处的声压为零，但空气质点的振动速度最大，因此材料所起的摩擦阻尼损耗的声能也最大，从而使材料产生最大的吸声效果。离刚性壁面 1/2 波长处的声压最大，这时的质点振动速度为零，相应频率材料的吸声系数最小。常取腔深为 5～10 cm。

7. 饰面材料的影响

大多数多孔材料由于本身的强度、维护、建筑装修以及为了改善材料吸声性能的要求，在使用时需要进行表面装饰或覆盖，这些饰面材料穿孔率大于 20%时，几乎不影响多孔材料的吸声性能。在多孔材料表面粉刷或油漆时为了避免堵塞空气通路，导致吸声性能下降，常采用水质涂料喷涂。

8. 温度与湿度的影响

湿度的影响较大，材料一旦受潮吸湿吸水，容易变形，自生微生物，堵塞孔洞，孔隙率降低，首先使高频吸声系数降低，随着含湿量的增加，受影响的频率范围将进一步扩大。温度也有一定的影响，主要是改变入射声波的波长，使材料的吸声系数产生相应的改变。温度下降时，低频吸声性能增加；温度升高时，低频吸声性能下降。

传统的多孔吸声材料，如有机和无机纤维材料，由于性脆易断，受潮后吸声性能下降严重等原因，适用范围受到很大的限制。对于吸声金属材料，虽然其性能优越，但由于制作成本高，在国内还处于有待进一步发展的地位。多孔吸声材料中的泡沫类无机多孔吸声材料具有吸声系数良好、适用频带范围宽、质轻、不腐、防火性能好等优点，成为吸声材料的发展趋势。泡沫吸声材料的发展涉及金属材料、高分子材料、无机材料和有机无机复合材料等材料，它们各具特色和实用价值，许多新产品和新工艺不断涌现。

在未来的工作中应突出以下两方面的发展：

(1)加强“环保”型和“安全”型的复合吸声材料的研究。复合材料能够提高多孔吸声材料的综合性能而成为重点方向，生产对人体无害、能循环利用、高效的吸声材料，具有良好的应用前景。

(2)利用固体废弃物作为吸声材料的原料已成为广泛研究的热点，不仅可降低吸声材料生产成本，还可实现固体废弃物资源化利用。加强高炉渣、粉煤灰、煤矸石等大宗固体废弃物制备吸声材料的研究，进一步探索以钢渣、尾矿粉、建筑垃圾等为原料制备吸声材料的可能性，从而实现吸声材料的低成本制备和工业化应用。

8.4.1.2 吸声有机纤维

吸声有机纤维属于多孔吸声材料中的一类，是对中高频范围内具有良好吸声性能的有机纤维。纤维类材料的吸声机理主要源于以下三方面：

(1)当声波入射到纤维材料的内部，会引起纤维之间空隙内的空气振动，空气与纤维管壁产生摩擦，形成的黏滞阻力作用使声能变成热能衰减。

(2)声波通过介质时会导致质点的疏密程度不同，使质点之间存在温度梯度，从而通过热传导也会消耗一部分声能。

(3)纤维本身的振动导致声能的耗散。

有机纤维吸声材料分为天然纤维材料和合成纤维两大类，其中天然纤维吸声材料及制品包括棉、麻、棕丝、椰子丝、甘蔗纤维板、木纤维板、木丝板等植物纤维和羊毛等动物纤维；合成纤维包括聚酯纤维、腈纶棉、涤纶棉等化学纤维。有机纤维材料成本低，柔软富有韧性、不易折断，但如不做专门处理，存在易燃、吸湿、霉烂、虫蛀等问题。可添加无机材料与之复合形成的复合吸声材料，以克服有机纤维材料的缺点。

纤维集合体中的纤维互相接触、缠结，其一是形成了众多纤维接触点，其二是接触点间的纤维段，其三是微孔中的气体，这些构成了纤维间点摩擦结构单元、纤维段的弦振动结构单元和振动摩擦单元。这三者是吸声过程中的基本行为单元，其中接触点间的纤维段的弦振动结构单元，会对某一频率的声波产生共振，此共振不仅本身会耗散声能，而且其强烈的振动会引发孔隙间空气的强烈波动，进而造成声波能量的迅速损耗衰减。纤维集合体孔隙中的空气还起着低通滤波器的作用，能够对高频声波进行衰减，而使噪声的频谱失真。孔隙与纤维的多重界面，可以使得声波来回反射和振动，产生内耗，从而降低噪声的强度，改变其传播路径，达到吸声降噪的效果。

为解决天然纤维易燃、吸湿、霉烂、虫蛀等问题，采用人工合成高分子非织造吸声材料，装饰性较好、耐用，大多数产品可回收利用。以聚酯纤维为代表的针刺非织造吸声材料具有质量小、吸声系数大、加工方便、无粉尘污染、防水防潮防蛀、适应范围广等优点。其在 200～2 000 Hz声波频率范围内的吸声性能主要取决于材料的厚度和表面特征。当非织造材料厚度增加时，比流阻越小，吸声性能越强，中、低频区域的吸声系数明显增大。针刺密度对非织造材料的厚度、密度以及孔隙率都有很大影响，随着针刺密度的增加，纤网逐渐紧密，纤维的纠缠抱合力增强，纤维回弹性降低，纤维被锁定在新的位置，使材料厚度逐渐减小，吸声系数下降；但随着紧密度增加到一定程度后，厚度趋于稳定，针刺密度的继续增加会导致纤网中表层纤维的损伤，且损伤的纤维主要保留在材料表面，纤维变短使其回弹性能增强，纤维之间的束缚减弱，材料厚度有回升的趋势，因此吸声系数反而开始增大；针刺密度过高时，材料的密度不能再随之增加，而且断裂纤维数增多，在材料中出现刺针“轨道”，使得材料孔隙率反而增大。因此，整体上随着针刺密度的增加吸声系数呈现先减小后增大的趋势。

材料中细纤维及纳米纤维的含量增加时，材料的吸声系数也随之提高。细纤维含量的增加使非织造材料单位面积质量增大，即面密度增大，使材料与声波接触的机会增加，摩擦损耗随之增加；同时，随着细纤维含量的增加，针刺力使材料内部形成许多微小的孔隙，孔隙间彼此贯通，比流阻变小，空气穿透量增大，因此吸声系数明显提高。

在未来很长的一段时间内，聚合物纤维类吸声材料仍然将是声阻尼领域一个重要的研究方向。一是从工艺上通过设计并调控纤维的尺度和密度，进而调控材料的吸声性能将是发展趋势之一；二是从功能上实现吸声、防水、阻燃、隔热等多功能化的聚合物纤维类吸声材料必将成为研究的重点；三是从复合化上实现不同纤维复合以及聚合物纤维与基体树脂复合为有机纤维吸声材料带来了新的曙光；四是从结构上利用自身高频吸声特性结合共振结构在中低频吸声性能优异的特点也是未来重要发展方向之一。总之，厚度薄、质量小、结构强、吸声频带宽、综合性能优异的聚合物纤维材料将是未来吸声材料总的发展趋势。

8.4.1.3　金属纤维吸声材料

金属纤维吸声材料是指用于吸收声波的金属纤维材料，属新型的吸声材料，适用于室外高架轻轨道路屏障、冷却塔、热泵机组、机组隔声罩等吸声降噪以及室内游泳池、体育馆等吸声装饰。金属纤维多孔材料的吸声系数随频率的增加而增大，且不存在吸声上限频率，因而比共振吸声结构具有更好的高频吸声性能。它具有如下四个特点：一是单一材料吸收高频噪声的性能优异，在配合微穿孔板或增加空气层后，其低频吸声性能得到明显改善；二是抗恶劣工作环境的能力强，在高温、油污、水汽等条件下，仍可以作为理想的吸声材料；三是强度高，可耐受冲击和震动，适用于气流速度较大或震动剧烈的场所；四是具有电磁屏蔽效果和良好的导热性能，可用于特殊要求的场所。其不足之处就是生产成本较高。比较典型的金属纤维吸声材料是铝纤维吸声板和不锈钢纤维材料。

1. 铝纤维吸声板

铝纤维吸声板是采用上下两片铝网将铝纤维和铝箔夹住，经滚压成型的全铝质的多孔吸声板。用金属或木龙骨安装，使其与后背壁面的空腔组成吸声结构。铝纤维吸声板低频的吸声系数较低，高频的吸声系数较大。低频的吸声系数与板的厚度、面密度和空腔深度有关，特别是空腔的作用，板与后背空腔形成共振吸声结构，从而获得良好的吸声效果，吸声系数随空腔深度的增加而增大；除空腔外，吸声系数随铝纤维毡面密度的增加有所增大，其中，对低于500 Hz的低频频段，吸声效果增加较为明显；在低面密度时增加板厚可增加吸声性，而在高面密度时，厚度对材料吸声性影响不大。铝纤维吸声板具有质量小、厚度小、强度高、抗恶劣环境能力强等特性；可喷绘各种颜色，表面美观富有装饰效果；加工性能良好、易于钻孔、弯折及裁切，可制成多种形状的吸声体；施工安装过程中不会产生纤维性粉尘污染环境；铝纤维吸声板材由全纯铝金属制造，不含黏结剂，是一种可循环利用的吸声材料，而且对电磁波还具有良好的屏蔽作用。但由于其成型工艺的限制，松装纤维难免具有飘散的状况以及厚度的要求所限而限制了其广泛的应用。

2. 不锈钢纤维材料

不锈钢纤维多孔材料由于具有比铝纤维耐高温、强度高、使用寿命长等优点，再加上严格的烧结工艺，受到广泛关注。不锈钢纤维多孔材料具有良好的吸声性能，在各种参数设置合理的情况下，其在1 000 Hz以上的频率吸声系数平均可达到0.8，这是其他吸声材料所达不到的。虽然在高频方面有巨大的优势，但低频方面仍有较大提升空间，如将2～3层不同孔隙性能的不锈钢纤维材料以不同的方式组合成梯度结构，有效地改善了低频吸声性能，并且明显减弱了共振所产生的波峰、波谷，其设计的梯度结构在500 Hz以上的平均吸声系数可达到0.9，有效地提高了不锈钢纤维多孔材料的使用范围。在高声压、高温条件下，特别是航空发动机的声衬材料方面，铁铬铝不锈钢纤维体现了其他材料所不能替代的作用，尽管高频吸声性能有所下降，但在500 ℃、频率为950～2 000 Hz时平均吸声系数仍大于0.7。虽然不锈钢纤维多孔材料有其他材料所不可比拟的高效吸收声波性能，但其低频吸声系数仍然很低，而且研究的厚度仍然停留在10 mm以上，这大大限制了材料的使用范围，特别是在微电子、精密仪器等领域，吸声材料并不具备较大的使用空间，所以，针对薄层不锈钢纤维多孔材料的吸声性能研究是非常有必要的。

金属纤维多孔材料是一种新型吸声材料，具有独特的物理性能和良好的宽频带吸声性能，显示出广泛的应用前景。深入开展金属纤维多孔材料吸声性能影响因素的系统研究，获得各因素影响程度的优先次序，优化金属纤维结构，将为制备具有良好吸声性能的金属纤维多孔材料提供理论依据和技术支持，为实现其产业化提供技术指导。

8.4.1.4 泡沫吸声材料

泡沫吸声材料根据泡孔形式的不同，可分为闭孔型和开孔型两种。前者泡孔相互封闭不相连通，热导率低，可作绝热或隔热保温材料；泡孔之间是相互连通的，并直达其表面。开孔泡沫材料因入射到材料表面的声波能通过泡孔传透到材料内部，使孔隙中的空气振动，并与材料内壁因摩擦作用使声能变成热能而消耗，因此吸声系数很大，可作吸声材料。依据材料的物理和化学性质的不同，泡沫吸声材料分为泡沫金属、泡沫塑料、泡沫玻璃、吸声陶瓷、聚合物基复合泡沫吸声材料等。

泡沫吸声材料的高孔隙率和气孔的立体均布性赋予了其优良的声学性能，不仅吸声系数大，适用频带范围宽，同时还具有易加工、无污染、耐尘、耐潮湿和良好的装饰效果等特点。泡沫吸声材料的研究已经涉及金属材料、高分子材料、无机材料和有机无机复合材料，它们各具特色和实用价值，有些泡沫材料已经投入了实际应用。但如何降低生产成本，使生产规模化，产品优质化，应是今后该领域的研究重点。

8.4.1.5　吸声泡沫陶瓷

吸声泡沫陶瓷是指将硅酸盐粉与添加剂、水搅拌，研磨成为浆料，涂挂于泡沫模板上，经过自然养护硬化或高温烧结而成的刚性开孔型泡沫材料。泡沫陶瓷具有大量的从表到里的三维互相贯通的网状小孔结构，当声波入射到材料表面时，绝大部分声波会沿着小孔通道进入泡沫陶瓷内部，声波在泡沫陶瓷内部传播引起孔隙中的空气振动，同形成孔隙的陶瓷筋络发生摩擦，一部分声能被转变为热能；一部分声能到达刚性壁后，被反射回泡沫陶瓷，声波再次返回到小孔隧道中，带动空气与陶瓷筋络发生摩擦，声能继续被转化、消耗。吸声泡沫陶瓷属非纤维性无机多孔吸声材料，对中、高频的吸声性能较好。吸声泡沫陶瓷板与软质多孔吸声材料相比，其强度和刚度较高，尺寸稳定，不需要护面层，吸声构造简单，特别是泡沫陶瓷具有耐水、耐腐蚀、抗冻，经受风吹、雨淋、日晒，不会改变网络结构，具有很好的耐候性能。故泡沫陶瓷吸声板不仅可以作为室内声学工程使用，而且还用于户外露天声学工程，如高速公路、铁路、城市高架道路、轻轨交通等防噪声屏障以及隧道、地铁、地下车库、地下商场等地下建筑的降噪使用，还可用于户外冷却塔、变电所、水泵房和其他机房的吸声降噪。

泡沫陶瓷的制备方法主要有前驱体浸渍法、颗粒堆积法、直接发泡法、添加造孔剂法、凝胶注模法和冷冻注模法等。其中，颗粒堆积法、发泡法和添加造孔剂法制备的泡沫陶瓷孔隙多为闭孔，声波不能有效地传递到材料内部，导致其制品的吸声性能较差；而前驱体浸渍法、凝胶注模法和冷冻注模法制品的气孔率高，适合应用于吸声降噪领域。

前躯体浸渍法是将多孔海绵浸渍在陶瓷料浆内，将海绵挤压去除多余的浆料，从而在海绵的筋络上形成一层浆料涂层，最后干燥、烧结去除有机物和添加剂得到网状结构组织的泡沫陶瓷。前驱体浸渍法简单、成本低，制得的泡沫陶瓷孔隙率可达 95%，内部包含大量贯通孔隙，有利于气体在孔隙内部渗透流通，从而提高制品的吸声系数；凝胶注膜法将发泡技术与原位聚合反应相结合，即首先将凝胶剂与陶瓷浆料混合，然后通过加热、搅拌或化学反应的方式将气体引入到浆料内，并添加活性剂吸附在气泡表面，减少气液界面从而制得稳定的泡沫凝胶，最后注模烧结得到泡沫陶瓷。该方法制备的泡沫陶瓷孔壁上分布有窗口，孔隙通过孔壁上的窗口相互贯通，使得泡沫陶瓷具有优异的吸声性能；冷冻注模法是将陶瓷粉与造孔剂的混合浆料注模后置于零下温度内保温一段时间，让浆料内的水分形核结晶长大，以此孕育陶瓷孔壁上的窗口，然后将冷冻样品室温干燥，最终进行烧结去除造孔剂得到孔隙相互贯通的泡沫陶瓷。

泡沫陶瓷材料的吸声缺陷主要表现在吸声系数和吸声频带两方面。未经表面处理的泡沫陶瓷的平均吸声系数一般不超过 0.3，因为孔隙表面过于平滑，微孔隙减少，比表面积降低，导致黏滞吸收作用大大削弱，声波反射增强，降低了材料的换能效率，由声波激励起的材料内部空气的剧烈运动难以高效地完成动能向热能的转换，吸声系数必然下降。泡沫陶瓷材料的吸声频带主要集中在中高频段，高频噪声在接触到吸声材料后仅有一部分能量集中于入射方向，并且这部分能量在遇到硬壁面反射后再次入射并产生散射，而另一部分能量在其他方向上（材料内部）均匀耗散，而低频声在第一次入射后大部分能量集中于入射方向，反射后依然如此，导致被吸收的能量大大降低。对泡沫陶瓷有机修饰不但可以提高其黏滞系数，还可以拓宽吸声频带，从而达到提高吸声系数的目的。

陶瓷材料的性脆大大限制了它的应用范围，陶瓷材料的增韧研究可能会成为今后该领域的研究重点；探索和采用新工艺来拓宽泡沫陶瓷的吸声频带、提升吸声性能仍将是研究热点；需加强吸声泡沫陶瓷的应用技术研究，提高其产业化水平；功能复合材料也是未来的研究目标，如利用吸声泡沫陶瓷比表面积大的特性，在制备过程中掺入光触媒，赋予其杀菌、有毒有害气体分解或空气净化功能，提升吸声泡沫陶瓷的环保附加价值。

8.4.1.6 吸声泡沫金属

以金属或合金为基体，内部随机分布有三维多面形孔穴的固体吸声材料。从孔结构上看可分为闭孔型和开孔型，闭孔型可用作隔热和隔声，开孔型则用于吸声。通孔泡沫金属可以通过渗流铸造法、熔模铸造法、空心球烧结法、金属粉末烧结法、金属沉积法等工艺获得，其主要途径是首先获得多孔预制件，预制件可为盐（NaCl）的烧结体，或为多孔塑料，或为激光快速成型体等，利用多孔预制件进行渗流、沉积、烧结等工艺，可获得通孔金属泡沫。泡沫金属的孔径一般 0.1～1.0 mm 或更大。泡沫金属包括铝、镍、铜和镁等，其中研究最多的是泡沫铝及其合金。泡沫金属材料把连续相金属的特性（强度大、导热性好、耐高温、加工性能好等）与分散相气孔的特性（如阻尼性、隔离性、绝缘性、消声减振性等）有机结合在一起，使其性能优越。与多孔陶瓷材料和泡沫塑料相比，多孔金属抗压强度、抗拉强度和疲劳强度更高，抗冲击性、延展性和加工成型性更好。泡沫金属材料吸声材料在飞机、火车、汽车、机器和建筑物的噪声控制及震动控制等方面，均有广泛的应用。用于建筑和自动办公设备、无线电录音室等，既做外表装饰，又做吸声材料。

声波入射到泡沫金属内部时，除了引起孔隙的空气运动，与形成孔隙的固体发生摩擦，通过黏滞性和热传导效应将声能转变为热能而耗散掉外，声波在刚性壁面反射后，经过材料回到其表面时，一部分声波投射到空气中，噪声扩散效果明显，远处接收到的声压由于声波反射后产生较大相位差，造成声波的破坏干涉，合成声压降低；另一部分又反射回材料内部，声波通过这种反复传播，使能量不断转换耗散。另外，泡沫金属背后加空气层时，形成共振式吸声结构。其吸声机理主要是亥姆霍兹共振器原理。泡沫金属内部有着大量相互贯通的微小孔隙，这些微小孔隙与空气层相连，孔隙就相当于赫姆霍兹共振器的短管，而空气层相当于赫姆霍兹共振器的器腔，因此，这些具有不同形状和不同长度的微小孔隙与背后空气层形成了大量的固有频率为低频的赫姆霍兹共振器。当入射声波的频率与结构的固有频率相同时，就会发生共振，孔隙中的空气因共振而产生剧烈的振动，在振动过程中，孔通道中的空气与金属壁面发生剧烈摩擦，由于黏滞阻力和热传导的作用，使声能得到很大的损耗,从而达到吸声降噪的目的。

1. 渗流铸造法

渗流铸造法是将具有耐热度高、水溶性好的填料粒子置入模具中,然后向粒子的间隙中注入金属液,冷却凝固后,水溶脱去粒子即可得到通孔泡沫金属。填料粒子一般为工业用盐粒。此工艺简单,容易操作,适合产业化生产;缺点是孔隙率低,为50%~70%。国内外把渗流铸造法作为制备通孔泡沫铝的常用方法。

2. 熔模铸造法

熔模铸造法是选择具有一定孔径和孔隙率的通孔聚合物泡沫,将耐火材料浆料充入泡沫孔隙中,固化得到复合预制体,再整体加热,使聚合物泡沫气化,构成具有海绵状孔隙的模型,将液态金属注入模型中,冷却凝固后,去除耐火材料,得到和原通孔聚合物具有相同结构的泡沫金属。耐火材料一般为莫来石、酚醛树脂、碳酸钙或石膏的混合物。聚合物一般为聚氨酯海绵。目前,已有采用此方法生产商品化的泡沫金属。该工艺适用于铜、铝、锌、锡及其合金等低熔点金属。其优点是获得的泡沫金属孔隙率高,为80%~97%;缺点是产量低、价格高。

3. 空心球烧结法

空心球烧结法是首先制备出合适的中空球,按照某种方式堆积起来,并采用粉末冶金法进行烧结,获得三维胞状结构金属多孔材料。基于空心球基元制备的超轻三维胞状多孔金属材料,同时具有通孔和闭孔结构的特点,属于规则多孔材料的范畴,可制备各种形状的构件。三维胞状结构多孔金属材料具有多孔尺寸可控、孔壁厚度可控、排布结构可控等优点,其力学性能和物理性能可通过建立合理的数学模型得到较为精确的预测。

4. 金属粉末烧结法

金属粉末烧结法是将制好的金属粉末填入金属模具中,进行加热烧结而获得泡沫金属的方法。金属粉末烧结法适用于制备泡沫铜、钛等金属及其合金、不锈钢等,但通常不能用于铝的烧结,因为铝粉末颗粒一般都被一层氧化铝包覆,影响了铝颗粒间的烧结,所得泡沫铝的性能差。粉末冶金多孔材料具有孔径和孔隙度均可控制、优良的透过性能,使用后可再生、导热,导电、耐高温,耐低温、抗热振,抗介质腐蚀、比表面积大、可焊接和加工等优点,但制备的多孔材料的孔隙率为20%~50%,粉末颗粒间的结合强度非常低。

5. 金属沉积法

金属沉积法是利用通孔聚合物泡沫作为模型,金属通过化学气相沉积(CVD)、蒸发沉积或电沉积等方式沉积到模型上,当今在国内外普遍采用电沉积法进行高孔隙率金属材料的大规模制备。电沉积技术以金属的离子态,即电解质中的离子溶液为起点,将金属电镀在通孔的聚合物泡沫基体上,然后去除聚合物而得到泡沫金属,其产品不但孔隙率高达80%~99%,而且孔结构分布均匀,孔隙相互连通,但工序长、操作烦琐、成本稍高。采用本方法可以制备泡沫镍、铜、铝、铁、银、金、钴等多孔材料,但一般泡沫镍和泡沫铜最常见。

目前,渗流铸造法、熔模铸造法等几种制备方法得到了工业化应用,其他制备方法还未见有工业化生产的报道。目前研究的重点还是集中在如何改进和控制工艺,以获得更高性能的材料。

与有机或无机纤维材料相比，泡沫金属材料具有易加工、耐候性强、强度高、无污染和外形美观等优良特性，欧美发达国家已把其应用在高速公路声屏障、隧道墙壁和室内天花板等。但是，目前国内对多孔泡沫金属工艺过程的认识还不够全面，需要系统地建立孔结构参数（孔径、孔隙率、孔形状）与技术、工艺过程的关系，以便更好地控制孔结构，设计合理的微观组织；从材料的应用方面考虑，材料和孔结构设计应实现一体化，应将声学性能和其他性能有机地统一起来，材料属性和几何结构属性的合理配合，可有效地提高泡沫金属的结构性能和物理性能；泡沫金属孔结构的数值模拟与优化必将是未来泡沫金属发展的趋势；如何进一步提高泡沫金属低频段的吸声系数，如何使泡沫金属在整个频段都具有优异的吸声效果，如何利用最少的材料以及最小的占用空间来达到最佳的吸声效果也将成为下一步研究的主题。

8.4.1.7 吸声泡沫铝

吸声泡沫铝是吸声泡沫金属最常用的一种，又名多孔铝合金或泡沫铝合金。在纯铝或铝合金中均匀分布着大量连通或者不连通孔洞，同时兼有金属和气泡特征的复合材料。气泡的不规则性及立体性使它具有轻质、高比刚度、高阻尼减振性能及冲击能量吸收率和良好的声学功能。泡沫铝分开孔、闭孔、半开孔三类，闭孔泡沫铝主要用作隔声材料，声波频率在800～4 000 Hz之间时，闭孔泡沫铝的隔声系数达0.9以上。开孔和半开孔泡沫铝主要用作吸声材料，声波频率在125～4 000 Hz之间时，其通孔泡沫铝的吸声系数最大可达0.8，其倍频程平均吸声系数超过0.4。与其他多孔吸声材料相比，泡沫铝材料是由金属骨架和气泡构成的泡沫体，为刚性结构，能制成各种形式的吸声板；不吸湿且容易清洗，吸声性能不会下降；不会因受振动或风压而发生折损或尘化；能承受高温，不会着火和释放毒气。其制备方法有粉末冶金法、铸造法、物理气相沉积法及化学/电化学沉积法、气态共晶转变法。泡沫铝在交通运输工业、航天事业和建筑结构工业等方面（如列车发动机房隔声、空压机房降噪、声频室隔声和施工现场用隔声屋等）应用广泛。

多孔泡沫铝内部具有大量细小的孔隙，孔隙间彼此贯通，且通过表面与外界贯通，当声波入射到材料内部时，引起孔隙内空气振动。由于振动受到曲折的孔壁的阻挡，空气会与孔壁产生黏滞和摩擦作用，通过黏滞性和热传导效应将声能转化为热能而耗散掉，从而达到了吸声的效果；其次，孔隙内部的空气与孔隙壁不断发生的热交换，也使声能转化为热能，从而使噪声衰减。

泡沫铝材料优良的综合性能、巨大的应用前景，吸引了国内外众多学者对其制备及性能的改良进行研究。实验室制备技术已较为成熟，但其制备方法仍然存在许多缺陷，难以满足工业上连续化生产要求，致使低成本高性能泡沫铝工业化生产困难。工业化生产的泡沫铝性能相对于实验室制备的样品质量及性能也有所下降，特别是由于其内部孔结构的不均匀，最终导致泡沫铝材料综合性能的不均匀性。从目前泡沫铝研究及应用存在的问题来看，国内泡沫铝研发人员应以相关理论体系为基础，着重研究其连续性制备工艺及后续综合性能的改良，加大研发力度，在保证或提高泡沫铝性能的基础上，促进泡沫铝连续化、工业化生产及推广应用。

尽管国内泡沫铝的研究众多，但真正得到应用的较少，离大规模的应用还有相当大的差距。军用方面，航空航天领域国内泡沫铝得到少量应用；而在民用方面，也仅仅是在建筑领域及作为结构材料在部分领域应用。所以，相关研发人员应在理论研究的支撑下，扩大实验规模努力促进泡沫铝的工业化生产及应用推广，并拓展其在建筑领域及结构材料领域的应用。

8.4.1.8　吸声泡沫塑料

泡沫塑料是以各种树脂为基料，加入少量的发泡剂、催化剂、稳定剂以及其他辅助材料，经加热发泡而成的一种轻质、隔热、阻燃、耐腐蚀、吸声、防震材料。泡孔结构分开孔和闭孔，开孔主要用于吸声，闭孔泡沫经冲击波破坏泡孔的孔壁也可用于吸声。泡沫塑料的制备方法可以分为三种：机械发泡法、物理发泡法及化学发泡法。机械发泡法是将聚合物乳液或液体橡胶通过激烈的机械搅拌而成为发泡体，再通过化学交联的方法使泡沫结构在聚合物中固定下来；物理发泡法是先将气体或低沸点的液体溶入聚合物中，而后加热使材料发泡；化学发泡法是将发泡剂混入聚合物或单体中，发泡剂受热分解而产生气泡，或经过发泡剂与聚合物或单体的化学反应而产生气泡。与其他的多孔吸声材料相比，泡沫塑料产品拥有良好的韧性、延展性及耐热性能、突出的吸声性能，是一种理想的隔热吸声材料。吸声泡沫塑料按成分可分为脲醛泡沫、聚氨酯泡沫和三聚氰胺泡沫等，脲醛泡沫塑料虽然具有较高的吸声系数，但因密度太小（为 7～10 kg/m^3），强度很低，吸潮、吸水性大，且材料极易损坏，在声学工程现已较少使用。目前用得多的是聚氨酯泡沫塑料，它具有较大的强度和柔韧性，不易损坏，国内生产的主要是这种吸声制品。近年来又有三聚氰胺泡沫吸声制品，虽然强度低，较易损坏，但它的泡孔更加致密，防火性能也比阻燃聚氨酯泡沫材料更好。

根据惠更斯原理，声波入射到多孔体表面，通过声波振动引起孔隙内的空气与孔壁发生相对运动而产生摩擦和黏滞作用，部分声能转化为热能而衰减。孔隙内空气与孔壁的热交换引起的热损失促进了声能的衰减。此外，泡沫塑料属于高分子材料，其较长的分子链段易产生卷曲和相互缠结，声波振动时链段通过主链中单键的内旋转不断改变构象，导致运动滑移、解缠而发生内摩擦，将外加能量转变为热能而散逸，这种附加的能量损耗使其具有更好的吸声性能。

1. 聚氨酯泡沫塑料

聚氨酯泡沫塑料是将含有羟基（醇基）的聚酯或聚醚树脂与异氰酸酯反应生成聚氨酯主体，水与异氰酸酯反应生成二氧化碳发泡，或加入低沸点氯氟烃、戊烷等为发泡剂制成泡沫塑料。一般可分为硬质、半硬质和软质泡沫等。硬质聚氨酯泡沫塑料以闭孔为主，具有优异的隔声和隔热性能；半硬质聚氨酯泡沫塑料为半开孔、半闭孔结构，具有一定的隔声和吸声性能；软质聚氨酯泡沫塑料以开孔为主，隔声性能较差，但具有优异的吸声性能。

吸声聚氨酯泡沫塑料综合了多孔型和柔性材料的吸声机理，具有较好的吸声、隔声性能，是一类颇受欢迎的新型声学材料，与常用的超细玻璃棉、岩棉和矿渣棉等纤维吸声材料相比具有如下优点：质量小，密度为 10～200 kg/m^3；吸声系数大，在 125～2 000 Hz 平均吸声系数达 0.5 以上，由其所制的微穿孔板在中、低频率区域最大吸声系数达 0.95 以上；加工方便，成型后可模塑和切割，无粉尘污染，这是许多纤维材料无法比拟的；防水、防潮、防蛀；适应范围广，不仅可以直接使用，而且可以在其表面贴附各种覆面材料，用于需要装饰的场所。

聚氨酯泡沫塑料存在材料老化和防火性能较差等问题，即使是阻燃型聚氨酯泡沫塑料，仍会被燃烧，并有熔滴物下落，这种材料不符合建筑防火要求。

我国已开发研制并生产的阻燃聚氨酯泡沫塑料板是一种性能良好的强吸声体，具有阻燃性好、容重轻、耐潮、易于切割和安装方便等特点，适用于机电产品的隔声罩、吸声屏障、空调消声器、工厂吸声降噪，以及在影剧院、会堂、广播室、电影录音室、电视演播室等音质设计工程中控制混响时间。

泡沫塑料高频吸声系数大，低频吸声系数小，对泡沫的低频改性和功能化一直是研究的热点。例如，制备了纳米二氧化硅复合聚氨酯泡沫，当二氧化硅含量达到某一值时，吸声系数会明显增大，这可能是因为在两相界面产生分子链滑移导致声能损耗增加，异氰酸酯指数的减少、泡孔尺寸的减少和密度的增大都会导致泡沫声学性能的提高；在聚氨酯泡沫中加入纳米二氧化硅和纳米黏土制备了纳米复合泡沫，15 mm 填充泡沫的吸声性能与 60 mm 纯泡沫的相当；通过原位聚合制备了新型聚氨酯磁流变泡沫，在磁场力的作用下树脂液中羰基铁粒子形成链状并和树脂一起固化，制备了具有磁场控制模量和各向异性的智能泡沫，并且羰基铁粒子的加入有利于提高低频的吸声性能。

聚氨酯泡沫塑料是实际研究和利用于吸声降噪方面最多的泡沫多孔材料之一。随着聚氨酯泡沫发泡剂替代技术的研究及应用的不断深入与发展，聚氨酯泡沫吸声材料的制备工艺也要响应全球环境保护的呼声，加强环保型发泡工艺的研究将是未来的发展趋势。国内外学者大部分是基于经验进行材料制备以及对材料宏观性能的研究，目前对聚氨酯泡沫泡孔结构和性质与材料声学性能的关系研究较少，研究手段单一；对复合性吸声材料研究较多；对泡沫孔结构的控制研究较少，对于泡孔结构和吸声系数之间的关系需要建立起一定的联系。

2. 三聚氰胺泡沫塑料

三聚氰胺泡沫塑料又称蜜胺泡沫塑料，先以三聚氰胺、多聚甲醛和水为原料合成出蜜胺树脂，另外将乳化剂和交联剂用水作溶剂充分溶解并与发泡剂混合，再将树脂与发泡剂混合液经高速搅拌制得预制发泡液。然后，通过不同的加热方式制得未干燥泡沫塑料，再经过烘干处理切割加工获得成品泡沫塑料。三聚氰胺泡沫具有充分开孔的三维网格结构，其网格的长径比(L/D)为 10～20，其极高的开孔率特征(超过 99%)使得声波能迅速有效地进入泡沫体的深层并转变为网格的震动被消耗，从而有效地消除反射声波，达到吸声的效果。

传统的无机材料如石棉纤维、玻璃纤维等容易粉尘化致癌，危及人体健康，已被许多行业和国家限制使用。传统泡沫塑料等绝大多数容易燃烧且具有毒性，三聚氰胺泡沫塑料正是解决了这两重难题，因而可以被安全地使用，颇受业界青睐。三聚氰胺泡沫塑料具有吸声、密度小、质量小、质地柔软、富有弹性、隔热保温、耐水耐热、使用温度范围大以及室内装饰效果好等特性，使其在建筑室内音质和声环境的改善以及机械设备特别是交通运输工具的降噪方面有着广泛的应用。三聚氰胺泡沫塑料制成的具有装饰用途的声学板材、悬挂吸音体、金属吊顶板材对声学效果具有显著的改进效果，可用于对吸声性能有严格要求、火灾危险性大的运动场馆、电影院、宾馆、车站等建筑物，以及道路、交通工具、工业厂房等。

三聚氰胺泡沫塑料的低频吸声系数很小，中频和高频吸声系数很大。虽然增加材料的厚度可提高低频的吸声性能，但采用这种方法将大大降低材料的性价比。为了提高低频的吸声性能，比较经济实用的一种方法是与薄板或穿孔板构成的共振吸声结构组成三聚氰胺复合吸声体。薄板和穿孔板与其后背空腔组成的共振吸声结构低频的吸声很好，中、高频的吸声很小；而贴在表面的三聚氰胺泡沫塑料相反，低频的吸声系数很小，中、高频的吸声很好。复合吸声体使两者的吸声优势互补，从而达到全频的吸声效果。薄板和穿孔板可选用经济实用的石膏板、硅钙板和纸面石膏板等，以提高复合吸声体的性价比。

8.4.1.9　吸声泡沫玻璃

吸声泡沫玻璃又称多孔玻璃，是以废玻璃或云母、珍珠岩等富玻璃相物质为基料，加入适当的发泡剂、发泡促进剂、改性添加剂，经过细粉碎和均匀混合后，再经过高温熔化，发泡、退火而制成的无机非金属玻璃材料。它是由大量直径为 1～2 mm 的均匀气泡结构组成。泡沫玻璃分为闭孔型和开孔型，其中闭孔型泡沫玻璃一般用作保温材料，闭孔气泡占 75%以上，制品密度为 160～220 kg/m^3；开孔型一般作为吸声材料，开孔气泡占 50%以上，制品密度为 180～240 kg/m^3。与其他泡沫制品相比，泡沫玻璃具有质量小、不燃、不腐、不易老化、无气味、受潮甚至吸水后不变形、易于切割加工、施工方便和不会产生纤维粉尘污染环境等优点，适合于要求洁净环境的通风和空调系统的消声。由于泡沫玻璃板强度较低，背后不宜留空腔(否则容易损坏)，所以靠增加空腔来提高材料低频吸声性能的方法，其效果不佳。吸声泡沫玻璃广泛用于地铁、地下军事设施、隧道、工厂车间、音乐厅、通风和空调系统、剧场和大会堂等建筑中，以及飞机场周围建筑物外表，以降低噪声。

泡沫玻璃材料内部具有大量分布均匀、相互连通并直通表面的小气孔，气孔率为 80%～90%，孔径大小一般为 0.1～5.0 mm，也有小到微米级的。当声波入射到材料表面时，激发小孔内的空气产生振动，材料的吸声一方面是由于空气的黏滞和与孔壁的摩擦作用，使振动空气的动能不断转化为热能；另一方面是在空气绝热压缩时，空气与孔壁间不断发生热交换，这种热传导也会使一些声能被吸收。

泡沫玻璃的生产通常采用粉末熔烧法，其原料为平板玻璃及其边角料和废玻璃，经清洗、晒干、碾碎，由球磨机磨成细度小于 50 μm 的玻璃粉，将粉料与发泡剂以及发泡促进剂等辅助添加剂，按一定比例混合均匀后放入模匣中。吸声泡沫玻璃是气孔相互连通的通孔型材料，因此在粉料中必须要具有一定数量和一定大小的不溶性颗粒，以促使玻璃在高温熔融状态下发泡时，使泡孔相互连通。在连续式泡沫玻璃发泡窑内加热到 850 ℃左右，使之熔化膨胀，然后脱模送到退火炉中慢慢冷却到常温，这个过程对消除泡沫玻璃的内应力，提高产品的力学强度具有重要意义。最后，采用木工带锯及圆盘锯进行成型切割加工成一定规格尺寸的产品，并用吸尘器除去泡沫玻璃表面的粉末。

泡沫玻璃与泡沫塑料和纤维性吸声材料相比，具有许多优异的材料特性，但吸声性能较差，可采取表面钻孔和留缝安装的方法来改善和提高泡沫玻璃的吸声性能。吸声泡沫玻璃在不改变生产工艺的条件下，采用表面钻孔和排布留缝改进产品吸声性能的方法是有效的，尤其是表面钻孔能使其吸声性能大幅提高，接近其他多孔性高吸声材料的吸声性能。泡沫玻璃表面钻孔，增加了所钻孔内侧的吸声面积，并随钻孔率(钻孔面积与板面面积之比)的提高而增大。为了保证板的强度，钻孔率宜控制在 10%以内。钻孔增加的吸声面积还与孔径的大小有关，当钻孔率相同时，随孔径的减小而增加，即孔径小时，吸声面积增加得多；孔径大时，吸声面积增加得少。此外，还与板厚有关，厚板可钻的孔深较大，薄板可钻的孔深较小，因此，厚板钻孔增加的吸声面积要比薄板增加的吸声面积大。

吸声泡沫玻璃一般可采用黏结剂直接贴在壁面上，黏结剂应具有较高的初始黏结强度，否则会与壁面剥落，而且黏结剂、壁面基层和泡沫玻璃三者的膨胀系数应大致相同，使硬结收缩应力较小，防止泡沫玻璃黏结面产生拉裂剥落。泡沫玻璃粘贴安装时的排布方式有密缝(即相邻板边紧密拼接)、两边留缝和四边留缝三种形式。密缝排布要求板的厚度一致，否则会使泡沫玻璃吸声表面容易产生不平整而影响美观。留缝排布特别是四边留缝，一方面既可消除板厚不同引起的表面不平整，又可改进吸声表面单调的视觉效果；另一方面留缝以后还能增加材料四周边缘的吸声作用，提高材料的吸声效果。

目前，我国的泡沫玻璃生产技术还不够成熟，存在着机械强度低、抗热冲击性能差、生产成本高、能耗大、质量低、不能规模化生产，性价比低等问题，仍需加大科研力度，继续进行深入的探索，发展低能耗、低成本、高质量、批量化生产的泡沫玻璃制品。

8.4.1.10 聚氯乙烯基泡沫吸声材料

聚氯乙烯基泡沫吸声材料是一种聚合物基复合泡沫吸声材料，是以聚氯乙烯和乙丙橡胶等为主要原料，利用超临界状态时聚氯乙烯树脂的高气体溶解性和传质性，使发泡剂分解的气体在其中进行扩散而制成的一种开孔相互贯通的微孔泡沫。体系中的乙丙橡胶是一种黏弹材料，当声波作用在其上时，材料的分子链段产生运动，重新构象有弛豫时间，其形变跟不上应力变化，产生滞后效应，损耗一部分能量。同时，由于黏性内摩擦的存在，将部分弹性能转变为热能，材料由此引起声能损耗。乙丙橡胶的分子链段越长，使之产生运动的能量也就相应越大，吸收声波的频率也就越大。聚氯乙烯基泡沫吸声材料制备中，所用的阻燃剂为氯化橡胶和氧化锑的混合物(质量比为 2∶1)。所用发泡剂为偶氮二甲酰胺(AC)，它分解产生的气体中有 3%～5%的 CO_2 气体和 61%～75%的 N_2 气体，其中 N_2 气体在共混物熔体中具有较低的溶解度和较高的扩散度，它的气泡能迅速成核形成均匀的泡沫结构，而 CO_2 气体在熔体中则具有较高的溶解度和较低的扩散度，泡沫壁渗透能力非常强，利于形成连续的开孔结构。聚氯乙烯基泡沫吸声材料克服了一般多孔性吸声材料低频吸声性能较差的不足，同时，由于该材料制备过程中加入阻燃剂、发泡剂等，使得材料还具有成本低、强度大、阻燃防腐、使用寿命长、成型工艺简单等特点。

发泡温度的升高使材料低频吸声系数呈增长趋势，而高频吸声系数变化不大。发泡温度的升高，改善了材料内部的泡孔结构，增加了对声波的阻抗，从而使得材料对低频声波的吸收有很大提高。高频声波的吸收主要在材料的表面进行，提高发泡温度对高频声波的吸收影响不太明显。当体系发泡温度提高时，熔体体系黏度下降，成核中心数目增多，泡沫数目随之增多，泡孔直径变小。同时 CO_2 气体在体系中的扩散，形成开孔的泡沫结构，使得材料具有致密、均匀、细微的泡孔结构，提高了材料吸声性能。发泡时间的增加使材料低频吸声性能逐渐提高，而高频吸声性能则略有下降。发泡时间的增加使得熔体中的发泡剂分解完全，在制品中残留量减少，制品的泡孔结构得到改善，提高了材料的孔隙率，有利于较低频率声波的吸收。同时，发泡时间的延长会影响材料表面的某些物理化学性质，如聚合物材料发生热氧化降解、老化等，造成材料对高频声波的吸收性能有所下降。在一定范围内发泡温度的升高可以缩短发泡时间，发泡时间的延长同样允许发泡温度有所降低，但发泡温度过高或发泡时间过长，不仅会引起材料组分的降解，还会造成制品严重塌陷，既影响制品外观又降低其吸声性能。发泡温度过低或发泡时间过短，材料的发泡率很低，甚至不发泡，也影响材料的吸声性能。混炼温度的升高，材料在300～900 Hz频率范围内的吸声系数明显增大，其余频率范围则呈递减趋势。制品内部的相态结构与材料吸声性能有密切的关系，相畴尺寸越小，成核中心及泡沫数目越多，不同组分混合越均匀，材料的吸声性能越好；混炼时间对材料吸声性能不起主要作用。混炼温度和混炼时间决定着各组分能否混合均匀，在一定范围内混炼温度高时，聚合物混炼时黏度较低，各组分易于混合均匀，保证了制品在发泡过程中能形成均匀、致密、相互贯通的开孔结构，实现对声音的吸收。但混炼温度不宜太高，混炼时间也不宜过长，否则将会造成聚合物的降解发黄和发泡剂部分分解，不仅影响制品外观，而且会使材料孔隙率降低，最终影响制品的吸声性能。

8.4.1.11　吸声泡沫水泥材料

吸声泡沫水泥材料是以水泥为主要胶凝材料，辅以轻质多孔材料及其他辅助原材料加工而成的复合吸声材料。水泥浆料由于水泥的水化呈碱性，在扩孔剂、表面活性剂以及增稠剂的共同作用下能够在浆料中制得稳定的气泡，然后随着水化反应的进一步进行，气泡壁会逐渐被水泥水化产物所代替，从而获得连通、均匀多孔结构。当声波传输到泡沫材料表面后一部分由反射作用回到空气中，另一部分进入水泥泡沫多孔吸声材料中，进一步被消耗掉。相对其他多孔吸声材料有着多方面的优势：相对棉、麻、毛毡等天然多孔有机材料，具有防火、防潮、防腐蚀的优势；相对玻璃棉、矿棉等无机矿物纤维材料，具有不污染环境的优势；相对泡沫高分子吸声材料，具有防火、耐老化的优势；相对泡沫金属、金属纤维等多孔性金属吸声材料，具有生产成本低，生产工艺控制简单的优势。因而，水泥基多孔吸声材料兼具防火、防潮、防腐蚀、耐老化、生产成本低、工艺控制简单、施工简便、不污染环境等性能优势，综合性能优异，可应用范围广泛。

吸声泡沫水泥材料目前主要有三种制备方法：挤压成型法、浇筑成型法、喷涂成型法。挤压成型法和浇筑成型法适用于制备定型的水泥基多孔吸声材料，如轨道吸声板和吸声屏障；喷涂成型法适用于制备不定型的水泥基多孔吸声材料，如隧道、场馆大厅与壁面直接黏合的吸声材料。目前，国内相关的研究主要集中在定型的水泥基多孔吸声材料，关于喷涂成型应用的不定型水泥基多孔吸声材料的研究很少。但不定型水泥基多孔吸声材料与定型水泥基多孔吸声材料相比，具有施工简便、无须二次安装、施工整体性好、降低施工成本、提高施工进度、更加适合应用于复杂异形结构等优势，具有更广阔的应用空间。

水泥基多孔吸声材料主要应用于铁路、公路、地铁、隧道、场馆大厅等领域。以硅酸盐水泥为胶凝材料，以陶粒或膨胀珍珠岩为骨料，辅以辅助材料制成的轨道吸声板已在北京地铁工程得到规模应用，现场使用效果良好，有关研究表明该类吸声板的降噪系数(NRC)可达0.82。将陶粒混凝土应用于隧道路面，并结合陶砂砂浆衬砌隧道拱壁结构，可以降低隧道内行车噪声

1.4～2.8 dB。水泥基复合多孔吸声材料的另一大应用领域是吸声屏障，我国第一条公路声屏障便是采用轻质陶粒砌块。陶砂砂浆以及硅酸盐水泥与膨胀珍珠岩的复合材料均可作为吸声材料应用于隧道壁面。另外，国外一些公司的不定型吸声产品可直接喷涂施工应用于门厅、走廊、体育馆、生产车间等场合，这些产品不仅施工方便，吸声性能优异，而且具有装饰作用。

随着人们对环境噪声污染问题愈加重视，水泥基多孔吸声材料势必将会凭借其性价比和综合性能优势，在未来获得更广泛的应用。未来的发展方向是平衡水泥基多孔吸声材料的力学强度和吸声性能此消彼长的矛盾，使水泥基多孔吸声材料兼具优异的吸声性能和较好的力学强度，十分有助于提高水泥基多孔吸声材料的耐久性能，从而获得更广阔的应用空间。另外，也应加大不定型水泥基多孔吸声材料的研究和开发，同样也有助于扩大其应用领域。

8.4.1.12 颗粒状多孔吸声材料

颗粒状多孔吸声材料是以一定粒径的颗粒材料，通过黏结剂加工成的吸声制品。通常是用珍珠岩、蛭石、矿渣等颗粒原料加黏结剂和部分填料制成吸声砖块或吸声板材，吸声砖块多用于通风管道，特别是大截面风道内作消声片材料。由于颗粒之间存在相互连通的孔隙，所以这种吸声制品具有较好的透气性，当声波入射到材料表面时，颗粒材料之间孔隙所形成的微孔对空气运动产生摩擦和黏滞作用，使一部分声能转化为热能。同时，由于空气绝热压缩时温度升高，膨胀时温度降低，材料的热传导也会消耗一部分声能，从而实现材料对声波的吸声作用。颗粒状吸声材料一般为无机材料，具有不燃防火、耐水不霉烂、无毒、无味、使用温度高、性能稳定、有一定的刚度、不需要软质纤维性吸声材料的护面层、构造简单、原材料资源丰富等特点，但是颗粒吸声制品材质性脆。颗粒状多孔吸声材料主要有膨胀珍珠岩、膨胀蛭石、陶粒和无机发泡颗粒吸声材料等。

膨胀珍珠岩是常用的颗粒状多孔吸声材料。生产膨胀珍珠岩的矿石有珍珠岩、松脂岩、黑曜岩三种。珍珠岩矿石因岩石内含有结合水(含水量一般为 3%～6.2%)而会膨胀，含水的玻璃质熔岩矿石，经破碎、筛分、预热，并用风力将其悬浮在容器中，迅速加热到 1 260 ℃左右时，瞬间的焙烧使玻璃质由固态软化为黏稠状态，同时内部水分则由液态突变为高压水蒸气，向外挤压、扩张使黏稠的玻璃体迅速膨胀。当珍珠岩膨胀后，膨胀的玻璃质又被迅速冷却，当达到软化温度以下时，被破碎的珍珠岩矿石就转瞬膨胀定型成一种白色或灰白色的中性、无机丝粗砂的蜂窝泡沫颗粒状结构的多孔吸声材料。膨胀珍珠岩具有堆积密度小(40～300 kg/m^3)、吸湿性小、无毒、无味、不燃烧、抗菌、抗腐蚀和吸声性能好等特点，其最高使用温度可达 800 ℃。用水泥、水玻璃、沥青或其他凝胶材料可将膨胀珍珠岩胶结起来制成膨胀珍珠岩制品。膨胀珍珠岩装饰吸声板是常用的吸声材料，它表面平整光滑、价廉、施工方便。吸声系数高的珍珠岩吸声板和珍珠岩穿孔板叠合在一起，一次机械加工成型而制成的珍珠岩穿孔复合板既有较好的吸声性能，又有一定的强度。在车间、机房、控制室、候机室、候车厅或有音质要求的礼堂、影剧院、会议室等地方，均可使用膨胀珍珠岩装饰吸声板或穿孔复合板做吸声吊顶和吸声墙面，应用范围十分广泛。膨胀珍珠岩散料可松散填铺于吸声构件中，如壁面的龙骨间、顶棚上、双层墙间、空间吸声体等吸声构件内，但需注意覆面保护。也常用各种胶结材料(如水泥、水玻璃等)制成各种吸声构件,用于吸声设计中,吸声效果较好。也可用水泥、石灰膏、石膏等配合制成抹面灰浆,具有一定的吸声效果。

膨胀蛭石由蛭石矿石经过晾干、破碎、筛选、焙烧、膨胀而成。膨胀后的蛭石形成了许多薄片组成的层状碎片颗粒,在其内部具有无数细小的薄层空隙,其中充满空气,因此表观密度小(80～200 kg/m^3)。膨胀蛭石耐火,不受菌类侵蚀,不腐烂变质,也不易虫蛀,而且具有吸声、保温、隔热、导热系数低、不燃、无毒等特点。膨胀蛭石作为吸声材料使用时,可用散料铺设,但要注意吸水率大的问题。因为膨胀蛭石吸水后,吸声系数就显著降低,所以设计中要特别关注防水、防潮等问题。膨胀蛭石填充于垂直的夹层墙内时,除受到特别严重的持久性的振动外,一般不易产生下沉,这是和膨胀珍珠岩的不同之处,沉陷度一般为 2.5%～3%,但铺设在夹层墙内时,一般应分层铺填并轻轻"捣实",以便尽量减少下沉。膨胀蛭石"捣实"后的吸声系数所受影响不大,设计时可稍有降低。膨胀蛭石也可以制成抹灰灰浆,可用膨胀蛭石作主体材料,配以水泥、石灰、石膏等胶结材料加水制成,其施工方法同膨胀珍珠岩灰浆,吸声性能比膨胀珍珠岩灰浆好。

陶粒是一种人造轻骨料,也称为人造石子。根据原材料的不同,陶粒可分为页岩陶粒、黏土陶粒、粉煤灰陶粒、煤矸石陶粒、沸石陶粒等多种。陶粒质轻、强度较高,可作成多孔板、槽板、平板、墙板等隔热、保温吸声轻质构件。陶粒作为吸声材料应用时,散料可松散填充铺放于壁面、顶棚、空间吸声体等吸声构件内,但需注意覆面保护,当垂直铺放时要注意随着时间的推移而呈现的散料下沉的现象。陶粒散料一般不能直接暴露放置于声场空间内使用,因此常用各种胶结材料制成各种吸声构件,使用于吸声设计中,如 50 mm 厚的陶粒吸声砖,混响室测平均吸声系数为 $\bar{\alpha}_r=0.46$。

无机发泡颗粒吸声材料以工业废弃物粉煤灰为主材,利用无机热膨胀原理,将粉煤灰铺以多种无机矿物质粉末,经高温焙烧,使小颗粒体内部形成内外贯通的气孔,形成发泡颗粒体,再辅以高强无机黏结剂制成各种形状或异形体,即可达到吸声目的。可用于消音器、隔声间内,主要用于环境噪声污染的治理。

8.4.1.13　共振吸声结构材料

1. 薄板共振吸声结构

薄板共振吸声结构是由周边固定的薄板(胶合板、硬质纤维板或金属板等)及其板后一定深度的封闭空气层组成的吸声结构。当声波入射到该结构时,薄板在声波交变压力激发下被迫振动,使板心弯曲变形,出现了板材内部摩擦损耗,将机械能变为热能。此系统的固有频率主要在 80～300 Hz,当入射声波的频率与系统固有频率一致时,薄板振动最剧烈(即发生共振),这时消耗声能最大,吸声系数为 0.2～0.5。激发共振(共振频率多在 80～300 Hz 之间),此时,吸声系数为 0.2～0.5,共振频率多在 80～300 Hz 之间,吸声系数为 0.2～0.5,共振频率 f_0 的计算式如下:

$$f_0=\frac{600}{M_0 \cdot L}$$

式中:M_0——板材的面密度,kg/m^2;

L——板后空气层的厚度，cm。

由于低频波更接近薄板的固有频率，吸声频率主要在低频范围，可将薄板多层组合或在空腔中加入弹性材料层以提高其有效吸声范围。在剧场建筑中应用最广，其中的观众厅、排练厅和琴室内的胶合板护墙就是薄板共振吸声结构。

薄板共振吸声结构示意图如图 8-15 所示。

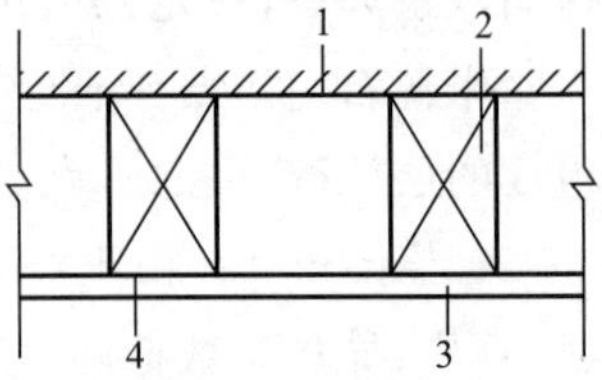

图 8-15　薄板共振吸声结构示意图
1—墙体或天花板；2—龙骨；3—薄板；4—阻尼材料

薄板和其后的空气层如同质量块和弹簧一样组成一个单自由度振动系统，该系统具有固有频率 f_0，由于薄板(膜)的劲度较小，因此 f_0 都处在中、低频范围内。当入射声波频率 f 等于系统的固有频率 f_0 时，系统产生共振，导致薄板(膜)产生最大弯曲变形。由于板的阻尼和板与框架间的摩擦而将振动能转化成热能耗散掉，起到吸收声波能量的作用，当边缘的阻尼较大时，声能消耗更大。

这种结构的共振频率可用下式计算：

$$f_0=\frac{1}{2\pi\sqrt{\frac{\rho_0 c^2}{M_0 L}+\frac{K}{M_0}}}$$

式中：ρ_0——空气密度，kg/m³；

c——空气中的声速，m/s；

M_0——膜的单位面积质量，kg/m²；

L——膜与刚性壁之间空气层的厚度，cm；

K——结构的刚度因素，kg/(m²·s²)。

K 与板的弹性、骨架构造、安装情况有关。对于边长为 a 和 b，厚度为 h 的矩形筒支薄板则有

$$K=\frac{Eh^2}{12(1-\sigma^3)}\left[\left(\frac{\pi}{a}\right)^2+\left(\frac{\pi}{b}\right)^2\right]^2$$

式中：E——板材料的动态弹性模量，N/m²；

σ——泊松比。

对于一般板材在一般构造条件下，$K=(1\sim3)\times10^6$ kg/(m²·s²)，当板的刚度因素 K 和空气层厚度 L 都比较小时，共振频率公式可化简为

$$f_0=\frac{1}{2\pi}\sqrt{c\,\frac{\rho_0 c^2}{M_0 L}}\approx\frac{600}{\sqrt{M_0 L}}$$

但是，当 L 较大，超过 100 cm，$\frac{\rho_0 c^2}{M_0 L}$ 比 $\frac{K}{M_0}$ 小得多时，则共振频率就几乎与空气层厚度无关。

薄板共振结构的共振频率主要取决于板的面密度和背后空气层的厚度，增大 M_0 和 L 均可以使 f_0 下降，实用中薄板厚度常取 3～6 mm，空气层厚度一般取 3～10 cm，共振频率在 80～300 Hz，属低频吸声。

薄板共振结构目前已经广泛运用于各种声学工程设计中。如果在薄板结构的边缘即板与龙骨架交接处放置一些柔软材料（如橡皮条、海绵条、毛毡等），以及在空气层中沿龙骨框四周衬贴一些多孔材料（如玻璃棉），则吸声效果将明显提高。采用组合不同单元大小或不同腔深的薄板结构，可以提高吸声频带。

2. 穿孔板共振吸声结构

穿孔板共振吸声结构把钢板、铝板或者其他非金属的胶合板、塑料板、草纸板、石膏板等，以一定的孔径和穿孔率打上孔，背后留有一定厚度的空腔所形成的结构。穿孔板共振吸声结构依靠系统的共振而吸声，由于穿孔板上每个孔口的背后都包含了相应的空腔，该空腔实际上是无数个连续的单个亥姆霍兹共振器的并联组合。该共振器的小孔空气柱连接空腔可以看作质量块-弹簧组成的一个单自由度振动系统，其固有频率为

$$f_0=\frac{c}{2\pi}\sqrt{\frac{S}{V(t+\delta)}}$$

式中：S——孔颈面积，m^2；

V——空腔容积，m^3；

t——孔颈长度，m；

δ——孔口末端修正量，m。

当声波垂直入射到穿孔板表面时，孔内及周围的空气随声波一起来回振动，相当于一个“活塞”，该“活塞”反抗体积速度的变化；穿孔板与壁面间的空气层相当于一个“弹簧”，阻止声压的变化；此外，由于空气在穿孔附近来回振动存在摩擦阻尼，可以消耗声能。不同频率的声波入射时，这种共振系统会产生不同的响应。当入射声波的频率接近系统固有的共振频率时，系统内空气的振动最强烈，声吸收最大。穿孔板主要是吸收中、低频的噪声，吸声系数为 0.6 左右，在对音质较高的声学装饰工程中应用较广。使用时在穿孔板吸声结构空腔内放置多孔吸声材料，可增大吸声系数，并展宽有效吸声频带；穿孔板孔径取偏小值，以提高孔内阻尼；在穿孔板后蒙一薄层玻璃丝布等透声纺织品，以增加孔颈摩擦；组合几种不同尺寸的共振吸声结构，分别吸收一小段频带，使总的吸声频带变宽；采用不同穿孔率和不同腔深的多孔穿孔板结构。

穿孔板共振吸声结构如图 8-16 所示，穿孔板上每一个穿孔与其相对应的空气层组成的系统类似于亥姆霍兹共振器，穿孔板共振吸声结构可理解为许多亥姆霍兹共振器的并联。当声波进入小孔后，便激发空腔内空气振动；当声波频率与该结构共振频率相同时，腔内空气便发生共振，穿孔板孔颈处空气柱往复振动，速度、幅值达最大值，摩擦与阻尼也最大。此时，使声能转变为热能最多，即消耗声能最多，从而发挥高效吸声作用。

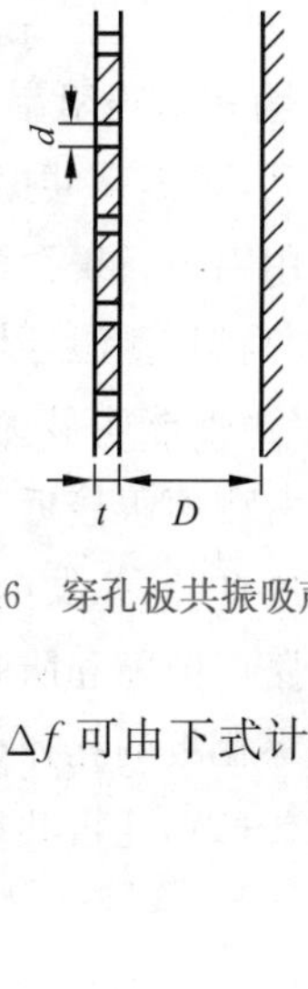

图 8-16　穿孔板共振吸声结构

设在共振频率 f_0 处的最大吸声系数为 α，则在 f_0 附近能保持吸声系数为 $\alpha/2$ 的频带宽度 Δf 为吸声带宽。穿孔板吸声结构的吸声带宽较窄，通常仅几十赫到二三百赫。吸声系数高于 $\alpha/2$ 的吸声带宽 Δf 可由下式计算：

$$\Delta f=4\pi\frac{f_0}{\lambda_0}L$$

式中：λ_0——与共振频率 f_0 相对应的波长，m；

L——空腔深(板后的空气层厚度)，m。

穿孔板共振吸声结构的 Δf 与腔深 L 有很大的关系，而腔深又影响到共振频率的大小，故需综合考虑，合理选择腔深。工程上一般取板厚 2～5 mm，孔径 2～4 mm，穿孔率 1%～10%，空腔深(板后空气层厚度)以 10～25 cm 为宜。当穿孔率在 20%以上时，几乎没有共振吸声作用，而仅仅成为护面板。

在声学装修工程中穿孔板共振吸声构造以前多使用胶合板或硬质纤维板现场穿孔或开缝的工艺，但这种方法施工难度较大，进度慢且不易保证质量(孔径和光滑度)。随着装修材料工厂化和机械化程度的提高，近年普遍采用金属(钢板、铝板)冲孔(开缝)、高压水泥板(FC 板)冲孔(开缝)和浇筑穿孔石膏板，加工质量好，施工简便，装修效果好，防火性能也能满足消防的要求，造价较低、对装修效果要求不高等优点而成为当今和未来的主流方向。

3. 微穿孔板共振吸声结构

微穿孔板共振吸声结构指在板厚度 0.2～1 mm 的铝板、钢板、镀锌板、不锈钢板、塑料板等薄板上穿以孔径 0.2～1 mm 的微孔，穿孔率在 1%～5%之间，后部留有 5～20 cm 的空腔组成的系统，常用的多是单层或双层微穿孔板结构形式。与普通穿孔板共振吸声结构相比，微穿孔板吸声频带更宽，吸声系数更大。声吸收的频带宽度近似地由声阻率/声质量决定，比值越大，吸声频带越宽。而声阻率 r、声质量 m 这两个因素又与微孔直径 d 及穿孔率 P 有关：

$$r=\frac{\alpha t K_r}{d^2 P}$$

$$m=0.294\times10^{-3}tK_m/P$$

式中，K_r、K_m 为常数。

由于微穿孔板的孔径很小，孔数很多，其 r 值比普通穿孔板大得多，而 m 又很小，故吸声频带更宽。微穿孔板共振时的垂直入射吸声系数为

$$\alpha_0=\frac{4\gamma}{(1+\gamma)^2}$$

式中，γ 为相对声阻率，即声阻率与空气特性阻抗的比值。

可见，要提高共振吸声系数 α，应使微穿孔板结构的声阻与空气的特性阻抗相匹配。微穿孔板可用铝板、钢板、镀锌板、不锈钢板、塑料板等材料制作。这种结构由于不需要使用吸声材料，可在高温、潮湿环境，在腐蚀性气体或高速气流等其他材料或结构不适合的场所中广泛采用，且吸声性能明显优越于其他共振结构；同时，其结构简单、设计理论成熟，吸声特性的理论计算与实测值很接近。但它的缺点是微孔加工较困难，且易被灰尘堵塞。目前主要用在透明消声通风百叶窗、发电机组隔声罩、航空发动机、消声器、多功能体育馆、铁路机械保温车、城市高架道路声屏障和防眩屏等。

微穿孔板的孔径很小，孔数很多，其声阻值比普通穿孔板大得多，而声质量又很小，故吸声带宽比普通穿孔板共振吸声结构宽得多，这是微穿孔板吸声结构的最大特点。一般性能较好

的单层或双层微穿孔板吸声结构的吸声带宽可以达到 6～10 个 1/3 倍频程以上。微穿孔板吸声结构的原理是：声波传过来时，小孔中空气柱往复运动造成摩擦消耗声能，而吸收峰的共振频率则由空腔的深度来来控制，腔越深，共振频率越低。

微穿孔板吸声结构的共振频率可按下式计算，但此时的孔口末端修正量 $\delta=0.8+PL/3$，即微穿孔板吸声结构的共振频率为

$$f_0=\frac{\dfrac{c}{2\pi\sqrt{P}}}{L(t+0.8+PL/3)}$$

式中：c——声速，m/s；

L——板后空气层厚度，m；

t——板厚，m；

P——穿孔率，即穿孔面积与总面积之比。

微穿孔板吸声结构是由我国声学家马大猷先生在 20 世纪 60 年代后期提出的，同济大学赵松龄教授同期对微穿孔板理论的完善和发展做出了贡献。二十世纪七八十年代，微穿孔板共振吸声结构在我国已有大量应用。20 世纪 90 年代后期，微穿孔板共振吸声结构被成功应用于德国新议会大厦来改善其声学效果，我国首创的这项研究成果逐渐被国际声学界认识，并于 21 世纪在国际上形成这一领域的研究热潮。由于微穿孔板结构简单，操作方便，具有清洁、无污染、防火、耐高温、耐腐蚀而且不受材料的限制，因此其很快便成为 21 世纪绿色环保的吸声材料，解决了多孔纤维性材料不易防护的难题，同时也解决了很多恶劣环境（如潮湿、高温、粉尘污染）下的音质问题。

由于安装空间的严格限制，许多噪声控制问题都要求薄的降噪结构。因此，如何在不增加吸声体厚度的情况下拓宽单层微穿孔板吸声体的吸声带宽是目前的一个研究热点。

微穿孔吸声结构理论和技术方面需要进一步研究和探索。①微穿孔吸声结构的声性能理论计算的方法有待进一步完善。运用先进的声场分析软件，结合有限元法对微穿孔吸声结构的吸声性能进行仿真分析。通过与实验数据的对比，改善声学模型，建立适合实际的理论计算方法。②加强对组合微穿孔吸声结构的研究。穿孔吸声结构的串联和并联，都可以起到拓宽吸声频带、改善吸声性能的目的。目前，并联结构在理论表达上还不够成熟，需要进一步研究。更加复杂的混联结构也有必要进行深入的研究。③加快微穿孔板吸声结构由理论转化为实际应用的转变。微穿孔板吸声结构制备的技术还不够成熟，特别是组合微穿孔吸声结构的制备技术，需要进一步发展。

8.4.2　隔声材料

隔声材料又称隔音材料，是平均吸声系数大于 0.2 且能减弱或防止声波传递的一种材料、构件或结构。根据隔声的质量定律，材料的面密度越大，对某一频率声音的隔声量也越高。当声波传至材料表面时，材料的质量越大，其惯性阻力也越大，就越不易受声波作用而振动，声波也就越难穿透。隔声材料可以在含有噪声的环境中隔出一个安静的场所。常见的隔声材料有

木板、玻璃、金属板、石膏和墙体材料等，通常将其与吸声材料或阻尼材料等组合成隔声门、窗、屋面及隔声屏等，也可组装成不同形式和用途的隔声结构，如隔声控制室、机器隔声罩等。

材料的隔声根据声波的传递途径分为隔绝空气传播的空气声和隔绝通过撞击或振动传播的固体声两种。空气声的隔声主要有两种措施：①针对单层密实结构(如承重墙体)。其主要依据声学中的“质量定律”，即材料单位面积内的质量越大，越不易受声波作用而产生振动，隔声效果越好，所以应选用密度大的材料(如钢筋混凝土、实心砖、钢板等)作为隔声材料.并适当增加其厚度。②针对轻质墙体，因其质量很小，隔声能力低，可采用有空气间层或在间层中填充吸声材料的双层墙体构造，可有效提高其隔声性能，在减轻建筑物自重的同时又满足了隔声要求。对于固体声的隔绝主要是吸收，这和吸声材料是一致的。所以，隔绝固体声最有效的措施是采用不连续结构处理，即在墙壁和承重梁之间、房屋的框架和墙壁及楼板之间加弹性衬垫。这些衬垫的材料大多可以采用吸声效果好的材料，如毛毡、软木、橡胶等，将固体声转换成空气声后而被吸声材料吸收。

材料的隔声能力可通过材料对声波的透射系数(τ)来衡量。

$$\tau=\frac{E_\tau}{E_0}$$

式中：τ——声波透射系数；

E_τ——透过材料的声能；

E_0——入射总声能。

材料的透射系数越小，说明材料的隔声性能越好，但工程上常用构件的隔声量 R(单位为dB)来表示构件对空气声的隔绝能力，它与透射系数的关系是 $R=-10\lg\tau$，又称传声损失。隔声量与声波的频率和入射方向有关。

1. 材料隔声的一般规律

(1)质量定律：建筑用隔声构件多是板状结构，主要用于各类墙体材料。声学研究发现，墙体结构受声波激发后，通过自身振动将入射声能的一部分传到背波的另一侧，当这类结构能被简化为无限大、不具刚度的柔顺板时，即忽略了结构的弹性和内应力时，发现其受激振动的大小只同结构的质量有关。理论认为，这类结构的单位面积质量或入射声波频率每增加一倍，隔声量增加 6 dB，这一规律即“质量定律”。

(2)吻合效应：单层匀质密实墙体是具有一定刚度的弹性板，当受激振动所产生的受迫弯曲波速度与其结构本身固有的自由弯曲波速度相吻合时，就会产生共振。此时声音穿透变大，隔声能力降低，这种现象声学上称为“吻合效应”。反映在以隔声量为纵坐标和以墙体单位面积质量与频率的乘积的对数值为横坐标的坐标图上，这一墙体结构的“质量定律直线”就会在相应位置出现一个下凹的谷峰，声学上通常称为“吻合谷”。墙体的结构内损耗越小，“吻合谷”的深度越大，增加墙体的阻尼损耗，可使“吻合谷”变浅。“吻合效应”发生的最低频率称为临界吻合频率(f_c)，薄、轻、柔墙材的 f_c 常在高频段，厚、重、刚墙材的 f_c 常在低频段。避免“吻合谷”发生在声频主要范围，是提高这类墙体结构隔声效果的方法之一。

(3)阻尼作用：材料的内阻尼可减弱共振和吻合效应的不利影响，能有效抑制“吻合谷”的产生和进展。一般建筑材料的内阻尼很小，其值随温度、频率和振幅的变化不大，值域多在 10^{-2} ～ 10^{-4} 之间。选用合适的阻尼材料和阻尼结构是当前工程上为提高建筑体隔声效果的常用手段。

(4)衍射现象：当墙体带有孔隙或拼接缝时，隔声量都低于质量定律所示值。通过抹面，隔声量可恢复到符合质量定律的水平。声学上认为，墙体材料上的孔洞对隔声的影响主要在高频，而且，由于孔洞空气管柱共振频率的存在，高频段隔声频率特征曲线还呈现有规律的起伏；缝隙的影响比起孔洞更为严重，隔声频率特征曲线自中频段就出现明显下降，并且随频率的提高，下降的幅度逐渐加大。对于相同的缝隙/构件面积比来说，构件本身隔声性能越好，由孔洞缝隙引起的隔声量的下降值越大。为隔绝声波在隔声材料的孔洞缝隙中的透泄，各种隔声密封材料应运而生。

2. 空气声隔绝材料

平均隔声量($\bar{R}$)和计权隔声量(R_w)是评价材料的空气声隔绝性能的单值指标。

工程上常用平均隔声量($\bar{R}$)，即各频带隔声量的算数平均值，作为一个单值量，可表示为

$$\bar{R}=\frac{R_1+R_2+\cdots+R_n}{n}$$

式中：$\bar{R}$——平均隔声量，dB；

R_i——各倍频程隔声量，dB，$i=1,2,\cdots,n$；

n——被测频带数。

显然，平均隔声量相同的两种构件，它们的两组隔声量值可以是不同的，即它们的隔声频率曲线将会有差异。一旦这种差异很大，由平均隔声量做出的隔声性能评价就会出现偏差。因此，平均隔声量在应用上存在着明显的局限性。

计权隔声量(R_w)又称空气声隔绝指数，是一种比较符合空气声实际隔声效果的单值评价量。而实际的空气声隔绝效果还与被隔声源的频谱特征有关，而计权隔声量并没有考虑声源的影响，故引入了两个修正量：粉红噪声频谱修正量 C，其以生活噪声为代表，中高频为主；交通噪声频谱修正量 C_{tr}，以交通噪声为代表，中低频为主。标准规定采用 R_w+C 或 R_w+C_{tr} 来评价建筑构件的空气声隔声性能。

(1)墙体材料：又称板块式建筑隔声材料，是空气声建筑隔声材料的主要类型，按材料形态可分为砌块、轻质条形板、轻质薄板和复合板。常用砌块材料有黏土砖、混凝土砌块、石膏砌块、粉煤灰硅酸盐砌块、粉煤灰加气砌块等；轻质条形板主要有加气混凝土实心板、轻骨料水泥混凝土实心板、石膏空心板和玻璃纤维增强水泥(GRC)空心板等，其共同特点是板幅大、质量小、板厚一般在 60 mm 以上，板侧多预留拼接用榫头榫槽、施工较砌块方便；轻质薄板的主要品种有纸面石膏板、硅酸钙板、纤维水泥板(如各类 FC 板、TK 板)、镁质水泥板等，板厚一般在 15 mm 以下，装配需要龙骨支撑；复合板主要由面层材料和夹心层材料复合而成。面层材料大致分为金属面板和钢丝网水泥面层；夹心层材料大致有泡沫塑料、矿物纤维棉、轻骨料水泥以及各类蜂窝心材。

(2)阻尼材料：由黏合剂、填料、增塑剂、辅助剂和溶剂等配制而成的黏弹性材料。一般黏

合或喷涂在轻质薄型金属板上，即成为隔声阻尼材料，其主要类别按黏结剂种类分为沥青基、橡胶基、树脂基、水溶物基四种阻尼材料。常用填料有石墨、碳黑、石棉绒、蛭石粉、云母粉、碳酸钙等，其作用是调节材料的劲度、密度与力学性能。少量辅助剂能改善阻尼材料的稳定性，防止老化。阻尼材料要求有高的损耗因数和较高的劲度，对应不同的阻尼因数和弹性模量，阻尼材料还应有一定的厚度要求。另外，沥青玻璃纤维板、沥青麻袋布也可加贴到刚性隔声材料上用作阻尼材料。

(3)隔声密封材料：一类可填堵建筑结构中的缝隙孔洞以提高隔声效果的密封材料。对墙体上的孔缝，一般采用抹面粉刷材料予以封堵，门窗缝隙则选择采用相应的各式密封膏或相应断面造型的密封条加以封填，这些密封材料多兼有建筑防水、保温、隔气的功能。不常启闭的高效能隔声门，可以用充气带对门缝进行密封。目前，以硅酮、聚硫、聚氨酯、丙烯酸酯为代表的高、中档建筑密封产品已占市场主导地位，取代了以往以沥青基、焦油基为主的低档密封产品。

(4)屏幕材料：一类设置在声源和接受点之间的屏障式隔声材料。常见的有各种建筑空间中的活动式隔断、城市高架道路边的交通隔声屏障，以及大型演艺场所中的通道幕帘等。屏幕材料可分为刚性隔声屏障和柔性隔声帘幕。自由声场中，刚性壁障的隔声效果好，在其壁后声影区的不同位置上，不同频率声音的衰减量不同，这个衰减量通常称为隔声屏障的“插入损失”(IL)。刚性壁障的自由声场平均隔声量一般达 26 dB 即能满足环境要求，因此，隔声屏材料常选用加有阻尼涂层的薄钢板、钢筋混凝土薄板，轻钢龙骨阳光板(PC、PET、PMMA、PP 板)等面密度不大的材料。室内隔声屏障构造多与吸声材料复合使用，满足其混响的要求，如以刚性板材(金属板)＋多孔吸声材料层(玻璃棉)＋表面包覆材料(人造革)复合。隔声帘幕在隔声性能曲线上既没有低频段的共振段，也没有高频段的吻合谷，曲线近似斜直线，符合质量定律。若采用自由下垂形式，周边不加密封，隔声效果要差很多。帘幕多采用人造革、厚帆布、塑料布、胶皮等不透气柔软材料和泡沫塑料、丙纶棉、麻绒、棉毡、岩棉毡、玻璃棉等多孔纤维材料多层缝制而成。

3. 固体声隔声材料

固体声隔声材料又称撞击声隔声材料。撞击声在固体结构中的传播，具有声能大、衰减小的特点。固体声(撞击声)隔声材料大致分为：弹性面层材料，弹性垫层材料，隔声吊顶材料。常用的弹性面层材料有厚地毯、半硬质塑料地板、橡胶地板、软木地板等，能明显改善中高频的撞击声，弹性越好，改善越明显。由于面层的阻尼作用，在空心楼板上的效果尤为明显；常用的弹性垫层材料有玻璃棉板、矿棉板、岩棉板、橡胶板等。也可考虑采用软木砖、甘蔗板、木丝板、软质木纤维板等植物纤维类垫层材料，但须注意防腐、防火、防潮、防老化；常用的隔声吊顶材料有木板条、纤维板、石膏板等。吊顶主要隔离空气声，受控于质量定律，所以，吊顶厚重有利于隔声。安装中，与楼板之间须选择合适的空气层厚度，采取尽量少的连接点，并且改刚性连接为弹性连接。

4. 复合隔声材料

无机-有机复合隔声材料等新型的复合隔声材料广泛应用于道路声屏障、建筑弓形装饰屋顶等场合。

(1)玻璃纤维织物/聚氯乙烯复合隔声材料:采用常压浇筑工艺制备的一种超薄、轻量、柔韧的复合隔声材料,其隔声性能优于单一隔声材料。该材料所用制备原料包括聚氯乙烯树脂(EPVC)、邻苯二甲酸二辛酯(DOP)、环氧大豆油(ESO)、EW300 型玻璃纤维织物(织物面密度为 298.7 g/m^2,表观厚度为 0.30 mm)。由 EPVC、DOP、ESO 按照质量比 100 ∶ 130 ∶ 7 混合搅拌均匀,浇筑到玻璃纤维织物上,165 ℃恒温干燥,迅速冷却而制得的内部分布着空隙的玻璃纤维织物/聚氯乙烯复合材料。空洞不仅能使压力波在传播过程中产生散射,还能引起变形和共振,使一部分声能转化为热能而被吸收,因此,这些黏弹性材料中的微小空洞能显著改变声波的传播性质。

纯玻璃纤维织物有较好的透气性,聚氯乙烯是一种黏弹性材料,具有隔声及防震的双重作用。入射的声波在复合材料的内部发生反射、散射、折射和衍射等多重作用,由于聚氯乙烯基体与玻璃纤维之间有较大的声阻抗差异,当声波遇到玻璃纤维时将发生多次折射及散射,使得传播路径增大、声能消耗增多。同时,声波在聚氯乙烯基体中传播碰到这些玻璃纤维时,将绕过玻璃纤维发生衍射,使声波的传播路径加长而消耗掉声能。另外,当在 EPVC 中加入玻璃纤维后,限制了树脂大分子链的运动,应变、应力的增加相对滞后,材料的模量明显提高,其介质损耗和玻璃化转变温度相应地发生改变。当声波入射时,在材料中传播要克服更大的阻力,使得声能消耗增大,达到隔声的效果。

(2)钢渣粉填充聚氯乙烯基隔声材料:利用玻璃纤维织物的高吸声性以及钢渣的高密度特点,将钢渣粉填充到玻璃纤维织物/聚氯乙烯复合材料中制备隔声材料。所用原料包括聚氯乙烯糊树脂(EPVC)、玻璃纤维织物、柠檬酸三丁酯(TBC)、环氧大豆油(ESO)(增塑剂)、甲基硅油(脱模剂)、钢渣。将聚氯乙烯糊、柠檬酸三丁酯、环氧大豆油按照 100 ∶ 130 ∶ 7 的质量比混合、搅拌均匀,加入磨细的钢渣粉混合、搅拌均匀,浇筑到玻璃纤维织物上,(160±5)℃干燥,冷却制得单层产品。待单层复合材料冷却后在玻璃纤维另一面按照上述同样操作方法制得双层复合材料。

填充钢渣粉后的聚氯乙烯树脂包覆在玻璃纤维周围,与玻璃纤维紧密地结合,树脂没有渗透到玻璃纤维中,使纤维内部仍然保留有大量连通的孔洞。钢渣粉能与聚氯乙烯较好地黏合在一起,且在钢渣周围还形成了一定的空气层。这些大量连通的孔洞使复合材料具有良好的吸声效果。钢渣粉的填充不仅没有对复合材料的柔韧性产生较大影响,而且还提高了复合材料的面密度,从而增大了该材料对声波的阻碍作用,使更多的声能转化为热能,最终提高了材料的隔声性能。

目前,对于隔声材料的开发多采用复合技术,将不同性能、材质或结构的材料复合起来,开发出质轻、柔软、薄型隔声材料。而且,使材料不仅具有很好的隔声效果,还具有保温、阻燃等良好的综合性能。

8.4.2.1　隔声屏

隔声屏又称声屏障,是指利用声波的反射和衍射来遮挡声源和接收者之间的直达声而在二者之间插入的结构或屏障。当声波的波长小于障碍物尺寸时,声波就被障碍物表面反射回声源且在隔声板后形成声影区，声影区中的噪声得到衰减。菲涅耳数 N 是描述声波在传播中绕射损耗性能的物理量，它是由声程差及声波频率(或波长)来确定的。根据公式：

$$N=\frac{\delta f}{170}=\frac{2}{\lambda}\delta=\frac{2}{\lambda}(a+b-d)$$

(式中，δ 为声程差；λ 为声波波长；a 为声源与隔声屏顶端的距离；b 为接收点与隔声屏顶端的距离；d 为声源与接收点之间的距离)可知，声程差越长，隔声屏隔音效果越好；隔声屏对波长较短的高频噪声隔声效果显著。设置隔声屏时，需要注意以下几点：

(1)屏障本身构造，屏障材料的选择按照"质量定律"选择隔声材料，同时也要根据实际条件，要求屏障的各频带的隔声量比在声影区的声级衰减至少大 5～10 dB，才足以排除透射声的影响。

(2)为了使屏障有效，屏障的长度必须足以避免发生侧向绕射，即要隔声屏长度大于声源的 5 倍。

(3)在室内设置隔声屏，要控制好室内的混响声。

(4)在放置隔声屏时，应尽量使隔声屏靠近声源处。

隔声屏一般用各种板材制成，并在一面或两面衬有吸声材料，也有用砖石砌成的隔声墙或用 1～3 层密实幕布围成的隔声幕，还有的用建筑物做屏障。隔声屏对高频噪声有较显著的隔声能力，因为高频噪声波长短、绕射能力差，而低频噪声波长长、绕射能力强。设置隔声屏的方法简单、经济、便于拆装移动，在噪声控制工程中被广泛应用。隔声屏材料广泛应用于分隔办公室、加工车间，作为道路和轨道交通噪声、室外空调热泵机组、冷却塔、工厂设备固定声源、变电等的一种降噪技术措施。

当声屏障无限长时，声源所发出的声波遇到障碍物后，将不再直接传播到接收点，而是沿着三条路径传播：一条是越过声屏障顶端绕射到达接收点；一条是穿透声屏障到达接收点；另一条在声屏障壁面上反射到声源一侧。声屏障能阻挡直达声的传播，从而使接收点的声压级降低。声源发出的声波透过声屏障传播到接收点将与绕射声波叠加，穿透声屏障的声能量取决于声屏障的面密度、入射角及声波的频率。用隔声量 R 来衡量声屏障隔声能力，隔声量 R 大，透射的声能小；隔声量 R 小，透射的声能大。透射的声能可减少声频障的插入损失(插入损失是离噪声源一定距离的某点隔声材料或隔声结构安装前和安装后的声压级差)，如果声屏障的隔声量高于接收点绕射声的衰减量 10 dB 以上，此时透射声能的影响可以忽略不计。当道路两侧均设置声屏障且声屏障平行时，声波将在声屏障间会产生多次反射，并越过声屏障顶端绕射到接收点，这些反射声一方面会降低声屏障的插入损失，另一方面会使两侧声直射区(较高地方)的噪声提高。为了减小反射声，一般在声屏障靠道路(即声源)一侧做成吸声壁面。反射声能的大小取决于壁面的吸声系数。它和频率有关，一般材料低频的吸声系数较小，中高频的吸声系数较大。

当在空旷的自由声场中设置一道有一定高度的无限长屏障时，透过隔声屏障本身的声音假设忽略不计，那么，相对于同一噪声源的条件、同一接收位置，在设置隔声屏和不设置隔声屏的两次测量到的声压级的差值，即屏障的降噪量可用下式计算：

$$\Delta L=20\lg\left(\frac{\sqrt{2\pi N}}{\tanh\sqrt{2\pi N}}\right)+5$$

式中：ΔL——噪声衰减量，dB；

N——菲涅耳数。

当 $N\gg 1$ 时，$\tanh\sqrt{2\pi N}$ 的值趋于 1，这时公式可化简为

$$\Delta L=10\lg N+13$$

当隔声屏位于室内时，隔声屏的实际降噪效果同时受室内的声源指向性因素和室内吸声情况的影响，这样，室内隔声屏的降噪效果可由下式近似计算：

$$\Delta L=10\lg\left[\frac{\dfrac{\eta Q}{4\pi D^2}+\dfrac{4K_1K_2}{S(1-K_1K_2)}}{\dfrac{Q}{4\pi D^2}+\dfrac{4}{S_0\overline{\alpha_0}}}\right]$$

式中：ΔL——隔声屏的噪声衰减量，dB；

Q——声源的指向性因素；

S_0——室内总表面积，m^2；

$\overline{\alpha_0}$——室内表面平均吸声系数；

S——隔声屏边缘与墙壁、平顶之间开敞部分的面积，m^2；

η——隔声屏衍射系数，$\eta=\sum\dfrac{1}{3+20N}$；

N_i——隔声屏第 N_i 个边缘的菲涅耳数，$N_i=\dfrac{2\delta_i}{\lambda}=\dfrac{2}{\lambda}(a_i+b_i-d)$；

δ_i——声源与接收者之间，经隔声屏第 i 边缘的绕射距离与原来直线距离之间的行程差，m；

K_1——$K_1=\dfrac{S}{S+S_1\alpha_1}$，其中 $S_1\alpha_1$ 为隔声屏放置后声源一侧的吸声量，m^2；

K_2——$K_2=\dfrac{S}{S+S_2\alpha_2}$，其中 $S_2\alpha_2$ 为隔声屏设置后接收者一侧的吸声量，m^2。

近年来，国内外防噪隔声屏技术不断发展，不同的应用场合对防噪隔声屏的设计提出了不同的要求。总的来说，其发展趋势可以分为以下六点：①注重防噪隔声屏与景观协调设计。在防噪隔声屏建造中，除了要求满足声学要求外，还应特别注重防噪隔声屏的造型与色彩设计，因地制宜建造透明防噪隔声屏。②研究有源防噪隔声屏。有源降噪思想是利用声波的干涉，使得在噪声区域内的噪声与次级声波发生干涉相消，来达到削减或消除噪声的目的，其最大的优点是能有效消减低频声波的噪声，但目前其在防噪隔声应用方面的研究，尚处于试验阶段。③采用低成本材料制造防噪隔声屏。多用普通混凝土和轻质混凝土建造吸声和隔声式防噪隔声屏。④建造生态型防噪隔声屏。提倡在防噪隔声屏内、前与后种植各类植物。可以将防噪隔声屏设计成可栽种花草的形式，既可减少噪声污染又可美化环境。⑤道路交通噪声的防治。可采用沥青等其他软性路面材料来达到降低交通噪声对周围环境的影响。⑥根据城市发展规划，将密集的城市建筑物通过建立地面广场，将其道路设计在广场下面，不但减少了交通噪声

扰民，还提高了土地的利用价值，更有利于环境保护。

8.4.2.2 隔声墙

隔声墙又称消音墙。隔声技术中，通常将板状的隔声构件称为隔墙、墙板或墙。按照隔声结构可分为单层墙、双层墙和复合墙三大类。单层隔声墙材料遵循质量定律 $R_0=20\lg(f\rho_s)$（式中，R_0 为正入射隔声量；ρ_s 为面密度；f 为声波频率）。面密度越大，惯性阻力越大，越不易受声波的作用而振动，从而使声波难以穿透。因此，常用的材料为密度较高的砖墙、混凝土墙、金属板、木板等均质材料。但墙板作为具有一定刚度的弹性板，可能因吻合效应而导致其隔声量降低。为避免吻合效应的发生，常采用面密度不同的双层墙和复合墙结构，使二者的临界频率错开，各层之间留有一定厚度的空气层，或在空气层中填充一些吸声材料。当声波依次透过特性阻抗完全不同的墙体与空气介质时，在多个阻抗失配的界面上造成声波的多次反射，发生声波的衰减；同时，由于空气层的弹性缓冲作用和附加吸收作用，使振动能量大大耗减。隔声墙材料主要用于高速公路、高架复合道路、城市轻轨地铁等交通市政设施中的隔声降噪、控制交通噪声对附近城市区域的影响，也可用于工厂和其他噪声源的隔声降噪。

1. 单层均质墙板

声波入射到墙板一侧，会使墙板产生振动，从而向另一侧辐射声波。墙板的振动越大，向另一侧辐射的声音也越大，表示墙板的隔声越差；墙板的振动越小，向另一侧辐射的声音越小，表示墙板的隔声越好。这就是密实厚重的墙体比轻薄墙板隔声效果好的原因。

板的振动可以用力阻抗来加以说明，力阻抗由力阻和力抗组成。其中，力抗包括质量抗和劲度抗，可用下式表示：

$$Z_m=R_m+j\left(M\omega-\frac{K}{\omega}\right)$$

式中：Z_m——力阻抗，N·s/m；

R_m——力阻，N·s/m；

M——板的面密度，kg/m^2；

K——板的劲度，kg/m；

ω——圆频率，rad/s；

j——虚数单位。

$M\omega$ 称为质量抗，$\frac{K}{\omega}$称为劲度抗或劲抗，又称弹性抗。

单层密实均质墙板的隔声量与入射声波的频率有很大关系，入射频率从低到高其吸声情况可分成三个区域：劲度与阻尼控制区、质量控制区和吻合效应区。劲度与阻尼控制区又可分为劲度控制区和阻尼控制区，阻尼控制区又称共振区，如图 8-17 所示。

当频率比较低时，即 ω 比较小时，$\frac{K}{\omega}\gg M\omega$，这时称为劲度控制区，阻抗是以劲度抗为主，它随频率的提高而减少，墙板的振动则随频率的提高而增大，隔声则随频率的提高而降低。

当频率逐渐提高使劲度抗降低到等于质量抗时，力抗等于零，劲度和质量的作用相互抵消。这时力阻抗最小，等于力阻，墙板的振动最大，即产生共振。劲度抗和质量抗相等时的频率称为共振频率，墙板的隔声出现极小值，大小取决于构件的阻尼，称为阻尼控制区。当声波频率是共振频率的谐频时，墙板发生的谐振也会使隔声量下降，所以在共振频率之后，隔声量曲线连续又出现几个低谷，但本区内随着声波频率的增加，共振现象越来越弱，直至消失，所以隔声量总是呈上升趋势。阻尼控制区的宽度取决于墙板的几何尺寸、弯曲劲度、面密度、结构阻尼的大小及边界条件等。共振频率与板的大小、厚度、弹性模量和面密度等有关，共振频率可用下式进行计算：

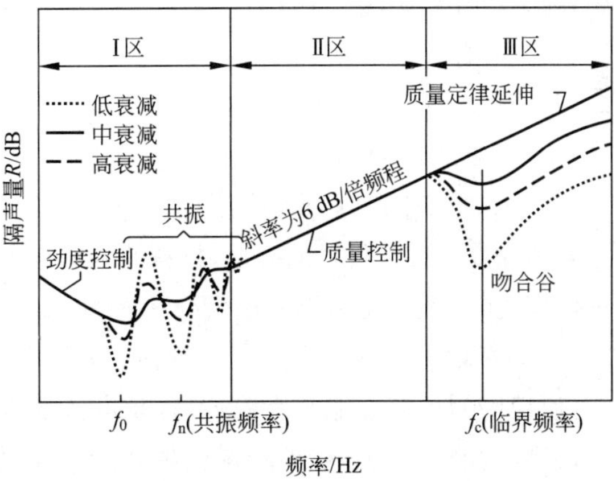

图 8-17　单层均匀板墙的隔声频率特性

$$f_r=\frac{\pi}{2}\sqrt{\frac{B}{M}\left(\frac{n^2}{l_x^2}+\frac{m^2}{l_y^2}\right)}$$

式中：B——板的刚度，N/m；

h——板的厚度，m；

M——板的面密度，kg/m^2；

l_x——板的长度，m；

l_y——板的宽度，m；

m、n——任意正整数。

对于钢筋混凝土板墙、实心黏土砖墙等一般的建筑隔声材料，因比较厚重，其共振频率很低，往往在 100 Hz 以下，对隔声的影响可被忽略。但对于一些新型轻薄的墙体材料以及金属薄板，其共振频率可能出现在听觉敏感的主要隔声频率范围之内，此时应考虑它对隔声的影响，一般采用增加墙板的阻尼来控制共振现象。

当频率继续提高时，劲度抗则越来越小，而质量抗则越来越大，这时 $M_\omega \gg \frac{K}{\omega}$ 称为质量控制区，隔声量随入射声波的频率直线上升，其斜率为 6 dB/倍频程。在声波频率一定时，墙板的面密度越大，即质量越大，墙板受声波激发产生的振动越小，隔声量越高。

当频率在继续提高时，墙板会因吻合效应而使隔声效果大大下降，这种隔声凹陷低谷称为吻合谷。吻合效应就是当某一频率的声波以某一角度 θ 入射到墙体上时，使墙体发生弯曲振动，如果声波的波长 λ 与墙体的固有弯曲波长 λ_B 发生吻合，恰好满足关系 $\lambda_B=\lambda/\sin\theta$，这时声波将激发墙体固有振动，墙体向另一侧辐射出大量的声能，墙体的隔声能力大大下降，这种现象称为吻合效应。能产生吻合效应的最低入射频率称为“临界吻合频率”，简称“临界频率”，常记为 f_c，其大小与构件本身固有性质有关，常用下式计算：

$$f_c=\frac{c^2}{2\pi}\sqrt{\frac{12mc(1-\sigma)}{Eh^3}}$$

式中：m——面密度，kg/m^2；

σ——泊松比，$\sigma \approx 0.3$；

E——弹性模量，Pa；

H——板的厚度，m；

c——空气中声速，m/s。

谷的深度取决于材料的阻尼，材料的阻尼越小（如钢、铝等金属材料）隔声吻合谷就越深。对于钢板等金属材料可通过贴一层阻尼材料（如油毡、橡胶板、玻璃棉板等），以增加板的阻尼作用，提高吻合频率的隔声量，从而使吻合谷变浅。如果吻合谷出现在隔声频率范围（100～3 150 Hz）之内，将使板墙的隔声性能大大降低，这是应该尽量避免的。板墙的刚度越大，临界频率就越低；反之，板墙的刚度越小，临界频率就越高。因此，轻、薄、柔性板墙的 f_c 较高，厚、重、刚性板墙的 f_c 较低。为了减小吻合效应的影响除增加材料的阻尼之外，还可以改变板墙的刚度，特别是当临界频率出现在中高频时，通过减小结构的刚度，把临界频率提高到隔声频率范围之外，从而大大提高构件的隔声性能。有时则采取增加板墙的厚度或在其上增加肋条来提高刚度，以使吻合频率降低到隔声下限频率之外，从而达到提高隔声性能的目的。

2. 双层隔声墙板

由两层均质墙（a、b）与中间所夹一定厚度空气层（Ⅱ）所组成的结构称为双层隔声墙或双层隔声结构，其示意图如图 8-18 所示。

增加单层墙体的面密度或增加厚度或增加自重可提高墙板的隔声量，但作用不明显，而且耗材大。例如，面密度增加一倍，隔声量仅增加 5 dB。在两层墙体之间夹以一定厚度的空气层，其隔声效果大大优于单层实心结构。当声波依次透过特性阻抗完全不同的墙体与空气介质时，在四个阻抗失配的界面上造成声波的多次反射，发生声波的衰减。并且，双层墙体具有中空的结构特点，中空结构中的空气层在双层墙体中相当于一个减振弹簧，在受到第一层墙体传来的振动时，会产生弹性变形，减弱对第二层墙体的振动，从而提高整个墙体的隔声量。但是，中空的双层墙体同时又形成一个质量-弹簧共振系统，隔声量会在这个共振频率上有所减小。常用重质建材（砖、混凝土等）双层墙体的共振频率为 15～25 Hz，处在可闻域之外，不会影响隔声效果。而轻型墙体中双层结构的共振频率多在可闻域内（125～250 Hz），隔声将受其影响，相应的改进措施大致有：增加中空距离、增加材料面密度、加贴阻尼材料、增设多孔吸声材料层和弹性材料层。另外，为了结构的稳定，两层板墙之间存在一定的刚性连接，则一层板墙受到声波激发产生的振动会通过刚性连接材料如木龙骨、钢龙骨等传到另一层板墙，这时两板墙之间空气层会减小弹性减振作用，从而使双层墙的隔声效果降低，即“声桥”效应，必须采取分隔措施予以克服。

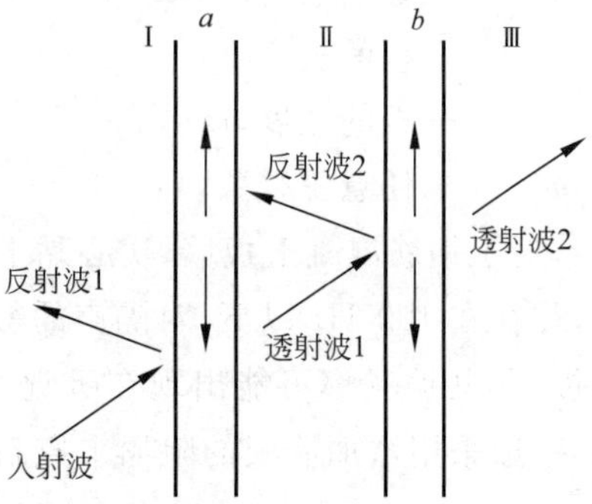

图 8-18　双层隔声墙示意图

比较两种隔声结构的使用情况，如果要达到相同的隔声效果，双层隔声墙体比单层实心墙体重量减少 2/3～3/4 或隔声量增加 5～10 dB。

把"墙-空气层-墙"的双层隔声结构视为"质量-弹簧-质量"的一个振动系统。当外界声波的频率与双层隔声结构的固有频率相等时，就会产生共振，这时会有大量声能透过，使隔声量大大下降，在隔声频率特性曲线上出现一个低谷，如图 8-19所示。

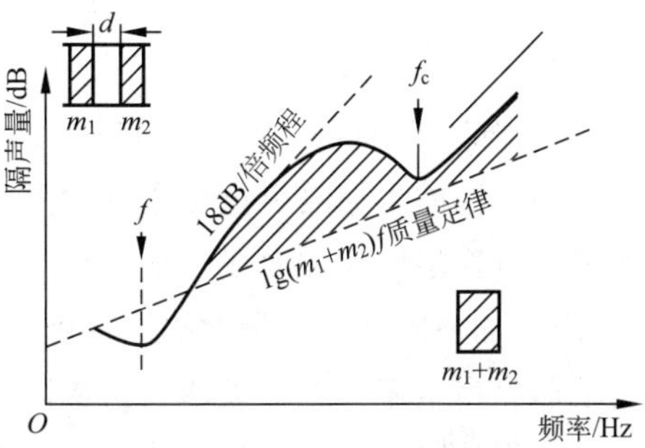

图 8-19 双层墙的隔声频率特性曲线

低于共振频率时，双层墙将作整体振动，其隔声量有较大的提高。当频率超过$\sqrt{2f_0}$（共振频率）时，隔声量开始超越质量定律。隔声曲线以每倍频程 18 dB 的斜率提高。频率再提高，还会出现两墙之间空气层产生的驻波共振以及 f_0 的高次谐波共振，从而使隔声频率特性曲线的上升变得比较平坦。假设两层隔声结构分别由面密度为 M_1 和 M_2 的板墙组成，两板墙间距即空气层厚度为 d，则它的共振频率为

$$f_0=\frac{1}{2\pi}\sqrt{\frac{1}{M_1}+\frac{1}{M_2}\frac{\rho_0 c^2}{d}}$$

式中：M_1——第一层板墙的面密度，kg/m²；

M_2——第二层板墙的面密度，kg/m²；

ρ_0——空气密度，kg/m²；

c——空气中声速，m/s；

d——两板墙之间间距，m。

对于两板之间空腔驻波所形成的共振频率则可用下式计算：

$$f_0=\frac{nc}{2d}$$

式中：n——正整数，1，2，3，…

c——空气中声速，m/s；

d——两墙板之间间距，m。

双层墙隔声结构与单层墙一样，同样会产生吻合效应，而且临界频率取决于组成双层墙的单层墙的临界频率。当两个完全相同的单层墙组成的双层隔声结构时，因两者临界频率相同，该频率会有大量声能透过，从而使隔声吻合谷大大下降，隔声频率曲线的下凹加深。对于同一种材料，一般采用厚度不同的单层墙来组成双层墙结构，以便两墙的吻合频率错开。虽然会产生两个隔声吻合低谷，但下凹的深度减小，从而提高双层结构的隔声效果。双层墙隔声频率曲线中阴影区域部分表示双层结构的隔声性能优于合二为一的单层墙的隔声效果。

两墙之间的空气层中填充多孔性吸声材料，由于材料的阻尼作用，对双层结构因共振及吻合效应产生的剧烈振动能起抑制作用，达到提高隔声的目的。尽可能不要使空气层中的两个墙面互相平行，减少驻波共振的影响。

设第一层板墙的面密度为 M_1，第二层板墙的面密度为 M_2，双层板墙的隔声量一般可用下式计算：

$$R=16\lg(M_1+M_2)+16\lg f-30+\Delta R$$

式中：R——双层板墙的隔声量，dB；

f——频率，Hz；

ΔR——双层板墙的附加隔声量，dB。

双层板墙的附加隔声量是通过大量的实验得到的，主要取决于双层板墙之间的间距大小，即所谓的空气层厚度，ΔR 随间距的增加而提高。一般间距 10 cm 左右比较合适，超过 10 cm 后，间距增加使附加隔声量的提高逐渐减小，而且墙体厚度增加太大，会使建筑的使用面积减小。附加隔声量还与双层板墙的构造以及墙体材料有关。两层板墙完全分离比有龙骨连接的双层墙的附加隔声量大。两板墙间距较小时，附加隔声量与墙体材料的关系不大，当间距较大时，如果大于 20 cm，则不同墙体材料的附加隔声量出现一定的差异，两板墙之间有无龙骨对附加隔声量的影响也较大。

双层板墙平均隔声量可用以下经验公式进行计算：

当$(M_1+M_2)\geqslant 200\ \text{kg/m}^2$ 时：

$$\bar{R}=16\lg(M_1+M_2)+8+\Delta R$$

当$(M_1+M_2)<200\ \text{kg/m}^2$ 时：

$$\bar{R}=13.5\lg(M_1+M_2)+14+\Delta R$$

3. 多层轻质复合隔声结构

采用多层墙结构，可明显地提高隔声量，但它往往受到机械结构性能和占用空间方面的限制。利用多种不同材料把多层结构组成一个整体，使其成为一种复合墙或多层轻质复合隔声结构，是切合实用要求的有效措施。

采用由几层密度不同的质轻细薄材料组成的轻质多层复合隔声结构，不仅质量小，而且隔声性能良好，广泛应用于隔声罩、隔声屏以及车、船、飞机等的壳体等工业及交通运输业的噪声控制工程中。常用的轻质复合板是用金属或非金属的坚实薄板作面层，内侧覆盖阻尼层，或填入吸声材料或空气层等组成。

与同质量同材料的单层或双层相比，多层复合板的隔声性能有明显的改善。这主要是因为：

(1)分层材料的阻抗各不相同，声波在分层界面上会产生反射。反射声能将随着阻抗相差的增大而增多，而透射声能大为减少。

(2)夹层材料的阻尼和吸声作用，抑制了板面振动，减弱共振和吻合效应，致使透射声能衰竭。

(3)采用不同厚度和材质的多层结构，可以使共振与临界的吻合频率错开，改善共振区和吻合区的隔声低谷效应，使透射声能减少，大大提高总的隔声性能。

利用声波在不同介质分界面上产生反射的原理，采用分层材料交替排列，就构成了多层复合板隔声结构。各层材料应软硬相隔，同时利用夹层间的疏松柔软层，或在柔软层中夹入金属板之类的坚硬材料，来减弱在吻合频率区域内声能的辐射及板的共振。在隔声门或轻质隔声墙的设计中被广泛应用。其设计要点如下：

(1)多层复合板的层次不必过多，一般取 3～5 层为宜，且尽量将相邻层间材料做成软硬结合形式。

(2)增加薄板的阻尼有助于改善隔声量。例如，在薄钢板上粘贴玻璃纤维板等阻尼材料，可显著削弱共振频率和吻合效应。

(3)在多孔材料的表面抹一层不透气的粉刷或粘一层轻薄的材料，以提高它的隔声性能。

目前，快速交通道路上的隔声墙存在的主要问题如下：

(1)隔声墙高度不够，致使隔绝的反射噪声少，绕射噪声影响区域大。

(2)隔声墙长度不够，使噪声通过两侧的空间，对周边区域造成影响。

(3)部分隔声墙安装时与地面形成较大空隙，致使透射噪声较大。

(4)目前采用的隔声墙多为简单的进行反射隔声，缺少对噪声的吸声处理，易产生混响，对道路上车辆内的人员形成了较大的噪声影响。

(5)目前的隔声墙多采用轻钢和塑料隔板的方式，成本较高，容易损坏或老化。

隔声板墙改进的目标是将隔离某一方向的噪声(同时反射某几方向的噪声)改为不仅隔离这个方向的噪声，而且消除或吸收、或部分消除或吸收噪声而不再反射，达到吸声消音的目的。另一方面，隔声隔离的设计需要从其材料、结构到形式进行充分的研究，具备净化空气、滤除灰尘、美化景观、生态及绿化等功能，达到隔声降噪与生态环境的协调与统一。

8.4.2.3　隔声玻璃

隔声玻璃是指对声音起到一定屏蔽作用的玻璃及其制品。隔声玻璃按照制作工艺的不同，主要分为以下三大类：中空玻璃、真空玻璃和夹层玻璃。中空玻璃是两片或多片玻璃以有效支撑均匀隔开并周边黏结密封，使玻璃层间形成有干燥气体空间的制品，当声波入射到第一层玻璃上时，玻璃以平板振动的原理使声波衰减后再传给第二层玻璃，声能经过反复的过程逐渐衰减。真空玻璃是两片平板玻璃中间由微小支撑物将其隔开，玻璃四周用钎焊材料封边，通过抽气口抽真空，然后封接抽气口保持真空层的特种玻璃，真空无声波传播。夹层玻璃是由两片或多片玻璃之间夹了一层或多层有机聚合物中间夹层膜，经加热辊压或者抽真空、高温高压使玻璃和中间膜永久黏合为一体的复合玻璃产品，常用的中间膜有 PVB、SGP、EVA、PU 等，该中间层具有高阻尼系数。另一类在工程上较常用的隔声玻璃是将上述三种玻璃进行组合形成复合隔声玻璃，如中空夹层玻璃等，它的隔声量比上述三种玻璃要大很多。隔声玻璃主要用于建筑门窗隔声，以降低室内噪声。

1. 中空玻璃

按中空腔的多少可分为双层中空玻璃和多层中空玻璃：双层中空玻璃由两片平板玻璃和一个中空腔构成；多层中空玻璃是由多片玻璃和两个以上的中空腔构成的。中空腔越多，隔声效果也就越好，但中空腔增多会增加成本，所以目前应用最多的是双层中空玻璃和两个中空腔的三层中空玻璃。按生产方法可分为熔接中空玻璃、焊接中空玻璃和胶接中空玻璃三种。

各种厚度的玻璃以及各种厚度的间隔层组成的中空玻璃均具有较好的隔声性能，因此采用中空玻璃可以减小室外通过窗户传入室内的噪声。中空玻璃的隔声性能可用平均隔音量

R_0 表示，当声波垂直玻璃入射时，玻璃隔声量的理论值可用下式表示：

$$R_0=10\lg\left[1+\left(\frac{\pi M_0 f}{\rho_0 c}\right)^2\right]$$

式中：R_0——玻璃对垂直入射噪声的隔音量，dB；

M_0——玻璃单位面积的质量，kg/m^2；

c——声波在空气中的传播速度，m/s；

ρ_0——空气的密度，kg/m^3；

f——噪声的频率，Hz。

中空玻璃的固有振动频率 f_0 可由下式计算：

$$f_0=600\sqrt{\frac{\frac{1}{M_1}+\frac{1}{M_2}}{l}}$$

式中：M_1、M_2——每层玻璃单位面积的质量，kg/m^2。

l——空气层的厚度，cm。

中空玻璃的隔音量与其单位面积的质量和噪声的频率有关，噪声的频率越高，中空玻璃的阻隔性越好，当入射频率与 f_0 相同时，将发生共振，隔声量显著降低，只有当 $f>\sqrt{2f_0}$ 时，中空玻璃的隔声量才明显提高。中空玻璃的隔音能力与气体间隔层的厚度和面积有关，厚度和面积越大，隔音性能越好，因此加大间隔层厚度、增大中空玻璃窗的面积，可以提高隔音能力。另外，用不同厚度的玻璃和间隔层组成的双层或多层中空玻璃也可以有效提高其隔音性能。

中空玻璃的生产方法有熔接法、焊接法、胶接法和复合胶条法四种。熔接法的优点是中空玻璃绝对不透气，具有高度的耐久性，但产量比较低，而且改法只能生产双层中空玻璃，且需要厚度相同的同类玻璃才能熔接；焊接法技术比较复杂，但在技术上可实现机械化、自动化的大规模生产，生产成本比胶接法高约 10%，产品对使用环境的适应性和耐久性比胶接法好；胶接法由于黏结材料的质量日益改进，制成的中空玻璃也可以经久耐用，而且可以用不同玻璃原片制成各种特性的中空玻璃，生产技术和设备比焊接法简单，生产的灵活性较好，工人比较容易操作，设备维修方便，对玻璃原片的厚薄偏差比焊接法要求低，既可以自动化生产，也可以半自动化或手工生产，因此胶接法是目前采用最广泛的一种生产方法；复合胶条法是近几年才发展起来的，其制作过程比较简单，生产效率高。

中空玻璃在中频隔音量很高，但低频和高频不好。影响隔音的因素主要是玻璃的厚度和空腔厚度。由于吻合频率是按单片玻璃厚度来算，中空玻璃分成两片后使得吻合频率上移，提高了中频隔音量。增大玻璃厚度可以提高整体隔音量，但会使吻合谷向中频移动，破坏了中频隔音效果。空腔厚度的改变也可用于改善低频隔音量。提高空腔厚度可以相应提高隔音量，但大空腔的中空玻璃很难制作，因而在实际应用中并不多。提高中空玻璃的隔音效果一般采用厚度不对称的玻璃原片、在间隔层中冲入六氟化硫等特殊气体或利用 PVB 胶片对声波的阻尼作用，使用夹层玻璃做原片。采取以上方法，中空玻璃的隔音效果可达 45 dB。

2. 真空玻璃

真空玻璃两片玻璃之间是真空层，消除了声音传播所需的介质，但是由于两片玻璃之间有刚性连接(支撑物)形成了声桥。第一面玻璃的振动通过支撑物传到第二面玻璃上,使第二面玻璃也随其振动,支撑物的刚性越大,其振动传递能力越强,导致隔声性能下降得越多;而且支撑物的数量越多,声桥的影响就越明显,隔声性能下降得就越多。真空玻璃的隔声性能正是这两方面相互影响的结果,结果是声桥传声的能力没有真空层隔绝声音的能力强,最终表现的则是良好的隔声性能。实际真空玻璃产品的真空度已经达到 10^{-2} Pa,再提高真空度对隔声性能的提高收益甚微,必须通过减少支撑物的数量、接触面积以及改变支撑物材料来提高其隔声性能。

真空玻璃低频段隔声量很高,这主要是因为真空玻璃的四边是刚性连接,所以较其他形式的玻璃抗变形能力强、劲度大。低频段的隔声量受劲度大小的影响,劲度越大,隔声性能越好。由于真空玻璃特有的结构,它能有效克服中空玻璃在中低频段容易产生共鸣的弱点,发挥良好的隔声效果。在大多数频段,特别是中低频段,真空玻璃的隔声性能优于中空玻璃。

真空玻璃更适合用于临近交通干道的交通噪声比较多的房屋。真空玻璃用作窗玻璃的优点还体现在其总厚度小,占用空间小,特别对于窗玻璃改造工程,可以在不改动型材结构的前提下,就改善窗的隔声性能。真空玻璃最大的优势是其在隔声性能优越的前提下,还拥有极强的保温隔热性能。改善真空玻璃支撑物结构、优化真空玻璃配片、复合其他结构玻璃等将是未来的研究方向。

3. 夹层玻璃

夹层玻璃种类很多,按照生产方法不同可分为干法夹层玻璃和湿法夹层玻璃。干法夹层玻璃是将有机透明材料嵌夹在两片或两片以上玻璃之间,经过加热、加压等过程制成复合玻璃制品。湿法夹层玻璃是将配制好的经过预聚合的黏结剂灌注到已经合好模的两片或多片玻璃之间,排出气体后再经过热聚合或光聚合就制成了夹层玻璃。一般情况下,干法夹层玻璃的性能要优于湿法夹层玻璃。在干法夹层玻璃中,目前使用最多的中间黏合材料就是 PVB 胶片,其他还有 EVA、EN 等。干法适合大批量生产,制备出的夹层玻璃具有强度高、光学变形小、性能稳定等优点,其中用 PVB 胶片生产时,夹层玻璃的最大尺寸受到高压釜直径限制。湿法适合生产小批量产品,其尺寸不受胶片和高压釜的限制,但工艺过程中产品的性能不易控制。

夹层玻璃从中频开始表现出比较好的性能趋势,这主要是胶片对中频声波具有的较好的阻尼作用,可以有效地衰减声音的传播。夹层玻璃吻合频率处的隔声量几乎完全由阻尼值决定,由于胶片的高阻尼,夹层玻璃的吻合处隔声性能比较好,适当提高胶层厚度可提高低谷处的隔声量。

8.4.3　阻性消声器

阻性消声器是将吸声材料安装在气流通道内,利用声波在多孔性吸声材料内因摩擦和黏滞阻力而将声能转化为热能,达到消声的目的材料。常用的吸声材料有玻璃纤维丝、低碳钢丝网、毛毡等。阻性消声器结构简单,充分利用中、高频吸声性能良好的多孔吸声材料吸收由气流通道产生的中、高频噪声。但其还存在高频失效频率,即声波频率越高,传播的方向性越强,当入射声波的频率高到一定程度时,会形成“声束”状传播,这时声波将很少接触附在管壁的吸声材料从而直接穿过管内,导致消声量明显下降。可通过设计不同消声器结构来解决高频失效，其结构形式有管式、片式、蜂窝式、折板式、流线形式、室式、盘式及消声弯头等。阻性消声器材料在高温、水蒸气以及对吸声材料有腐蚀作用的气体中，使用寿命较短。广泛应用于降低如通风机、空气压缩机、凿岩机等大型的机电设备产生的气流噪声。

阻性消声器的消声原理是利用气流通过管道时，管道内不同结构形式的多孔吸声材料（常称阻性材料）吸收声能，来降低噪声的消声器。首先是吸声材料的黏滞性和内摩擦的作用，由于声波传播时，质点振动速度各处不同，存在着速度梯度，使相邻质点间产生相互作用的黏滞力或内摩擦力，对质点运动起阻碍作用，从而使声能不断转化为热能。其次是热传导效应，由于声波传播时媒质质点疏密程度各处不同，因而媒质温度也各处不同，存在温度梯度，从而相邻质点间产生了热量传递，使声能不断转化为热能。

8.4.3.1 声波在阻性管道中的衰减

消声器的传声损失与吸声材料的声学性能、气流通道周长、断面面积以及管道长度等因素有关。对同样大小界面的管道，L/S 比值以长方形为最大，正方形次之，圆形最小。

A. N. 别洛夫由一维理论导出长度为 l 的消声器的声衰减量 L_A 为

$$L_A=\varphi(\alpha_0)\frac{L}{S}\cdot l$$

式中，$\varphi(\alpha_0)$ 函数与材料的吸声系数 α_0 的换算关系，见表 8-1。

表 8-1 $\varphi(\alpha_0)$ 与 α_0 的换算关系

α_0	0.05	0.10	0.15	0.20	0.25	0.30	0.35	0.40	0.45	0.50	0.55	0.60～1.00
$\varphi(\alpha_0)$	0.05	0.11	0.17	0.24	0.31	0.39	0.47	0.55	0.64	0.75	0.86	1～1.5

另外，还有 H. J. 赛宾计算消声器的声衰减量的经验计算公式：

$$L_A=1.03(\bar{\alpha})^{1.4}\frac{L}{S}l$$

式中，$\bar{\alpha}$ 为吸声材料无规入射平均吸声系数，为了方便计算，表 8-2 中列出了 $\bar{\alpha}$ 与$(\bar{\alpha})^{1.4}$的关系。

表 8-2 $\bar{\alpha}$ 与$(\bar{\alpha})^{1.4}$的换算关系

α	0.05	0.10	0.15	0.20	0.25	0.30	0.35	0.40
$(\bar{\alpha})^{1.4}$	0.015	0.040	0.070	0.105	0.144	0.185	0.230	0.277
$\bar{\alpha}$	0.45	0.50	0.60	0.70	0.80	0.90	1.00	
$(\bar{\alpha})^{1.4}$	0.327	0.329	0.489	0.607	0.732	0.863	1.00	

8.4.3.2 高频失效频率

阻性消声器实际消声量的大小与噪声的频率有关。声波的频率越高，传播的方向性越强。对于一定截面积的气流通道，当入射声波的频率高到一定程度时，由于方向性很强而形成“声束”状传播，很少接触贴附在管道的吸声材料，消声量明显下降。产生这一现象对应声波频率称为上限失效频率 f_n，f_n 可用下列经验公式计算：

$$f_n\approx1.85\frac{c}{D}$$

式中：c——声速，m/s；

D——消声器通道的当量直径，m，其中，圆形管道取直径，矩形管道取边长平均值，其他可取面积的开方值。

当频率高于失效频率时，每增高一个倍频带，其消声量约下降 1/3，可用下式估算：

$$R'=\frac{3-N}{3}\cdot R$$

式中：R'——高于失效频率的某倍频程的消声量；

R——失效频率处的消声量；

N——高于失效频率的倍频程频带数。

管式消声器是将吸声材料固定在管道内壁上形成的，有直管式和弯管式，其通道可以是圆形的，也可以是矩形的。它是最基本、最常用的消声器，结构简单，气流直接通过，阻力损失小，适用于流量小的管道及设备的进、排气口的消声。在通道截面较大的情况下，采取在管道中加吸声片的形式也能在中高频范围获得好的消声效果。如果通道管径小于 300 mm，可设计成单通道的直管式；如果通道管径大于 300 mm 而小于 500 mm 时，可在通道中间设置一个吸声圆柱，即构成双圆筒式消声器。

片式消声器是由管式消声器演变而来的。气流流量较大的管或设备的进、排气口上，需要通道截面积大的消声器。为防止高频失效，通常将直管式阻性消声器的通道分成若干个小通道，设计成片式消声器，每个小通道的尺寸应该相同，使得每个通道的消声频率特性一样。这样，其中一个通道的消声频率特性(及消声量)就是整个消声器的消声频率特性。

折板式消声器是由片式消声器演变而来的。为了提高高频区的消声性能，把消声片做成弯折状。为了减小阻力损失，折角应小于 20°，声波在折板式消声器内往复多次反射，可以增加声音与吸声材料的接触机会，因此使消声效果得到提高。但折板式消声器的阻力损失比片式消声器的大，阻力系数一般在 1.5～2.5 之间，适用于压力和噪声较高的噪声设备(如罗茨鼓风机等)，低压通风机则不适用。

声流式消声器是由折板式消声器改进的，把吸声材料做成正弦波状或流线形和菱形，不但使声波由于反射次数增加和对某些频率产生吻合效应，改善吸声性能，而且使气流能较为通畅地通过，从而可达到高消声、低阻损的要求。声流式消声器的阻力系数介于片式消声器和折板式消声器之间，适用于大断面的流通管道，对高频噪声有良好的消声作用。但它的缺点是加工复杂，造价较高。

蜂窝式消声器由许多平行的直管式消声器并联组成。因为每个小管消声器是互相并联的，每个小管的消声量就代表整个消声器的消声量。对于小管通道、圆管，直径以不大于 200 mm 为宜；方管不要超过 200 mm×200 mm。因管道的周长与截面的比值比直管和片式大，故消声量较高，而且由于小管的尺寸很小，使消声失效频率大大提高，从而改善了高频消声的特性。但由于构造复杂，且阻损也较大，通常多在流速低、风量较大的情况下使用。

迷宫式消声器也称为室式消声器。在通风管系统中，可利用管道沿途的箱或室并在它里面加衬吸声材料或吸声障板，做成迷宫式消声器。迷宫式(室式)消声器的气流速度不能过大，一般应控制在 5 m/s 以下，适用于自然通风情况，否则会产生强大的气流再生噪声，使消声器失效。另外,它的阻力损失也较大。

阻性消声器是各类消声器中形式最多、应用最广的一种消声器,具有较宽的消声频率范围,尤其是在中、高频率消声性能更为明显。

8.5 抗振动材料

8.5.1 隔振材料

隔振材料是一种为防止振动能量向环境传递,安放在振源与需要防振的空间之间的一种材料。隔振材料具有良好弹性和阻尼性能,能将振源与基础之间,或基础与需要防振主体对象之间的刚性连接变为柔性连接,以阻碍振动能量的传递。弹性柔性连接能够将振动能量转化成自身的弹性势能;阻尼柔性连接可把振动能量转化为阻尼材料的热能耗散,从而阻断振动能量从振源向防振对象的传递。隔振材料分为隔振器和隔振垫两大类:前者有金属弹簧、橡胶、空气弹簧等;后者有橡胶、软木、乳胶海绵、玻璃纤维、毛毡、矿棉毡等。隔振材料在使用时为降低振动传递率,要求其静态压缩量大,但要兼顾其承载力、耐久性、稳定性和维护使用方便等方面的性能要求,在建筑、空调系统、仪器设备和管道等实际工程中应用广泛。

隔振效果可以用隔振系数 T 来衡量

$$T=\frac{\sqrt{1+(2\zeta z)^2}}{\sqrt{(1-z^2)^2+(2\zeta z)^2}}$$

式中,阻尼比 $\zeta=\frac{c}{C_0}$(c 为阻尼系数;$C_0=2m\omega_0$ 为临界阻尼系数,ω_0 为系统的固有频率),频率比 $z=\frac{\omega}{\omega_0}$。图 8-20 所示为隔振系数 T 与频率比($f_0=\frac{\omega_0}{2\pi}$)、阻尼比的关系曲线。

当 $f/f_0<1$ 时,即干扰力的频率小于隔振系统的固有频率,$T\approx1$,说明干扰力通过隔振装置全部传给了基础,即隔振系统不起隔振作用;当 $f/f_0=1$ 时,即干扰力频率等于隔振系统的固有频率时,$T>1$,说明隔振系统不但起不到隔振作用,反而对系统的振动有放大作用,甚至会产生共振现象;当 $f/f_0<\sqrt{2}$ 时,即隔振系统不起隔振作用甚至发生共振的区域,c/C_0 值越大,T 越小,这表明在这段区域增大阻

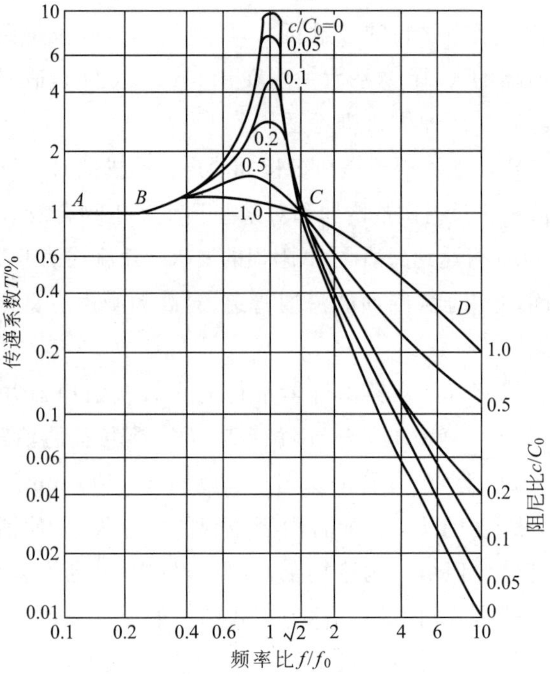

图 8-20 隔振系数与频率比、阻尼比的关系曲线

尼对控制振动是有利的。特别是在系统共振时，这种有利的作用更明显；当 $f/f_0>\sqrt{2}$ 时，即隔振系统起隔振作用的区域，f/f_0 越大，T 越小，隔振效果越好。通常需要隔振的设备特性是给定的，在设计隔振系统时须考虑系统的固有振动特性，使设备的整体振动频率 f_0 比设备干扰频率 f 小得多，从而得到好的隔振效果。但在实际工程中通常设计 $f/f_0=2.5\sim5$，这是因为通常 f 是给定的，要进一步提高 f/f_0，就只有降低 f_0，而设计过低的 f_0 不仅在工艺上存在困难，而且造价高。c/C_0 值越小，则 T 值越小，表明在这段区域阻尼越小对控制振动越有利，也就是说此时阻尼对隔振是不利的。

金属弹簧隔振器包括螺旋弹簧隔振器和板条式钢板隔振器，其中后者钢板条之间的摩擦产生一定的阻尼比。该隔振器低频隔振效果好，力学性能稳定，弹簧的动劲度、静劲度的计算值与实测值基本一致，允许位移大，可承受较大载荷，长期大载荷作用不产生松弛；缺点是阻尼系数很小，阻尼性能较差，高频隔振效果差，需要加橡胶、毛毡等内阻衬垫或内插杆和弹簧盖等稳定装置使高频隔振性能有较大改善。

空气弹簧隔振器也称为“气垫”，是指在可挠的密闭容器中填充压缩空气，当空气弹簧受到激振力而产生位移时，容器的形状发生变化，容积的改变使得容器内的空气压强发生变动，从而使空气内能发生变化，达到吸收振动能量的作用。该隔振器具有劲度可以随载荷而变化、固有频率保持不变的特点，具有自动调节机构，当负荷改变时，可调节橡胶腔内的气体压力，保持恒定的静态压缩量，从而达到隔振的目的，因此可以适应多种载荷需要，抗振性能好，耐疲劳，噪声低；缺点是造价较高。

橡胶隔振器是使用最为广泛的一种隔振元件，其阻尼比可达 0.07～0.15，对共振振峰具有良好的抑制作用，对高频振动能量具有明显的吸收作用。在受到负荷压缩时，橡胶横向胀大，即使使用同样弹性系数的橡胶，通过改变约束面和自由面的尺寸，也能调整隔振器的劲度。

橡胶隔振垫是在橡胶垫的两面设置有不同高度的圆台，分别交叉配置，在载荷作用下，较高的凸圆台受压变形，较低的圆台尚未受压时，其中间部分载荷而完成波浪形，振动能量通过交叉台和中间弯曲波来传递，能较好地分散并吸收任意方向的振动。由于原凸面斜向地被压缩，起到制动作用，在使用中无须紧固就可以防止机器滑动。其劲度由橡胶的弹性模量和几何形状决定，通过表面的凸台或肋状等形状，并增加隔振垫的压缩量，可使固有频率降低。

隔振软木是将天然软木经高温、高压、蒸汽烘干和压缩制成的板状或块状物。其静态弹性模量约为 1.3×10^6 Pa，动态弹性模量为静态弹性模量的 2～3 倍，其固有频率一般可控制在 20～30 Hz 范围内，其优点是质轻、耐腐蚀、保温性能好、加工方便等。但是，由于厚度不是太厚，固有频率较高，因此软木不适于低频隔振，且其隔振效果受粒度粗细、载荷大小以及结构形式等因素的影响。

酚醛树脂或聚醋酸乙烯胶合的玻璃纤维板、矿渣棉和各类材质的毛毡主要用于机器设备及特殊建筑物基础的隔振，其密度一般为 800～1 200 kg/m^3，纤维直径为 8～10 μm，密度小，具有吸声性，常制作成隔振垫。

8.5.2　减振阻尼材料

减振阻尼材料又称减振材料、阻尼材料。内阻尼高，弹性模量较大，黏附于振动体上能将固体机械振动能转换为热能而耗散的材料，用于振动和噪声控制。阻尼材料按特性分为五类：①阻尼合金：具有高衰减自身振动性能的合金。利用合金本身的衰减能，即材料内部的各种相应阻尼机制，吸收机械振动能，将振动能转换为热能耗散，达到减振降噪效果。②阻尼涂料：由高分子树脂、无机填料（碳酸钙、二氧化硅、玻璃纤维、玻璃微珠或陶瓷微珠、石墨等）以及助剂（分散剂、固化剂、增塑剂、消泡剂）组成，具有减振、绝热和一定密封性能的特种涂料。③黏弹性阻尼材料：一种既具有弹性机理形变又具有黏性机理形变的阻尼材料，多为聚合物。④复合阻尼材料：吸收振动能并将其转化为其他形式能量进行耗散，起到减振降噪功能的一种复合材料。⑤智能型阻尼材料：将自感知、自判断、自适应的智能材料特性应用于阻尼体系，使损耗因子可控的阻尼材料，主要包括压电阻尼材料和电流变材料。该材料在汽车工业、机械工业、建筑工程、舰船领域（推进器、传动部件和舱室隔板）、航天航空工业（火箭、导弹、喷气机等控制盘或陀螺仪的外壳以及航天仪表）等行业被广泛应用。

衡量阻尼材料的主要参数是材料的损耗因子，用 η 来表示，损耗因子 η 除与材料的阻尼比 ζ 有关外，还与系统的固有频率及激振力频率 f 有关。其本质是将广义振动的能量转换成可以损耗的能量，从而抑制振动、冲击、噪声。

工程材料种类繁多，一些材料的损耗因子见表 8-3。

表 8-3　常用材料的损耗因子

材　　料	损耗因子	材　　料	损耗因子
钢、铁	$1\times10^{-4}\sim6\times10^{-4}$	木纤维板	$1\times10^{-2}\sim3\times10^{-2}$
有色金属	$1\times10^{-4}\sim2\times10^{-3}$	混凝土	$1.5\times10^{-2}\sim5\times10^{-2}$
玻　　璃	$0.6\times10^{-3}\sim2\times10^{-3}$	砂（干砂）	$1.2\times10^{-1}\sim6\times10^{-1}$
塑　　料	$5\times10^{-3}\sim1\times10^{-2}$	黏弹性材料	$2\times10^{-1}\sim5$
有机玻璃	$2\times10^{-2}\sim4\times10^{-2}$		

其中，金属材料的阻尼值最低，但金属材料却是最常用的机器零部件。为满足特殊领域的需求，已经研制生产了多种类型的阻尼合金，这些阻尼合金的阻尼值比普遍金属材料高出 2～3 个数量级，应力或交变应力的作用在微观上产生位错运动、塑性滑移等，形成阻尼。在低应力状况下合金的微观运动产生的阻尼耗能，称为金属滞弹性，由图 8-21 看出，金属材料在周期性的应力和应变作用下，加载线 OPA 因上述原因形成略有上凸的曲线而不再是直线，而卸载线 AB 将低于加载线 OPA，于是在一次周期的应力循环中，构成了应力-应变的封闭回线 $ABCDA$，阻尼耗能的值正比于封闭回线的面积。对于阻尼等于零的全弹性材料，封闭回线将退化为面积等于零的直线 $OAOCO$。金属在低应力状况下，主要由黏滞弹性产生阻尼，而在应力增大时，局部的塑性变形应变逐渐变得重要，其间没有明显的分界。由于这两种机理在应力增长过程中都在起作用而且发生变化，所以，金属材料的阻尼在应力变化过程中不为常值，而在高应力或大振幅时呈现出较大的阻尼。

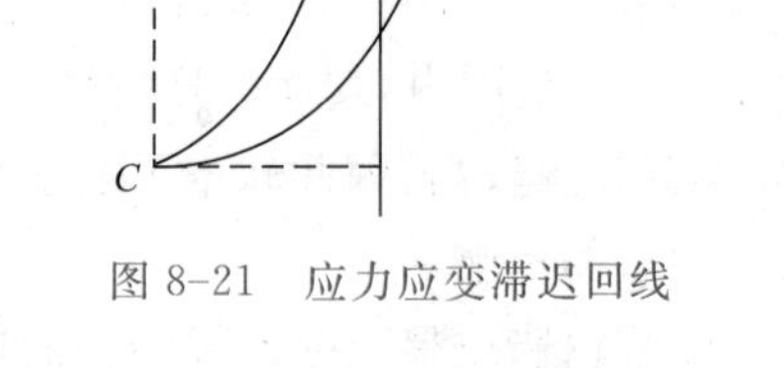

图 8-21　应力应变滞迟回线

对于铁磁性材料，由磁弹效应产生的迟滞耗能是它的阻尼产生机理。在强磁场中，每一单元体的磁矢量为了和外界磁场方向趋于一致而发生旋转，在旋转过程中引起单元体和边界、边界和边界之间的相对运动，同时磁场或应力场使磁饱和单元体产生磁致伸缩现象，加剧了各单元体之间的相对运动。维持上述两种运动必须有能量输入，即将机械能转变成热能并耗散，这就是产生阻尼的物理机理，称作磁弹效应。

高分子聚合物是黏弹性材料，从微观结构上看，分子与分子之间依靠化学键或物理键相互连接，构成三维分子网，其分子之间很容易产生相对运动，分子内部的化学单元也能自由旋转，当受到外力时，曲折状的分子链会产生拉伸、扭曲等变形；分子之间的链段会产生相对滑移、扭转。当外力除去后，变形的分子链要恢复原位，分子之间的相对运动会部分复原，释放外力所做的功，这就是黏弹材料的弹性；但分子链段间的滑移、扭转不能全复原，产生了永久性变形，这就是黏弹材料的黏性，这一部分功转变为热能并耗散，就是黏弹材料产生阻尼的原因。

为了利用各种材料的物理力学性能，工程中还出现了各种复合材料，如纤维基材料、金属基材料、非金属基材料等，由两种或多种材料组成的复合材料，因为不同材料的模量不同，承受相同的应力时会有不等的应变，形成不同材料之间的相对应变，因而会有附加的耗能，因此复合材料可以大幅度提高材料的阻尼值。

阻尼结构是指将阻尼材料与构件结合成一体以消耗振动量的结构，通常有如下几种基本形式：

(1)自由阻尼层结构，即在振动构件的基层板上牢固地黏合一层高内阻尼材料，这种结构的损失因数与阻尼层和基层板的厚度比及其弹性模量比有关，阻尼层的厚度一般以基层板的厚度的 1～4 倍为宜。

(2)间隔阻尼层结构，是在阻尼层与基层板之间增加一层能承受较大剪切力的间隔层(一般用刚性蜂窝结构)，目的是增加阻尼层的剪切变形。

(3)约束阻尼层结构，是在自由阻尼层的外侧再黏附一种弹性模量很大的薄层材料(如金属箔层)，外侧薄层对阻尼层起约束作用，以增加其剪切变形，约束薄层、阻尼层与基层板的厚度比可以小到 1∶1∶10。

(4)间隔约束阻尼层，即在约束层与金属板之间再加上一层间隔层，使间隔阻尼层结构和约束阻尼层结构的优点结合起来。

以上结构的共同特点就是以最少的阻尼材料发挥尽可能大的阻尼作用，以达到减轻结构重量和节约材料的目的。自由阻尼结构和约束阻尼结构是提高机械结构阻尼的主要结构形式之一。

阻尼材料已经历了 40 多年的发展，但阻尼机理和应用技术的发展并不成熟。随着高新技术的发展，阻尼材料的应用越来越广泛，对其性能的要求日益提高，研究和开发具备优异阻尼性能的材料和提出其发展方向具有十分重要的意义。今后，阻尼材料的研究将主要集中在新型材料和结构方面。

阻尼材料的机理及制备具有高阻尼性能和物理性能材料的研究需要继续深入。阻尼材料的研究制备向环保、经济方向发展，研制绿色、经济、长寿命、智能化和多功能化阻尼材料是未来阻尼材料最重要的发展方向。提高现有功能型阻尼材料的综合性能，提高压电阻尼材料韧性、简化磁性阻尼材料的制备方法，开展阻尼材料功能添加剂有机小分子的制备研究，降低生产成本是当前的工作。

8.5.2.1 阻尼合金

阻尼合金又称防振合金，是具有高衰减自身振动性能的合金。利用合金本身的衰减能，即材料内部的各种相应阻尼机制，吸收机械振动能，将振动能转换为热能耗散，达到减振降噪效果。阻尼合金可分为复合型、强磁型、位错型、孪晶型等类型：①复合型有 Fe-C-Si、Al-Zn、Al-40Zn、Al-78Zn、ZDAl 高阻尼合金、片状石墨铸铁等，在强韧基体中有第二相析出，相界面处容易发生塑性流动或黏性流动，外界的振动或声波可以在这些流动中消耗，声音被吸收；②强磁型有 Fe-Cr、Fe-Cr-Al、Fe-Cr-Mo 等合金，在交变应力作用下，磁壁振动吸收能量；③位错型有 KIKI 镁合金等，由于位错的交互作用而消散振动能；④孪晶型有 Mn-Cu、Mn-Cu-Al、Ni-Ti 等合金，由于孪晶界的易动性和弛豫过程吸收振动能。阻尼合金广泛用于火箭、导弹、喷气式飞机的控制盘或导航仪等精密仪器、汽车车体、发动机转动部件、削岩机、冲压机、车轮、铁轨、船舶推进器等。

1. 复合型

复合型阻尼合金一般都具有两相(或两相以上)复合组织，基体相为高韧度，第二相为柔软颗粒。在循环应力作用下强韧相发生弹性变形，第二相发生塑性变形使振动能耗散；强韧相与第二相在界面上发生塑性流动或黏性流动，外界的振动或声波可以在这些流动中消耗。灰口铸铁是在钢的基体上分布着 75%～90%碳的片状石墨，成功用于制造机床底座和电动机机座。合金 Al-Zn(SPz)、Al-40Zn 和 A1-78Zn 合金经固溶化处理，在 150 ℃时效，在晶界有 Zn 的不连续析出物形成，这种高阻尼合金用于制造发动机盖，能使噪声大幅度减弱。在新型减振降噪(高阻尼)ZDAl(Zn-18-27AlMnCuSiMg)铸造 Zn-Al 合金基础上，添加 Ti(0.01～0.5)、B(0.001～0.22)、Zr(0.01～0.8)、Cr(0.01～0.5)、Re(0.01～1.0)等微量元素，能对 Zn-Al 阻尼合金的组织进行细化作用，使可动界面的数量大幅增加，使阻尼性能得到相应的提高。

2. 强磁型

磁性体内部被划分成由磁壁包围的磁畴小单元，在外加交变应力下，磁壁振动吸收能量，这种能量的损耗产生的阻尼为强磁性型阻尼。磁弹性内耗来自磁性与力学性质的耦合产生的磁致伸缩现象。应力作用下存在磁弹性能，引起磁畴的转动和磁壁的推移，这种磁畴的运动是不可逆过程，在能量上引起从机械能到热能的转换。磁弹性内耗一般可分为三类：宏观涡流损耗、微观涡流损耗和与磁机械滞后有关的损耗。通常，前两种损耗数值不大，而磁机械损耗则要大得多，这一点对于开发高阻尼合金具有重要意义。

在碳钢基础上的铁基阻尼合金 Fe-Cr、Fe-Mo、Fe-Co、Fe-W 系的比阻尼能力远远超过了碳钢，在两元系基础上，又可添加其他合金元素，形成多元高阻尼合金。在 Fe-Cr-Al 三元系的等温退火截面上，存在着高阻尼区；在 Fe-12Cr 基础上，添加 2.5%Mo，维持了高阻尼能力，提高了强度，在 Fe-12Cr-2.5Mo 基础上，又添加 1%Cu，又进一步提高了阻尼性能和强度。大部分铁基高阻尼合金尽管内耗大、强度高、加工性能好，但韧度很低。并且，由于其一般为单相铁素体组织，难以通过热处理调整韧性。为克服这些缺点，将钢加热到奥氏体和铁素体两相温度区保温，冷却使钢中奥氏体转变为马氏体，然后在高于 400 ℃而又低于相变点温度区进行回火，形成铁素体和回火马氏体两相组织，通过控制回火马氏体的数量调整合金的综合性能。

3. 位错型

位错型高阻尼合金的位错运动被晶体中的杂质原子、点缺陷、其他位错或者界面等阻碍而滞后于外加应力而引起。其机理可用由杂质原子导致的格拉那托–鲁依柯(Granato–Lucke)的位错阻尼的钉扎模型来解释，位错被杂质原子钉扎后，位错突出成弧形，应力增大时，位错从钉扎处脱开，应力减小时，应变又回到位错起始点，最后形成位错环，其在应力应变图上所表现出来的阴影部分能量转变成热能散逸出去。最典型的位错型的阻尼合金为镁合金，其阻尼性能随应变振幅、频率和温度的变化曲线如图 8-22 所示，镁合金阻尼性能随着应变振幅的增加而迅速增加，这是由于振动振幅越大，参与脱钉而产生内耗的位错就越多；在较高应变振幅时，其阻尼性能不随频率变化，而在较低应变振幅时，其阻尼性能随频率的增加而略微减小；Mg 合金常温下阻尼源主要来自于位错滑移，但当温度升高时，界面阻尼开始发挥作用，阻尼性能不断升高，所以 Mg 合金具有一定的热稳定性和时效稳定性，这方面优于孪晶型阻尼合金。

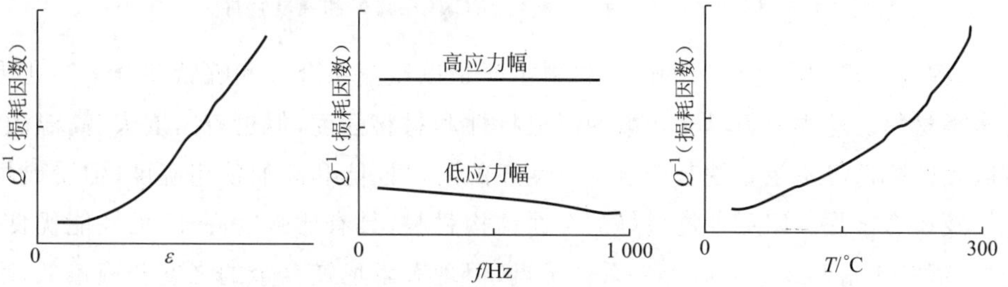

图 8-22　镁合金的振幅、频率和温度特性

位错型阻尼合金具有最大的衰减系数。铸造镁合金的衰减系数可达 60%，但这类合金强度较低，通过添加 Zr、Si、Cu、Al 等合金元素，这类合金的阻尼性能虽然有所下降，但综合性能得到大幅提高，大大拓宽了镁合金的应用范围。新近研究并压铸生产的 5%～7% Cu、0.1%～3%锰镁合金已成功用于节能汽车发动机部件、计算机外壳等，这种合金最适用于宇航和运输工业作为减振材料使用。

4. 孪晶型

在周期应力作用下，热弹性马氏体相变产生的共格孪晶界面将发生重新排列运动，产生非弹性应变而使应力松弛，从而将外加振动能耗散，形成对振动的阻尼衰减。具有这种阻尼机制的合金称为孪晶型阻尼合金，其典型代表包括 Mn–Cu、Ni–Ti、Cu–Al–Mn 和 Cu–Zn–Al 等。Mn–Cu 合金 Mn 含量较高时，阻尼性能和力学性能较好，但其受温度影响较大，只适合较低温度下使用，并且成本较高。目前，这类合金的产品应用最多，已普遍应用于潜艇螺旋桨、各种机座、高速箱体、齿轮等。Ni–Ti 基合金的主要特点是阻尼性能、形状记忆性能和力学性能优异，但加工性能差，成本较高，这类合金已被地震工程专家成功地用在大厦和大型建筑物的减震装置上，并可保证建筑物在遭受强震后的复原性；另外，这种合金作为减振材料在汽车和机械制造领域也都得到了一定的应用。Cu-Al-Mn 和 Cu-Zn-Al 合金是另一类形状记忆合金，它们的特点是阻尼性能优良，价格较 Ni-Ti 基合金便宜，但力学性能差，使用温度不高(一般<50 ℃)，目前已经被用于滑雪装置上的减振垫片。图 8-23 所示为 Cu-Zn-Al 合金在马氏体状态下阻尼性能随应变振幅、频率和温度的变化曲线，图中的规律代表了孪晶型阻尼合金的一般特征，从中可以看出：该种阻尼合金的阻尼性能随着应变振幅的增加而迅速升高，然后趋于稳定，这主要是由于其内部的孪晶界面运动性质所决定的；阻尼性能随着频率的增加略有下降后呈现平缓趋势；当温度高于其以上时，阻尼性能迅速下降甚至消失，因为此时无马氏体存在，也就没有孪晶界面存在。

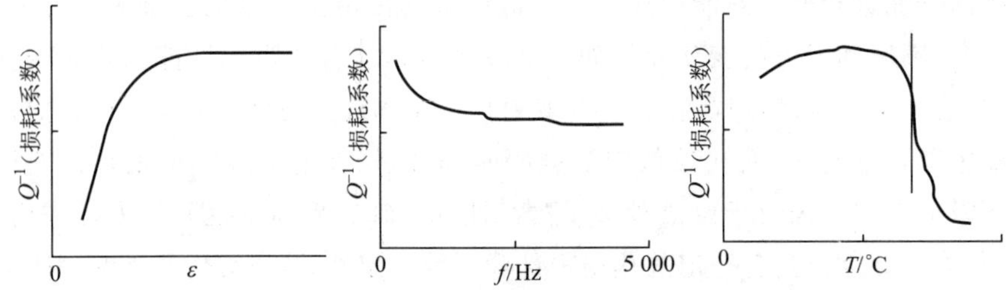

图 8-23 Cu-Zn-Al 合金的振幅、频率和温度特性

目前，国内外得到广泛应用的阻尼材料主要是以锰铜系合金和镍钛基合金为代表的形状记忆合金类材料。这类材料具有较高的阻尼特性和材料强度，但也有密度大、高温敏感性差、阻尼有时效性降低等不足。铁基合金具有良好的阻尼性能和高的使用温度，但受磁场环境影响大。镁及镁合金作为阻尼性能最好的金属结构材料，具有比强度高、阻尼性能优良、电磁屏蔽性能好、资源丰富和易于回收等一系列优点，但现有阻尼镁合金的强度普遍偏低，耐腐蚀性较差，大大限制了它的应用范围。今后的发展趋势将是原材料低廉的镁基和铁基合金材料。

阻尼合金自 20 世纪 60 年代发展至今，现已有多种产品实现了商品化，并在军事工业、汽车行业、机械制造业等领域得到了很好的应用，在特殊零部件上减振降噪效果比较明显。但从以上对几类阻尼合金的分析可以看出，目前各类阻尼合金都存在着一定的局限性，大多成本高，使用范围狭窄，这些都限制了阻尼合金的应用。为了满足当今工业高速化、小型化、轻量化的发展趋势，阻尼合金也应该向多元化的方向发展。通过新材料的研制、材料本身和结构设计相结合、金属材料与高分子材料复合等方法达到最大限度地减振降噪，以增加机械零件寿命，提高仪器仪表精度，改善人们的工作环境。

8.5.2.2 阻尼涂料

阻尼涂料由高分子树脂、无机填料(碳酸钙、二氧化硅、玻璃纤维、玻璃微珠或陶瓷微珠、石墨等)以及助剂(分散剂、固化剂、增塑剂、消泡剂)组成的具有减振、绝热和一定密封性能的特种涂料。早期的阻尼涂料主要由煤焦油沥青、聚氨酯等添加特定的填料制成，此类阻尼涂料含大量的 VOC，对环境污染较重且严重损害施工人员身体，已逐步被淘汰，取而代之的是水性阻尼涂料。水性阻尼涂料由核壳结构的丙烯酸 IPN 乳液、阻尼颜填料、阻燃剂、助剂等组成，主要以水为分散介质，VOC 含量很低，安全环保。根据阻尼涂料作用机理的不同，可分为自由阻尼结构和约束阻尼结构，其中自由阻尼结构是将一层一定厚度的黏弹阻尼材料粘贴于基板表面，当基板产生弯曲振动时，阻尼层随基本层一起振动，在阻尼层内部产生拉压变形而耗能，从而起到减振降噪的作用。较有代表性的自由阻尼涂料如 3101 多功能水性阻尼涂料。约束阻尼结构在阻尼层外侧表面再粘贴一层高模量的弹性层。当阻尼层随基本结构层一起产生弯曲振动而使阻尼层产生拉压变形时，弹性层将起到约束作用而产生剪切形变，从而损耗更多的能量。较有代表性的约束阻尼涂料如 3109 约束阻尼涂料。可广泛地用于飞机、船舶、车辆和各种机械的金属板状结构表面上减振。

阻尼涂料是在交变应力作用下，高分子材料的黏弹性作用使其形变滞后于应力的变化，部分功或机械能以热或其他形式消耗掉，通过产生力学损耗起到阻尼作用。阻尼涂料减振性能主要来自以下材料内部的能量损耗：一是来自于具有黏弹性的聚合物基体材料，既体积较大的侧基和极性侧基的大分子链间相互作用；二是来自均匀分散于聚合物大分子链四周的填料，填料与填料之间、填料与聚合物大分子链之间的相互摩擦引起的材料自身对能量损耗；三是来自于填料和基体之间由于几何形貌不同和成分性能较大差异而导致的界面间较高的剪切应力及应变；四是来自填料和基体之间的未完整结合的区域受应力集中而超过局部强度时材料开裂破坏的能量耗散；五是来自于结构振动弯曲时阻尼涂料受到层间剪切使材料产生较大的应力应变迟滞而耗散的能量；六是来自于约束阻尼结构中产生弯曲振动而使阻尼层产生拉压变形时，弹性层引起的约束作用而产生的剪切形变所损耗的能量。

总之，当薄板发生弯曲振动时，其振动能量能够迅速传递给紧密涂覆于薄板表面的阻尼涂料，从而引起涂料内部组成材料间的相互摩擦和结构滑移，消耗大量振动能量，达到振动衰减的目的，从而也抑制了因结构振动而产生的噪声。

水性阻尼涂料具有很高的复合损耗因子，而生产成本却相对于传统的溶剂型阻尼涂料低；其不受施工基材形状的限制可在形状复杂基面施工，且在干湿界面上均可施工；它属于厚浆型、高固体份涂料，单次成膜厚度大，工艺可采用喷涂、刮涂、滚涂等多种方法进行施工，施工效率高；其黏度高，干燥过程体积收缩率低，不会出现因体积收缩率过大而导致的开裂现象；其阻燃性能好，耐水性、耐候性、耐腐蚀性良好；生产和施工过程中，对环境无污染，符合国家的环保政策法规。水性阻尼涂料的不足之处在于施工厚度过大时，其干燥速度比较缓慢；且自身没有刚度，其减振降噪的效果好坏必然与构件本身的性质有关。

水性阻尼涂料是近些年发展起来的一种减振降噪技术。随着高新科技的发展，对材料阻尼性能的要求也越来越高。研究和开发综合性能优良的高性能的水性阻尼涂料已成为研究的热点，这无论在理论研究和实际应用中都有重要意义。水性阻尼涂料除了正朝着宽温、宽频、功能复合化的方向发展以外，如何提高其干燥速度且拓宽其阻尼温域是我们进一步要研究的重要方向。

8.5.2.3　黏弹性阻尼材料

黏弹性阻尼材料是既具有弹性机理形变又具有黏性机理形变的阻尼材料，一般为高分子聚合物。在聚合物结构中，分子间能够产生相对运动，分子内部的化学单元也能自由旋转，当受到外力时，曲折的分子链会产生拉伸、扭曲等形变，而分子间的链段会产生相对滑移、扭转；

当外力除去后，变形的分子链要恢复原位，分子之间的相对运动也会复原，释放外力而做功，这就是黏弹性材料的弹性。如果分子链间的滑移、扭转不能完全复原而产生了永久性变形，这就是黏弹性材料的黏性。高分子材料在交变应力作用下，链状分子运动要克服阻力需要一定的时间，应变往往滞后于应力的变化。当温度在高聚物的玻璃化温度 T_g 附近时，高聚物处于玻璃态转化区内，在一定的频率范围内这种滞后现象表现得十分明显，滞后的形变运动需要克服较大的阻力从而将外力做的功转化为热能而耗散，从而形成聚合物黏弹性阻尼。在阻尼过程中，拉伸时，聚合物体系通过改变分子链段的构象以及链段运动时的摩擦来消耗外力所做的功；回缩时，链段运动仍需克服链段间的摩擦阻力使伸展的分子链重新蜷曲起来。这样一个拉伸回缩循环中，就将部分振动能转化为热能。黏弹性阻尼材料一般不作为结构材料，通常将其敷设在金属材料表面制备复合阻尼结构，此时由金属材料提供刚度，黏弹性材料提供阻尼，从而增加材料的使用温度范围和频率范围。广泛用于航天、航空、造船、汽车、铁路、纺织、电子、机械等行业。

剪切模量和损耗因子随温度变化的曲线如图 8-24 所示，从图中可以看出，其变化过程存在三个不同区域。

(1)玻璃态区(低温区)：大分子链段运动比较困难，储能模量很高，分子单键只能在外力作用下做较弱的内旋转，主链几乎处于被冻结的状态，机械能不能转化为热能，只能作为位能储存，材料的损耗因子很小，阻尼性能差。

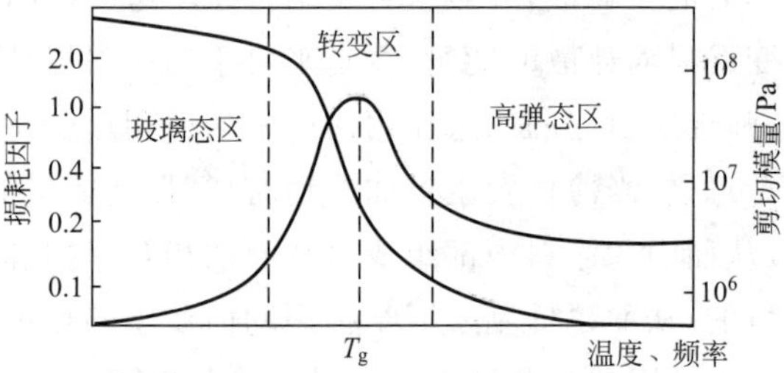

频率不变，温度变化由低温至高温；
温度不变，频率变化由高频至低频

图 8-24 黏弹性材料的剪切模量、损耗因子随温度频率的变化曲线

(2)玻璃态与高弹态间的转变态区：随着温度的升高，分子链“解冻”，分子基团有一定自由度，出现链段运动，但由于分子内部摩擦阻力较大，机械能因分子克服摩擦力转变为热能而损耗，产生材料内耗或阻尼，此区域材料由固体变得柔而有韧性，模量急剧下降，损耗因子可以达到阻尼峰值 η_{max}，η_{max} 的温度为玻璃态转变温度，用 T_g 表示，因此玻璃化转变区是黏弹性阻尼材料的特征工作区。

(3)高弹态区(橡胶态区、高温区)：模量值较小，在 1 MPa 量级，损耗因子中等，材料的模量和损耗因子随温度的变化都很缓慢，大分子链段易运动，随外力作用而伸展或卷曲，但不能吸收足够的机械能，因此材料的阻尼性能未达到最佳。

当材料处于玻璃态区时，材料的损耗因子随着频率的增加而减少；当处于高弹态区时，材料的损耗因子随着频率的增加而增大；当处于转变区的温度时，其损耗因子随着频率的改变出现峰值。在工程上，用于结构减震时所选用的黏弹性材料的使用温度都处于其转变区，因此频率对损耗因子的影响不大。

综上所述，聚合物黏弹性阻尼材料需满足以下条件：材料损耗因子的峰值 η_{max} 要高，峰值温度 T_g 要和材料使用的工作温度相一致；材料损耗因子温度范围要宽，要适应工作环境的变化温度；材料的储能剪切模量或杨氏模量要适当；不易老化，具有与振动构件相适应的工作寿命；具有良好的工艺性、耐油、耐腐蚀、耐高温及较好的阻燃性等。

一般均聚物的玻璃化转变的温度范围比较窄，大致为玻璃化温度（T_g）附近的±10～15 ℃，材料的使用温度范围有限；橡胶类材料的玻璃化转变区大多发生在室温以下；塑料类材料的玻璃化转变区在室温以上。为了研制满足较宽的玻璃化转变区使用要求的黏弹性阻尼材料，通常利用共混方法或化学方法将 T_g 较低和较高的两种聚合物进行复合。共混法主要有溶液、机械共混法等；化学法主要包括嵌段和接枝共聚、互穿网络高聚物（IPN）等方法。

在诸多制备方法中，IPN 技术是当前制备宽温域高效阻尼材料最有发展前景的方法之一，由于其交联网络之间的相互贯穿，一部分内耗来自高聚物分子链弛豫运动；另一部分内耗来自与分子链交联有关的内耗，这部分内耗与频率呈正比关系，交联点之间分子链在交变应力作用下作受迫运动，整体产生强迫相容和协同效应，形成微相分离结构，使互穿聚合物网络（IPN）具有较宽的内耗峰，在很宽的范围内都有阻尼能力。设计中要求综合考虑阻尼材料的形态结构（相容性）、交联度、各组分聚合物的玻璃化转变温度（T_g）和各组分聚合物阻尼能力大小等可能影响黏弹性阻尼材料阻尼性能的因素。

新阻尼理论和新型阻尼材料是高性能阻尼材料的研究方向。目前，实际使用的黏弹性阻尼材料还需要在以下两方面进一步突破：一是大幅度地提高损耗因子；二是大幅度拓展玻璃化转变温度区域。现有的黏弹性阻尼材料属于振动的被动控制技术范畴，不能自动响应外界环境的变化，因此减振效果不够理想。今后应大力开展主动控制技术研究，使阻尼材料智能化、神经网络化，能根据振动环境的变化，实时自动地调节自身的参数。作动器或驱动器是主动阻尼控制技术的核心部分，电流变体、磁流变体等又是制作作动器或驱动器的关键材料，应进行深入的研究。探索将压电材料或压磁材料加入到黏弹性聚合物中，制成减振性能优良的阻尼材料，使机械能转化成电能，再由电能转化成热能，达到阻尼减振的目的。探索在黏弹性基体中嵌入倾斜压电棒，制成了主动压电阻尼复合材料。此外，仿生阻尼材料的研究也受到世人的关注，预计声子晶体亦将在阻尼材料中发挥应有的作用。这些新型阻尼材料的减振原理不能用传统的黏弹性阻尼理论做出解释，需要对其阻尼减振机理、各种因素的影响以及提高阻尼作用的途径等进行深入研究。

8.5.2.4　复合阻尼材料

复合阻尼材料吸收振动能并将其转化为其他形式能量进行耗散，起到减振降噪功能的复合材料。阻尼复合材料大多是利用基体、复合相本身的固有阻尼和复合材料的界面摩擦阻尼而进行减振降噪的。按基体不同分为聚合物基阻尼复合材料、金属基阻尼复合材料和金属-树脂复合材料。聚合物基阻尼复合材料主要由高黏弹性树脂基体与玻璃纤维、高模量芳纶或晶须等增强体组成。黏弹性树脂基体具有内部摩擦特性，在其玻璃化温度附近，交变应力下，链段运动要克服阻力，形变滞后于应力变化，将外力转化为热能而消耗；其增强体能产生界面阻尼，还能限制分子链段运动，增加应力与应变之间的相位滞后，扩大阻尼温度范围。金属基阻尼复合材料是以金属及其合金为基体，与纤维、晶须、颗粒等增强体复合而成。对于金属基体，其阻尼的机制有复相型、界面型、铁磁型和位错型，与增强体复合后，其阻尼性能将得到提高。

金属-树脂复合材料是利用不同材料之间所组成的宏观构造产生耗能，阻尼性能则由黏弹性高聚物的高内耗和金属夹板的约束性来提供。主要包括层压复合钢板和泡沫金属基高阻尼复合材料。层压复合钢板通常是指在两薄钢板之间，夹有 30～100 μm 厚的黏弹性高聚物的夹层复合材料，钢板厚度为 0.15～1.6 mm，该复合材料既具有金属材料的强度又具有良好的阻尼特性。泡沫金属是连通的泡沫材料，用复合浸渗方法将黏弹性树脂沿此通道渗入材料内部就可以制备出以泡沫金属为基体的新型轻质高阻尼复合材料。阻尼复合材料具有高比强度、高比模量、结构可设计性、减振降噪等诸多优点，在兵器工业、体育器材、建筑工程、汽车工业、机械工业、航天航空工业、轮船、冶金等领域应用广泛。

基体内耗、填充体内耗及界面内耗构成了阻尼复合材料的三个主要机制。

1. 基体内耗

(1)聚合物基体的阻尼机制(见 8.5.2.3 节黏弹性阻尼材料)。

(2)金属基体的阻尼机制(见 8.5.2.1 节阻尼合金)。

2. 填充体内耗

阻尼复合材料中的填充体增加了复合材料的应变及损耗能量的能力，这种结构中填充体的分子运动受到了限制，这一限制增加了应力和应变之间的相位滞后，扩大了阻尼温度范围和所需要的玻璃态转变温度。片状填料还能通过增加材料的内摩擦来损耗能量。颗粒状填充体限制了分子长链相互转换过程中的运动，从而增加了能量的转化。粗片状石墨填充的灰铸铁是最早的阻尼复合材料，粗大片状石墨割裂基体，阻止振动能量的传播；石墨的低强度使它极易在相界面上产生弹塑性变形，从而导致能量的消耗。功能性动能填充体本身具有阻尼特性，如压电粒子是利用压电效应实现机械能-电能-热能的转变。

3. 界面内耗

填充体与基体的结合界面是复合材料特有的阻尼源，称为界面阻尼。该阻尼是界面在外加应力的作用下发生相对的微滑移现象，从而消耗振动的能量。界面阻尼在复合材料中起到了微观阻尼器的作用，从而增大了复合材料的阻尼性能。对于金属基复合材料，随着温度的升高，其界面结合将逐渐减弱，界面滑移随温度的升高而加剧，在高温下界面阻尼是金属基复合材料的主要阻尼源。

(1)聚合物基阻尼复合材料：包括黏弹性阻尼复合材料、压电阻尼材料、有机小分子杂化阻尼材料和无机小分子杂化阻尼材料等类型。

① 黏弹性阻尼复合材料是通过物理共混或化学改性等方法在聚合物基体中加入传统填料制备而成，该材料在玻璃化转变区，尤其在 T_g 附近，有非常良好的阻尼性能，不足之处在于远离聚合物基体玻璃化转变温度区域时，其阻尼性能欠佳。宽温域高阻尼的聚合物互穿聚合物网络技术的发展解决了这一问题，其缺点是生产成本较高，周期较长。智能型阻尼材料是为了使阻尼材料的动态力学性能与机构共振、环境温度变化引起的结构振动响应变化相匹配而提出。

② 压电阻尼材料作为智能型阻尼材料，可实现阻尼因子的调控不依赖于聚合物玻璃化转变温度，其阻尼性能取决于聚合物基体与导电填料间振动能-电能-热能的转换率。

③ 有机小分子杂化阻尼材料是将具有一定体积和极性低分子添加剂添加到具有极性侧基的聚合物中，形成高、低分子复合体，复合体内低分子的体积排斥效应，使高分子间的作用力大为减弱，有机多官能团小分子与聚合物极性的侧基之间形成较弱的氢键，从而表现出高的阻尼性能。随着有机小分子杂化体加入量的增加，复合材料的损耗因子和 T_g 都增大。

④ 无机小分子杂化阻尼材料是在聚合物中添加无机填料，无机填料的加入，一方面填料粒子填充了聚合物分子链之间的间隙，使其自由体积减小，限制了大分子的运动，加大应变和应力之间的相对滞后程度，提高 T_g；另一方面，在玻璃化转变区域内，填料/聚合物、填料/填料相互之间产生分子内摩擦，并随分子运动的加速而增大，增加了材料的内摩擦损耗能量，限制了分子长链相互转换过程中的运动，从而增加能量的转换，达到吸声、减振的目的。片状和纤维状填料如云母、石墨、蒙脱土等有利于提高阻尼性能，而其他形状的填料则提高幅度很小。

聚合物基阻尼复合材料的理论研究是改善其性能的关键。需要进一步深入研究聚合物基复合材料阻尼机理，重视聚合物基阻尼复合材料的分子运动与微观结构相结合的研究，不断研制出宽温域高阻尼材料是研究热点和重要方向。

(2)金属基阻尼复合材料：具有密度小、强度和刚度高的特性，是发展高强度、高刚度、高阻尼而密度较小的结构与阻尼功能一体化新型材料的唯一理想选择。一般来说，多数的金属基复合材料都具有比基体合金材料稍好的阻尼性能，其归因于第二相本身的阻尼特性、第二相的加入增加的基体中的位错密度等晶体缺陷和两相结合界面吸收振动能量等。对金属基复合材料阻尼的研究仍处于初期阶段，金属基复合材料的阻尼性能仍处于较低的水平，室温时大多处在低阻尼范围，远不能适应宇航、航空、汽车和尖端武器系统等尖端领域的应用要求。发展具有优异的力学性能和阻尼性能的新型金属基复合材料是人们追求的目标。目前，对金属基阻尼复合材料的研究主要是通过将增强体或增阻体与合金复合，从而获得高阻尼、低密度、高比强度和比刚度等优良的综合性能，其中以铝基复合材料和镁基复合材料研究为主。

提高或改善金属基复合材料的阻尼性能可采用以下三个途径：

① 采用高阻尼基体金属，选择 Zn-A1、Mg-Zr 等阻尼性能好的金属作为制备金属基复合材料的基体，利用 Zn-Al 两相的塑性流动提高阻尼性能。

② 采用高阻尼增强物。一般纤维的弹性模量远大于基体和复合材料的弹性模量，应变能主要集中在纤维上，纤维有利于提高复合材料的阻尼性能；将高阻尼片状石墨加入到 Al 或其他金属基体中大大提高金属基复合材料的阻尼性能。

③ 设计高阻尼界面层。一定厚度的强结合界面层本身的阻尼性能对复合材料的阻尼有极大影响；而弱结合界面层，其内发生的微滑移对复合材料的阻尼做出更多贡献。

(3)树脂-金属基阻尼复合材料：在消耗能量机制上是利用不同材料之间所组成的宏观构造产生能耗，可分为层压复合钢板和泡沫树脂金属基阻尼复合材料两种。层压复合钢板其强度由金属板保证，而阻尼性能则由黏弹性高聚物的高内耗和金属夹板的约束性来提供，当钢板受振后，内部的高聚物阻尼材料在两层钢板中间产生的位移与粘着而形成剪切形变，把机械能、声能转化为热能而消耗。泡沫树脂金属基阻尼复合材料的内耗除了来源于金属和树脂本身外，主要受孔隙结构的影响。该孔隙结构是由三维网络状金属骨架与充填在其中的树脂所组成,泡沫金属骨架与树脂的模量相差极大,当振动应力作用于这一结构时,骨架金属与其两侧的树脂应变量就会相差很大,从而在界面产生内摩擦而使机械能转化为热能;与此同时,在加载和去载过程中骨架金属和树脂相互牵扯使应变产生弛豫,增强了应力和应变之间的相对滞后,从而增大了复合材料的内耗。研究表明,孔隙率的增大和孔径的减小都会使这类复合材料的内耗值增大。

树脂-金属基阻尼复合材料中层压复合钢板是研究的重点,且在实际中也得到较广泛的应用,同时对泡沫金属基高阻尼复合材料的研究也取得一定的进展。

阻尼复合材料从应用的发展和需求来看,主要有以下四方面发展趋势:

① 阻尼材料进一步高性能化。在实际应用中,材料系统所处环境的外界振动条件具有多变复杂化的趋势,这就要求阻尼材料具有宽的阻尼温域范围和宽的应用频率范围,同时要有较高的阻尼值。因此,通过有效的合成方法拓宽阻尼材料温域范围和提高阻尼因子具有重要意义。

② 阻尼-结构一体化进一步加强。聚合物黏弹阻尼材料虽然阻尼损耗因子大,但弹性模量过低,强度刚度差,容易老化,不能独立用作结构材料。结构-阻尼一体化高阻尼材料的研究日趋增多,其中尤其值得提到的是泡沫金属和聚合物黏弹阻尼材料的互补结合使材料不但具有黏弹性材料的阻尼效果,又有金属材料的力学强度。

③ 阻尼-功能一体化进一步加强。根据不同环境工况,研究开发集阻尼、阻燃、导热、导电等多种功能于一体的功能复合阻尼材料。

④ 在提高宽温域高阻尼的同时,环境友好性阻尼材料是必然的发展方向。

8.5.2.5 智能型阻尼材料

智能型阻尼材料是指将自感知、自判断、自适应的智能材料特性应用于阻尼体系,使损耗因子可控的阻尼材料,主要有压电阻尼材料、电流变阻尼材料、形状记忆合金阻尼材料、磁流变体阻尼材料及电致伸缩和磁致伸缩阻尼材料等。智能型阻尼材料应用在高速列车的减振系统、汽车、仪表、机械设备及机器人关节等振动控制中。

1. 压电阻尼材料

压电阻尼材料是在高分子材料中填入压电粒子和导电粒子,将部分机械能转换为电能,再由导电材料按照焦耳楞次定律将电能转换为热能而耗散。当声波或振动能传递到材料的压电相时,压电粒子受到振动力的作用而在材料内部产生交流电压,交流电流在材料内部适当的导电回路中产生热能而耗散,振动能得以衰减。当系统的振动响应增大时,系统中的阻尼减振器承受的压力也增大,因而电荷量增加,更多的振动能被转变为热能耗散掉。因此,这种压电阻尼材料的最大特点是阻尼因子可控,但只能用于兼作承力元件的离散阻尼处理。

最常见的压电阻尼材料是由压电陶瓷填料(如锆钛酸铅 PZT、$Pb(Zr_{1-x}Ti_x)O_3$)、导电碳黑和聚合物(如聚偏二氟乙烯 PVDF、橡胶或环氧树脂等)组成的多相材料,压电陶瓷粒子的平均粒径最好为 3～50 μm,体积分数最好是(40%～80%)。当体积分数超过 80%时,得到的材料太硬,加工性能变差;当体积分数低于 40%时,振动能转换成电能的效率会降低。导电性物质的平均粒径可为压电陶瓷粒子平均粒径的 1/100,即 0.5 μm 以下。

影响压电阻尼材料性能的因素主要有材料功能相的体积分数、功能相的空间尺寸、聚合物基体、成型工艺和极化工艺等。

(1)功能相的体积分数。压电陶瓷相作为功能相，随着体积含量的增加，材料的介电常数、压电常数都会增加，体积含量小于50%时，压电性能很小。

(2)功能相的空间尺寸。相同组分配比的情况下，随纵横比的增加，介电常数减小，压电常数增加，从而使压电阻尼材料的优值增加。

(3)聚合物基体。基体相除起连接作用外，其自身性能参数也影响材料的电学、力学性能，热塑性和极性较强的聚合物基体对压电阻尼材料的介电性和压电性的贡献大于热固性和极性较弱的聚合物基体。

(4)成型工艺。直接影响到材料的微观结构，控制材料内部缺陷。热压成型工艺可以使基体相通过混炼工艺有效地排出其中的气孔；胶体工艺可以使材料承受更高的极化电场，使其压电性得到提高。

(5)极化工艺。极化是使材料具有压电性能的关键工序，通过在压电阻尼材料的两端施加足够强的电场，迫使内部压电陶瓷的电畴沿电场方向取向和压电聚合物发生极化定向排列，选择合适的极化温度、极化场强度和极化时间可以使材料的压电性能达到最优值。

压电阻尼材料的减振机理不是基于高聚物的黏弹性阻尼，即不依赖于聚合物基体的玻璃化转变，因此不受环境温度和振动频率的限制，大大拓展了应用范围。这类阻尼材料的减振能力是以压电效应为主的几种耗能途径的综合，有希望获得减振效果更加优异的阻尼材料。微粒的填充配以适当的基体材料，使这类减振材料不仅具有较理想的减振能力，而且可作为结构材料或与结构材料一起使用。通过调整导电填料的含量来调整材料的电阻，使之与振动频率相匹配，因此应用于不同频段的减振材料都有较理想的减振效果。

为了提高材料的减振效果，一般需要加大压电陶瓷的体积含量，但同时也增大了材料的脆性和密度；压电陶瓷与高分子基体材料的刚度相差较大，应力传递欠佳，会影响体系的机电转换效率。这些问题的存在，正是今后压电阻尼材料的研究方向。压电阻尼材料的应用前景非常广阔，已经在传感器和驱动装置领域得到了广泛的应用。典型的应用还包括医疗器械、光、计算机、超声、水听器、电声换能器等。

2. 电流变阻尼材料

电流变液是由纳米至微米尺度的介电颗粒与绝缘液体混合而成的复杂流体，按其体系结构可分为粒子分散型和均一溶液型两大类，粒子分散型电流变液是指粒径在0.1～10 μm范围内的固体粒子在分散介质(如氯化石蜡油、硅油等绝缘油类)中所形成的悬浮式分散液，均一溶液型电流变液是指一些强极性有机及高分子聚合物溶液。其特点是可通过外加电场而使液体中的固体颗粒极化，极化颗粒通过相互间的静电作用排列成三维链状结构而使流体的表观黏度增大。链状结构的力学强度随电场的增大而增加，从而使电流变体的表观黏度依电场强度不同而不同。由此，可以通过调节电场强度而在毫秒级的时间内可逆、连续地改变电流变体的黏度，使其呈现为流体、半固体、甚至固体状态，其阻尼损耗因子可由0急剧增至15～18。在以电流变体制作阻尼器中，外加振动能量通过电流变体传递时，将因克服流体黏度造成的阻力而被消耗。该结构的振动响应传递给微机系统，微机系统对所需的外加电场发出指令，通过控制外加电场调节电流变体的黏度便可控制其对能量的衰减。

电流变液的工作模式主要有剪切模式、流动模式和混合模式等三种，如图 8-25 所示。

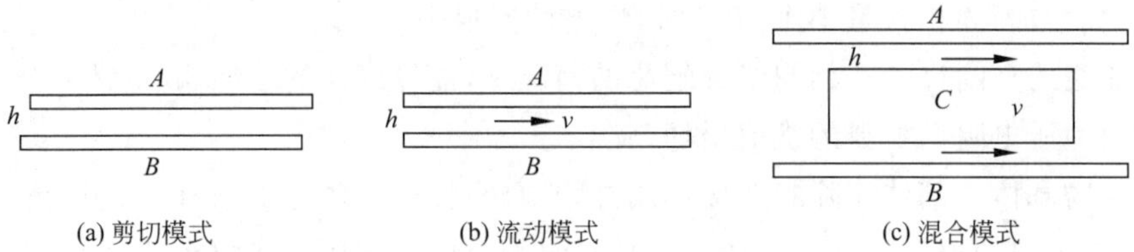

图 8-25　工作模式示意图

剪切模式如图 8-25(a)所示。A、B 为大小相同的两极板，一个固定，一个运动，极板之间的距离为 h，极板的面积为 S，极板之间充满电流变液体，当极板 A 沿着垂直于电场方向运动且极板 B 固定时，电流变液体在极板表面的黏性摩擦剪切效应即产生阻尼。极板间的电流变液体的黏度或者电致屈服应力在外加电场的控制下会在一定范围内无级变化，从而实现对阻尼的有效控制。当 A 极板以速度 v 运动时，两极板间电流变液速度是沿着高度方向线性化的分布，电流变液体的剪切速率为：$\dot{v}=\dfrac{v}{h}$，两极板之间由于电流变液体产生的阻尼：$F_v=S\tau$，其中，τ 为电流变液体在外加电场 E 作用下的剪切应力，$\tau=\tau_E+\eta_0\dot{v}$。于是得到两极板克服电流变液体的黏性所产生的阻尼力 F_v 与滑动极板速度 v 的关系为：$F_v=A\left(\tau_E+\eta_0\dfrac{v}{h}\right)$。理论计算表明，利用电流变液体的剪切模式所产生的阻尼相对较小，这种工作模式主要应用于可以设计成多层结构的电流变阻尼，在实际应用中有设计多筒状车用电流变离合器和电流变风扇离合器等案例。

流动模式如图 8-25(b)所示。两极板 A、B 保持固定不动，电流变液体以速度 v 在两极板之间的缝隙中流动，同时调整两极板之间的电场强度以改变液体的黏度，从而产生压力差，再利用转换机构将压力差转化为力或力矩，作为控制力施加于振动体上来抑制振动，从而实现控制电场强度来产生可控阻尼。

复合模式如图 8-25(c)所示。电流变液体的复合工作模式是将剪切模式与流动模式复合于一体，电流变液体在 A 与 C 以及 B 与 C 之间流动，C 模块以某一速度 v 运动。在图 8-25(a)中，电流变液体若是流动的，电流变液体的工作方式也是复合模式。

基于以上工作模式，电流变技术在结构振动控制领域的应用，主要可归结为两大类：

(1)将电流变液直接充填于结构内，形成含有电流变液的夹层结构，按照一定的控制律对外加电场的调节，来控制阻尼和附加刚度的变化，从而控制结构的振动。这类应用中电流变液在结构中的充填分布形式受到了实际结构的许多限制。

(2)在结构中设计可控的电流变阻尼器，对结构振动进行半主动或主动的控制，按照相应的控制律控制阻尼器的外加电场，实现对结构振动的有效控制。

电流变液实现在减振工程中的应用，仍存在诸多基础理论和应用技术问题需要解决：一是电流变流体在非电场下的黏度过高，有电场下的屈服强度不够，不能够传输足够的力矩；二是在离合器和减振器中，都存在由于磨损、吸收冲击热量，导致电流变体温度升高的问题；三是电流变流体的悬浮颗粒易发生凝聚、沉降、分层，放置一段时间后，屈服应力会大幅下降，稳定性有待提高；四是支持电流变器件的辅助装置在信号传感器，体积小、重量轻的可调高压电源等方面性能均有待提高。随着这些问题的解决，电流变液的剪切屈服应力和表观黏度可随外加电场改变的特性使得电流变液成为一种理想的可控阻尼介质。利用这种特性，可以设计出具有特定结构形式的电流变阻尼器件，用于结构减振和振动抑制，已成为振动控制工程领域的一个热点方向。

3. 形状记忆合金阻尼材料

形状记忆合金阻尼材料具有极高的阻尼性，其阻尼比（层合材料中总能量耗散与子层板存储能量的比值）可达到 40 以上。在特定的预应变、振幅以及温度下，存在一个临界频率值，高于该临界频率，阻尼较小且趋于稳定值；低于该临界频率值，随着频率的减小阻尼增大。当频率固定时，对应不同的预应变，相应存在一个临界振幅值；当振幅小于该临界值时，阻尼随振幅的增大而显著增大；当振幅大于该临界值时，随振幅的增大，阻尼仅有很缓慢的增大趋势。对于某一固定频率，同一振动幅值在一定范围内，预应变越大，其阻尼也越大，这说明适当地预紧，可大大提高材料的阻尼，这是其他材料所不具有的。

当温度大于或等于奥氏体相变结束的温度且材料处于塑性变形时，继续加载会引起马氏体正相变，应力卸载时马氏体逆相变回到原来的奥氏体状态，变形也随着马氏体逆相变而消失，应力应变表现出明显的非线性关系，这一特征称为形状记忆合金的超弹性效应。

如图 8-26 所示。应力作用下形状记忆合金在 *OA* 段发生弹性变形，材料完全处于奥氏体状态；*A* 点开始材料由奥氏体向马氏体转变，应力-应变曲线的斜率很小（*AB* 段），加载到 *B* 点时，材料完全处于马氏体状态；继续加载，形状记忆合金会进入硬化阶段（*BC* 段），重新出现弹性变形。卸载时，形状记忆合金由 *C* 点按弹性变形恢复到 *D* 点；*D* 点后马氏体恢复转变为奥氏体（*DE* 段）；最后通过奥氏体状态的弹性卸载恢到原点（*EO* 段）。加载、卸载一个循环中，形状记忆合金的应力—应变曲线形成了一个完整的闭合曲线，表现出很好的耗能性能。

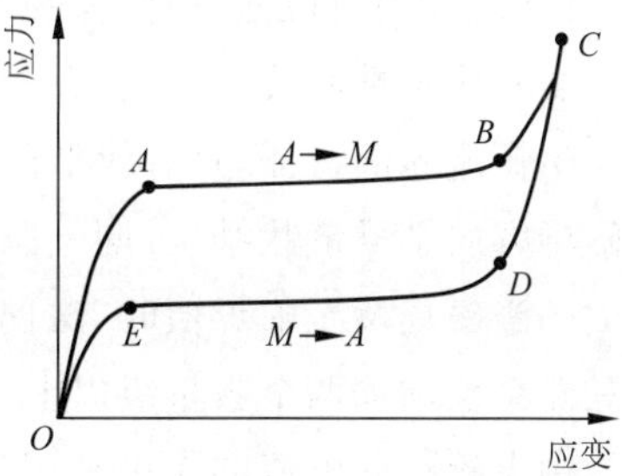

图 8-26　形状记忆合金的应力-应变关系曲线

马氏体变体相互邻接生长，任一马氏体变体在其他变体的应力场中形成时，所导致的相变应变相互抵消，这就是马氏体相变的自协调现象，该自协调和马氏体中形成的各种界面（孪晶面、相界面、变体界面等）的滞弹性迁移导致形状记忆合金会吸收能量。在马氏体相变过程中，由于马氏体的成核与生长，材料对振动能量的吸收会逐渐增加，即内耗峰的大小与振动一周内形成马氏体量的多少成正比。因此，形状记忆合金材料在相变过程中的阻尼要比母相奥氏体状态时大得多，其损耗因子可达 10^{-1} 数量级，而普通金属如钢和铝的耗散因子大约只有 0.005 左右。研究表明，处于母相和马氏体相混合状态时，形状记忆合金材料的阻尼最大，完全马氏体状态时次之，而母相状态时材料阻尼最小。

形状记忆合金超弹性阻尼用于工程结构耗能减振有以下特点：

(1)超弹性温度区间大约在－10～50 ℃,可以满足工程应用的要求,阻尼性能对温度的敏感性均小于现有耗能减振工程结构中的其他阻尼材料。

(2)加载频率会导致应变速率的提高,由热量的散发引起温度的升高,可能导致单位循环耗能和等效阻尼比有所降低,但在工程结构常用的频率范围(0.2～4 Hz)基本保持稳定。

(3)随着循环次数的增多,形状记忆合金的超弹性耗能作用略有下降,但在数个循环周期以后,基本趋于稳定。在工程实践中,为了获得稳定的超弹性耗能行为,需要预先对减振装置中的形状记忆合金耗能元件进行测试。

(4)通过施加预应变,形状记忆合金的超弹性阻尼性能大为改善,由此可以开发出多种形式的超弹性耗能减振装置,用于工程结构振动控制。

形状记忆合金材料虽然具有上述优点,但因利用它的形状记忆效应时需要加热,限制了它的工作范围,一般只能用于 10 Hz 以下的振动响应控制;长期使用后,由于材料本身会产生蠕变,工作稳定性欠佳;由于材料本身的电阻不大,采用电加热方式激励形状记忆合金材料时就需要较大的电流和较粗的导线;温度过高会影响它的记忆性能,一般只有在 40 ℃左右才呈现超弹性。这些缺点限制了形状记忆合金材料的应用。以形状记忆合金作为阻尼材料主要有 Mn-Cu 系合金和 Ti-Ni 合金等,这类材料具有较高的阻尼特性,但由于它们多是有色金属,材料较昂贵,加工工艺也较复杂,今后的发展趋势仍将是原材料低廉的 Mg 基、Al 基和 Fe 基合金材料。

4. 磁流变体阻尼材料

磁流变液材料是磁场可控的智能材料,通常由微米级的磁性颗粒(含铁钴镍元素的颗粒或其合金)、非磁性载液(水或各种油类物质)和添加剂构成。在没有外部磁场作用时,磁流变体符合牛顿流体的特征,具有较低的黏度。当磁流变液受到磁场作用时,磁性微粒克服热运动而沿磁场方向结成链状结构,同一条极化链中各相邻粒子间的吸引力随外加磁场强度的增强而增大。当磁场增至临界值时,磁偶极子的相互作用超过热运动,则磁性微粒热运动受缚,其表观黏滞系数增加两个数量级以上,此时磁流变液呈现固体特性,而磁场去掉时又变成液体。通过控制电磁线圈电流的大小来调整磁场强度进而改变磁流变液的黏度,实现阻尼可调的目的。

根据极板和液体的不同组装方式,磁流变液可以分为三种基本工作模式:剪切模式、流动模式和挤压模式。剪切模式是指磁流变液体在可移动磁极的作用下通过可控磁场,磁极移动方向与磁场方向相互垂直,该系统通常为高浓度磁流变液,效率不高,需要大表面积接触或多层磁阻液来产生大的力或扭矩,流速模式简单,可用于离合器、制动器、锁紧装置和阻尼器等器件。流动模式是指磁流变液体在压力作用下通过固定的极板,流动的方向与磁场方向垂直,通过改变励磁线圈的电流控制流过的磁流变液黏度变化,通常为低浓度磁流变液,效率高。如果采用大活塞面积可获得大的可控力,流速模式较复杂,该模式可用于伺服控制阀、阻尼器和减振器等。挤压模式是指磁极移动方向与磁场方向相同,磁流变体在磁极压力作用下向四周流动,磁场方向与磁流变液体流动方向垂直,通常为中、低浓度磁流变液,流速模式复杂。挤压模式下的磁极移动位移较小,磁流变液体产生的阻尼力较大,可应用于小位移大阻尼力的磁流变隔振器等，相对于流动模式和剪切模式，挤压模式的研究相对较少。

磁流变液阻尼材料的特点：①具有连续性，阻尼力可以通过控制磁场的大小进行调节；②具有可逆性，去掉磁场磁流变液由具有一定剪切强度的黏塑性体恢复为自由流动的液体状态；③具有毫秒级时间的响应速度。磁流变液因其响应速度快、调节范围宽、结构简单等独特的优势，在振动控制等众多领域有极大的发展前景，能有效地减小实际应用中的各种振动对建筑、汽车、航空航天等领域的损害。

5. 电致伸缩和磁致伸缩阻尼材料

当电致伸缩材料和磁致伸缩材料处于电场或磁场作用下时，其长度发生变化而发生位移做功。或者，在交变电场或磁场作用下反复伸张和缩短，产生机械振动或声波，这种材料可将电磁能转换成机械能或声能，反之也能将机械能转换成电磁能，从而实现其机械能或声能与电磁能的转化，再由材料的伸长或缩短产生弹性变形，起到阻尼效果。

电致伸缩是在电场中沿外电场方向极化而改变尺寸的现象，材料总体上沿电场方向伸长，而垂直电场方向上缩短，电介质晶体在外电场作用下应变与电场的一般关系式为：

$$S = d \cdot E + M \cdot E^2$$

式中，E 为电场强度；第一项为逆压电效应，d 为压电系数；第二项为电致伸缩效应，M 为电极伸缩系数。由电场诱导极化而引起的形变与电场平方成正比。产生这一现象或者因为原子由球状变为椭球状，或者因为离子之间键长的改变，或者因为永久偶极取向的偏移。电致伸缩的逆现象为介电体的尺寸受力变化时，其总的极化强度会发生变化，即表现为电极化而产生一个电压或电场。电致伸缩效应几乎在所用的电介质中都具有，不论是非压电晶体还是压电晶体，一些聚氨基甲酸乙酯类的高分子聚合物以及钙钛矿类陶瓷材料都具有本类性质，这些材料可以通过施加电场而引起很大的变形。电致伸缩效应一般很微弱，但对于一些铁电材料而言，当温度高于居里点时，具有非常大的电致伸缩效应。如果在一电介质物体两端表面间加上交变电压，而且其频率与物体的固有频率相同，它将发生机械共振。

电致伸缩效应的优点在于它的电场——应变关系非常稳定，不会随时间以及电场的反复循环发生变化。当受到外界干扰时，材料本身会诱发产生电场，从而诱导其产生弹性形变。在体材料内，电致伸缩效应就如同微小的“弹簧”，可以被电诱变表现出类似弹簧的阻尼性能。

铁磁材料在外磁场作用下，其体内自发磁化形成的各个磁畴的磁化方向均转向外磁场的方向，并成规则排列而磁化。材料磁化时，其磁性物质将会随着磁场的变化而发生几何尺寸的改变，从而在宏观上表现出伸长和缩短，对外表现出位移和力而做功，从而实现电磁能向机械能的转化。这种由磁作用而产生的伸缩现象称为正磁致伸缩效应；反之，磁化的铁磁体，在机械应力作用下产生应变时，其磁畴的结构也会发生变化，使材料体内的磁通密度（磁感应强度）发生变化，称为逆磁致伸缩效应。可见，磁致伸缩材料和电致伸缩材料（压电材料）一样，也是双向可逆的换能材料。

磁致伸缩材料有多种，经常选用的主要有纯镍（Ni）、含 68％Ni 的铁镍合金（俗称“68％坡莫合金”）以及含 13％A1 的铁铝磁性合金。因为它们有较高的饱和磁致伸缩系数，即当磁化饱和时，材料沿磁化方向的伸缩比有确定值，称为材料的饱和磁致伸缩系数，用 ε_s 表示，$\varepsilon_s=$

$(\Delta l/l_0)_s$，其值为$(30\sim35)\times10^{-6}$。除上述晶体磁性材料外，还可选用富铁的非晶态磁性材料，常用的有$Fe_{81}Si_4C_1$、$Fe_{78}MO_2B_{20}$和$Fe_{40}Ni_{40}P_{14}B_6$等。它们不仅有较高的磁致伸缩系数，而且机磁耦合系数也比晶态磁性材料的大。还有一种引人注目的超磁致伸缩材料，它是含有稀土元素铽(Tb)的镝铽铁合金($Dy_{0.7}Tb_{0.3}Fe_2$)，俗称 Terfenol-D。在磁场作用下的伸缩量是其他磁致伸缩材料伸缩量的 40 倍，即$\varepsilon_s=1\ 400\times10^{-6}$的形变，并且有较快的响应速度。

磁致伸缩效应主要表现为下面的两种方式：一是在磁化过程中材料线度的变化，并用线磁致伸缩系数λ来衡量材料的线度变化能力，$\lambda=\Delta l/l_0$ 其中，Δl 表示材料的长度变化值；l 表示磁致伸缩材料的起始长度。二是在磁化过程中材料体积的变化，并用体磁致伸缩系数ω来表示其变化能力，$\omega=\Delta V/V$。其中ΔV表示材料的体积变化值；V表示材料的原始体积。体磁致伸缩系数ω相对线磁致伸缩系数λ非常小，大量的研究和实际应用主要指线磁致伸缩。

磁致伸缩材料因其特殊性能成为精密致动器、智能传感器、换能器等器件的核心材料。当它受到外加磁场作用时，便会产生弹性变形；若对其施加作用力，则其形成的磁场将会发生相应的变化，即当材料受到振动时，磁致伸缩材料首先将受到的机械能转化为磁场能，再通过基体产生的弹性形变以热能的形式耗散掉，从而实现其机械能—磁场能—热能的转化，起到减振消音的阻尼效果。

基于磁致伸缩材料的半主动摩擦阻尼器主要由一对或多对摩擦片，以及受摩擦片紧固螺栓所约束的磁致伸缩驱动器等组成。其工作机理为：磁致伸缩材料在磁场作用下发生伸缩形变，约束材料的形变就会产生作用在摩擦面上的反力，即正压力。通过调节输入电流改变驱动磁场，可以调节磁致伸缩材料的变形，从而达到控制驱动器的输出力和阻尼器的阻尼力的目的。

传统磁致伸缩材料逐渐表现出其磁致伸缩量小等缺点，开发出具有更大磁致伸缩效应的材料以及提高磁致伸缩材料应用范围一直是人们追求的目标。和传统磁致伸缩材料相比，超磁致伸缩材料具有下列优点：磁致伸缩应变大；磁致伸缩应变时产生的推力很大，能量转换效率高，其弹性模量随磁场而变化，可调控；响应时间短；频率特性好，工作频带宽；稳定性好、可靠性高，其磁致伸缩性能不随时间而变化；无疲劳、无过热失效问题。它是重要的能量与信息转换功能材料，它在声纳的水声换能器技术、电声换能器技术、海洋探测与开发技术、微位移驱动、减振与防振、减噪与防噪系统、智能机翼、机器人、自动化技术、燃油喷射技术、阀门、泵、波动采油等高技术领域有广泛的应用前景。

智能阻尼材料已在阻尼材料领域表现出独特的优势和广阔的应用前景。随着科学技术的发展，在未来的研究工作中，对智能阻尼材料的研究将主要包括智能阻尼材料性能的增强、加工性能的改善、智能材料基体的改进以及材料使用温度范围的拓宽等。自然界广泛存在的光、电、热、磁等都可能成为研制智能材料的基础。聚合物品种的不断开发以及其性能的不断改进，也进一步促进了智能阻尼材料的发展。

8.6 抗电磁波材料

电磁辐射危害的一般规律是随着电磁波频率的升高，生物学活性随之递增。就频率对生物学活性而言，微波＞超短波＞短波＞中波＞长波，危害程度与频率成正比关系。电磁辐射对生物体的作用机制，大体可分为热效应和非热效应两种。

(1)热效应：生物体属有机电介质，生物体体液属电解质溶液。在电磁场作用下，首先，生物体非极性分子的正负电荷分别朝相反的方向运动，使分子极化成偶极子，偶极子发生重新排列，称偶极子取向作用。由于电磁场方向变化极快，致使偶极子取向也极快，偶极子与周围分子发生剧烈碰撞和摩擦，消耗了电磁能而转化为大量的热能；其次，体液电解质离子因受到电场力和洛伦兹力作用而发生周期性的位置变化，当运动频率很高时将在其平衡位置振动，这能使电解质溶液发热；再次，生物体体液为电导体，在不同程度上具有闭合回路特性，在电磁场作用下可产生局部性的感生电流而导致生热。当电磁场的强度超过一定量值时，将使人体体温或局部组织温度急剧升高，破坏热平衡而危害健康。

(2)非热效应：人体的器官和组织都存在微弱的电磁场，它们是稳定和有序的，一旦受到外界电磁场的干扰，会产生振荡，处于平衡状态的微弱电磁场即将遭到破坏，从有序变得无序。人体受到长时间电磁辐射时，即使人体的温度没有明显升高，仍会引起人体的细胞膜共振，出现膜电位改变，使细胞活动能力受限。

8.6.1　电磁波屏蔽材料

电磁波屏蔽材料是指能屏蔽电磁波干扰的材料。电磁波屏蔽材料利用低电阻导体材料对电磁能流的反射和引导作用，在导体材料内产生与源电磁场相反的电流和磁极化，从而减弱源电磁场的辐射。电磁波传播到电磁屏蔽表面有三种机理进行衰减：一是在入射表面的反射衰减；二是未被反射而进入屏蔽体的电磁波被材料吸收的衰减；三是在屏蔽体内部的多次反射衰减。屏蔽材料主要有金属混编织物、金属纤维混纺和纯纺织物、化学镀金属织物、金属涂层织物，广泛应用于军事、通信、医学、工业和家庭等方面。电磁屏蔽材料应用类型分为电磁屏蔽涂料、电磁屏蔽织物和电磁屏蔽塑料。

屏蔽材料对空间某点的屏蔽效果用屏蔽效能 SE(单位为 dB)表示：

$$\mathrm{SE}=20\lg E_0/E_1 \quad \text{或} \quad \mathrm{SE}=20\lg H_0/H_1$$

式中：E_0、H_0——无屏蔽时某点的电场强度或磁场强度；

E_1、H_1——安放屏蔽体后同一点的电场强度或磁场强度。

电磁波传播到屏蔽材料表面时，通常通过三种方式进行衰减。电磁波通过屏蔽材料表面时由阻抗突变引起的电磁波的反射损耗(R)、电磁波在屏蔽材料内部传输时电磁能量被吸收的损耗(A)、电磁波在屏蔽材料的两个界面间多次反射时需考虑的多次反射修正系数(B)，用公式表示为

$$\mathrm{SE}=R+A+B$$

式中，吸收损耗

$$A=1.314d(f\mu_{\mathrm{f}}\sigma_{\mathrm{f}})^{1/2}$$

电磁波单次反射衰减(远场源)

$$R=168-10\lg(f\mu_{\mathrm{r}}/\sigma_{\mathrm{r}})$$

多次反射修正系数

$$B=20\lg(1-e^{-2d/\delta})$$

式中：d 为屏蔽材料的厚度，cm；f 为电磁波频率，Hz；σ_f 为屏蔽材料相对电导率；σ_r 为反射材料相对电导率；μ_f 为屏蔽材料的相对磁导率；μ_r 为反射材料相对磁导率；δ 为趋肤深度，cm，$\delta=(\pi\mu\sigma_f)^{-1/2}$。

吸收损耗 A 是导体材料中的电偶极子或磁偶极子与电磁场作用的结果。由于吸收损耗 A 发生在屏蔽体内，它与波的类型（电场波或磁场波）无关，只与屏蔽层的厚度、频率、电导率及磁导率有关。d、f、μ_f、σ_f 越大，A 值越大。因此，具有较大磁导率的镍-铁-钼超导磁合金和镍-铁高导磁合金具有良好的吸收电磁波的性能。多层材料叠加增加磁导率，因此材料越厚，A 值也就越大。

反射损耗 R 是由于空间阻抗和屏蔽层的固有阻抗之间不匹配而引起的，是导体材料中的带电粒子（自由电子或空穴）与电磁场相互作用的结果，其大小与 μ_f/σ_r 的大小有关。具有越高的电导率或越低的磁导率的材料，反射损耗越大，因此，金、银、铜等金属都是电磁波的良反射体。反射损耗不仅与材料的表面阻抗有关，也与辐射源的类型及屏蔽体到辐射源的距离（D）有关。对于近场源磁场波：

$$R=20\lg\{[1.173(\mu_r/\sigma_r f)^{1/2}/D]+0.0535D(f\sigma_f/\mu_f)^{1/2}+0.354\}$$

对于近场源电场波：

$$R=362-20\lg[(f\mu_r/\sigma_r)^{1/2}D]$$

由于透射波通过内部衰减后，又碰到屏蔽层的另一侧，在这个侧面上又进行反射和透射，反射波再次通过内部，如此进行多次的反复反射，使能量迅速衰减。对于高频，当 d/δ 或 A 很大时，多重反射损耗趋于 0，可忽略不计。而对于低频，由于 d/δ 或 A 很小，应考虑多重反射。通常对于 $A>10$ dB 时，多重反射损耗可以忽略。反射回来的电磁波要求尽可能小，因而研究高吸收低反射的电磁屏蔽材料是人们追求的方向。但可能很难找到一种单一的材料，同时满足 $\mu_r\sigma_r$ 乘积大而 μ_r/σ_r 比值小。因此，高吸收低反射的电磁屏蔽材料的研究成了电磁屏蔽材料界的难点。

电磁波屏蔽材料主要包括导电涂料、金属敷层屏蔽材料、本征型导电高分子材料和填充复合型屏蔽材料 4 大类。导电涂料主要是在合成树脂基体上引入导电填料进行涂覆形成的固化膜。金属敷层屏蔽材料是利用金属熔融喷射、非电解电镀和贴金属箔等方法使材料表面获得薄的导电金属层。本征型导电高分子材料是由具有共轭 π 键的聚合物，经化学或电化学“掺杂”后形成导电，导电性显示强烈的各向异性，通过大分子 π 键电子云交叠形成导带，共轭分子键的方向就是导电方向。填充复合型屏蔽材料是由电绝缘性较好的合成树脂和具有优良导电性能的填料构成，经注射、注塑或挤出成型等方法加工成各种电磁波屏蔽材料。

银系导电涂料是最早开发的电磁波屏蔽涂料之一，银系涂料的稳定性和导电性良好，但银价格高。镍系导电涂料屏蔽效果好，价格适中，抗氧化性好，为电磁屏蔽导电涂料研究的主流。

铜系涂料导电性能好，价格低，但抗氧化性较差。水溶性铜导电涂料抗氧化措施主要有：采用化学镀、真空蒸镀等方法在铜粉表面镀覆银、镍、锌等惰性金属；将胺、酚、醛等含有活泼氢的物质用于涂料使铜粉表面的氧化亚铜、氧化铜还原为铜；用有机胺、有机硅、有机钛、有机磷等抗氧剂对铜粉进行处理；将硅烷偶联剂等加入涂料促使铜粉表面的羟基缩合而形成网状结构，将铜粉包裹以隔绝空气和水分与铜粉表面的接触。石墨和碳黑等碳素系导电涂料需要用高电导性和高结构性的碳黑作填料才能使体积电阻降至 $10^{-2}\ \Omega \cdot cm$ 以下，与金属涂料相比，导电性相对较差，但该系涂料具有耐环境性好、密度小、抗静电、价格低等优点。电磁屏蔽涂料的水性化是导电涂料发展的一种必然趋势，然而现有的绝大多数水性涂料却难以满足其高要求。如何防止涂料中的金属填料的氧化是水溶性电磁屏蔽涂料的关键技术问题。目前，水性涂料在耐水性、硬度、附着力等性能指标上还赶不上溶剂型涂料。因此，如何提高水性导电涂料的综合性能也是重要的研究课题。通过掺杂和纳米改性等技术工艺，研究低成本、宽频带、高性能、多功能导电复合涂料是未来发展的一个主要方向。

电磁屏蔽塑料可分为表层导电型屏蔽塑料和填充型屏蔽塑料。表层导电型屏蔽塑料是利用贴金属箔、金属熔融喷射和非电解电镀等方法在塑料表面获得很薄的金属层，其导电性好，屏蔽效果佳，但其金属箔复合层或镀层在使用和加工过程中容易剥离，使用较少。填充型复合屏蔽塑料是由导电填料和合成树脂通过混炼造粒，并采用注射成型、挤压成型或压塑成型等方法制得，性能稳定，使用较多。导电填料一般有金属粉、金属纤维、碳黑、碳纤维、导电玻璃纤维及一些高分子纤维(PAN 纤维，聚苯胺纤维等)等。碳黑成本低，分散性好，但填充量要求高(至少 20%～40%)，力学性能受影响。碳纤维长径比大，易形成导电网络，且具有高强度、高模量、化学稳定性能好等优点，为进一步提高其导电性，需在其表面镀一层金属膜。金属导电纤维有铜纤维、镍纤维、铁纤维或不锈钢纤维等，借助微振动切割技术制得的黄铜纤维价格低，填充量少。铁纤维填充塑料是新开发的一个品种，其综合性能良好，成型加工性好。不锈钢纤维耐磨、耐腐蚀、抗氧化且导电性好，弯曲强度高，但价格较贵。由于金属纤维一般较难加工，所以常用表面镀金属的碳纤维代替纯金属纤维。

从电磁屏蔽材料的研究现状和发展趋势来看，其未来的发展方向为成本低、无污染、轻质耐用、屏蔽频带宽、综合性能的新型屏蔽材料。

屏蔽材料的非晶化和纳米化。纳米材料的表面效应和体积效应，使其具有特殊的抗紫外线、抗老化、抗菌消臭以及良好的导电性能和电磁屏蔽效应，将其与纺织原料进行复合可以制备各种具有电磁屏蔽功能的纤维。非晶态合金材料具有高强度、高硬度、高延展性等力学性能，耐腐蚀性好，且具有较好的催化及储氢特性，抗辐照能力强，可以形成一系列性能优良的软磁材料。

导电填料的复合化。未来的导电填料既导电又导磁，以此制备的电磁屏蔽材料不仅反射电磁波还能高效吸收电磁波，改变传统屏蔽材料强反射、低衰减的现象，有效避免电磁波的二次干扰。镀金属玻璃纤维的强度高、导电性好、易成型、成本低，具有很好的应用前景。玻璃纤维/Cu/Ni-Cu-P 采用双镀层结构，把 Cu 的高电导性和 Ni-Cu-P 镀层优良的抗氧化性及热稳定性结合起来，因而具有良好的导电性、抗氧化性和热稳定性。导电玻璃纤维可以作成不同形式的屏蔽材料,如导电填料、板材、导电玻璃纤维纸等。

本征型导电高分子主要通过掺杂和去掺杂的研究进一步提高电导率和环境稳定性,使其技术实用化,从而能够大规模应用。例如,将有机组分和无机组分在纳米尺寸上相组合,制得各种性质独特的杂化材料等。导电填料的水性涂料的开发以提高导电填料在聚合物基体中的分散性为方向。研究功能与结构相结合的智能型屏蔽材料,使屏蔽材料既能屏蔽电磁波,也能作为承重的结构材料。

8.6.1.1 电磁屏蔽织物

电磁屏蔽织物是指能够吸收或减弱电磁辐射的织物,主要利用屏蔽体对外部干扰电磁波和内部电磁波起着吸收能量(涡流损耗)、反射能量(电磁波在屏蔽体上的界面反射)和抵消能量(电磁感应在屏蔽层上产生反向电磁场,可抵消部分干扰电磁波)的作用。根据电磁波屏蔽的机制可以将屏蔽织物分为反射型、吸收型和反射吸收型。①反射型是当电磁波到达屏蔽体表面时,由于空气与金属的交界面上阻抗的不连续,对入射波产生反射。②吸收型是未被表面反射掉而进入屏蔽体的能量,在体内向前传播的过程中,被屏蔽材料所衰减。③反射吸收型是在屏蔽体内尚未衰减掉的剩余能量,传到材料的另一表面时,遇到金属-空气阻抗不连续交界面,再次反射,并重新返回屏蔽体内。常用的电磁屏蔽织物有表面镀金属屏蔽织物、涂层屏蔽织物、贴金属箔织物、导电纤维混纺织物、多离子电磁屏蔽织物等。电磁屏蔽织物广泛应用于军事、通信、医学、工业和家庭等方面,防止电磁波对人体的危害和对仪器设备的干扰与破坏,也可应用于军队保密、伪装等领域。

电磁屏蔽织物对电磁波的衰减原理如图 8-27所示。

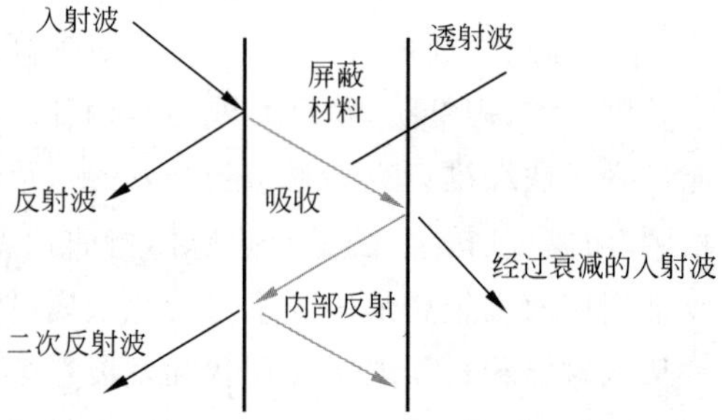

图 8-27 电磁屏蔽织物对电磁波的衰减原理

金属长丝/短纤维屏蔽织物通常是将具有屏蔽效果的金属纤维在织物内部的经纬方向上形成金属网格。当金属纤维之间的距离小于 $\lambda/10 \sim \lambda/100$ 时,电磁波透射现象和衍射现象就明显减少,因此织物的紧密度越大,电磁屏蔽效果越好。这类织物的屏蔽方式是反射和吸收,在织物的表面形成反射,与此同时织物表面自由电子在交变磁场的作用下感应形成感生涡流,导致吸收损耗。由于导电材料的电阻越小,形成的感应涡流就越大,释放的热能越多,因此应选择导电性能强的材料作为织物的导电材料,才能使得设计的织物的屏蔽性能更好。例如,不锈钢长丝/短纤维电磁屏蔽织物所采用的纱线是由 2 根或 2 根以上直径 $\Phi = 15 \sim 25\ \mu m$ 的不锈钢金属长丝和短纤维混纺制成。在纱线中,不锈钢金属长丝均匀分布在纱线内部,短纤维与金属丝相互包裹并形成内外多重结构;金属长丝之间相互分散分布,形成螺旋状立体空间结构;纱线的交织使金属丝在织物内部形成较大的金属网格,而纱线本身内部的金属丝形成较小的金属网格。纱线和织物所形成的不同大小的金属网格能够吸收部分较宽频段的电磁波,从而表现出较强的电磁屏蔽功能。

根据屏蔽机理的不同，将电磁屏蔽织物分为反射型和吸收型。

反射电磁波织物能反射屏蔽电磁波，从而衰减其辐射的织物。反射型屏蔽织物主要是通过直接制备的金属丝或拉伸后得到的金属纤维进行纺织加工而得，也可将金属通过化学镀的方法镀覆在普通基体材料（如纤维、纱线、织物等）上，在表面再涂上树脂得到金属复合材料。电磁屏蔽织物主要有喷涂型电磁波屏蔽织物、金属纤维混编或混纺型电磁波屏蔽织物、金属镀化型电磁波屏蔽织物、纳米型电磁波屏蔽织物等。①喷涂型电磁波屏蔽织物：采用涂层技术将金属银、铜、铁或石墨漆喷涂在纺织面料上，形成片状层，屏蔽效果好，但不透气、不能弯曲、污染严重。②金属纤维混编或混纺型电磁波屏蔽织物：主要利用金属纤维，如镍、不锈钢、铜等，与织物混纺，这种织物手感柔软、透气性好。③金属镀化型电磁波屏蔽织物：通过真空镀或化学镀，将金属或金属盐镀在纤维织物上，形成金属膜。④纳米型电磁波屏蔽织物：将纳米级离子镀到织物内部所得，屏蔽效果好，达到99.999 9%。导体能够反射电磁波，如金属纤维是电磁的良导体，其内部有许多自由电荷，具有良好的集肤效应。当电磁波辐射在材料表面上时，大部分入射功率入射到表面时将削弱而衰减，金属纤维含量增多，导电介质面区域增大，反射能力越强，透射量越小，屏蔽作用越强。反射电磁波织物广泛应用于军事、通信、医学、工业和家庭等方面，防止电磁波对人体的危害，防止电磁辐射对仪器设备的干扰与破坏。

吸收电磁波织物能吸收、衰减电磁波，并将电磁能转换成热能耗散掉或使电磁波因干涉而消失的一类织物。吸收电磁波织物由吸收剂、基体材料、黏结剂、辅料等复合而成。吸收剂起着主要作用，主要有非金属类（碳纤维、碳化硅纤维、导电性石墨粉、钛酸钡陶瓷）、金属类（包括金属纤维和金属粉）、导电高聚物（聚乙炔、聚吡咯、聚噻吩、聚苯胺）等。吸收电磁波织物可分为涂敷型和结构型吸波材料两大类。涂敷型吸波材料是将吸收剂与黏结剂混合后涂敷于目标表面形成吸波涂层，主要有铁氧体吸波涂层、超微磁性金属粉吸波涂层、碳纤维吸波涂层、导电高聚物手性吸波涂层（在基体树脂中掺和一种或多种具有不同特性参数的手性媒质构成，其电场与磁场耦合）；结构型吸波材料是将吸收剂分散在由特种纤维（如石英纤维、玻璃纤维等）增强的结构材料中所形成的结构复合材料，具有承载和吸收电磁波的双重功能，如混杂纱吸波材料、陶瓷型吸波材料、炭一炭吸波材料。吸收电磁波织物主要应用于安全防护用品，包括防护工作服、防护工作帽、护腕、护肘、手套和乳罩等；工作环境防护用品（各类电子仪器屏蔽罩、屏蔽墙布和窗帘）以及军用伪装网等。对纺织品而言，吸收剂既可混入成纤高分子材料中，又可借助涂覆剂附着于织物表面。当采用添加到成纤聚合物中的方法时，吸波剂要与聚合物共同经历纺丝高温，因此其必须具有良好的热稳定性；表面涂覆的方法可获得较好的吸波效果。将纳米材料应用于防电磁波织物将是这一领域以后的发展方向，但关于此类织物对生物体防护效果的生物学效应和安全卫生性能还未提及，且在我国关于此领域的吸波织物产品还未有统一的国家标准。最重要的是因吸波材料，尤其是纳米材料所限，织物的安全卫生毒理性方面的研究还未有定论。

典型的电磁屏蔽织物有如下几种：

1. 金属纤维混编或混纺型织物

此类屏蔽织物是国内外市场的主流，有不同种类的防电磁辐射纤维可供选择，例如，复合型高分子导电纤维、金属纤维（金属箔与有机纤维复合丝、金属化纤维、纯金属纤维），结构型导电聚合物纤维、离子化纤维。其中，应用最多的是铜、镍、不锈钢或者它们的合金纤维。利用这些纤维的导电功能，对电磁波具有强烈的反射作用，作为织物中均匀分布的金属丝或金属纤维成为导电介质将部分电磁波反射回去，减少了电磁波的透过量。一般混合金属纤维的比例为15%～30%，随着织物中导电纤维含量增多，导电介质区域增大，反射能力就越强，透过量越小，屏蔽作用也就越好。

最初的产品是把金属抽成细丝织成混编织物，它由金属丝（外包缠棉纱）和服用纱线混编而成，效果尚好。不足之处在于织物厚、重、硬，不耐折，且屏蔽效率低，通常为 25 dB 左右，且在较低频率使用（如频率小于 30 MHz）。为了改善屏蔽织物的服用性，把金属丝通过冷拉抽成纤维状，同服用纤维混纺成纱，再织成布，其中所选用的金属纤维主要是镍纤维和不锈钢纤维，其直径为 2～10 μm，屏蔽性能可达 40 dB，这种织物手感柔软，色谱较多，透气性好，轻巧舒适，比较耐洗涤，使用寿命长。而且服装的屏蔽效能与环境温度、相对湿度无关，防护作用可靠。

2. 聚合物共混/共聚纺丝织物

共混/共聚纺丝法制备的材料成本低，易上色，弥补了金属纤维不能上色的缺点。其加工工艺是将具有电磁屏蔽功能的粒子与普通纤维切片（主要是高分子聚合物）共混/共聚后进行纺丝，制备具有良好导电性的纤维，然后编织成屏蔽织物。但共混/共聚纺丝法用于电磁屏蔽织物的研究在国内外尚处于起步阶段，其加工工艺的关键是选择一种理想的屏蔽剂，将它均匀地分散在纤维中，使纤维在具备电磁屏蔽性能的同时又具有良好的可纺性和力学性能。目前研究的屏蔽剂种类主要为纳米无机粉体及本征型导电高分子等。其中，纳米无机粉体包括金属氧化物粉体、碳系材料等。

纳米粉体填充制备复合型高分子电磁屏蔽织物纤维类似于填充型电磁屏蔽塑料的加工方式。之所以选择纳米级无机粉体是因为吸波填料的粒径偏大，会影响纤维的纺丝。但是，采用纳米尺寸的填充物，在进行共混共聚时，容易产生团聚问题，从而影响织物的屏蔽性能及力学性能，因此高效的分散技术和优化填料的分散度是该技术的研究重点。碳纳米管不仅具备纳米材料的吸波特性，同时作为碳系材料，具备比其他纳米材料更优越和独特的电磁吸波性能。碳纳米管复合材料的屏蔽作用主要依靠材料的吸收损耗，其反射损耗很小，特别是在 8～18 GHz频率范围内，碳纳米管对该波长范围内电磁波磁感应强度最为明显，吸收损耗显著。

本征型导电聚合物纤维是指本身具有导电性或经掺杂后具有导电性的纤维，是由具有共轭 π 键的高分子经化学或电化学掺杂使其绝缘体转变为导体的共轭聚合物纤维，如聚乙炔类、聚吡咯类、聚苯胺类等。但从实际情况看，该类材料的制备难度较大，成型成纤比较困难，导电稳定性较差，作为织物的实用性有限，还处于研发阶段。目前的研究重点在于开发新型的本征型导电聚合物纤维，同时研究导电聚合物纤维与普通纤维的混编技术。

3. 金属镀/涂层织物

表面镀金属屏蔽织物的屏蔽材料主要为铜、银、镍、铝等金属，以反射损耗为主。主要制备方法包括化学镀、等离子电镀、真空镀等。

化学镀方法应用较为广泛成熟，目前以实现化学镀银织物、化学镀铜织物、化学镀镍织物、复合镀织物等，其可选择的织物底材包括棉、涤纶、腈纶、氨纶、莫代尔纤维等。该方法屏蔽效果较好，不受织物形状限制，织物柔软；缺点是需要对底材进行粗化、敏化、活化、强化等前处理，存在还原剂和靶向试剂的污染问题，必须配套污水处理，并且织物的透气性和手感欠佳。在未来的发展中，化学镀技术的突破点主要利用新型材料或技术取代昂贵的贵金属靶向试剂，利用超声波辅助技术提高化学镀效率和屏蔽织物性能。

真空镀是将织物装在真空室的卷绕装置上，将金属在高温下熔化并升至沸点，金属粒子会蒸发并向织物表面飞溅，从而沉积在织物表面。真空镀金属织物一般采用铝金属，镀层厚度仅为 0.04～0.05 μm，其优点是不会造成化学污染，材料美观且屏蔽效果较好；缺点是金属与织物属于物理结合，容易脱落。未来的主要工作是提高金属沉积附着牢度，以使其在电磁屏蔽领域得到广泛应用。

等离子电镀又称磁控溅射镀，主要是利用高能离子撞击金属靶材，将靶材表面飞溅出的靶材原子或分子沉积到纺织基材上，形成屏蔽金属薄膜。该技术加工过程简单有效，无污水处理问题，且基布与金属层之间结合力强，具有柔软舒适、色泽均匀、使用寿命长等优点。同时，等离子电镀可选用的金属种类较多，因此可以根据对织物功能需求的不同选用不同的金属材料。但该技术处理的织物耐洗度不高，金属不易匀化。

电磁屏蔽涂料通常由合成树脂、导电填料、溶剂和添加剂组成，导电填料有金属粉末、金属氧化物粉末、非金属导电粉末及复合导电填料。涂层屏蔽织物的制备方法是将电磁屏蔽涂料涂覆在织物表面，涂覆之前需进行粗化工艺，一般为碱处理和等离子体处理，其屏蔽效果以吸收损耗为主。该方法制备的屏蔽织物材料目前的问题是屏蔽效果一般、不透气、手感较差，因此还未得到广泛应用。涂层屏蔽织物分为镍基涂层、银基涂层、铜基涂层、石墨基涂层、导电聚合物涂层以及复合涂层。银系导电涂层的性能稳定，在窄频带内电磁屏蔽效果好，但价格较昂贵。镍系导电涂料价格适中，氧化问题比铜轻，因而成为当前欧美等国电磁屏蔽用涂料的主流，但镍的导电率较低，因此一般采用复合基涂层。涂层屏蔽织物从最早的单面涂层发展成双面涂层及“三明治夹心涂层”，如双面为镍屏蔽涂层，中间为石墨＋基布屏蔽涂层的电磁屏蔽织物，得到良好的屏蔽性能。总体来讲，屏蔽涂料要有更佳的导电性、更宽的屏蔽带宽、更好的电磁兼容性；同时，低厚度、高附着力、优异的耐候性、低密度、低成本、无公害等特性也是新型电磁屏蔽涂料的发展方向。

贴金属箔是利用铝箔和铜箔等金属薄膜同织物经胶黏剂复合制成的材料，它的优点是方法简单、黏结强度高、不易部分脱落、导电性能良好，但织物材料的透气性及柔软程度较差，目前常见的贴金属箔织物多用于消防防护服，主要通过反射高温辐射能，达到保护人体的作用。

4. 金属离子接枝织物

通过化学接枝法使纤维含有金属离子，并能保持原纤维普通织物的性能和手感。该类织物的颜色与化学反应条件有关，一般为橄榄绿到深褐色，不太耐氧化，使用时间 2～5 年，其最大的优点是使用频段宽、性能稳定，且使用范围宽广，可广泛应用于国防、科研机构、驻外使馆、医疗、通信、电力、银行、建筑、劳保用品、民用功能性服装等领域。国内一些企业已推出金属离子接枝技术产品，经精纺加工形成的织物柔软舒适、色泽均匀、除臭抗菌性强、耐洗、耐磨、耐气候、使用寿命长，电磁屏蔽达到 99.4%，可有效防止手机、计算机、微波炉、电视机等电子产品产生的电磁波对人体的危害。

5. 多离子/纳米离子电磁屏蔽织物

多离子电磁屏蔽织物材料是当今最先进的第六代屏蔽电磁辐射材料。采用物理和化学工艺对金属做离子化处理，使屏蔽织物以吸收为主，将电磁波能量通过织物自身的特殊功能转变成热能散发掉，其屏蔽低频、中频段电磁辐射具有良好的效果。该类织物具有柔软舒适、色泽均匀、抗菌性强、耐洗、耐磨及使用寿命长等优点，并且对皮肤无刺激。纳米离子屏蔽织物是当前国际上最先进的屏蔽电磁波辐射材料，通过对纤维进行纳米离子化处理，将纳米级离子镀到织物内部，具有良好的三向导电性和屏蔽效果，将有害电磁波进行反射、吸收。由于金属、金属氧化物在细化为纳米粒子时，比表面积增大，处于颗粒表面的原子数越来越多，悬挂键增多，界面极化和多重散射成为重要的吸波机制。同时由于织物中富含大量金属阳离子，可起到杀菌除臭的作用，还具有防静电、防 X 射线及紫外线等功能。

6. 纳米吸波型电磁屏蔽织物

纳米吸波材料利用纳米级的导电纤维织入织物或对织物进行涂层制得，分为纳米结构型吸波织物和纳米后整理型吸波织物两类，利用纳米吸波剂吸收、衰减入射到织物表面上的电磁波能量，再将其电磁能量转换为热能而消耗掉或使电磁波因干扰而消失，达到防电磁辐射的目的。此类产品重量轻、厚度薄、吸波频带宽、吸收能力强、可避免环境二次污染。纳米结构型吸波织物多为附有吸波特性、结构功能一体化的复合材料，使用较多的是碳纤维复合材料，如 SiC 纤维复合材料等。由于该类材料的复杂程度高，加上各国对先进复合材料严格保密，有关该材料特别是在防辐射织物中的应用报道很少。纳米后整理型吸波织物中决定织物吸波性能优异与否的最关键的主体是纳米吸波剂，目前主要有超微磁性金属粉、复合材料金属基超细粉、无机铁氧体等，该方法以其加工方便灵活有效、可调节、吸波性能好等优点而受到重视和欢迎。

纳米吸收波材料是将纳米级的导电纤维运用涂层法、织入法等，使其镀在织物表面。纳米吸收波材料是组分特征尺寸在 0.1 nm～100 nm 之间的材料，具有频段宽、兼容性好、重量轻、厚度薄、无污染等特点。用纳米粉体氧化铁制成稳定的整理剂，对织物进行整理，可制得重量轻、厚度薄、吸收频宽快、吸收能力强的织物。

此外，浙江理工大学毛鹏丽将镀银纤维织物作为最外层，聚吡咯/棉复合织物作为夹层，涤棉织物作为最内层的双层防电磁屏蔽织物，不但提高了电磁屏蔽效能，而且解决了电磁波反射产生的二次污染。

7. 包芯工艺电磁屏蔽织物

包芯工艺制备的电磁屏蔽织物一种是在玻璃微珠表面液相还原银制备玻璃微球/银核壳

纳米复合粒子，并将之取代银粉，再添加涂层剂制备成涂料，涂覆在织布基底上形成屏蔽织物，降低了金属使用率和成本，但存在涂层织物的透气性差、手感差、屏蔽效能低等缺点。第二种方法是将棉纤维、化学纤维等织物纤维进行处理后，采用金属置换将导电粒子渗透、沉积在织物纤维表面，该法在日本已有广泛研究，近几年我国也开始类似研究。第三种是指在金属纤维表面包覆棉或聚酯纤维，例如采用极细的镀银铜丝，外覆聚亚酰胺膜或一种特殊的银合金，再在外层用专利纺纱技术包覆一层棉或者聚酯纤维。

8. 多层渐变屏蔽织物

多层渐变屏蔽织物的制备技术包括多层涂层制备技术、分子和聚合物自组装功能层的制备技术、多层金属纤维混纺制备技术等。该类织物可以利用涂层或编织层性能的互补提高屏蔽织物性能，使织物满足多功能性，如采用碳纤维、银纳米颗粒、镍以及导电高分子(聚吡咯)制备新型多层渐变电磁屏蔽织物。

未来电磁屏蔽织物的发展趋势主要集中在以下几方面：

(1)追求屏蔽织物的高性能。研发屏蔽性能更强的织物，减少反射，避免二次污染，使透射为零，使用安全可靠；提高辐射能量吸收率，使电磁屏蔽织物同时具有屏蔽高频磁场和低频磁场的性能等；运用纳米吸波材料进一步开发高吸收型防电磁辐射织物将成为今后开发的重要方向。目前，已研制出的各种纳米吸波材料，兼具导电导磁性能，但如何与织物结合，进一步开发高性能个体防护的防二次辐射织物还比较少见，这也正是目前迫切需要解决的难题。

(2)实现屏蔽织物的多功能性。添加银离子，以提高屏蔽织物的抗菌作用；通过添加不同的填料或者采用创新工艺，实现屏蔽织物的抗紫外性能、抗静电性能；增加屏蔽织物的透气性；通过仿生学构造实现其自清洁性能等。

(3)对于防辐射织物的制备方法，混纺、喷涂以及化学镀等简单易操作的制备方法仍然占据主要地位，这也从侧面说明现今防辐射织物达到了比较高的工业化程度，但不可忽视的是，制备方法的简单往往伴随着电磁屏蔽材料与织物结合不牢固、洗涤性差等缺点。因而，开发新的可适用于工业化生产的制备方法或者降低已有方法，如气相沉积法等的成本是现今急需研究的课题。

8.6.1.2　微波屏蔽织物

微波屏蔽织物不仅具有良好的电磁屏蔽效能，即具有良好的导电性和导磁性，还要具有良好的服用性，如对人体无刺激性、天然透气性、柔软性、耐磨性等。在 20 世纪 80 年代主要采用镀金属织物、普通化纤络合铜纤维织物、碳纤维与普通纤维混纺织物及金属纤维非织造布等来进行微波防护。20 世纪 90 年代则主要是采用导电纤维。碳纤维由于具有相对密度小、比强度高、导电性良好等特点而受到关注，在碳纤维表面包覆金属、镀覆 SiC、沉积石墨碳粒，以及将碳纤维原料与其他的成分混合制成复合碳纤维等，将铁系金属粉末混入碳纤维、碳化硅纤维中制备的复合纤维质地柔软、强度高，可交织成各种复杂的形状。

1. 导电纤维混纺织物

将导电纤维与常规纺织纤维混纺成纱，然后再采用机织或针织工艺生产出具有电磁屏蔽功能的防电磁波织物。混纺织物中的导电纤维相互交织形成的纵横交错的隔离网能使电磁波的能量衰减到一定程度。这种生产工艺灵活，导电纤维既可与其他纤维以混纤、混纺、交捻、交编、交织等方式混用，也可以根据屏蔽要求选择纯纺的防电磁辐射纱线。

导电纤维可分为无机导电纤维和有机导电纤维。无机导电纤维包括金属化合物型导电纤维、金属系导电纤维（不锈钢纤维、铜纤维、铝纤维等）和碳纤维。有机导电纤维包括四种类型：普通纺织纤维镀金属，普通纺织纤维镀碳，碳黑、石墨、金属或金属氧化物等导电性物质与普通高聚物共混或复合纺丝制成的导电纤维，导电高分子直接纺丝制成的有机导电纤维。

无机导电纤维纺纱工艺比较特殊，金属纤维表面不平整，摩擦系数大，纱线之间的滑移阻力大；金属纤维回复性比较小，撕裂三角形小，在承受外力时纱线的根数相对少些，金属纤维混纺织物的撕破强力比较小；在纺纱开清棉工序会因打击而产生火花，不能使用短纤纺纱，可在纺丝厂经牵伸纺工艺（牵切机）制成牵切条，然后在棉纺并条机上与一般天然纤维或合成纤维条混和再纺纱。也可将金属导电纤维的长丝与其他纤维的细纱在并捻工序交捻成线或利用长丝在织机上直接交织成织物。在一般情况下金属纤维的混合比例在15%～30%之间。如果有特殊要求，还可以低于15%或高于30%，直到金属纤维纯纺。随金属纤维含量和织物编织紧度的增加，混纺织物的微波屏蔽性能增加，屏蔽性能可达到15～40 dB；将金属纤维作芯纱，在细纱机上加工成包芯纱，其导电纤维含量较高。

有机导电纤维的纺纱工艺是将导电物质（碳黑、金属粒子、金属氧化物、金属碘化物等）与基体材质（如PET基、PA6基、PA66基等）共混后进行纺丝，可制备有机导电纤维。有机导电纤维一般与棉、羊毛、阻燃纤维、涤纶、黏胶类纤维混纺。由于导电长丝的细度在15～35 dtex左右，无法直接使用，必须预先与普通纤维复合后方可使用。导电纤维在织物中的含量极低，其模量的差异不至于引起织物手感的变化。有机导电纤维在织物中的含量为百分之几到万分之几时即可达到不同等级的抗静电效果。短纤织物添加导电纤维时，可采用赛络纺、包芯纺、空心锭纺纱机、氨纶包覆机、有捻并线机、无捻并线机等设备与导电丝进行复合加工。长丝织物中添加导电丝的最简便方法是在化纤纺丝时直接复合导电丝。实践证明，在DTY机、DT机、ATY机等设备上均可进行复合加工。在纺织厂的织前准备工序，可采用网络、并捻等方式复合导电丝。复合后的专用纱线可根据抗静电性能要求，按适当的比例和均匀的间距分布于经纱或纬纱。导电长丝与普通化纤的张力搭配是复合工艺的关键。无论是短纤织物或长丝织物，均可利用其组织结构中的可遮盖组织点，将含导电纤维的专用纱线嵌入，并隐蔽于织物背面，以解决导电纤维与基础织物的色相差异问题。

2. 金属化织物

合成纤维的机织物、针织物和非织造布与天然纤维混纺的织物均能用镍、铜或钴等进行金属化处理，且织物原有性能没有明显的变化。织物金属化的方法有真空沉积法、化学镀、电镀、金属喷镀等。

真空沉积法工艺流程为：纺纱—织造—前处理—镀金属—后整理—成品。真空沉积的金属有铝、铜、银、镍、钴、锡、锌、铬、锰等多种，该法基布与金属之间结合力弱，金属层易剥离。镀之前，需要对基布进行漂煮或洗涤，去除织造过程中使用的浆剂、油剂类以及纤维表面附着的污物、异物等，以改善基布与金属层之间的结合力，但过程复杂，结果仍不能令人满意，该法至今没有被广泛应用。

化学镀是利用还原剂将溶液中的金属离子还原，在呈催化活性的物体表面形成金属镀层。它具有均匀连续沉积、导电和电磁屏蔽性能优良的优势，化学镀的金属是铜和镍，一般选择腈纶、棉纤维、丙烯腈与氯乙烯的共聚纤维等织物作为基布。其工艺过程为：粗化—敏化—活化—强化—化学镀—水洗—化学镀镍—水洗—轧树脂—烘干。镀之前，必须对织物表面进行预处理，包括去油、粗化、敏化、活化、解胶（盐酸）、还原 6 个步骤。

电镀是在金属盐的水溶液中，把欲镀的金属作阳极，被镀物作阴极，以直流电在被镀物表面沉积金属的镀覆方法。其优点是电镀液稳定，沉积金属的化学纯度高，结晶细致紧密，能较准确地控制织物上金属镀层的厚度。

金属喷镀是把金属加热熔化后，利用高压气流直接均匀地喷洒在织物表面。该工艺流程短，金属层和织物的结合牢度大于化学镀层织物。织物性能类似化学镀层织物，但喷镀均匀度直接影响电磁辐射的防护效果。现在已有了喷铅、喷铝和喷锡织物。

化学镀与电镀结合。单一铜镀层织物虽然屏蔽性能较高，但由于容易被氧化而散失优良的屏蔽效能；而由于金属镍的导电能力有限，单一镍镀层织物的屏蔽性能很难得到提高，实际应用较少。在已化学镀铜后的织物表面电镀镍磷合金，生成高磷非晶态化合物，使其表面具有高耐蚀性及优异的磁学、力学、电学特性。工艺为：（镀铜后的织物）浸酸粗化—水洗—电镀镍磷合金—水洗—烘干。铜镍复合镀织物的特点是导电性和电磁屏蔽性能强，抗氧化和腐蚀能力强，金属与织物纤维结合牢固，使用寿命长。目前，这种类型的导电织物表面电阻可达到 10 Ω 以下，电磁屏蔽效能在 100 MHz～20 GHz 频率范围内均在 80 dB 以上，适用于各种环境，如海洋、潮湿气候和酸雾中等。

采用真空磁控溅射和电镀的方法制备的电磁屏蔽织物，其导电性能较好，且具有良好的耐磨性，结合力强，在很宽的波段内屏蔽效能均在 60 dB 以上，可以满足各种条件下的电磁屏蔽要求。真空磁控溅射采用镍靶，真空度 0.38 Pa，电流 8.7 A，电压 560 V。工艺流程为：除油—水洗—粗化—水洗—烘干—真空镀—电镀铜—电镀镍。

3. 不锈钢非织造布

不锈钢纤维网的形成过程是整个工艺过程的关键步骤，它决定着纤网的均匀度和制成品的质量，通常采用湿法、梳理法、气流法等。湿法是指纤维在水溶液中悬浮湿态下，采用造纸方法成网，其优点是生产速度快，可铺制短纤维，不同材质纤维混和好，纤维杂乱排列和各向同性效果好，纤网均匀度优于干法，加工成本低。不足之处是难以实现大批量连续生产。采用梳理法制成的纤维网纵横方向强力有一些差别，对梳理机进行设计改造可以得到各向同性的金属纤网。气流法是利用动力学原理，将纤维开松，喂入高速旋转的锡林，进一步梳成单纤维，在离心力和气流联合作用下，纤维从锯齿上脱落，由气流均匀输送凝聚在成网帘上形成纤网，目前该法是生产化学纤维非织造布的主要生产方法。此外，还有针刺法和水刺法生产不锈钢纤维非织造布，其中有中间夹机织布和不夹机织布两类产品。由于不锈钢纤维本身的模量较大、抗弯曲性能差等特点，随着纤维的缠结程度高，针刺阻力增加，易造成断针或纤维断裂；水刺法属于柔性加工，水流分散，因此在加工过程中纤维没有损伤，从而避免了针刺工艺的部分缺陷，使应用水刺工艺加工不锈钢纤维具有可行性。

8.6.2 电磁波吸收材料

8.6.2.1 电磁波吸收剂

电磁波吸收材料又称吸波材料，是一种以吸收电磁波为主，反射、散射和透射电磁波都很小的功能性电磁防护材料。当电磁波进入吸波材料内部时，推动材料分子内的离子、电子运动，或电子能级间跃迁，产生电导损耗、高频介质损耗和磁滞损耗等，使电磁能转变成热能而扩散到空间。根据成型工艺分为涂覆型和结构型吸波材料两种。涂覆型吸波材料是指将吸波剂（金属或合金粉末、铁氧体、导电纤维等）与粘合剂混合后，涂覆于目标表面形成吸波涂层。结构型吸波材料通常是将吸收剂分散在层状结构材料中，或者形成以强度高、透波性能好的高聚物复合材料（如玻璃钢、芳纶纤维复合材料等）为面板，以蜂窝状、波纹体或角锥体为夹芯的复合结构吸波材料，具有承载和吸波的双重功能，如碳纤维玻璃钢、吸波水泥、泡沫陶瓷、泡沫玻璃。目前，新型吸波材料有智能吸波材料和结构（金属合金、碳纳米管等）、超材料吸波材料（光子晶体、超磁性材料等）、纳米吸波材料、耐高温吸波材料（SiC 纤维、Al_2O_3纤维、碳纤维）等。电磁波吸收材料适用于电磁兼容、电子仪器设备、高频设备、屏蔽箱、微波暗室中，通信导航系统等高频电子电气设备的抗干扰防辐射等领域。

吸波材料具有匹配性和衰减性，匹配性是指入射波最大限度地进入材料内部，要求采用特殊的边界条件达到与空气阻抗相匹配；衰减性是指进入材料内部的电磁波能有效地被材料吸收衰减，要求材料具有很高的电磁损耗，即材料应有足够大的介电常数虚部（有限电导率）或足够大的磁导率虚部。电磁波在材料内部传播时通过感应的传导电流损耗、介电损耗和磁性损耗等把电磁波的电磁能转化为热能而散失掉。

对于导电损耗型吸波材料，当吸波材料收到外界的磁场刺激时，其内部将会产生感应电流进而产生新的磁场。由于新旧磁场具有不同的方向，所以外界的磁场强度会被大幅度衰减，因而起到了屏蔽的作用。常见导电损耗型吸波材料包括炭系、非磁性的金属、导电高分子以及视黄基席夫碱盐型吸波材料等。

对于介电损耗型吸波材料，在外加电场的作用下，由于介电损耗型材料的导电性很低，材料中的自由电子非常少，因此避免了宏观电流的产生，但它会影响材料内部多种含有固有振动频率的电偶极子。当外界的电场频率等于电偶极子的固有频率时，就会发生介电损耗，从而衰减和吸收电磁波。常用介电损耗型吸波材料包括陶瓷类吸波材料（如碳化硅、氮化硅、氧化铝等）和钛酸钡、钛酸锶吸波材料。

对于磁损耗型吸波材料，磁性吸波材料在众多的电磁波吸收材料中应用最多，技术也最为成熟。其研究的重点是高磁导率大损耗吸收材料。在交变磁场的作用下，磁性材料会产生磁滞损耗、自然共振损耗、畴壁共振损耗、尺寸共振损耗和后效损耗等磁极化机制，来衰减和吸收电磁波。常用磁损耗型吸波材料的吸波材料包括铁氧体吸波材料、羰基铁吸波材料和超金属微粉吸波材料等。

对于复合吸波材料，克服单一损耗型吸波材料吸波强度低、频带宽度窄等缺点，采取磁损耗型材料与介电损耗型材料、电导型损耗材料进行复合，介电损耗型材料与电导损耗型材料进行复合，扩大了吸波材料的实际应用范围，日益受到重视。

吸波材料按制备工艺分为涂覆型和结构型两种。

1. 涂敷型吸波材料

涂敷型吸波材料是将吸波剂分散在有机高分子材料的黏结剂中，采用涂刷或喷涂方法施工，经常温固化形成涂层结构。涂敷型吸波材料适应复杂曲面形体，耐候性好，工艺简单而受到各国的重视，并已取得长足进展，正向着质地轻薄、宽频带吸波、可喷涂、热性能及稳定性能良好的方向发展。涂覆型吸波材料包括铁氧体吸波材料、超微磁性金属粉、手征吸波材料。

铁氧体吸波材料是利用其双复介电性质，即材料的自然共振所致的亚铁磁性和分子的自极化效应引起的介电特性，其中自然共振是铁氧体吸波材料的主要吸波机制。自然共振是指铁氧体在不加外恒磁场的条件下，由入射的交变磁场和晶体的磁性各向异性等效场共同作用产生的共振现象。当交变磁场的角频率 ω 和晶体的磁性各向异性等效场 H_k所决定的本征角频率 ω_k相等时吸波材料将大量吸收电磁波能量。铁氧体吸波材料主要成分是磁性三氧化二铁，通常有平板型、网格型和双层复介型三类材料形态。平板型铁氧体吸波材料适用范围30～450 MHz；网格型铁氧体吸波材料适用频率范围 30～750 MHz；双层复合型铁氧体吸波材料正常可用于工作频率在 30 MHz～2 GHz 条件下的电磁屏蔽。铁氧体吸波材料与其他吸波材料相比，具有体积小、吸波效果好、成本低等特点；但也具有密度大、高温性差等缺点。

超微磁性金属粉具有温度稳定性能好，磁导率、介电常数大，电磁损耗大，μ'（吸波材料在磁场作用下产生的磁化程度的变量）和 μ''（外加磁场作用下，材料磁偶矩产生重排引起损耗的量度）随频率上升而降低，有利于达到阻抗匹配和展宽吸收频带等优点，使其成为吸波材料的主要发展方向。超微磁性金属粉材料就是将超细磁性金属粉末与高分子黏结剂复合而成，可以通过多相超细磁性金属粉末的混合比例来调节电磁参数。该吸波材料制备方法主要有两种：一是羰基金属粉吸波材料；二是通过蒸发、还原、有机醇盐等工艺得到的磁性金属微粉吸波材料。金属微粉吸波材料的缺点在于抗氧化、耐酸碱能力差，介电常数较大且频谱特性差，低频段吸收性能差，密度较大。

手征吸波涂层是在基体树脂中掺和一种或多种具有不同特征参数的手征媒质构成，手征吸波材料具有双（对偶）各向同性（异性）的特性，其电场与磁场相互耦合，与一般吸波材料相比，具有吸波频率高、吸收频带宽的优点。在实际应用中主要有两类手征物体：本征手征物体和结构手征物体。本征手征物体本身的几何形状即具有手征，如螺旋线等。目前研究的吸波手征材料是在机体材料中掺杂手征结构物质形成的结构手征材料。

2. 结构型吸波材料

结构型吸波材料一是将吸收剂分散在层状结构材料中，二是形成以强度高、透波性能好的高聚物复合材料为面板，以蜂窝状、波纹体或角锥体为夹芯的复合结构吸波材料。主要包括混杂纱吸波复合材料、陶瓷型吸波材料和碳-碳吸波材料。

混杂纱吸波复合材料是通过增强纤维之间一定的混杂比例和结构设计形式制造成的、满足特殊性能要求或综合性能较好的复合材料。该材料以优良的吸透波性能，以及重量轻、强度大、韧性好等特点而用于隐身飞机机身、机翼和导弹壳体等部件，大大减少隐身飞行器雷达散射截面，是一类很有发展前途的结构型吸波材料。

陶瓷吸波材料主要有碳化硅吸波材料、碳化硅复合吸波材料，该材料不仅具有吸波和隐身功能，还具有优良的力学性能和热物理性能，特别是耐高温、强度高、蠕变低、膨胀系数小、耐腐蚀性强和化学稳定性好。

碳-碳材料也是一种优良的结构吸波材料，能很好地减少红外信号和雷达信号。它具有极稳定的化学键，抗高温烧蚀性能好、强度高、韧性大。其缺点是抗氧化性差，在氧化气氛下只能耐 400 ℃，涂有 SiC 抗氧化涂层的碳-碳材料抗氧化性能大大提高。

吸波材料正从传统型向新型材料发展。传统型是指金属微粉、铁氧体、碳化硅、石墨、钛酸钡、导电纤维、碳黑、羟基铁等，此类材料以强吸收为目的，大多数存在吸收频带窄、密度大等缺点。新型吸波材料有智能吸波材料和结构(金属合金、碳纳米管等)、超材料吸波材料(光子晶体、超磁性材料等)、纳米吸波材料、耐高温吸波材料(SiC 纤维、Al_2O_3 纤维、碳纤维)等。与传统型相比，新型吸波材料要求满足“厚度薄、质量轻、频带宽、吸收强”等特性，同时在未来还应满足多频段隐身、耐高温、较强的环境适应性、抗辐射、抗冲击等更高的要求以及在各种恶劣环境条件下使用。

20 世纪 60 年代以来，世界主要发达国家在吸波材料方面开展了大量研究工作，在磁性吸收剂、介电吸收剂、高分子吸收剂等方面取得了较大进展，并已在多个高技术领域得到应用。自 20 世纪 90 年代中后期以来，吸波材料向着厚度薄、质量轻、吸收频带宽、吸收率高、耐高温方向发展，对微波吸收剂提出了更高的要求。近 10 余年来，在原有吸收剂的基础上各国学者又开展了大量研究工作。要满足以上需求，研究工作将围绕以下三方面展开：

(1)纳米复合吸波材料的研制。形态上的纳米化将大大增强吸波效果，通过调整材料的组分、配比、结构等对其电磁性和吸波性进行系统优化，将进一步改善材料的综合性能。

(2)兼容型多波段吸波材料的开发。目前大多数吸波材料只能吸收一两个相应频段的电磁波，对先进探测系统识别能力较低，开发兼容米波、厘米波及毫米波等多波段吸收且具有耐高温、抗辐射等特性的吸收剂有望成为今后吸波材料研究的主要方向之一。

(3)结构功能多样吸波材料的设计。将吸波材料制成纤维状、团簇状、蜂窝状或多层状，降低材料的密度，有效拓展其吸波频带，在一定范围内调节材料的电磁参数而改善其波阻抗匹配关系，研发出组分和电磁参数可调、具备吸波和承载双重功能，以及对外界能做出最佳响应的多波段智能型纳米复合材料，将是未来吸波材料领域重要且极具潜力的发展方向。

8.6.2.2 微波吸收剂

1. 铁氧体型吸收剂

铁氧体吸收电磁波的主要机理是畴壁共振和自然共振。为克服传统铁氧体密度较大和温度稳定性较差的缺点，通过调整材料的化学组成、粒径及其分布、粒子形貌及其分散技术等来提高损耗特性和降低材料密度，并向添加微量元素改性、纳米化、复合化等方向发展，通过将一定量的稀土元素掺杂到铁氧体中能得到性能优良的吸收剂。

2. 金属微粉吸收剂

金属微粉吸收剂具有居里温度高的特点，温度稳定性比铁氧体型吸收剂好，且饱和磁化强度高和微波段的磁导率高，有利于实现吸波材料的薄层化。金属微粉吸收剂主要是通过磁滞损耗、涡流损耗等吸收衰减电磁波，主要有两类：一类是羰基金属微粉，包括羰基铁、羰基镍、羰基钴；另一类是通过蒸发、还原有机醇盐等工艺得到的磁性金属微粉。磁性金属微粉面临的主要问题是低频（<2 GHz）吸收性能不理想，密度较大，采用纳米颗粒，表面原子所占的比例急剧增大，导致能带结构呈现出量子尺寸效应，使纳米粒子的电子能级由连续的能谱变为分裂的能级，能级间隔正处于与微波对应的能量范围（$10^{-2}\sim10^{-5}$ eV）内，与电磁波作用时发生共振吸收，因此对纳米金属粉末吸波性能的研究引起了广泛的关注。

3. 多晶铁纤维吸收剂

新型的多晶铁纤维吸收剂通过涡流损耗、磁滞损耗及较强的介电损耗吸收电磁波能量，具有独特的形状各向异性，黏合剂中多晶铁纤维层状取向排列所形成的多晶铁纤维吸波涂层可在很宽的频带内实现高效吸收。

4. 特种吸收剂

（1）轻质吸收剂。为了满足轻质吸收剂的要求，将中心部分金属换成轻质材料，可显著降低磁性金属微粉的密度，采用化学镀的方法制备表面包覆 Fe–Ni–P 合金、铁钴合金的微球具有优良的铁磁性，对电磁波有高的介电常数值和磁损耗，微波吸收率高。采用直流磁控溅射法对空芯二氧化硅微球表面镀 Ni 膜和对 PS 微球表面镀 Ag 膜具有很好的频率稳定性。目前，研究较多的轻质吸收剂还有一类是碳纳米管与金属微粉的复合材料。20 世纪 90 年代后期以来，碳纳米管就以其独特的力学、电学、光学及磁学性能而备受关注，因其特殊的材料结构和介电特性而具有较强的宽带微波吸收性能，同时还具有重量轻、导电性可调等特点，是一种前景广阔的微波吸收剂。

（2）导电高分子吸收剂。导电高分子如聚吡咯、聚苯胺、聚噻吩等具有共轭电子体系结构，通过化学或电化学掺杂方法，使其具有半导体性质，从而具有较好的吸波性能。导电高分子的密度小，可实现薄层化。单一导电高分子材料吸收频带比较窄，可将导电高分子与其他吸收剂复合作吸收剂。

8.7　放射性污染防护材料

辐射作用于人体细胞使细胞内的水发生电离，造成对染色体损伤，产生染色体畸变。这种损伤使细胞的结构和功能发生变化，使人体呈现放射病、眼睛晶体白内障或晚发性癌等临床症状。核辐射与物质相互作用的主要效应是使其原子发生电离和激发。产生辐射损伤的过程极其复杂，大致分物理阶段、物理–化学阶段、化学阶段、生物阶段四个阶段。

（1）物理阶段：该阶段只持续很短时间（约 10^{-16} s），此时能量在细胞内聚集并引起电离，

在水中的作用过程为

$$H_2O \xrightarrow{\text{辐射}} H_2O^+ + e^-$$

(2)物理-化学阶段:该阶段大约持续 10^{-13} s,离子和其他水分子作用形成新的产物。正离子分解,或负离子附着在水分子,然后分解。

$$H_2O^+ \longrightarrow H^+ + OH^*$$

$$H_2O + e^- \longrightarrow H_2O^-$$

$$H_2O^- \longrightarrow H^* + OH^-$$

(3)化学阶段:该阶段往往持续 10^{-6} s,此时,反应产物和细胞的重要有机分子相互作用。自由基和强氧化剂破坏构成染色体的复杂分子。

(4)生物阶段:该阶段时间从数秒至数年,可能导致细胞的早期死亡,组织细胞分裂或延迟细胞分裂,细胞永久变态,一直可持续到子代细胞。

8.7.1 X射线、γ射线与物质的相互作用

X射线或γ射线被物质吸收的现象可以分为三种主要类型:光电效应、散射效应和电子对效应。

1. 光电效应

X射线或γ射线的光子射入物质并与物质的原子碰撞时,光子与物质原子中的束缚电子相互作用,一个光子把其全部能量转移给一个束缚电子,使之脱离轨道发射出去,而这个光子本身则在物质中消失(即被吸收),这一过程称为光电效应,如图8-28所示。

因光电效应被发射出去脱离原子而运动的电子称光电子,能继续与介质的其他原子发生作用,失去了电子的原子则被电离而带上正电荷。发生光电效应的必要条件是入射光子能量大于电子结合能,按照能量守恒定律,光子的能量被全部消耗,部分用于使光电子脱离原子束缚所需的电离能(电子在原子中的结合能),其余能量则成为光电子的动能,即入射光子能量=电子动能+电子结合能。光子不能与自由电子相互作用,即自由电子不能吸收光子能量称为光电子,这是因为在光电过程中,除光子和光电子之外,还必须有第三者——原子核参加,才能满足动量守恒,所以光电效应只能发生在原子的内层轨道电子上,与原子结合越紧密的电子发生光电效应的几率越大。光电效应发生的概率与吸收物质的原子序数的4~5次方成正比,与光子能量的3次方成反比,即

$$\tau \propto \frac{Z^{4\sim5}}{h\nu^3}$$

因此,光电效应在射线能量低、物质原子序数较高时,有较大的发生概率。

当光子能量达到特定电子层的结合能时,吸收急剧增加,大约80%的光电子吸收会发生在紧靠原子核的K层电子上,并以所对应的能量称为K层吸收极限,这时表征着被击发的K电子动能为零。不同物质的原子序数不同,因此K层吸收极限不同,吸收作用随物质原子序数的增加而迅速增加,因此对于重金属而言,对射线的吸收作用将特别显著。

超过K层吸收极限以后,如果继续增加光子能量,其吸收作用将会使光电效应转变为散

射效应，这时已经不再是完全吸收，光子有一部分能量未被吸收而改变其运动方向。

2. 散射效应

在 X 射线或 γ 射线入射到物质中时，光子与原子中的轨道电子发生非弹性碰撞，光子的一部分能量转移给电子，光子自身失去部分能量（波长变长），改变了本身原来的运动方向，称为散射线（属于不相干散射），而轨道电子获得光子的这部分能量与入射光子方向成小于 90°的某一角度脱离轨道飞出，称为反冲电子（也称康普顿电子），反冲电子能继续与介质中的原子发生相互作用，电子反冲角在 0°～90°之间变化。这一现象称为康普顿效应也称为散射效应，如图 8-29 所示。

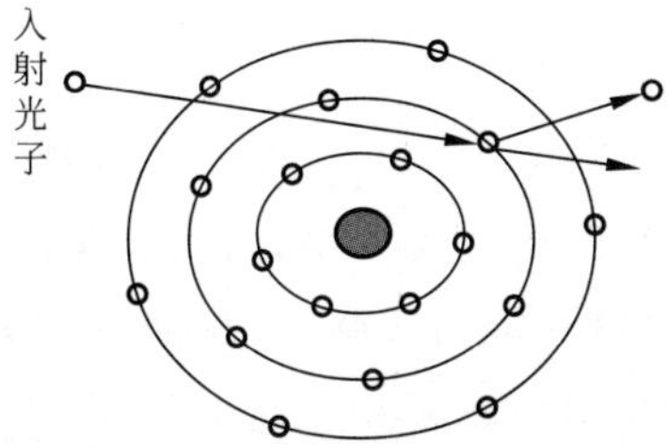

图 8-28　光电效应示意图

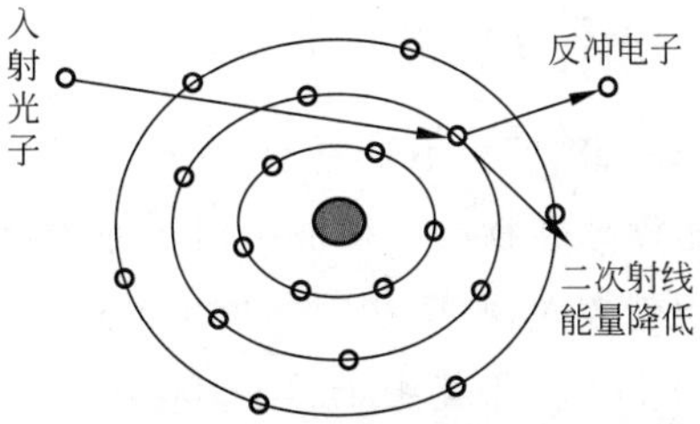

图 8-29　康普顿示意图

康普顿效应主要出现在射线波长较短的情况，而且入射射线的波长越短，产生康普顿散射线的波长越长，由于散射线有波长变化的影响，因此不会发生干涉，即不会形成干涉性散射。这种非干涉性散射只在入射射线的能量大于产生光电效应的射线能量，即波长短的射线入射情况下才会产生。入射光子的能量和动量在反冲电子和散射光子两者之间分配，光子散射角在 0°～180°之间变化，散射光子的能量总是低于初始光子，能量的改变取决于散射角，而与散射介质的属性无关，散射角越大，光子的能量损失也就越大。产生康普顿效应的入射光子需要具有较大的能量，其能量的一部分用于克服轨道电子与原子核的结合能，另一部分作为反冲电子的动能，剩下的是光子本身散射的能量。康普顿效应发生概率 σ 正比于吸收物质的原子序数并与射线能量一次方成反比。

3. 电子对效应

当入射光子能量大于 1.022 兆电子伏特（1.022 MeV）时，高能光子在物质原子核附近由于受到核库伦场的作用，光子产生一对正、负电子（电子-正电子对，正负电子偶），入射光子失去全部能量而自身消失，即光子被吸收而转变成一个负电子和一个正电子，产生的这对正、负电子以不同方向飞出并且还能继续与介质的原子发生相互作用，这一现象称为电子对效应（也称为电子对生成效应），如图 8-30 所示。

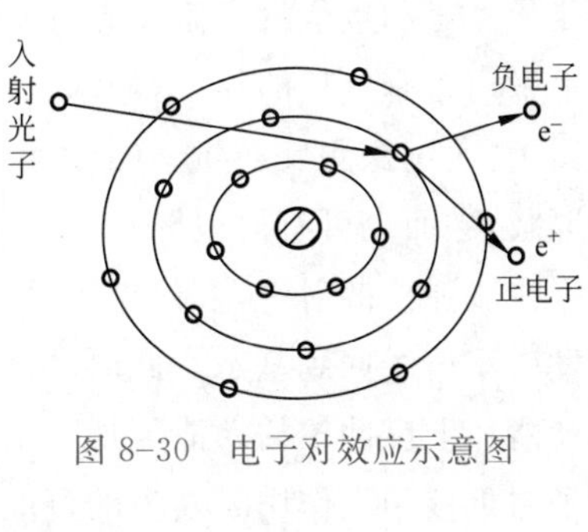

图 8-30　电子对效应示意图

电子对效应产生的正电子在物质中损失动能之后，与吸收物质中的一个电子结合，转化成两个能量相等、方向相反的 γ 光子，称为湮灭辐射。由于电子对效应发生概率 K 与被作用物质原子序数的平方成正比，并随着光子能量增大而变大，对于能量大于 2 MeV 的射线，电子对效应逐渐变为重要的相互作用过程。

总之，射线与物质相互作用导致其强度的减弱，表现为被吸收。光电效应、康普顿效应、电子对生成效应的发生几率与入射光子能量及物质原子序数有关。一般来说，对于低能量射线和原子序数高的物质，光电效应占优势，光电效应导致的衰减系数与原子序数 Z 有关联，而随能量增大对应减小。对于中等能量射线和原子序数低的物质，康普顿效应占优势，康普顿效应导致的衰减系数与原子序数 Z 的关系基本上是直接对应，随能量增大对应减小。对于高能量射线和原子序数高的物质，电子对生成效应占优势，电子对生成效应导致的衰减系数与原子序数 Z 的关系近似以 $Z(Z+1)$ 的关系变化，随能量增大对应以对数关系增大。

8.7.2 中子与物质的相互作用

中子不带电荷，不受原子的电子和原子核库仑力场的作用。中子在与原子核碰撞之前，可以不受阻碍地在物质中扩散。由于原子核的大小比原子间的距离小得多，所以中子的碰撞平均自由程就较大，甚至在固体里也能达到几厘米。中子的贯穿能力很强，其按能量可分为：慢中子（<1 keV）、中能中子（1～100 keV）、快中子（0.1～10 MeV）、热中子＝0.0253 eV）、冷中子（<0.005 eV）。

中子与物质原子核常发生下列四种形式的作用：弹性散射、非弹性散射、辐射俘获和带电粒子发射。中子一般是能量为 MeV 量级的快中子，在实际应用中常常需要中子的能量为 eV 数量级。将能量高的快中子变成能量低的慢中子，称为中子的慢化或中子的减速。中子减速机制有：弹性散射 (n,n)、非弹性散射 (n,n')。

在弹性散射中，入射中子和原子核发生弹性散射，中子的运动方向改变，能量也有所减少，这时中子减少的能量全部转变为原子核的动能，使原子核以一定的速度运动。这个原子核称为“反冲核”，它会使物质中的原子发生电离，这是使中子慢化（速度减少、能量减少）的主要过程。由研究可知，靶核质量 M 越大（即 A 越大），反冲核获得的能量越小；靶核质量 M 越小（即 A 越小），反冲核所获得的能量就越大。当靶核与中子的质量相等时，反冲核获得的能量最大，对中子减速作用最好。这就是对中子的慢化要采用轻材料（如氢、重氢和石墨等）的原因。水是最好的慢化剂，当中子和水中的氢发生弹性碰撞时，在一次碰撞中几乎就可损失掉中子的全部能量。氢和重氢没有激发态，中子和它们作用，损失能量的主要机制是弹性散射。实际工作中常采用含有氢核的物质，如水、石蜡、聚乙烯等材料。当中子与氢核发生碰撞时，其反冲核就是质子，通过探测反冲质子的能量和出射方向可以探测中子；同时，通过对反冲质子进行有效的屏蔽，进而也可有效地屏蔽中子。

在非弹性散射中，入射中子的一部分动能转变成靶核的内能，使靶核处于激发态，靶核通过发射 γ 射线回到基态。此时动能不守恒，即入射中子的动能加上靶核的动能，等于散射中子的动能加上反冲核的动能再加上反冲核的激发能。非弹性碰撞经常在高能量（MeV 能级）的中子与重核相互作用时发生的可能性大。

辐射俘获过程是靶核吸收一个中子后变成放射性核素，并放出一个或几个 γ 光子。这样生成的放射性就是常说的感生放射性。辐射俘获多发生在低能中子与重靶核物质作用过程中，而在与轻核作用中发生俘获的概率很小。从这一点看，用轻材料屏蔽中子也是正确的。

原子核吸收中子而发射出带电粒子的核反应是中子与物质相互作用的又一种形式。例如，(n,α)和(n,p)反应，都能吸收中子、放出α粒子，因此常用硼和锂作为中子测量、防护材料。

在人体中轻元素的质量大约占96%，高能中子与人体组织中的轻元素原子核发生弹性碰撞时把大部分能量授予了机体组织。因此，高能中子比低能中子对人体有更大的危害作用。在中子与物质相互作用过程中，常伴随有很强的γ射线（特点是能量高、强度高），因此，在防护的同时需要考虑γ射线的防护。

8.7.3 X射线屏蔽材料

X射线是一种光子辐射，本质上是一种电磁波，具有很强的穿透性。其波长范围为0.001～10 nm，主要是由原子内层轨道电子跃迁或高能电子减速时与物质的能量交换作用产生。目前，对低能X射线的屏蔽一般采用铅玻璃、有机玻璃及橡胶等制品。防X射线辐射有机玻璃主要是采用甲基丙烯酸甲酯（MMA）与铅、钡、锌、镉等金属氧化物反应制备甲基丙烯酸金属盐，再将该有机金属盐与MMA聚合制成防辐射有机玻璃。目前，使用最多的防辐射有机玻璃主要为含铅有机玻璃。美国、德国、日本等国家防辐射有机玻璃的研究工作开展较早，已形成批量生产，国内此类产品主要从上述国家进口。

从粒子吸收特性看，铅对能量高于88.0 keV和介于13.0～40.0 keV之间的电离辐射有良好的吸收能力，但对能量介于40.0～88.0 keV之间的电离辐射存在一个粒子吸收能力薄弱区域，即铅的“弱吸收区”。这是因为铅的K层吸收边为88 keV，即它对能量等于和大于88 keV的射线粒子有良好的吸收能力；铅的L层吸收边为13 keV，即它对能量等于和大于13 keV的光子有良好的粒子吸收作用。但这一吸收能力随射线能量的增加而迅速减弱，当射线能量增至40 keV时，铅的L层吸收能力已经十分微弱。文献表明，当X射线的能量为15.8 keV时，铅的L层吸收起主要作用，其衰减系数可达159；随着X射线能量的增加，衰减系数逐渐降低，当射线能量为40 keV时，衰减系数为13.8；射线能量增至88 keV时，虽然铅的L层吸收的衰减系数降得更低，但K层吸收却发挥作用，使其衰减系数升至7。

对于中低能X射线，目前效果最好的是稀土元素制成的复合材料。对于稀土复合材料制备方面，主要有物理共混、化学共混及两者的结合三种制备方法。现有新开发研制的X射线防护服是由防X射线纤维制成，是利用聚丙烯和固体X射线屏蔽材料复合制成的。

对高能X射线的屏蔽，树脂/纳米铅复合材料和树脂/纳米硫酸铅复合材料是现在效果较好的一种屏蔽材料，具有密度小、铅含量少、对X射线屏蔽能力强的特点。复合材料中的铅和硫酸铅纳米颗粒经X射线照射后趋于更稳定的状态，且纳米颗粒的小尺寸效应等特性没有降低。在铅或硫酸铅的质量分数、试样厚度相同的条件下，铅或硫酸铅颗粒越小，分布越均匀，对X射线的屏蔽性能越好；在铅或硫酸铅颗粒大小、分布均匀程度相同的条件下，试样中铅或硫酸铅的质量分数越大（即密度越高），对X射线的屏蔽性能越好。

8.7.4 γ射线屏蔽材料

γ射线与X射线一样，也属电磁波，波长较紫外线短得多，本身不带电，与物质相互作用主要以光电效应、康普顿效应和电子对效应为主，与物质发生一次相互作用会导致其损失大部分或全部能量。通常由重核裂变、裂变产物衰变、辐射俘获、非弹性散射、活化产物衰变产生。其中，裂变产生的γ射线由$_{235}$U及类似重核裂变时产生，通常可以把裂变过程中释放的γ射线划分为四个时间间隔，第一个时间间隔在0.05 μs内，称为瞬发γ射线，其能量为7.25 MeV；第二个时间间隔在0.05 μs到1.0 μs之间，称为短寿命γ射线，其能量为0.43 MeV；第三个时间间隔在1.0 μs～1.0 s之间，称为中等寿命γ射线，其能量为0.55 MeV；第四个时间间隔大于1.0 s，称为长寿命γ射线，其能量为6.65 MeV。第一和第四这两个时间间隔的贡献占释放γ射线总能量的90%以上。

γ射线的穿透能力很强，因此对于外照射屏蔽主要是指对于γ射线的屏蔽，能够屏蔽γ射线的材料有很多，常见的有混凝土、铅、水、铁、铅玻璃、稀土、钨-镍合金、高分子材料及一些高聚物如铅硼聚乙烯、含硼聚丙烯等材料，通常含有高原子序数的物质，对γ射线的屏蔽效果好，因此常将铁和铅等作为屏蔽材料。

开发出了含铅无机玻璃，如$PbO-SiO_2$玻璃、$ZnO-PbO-B_2O_3$玻璃、$Bi_2O_3-PbO-B_2O_3$玻璃、含Bi_2O_3、PbO和BaO的硅玻璃等，这些含铅玻璃作为γ射线辐射屏蔽材料具有较大的应用潜力。用Bi取代铅制备的防辐射材料具有无毒、γ射线屏蔽效果良好、应用前景广阔等优点。然而，铅作为辐射屏蔽材料也有一定弊端，主要是铅的硬度不够高、结构强度差、不耐高温、具有重金属污染性，铅的替代品在国际上日显必要性和紧迫性。与铅相比，钨及其合金也具有较好的屏蔽效果，钨合金包括钨-镍合金、钨-镍-铜合金、钨-钴合金、钨-铜合金、钨-银合金等系列，这些合金被称为高比重合金，其密度较高（16.5～19.0 g/cm^3），强度高、吸收射线能力强、导热系数大、有良好的可导电性、可焊性和可加工性。不锈钢本身具有一定的γ射线屏蔽效果，若将不锈钢与硼等元素进行混合，能够使其具备对中子、γ射线良好屏蔽效果的综合性能。铁的反向散射百分率仅为铅的65%，是一种兼具防护性能和结构性能的较好的屏蔽材料，也可将氧化铁作为填料用于其他防护材料。

通过在氯丁橡胶里混入10%的钨、铋、氧化铋等三种添加料或者直接在橡胶中添加铅而制得高密度橡胶，其厚度更薄，重量更轻，屏蔽辐射效果优于铅。研究人员正逐步开发并生产各类以有机聚合物为骨架，以具有吸收射线功能的屏蔽剂微粉为填料，经一定工艺复合而成的特制防护材料，其加工性能良好，对低能光子、中子有很好的屏蔽效果。由于稀土元素的低能和中能射线吸收能力优于铅，制成的稀土屏蔽材料较传统的铅屏蔽材料相比，具有重量更轻、防护效果更好的优势，目前由复合屏蔽材料取代纯铅屏蔽材料逐渐成为发展趋势。

8.7.5 中子射线屏蔽材料

对γ射线来说，含有高原子序数的物质，其屏蔽效果好。相反，对于中子来说，因为散射截面随元素种类和中子能量而变化复杂，所以不能像γ射线那样一概而论，原子序数小的元素通过弹性散射能使中子能量大幅度减小。由于原子序数小的元素很容易发生辐射俘获反应之类的吸收反应，尤其是像含有大量氢的物质，屏蔽中子的效果更佳。中子的质量与质子接近，因此，含氢量较高的石蜡、聚乙烯、聚丙烯等材料是优良的快中子慢化材料，而含锂元素的氟化锂、溴化锂、氢氧化锂，含硼元素的氧化硼、硼酸和碳化硼等是优良的慢中子吸收物质物。对快中子的屏蔽用钨效果很好，因其 10 cm 厚度的材料对中子的屏蔽率可达 93%。

国内外现阶段所使用的中子屏蔽材料大致可分为：①传统中子屏蔽材料，包括(a)小原子序数的元素所组成的简单化合物，如水、石蜡、聚乙烯等；(b)金属材料如各类不锈钢、钨、铜等；(c)复合混凝土，如含硼水泥、含聚乙烯水泥等。②新型中子屏蔽材料，包括(a)高分子化合物以及稀土高分子材料等；(b)纤维织物、经表面处理技术处理过的屏蔽材料等；(c)纳米材料。

水是一种廉价的、有效的中子屏蔽材料，水中的氢俘获中子后，将放出少量的能量为 2.2 MeV 的次级 γ 射线，因为水的密度低，所以对 γ 射线而言，不能说是一种良好的屏蔽材料。石墨具有作中子慢化剂和反射剂的优良性质以及稳定的物理、化学性质，广泛用作反应堆材料及屏蔽材料，混合一些硼化合物可进一步改善石墨的中子屏蔽性能。硼的热中子吸收截面极大[约为 3 840 靶恩(barn)，1 barn$=10^{-24}$ cm^2]，通过硼的同位素 10B(丰度比为 18.45%～18.98%)的(n,α)反应来实现硼的热中子吸收，该反应中产生的 α 射线在屏蔽体中容易被吸收，但当入射的中子通量大时，这种 α 射线会生成氦气并发热。每立方厘米聚乙烯含氢原子约 8×10^{22}个，与同体积的水(6.7×10^{22}个)相当，适合作屏蔽材料的原因是它不产生活化，但容易受到辐射损伤，因而主要是把聚乙烯作为基体，加入硼和锂的化合物，以增强中子吸收能力，或与铅粉混合以改善对 γ 射线吸收性能。因为铁的密度大、力学强度高，广泛用作反应堆结构材料、热屏蔽材料和压力壳材料，但由于铁俘获热中子后将放出大量 10 MeV 以下的二次 γ 射线，因此很难说是一种好的中子屏蔽材料。不锈钢对 γ 射线及中子的屏蔽性能要比铁优异，而且不锈钢的非弹性散射截面大，所以屏蔽快中子比铁更有效，但是不锈钢中的铬、镍、锰等元素受中子辐照后要活化，反应堆停堆后须限制人员接近，这个问题比铁严重。为了增加对热中子的屏蔽效果，把硼加到铁中，制成加硼钢来吸收中子。但由于硼含量偏低，中子吸收效果不理想，不得不增加硼钢的厚度，导致屏蔽系统总重增加。而提高硼量对硼钢合金的延展性和冲击抗力有不利影响，限制了含硼不锈钢用作乏燃料储存和运输设备的结构材料。混凝土成本低、对多种辐射各能段均有较好屏蔽效果，是现代辐射场中最常用的屏蔽材料，对固定式反应堆和加速器的屏蔽应用更加普遍。除混凝土外，目前用得较多的中子屏蔽材料是铅硼聚乙烯、含硼聚丙烯，该类材料具有良好的工程性能、尺寸稳定性和较好的耐 γ 辐照性能，使用温度可达到 80～100 ℃，其屏蔽 γ 射线、快中子和热中子的屏蔽性能明显。含硼类复合材料虽然具有良好屏蔽中子的能力，但屏蔽性能递减，添加稀土元素制得稀土高分子复合材料是目前屏蔽中子辐射的最理想材料。美日和欧洲一些发达国家研制出了将硼、锂及其化合物分散在高分子材料如聚乙烯、聚酯、聚酰胺而纺制成防中子辐射纤维。纳米材料具有的表面与界面效应、小尺寸效应和量子尺寸效应对提高材料中子吸收效果及热力学性能等有很好的提升作用，为未来中子屏蔽材料的研发提供了一个很有前途的发展方向。

纵观整个已研制使用的辐射防护屏蔽材料，仍存在以下几方面的问题：

(1)吸收效果有待提高。这些材料中铅当量最高的只有 0.33 mm/mm 左右，如继续增加各种材料中吸收物质的比例就会降低材料的力学物理性能。因此，依靠现有各种重金属氧化物作吸收物质，难以在保证材料力学性能和使用性能的条件下，吸收性能会有大的改观，必须研制新型吸收材料。

(2)基质材料选择范围需要拓宽。目前基材选择上主要依靠对现有高分子材料的辐照效果，选取那些抗辐照性能较好的树脂使用，但在空间环境中，航天器或卫星受到的高剂量辐射具有偶然性、多变性和不可预测性，这些材料难于应用。

(3)制备工艺和方法有待改进。现有的制备方法一般是简单地将吸收材料与基材熔融混合，或者采用非金属的 B、B_4C 以及其他硼化物与铅等结合起来，使得屏蔽材料结构复杂、屏蔽体质量高且体积大，力学性能较差，不适于用作结构材料。因此，开发多功能、轻质、高强的抗辐射屏蔽材料将是未来的发展趋势。

稀土辐射屏蔽材料作为防辐射材料一个新兴研究方向，目前国内研究较多，尤其在中低能X射线屏蔽方面研究较为系统且全面。对于在中子射线屏蔽材料方面，稀土高分子复合材料是目前屏蔽中子辐射的最理想材料，然而对其研究尚少，进一步对于具有综合屏蔽效果的稀土防辐射材料研究更少。稀土在中子辐射屏蔽材料及综合屏蔽材料方面的应用具有重要意义，有待于进一步研究。纳米材料具有的小尺寸效应、表面与界面效应和量子尺寸效应等对提高材料物理性能及屏蔽效果有很好的促进作用，其在屏蔽材料制备方面已有所应用，并取得了一定的效果，其应用为进一步优化提供了重要指引方向，是未来防辐射材料制备的一个很具有潜力的发展领域。材料开发从遗传算法、MCNP 程序、梯度材料设计等方面为防辐射材料优化设计提供了一定的方向，有利于设计出更加灵活、高效、适应性强的防辐射材料，对此方面进一步研究与应用必然成为未来防辐射材料发展的一个重要方向。

第9章 健康舒适材料

9.1 抗菌材料

抗菌材料是一类具有杀菌、抑菌性能的新型功能材料，其核心成分是抗菌剂。按照自然属性可分为天然抗菌剂、合成有机抗菌剂、无机抗菌剂。

天然抗菌剂主要来自天然物质的提取物，大致可分为植物类、动物类、微生物类、矿物类。有机抗菌剂是指对细菌具有杀菌、防腐、防霉的有机材料。它通过化学反应破坏细胞膜，使蛋白质变性，代谢受阻，从而起到杀菌、防腐及防霉等作用。有机抗菌剂杀菌力强，来源丰富，对霉菌的杀灭能力也较强，但是在高温、安全性要求高和要求抗菌持久条件下，使用受到限制。无机抗菌剂是将与具有抗菌能力的金属离子、氧化物、光催化材料通过物理或化学方法，固定在无机材料上制成的抗菌材料。其抗菌机理主要有两个：以银为主的金属离子抗菌机理、金属氧化物抗菌机理和以 TiO_2 为主的光催化抗菌机理。金属离子抗静电剂可以分为三类：金属离子抗菌剂（硅酸盐系、磷酸盐系、可溶性玻璃）、金属氧化物抗菌剂（钙系）和光催化型抗菌剂（Ti_2O、氧化锌晶须、复合型）。无机抗菌剂对细菌具有广谱、高效、安全、耐久、耐热等优点，因此被广泛使用，是目前的研究重点。

9.1.1 天然抗菌剂

天然抗菌剂是天然物质的提取物，通过作用于细菌细胞壁、原生质膜及细胞内容物破坏菌体结构，或影响细菌代谢作用与生理活动，对酶体系作用，抑制呼吸作用，影响有丝分裂来杀菌。根据原料来源不同，分为植物类、动物类、微生物类和矿物类。

9.1.1.1 天然植物抗菌剂

天然植物抗菌剂是研究最多的一类天然抗菌剂，品种繁多 ，结构差异大，仅从其有效成分的化学结构上看，可以分为黄酮类、蒽醌类、多酚类、生物碱类、苯并吡喃类、靛类、二酮类和类胡萝卜素类等，同时许多药效物质结构中大多含羟基、酚羟基、羧基等官能团，因此抑菌原理也不尽相同。植物源抗菌剂可能有多种抗菌机制，主要包括：破坏或者降解细胞壁；破坏细胞质膜；破坏细胞膜蛋白质结构；使细胞内容物泄漏；使细胞质凝聚；减弱质子运动力。这几种作用机制并非完全独立，可能会互相影响，一种机制的反应也可能受到另一种反应物或生成物的影响。已明确具有抗菌作用的中草药有近百种，含有抗菌成分的中药主要集中在菊科、唇形科、木兰科、马兜铃科、木犀科、百合科、葫芦科、莎草科豆科、十字花科等植物，特别是丁香、大蒜、

三七、千里光、丹参、甘草、防风、金银花、连翘、荆芥、柴胡、桂枝、黄连、黄芩、黄柏、麻黄、薄荷、藿香都有较深入的研究。虽然众多植物提取物对致病微生物都有抑制作用,但同一种活性物质对不同病原体的抑制程度不同,同一病原体对不同的提取物敏感性也存在差异。

9.1.1.2 动物源抗菌剂

动物源抗菌剂有氨基酸类、天然肽类、壳聚糖类等。

(1)氨基酸类与微生物的相互作用分为两个重要步骤:第一步首先带正电的氨基酸极性端与带负电的微生物细胞膜间产生静电作用,释放反离子,随后两亲分子的疏水性烷基链与磷脂双分子层相结合,改变薄膜结构,使细胞内容物流出;第二步氨基酸类在脂质双分子层的非极性环境中扩散。氨基酸类易生物降解,具有优异的应用前景。

(2)天然肽类的抗菌作用由瑞典科学家 Boman 等人首先发现,抗菌肽具有广谱杀菌作用,主要是由于在两亲性的 A 螺旋结构作用下,使原核细胞质膜上形成离子通道。离子通道的形成改变了细胞内外的渗透压,使细胞内物质大量外渗,起到杀菌作用。抗菌肽的正电荷与细菌胞膜的磷脂头部负电荷间的作用至关重要,在肽分子中 N 端 A 螺旋的双亲性是裂解细菌的主要部分,C 末端的酰胺化与广谱抗菌有关。可以看出,抗菌肽的抗菌机理与通过阻断大分子的生物合成来发挥作用的抗菌素的抗菌机理截然不同,很有可能成为新抗菌药的来源。

(3)壳聚糖类是甲壳质的脱乙酰产物,壳聚糖有以下三种抗菌作用:一是壳聚糖的有效基因—NH_3^+ 可与细菌细胞膜上的类脂——蛋白质复合物发生反应而变性,改变细胞膜通透性,或与细胞壁形成负电环境,破坏其完整性,使细胞壁逐渐溶解,直至细胞死亡;二是壳聚糖溶于酸后成为一种阳离子生物絮凝剂,絮凝过程中使菌体细胞聚沉,高分子链密集于菌体表面,形成高分子膜,影响细菌对营养物的吸收,阻止代谢废物排泄,导致菌体新陈代谢紊乱,起到杀菌、抑菌作用;三是壳聚糖随着分子量降低,通过渗透作用穿过多孔细胞壁,进入细菌内部,破坏细胞内含物的胶体状态,使其絮凝变性,或直接干扰带负电荷的遗传物质 DNA 和 RNA,抑制细菌繁殖,导致死亡。

实际的抗菌过程可能是其中一种或多种机理的组合,而它们的抗菌活性与脱乙酰化程度、相对分子质量、pH、金属离子、离子强度等多个因素有关。

9.1.1.3 微生物抗菌剂

微生物源抗菌剂的抑菌机制有以下四种:

(1)分泌抗菌素,如链霉菌的发酵产物脂肽类抗生素几乎能够抑制所有的革兰阳性病原菌;多粘菌素的脱酰氨基衍生物可以渗透过革兰氏阴性菌的外膜而中和脂多糖毒性;淀粉芽孢杆菌胞内溶素分子链的 C—端和 N—端都与抗菌活性有关。

(2)对病原菌直接作用,如木霉和酵母能寄生在病原菌上,并分泌一种能破坏真菌细胞壁的酶。

(3)参与营养和生存空间的竞争,通过占有生存空间、消耗氧气等削弱以至消除同一生存环境中的某些病原物。

(4)诱导寄主产生抗病性,微生物可以诱导寄主产生防御反应或对病原菌直接寄生而抑制病原菌。

9.1.1.4 矿物源抗菌剂

矿物源抗菌剂包括砷化物、硫化物、铜制剂、氟化物、磷化物和矿物油等。例如，胆矾对化脓性球菌、痢疾杆菌和沙门氏菌均有较强的抑制作用；雄黄对多种皮肤真菌、肠道致病菌有很强的杀灭作用。矿物源抗菌剂除了用于卫生健康领域，在有机农业上也有广泛的应用前景，但这方面的研究非常少。

天然抗菌剂对环境无副作用而越来越受到关注。现有大部分植物提取物均是初制品，其有效成分含量常随季节和地理环境变化而不稳定。有些天然抗菌剂中究竟是何种物质起作用还不甚清楚，更无法分离出纯品进行毒理学评价。各种抗菌物质的作用机理、活性成分结构鉴定、抗菌谱和应用范围需深入研究。现已研发的部分天然防腐剂普遍存在抗菌谱较窄的弊端，仅使用某一种不能完全抑制所有病菌的生长，同时使用多种则又可能对人体产生毒害。

9.1.2 有机抗菌剂

有机抗菌剂指以有机酸类、酚类、季铵盐类、苯并咪唑类等有机物为抗菌物质的抗菌剂。在聚合物抗菌剂中，一般包括高分子载体，抗菌活性官能团一般为含氮或磷阳离子及卤亚胺的结构以及连结二者的结合部位。制备聚合物抗菌剂的聚合方式常见的有两类：一类是多卤代烷与多叔胺的季铵化反应，常用来制备水溶性聚合物抗菌剂；另一类是碳碳双键的加成聚合，常用来制备水不溶性聚合物抗菌剂。聚合物抗菌剂尤其是水溶性聚合物抗菌剂在水处理、油田开采、食品及包装材料等领域已经有所应用。

有机抗菌剂研究起步较早，制备工艺也较成熟，广泛应用于塑料、涂料、纤维、纸张、橡胶、树脂、木材、建材、医疗以及水处理等，可以破坏菌体细胞膜，使蛋白质代谢受阻，其优点是种类多、杀菌力强、安全性高，缺点是毒性大，耐热性较差，易迁移、可能产生微生物耐药性等。无机抗菌剂和天然抗菌剂受到重视，并有大量产品进入市场，而有机抗菌剂的研究开发差不多处于停顿状态，市场需求下降。有机抗菌剂的作用机理可归纳为以下三方面：一是作用于生化反应酶或其他活性物质；二是作用于细胞壁和细胞膜系统；三是作用于遗传物质或遗传微粒结构。

有机抗菌剂根据其分子量的高低可分为低分子有机抗菌剂和高分子有机抗菌剂，二者的抗菌机理、应用效果是不同的。

低分子有机抗菌剂主要有季铵盐、有机金属、卤代胺和双胍类等，其作用机理通常是：抗菌剂吸附到细菌细胞表面；穿过细胞壁扩散进入细胞；与细胞膜相结合；破坏细胞膜；细胞内物质K^+、DNA、RNA 泄漏；菌体死亡。高分子有机抗菌剂低分子杀菌剂虽然表现出杀菌速度快、抗菌效能高等优异特性；但是也存在耐热性能差、容易在溶剂和被添加基质中析出等缺点，并且分解产物常带有毒性。带有抗菌基团的有机高分子抗菌剂不但可以克服上述缺点，而且同样具有很好的抗菌性能。

根据高分子抗菌剂活性官能团的不同，通过单体的均聚、共聚或接枝的方式聚合而成，它们主要可分为季铵盐聚合物、季磷盐类聚合物、卤胺类聚合物、胍类聚合物、万古霉素类聚合物等多种类别。

9.1.2.1 季铵盐聚合物

季铵盐聚合物的特点是结构中心为正一价的季铵氮离子(N^+),周围有四个取代基(R1～R4)及抗衡阴离子(如 Cl^-、Br^-、I^- 等)。当前最为广泛接受的理论认为季铵盐聚合物的抗菌性能依赖于 N^+ 的正电性,但对 N^+ 的具体作用模式尚未有定论。有研究认为它们是通过 N^+ 与细菌细胞膜(呈电负性)间的静电引力吸附到细菌表面,随后借助于取代烷基的疏水作用,穿透并刺穿细菌细胞膜,进而引起细胞内物质外泄,杀死细菌;也有研究认为季铵盐聚合物是依靠 N^+ 与细胞膜中的 Ca^{2+}、Mg^{2+} 离子交换,破坏细菌的电荷平衡和结构的完整性,从而发挥抗菌活性。除了上述作用外,季铵盐聚合物也具有抑制细菌脱氢酶、氧化酶等作用。季铵盐聚合物在一定的相对分子质量范围内表现出良好的抗菌活性:相对分子质量偏大时,分子尺寸大,穿透细菌细胞膜的阻力也大,不利于发挥抗菌活性;相对分子质量偏小时,活性官能团密度低,不足以表现出良好的抗菌活性。同时,取代烷基链的长度也会明显影响抗菌性能。N^+ 的 4 条取代烷基链中至少其中一条的碳原子数要达到 8～18,以增强与细菌亲脂性磷脂双分子层的相容性,从而更好地破坏细胞膜、杀死细菌。另外,抗衡阴离子和活性官能团与主链的间隔长度等也会影响抗菌性能。

9.1.2.2 季磷盐类聚合物

由于季铵盐的大量使用,细菌、真菌等对其逐渐产生了耐药性,可将季铵盐结构中的 N 原子用 P 原子取代而得到季磷盐抗菌剂来替换季铵盐,带有长烷基链的季磷盐具有更佳的抗菌活性。季磷盐类聚合物的抗菌活性来源于 P^+ 的正电荷性质,P^+ 与季铵氮 N^+ 相同均采用 sp^3 杂环轨道与四个烷基碳连接,形成稳定的四面体结构,不同的是磷属第三周期元素,离子半径大于第二周期元素氮,因此季磷盐的极化作用和正电性更强,抗菌活性也更高。但是,尽管季磷盐聚合物在抗菌活性上具有很大优势,但其成本过高,难以规模化应用。带有长烷基链的三丁基磷化合物,当长链烷基的碳数为 12、14、16、18 时,对大肠杆菌及金黄色葡萄球菌均有高效、快速的杀菌活性;单、双长烷基链的碳数分别为 10、14、18,这些季磷盐能较好地抑制典型微生物的活性。

9.1.2.3 卤胺类聚合物

卤胺类聚合物结构特点是重复单元中含有一个或多个卤胺键,理论上酰胺 N 上的氢都可被卤素取代、形成卤胺键。卤胺类聚合物的抗菌活性较高,它们既能释放强氧化性的卤素阳离子到微生物体内,破坏细胞酶的活性和代谢过程,也能通过与细菌的直接接触而发挥抗菌活性。在聚乙烯(PE)的表面接枝丙烯酰胺,经卤化后材料可获得抗菌活性,但相对而言杂环状乙内酰胺的研究更多。微生物对卤胺聚合物没有耐药性,且它们的抗菌活性可再生,当抗菌性能不能满足需求时,简单的卤化处理就能使卤素存量提高,抗菌性能恢复。通常聚合物的亲水性越好,胺化合物越易形成稳定的卤胺结构,且在水中浸泡两个月后无明显变化;亲水性越好,越容易释放卤素与细菌接触,抗菌活性也更高,但它们的抗菌时效将会相对缩短。需要注意的是,卤胺聚合物在抗菌过程中会释放出的卤素能与水中有机物反应生成致癌致突变的副产物,对人体健康和环境安全产生不利影响。

9.1.2.4　胍类聚合物

胍类高分子抗菌剂是通过缩聚法制得，对相对分子质量和形状的控制较差，其主要包括聚胍盐(PGs)和聚双胍盐(PBGs)。胍类高分子属于强阳离子化合物，它们能迅速吸附到带负电的细菌细胞膜上，并与细胞膜内的 Ca^{2+} 和 Mg^{2+} 等发生离子交换，破坏细胞膜的电荷平衡；也能破坏磷脂的生物活性和细胞膜的结构，最终杀死细菌。胍类高分子抗菌剂的抗菌性能取决于重复单元的结构、聚合物的结构和相对分子质量等因素。

9.1.2.5　万古霉素类聚合物

万古霉素类聚合物是以现有的小分子抗菌剂为模板，合成的更多安全有效的高分子抗菌剂，类似尝试常因为聚合物分子尺寸大，难以进入细菌体内与酶、DNA、RNA 等作用靶位结合，很难保持原有活性。例如，把丁香酚转化为聚合物后，扩散杀菌能力显著下降；而诺氟星沙聚合物需在较高浓度下才能有效杀死细菌。改性效果的差异可能与作用机理有关，万古霉素的分子结构类似杯形，其作用靶位在细菌表面，它能够以 5 个氢键(由 5 个羟基及氨基形成)、专一地与细胞壁前质末端的 D-Ala-D-Ala 结合，后续的转糖酶与肽基转移酶也无法继续作用，导致新生细胞壁结构松散，不能承受菌体内强大的渗透压，因此破裂死亡。而丁香酚需与菌体内的酶接触而抗菌，诺氟星沙主要是通过抑制 DNA 的合成而抗菌，它们的作用靶位都在细菌细胞内部。因此，在筛选开发抗菌聚合物时，应选择能与细菌表面作用的有机抗菌剂。

1935 年，Domagk 发现氯化苄叉毒芹具有强烈的灭微生物活性作用，由此开辟了阳离子表面活性剂用作抗菌剂的研究领域。Kariyone 于 1990 年对有抗菌活性的季按盐做了综述。

有机类抗菌剂具有速度快，加工方便，颜色稳定性好，抗菌谱明确，部分有机抗菌剂对霉菌有特效等优点，但低分子有机抗菌剂存在耐热性差、使用过程中易析出、易挥发等缺点，因此高分子有机抗菌剂将会有很大的发展空间。特别是将具有抗菌功能的基团通过化学反应组装到基体树脂分子链上得到的抗菌材料，这类抗菌材料克服了普通有机抗菌剂不耐热、与基体相容性差，不耐浸泡洗涤、渗出物安全性等缺点，具有高效、广谱、安全无毒、抗菌效果持久、优良的热稳定性、与树脂良好的相容性、优良的加工性、价格低廉等特点；随着人们环保意识提高，易生物降解、环境友好的抗菌剂也将是今后国内研究的热点。复合型抗菌剂合理利用两者的优点，从而大大提高了抗菌剂的性能和适用范围。总之，随着人们生活水平和健康环境意识的提高，发展长效、低毒、广谱、易生物降解的抗菌材料将是人们奋斗的目标。

当今由于有机-无机复合抗菌剂兼有有机抗菌剂的高效性、持续性及无机抗菌剂的安全性、耐热性，而成为热点方向之一。日本多将有机聚硅氧烷、可水解硅烷、含三唑基的化合物及沸石混合，所得产品不仅抗菌效果好，不受紫外线的干扰，而且与聚合物有很好的相容性，还可利用层间插入技术将有机抗菌剂引入到银离子交换过的层状黏土的层间隙中。这类硅酸盐有足够的层间距离和耐热温度，在高温下使用时，银离子和有机抗菌剂可一起慢慢释放出来，收到综合抗菌、防霉的效果。还有一种无机-有机抗菌剂利用具有抗菌性能的有机配体和具有抗菌性能的无机阳离子形成复合盐抗菌剂。

9.1.3 无机抗菌剂

9.1.3.1 金属离子抗菌剂

金属离子抗菌剂为金属及其化合物，其金属离子的抗菌作用大小顺序为：Ag＞Hg＞Cu＞Cd＞Cr＞Ni＞Pd＞Co＞Zn＞Fe，其中 Ag 的抗菌性约为 Zn 的抗菌性的 1 000 倍。将这些金属或其化合物与沸石、玻璃、磷灰石、磷酸钙、磷酸锆等无机多孔性载体矿物通过离子交换或吸附作用合成抗菌材料，其中银系抗菌剂已得到广泛应用。微生物膜外存在高浓度的金属阳离子，改变了正常的生物膜内外的极化状态，从而阻碍或破坏细胞维持生理所需的小分子和大分子物质的运输。一些金属离子也可以进入微生物细胞内，使大多数酶失活，导致微生物的能量代谢和物质代谢受阻，从而达到抗菌的目的。此外，进入细胞内的金属离子也可以与核酸相结合，破坏细胞的分裂繁殖能力。对于 Ag^{+} 的抗菌机理除了直接与细菌接触，抑制和灭杀细菌，还间接地通过在其周围产生活性氧而发挥抗菌活性。与有机抗菌剂相比，金属离子抗菌剂具有较强的抗菌能力(特别是银离子)，具有广谱抗菌性能，并且对于金属离子抗菌剂，细菌不易产生抗菌性突变，安全性较好。与易挥发的有机抗菌剂相比，金属离子抗菌剂耐久性一般较好。而且，对于金属离子抗菌剂来说，其分离温度一般均大于 500 ℃，热稳定性比有机抗菌剂(一般小于 300 ℃)好，很大程度上扩大了其应用范围。目前，复合抗菌材料、纳米抗菌材料是研究的重点方向。

1. 离子交换过程和理论

金属离子抗菌剂常用的制备方法有离子交换法、络合—被覆法、玻璃化法等。引入抗菌成分的方法有离子交换法、吸附法和熔融法等，其中离子交换法最常用。离子交换反应是固相离子交换剂与溶液中的离子间发生的离子互换反应，作为交换剂相的固体，它不溶于水、酸、碱和任何溶剂，其结构应该具有不溶性骨架，且骨架上可电离的极性基团(离子)可进行交换作用，如图 9-1 所示。离子交换的理论有四个：晶格理论、双电层理论、道南(Donna)膜理论、多相化学反应和渗透压力理论。

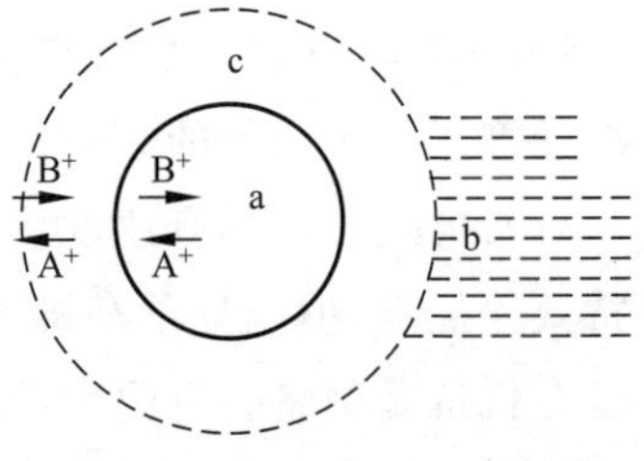

图 9-1 离子交换过程的示意图
a—交换剂相(粒内扩散层)；
b—溶液相；c—液膜(膜扩散层)

(1)晶格理论：组成固体物质晶体点阵的是离子而不是分子，即离子固体物可认为处于完全解离状态，晶体中的每一个离子被一定数目的具有完全相反电荷的离子包围，相反电荷离子的数目决定于配位数。晶体点阵中的离子被其他离子所取代的难易程度取决于连接离子的引力大小和性质、相互置换的离子的大小、进行交换的离子的浓度和电荷、溶解度效应和晶格可以接近的程度等。离子受库仑力所作用，引力的大小取决于离子的相对电荷和离子间的距离。

(2)双电层理论：交换物质由双电层组成，内层为固定不变的电荷，外层则为扩散而可移动的电荷。这些电荷层吸附的离子可以与胶体内部原来存在的离子完全不同，原来存在的离子决定胶体体系大部分的电动力学性，存在于胶体的扩散层中的离子可伸展到外面的溶液介质中。因此，可以认为构成扩散层的离子浓度随外层溶液的浓度和 pH 的不断改变而变化。

(3)道南(Donna)膜理论：膜的两边的离子分布是不均匀的，在膜一边的某种电解质的某种离子能渗透过膜，直到膜两边的离子浓度比相等，即达到平衡状态；游离电解质不能交换到交换剂中，交换过程有原子价效应、电解质浓度的效应、溶液体积和交换剂相固定离子浓度效应。此理论非常适用于解释一个离子交换物质（排除游离）具有扩散的电解质的能力。

（4）多相化学反应和渗透压力理论：离子交换是一个多相化学反应，可用反应平衡常数来表达离子交换过程的平衡；渗透压力可以理解为溶液的一种外压力，它导致溶液的蒸气压等于纯溶剂的蒸气压。

综合以上几种理论的优缺点，相互补充便可很好地解释离子交换中的问题。

2. 以 Ag^+ 为主的金属离子抗菌机理

Hg、Cd、Pb 和 Cr 的毒性较大，实际上常用 Ag、Cu、Zn 作金属离子抗菌剂。但由于铜存在残留和颜色问题，Zn 的抗菌效力不强，抗菌活性只有银的 1/1 000，故抗菌性能最强的银成为无机抗菌剂中重要的抗菌成分。金属离子类抗菌材料的抗菌效力因浓度、温度和时间而不同。银系抗菌材料作用的标靶也是多样性的，一价银离子的作用标靶为细菌细胞膜中带硫醇基的酶和细胞质的硫醇基，高浓度的一价银离子还可使细菌的细胞质凝固。目前，关于金属离子类抗菌材料的抗菌机理有离子溶出和活性氧两种机理。

（1）离子溶出机理（触杀机理或缓释机理）：银离子与病菌接触反应，破坏病菌的固有成分或产生功能障碍，从而导致病菌死亡。酶作为大分子蛋白质，带有琉基、氨基或微金属离子，酶的催化是病原菌进行新陈代谢的基础。在抗菌剂的使用过程中，金属离子逐渐从抗菌材料中溶出。细胞膜带有负电荷，当微量银离子到达微生物细胞膜时，能依靠库仑力牢固吸附在细胞膜上；而且银离子还能进一步穿透细胞壁进入病菌内，与生物体内的蛋白质、核酸中存在的琉基（—SH）、氨基（$—NH_2$）等含硫、氨的官能团发生反应，凝固病菌的蛋白质，破坏病菌细胞合成酶的活性。当酶蛋白沉淀或失去活性时，能量和新陈代谢被迫中止或中断，抑制病菌的生长和繁殖从而达到抗菌目的。官能团与银离子的反应如下：

$$(\text{蛋白质})—SH + Ag^+ \longrightarrow (\text{蛋白质})—SAg + H^+$$

$$(\text{蛋白质、核酸})—NH + Ag^+ \longrightarrow (\text{蛋白质、核酸})—NAg + H^+$$

另外，银离子也可以破坏微生物的呼吸系统、电子及物质传输系统。当菌体失去活性后，银离子又从菌体中游离出来，重复进行杀菌活动，保持持久的抗菌效果。有报道称银的杀菌作用直接和 Ag^+ 从其配体中溶出有关，Ag^+ 可强烈地结合酶蛋白的琉基而使酶失活是抗菌的主要原因。

虽然 Cu^{2+}、Zn^{2+} 的抗菌效果不如 Ag^+，但是，将其掺杂在材料里面，可能会和 Ag^+ 产生协同效应。由于 Cu^{2+} 具有氧化还原性，会和细菌的细胞膜上的膜蛋白发生反应，打破细菌的结构，进入细胞内部破坏参与信息传输的酶，导致细菌死亡；当铜离子有氧碰撞细胞膜时，细菌细胞膜发生局部氧化或出现生锈现象；有细胞膜的细菌微生物的内部与外部都有自身的电压，内外之间还存在一定的电位差，所以当铜离子与细菌相接触时，有可能会造成细胞膜上的所谓“电路”不通，发生短路现象，这会使得细胞膜出现破洞，造成细菌死亡。细胞的膜被破坏后，铜离子可以迅速地进入细胞内部，破坏细胞内部结构，进而破坏了细菌的新陈代谢系统，使得细菌的呼吸系统和消化系统都被破坏，直至死亡。

(2)活性氧机理:银等重金属离子具有较高的急性催化能力,特别是在载体处于稳定的活化状态,与水和空气中的氧作用可产生羟基自由基(·OH)和活性氧离子(H_2O^-、H_2O^+和O^{2-}等),破坏细胞内的各种重要生物高分子和膜,或形成其他活性氧化物,抑制病菌的继续生长和繁殖,从而起到抗菌效应。在短时间接触时,Ag^+只有在有溶解氧的情况下才能使氧活化为过氧离子、过氧化氢和羟基自由基,从而发挥其抗菌效果。

$$Ag + H_2O \longrightarrow Ag + H^+ + \cdot OH$$

$$Ag_n \longrightarrow Ag + Ag_{n-1} + e^-$$

$$e^- + O_2 \longrightarrow O_2^-$$

目前对于银离子的杀菌形式并无定论,通常认为银离子以触杀性杀菌为主,而光催化过程也起到一定的杀菌作用。

3. 研究进展

瑞士植物学家拉克林于1893年发现0.01×10^{-6} mol/L的银离子可杀灭藻类中的细菌,其后又陆续发现了铜、锌等金属离子具有弱于银离子的抗菌效果。重金属类抗菌剂,尤其是银系抗菌剂已经得到了广泛的应用,已扩展到纺织及纤维、建筑材料、塑料、涂料等诸多领域。金属系无机抗菌材料最大的特征是具有缓释、控释的功能,因而使用稳定性好,抗菌活性高,而且耐热强,安全性好,不产生耐药性,有着巨大的发展潜力。随着我国人民对环境舒适性及卫生条件的重视,必将扩展无机抗菌材料的应用范围,由此也定会产生显著的社会效益和经济效益。金属离子抗菌剂在应用中还存在如下几个问题有待研究。

(1)普遍使用的抗菌剂中金属离子为银,使用时添加量大(1%~3%),产品成本较高。改进办法为:将抗菌剂用于比表面积大的制品中,使其露出表面而不致被“埋没”在内部;开发非银离子型无机抗菌剂,如Zn^{2+}、Cu^{2+}离抗菌剂。

(2)抗菌剂制品的使用环境与含食盐食品或其他含Cl^-的物品接触时,因为银离子与氯离子反应而降低抗菌性。

(3)在抗菌材料研制过程中,尚无妥善解决载银抗菌剂的变色问题,即使是银的化合物也容易与有机物反应而变黑。在抗菌剂添加入树脂并成型加工塑料制品时受热银与其他添加剂反应,使成型品变黄、变色;而且在抗菌服制作过程中载银抗菌剂在白色、淡粉、鹅黄等浅色系面料中的使用也受到限制。

(4)抗菌剂中Ag^+不稳定,容易转化为金属银。

(5)抗菌剂在抗菌理论和评价技术方面也需要开展深入研究工作。

(6)抗菌剂中Ag^+等金属离子的缓释性也是研究和开发中面临的一大难题。

(7)抗真菌性弱,使用添加量较大。显然,只要不断改进金属离子抗菌剂在应用中出现的缺陷,这种新型的抗菌剂将会逐渐取代传统的有机抗菌剂而不断提高人们的生活水平和卫生水平。

(8)虽然银离子、铜离子、锌离子及其化合物大多定性为低毒,但超出某个限制后抗菌剂中的金属离子(尤其是纳米银)很可能透过皮肤而进入人体并通过血液循环分布于各脏器形成体内沉积,这种沉积是否会对人体健康造成损害,在医学界存在很大的争议。所以,应尽快出台标准对无机抗菌剂中所含不同金属离子的量加以限定，防患于未然。

日本与美国对于金属离子抗菌剂的研制与开发应用走在前列，特别是日本，代表了该领域的研究状况。现在世界上广泛兴起的与人类健康发展、环境保护等密切相关的无机抗菌材料，涉及微生物学、光化学、物理化学、材料学等多个学科，具有相当的技术难度，仅日本、韩国、美国等几个发达国家在该项技术的研究上处于世界领先地位。我国在产品研发和性能指标方面仍在积极探索。未来液体抗菌材料、复合抗菌材料、纳米抗菌材料是研究的重点方向。

在生活中我们使用的抗菌剂有时是以液体消毒液形式喷施的，国内将金属银纳米化，添加特定的悬浮剂制成含银的抗菌液，喷洒到空气中后，金属抗菌离子能有效地破坏微生物的电子传递系统和物质传递系统，因而可短时间内起到杀菌和净化空气的作用。液态金属离子抗菌剂中的金属离子与固体粉状相比有较强的还原电位，反应活性大，使用时用量小、易于浓缩、加工和储运。

复配型抗菌剂均表现出优于单一组分的综合抗菌活性，是现代抗菌剂的一个重要方向，通过复配可以增强抗菌剂的广谱性，且容易在较低浓度就能够获得更好的抗菌性能。常见的复合抗菌剂是 Cu^{2+} 和 Zn^{2+} 对 Ag^{+} 掺杂产生的复合抗菌剂，掺杂之后很可能会产生协同抗菌作用。另外，由于壳聚糖(CS)为层状结构，壳聚糖/银/铜复合抗菌剂中 Cu^{2+} 会更多地从基体中游离出来，大大增强抗菌剂的抗菌性能。此外，壳聚糖-羟基磷灰石复合材料不仅具有生物相容性和优异的力学性能，而且具有骨诱导性，能够促进骨缺损的修复，是比较理想的骨组织工程支架。

由于纳米材料具有表面效应、小尺寸效应、量子尺寸效应和宏观量子隧道效应等特性，极易吸附细菌。特别是纳米磷酸盐系抗菌剂的研究中，插层复合技术的运用可以实现无机物与聚合物在纳米尺度上的复合，制备具有复合特性的新型材料。纳米抗菌陶瓷已成为陶瓷行业的主流发展方向。最新抗菌陶瓷技术主要有陶瓷变性防锈抗菌涂层技术、不断裂的纳米抗菌陶瓷技术、纳米抗菌陶瓷刀具材料技术和纳米硅抗菌陶瓷技术等，这些技术的研发将给抗菌陶瓷领域带来更好的前景。但是，在使用纳米银的过程中需要考虑纳米尺度上对人体和环境的危害。另外，纳米技术成功应用于滚筒洗衣机，将纳米抗菌材料加入洗衣机内，可有效抑制细菌滋生，随时清洁洗衣机外桶，使洗衣机保持“净水”的洗涤状态；实现了新技术的突破，开创了洗衣机领域纳米抗菌新时代，推出了能自我清洁的纳米洗衣机。此外，新型纳米抗菌材料还有：纳米复合丙纶纤维抗菌母粒、纳米复合抗菌塑料母粒、纳米复合银系抗菌粉、纳米无机抗菌剂、纳米导向剂等。

9.1.3.2　沸石抗菌剂

沸石抗菌剂属于离子溶出型的无机抗菌材料。沸石是一族含碱金属或碱土金属的硅铝酸盐化合物，由硅氧四面体和铝氧四面体通过共用氧原子构成三维骨架环状结构。通过物理吸附或离子交换等方法将抗菌金属离子载入沸石的架状结构中，沸石架状结构中的异电吸引保持抗菌离子的稳定和缓释，从而对细菌产生抑制作用。选择不同结构的沸石或对其进行改性处理，可以改变沸石对金属离子的控制和缓释能力。常用的抗菌金属是银、铜、锌，采用多种金属离子复合抑菌能增强抗菌能力，扩大抗菌范围。沸石抗菌剂研究较多的是载银沸石抗菌剂的抗菌剂机理。其中，Y型载银沸石的抗菌机理为活性氧抗菌机理，即在光的作用下，银离子和水或空气作用，生成活性氧和自由基，它们具有很强的氧化还原能力，从而使有害细菌分解得以灭杀。而载银A型沸石抗菌剂的抗菌机理为 Ag^+ 缓释抗菌机理，即抗菌剂缓慢释放出 Ag^+，Ag^+ 可以破坏细胞的细胞膜或细胞质原生质活性酶的活性，从而具有抗菌作用。沸石抗菌剂具有抗菌高效、广谱、持久、可加工性好、安全稳定的特点，广泛应用于家电、建材、纺织、塑料等领域。

沸石是一类具有很大阳离子交换能力的碱或碱土金属的铝硅酸盐矿物，是一族具架状结构的多孔性硅酸盐矿物的总称。化学通式为：

$$M_{2/n}O \cdot Al_2O_3 \cdot xSiO_2 \cdot yH_2O$$

其中，M为金属离子；n 为电价；x、y 分别为 SiO_2 和 H_2O 摩尔数。

沸石作为载体有以下四大特点：孔径比较均匀；其三维骨架结构中有连续的空洞通道；较大的比表面积和离子交换容量；热稳定性较好。沸石的结构特征使其具有离子交换功能，利用其阳离子交换性能，通过交换将 Ag^+ 结合在沸石结构中，可制成具有广谱、抗菌持久、可加工性、耐热性好、安全性高和不易产生抗药性等特点的沸石型载银无机抗菌剂，并广泛应用于家电、建材、纺织、塑料等领域。

从沸石交换反应的热力学观点来看，温度的变化会引起交换平衡常数的改变，其标准自由能与标准焓数值是等符号的，是热力学上容易进行的放热反应。从交换反应的动力学观点来看，交换吸附过程包括外扩散和内扩散。沸石的交换吸附量等于内表面和外表面交换吸附量之和。前者即通过液体扩散至沸石颗粒表面而被吸附；后者则指在沸石孔中扩散和沿孔壁表面的扩散，方向都是指向沸石颗粒的中心，而且是同时发生的。沸石硅铝酸盐格架中，部分 Si^{4+} 被 Al^{3+} 所取代，导致负电荷过剩，Na^+、K^+、Ca^{2+}、Mg^{2+} 等阳离子补偿过剩电荷，这些阳离子可与别的离子发生交换反应，而且存在于不同位置的阳离子交换能力不同。位于大笼中的阳离子比位于小笼中的阳离子更容易交换，导致离子交换为不完全交换。由于沸石的结构、阳离子的本性(电荷数、离子半径等)以及交换条件不同，沸石与阳离子选择性交换。重金属离子在沸石颗粒表面可形成水合氧化物覆盖层，导致表面呈负电性，有利于络合吸附重金属离子。同时，沸石具有很大的比表面积，对重金属离子有一定的物理吸附，但主要吸附形式为离子交换吸附和表面络合吸附。

沸石抗菌剂最常用的制备方法是离子交换法和高温浸渍法。

1. 离子交换法制备载银沸石抗菌剂

(1)直接式：称取一定量的 $AgNO_3$ 配成一定浓度的溶液，与一定量的沸石分子筛进行离子交换反应，用稀硝酸和NaOH溶液调节pH，在一定温度下搅拌(注意避光)，离子计读数不再变化时停止搅拌，抽滤，交换后的沸石放入108 ℃的烘箱中烘干。从烘箱中取出交换后的沸石，研磨并避光存放。

(2)间接式：称取一定量的 $AgNO_3$ 配成一定浓度的溶液，与一定量的沸石分子筛进行离子交换反应，用稀硝酸和NaOH溶液调节pH，在一定温度下搅拌(注意避光)，离子计读数不再变化时停止搅拌，抽滤，洗涤；进行二次交换，抽滤，洗涤；再次进行交换，抽滤，然后将交换后的沸石放入108 ℃的烘箱中烘干。从烘箱中取出交换后的沸石，研磨并避光存放。交换过程中采用离子计实时对银离子的浓度变化进行监视。

2. 高温浸渍法制备载银沸石抗菌剂

采用等体积浸渍法将载体加入到所需量的 Ag^+ 溶液中，室温下浸泡一定时间，然后采用与沉积-沉淀法同样的方式进行干燥、焙烧。在降温过程中，需注意要将其隔绝空气降温，防止Ag在高温被氧化形成 Ag_2O。

沸石抗菌剂20世纪70年代在日本研制成功，品川燃料公司首先实现了沸石抗菌剂的商品化。虽然银系沸石抗菌剂具有优异的抗菌性能，但由于银离子化学性质活泼，在光照、热等作用下容易变色，使银系沸石抗菌剂从白色变成棕色。变了色的抗菌剂不仅不能在浅色制品中使用，而且抗菌性能也明显降低。因此，银系抗菌剂的变色问题严重制约了其在更大范围的应用。为了解决银系抗菌剂的变色问题，许多抗菌剂生产厂家和研究单位进行了多年的研究，已经在一定程度上解决了抗菌剂的变色问题。目前，解决银系沸石抗菌剂变色问题主要有以下两种途径：

(1)通过控制加工工艺调整银系沸石抗菌剂的结构，延缓银系抗菌剂的变色。根据实践，研究人员发现高温可以在一定程度上延缓银系抗菌剂的变色。侯文生等研究了不同热处理下载银沸石抗菌剂的银含量和最小抑菌浓度。随着热处理温度的升高，样品中的银离子被逐渐氧化并分解挥发，Ag几乎全部变成了 Ag_2O，导致其抗菌性能下降。

(2)加入能在使用过程中抑制银系沸石抗菌剂变色的变色抵制剂。为了同时保证银系沸石抗菌剂的抗菌性能并降低其变色性，各国研究人员投入了大量的精力和物力研究开发银系抗菌剂的变色抑制剂。目前具有使用价值的抑制剂有两类：一类结合纤维整理剂使用，如苯并三唑类化合物；另一类则用于塑料中抑制银系抗菌剂的变色抑制剂。国内外研制的变色抑制剂主要有天然水滑石 $Mg_6Al_2(OH)_{16}CO_3 \cdot 4H_2O$、合成水滑石 $Mg_{4.5}Al_2(OH)_{13}CO_3 \cdot 3.5H_2O$ 及其烧成物($Mg_{0.7}Al_{0.3}O_{1.15}$)，以及碱式碳酸锌和磷酸锆等。这些变色抑制剂已应用到某些抗菌塑料制品中，并起到一定的作用。

沸石抗菌剂在国内外已经形成了相当的产业规模，与高速发展的产业相比，相关基础研究明显滞后，特别是沸石抗菌剂抗菌作用机理、持久性、稳定性、人体和环境安全性，以及沸石抗菌剂结构化等关键基础问题急待深入研究。随着沸石抗菌材料使用量的逐渐增大和使用领域的不断扩展，许多深层次的科学问题和环境安全问题必须引起行业内外的重视。沸石抗菌剂发展趋势是无机-无机、无机-有机等多种复配方式或抗菌剂微结构组装化等技术；随着纳米科技的发展，纳米沸石抗菌剂可以克服沸石抗菌材料易变色、综合性能的不足，将成为新一代抗菌剂的理想材料。

9.1.3.3　膨润土抗菌剂

膨润土抗菌剂又称蒙脱土抗菌剂。膨润土为典型的层状黏土矿物，其层间的阳离子易被交换，具有很大的离子交换容量(1.0 mmol/g)。通过阳离子交换可将银离子引入其层间，使用过程中通过缓释银离子而具有抗菌作用。但是，由于其层间的 Ag^+ 结合较弱，很容易游离出来并还原，一方面，在使用初期游离出的银离子浓度太大，具有毒性；另一方面，由于 Ag^+ 很快游离而不能保持长久的抗菌性，并且抗菌剂容易变色影响外观，因此实际应用中不采用直接的离子交换法制造膨润土抗菌剂，而采用金属络合物。例如，$[Ag(NH_3)_2]^+$、$[Cu(NH_3)_4]^{2+}$等，将一定浓度的金属络合物盐溶液和一定量的黏土充分搅拌混合，进行离子交换 1 h 左右，然后分离出黏土，洗涤干燥，就得到了具有长效抗菌性能和良好颜色稳定性的抗菌剂。膨润土抗菌剂的最高使用温度为 800～900 ℃。

膨润土分子通式为$(Na,Ca)_{0.33}(Al,Mg)_2(Si_4O_{10})(OH)_2 \cdot nH_2O$，是典型的 2∶1 型层状黏土矿物，由于具有很强的吸附能力和离子交换能力，已成为无机抗菌剂的理想载体。它的晶体结构中每个结构单元晶层的两端为硅氧四面体层，中间夹着一个铝氧八面体层而成三层结构。晶层之间氧层与氧层的作用力很小，故水分子以及其他极性分子很容易进入晶层中间，这些阳离子易被交换，故具有很大的离子交换容量。特别是钠基膨润土的钠离子与银离子在半径及电价上都具备好的交换条件，较易制备成抗菌剂。但是，其层间的 Ag^+ 结合较弱，易于游离出来造成抗菌性下降、产品变色、持久性不好等缺陷。利用 Ag^+ 的有机络合物代替 Ag^+ 可以克服这个缺点，并且即使有机物高温分解，细小颗粒的金属银沉淀也一样具备抗菌性能。进一步采用具抗霉性能的有机试剂能提高无机抗菌剂的抗真菌性能。膨润土应用广泛，而作为抗菌剂载体的报道较少。

膨润土和银离子已经较好地结合在一起，其化学反应过程为：

$$\text{Bent}-A+R^+ \longrightarrow \text{Bent}-R+A^+$$

$$\text{Bent}-R+Ag^+ \longrightarrow \text{Bent}-Ag+R^+$$

其中，A^+ 表示钙、镁等离子；R^+ 表示溶液中的氢、钠离子；Bent－A、Bent－R、Bent－Ag 表示膨润土分别与 A^+、R^+、Ag^+ 复合在一起。上式表明膨润土中的钙、镁等离子先与硫酸中的氢离子和十二烷基苯磺酸钠中的钠离子反应，交换成分，使得膨润土通道中的杂质除去，孔道得到疏通，有利于吸附质分子的扩散。同时 H^+ 半径小，取代了膨润土孔道中的 Na^+、Ca^{2+}、Mg^{2+} 等离子，使孔容积增大，并削弱了原来的层间力，层间晶格裂开，层间距和孔隙率增大、比表面积增加，活性增强。预处理改性的膨润土与银离子交换吸附，膨润土主要通过片层间距、孔隙的物理吸附作用和预改性处理后携带的阳离子与银离子进行离子交换反应而形成载银膨润土。

膨润土中的 Na^+、Ca^{2+}、Mg^{2+} 等离子通过阳离子交换，可将银离子引入其膨润土片层间，银离子和膨润土结合在一起，制得膨润土抗菌剂。因此，实际生产中不采用直接的离子交换法制造膨润土抗菌剂，而是采用一定浓度的$[Ag(NH_3)_2^+$、$[Cu(NH_3)_4]^{2+}$ 等金属络合物与一定量的黏土充分搅拌混合，进行离子交换 1 h 左右，再分离出黏土并洗涤干燥，最终得到具有长效抗菌性和颜色稳定的抗菌剂。膨润土抗菌剂的最高使用温度为 800～900 ℃。膨润土抗菌剂-抗菌涂料一体化制备工艺如图 9-2 所示。

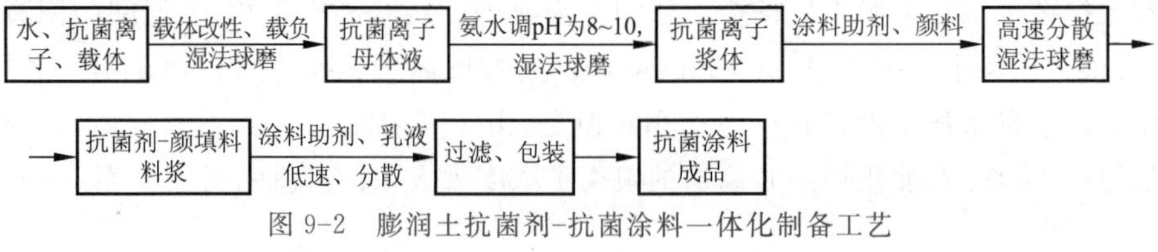

图 9-2　膨润土抗菌剂-抗菌涂料一体化制备工艺

膨润土经过硫酸预改性处理后与硝酸银进行离子交换反应与吸附作用，与银离子复合在一起，制备出载银膨润土，具有很好的抗菌性能，同时兼备改性膨润土的优异性能，是一种多功能的复合材料。利用载银膨润土改性的黏胶纤维具有很好的持久抗菌性能，抗菌率在97%以上。可以预计，随着研究的不断深入，载银膨润土应用到纤维后整理中是完全可行的，将会出现越来越多的利用载银膨润土复合材料开发的新型多功能纤维，为人民生活提供性能优异的抗菌服务。

壳聚糖属于天然的有机抗菌剂，具有抗菌活性，具有良好的生物相容性、成膜性、无毒性和可生物降解等特性，将壳聚糖和锌离子依次与蒙脱土进行离子交换，插入蒙脱土层间，复合抗菌剂里的壳聚糖和锌离子由于蒙脱土片层的阻隔作用和离子间力的作用使其扩散路径增加，从而起到对蒙脱土里的抗菌药剂的控释，让复合抗菌剂有较好的缓释效果，从而能够达到长效抗菌的效果。而且，由于壳聚糖与锌离子的双活性组分的协同效应的产生，得到一种抗菌谱较广、稳定性好的新型复合抗菌剂。

9.1.3.4　硅胶抗菌剂

无机硅胶抗菌剂以多孔质、比表面积很大的硅胶作为基体，将由抗菌性硅铝酸盐构成的抗菌层通过离子键结合到基体的细孔表面上，其抗菌性、耐水性和耐热性都很出色。由于抗菌剂的基体内部分布着无数细孔，其细孔径（大孔及小孔）比一般的无机系抗菌剂更大，因此抗菌金属离子的孔内扩散速度也大，通常在短时间就能对细菌和霉菌发挥出抗菌效果。铝酸离子[$Al(OH)_4$ ∶ $AlO_2 \cdot 2H_2O$]与硅胶细孔表面的大小孔内的 $Si(OH)_4$（即单体 $SiO_2 \cdot 2H_2O$）发生反应，形成带负电荷的硅酸铝离子，并结合在多孔质的硅胶基体内，依靠离子结合得到一种非常稳定的结构，接着进行抗菌化的离子交换反应，然后将 Ag^+、Zn^{2+} 和 Cu^{2+} 等抗菌性金属离子与硅酸铝离子稳定地结合，形成无机硅胶抗菌剂。这种抗菌剂系列用硅胶作基体具有以下优点：抗菌能力大，细菌和霉菌的杀灭速度快，安全性高，附着力强，抗菌金属离子在基体中的扩散速度快，抗菌金属离子与菌类的接触面积大，硅胶基体中的抗菌金属利用率高等。

硅胶抗菌剂的制备分为两种：其一是硅胶表面吸附络合物 $Na_2[Ag_9(S_2O_3)]$，而后利用溶胶膨润土抗菌剂-抗菌涂料一体化制备工艺凝胶法在其表面形成 SiO_2 层，通过此方法制得的抗菌剂具有较好的热稳定性和抗菌持久性；其二是将硅胶用碱（NaOH、KOH、LiOH）、偏铝酸盐（$NaAlO_2$、$KAlO_2$、$LiAlO_2$）混合溶液处理，铝酸离子与存在于硅胶细孔表面大小孔内的 $Si(OH)_4$[单体：$SiO_2 \cdot 2H_2O$]发生反应，形成带负电荷的硅酸铝离子，硅酸铝离子与多孔质的硅胶基体相结合，在硅胶表面形成薄层的 A 型沸石或无定型的铝硅酸盐的结构，然后用离子交换法将 Ag^+ 等抗菌离子置换成抗菌剂。硅胶的吸附性能比较强，在水溶液或潮湿的空气里银离子能够缓释出来，但使用较长时间后，硅胶的表面会吸附其他物质而影响银离子的缓释。硅胶抗菌剂的抗菌菌谱非常广泛，将少许抗菌剂作为添加剂加入乳胶涂料中，可制成抗菌防霉涂料，其抗菌效果优异。

9.1.3.5　可溶性玻璃抗菌剂

可溶性玻璃抗菌剂按玻璃的网络形成体来分类，有磷酸盐、硼酸盐、硅酸盐以及硅硼、硅磷等玻璃，其中研究最多和应用最广的是磷酸盐玻璃和硅硼玻璃。磷酸盐玻璃抗菌剂的主要成分为五氧化二磷、碱金属氧化物、碱土金属氧化物和 Ag_2O。碱土金属氧化物能降低玻璃在水中的溶解速率，而碱金属氧化物能提高玻璃在水中的溶解速率，调整两者的比例或再引入 Al_2O_3 就能得到所需的玻璃溶解速率。由于磷酸盐玻璃抗菌剂的线性释放及溶解速度可调范围大的特点，使得磷酸盐玻璃抗菌剂是一种应用较为广泛的抗菌剂。硅硼玻璃抗菌剂的主要成分为 SiO_2、B_2O_3、Na_2O 和 Ag_2O，其在水中的溶解速率是通过调节硅、硼、钠三者的比例来控制的，其与水溶液或空气中的水分相接触时，能缓慢地释放出具有杀菌作用的银离子和硼离子，对大肠杆菌、金黄色葡萄球菌、绿脓菌白色念珠菌、克柔式念球菌和黄色曲霉菌具有强烈的杀灭能力，是可溶性玻璃抗菌剂中应用最多的一种抗菌剂。但由于硅硼玻璃在水中溶出的元素硼在人体中具有积累作用，人体中积累一定量的硼时会对人的健康会造成损害，因而硅硼玻璃抗菌剂的使用范围受到限制，不能应用于市政用水等一些与人体直接接触的水源中。

磷酸盐玻璃缓释抗菌剂是由五氧化二磷、碱金属氧化物和碱土金属氧化物、Ag_2O，在 900～1 200 ℃下处理得到的。玻璃中碱金属氧化物能提高玻璃在水中的溶解速率，碱土金属氧化物或 Al_2O_3 的加入能降低玻璃在水中的溶解速率，通过调整两者的比例可得到所需的玻璃溶解速率。磷酸盐玻璃在水溶液中的溶解量与时间呈线性关系，因此在水中释放出的银离子的浓度能得到精确的控制。缓释型磷酸盐玻璃的基本结构单元是磷氧四面体（PO_4），各四面体之间都是以桥氧相连。由于每一磷氧四面体中都有一个带双键的氧（非桥氧），它使四面体的一个顶角断裂变形，因此带双键的磷氧四面体是玻璃结构中的不对称中心。通过成分调整，其化学稳定性能达到硅酸盐玻璃的水平，因此磷酸盐玻璃在水溶液中的溶解速度可调范围大。磷酸盐玻璃抗菌剂具有线性释放及溶解速度可调范围大等特点，因此成为应用较为广泛的抗菌剂。

硅酸盐玻璃抗菌剂是 SiO_2、Na_2O、银在 1 000～1 400 ℃处理后形成的玻璃，银离子的释放速度主要以改变钠硅比来实现，有时还在玻璃中添加 Al_2O_3 来降低玻璃在水中的溶解速率，提高银在玻璃中的引入量。该种玻璃能在水中缓释出一价银离子，对水中的细菌具有良好的抗菌作用，与此同时，对水中的藻类也有良好的阻藻作用。但由于玻璃在溶解的过程中，能在玻璃的表面形成一层硅凝胶层，而硅凝胶层具有良好的化学稳定性，使玻璃的水溶解速度逐渐变小，因而水溶解速率与时间不是呈线性关系，因此水中的银离子浓度较难控制。但因硅酸盐玻璃的原料成本低于磷酸盐玻璃，其产品价格也低于其他玻璃，因此硅酸盐玻璃抗菌剂主要应用在游泳池等对银离子浓度要求不高而且消耗量大的场合。

硅硼玻璃抗菌剂是由 SiO_2、B_2O_3、Na_2O、Ag_2O 等组成。玻璃在水中的溶解速率是通过调节硅、硼、钠三者的比例来控制的。硅硼玻璃与水溶液或空气中的水分相接触时，能缓慢地释放出具有杀菌作用的银离子和硼离子，对大肠杆菌、金黄色葡萄球菌、绿脓菌白色念珠菌、克柔式念球菌和黄色曲霉菌具有强烈的杀灭能力。由于银离子和硼离子的复合作用，玻璃在具有抗菌能力的同时也具有抗霉的作用，因此这是玻璃抗菌剂中应用最多的一种抗菌剂。但由于硅硼玻璃在水中溶出的元素硼在人体中具有积累作用，人体中积累一定量的硼时人的健康会受到损害，因而硅硼玻璃抗菌剂的使用范围受到限制，不能应用于市政用水等一些与人体直接接触的水源中。

硼磷酸盐玻璃抗菌剂是将 B_2O_3、P_2O_5、MgO、Na_2O、Ag_2O，在 1 200～1 400 ℃下处理 1 h 后形成的。少量磷可调节玻璃的溶解速率，因为硼的作用，使硼磷玻璃的水溶解速度比磷酸盐玻璃低，因而用在一些需要银离子浓度较低的场合。硼磷玻璃抗菌剂在水中或潮湿的空中能发生水解而缓释出银离子，其杀菌效率与硅硼酸盐玻璃抗菌剂是一致的。

磷硅玻璃抗菌剂是将 P_2O_5、SiO_2、CaO、MgO、ZnO 等二价金属氧化物，K_2O、Na_2O 一价金属氧化物，引入磷酸盐玻璃中，引入硅后形成 Si-O-P 键结构，由于 Si-O-P 结构的耐水侵蚀比 P-O-P 高，因而降低了玻璃在水中的溶解速率。此外，磷硅玻璃溶解于水后，表面能生成一层均匀的硅酸盐胶膜阻止水溶液中 H^+ 对玻璃网络的进一步侵蚀，因而可显著地提高玻璃在水溶液中的稳定性，降低玻璃在水中的溶解速率。

可溶性玻璃有以下几个特点：可同时载入两种或两种以上的抗菌离子，且抗菌作用不会下降，使抗菌剂具有杀菌广谱性；玻璃的化学稳定性不高，当与液体相接触时会溶解；可使载入的抗菌离子能够长期稳定存在，不会因为外界的影响使其抗菌性能降低；可通过调整玻璃的组成来控制玻璃溶解速度；玻璃的溶解速度较缓慢，杀菌作用持久；玻璃的结构主要是由网络修饰离子和网络形成离子构成；玻璃的载银量能精确控制，可溶性玻璃由于对玻璃的配合料能精确的控制，在玻璃的制备过程中银的损耗量很小，玻璃的设计组分和实际含量的差别很小，从而能根据需要调整玻璃中的银含量。

抗菌玻璃材料对大肠杆菌、绿脓杆菌、枯草菌、沙门氏杆菌、金黄色葡萄球菌等细菌繁殖体和白色念球菌等霉菌具有强杀灭率，从而使细菌不能在其表面生存和繁殖。抗菌玻璃的制造中所使用的均为无机抗菌剂，因此更具有安全性、稳定性和杀菌作用的持久性。

水溶性抗菌玻璃是将 Ag^+、Zn^{2+} 等有效成分与磷酸盐、硅硼酸盐混合高温熔融，冷却后制得的，具体制作工艺如图 9-3 所示。

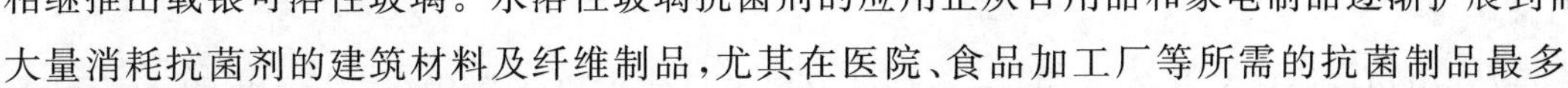

图 9-3　水溶性抗菌玻璃制作工艺

可溶性玻璃的研究始于 20 世纪 70 年代，不同溶解速率的可溶性玻璃在溶液中溶解时，能将其中的无机离子稳定地释放出来。90 年代初，美国的水源公司、日本的石琢玻璃公司和我国相继推出载银可溶性玻璃。水溶性玻璃抗菌剂的应用正从日用品和家电制品逐渐扩展到需要大量消耗抗菌剂的建筑材料及纤维制品，尤其在医院、食品加工厂等所需的抗菌制品最多。可溶性玻璃抗菌剂作为水处理剂，可通过银离子在水中的扩散来达到抗菌的目的。在流动的水中，球状抗菌剂对水的动压和水的流速影响很小，目前水溶性玻璃抗菌剂已应用在城市生活用水、游泳池、工业用水中；而在静水中则将玻璃碎成超细粉末状或颗粒状，已应用在涂料、墨水中，能抑制溶液中的细菌生长。最近几年已经出现采用 ZnO 代替 Ag_2O 作为抗菌活性成分的可溶性玻璃抗菌剂，在一定程度上能改善银离子的变色问题。

9.1.3.6　磷酸锆盐抗菌剂

磷酸锆的结构为[PO_4]四面体和[ZrO_6]八面体通过共用其顶角上的氧原子而构成的三维

空间结构。磷酸锆盐抗菌剂的通式为 $Ag_nH_mZr_2(PO_4)_3$。其制备方法是在有机胺存在的环境中将磷酸锆和可溶性银化合物加入到水中，通过离子交换将银离子引入磷酸锆盐结晶，然后再1 200 ℃高温处理。磷酸锆晶体的银离子载持量为 3%(质量分数)。磷酸锆抗菌剂中的银离子结合稳定、热稳定好，通常可以在 1 000 ℃以内使用。该抗菌剂具有十分均匀细小的粒径和狭窄的粒径分布，粒子粒径基本在 0.3～0.5 μm，颜色稳定，对皮肤没有刺激，遗传畸变实验结果呈阴性，具有良好的生物学性能。

9.1.3.7 磷酸钛盐抗菌剂

磷酸钛盐晶体结构属于 Nasicon 型结构，其中[PO_4]四面体与[TiO_6]八面体共用顶角氧原子形成三维骨架结构。在加入锂元素的制作过程中，可以形成以膦酸钛锂为骨架结构的多孔微晶玻璃(简称 LATP)。磷酸钛盐抗菌剂的制备是通过离子交换的形式得到的，即将磷酸钛盐浸渍于硝酸盐溶液中进行银离子置换，从而获得磷酸钛盐抗菌剂。磷酸钛盐抗菌剂的最高金属含量为 60%，使用温度为 900 ℃。磷酸钛盐抗菌剂对于银离子具有很强的选择性置换，所制得抗菌剂的银离子溶出量极小达到 10^{-6} 级，特别是该抗菌剂在 900 ℃热处理后，银离子的溶出量会变得更小。磷酸钛盐抗菌剂的抗菌力较强，在含有 0.005% 的银含量为 3% 的 LATP 磷酸缓冲溶液中加入 6.3×10^5 个/mL 大肠杆菌，经 37 ℃下培养 6 h 后，其成活个数小于 1。

磷酸钛盐的结构式为 $MTi_2(PO_4)_3$($M=Li, Na, 1/2Ca$)，其晶体结构中存在两种位置可为阴离子所占有，形成连续的三维通道，占有通道而形成 $LiTi_2(PO_4)_3$ 晶体，具有很强的固体离子电导率，而晶体具有很强的离子交换能力，并对 Ag^+ 具有很强的选择性、良好的稳定性，能以很小的速度缓释，因而具有持久的抗菌性。

Nasicon 型磷酸盐抗菌剂的制备方法主要有回流法、Sol-gel 法、固相反应法、水热反应法等。

(1)回流法是将 $ZrOCl_2\cdot8H_2O$ 溶于盐酸配成一定浓度的溶液，缓慢滴入 H_3PO_4 溶液的混合液中，制得磷酸盐凝胶；再将此凝胶放入一定浓度和酸度的 H_3PO_4 溶液中，在沸腾条件下回流 1～7 d，水洗回流产物 Cl^-，烘干，在一定温度下进行预热处理，而得磷酸盐晶体。此方法制备的晶体晶粒小，但工序烦琐，所花时间较长，而且结晶性能往往不是很好，晶体形貌不甚规整。

(2)固相反应法是制备 Nasicon 构型的材料最早使用和最常用的方法。以 Clearfield 等使用的制备 $NaZ\gamma_2(PO_4)$ 的方法为例，将 ZrO_2、$NH_4H_2PO_4$ 和 Na_2CO_3 等按产物物相化学配比混合，在 1 000 ℃～1 450 ℃灼烧 1 d 以上即可。反应式如下：

$$4ZrO_2+Na_2CO_3+6NH_4H_2PO_4\longrightarrow 2NaZr_2(PO_4)_3+6NH_3\uparrow+9H_2O+CO_2\uparrow$$

也可将 ZrO_2、Na_2O 和 P_2O_4 等在 1 200 ℃灼烧 1 d 得到 $NaZr_2(PO_4)$ 和 $HZr_2(PO_4)_3$ 两种 Nasicon构型的材料。

溶胶-凝胶法制备 Nasicon 构型材料的方法有两种：一种是醇盐在溶剂里进行的水解-缩聚反应制备方法。按产物化学计量比将醇盐加入乙醇中，为了使部分醇盐先水解形成氧化物网络,同时也加入少量的水。为了使反应正常进行,溶液中必须存在 O=R 和 OH 基团;另一种是将 Na_2SiO_3 加到 pH=1 的 NaH_2SiO_3 溶液形成凝胶。加入各种无知的顺序将会影响产物的形成,同时加入的物质应该按照产物的化学计量比计算。

水热反应法制备材料的特点之一是在超临界条件下,通过调节温度、压力和时间三个参数控制晶体的形貌。该法制备的超细粉体粒度分布窄,晶态完整,无须再经过高温焙烧晶化,能克服焙烧过程中的硬团聚现象。

溶液蒸气分解法能够得到比较纯的晶相,但是对悬浮液浓度的控制和喷雾的控制是比较大的问题,而且对该方法的研究还不够成熟,机理也尚不完善,应用不多。该法还可以用微波辅助制备,类似于固相反应法,只是温度可以降低到 600~900 ℃,反应时间也可以缩短到 1 h 内,是一种非常有效的方法。

在磷酸盐超细无机复合粉体抗菌材料制备过程中,不同钛锆比的条件下制得的粉体的抗菌效果不同。磷酸复盐对银离子具有螯合作用,能使银离子在高温状态下能够更多地保存下来,从而使粉体具有较好的耐候性。但是,磷酸根用量过多,将影响两个主要抗菌成分 Ag 和 TiO_2 的相对含量,反而会使粉体的抗菌效果降低。

9.1.3.8 羟基磷灰石抗菌剂

羟基磷灰石[HAP,化学式 $Ca_{10}(PO_4)_6(OH)_2$]属六方晶系,羟基磷灰石中的 Ca^{2+} 可被 Na^+、Mg^{2+}、Ba^{2+}、Sr^{2+}、Pb^{2+}、Zn^{2+}、Cu^{2+}、Mn^{2+}、Cd^{3+}、Ce^{3+}、La^{3+} 等多种金属离子取代,PO_4^{3-} 可被 $[SiO_4]^{4-}$、$[SO_4]^{2-}$、$[AsO_4]^{3-}$、$[VO_4]^{3-}$ 及 $[CO_3]^{2-}$ 等络阴离子取代形成复杂的类质同像系列。羟基磷灰石抗菌材料中实际使用的金属离子主要是对人体安全的银、铜、锌等,其中银离子的抗菌能力最强。羟基磷灰石抗菌剂的制备方法如下:

(1)将磷灰石或磷酸钙类材料与银或铜、锌化合物混合,通常在 1 000 ℃以上烧结,使银或铜、锌化合物转变为金属态。

(2)在合成羟基磷灰石反应中,将银或铜、锌等可溶性盐的水溶液加入反应物中,使抗菌金属离子进入磷灰石结晶产物中。

(3)将结晶化的羟基磷灰石粉与可溶性的银或铜、锌盐等水溶液进行离子交换反应,即可制得羟基磷灰石抗菌材料。

羟基磷灰石抗菌剂的抗菌离子是以离子交换方式进到其结构中的,故其抗菌离子的溶出量很小,抗菌力较强。羟基磷灰石抗菌剂能有效地灭杀大肠杆菌、绿脓杆菌、金黄色葡萄球菌等多种致病细菌,是一种广谱、高效的缓释型抗菌剂,并且具有优良的耐高温性能与抗变色性能。其中,载银羟基磷灰石可耐 1 200 ℃的高温,且在经过 1 350 ℃处理后,仍然保持 100%的抗菌效果,完全适应陶瓷制备工艺的要求。

9.1.3.9 钙系无机抗菌剂

钙系无机抗菌剂的主要成分是钙氧化物,有效成分是锌、铜等抗菌金属离子,是将钙氧化物和抗菌金属离子通过固溶法,加工制成的全新抗菌剂。这种抗菌剂是以无机氧化物做官能团,或称之为结合体、吸附体。其功能是与抗菌金属离子结合后,形成络合物。络合体内的抗菌金属离子缓慢地、微量地溶出，和接触型抗菌剂一样，击穿微生物细胞膜，和主管代谢功能的氨基酸等发生化学反应，使细胞的代谢功能紊乱，无法呼吸，直至细胞死亡，实现灭菌。由于它具有耐高温、性能稳定、对人畜及环境安全、抗菌效果好、适应领域广阔、原料成本低，加工工艺不复杂等优点，是一项很有应用前景的无机抗菌剂。通常，将这种抗菌剂加工制成1.2 μm左右的超细粉状颗粒，再分别按2%左右添加到各种原料中，采用传统的工艺、设备，便可制成具有抗菌功能的全新系列产品。

钙系无机抗菌剂的特点是碱性材料，能中和酸性物质或卤化物，有使之失活的能力，所以它可以随意在这类原料中使用，一般不会产生化学反应而破坏该产品的物理稳定性。同时，抗菌剂能在各种光照条件下，长期保持不变色，保证抗菌产品的性能和质量。此外，它还具有耐高温特点，通过高温烧结，进行粉碎加工，进行加工后的抗菌剂，能做到抗菌效果未变。这表明经高温加工后，抗菌剂的理化结构保持完好，其中的抗菌金属离子并没发生氧化、失活现象。钙系列无机抗菌材料非常适合用作陶瓷、搪瓷等高温加工制品使用的抗菌剂，这是它独有的特点。另外，它还具有速效抗菌的特点，因为钙系氧化物的微溶特性，带动了抗菌金属离子能较快地溶出，可以快速起到杀抑致病菌的作用。钙的性质稳定，不会和含硫化合物发生化学反应，故还可用于含硫化剂的天然橡胶中。

钙系抗菌剂是以无机氧化物做官能团结合体或吸附体，其功能是与抗菌金属离子结合后形成络合物，将其添加到高分子材料中即可制成抗菌制品。这类无机抗菌剂的灭菌原理是结合在其内部的抗菌金属离子，通过缓慢地、微量地溶出，和其他接触型抗菌剂一样，击穿微生物细胞膜，和细菌内部起代谢功能的氨基酸等发生化学反应，促使细胞的代谢功能紊乱，直至细胞死亡，以实现灭菌的目的。

抗菌剂常用的加工方法是固溶法。氢氧化钠、氢氧化钙、氢氧化镁等本身就是一种固体碱，对水有微溶特性，作为抗菌金属离子的结合体与抗菌金属离子结合后，在一定程度上能使金属离子更容易被释放出来且具备速效特征。锌、铜等抗菌金属离子与氢氧化物结合后具有广谱的抗菌能力，对细菌、霉菌、酵母菌以及藻类都具有优异的杀抑功效。当将锌、铜二者化合时，抗菌金属离子便分散在固体碱的晶格中，而且能防止抗菌金属离子晶格化，同时，保持金属离子的活性。在固溶过程中，只要抗菌金属的浓度保持在抗菌剂总量的0.001%～0.2%，就可确保固体碱的结构完整，使抗菌金属离子能稳定在结构内，不被氧化而失效，以利于抗菌金属离子长期、稳定地向外释放。通常，将抗菌剂加工制成1.2 μm左右的超细粉状颗粒，再分别按2%左右添加到各种原料中，采用传统的工艺、设备制成具有抗菌功能的全新产品。

钙系列抗菌剂在应用条件等许多方面，都要比银系列抗菌剂和光触媒型抗菌剂容易得多。因为钙系列抗菌剂具有的诸多特点，使得它可以在更广泛的领域中得到应用。目前，这种抗菌剂已在很多材料中使用，均达到了良好的抗菌效果。钙系列抗菌剂在不同材料中使用的方式也不同。在洗衣粉中添加抗菌剂时可在喷雾造粒前，也可在喷雾造粒之后使用；在内墙涂料、水泥和丙纶长丝中添加钙系列抗菌剂时，应采用100～300 ℃的温度先对抗菌剂加热除水，以便于抗菌剂在原料中分散；在陶瓷瓷釉中直接使用钙系列抗菌剂时，由于抗菌剂相对密度和瓷釉相对密度的差异等原因，会使抗菌剂在釉液中、涂釉后的干燥期间、烧结全程，会逐渐沉降在瓷釉底部，表层上的抗菌成分分布不均，有的部位很少甚至没有抗菌剂，会使制品的抗菌效果极差，可将抗菌剂制成釉液，均匀地涂在釉面，避免抗菌剂沉降。

9.1.3.10 氧化锌晶须抗菌剂

氧化锌晶须外观呈白色疏松状粉体，微观为三维四针状立体结构，任意两根针状体的夹角为 109°，晶须的中心体直径为 0.7～1.4 μm，针状体长度为 3～200 μm。氧化锌晶须的针尖部位为具备特殊的表面效用和高氧化活性的纳米级，其活性成分能在水分和空气存在的体系中，自行产生出自由电子（e^-），同时留下带正电的空穴（h^+），并逐步产生以下反应：

$$ZnO + h\nu \rightarrow e^- + h^+ \; e^- + O_2 \longrightarrow \cdot O_2 h^+ + H_2O \longrightarrow \cdot OH + H^+$$

产生的带正电的空隙（h^+）具有很强的氧化作用，羟基自由基（$\cdot OH$）和过氧化物阴离子自由基（$\cdot O_2$）有极强的化学活性，可直接将细菌、细菌残骸和毒素灭杀、消除。氧化锌晶须内部载流子可调，其晶格中有极强的氧化活性的原子氧，可破坏绝大多数细菌的生物活性和代谢繁殖功能。氧化锌晶须的网络效应为抗菌离子提供了高效的传输路径。由于细菌通常带负电荷，带正电的锌离子到达细胞膜时，通过库仑引力，二者牢固结合，锌离子穿透细胞膜，进入细胞，与细胞中的硫基反应，使蛋白质变性，从而使细胞丧失分裂增殖能力而死亡。氧化锌晶须的制备和生产主要有锌原料预处理法、惰性气体法、液态法、碳还原法和平衡气量控制法。由于抗菌效果好、安全无毒、使用方便、耐温性和耐光性好，并且表现出良好的可见光催化特性，氧化锌晶须抗菌材料广泛应用于多种抗菌、防藻、分解有害有机物和环境净化等领域。

在抗菌机理方面 ZnO 与 TiO_2 略有不同。除了光生电子-空穴机理和活性氧机理，由于氧化锌晶须的针尖部位相当部分在纳米量级，从而具有纳米材料所具备的特殊的表面效应和高活性。突出的纳米效应带来的高表面活性和“悬空化学键”引起的超化学活性，能够有效杀灭和清除细菌及其残骸，同时还能分解细菌分泌的毒素。

四针状氧化锌晶须（T-ZnOw）是 Fuller 于 1944 年首先发现的，属宽禁带Ⅱ～Ⅵ族化合物中的纤锌矿结构材料，具有良好的结构和形貌可调性。T-ZnOw 具有突出的生物抗菌活性、半导体特性、耐高温性、压电压敏性和气敏性、优异的纳米效应、高介电常数等特性。利用 T-ZnOw 的纳米效应和生物抗菌活性可制备具有优越抗菌功能的抗菌材料。一是抗氧化稳定性，T-ZnOw 有效克服了早期出现的晶须载银或复合银体系，可能会有轻微变色现象。二是高温稳定性，T-ZnOw 为单晶体，具有极高的热稳定性，在 1 000 ℃以下不分解、不变色、不变性。三是良好的分散性和加工性能。T-ZnOw 具有独特的立体四针状显微结构，通过控制制备和生长工艺条件得到的抗菌专用氧化锌晶须，粉体粒径得到严格控制，其细度达到 200 目左右，可在基材中均匀分散，易于加工，经分散处理后的抗菌剂可在制品加工过程中直接添加，无须更改工艺参数和技术条件，有效解决了普通纳米材料不易分散和易二次团聚的难题。四是抗菌氧化锌晶须可应用于橡胶、塑料、纤维等各种高分子材料及制品，能适应不同的加工方法和加工温度，并与各类基材良好结合，不产生界面应力，不破坏基材的刚度、强度等力学性能和化学特性。此外，T-ZnOw 可作为一种高效补强材料，在一定程度上对基材起到增强改性作用。由于半导体作用，添加 T-ZnOw 的高分子复合材料还可以起到一定的抗静电作用。因此，利用抗菌氧化锌晶须可以制备多功能和结构功能一体化高性能复合材料。

ZnO抗菌活性调控主要包括表面贵金属沉积和晶格掺杂。对ZnO进行表面贵金属(金、银、钯、铂)沉积可以提高其光催化和抗菌性能。当金属和半导体表面接触时,界面处形成肖特基势垒,金属成为俘获电子的有效陷阱;光生载流子被分离,降低了光生电子-空穴复合的几率,从而提高催化活性。银离子价格相对金、钯、铂来说更便宜,可以通过结构杂化产生新的协调抗菌机理,提高抗菌广谱性和长效性。晶格掺杂是控制ZnO能级和物理性质的有效手段,在制备T-ZnOw的过程中引入所需掺杂杂质或在掺杂时保持其结构的完整性是当前研究的热点方向。T-ZnOw的掺杂有原位共生掺杂和固溶掺杂:前者是在T-ZnOw生长过程中引入杂质原子的方法,将Sn粉、Zn粉混合,按照四针状氧化锌晶须的制备工艺,得到了含有少量的Zn_2SnO_4四针状ZnO,Sn不仅起了催化剂作用,而且有部分进入了晶格;后者将掺杂元素氧化物混入T-ZnOw,高温加热发生固溶反应使掺杂元素原子进入晶格间隙或原子格点。

常用的T-ZnOw制备方法是平衡气量控制法。根据气氛控制手段的不同又可分为四类:

(1)反应器预热法,又称平衡气量法,是根据空气受热膨胀原理,先预热反应器以减少炉内氧气含量。一方面该方法能控制烧制容器与炉腔(1～4)∶(3～10)的体积比;另一方面在700～1 100 ℃高温下放入原料锌,可保证锌在相对缺氧条件下氧化生成T-ZnOw。

锌粉预氧化法是将锌粉预氧化,使其表面覆盖一层氧化膜,来抑制锌蒸气和熔融的锌从颗粒内部快速流失和外部的氧气向锌微粒内部的过快迁移,从而保证了反应体系中锌蒸气的气相饱和度,进而保证了晶体生长所要求的条件,该法侧重于控制反应体系内锌蒸气的分压。

添加还原剂控制反应速度法即加入碳粉等还原性物质来消耗反应体系中锌周围空气中的部分氧气,使锌在相对缺氧条件下发生氧化生成氧化锌晶须。该法所加入的碳粉是作为氧消耗调节剂,即利用碳的还原性,消耗掉锌周围空气中的一部分氧气,使锌在相对缺氧的条件下氧化生成氧化锌晶须。但是,该法气氛难控制,产率低,晶须的针角间有很多片晶,产品形貌和规整性差。

惰性气体稀释法即通过通入惰性气体来稀释反应器内氧气浓度。惰性气体稀释法与采用含惰性气体的氧化性气体作为反应气体的预氧化法的区分在于:惰性气体稀释法所采用的锌原料不需要预处理,而是直接使用。但是,该法需要消耗大量的惰性气体,且反应难以精确控制。

抗菌材料最常用的是银系无机抗菌剂,但银的价格昂贵,且在使用过程中容易变色,对生产成本、加工条件都有一定限制。纳米ZnO作为一种新型无机功能材料,由于其热稳定性好、价格低廉、抗菌性高,在医疗保健、食品卫生、洗涤剂、化妆品等方面应用广泛。但是,纳米ZnO的抗菌效果只有在塑料表面才能表现出来,因此抗菌效果并不持久。对纳米ZnO的抗菌性能产生机理的研究没有统一的定论,未来应提高纳米ZnO的利用率和杀菌率。随着更多的优异性能被发现,纳米ZnO在细菌的抑制领域会得到更充分的利用,对改善人类生活环境,减少疾病,提高全民生活质量将产生十分重要的作用。

9.1.3.11 抗菌陶瓷

抗菌陶瓷是指在卫生陶瓷的釉中或釉面上加入或在其表面上浸渍、喷涂或滚印上无机抗菌剂,从而使陶瓷制品表面上的致病细菌控制在必要的水平之下。抗菌陶瓷的抗菌效果与其采用的抗菌剂有直接的关系。应用于抗菌陶瓷的无机抗菌剂主要有两类：

(1)含金属离子的抗菌剂。多种金属离子都具有抗菌作用，其抗菌作用大小顺序为：Ag＞Hg＞Cu＞Cd＞Cr＞Ni＞Pd＞Co＞Zn＞Fe，但Hg、Cd、Pd、Cr对人体有残留性毒害，Ni、Co和Cu离子对物体有染色作用，实际上常用的金属抗菌剂是银系抗菌剂。其抗菌机理为：银离子通过与蛋白质的硫基反应，破坏细菌细胞合成酶的活性，使细胞丧失分裂繁殖能力而死亡；金属银离子与细胞结合，破坏细菌正常代谢，导致微生物死亡或抑制其繁殖。

(2)TiO_2光催化(或叫光触媒)抗菌剂，其作用机理为TiO_2被光照后产生电子空穴对，并与其表面吸附的OH—和O_2—作用生成羟基自由基和超氧化物阴离子自由基O_2—。

这两种自由基均非常活跃，当遇到细菌时直接攻击细菌的细胞，抽取有机物的H原子或攻击其不饱和键，导致细菌蛋白质变异和脂类分解，以此杀灭细菌并使之分解。起到杀菌、防霉、除臭的作用。

抗菌陶瓷具有以下特点：

(1)抗菌釉液中所用抗菌剂对人体是安全的。抗菌剂主要原料为无机钙氧化物和特定的抗菌金属离子。其中包括一些陶瓷常用的原料，经高温烧结后不具有活性。

(2)抗菌功能广谱长效。由于抗菌成分和釉料一起混匀、牢固地附在制品表面，只要釉面不被破坏，就会存在于制品表面而发挥其抗菌功能，当细菌、霉菌等有害微生物接触制品表面时，其中的抗菌成分便自动、直接击破细胞膜，破坏其呼吸系统，使其死亡，完成灭菌过程。因抗菌剂不完全靠溶出灭菌，同时抗菌剂能耐2 000 ℃以上高温、耐光照、耐水洗，在长期使用过程中不损耗自己，故能长期、有效的灭菌。

(3)抗菌剂使用方法简便。将抗菌剂以100～300 ℃加热烘干8～24 h除水后，按规定比例添加，与制造釉液的各种原料充分混匀，并同时进行研磨后制成抗菌釉液。然后，采用传统方法在陶瓷坯体上施釉，待干燥后进炉烧结即可。

(4)抗菌陶瓷制品的理化性能及表面光洁度等完全符合国家标准和行业标准。

无论是白色陶瓷还是彩色陶瓷制品或镶金陶瓷制品等，施加抗菌釉液后，外观、品质均不受任何影响。

以Ag^+为主的金属离子抗菌机理主要有三种：溶出机理、活性氧机理和复合机理(详见金属离子抗菌剂)。TiO_2光催化抗菌机理包括光生电子-空穴机理和活性氧机理。稀土元素激活银系、光催化系抗菌陶瓷中，稀土元素的原子构造为$4f_5^n d^1 6s$，n从0变化到14，外层价电子是$5d^1 6s$，故稀土元素均以正三价出现。稀土元素随着原子序数的增加，4f的n层逐步被填满。其激活抗菌机理是：当将银系、光催化系抗菌剂中加入稀土元素原料，由于其外层的价电子带存在，当含有紫外线的光照射抗菌剂时，产生电子(e^-)和空穴(h^+)，产生的电子一部分跳跃而形成银离子，而另一部分则较多地被稀土元素的外层价电子带所俘获，这样便可产生更多的空穴。与此同时，稀土元素价电子带俘获的部分电子也极易被银原子所夺而形成银离子，从而使陶瓷的抗菌性能得到很大的提高。

国内外研究开发抗菌陶瓷制品十分活跃，目前研究与应用最广泛的抗菌陶瓷中的抗菌剂是两类无机抗菌剂：一类是银系无机抗菌剂，如各类含银化合物、载银沸石、载银磷酸盐等；另一类是钛系无机抗菌剂，最具代表性的为 TiO_2 光催化剂。相比银系抗菌陶瓷材料，光催化抗菌材料克服了陶瓷变色等问题，但光催化抗菌材料，必须要在有光照的条件下才能有效地杀灭细菌。使用在阴暗或者其他没有光照的条件下，就不能达到杀菌的目的。为了解决这些问题，可采用稀土元素同银系抗菌材料复合，稀土元素与光催化材料复合，银系抗菌材料与光催化材料复合，或者三者复合。

20 世纪 80 年代末，医院、餐厅、高级住宅首先开始使用抗菌陶瓷制品，并逐步向普通家庭推广。日本是最早研制使用抗菌陶瓷的国家，1996 年日本发生全国范围内病原性大肠杆菌 O157 感染事件后，掀起了抗菌陶瓷热。美国早在 80 年代初便投入 2.4 亿美元开展特种陶瓷研究，德国也从 80 年代起投入上亿马克进行开发研究。韩国将光催化 TiCb 和具有抗菌作用的银、铜离子的氧化物按适当的配比，掺入到瓷砖原料和釉料中制成了抗菌瓷砖，即使在弱光照射下也能起光催化作用，抗菌效果显著，适用于医院、厨房、卫生间等场合。各国都在组织力量，加大投入试验、生产具有抗菌功能的内外墙瓷砖、地砖、坐便器、洗面盆、浴缸及各式餐饮具等。这种陶瓷可以有效地抵抗各种细菌等微生物的入侵，保护了人的健康。通常，抗菌制品对大肠杆菌的抑菌率可达到 90%以上，基本上阻断了细菌被食用进入人体这一最常见的途径。

由于起步较晚，国内科研人员对抗菌产品(无机)的研究水平不高，与外国先进国家比起来，无论从产量还是从品种种类来说，差距都很大。随着我国人民生活水平的不断提高，人民健康环境意识逐渐增强，国内消费者对于抗菌制品的需求迅速增加。科研工作者对陶瓷制品主要是墙面砖、卫生洁具和餐具等在满足抗菌功能需求的同时，还要求保证抗菌陶瓷的卫生性和安全性。同时为了适应频繁的清洗作业还应有高的耐久性。全国各地都在极力研究抗菌陶瓷的制备方法。抗菌陶瓷的制作方法基本上可分为以下两种：银系抗菌性陶瓷和光催化抗菌性陶瓷。银系抗菌性陶瓷制品是将抗菌效果好、安全可靠的银、铜等元素加入到陶瓷釉中，经施釉和烧结后使之在陶瓷表面的釉层中均匀分散并长期存在。银、铜一般以其特殊的无机盐形式引入，在高温时应抑制银的高温反应和着色，也具有很高的安全性。用 TiO_2 作为光催化材料、利用 Sol-gel 法将具有抗菌作用的金属离子涂镀在陶瓷表面，来进行抗菌性研究，无毒害副作用正是 TiO_2 抗菌剂的特有优势。存在的问题：①烧结温度越高，得到的陶瓷抗菌率越低，添加 1%～2%的载银抗菌剂将会降低釉的始熔温度，有些釉会在高温下破坏抗菌剂的结构。②金属离子抗菌陶瓷经氢氧化钠溶液和生理盐水浸洗后，其抗菌效果都会减弱。③由于烧成温度较低，TiO_2 薄膜抗菌陶瓷的薄膜与坯体结合不紧密，抗洗刷能力差，容易脱落，且由于薄膜厚度不均在表面易产生彩虹效应。

9.1.4 消毒剂

消毒剂指用于杀灭传播媒介上病原微生物，将病原微生物消灭于人体之外，切断传染病的传播途径，达到控制传染病的目的药剂。消毒机理主要是消毒剂通过与微生物的蛋白质发生氧化或其他化学反应，破坏微生物细胞壁、改变细胞膜的渗透性和原生质的胶体性质、改变有机体的 DNA 或 RNA、抑制酶、蛋白质的生理活性，从而破坏病原体的生理功能，使其死亡。消毒剂按照其作用的水平可分为灭菌剂、高效消毒剂、中效消毒剂和低效消毒剂。灭菌剂可杀灭一切微生物使其达到灭菌要求，包括甲醛、戊二醛、环氧乙烷、过氧乙酸、过氧化氢、二氧化氯、氯气、硫酸铜、生石灰、乙醇等。高效消毒剂可杀灭一切细菌繁殖体（包括分枝杆菌）、病毒、真菌及其孢子等，对细菌芽胞也有一定杀灭作用，达到高水平消毒要求，包括含氯消毒剂、臭氧、甲基乙内酰脲类化合物、双链季铵盐等。中效消毒剂仅可杀灭分枝杆菌、真菌、病毒及细菌繁殖体等微生物，达到消毒要求，包括含碘消毒剂、醇类消毒剂、酚类消毒剂等。低效消毒剂仅可杀灭细菌繁殖体和亲酯病毒，达到消毒剂要求，包括苯扎溴铵等季铵盐类消毒剂、氯己定（洗必泰）等双胍类消毒剂，汞、银、铜等金属离子类消毒剂及中草药消毒剂。

目前，化学消毒剂大约有 4 000 多种，归纳起来包括：醛类、烷基化气体类、过氧化物类、卤素类、醇类、酚类、胍类、季铵盐类等以及复方化学消毒剂。

戊二醛消毒剂被誉为第三代化学灭菌剂，具有广谱、高效和速效的消毒灭菌作用，对芽孢、一般细菌繁殖体、分枝杆菌、病毒、真菌等均具有很好的杀灭作用。戊二醛是一种饱和五碳双醛，杀菌作用主要来自其两个醛基部分。戊二醛的两个活泼醛基可与蛋白质发生交联反应，固定细菌蛋白质，使其不能新陈代谢而死亡，从而达到消毒灭菌目的。戊二醛的合成：可以采用环戊烯和双氧水为原料，在催化剂存在下二者发生下列反应制得：

 $+2H_2O_2 \longrightarrow OHC(CH_2)_3CHO+2H_2O$

环氧乙烷消毒剂属于烷基化气体消毒剂，烷基化气体消毒剂包括环氧乙烷、环氧丙烷、乙型丙内酯等，杀菌谱广，杀菌力强，对各种微生物都有较好的杀灭力。环氧乙烷能抑制一些微生物酶的活性，包括磷酸致活酶、肽酶、胆碱氧化酶，环氧乙烷，也可以和 DNA、RNA 发生烷基化作用，导致微生物灭活。工业上采用乙烯在一定温度、压力和催化剂条件下与氧气发生环氧化反应，生成的环氧乙烷经吸收、分离和精制即可制得产品。反应式如下：

$$2CH_2{=}CH_2+O_2 \longrightarrow 2\,\underset{\diagdown\, O \,\diagup}{CH_2-CH_2}$$

过氧化物消毒剂具有强氧化能力，各种微生物都对其十分敏感，可杀灭所有微生物。这类消毒剂包括过氧化氢（30%～90%）、过氧乙酸（18%～20%）和臭氧等。过氧乙酸虽然具有酸的特性，但其杀菌作用主要是依靠其较强的氧化能力，作用机制可能与其产生的活性氧有关。可以冰醋酸为原料，与过氧化氢按一定比例混合，一般是冰醋酸：过氧化氢（体积比）＝12∶10 或 10∶8，通过如下反应合成得到：

$$CH_3COOH+H_2O_2 \xrightarrow{H^+} CH_3COOOH+H_2O$$

含氯消毒剂一般指遇水产生氯的消毒剂，分两大类：一类是无机氯消毒剂，如漂白粉、二氧化氯；另一类是有机氯消毒剂，如二氯异氰尿酸钠，可作用于各种类型的微生物，还可调节水质，减少水体中的氨氮等。添加碳酸钠、过碳酸钠、硼酸钠、过硼酸盐的稳定性二氧化氯能快速且广谱地杀灭微生物，无毒无害，无残留，不污染环境。二氧化氯和含氯化合物的氯化作用破坏菌体或改变细胞膜的通透性，或者氧化作用抑制各种巯基酶或其他对氧化作用敏感的酶类，从而引起细菌死亡。含氯消毒剂是以次氯酸形式发挥作用的，消毒作用的强弱与次氯酸浓度有关，浓度越高，消毒作用越强。用氯酸钠、硫酸和甲醇进行化学反应后，经过分离、精制，再加

入碳酸钠、过硼酸钠等稳定剂,即可制得稳定性二氧化氯水溶液。反应式如下:

$$2NaClO_3 + 2H_2SO_4 + CH_3OH \longrightarrow 2ClO_2 + 2NaHSO_4 + HCHO + 2H_2O$$

季铵盐类消毒剂具有除臭、清洁和表面消毒的作用,在低浓度下有抑菌作用,较高浓度下可杀灭大多数种类的细菌繁殖体与部分病毒。国内外普遍使用的有十二烷基二甲基苄基溴化铵、十二烷基二甲基苄基氯化铵、十二烷基二甲基乙苯乙基溴化铵。季铵盐类消毒剂可改变细胞的渗透性,使菌体破裂;使蛋白质变性;抑制细菌体内的脱氢酶、氧化酶以及分解葡萄糖、琥珀酸盐、丙酮酸盐等的酶;有良好的表面活性作用,可高浓度聚集于菌体表面,影响细菌的代谢。季铵盐类消毒剂的合成:由 N,N—二甲基十二胺与溴化苄反应制得。

近年来,虽然化学剂的研制有较大进展,但距实际需要还有相当大的距离,有突破性的消毒剂尚未出现,协同研究也还局限在化学消毒药与增效剂、缓释剂、助溶剂、填充剂及物理因子的范围内。对人畜的毒性、物品的损坏及环境污染等诸多因素,也使消毒剂研究开发使用受到一定限制。研制杀菌力强、抗菌谱广、用途广泛、使用简便、对人畜毒副作用小、稳定性好、价格低廉的新型消毒药仍然是今后的主攻方向。针对影响消毒剂效果的多因素性,药物协同研究与开发应用必须按实际现场需要进行,尤其应考虑到消毒对象的特点与针对性,如医疗上快速灭菌,环境乙肝病毒、口蹄疫病毒的消毒,集约化养殖业的带畜消毒等。广泛利用先进的技术和方法进行更深更广的研究,形成多学科互相渗透协作的药物研究新格局,是加速新型消毒剂研制的必要条件。目前,国际间尚无统一的消毒剂试验方法,这对准确评价消毒剂极为不利。

9.2 饮水净化材料

9.2.1 饮水净化活性炭

水处理中的活性炭主要有粉末炭和粒状炭两类。粉末炭采用混悬接触吸附方式,主要以搅拌池吸附的形式应用;而粒状炭则采用过滤吸附方式,通常采用固定床的形式,如活性炭滤池等。粒状炭较之粉末炭具有可再生性好和抗干扰力强的优点。普通的给水净化工艺,对一些污染物如病毒、有机化合物不能有效去除。由于活性炭对水中微量有机物具有卓越的吸附特性,可用粉状活性炭去除水中的臭、味等。粉状活性炭适用于含低浓度有机物和氨的污染水源的除臭、除味,尤其适用于季节性短期高峰负荷的污染水源的净化。粉状炭一般以 5%~10%的悬浮液投加,其投加量根据原水的水质而异,并与水处理厂的流程有关。一般情况下,投加剂量为 3~10 mg/L。接触时间一般为 15~30 min。投加点可在原水泵附近或澄清池之前。因其可再生性差和抗干扰能力弱的缘故,对污染较严重的水源长期使用时,应逐渐由粒状炭代替。在给水处理中,粒状活性炭多以吸附柱或吸附塔的形式来应用,当吸附饱和后,通过再生以恢复其吸附能力。

活性炭吸附技术能够有效去除水中污染物,但其制水成本相对较高,而且其微孔结构不利于大分子有机污染物的去除,其广泛应用受到了一定的限制。因此,活性炭吸附与其他水处理技术的联合应用,往往能够产生更好的处理效果。下面将介绍几种常见的活性炭吸附组合工艺：

(1)臭氧-活性炭组合工艺。臭氧作为强氧化剂，能使水中大分子有机物分解为小分子有机物，提高有机物进入活性炭微孔内部的可能性，充分发挥活性炭的吸附表面，延长活性炭的使用周期。同时，臭氧还发挥了活性炭所不具备的杀菌作用。而活性炭则能有效吸附臭氧在氧化过程中产生的大量中间产物，包括解决臭氧无法去除的三卤甲烷及其前驱物质，并保证了最后出水的生物稳定性。

(2)高锰酸钾-活性炭组合工艺。高锰酸钾也是强氧化剂，能降解有机物、抑制藻类生长，随着投加量的增加和接触时间的延长，其水处理效果较为理想。而粉末活性炭对水中小分子有机物(分子量<3 000)有很好的吸附作用，有利于净水过程中去除色味。故常将两者组合用于常规净水工艺流程中。

(3)生物活性炭法。生物活性炭技术是以粒状活性炭为载体，通过富集或人工固化微生物，在活性炭表面形成生物膜，利用活性炭的吸附作用和生物膜的生物降解作用共同去除水中污染物。与普通生物法相比，在相同的水力停留时间下污染物停留时间更长，因而处理效果更好。同时，微生物的降解也能使活性炭再生，再生率高达 20%左右。而活性炭也可减轻废水中有害物质对微生物的影响，从而消除微生物降解的不利影响。但是，在使用该技术进行饮用水深度处理时应避免预氯化处理，否则微生物不能在活性炭上生长。

(4)粉末活性炭-活性污泥组合工艺。该工艺是将粉末活性炭投加到活性污泥曝气池中，形成生物活性炭，利用吸附、降解协同作用去除有机污染物。它一方面可去除活性污泥法难以去除的有机物，提高活性污泥的去除效率；另一方面使活性污泥具有优良的压密性，从而克服了污泥膨胀。

(5)活性炭-超滤组合工艺。超滤膜过滤工艺的显著优点是能有效去除水中的病原菌，但其最棘手的问题是膜阻塞和膜污染。活性炭-超滤膜组合工艺克服了单一处理方法的弱点：在组合工艺中，利用活性炭对进水前处理，能够去除各类有机化合物、水中大部分的浊度和色度，为后续膜过滤提供了保障，从而缓解膜阻塞和膜污染问题，延长膜的使用寿命；用膜进行后处理则能有效解决出水中的细菌问题，保障出水水质。

(6)活性炭电解法。活性炭电解法是利用活性炭的导电性将其作为电极，先使活性炭吸附污染物，再通过其电解作用进行氧化降解以去除水中杂质，是絮凝反应与自由基反应相结合的过程。活性炭的强吸附能力能大幅提高氧化性产物的利用效率，在相同条件下，活性炭固定床电解槽与普通电解槽相比，可节省电耗 30%～40%。

除了上述活性炭组合工艺外，还有诸如活性炭-TiO_2联用技术、负载活性炭催化氧化法、活性炭-反渗透、活性炭-MBR 等新的组合工艺，这些工艺已经在水处理实践中得以应用，并证明是行之有效的，它们将随着水处理技术的发展而不断被改进和创新。

当水中含有的某些有机物或无机污染物经常规混凝沉淀过滤处理工艺后仍不能去除时，可利用活性炭吸附进行深度处理。由于活性炭具有发达的细孔结构和巨大的比表面积，对水中溶解的有机污染物，如苯类化合物、酚类化合物、石油及石油产品等具有较强的吸附能力，具有除臭，去色，脱氯，除重金属、TOC(总有机碳)、病毒、放射性物质等作用。活性炭吸附对水质、水温及水量的变化有较强的适应能力，对汞、铅、铁、镍、铬、锌、钴的化合物等重金属化合物也有较强的吸附能力，可经再生后重复使用。水处理装置占地面积小，易于自动控制，运转管理简单。

活性炭用于饮用水处理还是非常有效的，尤其是将活性炭与其他的水处理工艺或材料相结合，可以大幅提高活性炭的使用效率，取得更好的水处理效果。活性炭吸附组合工艺将逐步取代单纯活性炭吸附，成为饮用水处理行业中的一种发展趋势。在饮用水处理时需注意以下四点：

(1)不同材质的活性炭孔径分布不同，要根据处理对象的相对分子量选择不同材质的活性炭。

(2)活性炭一般吸附性能的大小不一定与吸附效果一致，在选择活性炭时，要考虑选择能表示吸附效果的指标。

(3)针对去除特定的污染物，可以通过对活性炭表面化学性质进行改性的方法，提高对污染物的去除效率。

(4)活性炭再生后吸附性能会下降，需针对不同的吸附质，选择合适的再生方法，提高再生后的吸附性能。

9.2.2 饮水净化光催化材料

饮用水中的微量有机污染物大致可分为天然有机物和人工合成有机物两类。天然有机物是指动植物在自然循环中经腐烂分解所产生的物质，包括腐殖质、微生物分泌物、溶解的动物组织及动物的废弃物等，其中腐殖质是天然有机物的主要组成部分。人工合成有机物包括在水处理过程中形成三卤甲烷等消毒副产物和直接来自工业废水和农业排水等有机物。①光催化降解饮用水中的腐殖质。腐殖质是动植物经过长期的物理、化学、生物作用而形成的复杂大分子聚合物，化学结构复杂，都带有羧基、酚基、酮基等活性基团。腐殖质按其在酸、碱中的溶解性差异可分为腐殖酸、富里酸、腐黑物三类。天然饮用水中的有机物质，主要为腐殖酸，其浓度范围从地下水的 20 μg/L 到地表水的 30 mg/L，含量越高，水质卫生状况越差。一般水源中腐殖酸的含量在 10 mg/L 左右，占水中总有机物的 50％～90％。用 TiO_2悬浮体和光催化分解水中的腐殖酸，但由于粉末催化剂难以分离回收，在水溶液中易于凝聚且不易分散等问题而使该方法很难实用化。而利用 TiO_2膜光催化氧化处理水中的腐殖酸技术可避免以往悬浮相催化时催化剂难以分离回收及光能利用率等问题，实现了催化与分离的一体化。TiO_2膜以重金属 Ag、Pt 修饰后其光催化活性大幅提高，腐殖酸降解速率与效率增加。②光催化降解饮用水中消毒副产物。饮用水消毒副产物是指对饮用水进行消毒时，消毒剂与饮用水中含有的三卤甲烷、卤代乙酸、卤代酚、卤乙腈、卤代酮、卤代醛以及卤代硝基甲烷等天然有机物反应生成的化合物。各种一氯酚及其混合状态下的 TiO_2光催化降解，反应优先次序为对氯酚＞间氯酚＞邻氯酚；TiO_2薄膜催化剂在低压汞灯照射下能明显提高致癌致突变有机物的光降解速率，其中卤代烷烃的光催化降解较光降解提高了 3～7 倍，而烯烃和芳香类物质的光催化降解较光降解也提高了 2～3 倍。

水体富营养化现象以及由此带来的环境与生态问题日益严重，蓝藻爆发性繁殖引起的藻毒素污染，且人体长期摄入微量藻毒素具有潜在的致癌作用。微囊藻毒素是以动物肝脏为作用靶器官的一类肝毒素，能够特异性地抑制蛋白磷酸酶活性进而诱发癌症等一系列病变，是世界各地广泛存在且危害极大的一种蓝藻毒素。即使微囊藻毒素在浓度很高的条件下，也会很快被 TiO_2 粉末降解。在藻毒素初始浓度为50～350 μg/L 时，单用紫外线照射（>4 750 μW/cm²）可有效降解藻毒素，但需要较长的接触时间（>45 min）才能完全降解；加入 TiO_2 催化剂可以大幅提高降解速度；在每升水中加入 0.1 g TiO_2 粉末，可以将藻毒素降解的半衰期由 14 min 缩短至 3 min。

饮用水微生物污染会导致大面积的传染性疾病的流行，TiO_2 光催化技术处理微生物污染的优势在于该技术不仅能杀灭饮用水中的细菌、病毒并将其分解为 CO_2 和 H_2O，同时能降解细菌死亡后释放出的有毒组分，从而避免了采用银系、氯系无机杀菌剂处理带来的副作用。根据二氧化钛光化学反应原理研制的饮水消毒桶对饮用水中的微生物进行杀灭，对大肠杆菌和 f_2 噬菌体的杀灭率达 100％。比较铁掺杂纳米 TiO_2 膜和纯纳米 TiO_2 膜的灭菌效果，结果表明两者均有较强的杀菌能力，但 Fe^{3+}/TiO_2 膜的杀菌作用优于纯 TiO_2 膜，对大肠杆菌杀菌率从 87.4％ 提高至 95.8％，对金黄葡萄球菌杀菌率从 79.4％提高至 88.3％。

光催化氧化材料可以使大多数污染物完全破坏而不形成中间产物，如将卤代物完全转化成 CO_2 和卤代氢；可以适用于低浓度污染物的治理，利用这一特点可以采用光催化法制备超纯水；具有较好的普适性，几乎所有的水中污染物均可通过多相光催化过程得到降解，对于许多无法进行生物降解的污染物也可以通过光催化过程得到转化；使用空气或氧气为氧化剂，具有价廉、安全的优点；所使用的催化剂如 TiO_2，具有价廉、易得的优点，且在许多介质中均表现出很好的稳定性。因此，光催化氧化技术是很有发展前途的水处理技术。

光催化氧化材料能有效降解饮用水中的微量有机污染物、去除无机污染物、杀灭微生物等，在饮用水的深度处理领域有着广阔的应用前景。虽然在理论与实验方面都取得了较大研究成果，但半导体光催化材料量子效率低、光谱响应范围窄、分离回收困难、微观处理过程认识不足等方面的问题依然存在，使光催化氧化材料在饮用水深度处理中还未得到大规模的应用。今后光催化氧化材料在饮用水深度处理中的研究发展方向，主要集中在以下四方面：

（1）通过开展光催化微观处理过程研究，进一步探讨光催化氧化还原的过程及反应途径，并对反应中间产物可能带来的环境风险进行评价。

（2）通过改性进一步提高光催化氧化材料的活性，拓展光谱响应范围，提高可见光及太阳光利用率，进而开发出高性能半导体光催化材料。

（3）通过固定化技术进一步增强材料吸附效果，有效协同提高光催化氧化材料的活性及再生利用性能。

（4）通过与其他饮用水处理材料优化组合，获得最佳饮用水深度处理效果，进而开发高效节能饮用水深度处理装置。

9.2.3 饮水净化分离膜

膜分离技术中，在饮用水处理的应用主要有微滤（MF）、超滤（UF）、纳滤（NF）和反渗透

(RO),可有效去除水中色度、臭味、消毒副产物前体及其他有机物和微生物。虽然都是以压力为动力的膜分离技术,但是它们各自的分离概况(见图 9-4)与应用方向(见图 9-5)却是不同的。由图 9-4、图 9-5 可以看出,微滤可以除掉细菌等微生物和悬浮物,用于澄清;超滤主要应用于去除胶状分散体、菌落以及以大分子形式存在的有机物;纳滤可以降低水的总硬度、去除重金属和有毒的化学物质;反渗透则能滤除绝大多数悬浮杂质。

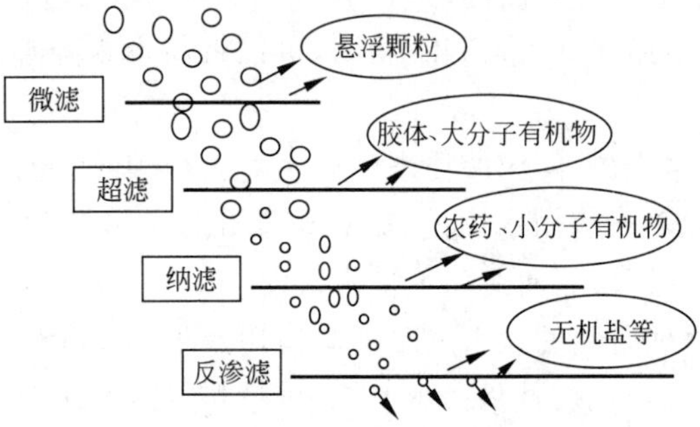

图 9-4 各种膜分离技术的分离物质概况

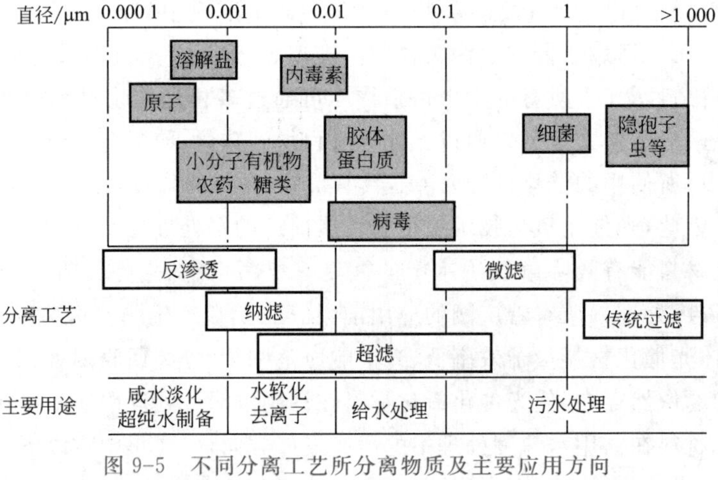

图 9-5 不同分离工艺所分离物质及主要应用方向

由图 9-5 不难看出:

(1)超滤膜与反渗透、纳滤和微滤存在一定的共性,因为它们的孔径的范围临界重叠。

(2)超滤产水量比反渗透、纳滤大,且需要的工作压力小。

(3)超滤的分离精度比微滤的分离精度高。

因此,在目前的技术与经济条件下,对于应用在饮用水处理的膜分离技术,超滤是最适合的,同时,超滤技术也是目前应用得最广泛的。

超滤膜作为超滤系统的核心材料,具有以下特点:

(1)强的亲水性能:在进水受到污染水质较差时,超滤膜依然能保持稳定的膜通透性,不易受污染,简单冲洗即可恢复性能。

(2)较窄的孔分布:杂质截留性能好,保障出水效果出色。

(3)较长的使用寿命:与其他膜相比,超滤膜的寿命是相对较长的,实际运行中寿命可达 5～6 年或更长。

(4)化学清洗的频率低:亲水性很强,简单的反冲洗便可使膜的通透性得到恢复,能降低清洗频率,膜的寿命也得到提高。

在饮用水处理中的应用如下:

(1)超滤膜与微滤膜。早期研究和应用的膜材料主要采用微滤膜和超滤膜,主要是通过固液分离效率高、紧凑、易于自控的膜分离技术来代替常规的混凝沉淀过滤技术。使用"预混凝＋浸没式中空纤维微虑膜"处理微污染水源,进一步提高了有机物的去除率。研究探讨了超滤膜在新一代饮用水净化工艺中的应用,结果表明,超滤出水的微生物学指标已能达到新饮用水水质卫生标准要求。研究了超滤技术在饮用水中的深度处理,得出了超滤技术效率高、耗能低、无污染、占地面积小和易于操控等优点,是提高源水利用率、解决水资源缺乏和环境问题的重要技术。利用超滤膜去除水中污染物的研究,显示它能够有效地去除胶体、悬浮固体、细菌。研究发现,以淹没式微滤或超滤和新型纳滤膜为代表的饮用水深度净化新技术,对有机污染物的去除率高达 90% 以上,有效地去除"三致"物质前驱体和病毒。

(2)纳滤膜。纳滤膜不仅能有效去除水中的无机盐、微生物、重金属、污染有机物等有害物质,同时还能保留对人体有益的矿物质和微量元素,有益身体健康。采用纳滤卷式膜组件和活性炭过滤器工艺,处理温岭市滨海镇联海河水净化工程,运行结果表明,水质指标均达到并优于 GB 5749—2006《生活饮用水卫生标准》。

(3)反渗透膜。反渗透膜由于孔径非常小,几乎可以去除水中的一切物质,包括各种悬浮物、胶体、溶解性有机物和一些金属离子。使用反渗透膜去除地表水中的氨离子,去除率可达到 95%以上。在海水淡化领域,反渗透膜技术的发展使得海水脱盐工艺在实际运行中的成本大幅降低。

膜分离技术作为第三代城市饮用水净化工艺的核心技术,在饮用水处理领域的应用前景十分广阔,随着膜性能的改进和价格的降低以及超滤工艺的日趋成熟,超滤相对常规水处理工艺已显现出一定的技术和经济优势,完全有可能取代常规水处理工艺,具有很大的市场前景。未来饮用水深度处理用的膜材料研究将集中在以下三方面:①膜材料的更新。膜材料仍将是未来超滤膜研究主要方向之一。除继续寻找性能优良、来源丰富的新型单一制膜材料原料外,加强复合膜材料方面的探索研究,尝试采用包括化学改性、高聚物共混改性、有机-无机材料复合等方法以获得性能更优的材料。②膜组件及运行维护技术的提升。提升膜组件制备工艺及运行维护水平,发展组件和系统配置技术,严格制备和检测工艺标准,加强对膜污染控制和膜清洗新技术的研究和实际推广应用。③技术集成。针对不同的原水水质及出水要求,因地制宜地开发以超滤为核心、与其他水处理工艺技术相组合的水处理工艺,研究更加经济、有效、可行的多种膜法组合技术,优化工艺参数,推广其在实际工程中的应用。

9.2.4　饮水净化微孔陶瓷

微孔陶瓷是一种新型的无机非金属过滤材料,以石英砂、氧化铝、碳化硅或莫来石等为骨料，掺和一定量的黏结剂、成孔剂后经过高温烧制而成。利用成孔剂在坯体中占据一定空间、烧结过程中与空气反应生成气体或烧成后溶解于水离开坯体而形成微孔。微孔的平均孔径一般为 0.5～450 μm，大小分布均匀且相互连通。微孔陶瓷的孔隙率可达 45%～65%，使其具有很大的比表面积。随着科学技术的不断发展和提高，微孔陶瓷的应用范围不断扩大，目前已遍及环保、石油化工、冶金、食品、能源、制药和生物医学等诸多科学领域。在水处理工程中，微孔陶瓷作为过滤材料发挥着重要的作用，被广泛应用于饮用水、工业废水和生活污水的处理等。

微孔陶瓷具有以下结构特性和过滤特点：微孔孔隙率高，孔径分布均匀且大小易于控制；成型性能好，可根据不同需要做成各种形状的过滤器，如棒状、板状、片状等；化学稳定性好，除氢氟酸、浓碱外，对所有介质均有优良的耐腐蚀性，不与其他物质发生化学反应，不会造成二次污染；强度高，刚性大，在冲击压力作用下不引起外形变化和孔径变形；热稳定性好，不会产生热变形、软化、氧化现象等，在 −50～500 ℃均可使用；自身洁净状态好，无毒无味、无异物脱落，不会造成二次污染；再生性强，可 100%恢复原有过滤能力，使用寿命长；具有很大的内表面，能吸附滤除大量微小的悬浮物。

滤液通过微孔陶瓷时，其中的悬浮物、胶体物和微生物等污染物质被阻截在过滤介质表面或内部，同时附着在污染物上的病毒等也一起被截留。这一过程是吸附、表面过滤和深层过滤相结合的过程，且以深层过滤为主。微孔陶瓷发达的微孔结构使其具有巨大的表面积 500～1 700 m^2/g，因而具有巨大的表面能，能够吸附水中微小的悬浮物，吸附过程主要以物理吸附为主，因而脱吸再生容易。表面过滤主要发生在过滤介质的表面，微孔陶瓷起到一种筛滤的作用，大于微孔孔径的颗粒被截留。被截留的颗粒在过滤介质表面产生架桥现象，形成了一层滤膜，这层滤膜也能起到重要的过滤作用，可防止杂质进入过滤层内部将微孔很快堵塞。深层过滤发生在过滤介质内部，因重力沉降、惯性冲撞、扩散等作用，水中细小的悬浮颗粒在微孔陶瓷内部曲折且相互连通的孔道中运动时被孔道壁捕捉而滤除。

用于饮用水过滤处理的陶瓷材料微孔孔径大多在 0.2～10 μm 范围内，孔隙率可达 60%以上。有研究表明，其过滤精度可达最大孔径的 1/10。陶瓷材料用于饮用水过滤处理的历史较长，最初被用来去除水中的细菌，随着科学技术的不断发展，目前的微孔陶瓷不仅可进行饮用水的无菌处理，而且对水中的有机物及一些化学污染物，如金属离子等也有一定的去除效果，水中滋生的病原微生物主要有三类：原生动物、细菌和病毒，其中原生动物的体积最大，大致为 2～100 μm 能被微孔陶瓷完全截留；细菌远比原生动物要小，但一般大于 0.2 μm 通常水中常见的大肠杆菌和沙门氏菌大小约为 0.6 μm，因此绝大部分的细菌能够被微孔陶瓷的孔道诱捕；至于病毒，由于它没有细胞结构，不能独立存在而是附着在颗粒表面或者细菌上，因而很容易被伴随去除。

水厂自来水净化工艺采用的沉淀过滤法多以石英砂、无烟煤等作为滤料。微孔陶瓷球可代替石英砂、无烟煤，用于水厂自来水的净化。这些微孔陶瓷球由陶瓷土、成孔剂和粘合剂经高温烧制而成，具有坚硬的外表面和微细的内孔、较大的孔隙和巨大的表面积。与石英砂相比，微孔陶瓷球具有对污染物的吸附能力强、运行周期长、水头损失小、反洗所需压力和水量均小、耐磨损、寿命长等优点，因而有着广阔的发展前景。由于微孔陶瓷具有良好的除菌作用，因而多被制成滤芯用于饮用水供水终端的水质净化，即作为净化器的主要部分用于过滤经供水管道输送或水塔存储后遭到污染的饮用水，因此微孔陶瓷的应用与小型水质过滤器、净化器是密不可分的。目前，微孔陶瓷多结合其他净水材料，如活性炭等一起应用于饮用水净化，这类净水器为复合型过滤器，不仅可以去除水中的各种悬浮污染物，同时还能够降低色度，去除异味，进一步提高水质。

微孔陶瓷过滤介质运行一定周期后，介质内部通道被滤液中颗粒杂质堵塞导致过滤阻力增大、流速减少、过滤效率降低，因此需要定时清洗。水处理量较大时，多采用液体反洗或气水反冲洗；小型装置中的滤芯可用砂纸或磨石擦洗，甚至可用毛刷刷洗，使其恢复到初始状态的水平。由于没有抑菌、杀菌作用，因此尽管微孔陶瓷能截留细菌，但是无法杀死细菌。在水质净化器运行周期较长的情况下，微孔陶瓷表面及内部截留的细菌大量繁殖造成出水的二次污染。净水器大多将微孔陶瓷滤芯内部均匀地涂敷银离子或者其他一些可聚合阴离子单体与阳离子杀菌剂的共聚合体，使其具有抗菌防霉功能，能将截留细菌等微生物杀死。

由环境友好材料制成的微孔陶瓷作为一种新型的过滤材料，以其良好的净水性能和再生性能，在饮用水处理及一些工业废水处理中得到了大面积的推广和应用，并成为饮用水净化领域不可或缺的高效过滤材料。微孔陶瓷表面积较大，也能进行吸附，但相比活性炭，微孔陶瓷的吸附作用较小。由于物理吸附能力的大小与吸附材料比表面积成正比，因此提高微孔陶瓷吸附作用的关键在于进一步提高微孔陶瓷的孔隙率，缩小微孔孔径；对微孔陶瓷进行表面改性处理，提高其化学吸附能力；研究开发具有杀菌、软化和远红外功能的饮用水陶瓷滤芯。微孔陶瓷作为一种新的、富有前景的水处理方法正推动着生活用水和废水处理向着更高的技术水平迈进。

9.2.5　饮水净化臭氧氧化剂

臭氧的氧化作用极强，其氧化还原电位为 2.07 V，比氯（1.36 V）高出 50% 以上，比氯更强的氧化力，在碱性溶液中仅次于氟，是自然界最强的氧化剂之一。臭氧在水中的分解产物羟基自由基，具有氧化和消毒，还有除臭、脱色、杀菌和防垢作用。臭氧与水中污染物的反应极为复杂，主要通过两条途径，即臭氧的直接反应和臭氧分解产生的羟基自由基 HO·（E_O=2.8 V）的间接反应。两者比较，直接反应有选择性，速度慢；间接反应无选择性、电位高、反应能力强、速度快，可引发链反应，使许多有机物彻底降解。

直接反应（D 反应）：污染物＋O_3→产物或中间物

间接反应（R 反应）：污染物＋HO·→产物或中间物

因此，在处理水时应注意控制臭氧反应途径，提高臭氧的有效利用率。有机物与臭氧的反应有以下几种形式：

O_3＋有机物 1 ⟶ 产物（直接反应）

O_3＋有机物 2 ⟶ 产物（瞬间反应）

OH·＋有机物 3 ⟶ O_2·＋产物（促进反应）

OH·＋有机物 4 ⟶ 产物（消除反应）

臭氧在饮用水中(pH 在 7 左右)的分解可分为以下的步骤：

$O_3 + H_2O \longrightarrow O_2 + 2OH\cdot$

$O_3 + OH\cdot \longrightarrow O_2 + HO_2\cdot$

$O_3 + HO_2\cdot \longrightarrow 2O_2 + OH\cdot$

$OH\cdot + OH\cdot \longrightarrow H_2O_2\cdot$

$OH\cdot + OH\cdot \longrightarrow H_2O + 1/2O_2\cdot$

臭氧具有强氧化能力，能破坏有机物的分子结构，可将一部分有机物彻底分解，同时可将大分子的、细菌不易利用的有机物，生成小分子的、细菌易氧化分解的有机物，降低了有机物的分子量，改变了有机物的性质，提高了其可生化性。臭氧用于消毒杀菌杀伤力大，速度快；可氧化溶解性铁或锰，形成高价沉淀物，使之易于去除；可将氰化物、酚等有毒有害物质氧化为无害物质；可氧化致嗅和致色物质，从而减少嗅味，降低色度；可将生物难分解的大分子有机物氧化分解为中小分子有机物，使之易于生物降解；使用臭氧预处理，还可以起到微絮凝作用，提高出水水质；应用臭氧，不会在处理过程中产生有害的"三致"物质。

饮用水处理中臭氧的投加方式包括预氧化、中间氧化和最后消毒。臭氧的预氧化可去除水中的无机物、色度、浊度、悬浮固体、异臭和味，可部分分解有机物并灭活微生物，从而提高混凝-絮凝-沉淀效果。中间氧化主要是分解有毒微污染物，去除三氯甲烷前体物，并提高有机污染物的可生化降解性。臭氧消毒可灭活水中所有残留的微生物，并使消毒产生的副产物减到最少。

9.2.5.1 臭氧预氧化

在饮用水处理中，臭氧氧化法处理的适宜对象主要包括杀菌、除嗅、除味、脱色、除铁、除锰、除去微量有机物等。

(1)去除有机化合物。适量浓度的臭氧氧化对水中有机物总量去除不多，但是出水分子量变小、极性变强、可生物氧化性和可吸附性变强。水源水中含有的有机物来源于自然界和人类活动，在进入水处理厂前，由人为导致的污染物已经经历了生命或非生命的转化。这部分有机物同饮用水水质及人类健康密切相关，必须加以去除，降低它们在饮用水中的浓度。臭氧氧化反应可以降解脂肪烃及其卤代物、酚类物质、有机胺化合物和有机农药等有机微污染物，也能产生有机酸、醛(甲醛)等臭氧化副产物。臭氧对这些有机微污染物的去除情况与有机物的结构及臭氧投量有关。

(2)去除铁和锰。天然水体中都不同程度地含有铁和锰，它们以可溶性的还原态存在，饮用水中含有一定量的铁和锰虽然对人体并无危害，但超过一定值时会使水产生异味和颜色，增加水垢，在服装等用品上产生锈斑，甚至堵塞水管和用水设备，应该控制饮用水中铁和锰的浓度。臭氧能有效地将水中溶解性铁、锰等转化成难溶解性氧化物。铁和锰与臭氧的反应式为：

$$2Fe^{2+} \xrightarrow{O_3 \rightarrow O_2} 2Fe^{3+} \xrightarrow{H_2O} Fe(OH)_3 \downarrow$$

$$Mn^{2+} \xrightarrow{O_3 \rightarrow O_2} Mn^{4+} \xrightarrow{H_2O} MnO_2 \downarrow$$

溶解性铁、锰变成固态物质后，可以通过深沉和过滤除去。

(3)减少有毒副产物的生成。有代表性的有害氯化消毒副产物(DBPs)主要为三卤甲烷(THMs)和卤乙酸(HAAs)等，世界各国均制定了严格的DBPs标准。预臭氧化通过两个途径控制DBPs：一是直接去除DBPs的前驱物质；二是转化前驱物质，从而利于后续工艺的协同去除，后者在低臭氧投加量$\rho(O_3)$为0.5 mg/L左右下起重要作用。预臭氧化去除DBPs前驱物质的效果取决于原水水质及预臭氧化条件，主要是TOC及Br含量、有机物性质、臭氧投加量及时间、水温、pH等。HCO_3^-的存在有利于THMS前体的去除。虽然目前对预臭氧化控制DBPs的效果说法不一，但以降低DBPs前驱物质含量的居多。

9.2.5.2 消毒

臭氧在水处理中的作用是从利用它的消毒作用开始的，目前臭氧仍是加药消毒法中最有效的消毒剂。臭氧的杀菌作用比氯快15～30倍，在灭活病毒方面，由于臭氧的高氧化电位和容易通过微生物细胞膜扩散，所以臭氧能氧化微生物细胞的有机物或破坏有机体链状结构而导致细胞死亡。从而臭氧对过滤性或其他病毒、芽孢等，具有强大的杀伤力，而氯对病毒作用很小或不起作用。用臭氧消毒时对细菌的灭活率都在95%以上，所以经臭氧消毒过的水，其中的病毒实际上已完全失去了活力。在水处理中，较传统的氯消毒方法，臭氧消毒还有如下优点：

(1)在消毒的同时可改善水的性质，且较少产生附加的化学物质污染。

(2)不会产生如氯酚那样的臭味。

(3)不会产生三卤甲烷等氯消毒的消毒副产物。

(4)臭氧可就地制造，为了获得它只需要电能。但臭氧作为消毒剂是有选择性的，绿霉菌、青霉菌之类对臭氧具有抗药性，需较长时间才能将其杀死。

单独使用臭氧作为杀菌剂时，由于臭氧在较短时间内分解掉，残留效果小，甚至会出现细菌回升现象，为了改善这种状况，可以考虑辅助加氯。臭氧消毒也是各种消毒工艺中费用较高的一种。

9.2.5.3 臭氧的联用技术

臭氧虽然能氧化水中许多难降解有机物，但它与有机物的反应选择性差，且不易将有机物彻底分解为CO_2和H_2O，其产物常常为一元醛、二元醛、醛酸、一元羧酸、二元羧酸类易于生物降解有机物。因此，水处理一般是采用臭氧与其他处理方法联合的工艺来去除难以生物降解的有机物。目前，国内外在臭氧氧化及联用技术的研究与应用中有两种趋势：一种是基于臭氧的高级氧化过程，与其他方法联用将臭氧催化转化为氧化性更强的、而反应选择性较低的羟基自由基，如臭氧的超声空化、紫外辐射与过氧化氢的联合作用等；另一种是采用固体颗粒，如二氧化钛、活性炭、金属氧化物为催化剂来加强臭氧氧化，这些方法不另需氧化剂或能源，如臭氧-生物活性炭方法，由于联用技术的协同作用，往往比单独使用臭氧氧化效果更好。

9.2.5.4 臭氧的其他作用

臭氧预氧化能够进一步提高常规给水处理的除藻效果，臭氧是强氧化剂，可以致死藻类或限制它们的生长,对动物性浮游生物的灭活效果好。臭氧氧化可提高后续絮凝、过滤对藻类的去除效果,减少絮凝剂的用量,有一定的助凝作用。臭氧同时具有除色作用,通过与不饱和官能团反应、破坏碳碳双键而去除真色,去除程度取决于臭氧投加量和接触条件;臭氧的微絮凝效应还有助于有机胶体和颗粒物的混凝,并通过颗粒过滤去除致色物。

臭氧能消除矿物质、浊度和悬浮物、除色、去臭、去异味,可部分降解天然有机微污染物和非活性微生物,以提高后续工序(如絮凝、沉淀等)的效率,可去除三卤甲烷及其前体物,减少氯消毒副产物的形成,降低致癌风险性和致突变活性。臭氧技术虽能有效提高水处理的效果,但对于不同的原水,具体的投加量、投加点以及其出水水质安全性尚需进行认真试验研究,另臭氧技术与其他技术(比如活性炭)的联用也是今后研究的趋势。臭氧催化氧化过程中产生的羟基自由基(·OH)作为一种二次氧化剂,具有很强的氧化性,对微量高稳定性的有机物具有广谱的去除能力。臭氧催化氧化可以增强臭氧的利用率,提高氧化反应效率,减少臭氧化副产物的生成。所以,在饮用水处理行业中该技术将会有广阔的应用前景。但是,臭氧催化氧化作为一种新兴的技术,还有一系列的问题亟待研究。

(1)机理尚不明确。催化反应中,特别是非均相催化氧化系统,反应过程比较复杂,针对不同的有机污染物必须选用不同的催化剂,所以在试验过程中不同研究者得出的结论往往相互矛盾,其内在的作用机理尚且处于推测阶段,因此应加强对催化机理的研究。

(2)影响因素不易控制。在臭氧催化氧化技术中涉及固、液、气三相,反应环境复杂,反应过程中有很多的影响因素,如水的 pH、温度、催化剂、物质间的吸附作用等,要实现很好的控制需要进行大量的试验。

9.3 智能舒适玻璃

智能玻璃指能根据环境温度、日照强度等环境因素自动调节玻璃的光学性能,使室内温度偏低时太阳光能尽量多地进入室内,室温偏高时能屏蔽一定量太阳光,从而实现对室内舒适度的智能化控制的玻璃。智能玻璃主要依靠光、电、热等物理因素的激发下使玻璃的光学性质发生改变,即变色,从而实现对太阳能辐射的调节。变色效应分为光致变色、电致变色、热致变色等。

9.3.1 光致变色玻璃

光致变色玻璃指受紫外线或日光照射后,在可见光谱区产生光吸收而自动变色,光照停止后又可逆地自动恢复到初始的透明状态的玻璃。光致变色玻璃能够长时间反复变色和退色,无疲劳现象,且化学性能稳定,制备简单,广泛应用于制造太阳镜以及汽车、飞机、船舰、建筑物的自动调节光线的风窗玻璃。

物质的可逆光致变色过程可分为两步:成色和消色。成色即物质在一定波长光照下发生颜色变化;消色则指已变色的物质经加热或用另一波长光照射,恢复原来的颜色。物质光致变色的这两个过程可用反应式简单表示为 AB。对于多数光致变色物质来说,这是一个可逆的光化反应，其过程可用图 9-6 来表示。物质首先吸收光子，从基态 A 跃迁到激发态 A*，然后发生光变色反应，由物质 A 经 A* 变成物质 B，这为成色过程。消色过程则有两条途径：一条是物质 B 通过吸收热，发生热变反应，由基态直接变成物质 A；另一条是通过吸收光由基态 B 跃迁为激发态 B*，发生光变色反应，再回到物质 A。

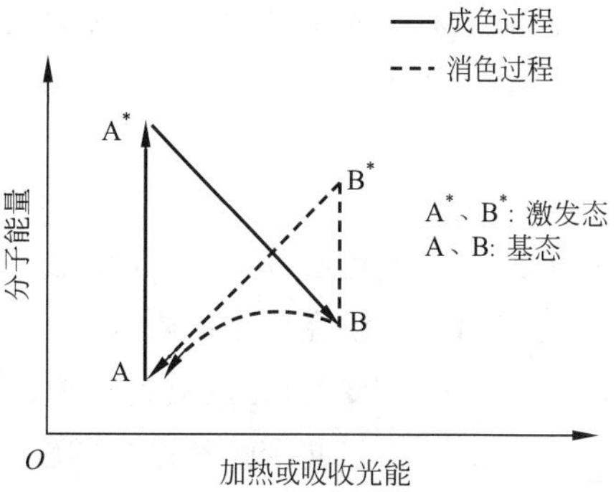

图 9-6　物质的光致变色过程

9.3.1.1　变色原理

光致变色玻璃的暗化和退色是由于玻璃中含有卤化银晶体的缘故。当光致变色玻璃被阳光照射时，无色的卤化银分解成银原子并聚集成 Ag^+ 胶体粒子，Ag^+ 胶体粒子有很强的光吸收，从而使玻璃变暗。由于卤素原子不能从固态中渗透和逸出，因此当除去阳光的紫外线的照射，也就是进入室内光照射（即无紫外短波段的光照射）时，发生逆向反应，银原子与卤素原子又重新结合为无色的卤化银晶体而退色。图 9-7 所示为光致变色玻璃形成互变的过程。

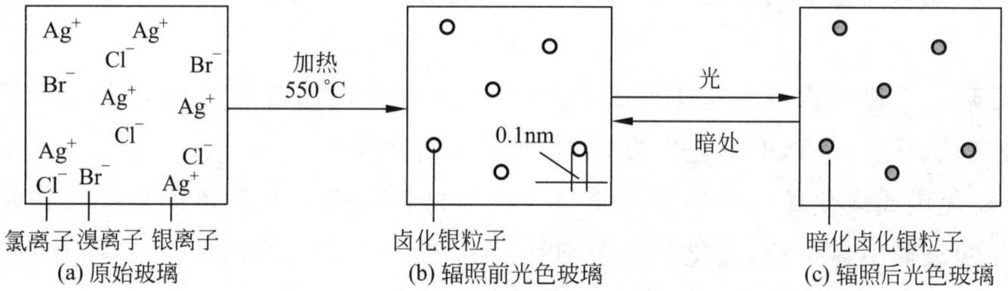

图 9-7　光致变色玻璃形成互变的过程

从能量的观点看来，这个过程如图 9-8 所示。受辐照前，系统处于低能态 E_1；当受到紫外线辐照时，吸收光子能量而越过能垒 E_2 达到高能态 E_3。因此，紫外辐照所提供的能量必须等于或大于 ΔE_1。ΔE_1 是随着玻璃组成和热历史条件而变化的，ΔE_1 减小，则导致变色的辐照波长向长波区移动。由于光子能量取决其频率，因此，在固定波长的光辐照下，变色能力由 ΔE_1 确定。

当辐照强度变低或变为零时，系统将越过一个较小的势垒 ΔE_2 而回到低能态能级 E_1。一般只要有热扰动或长波光辐照就可以满足此要求。在玻璃态结构条件下，与 E_1、E_2、E_3 对应的分别是一条较宽的谱带，当作用于玻璃的辐照能量不过剩时，其恢复过程宽带现象更加明显，初始阶段 ΔE_2 比较低，易于跨越，过程进行较快，从实用观点出发，为实现尽可能快的退色速率，ΔE_2 越小越好，最好为零。ΔE_2 的大小可能与俘获正空位的“陷阱”性质有关，

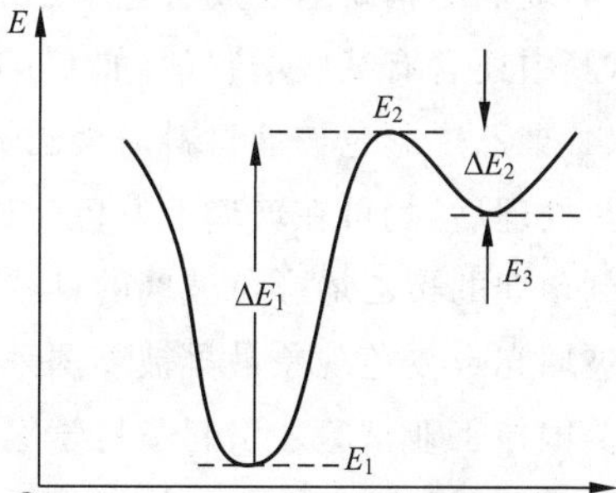

图 9-8　在紫外辐照作用下含有卤化银的光致变色玻璃中所发生的过程的能级图

也同时可能与 AgO 变为 Ag^+ 所需的能量有关。

在辐照过程中所有上述导致变色和退色的因素是同时起作用,动力学表达如下:

$$\frac{dC}{dt}=K_d I_d A-(K_b I_b+K_t)t$$

式中: C——色心(由于光分和用生成的银原子)有效浓度;

A——潜在色心的浓度;

K_d、K_b、K_t——变暗、光致退色和热致退色速率常数;

I_d、I_b——引起变暗和退色的辐照的积分强度;

t——时间,s。

在一定的外界辐照条件下,变暗或退色速率取决于变暗或退色速率常数和潜在的色心能度,而这些是由玻璃的组成及其热历史条件所决定的。

9.3.1.2 光致变色玻璃

光致变色玻璃大致可分为四类:

(1)掺入 0.005%~1% Ce_2O_3 和 1%MnO,或掺 Eu^{2+} 的高纯度碱硅酸盐玻璃在强还原气氛下可以形成光致变色玻璃。它在紫外线照射下,激发 Ce^{3+} 使 Mn^{2+} 激活,即

$$Mn^{2+} \longrightarrow Mn^{3+} + e^-$$

而使玻璃变暗。其逆过程可使它退色。$CdO-B_2O_3-SiO_2$ 玻璃也有光色效应,但不敏感,添加铜和银可增加敏感度 3 倍,但退色较慢,需要几小时才能完成。

(2)含卤化银或卤化铊微小晶体的玻璃。这种材料被用于变色镜的生产。它是利用有特殊化学成分的玻璃中氯化银、氯化铊等微细结晶的光化学反应,例如这些结晶在遇光时,氯化银发生下述反应,遇光分解,形成金属银,见下式:

$$AgCl \longrightarrow Ag^+ + Cl^- \text{(Ag 表现为原子状态)}$$

但是,这时 Cl^- 不会在玻璃质中消失,一旦光照遮断,与金属银再结合,将会还原成本来透明的氯化银结晶,形成可逆的玻璃质暗色。这种光致变色材料是根据玻璃的特性,也就是熔融的玻璃通过热处理后,使用分解的 Cl 存储在玻璃质中的技术制成的。氯化银玻璃的粒径应为 5 nm 以上;光致变色玻璃的平均粒径为 10 nm。

(3)玻璃结构缺陷变成着色中心的还原硅酸盐玻璃。目前,多采用含卤化银的碱铝硼酸盐玻璃,其中还含有某些增感剂,如 Cu_2O、AgBr、AgI 等以改变变色和退色的特性。

(4)聚乙烯彩色玻璃材料。聚乙烯玻璃可分为黄、青、红等几乎所有的颜色,经过紫外线照射和热处理后,均可在玻璃上发色。这种玻璃材料的组成以 $Na_2O-ZnO-Al_2O_3-SiO_2$ 为基础,可得到预期的聚乙烯彩色玻璃的针状结晶。

玻璃光致变色现象最早被英国采矿工人于 19 世纪 70 年代发现,直到 20 世纪 50 年代初由于美国核工业试验才引起了科学家们的高度重视和关注。60 年代初,光致变色玻璃开始用于眼科防护材料,70 年代成为世界眼镜玻璃工业中最畅销的产品。60 年代末美国开始开发建筑装饰光致变色玻璃,但光疲劳导致产品使用寿命缩短,性价比低。经过几十年的发展,发达国家在建筑材料领域的应用也才起步,但由于其在建筑材料领域存在巨大的潜在市场,光致变

色玻璃在未来会出现加速发展。光致变色玻璃用于车窗(如 WO_3-TiO_2)防紫外线、防眩光、智能调节车内空气,有巨大的市场潜力。光致变色玻璃以其独特的光感特性,将广泛应用于信息存储、建筑玻璃、眼镜、汽车玻璃、显示器、国防等诸多领域。

9.3.2　热致变色玻璃

热致变色玻璃指能够随着环境温度的变化导致玻璃的光学性质的改变从而实现玻璃透光率调节的玻璃。热致变色材料虽然种类较多,但能够在建筑节能中获得应用,因一般要求相变温度在室温附近 28 ℃左右,而使其可选择的余地不大。多年的研究表明,热致变色玻璃比较有发展前途的主要有热光聚合物、手性剂添加型液晶、无机热致变色薄膜 VO_2 等。前两者在低温下呈透明状,且制备工艺简单,成本低廉,但高温下呈浑浊状,影响视觉。而无机热致变色薄膜 VO_2 在相变前后光学性能的改变主要发生在红外区域(波长 $\lambda>1\ 000$ nm),在可见光区域变化很小,对视觉不会造成影响,因此 VO_2 薄膜成为制备热致变色玻璃的主要研究方向。

VO_2 晶体的相变温度为 68 ℃,低于 68 ℃时,呈单斜晶系结构,表现为半导体特性,中等程度透明;高于 68 ℃时,转变为四方金红石结构,呈金属特性,并且伴随着光、电、磁等物理性质的转变。这种变化具有可逆性,其中电阻率的变化幅值可以高达 10^4 量级,如图 9-9 所示。

随着温度的升高,开始薄膜的电阻逐渐减小,减小的速度较慢。当温度升到 60 ℃以后,电阻随着温度的升高迅速减小,出现跃变,至 74 ℃以后,电阻下降的速度又开始减慢。降温过程中的电阻变化趋势与升温过程相反。温度降低到 71 ℃后,电阻迅速变大,进一步降低到 58 ℃以后,电阻变化又趋于平缓。变色后随着温度的降低,电阻可恢复到相变前的状态,相变前后的升温曲线和降温曲线并不重合,有一个弛豫过程,出现热滞回线。从低温半导体相到高温金属相的转变过程中,光谱透过率在可见光区(380 nm$<\lambda<$760 nm)变化不大,但在红外光区($\lambda>$760 nm)变化明显,由低温时的透明态转变为高温时的高反射态,特别在 $\lambda>$2 500 nm,红外光线基本不能透过。图 9-10 所示为 VO_2 薄膜在低温 20 ℃和高温 80 ℃时的光谱透过曲线。

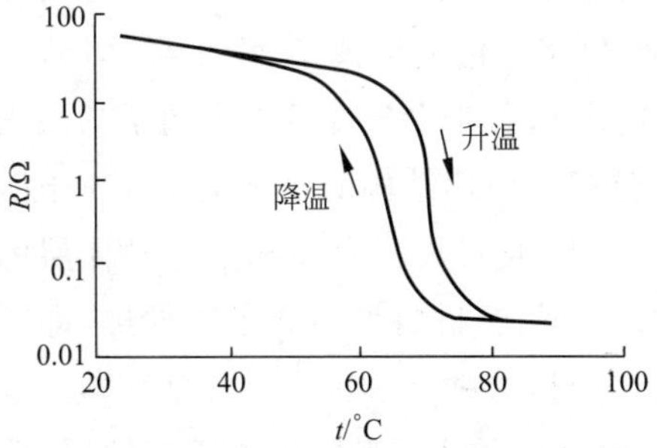

图 9-9　VO_2 薄膜电阻温度特性曲线

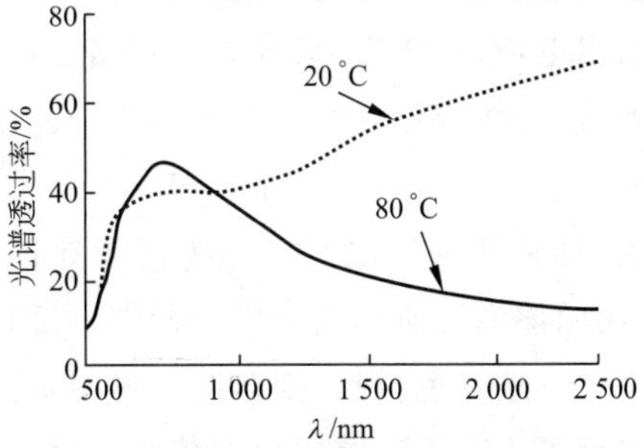

图 9-10　VO_2 薄膜 20 ℃和 80 ℃时的透射光谱曲线

热至变色玻璃提出后对 VO_2 的研究主要集中在如何降低其相变温度上,并取得了成功,20 世纪 50 年代末,F. J. Morin 最早发现了 VO_2 热致变色特性。自 20 世纪 70 年代将 VO_2 应用于智能型节能窗的构想被提出后,人们通过多种方法,包括优化 VO_2 薄膜制备工艺,降低

VO_2 相变温度等，对其研究已经取得了一些进展，通过高价态金属掺杂如 W、Mo、Mn 等和非金属掺杂已有效地将其相变温度从 68 ℃降低到室温。可见，光透过率问题及光减反射技术的应用也取得进展，但几十年的研究至今还少见成品问世，还需在节能效率、沉积温度、外观颜色、绝热保温上实现突破。随着建筑节能工作的开展，VO_2 智能玻璃的应用前景十分广阔。

9.3.3 电致变色玻璃

电致变色是指在电场或电流的作用下，材料对光的透射率和反射率能够产生可逆变化的现象。当电压施加到电致变色玻璃上时，玻璃的可见光透射率随之增加，这种现象称为"漂白"；当电压极性相反时，材料的透射率将随之减小，表现为颜色加深，这种现象称为"着色"。电致变色材料主要有如 WO_3、MoO_3、TiO_2、IrO、NiO 等无机过渡金属氧化物和紫精类化合物、聚苯胺、镧系酞化菁等有机化合物。

电致变色材料的变色机理根据不同材料存在着多种"理论"解释，主要有电化学理论、氧空位色心理论、双注入理论等。其中，已被接受的理论是双注理论，即变色被认为是材料中离子和电子注入或抽出而产生的，其反应方程式可表示为：

阴极着色：

$$MO_y + xA^+ + xe^- \underset{\text{漂白}}{\overset{\text{着色}}{\rightleftharpoons}} A_xMO_y$$

阳极着色：

$$A_xMO_y \underset{\text{漂白}}{\overset{\text{着色}}{\rightleftharpoons}} MO_y + xA^+ + xe^-$$

或

$$MO_y + xB^- - xe^- \underset{\text{漂白}}{\overset{\text{着色}}{\rightleftharpoons}} B_xMO_y$$

式中：A^+——正离子，如 H^+、Li^+、Ag^+ 等；

B^-——负离子，如 F^-、CN^-、OH^- 等；

M——金属元素 $0 \leqslant x \leqslant 1$。

电致变色智能玻璃由普通玻璃及沉积于玻璃上的数层薄膜材料组成，其中两层透明导电层作为引出电极、对电极，又称离子存储层，用以提供和存储变色所需离子；离子导体层，又称固体电解质，用作传导变色过程中的离子。在外电场作用下，由于电致变色层中离子的注入和抽出而使整个智能玻璃发生漂白和着色变化。电致变色智能玻璃结构的变化主要取决于所使用的材料，如使用液体电解质作为离子导体，则电解质同时兼有离子存储和离子导体层的功能；如使用固体电解质构成全固态器件，可用另一种电致变色层材料作为离子存储层，即变色层若为阴极电致变色材料，则存储层可用阳极电致变色材料，这种结构称为互补型结构。全固态器件也可不用离子存储层而仅依赖于环境中的水分解而成的 H^+ 来取代离子存储层，这种结构中要求外层电极对水分子具有很高的渗透率，显然这种结构易受环境湿度和温度条件的影响。

因为膜的吸收取决于膜厚及膜的光学吸收系数，而膜的反射取决于膜中自由载流子的密度和动态特性。当膜厚大于 10～50 nm 时，反射特性随膜厚的变化不大，因此，反射调制所需注入电荷量较少，即每个工作周期的能耗较低。智能玻璃的吸收调制状态由于吸收膜产生温升，加速器件的老化，产生热应力，导致不同热膨胀系数的多层膜的开裂和脱落，因此电致变色智能玻璃通常采用反射调制模式。理想电致变色智能玻璃为透射率或反射率在 0～100%范围内连续可调，开路记忆能力大于 24 h，响应时间小于 60 s，循环工作周期大于 10^5次（相当于 15～20 年工作寿命），离子电导率大于 10^{-6} S・cm^{-1}，电子电阻率大于 10^{12} Ωcm。

20 世纪 80 年代以后，对电致变色膜的研究是最多的，在众多被研究的如 WO_3、MoO_3、V_2O_5、Nb_2O_5、TiO_2 等无机阴极着色材料，Ir_2O_3、NiO、Cr_2O_3 等无机阳极着色材料和聚苯胺、聚环氧乙烷等有机化合物电致变色膜中，WO_3 和 NiO 膜具有着色效率高、可逆性好、响应时间短、寿命长、成本低等优点，而被认为是最有发展前途的电致变色材料。电致变色氧化物混合材料是改善电致变色性能的一个重要方法，当吸收峰为 1. 4 eV 的 WO_3 中加入 50%吸收峰为 1. 56 eV 的 MoO_3 后，由于 Mo^{5+} 与 W^{6+} 之间的带内跃迁能量高于 W^{5+} 与 W^{6+} 及 Mo^{5+} 与 Mo^{6+} 之间的带内跃迁能量，故可使着色膜的吸收峰最大值增至 2.15 eV，与人眼的相应峰值 2.25 eV 相适应。被研究的混合氧化物电致变色材料还有 La_3-WO_3、WO_3-TiO_2，Nb_2O_5-V_2O_5、TiO_2-CeO_2 等等。

常用的透明导电膜为 In_2O_3、Sn(ITO)膜和 SnO_2-F(FTO)膜。

对固态离子导体的要求是具有较高的离子传导率，以减小开关速度。漂白状态下，在所要求的光谱区域内(0. 35～1. 5 μm)具有高的透射率，尽管有许多固体电解质具有很高的离子电导率，但由于上述条件的限制，可用作该离子导体的固态材料并不多。早期研制的性能较好的固态离子导体为 $Na_3Zr_2Si_2PO_{12}$，但其难以制成薄膜。后来研究得较多是含有吸附水的质子型离子导体，如离子键化合物 CaF_2 和 MgF_2 及氧化物 SiO_2、ZrO_2、HfO_2、Ta_2O_5，但用这些电解质制成的电致变色器件性能易受环境湿度的影响。Li 离子是直径最小的金属离子，在 WO_3 中具有较高的离子迁移率，以 Li_3N、$LiBO_2$、LiF、$LiAlCl_4$、$LiAlF_4$、$LiNbO_3$ 和 $LiTaO_3$ 等 Li 离子导体薄膜均具有较好的性能。近几年来聚合物电解质如聚苯胺、聚醋酸纤维素等性能优于其他固体电解质，只是本身为高黏度的液体，机械强度及一致性较差，还无法适应大面积工业化生产的要求。

对电极薄膜目前主要问题是经过多次循环后，电极的电化学可逆性会明显下降，近些年对电极材料采用互补型认为是较佳的方法，即如果电致变色材料为阴极着色，则采用阳极着色的对电极材料。在外加电压的作用下，阴、阳极将会同时着色或漂白，从而使着色态颜色加深而漂白态透光率更高。这种互补型电致变色器件与普通单层电致变色器件相比，达到相同的着色程度所需的电量较小，故能耗更低。

9.4　调湿调温材料

9.4.1　导湿舒适纤维

接触皮肤的织物内层疏水，而织物外层亲水，织物内外层形成润湿梯度，促进了单向导湿。

这种因内外两层纤维的亲疏水性不同而引起的差动毛细效应就是纤维的导湿舒适性。可通过纤维改性、织物结构设计和后整理等方法使纺织材料获得良好的导湿效果。

棉、麻、丝、毛等天然纤维具有良好的吸湿性、透气性和舒适性,缺点是易吸湿膨胀,影响透气性,可将其与具有导湿快干性能的合成纤维混纺,以达到舒适性目的。

构造合成纤维表界面:①通过改变喷丝孔的形状可纺制异形截面纤维,使纤维表面产生沟槽,通过这些沟槽毛细管作用将皮肤表面的汗液迅速吸收、转移和蒸发。②通过改变纤维的形态结构,可使纤维的表面和内部具有微孔结构,从而增强其毛细效应。③采用细旦涤纶、细旦丙纶、海岛纤维等超细纤维制备而成的织物内部纤维间产生毛细效应,能够显著增强织物的毛细芯吸效应,进而改善织物的透气性能和导湿性能。

化学整理是指使用助剂对织物进行功能性整理,使织物具有吸湿、导湿和快干的特性。根据整理剂亲水性和疏水性的不同以及织物整理面的不同,可以分为单面疏水整理、单面亲水整理和亲疏水双面整理。单面疏水整理是指对织物的一面进行疏水整理,使织物两面形成吸湿性差异,从而实现单向导湿。单面亲水整理是指对织物的一面进行亲水处理。双面整理是指对织物的一面进行亲水整理,对另一面进行疏水整理,使织物内外两层形成差动毛细效应。

采用等离子体处理可在纤维表面引入某些独特的官能团或形成复杂的多孔结构,不会破坏纤维内部结构,能最大限度地保留织物原有的物理力学性能。采用静电纺丝技术可制备纳米结构的纤维网,具有三维网状结构,在内外界存在压力差或湿度差的情况下,此纳米微孔结构可以允许水蒸气和空气自由通过,而水滴难以通过,从而达到防水透气的效果。光催化处理是指织物经紫外光照射后,其外层织物变得亲水,而内层织物依然保持相对疏水,从而使织物在润湿性梯度的作用下,水分能从内层转移到外层达到单向导湿。在涂层整理剂中加入具有调温功能形状记忆的聚氨酯分子,因其适当的玻璃化温度对环境温度敏感,使得导湿织物能够根据环境温度变化智能化调节其导湿性能。

从国内外研究状况来看,大部分导湿织物的开发是在常温、常湿的环境下进行的,而外界温度、相对湿度、大气运动的变化以及人体对于织物的穿着感觉是多方面的,甚至人体温度的不同也会影响织物的湿热传导效果,因此需要进一步开发具有更加精确舒适的智能化导湿材料。高温、高湿等极端环境下导湿织物的研究对导湿性能要求更高,需要开展这方面的工作,以满足不同领域和消费者实际应用的需要,导湿织物在未来将会得到更为广泛的开发和应用。

9.4.2 室内调湿材料

调湿材料最早由日本学者西藤宫野等提出,具有自律性调节温湿度功能。调湿材料是指不需要借助任何人工能源和设备,依靠自身的吸放湿性能,感应所调空间空气湿度的变化,从而自动调节空气相对湿度的材料。调湿材料作为室内装饰材料的一部分,当室内湿度较高时吸附水蒸气使室内湿度降低;当室内湿度较低时释放自身吸附的水蒸气使室内湿度增加,从而使建筑室内环境保持在人体适宜的湿度范围。调湿材料具有丰富的多孔结构,在吸脱附水调试过程中还伴随着热量的传递,对温度也能进行一定程度的调节。

调湿材料的原理如图 9-11 所示。当空气相对湿度超过 φ_2 时,平衡含湿量急剧增加,材料吸收空气中水分，阻止空气相对湿度增加；当空气相对湿度低于 φ_1 时，平衡含湿量迅速降低，材料放出水分，阻止空气相对湿度下降。只要材料的含湿量处于 $U_1 \sim U_2$ 之间，室内空气相对湿度就自动维持在 $\varphi_1 \sim \varphi_2$ 范围内。

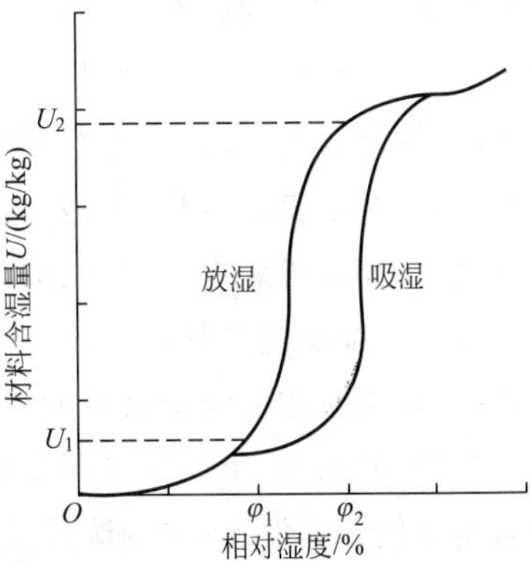

图 9-11　调湿材料的平衡吸放湿曲线

无机多孔材料吸附与孔内凹液面上水的饱和蒸气压有关，当空气中的水蒸气分压高于其凹液面上水的饱和蒸气压时，水蒸气被吸附，反之则脱附。无机调湿材料的湿容量可通过表面改性、扩孔、优化孔径分布等手段得到改善。有机调湿材料的调湿机理为有机分子表面与水分子之间多种类型的范德华力相互作用，如偶极-偶极作用、氢键作用等，因水分子为极性分子。若有机分子材料的极性大，则与水分子的作用力就大，吸湿量也相应增大。有机调湿材料大多是低交联度聚合物，其吸湿后的极限体积可达到初始体积的数倍，所以具有很大的吸湿容量。

天然调湿材料有木材、竹炭和木炭，其调湿特性是靠木材自身的吸湿及解吸作用。

9.4.2.1　人工合成调湿材料

常见的人工合成调湿材料有以下几种：

(1)硅胶是一种具有多孔结构的无定形的二氧化硅($SiO_2 \cdot nH_2O$)，过渡中间产物 $Si(OH)_4$ 自动聚合成三维交联凝胶，其孔径一般为 1.5～20 nm，主要用于工业上的吸湿剂，由于其在水的吸附与解析循环中呈现较严重的滞后现象，使其民用受到很大的限制。

(2)无机盐类，如 $LiCl \cdot 6H_2O$、$CaCl_2 \cdot 6H_2O$、$NaNO_3$、NH_4Cl、$Pb(NO_3)_2$ 等，其调湿作用是由盐溶液所对应的饱和蒸气压所决定的，但由于易产生盐析，使其应用也受到一定的限制。

(3)无机矿物类应用于调湿材料的无机矿物比较多，如硅藻土、沸石粉、海泡石、高岭土等，这类无机矿物的主要特点是内部微孔多、比表面积大、吸附能力强。以这类无机矿物为基材，通过一定的制备工艺，可以制备出各类调湿材料。

(4)有机高分子类是一种高调湿容量的调湿材料，常由具有三维交联网状结构的超强吸水性树脂(如淀粉、聚丙烯酸、聚丙烯酸钠、聚丙烯酰胺、聚乙烯醇、丙烯腈等)构成。作为调湿材料，有机高分子被吸附的水很难脱附，如何提高高分子调湿材料的响应性是目前有机调湿材料的研究重点。

9.4.2.2　复合调湿材料

为解决单一调湿材料存在的问题，将上述不同类型的调湿材料进行复合，如无机盐/有机高分子、无机矿物/有机高分子、多孔调湿陶瓷、生物质类等，使材料的吸湿容量和吸放湿速度得到大幅度提高。将无机盐类调湿材料(如 $CaCl_2 \cdot CH_3COOK$ 等)与有机高分子类调湿材料进行复合，一方面使聚合物的规整表面变得疏松、呈鳞片状，增大了材料与空气中水蒸气分子的接触表面；另一方面，使聚合物的内孔增多，提高了聚合物内部的离子浓度，增大了聚合物内外表面水分子的渗透压，可加速表面的水分扩散进入聚合物内部，同时也有利于被吸附水分的及时释放。无机矿物/有机高分子复合调湿材料主要有蒙脱土/有机高分子复合材料、高岭土/有机高分子复合材料等，无机矿物类湿容量及成膜能力较差，而有机高分子湿容量高，成膜性好，放湿性能较差，将它们进行复合，可充分发挥每一组分的优点。无机矿物基复合调湿材料主要有：沸石基复合材料、海泡石基复合材料等，通过对沸石、高岭土、海泡石等无机矿物材料进行混合、复合等处理，以便制造出具有大孔容积、高比表面积、宽孔径范围的复合多孔材料。多孔复合调湿陶瓷材料是通过加入成孔剂、改变配料组分和成型工艺等方法，使之呈现复合多孔的结构，从而增强陶瓷材料的调湿能力。

自 20 世纪 80 年代提出调湿材料以来，经近几十年的发展，调湿材料在材料类型方面，不断向复合化方向发展；在调湿性能方面，不断向吸放湿容量力大、响应性快、滞后环窄小、调湿范围可控性、智能自调湿方向发展；在功能方面，不断向多功能、复合化方向发展，不仅使调湿材料具有良好的调湿性能以及其应用所需的性能，而且具有空气净化、杀菌、防灾、保温等功能；在产品类型方面，不断向多样化、实用化发展。

9.4.3 相变调温纤维

相变材料在相变过程中能够吸收或释放潜热，将该材料用于纤维中。在外界环境温度变化时，利用其中的相变材料发生相转变过程与外界环境进行热交换，即发生吸热或放热的过程，从而实现纤维储能或温度调节功能。遇到高温时固体变成液体可使温度降低，遇到低温时液体变成固态可使温度升高。相变调温材料按照相态的变化方式可以分为固-液相变材料、固-固相变材料、固-气相变材料和液-气相变材料；按照其化学组成可以分为无机相变材料、有机相变材料和复合相变材料。

9.4.3.1 无机相变材料

无机类固-液相变调温材料主要有结晶水合盐类、熔融盐类、金属或合金类等。其中最典型的是结晶水合盐类，其本质是指脱出结晶水的温度，脱出的结晶水可使盐溶解而吸热。降温时其发生逆过程，吸收结晶水而放热。相变机制表达如下：

$$AB \cdot mH_2O \longrightarrow AB + mH_2O + Q$$

$$AB \cdot mH_2O \longrightarrow AB \cdot pH_2O + (m-p)H_2O + Q$$

式中，m 和 p 为结晶水的个数；Q 为溶解热。

这类物质用得较多的是碱金属和碱土金属的卤化盐、硫酸盐、磷酸盐、硝酸盐、醋酸盐和碳酸盐等盐类的水合物，具有代表性的有：$Na_2SO_2 \cdot 10H_2O$、$Mg(NO_3)_2 \cdot 6H_2O$、$MgCl_2 \cdot 6H_2O$、$CaCl_2 \cdot 6H_2O$、$CaBr_2 \cdot 6H_2O$、$Zn(NO_3)_2 \cdot 6H_2O$、$NH_4Al(SO_4)_2 \cdot 12H_2O$、$Na_2S_2O_3 \cdot 5H_2O$、$LiNO_3 \cdot 3H_2O$、$KF \cdot 6H_2O$、$Na_2HPO_4 \cdot 12H_2O$、$CH_3COONa \cdot 3H_2O$ 等。

9.4.3.2 有机相变材料

有机类相变材料主要有高级脂肪烃类、脂肪酸或其酯或盐类、醇类、芳香烃类、芳香酮类、酰胺类、氟利昂类和多羟基碳酸类等，高分子类有聚烯烃类、聚多元醇类、聚烯醇类、聚烯酸类、聚酰胺类等。纺织品上主要应用微胶囊包覆石蜡类相变材料，见表 9-1。

表 9-1　石蜡系相变材料

化合物	碳原子数	相变温度/℃
(正)十五烷(n-Pentadecane)	15	10.0
(正)十六烷(n-Henadecane)	16	18.2
(正)十七烷(n-Heptadecane)	17	22.0
(正)十八烷(n-Octadecane)	18	28.2
(正)十九烷(n-Nonadecane)	19	32.1
(正)二十烷(n-Eicosane)	20	36.8
(正)廿一烷(n-Heneicosane)	21	40.5

9.4.3.3　复合相变材料

复合相变调温材料主要指性质相似的二元或多元化合物的混合体系或低共熔体系、形状稳定的固液相变材料、无机有机复合相变材料等。复合相变材料一般有两种形式：一种是两种相变材料混合；另一种是定型相变材料。两种相变材料混合制造简单，但需要封装。定性相变材料是由相变材料和高分子组成的混合调温材料，相变材料一般为石蜡有机酸等，高分子材料一般为高密度聚乙烯，后者作为支撑和密封体将相变材料包容在其微空间中。

9.4.3.4　相变调温纤维的制备方法

相变调温纤维的制备方法有：中空纤维浸渍法、涂层法、熔融复合纺丝法、微胶囊复合纺丝法、微胶囊复合纺丝法等。中空纤维浸渍法是将中空纤维浸渍于相变材料溶液中，使中空部分充满相变材料，再将纤维两端封闭，缺点是封端困难。涂层法是把相变物质固定在织物上，如将聚乙二醇固着在纤维上，缺点是手感变硬。熔融复合纺丝法指将低温相变物质加入增塑剂后用于纺丝，例如，将石蜡烃类相变材料混入一定的二氧化硅粉末，与聚烯烃进行熔融纺丝。微胶囊复合纺丝法就是将特定温度范围的相变材料用某些高分子化合物或无机化合物以物理或化学方法包覆起来，包覆材料为囊壁，制成直径为 1～100 nm 常态下稳定的固体微粒，添加到纺丝液中，通过喷丝板挤出制成纤维，该法是目前最可行的先进的加工方法。

目前，相变调温材料的相变温度范围较小，相变潜热也比较小，很难满足持续使用，且价格普遍偏高，不利于大范围推广应用。未来的发展方向是相变调温材料的相变温度范围实现系列化以满足各种不同温度场合的需要，从单一的纯物质向二元或者多元混和物质发展以克服单一纯物质相变材料的局限性，提高相变调温材料的热物性能以及有机相变材料的传热特性和储能密度。将相变调温材料的制备方法实现产业化，特别是微胶囊复合纺丝法方面是重点研究的方向之一，气泡静电纺丝法也可能是一个研究方向。

9.5　室内空气净化材料

9.5.1　室内空气物理净化材料

室内空气物理净化材料主要是指对污染物进行物理吸附的活性碳、硅胶及沸石等具有较强吸附能力的材料，尤其以活性炭用量最多。活性炭具有吸附和催化性能，物理和化学性质稳定。针对甲醛、苯系物、氨、氮等室内有害物质,采取相应的造孔技术制备的活性炭具有与室内有害气体分子大小相匹配的孔隙结构,专用于吸附这些有害气体及空气中的浮游细菌,具有吸味、去毒、除臭、去湿、防霉、杀菌、净化等综合功能,已有效用于室内环境治理和装修有毒物质的吸附。吸附方式采用细小的活性炭粒与气体及杂质充分接触而起到净化作用。但吸附有毒物质达到饱和后需要定期更换或清洗,以免造成有害物质的二次污染。以黏胶、聚丙烯腈等为原料,生产出的活性炭纤维具有形态多、有效吸附孔丰富、孔径分布均匀、吸附路径短、脱附速度快、吸附量大、易再生等优点,缺点是治理见效慢,不能在短时间内达到清除污染的目的,而且对低浓度和极低浓度的氨类、醛类、二氧化硫、二氧化氮等小分子量有害气体的吸附指数较低,难以对其净化。对此,活性炭纤维经亚铁盐和铜盐处理对氨类等小分子量有害气体的吸附效率明显提高;活性炭纤维经电极化对苯酚钠的吸附能力明显提高;活性炭纤维经 H_2O_2 处理后比表面积和微孔容积的增加有利于低浓度苯和丁酮的吸附;活性炭纤维经静电处理后栽植在普通织物或聚丙烯筛网上而具有优良的吸附、脱附性能,有效地解决了活性炭纤维加工性能差的问题,提高了其使用和加工性能。尤其是将活性炭与光催化结合,采用活性炭纤维作为载体负载 TiO_2 催化剂,利用活性炭纤维的快速吸附性能来富集室内空气中的低浓度有机物污染物,从而加速 TiO_2 光催化反应速度,并使有害物质完全转化为无害的二氧化碳、水和简单的无机物。

9.5.2 室内空气化学净化材料

室内空气化学净化材料主要指对污染物进行氧化、还原、离子交换以及光催化等化学反应的净化材料。光催化剂已成为室内空气净化材料研究的热点,尤其采用二氧化钛(TiO_2)光催化净化涂料最为广泛,多采用硅系及溶胶-凝胶系涂料,其光催化活性高、化学性质稳定、氧化还原性强、难溶、无毒且成本低。TiO_2 在紫外线能量的激发下发生氧化还原反应,其表面形成强氧化性的氢氧自由基和超氧阴离子自由基,可把空气中的各种有机化合物、部分无机化合物以及微生物分解成二氧化碳和水,从而达到净化空气的目的。然而,室内紫外线强度较弱,二氧化钛的应用受到了极大的限制。

为此,非金属掺杂可以实现 TiO_2 光催化剂的可见光化而成为研究的热点,利用异丙醇钛和硫脲制备的硫掺杂的 TiO_2 光催化剂,由于+4 价的硫离子进入了 TiO_2 晶格,并且取代了晶格中的部分钛原子,因而这种 S/TiO_2 光催化剂对可见光有强烈的吸收作用;通过掺杂稀土元素于纳米级锐钛矿型 TiO_2 中,研制出可见光催化生态漆,该生态漆几天就可以使室内总体有害挥发性化合物甲醛、甲苯、酮等下降 80%以上,同时具有抗菌作用;将钛酸丁酯 $Ti(C_4H_9O)_4$ 和硝酸铈 $Ce(NO_3)_3 \cdot 6H_2O$ 共沉淀,在生成 Ce 掺杂锐钛矿(A)型 TiO_2 的同时,也诱导生成金红石(R)型 TiO_2,得到混晶结构的纳米 TiO_2。该结构可以使光生电子和空穴处于不同的相,抑制光生载流子的复合,从而提高了光催化的量子效率,同时 Ce 粒子将 TiO_2 粒子分开,两者的界面作用,产生了介电局域效应,致使 Ce-TiO_2 光催化涂料对光源的起始吸收带边红移,提高了对可见光源的响应,对甲醛气体的降解效果达到了 82.9%;用 TiO_2/硅藻土复合材料替代颜填料加入到内墙涂料,硅藻土一方面具有多孔结构,将有害气体吸附至 TiO_2 晶粒表面，增加纳米 TiO_2 与有害气体的接触几率，另一方面表面具有大量的硅羟基，能很好地捕获光生空穴，抑制起光催化作用的电子-空穴对的复合，经紫外灯照射 4 h，涂层对 10 mg/L 的酸性红 3R 染料有机降解率达到了 90.79%；采用气相法混晶（A 型/R 型质量比大约为 80/20）纳米 TiO_2、双亲性纳米硅基氧化物、纯丙烯酸酯乳液及其他辅助材料制备出了光催化空气净化水性漆，由于两种结构混杂增大了 TiO_2 晶格内的缺陷密度，增大了载流子浓度，使得电子、空穴数量增加，捕获有机物的能力增加，而双亲型硅基氧化物可改善纳米粉体在涂料浆体中的团聚，还增加了涂膜的致密度和表面硬度。

9.5.3 室内空气生物净化材料

室内空气生物净化材料主要是利用生物对室内空气中的污染物进行氧化分解，从而达到净化空气的目的，该生物材料包括植物、微生物和酶制剂。

净化植物是指在室内摆设的具有空气净化功能的景观类植物，不同的植物对不同的有害气体的吸收能力、吸收机理、净化方式都不一样。植物通过气孔和角质层吸收大气中的多种化学物质，经植物维管系统进行运输和分布。通过湿润的植物表面吸收可溶性污染物，如 SO_2、Cl_2 和 HF 等；而对于挥发或半挥发性有机污染物的吸收与污染物本身的理化性质有关。有害物质进入植物体内后，植物可以利用其自身的生理过程将污染物由一种形态转化为另一种形态，即植物的转化。通常，植物不能将所有污染物彻底氧化降解，而是经过一定的转化后隔离在植物细胞的液泡中或与不溶性细胞结构（如木质素）相结合，也有人认为是首先进行木质化过程。因此，植物转化是植物保护自身不受污染物影响的重要生理反应过程。植物转化需要有植物体内多种酶类的参与，其中包括乙酞化酶、琉基转移酶、甲基化酶、葡糖醛酸转移酶和磷酸化酶等。茶花、仙客来、紫罗兰、晚香玉、牵牛花、石竹、唐营蒲等植物的叶片具有直接吸收有害气体的功能；吊兰、芦荟、虎尾兰等植物能够吸收甲醛类物质比较明显，也能消除一些空气污染；茉莉、丁香、金银花、牵牛花等植物分泌出来的杀菌素能够杀死空气中的细菌、抑制结核、痢疾病原体和伤寒病菌的生长，使家庭室内空气清洁卫生，预防疾病传染。

生物酶处理污染物还主要应用在水污染处理方面，但在空气净化方面也将会有很大的发展。由于有酶的存在才使得微生物对多种污染物具有生物降解作用，由此可以利用微生物来治理室内环境，通过固定化酶与固定化微生物把微生物的酶提取出来，使其在微生物体外也能发挥作用，其方法是从筛选、培育获得的优良菌体内提取活性极高的酶，再用包埋或交联等方法将其固定在载体上，制成不溶于水的固态酶即固定化酶，之后就可以利用其制成空气净化的材料。将生态酶负载于活性炭基体，通过生态型酶催化与载体吸附的协同作用，能够进行彻底净化。将活性炭纤维与高分子材料复合，并负载生态酶催化剂和纳米银杀菌剂，制备出纳米复合空气净化材料，该材料 4 min 内对甲醛的净化率达 100%，对大肠杆菌、金黄色葡萄球菌抗菌率为 100%。

展望：室内空气净化材料的研究热点集中在活性碳和光催化剂的结合上，研究大多围绕如何将活性炭纤维与 TiO_2 进行有机结合来改善净化效果。如果将光催化技术和无机膜分离技术相结合，将 TiO_2 负载到无机膜上，不仅可避免光催化因催化剂表面微孔的堵塞引起的失活问题,使光催化技术能更好地发挥其优越的去除 VOCs 等有害气体和异味的功能,同时又弥补了无机膜不能很好地除去有害气体的缺陷,还具有节能环保优势,为室内空气净化开辟了新的途径。

随着现代生物技术的发展,以生物酶为催化中心结合活性炭纤维的复合材料也是一大研究热点,生物酶不仅自身无毒无害,而且用量少,可彻底降解空气中的有机物,不会引起二次污染。其处理工艺已被公认为是一种符合环保要求的绿色生产工艺,故生物酶复合材料可谓未来环境净化材料的理想选择。

9.5.4 室内空气微生物污染光催化净化材料

对环境污染的微生物主要包括细菌、真菌(包括真菌孢子)、病毒、源生物、尘螨、植物花粉等。常见的光催化材料有二氧化钛、氧化锌、硫化镉以及三氧化钨等,其中二氧化钛材料以其无毒、稳定和光活性好等优点而最为常用。光催化氧化的基本原理均可归纳为激发、结合、电子空穴捕捉以及活性氧物质通过破坏 C-H 键或其他不饱和化学键等四部分。这些活性氧物质对微生物的降解机理如下:

(1)辅酶 A 的氧化。光催化过程中,细胞内参与细胞呼吸过程酶反应的辅酶 A 同时被氧化,从而抑制了生物细胞的呼吸作用,并最终造成了微生物的灭杀。

(2)细胞结构的破坏。细胞壁和细胞质先后被氧化破坏致使各自的半渗透性丧失,且细胞质膜的破坏导致了细胞内大分子颗粒,如蛋白质和 RNA 的泄漏,而 TiO_2 同时进入细胞内部,对内部蛋白质进行氧化破坏,最终致使细胞失活。

(3)核酸的破坏,核酸是众多潜在降解物质中重要的一种。核酸破坏后,DNA 的复制和诸多代谢机能便受到抑制,以致细胞完全失活。微生物代谢过程中产生的内毒素也在光催化降解过程中得以分解。光催化灭菌技术既可与新建或已有建筑通风系统相结合,也可作为便携式净化器,形式灵活。

TiO_2 微粒膜本身对微生物细胞无毒性和杀灭作用,只有在太阳光尤其是紫外光照射下,才具有杀灭细菌的作用,如图 9-12 所示。TiO_2 微粒光催化杀菌有直接和间接反应两种不同的机理。

光激发 TiO_2 和细胞间的直接反应是光生电子和光生空穴直接和细胞壁、细胞膜或细胞的组成成分反应,导致功能单元失活而令细胞死亡。例如,在大肠杆菌被光激发的 TiO_2 微粒完全杀死时,细胞内辅酶 A 的含量下降而二聚体辅酶 A 的含量上升。这是因为光激发 TiO_2 产生电子-空穴对,导带中的光生电子转移给 O_2 等电子受体,价带中的光生空穴则接受辅酶 A 的电子,从而使辅酶 A 通过双硫键键合形成二聚体而导致辅酶 A 失活。

另一机理则是光激发 TiO_2 与细胞的间接反应,即光生电子或光生空穴与水或水中的溶解氧反应,形成氢氧自由基(OH)和过氧化氢自由基(HO_2)等活性氧类,这些活性自由基的反应活性和氧化能力最强。

这些活性氧通过氧化细菌体内的辅酶 A,破坏细菌的细胞壁(膜)的渗透性和 DNA 的结构,使电子传输中断等来发挥光催化抗菌作用。

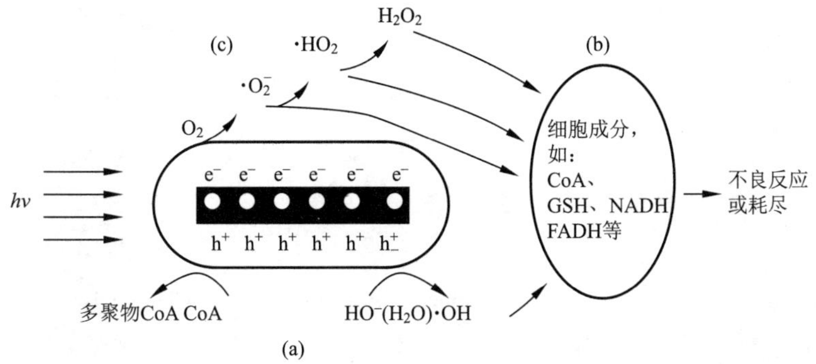

图 9-12　光激发 TiO_2 微粒膜杀菌机理

（a）—光生空穴的氧化机理；（b）—活性氧类的生化反应机理；（c）—活性氧类的生成机理

TiO_2 光催化杀菌安全、无毒、并且杀菌具有彻底性。但是 TiO_2 悬浮体系存在易团聚、回收困难等问题，使 TiO_2 的固定化技术备受关注。吸附剂 AC（活性炭）与 TiO_2 联用技术在处理环境污染物中发挥重要作用。但是，由于 TiO_2/AC 负载型催化剂光响应范围较窄，对日光的利用率有限；而且 TiO_2/AC 光催化杀菌效应缺乏选择性。因此，如何拓展 TiO_2/AC 的光响应范围并提高其对细菌的选择性杀灭，将是我们未来工作所必须加以考虑的。

参 考 文 献

[1] Rio Declaration on Environment and Development -A/CONF. 151/26 Chapter I, Annex I[J]. Rio de Janeiro,1992,1:3-14.

[2] 聂祚仁.生态环境材料学[M].北京:机械工业出版社,2004.

[3] 翁端. 环境材料学[M]. 北京:清华大学出版社,2001.

[4] 王天民. 生态环境材料[M]. 天津:天津大学出版社,2002.

[5] 李永峰,陈红.现代环境工程材料[M].北京:机械工业出版社,2012.

[6] 廖润华.环境治理功能材料[M].北京:中国建材工业出版社,2017.

[7] 刘转年.环境污染治理材料[M].北京:化学工业出版社,2013.

[8] 冯玉杰,孙晓君,刘俊峰.环境功能材料[M].北京:化学工业出版社,2010.

[9] 杨慧芬,陈淑祥. 环境工程材料[M]. 北京:化学工业出版社,2008.

[10] 华坚. 环境污染控制工程材料[M]. 北京:化学工业出版社,2009.

[11] 张晓辉. 新型环境净化功能材料[M]. 北京:中国地质大学出版社,2015.